РОССИЙСКАЯ АКАДЕМИЯ НАУК
БОТАНИЧЕСКИЙ ИНСТИТУТ им. В. Л. КОМАРОВА

Т. В. ЕГОРОВА

ОСОКИ (CAREX L.) РОССИИ И СОПРЕДЕЛЬНЫХ ГОСУДАРСТВ
(в пределах бывшего СССР)

Ответственный редактор
А. Л. Тахтаджян

Санкт-Петербург
Санкт-Петербургская государственная
химико-фармацевтическая академия
Сент-Луис
Миссурийский ботанический сад
1999

ACADEMIA SCIENTIARUM ROSSICA
INSTITUTUM BOTANICUM nomine V. L. KOMAROVII

T. EGOROVA

CARICES ROSSIAE ET CIVITATUM COLLIMITANEARUM
(in limitibus URSS olim)

Redactor principalis
A. Takhtajan

Petropoli
Academia Chemico-Pharmaceutica Petropolitana

Urbs Sancti Ludovici
Hortus Botanicus Missouriensis
MCMXCIX

RUSSIAN ACADEMY OF SCIENCES
KOMAROV BOTANICAL INSTITUTE

T. V. EGOROVA

THE SEDGES (CAREX L.) OF RUSSIA AND ADJACENT STATES

(within the limits of the former USSR)

Editor-in-Chief A. L. Takhtajan

St.-Petersburg
St.-Petersburg State Chemical-Pharmaceutical Academy
St. Louis
Missouri Botanical Garden Press
1999

УДК 582. 542.2

Т. В. Егорова. Осоки (Carex L.) России и сопредельных государств (в пределах бывшего СССР). — Отв. ред. А. Л. Тахтаджян. Санкт-Петербург: Санкт-Петербургская государственная химико-фармацевтическая академия; Сент-Луис: Миссурийский ботанический сад, 1999. — 772 с.

В книге отражены результаты монографического изучения во флоре России и других государств, прежде входивших в состав СССР, рода осока (*Carex* L., *Cyperaceae*) — одного из самых крупных и широко распространенных родов цветковых растений. Род *Carex* представлен на рассматриваемой территории 382 видами и подвидами. Настоящая работа содержит новую систему рода, описания подродов, секций и подсекций, ключи для определения секций, видов и подвидов, основные синонимы, ссылки на типы, данные по хромосомным числам, сведения об экологии и географическом распространении осок. В работе содержатся данные о морфологических, анатомических, кариологических и некоторых других особенностях рода. Рассматриваются родственные отношения между таксонами осок, освещаются вопросы эволюции рода.

Для систематиков высших растений, флористов, флорогенетиков, ботаников-географов, болотоведов, микологов, палеокарпологов. Ил. 76. Табл. 4. Библиогр. 930 назв.

T. V. Egorova. The sedges (Carex L.) of Russia and adjacent states (within the limits of the former URSS). Ed. A. L. Takhtajan. St.-Petersburg: St. Petersburg Chemical-Pharmaceutical Academy; Saint-Louis: Missouri Botanical Garden Press, 1999. 772 p.

The book is the result of monographic studies on the former USSR flora of one of the largest and most widespread genera of flowering plants — *Carex* L. (*Cyperaceae*). The genus is represented in the territory considered by 382 species and subspecies. The present work contains a new system of the genus, descriptions of subgenera, sections and subsections, keys to sections, species and subspecies, the main synonyms, references to types, data on chromosome numbers and information on the ecology and geographical distribution of sedges. It also contains data on morphological, anatomical, karyological and some other features of *Carex*. In the work the relationships between various taxa of sedges are discussed as well as the trends in the evolution of this genus.

There are 76 illustrations and 4 Tables; the bibliography lists 930 references on the subject.

Напечатано при финансовой поддержке
Российского фонда фундаментальных исследований
согласно проекту 94-04-1246

ISBN 5-8085-0051-6 (рус.)

ISBN 0-915279-67-3 (англ.)

СОДЕРЖАНИЕ

CONTENTS

ПРЕДИСЛОВИЕ

В настоящей работе обобщены результаты многолетнего изучения систематики осок (*Carex* L., *Cyperaceae*) России и других государств, входивших до второй половины 1991 г. в состав СССР. Род *Carex* — один из самых крупных и широко распространенных родов отечественной и мировой флоры. Он включает свыше 2000 видов, из которых 346 видов (или 382 монотипных таксона видового и подвидового рангов) встречается на рассматриваемой территории. Осоки принимают значительное участие в формировании растительного покрова, причем нередко в качестве доминантов или основных эдификаторов. Многие виды имеют большое хозяйственное значение. Они используются как пастбищные и сенокосные растения, в особенности на севере лесной зоны, в лесотундре, а также в пустынных и полупустынных районах. Осоки являются основными торфообразователями, играют важную роль в биосфере как растения болот — аккумуляторов пресной воды, служат средой обитания и кормовыми угодьями для многих животных, в особенности для водоплавающих птиц. Некоторые виды находят применение в медицине.

Значительный интерес представляет род *Carex* с точки зрения систематики и филогении. Он справедливо считается трудным таксономическим объектом вследствие его большого объема и значительного полиморфизма видов. Несмотря на то что род постоянно привлекал и привлекает внимание многих исследователей, он остается еще недостаточно изученным в отношении морфологии, видового состава, классификации, хорологии и эволюции. Обработка рода *Carex* В. И. Кречетовичем (1935а) во «Флоре СССР», имевшая неоценимое значение для дальнейшего его изучения, была опубликована 60 лет назад, и в настоящее время она уже, естественно, во многом не соответствует современному уровню знаний об этом роде. Накопившиеся за прошедший период времени гербарный материал и литературные данные позволили мне осуществить критическую ревизию рода в объеме флоры России и сопредельных государств, в результате которой был существенно уточнен видовой состав рода на рассматриваемой территории, разработана новая, более дифференцированная система, дана классификация ареалов видов и подвидов, выявлены очаги видового разнообразия, рассмотрен эндемизм осок, предложена гипотеза о месте происхождения рода и первичном центре его развития, широко освещены вопросы эволюции рода, даны схемы эволюционных взаимоотношений секций в пределах подродов.

Исследование основано на обширных материалах Гербария Ботанического института им. В. Л. Комарова (LE) Российской Академии наук (РАН) и Гербариев других биологических учреждений и университетов России: Санкт-Петербургского гос. университета (LECB), Московского гос. университета им. М. В. Ломоносова (MW), Главного ботанического сада РАН (MHA), Полярно-альпийского ботанического сада (Кировск, KPABG), Коми филиала РАН (Сыктывкар, SYKO), Центрального Сибирского ботанического сада Сибирского отделения РАН (NS), Биолого-почвенного института Дальневосточного отделения РАН (VLA), а также на коллекциях Гербариев Институтов ботаники Академий наук и университетов бывших союзных республик: Азербайджана (Баку, BAK), Армении (Ереван, ERE), Беларуси (Минск, MSK), Грузии (Тбилиси, TBI, TGM), Казахстана (Алма-Ата, AA), Кыргызстана (Бишкек, FRU), Латвии (Рига, Саласпилс, LATV), Литвы (Вильнюс, BILAS), Молдовы (Кишинев, CHIS), Таджикистана (Душанбе,

TAD), Туркменистана (Ашгабад, ASH), Узбекистана (Ташкент, TAK, TASH), Украины (Киев, KW; Львов, LW, LWS) и Эстонии (Тарту, TU).

Важное значение для работы имело изучение типового и другого материала, полученного из Гербариев (Herbaria) следующих ботанических учреждений[1] Европы, Азии и Сев. Америки (они перечисляются ниже в алфавитном порядке их гербарных индексов): Botanischer Garten und Botanisches Museum Berlin-Dahlem, Berlin (B), Federal Republic of Germany; Botany Department, The Natural History Museum, London (BM), England, U.K.; Botanical Department, Hungarian Natural History Museum, Budapest (BP), Hungary; Botanické oddélení Moravské Museum, Brno (BRNM), Czechia; Katedra biologie rostlin, Přírodovědecká fakulta Masarykova Univerzita, Brno (BRNU), Czechia; Botanical Museum, University of Copenhagen, Copenhagen (C), Denmark; Royal Botanic Garden, Edinburgh (E), Scotland, U.K.; Conservatoire et Jardon Botaniques de la Ville de Genève, Genève (G), Switzerland; Botanical Museum, University of Helsinki, Helsinki (H), Finland; Sektion Biowissenschaften, Martin-Luther-Universität, Halle (HAL), Federal Republic of Germany; Royal Botanic Gardens, Kew (K), England, U.K.; Botany Department, Faculty of Science, Kyoto University, Kyoto (KYO), Japan; Botanische Staatssammlung, München (M), Federal Republic of Germany; Makino Herbarium, Tokyo Metropolitan University, Tokyo (MAK), Japan; Herbier Marie-Victorin, Institut botanique, Université de Montréal, Montréal (MT), Canada; Laboratoire de Phanérogamie, Muséum National d'Histoire Naturelle, Paris (P), France; Botany Department, National Museum in Prague, Praha (PR), Czechia; Botany Departments, Swedish Museum of Natural History, Stockholm (S), Sweden; Botany Department, Faculty of Science, Hokkaido University, Sapporo (SAP), Japan; Botanic Museum (Fytoteket), Uppsala (UPS), Sweden; Department of Botany, Naturhistorisches Museum Wien, Wien (W), Austria.

Кроме того, были изучены многочисленные коллекции осок, собранные в разных районах рассматриваемой территории, а также в Монголии ботаниками России и других бывших союзных республик и переданные мне для определения. Большое значение для работы имели личные гербарные сборы и наблюдения в природе, сделанные во время поездок по Ленинградской обл., на Кольский п-ов, в Прибалтику, Карпаты, Крым, на Кавказ, в Вост. Сибирь (оз. Байкал) и Среднюю Азию.

Считаю приятным для себя долгом выразить глубокую признательность академику Российской Академии наук А. Л. Тахтаджяну за ценные советы и постоянное внимание к моей работе. Я сердечно благодарю своих коллег по Ботаническому институту им. В. Л. Комарова Российской Академии наук (РАН) канд. биол. наук В. Н. Гладкову, чл.-корр. РАН д-ра биол. наук Р. В. Камелина, д-ра биол. наук М. Э. Кирпичникова, канд. биол. наук И. А. Линчевского, д-ра биол. наук Н. Н. Цвелева, д-ра биол. наук С. К. Черепанова, д-ра биол. наук Б. А. Юрцева, а также коллег из других ботанических учреждений — д-ра биол. наук А. М. Барсегяна (Ереван, ERE), д-ра биол. наук Э. Ц. Габриэлян (Ереван, ERE), д-ра биол. наук Т. Г. Дервиз-Соколову (Москва, MOSP), д-ра биол. наук А. Г. Еленевского (Москва, MOSP), д-ра биол. наук Л. И. Малышева (Новосибирск, NS), д-ра биол. наук В. С. Новикова (Москва, MW), чл.-корр. РАН д-ра биол. наук В. Н. Тихомирова (Москва, MW) за обсуждение многих вопросов морфологии, систематики, номенклатуры и ботанической географии, ценные советы и моральную поддержку. Большую признательность я приношу канд. биол. наук В. В. Петровскому (LE) и канд. биол. наук О. В. Ребристой (LE)

[1] Названия ботанических учреждений даны по работе «Index Herbariorum» (1990).

за предоставление новых сборов по *Carex* из некоторых арктических районов России. Я также очень признательна канд. биол. наук Д. В. Гельтману (LE) за большую помощь в процессе публикации монографии. Искреннюю благодарность я хочу выразить кандидатам биол. наук Т. В. Крестовской, М. С. Новоселовой и И. В. Соколовой, Р. В. Суховерко и библиотековеду-библиографу В. В. Егорову за помощь при подготовке рукописи к печати, а Егорову также и за чтение корректур русского текста работы. Кроме того, я признательна художникам Н. К. Воронковой, С. Б. Воронковой, Н. В. Жилиной и А. Б. Кочаровой, канд. биол. наук В. М. Виноградовой за выполнение рисунков и картографам Г. Д. Катениной и Н. В. Анисимовой за изготовление карты ботанико-географических районов. Я глубоко признательна Т. А. Горлиной за исправление очень сложных корректур настоящей работы и изготовление оригинал-макета.

Указатель латинских названий таксонов составлен М. С. Новоселовой с использованием компьютерной программы, подготовленной М. В. Соловьевым. Указатель русских названий растений составил В. В. Егоров. Всем названным лицам я выражаю свою искреннюю признательность.

Я весьма благодарна кураторам Гербариев, из которых я получала материал для изучения. Свою признательность я приношу иностранным коллегам д-ру Й. Голубу (Чехия, Прага), д-ру В. Жуковскому (Польша, Познань), д-ру И. Кукконену (Финляндия, Хельсинки), д-ру Нгуен Кхак Кхою (Вьетнам, Ханой), д-ру Е. З. Ли (КНДР, Пхеньян), д-ру Д. Мёррею (США, Фэрбанкс), д-ру М. П. Стоевой (Болгария, София), д-ру Х. Тойвонену (Финляндия, Турку), д-ру Т. Уайту (США, Нью-Йорк) и д-ру А. О. Чейтеру (Англия, Лондон), с которыми я имела возможность обсуждать в Санкт-Петербурге, а также в Тбилиси (с д-ром М. П. Стоевой) некоторые вопросы таксономии осок. Кроме того я признательна этим ученым, а также д-ру Т. Койяме (США, Нью-Йорк), д-ру С.-Ю. Лианг (Китай, Пекин), д-ру И. Ови (Япония, Киото), д-ру С. Н. Патнайку (Индия, Дели), д-ру С. П. Рату (Индия, Дели), д-ру А. А. Резничеку (США, Ан-Арбор), д-ру Я.-Ч. Тангу (Китай, Пекин), д-ру Ш. С. Хупер (Англия, Кью) и другим ботаникам за присланные мне оттиски статей по различным аспектам изучения рода *Carex*.

Наконец, я хочу выразить благодарность Российскому фонду фундаментальных исследований, поддержавшему грантом (N 94-04-1246-а) публикацию настоящей работы, и Фонду Дж. Сороса, на средства которого, полученные по разделу «Биологическое разнообразие», при участии Российской Академии естественных наук, была изготовлена часть рисунков.

PREFACE

In the present work the results of many years' study of taxonomy of the genus *Carex* L. (*Cyperaceae*) of Russia and adjacent states (within the limits of the former USSR) are summarized. The genus *Carex* is one of the largest and widespread genera of flowering plants. It comprises over 2000 species, of which 346 (or 382 monotypic taxa — species and subspecies) grow in the territory considered. Sedges are the important components of a plant cover of damp and marshy areas, being often dominants and main edificators. Many species have some economic importance. They are used as pasture and hay plants, in particular in the north of the forest zone, in the forest-tundra and the tundra, as well as in desert and semidesert regions. Sedges are the main peat-forming plants, they play a significant role in the biosphere as plants of mires which are accumulators of fresh water; they serve also as habitats and natural fodder lands for many animals, especially for waterfowl. Some species are used as medicinal herbs.

The genus *Carex* is of great interest with respect to its taxonomy and phylogeny. It is reasonably regarded as a difficult taxonomic object due to large number of species and their polymorphism. Despite the fact that the genus constantly attracts attention of many authors, it is still insufficiently studied in respect of morphology, species composition, classification, chorology and evolution. The treatment of the genus *Carex* by Kreczetowicz (Кречетович, 1935a) in «Flora URSS» was the important stage in the investigation of sedges. This work, however, is to a certain degree outdated, and a vast amount of new herbarium materials and new publications have become available. These new data and the review of the former ones allowed me to carry out a critical revision of the sedges of Russia and adjacent states. As a result of this study a specific composition of the genus at the territory considered was defined more exactly, a new more differentiated system is proposed, classification of distribution areas of species and subspecies is given, centres of specific diversity are determined, endemism of sedges is discussed, a hypothesis concerning the centre of the origin of the genus and primary centre of its development is proposed, the questions of the genus evolution are widely discussed, schemes of evolutionary interrelations of the sections within the subgenera are given.

The research is based on materials of the Herbarium of V. L. Komarov Botanical Institute of the Russian Academy of Sciences (RAS) and of the Herbaria of other Biological Institutions and Universities of Russia: St.-Petersburg State University (LECB), Moscow Lomonosov State University (MW), The Main Botanical Garden of RAS (MHA), Polar-Alpine Botanical Garden (Kirovsk, KPABG), Komi Branch of RAS (Syktyvkar, SYKO), Central Siberian Botanical Garden of Siberian Division of RAS (NS), Biological-Soil Institute of Far East Division of RAS (VLA), and also on collections of the Herbaria of Botanical Institutes of Academies of Sciences and Universities of the former Union Republics: Armenia (Erevan, ERE), Azerbaidzhan (Baku, BAK), Byelorussia (Minsk, MSK), Estonia (Tartu, TU), Georgia (Tbilisi, TBI, TGM), Kasakhstan (Alma-Ata, AA), Kirghizstan (Bishkek, FRU), Latvia (Riga, Salaspils, LATV), Lithuania (Vilnus, BILAS), Moldavia (Kishinev, CHIS), Tadzhikistan (Dushanbe, TAD), Turkmenistan (Ashghabad, ASH), Ukraine (Kiev, KW; Lwow, LW, LWS) and Uzbekistan (Tashkent, TAK, TASH).

The type and some other materials were received from the following Herbaria[1] of Europe, Asia and North America (these are given below in alphabetical order of their herbarium abbreviations): Botanischer Garten und Botanisches Museum Berlin-Dahlem, Berlin (B), Federal Republic of Germany; Botany Department, The Natural History Museum, London (BM), England, U.K.; Botanical Department, Hungarian Natural History Museum, Budapest (BP), Hungary; Botanické oddělení Moravské Museum, Brno (BRNM), Czechia; Katedra biologie rostlin, Přírodovědecká fakulta Masarykova Univerzita, Brno (BRNU), Czechia; Botanical Museum, University of Copenhagen, Copenhagen (C), Denmark; Royal Botanic Garden, Edinburgh (E), Scotland, U.K.; Conservatoire et Jardin botaniques de la Ville de Genève, Genève (G), Switzerland; Botanical Museum, University of Helsinki, Helsinki (H), Finland; Sektion Biowissenschaften, Martin-Luther-Universität, Halle (HAL), Federal Republic of Germany; Royal Botanic Gardens, Kew (K), England, U.K.; Botany Department, Faculty of Science, Kyoto University, Kyoto (KYO), Japan; Botanische Staatssammlung, München (M), Federal Republic of Germany; Makino Herbarium, Tokyo Metropolitan University, Tokyo (MAK), Japan; Herbier Marie-Victorin, Institut botanique, Université de Montréal, Montréal (MT), Canada; Laboratoire de Phanérogamie, Muséum National d'Histoire Naturelle, Paris (P), France; Botany Department, National Museum in Prague, Praha (PR), Czechia; Botany Departments, Swedish Museum of Natural History, Stockholm (S), Sweden; Botany Department, Faculty of Science, Hokkaido University, Sapporo (SAP), Japan; Botanic Museum (Fytoteket), Uppsala (UPS), Sweden; Department of Botany, Naturhistorishes Museum Wien, Wien (W), Austria.

---

[1] The names of Botanical institutions are those as in «Index Herbariorum» (1990).

Besides materials from the Herbaria I have examined numerous collections of sedges gathered in various regions of the territory considered here as well as in Mongolia by botanists of Russia and other former Union Republics and given me for identification. My personal herbarium gatherings and observations in the field made during trips to Leningrad province, Kola Peninsula, the former Baltic Union Republics, the Carpathians, the Crimea, the Caucasus, to Eastern Siberia (Baikal Lake) and Middle Asia were also helpful for my work.

ACKNOWLEDGEMENTS

My special thanks to A. L. Takhtajan, Academician of the Russian Academy of Science, for his kind attention to this work. I would like to express my sincere thanks to my colleagues at the V. L. Komarov Botanical Institute (St.-Petersburg, LE) particularly Dr. S. K. Czereanov, Dr. V. N. Gladkova, corresponding member of the Russian Academy of Science (RAS) R. B. Kamelin, Dr. M. E. Kirpicznikov, Dr. I. A. Linczevski, Dr. N. N. Tzvelev, Dr. B. A. Yurtsev and also to colleagues of other Botanical Institutions: Dr. A. M. Barsegian (Yerevan, ERE), Dr. T. G. Derviz-Sokolova (Moscow, MOSP), Dr. E. Ts. Gabrielian (Yerevan, ERE), Dr. A. G. Jelenevsky (Moscow, MOSP), Dr. L. I. Malyshev (Novosibirsk, NS), Dr. V. S. Novikov (Moskow, MW) and corresponding member of RAS Dr. V. N. Tikhomirov (Moscow, MW) for the useful discussions on many problems of morphology, systematics, nomenclature and botanical geography and also for the suggestions and the encouragement. I would like to acknowledge Dr. V. V. Petrovsky (LE) and Dr. O. V. Rebristaya (LE) for giving new collections of sedges from some Russian Arctic regions for my study. My sincere gratitude to Dr. D. V. Geltman for the great help during the process of publication of this book. I wish to thank Dr. T. V. Krestovskaya, Dr. M. S. Novoselova, Dr. I. V. Sokolova, R. V. Sukhoverko and librarian-bibliographer V. V. Egorov for the help when preparing type-written manuscript of my work for publication, and Egorov, besides, for proof-reading the Russian text of this work. I am grateful to A. B. Kocharova, N. K. Voronkova, S. B. Voronkova, N. V. Zhilina and Dr. V. M. Vinogradova for making drawings and G. D. Katenina and N. V. Anisimova for preparing the map showing botanical-geographical regions. I wish to express my deep gratitude to T. A. Gorlina for corrections of very difficult proof-sheets and for preparing camera-ready of the text.

Index of Latin names of taxa is complied by M. S. Novoselova with using software prepared by M. V. Solovjev. V. V. Egorov complied the Index of Russian names of plants. I am very thankful to all mentioned persons as well.

I would like to acknowledge the Curators of the Herbaria for sending me materials for the research. I wish to thank my foreign colleagues Dr. A. O. Chater (England, London), Dr. J. Holub (Czechia, Prague), Dr. I. Kukkonen (Finland, Helsinki), Dr. Y. T. Lee (KPDR, Pyongyang), Dr. D. Murray (USA, Fairbanks), Dr. Nguyen Khak Khoi (Viet Nam, Hanoi), Dr. M. P. Stoeva (Bulgaria, Sofia), Dr. H. Toivonen (Finland, Turku), Dr. T. Wayt (USA, New York) and Dr. W. Żukowski (Poland, Poznan) with whom I had opportunity to have discussions in St.-Petersburg and also in Tbilisi (with Dr. Stoeva) on some questions of *Carex* taxonomy. I thank also these scientists and Dr. S. S. Hooper (England, Kew), Dr. T. Koyama (USA, New York), Dr. Liang Song-yun (China, Beijing), Dr. J. Ohwi (Japan, Kyoto), Dr. S. N. Patnaik and Dr. S. P. Rath (India, Delhi), Dr. A. A. Reznicek (USA, Ann Arbor), Dr. Tang Yan-cheng (China, Beijing) and other botanists for sending me the reprints of their papers on different aspects of *Carex* studies.

Finally, I would like to express my sincere gratitude to the Russian Foundation for Basic Research who has supported by grant (n 94-04-1246-a) the publication of this book and to George Soros' Foundation («Biodiversity Initiative division») owing to financial support of which received under the participation of the Russian Academy of Natural Sciences a part of drawings in this work has been prepared.

ИСТОРИЯ ТАКСОНОМИЧЕСКОГО ИЗУЧЕНИЯ РОДА CAREX L.

Род *Carex* принадлежит к сем. *Cyperaceae* Juss. и является одним из родов подсем. *Caricoideae* Pax и трибы *Cariceae* Dumort. История его таксономии обширна и связана с именами большого числа зарубежных и отечественных ученых. Она получила б. м. полное освещение у ряда авторов (Kükenthal, 1909; Егорова, 1966б, 1972; Robertson, 1979, и др.). В настоящей работе исторический обзор таксономии осок дается в кратком изложении.

Род *Carex* был описан Линнеем (Linnaeus, 1753, 1754) в «Species plantarum» и «Genera plantarum» в составе 29 видов, но растения этого рода были уже известны ботаникам древности и долиннеевского периода (Егорова, 1966б; Robertson, 1979). Основываясь на строении соцветий, Линней разделил род на 5 б. м. естественных групп, заложив основу его классификации. К первой группе он отнес виды с одноколосковым соцветием, ко второй — с соцветием из обоеполых колосков, к трем остальным — с соцветием из раздельнополых колосков.

В 1763 г. Адансон (Adanson) выделил из осок род *Ulva* (= sect. *Phacocystis*), и этим было положено начало разделения *Carex* на отдельные роды. У Ерхарта (Ehrhart, 1789) род представлен 14 монотипными родами. Немного позднее были выделены роды *Physiglochin* (Necker, 1790) и *Schellhammeria* (Moench, 1802), основанные соответственно на *C. dioica* и *C. cyperoides* (= *C. bohemica*).

Большую роль в изучении осок сыграли работы Шкура (Schkuhr, 1801, 1806). Они содержат описания и рисунки 205 видов *Carex*, их полную синонимику и сведения о распространении. Почти в это же время появилась другая большая сводка по осокам, принадлежащая Валенбергу (Wahlenberg, 1803). В ней приведено 192 вида, которые разделены на 3 группы: *Unispicatae* (одноколосковые виды), *Spiculatae* (= subgen. *Vignea*) и *Multispicatae* (остальные виды). В последней группе он установил подгруппу *Compositae* (= subgen. *Indocarex*, = subgen. *Vigneastra*).

В 1819 г. Бовуа (Beauvois) (см: Lestiboudois, 1819) выделил осоки с 2 рыльцами и обоеполыми колосками в род *Vignea*, названный так по имени французского ученого де Виня (G. F. de Vigne), переведшего на французский язык названные выше работы Шкура. На 2 рода разделены осоки в работе Грея (Gray, 1821): *Carex* (= subgen. *Vignea*) и *Trasus* (= subgen. *Carex*). К первому он отнес двурыльцевые виды, ко второму — трехрыльцевые. Следует упомянуть 2 монографии по *Carex*: Швейнитца (Schweinitz, 1825) и Шпренгеля (Sprengel, 1826).

В 1827 г. Дюмортье (Dumortier) выделил среди европейских осок 14 довольно гетерогенных групп. Ранг их в основном тексте работы не обозначен. Но, как отметил Бризицкий (Brizicky, 1969), Дюмортье (Dumortier, 1827 : 2) в предисловии к своей работе указал, что семейства растений разделены им на трибы, а роды — на естественные секции. Секции Дюмортье в роде *Carex* впервые были приняты Чейтером (Chater, 1980).

Дегланд (Degland, 1828) включил все одноколосковые виды в группу *Psyllophora*, которой позднее (Petermann, 1849), так же, как и роду *Vignea*, был придан ранг подрода. Виды с обоеполыми колосками он поместил в группу *Scirpoides*, с однополыми — в группу *Cyperoides*.

После Дюмортье попытка разделения рода *Carex* на естественные группы была сделана Фризом (Fries, 1835, 1845), объединившим европейские виды в 4 крупные группы: *Heterostachyae tristigmaticae*, *Heterostachyae distigmaticae*, *Homostachyae distigmaticae* и *Monostachyae*, соответствующие 4 принимаемым мной подродам: *Carex*, *Kreczetoviczia*, *Vignea* и *Psyllophora*. Эти группы разбиты на подгруппы разного порядка. Некоторые из них (*Canescentes*, *Montanae*, *Digitatae*, *Paludosae*) хорошо отражают родство видов. В начале системы расположены многоколосковые виды. Работы Фриза имели большое значение для разработки классификации подрода *Carex*.

Кох (Koch, 1837) установил в роде 5 секций: *Psyllophora* и *Orthocerates* (одноколосковые виды), *Cyperoideae* (*C. cyperoides* и *C. baldensis*), *Vignea* (= subgen. *Vignea*) и *Legitimae* (= subgen. *Carex*).

Особого внимания заслуживает работа Кунта (Kunth, 1837), которая не только является крупной сводкой по осокам всего мира (в ней приведено 489 видов), но и представляет большой интерес в отношении их классификации. Род разделен Кунтом на 2 группы: *Vignea* и *Carex*. Первая состоит из 13 групп родства, вторая — из 20. Эти группы (ранг их не указан) обозначены эпитетами наиболее известных видов. Одни из них — *Paniculatae*, *Heleonastes*, *Stellulatae*, *Bracteosae* довольно естественны, другие — *Ovales*, *Multiflorae*, *Arenariae* гетерогенны. Немалый вклад в изучение осок внесли работы Хоппе (Hoppe, 1826), Ниса (Nees von Esenbeck, 1834a, 1834b), Гея (Gay, 1838), Кунце (Kunze, 1840—1851) и Андерсона (Andersson, 1849).

Рафинеск (Rafinesque, 1840) разделил осоки на 18 родов, которые вместе с 4 другими родами (*Uncinia* и др.) поместил в описанное им семейство *Carexides*.

Довольно детальная система была предложена в 1843 г. Тукерманом (Tuckerman). Осоки разделены в ней на 5 секций: *Psyllophora* (одноколосковые виды), *Vignea* (= subgen. Vignea), *Vigneastra* (= *subgen. Vigneastra*), *Leptanthera* (= subgen. *Vignea*) и *Legitimae* (= subgen. *Carex*). В пределах секций Тукерман выделил родственные группы, некоторые из них использованы в современных классификациях.

Хойфель (Heuffel, 1844) разделил европейские виды на 9 родов. 5 из них объединяют одноколосковые виды: *Maukschia* (*C. dioica* и др.), *Psyllophora* (*C. pulicaris*), *Leucoglochin* (*C. pauciflora*), *Genersichia* (*C. obtusata*) и *Callistachys* (*C. pyrenaica*), 4 — многоколосковые: *Cryptoglochin* (*C. curvula*), *Schellhammeria* (*C. cyperoides*), *Vignea* и *Carex*. 4-й и 5-й роды послужили базионимами для установленных позднее секций.

Большой интерес представляет работа Дрейера (Drejer, 1844) «Symbolae Caricologica», в которой впервые отношения между таксонами рассматриваются с эволюционной позиции. Дрейер указал на возможные родственные связи между группами (greges), относящимися к *Carices genuinae* (= subgen. *Carex*). Одноколосковые виды он рассматривал в качестве исходных для многоколосковых. Гипотезу о первичности одноколосковых осок разделяли многие исследователи, и в частности известный монограф рода Кюкенталь (Kükenthal, 1909). Подрод *Vignea* Дрейер считал наиболее эволюционно продвинутой группой. Нельзя не упомянуть и о более ранней работе этого автора (Drejer, 1841), посвященной критическому изучению осок Исландии, Фарерских о-вов и Гренландии.

В системе Кэри (Carey, 1848) осоки разделены на 4 секции: *Psyllophora*, *Phyllostachys*, *Vignea* и *Carex proper* (= subgen. *Carex*), которые разбиты на подсекции. Многие из них по объему соответствуют секциям в системах более поздних авторов. Целый ряд приведенных Кэри групп (подсекций) были уже предложены Кунтом и Тукерманом, но без указания на их ранг.

Петерман (Petermann, 1849) принял в роде *Carex* 6 подродов: *Psyllophora* (все одноколосковые виды, кроме *C. microglochin*), *Euthyceras* (*C. microglochin*), *Uncinia*, *Cyperoides* (*C. cyperoides*, *C. baldensis*), *Vignea* и *Eucarex*. Следует отметить, что все исследователи *Carex*, начиная с Бейли (Bailey, 1887) и Кюкенталя (Kükenthal, 1909), в качестве авторов подрода *Eucarex* ошибочно указывали Коссона и Жермена, ссылаясь на их работу «Flore des environs de Paris» (Cosson, Germain, 1845), в которой, однако, этот таксон не приводится. Для осок группы *Vignea* ранг подрода был установлен вторично Киршлегером (Kirschleger, 1857).

В 1851 г. появляется еще одна система осок. Автор ее — Ланг (Lang). Осоки Скандинавии и Средней Европы объединены им в 3 секции: *Homostachyae* (= subgen. *Psyllophora*), *Heterostachyae* (= subgen. *Vignea*) и *Orthostachyae* (= subgen. *Carex*). В пределах каждой секции имеются группы — divisio, subdivisio и более мелкие подразделения. Некоторые из них послужили базионимами для секций, установленных последующими карикологами.

В 1855 г. вся уже довольно большая информация о роде *Carex* была обобщена Штойделем (Steudel) в монографической обработке сем. *Cyperaceae* в мировом масштабе. В ней приведены описания, синонимы и данные о географии 800 видов осок. Из крупных работ по *Carex* необходимо также отметить 4-томный труд Бута (Boott, 1858, 1860, 1862, 1867) «Illustrations of the genus Carex», в котором даны детальные описания осок всего земного шара, синонимия и сведения о распространении. Обращает на себя внимание высокое качество рисунков и точность в изображении деталей растений. Бутом описано много новых видов *Carex* (Boott, 1840, 1846 и др.).

В обработке осок Трансильвании, принадлежащей Шуру (Schur, 1866), род *Carex* разделен на 5 родов: *Schellhammeria*, *Psyllophora*, *Vignea*, *Vignantha* и *Carex*. Род *Vignantha* (= subgen. *Kreczetoviczia*) был описан автором впервые.

Новую систему европейских осок предложил Христ (Christ, 1885, 1888). Следуя Фризу, он распределил виды между 3 крупными группами: *Heterostachyae*, *Homostachyae*, *Monostachyae* — и выделил еще одну группу того же порядка — *Cephalophora*, в которую включил не связанные филогенетически виды *C. cyperoides* и *C. baldensis*. Три первые группы разделены на 37 секций. Некоторые из них входят в современные системы осок. Порядок расположения таксонов нетрадиционен для того времени: в начале системы помещены виды, принадлежащие к подроду *Carex*, в середине — к подроду *Vignea*, в конце — к подроду *Psyllophora*.

Бейли (Bailey, 1887) в монографии по видам *Carex* Сев. Америки принял деление рода на 2 подрода: *Vignea* и *Eucarex*, крупные секции и внутрисекционные подразделения. Одноколосковые осоки, в противоположность установившейся традиции, Бейли разместил среди многоколосковых, а не выделил в отдельную группу. Обращает на себя внимание широкая трактовка видов. Помимо монографии, Бейли принадлежит целый ряд статей, внесших значительный вклад в изучение американских осок.

В издании «Die natülichen Pflanzenfamilien» Пакс (Pax, 1888), следуя Фризу (Fries, 1845) и многим другим авторам, делит *Carex* на 3 основные группы: *Monostachyae*, *Homostachyae* и *Heterostachyae*, сохраняя обычный порядок их расположения. В пределах этих групп выделены подгруппы, а также секции и более мелкие таксоны (Sippen). Последние по объему б. м. соответствуют секциям в их современном понимании. Секции Пакса, так же как и Бейли, приняты в широком объеме. Одна из них — *Hyparrhenae*, объединяет, например, все виды с гинекандрическими колосками. Виды подрода *Vigneastra* (= subgen. *Indocarex*) включены Паксом в группу *Homostachyae* (= subgen. *Vignea*) и отнесены к Sippe *Laxae*.

В следующих двух системах — Сен-Леже (Saint-Lager, 1889) и Гандоже (Gandoger, 1890) виды *Carex* разделены соответственно на 3 и 10 родов. Прямо противоположная трактовка объема рода *Carex* дана Байоном (Baillon, 1894), включившем в него в качестве секций другие роды трибы *Cariceae* (*Schoenoxiphium* Nees, *Uncinia* Pers., *Hemicarex* Benth.) В секцию *Indocarex* (= subgen. *Indocarex* (Baill.) Kük.) он поместил виды родства *C. indica*, которые предшествующими авторами (Wahlenberg, 1803; Tuckerman, 1843) уже выделялись в отдельный таксон.

Холмом (Holm, 1903), так же как и его предшественником Бейли (Bailey, 1887), *Carex* разделен только на 2 группы: *Vignea* и *Carices genuinae*. Он не признал секцию *Vigneastra* Tuckerm. (= subgen. *Vigneastra*, = subgen. *Indocarex*), высказав мнение, что ее виды должны быть включены в *Carices genuinae*. Холм полагал, что многоколосковые виды обеих принятых им групп произошли от одноколосковых и представляют собой параллельные линии эволюции. В соответствии с этой гипотезой в каждую из групп второго порядка (grex) он в качестве исходных поместил одноколосковые виды.

Кларк (Clarke, 1904), автор обработок *Cyperaceae* Индии, Китая, тропической и Южн. Африки, а также других регионов, разделил виды *Carex*, произрастающие в Малайе (п-ов Малакка) на 6 описанных им подродов. 2 из них *Vigneandra* и *Vignegyne* включают виды подрода *Vignea*, а также подрода *Carex* с 2 рыльцами и обоеполыми колосками. В третий подрод — *Caricandra* входят виды подродов *Carex* и *Vigneastra*. Четвертый подрод — *Euvignea* представляет собой естественный таксон, включающий группу видов родства *C. acuta*: *C. gaudichaudiana*, *C. phacota*, *C. pruinosa*. Однако название *Euvignea* является *nomen illegitimum* вследствие существования в роде *Carex* приоритетного подродового названия *Vignea*. Виды, родственные перечисленным выше, выделены мной в подрод *Kreczetoviczia*. 5-й и 6-й подроды — *Caricimia* и *Propriae* включают соответственно одноколосковые виды и виды подрода *Carex*. Кларком описаны несколько секций и подсекций и большое число видов.

Крупнейшая монография рода *Carex* в мировом масштабе, принадлежащая известному немецкому циперологу Георгу Кюкенталю (Kükenthal, 1909), содержит 793 вида, большое число подвидов, многочисленные разновидности и формы, а также гибриды. Автором дана новая система осок, включающая 4 подрода: *Primocarex*, *Vignea*, *Indocarex* и *Eucarex*, 69 секций и целый ряд подсекций. В первый подрод (его приоритетное название — *Psyllophora* (Degl.) Peterm., но в литературе широко используется кюкенталевское *Primocarex*) входят все одноколосковые виды. Вопрос о ранге группы одноколосковых видов и положении их в системе был и остается одним из наиболее дискуссионных в изучении осок. Он рассматривается мной в разделах работы, посвященных морфологии и эволюции рода. Здесь отмечу, что самостоятельность подрода *Primocarex* не была признана рядом крупных карикологов (Mackenzie, 1931, 1935; Кречетович, 1935а; Ohwi, 1936). В последнее время заметна тенденция придавать одноколосковым видам ранг подрода (Moore, Edgar, 1970; Егорова, 1976а, 1976б, 1990; Chang, Yang, 1976; Chater, 1980, и др.). Кюкенталь установил подрод *Indocarex*, включив в него виды, которые выделялись его предшественниками или в группы без указания ранга (*Compositae* Wahlenb., *Laxae* Pax), или в секции (*Vigneastra* Tuckerm., *Indocarex* Baill.). Подрод *Indocarex* был признан многими исследователями осок (приоритетным для него является название *Vigneastra* (Tuckerm.) Kük. (Егорова, 1990)).

Многие подразделения рода, принятые Кюкенталем в качестве секций и подсекций, были предложены предыдущими авторами; некоторые секции и подсекции описаны им впервые. Многие секции в системе Кюкенталя — естествен-

2 Заказ № 131

ные группы, объединяющие таксоны близкого родства. Но некоторые секции (*Acutae*, *Frigidae*, *Spirostachyae*, *Rhomboidales*, *Careyanae*, *Hymenochlaenae* и др.) даны автором в широком объеме. Позднее из них были выделены новые секции. Порядок расположения подродов и секций в системе Кюкенталя отражает взгляды автора на развитие соцветий от одноколоскового к более сложным и от двурыльцевого столбика гинецея к трехрыльцевому. Эти эволюционные идеи не имеют в настоящее время сторонников. В начале системы подрода *Vignea* помещены секции, включающие виды с андрогинными колосками, что принято и в ряде последующих систем, в том числе и в настоящей работе. Однако первая секция этого подрода — *Incurvae*, наиболее продвинутая среди секций с андрогинными колосками, должна занимать другое место в системе. В подроде *Eucarex* (= subgen. *Carex*) первыми по порядку идут высокоорганизованные секции *Acutae* и *Atratae*, в конце — одна из относительно примитивных — *Hirtae* (= sect. *Carex*). Система Кюкенталя более естественна, чем прежние. Объем вида трактуется в работе широко: в качестве подвидов и разновидностей нередко приняты хорошо обособленные виды. Монография Кюкенталя — последняя мировая сводка по осокам. Ее значение для таксономии *Carex* исключительно велико.

Более детализирована по сравнению с системой Кюкенталя разработанная на основе европейских видов система Руи (Rouy, 1912). Им установлен ряд новых секций и подсекций осок.

Вскоре после появления труда Кюкенталя была сделана еще одна попытка представить род *Carex* в виде отдельных родов. Автор новой системы — Бёрнер (Börner, 1913) разделил осоки на 20 родов. В роде *Carex* s. str. им были оставлены виды из родства *C. vesicaria*, *C. acutiformis* и *C. hirta*. Некоторые роды разбиты на подроды; других подразделений в системе Бёрнера нет.

Следует отметить, что роды, неоднократно выделяемые из рода *Carex*[1] на протяжении трех веков, начиная с Адансона (Adanson, 1763) и кончая Штейермарком (Steyermark, 1951), принимались лишь немногими исследователями осок. В последнее время один из этих родов — *Vignea* признается Сояком (Soják, 1979) и Досталом (Dostál, 1982, 1989). Несмотря на большой полиморфизм рода *Carex*, разделение его на отдельные роды не обосновано морфологически, так как группы видов, выделенные в разное время в качестве самостоятельных родов, не имеют особенностей, которые выходили бы за пределы совокупности признаков, характеризующих род *Carex* (Егорова, 1987). Целостной группой, состоящей из несомненно родственных подгрупп и не обнаруживающей какой-либо явной филогенетической гетерогенности, считает род *Carex* Голуб (Holub, 1987 : 44).

В 1925 г. Джон и Паркер (St. John, Parker) выделили новый подрод — *Alternicarex*, основанный на североамериканском виде *C. concinnoides* Mackenzie, имеющем б. ч. 4 рыльца. Этот подрод не был принят.

В 1935 г. была закончена монография североамериканских осок, выполненная крупным американским карикологом Макензи (Mackenzie, 1931, 1935). Она содержит 533 вида. Система, принятая автором, отличается от системы Кюкенталя большей естественностью секций. Подродов в ней нет. Одноколосковые виды Макензи поместил в разных местах системы, но в начале ее он расположил те из них, которые в мешочках несут осевые придатки, рассматривая их, по-

---

[1] Из рода *Carex* было выделено около 60 родов.

видимому, как примитивные. За ними следуют виды, относящиеся к подроду *Vignea*, далее — к подроду *Carex*. Макензи справедливо включил секцию *Ursinae* в секцию *Heleonastes* (Кюкенталем первая рассматривалась в составе подрода *Primocarex*, вторая была включена в подрод *Vignea*).

Работа Макензи представляет большую научную ценность. Все виды им изучены критически, описания сделаны весьма обстоятельно, с учетом изменчивости признаков; дана полная синонимия видов. Объем вида трактован автором узко, и иногда в качестве видов им описывались формы осок.

Известный японский кариколог Ови (Ohwi, 1936) в работе, представляющей собой полную сводку по осокам Японии, п-ова Корея, Курильских о-вов и о-ва Тайвань, принял в роде *Carex* только 2 подрода (а не 4, как Кюкенталь) — *Vignea* и *Eucarex*. В последний, в качестве секции, он включил виды подрода *Indocarex*. Ови установил несколько новых секций, в частности монотипную секцию *Dispermae*.

Савил и Колдер (Savile, Calder, 1953) описали новый подрод осок — *Kuekenthalia*, в который включили виды родства *C. hirta*, *C. vesicaria*, *C. acutiformis*, а также одноколосковые виды секции *Unciniaeformes* Kük. Выделение видов этих групп в отдельный подрод основано в большой степени на данных по паразитирующим на них головневым грибам из рода Anthracoidea Bref. Установление названного подрода не оправдано морфологически.

В системе Койямы (Koyama, 1962) осоки разделены на 2 подрода: *Carex* и *Vignea*. Секции даны автором в необычайно широком объеме. Они содержат виды, относимые многими авторами не только к разным секциям, но даже к разным подродам. Например, в секцию *Atratae* (= sect. *Microrhynchae*) наряду с видами, родственными *C. atrata*, включены *C. misandra*, *C. atrofusca*, *C. micropoda*, в секцию *Extensae* (= sect. *Spirostachyae*) — *C. oederi*, *C. capillaris*, *C. arnellii*, *C. baccans*, в секцию *Laxiflorae* — *C. limosa*, *C. pilosa*, *C. siderosticta*. Осоки подрода *Vignea* представлены в системе всего 2 секциями. Работа Койямы содержит много важных данных в отношении номенклатуры и видового состава осок Японии.

Во всех более поздних системах осок (Hylander, 1966; Chang, Yang, 1976; Егорова, 1976а, 1976б, 1990; Chater, 1980; Nilsson, 1985) принято деление *Carex* на 3—5 подродов (исключение составляет, по-видимому, только система Керна и Ноотебоома (Kern, Nooteboom, 1979a), в которой их нет). Порядок расположения подродов варьирует, что свидетельствует о дискуссионности вопроса, касающегося оценки их эволюционного уровня.

В работе Чейтера (Chater, 1980), включающей 180 видов *Carex* (или 210 видов и подвидов), последние распределены между 4 подродами: *Indocarex*, *Vignea*, *Carex* и *Primocarex*. Он, как и немногие авторы прошлого века, например Фриз (Fries, 1845), поместил одноколосковые виды в конце системы, что вероятно является правильным. Спорным является включение в подрод *Indocarex* *C. phyllostachys* (см. раздел работы, касающийся соцветия осок), а в подрод *Vignea* *C. curvula* и *C. baldensis*. Как уже было отмечено выше, Чейтером впервые были приняты секции Дюмортье (Dumortier, 1827). Порядок расположения секций в подродах *Vignea* и *Carex* и их объем отличаются от таковых в системах Кюкенталя (Kükenthal, 1909), В. И. Кречетовича (1935а) и Ови (Ohwi, 1936). В особенности это касается секции *Phacocystis* (= sect. *Acutae*), которая в системе Чейтера, а также ряда других авторов (Nelmes, 1962; Moore, Edgar, 1970; Егорова, 1972а, 1972б, 1976а; Chang, Yang, 1976) помещена в конце системы подрода *Carex*, в то время как у названных выше авторов — в начале.

Монографий и обзорных статей по осокам зарубежных стран или отдельных регионов мира относительно немного. Они охватывают *Carex* Великобритании (Jermy, Tutin, 1968; Jermy et al., 1982), Пиренейского п-ва (Luceño, 1994), Испании (Vicioso, 1959), Италии (Fenaroli, 1949), Болгарии (Ахтаров, 1957), Центр. Европы (Schultze-Motel, 1967–1969, 1977), Вост. Азии (Franchet, 1896–1898), зарубежного Дальнего Востока (Akiyama, 1955), Индокитая (Nelmes, 1955a; Raymond, 1959), Вьетнама (Нгуен Кхак Кхой, 1979), Китая (Liang Song-yun, Tang Yan-cheng, 1990), Малезии (Nelmes, 1951), Аргентины (Barros, 1934–1936).

Из опубликованных за последние 30 лет обработок рода *Carex* во Флорах различных зарубежных территорий[1] наибольший интерес представляют сводки по осокам Европы (Chater, 1980), Скандинавии (Hylander, 1966), Великобритании (Nelmes, 1962), Чехии и Словакии (Dostál, 1982, 1989), Турции (Nilsson, 1985), Афганистана (Raymond, 1965), Центр. Азии (Егорова, 1967), Монголии (Грубов, 1982), Китая (Chang, Yang, 1976; Kitagawa, 1979), п-ова Корея (Lee, 1976), Японии (Ohwi, 1965), Малезии (Kern, Nooteboom, 1979a, 1979b), отдельных регионов Сев. Америки (Hultén, 1968; Hermann, 1974; Cronquist, 1977), Сев. Африки (Maire, 1957), Новой Зеландии (Moore, Edgar, 1970; Healy, Edgar, 1980).

Большой вклад в исследование рода *Carex* внесли отечественные ботаники. Несколько видов было описано Ф. К. Биберштейном (1809, 1819). Значительную роль в изучении осок сыграли работы К. А. Мейера (1831а, 1831б, 1833), которому принадлежат описания свыше 20 видов, встречающихся в разных районах России. Авторами ряда видов осок из Средней Азии являются Г. С. Карелин и И. П. Кирилов (1841, 1842).

Первая обработка осок России выполнена немецким ботаником Тревиранусом (Treviranus, 1852) во «Flora Rossica» К. Ф. Ледебура. В ней приведено 130 видов и большое число разновидностей. К категории последних отнесено немало «хороших» видов (*C. curaica*, *C. praecox*, *C. colchica* и др.). Сводка Тревирануса, достаточно полная для того времени, имела важное значение для дальнейшего изучения рода.

Количество известных видов осок с территории Сибири и Дальнего Востока вскоре значительно пополнилось благодаря исследованиям Н. С. Турчанинова (1856), К. И. Максимовича (1859) и Ф. Б. Шмидта (1868).

Большое значение для исследования осок России имела работа известного знатока сем. *Cyperaceae* К. Ф. Мейнсгаузена «Die Cyperaceen der Flora Russlands» (1901). Она осталась незаконченной в связи с кончиной автора. Поэтому перечень приведенных в ней видов *Carex* (212) отличается некоторой неполнотой. Мейнсгаузеном были описаны здесь около 20 видов осок, а также целый ряд секций (указание на их секционный ранг имеется на с. 280); названия некоторых секций являются приоритетными. Хорошо определен объем секции *Phleoideae* Meinsh. Секция *Brizoideae* Meinsh., напротив, является очень сборной и заключает такие неродственные виды, как *C. incurva*, *C. stenophylla*, *C. maackii* и др. Нельзя согласиться с трактовкой некоторых видов (*C. praecox*, *C. colchica* и др.). Данные Мейнсгаузена по осокам России были широко использованы в монографии Кюкенталя.

Изучению осок Сибири и Дальнего Востока посвящена работа Кюкенталя «Cyperaceae Sibiriae» (Kükenthal, 1911), в которой имеются небольшие изменения по сравнению с его монографией 1909 г.

---

[1] Полный перечень обработок рода *Carex* в новых флористических сводках содержится в работе Кукконена и Тойвонена (Kukkonen, Toivonen, 1988).

В 20-е годы изучение осок нашей флоры было связано с именами Б. Н. Городкова (1922а, 1922б, 1927), В. Л. Комарова (1927), П. Н. Крылова (1929) и Д. И. Литвинова (1929). Им принадлежат описания новых видов, критические заметки и обработки рода в региональных Флорах.

Выдающимся достижением в познании рода *Carex* является обработка В. И. Кречетовича во «Флоре СССР» (1935а). Она содержит 392 монотипных вида, т. е. в 3 раза больше, чем во «Flora Rossica». 57 видов были описаны Кречетовичем впервые, многие из них хорошо обособлены. Кречетовичем дана новая система рода, включающая 3 подрода: *Megalocranion* V. Krecz., *Vignea* и *Eucarex*, 47 секций, а также циклы и ряды. Подрод *Megalocranion*, объединящий 2 вида — *C. macrocephala* и *C. kobomugi*, пока не получил признания (Ohwi, 1936; Егорова, 1966б, 1990; Koyama, 1962; Chang, Yang, 1976); названные виды включаются в подрод *Vignea*. Кречетович не принял подрод *Primocarex* Kük. и распределил его виды между подродами *Vignea* и *Carex*, с представителями которых они, на мой взгляд, не обнаруживают явных филогенетических связей.

Кречетовичем выделено несколько новых секций (*Temnemis*, *Chartoteuchium*, *Boernera* и др.), которые входят в предложенную в настоящей работе систему. Почти всем секциям, установленным предыдущими авторами, он дал новые названия, что противоречит правилу приоритета (позднее, в 1940 г., во «Флоре УРСР» для некоторых секций им были использованы названия Кюкенталя). Многие секции в трактовке Кречетовича представляют собой естественные таксоны (*Rhynchopera*, *Loncoperis*, *Physiglochis*, *Leptovignea*, *Leimonastes*, *Loxaniza*, *Leucoglochin*, *Aunieria*, *Lamprochlaenia*, *Kuekenthalia*, *Nothocarex*, *Proteocarpus*, *Caricella*). Правильным является перенесение *C. bicolor* из секции *Acutae* sensu Kük. в секцию *Loxaniza* (= sect. *Microrhynchae*). Некоторые же секции приняты в широком объеме и включают неродственные группы видов. В подроде *Vignea* наиболее гетерогенны секции *Vignea*, *Phyllothyrsa*, *Desmiograstis*, *Olotrema* (Егорова, 1966б), в подроде *Carex* — *Onkerma*, *Campylorhina*, *Pompholyx*. С другой стороны, в разные секции (*Orphinascus* и *Edritria*) помещены такие близкие виды, как *C. macrogyna* и *C. alexeenkoana*.

Что касается порядка расположения секций, то в подроде *Vignea* в работе Кречетовича он иной, чем в монографии Кюкенталя. И в начале, и в конце этого подрода находятся секции, характеризующиеся андрогинными колосками, из чего следует, что характер строения колосков Кречетович не связывал с эволюцией подрода. Интересно отметить, что секция *Incurvae*, помещенная Кюкенталем в начале подрода, включена Кречетовичем в секцию *Olotrema*, которой он завершает его обзор. Положение этих секций в обеих системах мне представляется неправильным. В подроде *Eucarex* секции расположены в той же последовательности, что и у Кюкенталя.

Ряды, выделенные Кречетовичем, б. ч. не соответствуют рядам в понимании В. Л. Комарова. Они объединяют виды, которые не являются викарными единицами и поэтому в совокупности представляют не одну генетическую линию, а несколько. В качестве примеров таких «сборных» рядов можно привести ряды *Chloroticae* (sect. *Onkerma*), *Rhomboideoovatae* (sect. *Temnemis*), *Capitellatae* (sect. *Callistachys*), *Diaeretostomae* (sect. *Leptovignea*) и др.

Работа Кречетовича имела неоценимое значение для дальнейшего изучения рода. Кречетович — автор обработок *Carex* в ряде республиканских и региональных Флор (1931, 1932б, 1940б, 1941а, 1941в; Кречетович и др., 1963). Ему принадлежит ряд исследований по филогении и географическому распространению осок (1936, 1941б, 1952). Из них широкой известностью пользуется работа «Примитивны ли осоки подрода Primocarex Kük.?» (1936).

Данные Кречетовича во «Флоре СССР» были дополнены авторами обработок рода *Carex*, опубликованных в республиканских и многочисленных региональных Флорах и Определителях. Обработки ряда авторов (Гроссгейм, 1940, 1949; Кузенева, 1954; Ворошилов, 1966, 1982; Егорова, 1966а, 1976а, 1976б, 1976в, 1981б; Малышев, 1979а, 1990; Кожевников, 1988) являются критическими и кроме того, содержащими много новых данных о географии видов. Сведения о видовом составе рода были пополнены главным образом за счет нахождения видов, прежде неизвестных для нашей территории. Больше всего их было отмечено на юге Дальнего Востока и в основном Д. П. Воробьевым (1956), В. Н. Ворошиловым (1966, 1982) и А. Е. Кожевниковым (1988). Новые данные в отношении видового состава и номенклатуры осок нашей флоры содержатся в работах С. К. Черепанова (1973, 1981). За последние 30 лет были опубликованы работы, специально посвященные изучению осок, в которых рассматриваются вопросы классификации и эволюции рода, номенклатура и объем видов и надвидовых таксонов, приводятся новые данные по географическому распространению (Тумаджанов, 1953; Егорова, 1959а, 1966б, 1972а, 1972б, 1973, 1975, 1979, 1980, 1985а, 1985б, 1985в, 1985г, 1991б и др.; Дервиз-Соколова, 1961; Новиков, Алексеев, 1966; Новиков, 1968, 1971; Барсегян, Егорова, 1969; Попов, 1970; Смирнов, 1971; Чекань, 1972, 1975; Алексеев, 1974а, 1974б, 1976б, 1978; Новиков и др., 1986, 1987; Даушкевич и др., 1990; Baronina, 1991; Лавренко, Улле, 1992, и др.).

Много новых сведений, касающихся географического распространения осок, появилось в результате флористических исследований разных районов нашей страны (Игошина, 1966; Усанова, Перфильева, 1966; Малышев, 1972а; Карамышева, Рачковская, 1973; Юрцев и др., 1973, 1975а, 1975б, 1975в, 1978, 1979; Горчаковский, 1975; Андрулайтис и др., 1976; Ребристая, 1977, 1991; Шлотгауэр, 1978; Кожевников, 1983; Ворошилов, 1985; Определитель , 1986; Петровский, 1988; Третьяков, 1990; Кагало, 1992; Скуратович, 1992, и др.). Все эти данные имели большое значение при написании настоящей монографии.

HISTORY OF THE TAXONOMICAL STUDY OF THE GENUS CAREX L.

The genus *Carex* belongs to the family *Cyperaceae* Juss. and is one of genera of the subfamily *Caricoideae* Pax and tribe *Cariceae* Dumort. History of its systematics is voluminous and connected with the names of the large number of foreign and native scientists. It was more or less completely elucidated by some authors (Kükenthal, 1909; Егорова, 1966б, 1972; Robertson, 1979 et al.). In the present work a historical review of sedges taxonomy is given briefly.

The genus *Carex* was described by Linnaeus (1753, 1754) in «Species plantarum» and «Genera plantarum», and included 29 species. But plants of the genus had been already known to botanists of the ancient times and pre-Linnaean period (Егорова, 1966б; Robertson, 1979). Basing on inflorescence structure Linnaeus divided the genus into 5 more of less natural groups, laid the foundation of its classification. The first group consists of unispicate species, the second group — of multispicate species with bisexual spikes, and the three other groups — of those with unisexual spikes.

In 1763 the genus *Ulva* (= sect. *Phacocystis*) was separated from sedges by Adanson; it was the beginning of division of *Carex* into a number of genera. In Ehrhart's system (1789) the genus was presented by 14 monotypic genera. Somewhat later the genera *Physiglochin* (Necker, 1790) and *Schellhammeria* (Moench, 1802) based on *C. dioica* and *C. cyperoides* (= *C. bohemica*) respectively were separated.

A noticeable contribution to the study of the sedges was made by Schkuhr (1801, 1806). His works contain descriptions and drawings of 205 species of *Carex*, their complete synonymy and data on their distribution. Practically at the same time appeared another large account on sedges written by Wahlenberg (1803). There are 192 species in it which are divided into 3 groups: *Unispicatae* (unispicate species), *Spiculatae* (= subgen. *Vignea*) and *Multispicatae* (the remaining species). In the latter group he established subgroup *Compositae* (= subgen. *Indocarex*, = subgen. *Vigneastra*).

In 1819 Beauvois (see Lestiboudois, 1819) separated sedges with 2 stigmas and bisexual spikes into the genus *Vignea* named so in honour of French scientist G. F. de Vigne who translated into French the above mentioned Schkuhr's works. In work of Gray (1821) sedges are divided into 2 genera: *Carex* (= subgen. *Vignea*) and *Trasus* (= subgen. *Carex*). In the former he placed species with 2 stigmas, in the latter those with 3 stigmas.

The monographs on *Carex* by Schweinitz (1825) and Sprengel (1826) should also be mentioned.

In 1827 Dumortier separated European sedges into 14 rather heterogenous groups. Their rank was not given in the main text of his work. But as it was ascertained by Brizicky (1969) in the foreword to his work Dumortier stated that the plant families were divided by him into tribes and genera into natural sections. Dumortier's sections in the genus *Carex* for the first time were recognized by Chater (1980).

Degland (1828) united all unispicate species in the group *Psyllophora* to which as well as to the genus *Vignea* was given by Petermann (1849) the subgeneric rank.

After Dumortier an attempt of dividing the genus *Carex* into natural groups was made by Fries (1835, 1845) who united European species in 4 large groups: *Heterostachyae tristigmaticae*, *Heterostachyae distigmaticae*, *Homostachyae distigmaticae* and *Monostachyae* which correspond to the four accepted by me subgenera: *Carex*, *Kreczetoviczia*, *Vignea* and *Psyllophora*. These groups are subdivided into subgroups of different order. Some of them (*Canescentes*, *Montanae*, *Digitatae*, *Paludosae*) well reflect species affinity. Multispicate species are arranged in the beginning of the system. Fries' works were of large importance for classification of the subgenus *Carex*.

Koch (1837) established in the genus 5 sections: *Psyllophora* and *Orthocerates* (unispicate species), *Cyperoideae* (*C. cyperoides* and *C. baldensis*), *Vignea* (= subgen. *Vignea*) and *Legitimae* (= subgen. *Carex*).

A special attention should be given to Kunth's work (1837) which is not only a large review of the sedges of the world (489 species) but also presents a considerable interest in respect to their classification. The genus is divided by Kunth into 2 groups: *Vignea* and *Carex*. The former consists of 13 groups of allied species, the latter of 20. These groups (their rank is not indicated) are designated with epithets of the most known species. Some of them (*Paniculatae*, *Heleonastes*, *Stellulatae*, *Bracteosae*) are rather natural, the others (*Ovales*, *Multiflorae*, *Arenariae*) are heterogenous. A considerable contribution to the sedges' study was made by works of Hoppe (1826), Nees von Esenbeck (1834a, 1834b), Gay (1838), Kunze (1840—1851) and Andersson (1849).

Rafinesque (1840) divided sedges into 18 genera which with 4 other genera (*Uncinia* et al.) replaced in the family *Carexides* described by him.

Rather detailed system was proposed in 1843 by Tuckerman. Sedges are divided into 5 sections: *Psyllophora* (unispicate species), *Vignea* (= subgen. *Vignea*), *Vigneastra* (= subgen. *Vigneastra*), *Leptanthera* (= subgen. *Vignea*) and *Legitimae* (= subgen. *Carex*). Within the sections Tuckerman separated related groups, some of them are used in modern classifications.

Heuffel (1844) divided European sedges into 9 genera, 5 of them unite unispicate species: *Maukschia* (*C. dioica* et al.), *Psyllophora* (*C. pulicaris*), *Leucoglochin* (*C. pauciflora*), *Genersichia* (*C. obtusata*) and *Callistachys* (*C. pyrenaica*), 4 genera consist of multispicate ones: *Cryptoglochin* (*C. curvula*), *Schellhammeria* (*C. cyperoides*), *Vignea* and *Carex*. The first and fifth genera were taken as basionyms for the sections established later.

Drejer's work (1844) «Symbolae Caricologica» is also of large interest. In this work for the first time the relations between taxa were considered from the evolutionary point of view. Drejer pointed out the possible phylogenetic connections between groups (greges) belonging to *Carices genuinae* (= subgen. *Carex*). He regarded unispicate species as initial ones for multispicate. This hypothesis concerning primary nature of unispicate sedges was shared by many authors, and in particular by a well-known monographer of the genus Kükenthal (1909). The subgenus *Vignea* Drejer considered as the most evolutionally advanced group. One can not but mention an earlier work by this author (Drejer, 1841), dealing with a critical study of sedges of Iceland, the Faeröer and Greenland.

In Carey's system (Carey, 1848) sedges are divided into 4 sections: *Psyllophora*, *Phyllostachys*, *Vignea* and *Carex proper* (= subgen. *Carex*), which are subdivided into subsections. Many of them in their volume correspond to the sections in the systems of later authors. A number of groups (subsections) given by Carey had been already proposed by Kunth and Tuckerman without indication of their rank.

Petermann (1849) recognized in the genus *Carex* 6 subgenera: *Psyllophora* (all unispicate species except *C. microglochin*), *Euthyceras* (*C. microglochin*), *Uncinia*, *Cyperoides* (*C. cyperoides*, *C. baldensis*), *Vignea* and *Eucarex*. It should be noted that all investigatiors of *Carex* since Bailey (1887) and Kükenthal (1909) erroneously referred to Cosson and Germain (1845) as authors of the subgenus *Eucarex* quoting their work «Flores des environs de Paris» in which, however, this taxon was not given. The subgeneric rank for sedges of *Vignea* group was for the second time accepted by Kirschleger (1857).

In 1851 appeared another system of sedges worked by Lang. Sedges of Scandinavia and Middle Europe are united by Lang in 3 sections: *Homostachyae* (= subgen. *Psyllophora*), *Heterostachyae*

(= subgen. *Vignea*) and *Orthostachyae* (= subgen. *Carex*). There are groups: divisio, subdivisio and smaller sub-units within each section. Some of them were taken as basionyms for the sections established by caricologists later.

In 1855 all, already rather voluminious information concerning the genus *Carex* was summarized by Steudel in his world-wide monographic treatment of the family *Cyperaceae*. Descriptions, synonymy and geographical data on 800 species of sedges are given in it. Speaking about large works on *Carex* one can not but mention Boott's (1858, 1860, 1862, 1867) work «Illustrations of the genus Carex» in four volumes. There are detailed descriptions, synonymy and data on sedge distribution all over the world in this work. One should mark high quality of drawings and accuracy in depicting plant details. Boott described many new species of *Carex* (Boott, 1840, 1846 etc.).

In Schur's treatment of Transsilvanian sedges (1866) the genus *Carex* is divided into 5 genera: *Schellhammeria*, *Psyllophora*, *Vignea*, *Vignantha* and *Carex*. The genus *Vignantha* (= subgen. *Kreczetoviczia*) was described by the author for the first time.

A new system of European sedges was proposed by Christ (1885, 1888). Following Fries, he placed species in 3 large groups: *Heterostachyae*, *Homostachyae*, *Monostachyae* and separated another group of the same order — *Cephalophora* in which he included not related phylogenetically species *C. cyperoides* and *C. baldensis*. The first three groups are divided into 37 sections. Some of them are a part of modern systems of sedges. The arrangement of taxa is unusual for that time: in the beginning of the system the species belonging to the subgenus *Carex* are placed, in the middle those of the subgenus *Vignea* and in the end — the species of the subgenus *Psyllophora*.

Bailey (1887) in his monograph on the *Carex* species of North America divided the genus into 2 subgenera (*Vignea* and *Eucarex*), large sections and infrasectional subdivisions. Unispicate sedges, contrary to the tradition, were placed by Bailey among multispicate ones. A wide treatment of species is also worthy of note. Bailey is also the author of a number of papers which made a valuable contribution to the study of American sedges.

In «Die natürlichen Pflanzenfamilien» Pax (1888), following Fries (1845) and many other authors, divided the genus *Carex* into 3 main groups: *Monostachyae*, *Homostachyae* and *Heterostachyae* keeping traditional order of their arrangement. Within these groups there are subgroups as well as sections and smaller taxa (Sippen). The latter ones in their volume more or less correspond to the sections in their modern interpretation. Sections of Pax as well as those of Bailey are accepted in a broad volume. One of them, *Hyparrhenae*, for example, unites all species with gynaecandrous spikes. Species of the subgenus *Vigneastra* (= subgen. *Indocarex*) are included by Pax in the group *Homostachyae* (= subgen. *Vignea*) and placed in Sippe *Laxae*.

In the following two systems of Saint-Lager (1889) and Gandoger (1890) *Carex* species are divided into 3 and 10 genera respectively. Exactly the opposite treatment of the genus *Carex* volume is given by Baillon (1894) who included in it other genera of the tribe *Cariceae* (*Schoenoxiphium* Nees, *Uncinia* Pers., *Hemicarex* Benth.) as sections. He segregated species allied to *C. indica* (which had been already regarded by earlier authors (Wahlenberg, 1803; Tuckerman, 1843) as a separate taxon) in the section *Indocarex* (= subgen. *Indocarex* (Baill.) Kük.).

Holm (1903) as well as his predecessor Bailey (1887) divided the genus *Carex* only into 2 groups: *Vignea* and *Carices genuinae*. He did not recognize the section *Vigneastra* Tuckerm. (= subgen. *Vigneastra*, = subgen. *Indocarex*), expressing his opinion that its species should be included in *Carices genuinae*. Holm supposed that multispicate species of the both groups accepted by him originated from unispicate ones and were parallel lines of the evolution. In accordance with this hypothesis he placed unispicate species as initial ones in each group of the second order (grex).

Clarke (1904), the author of *Cyperaceae* treatments of India, China, tropical and South Africa and other regions divided *Carex* species growing in Malaya (peninsula Malacca) into 6 subgenera described by him. Two of them, *Vigneandra* and *Vignegyne*, include species of the subgenus *Vignea* and also those of subgenus *Carex* with 2 stigmas and bisexual spikes. Species of subgenera *Carex* and *Vigneastra* were included in the third subgenus *Caricandra*. The fourth subgenus *Euvignea* is a natural taxon which includes the group of species allied to *C. acuta*: *C. gaudichaudiana*, *C. phacota*, *C. pruinosa*. However the name *Euvignea* is an illegitimate name because of the existing of the earlier subgeneric name *Vignea* for the another subgenus in the genus *Carex*. The species related to the above mentioned ones are separated by me in the subgenus *Kreczetoviczia*. The fifth and sixth subgenera, *Caricimia* and *Propriae*, include unispicate species and those of the subgenus *Carex* respectively. Clarke described a few sections and subsections and a great number of species.

The largest world-wide monograph of the genus *Carex*, belonging to a well-known German cyperologist George Kükenthal (1909), contains 793 species, a large number of subspecies, numerous varieties and forms as well as hybrids. A new system of sedges is given by the author. It includes 4 subgenera: *Primocarex*, *Vignea*, *Indocarex* and *Eucarex*, 69 sections and a number of subsections. All unispicate species are united in the first subgenus (its correct name *Psyllophora* (Degl.) Peterm., but in literature Kükenthal's *Primocarex* is widely used). The question concerning the rank of the group of unispicate species and their position in the system was and still is one of the most debatable in sedges' study. I consider it in the parts of the work dealing with morphology and evolution of the genus. It should be noted that the subgenus *Primocarex* was not recognized by a number of well-known caricologists (Mackenzie, 1931, 1935; Kreczetowicz, 1935a; Ohwi, 1936). Lately there is observed a tendency to give to unispicate species the subgeneric rank (Moore, Edgar, 1970; Егорова, 1976а, 1976б, 1990; Chang, Yang, 1976; Chater, 1980 et al.). Kükenthal established the subgenus *Indocarex* including in it species which were separated by his predecessors either in groups without stating the rank (*Compositae* Wahlenb., *Laxae* Pax), or in sections (*Vigneastra* Tuckerm., *Indocarex* Baill.). The subgenus *Indocarex* was recognized by many investigators of sedges ((its correct name is *Vigneastra* (Tuckerm.) Kük. (Егорова, 1990)).

Many subdivisions of the genus, accepted in the monograph by Kükenthal as sections and subsections, were proposed by earlier authors; some sections and subsections were described by him for the first time. Many sections in Kükenthal's system are natural groups which unite the taxa of close relationship. But some section (*Acutae, Frigidae, Spirostachyae, Rhomboidales, Careyanae, Hymenochlaenae* etc.) are given by the author in a broad sense. Later new sections were separated from them. The order of arrangement of subgenera and sections in Kükenthal's system reflects author's views about the development of inflorescences from unispicate one to more compound and from bistigmatic style of gynoeceum to tristigmatic one. These evolutionary ideas are not supported by modern authors. In the beginning of the subgenus *Vignea* system are placed the sections which include species with androgynous spikes. This placement is also accepted in a number of later systems including one of the present work. But the first section of this subgenus, *Incurvae*, the most advanced amongst the sections with androgynous spikes, should take a different place. Highly organized sections *Acutae* and *Atratae* are the first in system of the subgenus *Eucarex* (= subgen. *Carex*), in the end – one of relatively primitive sections, *Hirtae* (= sect. *Carex*). Kükenthal's system is more natural than previous ones. The species' volume is treated in the work in rather broad sense: often as subspecies and varieties quite separate species are accepted. Kükenthal's monograph is the last world-wide account of sedges. It is of large importance for the *Carex* taxonomy.

Rouy's system (1912) based on European species is more detailed as compared with Kükenthal's system. A number of new sections and subsections of sedges are established by him.

Soon after Kükenthal's work another attempt to divide the genus *Carex* into separate genera was made. Börner (1912), the author of a new system, divided sedges into 20 genera. Species allied to *C. vesicaria, C. acutiformis* and *C. hirta* were remained by him in the genus *Carex* only. The genera sometimes are subdivided into subgenera. There are no other subdivisions in Börner's system.

It is to be noted that the genera repeatedly separated from the genus *Carex*[1] for a period of three centuries from Adanson (1763) to Steyermark (1951) were recognized only by few investigators of sedges. Lately one of these genera, *Vignea*, has been recognized by Soják (1979) and Dostál (1982, 1989). Despite of large polymorphism of the genus the split of it into separate genera is not reasonable morphologically because groups of species recognized at different times as independent genera have no morphological peculiarities which are beyond the feature limits of *Carex* (Егорова, 1987). Holub (1987 : 44) regards the genus *Carex* to be an integral group of clearly related subgroups without any distinct phylogenetic heterogeneity.

In 1925 St. John and Parker separated a new subgenus, *Alternicarex*, based on North American species *C. concinnoides* Mackenzie which often has 4 stigmas. This subgenus has not been recognized.

In 1935 Mackenzie (1931, 1935), a well-known American caricologist, published his monograph on sedges of North America. It contains 533 species. The system accepted by the author differs from that of Kükenthal's in having more natural sections. There are no subgenera in it. Unispicate species are placed by Mackenzie in different parts of the system, but in the beginning he arranged those of them which have rachillas in utricles, considering them, apparently, as primitive ones. Then species belonging to the subgenus *Vignea* follow, further those of the subgenus *Carex*. Mackenzie correctly placed the section *Ursinae* into the section *Heleonastes* (the former was included by Kükenthal in the subgenus *Primocarex*, the latter in the subgenus *Vignea*).

Mackenzie's work is of large scientific value. All species are studied by him critically, descriptions are made quite thoroughly, taking into account variability of characters, a complete synonymy of species is given. Volume of species is treated by the author narrowly, and sometimes forms of *Carex* are described by him as species.

A well-known Japanese cyperologist Ohwi (1936) in his work, presenting a complete account on sedges of Japan, Korea peninsula, the Kuril Islands and Taiwan, accepted in the genus *Carex* only 2 subgenera (and not 4 as Kükenthal did), *Vignea* and *Eucarex*. In the latter he included in the rank of

---

[1] From the genus *Carex* about 60 genera were described.

section species of subgenus *Indocarex*. Ohwi established a few new sections, in particular monotypic section *Dispermae*.

Savile and Calder (1953) described a new subgenus *Kuekenthalia* in which they included species allied to *C. hirta*, *C. vericaria*, *C. acufiformis* and also unispicate species of section *Unciniaeformes* Kük. These species were mainly segregated as a separate subgenus on the basis of data on infecting them smut fungi of the genus Anthracoidea Bref. Establishing of above mentioned subgenus is not reasonable morphologically.

In Koyama's (1962) system sedges are divided into 2 subgenera: *Carex* and *Vignea*. Sections are given by the author in unusually broad sense. They contain species referred by many authors not only to different sections but even to different subgenera. For example, in the section *Atratae* (= sect. *Microrhynchae*) along with species related to *C. atrata* there are included *C. misandra*, *C. atrofusca*, *C. micropoda*, in the section *Extensae* (= sect. *Spirostachyae*) — *C. oederi*, *C. capillaris*, *C. arnellii*, *C. baccans*, into the section *Laxiflorae* the species *C. limosa*, *C. pilosa*, *C. siderosticta* are included. Sedges of the subgenus *Vignea* are represented in the system only by two sections. There are many important data concerning nomenclature and specific composition of Japanese sedges in Koyama's work.

In all later systems of sedges (Hylander, 1966; Chang, Yang, 1976; Егорова, 1976a, 1976б, 1990; Chater, 1980; Nilsson, 1985) *Carex* is divided into 3—5 subgenera (except, apparently, Kern's and Nooteboom's system in which these are absent). Arrangement order of subgenera is different, thus the question, regarding the estimation of their evolutionary level, is open for discussion.

In Chater's (1980) treatment which includes 180 species of *Carex* (or 210 species and subspecies), they are placed amongst 4 subgenera: *Indocarex*, *Vignea*, *Carex* and *Primocarex*. Chater, like not many authors of the 19-th century, for instance, Fries (1845), placed unispicate species in the end of the system, the placement which should be probably considered correct. The inclusion of *C. phyllostachys* into the subgenus *Indocarex* (see the part of this work dealing with the inflorescence structure of *Carex*) and *C. curvula* and *C. baldensis* into the subgenus *Vignea* is a debatable point. As it has been already marked above Chater for the first time accepted Dumortier's sections. The order of arrangement of sections in the subgenera *Vignea* and *Carex* and their volume differ from those of Kükenthal's (1909), Kreczetowicz's (Кречетович, 1935a) and Ohwi's (1936). This concerns in particular the section *Phacocystis* (= sect. *Acutae*) which in Chater's system and also of a number of other authors (Nelmes, 1962; Moore, Edgar, 1970; Егорова, 1972a, 1972б, 1976a; Chang, Yang, 1976) is placed in the end of the system of the subgenus *Carex* whereas the above mentioned authors placed it in the beginning of it.

There are relatively few monographs and review papers on sedges of foreign countries or regions of the world. These embrace *Carex* of Great Britain (Jermy, Tutin, 1968; Jermi et al., 1982), Pyrenean Peninsula (Luceño, 1994), Spain (Vicioso, 1959), Italy (Fenaroli, 1949), Bulgaria (Ахтаров, 1957), Central Europe (Schultze-Motel, 1967—1969, 1977), East Asia (Franchet, 1896—1898), foreign Far East (Akiyama, 1955), Indochina (Nelmes, 1955a; Raymond, 1959), Vietnam (Нгуен Кхак Кхой, 1979), China (Liang Song-yun, Tang Yan-cheng, 1990), Malesia (Nelmes, 1951), Argentina (Barros, 1934—1936).

The most interesting treatments of sedges in Floras of different foreign territories published during the last 30 years are accounts on *Carex* of Europe (Chater, 1980), Scandinavia (Hylander, 1966), Great Britain (Nelmes, 1962), Czechia and Slovakia (Dostál, 1982, 1989), Turkey (Nilsson, 1985), Afghanistan (Raymond, 1965), Central Asia (Егорова, 1967), Mongolia (Грубов, 1982), China (Chang, Yang, 1976; Kitagawa, 1979), Korea Peninsula (Lee, 1976), Japan (Ohwi, 1965), Malesia (Kern, Nooteboom, 1979a, 1979b), of some regions of North America (Hultén, 1968; Hermann, 1974; Cronquist, 1977), North Africa (Maire, 1957), New Zealand (Moore, Edgar, 1970; Healy, Edgar, 1980)[1].

A considerable contribution to investigations of the genus *Carex* was made by botanists of this country. Some species were described by Bieberstein (Биберштейн, 1809, 1819). The works by Meyer (1831a, 1831б, 1833), who described over 20 species of sedges ocurring in different regions of Russia, were of large importance for study of the genus. Karelin and Kirilow (1841, 1842) are the authors of a number of *Carex* species.

The first treatment of sedges of Russia was made by German botanist Treviranus (1852) in Ledebour's «Flora Rossica». 130 species and a great number of varieties are given in it. Quite a number of «good» species are cited in the rank of the latter ones. Treviranus' account, complete enough for that time, was of important significance for further study of the genus.

---

[1] A complete list of the genus *Carex* treatments in new floristic works is given in Kukkonen's and Toivonen's work (1988).

The number of known species of sedges from the territory of Siberia and Far East was soon considerably enlarged thanks to investigations carried out by Turczaninow (Турчанинов, 1856), Maximowicz (Максимович, 1859) and Schmidt (Шмидт, 1868).

«Die Cyperaceen der Flora Russlands», the work of a known specialist on the family *Cyperaceae* Meinshausen (Мейнсгаузен, 1901) was also of great importance. It remained unfinished due to the decease of the author. Therefore a list of *Carex* species (212) given in it is incomplete. Meinshausen described there about 20 species of *Carex* and a number of sections (a reference to its sectional rank is given on page 280). The names of some his sections have a priority. The volume of section *Phleoideae* Meinsh. is defined fairly well. Section *Brizoideae* Meinsh. is, on the contrary, rather heterogenous and includes such non-related species as *C. incurva*, *C. stenophylla*, *C. maackii* and others. Meinshausen's data on sedges of Russia were widely used in Kükenthal's monograph.

Kükenthal's work «Cyperaceae Sibiriae» (1911) is dealing with sedges of Siberia and Far East. In this work there are small alterations as compared with his monograph of 1909.

In the 20-th years of this century the study of sedges in our flora was connected with the names of such botanists as Gorodkov (Городков, 1922a, 1922б, 1927), Komarov (Комаров, 1927), Krylov (Крылов, 1929) and Litvinov (Литвинов, 1929). They described a number of new species, made critical notes and treatments of the genus in reginal Floras.

A large contribution to study of *Carex* was made by Kreczetowicz in his treatment of the genus in «Flora URSS» (Кречетович, 1935a). It contains 392 monotypic species, i. e. 3 times more than in «Flora Rossica». 57 species were described by Kreczetowicz for the first time, many of them are well-distinguished. Kreczetowicz proposed a new system of the genus. It includes 3 subgenera: *Megalocranion* V. Krecz., *Vignea* and *Eucarex*, 47 sections and also cycles and series. Subgenus *Megalocranion* which units 2 species, *C. macrocephala* and *C. kobomugi*, is not recognized for the present (Ohwi, 1936; Егорова, 1966б, 1990; Koyama, 1962; Chang, Yang, 1976); the mentioned species are included in the subgenus *Vignea*. Kreczetowicz did not recognize the subgenus *Primocarex* and placed its species in the subgenera *Vignea* and *Carex*, with members of which they, in my opinion, do not show phylogenetic relationships. Kreczetowicz separated some new sections (*Temnemis*, *Chartoteuchium*, *Boernera* and others) which are a part of the system proposed in the present work. He supplied with new names practically all sections which had been established by earlier authors, though this contradicts the rule of priority (later in 1940 in «Flora of the Ukraine» he used Kükenthal's names for some sections). Many section in Kreczetowicz' interpretation are natural taxa (*Rhynchopera*, *Loncoperis*, *Physiglochis*, *Leptovignea*, *Leimonastes*, *Loxaniza*, *Leucoglochin*, *Aunieria*, *Lamprochlaenia*, *Kuekenthalia*, *Nothocarex*, *Proteocarpus*, *Caricella*). The transfer of *C. bicolor* from section *Acutae* sensu Kük. to section *Loxaniza* (= sect. *Microrhynchae*) is correct. But some sections are accepted in a broad volume and include non-related groups of species. In the subgenus *Vignea* the sections *Vignea*, *Phyllothyrsa*, *Desmiograstis*, *Olotrema* are heterogenous (Егорова, 1966б), in subgenus *Carex* similar sections are *Onkerma*, *Campylorhina*, *Pompholyx*. On the other hand, such related species as *C. macrogyna* and *C. alexeenkoana* are placed in different sections (*Orphinascus* and *Edritria*).

The arrangement of sections in the subgenus *Vignea* presented in Kreczetowicz' work differs from that given in Kükenthal's monograph. Both in the beginning and in the end of this subgenus are placed sections which are characterized by androgynous spikes, thus it seems that the structure type of spikes was not connected by Kreczetowicz with the evolution of the subgenus. It is interesting to note that section *Incurvae*, placed by Kükenthal in the beginning of the subgenus, is included by Kreczetowicz in section *Olotrema* with which he crowns its synopsis. The position of these sections in the both systems in my opinion, is incorrect. In the subgenus *Eucarex* sections are arranged in the same succession as that in Kükenthal's system.

The series separated by Kreczetowicz for the most part do not correspond to those in Komarov's interpretation. They unite species which are not vicarious units and therefore each group of such species presents not one genetic line but several ones. The series *Chloroticae* (sect. *Onkerma*), *Rhomboideo-ovatae* (sect. *Temnemis*), *Capitellatae* (sect. *Callistachys*), *Diaeretostomae* (sect. *Leptovignea*) and others can be given as examples of such heterogenous series.

Kreczetowicz' work was of invaluable importance for the further study of the genus.

Kreczetowicz was an author of *Carex* treatments in a number of republican and regional Floras of the former USSR (Кречетович, 1931, 1932б, 1940б, 1941a, 1941в; Кречетович и др., 1963). A number of investigations on phylogeny and geographical distribution of sedges (Кречетович, 1936, 1941б, 1952) were carried out by him. His work «Are sedges of subgenus *Primocarex* Kük. primitive?» (1936) is far-famed.

Kreczetowicz's data in «Flora URSS» were enlarged by authors of treatments of the genus *Carex* published in republican and numerous regional Floras and Keys. Treatments of some authors (Гроссгейм, 1940, 1949; Кузенева, 1954; Ворошилов, 1966, 1982; Егорова, 1966a, 1976a, 1976б, 1976в, 1981б; Малышев, 1979a, 1990; Кожевников, 1988) are critical and, besides, contain many new data concerning geography of species. Data regarding specific composition of the genus were enriched chiefly by finding species formely unknown for our territory. Most of them were recorded from south of Far East mainly by Vorobiev (Воробьев, 1956), Woroshilov (Ворошилов, 1966, 1982) and Kozhevnikov (Кожевников, 1988). New information on specific composition and nomenclature of sedges in our flora are contained in Czerepanov's works (1973, 1981). For the last 30 years the works specially dedicated to study of sedges have been published. In these works questions of classification and evolution of the genus, nomenclature and volume of species and subdivision of the genus are considered, new data on geographical distribution are given (Тумаджанов, 1953; Егорова, 1959а, 1966б, 1972а, 1972б, 1973, 1975, 1979, 1980, 1985а, 1985б, 1985в, 1985г, 1991б и др.; Дервиз-Соколова, 1961; Новиков, Алексеев, 1966; Новиков, 1968, 1971; Баргесян, Егорова, 1969; Попов, 1970; Смирнов, 1971; Чекань, 1972, 1975; Алексеев, 1974а, 1974б, 1976б, 1978; Новиков и др., 1986, 1987; Даушкевич и др., 1990; Баронина, 1991; Лавренко, Улле, 1992, и др.).

Many new data concerning geographical distribution of sedges appeared as a result of floristic studies in different regions of this country (Игошина, 1966; Усанова, Перфильева, 1966; Малышев, 1972а; Карамышева, Рачковская, 1973; Юрцев и др., 1973а, 1975б, 1975в, 1978, 1979; Горчаковский, 1975; Андрулайтис и др., 1976; Ребристая, 1977, 1991; Шлоттауэр, 1978; Кожевников, 1983; Ворошилов, 1985; Определитель , 1986; Петровский, 1988; Третьяков, 1990; Кагало, 1992; Скуратович, 1992, и др.). All these data were of large importance while writing this monograph.

МОРФОЛОГИЧЕСКИЕ, АНАТОМИЧЕСКИЕ И НЕКОТОРЫЕ БИОЛОГИЧЕСКИЕ ОСОБЕННОСТИ ОСОК

В морфологическом отношении род *Carex* обнаруживает ряд своеобразных черт, из которых наиболее значительной является присутствие мешочка — замкнутого органа, заключающего цветок и плод. Другие важные особенности осок, свойственные и другим представителям *Cyperaceae*, — наличие предлистьев в соцветии, особый тип пыльцевых зерен (псевдомонада), нелокализованный (диффузный) центромер и анеуплоидия. Род *Carex* характеризуется очень большим разнообразием признаков, в особенности репродуктивной сферы. Основное внимание в настоящей работе уделяется оценке таксономической и эволюционной значимости признаков и выяснению направления их эволюции.

Типы побегов. Жизненные формы

Виды рода *Carex* — многолетние поликарпические травянистые растения, представляющие собой симподиальную, редко моноподиальную систему побегов. Вопросы структуры, морфогенеза и жизненного цикла побегов рассматриваются в работах многих авторов (Рах, 1888; Высоцкий, 1923; Работнов, 1950; Серебряков, Галицкая, 1951; Куркин, 1954; Schultze-Motel, 1959; Mora, 1960; Хохряков, 1963; Егорова, 1966б; Алексеев, 1966, 1970, 1976а, 1976б, 1988; Смирнова, 1967; Алексеев, Новиков, 1968, 1971; Денисов, 1970; Ломакина, 1970, 1972; Солоневич, 1970; Гращенкова, 1972; Полынцева, 1972; Чекань, 1974, 1980; Фомичева, 1976а, 1976б, 1977; Noble et al., 1979; Биологическая флора..., 1980; Schmid, 1984; Reznicek, Catling, 1986; Bernard, 1990). У большинства видов побеги розеточного типа, с тесно сближенными в базальной части узлами, от которых отходят придаточные корни, чешуевидные листья и влагалища обычных листьев. Только очень немногим видам (*C. hirta*, *C. atherodes*, *C. disticha* и др.) свойственны побеги с расставленными узлами. Виды *Carex* имеют удлиненные репродуктивные побеги и обычно укороченные вегетативные. Последние часто являются репродуктивными побегами, находящимися в вегетативной фазе. Удлиненные вегетативные побеги имеются лишь у видов с расставленными узлами. Эти побеги имеют неполный цикл развития и отмирают, не вступая в репродуктивную фазу (Биологическая флора..., 1980 : 32, 35, 159).

У большинства осок все побеги (первичный и боковые) репродуктивные (или потенциально репродуктивные). В зависимости от длительности цикла развития они могут быть моно-, ди- и полициклическими. Моноциклические побеги свойственны некоторым видам подрода *Vignea* — *C. remota*, *C. bohemica*, *C. leporina*, *C. echinata* (Алексеев, Новиков, 1971). По дициклическому типу развиваются многие виды осок. Полициклические побеги имеют *C. aquatilis*, *C. hyperborea* (= *C. bigelowii*) (Серебряков, 1952), *C. physodes* (Башкатова, 1956), *C. orthostachys* (= *C. atherodes*) (Алексеев, Новиков, 1971). Ди- и полициклические побеги легко распознаются по наличию в их основании отмерших листьев прошлого года. Некоторым видам (например, *C. vesicaria*) свойственны озимые моноциклические побеги (Серебряков, 1952 : 209, 213), занимающие промежуточное положение между моно- и дициклическими. У ряда осок (например, *C. praecox)* отмечается неполный цикл развития побегов. Часть побегов у них, как правило, отмирает в вегетативном состоянии, не доходя до образования соцветия, хотя оно уже дифференцируется в их конусе нарастания (Серебряков, 1952). Побеги, завершив свой цикл развития, отмирают, за исключением б. м. долго сохраняющейся базальной части, где расположены почки возобновления. У ряда видов побеги дифференцированы на вегетативные, в конусе нарастания которых не происходит заложения соцветия, и репродуктивные. Последние в отличие от таковых у видов с недифференцированными побегами являются специализированными, осуществляющими в основном только функцию семенного размножения. Листья на них редуцированы до влагалищ или имеют короткие пластинки. Образуются такие побеги из боковых почек моноподиально нарастающего вегетативного побега, сами почек возобновления не несут и после плодоношения полностью отмирают. Таким образом, специализированные побеги являются только дочерними, вследствие чего в системе побегов они всегда занимают боковое положение. Поэтому в литературе (Kükenthal, 1909; Mackenzie, 1931, 1935; Кречетович, 1935а; Егорова, 1972а, 1972б, 1976а; Tang Yancheng, Liang Songyun, 1987; Bernard, 1990) и в настоящей работе рассматриваемые побеги (стебли) называются боковыми (латеральными), а стебли обычного типа — центральными. Специализированные репродуктивные побеги известны у отдельных видов секций *Depauperatae* (*C. pilosa*, *C. xiphium*), *Digitatae* (*C. digitata*, *C. ornithopoda*) и др. С боковыми побегами названных видов внешне сходны репродуктивные побеги *C. siderosticta* (секция *Siderostictae*), получившие название псевдолатеральных (Tang Yancheng, Liang Songyun, 1987), так как в отличие от настоящих боковых они возникают из апикальных (а не из боковых) почек. Каждый репродуктивный побег *C. siderosticta* — это перешедший в репродуктивную фазу вегетативный побег предыдущего года с уже отмершими листьями, из боковых почек которого развиваются новые вегетативные побеги.

Развитие побегов происходит из почек, закладывающихся в базальной части материнского побега и образующих вместе с соответствующими междоузлиями зону его кущения. Исключение составляют 2 вида: *C. chordorrhiza* и *C. pseudocuraica*, у которых почки образуются на всем протяжении длинных лежачих облиственных материнских побегов (см. рис. 64, *12*). Для большинства осок характерны внепазушные почки, а пазушные отмечены пока только у *C. limosa*, *C. chordorrhiza* (Алексеев, Новиков, 1971), *C. lanceolata* и *C. pseudocuraica* (Чекань, 1980).

Побеги осок по характеру возобновления могут быть внутри- и вневлагалищными. Внутривлагалищные побеги растут вертикально и в начале развития находятся внутри влагалища кроющего листа. Вневлагалищные побеги в начале развития растут горизонтально и, прорывая своей верхушкой влагалище кроющего листа, продолжают дальнейший рост снаружи от него. По данным Ю. Е. Алексеева и В. С. Новикова (1971), вневлагалищные побеги имеет большинство среднерусских осок, внутривлагалищные — все виды секции *Digitatae*, виды родства *C. capillaris*, *C. montana*, *C. appropinquata*, *C. vulpina*, *C. contigua и C. leporina*. У некоторых видов (*C. ericetorum*, *C. supina*, *C. stenophylla* и др.) образуются побеги обоих типов (Егорова, 1966б; Алексеев, 1970; Алексеев, Новиков, 1971): у них имеет место так называемое смешанное возобновление.

По направлению роста побеги *Carex* разделяются на апогеотропные (прямостоячие, вертикальные), косоапогеотропные (растущие наклонно вверх) и диагеотропные[1] (горизонтальные) (Алексеев, 1966, 1976а, 1976б; Алексеев, Новиков, 1971; Биологическая флора..., 1980).

Апогеотропными являются внутривлагалищные побеги и нередко вневлагалищные. Внутривлагалищные апогеотропные побеги имеют виды секций *Digi-*

---

[1] Эти термины были предложены П. А. Смирновым (1958) по отношению к побегам злаков и в настоящее время используются в работах по морфологии побегов злаков (Серебрякова, 1971), осок и некоторых других групп растений.

tatae, *Chlorostachyae* (*C. capillaris* и др.), *Acrocystis* (= sect. *Montanae*), *Vulpinae* и *Phaestoglochin* (= sect. *Muehlenbergianae*). Косоапогеотропный рост свойствен только внеВлагалищным побегам. Внеклагалищные апо- и косоапогеотропные побеги встречаются у многих видов, в том числе у *C. pseudocyperus*, *C. cespitosa*, *C. elata* subsp. *omskiana*, *C. echinata*, *C. canescens* и др. Виды с апо- и косоапогеотропными побегами имеют короткое неползучее вертикальное или косое корневище и образуют плотные или рыхлые дерновины или кочки. Способность к формированию кочек свойственна очень немногим осокам. В основном это виды секций *Heleoglochin* (= sect. *Paniculatae*) и *Phacocystis* (= sect. *Acutae*).

Диагеотропные побеги всегда внеВлагалищные. Вначале они растут на б. м. значительном протяжении под землей в горизонтальном направлении, а затем их рост становится вертикальным и на поверхности земли у них развиваются стебель и листья. Горизонтальная (и частично вертикальная) подземная часть побега — корневище, имеет только чешуевидные листья и не несет почек возобновления[1]. В пределах рода корневище варьирует по длине (от 1 до 40 см), которая зависит от числа междоузлий и степени их вытянутости, и диаметру (обычно от 0.5 до 8 мм). Корневища разных групп видов отличаются по анатомическому строению (Laux, 1888; Plowman, 1906; Wille, 1926; Егорова, 1966б, и др.). Горизонтальные корневища обычно называют ползучими (длинными или короткими) в отличие от неползучих, слабо выраженных корневищ у рассмотренных выше апо- и косоапогеотропных побегов. Наличие или отсутствие ползучих корневищ является константным признаком, имеющим важное диагностическое значение.

Осоки с ползучими корневищами можно разделить на 2 группы. В первую из них входят некоторые представители подродов *Vignea* (виды родства *C. arenaria* и *C. disticha*), *Carex* (многие виды), *Kreczetoviczia* (*C. bigelowii*) и *Psyllophora* (*C. obtusata*). Все или почти все побеги у растений этой группы являются диагеотропными (т. е. они имеют ползучее корневище), и вследствие этого они расставлены по 1(2). У названных видов из подрода *Vignea* и у *C. obtusata* в течение одного вегетационного периода образуется многократно разветвленная система симподиальных побегов, в которой могут быть побеги до 10-го порядка (например, у *C. obtusata*) (Алексеев, 1966; Алексеев, Новиков, 1971; Биологическая флора , 1980), в то время как у большинства других осок ветвление побегов идет до 2-го, редко до 3-го порядка. В результате интенсивного ветвления за сезон образуется несколько расставленных стеблей и вегетативных побегов. Корневище каждого отдельного побега у рассматриваемых видов не образует дуги (в противоположность корневищам многих других видов), вследствие чего их общее корневище оказывается совершенно прямым и производит впечатление моноподиального. Это явление обусловлено особым типом симподиального ветвления, впервые описанным Челяковским (Čelakovsky, 1881, цит. по: Pax, 1888) на примере *C. arenaria*. Он состоит в том, что дочерний побег на протяжении междоузлия срастается с материнским. У видов с горизонтальным корневищем, относящихся ко 2-й группе, наряду с диагеотропными побегами имеются апогеотропные (или косоапогеотропные). В эту группу входят *C. hirta*, *C. atherodes*, *C. lasiocarpa*, *C. melanostachya*, *C. rostrata*, *C. vesicaria*, *C. ericetorum*, *C. vaginata*, *C. acuta*, *C. stenophylla* и др.). Побеги обоих типов возникают у них в определенном ритме.

---

[1] Иногда такие почки имеются, так как отмечены случаи (у *C. siderosticta*) возникновения побегов (репродуктивных) непосредственно от корневища (Tang Yancheng, Liang Songyun, 1987).

Вначале растения этих видов формируют апо- и косоапогеотропные побеги, образующие различные по размеру дерновины и даже кочки (*C. acuta*, *C. aquatilis*). Но затем одна из почек развивается в диагеотропный (горизонтальный) побег, в зоне кущения которого начинает формироваться новая дерновина (Алексеев, Новиков, 1971). Некоторые виды, например *C. rhizina*, имеют ложные (эпигеогенные) ползучие корневища, которыми становятся полегающие 2—3-летние апогеотропные побеги. Последние находятся на поверхности почвы, в слое лесной подстилки.

Согласно известной классификации жизненных форм (биологических типов), предложенной Раункиером и основанной на положении почек возобновления по отношению к поверхности почвы, осоки принадлежат к гемикриптофитам. На основании совокупности признаков побегов Ю. Е. Алексеев (1966, 1976а; Биологическая флора..., 1980) выделил у среднерусских осок 7 жизненных форм: 1) ложные дерновины (виды с вневлагалищными побегами), 2) истинные дерновины (виды с внутривлагалищными побегами), 3) кочки, 4) горизонтальнокорневищные виды с подземными побегами, не ветвящимися в течение одного вегетационного сезона, 5) горизонтальнокорневищные виды с подземными побегами, ветвящимися в течение одного вегетационного периода, 6) ползучекорневищные виды с восходящими (обычно внутривлагалищными) побегами и эпигеогенными корневищами, 7) столонно-корневищные виды с удлиненными лежачими, обычно вневлагалищными побегами.

Предложенная Алексеевым классификация жизненных форм является, на мой взгляд, правильной, отражающей все их многообразие у изученных им видов осок. Но в терминологическом отношении она представляется мне не совсем удачной. Так, нельзя противопоставлять названия горизонтальные и ползучие корневища, так как в данном случае они синонимичны. В литературе горизонтальные корневища (применительно к осоковым и злакам), как правило, называют ползучими. Далее, едва ли хороши по отношению к дерновинам эпитеты «истинные» и «ложные». И наконец, нельзя называть корневищем лежачие, наземные, с нормальными ассимилирующими листьями стебли *C. chordorrhiza* (7-я жизненная форма).

Имеется еще одна классификация жизненных форм осок, предложенная В. С. Чекань (1980) для видов Нижнего Приамурья. Автор выделяет у них 5 жизненных форм. Истинные и ложные дерновины она относит к одной форме, а *C. reventa*, имеющую эпигеогенные (ложные) корневища (6-я биоморфа по Алексееву), не считает особой формой. В остальном классификация Чекань совпадает с таковой Алексеева. Первичные жизненные формы представлены, по мнению последнего, горизонтальнокорневищными видами и дерновинными видами с вневлагалищными побегами. Разделяя точку зрения Алексеева на первичность второй жизненной формы, я считаю, подобно Стеббинсу (Stebbins, 1974), что у осок наличие горизонтальных (ползучих) корневищ является специализированным признаком, так как они способствуют расселению растений посредством вегетативного размножения. Наличие ползучих корневищ Стеббинс считает эволюционной тенденцией также у злаков и ситниковых. Аналогичное мнение в отношении злаков высказывает Н. Н. Цвелев (1976). Помимо осок с ползучими корневищами наиболее специализированную жизненную форму имеют виды с лежачими (стелющимися) вегетативными побегами (*C. chordorrhiza* и *C. pseudocuraica*).

Из перечисленных выше жизненных форм самыми распространенными являются 1-я и 4-я, другие же свойственны 2—3 подразделениям рода или только одному. Так, 2-я форма встречается в подродах *Carex* (виды секций *Digitatae*, *Acrocystis* (= sect. *Montanae*), секция *Chlorostachyae*) и *Vignea* (секции *Vulpinae* и *Phaestoglochin*); 3-я — в подродах *Kreczetoviczia* (виды секции *Phacocystis*) и *Vignea* (виды секции *Heleoglochin*), 5-я — в подродах *Vignea* (секция *Ammoglochin* — *C. arenaria* и др. и *Holarrhenae* — *C. disticha* и др.) и *Psyllophora* (*C. obtusata*), 6-я — в подроде *Carex* (виды секции *Digitatae* — *C. rhizina* и др.), 7-я — только у 2 видов подрода *Vignea* (*C. chordorrhiza* и *C. pseudocuraica*). Обычно виды одной секции имеют только одну жизненную форму. Некоторые из признаков жизненных форм осок: наличие или отсутствие горизонтальных (ползучих) корневищ (в том числе и ложных эпигеогенных), наличие лежачих побегов, способность к образованию дерновин и кочек — имеют большое диагностическое значение и используются в целях систематики. Они включаются в комплекс признаков, характеризующих внутриродовые подразделения.

MORPHOLOGICAL, ANATOMICAL AND SOME BIOLOGICAL FEATURES OF SEDGES

From a morphological point of view the genus *Carex* shows a number of specific features of which the most substantial one is the presence of the utricle, a closed organ containing both flower and fruit. Other important features of sedges, peculiar also to the rest members of the *Cyperaceae*, are the presence of prophylls in inflorescence, a particular type of the pollen grains (pseudomonade), non-localized (diffuse) centromere and aneuploidy. A very large diversity of characters, especially in reproductive sphere, is typical for the genus *Carex*. Much attention in the present work is devoted to an estimation of taxonomical and evolutionary significance of characters and to the elucidating of the trends in their evolution.

Types of shoots. Life forms

Species of the genus *Carex* are perennial polycarpic herbaceous plants, representing a sympodial, rarely monopodial system of shoots. Structure, morphogenesis and life cycle of shoots are considered in works of many aufhors (Pax, 1888; Высоцкий, 1923; Работнов, 1950; Серебряков, Галицкая, 1951; Куркин, 1954; Schultze-Motel, 1959; Mora, 1960; Хохряков, 1963; Егорова, 1966б; Алексеев, 1966, 1970, 1976a, 1976б, 1988; Смирнова, 1967; Алексеев, Новиков, 1968, 1971; Денисов, 1970; Ломакина, 1970, 1972; Солоневич, 1970; Гращенкова, 1972; Полынцева, 1972; Чекань, 1974, 1980; Фомичева, 1976a, 1976б, 1977, Noble et al., 1979. Биологическая флора , 1980; Schmid, 1984; Reznicek, Catling, 1986; Bernard, 1990). Most of species have rosette-type shoots, with closely approximate at the base nodes from which adventitious roots, scale-shaped leaves and sheaths of usual leaves arise. Only some of species have shoots with remote nodes. Species of *Carex* have elongate reproductive shoots and usually shortened vegetative ones, the latters being often the reproductive shoots at the vegetative phase. The elongate vegetative shoots are found only in species with remote nodes. These shoots have incomplete life cycle and die off before they reach the reproductive phase.

In most sedges all shoots (primary and lateral ones) are reproductive (or potentially reproductive). Depending on duration of development cycle these can be either mono- or di- or polycyclic. Monocyclic shoots are peculiar to some species of the subgenus *Vignea*: *C. remota*, *C. bohemica*, *C. leporina*, *C. echinata* (Алексеев, Новиков, 1971). Many species of sedges have dicyclic type of development. There are polycyclic shoots in *C. aquatilis*, *C. hyperborea* (= *C. bigelowii*) (Серебряков, 1952), *C. physodes* (Башкатова, 1956), *C. orthostachys* (= *C. atherodes*) (Алексеев, Новиков, 1971). Di- and polycyclic shoots are easily distinguished in having at their base dead leaves of the previous year. Some species (for example *C. vesicaria*) have winter monocyclic shoots (Серебряков, 1952 : 209, 213) which take up an intermediate position between mono- and dicyclic ones. A number of sedges (for instance, *C. praecox*) have incomplete cycle of development of shoots. A part of shoots in them dies off, as a rule, in vegetative stage, not forming an inflorescence, though it is already differentiated in their shoot apex (Серебряков, 1952). Shoots having completed their development cycle, die off, for exception remaining for a long time basal part where buds are situated. In a number of species shoots are differentiated into vegetative ones, in the shoot apex of which no formation of inflorescence takes place, and reproductive ones. The latters in contrast to such in species with non-differentiated shoots are specialized organs which mainly realize only the function of seed reproduction. Leaves on them are reduced to sheaths or have short blades. Such shoots are formed from lateral buds of vegetative shoot growing in monopodial order the shoots themselves do not bear buds at the base and after fruiting fully die off. Thus, the specialized shoots are only daughter ones, owing to this they always take up lateral position in the system of shoots. Therefore in literature (Kükenthal, 1909; Mackenzie, 1931, 1935; Кречетович, 1935a; Егорова, 1972a, 1972б, 1976a; Tang Yancheng, Liang Songyun, 1987; Bernard, 1990) as well as in the present work the shoots (stems) under consideration are called lateral shoots, while stems

3 Заказ № 131

of common type are named central ones. Some species of the sections *Depauperatae* (*C. pilosa*, *C. xiphium*), *Digitatae* (*C. digitata*, *C. ornithopoda*) and other sections have the above specialized reproductive shoots. Lateral shoots of these species are outwardly similar to reproductive ones of *C. siderosticta* (section *Siderostictae*) which received the name pseudolateral shoots (Tang Yancheng, Liang Songyun, 1987) as unlike true lateral ones these arise from apical (and not lateral) buds. Each reproductive shoot of *C. siderosticta* is a vegetative shoot of the previous year turned up into reproductive phase with already died off leaves from lateral buds of which new vegetative shoots are developed.

The shoots are developed from the buds laying in basal part of maternal shoot and forming together with internodes a zone of its branching; only in *C. chordorrhiza* and *C. pseudocuraica* the buds are formed at the whole stretch of long decumbent leafy maternal shoots (see fig. 64, *12*). Extra-axillary buds are typical for most sedges and axillary ones are known for the present only in *C. limosa*, *C. chordorrhiza* (Алексеев, Новиков, 1971), *C. lanceolata* and *C. psedocuraica* (Чекань, 1980).

Shoots of sedges on their type of regeneration (rejuvenation) can be intravaginal and extravaginal. Intravaginal shoots grow vertically and in the beginning of their development are found inside the sheath of its covering leaf. Extravaginal shoots in the beginning of their development grow horizontally and, tearing by their tip the sheath of its covering leaf, continue further growth outside it. According to Alexeev's and Novikov's data (Алексеев, Новиков, 1971), most sedges of Middle Russia have extravaginal shoots. All species of the section *Digitatae*, species allied to *C. capillaris*, *C. montana*, *C. appropinquata*, *C. vulpina*, *C. contigua* and *C. leporina* have intravaginal shoots. Some species (*C. ericetorum*, *C. supina*, *C. stenophylla* and others) form shoots of the both types (Егорова, 1966б; Алексеев, 1970; Алексеев, Новиков, 1971): the so called mixed rejuvenation takes place in them.

According to the direction of growth shoots of *Carex* can be divided into apogeotropic (upright, vertical), obliquely apogeotropic (growing inclinedly upwards) and diageotropic[1] (horizontal) (Алексеев, 1966, 1976а, 1976б; Алексеев, Новиков, 1971; Биологическая флора..., 1980).

Intravaginal shoots and often extravaginal ones are apogeotropic. Species of sections *Digitatae*, *Chlorostachyae* (*C. capillaris* etc.), *Acrocystis* (= sect. *Montanae*), *Vulpinae* and *Phaestoglochin* (= sect. *Muehlenbergianae*) have intravaginal apogeotropic shoots. Obliquely apogeotropic growth is peculiar only to extravaginal shoots. Extravaginal apo- and obliquely apogeotropic shoots are found in many species, for instance *C. pseudocyperus*, *C. cespitosa*, *C. elata* subsp. *omskiana*, *C. echinata*, *C. canescens* and others. Species with apo- and obliquely apogeotropic shoots have short, non-creeping vertical or oblique rhizome and form dense or loose tufts (caespites) or tussocks. Ability to form tussocks is peculiar to very few sedges. Mainly these are species of the sections *Heleoglochin* (= sect. *Paniculatae*) and *Phacocystis* (= sect. *Acutae*).

Diageotropic shoots are always extravaginal. At first they grow at more or less considerable stretch under the ground in horizontal direction, and then their growth becomes vertical and at the surface over ground stem and leaves are developed in them. Horizontal (and partly vertical) underground part of the shoot, a rhizome, has only scale-shaped leaves and does not bear buds[2]. Within the genus the rhizome varies in length (which depends on the number of internodes and their length) from 1 to 40 sm and diameter (usually from 0.5 to 8 mm). Rhizomes of different groups of species are distinguished in their anatomical structure (Laux, 1888; Plowman, 1906; Wille, 1926; Егорова, 1966б и др.). Horizontal rhizomes are usually called creeping (long or short) unlike non-creeping, poorly pronounced rhizomes of the above mentioned apo- and obliquely apogeotropic shoots. The presence or absence of creeping rhizomes is a constant character which is of important diagnostic value.

Sedges with creeping rhizomes can be divided into two groups. The first one includes members of subgenera *Vignea* (species of relationship *C. arenaria* and *C. disticha*), *Carex* (many species), *Kreczetoviczia* (*C. bigelowii*) and *Psyllophora* (*C. obtusata*). All (or almost all) shoots in plants of this group are diageotropic (i.e. they have a creeping rhizome). As a result of this they are distanted by 1(2). The named above species of the subgenus *Vignea* and *C. obtusata* form during a vegetation period repeatedly branchy system of sympodial shoots, in which shoots up to the 10-th order can occur (for example in *C. obtusata*) (Алексеев, 1966; Алексеев, Новиков, 1971; Биологическая флора..., 1980), whereas in most other sedges shoots are branched up to the 2-nd order, rarely to the 3-rd order. As a result of such an intensive branching several distanted stems and vegetative shoots are formed during a season. Rhizome of each shoot in the species under review does not form an arch (in contrast to rhizomes of many other species), owing to this their common rhizome turns to be perfectly erect and looks like mo-

---

[1] These terms were introduced by Smirnov (Смирнов, 1958) in relation to shoots of *Gramineae* and at present are used in the works on morphology of shoots in grasses (Серебрякова, 1971), in sedges and in some other groups of plants.

[2] Sometimes such buds are apparently present as the cases (in *C. siderosticta*) were observed when shoots (reproductive ones) arose directly from the rhizome (Tang Yancheng, Liang Songyun, 1987).

nopodial. This phenomenon is due to a particular type of sympodial branching, for the first time described by Čelakovsky (1881, cit. on: Pax, 1888) in *C. arenaria*. This type is characterized by that in this case the daughter shoot along the length of the internode is fused with maternal one. Species with creeping rhizome belonging to the second group besides diageotropic shoots have also apogeotropic ones (or obliquely apogeotropic). This group includes *C. hirta, C. atherodes, C. lasiocarpa, C. melanostachya, C. rostrata, C. vesicaria, C. ericetorum, C. vaginata, C. acuta, C. stenophylla* and others. Shoots of the both kinds arise in them in definite rhythm. At first plants of these species develop apo- and obliquely apogeotropic shoots which form various in size tufts (caespites) and even tussocks (*C. acuta, C. aquatilis*). But then one of the buds develops into diageotropic (horizontal) shoot in the branching zone of which a new tuft arises (Алексеев, Новиков, 1971). Some species, for example, *C. rhizina*, have false (epigeogenous) creeping rhizomes which actually are the decumbent biennial or triennial apogeotropic shoots. The latter ones are found on the surface of soil, in the layer of forest litter.

According to a well-known classification of life forms (biological types) proposed by Raunkiaer which is based on the position of buds of rejuvenation in relation to the surface of ground, sedges belong to hemicryptophytes. Basing on the set of characters of shoots Alexeev (Алексеев, 1966, 1976a; Биологическая флора , 1980) distinguished in sedges of Middle Russia 7 life forms (biomorphs): 1) false tufts (species with exfravaginal shoots), 2) true tufts (species with intravaginal shoots), 3) tussocks, 4) horizontally rhizomate species with underground shoots not branching during one vegetation period, 5) horizontally rhizomate species with underground shoots branchig for one vegetation period, 6) creeping rhizomate species with ascending (usually with intravaginal) shoots and epigeogenous rhizomes, 7) stolon-rhizomate species with elongate decumbent, usually extravaginal shoots.

The classification of life forms proposed by Alexeev, in my opinion, is correct and reflects all their diversity in studied by him species of sedges. But from the point of view of terminology it seems to me to be not quite felicitous. So, one can not contrast the terms horizontal and creeping rhizomes as in the case considered these are synonymous. In literature horizontal rhizomes (as applied to sedges and grasses), as a rule, are called creeping rhizomes. Then, the epithets «true» and «false» are hardly good in relation to tufts. And, at least decumbent, with normal assimilating leaves stems of *C. chordorrhiza* (7-th life form) can not be named rhizomes.

There is another classification of life forms of sedges proposed by Chekan (Чекань, 1980) for species of Lower Amur region. The author distinguished in them 5 life forms. True and false tufts are referred by her in one form and *C. reventa*, which has epigeogenous (false) rhizomes (6-th biomorpha in Alexeev's system) she does not consider a separate form. In other respects Chekan's classification coincides with that of Alexeev's. Primary life forms are presented, in his opinion, by horizontally rhizomate species and cespitose species with extravaginal shoots. Sharing a point of view of Alexeev in relation of primary nature of the latter life form, I think, like Stebbins (1974), that the presence in sedges of horizontal (creeping) rhizomes is a specialized character as they contribute to dispersal of plants by means of vegetative reproduction. The presence of creeping rhizomes in *Gramineae* and *Juncaceae* Stebbins considers also to be an evolutionary trend. Tzvelev (Цвелев, 1976) is of the same opinion in relation to *Gramineae*. Besides sedges with long rhizomes the most specialized life form is found in species with decumbent (prostrate) vegetative shoots (*C. chordorrhiza* and *C. pseudocuraica*).

From the above mentioned life forms the most common are the 1-st and 4-th, others are peculiar to 2—3 subdivisions of the genus or only to one. So, the 2-nd form is found in the subgenera *Carex* (some species of sections *Digitatae, Acrocystis*(= sect. *Montanae*), *Chlorostachyae*) and *Vignea* (sections *Vulpinae* and *Phaestoglochin*); the 3-rd occurs in the subgenera *Kreczetoviczia* (species of the section *Phacocystis*) and *Vignea* (species of the section *Heleoglochin*); the 5-th — in the subgenera *Vignea* (sections *Ammoglochin: C. arenaria* and others and *Holarrhenae: C. disticha* and others) and *Psyllophora (C. obtusata)*; the 6-th there is in the subgenus *Carex* (species of section *Digitatae: C. rhizina* and others); the 7-th is found only in two species of the subgenus *Vignea (C. chordorrhiza* and *C. pseudocuraica*). Usually species of one section have only one life form. Some of characters of life forms in sedges: the presence or absence of horizontal (creeping) or false epigeogenous rhizomes), the presence of decumbent shoots, the ability to form tufts and tussocks are of large diagnostic significance and used in the sedge taxonomy. They are included into the complex of features which characterize subdivisions of the genus.

Корневая система. Стебель. Лист

Главный (первичный) корень осок, как и у других однодольных, рано отмирает (обычно через 2—3 мес. после прорастания семени) и заменяется системой придаточных корней, образующихся в зоне кущения побегов. Толщина и окраска корней, степень развития и окраска корневых волосков служат хорошими отличительными признаками отдельных видов, подвидов и надвидовых таксонов. Так, например, толстые корни с густыми длинными белыми волосками

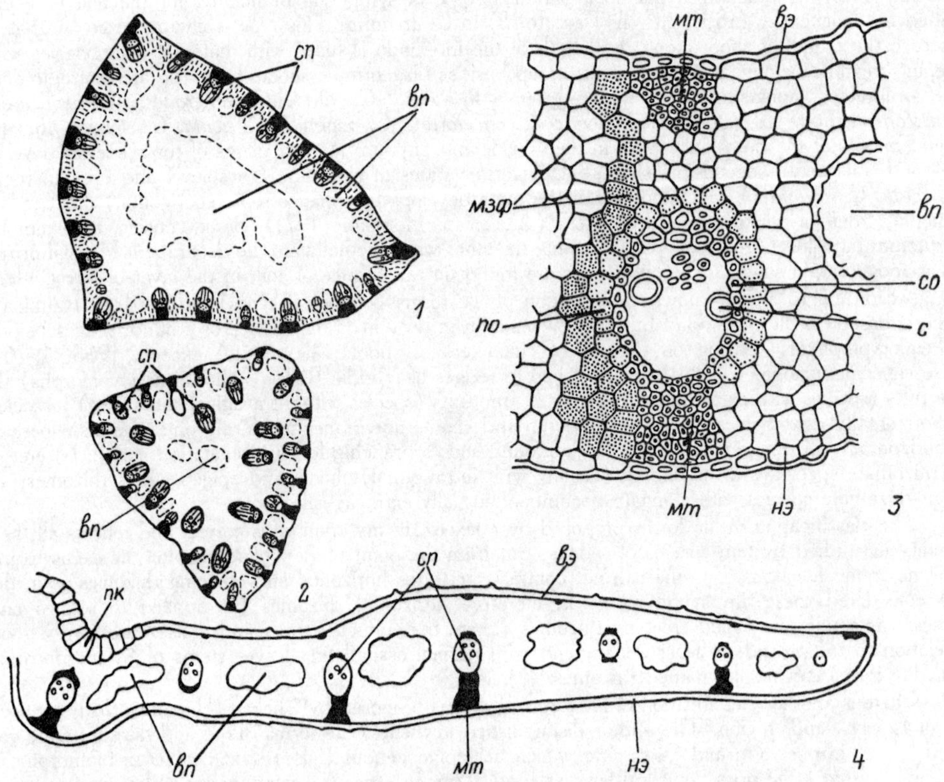

Рис. 1. Анатомическое строение стеблей и листьев на поперечных срезах: *Carex paniculata* L. (*1*), *C. trinervis* Degl. (*2*) (по: Metcalfe, 1971), *C. bigelowii* Torr. ex Schwein. subsp. *arctisibirica* (Jurtz.) A. et D. Löve (*3, 4*; по: Вихирева-Василькова, 1972)

1, 2 — схемы строения стеблей, *3* — строение пластинки листа в области сосудистого пучка, *4* — схема строения пластинки листа. *вп* — воздухоносные полости, *вэ* — верхняя эпидерма, *мзф* — мезофилл, *мт* — механическая ткань, *нэ* — нижняя эпидерма, *пк* — пузыревидные (моторные) клетки, *по* — паренхимная обкладка пучка, *с* — сосуд, *со* — склеренхимная обкладка пучка, *сп* — сосудистые пучки.

Fig. 1. Anatomical structure of stems and leaves in cross-sections: *Carex paniculata* L. (*1*), *C. trinervis* Degl. (*2*) (after Metcalfe, 1971); *C. bigelowii* Torr. ex Schwein. subsp. *arctisibirica* (Jurtz.) A. et D. Löve (*3, 4*; after Вихирева-Василькова, 1972)

1, 2 — schemes of stem structure, *3* — structure of leaf blade in zone of vascular bundle, *4* — scheme of leaf blade structure. *вп* — air-cavities, *вэ* — upper epidermis, *мзф* — mesophyll, *мт* — strengthening tissue, *нэ* — lower epidermis, *пк* — bulliform (motorial) cells, *по* — parenchymatous bundle sheath, *с* — vessel, *со* — sclerenchymatous bundle sheath, *сп* — vascular bundles.

имеют виды родства *C. soczavaeana*, длинные густые оранжевато-желтые корневые волоски — характерная особенность видов секции *Limosae*. По корневым волоскам можно легко отличить часто смешиваемые кочкообразующие виды — *C. juncella* и *C. cespitosa*. Анатомическая структура корней исследовалась рядом авторов (Klinge, 1879; Селиванов, Утемова, 1969; Křízová-Krčiková et al., 1971). Осоки разных систематических групп не обнаруживают каких-либо специфических особенностей в анатомии корней, но имеются некоторые различия между видами умеренно и избыточно увлажненных местообитаний.

Стебли имеются обычно только у репродуктивных побегов. Они (1.5)3—100(120) см выс., 0.3—5(7) мм в диам., трехгранные, иногда б. м. цилиндрические, более или менее выполненные или полые, с плоскими или вогнутыми гранями, нередко покрытыми сосочками (папиллами), по ребрам обычно б. м. сильно шероховатые из-за наличия мелких острых зубцов или шипиков и иногда узкокрылатые, низко или высоко облиственные, с узлами, расположенными б. ч. только при основании и сильно сближенными и лишь у немногих видов (см. выше) расставленными. У вегетативных побегов стебли, за редким исключением (*C. hirta*, *C. disticha*, *C. chordorrhiza*, *C. pseudocuraica*, некоторые виды секции *Ovales* и др.), ложные (Reznicek, Catling, 1986), образованные налегающими друг на друга влагалищами листьев.

Анатомия стеблей осок, как следует из литературных данных (Spinner, 1904; Le Cohu, 1967b; Metcalfe, 1971, и др.), довольно однообразна, вследствие чего диагностическая ценность анатомических признаков невелика. Эпидермальные клетки стеблей могут иметь папиллы. Хлоренхима нерадиальная (см. лист), расположена по периферии стебля и образована обычно изодиаметрическими клетками. К центру от нее расположена основная ткань — бесцветная паренхима. Обычно имеются воздухоносные полости. Сосудистые пучки у одних видов (*C. buxbaumii*, *C. flava*, *C. panicea* и др.) располагаются в 1 круг, по периферии стебля, в хлоренхиме, у других (*C. hirta*, *C. pseudocyperus* и др.) — в 2 круга, по периферии и по краю основной ткани (Metcalfe, 1971). (Рис. 1, *1*, *2*).

Листья осок, как и у большинства других осоковых, имеют очередное трехрядное расположение. Их можно разделить на листья вегетативной сферы и репродуктивной (т. е. зоны соцветия). Последние рассматриваются в разделе «соцветие». Первым листом каждого бокового побега является двухкилевый чешуевидный предлист (профилл), расположенный на его адаксиальной стороне. За предлистом часто следуют чешуевидные листья. Выше располагаются нормальные ассимилирующие зеленые листья, состоящие обычно из трубчатого замкнутого влагалища и линейной, редко ланцетной пластинки. Чешуевидные листья (катафиллы) я, как и Н. Н. Цвелев (1976), считаю видоизмененными листьями, а их присутствие на побеге — вторичным, а не примитивным признаком. В зависимости от наличия или отсутствия катафиллов на стеблях виды *Carex* разделяются рядом авторов (Kükenthal, 1909; Mackenzie, 1931, 1935; Ohwi, 1936; Murray, 1970; Егорова, 1972а, 1972б; Cronquist, 1977) на филлоподные (имеющие только обычные листья) и афиллоподные (с чешуевидными листьями при основании).

Ю. Е. Алексеев (1971а; Биологическая флора..., 1980) на примере видов секции *Acutae* (= sect. *Phacocystis*) показал, что представление о филлоподности осок является ошибочным, основанным на изучении полициклических побегов, у которых чешуевидные листья уже разрушились. Он считает, что последние есть в основании побегов всех видов осок. Представление об их отсутствии является, по его мнению, неверным, противоречащим принципиальным положениям морфологии. Утверждение Алексеева об обязательном присутствии на побеге катафиллов справедливо только в отношении видов с ползучими корневищами, так как корневище (часть побега) всегда несет чешуевидные листья. Но даже и у этих видов катафиллов может не быть в основании стеблей, как например, по моим наблюдениям, у *C. flacca*. У видов без ползучих корневищ чешуевидные листья могут совсем не развиваться, и это едва ли противоречит положениям морфологии. Уместно здесь упомянуть об отсутствии катафиллов у некоторых групп дерновинных злаков (Серебрякова, 1971 : 314; Цвелев, 1976 : 24). По-видимому, чешуевидных листьев нет у некоторых дерновинных осок, например, у *C. distans*, *C. diluta*, *C. pendula*. Вопрос о наличии или отсутствии катафиллов у видов осок нуждается в дальнейшем исследовании и может быть разрешен при изучении побегов в их развитии.

Чешуевидные листья и влагалища нижних, обычных листьев, имеют разную консистенцию и окраску, б. ч. бурую, коричневую, пурпурную, красноватую и черноватую, редко соломенно-желтую и беловатую. Для одних видов окраска является постоянным признаком, у других она б. м. варьирует в зависимости от условий местообитания. Чешуи и влагалища у некоторых видов (*C. vulpina*, *C. appropinquata*, *C. sabynensis*, *C. arnellii* и др.) распадаются при разрушении на волокна, что придает растениям характерный облик и хорошо отличает их от близких видов. Влагалища листьев у *Carex*, как отмечено выше, замкнутые. Сторона (грань) влагалища, супротивная пластинке листа, обычно пленчатая, редко травянистая. Признаки пленчатой части влагалища обычных листьев: наличие или отсутствие жилкования, поперечной морщинистости, мелких щетинок или бородавочек и консистенция, окраска и форма (обычно выемчатая или прямая, редко выпуклая или язычковидная[1]) верхнего края влагалища нередко являются хорошими видовыми, а иногда и секционными признаками (Егорова, 1966б). Характерной особенностью довольно многих видов из разных секций рода (*C. buekii*, *C. cespitosa*, *C. lasiocarpa*, *C. sordida*, *C. atherodes* и др.) является наличие сеточки (см. рис. 60, *3*), образующейся при разрушении пленчатой части у чешуевидных и нижних зеленых листьев и состоящей из центрального волокна (жилки) и нескольких соединенных с ним боковых. Влагалища листьев на побеге могут быть почти одинаковой длины, вследствие чего пластинки отходят от них практически на одном уровне, или разной длины, с пластинками, отходящими на разных уровнях. Названные признаки представляют диагностическую ценность и помогают во многих случаях идентифицировать внешне похожие виды (например, *C. podocarpa* и *C. nesophila*, виды секции *Mitratae* и др.).

В месте перехода влагалища в листовую пластинку имеется язычок в виде узкой пленчатой каемки. Он подобен язычку злаков, но, как правило, значительно меньших размеров. Форма язычка в очертании варьирует в роде от удлиненно-конической до дуговидной и изредка прямой и используется иногда для диагностики видов (Le Cohu, 1967b, Алексеев, Новиков, 1971). Однако этот признак не является достаточно надежным, так как он подвержен довольно значительной изменчивости (Егорова, 1966б). Ю. Е. Алексеев и В. С. Новиков (1971) отмечают, что форма язычка у некоторых видов варьирует в пределах побега. Поэтому я считаю, вопреки мнению ряда авторов (Durieu de Maisonneuve, 1859; Cusset, Tran, 1965; Le Cohu, 1967b), что значение данного признака для систематики осок невелико. Но сам факт присутствия язычка у осок является существенным признаком. Язычок встречается у всех родов трибы *Cariceae*, но отсутствует у многих родов других триб осоковых (например, у *Cyperus*, *Bolboschoenus*). Гедэ (Guédès, 1967, 1969) полагает, что язычок осоковых, ситниковых, лилейных и злаков возник в результате срастания видоизмененных прилистников. Согласно Н. Н. Цвелеву (1976), этот орган, по-видимому, является прогрессивным новообразованием, хотя нельзя исключить вероятность его более древней «предлистовой» природы.

Листовые пластинки осок линейные, очень редко ланцетные или широколанцетные, по краям обычно шероховатые от мелких зубчиков или шипиков. Линейные пластинки обычно килеватые — однoскладчатые или, чаще, двухскладчатые, но нередко также и почти плоские (неясно двухскладчатые), иногда желобчатые, желобчато-трехгранные и щетиновидно вдоль свернутые. Они различаются у разных видов по ширине, консистенции, цвету, характеру сужения по

---

[1] Выпуклый или язычковидный край влагалища называют антилигулой, так как он супротивен язычку (см. ниже).

направлению к верхушке (резкому или постепенному), наличию или отсутствию выступающих поперечных жилок. Пластинки многих видов сверху и снизу или только с одной стороны сплошь покрыты очень мелкими сосочками (см. ниже). У некоторых видов (в нашей флоре только из подрода *Carex*) пластинки (и влагалища) опушены б. м. густыми волосками. Перечисленные признаки варьируют в основном незначительно (кроме опушения), благодаря чему используются в целях систематики. Диагностическое значение нередко имеет соотношение длины листьев и стебля.

Анатомическому строению листовых пластинок осок посвящены работы многих исследователей (Mazel, 1891; Lemcke, 1892; Spinner, 1902, 1904; Crawford, 1910; Шенников, 1925; Pfeiffer, 1927; Akiyama, 1933, 1934, 1935, 1938, 1939, 1940; Янишевский, 1937; Hjelmquist, Nyholm, 1947; Василевская, Ищенко, 1965; Clausters, Le Cohu, 1965; Le Cohu, 1967b, 1972; Metcalfe, 1971; Shepherd, 1976; Oh, 1980, 1985; Schmid, 1980; Toivonen, 1981a; Standley, 1985, 1987a, 1987b, 1987c, 1990, и др.). Листовые пластинки у осок дорсивентральные, с сосудистыми пучками, расположенными в один ряд. На внутренних периклинальных стенках эпидермальных клеток присутствуют конусовидные кремнеземные тела (Duval-Jouve, 1873; Pfeiffer, 1921; Mehra, Sharma, 1965, и др.), что является характерной особенностью всех осоковых. Эпидермальные клетки нередко имеют выросты в виде сосочков (папилл) или, реже, шипиков и волосков. Обычно хорошо развиты пузыревидные (моторные) клетки. У немногих видов под верхней эпидермой в большей или меньшей степени развита гиподерма, состоящая из бесцветных клеток. Устьица осок парацитные (как и у других *Cyperaceae*). В пределах рода отмечено несколько их вариантов, различающихся строением побочных (subsidiary cells) клеток (Le Cohu, 1967b, 1972; Metcalfe, 1971, и др.). Характерной особенностью рода *Carex* является наличие в мезофилле листа между сосудистыми пучками больших воздухоносных полостей, которые у видов-гигрофитов, как правило, более крупные.

Хлоренхима листа состоит из одних изодиаметрических клеток, или кроме них имеются 1—2 ряда палисадных. Как отмечает Меткаф (Metcalfe, 1971), хлоренхима у представителей семейства бывает радиальной и нерадиальной. Этот признак имеет большое таксономическое значение и характеризует обычно целые трибы. У видов трибы *Cariceae* хлоренхима нерадиальная. В ней нередко имеются бесцветные клетки, а также клетки, заполненные темным содержимым, часто дающим реакцию на танин (Le Cohu, 1967b; Metcalfe, 1971). Сосудистые пучки имеют двойную обкладку — внутреннюю, склеренхимную, образованную толстостенными волокнами, и наружную, паренхимную. Строение обкладки является признаком высокой таксономической значимости, характеризующим трибы, роды и их крупные подразделения (Metcalfe, 1971). Такую же обкладку, как у *Carex*, имеют остальные роды трибы *Cariceae* и некоторые роды других триб. Под сосудистыми пучками и над ними или только с одной стороны (чаще нижней) расположена склеренхима. (Анатомическое строение листовой пластинки показано на рис. 1, *3*, *4*).

Сосуды листьев осок, так же как и всех других вегетативных органов, — самые специализированные в трибе *Cariceae* и в сем. *Cyperaceae*, так как они имеют, как правило, только простую перфорацию; лестничная перфорация отмечена лишь у единичных видов (Metcalfe, 1971 : 38; Cheadle, Kosakai, 1972).

Род *Carex*, как указывает Меткаф (Metcalfe, 1971 : 139), по анатомическим признакам листа не отграничен не только от остальных родов трибы *Cariceae*, но и от ряда представителей других триб.

Оценка возможностей использования анатомических признаков листьев при решении вопросов таксономии и эволюции осок наиболее полно дана в работе

Стэндли (Standley, 1990). Большинство секций рода, как отмечает этот автор, обнаруживает полиморфизм в отношении анатомии листа, но некоторые из них характеризуются специфическими особенностями. Так, например, у представителей секции *Orthocerates* Koch (= sect. *Leucoglochin* Dumort.) листья не имеют пузыревидных клеток, видам секции *Phacocystis* свойственны папиллы на листьях и выдающиеся (protruding) побочные клетки устьиц. В отдельных секциях (*Carex*, *Vesicariae*, *Phacocystis*, *Heleonastes* (= sect. *Canescentes*) *и др.*) по анатомическим признакам листьев различаются виды или группы видов (Jalas, Hirvelä, 1964; Toivonen, 1981a; Shepherd, 1976; Standley, 1985, 1987b, 1987c, 1990). Анатомические признаки позволяют установить, являются ли гибридные образцы обычными помесями или интрогрессантами. Данные анатомического строения могут быть полезны при определении эволюционного уровня видов в пределах секции. В качестве примитивных рассматриваются такие признаки, как наличие одного слоя пузыревидных клеток, отсутствие папилл на эпидерме, расположение побочных устьичных клеток вровень с поверхностью листа и др. (Standley, 1990). Таким образом, можно сделать вывод, что анатомические признаки листьев имеют систематическое значение в основном на видовом уровне. Они могут быть использованы при определении видов или групп видов в вегетативном состоянии.

Основные анатомические признаки листьев следующие: соотношение размеров клеток верхней и нижней эпидермы, а также эпидермальных клеток, расположенных над склеренхимой и хлоренхимой; очертания боковых стенок эпидермальных клеток (прямые, извилистые), толщина их наружной оболочки, наличие кутикулы; количество и размеры пузыревидных клеток и число их слоев; наличие (или отсутствие) и характер расположения папилл (на верхней или нижней поверхности пластинки или на обеих); количество конических кремнеземных тел в клетке, наличие или отсутствие у них сателлитов; характер расположения устьиц (на верхней или нижней поверхности пластинки или на обеих) и особенности побочных клеток; наличие или отсутствие гиподермы; число рядов клеток мезофилла, наличие или отсутствие в нем палисадных клеток; число сосудистых пучков и характер их расположения; размеры воздухоносных полостей; размеры, форма и характер расположения участков склеренхимы.

Представители подсемейства *Caricoideae*, куда входит род *Carex*, имеют фотосинтез, идущий по циклу Кальвина (C_3), и содержат много тяжелого углерода (в среднем 28%). Этим они отличаются, например, от подсем. *Cyperoideae*, включающего роды как с фотосинтезом по циклу Кальвина, так и с фотосинтезом по циклу Хетча-Слэка (C_4); последние содержат от 9 до 22% тяжелого углерода (Raynal, 1972).

Root system. Stem. Leaf

The main (primary) root of sedges, like in other Monocotyledons, dies off early (usually in 2–3 months after seed germination); it is displaced by the system of adventitious roots which are formed in the branching zone of shoots. Thickness and colour of roots, degree of development and colour of root hairs are good distinctive characters of some species, subspecies and some subdivisions of the genus. For example, thick roots with dense long white hairs are typical for species related C. *soczavaeana*; species of the section *Limosae* have long dense orangish-yellow root hairs. Often confused tussock-forming species *C. juncella* and *C. cespitosa* can be easily distinguished by root hairs. Anatomical structure of roots was examined by a number of authors (Klinge, 1879; Селиванов, Утемова, 1969; Křizová-Krčiková et al., 1971). Sedges of different taxonomical groups do not show any features in anatomical structure of roots, but there are some distinctions between species of moderately and excessively wet habitats.

Usually only reproductive shoots have stems. They are (1.5)3–100(120) cm high, 0.3–5(7) mm in diam., triquetrous, sometimes more or less cylindrical, more or less solid or hollow, with flat or concave sides, often covered with papillae, in ribs usually more or less scabrous due to the presence of small sharp teeth or small pricklets and sometimes narrowly winged, low or high leafy, with nodes located mostly only at the base and strongly approximate and only in few species (see above) distant. In vegetative shoots stems are, for few exceptions (*C. hirta, C. disticha, C. chordorrhiza, C. pseudocuraica*, some species of section *Ovales* and others), false (Reznicek, Catling, 1986) formed by leaf sheaths overlapping each other.

Stem anatomy of sedges, as appears from literature data (Spinner, 1904; Le Cohu, 1967b; Metcalfe, 1971, etc.) is rather uniformed, so diagnostic value of anatomical characters is of small importance. Epidermal cells of stems can have papillae. Chlorenchyma is not radial (see «Leaf»), situated at periphery of stem and usually formed by isodiametrical cells. The main tissue, colourless parenchyma, is placed to the centre of it. There are usually air-cavities. Vascular bundles in some species (*C. buxbaumii, C. flava, C. panicea* and others) are disposed in one circle, at the periphery of stem, in the chlorenchyma, in others (*C. hirta, C. pseudocyperus* etc.) — in two circles, at the periphery and margin of the main tissue (Metcalfe, 1971). (Fig. 1, *1, 2*).

Leaves of sedges, like in most *Cyperaceae*, are alternate three-ranked. These can be divided into leaves of vegetative sphere and those of reproductive one (i.e. inflorescence zone). The latter ones are regarded in the division «Inflorescence». The first leaf of each lateral branch is bicarinate glume-like prophyll located on its adaxial side. The prophyll is often followed by scale-like leaves. Normal assimilating green leaves are disposed above them, they usually consist of a tubular closed sheath and linear, rarely lanceolate blade. Scale-like leaves (cataphylls) I consider as well as Dr. Tzvelev (Цвелев, 1976), as modified leaves and their presence in shoots as a secondary character and not primitive one. Depending on the presence or absence of cataphylls on stems, species of the genus *Carex* are divided by a number of authors (Kükenthal, 1909; Mackenzie, 1931, 1935; Ohwi, 1936; Murray, 1970; Егорова, 1972а, 1976б; Cronquist, 1977) into phyllopodic having only usual leaves and aphyllopodic (with scale-like leaves at the base).

Alexeev (Алексеев, 1971а and in: Биологическая флора..., 1980) when studying the species of the section *Acutae* (= sect. *Phacocystis*) concluded that the idea of the phyllopody of the sedges is erroneous being based on investigation of polycyclic shoots in which scale-like leaves have been already destroyed. He considers that the latters are present at the base of shoots in all species of sedges. An idea of their absence is, in his opinion, wrong and contradicts principal provisions of morphology. Alexeev's statement concerning the compulsory presence of cataphylls on shoots is true only in relation to species with creeping rhizomes as the rhizome (i. e. part of shoot) always bears scale-like leaves. But even in these species cataphylls can absent at the base of stems, as for example, according to my observations, in *C. flacca*. Scale-like leaves can be not developed at all in species without creeping rhizomes. It is appropriate to mention here that cataphylls are absent in some caespitose species of *Gramineae* (Серебрякова, 1971 : 314; Цвелев, 1976 : 24). Probably scale-like leaves are absent in some caespitose species of sedges, namely in *C. distans, C. diluta* and *C. pendula*. The question regarding the presence or absence of cataphylls in species of sedges requires a further investigation and can be solved by a careful study of shoots in their development.

Scale-like leaves and sheaths of lower, usual leaves, differ in consistence and colour; the latter is mostly brown, purple, reddish and blackish, rarely straw-yellow and whitish. For some species the colour is a constant character, but it may more or less vary in other species depending on habitat conditions. Scales and sheaths in some species (*C. vulpina, C. appropinquata, C. sabynensis, C. arnellii* and others) are disintegrated into fibers when being destroyed; this gives to plants a characteristic habit and serves as a distinctive feature in distinguishing them from allied species. Leaf sheaths in *Carex* as noted above are closed. The side, opposite to leaf blade, is usually scarious, rarely grassy.The features of scarious side of leaf sheath: the presence or absence of venation, transverse wrinkles, small bristles or warts and consistence, colour and shape (usually concave or straight, rarely convex or lingulate[1]) of upper margin of sheath are often good characters at the specific and sometimes sectional levels (Егорова, 1966б). The presence of a vein network is a characteristic feature of many species of the genus (*C. buekii, C. cespitosa, C. lasiocapra, C. sordida, C. atherodes* etc.) (see fig. 60, *3*). This vein network is formed when destroying a scarious part in scale-like and in lower green leaves; it consists of the central fiber (vein) and a few lateral ones united with the former. Leaf sheaths can be either of almost equal length (due to this blades are practically at one level) or of different length (with blades disposed at various levels). The mentioned characters are of diagnostic significance and in many cases are of assistance in identifing similar in appearance species (for example, *C. podocarpa* and *C. nesophila*, species of the section *Mitratae* et al.).

At the base of leaf blade there is a ligule shaped as a narrow scarious or pliable membranous edge or line. It is similar to a ligule of grasses but, as rule, is considerably smaller in size. The ligule shape in its outline vary from lengthened-conical to arched and sometimes straight. It is of use sometimes for

---

[1] Convex or lingulate edge of a sheath is called an antiligule.

species' diagnostics (Le Cohu, 1967b; Алексеев, Новиков, 1971). Being rather a variable character, it, in my opinion (Егорова, 1966б), is not quite reliable. Alexeev and Novikov (Алексеев, Новиков, 1971) note that the ligule shape in some species modifies within the stem. I, therefore, consider, contrary to a number of authors (Durieu de Maisonneuve, 1859; Cusset, Tran, 1965; Le Cohu, 1967b) that this character is of small value in taxonomy. But the fact of ligule presence is an essential character. The ligule is present in all genera of the tribe *Cariceae* but is absent in many genera of others tribes of the *Cyperaceae* (for instance, in *Cyperus, Bolboschoenus*). Guédès (1967, 1969) considers that the ligule in *Cyperaceae, Juncaceae, Liliaceae* and *Gramineae* has arisen as a result of concrescence of modified stipules. According to Tzvelev (Цвелев, 1976), this organ is a progressive new formation, though its more ancient «prophyll» nature is also quite probable.

Leaf blades of sedges are linear, very rarely lanceolate or broadly lanceolate, on margins usually scabrous due to small teeth and prickles. Linear blades are usually carinate, unifolded or, oftener, bifolded, but not infrequently also almost flat (indistinctly bifolded), sometimes canaliculate, canaliculate-triquetrous and setaceously convolute. They differ in various species in width, consistence, colour, type of narrowing in the direction to the apex (abruptly or gradually pointed), in the presence or absence of prominent transverse veins. Blade of many species on both surfaces or only on one of them are densely covered with very small papillae (see below). In some species (in flora of this country only from subgenus *Carex*) blades (and sheaths) are pubescent with more or less dense hairs. The mentioned characters on the whole vary slightly (except pubescence), being of use thanks to this in the taxonomy. Length ratio of leaves and stem is often of diagnostic value.

Works by many authors are dealing with anatomical structure of leaf blades (Mazel, 1891; Lemcke, 1892; Spinner, 1902, 1904; Crawford, 1910; Шенников, 1925; Pfeiffer, 1927; Akiyama, 1933, 1934, 1935, 1938, 1939, 1940; Янишевский, 1937; Hjelmquist, Nyholm, 1947; Василевская, Ищенко, 1965; Clausters, Le Cohu, 1965; Le Cohu, 1967b, 1972; Metcalfe, 1971; Shepherd, 1976; Oh, 1980, 1985; Schmid, 1980; Toivonen, 1981a; Standley, 1985, 1987a, 1987b, 1987c, 1990, et al.). Sedges have dorsiventral leaf blades with vascular bundles situated in one row. The presence in the genus *Carex* of conical silica-bodies on inner periclinal walls of epidermal cells (Duval-Jouve, 1873; Pfeiffer, 1921; Mehra, Sharma, 1965, et al.) is peculiar to all members of *Cyperaceae*. Epidermal cells not infrequently have emergences — papillae or, rarer, small prickles and hairs. Bulliform (motorial) cells are usually well developed. Not many species have under the upper epidermis more or less developed hypodermis which consists of colourless cells. Stomata of sedges are paracytic (as in all *Cyperaceae* members). A few their variations are recorded within the genus; these variants differ in the structure of subsidiary cells (Le Cohu, 1967b, 1972; Metcalfe, 1971, et al.). The presence in leaf mesophyll between vascular bundles of large air-cavities is a characteristic feature in the genus *Carex*; these cavities in species-hygrophytes, as a rule, are larger.

The leaf chlorenchyma consists of isodiametrical cells alone or besides them there are 1—2 rows of palisade ones. As Metcalfe notes (1971), chlorenchyma in members of the *Cyperaceae* can be radiate and non-radiate. This character is of large taxonomical importance and the whole tribes are usually characterized by it. In species of the thibe *Cariceae* chlorenchyma is non-radiate. There are often colourless cells in it, as well as the cells filled with dark content, not infrequently giving a reaction on tannin (Le Cohu, 1967b; Metcalfe, 1971). Vascular bundles have double sheath, inner sclerenchymatous, formed by thick-walled fiber and outer parenchymatous. The structure of the vascular bundle sheath is a feature of a high taxonomic significance, characterizing the tribes, genera and their large subdivisions (Metcalfe, 1971). The rest of genera of the tribe *Cariceae* and some genera of other tribes have the same bundle sheath as that in *Carex*. The sclerenchyma is located under vascular bundles and over them or only from one side (more often from the lower one). (Anatomical structure of leaf blade is shown at Fig. 1, *3, 4*).

The vessels of sedges' leaves, as well as of all other vegetative organs are the most specialized in the tribe *Cariceae* and in the family *Cyperaceae* since they have, as a rule, simple perforation; scalariform perforation is observed only in few species (Metcalfe, 1971 : 38; Cheadle, Kosakai, 1972).

The genus *Carex*, as Metcalfe (1971 : 139) states, according to their leaf anatomical characters is not delimited not only from other genera of tribe *Cariceae* but also from a number of members of other tribes.

Standley in her work (1990) gave the most complete estimation of use of leaf anatomical characters in the taxonomy and evolution of sedges. Most of sections of the genus, as this author notes, shows polymorphism with respect to the anatomy of leaf but some of them are characterized by specific features. So, for example, in members of the section *Orthocerates* Koch. (= sect. *Leucoglochin* Dumort.) leaves have no bulliform cells; papillae on leaves and protruding subsidiary cells of stomata are peculiar to species of the section *Phacocystis*. In some sections (*Carex, Vesicariae, Phacocystis, Heleonastes* (= sect. *Canescentes*) etc.) species or groups of species are distinguished by anatomical structure of leaves (Jalas, Hirvelä, 1964; Toivonen, 1981a; Shepherd, 1976; Standley, 1985, 1987b, 1987c, 1990). Anatomical characters allow to ascertain whether hybrid samples are usual crossbreeds or introgressants.

The data on anatomical structure can be of use when determining the evolutionary level of species within a section. Such characters as the presence of one layer of bulliform cells, the absence of papillae

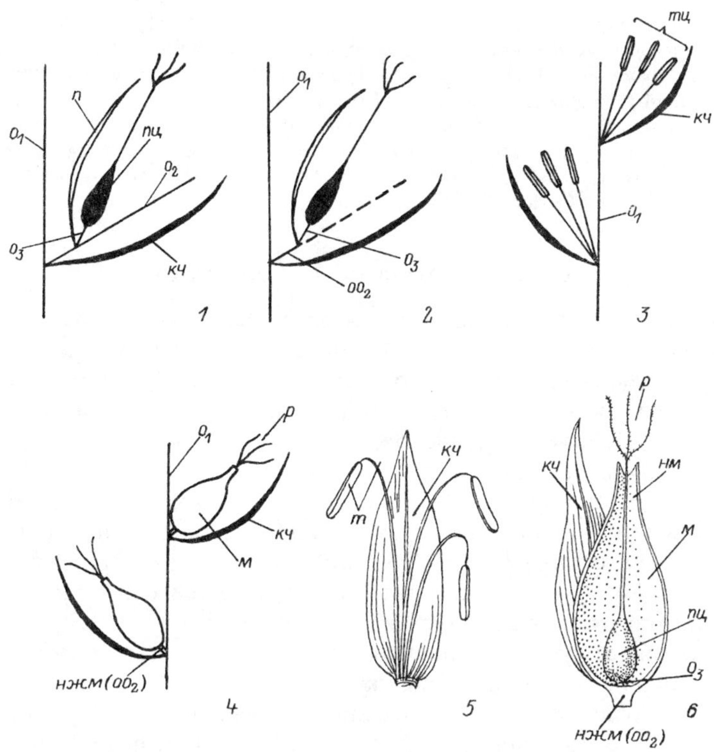

Рис. 2 . Строение элементарных (одноцветковых пестичных) колосков и цветков осок

1, 2 — схемы строения элементарных колосков с развитой (*1*) и редуцированной (*2*) осью; *3* — схематическое изображение на оси колоса тычиночных (мужских) цветков; *4* — схематическое изображение на оси колоса элементарных колосков, т. е. мешочков с заключенными внутри них пестичными (женскими) цветками; *5* — тычиночный цветок с отделенной от оси колоса кроющей чешуей; *6* — мешочек с отделенной от оси колоса кроющей чешуей и заключенным внутри него пестичным цветком (мешочек дан в продольном разрезе). *кч* — кроющая чешуя, *м* — мешочек, *нжм* — ножка мешочка, *нм* — носик мешочка, o_1 — ось колоса (rachis), o_2 — ось элементарного колоска (rachilla, rachilla secundaria), o_3 — ось пестичного (женского) цветка (гинофор), oo_2 — остаток оси элементарного колоска, *п* — предлист оси элементарного колоска, *пц* — пестичный цветок, *р* — рыльца пестичного цветка, выступающие из мешочка, *т* — тычинка, *тц* — тычиночный цветок.

Fig. 2. Structure of elementary (one-flowered female) spikelets and flowers of sedges

1, 2 — schemes of structure of elementary spikelets with developed (*1*) and reduced (*2*) axis; *3* — schematic picture of staminate (male) flowers; *4* — schematic picture of elementary spikelets, i. e. utricles with enveloped pistillate (female) flowers, on spike axis; *5* — male flower with glume removed from spike axis; *6* — utricle with glume removed from spike axis and enclosed female flower (utricle in longitudinal section). *кч* — glume, *м* — utricle, *нжм* — stipe of utricle, *нм* — beak of utricle, o_1 — spike axis (rachis), o_2 — spikelet axis (rachilla, rachilla secundaria), o_3 — pistillate (female) flower axis (gynophore), oo_2 — remain of spikelet axis, *п* — prophyll of spikelet axis, *пц* — female flower, р — stigmas of female flower projecting from utricle, *т* — stamen, *тц* — male flower.

on the epidermis, the location of subsidiary stomata cells flush with the surface of the leaf, etc. are considered to be primitive (Standley, 1990). Thus, we can draw the conclusion that anatomical characters of leaves are of taxonomical value mainly at the species level. They can be used for an identification of species or groups of species in the vegetative stage.

The main diagnostic anatomical characters of leaves are following: dimension of cells ratio of the upper and lower epidermis as well as that of the epidermal cells, situated over sclerenchyma and chlorenchyma; outlines of lateral walls of epidermal cells (straight, sinuate), thickness of their outer coat; the presence of cuticle; the amount and sizes of bulliform cells and the number of their layers; the presence (or absence) and the type of disposition of papillae (on the upper or lower surface of blade or on both); the number of conical silica-bodies in cell, the presence or absence of satellites in them; the type of stomata location (on the upper or lower surface of the blade or on both surfaces) and features of subsidiary cells; the presence or absence of hypodermis; the number of rows of mesophyll cells, the presence or absence of palisade cells in mesophyll; the number of vascular bundles and the character of their location; sizes of air-cavities, dimensions, shape and the type of disposition of sclerenchyma columns.

The members of the subfamily *Caricoideae* (which includes the genus *Carex*) have Kalvin's cycle (C_3-photosynthesis) photosynthesis and contain a great deal of hard carbon (on the average 28%). These differ by it e.g. from the subfamily *Cyperoideae* which comprises both the genera with photosynthesis according to Kalvin's cycle (C_3) and those with photosynthesis on Hetch-Slack's cycle (C_4); the latters contain from 9% to 22% of hard carbon (Raynal, 1972).

Цветки. Мешочек. Соцветие

Цветки в роде *Carex* однополые, без околоцветника, собранные в тычиночные (мужские), пестичные (женские) или в смешанные колоски, образующие сложные 2—многоколосковые, реже одноколосковые соцветия. Тычиночные (мужские) цветки состоят из (2)3 тычинок, сидящих в пазухе кроющей чешуи (рис. 2, *3*, *5*). Существует предположение, основанное на данных васкулярной анатомии, что каждая тычинка является однотычиночным цветком, а собрание из (2) 3 тычинок — синантием (Martens, 1939; Smith, 1966; Smith, Faulkner, 1976). Кукконен и Тимонен (Kukkonen, Timonen, 1979) на примере *Uncinia kingii* Boott (= *Carex kingii* (Boott) Reznicek) и Тимонен (Timonen, 1985) — на *Kobresia laxa* Nees показали, что анатомические данные не дают достаточных оснований считать тычиночные цветки этих растений синантиями, так же как и имеющие такое же строение тычиночные цветки рода *Carex*. Тычинки осок имеют длинные тонкие свободные поникающие нити[1] и удлиненные линейные, вскрывающиеся продольной щелью пыльники, прикрепленные к нитям основанием. Связник продолжен в короткое острие (надсвязник), форма которого иногда может служить диагностическим признаком. Так, по форме надсвязника различаются 2 родственные группы видов секции *Frigidae* (= sect. *Aulocystis*) (Dietrich, 1967).

Пестичные (женские) цветки состоят только из гинецея, заключенного в замкнутый орган, так называемый мешочек, обычно суженный на верхушке в носик, из которого выставляется часть столбика и 2—3-рыльцевые ветви. Мешочки расположены в колосках по одному в пазухах кроющих чешуй (рис. 2, *4*, *6*). Кроющие чешуи мешочков, так же как и тычиночных цветков, представляют собой видоизмененные влагалища листьев с полностью редуцированными или сохранившимися в виде остей пластинками; очень редко (например, у *C. fulta* — эндемика Японии) чешуи имеют короткую линейную пластинку. Кроющие чешуи расположены по спирали. По данным Ю. Е. Алексеева (1983), у видов одних секций в пестичных колосках наблюдается только одна спираль листорасположения, у видов других секций — несколько спиралей.

Вопрос о природе необычного органа осок — мешочка, привлекал и продолжает привлекать внимание многих исследователей. Объяснение природы мешочковидного образования впервые было дано Кунтом (Kunth, 1835). Согласно Кунту, мешочек осок представляет собой сросшийся своими краями первый прицветник боковой оси. К такому выводу он пришел на основании анализа элементарных колосков рода *Schoenoxiphium* Nees. Последние, как установил Кунт, окружены прицветником, сидящим при их основании и обращенным своей дорсальной стороной к оси сложного колоска. С этим прицветником он гомологизи-

[1] Очень редко (у некоторых видов секции *Mitratae*) тычиночные нити сросшиеся.

ровал мешочек осок. Пестичный цветок осок, заключенный в мешочек, Кунт считал одноцветковым колоском.

Гипотеза Кунта была принята последующими исследователями и получила в их работах дальнейшее развитие (Gay, 1838; Roeper, 1844; Wesmael, 1863; Duval-Jouve, 1864; Caruel, 1867; Townsend, 1873, 1885; McNab, 1874; Thiselton Dyer, 1874; Pax, 1886; Baillon, 1893; Holm, 1896b; Kükenthal, 1909; Snell, 1936; Кречетович, 1936; Иванова, 1939; Holttum, 1948; Письяукова, 1950; Schultze-Motel, 1959, 1964; Emberger, 1960; Mora, 1960; Shah, 1962b; Егорова, 1966б; Smith, 1966, 1967; Le Cohu, 1968; Svenson, 1972; Smith, Faulkner, 1976; Eiten, 1976). Многие авторы признают, что мешочек осок является модифицированным предлистом (профиллом), гомологичным предлисту, расположенному на адаксиальной стороне каждой ветви соцветия (вблизи ее основания) у видов подродов *Vigneastra* (= subgen. *Indocarex*) и *Carex*.

Гомологизация мешочка с предлистом и представление о колосковой природе системы мешочек—гинецей основываются на данных сравнительной морфологии соцветий представителей *Carex* и других родов трибы *Cariceae* (*Schoenoxiphium* Nees, *Kobresia* Willd., *Uncinia* Pers.), а также тератологии осок. Эти данные приведены мною в предыдущей работе (Егорова, 1966б). Дополнительные доказательства в пользу трактовки мешочка вместе с гинецеем как редуцированного колоска дали анатомические исследования конуса нарастания пестичных соцветий осок (Shah, 1962b; Smith, 1966; Smith, Faulkner, 1976). Они показали, что на ранних стадиях онтогенеза закладывается ось, верхушка (апекс) которой абортируется вскоре после начала образования гинецея. Последний расположен на оси латерально, на ее адаксиальной стороне. В зрелых мешочках большинства осок эта ось (rachilla, rachilla secundaria), являющаяся осью 2-го порядка по отношению к оси колоса (rachis), сильно укорочена и практически неразличима. Основание же оси, так называемая ножка мешочка, нередко хорошо развито. У некоторых видов осок, главным образом одноколосковых и, редко, многоколосковых (*C. curvula*, *C. siderosticta* и др.), ось продолжается и внутри мешочка, и иногда (*C. microglochin*, *C. kingii*) выступает из него. Гинецей (и плод) расположен у них в основании этой оси. Наличие оси в мешочках (удлиненной или сильно укороченной и выраженной только на начальных этапах развития соцветия) говорит о том, что гинецей вместе с мешочком представляет собой элементарный, редуцированный до одного цветка колосок (рис. 2, *1, 2*). Мешочек является предлистом оси этого колоска и в то же время, по мнению ряда авторов (Caruel, 1867; Baillon, 1893; Barnard, 1957; Schultze-Motel, 1959, 1966; Shah, 1962b; Smith, Faulkner, 1976; Eiten, 1976; Meert, Goetghebeur, 1979), функционирует как прицветник пестичного цветка — гинецея, поскольку последний, как показало изучение ранних стадий развития элементарных колосков, занимает по отношению к нему пазушное положение.

Одноцветковые колоски *Carex* рассматриваются как конечные звенья эволюции многоцветковых колосков анцестрального типа, по-видимому близких к наиболее примитивным колоскам родов *Schoenoxiphium* и *Kobresia* (Kükenthal, 1909; Snell, 1936; Иванова, 1939; Holttum, 1948; Nelmes, 1951, 1952a; Kern, 1958, 1962; Koyama, 1961, 1962; Егорова, 1966б; Smith, Faulkner, 1976). Дискутируется вопрос, образован ли мешочек срастанием краев одного предлиста или двух предлистьев. Большинство авторов разделяет первую точку зрения, и она хорошо согласуется с данными васкулярной анатомии мешочков (Snell, 1936; Timonen, 1985).

Дискуссионным является также вопрос о морфологической сущности предлиста. Как известно, предлист (первый лист бокового побега, профилл) имеется на вегетативных и репродуктивных побегах целого ряда семейств однодольных

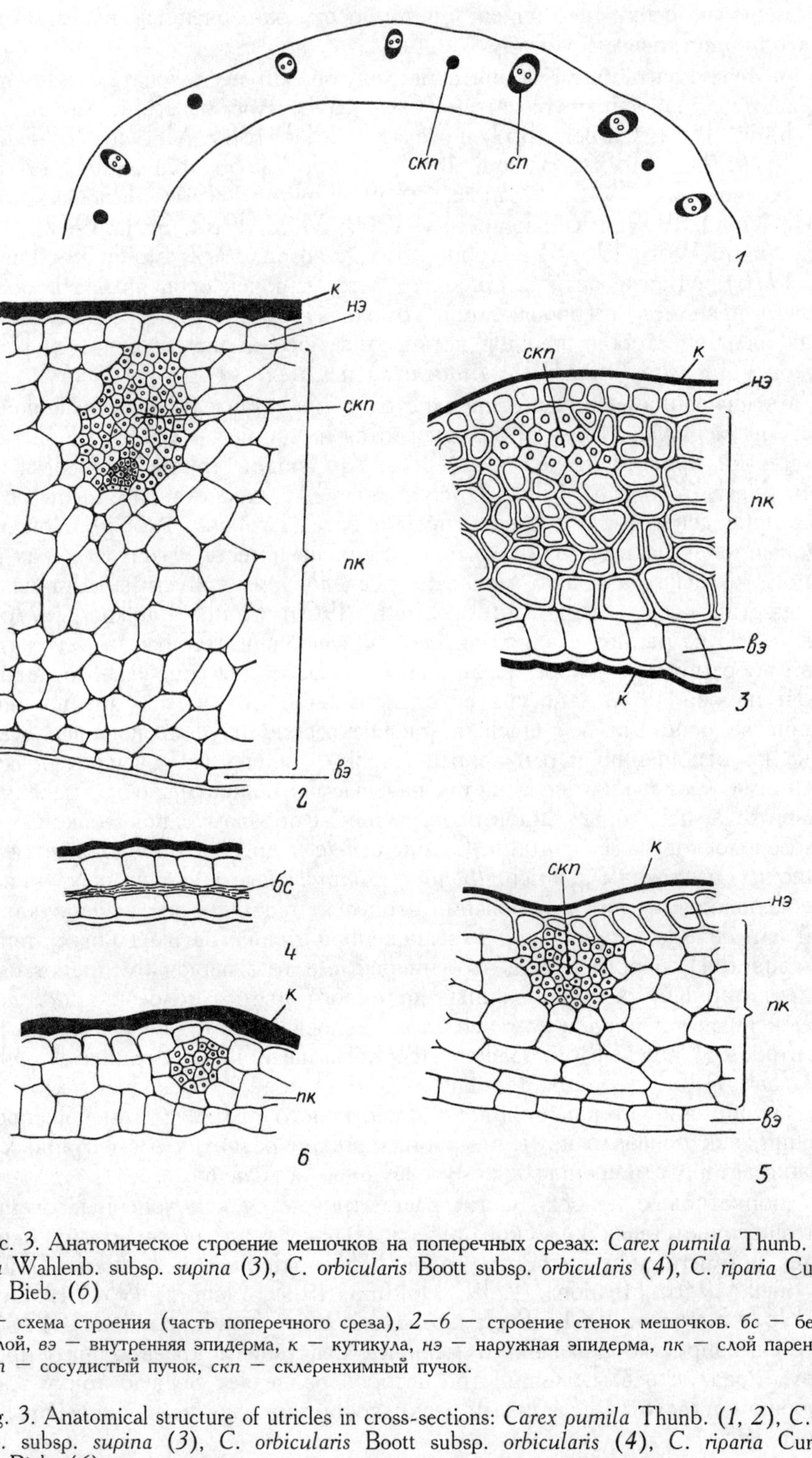

Рис. 3. Анатомическое строение мешочков на поперечных срезах: *Carex pumila* Thunb. (*1*, *2*), *C. supina* Wahlenb. subsp. *supina* (*3*), *C. orbicularis* Boott subsp. *orbicularis* (*4*), *C. riparia* Curt. (*5*), *C. diluta* Bieb. (*6*)

1 — схема строения (часть поперечного среза), *2*—*6* — строение стенок мешочков. *бс* — бесструктурный слой, *вэ* — внутренняя эпидерма, *к* — кутикула, *нэ* — наружная эпидерма, *пк* — слой паренхимных клеток, *сп* — сосудистый пучок, *скп* — склеренхимный пучок.

Fig. 3. Anatomical structure of utricles in cross-sections: *Carex pumila* Thunb. (*1*, *2*), *C. supina* Wahlenb. subsp. *supina* (*3*), *C. orbicularis* Boott subsp. *orbicularis* (*4*), *C. riparia* Curt. (*5*), *C. diluta* Bieb. (*6*)

1 — scheme of structure (part of cross-section), *2*—*6* — structure of utricle walls. *бс* — structuralless layer, *вэ* — inner epidermis, *к* — cuticle, *нэ* — outer epidermis, *пк* — layer of parenchymal cells, *сп* — vascular bundle, *скп* — sclerenchymal bundle.

растений (*Poaceae*, *Restionaceae*, *Juncaceae*, *Cyperaceae* и др.). Это обычно двукилевый влагалищеобразный орган, расположенный на адаксиальной стороне побега и обращенный спинкой к оси материнского побега. У осоковых, ситниковых, рестиевых и некоторых тропических злаков предлистья имеются, кроме того, при основании ветвей соцветия и расположены на них так же, как у побегов, адаксиально. Арбер (Arber, 1925) считает профиллы на осях соцветия прицветничками. Снелл, отмечая сходство профиллов с влагалищами листьев, приходит к выводу, что профилл — это редуцированный до влагалища лист. Грассл (Grassl, 1967) гомологизирует предлистья с семядолями и считает их очень древними органами, служившими для защиты точек роста боковых побегов. Н. Г. Рытова и Н. Н. Цвелев (1982) полагают, что предлистья любого бокового побега гомологичны колеоптилю зародыша и имеют не листовую, а скорее стеблевую (осевую) природу, поскольку они формируются из ткани оси, а не из точки роста, как листья.

В роде *Carex* предлистья всех конечных ветвей соцветия трансформировались в замкнутые органы — мешочки, имеющие важное биологическое значение. Они создают феномен как бы двойной покрытосемянности[1], защищая завязи и плоды от воздействия неблагоприятных условий среды и способствуя распространению зачатков. Наличие мешочков несомненно является показателем высокой специализации. Возможно, благодаря их образованию род *Carex* получил большие преимущества при расселении и освоении местообитаний по сравнению со всеми другими родами *Cyperaceae*, вследствие чего распространился по всему земному шару, адаптировавшись к самым разнообразным экологическим условиям. Широкое расселение явилось одной из основных причин интенсивного видообразования в роде. В настоящее время он является самым распространенным и самым многочисленным родом *Cyperaceae* и одним из наиболее крупных родов покрытосеменных.

Признаки мешочков необычайно разнообразны и имеют большое значение для систематики *Carex*. В большинстве случаев их совокупность хорошо ограничивает родственные группы осок и позволяет различать многочисленные виды рода. Важнейшими и наиболее константными диагностическими признаками мешочков являются: форма поперечного сечения, степень выраженности носика (иногда его нет) и характер его верхушки, крутизна перехода мешочка в носик, особенности краев мешочка (включая и носик), консистенция стенок, наличие или отсутствие опушения, блеска, сосочков, бугорков, точек и т. п., наличие или отсутствие жилок и их толщина, положение зрелых мешочков по отношению к оси колоска. Хорошим признаком является также соотношение размеров мешочка и плода. Некоторой вариабельностью отличаются форма и размеры мешочков, длина их носика, количество жилок, окраска. Исходя из гипотезы о природе мешочков наиболее примитивными их особенностями очевидно следует считать наличие удлиненного, цельного или только спереди расщепленного носика, б. м. длинной ножки (т. е. рудиментарной оси одноцветкового колоска), большого числа жилок.

Мешочки разных видов различаются по анатомическому строению, вследствие чего анатомические признаки могут быть использованы в диагностических целях (например, при идентификации внешне похожих видов *C. stenophylla* subsp. *stenophylloides* и *C. pachystylis*, которые различаются по толщине стенок мешочков).

---

[1] Тенденция к «двойной покрытосемянности», или ангиокарпии, проявляется во многих семействах, где участие в образовании б. м. замкнутого органа, заключающего в себе плод, могут принимать разные части растения (Koechlin, 1972).

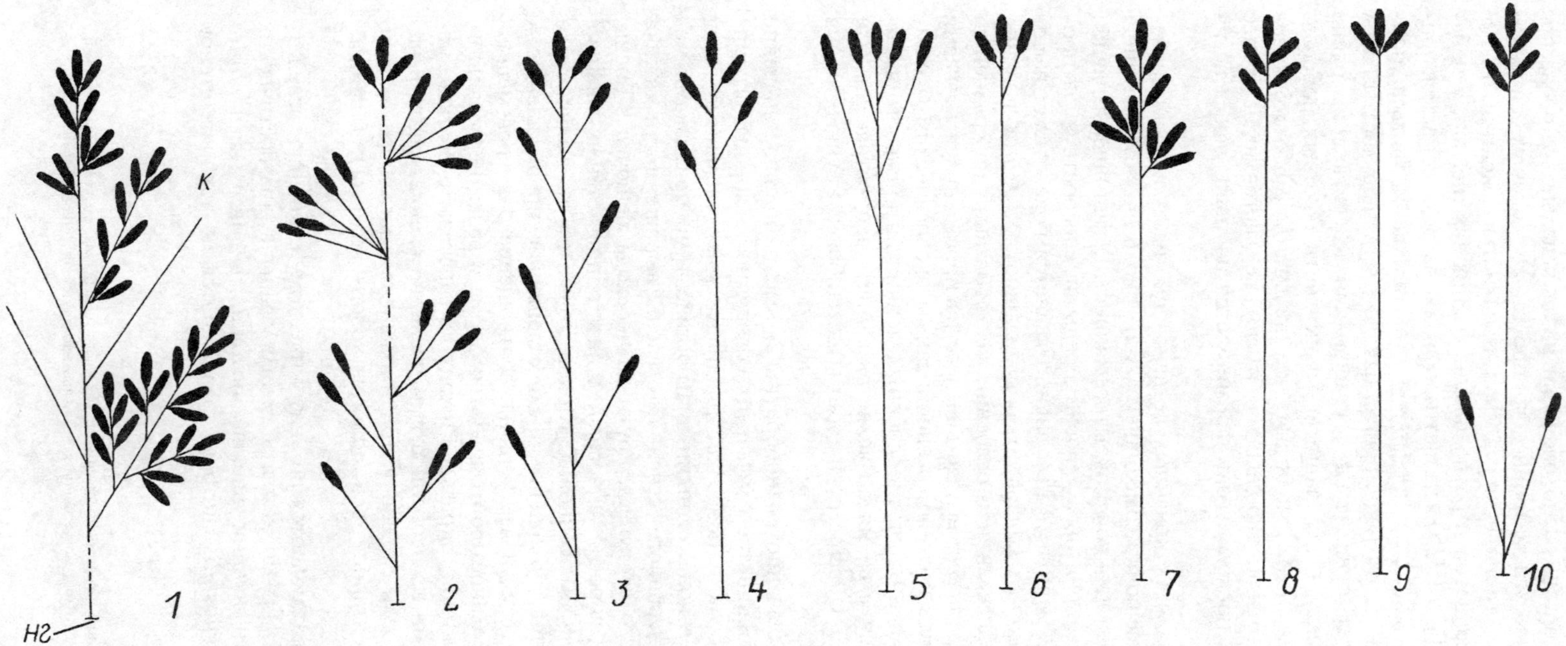

Рис. 4. Схематическое изображение типов сложных соцветий в подродах *Carex* (*2–4, 6–10*), *Kreczetoviczia* (*2, 4–6, 8*) и *Vignea* (*1, 7–9*)

1 — метельчатое соцветие; *2* — кистевидное соцветие с пучками боковых колосков; *3* — кистевидное соцветие с одиночными боковыми колосками, расположенными почти по всему репродуктивному побегу; *4* — кистевидное соцветие с одиночными боковыми колосками, расположенными в верхней части репродуктивного побега; *5* — почти щитковидное соцветие; *6* — пучковидно-кистевидное соцветие; *7* — колосовидное соцветие с нижними колосками, расположенными на паракладиях (боковых осях); *8* — колосовидное соцветие с колосками, расположенными на главной оси; *9* — головчатое соцветие; *10* — соцветие, состоящее из двух зон: верхней, колосовидной и нижней, с прикорневыми колосками на длинных ножках. *к* — колосок; *нг* — нижняя граница репродуктивного побега.

Fig. 4. Schematic picture of types of compound inflorescences in the subgenera *Carex* (*2–4, 6–10*), *Kreczetoviczia* (*2, 4–6, 8*) and *Vignea* (*1, 7–9*)

1 — panicleform inflorescence; *2* — racemiform inflorescence with fascicles of lateral spikes; *3* — racemiform inflorescence with solitary lateral spikes arranged almost all over reproductive shoot; 4 — racemiform inflorescence with solitary lateral spikes arranged in upper part of reproductive shoot; *5* — subcorymbiform inflorescence; *6* — fascicular-racemiform inflorescence; *7* — spiciform inflorescence with lower spikes disposed on paracladia (lateral axes); *8* — spiciform inflorescence with spikes disposed on main axis; *9* — capitate inflorescence; *10* — inflorescence composed of two zones: upper, spiciform and lower, with long-pedunculate subradical spikes. *к* — spike; *нг* — lower border of reproductive shoot.

Анатомическое строение мешочков изучено далеко не достаточно, и поэтому пока нет данных об использовании анатомических признаков при решении таксономических вопросов. Анатомическое строение мешочков на поперечных срезах показано на рис. 3. Как видно на этих срезах, стенка мешочков состоит из наружной эпидермы, слоя паренхимных клеток и внутренней эпидермы. Оболочки клеток наружной эпидермы всегда утолщенные, внутренней — утолщенные (*C. pumila*, *C. supina*, *C. orbicularis* subsp. *orbicularis*) или тонкие (*C. riparia*, *C. diluta*). Наружная эпидерма или также и внутренняя имеют в разной степени развитую кутикулу. Паренхимный слой образован 1—9 рядами клеток с тонкими или утолщенными и одревесневшими (*C. supina*) оболочками. Многорядный паренхимный слой имеют мешочки, характеризующиеся обычно как губчатые или пробковидные (*C. pumila*, *C. riparia* и др.). У зрелых мешочков некоторых видов (*C. rhynchophysa*, *C. orbicularis*) паренхимная ткань разрушена и представлена бесструктурным слоем. В паренхимном слое расположены сосудистые пучки, число которых у изученных видов варьирует от 2 (*C. orbicularis*) до 13 (*C. pumila*). Между сосудистыми пучками имеются группы склеренхимных клеток, являющиеся, по всей вероятности, редуцированными сосудистыми пучками. Таким образом, жилки на мешочках — это сосудистые или склеренхимные пучки.

Как было отмечено выше, тычиночные (мужские) и пестичные (женские) цветки осок собраны в колосья. Поскольку пестичные цветки вместе с мешочками — это редуцированные одноцветковые пестичные колоски, то собрание их на одной оси соцветия является сложным колосом. Сложные колосья образуют также сидящие на одной оси тычиночные цветки и мешочки. Собрание же одних тычиночных цветков представляет собой простой колос. Колосья (простые и сложные) нередко имеют небольшие размеры, и поэтому в русской литературе (а иногда и в зарубежной) их традиционно называют колосками. При дальнейшем изложении материала я буду следовать установившейся у нас традиции. Тычиночные цветки сидят непосредственно на оси колоска, в то время как пестичные расположены на сильно укороченных (очень редко удлиненных) осях 2-го порядка, представляющих, как указывалось ранее, оси сильно редуцированных элементарных соцветий (рис. 2, *1*, *2*, *3*). Верхний цветок в тычиночных колосках и единственный в одноцветковых пестичных занимают боковое положение. Поэтому соцветия осок являются бокоцветными, или открытыми.

Колоски в соцветиях *Carex* или однополые, состоящие целиком из тычиночных или пестичных цветков, или обоеполые (смешанные) двух типов: андрогинные — с тычиночными цветками в верхней части колоска и пестичными в нижней или гинекандрические — с пестичными цветками наверху, тычиночными внизу; в смешанных колосках тычиночных цветков, за редким исключением, значительно меньше, чем пестичных. Таким образом, в колосках осок реализованы все возможные варианты распределения полов. Колоски собраны в сложные (общие) соцветия — метельчатое (или паникулодий — paniculodium: Troll, 1968; Kukkonen, 1994), кистевидное, колосовидное (или многократный, составной колос — multiple spike: Kukkonen, 1994), реже почти щитковидное, редко соцветие одноколосковое. Вариантом почти щитковидного соцветия является пучковидно-кистевидное, вариантом колосовидного — головчатое. В кистевидных и колосовидных соцветиях нижние колоски иногда расположены на паракладиях 1-го порядка (рис. 4, 7). (Схематическое изображение типов сложных соцветий в подродах *Carex*, *Kreczetoviczia* и *Vignea* дано на рис. 4).

Соцветия могут быть образованы однополыми колосками — тычиночными (обычно верхними) и пестичными (за редким исключением, нижними) или только обоеполыми или сочетанием однополых (б. ч. пестичных) и обоеполых колос-

4 Заказ № 131

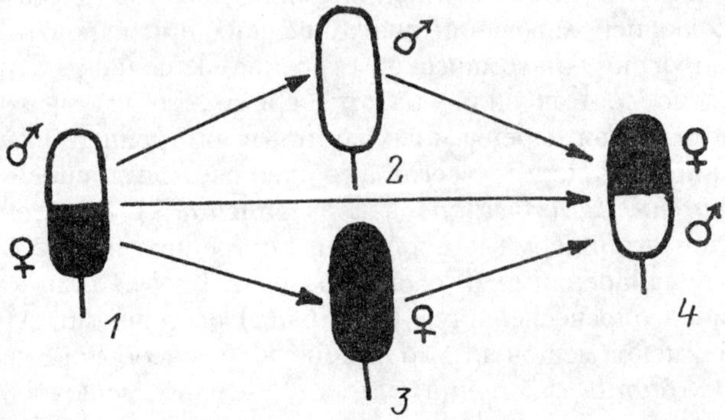

Рис. 5. Предполагаемые направления эволюции колосков в роде *Carex*.
1 — андрогинный, *2* — тычиночный, *3* — пестичный, *4* — гинекандрический.

Fig. 5. Supposed directions of evolution of spikes in the genus *Carex*.
1 — androgynous, *2* — male, *3* — female, *4* — gynaecandrous.

ков. Однополые колоски характерны для подродов *Carex* и *Kreczetoviczia*, хотя у них (особенно у первого) нередки и обоеполые — андрогинные (например, в секциях *Decorae*, *Aulocystis* (= sect. *Frigidae*), *Graciles*) и гинекандрические (например, некоторые виды из секции *Phacocystis* (= sect. *Acutae*) и большинство из секции *Microrhynchae*). Подроду *Vigneastra* (= subgen. *Indocarex*) свойственны только андрогинные колоски, подроду *Vignea* — андрогинные и гинекандрические, крайне редко однополые (*C. disticha*, *C. curaica* и др.) или одиночный гинекандрический колосок (*C. ursina*), подроду *Psyllophora* — одиночные андрогинные, тычиночные и пестичные.

Примитивными, по всей вероятности, являются андрогинные колоски, о чем могут свидетельствовать данные по строению соцветий у менее специализированных по сравнению с родом *Carex* других родов трибы *Cariceae*: *Schoenoxiphium* и *Kobresia*. У этих родов все оси соцветия несут на верхушке (как и андрогинные колоски осок) тычиночные цветки, ниже которых расположены 2—7-цветковые обоеполые элементарные колоски. Сходное строение имели, по-видимому, и соцветия анцестральных форм трибы *Cariceae*. Естественно поэтому предположить, что только в андрогинные колоски могли преобразоваться их ветви и верхушка в результате превращения элементарных обоеполых колосков в окруженные мешочком одноцветковые пестичные колоски рода *Carex*. В процессе эволюции андрогинные колоски трансформировались в тычиночные, пестичные и гинекандрические; последние могли возникнуть также и от однополых колосков (рис. 5).

Процесс превращения андрогинных колосков в тычиночные и пестичные у некоторых видов полностью еще не завершен, и у видов с однополыми, в основном, колосками тычиночные колоски могут нести в основании пестичные цветки, а пестичные колоски могут иметь на верхушке тычиночные цветки. У *C. campylorhina*, например, можно наблюдать разные стадии редукции тычиночных цветков на верхушке пестичных колосков — от нескольких с хорошо развитыми тычинками до 1—2 с редуцированными тычинками и, наконец, до 1 недоразвитой чешуи (рис. 6). Последняя может совсем не развиться, и тогда от тычиночной части колоска остается б. м. длинная ось.

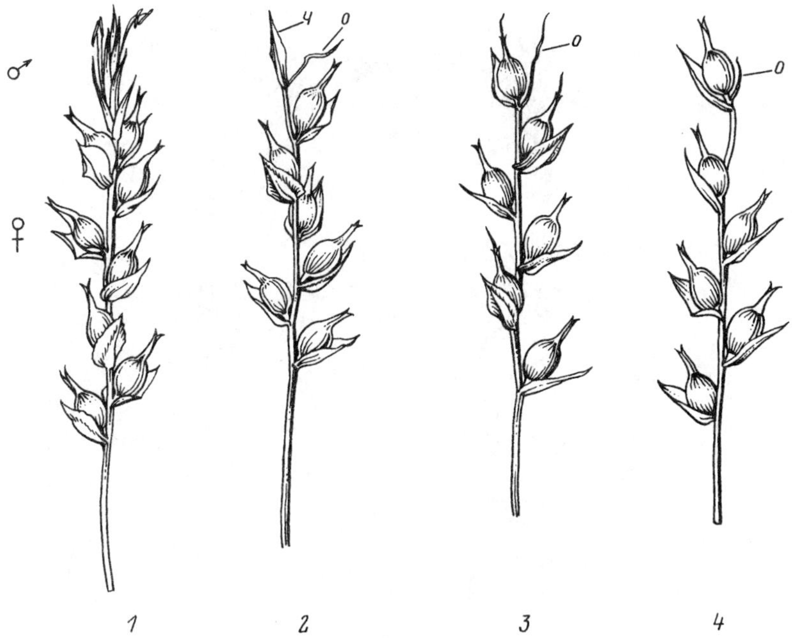

Рис. 6. Стадии редукции тычиночной части колоска у боковых колосков *Carex campylorhina* V. Krecz.

1 — колосок с развитой тычиночной частью, *2* — тычиночная часть колоска представлена осью и кроющей чешуей, *3* — тычиночная часть колоска представлена развитой осью; *4* — тычиночная часть колоска представлена редуцированной осью. *о* — ось, *ч* — кроющая чешуя.

Fig. 6. Stages of reduction of male part of spike in lateral spikes of *Carex campylorhina* V. Krecz.

1 — spike with developed male part, *2* — male part of spike is represented by axix and glume, *3* — male part of spike is represented by developed axis, *4* — male part of spike is represented by reduced axis. *о* — axis, *ч* — glume.

Идея первичности андрогинных колосков отражена в системах разных авторов (Kükenthal, 1909; Mackenzie, 1931, 1935; Ohwi, 1936; Егорова, 1966б, 1990; Chater, 1980; Егорова, Трифонова, 1986, и др.), в которых вначале расположены таксоны с андрогинными колосками. Мнение о примитивности андрогинных колосков было высказано Ю. Е. Алексеевым (1986), мной (Егорова, 1987), Резничеком (Reznicek, 1990a) и, возможно, и другими исследователями.

При основании ножек колосков, на их адаксиальной стороне у всех видов осок из подродов *Vigneastra*, *Carex* и *Kreczetoviczia* имеются предлистья (их называют кладопрофиллами): мешочковидные у первого подрода и влагалищеобразные (трубчатые) у второго и третьего (рис. 7, *1*, *2*). В подроде *Vignea* предлистья (они чешуевидные; рис. 7, *3*) встречаются только у видов секции *Ammoglochin* (*C. arenaria*, *C. praecox* и др.). Они впервые были обнаружены Ю. Е. Алексеевым (1978). Алексеев отмечает наличие предлистьев и у видов некоторых других секций названного подрода (*C. chordorrhiza*, *C. echinata*, *C. leporina*), с чем, однако, нельзя согласиться, так как чешуи этих видов, принимаемые им за предлистья, не занимают характерного для последних адаксиального положения на оси колоска. Кукконен (Kukkonen, 1984a), знакомый с

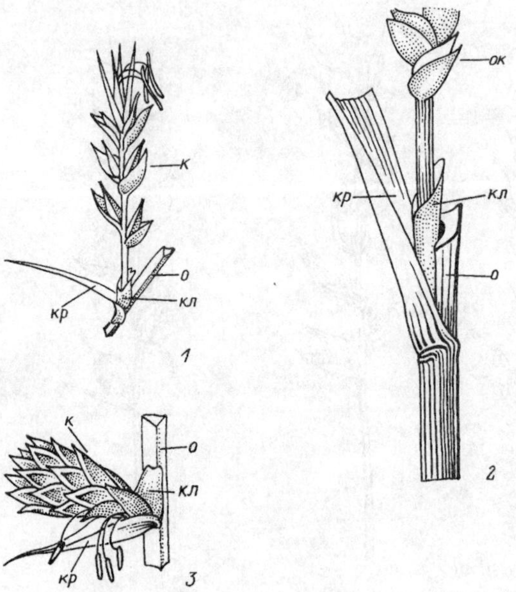

Рис. 7. Типы кладопрофиллов (предлистьев колосков) в роде *Carex*

1 — *Carex spicato-paniculata* C. B. Clarke (по: Kükenthal, 1909); *2* — *C. acuta* L.; *3* — *C. praecox* Schreb. *кл* — кроющий лист колоска, *о* — ось общего соцветия, *ок* — основание колоска.

Fig. 7. Types of cladoprophylls (prophylls of spikes) in the genus *Carex*

1 — *Carex spicato-paniculata* C. B. Clarke (after Kükenthal, 1909); *2* — *C. acuta* L.; *3* — *C. praecox* Schreb. *кп* — cladoprophyll, *кр* — bract of spike, *о* — axis of compound inflorescence, *ок* — spike base.

работой Алексеева, отрицает наличие предлистьев у подрода *Vignea*. Характер кладопрофиллов и сам факт их наличия или отсутствия являются важными признаками, характеризующими таксоны подродового ранга. Присутствие этих органов в соцветиях является показателем примитивности последних.

Вопросы строения и эволюции соцветий *Carex* обсуждались только на уровне подродов (Smith, Faulkner, 1976). В пределах же последних они не рассматривались. Самыми примитивными у осок являются метельчатые, сильно ветвистые соцветия многих представителей подрода *Vigneastra* (Кречетович, 1936; Holttum, 1948; Nelmes, 1952a; Koyama, 1962; Егорова, 1966б; Smith, Faulkner, 1976). Они занимают бóльшую часть репродуктивного побега и состоят из многочисленных андрогинных колосков, расположенных на ветвях разных порядков. Ветви 1-го порядка у наиболее примитивных видов подрода отходят от узлов главной оси соцветия парами. Мешочковидные предлистья (кладопрофиллы), расположенные в основании ветвей, у некоторых видов заключают гинецей и плод. Кроющие листья нижних ветвей соцветия 1-го порядка имеют длинные влагалища и пластинки. Такие соцветия ближе всего к анцестральному типу *Carex*. В подроде *Vigneastra* производными соцветий рассмотренного типа являются обедненные метельчатые соцветия, а также кистевидные (*C. dissitiflora*) и колосовидные (*C. distachya* и др.).

В подродах *Carex* и *Kreczetoviczia* наиболее примитивны кистевидные соцветия, состоящие из нескольких (до 8—10), расположенных на узлах главной оси соцветия, расставленных боковых пучков андрогинных (секции *Decorae*,

Siderostictae, Graciles) или пестичных (секция *Tuminenses*), редко гинекандрических колосков (рис. 4, *2*). Нелмс (Nelmes, 1951 : 333) полагал, что подобные соцветия могли произойти из метельчатых соцветий современных представителей подрода *Indocarex* (= subgen. *Vigneastra*) или их вымерших предков путем сближения в один узел парциальных метелок 2-го порядка. Разделяя в основном его мнение, я считаю, что каждый боковой пучок колосков мог возникнуть и вследствие редукции оси парциального метельчатого соцветия 1-го порядка (по Нелмсу, эта ось сохраняется), в результате чего парциальные метелки 2-го порядка стали отходить от узла главной оси соцветия, трансформировавшись затем в колоски.

Из соцветий с несколькими пучками колосков возникли наиболее обычные у осок подродов *Carex* и *Kreczetoviczia* кистевидные соцветия с одиночными колосками на узлах (рис. 4, *3, 4*). В примитивных соцветиях названных подродов колоски расположены почти по всему репродуктивному побегу (рис. 4, *3*), например, у видов родства *C. siderosticta* и *C. secalina*. В процессе эволюции соцветие заняло верхушечное положение за счет сближения верхних и редукции нижних узлов (рис. 4, *4*). Но у ряда видов секций *Mitratae, Acrocystis, Hallerianae, Digitatae* и др. нижние узлы соцветия еще сохраняются и от них отходят на длинных ножках так называемые прикорневые, или базигинные колоски. Соцветие у этих видов состоит из двух зон — верхней и нижней, разделенных длинным междоузлием (рис. 4, *10*). Не исключено, однако, что прикорневые колоски являются новообразованием.

В результате б. м. значительного сближения узлов на верхушке стебля и расположения верхушек колосков почти на одном уровне у многих видов секции *Praelongae* (*C. shimidzensis* и др.) и отдельных видов других секций (например, у *C. eleusinoides, C. ornithopoda, C. bicolor*) возникли почти щитковидные и пучковидно-кистевидные соцветия (рис. 4, *5, 6*). Укорочение ножек колосков привело к образованию разных вариантов колосовидного соцветия от б. м. удлиненного до головчатого (виды секций *Acrocystis, Lamprochlaenae, Microrhynchae, Phacocystis*) (рис. 4, *7, 8, 9*). Тычиночные колоски, возникшие в ходе эволюции из андрогинных, у определенных групп видов (особенно в высокогорных областях) превратились в смешанные колоски другого типа — гинекандрические, что, вероятно, было обусловлено суровыми условиями высокогорий, в которых расположение тычиночных цветков в нижней части колоска биологически более целесообразно, так как это, возможно, лучше предохраняет пыльцу от повреждения заморозками. Процесс образования гинекандрических колосков из тычиночных не везде полностью завершен, и имеются виды (*C. caucasica* и др.), у которых верхний колосок может быть гинекандрическим или тычиночным. Возможно, соцветия с гинекандрическими колосками являются наиболее специализированными.

Подроду *Vignea* свойственны метельчатые (очень редко) и все варианты колосовидных соцветий (рис. 4, *1, 7, 8, 9*), причем последние, по-видимому, непосредственно возникли из метельчатых, минуя стадию кистевидных соцветий, или виды с этими соцветиями до нас не дошли. У видов данного подрода соцветие всегда расположено в верхней части стебля, колоски смешанного типа (в основном гинекандрические), иногда однополые (*C. disticha, C. curaica* и др.), очень редко двудомные (секция *Macrocephalae*; *C. douglasii*, часто *C. iljinii*). Примитивными являются метельчатые соцветия, а также колосовидные соцветия, образованные андрогинными колосками, продвинутыми — колосовидные соцветия с гинекандрическими и однополыми (у двудомных растений) колосками.

Конечное звено в эволюционном ряду соцветий — это соцветие, образованное только одним, верхушечным колоском — андрогинным у однодомных видов и тычиночным или пестичным — у двудомных. Вопрос о происхождении одноколосковых видов и их положении в системе является одним из наиболее сложных в систематике рода *Carex*. Эти виды составляют подрод *Psyllophora*, широко известный под неприоритетным названием *Primocarex*. В мешочках многих его представителей, у основания гинецея и плода, обычно постоянно имеется б. м. длинный осевой придаток — рудимент колосковой оси (rachilla) редуцированного до одного пестичного цветка элементарного колоска. Наличие осевого придатка является примитивным признаком. Этот придаток отсутствует в мешочках представителей подродов *Kreczetoviczia* и *Vignea* и у подавляющего большинства видов подродов *Carex* (исключение составляют *C. siderosticta*, *C. curvula* и немногие другие виды) и *Vigneastra*. У примитивных родов трибы *Cariceae*: *Schoenoxiphium*, *Kobresia* и *Uncinia* колосковая ось б. м. развита и несет от одного до нескольких цветков. Ряд авторов (Drejer, 1844; Holm, 1903; Kükenthal, 1909), справедливо считая род *Carex* эволюционно продвинутым по сравнению с другими родами трибы, рассматривали одноколосковые виды с рудиментом колосковой оси как наиболее примитивные в роде, исходные для всех многоколосковых осок. Представление о примитивности придатконосных видов кажется на первый взгляд обоснованным. Однако наличие данного примитивного признака еще не говорит об общей примитивности группы. Для определения ее эволюционного уровня бо́льшее значение имеет характер соцветия.

В. И. Кречетович (1936) первым высказал предположение, что одноколосковые соцветия *Carex* являются не первичными, примитивными, а вторичными, продвинутыми, образовавшимися из более сложных соцветий вследствие различных редукционных процессов. Одноколосковые виды с мешочками без осевых придатков (*C. scirpoidea*, *C. rara*, *C. ursina*, *C. dioica* и др.) произошли, по его мнению, от подродов *Vignea* и *Eucarex* (= subgen. *Carex*) путем простого уменьшения числа колосков в соцветии до одного верхушечного. Одноколосковые виды с осевыми придатками могли возникнуть, по Кречетовичу, от представителей подрода *Indocarex* (= subgen. *Vigneastra*) посредством неполной редукции боковых ветвей соцветия. Поскольку у видов названного подрода в мешочках, как правило, нет осевых придатков, он предположил, что осевые придатки одноколосковых видов — это не рудименты осей элементарных колосков, а рудименты осей боковых ветвей соцветия. Выше отмечалось, что у некоторых видов подрода *Indocarex* в мешочкообразных предлистьях (кладопрофиллах) боковых ветвей соцветия имеются развитые пестичные цветки (и плоды). По мнению Кречетовича, все мешочки одиночных колосков являются по своему происхождению именно такими кладопрофиллами. Последние вместе с осевыми придатками представляют собой остатки редуцированных ветвей соцветия *Indocarex*. Точку зрения Кречетовича разделяет Смит (Smith, 1966). Заметим, что при редукции всех ветвей соцветия на главной его оси должен был бы сохраниться верхушечный андрогинный колосок, присутствующий у всех видов подрода *Indocarex*. Кречетович полагает, что от этого колоска в процессе трансформации сложных соцветий подрода *Indocarex* остались только тычиночные цветки, а мешочки редуцировались, так как в противном случае мешочки одиночных колосков не имели бы осевых придатков, а они их имеют.

Допущение возможности редукции мешочков является, на мой взгляд, уязвимым местом гипотезы Кречетовича о происхождении одиночных колосков с придатконосными мешочками от соцветий подрода *Indocarex*. Представляется маловероятным, чтобы в процессе превращения соцветий подрода *Indocarex* в одноколосковые могли подвергнуться редукции мешочки их верхушечного колоска. Идее Кречетовича о происхождении одноколосковых видов от подрода *Indocarex* противоречат и данные анатомии перикарпия (Егорова, Трифонова,

1986), который у первых имеет менее специализированное строение, чем у вторых. С большим основанием можно предположить, что одноколосковые виды с осевыми придатками в мешочках возникли не от подрода *Indocarex*, а от анцестральной группы осок — Protocarex, несомненно имевшей такие придатки. В пользу существования придатков у исходных форм может свидетельствовать сохранение их у некоторых многоколосковых видов из подрода *Carex* (*C. siderosticta*, *C. curvula* и др.). По моему мнению, одноколосковые соцветия большинства видов могли образоваться в результате редукции сложных соцветий Protocarex (вероятно, близких по строению к подроду *Indocarex*) до верхушечного андрогинного колоска. Но у некоторых видов нижние мешочки по своему происхождению могут быть кладопрофиллами. Так, почти с полной уверенностью можно считать кладопрофиллами нижние мешочки (а не все, как указывал Кречетович (1936)) балкано-кавказского вида, третичного реликта *C. phyllostachys* (см. рис. 67, *11*). Они сильно расставлены по стеблю и сидят в пазухах длинных листьев, которые в прошлом были кроющими листьями ветвей соцветия, ныне редуцированных до мешочкообразных кладопрофиллов. Процесс редукции ветвей полностью еще не завершен, о чем говорит наличие у некоторых образцов названного вида рудиментарных веточек, как бы выходящих из нижних мешочков-кладопрофиллов (в действительности мешочек сам расположен в основании этой веточки) и несущих мешочек и кроющие чешуи тычиночных цветков. Эти факты отмечал уже Кречетович (1936) и оценивал их как черты атавистического возврата к индокарикоидным предкам. Чейтеру (Chater, 1980) описанные явления послужили основанием для включения *C. phyllostachys* в подрод *Indocarex*. Такая трактовка систематического положения данного вида представляется мне спорной. Рудиментарные веточки у *C. phyllostachys* скорее следует считать атавизмом, как полагал Кречетович, чем доказательством принадлежности вида к подроду *Indocarex*. У большинства образцов *C. phyllostachys* осевой придаток, постоянно наблюдаемый в мешочках, не несет элементов соцветия.

Вернемся к вопросу о возникновении одноколосковых видов, не имеющих в мешочках осевого придатка. Кречетович (1936) допускал возможность их происхождения от представителей подродов *Carex* и *Vignea*. *C. scirpoidea* он считал, например, вероятным производным *C. tomentosa*. Представление Кречетовича о филогенетических связях между данными видами было основано, вероятно, на наличии у них опушенных мешочков, что несомненно является результатом конвергенции. Пока известен только один одноколосковый вид, действительно обнаруживающий тесное родство с многоколосковыми. Это *C. ursina*, справедливо перенесенная Б. Н. Городковым (1927), а затем Кречетовичем (1935а) из подрода *Primocarex* (= subgen. *Psyllophora*), в составе которого этот вид рассматривался Кюкенталем (Kükenthal, 1909), в секцию *Canescentes* (= sect. *Tenuiflorae*, sect. *Leptovignea*) подрода *Vignea*.

В отличие от всех других одноколосковых видов *C. ursina* имеет гинекандрический колосок. Как убедительно показал В. И. Кречетович (1936), одноколосковость *C. ursina* является результатом фенотипической изменчивости вида в суровых условиях Арктики, не вполне наследственно закрепленным, так как у этого вида в более благоприятных условиях развивается второй, маленький колосок. Можно привести пример, когда наличие одиночного колоска связано с фенотипической изменчивостью в условиях высокогорий. Это *C. borii*, у которой известны растения с 1 андрогинным колоском.

Происхождение одноколосковых осок без осевых придатков от видов с андрогинными колосками из подродов *Carex* и *Vignea* теоретически допустимо, но пока не может быть доказано из-за отсутствия выраженного генетического родства между ними.

Не имеют одноколосковые виды без осевых придатков ясных филогенетических связей и с одноколосковыми видами, имеющими осевые придатки, так же как и последние виды между собой. Наиболее вероятным мне представляется путь возникновения одноколосковых видов без осевых придатков, как и осок с придатками, от общего предка осок (Protocarex). Осевые придатки редуцировались у первых в процессе эволюции, подобно тому как это произошло в элементарных колосках (т. е. в мешочках с гинецеем) подавляющего большинства осок из других подродов.

Существуют другие точки зрения на происхождение видов с одноколосковым соцветием. Так, Нелмс (Nelmes, 1952b) считал подрод *Primocarex* сборной группой, имеющей полифилетическое происхождение. Некоторые виды, имеющие осевой придаток, являются, по его мнению, производными рода *Uncinia*. Этот род, распространенный преимущественно в южн. полушарии, характеризуется одиночным андрогинным колоском и замкнутыми мешочками, из которых выступает крючковидно загнутая на верхушке колосковая ось. Однако род *Uncinia* является весьма специализированной группой, которая едва ли могла дать начало новой эволюционной ветви. Виды без осевого придатка Нелмс считал дериватами подродов *Carex* и *Vignea*. Смит и Фолкнер (Smith, Faulkner, 1976) указывают, что вопрос о происхождении одноколосковых видов продолжает оставаться неясным, и допускают возможность их возникновения от других подродов *Carex* или других родов.

Рассмотрев основные особенности строения соцветий *Carex* и высказав предположения об общих направлениях эволюции последних, коротко остановлюсь еще на некоторых признаках элементов соцветия, имеющих значение для систематики. Эти признаки следующие: размеры соцветия; число колосков в соцветии, в особенности тычиночных; взаимное расположение колосков: все б. м. тесно сближенные или, чаще, верхние сближенные, а нижние б. м. сильно расставленные; форма и размеры колосков; количество цветков в колосках (обычно в пестичных); плотность расположения мешочков в колосках; расположение кроющих чешуй в колосках — по 1 или 2—3 и более спиралям (Алексеев, 1983); форма кроющих чешуй; характер их верхушки (в особенности наличие или отсутствие ости), количество жилок, окраска, соотношение длины чешуи и мешочка.

Особо следует рассмотреть кроющие листья соцветия. Они расположены при основании колосков и ветвей с собраниями колосков. Кроющие листья бывают чешуевидными с заостренной или щетиновидной верхушкой или состоят из б.м. длинного трубчатого влагалища и линейной пластинки, или из пластинки с едва выраженным влагалищем[1] (практически без влагалища), или, реже, только из одного влагалища, наверху косо усеченного или заостренного. Основываясь на данных сравнительной морфологии, можно сделать вывод о первичности кроющих листьев с длинным влагалищем и пластинкой. Размеры влагалища и пластинки кроющих листьев подчиняются определенной закономерности: они уменьшаются в направлении снизу вверх (в описаниях и ключах указываются размеры влагалища нижнего кроющего листа). Признаки кроющих листьев отличаются большим постоянством и нередко имеют таксономическое значение на уровне секций. Но иногда варьирование наиболее важного из них — характера влагалища, наблюдается в пределах одного вида, например, *C. grioletii*, *C. flava*. Кроющие листья у них обычно без влагалищ, но если нижний колосок б. м. значи-

[1] В описаниях надвидовых таксонов и в ключах такие кроющие листья обозначены как кроющие листья без влагалищ.

тельно отставлен от остальных, то его кроющий лист имеет влагалище, и чем сильнее отставлен колосок, тем оно длиннее. Важным диагностическим признаком является соотношение длины соцветия и нижнего кроющего листа.

Flowers. Utricle. Inflorescence

The flowers in the genus *Carex* are unisexual, without a perianth, aggregated in the staminate (male) and pistillate (female) or in mixed spikes forming compound two — multispicate, more rarely unispicate inflorescences. The staminate (male) flower consists of (2)3 stamens situated in the axil of the glume (Fig. 2, *3*, *5*). There is an assumption based on the data on vascular anatomy that each stamen is a monandrous (unistaminate) flower and the aggregate of three stamens is a synanthium (Martens, 1939; Smith, 1966; Smith, Faulkner, 1976). Kukkonen and Timonen (1979) giving as an example *Uncinia kingii* Boott (= *Carex kingii* (Boott) Reznicek) and Timonen (1985) — on *Kobresia laxa* Nees have shown that the anatomical data give no sufficient reasons to consider staminate flowers of these plants to be synanthies, as well as staminate flowers of the genus Carex which have the same structure. The stamens of sedges have long thin free drooping filaments[1] and elongate linear basifixed anthers which are opened by a longitudinal slit. The connective is furthered into a short cusp (over-connective), the form of which can sometimes be of diagnostic significance. For example, according to the shape of the over-connective two related groups of species of the section *Frigidae* (= sect. *Aulocystis*) are distinguished (Dietrich, 1967).

The pistillate (female) flower consists of a single gynoeceum placed in a closed sac-like organ, commonly called an utricle, usually narrowed at the top into a beak, from which a part of the style and 2—3 stigmatic branches project. The utricles are situated in spikes by one in the axils of glumes (Fig. 2, *4*, *6*). These glumes as well as ones of staminate flowers are modified leaf sheaths with completely reduced blades or remained as awns; very rarely (e. g. in *C. fulta*, an endemic of Japan) glumes have a short linear blade. The glumes are arranged in spiral. According to Alexeev's (Алексеев, 1983) data in species of some sections one spiral of glume arrangement is observed in pistillate spikes, in species of other sections there are several spirals.

The question concerning the origin of the unusual sedge organ, the utricle, has drawn and still is drawing an attention of many botanists. The hypothesis concerning the nature of the utricle was given for the first time by Kunth (1835). According to Kunth, the utricle of sedges is the first bract of lateral axis, fused by their edges. He drew such a conclusion on the base of his analysis of elementary spikelets in the genus *Schoenoxiphium*. The latter ones, as Kunth found, are surrounded by the bract, disposed at their base and turned with its dorsal side to the axis of the compound spike. The sedge utricle was homologized by him with this bract. The pistillate flower of sedges enclosed in the utricle Kunth considered to be a uniflorous spikelet.

Kunth's hypothesis was recognized by the following authors and was further developed in their works (Gay, 1838; Roeper, 1844; Wesmael, 1863; Duval-Jouve, 1864; Caruel, 1867; Townsend, 1873, 1885; McNab, 1874; Thiselton Dyer, 1874; Pax, 1886; Baillon, 1893; Holm, 1896b; Kükenthal, 1909; Snell, 1936; Кречетович, 1936; Иванова, 1939; Holttum, 1948; Письяукова, 1950; Schultze-Motel, 1959, 1964; Emberger, 1960; Mora, 1960; Shah, 1962b, Егорова, 1966б; Smith, 1966, 1967; Le Cohu, 1968; Svenson, 1972; Smith, Faulkner, 1976; Eiten, 1976). Many authors recognize that sedge utricle is a modified prophyll which is homologous to the prophyll located at adaxial side of each inflorescence branch (near its base) in species of the subgenera *Vigneastra* (= subgen. *Indocarex*) and *Carex*.

Homologization of the utricle with the prophyll and a notion that the system: utricle — gynoeceum is a uniflorous spikelet one based on data on comparative morphology of inflorescences in members of *Carex* and other genera of the tribe *Cariceae* (*Schoenoxiphium* Nees, *Kobresia* Willd., *Uncinia* Pers.) as well as of teratology of sedges. These data are given by me in my previous work (Егорова, 1966б). Anatomical investigations of the apical meristem of pistillate inflorescences in sedges (Shah, 1962b; Smith, 1966; Smith, Faulkner, 1976) gave additional evidences in favour of interpretation of the utricle together with gynoeceum as a reduced spikelet. These investigations showed that at early stages of ontogenesis the axis is formed, the apex of which is aborted soon after the beginning of gynoeceum formation. The latter is situated on the axis laterally, on its adaxial side. In mature utricles of most sedges this axis, rachilla (rachilla secundaria), being a secondary axis in relation to an axis (rachis) of a spike is very abbreviated and practically indistinguishable. The base of the rachilla, so called a utricle stipe, is often well developed. In some species of sedges, chiefly in unispicate and, rarely, multispicate ones (*C. curvula*, *C. siderosticta* et al.) the rachilla is prolonged inside the utricle as well, and sometimes

---

[1] Very rarely (in some species of section *Mitratae*) filaments are fused.

(*C. microglochin*, *C. kingii*) protrudes from it. The gynoeceum (and fruit) is situated in these species at the base of this rachilla. Presence of the rachilla in utricles (elongated or strongly shortened and developed only at early stages of the inflorescence ontogenesis) may serve as an evidence that the gynoeceum along with the utricle is an elementary, reduced to one flower (female) spikelet (Fig. 2, *1*, *2*). The utricle is a prophyll of axis (rachilla) of this spikelet and at the same time, according to some authors' opinion (Caruel, 1867; Baillon, 1893; Barnard, 1957; Schultze-Motel, 1959, 1966; Shah, 1962b; Smith, Faulkner, 1976; Eiten, 1976, Meert, Goetghebeur, 1979), it functions as a bract of pistillate flower, i. e. gynoeceum, as the latter, as a study of the early stages of development of elementary spikelets showed, takes axillary position in relation to it.

Uniflorous *Carex* spikelets are regarded as final links in the evolution of multiflorous spikelets of ancestral type apparently rather similar to the most primitive spikelets of the genera *Shoenoxiphium* and *Kobresia* (Kükenthal, 1909; Snell, 1936; Иванова, 1939; Holttum, 1948; Nelmes, 1951, 1952a; Kern, 1958, 1962; Koyama, 1961, 1962; Егорова, 19666; Smith, Faulkner, 1976). The question is being discussed whether the utricle is formed by means of fusion of margins of one prophyll or two prophylls. Most authors share the first point of view, it well correlates with data on vascular anatomy of utricles (Snell, 1936; Timonen, 1985).

The question concerning morphological nature of the prophyll is also open to discussion. As it is known the prophyll (the first leaf of lateral branch) is present on vegetative and reproductive shoots in a whole number of the families of Monocotyledons (*Poaceae*, *Restionaceae*, *Juncaceae*, *Cyperaceae* etc.). This is usually a bicarinate sheath-shaped organ situated on adaxial side of the shoot and turned with its back to the axis of the maternal shoot. In *Cyperaceae*, *Juncaceae*, *Restionaceae* and in some tropical grasses prophylls present also at the base of branches of the inflorescence. They are positioned on them in the same manner as in shoots, adaxially. Arber (1925) regarded prophylls on branches of inflorescence to be bractlets. Snell, noting the similarity of prophylls with leaf sheaths, draws to conclusion that the prophyll is a leaf reduced to sheath. Grassl (1967) homologizes prophylls with cotyledons and considers them to be very ancient organs which protected the shoot apex of lateral shoots. Rytova and Tzvelev (Рытова, Цвелев, 1982) regard that prophylls of any lateral shoots are homologous to the coleoptile of an embryo and have rather cauline (axial) origin then leaf one as they are formed of axis tissue and not of the shoot apex as leaves are.

In the genus *Carex* prophylls of all ultimate branches of the inflorescence have been transformed in the closed organs, utricles, which are of important biological significance. They protect ovaries and fruits against unfavourable surroundings forming a phenomenon as if of «double angiospermy»[1], and contribute to dispersal of diaspores. The presence of utricles is, no doubt, a character of high specialization. Possibly, owing to their formation the genus *Carex* obtained large advantages in the process of dispersal and adaptation to various habitats in comparison with other genera of *Cyperaceae*, in consequense of it this genus has distributed all over the globe, having adapted to the most diverse ecological condite. The wide dispersal was one of the main causes of intensive speciation in the genus. At present it is the most widespread and the most extensive genus of the *Cyperaceae* and one of the largest genera of Angiosperms.

The characters of utricles are very various and are of large importance for the genus *Carex* taxonomy. In most cases the combination of these characters outlines well enough related groups of sedges and allow to distinguish numerous species of the genus. The most important and constant diagnostic characters of utricles are following: the shape of cross-section of utricles, the length of a beak (sometimes it is absent) and the mode of its apex, the manner of the narrowing of the utricle body into a beak (gradually or abruptly), features of utricle margins, consistence of walls, the presence or absence of pubescence, shine, papillae, tubercles, dots etc., the presence or absence of veins and their thickness, the position of mature utricles in relation to the axis of the spike. The ratio of utricle and fruit dimensions is also a good character. The shape and sizes of utricles, the length of their beak, the number of veins and the colour are more or less variable. Proceeding from the hypothesis of utricles' origin, an elongate, entire or only dorsally cleft beak, more or less long stipe (i .e. the rudimentary rachilla of the uniflorous spikelet), a large number of veins should be considered as the most primitive features.

Utricles of various species are distinguished in the anatomical structure, and hence the anatomical characters can be used for diagnostic purposes (for example, when determining outwardly similar species *C. stenophylla* subsp. *stenophylloides* and *C. pachystylis*, which differ in thickness of utricle walls).

The utricle anatomical structure is far from being studied well enough, and therefore at present there are no data on the use of anatomical characters in the genus *Carex* taxonomy. The anatomical structure of utricles is shown in Fig. 3. As it is seen in the cross-sections, utricle wall consists of an ex-

---

[1] A tendency to «double angiospermy», or angiocarpy is exhibited in many families where various parts of the plant can take part in the formation of more or less closed organ containing the fruit (Koechlin, 1972).

ternal epidermis, a layer of parenchymal cells and an inner epidermis. The coats of cells of an external epidermis are always thickened, of an inner one are thickened (*C. pumila*, *C. supina*, *C. orbicularis* subsp. *orbicularis*) or thin (*C. riparia*, *C. diluta*). The external epidermis or also and inner one have a cuticle developed to a different degree. The parenchymal layer is formed by 1–9 rows of cells with thin or thickened and lignescent (*C. supina*) coats. Many-rowed parenchymal layer is peculiar to the utricles which are usually characterized as spongy or cork-like (*C. pumila*, *C. riparia* etc.). In mature utricles of some species (*C. rhynchophysa*, *C. orbicularis*) the parenchymal layer is destroyed. In the parenchymal layer the vascular bundles are disposed, the number of which in species studied varies from 2 (*C. orbicularis*) to 13 (*C. pumila*). Between vascular bundles there are groups of sclerenchymal cells which are, most probably, reduced vascular bundles. Thus, veins on utricles are vascular or sclerenchymal bundles.

As it was noted above staminate (male) and pistillate (female) flowers are aggregated in spikes. As the pistillate flowers together with utricles are reduced uniflorous pistillate spikelets, then their aggregate on one rachis is a compound spike. Compound spikes are also formed by staminate flowers and utricles disposed on the same rachis. The aggregate of only staminate flowers is a simple spike. The spikes (simple and compound) not rarely have small sizes and therefore they are traditionally called spikelets in works by the Russian authors (sometimes in works by foreign ones as well). The staminate flowers are positioned directly on the rachis of a spike, whereas pistillate ones are located on the very abbreviated (very rarely elongated) rachillas (axises of the second order) which are, as it was mentioned earlier, axes of strongly reduced elementary spikelet (Fig. 2, *1*, *2*, *3*). The upper flower in staminate spikes and the only in uniflorous pistillate spikelets have lateral position. Therefore inflorescences of sedges are laterifiorous, or open.

The spikes in *Carex* inflorescences either unisexual, consisting entirely of staminate or pistillate flowers, or bisexual (mixed) of two types: androgynous, i. e. with staminate flowers in the upper part of the spike and pistillate flowers in the lower part or gynaecandrous, i. e. with pistillate flowers above and staminate ones below; in mixed spikes there are much less, for few exceptions, staminate flowers than pistillate ones. Thus, all possible variants of sex arrangement have been realized in sedge spikes. The spikes form compound inflorescences — panicleform (or paniculodium: Troll, 1968; Kukkonen, 1994), racemiform, spiciform (or multiple spike: Kukkonen, 1994) or, rarer, subcorymbiform, seldom inflorescence is unispicate. A variant of a subcorymbiform inflorescence is a fascicular-racemiform one, a variant of a spiciform inflorescence is a capitate one. In racemiform and spiciform inflorescences the lower spikes sometimes are situated on paracladies of the first order (Fig. 4, *7*). Types of compound inflorescences in the subgenera *Carex*, *Kreczetoviczia* and *Vignea* are schematicaly shown in Fig. 4.

Inflorescences can be formed by unisexual spikes, staminate (usually by upper ones) and pistillate (for few exception by lower ones) or only by bisexual or by a combination of unisexual (mostly pistillate) and bisexual ones. Unisexual spikes are typical for the subgenera *Carex* and *Kreczetoviczia*, though in them not infrequently (especially in the former) there are also androgynous (for example in the sections *Decorae*, *Aulocystis* (= sect. *Frigidae*), *Graciles*) and gynaecandrous ((for instance, some species from the section *Phacocystis* (= sect. *Acutae*) and most species from the section *Microrhynchae*)) spikes. Androgynous spikes alone are peculiar to the subgenus *Vigneastra* (= subgen. *Indocarex*), androgynous and gynaecandrous, very rarely unisexual (*C. disticha*, *C. curaica* etc.) spikes or a solitary gynaecandrous spike (*C. ursina*) there are in the subgenus *Vignea*, solitary androgynous, staminate and pistillate spikes are peculiar to the subgenus *Psyllophora*.

Androgynous spikes, in all probability, are primitive; in favour of this supposition the data on inflorescence structure in less specialized (in comparison with the genus *Carex*) other genera of the tribe *Cariceae*, *Schoenoxiphium* and *Kobresia*, can contribute. In these genera all axes of an inflorescence have at the apex (as androgynous spikes of sedges) staminate flowers below of which 2–7-flowered bisexual elementary spikelets are situated. The similar structure had, apparently, also the inflorescences of ancestral forms of the tribe *Cariceae*. Naturally enough therefore to suggest that their branches and the apex could transform only into androgynous spikes as a result of transformation of their elementary bisexual spikelets into surrounded by the utricle uniflorous pistillate spikelets of the genus *Carex*. In the process of the evolution androgynous spikes have transformed in staminate, pistillate and gynaecandrous ones; the latters could arise also from unisexual spikes (Fig. 5).

The process of transformation of androgynous spikes into staminate and pistillate ones in some species is not entirely completed yet, and in species with mainly unisexual spikes staminate spikes can bear at the base pistillate flowers, and pistillate spikes at the apex can have staminate flowers. In *C. campylorhina*, for example, one can observe different stages of reduction of staminate flowers at the tòp of pistillate spikes, from a few flowers with well developed stamens to one—two flowers with reduced stamens and, at last to one undeveloped glume (Fig. 6). The latter can be not developed at all and then more or less a long axis remains from the staminate part of the spike.

The idea on a primary nature of androgynous spikes is given in the systems of a number of authors (Kükenthal, 1909; Mackenzie, 1931, 1935; Ohwi, 1936; Егорова, 1966б, 1990; Chater, 1980; Егорова, Трифонова, 1986; et al.). In these systems at first the taxa with androgynous spikes are placed. An opinion concerning primitiveness of androgynous spikes was expressed by Alexeev (Алексеев, 1986), by me (Егорова, 1987), by Reznicek (1990a) and, possibly, by other botanists.

At the base of the axis of each partial inflorescence on its adaxial side all sedge species from the subgenera *Vigneastra*, *Carex* and *Kreczetoviczia* have prophylls (they are called cladoprophylls), utricle-shaped in the first subgenus and sheath-shaped (tubular) in the second and the latter subgenera (Fig. 7, *1, 2*). In the subgenus *Vignea* prophylls (they are glume-shaped; Fig. 7, *3*) occur only in species of the section *Ammoglochin* (*C. arenaria*, *C. praecox* et al.). For the first time they were found by Alexeev (Алексеев, 1978). Alexeev notes the presence of prophylls also in some other species of the mentioned subgenus (*C. chordorrhiza*, *C. echinata*, *C. leporina*). The statement one can not agree with, as the glumes in these species taken by him for prophylls do not occupy a typical for prophylls adaxial position on the spike rachis. Kukkonen (1984a), who knows Alexeev's work, denies the presence of prophylls in the subgenus *Vignea*. The type of cladoprophylls and the fact of their presence or absence itself are important features which characterize taxa of the subgeneric rank. The presence of these organs in an inflorescence is a primitive feature.

The questions of the structure and evolution of inflorescences in the genus *Carex* were discussed only at the subgeneric level (Smith, Faulkner, 1976). Within the subgenera they were not dealt with. The most primitive sedge inflorescences are panicleform strongly branched ones of many members of the subgenus *Vigneastra* (Kreczetowicz, 1936; Holttum, 1948; Nelmes, 1952a; Koyama, 1962; Егорова, 1966б; Smith, Faulkner, 1976). These inflorescences take most of reproductive shoot and consist of numerous androgynous spikes disposed on the branches of different orders. The branches of the first order in the most primitive species of the *Vigneastra* subgenus arise from the nodes of the main axis by pairs. Utricle-shaped prophylls (cladoprophylls), located at the base of branches, contain the gynoeceum and fruit in some species. Bracts of the lower branches of the inflorescence of the first order have long sheaths and blades. Such inflorescences are closer most of all to ancestral type of *Carex*. In the subgenus *Vigneastra* depauperated panicleform inflorescences as well as racemiform (*C. dissitiflora*) and spiciform (*C. distachya* et al.) ones are derivative of the above inflorescences.

In the subgenera *Carex* and *Kreczetoviczia* the most primitive inflorescences are the racemiform inflorescences consisting of several (up to 8—10), arising from nodes of an inflorescence main axis, remote lateral fascicles of androgynous (the sections *Decorae*, *Siderostictae*, *Graciles*) or pistillate (the section *Tuminenses*), rarely gynaecandrous spikes (Fig. 4, *2*). Nelmes (1951 : 33) supposed that such inflorescences could arise from paniculate ones of modern members of the subgenus *Indocarex* (= subgen. *Vigneastra*) or their extinct ancestors by means of drawing together in one node of partial panicles of the second order. Sharing on the whole his point of view, I believe that each lateral fascicle of spikes could arise due to the reduction of the axis of the partial panicle of the first order (according to Nelmes this axis remains), as a result of this partial panicles of the second order became arise from the node of the main axis, having transformed then in spikes.

The most common in sedges of the subgenera *Carex* and *Kreczetoviczia* racemiform inflorescences with solitary spikes at nodes have originated from the inflorescences with several fascicles of spikes (Fig. 4, *3, 4*). In primitive inflorescences of these subgenera the spikes are arranged almost all over the reproductive shoot (Fig. 4, *3*), for example, in species allied to *C. siderosticta* and *C. secalina*. In the process of the evolution the inflorescence took the apical position due to drawing together of the upper nodes and reduction of the lower ones (Fig. 4, *4*). But in a number of species from the sections *Mitratae*, *Acrocystis*, *Hallerianae*, *Digitatae* etc. the lower nodes of the inflorescence still remain and so-called subradical, or basigynous spikes on long pedicels arise from them. The inflorescence in these species consists of two zones, the upper and lower ones which are divided by a long internode (Fig. 4, *10*). It is possible, however, that subradical spikes are a new formation.

As a result of more or less strong nodes' drawing together at the apex of the stem and of the arrangement of spike apexes almost at one level in many species of the section *Praelongae* (*C. shimidzensis* et al.) and in some species of other sections (e. g. *C. eleusinoides*, *C. ornithopoda*, *C. bicolor*) subcorymbiform and fascicular-racemiform inflorescences (Fig. 4, *5, 6*) have arisen. The shortening of spike peduncles has led to the formation of various spiciform inflorescences from more or less elongate inflorescence to capitate one (species of sections *Acrocystis*, *Lamprochlaenae*, *Microrhynchae*, *Phacocystis*) (Fig. 4, *7, 8, 9*). The staminate spikes, which originated in the course of the evolution from androgynous ones, in some species' groups (especially in alpine zone) have turned into mixed spikes of another type, i. e. into gynaecandrous ones. This was probably caused by severe conditions of high-mountain areas. The location of staminate flowers in the lower part of the spikes is biologically more expedient as this, probably, better protects the pollen from the injury by frost. The process of formation of gynaecandrous spikes is not completed yet and there are species (*C. caucasica*, etc.) in which the terminal spike can be either gynaecandrous or staminate. It is possible that the inflorescences with gynaecandrous spikes are the most specialized ones. Panicleform and all variants of spiciform inflorescences (Fig. 4, *1, 7, 8, 9*) are peculiar to the subgenus *Vignea*; the latters, apparently, have formed directly from panicleform inflorescences missing the stage of racemiform ones or the species with these inflorescences have not remained at present. In species of this subgenus the inflorescence is always situated in the upper stem part, spikes are bisexual (chiefly gynaecandrous), sometimes unisexual (*C. disticha*, *C. curaica* etc.), very rarely dioecious (sect. *Macrocephalae*; *C. douglasii*, often *C. iljinii*). Panicleform inflorescences as well as spiciform ones formed by androgynous spikes are primitive, while spiciform inflorescences with gynaecandrous and unisexual (in dioecious plants) spikes are advanced inflorescences.

The final stage in the evolution of inflorescences are those inflorescences which are formed by the solitary terminal spike which is androgynous in monoecious species and staminate or pistillate in dioecious ones. The question concerning the origin of unispicate species and their position in the system is one of the most difficult in the taxonomy of the genus *Carex*. These species form the subgenus *Psyllophora*, widely known under the not correct name *Primocarex*. In utricles of many its members, at the base of gynoeceum and fruit there is usually more or less long rachilla, a rudiment of the axis of an elementary spikelet reduced to one pistillate flower. The presence of the rachilla is a primitive character. This rachilla is absent in utricles of members of the subgenera *Kreczetoviczia* and *Vignea* and in most species of the subgenera *Carex* (except *C. siderosticta*, *C. curvula* and few other species) and *Vigneastra*. In primitive genera of the tribe *Cariceae*, *Schoenoxphium*, *Kobresia* and *Uncinia*, the rachilla is more or less developed and bears from one to several flowers. Some authors (Drejer, 1844; Holm, 1903; Kükenthal, 1909), fairly considering the genus *Carex* to be evolutionary advanced as compared with other genera of the tribe, regarded unispicate species with a rudiment of the spikelet axis (rachilla) as the most primitive in the genus, initial for all multispicate sedges. The opinion about primitive nature of species with rachilla bearing utricles seems to be at first glance well-grounded. However the presence of this primitive character can not be an evidence of primitiveness of the group as a whole. For determining its evolutionary level the type of inflorescence is of more importance.

It was Kreczetowicz (Кречетович, 1936) who for the first time supposed that unispicate inflorescences of *Carex* are not primary, primitive but secondary, advanced which have been originated from compound inflorescences due to different processes of reduction. Unispicate species with utricles which have no rachillae (*C. scirpoidea*, *C. rara*, *C. ursina*, *C. dioica* etc.) have originated, according to him, from the subgenera *Vignea* and *Eucarex* (= subgen. *Carex*) by means of simple reduction of the spikes number in the inflorescence up to the solitary terminal spike. The unispicate species having rachillae could arise, in Kreczetowicz' opinion, from the members of subgenus *Indocarex* (= subgen. *Vigneastra*) through incomplete reduction of lateral branches of an inflorescence. As in species of the mentioned subgenus there are no, as a rule, rachillae in utricles, he supposed that rachillae in unispicate species are not rudiments of spikelet axes but are rudiments of axes of lateral branches of a compound inflorescence. As it was said above, in some species of the subgenus *Indocarex* there are developed pistillate flowers (as well fruits) in utricle-shaped prophylls (cladoprophylls) of lateral branches of the inflorescence. In Kreczetowicz' opinion, all utricles in solitary spikes are in its origin just such cladoprophylls. The latter ones along with rachillae are remains of reduced branches of *Indocarex* inflorescence. Kreczetowicz' point of view is shared by Smith (1966). It should be noted that if all branches of the inflorescence are reduced the terminal androgynous spike (which is present in all species of the subgenus *Indocarex*) must have remained on its main axis. Kreczetowicz supposed that in the process of the reduction of compound inflorescences of *Indocarex* only staminate flowers have remained from this terminal spike and the utricles have reduced, otherwise, the utricles in solitary spikes should not have had any rachillae but they do have them.

An assumption of possible utricles' reduction is, in my opinion, vulnerable point of Kreczetowicz' hypothesis concerning the origin of solitary spikes with a rachilla bearing utricles from *Indocarex* inflorescences. It seems hardly probable that in the process of transforming the subgenus *Indocarex* inflorencences into unispicate ones the utricles in their terminal spike could have reduced. Kreczetowicz' idea regarding the origin of unispicate species from the subgenus *Indocarex* does not correspond to the anatomical structure of pericarp (Егорова, Трифонова, 1986), which is less specialized in unispicate species than in members of the subgenus *Indocarex*. It seems more probable that the unispicate species with rachillae in utricles have arisen not from the subgenus *Indocarex* but from an ancestral group of sedges, Protocarex, which undoubtedly had such rachillae. The fact of remaining rachillae in some multispicate species from the subgenus *Carex* (*C. siderosticta*, *C. curvula* etc.) can serve in favour of the existence of them in initial forms. In my opinion unispicate inflorescences of most species could have formed as a result of reduction of compound inflorescences in Protocarex (probably similar in its structure to the subgenus *Indocarex*) up to the terminal androgynous spike. But in some species the lower utricles in their origin can be cladoprophylls. So, with practically complete certainty one can consider the lower utricles (and not all as Kreczetowicz (Кречетович, 1936) stated) of Balcan-Caucasian species, tertiary relict *C. phyllostachys* (see Fig. 67, *11*) to be cladoprophylls. They are very remote along the stem and are sessile in the axils of long leaves which in the past were bracts of the inflorescence branches, now reduced to utricle-shaped cladoprophylls. The process of branches' reduction is not completed yet, an evidence of this is the presence in some samples of the mentioned species of rudimentary branchlets, as if arising from the lower utricles-cladoprophylls (in fact the utricle itself is situated at the base of this branchlet) and bearing the utricle and glumes of staminate flowers. These facts were already noted by Kreczetowicz (Кречетович, 1936); he considered them as atavistic return to indocaricoid ancestors. Basing on the above phenomenon Chater (1980) placed *C. phyllostachys* in the subgenus *Indocarex*. Such interpretation of the systematic position of this species seems quite questionable. The rudimentary branchlets in *C. phyllostachys* should be regarded rather as atavism, as Kreczetowicz supposed, and not as an evidence of belonging this species to the subgenus *Indocarex*. In most specimens of *C. phyllostachys* the rachilla, constantly observed in the utricles, does not bear the elements of the inflorescence.

Now let us discuss the question concerning the origin of the unispicate species which have no in their utricles the rachilla. Kreczetowicz (Кречетович, 1936) admitted the possibility of their origin from members of the subgenera *Carex* and *Vignea*. *C. scirpoidea*, for example, was considered by him as a probable derivative of *C. tomentosa*. The notion by Kreczetowicz about phylogenetic relations between these species was probably based on the presence of pubescent utricles in them, which is no doubt a result of convergence. For the time being only one unispicate species is known which is actually closely related to multispicate species. This is *C. ursina*, correctly replaced by Gorodkov (Городков, 1927) and then by Kreczetowicz (Кречетович, 1935a) from the subgenus *Primocarex* (= subgen. *Psyllophora*), within which this species was considered by Kükenthal (1909), in the section *Canescentes* (= sect. *Heleonastes*, sect. *Leptovignea*) of the subgenus *Vignea*.

Unlike all other unispicate species *C. ursina* has a gynaecandrous spike. As Kreczetowicz (Кречетович, 1936) has convincingly shown the fact that *C. ursina* has one spike is a result of phenotypic variability of the species in the severe conditions of the Arctic; this character is not quite genetically fixed, as in species under more favoured conditions the second, little spike develops. An example can be given when the presence of a solitary spike is caused by phenotypic variability in the conditions of high-mountain areas. This is *C. borii*, in which the solitary androgynous spike is sometimes observed.

The origin of the unispicate sedges without a rachilla in utricles from the species with androgynous spikes of the subgenera *Carex* and *Vignea* is theoretically possible but at present can not be proved due to the absence of distinct phylogenetic relationships between them.

The unispicate species without rachillae have no also clear phylogenetic relations with the unispicate species which have rachillae as well as the latter species between themselves. It seems that the most probable pathway of the origin of the unispicate species without rachillae as well as of the sedges with them was that from the general sedges' ancestor (Protocarex). The rachillae have been reduced in the former ones like it happened in elementary spikelets (utricles with gynoeceum) of a large majority of sedges from other subgenera.

There are other points of view concerning the origin of sedges with unispicate inflorescence. Nelmes (1952b), for example, considered the subgenus *Primocarex* to be a heterogenous group having the polyphyletic origin. Some species which have the rachilla are, in his opinion, derivatives of the genus *Uncinia*. This genus, distributed chiefly in the Southern hemisphere, is characterized by a solitary androgynous spike and closed utricles from which the rachilla hook-shaped at the apex protrudes. However, the genus *Unicinia* is very specialized group which hardly could give a rise to a new evolutionary branch. The species without the rachilla Nelmes regarded as derivatives of the subgenera *Carex* and *Vignea*. Smith and Faulkner (1976) state that the question concerning the origin of unispicate species still remains unclear and think it possible that they have arisen from other subgenera of *Carex* or other genera.

Having discussed the main features of the inflorescence structure in *Carex* and having supposed the general trends of their evolution let us consider in brief another characters of the inflorescence which are of importance for the taxonomy of sedges. These characters are as follows: dimensions of inflorescence; the number of spikes in the inflorescence, especially of staminate ones; the arrangement of spikes: all more or less closely approximate or, more often, the upper spikes approximate and the lower ones more or less remote; the shape and sizes of spikes; the number of flowers in spikes (usually in pistillate ones); density of utricles' disposition in spikes; the arrangement of glumes in spikes — by 1 or by 2—3 or more spirals (Алексеев, 1983); the shape of glumes and the feature of their apex (in particular the presence of absence of the awn), the number of veins, the colour, length of glume and utricle ratio.

Bracts of the inflorescence should be examined particularly. They are disposed at the base of spikes and branches with spike gathering. Bracts can be either glumaceous with the acuminate or setiform apex or they can consist of more or less long tubular sheath and linear blade, or of blade with scarcely distinct sheath[1] (practically without a sheath), or, more rarely, only of one sheath obliquely truncate or acuminate at the apex. Basing on comparative morphology data one can draw a conclusion that the bracts with a long sheath and blade are primary. Sizes of the sheath and blade of bracts have certain appropriate features: they diminish upwards (in descriptions and in keys sizes of the sheath in the lowest bract are given). The characters of bracts are fairly constant and non infrequently are of taxonomical significance at the level of sections. But sometimes the variation of the most important characters which are the pre-

---

[1] In the descriptions of subdivisions of the genus and in the keys such bracts are marked as bracts without sheaths.

sence or absence of the sheath is observerd within one species, e. g. in *C. grioletii*, *C. flava*. Their bracts are usually without sheaths but if the lowest spike is conspicuously distant from the other ones then its bract has the sheath, and the more the spike is distant the longer it is. The length of the lowest bract and inflorescence ratio is also an important diagnostic character.

Пыльцевые зерна. Опыление. Гибридизация

Сем. *Cyperaceae* характеризуется оригинальными, свойственными только этому семейству пыльцевыми зернами. Пыльцевое зерно осоковых — псевдомонада, как его предложил называть Селлинг (Selling, 1947 : 350), представляет собой редуцированную тетраду (так называемую криптотетраду), в которой развито только 1 пыльцевое зерно, а остальные 3 потенциальных зерна дегенерированы; оболочка этой тетрады образуется непосредственно из оболочки микроспороцита — материнской клетки микроспор (Wille, 1882; Juel, 1900; Wulff, 1939; Erdtman, 1952; Shah, 1962a; Тахтаджян, 1966, 1982; Тодераш, 1980). Полагают, что псевдомонада произошла от тетрады ситниковых путем абортирования трех микроспор (Wille, 1882; Wulff, 1939; Selling, 1947; Shah, 1962a; Тахтаджян, 1966; Nijalingappa, 1976).

Пыльца большинства осоковых, обычно 5—6-, редко 1-, 2-, 4-, 7- или 8-поровая (Erdtman, 1952; Тарасевич, 1983, 1984), принадлежит к специализированному, поровому типу, в то время как филогенетически связанное с ними сем. *Juncaceae* и большинство других однодольных имеют наиболее примитивный среди покрытосеменных дистально-однобороздный тип (Pohl, 1929; Wodehouse, 1935, 1936; Тахтаджян, 1948, 1964, 1980а; Куприянова, 1954; Eames, 1961, и др.). В. Ф. Тарасевич (1983, 1984) выделила у представителей *Cyperaceae* нашей флоры и некоторых зарубежных видов 6 типов пыльцевых зерен. К Carex-типу она помимо пыльцы представителей подсем. *Caricoideae* — *Carex*, *Kobresia* и *Schoenoxiphium* отнесла пыльцу рода *Eriophorum* L. из подсем. *Cyperoideae*. Основываясь на сходстве пыльцы *Carex* и *Eriophorum*, Тарасевич (1983) считает, что последний род, вероятно, может быть отнесен к подсем. *Caricoideae*. Ошибочность такого предположения очевидна и свидетельствует о том, что нельзя судить о родстве таксонов, основываясь только на палинологических данных.

Сведения о пыльцевых зернах осок содержатся в работах ряда авторов (Куприянова, 1945, 1948; Selling, 1947; Заклинская, 1950; Erdtman, 1952; Атлас..., 1971; Тарасевич, 1983, 1992). Наиболее детально пыльца осок изучена В. Ф. Тарасевич (1983). Пыльцевые зерна у них обратнояйцевидные или обратнояйцевидно-конические, с широким усеченным или слегка выпуклым дистальным концом. Размеры варьируют в роде в пределах 35.4—58.2 мкм дл., 28—43.3 мкм шир. Поверхность равномерно мелкобугорчатая, с частыми перфорациями; экзина тонкая; сэкзина двуслойная, подстилающий слой отсутствует; интина неравномерно утолщенная (Куприянова, 1945, 1948; Dunbar, 1973; Мейер, Ярошевская, 1976; Тарасевич, 1983, 1984). По данным Тарасевич, пыльцевые зерна осок имеют 5, иногда 6, редко 7—8 пор: дистальную полярную, округлую или угловато-округлую и 4—7 латеральных, меньших размеров, округлых или овальных, с зональным (экваториальным) расположением. Таким образом, у *Carex* (и целого ряда других родов *Cyperaceae*) наблюдается своеобразный, возможно свойственный только этому семейству смешанный тип расположения пор, представляющий собой сочетание дистально-полярного типа с зональным.

Ранее (Егорова, 1966б) мной было высказано мнение, основанное на строении пыльцы очень немногих видов осок, что палинологические данные не могут быть использованы в целях систематики и филогении *Carex*. Чтобы проверить его на большем количестве материала, я предложила А. Ф. Тарасевич исследовать отобранную мной пыльцу 30 видов осок, относящихся к 3 подродам и 25 секциям рода. Результаты ее исследования (Тарасевич, 1992) показали, что пыльцевые зерна представителей разных подродов и секций *Carex* имеют довольно однообразное строение, незначительно варьируя по форме и размерам зерен и апертур и по толщине экзины. Но у отдельных видов пыльца отличается некоторыми своеобразными чертами. Например, *C. melanostachya* и *C. vesicaria* — виды односительно родственных секций, имеют крупную пыльцу; *C. phyllostachys*, *C. digitata* и *C. caryophyllea* — представители двух подродов имеют плохо различимые поры; у *C. siderosticta* отмечена крупная полярная пора (20 мкм) (секция, к которой принадлежит этот вид, занимает обособленное положение в системе); *C. siderosticta*, *C. tuminensis* и *C. bostrychostigma* имеют до 7—8 пор (эти не родственные друг другу виды являются одними из примитивных в роде). В целом следует признать, что палинологические данные почти не имеют значения для систематики и филогении осок.

Палинологическую характеристику осок закончу рассмотрением вопроса о высоком проценте деформации их пыльцевых зерен (Тарасевич, 1983, 1992). Обычно присутствие большого числа деформированных зерен связывают с явлениями гибридизации или апомиксиса. Апомиксис у осок не наблюдается (Хохлов и др., 1978; Schmid, 1984). Гибридизационные же процессы распространены в ряде секций довольно широко, о чем будет сказано ниже. Большое число деформированных пыльцевых зерен (свыше 50%) имеют виды, которые можно разделить на 4 группы. В 1-ю из них входит *C. putjatinii* (82)[1] — стерильная помесь между *C. meyeriana* и *C. schmidtii*. 2-я группа представлена *C. salina* (90), которая, по всей вероятности, является гибридогенным видом. В 3-ю группу входят *C. vesicaria* (70), *C. melanostachya* (70), *C. serotina* (92), *C. acuta* (80), *C. cespitosa* (90); эти виды образуют стерильные и частично фертильные гибриды с другими видами. 4-я группа включает *C. sylvatica* (75), *C. caryophyllea* (100), *C. tomentosa* (60), *C. arenaria* (50—70), *C. forficula* (90), *C. scirpoidea* (80), *C. rupestris* (100); гибриды у видов этой группы неизвестны. Таким образом, высокий процент деформированной пыльцы наблюдается у помесей, гибридогенных видов, у ряда видов, которые гибридизируют, но сами не являются гибридами (хотя нельзя исключить возможность их возникновения в результате древней гибридизации) и у видов, не образующих гибриды. Из этого следует вывод, что деформация пыльцы не всегда связана с гибридизацией. Известно, что у гибридных растений пыльца может быть недеформированной (Faulkner, 1973). Причины деформации пыльцевых зерен у *Carex* неясны и нуждаются в специальном исследовании.

Осоки — анемофильные растения, но у некоторых из них, по-видимому, имеет место и энтомофилия. Так, известно, что рано цветущие виды *C. ericetorum* и *C. caryophyllea* посещают медоносные пчелы для сбора пыльцы и, вероятно, осуществляют при этом и перекрестное опыление (Leppik, 1955). Массовое количество пчел наблюдалось на растениях *C. brevicollis* (Черных, 1971).

Сведений по биологии опыления осок очень мало. У видов рода отмечаются протогиния — *C. pilosa* (Антонова, 1976), виды родства *C. flava* (Vonk, 1979; Schmid, 1980, 1982, 1984), *C. ericetorum* (Биологическая флора..., 1980), протандрия — *C. glareosa* (Halliday, Chater, 1969 : 90), *C. brevicollis* (Черных, 1971) или протогиния и протандрия — *C. flava* (Taylor, 1956).

---

[1] Числа, указанные в скобках после видового названия, означают процент деформации пыльцевых зерен.

Имеются данные о наличии у *Carex* самонесовместимости, исключающей самоопыление. Она зафиксирована у видов секции *Phacocystis* (= sect. *Acutae*) (Faulkner, 1973) и у *C. pilosa* (Антонова, 1976). Другие виды — *C. paleacea* (Faulkner, 1973), виды группы *C. flava* (Vonk, 1979; Schmid, 1982, 1984) характеризуются высокой степенью самосовместимости. Жизнеспособные семена образуются у них как в результате аллогамии (перекрестного опыления), так и автогамии. В группе осок родства *C. flava* отмечается преобладание автогамии даже в очень густых популяциях; посредством автогамии образуется до 90% семян (Schmid, 1982, 1984).

Кратко рассмотрим вопрос о гибридизации в роде *Carex*. Как свидетельствуют литературные данные (Kükenthal, 1909; Holmberg, 1929a, 1929b; Hylander, 1966; Егорова, 1966б; Faulkner, 1973; Chater, 1980; Schmid, 1980, 1982; Toivonen, 1980, 1981a, 1981b, 1987; Cayouette, Morisset, 1985; Cayouette, 1987), изучение гербарного материала и отчасти наблюдения в природе, в некоторых секциях рода — *Vesicariae*, *Ceratocystis* (= sect. *Flavae*), *Temnemis*, *Phacocystis* (= sect. *Acutae*), *Canescentes* и *Physoglochin* (= sect. *Dioicae*) гибридизация — довольно обычное явление[1], в то время как у видов большинства секций она неизвестна. Гибридизируют обычно виды одной секции и значительно реже — разных секций (причем не всегда близкородственных), а также подродов. В качестве межподродового гибрида можно привести *C. canescens* × *C. dioica*. Межсекционными гибридами являются: *C. paniculata* × *C. remota*, *C. canescens* × *C. chordorrhiza* (Flatberg, 1972), *C. canescens* × *C. remota*, *C. canescens* × *C. stellulata*, *C. meyeriana* × *C. schmidtii* (= × *C. putjatinii*) и др. Интересно отметить, что *C. canescens* (секция *Canescentes*) образует помеси с 13 видами!

Гибриды сочетают в себе в разных комбинациях признаки родительских видов, имеют более крупный габитус (Toivonen, 1981a) и часто полностью стерильны (в их мешочках совсем не развиваются плоды). Всегда стерильны помеси между видами секции *Canescentes* (= sect. *Heleonastes*) (Holmberg, 1929a, 1929b; Егорова, 1966б; Toivonen, 1981a). Стерильные помеси — это гибриды F_1-типа, существующие только в первом поколении, поскольку у них нет семенного возобновления. Фертильные в разной степени помеси образуются в результате интрогрессивной гибридизации (повторных скрещиваний с одним из родительских видов). Она наблюдается между *C. stans* (= *C. aquatilis* subsp. *stans*) и *C. bigelowii* (Duman, Kryszczuk, 1958), *C. diluta* и *C. distans* (Егорова, 1976a; Nilsson, 1985; Малышев, 1990), между видами родства *C. flava* (Schmid, 1982; Stoeva, Štěpanková, 1990).

Как отмечает Шмид (Schmid, 1980, 1982), повторные обратные скрещивания (backcrossing) в группе *C. flava* приводят через много генераций к образованию фертильных форм, существенно не отличающихся по морфологии от одного из исходных видов. Такие формы он называет стабилизировавшимися скрытыми интрогрессантами (stabilized cryptic backcrosses). Существование их наводит на мысль, что, возможно, следствием интрогрессивной гибридизации является столь характерный у осок родства *C. flava* полиморфизм.

Образование гибридов значительно чаще происходит в филогенетически молодых секциях, например, *Phacocystis*, *Canescentes* и *Physoglochin* — самых эволюционно продвинутых группах 3 подродов осок, соответственно *Kreczetoviczia*,

---

[1] Конкретные сведения о помесях между видами содержатся ниже, в систематическом обзоре видов.

5 Заказ № 131

Vignea и *Psyllophora*, и почти совсем не имеет места в примитивных (исключение составляют секции *Heleoglochin* и *Remotae* в подроде *Vignea*). Интересен факт существования гибридных растений только в очень немногих секциях рода. Следует обратить внимание также и на то обстоятельство, что гибриды встречаются только у видов *Carex* сырых и болотистых местообитаний и неизвестны у осок сухих экотопов.

Известно несколько естественных гибридогенных видов, в большей или меньшей степени фертильных, морфологически промежуточных между родительскими растениями, с константным комплексом признаков. Это *C. salina*, *C. stenolepis*, *C. tatjanae*. Последние два вида явно уклоняются в сторону одного из исходных видов и, возможно, являются интрогрессантами, находящимися в стадии становления. Стабилизировавшийся интрогрессивный гибрид между *C. rostrata* и *C. rotundata*, уклоняющийся в сторону первого вида, представляет собой распространенный на Аляске *C. paludivagans* Drury (Drury, 1956). Как полагает Мякинен (Mäkinen, 1965), в результате древней интрогрессии между *C. digitata* и *C. pediformis* subsp. *rhizodes* (= *C. rhizina*) возникла встречающаяся в Финляндии и Швеции и, возможно, на Карельском перешейке *C. digitata* var. *pallens* (= *C. pallens*). Не вполне стабилизировавшимся интрогрессантом, по-видимому, можно считать *C. pseudobrizoides* (= *C. reichenbachii*). В качестве гибридогенного вида рассматривается *C. recta* (Faulkner, 1972, 1973). Его гибридная природа не проявляется, как у выше рассмотренных видов, в морфологических признаках и была выявлена посредством кариологических исследований. Вероятными родительскими видами являются *C. paleacea* и *C. aquatilis*. В результате древней гибридизации могли возникнуть и другие ныне существующие виды осок, но привести какие-либо доказательства их гибридогенности пока не представляется возможным.

В связи с обсуждением вопросов гибридизации у осок упомяну об одном явлении, отмечаемом очень многими авторами у самых разных групп растений. Оно состоит в наличии переходных (промежуточных) форм между двумя замещающими друг друга таксонами видового или подвидового рангов в зоне контакта или налегания их ареалов. Одни авторы (Егорова, 1959б; Толмачев, 1971, и др.) считают, что эти переходные формы возникли в результате гибридизации, другие (Кожевников, 1985а) более склонны объяснять факт их существования фенотипической изменчивостью под влиянием условий среды. Установить действительную природу переходных форм (или, что, вероятно, более правильно — популяций) возможно лишь путем экспериментальных и цитогенетических исследований.

Pollen grains. Pollination. Hybridization

The family *Cyperaceae* is characterized by original, peculiar only to this family pollen grains. The pollen grain, the pseudomonade, as Selling (1947 : 350) proposed to name it, is a reduced tetrad (the so-called crytotetrad) in which only one pollen grain is developed and the other 3 potential grains are degenerated; a coat of this tetrad is formed directly from the coat of microsporocyte — a maternal cell of microspores (Wille, 1882; Juel, 1900; Wulff, 1939; Erdtman, 1952; Shah, 1962a; Тахтаджян, 1966 1982; Тодераш, 1980). The pseudomonade of *Cyperaceae* is supposed to have arisen from the tetrad of *Juncaceae* by means of abortion of three microspores (Wille, 1882; Wulff, 1939; Selling, 1947; Shah, 1962a; Тахтаджян, 1966; Nijalingappa, 1976).

The pollen of *Cyperaceae*, usually 5—6-, rarely 1-, 2-, 4-, 7- or 8-porate (Erdtman, 1952; Тарасевич, 1983, 1984), belongs to the specialized, porate type whereas phylogenetically related family *Juncaceae* and most other monocotyledons have the most primitive in Angiosperms distal-monosulcate type (Pohl, 1929; Wodehouse, 1935, 1936; Тахтаджян, 1948, 1964, 1980a; Куприянова, 1954; Eames, 1961, et al). Tarasevich (Тарасевич, 1983, 1984) in her studies of the pollen of some *Cyperaceae* established 5 types of pollen grains. The pollen grains of the Carex-type have not only the genera *Carex*, *Kobresia* and *Schoenoxiphium* (the subfam. *Caricoideae*) but also the genus *Eriophorum* (the subfam. *Cyperoideae*). Basing on the pollen resemblance Tarasevich proposed to consider the genus

Eriophorum as a member of the subfam. *Caricoideae*. This obviously erroneous supposition emphasizes once again that the affinities of taxa can not be established judging from palynological data only.

The data concerning the pollen grains of sedges are contained in works of a number of authors (Куприянова, 1945, 1948; Selling, 1947; Заклинская, 1950; Erdtman, 1952; Атлас..., 1971; Тарасевич, 1983, 1992). The most detailed information regarding the question is given by Tarasevich (Тарасевич, 1983, 1992). Pollen grains of sedges are obovoid of obovoid-conical, with broad truncate or slightly convex distal end. The sizes vary in the genus within 35.4–58.2 μm long, 28–43.3 μm wide. The surface is uniformly microtuberculate with dense perforations; exine thin; sexine two-layered, pedicularium is absent; intine unequally thickened (Куприянова, 1945, 1948; Dunbar, 1973; Мейер, Ярошевская, 1976; Тарасевич, 1983, 1984). According to Tarasevich, pollen grains of sedges have 5, sometimes 6, rarely 7–8 pores: distal polar, rounded or angular-rounded and 4–7 lateral ones of lesser size, rounded or oval, having zonal (equatorial) arrangement. Thus, in *Carex* (and in quite a number of other genera of *Cyperaceae*) we observe an original, possibly peculiar only to this family mixed type of pores' arrangement which is a combination of distal-polar type with zonal one.

In one of my earlier works (Егорова, 1966б) I expressed my opinion, which was based on pollen structure of very few species of sedges, that palynological data can not be used in the taxonomy and phylogeny of *Carex*. In order to check it on larger amount of material I selected the pollen grains of 30 species of sedges belonging to 3 subgenera and 25 sections and asked Dr. Tarasevich to examine them. Her investigations (Тарасевич, 1992) showed that pollen grains in members of various subgenera and sections of *Carex* have rather an uniform structure ranging slightly in the shape and sizes of grains and apertures and in thickness of the exine. But in some species the pollen differs in some features. For example, *C. melanostachya* and *C. vesicaria*, species of relatively allied sections, have large pollen; *C. phyllostachys*, *C. digitata* and *C. caryophyllea*, members of two subgenera, have poorly distinguished pores; a large polar pore (20 μm) is observed in *C. siderosticta* (the section which this species belongs to takes an isolated position in the system); *C. siderosticta*, *C. tuminensis* and *C. bostrychostigma* have up to 7–8 pores (these not related to each other species are ones of primitive in the genus). On the whole it should be admitted that palynological data are practically of no importance for the taxonomy and phylogeny of sedges.

I should like to complete the palynological description of sedges by considering the question concerning a high rate of deformation of their pollen grains (Тарасевич, 1983, 1992). Usually the presence of the large number of deformed grains is connected with the hybridization or apomixis. The apomixis is not observed in sedges (Хохлов и др., 1978; Schmid, 1984), whereas the hybridization is rather widespread in a number of sections. The large number of deformed pollen grains (50%) is peculiar to the species which can be divided into 4 groups. The first of them includes *C. putjatinii* (82)[1] which is a sterile hybrid between *C. meyeriana* and *C. schmidtii*. The second group is represented by *C. salina* (90) which, most probably, is a hybridogenous species. The 3-rd group embrace *C. vericaria* (70), *C. melanostachya* (70), *C. serotina* (92), *C. acuta* (80), *C. cespitosa* (90); these species form sterile and partly fertile hybrids with other species. The 4-th group includes *C. sylvatica* (75), *C. caryophyllea* (100), *C. tomentosa* (60), *C. arenaria* (50–70), *C. forficula* (90), *C. scirpoidea* (80), *C. rupestris* (100); hybrids in the species of this group are unknown. Thus, we can observe the high percentage of deformed pollen grains in hybrids, hybridogenous species, in a number of species which hybridize but themselves are not hybrids (though one can not exclude a possibility of their origin as a result of ancient hybridization) and in species which form no hybrids. Taking into consideration the above said we can draw a conclusion that pollen deformation is not always connected with hybridization. It is known that in hybrid plants the pollen can be non-deformed (Faulkner, 1973). The reasons of pollen grains deformation are unclear and needs a special study.

Sedges are anemophilous plants but some of them are, apparently, entomophilous. So, it is known, that early flowering species *C. ericetorum* and *C. caryophyllea* are visited by honey bees for collecting pollen and going so they, probably, realize cross-pollination (Leppik, 1955). A good deal of bees was observed in plants of *C. brevicollis* (Черных, 1971).

There are very few data concerning the biology of sedges' pollination. Protogyny is observed in *C. pilosa* (Антонова, 1976), in species of the affinity *C. flava* (Vonk, 1979; Schmid, 1980, 1982, 1984), *C. ericetorum* (Биологическая флора..., 1980), protandry – in *C. glareosa* (Halliday, Chater, 1969 : 90), *C. brevicollis* (Черных, 1971) or both protogyny and protandry in *C. flava* (Taylor, 1956).

There are data on the presence of self-incompatibility in *Carex* which excludes self-pollination. It was recorded in species of the section *Phacocystis* (= sect. *Acutae*) (Faulkner, 1973) and in *C. pilosa* (Антонова, 1976). Other species: *C. paleacea* (Faulkner, 1973), species of the *C. flava* group (Vonk,

---

[1] The numbers given in parentheses after specific names stand for the percentage (%) of deformed pollen grains.

1979; Schmid, 1982, 1984) are characterized by the high rate of self-compatibility. Vital seeds are formed in them both as a result of allogamy (cross-pollination) and autogamy. In sedges of the *C. flava* group the predominance of autogamy is observed even in very thick populations; up to 90% of seeds are formed by means of autogamy (Schmid, 1982, 1984).

Now let us discuss in brief the question regarding hybridization in the genus *Carex*. The published data (Kükenthal, 1909; Holmberg, 1929a, 1929b; Hylander, 1966; Егорова, 1966б; Faulkner, 1973; Chater, 1980; Schmid, 1980, 1982; Toivonen, 1980, 1981a, 1981b, 1987; Cayouette, Morisset, 1985; Cayouette, 1987), a study of herbarium material and some observations in the nature let us to conclude that hybridization is rather a common phenomenon[1] in some sections of the genus, namely in *Vesicariae*, *Ceratocystis* (= sect. *Flavae*), *Temnemis*, *Phacocystis* (= *sect. Acutae*), *Canescentes* and *Physoglochin* (= sect. *Dioicae*), whereas in species of most sections it is unknown. Usually species of one the same section and much rarer of various sections (being not always closely related) as well as of subgenera may hybridize. *C. canescens* × *C. dioica* can be cited as an intersubgeneric hybrid. Intersectional hybrids are *C. paniculata* × *C. remota*, *C. canescens* × *C. chordorrhiza* (Flatberg, 1972), *C. canescens* × *C. remota*, *C. canescens* × *C. stellulata*, *C. meyeriana* × *C. schmidtii* (= *C.* × *putjatinii*) et al. It is interesting to note that *C. canescens* (sect. *Canescentes*) forms hybrids with 13 species!

Hybrids unite in themselves in different combinations the characters of parental species, have a larger habit (Toivonen, 1981a) and often are completely sterile (in their utricles fruits are not developed at all). Hybrids between species of the section *Canescentes* (= sect. *Heleonastes*) (Holmberg, 1929a, 1929b; Егорова, 1966б; Toivonen, 1981a) are always sterile. Sterile crossbreeds are hybrids of F_1-type which exist only in the first generation as they have no seed reproduction. Fertile (in a different degree) hybrids are formed as a result of introgressive hybridization (backcrossing with one of parental species). It is observed between *C. stans* (= *C. aquatilis* subsp. *stans*) and *C. bigelowii* (Duman, Kryszczuk, 1958), *C. diluta* and *C. distans* (Егорова, 1976a; Nilsson, 1985; Малышев, 1990), between the species of the *C. flava* group (Schmid, 1982; Stoeva, Štěpanková, 1990).

As Schmid (1980, 1982) noted the backcrossings in the *C. flava* group lead after many generations to arising fertile forms which have no essential distinctions in their morphology from one of the parental species. He calls such forms stabilized cryptic backcrosses. Their existence suggests an idea that possibly polymorphism, so peculiar to sedges of *C. flava* relationship, is a result of introgressive hybridization.

The hybridization much more often occurs in phylogenetically young sections, e. g. *Phacocystis*, *Canescentes* and *Physogloghin* which are the most advanced groups from three subgenera, respectively *Kreczetoviczia*, *Vignea* and *Psyllophora*; it is practically not found in primitive ones (except the sections *Heleoglochin* and *Remotae* in the subgenus *Vignea*). It is interesting to note that hybrid plants exist only in very few sections of the genus. It should be also mentioned that hybrids occur only in *Carex* species of damp and boggy habitats and are not known in sedges of dry ecotopes.

There are several natural hybridogenous species, more or less fertile, intermediate between parental plants, with a constant complex of characters. These are as follows: *C. salina*, *C. stenolepis*, *C. tatjanae*. The latter two species are declined to one of the parental species and possibly are backcrosses being in the stage of stabilization. Stabilized introgressive hybrid of *C. rostrata* and *C. rotundata* declining to the former species is *C. paludivagans* Drury (Drury, 1956) distributed in Alaska. According to Mäkinen (1965) as a result of ancient introgression between *C. digitata* and *C. pediformis* subsp. *rhizodes* (= *C. rhizina*) *C. digitata* var. *pallens* (= *C. pallens*) has arisen; it occurs in Finland and Sweden and possibly in Karelian Isthmus. One can apparently consider *C. pseudobrizoides* (= *C. reichenbachii*) to be not fully stabilized backcross. *C. recta* (Faulkner, 1972, 1973) can be regarded as a hybridogenous species. Its hybrid origin is not revealed (as in the above mentioned species) in the morphological characters and was elucidated trough karyological examinations; *C. paleacea* and *C. aquatilis* are probable parental species. As a result of ancient hybridization other now existing species of sedges could have also originated but at present it is impossible to adduce some evidence in favour of their hybrid origin.

In connection with the questions of hybridization in sedges discussed here let us mention one phenomenon which is noted by many authors in the very different plant groups. This is the presence of intermediate forms between two replacing each other taxa of specific or subspecific rank in the zone of contact or overlapping of their distribution areas. Some authors (Егорова, 1959б; Толмачев, 1971, et al.) suppose that these intermediate forms have arisen as a result of hybridization, others (Кожевников, 1985a) are inclined to regard the fact of their presence by phenotypic variation influenced by surroundings. The true origin of these intermediate forms (or which is more correct, intermediate populations) can be established only by the experimental and cytogenetic investigations.

---

[1] Concrete data on hybrids between species are given below, in the taxonomical review of species.

Гинецей. Семя и зародыш

Гинецей осок, как и у всех других представителей семейства, состоит из 2—3 сросшихся плодолистиков. Столбик обычно длинный, скрытый в мешочке или немного выступающий из него, б. ч. прямой, но иногда от основания или выше изогнут вниз, а затем снова наверх (виды секций *Vesicariae* и *Digitatae*); основание столбика или его средняя часть могут быть б. м. заметно утолщены (виды секций *Acrocystis*, *Rhomboidales* и др.). Рыльцевые ветви в числе 2—3, б. м. длинные. Как правило, они более длинные у лесных видов (у *C. bostrychostigma* 12—15 мм дл., *C. pilosa* 5—7 мм, *C. sylvatica* 4 мм). Завязь верхняя, одногнездная, с одним базальным семязачатком, который, как полагает Блазер (Blaser, 1941), исходя из данных васкулярной анатомии, возник из свободного центрального семязачатка анцестральной формы. Генетический тип гинецея (и плода) осоковых неясен. Ряд авторов (Артюшенко, Коновалов, 1951; Каден, 1964, см.: Маевский, 1964; Левина, 1967) считали плод осок паракарпным. А. Л. Тахтаджян (1966), основываясь на работе Блазера, предположительно назвал гинецей *Carex* лизикарпным, но позднее (1982) отметил, что он, по-видимому, паракарпный.

Семязачатки осоковых анатропные, крассинуцеллятные, с двойным интегументом (Hofmeister, 1861; Wilczek, 1892; Netolitzky, 1926; Marek, 1958; Shah, 1965, 1968; Тахтаджян, 1966; Поддубная-Арнольди, 1982). Развитие и строение зародышевого мешка *Carex* изучено у *C. panicea*, *C. arenaria* (Hofmeister, 1861), *C. vesicaria* (Vesque, 1879), *C. acuta* (Jönsson, 1879—1880), *C. panicea*, *C. digitata*, *C. caryophyllea*, *C. pilulifera* (Heilborn, 1918), *C. aristata* (Gręzicka, 1964), *C. praecox* (Dunajska, 1965). Зрелый зародышевый мешок 8-ядерный, принадлежащий к наиболее распространенному среди покрытосеменных нормальному, или Polygonum-типу (Schürhoff, 1926; Dunajska, 1965; Поддубная-Арнольди, 1982).

Эмбриогенез, исследованный у *C. arenaria* (Hofmeister, 1861; Juguet, Lebégue, 1966), *C. panicea* (Hofmeister, 1861), *C. wallichiana* (= *C. fedia*) (Shah, 1965), идет по Juncus-вариации Onagrad-типа, как определил Джогансен (Johansen, 1950) в соответствии с предложенной им классификацией типов развития зародышей. По такой же вариации происходит эмбриогенез и у других родов осоковых, что свидетельствует о тесном родстве между *Cyperaceae* и *Juncaceae* (Shah, Neelakandan, 1971). Семена осоковых имеют маленький или среднего размера прямой зародыш и обильный нуклеарный эндосперм (Тахтаджян, 1966). Роду *Carex* свойствен маленький зародыш, составляющий, как видно на схематических рисунках в работах Мартина и Шаха (Martin, 1946; Shah, 1968), около 1/4 длины семени, а по объему — еще меньшую его часть. Процесс образования нуклеарного эндосперма у некоторых осок исследован Хейлборном (Heilborn, 1918). Периферические клетки эндосперма содержат масло, остальные — крахмал и белки (Schneider, 1932). Крахмальные зерна в семенах (и в вегетативных органах) относятся к примитивному Pteridophyte-типу (Czaja, 1978).

Строение зрелого зародыша изучено у *C. trinervis* (Hofmeister, 1861), *C. grayi* (Hofmeister, 1861; Schneider, 1932), *C. arenaria* (Guttenberg, Semlow, 1957; Juguet, Lebégue, 1966), *C. wallichiana* (Shah, 1965) и *C. grayana* (= *C. livida*) (Поддубная-Арнольди, 1976). У всех названных видов (подроды *Carex* и *Vignea*) оно одинаковое. Зародыш рода *Carex* (рис. 8, *1*), так же как и других родов осоковых, расположен в центре базальной части семени. Он хорошо дифференцирован и состоит из семядоли, зачатка корневого чехлика, почечки с апексом побега, зачатка первого листа и органа, называемого колеоптилем (Van der Veken, 1965) или влагалищем семядоли (Shah, 1965; Juguet, Lebégue,

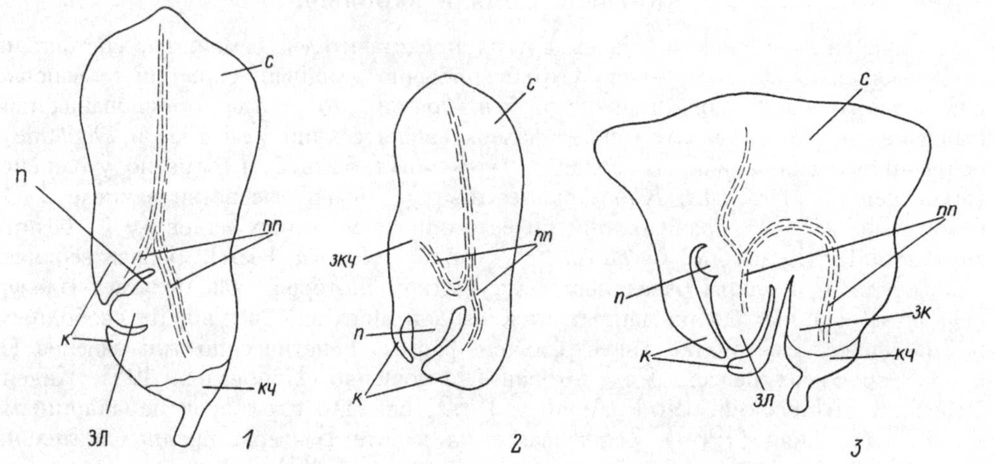

Рис. 8. Основные типы строения зародышей в сем. *Cyperaceae*

1 — *Carex wallichiana* Presc.; *2* — *Cyperus articulatus* L.; *3* — *Bulbostylis barbata* (Rottb.) Kunth (по: Shah, 1965). *зк* — зародышевый корешок, *зкч* — зачаток корневого чехлика, *зл* — зачаток первого листа, *к* — колеоптиль (влагалище семядоли), *кч* — корневой чехлик, *п* — почечка, *пп* — прокамбильные полосы, *с* — семядоля.

Fig. 8. Main types of embryo structure in the family *Cyperaceae*

1 — *Carex wallichiana* Presc.; *2* — *Cyperus articulatus* L.; *3* — *Bulbostylis barbata* (Rottb.) Kunth (after Shah, 1965). *зк* — radicle, *зкч* — rudimentary root cap, *зл* — primordial first leaf, *к* — coleoptile (cotyledonary sheath), *кч* — root cap, *п* — plumule, *пп* — procambial strands, *с* — cotyledon.

1966, и др.). Н. Г. Рытова и Н. Н. Цвелев (1982) и Цвелев (1987) убедительно гомологизируют колеоптиль злаков с предлистом боковых почек любого побега. Колеоптиль *Cyperaceae*, сходный с колеоптилем злаков, также можно рассматривать как предлист. Семядоля у зародышей всех осоковых терминальная, ее верхняя часть при прорастании семян увеличивается, внедряется в эндосперм и выполняет гаусториальную функцию (Schneider, 1932; Поддубная-Арнольди, 1976). Расположение остальных частей зародыша в семействе варьирует, что послужило основанием для выделения разными авторами 3—6 типов строения эмбрионов (Schneider, 1932; Shah, 1965; Shah, Neelakandan, 1971; Van der Veken, 1965; Raynal, 1973). Зародыш Carex-типа имеет обычное для однодольных расположение органов, а именно: почечка (вместе с колеоптилем) находится у него сбоку, а корневой чехлик внизу (рис. 8, *1*). Форма зародыша у осок обратногрушевидная, края колеоптиля почти одинаковые, слабо асимметричные и не прикрывают полностью почечку. Этот тип Шнейдер (Schneider, 1932) считает наиболее примитивным, исходным в семействе, и ее мнение разделяют остальные вышеназванные исследователи. Зародыш Carex-типа встречается также у трех родов подсем. *Cyperoideae*: *Blysmus*, *Baeothryon* и *Dulichium* (Van der Veken, 1965; Raynal, 1973). Зачатки органов у зародышей представителей *Cyperaceae*, имеющих другие эмбриологические типы, расположены необычным для однодольных образом (Schneider, 1932; Van der Veken, 1965; Shah, 1965; Shah, Neelakandan, 1971). Вначале эмбриогенез проходит у них так же, как у *Carex*: почечка начинает закладываться сбоку, а корневой чехлик — внизу. Но при дальнейшем развитии зачатки органов перемещаются и у зрелых зародышей занимают различное положение. Так, у зародыша Cyperus-типа (рис. 8, *2*) почечка находится внизу (обращена к микропиле), а корневой чехлик сбоку; у зародыша Bulbostylis-типа, наиболее специализированного у *Cyperaceae*, и почечка, и чехлик имеют базальное положение (рис. 8, *3*). Края колеоптиля у этих и других типов (особенно у Scirpus-типа) резко асимметричны и полностью прикрывают почечку.

Таким образом, род *Carex*, являющийся по совокупности признаков внешней морфологии наиболее продвинутым в семействе, имеет примитивный тип зародыша, что свидетельствует о глубокой гетеробатмичности рода. Признавая важное значение эмбриологических данных при решении различных вопросов систематики и филогении растений, я при общей оценке эволюционного уровня *Carex* базируюсь на строении цветков и элементарных колосков и подобно многим другим циперологам считаю его самым высоко организованным родом *Cyperaceae*. Заканчивая эмбриологическую характеристику *Carex*, добавлю, что у некоторых его представителей наблюдается полиэмбриония. Семена с двумя зародышами нередко встречаются у *C. maxima* (= *C. pendula*) (Schnarf, 1929) и *C. arenaria* (Juguet, 1967).

Gynoeceum. Seed and embryo

The gynoeceum of sedges like in all members of the family consists of 2—3 connate carpels. The style is usually long, hidden in utricle or slightly protruding from it, mainly upright but sometimes bent downwards from the base or higher, and then upwards again (species of sections *Vesicariae* and *Digitatae*; the style at the base or the middle part can be more or less thickened (species of sections *Acrocystis*, *Rhomboidales* et al.). Stigmatic branches 2—3 in number, are more or less long. As a rule, they are longer in forest species (in *C. bostrychostigma* 12—15 mm long, *C. pilosa* 5—7 mm, *C. sylvatica* 4 mm). The ovary is superior, unilocular with one ovule which, as Blaser (1941) considers, basing on vascular anatomy data, has arisen from a free central ovule of ancestral form. The genetic type of gynoeceum (as well that of fruit) is unclear. A number of authors (Артюшенко, Коновалов, 1951; Каден, 1964, see: Маевский, 1964; Левина, 1967) consider the fruit of sedges to be paracarpous. Takhtajan (Тахтаджян, 1966) basing on Blaser's work, supposedly called it lysicarpous but later (1982) he stated that it is, apparently, paracarpous.

Ovules of *Cyperaceae* are anatropic, crassinucellate, with double integument (Hofmeister, 1861; Wilczek, 1892; Netolitzky, 1926; Marek, 1958; Shah, 1965, 1968; Тахтаджян, 1966; Поддубная-Арнольди, 1982). The development and structure of embryo sac in *Carex* has been examined in *C. panicea*, *C. arenaria* (Hofmeister, 1861), *C. vesicaria* (Vesque, 1879), *C. acuta* (Jönsson, 1879—1880), *C. panicea*, *C. digitata*, *C. caryophyllea*, *C. pilulifera* (Heilborn, 1918), *C. aristata* (Gręzicka, 1964), *C. praecox* (Dunajska, 1965). The mature embryo sac is 8-nuclear belonging to the most common in Angiospermae normal, or the Polygonum-type (Schürhoff, 1926; Dunajska, 1965; Поддубная-Арнольди, 1982).

Embryogenesis which was studied in *C. arenaria* (Hofmeister, 1861; Juguet, Lebègue, 1966), *C. panicea* (Hofmeister, 1861), *C. wallichiana* (= *C. fedia*) (Shah, 1965) corresponds to the Juncus-variation of the Onagrad-type, as was determined by Johansen (1950) in accordance with proposed by him classification of types of embryo development. In other genera of the *Cyperaceae* embryogenesis is going on in the same variation being an evidence of close relationship between *Cyperaceae* and *Juncaceae* (Shah, Neelakandan, 1971). *Cyperaceae* seeds have a small or of medium size erect embryo and a copious nuclear endosperm (Тахтаджян, 1966). Members of the genus *Carex* have a small embryo which, as it is shown on schematic figures in Martin's and Shah's works (Martin, 1946; Shah, 1968), is about 1/4 of seed length and in volume even lesser its part. The process of formation of nuclear endosperm in some sedges has been investigated by Heilborn (1918). Peripherical cells of the endosperm contain oil, the others contain starch and proteins (Schneider, 1932). Starch grains in seeds (as well as in vegetative organs) are of the primitive Pteridophyte-type (Czaja, 1978).

The structure of mature embryo has been studied in *C. trinervis* (Hofmeister, 1861), *C. grayi* (Hofmeister, 1861; Schneider, 1932), *C. arenaria* (Guttenberg, Semlow, 1957; Juguet, Lebègue, 1966), *C. wallichiana* (Shah, 1965) and *C. grayana* (= *C. livida*) (Поддубная-Арнольди, 1976). All mentioned species (subgenera *Carex* and *Vignea*) have the same embryo structure. *Carex* embryo (Fig. 8, *1*), as well as in the other genera of *Cyperaceae*, is situated in the centre of the basal part of the seed. It is well differentiated and consists of a cotyledon, a rudimentary root cap, a plumule with the shoot apex, a primordial first leaf and an organ called coleoptile (Van der Veken, 1965) or cotyledonary sheath (Shah, 1965, Juguet, Lebègue, 1966, et al.). Rytova and Tzvelev (Рытова, Цвелев, 1982) and Tzvelev (Цвелев, 1987) fairly cogently homologize grasses' coleoptile with a prophyll of lateral gemmas of any shoot. *Cyperaceae* coleoptile which is similar to that of grasses can be also considered as a prophyll. The cotyledon in embryos of all members of *Cyperaceae* is terminal, its apical part is enlarged when seeds germinate and penetrates into the endosperm performing the haustorial function (Schneider, 1932; Поддубная-Арнольди, 1976). The arrangement of other parts of embryo in the family vary being the base of separating by some authors 3—6 types of embryo structure (Schneider, 1932; Shah, 1965; Shah, Neelakandan, 1971; Van der Veken, 1965; Raynal, 1973). The embryo of the Carex-type has the arrangement of organs which is usual for monocotyledons, namely: a plumule (together with coleoptile) is placed in it laterally and a radicle basally (fig. 8, *1*). The embryo in sedges is obpyriform, the edges of coleoptile are practically alike, slightly asymmetrical and not covering fully the plumule. Schneider (1932) considers this type to be the most primitive, initial in the family. Her opinion is shared by the above mentioned authors. The embryo of the Carex-type occurs also in three genera of subfam. *Cyperoideae*: *Blysmus*, *Baeothryon* and *Dulichium* (Van der Veken, 1965; Raynal, 1973). Organs in embryos of members of *Cyperaceae* with other embryological types are arranged in the manner unusual for monocotyledons (Schneider, 1932; Van der Veken, 1965; Shah, 1965; Shah, Neelakandan, 1971). At first embryogenesis proceeds in them in the same way as that in *Carex*: a plumule begins to form laterally and a root cap basally. But then as the process is developing initial organs are moved and in mature embryos they take a different position. So, in the embryo of the Cyperus-type (fig. 8, *2*) the plumule is found basally (turned to micropyle) and the root cap takes a lateral position; in the embryo of the Bulbostylis-type, the most specialized in *Cyperaceae*, both a plumule and a cap have a basal position (fig. 8, *3*). The edges of coleoptile in these and other types (especially in the Scirpus-type) are distinctly asymmetrical and fully cover the plumule.

Thus, the genus *Carex*, which in the whole complex of characters of outward morphology is the most advanced in the family, has a primitive type of the embryo, the fact which is of evidence of deep heterobathmy in the genus. Recognizing an important significance of embryological data in taxonomy and phylogeny of plants I, when estimating in general the evolutionary level of *Carex*, proceed from the structure of flowers and elementary spikelets and like many other cyperologists consider it to be the most highly organized genus in *Cyperaceae*. Completing an embryological description of *Carex* I should like to say that in some of its members one can observe polyembryony. Seeds with two embryos not infrequently occur in *C. maxima* (= *C. pendula*) (Schnarf, 1929) and *C. arenaria* (Juguet, 1967).

Плод

Плод осок односемянный, нераскрывающийся, с твердым околоплодником, в поперечном сечении слабо двояковыпуклый (если образован двумя плодолистиками) или трехгранный (если тремя), заключенный в мешочек. Мнения о морфологическом типе плода разноречивы. Он характеризуется как орех (Wilczek, 1892; Kükenthal, 1909; Moore, Edgar, 1970; Chater, 1980, и др.), паракарпный орех (Артюшенко, Коновалов, 1951), разновидность ореха — мешочек (Артюшенко, Федоров, 1986), орехообразный (Тахтаджян, 1966, 1982), ореховидный (Тахтаджян, 1987), орешек (Кречетович, 1935а), паракарпный орешек (Каден, 1964, см.: Маевский, 1964), орешковидный (Тахтаджян, 1964; Егорова, 1976а), семянка (Mackenzie, 1931, 1935; Cronquist, 1981), паракарпная верхняя семянка (Левина, 1967), верхняя семянка (Левина, 1987) и паракарпная сухая костянка (Каден, 1965).

Морфологический тип односемянных нераскрывающихся плодов определяется главным образом по характеру перикарпия. Специальное исследование анатомического строения перикарпия *Carex*, проведенное мной совместно с С. Н. Трифоновой (Егорова, Трифонова, 1986), позволило установить следующее: экзокарпий околоплодника осок состоит из одного ряда эпидермальных клеток с целлюлозными оболочками, склерифицированных расположенными на их внутренней периклинальной стенке коническими кремнеземными телами, мезокарпий — из 2—нескольких рядов одревесневших склереид, эндокарпий — из одного ряда волокнообразных клеток с целлюлозными оболочками. По характеру околоплодника, главной особенностью которого является одревеснение мезокарпия, плод осок представляет собой орех. В отличие от других плодов-орехов, например от плода лещины, относимого к ореху многими авторами, и плода дуба, определяемому как орех З. Т. Артюшенко и И. Н. Коноваловым (1951), Ю. Л. Меницким (1984) и Артюшенко и Ал. А. Федоровым (1986), у плода осок экзокарпий не одревесневает. Но это различие несущественно, поскольку последний представлен только одним рядом клеток. Заметим, что орехом называют плод граба (Артюшенко, Коновалов, 1951; Левина, 1967, 1987), у которого имеется 3—4 наружных ряда неодревесневающих клеток. Плод осок — орех особого типа, негомологичный ореху упомянутых растений. Он развивается из верхней завязи, генетический тип его неясен и определяется (см. выше: гинецей) как лизикарпный или паракарпный (плоды лещины, дуба и граба — нижние синкарпные орехи).

Использование термина «орешек» для обозначения плода осок мне представляется неправильным. За орешком в нашей литературе довольно прочно закрепилось название элемента (плодика) апокарпного плода — многоорешка, встречающегося у некоторых представителей семейств *Ranunculaceae*, *Rosaceae*, *Alismataceae* и др. (Левина, 1961, 1967, 1987; Тахтаджян, 1964, 1980б; Каден, 1965). Но не ценокарпный характер плода *Carex* является препятствием для применения к нему названия «орешек». Не вызывает разногласий, например, использование термина «костянка» (или многокостянка) как для апокарпных, так и ценокарпных плодов. Плод осок отличается от плодиков-орешков названных семейств по анатомическому строению перикарпия. У орешков наружная зона последнего (экзокарпий и часть мезокарпия) состоит из нескольких рядов тонкостенной неодревесневающей паренхимы, а средняя и внутренняя — из б. м. одревесневших, часто склеренхимных клеток (Александров, Коновалов, 1947; Артюшенко, Коновалов, 1951; Тахтаджян, 1964). О строении околоплодника осок было сказано выше. Название «орешковидный» (орешкообразный) тоже не следует использовать для плода *Carex*, так как это создало бы ошибочное представление о наличии общих черт между ним и орешком.

Следует заметить, что Артюшенко и Коновалов (1951), называя плод осоки паракарпным орехом, указывают на его анатомическое сходство с плодиком шиповника, который они квалифицируют как сухую костянку. Сухой костянкой обозначал плод *Carex* Н. Н. Каден (1955). Согласно нашим исследованиям (Егорова, Трифонова, 1986), плод осоки не имеет сходства с сухой костянкой вообще и с плодиком шиповника в частности. Как известно, мезокарпий костянок состоит из сочной или сухой (но неодревесневающей) паренхимы, тогда как у осок он образован одревесневшей склеренхимой. У плодика шиповника несколько наружных рядов клеток сформированы тонкостенной паренхимой (Александров, Коновалов, 1947). В околоплоднике осок совсем нет этой ткани. Мнение Артюшенко и Коновалова (1951) о сходстве плода *Carex* с плодиком шиповника, возможно, является следствием того, что на приведенном в их работе рисунке анатомического строения перикарпия *C. vulgaris*[1] под слоем эпидермы ошибочно изображен один ряд паренхимных клеток.

Выше было отмечено, что ряд авторов называет плод осок семянкой. Я придерживаюсь мнения А. Л. Тахтаджяна (1964, 1981, 1987), который считает семянку очень специализированным плодом сложноцветных.

Форма плода в поперечном сечении — двояковыпуклая или трехгранная — важный признак, имеющий таксономическое значение на подродовом уровне. Следует заметить, что не во всех подродах он абсолютно выдержан, что не снижает, однако, степени его таксономической значимости. В подроде *Carex*, в типе трехрыльцевом, с трехгранными плодами, отдельные представители немногих

---

[1] Приведенный рисунок принадлежит, однако, не *C. vulgaris* (= *C. nigra*), а, по всей вероятности, *C. hirta*.

секций (*C. bicolor* в секции *Microrhynchae*, *C. saxatilis* в секции *Vesicariae* и др.) имеют двояковыпуклые плоды. В подроде *Vignea* подавляющее большинство видов имеет двояковыпуклые плоды, только секции *Macrocephalae* и *Gibbae* объединяют виды с трехгранными плодами. Подрод *Psyllophora* представлен преимущественно видами с трехгранными плодами. Из других признаков плода систематическое значение имеет наличие или отсутствие у него ножки — карпофора (см. рис. 49, *1б*, *4б*). Хорошо выраженная ножка (0.6—1 мм дл.) свойственна видам секций *Mundae*, *Aulocystis*, *Chartoteuchium*, *Digitatae* и некоторым другим. На верхушке плода может быть развито кольцевидное утолщение (см. рис. 37, *3б*). Такие плоды являются характерной особенностью секций *Mitratae* и *Rhomboidales*. Плоды видов некоторых секций (например, *Temnemis*, *Rhomboidales*) снабжены разнообразными углублениями на ребрах или гранях либо впадинами. В основном морфология плодов довольно однообразна, но, несмотря на это, была предпринята попытка составления ключа для определения по плодам южноскандинавских видов *Carex* (Nilsson, Hjelmqvist, 1967).

Поверхность плодов у осок, как и у большинства других представителей *Cyperaceae*, гладкая, нередко глянцевитая, Скульптурные элементы — конические кремнеземные образования, расположены на внутренних периклинальных стенках клеток эпидермы. Вследствие указанных особенностей изучение ультраструктуры эпидермы на сканирующем электронном микроскопе (СЭМ) с использованием обычной методики не дает хороших результатов, так как изображение скульптуры получается расплывчатым. Шуйлер (Schuyler, 1971) исследовал эпидерму различных родов *Cyperaceae* (кроме *Carex*) на СЭМ, применив обработку поверхности плодов ультразвуком, в результате которой наружная стенка эпидермальных клеток отделяется и очертания клеток и кремнеземные образования становятся четко различимыми. Методика Шуйлера используется и при исследованиях на СЭМ эпидермы плодов осок, которым посвящен ряд работ (Walter, 1975; Toivonen, Timonen, 1976; Menapace, Wujek, 1985; Standley, 1985, 1987a, 1987b, 1987c, 1990; Rettig, 1986; Crins, Ball, 1988; Waterway, 1990; Salo et al., 1994, и др.). Виды *Carex* могут иметь различия в ультраструктуре эпидермы плодов, выражающиеся в форме и размерах клеток и кремнеземных конусов и количестве последних, а также в наличии или отсутствии у них конусов-сателлитов. Так, было установлено (Toivonen, Timonen, 1976), что по признакам кремнеземных образований резко отличается от видов секции *Heleonastes* (= sect. *Canescentes*) нередко включаемая в нее *C. elongata*, что подтверждает правомерность выделения этого вида в отдельную секцию *Elongatae*.

Особенности ультраструктуры эпидермы плодов представителей секций *Vesicariae* и *Lupulinae* позволили уточнить систематическое положение *C. retrorsa* Schwein. (Menapace, Wujek, 1985). По признакам эпидермы отличаются родственные секции *Spirostachyae* и *Ceratocystis* (Crins, Ball, 1988), а также некоторые виды секции *Phacocystis* (Standley, 1987c). Таким образом, данные по строению эпидермы, полученные посредством СЭМ, могут быть полезными при оценке правильности понимания родственных связей между таксонами, а также для их разграничения и диагностики.

Сведения об анатомическом строении плодов *Carex*, основанные на изучении нескольких видов: *C. acuta* и *C. glauca* (Kraus, 1866—1867), *C. paradoxa*, *C. paludosa* и *C. depauperata* (Wilczek, 1892), *C. vulgaris* (Артюшенко, Ковалов, 1951), *C. physodes* и *C. pachystylis* (Рожановский, 1960), *C. brevicollis* (Кондратенко, 1973), *C. wallichiana* (Shah, 1968), *C. hirta* (Вовк, 1985), были дополнены данными, полученными мной совместно с С. Н. Трифоновой (Егорова, Трифонова, 1986) в результате исследования перикарпия 106 видов осок, у 38 из них была изучена и семенная кожура.

Семенная кожура представителей *Cyperaceae* является производным обоих интегументов и эпидермы нуцеллуса (Wilczek, 1892; Netolitzky, 1926; Marek, 1958; Shah, 1968). По данным первых трех авторов, она образована остатками тканей наружного интегумента; внутренний интегумент полностью облитерируется, и от него остается одна кутикула. Согласно Шаху (Shah, 1968), семенная кожура в зрелых плодах пяти изученных им представителей *Cyperaceae*, в том числе *Carex wallichiana*, состоит из наружной эпидермы наружного интегумента и внутренней эпидермы внутреннего интегумента; иногда последняя представлена только кутикулой. На присутствие внутренней эпидермы внутреннего интегумента в семенной кожуре *C. hirta* указывает А. Г. Вовк (1985). Как показали наши исследования (Егорова, Трифонова, 1986; Трифонова, 1987), семенная кожура у изученных видов *Carex* очень тонкая, образованная полностью (*C. brevicollis*, *C. digitata*, *C. strigosa* и др.) или частично (*C. vesicaria* и др.) сохранившимися клетками наружной эпидермы наружного интегумента, под которыми находится волнистый бесструктурный слой. Этот слой обычно образован остатками внутренней эпидермы наружного интегумента и наружной и внутренней эпидермы внутреннего интегумента или только одним внутренним интегументом. Иногда в его формировании принимает участие паренхима наружного интегумента. Довольно часто в семенной кожуре сохраняет клеточную структуру эпидерма нуцеллуса.

Наличие у осок, как и у других родов *Cyperaceae*, сильно разрушенной семенной кожуры, возможно, обусловлено тем, что плод у них нераскрывающийся, вследствие чего функция защиты зародыша осуществляется перикарпием. В этой связи атрофия семенной кожуры является, на наш взгляд, проявлением специализации в семействе.

Семенная кожура в роде *Carex* имеет крайне однообразное строение, незначительно варьируя лишь по степени сохранности и размерам клеток наружной эпидермы наружного интегумента, и поэтому ее признаки не имеют диагностической ценности.

Изучение перикарпия многочисленных видов *Carex*, относящихся ко всем 5 известным подродам и 54 секциям, позволило дать описание его с учетом всего многообразия анатомических структур (Егорова, Трифонова, 1986). Перикарпий состоит из экзо-, мезо- и эндокарпия. Экзокарпий образован одним рядом эпидермальных клеток. Наружные и боковые стенки их могут иметь целлюлозное утолщение; на внутренних периклинальных стенках расположены конические кремнеземные образования (кремнеземные тела). Мезокарпий состоит из 2—10 (11) рядов удлиненных склереид с сильно утолщенными, одревесневшими оболочками, пронизанными поровыми каналами. Обычно все склереиды расположены параллельно продольной оси плода, но у некоторых видов (*C. hirta*, *C. melanostachya* и др.) склереиды, прилегающие к эндокарпию, ориентированы перпендикулярно к ней (рис. 9, *1*, *2*). На поперечном срезе у одних видов все склереиды изодиаметрические, у других 1—2 ряда склереид, прилегающих к экзокарпию, вытянуты в радиальном направлении. Эндокарпий представлен одним рядом сильно вытянутых волокнообразных клеток с толстыми целлюлозными оболочками. Эти клетки ориентированы перпендикулярно продольной оси плода, поэтому на поперечном срезе их границы не всегда видны. На продольном срезе клетки имеют палисадную форму. Анатомическое строение перикарпия показано на рис. 9.

Наибольшим разнообразием характеризуется строение мезокарпия. Основываясь на совокупности таких его признаков (константных для каждого вида), как число рядов склереид, их форма в поперечном сечении и ориентация по отношению к продольной оси плода, мы выявили 6 основных вариантов анатомического строения перикарпия, описания которых и рисунки приведены в упомя-

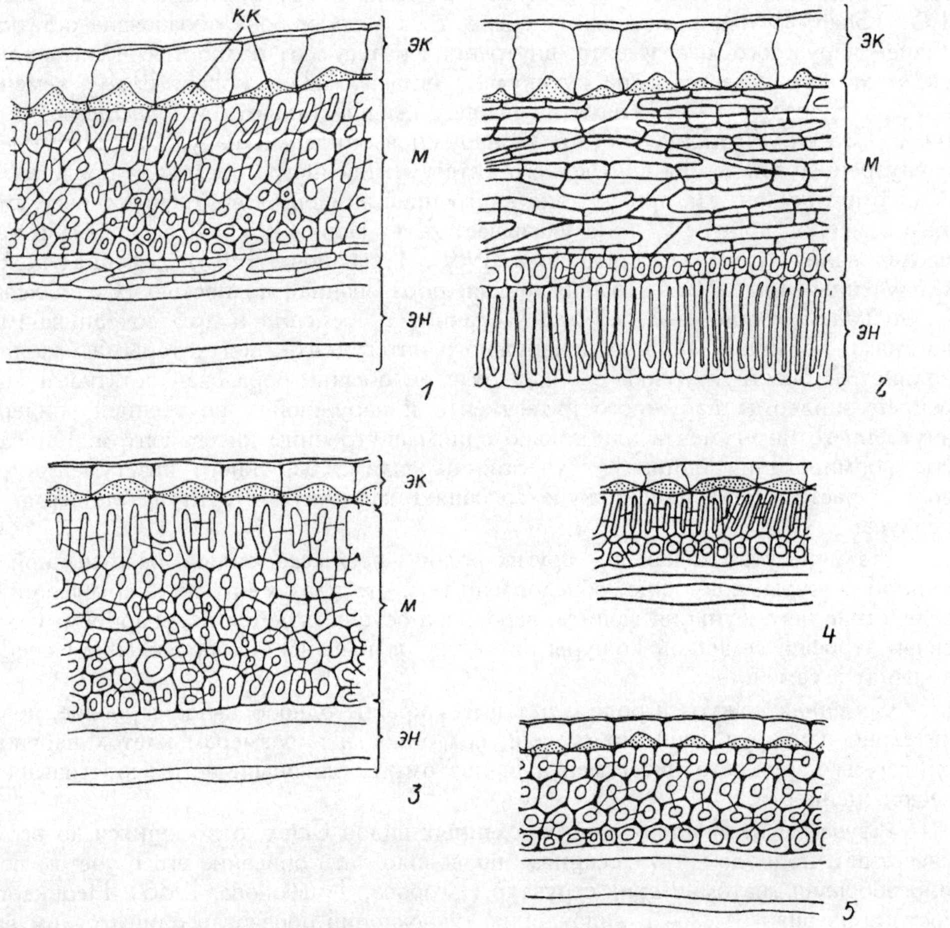

Рис. 9. Анатомическое строение перикарпия: *Carex melanostachya* Bieb. ex Willd. (*1, 2*), *C. vesicaria* L. (*3*), *C.acuta* L. (*4*), *C.capitata* L. (*5*) (по: Егорова, Трифонова, 1986)

1, 3—5 — поперечные срезы перикарпия, *2* — продольный срез перикарпия. *кк* — кремнеземные конусы, *м* — мезокарпий, *эк* — экзокарпий, *эн* — эндокарпий.

Fig. 9. Anatomical structure of pericarp: *Carex melanostachya* Bieb. ex Willd. (*1, 2*), *C. vesicaria* L. (*3*), *C. acuta* L. (*4*), *C. capitata* L. (*5*) (after Егорова, Трифонова, 1986)

1, 3—5 — transverse sections of pericarp; *2* — longitudinal section of pericarp. *кк* — silica conical bodies, *м* — mesocarp, *эк* — exocarp, *эн* — endocarp.

нутой выше работе (в настоящей монографии даны некоторые из этих рисунков). В ней же помещена таблица, в которой для 106 изученных видов указаны варианты строения перикарпия. Анализ распределения вариантов по секциям и видам показал, что данные анатомического строения перикарпия могут быть использованы при решении некоторых спорных вопросов систематики рода. Так, например, наличие у *C. alba* перикарпия 2-го варианта служит дополнительным аргументом в пользу выделения видов родства *C. alba* в особую секцию *Albae*. Некоторые авторы включают их в секцию *Lamprochlaenae*, представители которой (*C. supina*, *C. liparocarpos* и др.) имеют 5-й и 6-й варианты перикарпия.

C. mandshurica включалась либо в секцию *Anithista* (= sect. *Tumidae*), либо в *Acrocystis*. Наличие у этого вида 6-го варианта перикарпия говорит в пользу отнесения его в секцию *Acrocystis*, виды которой имеют тот же вариант перикарпия, а не в *Tumidae*, где присутствуют 4-й и 5-й варианты. Различия в анатомии перикарпия являются дополнительным основанием для признания видовой самостоятельности ряда таксонов (*C. rotundata*, *C. microtricha*, *C. raddei*).

Fruit

The fruit of sedges is monospermous, indehiscent, with a hard pericarp, slightly biconvex (if formed by two carpels) or trigonous (if formed by three), enclosed in the utricle. Points of view concerning the morphological type of the fruit are contradictory. It is characterized as a nut (Wilczek, 1892; Kükenthal, 1909; Moore, Edgar, 1970; Chater, 1980, et al.), a paracarpous nut (Артюшенко, Коновалов, 1951), an utricle as a kind of a nut (Артюшенко, Федоров, 1986), nut-like (Тахтаджян, 1966, 1982, 1987), a nutlet (Кречетович, 1935a), a paracarpous nutlet (Каден, 1964, see: Маевский, 1964), nutlet-like (Тахтаджян, 1964; Егорова, 1976a), an achene (Mackenzie, 1931, 1935; Cronquist, 1981), paracarpous superior achene (Левина, 1967), superior achene (Левина, 1987) and paracarpous dry drupe (Каден, 1965).

The morphological type of monospermous indehiscent fruits is determined mainly by the features of the pericarp. A special study of the anatomical structure of the *Carex* pericarp, carried out by me together with Dr. Trifonova (Егорова, Трифонова, 1986), allowed to ascertain the following: the exocarp consists of one row of epidermal cells with cellulose coat; these cells are sclerified by conical silica bodies located on the inner periclinal walls; mesocarp is made of 2 or several rows of lignified sclereids; endocarp includes one row of fiber-shaped cells with cellulose coats. According to the structure of pericarp the main feature of which is a lignification of the mesocarp the fruit of sedges is a nut. In contrast to other fruits-nuts, e. g. to the hazel referred to the nut by many authors and to the oak fruit, determined as a nut by Artyushenko and Konovalov (Артюшенко, Коновалов, 1951), Menitsky (Меницкий, 1984) and Artyushenko and Fedorov (Артюшенко, Федоров, 1986), in the sedge fruit the exocarp does not become ligneous. But this distinction is of no matter as the latter is presented by only one row of cells. It should be noted that the hornbeam fruit is called a nut (Артюшенко, Коновалов, 1951; Левина, 1967, 1987) although it has 3—4 outer rows non-lignescens cells. Sedge fruit is a nut of a special kind, not homologous to the nuts of the mentioned plants. It develops from the superior ovary; its genetic type is unclear and is determined (see above: gynoeceum) as lysicarpous or paracarpous (fruits of hazel, oak and hornbeam are inferior syncarpous nuts).

Application of the term «nutlet» for the sedge fruit I consider to be erroneous. In our literature this term is widely used for the designation of the element (fruitlet) of an apocarpous fruit in some members of the families *Ranunculaceae*, *Rosaceae*, *Alismataceae* et al. (Левина, 1961, 1967, 1987; Тахтаджян, 1964, 1980; Каден, 1965). Not coenocarpous type of the *Carex* fruit prevents to apply the term «nutlet». For instance, the usage of the term «drupe» both for apocarpous and coenocarpous fruits does not cause any disagreement. Sedge fruit differs from fruitlets of the above families in anatomical structure of pericarp. In these fruitlets an external part of pericarp (exocarp and part of mesocarp) is represented by several layers of thin-wall unlignified parenchyma, while middle and inner parts are formed by more or less lignified, often sclerenchymal cells (Александров, Коновалов, 1947; Артюшенко, Коновалов, 1951; Тахтаджян, 1964). Sedge pericarp srtucture is discussed above. The term «nutlet-like» would be better to avoid for the *Carex* fruit as it can cause the idea on common features between the sedge fruit and a nutlet.

It's worth mentioning that Artyushenko and Konovalov (Артюшенко, Коновалов, 1951), having denoted sedge fruit as paracarpous nut, emphasize its anatomical similarity with rose fruitlet which they call as a dry drupe. The term «dry drupe» was used for the sedge fruit by Kaden (Каден, 1955). According to our study (Егорова, Трифонова, 1986) the sedge fruit reveals no similarity with a dry drupe and with a rose fruitlet in particular. Drupe mesocarp consists usually of juicy or dry non-lignified parenchyma while a sedge mesocarp is formed by lignified sclerenchyma. In a rose fruitlet several external layers are of thin-walled parenchymal cells (Александров, Коновалов, 1947), while in a sedge pericarp no parenchyma is observed. Probably the opinion of Artyushenko and Konovalov (Артюшенко, Коновалов, 1951) on similarity of the *Carex* fruit and the *Rosa* fruitlet is based on the illustration in their work where under epidermis is wrongly pictured one row of parenchymal cells in *Carex vulgaris*[1] pericarp. It was already mentioned that some authors call sedge fruit as achene. I share the opinion of Takhtajan (Тахтаджян, 1964, 1981, 1987) that an achene is a very specialized fruit of *Compositae*.

---

[1] The drawing of *C. vulgaris* pericarp is probably referable to *C. hirta*.

Form of the sedge fruit in cross-section (biconvex or trigonous) is an important taxonomic character at a subgeneric level. It is not constant absolutely in all subgenera which nevertheless does non diminish its taxonomic value. In the subgenus *Carex* having three stigmas and trigonous (in cross-section) fruits some representatives, namely *C. bicolor* in the *Microrhynchae* section, *C. saxatilis* in the *Vesicariae* section et al. have biconvex fruits. In the subgenus *Vignea* majority species have biconvex fruits; only the sections *Macrocephalae* and *Gibbae* embrace species with trigonous fruits. The subgenus *Psyllophora* includes species with trigonous fruits mainly. Presence or lack of carpophore in fruit (Fig. 49, *1b*, *4b*) is of a taxonomic value. Well developed carpophore (0.6—1 mm long) is a peculiar feature of species from the sections *Mundae, Aulocystis, Chartoteuchium, Digitatae* et al. Apical part of fruit can have ring--shaped ridge (Fig. 37, *3b*). Such fruits are peculiar to the sections *Mitratae* and *Rhomboidales*. Fruits of species from some sections (*Temnemis, Rhomboidales*, e. g.) bear peculiar side or angle deepenings. Mainly the fruit morphology is rather monotonous but nevertheless the key based on fruits was made for identification of south-Scandinavian species of *Carex* (Nilsson, Hielmquist, 1967).

Fruit surface in sedges as in other members of *Cyperaceae* is smooth, often glossy. Sculptural elements of conical siliceous formations are located on inner periclinal epidermis walls. Due to their position ultrastructural epidermis micrographs under SEM with application of common methods of research are unsatisfactory as sculptural elements look indistinct. Schuyler (1971) dealing with epidermis of different genera of *Cyperaceae* except *Carex* under SEM has used ultrasound, due to which external epidermis wall is separated and siliceous formations become distinct. Schuyler's method is frequently used in SEM studies of epidermis of sedge fruits (Walter, 1975; Toivonen, Timonen, 1976; Menapace, Wujek, 1985; Standley, 1985, 1987a, b, c, 1990; Rettig, 1986; Crins, Ball, 1988; Waterway, 1990, Salo et al., 1994, etc.). *Carex* species can differ in ultrastructure of fruit epidermis (form and size of cells, siliceous cones amount in the latter and occurrence of cones-satellites. It was established (Toivonen, Timonen, 1976) that by features of siliceous formations *C. elongata* differs from members of the section *Heleonastes* (= sect. *Canescentes*) and it justifies separation of this species into the section *Elongatae*.

Ultrastructural peculiarities of fruit epidermis of the section *Vesicariae* and *Lupulinae* enabled to clarify the systematic position of *C. retrorsa* Schwein. (Menapace, Wujek, 1985). In epidermis characters the related sections *Spirostachyae* and *Ceratocystis* (Crins, Ball, 1988) and some representatives of the *Phacosystis* section (Standley, 1987 c) also differ. Thus, SEM data on epidermis structure are of use for the estimation of the correct understanding of relationships between taxa and for their identification.

Data on the fruit anatomy of some *Carex* species: *C. acuta, C. glauca* (Kraus, 1866—1867), *C. paradoxa, C. paludosa, C. depauperata* (Wilczek, 1892), *C. vulgaris* (Артюшенко, Коновалов, 1951), *C. physodes, C. pachystylis* (Рожановский, 1960), *C. brevicollis* (Кондратенко, 1973), *C. wallichiana* (Shah, 1968), *C. hirta* (Вовк, 1985) were enlarged by data in our joint publication (Егорова, Трифонова, 1986) based on the study of the pericarp of 106 species of *Carex*, the seed testa of 38 which was investigated.

Seed testa of *Cyperaceae* is a derivative of both integuments and nucellus epidermis (Wilczek, 1892; Netolitzky, 1926; Marek, 1958; Shah, 1968). According to data of the first three authors it is formed by residues of outer integument while inner one is obliterated having remained only cuticle. Shah (1968) has indicated that in mature fruits of five members of *Cyperaceae* including *Carex wallichiana* the seed testa is formed by external epidermis of outer integument and internal epidermis of inner integument; sometimes internal epidermis is represented by cuticle only. Vovk (Вовк, 1985) indicated the presence of internal epidermis of inner integument in the seed testa of *C. hirta*. According to our studies (Егорова, Трифонова, 1986; Трифонова, 1987) a seed testa in *Carex* is very thin, formed by completely (*C. brevicollis, C. digitata, C. strigosa*, etc.) or partially (*C. vesicaria*, etc.) remained external epidermis of outer integument underlayed by a structuralless undulate layer. The latter consists usually from remains of internal epidermis of outer integument and external and internal epidermis of inner integument, or only from inner integument. Sometimes there is in this layer a parenchyma of outer integument. Cell structure of nucellus epidermis remains often in a seed testa.

Occurrence in sedges and in other genera of *Cyperaceae* of strongly destroyed testa is probably caused that their fruit is indehiscent and an embryo defence is achieved by pericarp. Therefore we consider testa reduction as a specialization in the family.

Testa within the genus *Carex* has very uniform structure varying slightly in degree of destruction and size of external epidermis cells of outer integument and that's why its characters are no diagnostic value.

Studies of pericarp of numerous sedge species belonging to all five known subgenera and 54 sections enabled to give the complete description of its anatomical structure (Егорова, Трифонова, 1986). Pericarp is formed by exo-, meso- and endocarp. Exocarp is built by one layer of epidermal cells; external and lateral walls can bear cellulose thickenings; inner periclinal walls bear conical siliceous formations (silica-bodies). Mesocarp consists of 2—10(11) rows of elongated sclereids with strongly thickened lignified walls bearing porous canals. Usually all sclereids are stretched along longitudinal fruit axis, but in some sedges (*C. hirta*, *C. melanostachya*, etc.) sclereids located near endocarp being perpendicular to this axis (Fig. 9, *1*, *2*). In cross-section some species possess isodiametrical sclereids while in other sedges 1—2 rows of sclereids adjoining to exocarp are elongated radially. Endocarp is presented by a row of fibrous stretched cells with thick cellulose coats. These cells are located perpendicularly to longitudinal axis of fruit, and that's why its boundaries are not visible sometimes. In longitudinal-section endocarp cells are of palisade form. Pericarp anatomical structure is illustrated by Fig. 9.

Mesocarp structure has the largest diversity. Having based on set of such constant to species characters as a number of sclereid rows, form of sclereids in cross-section and their position in relation to longitudinal fruit axis we distinguished 6 main types of the anatomical structure of pericarp. These types are described and illustrated in the above work. There the table of pericarp types in 106 investigated species is placed. The analysis of the type distribution within the genus has shown that data on the pericarp anatomy can be applied for a solution of some discussive matters of the *Carex* taxonomy. For instance, occurrence of the 2nd type of pericarp in *C. alba* can be treated as an auxillary argument in favour of separation of *C. alba* and close species to the distinct section *Albae*. Some authors incorporate them into the section *Lamprochlaenae* whose representatives (*C. supina*, *C. liparocarpos* et al.) possess the 5th or 6th types of pericarp structure. *C. mandshurica* was included either into the section *Anithista* (= sect. *Tumidae*) or *Acrocystis*. Occurrence in this species of the 6th type of the pericarp is in favour of its attribution to the section *Acrocystis* with the same type of the pericarp structure, but not to the *Tumidae* section where the 4th or 5th types are present. Differences in the pericarp anatomy are additional base for the acceptance of specific status of a number of taxa (*C. rotundata*, *C. microtricha*, *C. raddei*).

Распространение плодов

Заключенные в мешочки плоды осок — диаспоры[1], распространяются различными способами (Ridley, 1930; Левина, 1957, 1987; Нечаев, Чекань, 1976; Егорова, 1982). Первоначальным из них является барохория — осыпание мешочков под действием силы тяжести. Опавшие диаспоры у довольно многочисленной группы видов распространяются ветром. К анемохории наиболее хорошо приспособлены сильно вздутые мешочки *C. physodes*, а также имеющие крыловидные выросты мешочки видов разных секций (*C. arenaria* и др.). Довольно большому числу осок свойственна гидрохория. У одних из них мешочки сильно вздутые, с тонкими стенками (*C. rostrata*, *C. rhynchophysa* и др.), у других (*C. riparia*, *C. pumila* и др.) — менее вздутые, но с толстыми губчатыми стенками, что обеспечивает их плавучесть. У многих видов мешочки разносятся эпизоохорно — б. ч. с грязью на лапках водоплавающих птиц, но у некоторых осок (*C. pseudocyperus*, *C. bohemica*) диаспоры могут прикрепляться и к их оперению. Отмечено рассеивание мешочков гидрохорных осок ондатрой, лосем и домашними животными (Нечаев, Чекань, 1976). Немалую роль играет эндоорнитохория. Так, зачатки осок распространяются многими видами уток, использующих их в качестве корма. Плоды осок сохраняют жизнеспособность в пищеварительном тракте уток в течение продолжительного времени, тогда как, например, плоды злаков и сложноцветных не более 4 ч. (Vlaming, Proctor, 1968). Птицами разносятся оранжево-красные, несколько мясистые мешочки тропического вида *C. baccans*. Некоторые лесные осоки (*C. digitata*, *C. ornithopoda* и др.) являются мирмекохорами. Их мешочки с удлиненным мясистым основанием (элайосомой), содержащим масло и крахмал, разносят муравьи. Наконец, у *Carex* имеет место и антропохория. Зачатки осок переносятся транспортными средствами, с сеном, а также с обувью и одеждой людей. Обычно в роде наблюдается сочетание 2—4 способов распространения (барохории и анемохории, барохории, гидрохории и эпи- и эндозоохории и т. п.).

---

1 Имеются данные о продуктивности диаспор у *Cyperaceae*, в т. ч. и у *Carex* (Lye, 1993).

Dispersal of fruits

Sedge diaspores[1] (i. e. fruits enclosed in utricles) are variously dispersed (Ridley, 1930; Левина, 1957, 1987; Нечаев, Чекань, 1976; Егорова, 1982). Primary pattern of fruit dispersal is barochory — subsidence of the utricles under gravity action. Subsided diaspores in rather large group of sedges are distributed by wind. For anemochory strongly inflated utricles of *Carex physodes* are optimally adapted as well as supplied by wing-shaped projections utricles of species from various sections (*C. arenaria* et al.). Rather numerous sedge species are adapted to hydrochory. Some species possess either strongly inflated thin-walled utricles (*C. rostrata*, *C. rhynchophysa*, et al.) or less inflated with thick spongy walls (*C. riparia*, *C. pumila* et al.) which help their floatation. In many species fruits are dispersed epizoochorically, mainly with mud on legs of waterfowl but in some sedges (*C. pseudocyperus*, *C. bohemica*) diaspores can adhere to bird plumage. Dispersal of fruits of hydrochorous sedges by muskrat, elk and live stock (Нечаев, Чекань, 1976) was registered. Endoornithochory is of considerable value as well. Thus sedge diaspores are dispersed by many duck species, which use fruits as forage. Sedge fruits retain viability in digestion tract of ducks during far long time whereas fruits of *Poaceae* and *Asteraceae* members remain viable only for 4 hours (Vlaming, Proctor, 1968). Birds transport orange-red somewhat fleshy utricles of tropical species *C. baccans*. Some forest sedges (*C. digitata*, *C. ornithopoda*, et al.) are myrmecochorous plants. Their utricles with elongate pulpy base (elaiosome) containing oil and starch are distributed by ants. Anthropochory is also encountered in *Carex*. Sedge diaspores are transported by transport vehicles, with hay, by boots and clothes. Combination of 2—4 types of fruit dispersal (barochory and anemochory, barochory, hydrochory and epi- or endozoochory) are common within the genus.

Кариологические особенности. Хромосомные числа

В кариологическом отношении род *Carex* характеризуется большим своеобразием. Хромосомы осок, как и некоторых других родов *Cyperaceae* (*Eleocharis*, *Scirpus* и др.), не имеют локализованного центромера. Полагают, что они обладают нелокализованной центромерической активностью (Faulkner, 1972), или, как часто говорят, — диффузным центромером (Battaglia, Boyes, 1955; Davies, 1956b; Dietrich, 1967; Навашин, Чуксанова, 1970; Metcalfe, 1971; Грант, 1984). Наряду с распространенным мнением о том, что нелокализованная центромерическая активность диффузно распределена по всей длине хромосомы, существует точка зрения (Bernardini, Lima-de-Faria, 1967), согласно которой она сосредоточена в определенных ее участках. Хромосомы с нелокализованным центромером называют полицентрическими (Lima-de-Faria, 1949; Bernardini, Lima-de-Faria, 1967; Чуксанова, 1974; Грант, 1984). Нелокализованный центромер — очень редкое явление. Помимо представителей *Cyperaceae* его имеют только *Luzula* (вероятно, и *Juncus*), а также некоторые водоросли (Седова, 1968, 1992) и членистоногие (Faulkner, 1972; Грант, 1984).

Другой характерной кариологической особенностью осок является наличие у них анеуплоидии, т. е. некратных серий хромосомных чисел (Heilborn, 1924, 1932; Davies, 1955, 1956b; Faulkner, 1972, и др.). В пределах рода существует длинный и почти непрерывный анеуплоидный ряд от 2n = 12 (*C. sideresticta* и родственные ей виды) до 2n = 112 (*C. hirta*, *C. albata*). Преобладают хромосомные числа в пределах от 2n = 32 до 2n = 70, по другим данным (Patnaik, Rath, 1983) — от 2n = 48 до 2n = 64. Наибольшим разнообразием отличаются хромосомные числа в подроде *Carex*, очень близкие значения 2n имеет большинство видов подрода *Vignea*. Анеуплоидные ряды обычно из б. м. близких чисел отмечены в пределах секций и у довольно многих видов (например, 2n = 83, 84, 85 — у *C. nigra*, 2n = 62, 64, 66, 68 — у *C. caryophyllea*). Внутривидовая анеуплоидная изменчивость не отражается на признаках внешней морфологии, и разные анеуплоиды в пределах вида не обнаруживают ни морфологических раз-

[1] There are data on the diaspore production in *Cyperaceae*, including *Carex* (Lye, 1993).

личий, ни географической или экологической приуроченности (Davies, 1956b; Faulkner, 1972). Большое количество видов *Carex* имеет одно постоянное хромосомное число.

У осок известна и полиплоидия, но она отмечена только в пределах очень немногих видов и секций. Полагают, что *Carex* свойственна только автополиплоидия (Heilborn, 1924, 1932; Tanaka, 1940b; Faulkner, 1972, и др.). Диплоидные и тетраплоидные растения обнаружены у *C. siderosticta* (2n = 12, 24), *C. stenantha* и *C. firma* (2n = 34, 68), *C. serotina* (2n = 35, 70). В литературе нет данных о морфологических различиях между внутривидовыми диплоидами и полиплоидами у осок. В качестве примера секций, где имеются и диплоидные, и полиплоидные виды, можно назвать секцию *Digitatae*, в которой полиплоидный ряд образуют близкородственные виды одной подсекции — *C. humilis* (2n = 36, 38) и *C. nanella* (2n = 72).

По мнению ряда авторов, в пределах рода происходили два процесса: автополиплоидия на разных основных числах и анеуплоидия. Именно их сочетанием и можно объяснить наличие в роде длинного анеуплоидного ряда хромосомных чисел (Wahl, 1940; Löve et al., 1957; Грант, 1984). Основное значение в видообразовании и эволюции осок имела, по всей вероятности, анеуплоидия (Davies, 1956b; Faulkner, 1972, и др.).

Вопрос об основном хромосомном числе в роде является дискуссионным. В качестве основного числа указывают x = 7 (Heilborn, 1939), x = 5, 7 (Wahl, 1940). Танака (Tanaka, 1949) приводит вторичные основные числа — x = 6, 8, 9, 10 и 12, полагая, что они могли возникнуть путем полиплоидии от более примитивных основных чисел — x = 3, 4, 5.

Хромосомные числа определены у довольно большого количества видов *Carex*. У многих из них изучены и кариотипы. Наибольший интерес представляют сведения о кариотипах, касающиеся видов целых таксономических групп (Davies, 1955; Löve et al., 1957; Dietrich, 1967; Faulkner, 1972). Из 382 видов и подвидов осок нашей флоры в кариологическом отношении изучено более 200. Оригинальные данные о хромосомных числах многих видов содержатся в основном в работах А. П. Соколовской и О. С. Стрелковой (1939, 1948), П. Г. Жуковой (1965, 1969, 1980, 1982) и Жуковой с соавторами и Л. Г. Тодераш (1977, 1979, 1980).

Знания о кариотипе осок ограничены в настоящее время числом, размерами и формой хромосом. У большинства видов хромосомы мелкие (0.3—3 мкм) и многочисленные, форма их варьирует от продолговатой до б. м. округлой. Кариотипы видов состоят из одинаковых или разных по размерам хромосом (крупных, средних и мелких). В пределах секции виды с одним и тем же 2n могут иметь разные кариотипы: *C. aquatilis* и *C. elata* (Faulkner, 1972), *C. panicea* и *C. vaginata* (Heilborn, 1932) и др., или одинаковые: *C. acuta*, *C. nigra* и *C. juncella*, а также *C. aquatilis* subsp. *aquatilis* и subsp. *stans* (Faulkner, 1972), *C. atrofusca* и *C. brachystachys* (Dietrich, 1967) и др.

Одинаковые кариотипы могут наблюдаться у таксонов не близкого родства, какими из названных видов являются *C. acuta* и *C. nigra*, *C. atrofusca* и *C. brachystachys*. Поэтому вполне естественно наличие их у близкородственных таксонов: *C. nigra* и *C. juncella*, *C. aquatilis* subsp. *aquatilis* и subsp. *stans*. Фолкнер (Faulkner, 1972) указывает, что кариологические данные не поддерживают таксономического отделения *C. juncella* от *C. nigra* и *C. aquatilis* subsp. *stans* от *C. aquatilis* s. str. Я не разделяю мнения Фолкнера и считаю, что отсутствие кариологических различий между близкими таксонами не может служить достаточным основанием для непризнания их самостоятельности (см. комментарии к названным растениям в систематическом обзоре).

6 Заказ № 131

Рядом авторов (Heilborn, 1924; Dietrich, 1967, и др.) установлено, что существует обратная зависимость между числами хромосом и их размерами. У видов с более низкими хромосомными числами в наборе обычно больше крупных хромосом, чем у близких им видов, имеющих более высокие числа. Это обстоятельство, а также большая анеуплоидная изменчивость на разных таксономических уровнях рода и наличие нелокализованного центромера дают основания предполагать, что возрастающая анеуплоидия у *Carex* происходила посредством фрагментации (поперечного расщепления) хромосом, или (как еще называют этот процесс) агматоплоидии (Heilborn, 1924; Davies, 1956b; Dietrich, 1967, 1972; Грант, 1984).

Рассмотрим вопрос об эволюции кариотипа у *Carex* и о связи между хромосомными числами и эволюционным положением таксонов. Согласно Танаке (Tanaka, 1948), самыми примитивными среди осок в кариологическом отношении являются *C. siderosticta* и родственная ей *C. pachygyna* (секция *Siderostictae*), кариотипы которых характеризуются самыми крупными хромосомами в роде и наименьшим их числом (2n = 12). Полагают, что основным направлением эволюции кариотипа было увеличение числа хромосом, сопровождаемое уменьшением количества крупных и средних хромосом и возрастанием мелких (Heilborn, 1924, 1932; Davies, 1956b; Dietrich, 1967). В некоторых случаях мог происходить и обратный процесс. Как указывает Грант (1984), ряд хромосомных чисел у осок может продолжаться в обоих направлениях за счет полиплоидных сбросов и приобретений.

Вопрос о соотношении количества и размеров хромосом с уровнем эволюционного развития таксонов *Carex* в литературе почти не обсуждался. Хейлборн (Heilborn, 1924) и Дэвис (Davies, 1956b), исходя из правильного, по-видимому, представления об основном направлении эволюции кариотипа у осок, считают, что виды с низкими хромосомными числами являются более примитивными. Так, Хейлборн указывает, что самыми примитивными в подроде *Carex* являются виды секций *Montanae* (= sect. *Acrocystis*), *Limosae*, *Digitatae*, а самыми продвинутыми — виды родства *C. hitra* и *C. vesicaria* (секции *Carex* и *Vesicariae*). Дэвис отмечает, что более недавние по происхождению виды имеют более многочисленные и более мелкие хромосомы. С мнениями названных авторов я во многом не могу согласиться. Сопоставление кариологических данных с данными об уровнях эволюционного развития таксонов, полученными на основании изучения их внешней морфологии, географического распространения и экологии, позволило мне сделать следующие выводы. Действительно, существуют виды с несомненно примитивными чертами морфологической организации и низкими хромосомными числами. Это уже упоминавшиеся выше *C. siderosticta* и *C. pachygyna* (подрод *Carex*), имеющие наименьшее в роде число хромосом (2n = 12). Вместе с тем у видов более архаичных, принадлежащих к самому примитивному среди осок подроду *Vigneastra*, хромосомные числа значительно выше (например, *C. dissitiflora* имеет 2n = 38, *C. baccans* — 44, *C. brunnea* — 62, *C. distachya* — 74). Низкие хромосомные числа (2n = 16, 18) имеют *C. pilulifera* и *C. williamsii* — представители продвинутых секций *Montanae*[1] и *Chlorostachyae*. Относительно низкими хромосомными числами характеризуются и другие представители секции *Montanae* (2n = 30, 32, 38, 48), а также секция *Lamprochlaenae*, включающая такие

[1] Мнение о высоком эволюционном уровне секции Montanae было высказано мной (Егорова, 1975) и Резничеком (Reznicek, 1990a).

специализированные виды, как *C. supina* (2n = 36, 38) и *C. glacialis* (2n = 34). Такие же небольшие числа — 2n = 30—40(56) имеют виды относительно продвинутой секции *Aulocystis*, обнаруживающей тесные филогенетические связи с секцией *Decorae*, по-видимому самой архаичной в подроде *Carex*. Хромосомные числа представителей этой, в основном юго-восточноазиатской секции, неизвестны. Секции *Digitatae* и *Limosae*, которые Хейлборн считает одними из самых примитивных (у представителей первой из них 2n = 36, 48, 50, 52, 70, а у второй 2n = 50—64), принадлежат, на мой взгляд, к числу б. м. продвинутых групп рода.

Самое высокое хромосомное число в роде — 2n = 112 имеют *C. hirta* (подрод и секция *Carex*) и *C. albata* (подрод *Vignea*, секция *Phleoideae*). Эти виды являются одними из относительно примитивных представителей обоих названных подродов. Как было отмечено выше, Хейлборн оценивал эволюционное положение *C. hirta* иначе. 2n = 108 имеет *C. neurocarpa*, принадлежащая к той же секции, что и *C. albata*. Высокие хромосомные числа встречаются в 4 филогенетически весьма далеких секциях: *Vesicariae* (2n = 72—82), *Tumidae* (2n = 60—82), *Phacocystis* (2n = 68—86) и *Microrhynchae* (у некоторых видов 2n = 74, 100, 106). Последние 2 секции принадлежат к числу наиболее прогрессивных в роде, в то время как 2 первые имеют значительно менее высокий уровень эволюции.

Таким образом, в пределах рода наблюдаются разные соотношения между числами хромосом и уровнями морфологической эволюции осок. У таксонов всех ступеней развития встречаются и низкие, и высокие хромосомные числа. Но самое низкое и самое высокое число отмечены только у примитивных групп. Наличие больших чисел у некоторых относительно примитивных таксонов и низких у некоторых продвинутых, вероятно, можно объяснить разными темпами эволюции кариотипа и морфологических признаков.

Разные соотношения между 2n и эволюционным уровнем таксонов существуют и в пределах секций рода. Так, в секции *Ceratocystis* (= sect. *Flavae*) эти показатели находятся в прямо пропорциональной зависимости (Schmid, 1982). То же, по мнению Кринса (Crins, 1990), с которым, однако, я не могу согласиться (см. раздел «Эволюция рода *Carex*»), наблюдается и в секции *Limosae*. В секции *Lamprochlaenae*, по моему мнению, имеет место обратно пропорциональная зависимость между величиной 2n и уровнем морфологической организации. В большинстве секций нет явно выраженной связи между значением 2n и положением вида в системе.

Хромосомные числа имеют определенное значение для систематики *Carex*. Распределение их по таксономическим группам, установленным на основании совокупности морфологических признаков, показывает, что виды одной секции или только подсекции имеют б. м. близкие хромосомные числа. Поэтому последние могут использоваться при решении некоторых спорных вопросов классификации рода. Так, хромосомные числа хорошо разграничивают иногда объединяемые вместе секции *Mitratae* и *Acrocystis*, *Albae* и *Lamprochlaenae*; они служат одним из доказательств правильности перенесения *C. bicolor* из секции *Phacocystis* в секцию *Microrhynchae*. На примере секций, лучше изученных кариологически (*Digitatae*, *Chlorostachyae*, *Phacocystis* и др.), видно, что хромосомные числа хорошо коррелируют с распределением видов по подсекциям; это говорит о перспективности использования кариологического метода при выявлении родственных связей между видами. Большое значение для внутрисекционных систем имеют признаки кариотипов. Это хорошо показано Фолкнером (Faulkner, 1972) на примере секции *Acutae* (= sect. *Phacocystis*). По-видимому, меньшую роль играют хромосомные данные при решении вопросов о видовой самостоятельности таксонов, так как одинаковые числа (и кариотипы) могут иметь хорошо обособленные виды и, наоборот, у одного и того же вида могут быть разные числа. Вместе с тем можно привести примеры, когда хромосомные числа говорят в пользу видовой самостоятельности близких таксонов (*C. lugens* и *C. bigelowii*, *C. vaginata* и *C. falcata* и др.).

Karyological features. Chromosome numbers

The genus *Carex* is very peculiar karyologically. Chromosomes of sedges and some other *Cyperaceae* representatives (*Eleocharis, Scirpus*, et al.) have no localized centromere. It is supposed that they have non-localized centromere activity (Faulkner, 1972), or as it is often said they possess diffuse centromere (Battaglia, Boyes, 1955; Davies, 1956b; Dietrich, 1967; Навашин, Чуксанова, 1970; Metcalfe, 1971; Грант, 1984).

Besides the common idea on diffuse distribution of centromere activity along whole chromosome length there is an opinion (Bernardini, Lima-de-Faria, 1967) that activity is restricted in certain patches. Chromosomes with non-localized centromere are denoted as polycentric (Lima-de-Faria, 1949; Bernardini, Lima-de-Faria, 1967; Чуксанова, 1974; Грант, 1984). Occurrence of non-localized centromere is a very rare phenomenon. Besides *Cyperaceae* members similar centromere is known in *Luzula* (probably in *Juncus* also), in some algae (Седова, 1968, 1992) and arthropods (Faulkner, 1972; Грант, 1984).

Another karyological peculiarity in sedges is aneuploidy (Heilborn, 1924, 1932; Davies, 1955, 1956b; Faulkner 1972, et al.). Within the genus long and almost continuous aneuploid series exists from 2n = 12 (*C. siderosticta* and related species) up to 2n = 112 (*C. hirta*, *C. albata*). Prevailing numbers are from 2n = 32 to 2n = 70 or according to Patnaik and Rath (1983) from 2n = 48 to 2n = 64. The largest diversity of chromosome numbers is found in the subgenus *Carex*, close numbers occur in many representatives of the subgenus *Vignea*. Aneuploid series of close chromosome numbers were detected within sections and in some species (for instance, 2n = 83, 84, 85 in *C. nigra*; 2n = 62, 64, 66, 68 in *C. caryophyllea*). Infraspecific aneuploid variability does not reflect in external morphology and various aneuploids within one species do not reveal neither morphological differences nor geographical or ecological restriction (Davies, 1956b; Faulkner, 1972). Many sedge species have one constant chromosome number.

Polyploidy is known only in a few species and sections of *Carex*. Autopolyploidy is considered to be met in the genus *Carex* (Heilborn, 1924, 1932; Tanaka, 1940; Faulkner, 1972, et al.). Diploid and tetraploid plants were found in *C. siderosticta* (2n = 12, 24), *C. stenantha* and *C.firma* (2n = 34, 68), and *C. serotina* (2n = 35, 70). There is no information concerning morphological differences between infraspecific diploids and polyploids in sedges. In the section *Digitatae* the species *C. humilis* (2n = 36, 38) is diploid while the closely related to it *C. nanella* (2n = 72) is polyploid.

Two processes have taken place in the genus *Carex* — autopolyploidy of various basic numbers and aneuploidy. Combination of both processes has caused likely appearance of long aneuploid series of chromosome numbers in the genus (Wahl, 1940; Löve et al, 1957; Грант, 1984). Probably aneuploidy has performed the main role in the speciation and the evolution of sedges (Davies, 1956b; Faulkner, 1972, et al.).

Basic chromosome number in the genus *Carex* is uncertain yet. As a basic number x = 7 (Heilborn, 1939) and x = 5, 7 (Wahl, 1940) were indicated. Tanaka (1949) cited secondary basic numbers x = 6, 8, 9, 10, 12 considering them to be polyploids from more primitive basic numbers x = 3, 4, 5.

Chromosome counts were made in sufficiently large amount of *Carex* species; in many species karyotypes were studied as well. Data on karyotypes for the whole taxonomic groups (Davies, 1955, Löve et al., 1957; Dietrich, 1967; Faulkner, 1972) are of special interest. More than 200 species of 382 sedges of the territory considered were investigated karyologically. Original data on chromosome numbers of many *Carex* species were obtained by Sokolovskaya and Strelkova (Соколовская, Стрелкова, 1939, 1948), Zhukova (Жукова, 1965, 1969, 1980, 1982), Zhukova et al. (Жукова и др.) and Toderash (Тодераш, 1977, 1979, 1980).

Mainly number, dimensions and form of sedge chromosomes constitute karyotype information now. In majority of sedges chromosomes are minute (0.3—3 μk) and numerous, elongate to more or less round. Karyotypes of *Carex* species contain alike or various in size chromosomes (large, medium or minute). Within a section species with the same number of chromosomes can posess either various karyotypes as in *C. aquatilis* and *C. elata* (Faulkner, 1972), *C. panicea* and *C. vaginata* (Heilborn, 1932) or similar as in *C. acuta*, *C. nigra* and *C. juncella*, *C. aquatilis* subsp. *aquatilis* and subsp. *stans* (Faulkner, 1972), *C. atrofusca* and *C. brachystachys* (Dietrich, 1967), etc. Similar karyotypes are observed in such not closely related species as *C. acuta* and *C. nigra*, *C. atrofusca* and *C. brachystachys*. That's why their occurrence in closely related (*C. nigra* and *C. juncella*, *C. aquatilis* subsp. *aquatilis* and *C. aquatilis* subsp. *stans*) is natural. Faulkner (1972) indicated that karyological data do not support separation *C. juncella* from *C. nigra* and *C. aquatilis* subsp. *stans* from *C. aquatilis* s. str. I do not share

Faulkner's opinion and believe that absence of karyological differences in close taxa does not mean that these taxa are not independent (see comments to these taxa in the systematic review).

Some authors (Heilborn, 1924; Dietrich, 1967, et al.) detected reverse dependence between chromosome numbers and their dimensions. In species with lower chromosome numbers karyotype contains usually greater number of large chromosomes than in closely related species with higher numbers of chromosomes. This fact, large aneuploid variability at various taxonomic levels and the presence of non-localized centromere also enable to conclude that increasing aneuploidy in *Carex* was achieved by fragmentation (cross-splitting) of chromosomes otherwise by agmatoploidy (Heilborn, 1924; Davies, 1956b; Dietrich, 1967, 1972; Грант, 1984).

According to Tanaka (1948), the most primitive in karyological relation are *C. siderosticta* and related *C. pachygyna* (the section *Siderostictae*) with the largest chromosomes and the lowest their number (2n = 12). The main trend of the karyotype evolution was, supposedly, the increase of chromosome numbers accompanied by decreasing the number of large and medium chromosomes and by rise of minute ones (Heilborn, 1924, 1932; Davies, 1956b; Dietrich, 1967). In some cases a reverse direction of the karyotype evolution could occur. According to Grant (Грант, 1984) the series of chromosome numbers in the genus can be prolonged in both directions due to polyploid losses and acquisitions.

Interrelations between numbers of chromosomes and the evolutionary level of the *Carex* taxa was discussed partly. Heilborn (1924) and Davies (1956b) believe that species with low chromosome numbers are the most primitive. Heilborn considers that the most primitive species in the subgenus *Carex* are species from the sections *Montanae* (= sect. *Acrocystis*), *Limosae*, *Digitatae*, while the most advanced ones are species allied to *C. hirta* and *C. vesicaria* (the sections *Carex* and *Vesicariae*). Davies indicates that more younger *Carex* species have more numerous and more minute chromosomes. I can not completely agree with the above opinions. Juxtaposition of karyological data with data on evolutionary levels of taxa obtained from studies of their morphology, geographic distribution and ecology enables to make the following conclusions. Indeed, there are species with primitive morphological organization and low chromosome numbers. Here belong *C. siderosticta* and *C. pachygyna* (the subgenus *Carex*) with the lowest chromosome number 2n = 12. Nevertheless, in more archaic species than above ones and belonging to the most primitive subgenus *Vigneastra*, higher chromosome numbers are met, for instance, *C. dissitiflora* has 2n = 38, *C. baccans* bears 2n = 44, *C. brunnea* — 2n = 62 and *C. distachya* — 2n = 74. Low chromosome numbers (2n = 16, 18) are known in *C. pilulifera* and *C. williamsii*, being members of the advanced sections *Montanae*[1] and *Chlorostachyae*. Rather low chromosome numbers are revealed in other representatives of the section *Montanae* (2n = 30, 32, 38, 48) and also in members of the section *Lamprochlaenae* including such specialized species as *C. supina* (2n = 36, 38) and *C. glacialis* (2n = 34). Similar chromosome numbers 2n = 30—40(50) are detected in members of the *Aulocystis* section which has close phylogenetic links with the section *Decorae*, one of the most archaic in the subgenus *Carex*. Chromosome numbers of species of this mainly South-Eastern Asiatic section are unknown. The sections *Digitatae* and *Limosae* treated by Heilborn as some of the most primitive ones (the first section members have 2n = 36, 48, 50, 52, 70 and the second section representatives possess 2n = 50—64) belong to rather advanced groups to my mind.

The highest chromosome number (2n = 112) in *Carex* is found in *C. hirta* (the subgenus and the section *Carex*) and *C. albata* (the subgenus *Vignea*, the section *Phleoideae*). These species are rather primitive. As it was mentioned above, Heilborn has estimated evolutionary position of *C. hirta* by another way. *C. neurocarpa* from the section *Phleoideae* (as well as *C. albata*) has 2n = 108. High chromosome numbers occur in 4 rather apart phylogenetically sections, namely: *Vesicariae* (2n = 72—82), *Tumidae* (2n = 60—82), *Phacocystis* (2n = 68—86) and *Microrhynchae* (2n = 74, 100, 106). First two sections have non-high evolutionary level, while two last ones are very progressive.

Thus, different relations exist between chromosome numbers and evolutionary levels of the *Carex* groups. Both low and high chromosome numbers are observed in taxa of all evolutionary levels, but the lowest and the highest chromosome numbers were detected in primitive taxa only. Occurrence of high numbers in rather primitive taxa and low ones in some advanced members can be probably explained by various evolutionary rates of the karyotype and morphological structures.

Different interrelations exist also between chromosome numbers and evolutionary position of taxa within the *Carex* sections. For instance, in the section *Ceratocystis* (= sect. *Flavae*) these are in the direct dependence (Schmid, 1982). The same picture is observed in the section *Limosae* as Crins (1990) considers, but I do not share his opinion (see division: «Evolution of the genus Carex»). In the section *Lamprochlaenae*, to my mind, the reverse dependence takes place between chromosome numbers and evolutionary position of taxa. But in majority sections there is no a clear dependence between 2n number and position of species in the system.

---

[1] Consideration on high evolutionary level of the *Montanae* section was expressed by me (Егорова, 1975) and by Reznicek (1990a).

Chromosome numbers are of certain value in the taxonomy of sedges. Numbers' distribution within taxonomic groups established on base of set of morphological characters has shown that species from one section or subsection usually have close numbers and this can be applied for solution of discussive matters of infrageneric classification. Thus, chromosome numbers delimit occasionally united the sections *Mitratae* and *Acrocystis*, *Albae* and *Lamprochlaenae*; 2n numbers serve as one of evidences that the transfer of *C. bicolor* from section *Phacocystis* to section *Microrhychae* is correct. In well-investigated karyologically sections (*Digitatae*, *Chlorostachyae*, *Phacocystis* et al.) one can note that chromosome numbers correlate with subsectional arrangement, showing the utility of the application of karyological method for tracing a relationship between species. Karyotype characters are of importance for infrasectional systems. It was shown by Faulkner (1972) for the section *Acutae* (= sect. *Phacocystis*). Chromosome data are less important as an argument to solve questions about specific independence because equal numbers and identical karyotypes are found in well-distinguished species and, vice versa, one species can have different numbers. Nevertheless, chromosome numbers sometimes can contribute to separation of close taxa, for instance, *C. lugens* and *C. bigelowii*, *C. vaginata* and *C. falcata*, et al.

Хемосистематика

Хемосистематика осок базируется главным образом на изучении содержащихся в их органах, в основном в листьях, флавоноидных соединений. Данные о последних имеются в работах ряда авторов (Clifford, Harborne, 1969; Harborne, 1971; Kukkonen, 1971; Toivonen, 1974; Manhart, 1986, 1990, и др.). Были установлены некоторые закономерности распределения флавоноидов. Так, согласно Кукконену (Kukkonen, 1971), изучавшему пурпурные флавоноиды, у родов *Cyperaceae* с обоеполыми цветками они в основном более многочисленны, чем у родов с однополыми цветками. Некоторые *Cyperaceae* (из осок — *C. baccans*) совсем не имеют флавоноидов. По составу пурпурных флавоноидов триба *Cariceae* является наиболее гомогенной из всех остальных триб семейства (Kukkonen, 1971), что согласуется с морфологическими данными. Тойвонен (Toivonen, 1974) сравнивал методом бумажной хроматографии флавоноидные соединения видов *Carex* из секции *Heleonastes* (= sect. *Canescentes*) и их гибридов. Оказалось, что хроматограммы морфологически близких, по его мнению, *C. brunnescens*, *C. canescens* и *C. lapponica* обнаруживают довольно значительные отличия. В. И. Кречетовичем (1935а) эти растения были отнесены к одному ряду. Однако, названные виды, особенно первые два, не являются близко родственными (Егорова, 1966б), что подтверждается их хроматограммами. Различные характеристики хроматограмм имеют и другие виды, обычно считавшиеся близкими: *C. loliacea*, *C. tenuiflora* и *C. disperma*. *C. disperma*, объединяемая нередко в одну секцию с этими и выше названными видами, обнаруживает существенные отличия от них по результатам хроматограмм, что может служить подтверждением правильности выделения ее в отдельную секцию — *Dispermae*.

По составу флавоноидов различаются родственные секции *Ceratocystis* и *Spirostachyae* (Harborne, 1971; Crins, Ball, 1988). Исследование флавоноидных соединений дало возможность внести коррективы в таксономию североамериканской секции *Laxiflorae* (Manhart, 1986). Из сказанного следует, что данные по флавоноидам могут с успехом использоваться в систематике осок.

В последнее время в целях хемотаксономии *Carex* начал применяться метод энзимного электрофореза (enzyme electrophoresis) (Manhart, 1990). Этим методом исследованы американские виды секций *Silvaticae* (Waterway, 1987) и *Temnemis* (Bruederle, Fairbrothers, 1986).

Chemotaxonomy

Chemotaxonomy of *Carex* is based mainly on the study of flavonoid compounds containing mainly in leaves. These data can be traced in a number of publications (Clifford, Harborne, 1969; Harborne, 1971; Kukkonen, 1971; Toivonen, 1974; Manhart, 1986, 1990, et al.). Some regularities of flavonoid distribution were detected. As Kukkonen (1971) indicated, purple flavonoids are more numerous in genera of *Cyperaceae* having bisexual flowers than in genera with unisexual ones. Some members of *Cype-*

raceae (in the *Carex* genus, *C. baccans*) have no flavonoids. *Cariceae* tribe is the most homogeneous one in *Cyperaceae* with respect to the composition of purple flavonoids (Kukkonen, 1971), which agrees with its morphology. Toivonen (1974) has investigated flavonoid compounds of species and hybrids in the section *Heleonastes* (= sect. *Canescentes*) by means of paper chromatography. It turned out that chromatogramms of morphologically closed in his opinion *C. brunnescens*, *C. canescens* and *C. lapponica* differ considerably. Kreczetowicz (Кречетович, 1935a) has referred these species to one series. I treat the first two species as not closely related (Егорова, 1966б) which is confirmed by chromatogramms. *C. loliacea*, *C. tenuiflora* and *C. disperma* usually considered as close species differ in chromatogramms. *C. disperma* often united with all above species into the same section differs considerably in flavonoid chromatogramm which justifies its segregation into the separate section *Dispermae*.

The related sections *Ceratocystis* and *Spirostachyae* differ in composition of flavonoids (Harborne, 1971; Crins, Ball, 1988). Investigation of flavonoid compounds has enabled to make corrections in taxonomy of North American section *Laxiflorae* (Manhart, 1986). It follows from above that flavonoid data are of value in the sedge taxonomy. Recently the method of enzyme electrophoresis is beeng applied for chemotaxonomy of *Carex* (Manhart, 1990). American species of the sections *Silvaticae* (Waterway, 1987) and *Temnemis* (Bruederle, Fairbrothers, 1986) were investigated by this method.

Консортивные связи

Род *Carex* и головневые грибы рода Anthracoidea Bref. Семейства *Poaceae* и *Cyperaceae* являются основными питающими растениями головневых грибов. На представителях этих двух семейств обитает около 720 видов, 600 — на первом, 120 — на втором (Каратыгин, 1981). Один из родов головненых грибов — Anthracoidea Bref. (= Cintractia Cornu, p. p.), включающий около 50 видов, инфицирует только роды подсемейства *Caricoideae*, главным образом род *Carex* (Kukkonen, 1961, 1963; Kukkonen, Timonen, 1979; Каратыгин, 1981). Полагают, что род Anthracoidea связан с осоками с момента своего возникновения и эта связь началась в то отдаленное время, когда род *Carex* еще не был дифференцирован на современные виды и секции (Kukkonen, Timonen, 1979). Имеется ряд работ (Savile, 1952, 1954; Savile, Calder, 1953; Kukkonen, 1961, 1963; Nannfeldt, Lindeberg, 1965; Nannfeldt, 1977, 1979; Kukkonen, Timonen, 1979), показывающих, что довольно часто наблюдается приуроченность головневых грибов к осокам определенных секций (или подсекций) и группам б. м. родственных секций, реже только к отдельным видам. Существуют виды Anthracoidea, каждый из которых поражает осоки какой-либо одной секции (*Glaucae*, *Limosae*, *Digitatae*, *Ammoglochin*, *Boernera* и др.). Спектр хозяев некоторых головневых грибов весьма широк. A. subinclusa (Koern.) Bref., например, встречается на представителях 5 секций подрода *Carex* (*Carex*, *Tumidae*, *Pseudocypereae*, *Vesicariae* и *Paludosae*), что дало Савилу и Колдеру (Savile, Calder, 1953) основание для выделения этих и некоторых других секций, в том числе включающих и одноколосковые виды (*C. pauciflora*, *C. pulicaris*, *C. nigricans* и др.), в отдельный описанный ими подрод *Kuekenthalia*. Последний является, однако, искусственной группой, не имеющей признаков подродового уровня. Этот подрод не был принят последующими исследователями рода.

4 близких вида рода Anthracoidea — A. echinospora (Lehtola) Kukkonen, A. heterospora (B. Lindeb.) Kukkonen, A. bigelowii Nannf. и A. liroi (Lehtola) Nannf., специализированы к видам секции *Acutae* s. l. (Nannfeldt, Lindeberg, 1965), которая включает ряд филогенетически тесно связанных между собой секций: *Phacocystis* (= sect. *Acutae* s. str.), *Temnemis*, *Tuminenses* и др., выделенных мной в подрод *Kreczetoviczia*. Микологические данные служат, таким образом, дополнительным аргументом в пользу его самостоятельности.

Известны случаи, когда один или два вида грибов инфицируют осоки, встречающиеся в сходных экологических условиях, но не являющиеся родственными. Так, A. fischeri (Karst.) Kukkonen поражает обитающие в сырых и болотистых местах виды подрода *Vignea*, принадлежащие к секциям *Paniculatae*

(= sect. *Heleoglochin*), *Vulpinae*, *Holarrhenae*, *Ovales* и *Heleonastes* (= sect. *Canescentes*) (Nannfeldt, 1979). Нанфельдт высказал мнение, что, вероятно, эти секции могли бы быть объединены, с чем, однако, нельзя согласиться, так как они не обнаруживают близких филогенетических связей. A. caryophylleae Kukkonen и A. caricis (Pers.) Bref. поражают виды подрода *Carex* (из секций *Montanae* (= sect. *Acrocystis*), *Mitratae*, *Lamprochlaenae*) и подрода *Psyllophora* (*C. obtusata*, *C. rupestris*), свойственные относительно сухим местообитаниям. Приуроченность паразитов к экологически сходным, но филогенетически далеким между собой хозяевам — явление хорошо известное в паразитологии (Догель, 1962; Каратыгин, 1981), и это необходимо учитывать при использовании паразитологического критерия в систематике осок.

При анализе приуроченности видов Anthracoidea к видам *Carex* Нанфельдт (Nannfeldt, 1979) выявил интересную закономерность: если питающее растение таксономически изолировано, то гриб, как правило, обитает только на нем. Так, например, каждый своим грибом поражаются занимающие обособленное положение в соответствующих секциях *C. tomentosa*, *C. globularis*, *C. laxa*, *C. chordorrhiza*. Выше было отмечено, что некоторые секции (*Glaucae*, *Boernera* и др.) поражаются только одним видом гриба. Это, как правило, небольшие секции, состоящие из близких видов. Крупные же секции, такие, как например *Aulocystis* и *Microrhynchae*, разделенные мной на ряд подсекций, инфицируются несколькими видами грибов, что является следствием полиморфизма этих групп, а не свидетельством их гетерогенности, как считает Нанфельдт (Nannfeldt, 1979).

Рассмотрев в общих чертах все варианты специализации головневых грибов к видам *Carex*, можно сделать вывод, что паразитологический критерий представляет определенную ценность для систематики этого рода. Но, как справедливо отмечает И. В. Каратыгин (1981), данные паразитологии имеют лишь вспомогательное значение и служат, в основном, для подтверждения филогенетических построений, основанных на классических методах.

Осоки поражаются также ржавчинными грибами (Купревич, Ульянищев, 1975; Ульянищев, 1978; Биологическая флора , 1980), но данные о закономерностях их паразитирования на этих растениях отсутствуют.

М и к о р и з а. Микориза в основном несвойственна сем. *Cyperaceae*. Среди довольно большого числа изученных его представителей микориза (эндотрофная) была найдена только у 13 видов, 6 из которых принадлежат роду *Carex*: *C. panicea*, *C. vulgaris* (= *C. nigra*) (Mejstřik, 1965), *C. hirta*, *C. sylvatica*, *C. cuprina* (= *C. muricata*) и *C. davalliana* (Селиванов, Утемова, 1969). Микориза не была обнаружена у осоковых А. Е. Катениным (1972) в результате специального исследования растений северо-востока Европы.

Consortive relations

T h e g e n u s *C a r e x* a n d s m u t f u n g i o f t h e g e n u s A n t h r a c o i d e a B r e f. Members of *Poaceae* and *Cyperaceae* are main hosts for smut fungi. On *Poaceae* more than 600 fungi species are living and on *Cyperaceae* are 120 (Каратыгин, 1981). The genus Anthracoidea Bref. (= Cintractia Cornu p. p.), including about 50 species, infect genera of the subfamily *Caricoideae* only, the *Carex* species mainly (Kukkonen, 1961, 1963; Kukkonen, Timonen, 1979; Каратыгин, 1981). It is assumed, that the genus Anthracoidea was connected with sedges from the time when *Carex* has not been differentiatied into modern sections and species (Kukkonen, Timonen, 1979). There is a number of works (Savile, 1952, 1954; Savile, Calder, 1953; Kukkonen, 1961, 1963; Nannfeldt, Lindeberg, 1965; Nannfeldt, 1977, 1979; Kukkonen, Timonen, 1979) indicating that rather often smuts are restricted to certain sections (or subsections), more rarely to separate species. There are species of Anthracoidea each of them is specific to sedges of the only one section (*Glaucae*, *Limosae*, *Digitatae*, *Ammoglochin*, *Boernera*, et al.). Host spectrum of some smuts is rather large. A. subinclusa (Koern.) Bref., for instance, occurs on species of the sections *Carex*, *Tumidae*, *Pseudocypereae*, *Vesicariae* and

Paludosae. This fact has enabled to Savile and Calder (1953) to segregate these sections and some other sections of the subgenus *Carex* and some sections with unispicate species also (*C. pauciflora, C. pulicaris, C. nigricans*, et al.) into the new subgenus *Kuekenthalia*. The latter is an artificial group, having no traits of subgeneric level, and it was not accepted.

Four close Anthracoidea species (A. echinospora (Lehtola) Kukkonen, A. heterospora (B. Lindeb.) Kukkonen, A. bigelowii Nannf. and A. lipoi (Lehtola) Nannf.) are specialized to species of the section *Acutae* s. l. (Nannfeldt, Lindeberg, 1965), embracing sections *Phacocystis* (= sect. *Acutae* s. str.), *Temnemis, Tuminenses* et al., which I have segregated into the subgenus *Kreczetoviczia*. So, mycological data contribute an additional argument in favour of its independence.

It was reported that 1 or 2 fungal species infect unrelated sedge but occurring in similar ecological habitats. Thus, A. fisheri (Karst.) Kukkonen damages growing in humid and swampy habitats species of the subgenus *Vignea* (from the sections *Paniculatae* (= sect. *Heleoglochin*), *Vulpinae, Holarrhenae, Ovales, Heleonastes* (= sect. *Canescentes*)) as Nannfeldt (1979) has shown. He supposed that these sections would be united but they, to my mind, do not reveal close phylogenetic relations. A. caryophylleae Kukkonen and A. caricis (Pers.) Bref. infect growing in rather dry habitats species of the sections *Montanae* (= sect. *Acrocystis*), *Mitratae and Lamprochlaenae* from the subgenus *Carex* and *C. obtusata* and *C. rupestris* from the subgenus *Psyllophora*. Restriction of parasites to ecologically similar but phylogenetically distant hosts is a well-known phenomenon in parasitology (Dogel, 1962, Каратыгин, 1981) which is to bear in mind under application parasitological criterium in the sedge taxonomy.

Nannfeldt (1979) revealed the interesting peculiarity: if a host plant is isolated taxonomically a fungus is usually restricted only to this host. So, each of species: *C. globularis, C. laxa* and *C. chordorrhiza*, having isolated position in their sections, is infected by its own fungus species. As it has been mentioned above, some sections (*Glaucae, Boernera*, et al.) are infected by one fungus species only. These are small, as rule, sections, consisting of closely related species. Large sections, for instance, *Aulocystis* and *Microrhynchae*, divided by me into some subsections, are infected by several fungi. This fact is connected with polymorphism of these sections, and is not any evidence of their heterogeneity as Nannfeldt (1979) has supposed.

Having examined all kinds of smut specialization to *Carex* species one may conclude that parasitological criterium is of certain importance for the sedge taxonomy. But as Karatygin (Каратыгин, 1981) indicated correctly, data on parasitology are of auxiliary value and can mainly serve for confirmation of phylogenetic conclusions based on classical methods.

Sedges are infected by rust fungi also (Купревич, Ульянищев, 1975; Ульянищев, 1978; Биологическая флора 1980) but data on regularities of rust living on the *Carex* species are lacking.

M y c o r h i z a. Mycorhiza is mainly uncommon for the family *Cyperaceae*. Endotrophic mycorhiza was found in 13 species, 6 species being sedges, namely *C. panicea, C. vulgaris* (= *C. nigra*) (Mejstřik, 1965), *C. hirta, C. sylvatica, C. cuprina* (= *C. muricata*) and *C. davalliana* (Селиванов, Утемова, 1969). No mycorhiza in *Cyperaceae* was found by Katenin (Катенин, 1972) in the special studies of plants of North-Eastern part of Europe.

Направления эволюции признаков в роде Carex L.

Сравнительно-морфологическое изучение представителей рода *Carex* и других родов трибы *Cariceae* с использованием данных географического распространения и экологии позволило высказать предположения о направлениях эволюции некоторых признаков вегетативных и репродуктивных органов осок. Обратный ход эволюционных процессов мне представляется весьма маловероятным. Из приводимых ниже признаков первичность вневлагалищного возобновления побегов и наличия жилок на пленчатой части влагалищ листьев (см. ниже, №№ 2 и 5) была отмечена Ю. Е. Алексеевым (1974а), вторичность катафиллов (см. ниже, № 4) — Н. Н. Цвелевым (1976) по отношению к злакам.

Эволюция осок проходила, по всей вероятности, в следующих направлениях: 1) от высоких крупных растений к растениям, имеющим небольшие размеры[1]; 2) от вневлагалищных побегов к внутривлагалищным и от побегов без пол-

[1] Высота растений может сильно варьировать в пределах одного вида, находясь в прямой зависимости от экологических условий. Но данный ряд отражает эволюционную тенденцию к уменьшению размеров растений под влиянием процессов ксерофилизации и криофилизации.

зучих корневищ к побегам с ползучими подземными или надземными (ложными) корневищами; 3) от побегов репродуктивных (или только потенциально репродуктивных, т. е. с неполным циклом развития) к побегам, дифференцированным на вегетативные и репродуктивные; 4) от побегов без чешуевидных листьев (катафиллов) к побегам, имеющим при основании чешуевидные листья; 5) от влагалищ листьев с травянистой стороной, супротивной пластинке листа, к влагалищам с пленчатой стороной и от пленки влагалища, снабженной сетью жилок к пленке без поперечных жилок или совсем без жилок; 6) от листовых влагалищ б. м. одинаковой длины, благодаря чему пластинки отходят от них почти на одном уровне, к влагалищам разной длины, с пластинками, отходящими на разных уровнях; 7) от линейных, б. м. плоских или килеватых листовых пластинок к желобчатым, желобчато-трехгранным, вдоль сложенным или вдоль свернутым, а также к ланцетным и широколанцетным пластинкам; 8) от крупных, сильно ветвистых метельчатых многоколосковых соцветий к соцветиям кистевидным и колосовидным, состоящим из небольшого числа колосков, и к соцветиям одноколосковым; 9) от соцветий, занимающих весь репродуктивный побег или бóльшую его часть, к соцветиям, расположенным в верхней части побега; 10) от соцветий с колосками, расположенными на узлах главной оси соцветия по два и более (до 10—13) к соцветиям с колосками, расположенными на узлах по одному; 11) от андрогинных колосков к раздельнополым и гинекандрическим и от однодомных растений к двудомным; 12) от нескольких тычиночных колосков (в соцветиях с раздельнополыми колосками) к одному; 13) от многоцветковых колосков к малоцветковым; 14) от соцветий с ветвями, имеющими в своем основании предлист (кладопрофилл) к соцветиям без кладопрофиллов и от кладопрофиллов, заключающих плод, к кладопрофиллам без плода; 15) от кроющих листьев с влагалищем и линейной пластинкой к кроющим листьям без влагалища или, реже, без пластинки и к чешуевидным кроющим листьям, иногда имеющим щетиновидную или очень узкую линейную пластинку; 16) от длинных кроющих листьев, превышающих соцветие, к кроющим листьям короче соцветия; 17) от остистых или заостренных кроющих чешуй к безостым, острым или тупым чешуям и от чешуй с несколькими жилками к чешуям с одной жилкой; 18) от кроющих чешуй с б. м. травянистой консистенцией к перепончатым чешуям; 19) от крупных мешочков с многочисленными ребристыми жилками и длинным цельным или спереди расщепленным носиком к мешочкам небольших размеров, с немногими тонкими жилками или без них, с удлиненным двузубчатым или с коротким цельным или двузубчатым носиком; 20) от мешочков с находящимся внутри них, при основании плода, б. м. длинным осевым придатком к мешочкам без придатка; 21) от гинецея, образованного тремя плодолистиками, к гинецею, состоящему из двух плодолистиков, и от столбика с тремя рыльцевыми ветвями к столбику с двумя ветвями; 22) от плодов, имеющих б. м. длинный гинофор, к плодам без гинофора; 23) от трехгранных плодов к двояковыпуклым; 24) от мезокарпия плодов, образованного многими рядами склереид, к мезокарпию, состоящему из 2—3 рядов склереид, и от мезокарпия, все клетки которого на поперечном срезе изодиаметрические, к мезокарпию, у которого 1—2 ряда (прилегающих к экзокарпию) состоит из клеток, вытянутых на поперечном срезе в радиальном направлении.

Evolutionary trends in the genus Carex L.

Comparative-morphological investigations of species of the genus *Carex* and other genera of the *Cariceae* tribe with application of distributional and ecological data enabled to make suppositions concerning the evolution of some characters of vegetative and reproductive organs of sedges. Reverse course of their evolution seems rather impossible. Among below mentioned characters a primary nature of extravaginal shoots and occurrence of veins on scarious part of leaf sheaths (see below, numbers 2 and 5) was pointed out by Alexeev (Алексеев, 1974a) and a secondary nature of cataphylls (see below, number 4) — by Tzvelev (1976) in grasses.

The main evolutionary trends in the genus *Carex* were most likely following: 1) from tall large plants to small ones[1]; 2) from extravaginal shoots to intravaginal ones and from shoots without creeping rhizomes to shoots with creeping subterranean or epigeous (false) rhizomes; 3) from reproductive shoots (or potentially reproductive, i. e. with incomplete life cycle) to shoots, differentiated into vegetative and reproductive ones; 4) from shoots without scale-like leaves (cataphylls) to shoots with basal scale-like leaves; 5) from leaf sheaths with herbaceous side opposite leaf blade to leaf sheaths with scarious side and from scarious side bearing vein network to scarious side without transverse veins or fully devoid of veins; 6) from leaf sheaths of approximately the same length due to which leaf blades are almost at one level to leaf sheaths of different length with blades disposed at different levels; 7) from linear, more or less flat or carinate leaf blades to canaliculate, canaliculate-triangular or longitudinally folded or rolled and to lanceolate or broadly lanceolate blades; 8) from large strongly branched panicleform very multispicate inflorescences to racemiform and spiciform ones with few spikes and to unispicate inflorescence; 9) from inflorescences comprising the whole shoot or the major part of it to inflorescences disposed in upper part of shoot; 10) from inflorescences with spikes arising from nodes of an inflorescence main axis by 2 or more (up to 10—13) to inflorescences with solitary spikes on nodes; 11) from androgynous spikes to unisexual and gynaecandrous, and from monoecious plants to dioecious ones; 12) from several male spikes (in inflorescences with unisexual spikes) to one male spike; 13) from many-flowered spikes to few-flowered ones; 14) from inflorescences with branches having cladoprophyll at base to inflorescences with branches without cladoprophylls and from cladoprophylls enclosing fruit to cladoprophylls without fruit; 15) from bracts with sheath and linear blade to bracts without sheath, or more rarely, without blade and to setaceous or glumaceous bracts; 16) from long leaf-like bracts exceeding inflorescence to leaf-like bracts shorter than inflorescence; 17) from awned or acuminate female glumes to awnless, acute or obtuse ones and from female glumes with several veins to ones with one vein; 18) from glumes more or less herbaceous to membranous ones; 19) from large many-ribbed utricles with long entire or dorsally cleft beak to minute utricles with several thin veins or veinless, with elongate bidentate, or short entire or bidentate beak; 20) from utricles with enclosed more or less long rachilla to utricles without rachilla; 21) from gynoeceum formed by three carpels to gynoeceum formed by two carpels and from style with three stigmate branches to style with two branches; 22) from fruits with more or less long gynophore to fruits without gynophore; 23) from trigonous fruit to biconvex; 24) from fruit mesocarp formed by many rows of sclereids to mesocarp of 2—3 sclereid rows and from mesocarp formed by isodiametric cells in cross-section to mesocarp where 1—2 rows adjacent to exocarp are formed by cells stretched radially in cross-section.

[1] Plant height can greatly vary within one species depending upon environmental conditions. But the series reflects evolutionary tendency to lessening plant dimension under the processes of xerophilization and cryophilization.

РАЙОНЫ, ПРИНЯТЫЕ ДЛЯ УКАЗАНИЯ ГЕОГРАФИЧЕСКОГО РАСПРОСТРАНЕНИЯ ВИДОВ И ПОДВИДОВ РОДА CAREX L.

Распространение видов и подвидов *Carex* в пределах рассматриваемой территории дается с некоторыми изменениями по основным физико-географическим областям и ботанико-географическим районам, принятым во «Флоре СССР» (1964). Эти изменения состоят в следующем. Арктика, так же, как и в работе Н. Н. Цвелева (1976), не выделяется в качестве отдельного подразделения, какими являются Европейская часть, Кавказ, Западная Сибирь, Восточная Сибирь, Дальний Восток и Средняя Азия, а разделена на 4 арктических района (Аркт.), входящих в соответствующее подразделение. Южные границы арктических районов совпадают с границей Арктики в «Арктической флоре СССР» (Толмачев, 1960а). Названия 3 районов даются по «Флоре Европейской части СССР» (1974): Карело-Мурманский (Кар.-Мурм.), Карпатский (Карп.) и Молдавский (Молд.) вместо: Карело-Лапландский (Кар.-Лапл.), Верхне-Днестровский (Верх.-Днестр.) и Бессарабский (Бесс.). Из Верхне-Днепровского (Верх.-Днепр.) района исключена сев. Украина, которая рассматривается в Средне-Днепровском (Сред.-Днепр.) районе; восточная граница последнего проходит по восточной границе Сумской и Харьковской областей Украины. Юго-западная часть Одесской обл. Украины (Измаильский р-н) перенесена из Молдавского (Молд.) района в Причерноморский (Причерн.). Районы Кавказа соответствуют основным его делениям, принятым Ю. Л. Меницким (1991) для подготовляемого издания «Конспект флоры Кавказа». Некоторые из них объединены: Западный, Центральный и Восточный Кавказ входят в один район, для которого я, следуя Цвелеву (1976), приняла название Большой Кавказ (Б. Кавк.), Северо-Западное Закавказье включено в Западное Закавказье (Зап. Закавк.), а Юго-Западное Закавказье — в Южное Закавказье (Южн. Закавк.). Выделены 2 новых района — Курильский (Курил.) и Командорский (Ком.), включающие Курильские и Командорские о-ва.

Все районы исследуемой территории показаны на карте.

Общее распространение таксонов приводится по континентам или их крупным областям, в случае необходимости могут быть указаны государства или физико-географические регионы.

THE REGIONS ACCEPTED FOR INDICATION OF THE GEOGRAPHICAL DISTRIBUTION OF THE GENUS CAREX L. SPECIES AND SUBSPECIES

The distribution of species and subspecies *Carex* within the territory considered is given (with some changes) according to the main territorial subdivisions and botanical-geographical regions accepted in the «Flora of the USSR» («Флора СССР», 1964). These alterations are as follows: the Arctic, as well as in Tzvelev's work (Цвелев, 1976) is not regarded as a separate subdivision like European part, the Caucasus, Western Siberia, Eastern Siberia, Far East and Middle Asia, but it is divided into 4 Arctic regions (Аркт.) included into appropriate subdivision. The southern borders of the Arctic regions coincide with the border of the Arctic in «The Arctic flora of the USSR» (Толмачев, 1960a). The names of three regions are given according to the «Flora of the European part of the USSR» («Флора Европейской части СССР», 1974): the Karelian-Murmansk region (Кар.-Мурм.), the Carpathian region (Карп.) and the Moldavian region (Молд.) instead of Karelian-Laplandian (Кар.-Лапл.), Upper-Dniester (Верх.-Днестр.) and Bessarabian (Бесс.) region names. Northern Ukraine is excluded from the Upper-Dnieper (Верх.-Днепр.) region and is considered in the Middle-Dnieper (Сред.-Днепр.) region, the eastern border of the latter one passes through the eastern boundary of Suma and Kharkov provinces of Ukraine. South-western part of Odessa province of Ukraine (Izmail district) is transferred from the Moldavian (Молд.) region to the Black Sea (Причерн.) region. The regions of the Caucasus correspond to its main subdivisions accepted by Menitsky (Меницкий, 1991) for planned «Synopsis of the Caucasian flora». Some of them are combined: the Western, Central and Eastern Caucasus form one region which I, according to Tzvelev (Цвелев, 1976), named the Great Caucasus (Б. Кавк.); North-Western Transcaucasia is included into Western Transcaucasian region (Зап. Закавк.) and the South-Western Transcaucasia — into Southern Transcaucasian region (Южн. Закавк.). Two new regions are separated: the Kuril (Курил.) and the Commander (Ком.) regions, including the Kuril and Commander Islands respectively.

All regions of the territory considered are shown on the map. The general distribution of taxa (Общ. распр.) is given according to continents or their large parts, if necessary the states or geographical regions can be indicated.

1. Районы в пределах рассматриваемой территории[1]

1. Regions in the territory under consideration

Европейская часть (Европ. ч.) — European part

Аркт. — Арктический р-н (Arctic region)
Кар.-Мурм. — Карело-Мурманский р-н (Karelian-Murmansk region)
Дв.-Печ. — Двинско-Печорский р-н (Dvina-Pechora region)
Прибалт. — Прибалтийский р-н (Baltic region)
Лад.-Ильм. — Ладожско-Ильменский р-н (Ladoga-Ilmen region)
Верх.-Днепр. — Верхне-Днепровский р-н (Upper Dnieper region)
Верх.-Волж. — Верхне-Волжский р-н (Upper Volga region)
Волж.-Кам. — Волжско-Камский р-н (Volga-Kama region)
Карп. — Карпатский р-н (Carpathian region)
Сред.-Днепр. — Средне-Днепровский р-н (Middle Dnieper region)
Волж.-Дон. — Волжско-Донской р-н (Volga-Don region)
Заволж. — Заволжский р-н (Transvolga region)
Молд. — Молдавский р-н (Moldavian region)
Причерн. — Причерноморский р-н (Black Sea region)
Ниж.-Дон. — Нижне-Донской р-н (Lower Don region)
Ниж.-Волж. — Нижне-Волжский р-н (Lower Volga region)
Крым. — Крымский р-н (Crimean region)

Кавказ (Кавк.) — Caucasus

Предкавк. — Предкавказский район (Ciscaucasian region)
Б. Кавк. — Большой Кавказ (Great Caucasus)
Зап. Закавк. — Западно-Закавказский район (Western Transcaucasian region)
Центр. Закавк. — Центрально-Закавказский район (Central Transcaucasian region)
Вост. Закавк. — Восточно-Закавказский район (Eastern Transcaucasian region)
Южн. Закавк. — Южно-Закавказский район (Southern Transcaucasian region)
Тал. — Талышский район (Talysh region)

---

[1] Каждый район в случае необходимости может быть разделен на северную (сев.), южную (юг), западную (зап.) и восточную (вост.) части.
If necessary each region can be divided into northern (сев.), southern (юг), western (зап.) and eastern (вост.) parts.

Западная Сибирь (Зап. Сиб.) — Western Siberia

Аркт. — Арктический р-н (Arctic region)
Обск. — Обский р-н (Ob region)
Верх.-Тоб. — Верхне-Тобольский р-н (Upper Tobol region)
Ирт. — Иртышский р-н (Irtysh region)
Алт. — Алтайский р-н (Altai region)

Восточная Сибирь (Вост. Сиб.) — Eastern Siberia

Аркт. — Арктический р-н (Arctic region)
Енис. — Енисейский р-н (Yenisei region)
Лен.-Кол. — Ленско-Колымский р-н (Lena-Kolyma region)
Анг.-Саян. — Ангаро-Саянский р-н (Angara-Sayan region)
Даур. — Даурский р-н (Dauria region)

Дальний Восток (Дальн. Вост.) — Far East

Аркт. — Арктический р-н (Arctic region)
Камч. — Камчатский р-н (Kamchatka region)
Ком. — Командорский р-н (Commander region)
Охот. — Охотский р-н (Okhotsk region)
Удск. — Удский р-н (Uda region)
Зее-Бур. — Зее-Буреинский р-н (Zeya-Bureya region)
Уссур. — Уссурийский р-н (Ussuri region)
Сах. — Сахалинский р-н (Sakhalin region)
Курил. — Курильский р-н (Kuril region)

Средняя Азия (Средн. Азия) — Middle Asia

Арало-Касп. — Арало-Каспийский р-н (Aral-Caspian region)
Прибалх. — Прибалхашский р-н (Balkhash region)
Дж.-Тарб. — Джунгаро-Тарбагатайский р-н (Dzungaro-Tarbagatai region)
Каракум. — Каракумский р-н (Kara Kum region)
Кызылкум. — Кызылкумский р-н (Kyzyl Kum region)
Горн.-Туркм. — Горно-Туркменский р-н (Mountain-Turkmenian region)
Амудар. — Амударьинский р-н (Amu Darya region)
Сырдар. — Сырдарьинский р-н (Syr Darya region)
Тянь-Шан. — Тянь-Шанский р-н (Tien Shan region)
Пам.-Ал. — Памиро-Алайский р-н (Pamir-Alai region)

2. Районы общего распространения (Общ. распр.)

2. Regions outside the territory under consideration (Общ. распр.)

С. Европа — Северная Европа (Шпицберген, Ян-Майен, Исландия, Фарерские о-ва, Норвегия, Швеция, Финляндия, Дания). Northern Europe (Spitsbergen, Jan Mayen, Iceland, Faeroes, Norway, Sweden, Finland, Denmark)

Атл. Европа — Атлантическая Европа (Ирландия, Великобритания, сев. Германия, Нидерланды, Бельгия, приатлантические районы Франции и Испании, Португалия). Atlantic Europe (Ireland, Great Britain, northern Germany, Netherlands, Belgium, Atlantic areas of France and Spain, Portugal)

Ц. Европа — Центральная Европа (центр. и вост. районы Франции, бóльшая часть Германии, Швейцария, сев. Италия, Австрия, Венгрия, Чехия,

Словакия, Польша, Румыния). Central Europe (central and eastern France, major part of Germany, Switzerland, northern Italy, Austria, Hungary, Czechia, Slovakia, Poland, Romania)

Ю. Европа – Южная Европа (Азорские о-ва, острова Средиземного моря, центр. и южн. Испания, южн. Франция, бо́льшая часть Италии, бывшая Югославия, Албания, Греция, Болгария, Европейская часть Турции). Southern Europe (Azores, islands of Mediterranean Sea, central and southern Spain, southern France, major part of Italy, the former Jugoslavia, Albania, Greece, Bulgaria, European part of Turkey)

З. Азия – Западная Азия[1] (Турция, Кипр, Сирия, Ливан, Израиль, Иордания, Ирак, Иран, государства Аравийского и Синайского п-овов, Афганистан). West Asia (Turkey, Cyprus, Syria, Lebanon, Israel, Jordan, Iraq, Iran, states of Arabian Peninsula and Sinai Peninsula, Afghanistan)

Ц. Азия – Центральная Азия (Монголия, аридные районы Китая – Джунгария, Кашгария, Тибет, Цинхай, Цайдам и др.). Central Asia (Mongolia, arid regions of China: Dzungaria, Kashgaria, Tibet, Qinghai, Tsaidam etc.)

В. Азия – Восточная Азия (сев.-вост., вост. и юго-вост. районы Китая, включая о-в Тайвань; государства п-ва Корея, Япония). East Asia (northeastern, eastern and southeastern regions of China, Taiwan, Korean Peninsula, Japan)

Ю. Азия – Южная Азия (Пакистан, Индия, Мальдивы, Шри-Ланка, Непал, Бутан, Бангладеш). South Asia (Pakistan, India, Maldive Islands, Sri Lanka, Nepal, Bhutan, Bangladesh)

Ю.-В. Азия – Юго-Восточная Азия (Мьянма, Южн. Китай, государства п-ова Индокитай, п-ова Малакка и Малайского архипелага, Филиппины). Southeast Asia (Myanmar, Southern China, states of Indochina Peninsula, Malacca Peninsula and Malay Archipelago, the Philippines)

С. Америка – Северная Америка (включая Центр. Америку и Вест-Индию). North America (including Central America and the West-Indies)

Ю. Америка – Южная Америка. South America

С. Африка – Северная Африка (сев. районы континента, прилегающие к Средиземному морю). North Africa (the northern parts adjoining to Mediterranean Sea)

Ц. Африка – Центральная Африка (тропические районы с прилегающими островами). Central Africa (tropical areas with adjacent islands)

Ю. Африка – Южная Африка (районы, расположенные к югу от Южного тропика). South Africa (areas situated to the south of Southern tropic)

Австралия (включая о-в Тасмания и острова Океании, в случае необходимости могут быть выделены Нов. Гвинея, Нов. Каледония, а также Нов. Зеландия с прилегающими островами). Australia (including Tasmania and islands of the Pacific Ocean, if necessary, New Guinea, New Caledonia and New Zealand with adjacent islands can be separated)

[1] Территориальные подразделения Азии (т. е. Западная Азия, Центральная Азия и т.д.) даны в границах, принятых в «Большой советской энциклопедии» (1972) и «Географическом энциклопедическом словаре» (1989).
Territorial subdivisions of Asia (i. e. West Asia, Central Asia, etc. are given in the limits accepted in the works «Большая советская энциклопедия" (1972) and «Географический энциклопедический словарь» (1989).

СИСТЕМАТИКА РОДА CAREX L.

TAXONOMY OF THE GENUS CAREX L.

Род *Carex* в полном объеме насчитывает около 2000 видов. На рассматриваемой территории он представлен 346 видами, или 382 таксонами видового и подвидового рангов. В качестве подвидов приняты географические расы, характеризующиеся заходящими количественными признаками и, нередко, кроме того, наличием переходных форм в области перекрывания ареалов. На подвиды дифференцировано 37 видов.

Изучение типов, обширного гербарного материала и литературных источников позволило значительно изменить и дополнить представления о видовом составе рода *Carex* в нашей флоре по сравнению с данными, содержащимися в обработке осок В. И. Кречетовича (1935а) во «Флоре СССР». В результате критической ревизии рода в синонимы были отнесены 60 видов из 392, приведенных в названной работе, и 11 видов, описанных после ее выхода. Многие осоки характеризуются довольно большим полиморфизмом. Это явилось одной из причин описания многих видов, которые, на мой взгляд, не имеют видовой самостоятельности вследствие невыдержанности признаков, положенных в основу для их выделения. В качестве примеров можно привести *C. ruthenica*, *C. verae*, *C. flavella*, *C. aequivoca*, *C. pedunculifera*, *C. fuscovaginata*, *C. dichroandra*, *C. sareptana*, *C. uralensis*, *C. duriusculiformis*, *C. arrhyncha*, *C. coarcta*. Как виды описывались также экологические формы (*C. lumnitzeri*, *C. argyroglochin*, *C. hylaea*, *C. vitilis*, *C. slobodovii*, *C. buschiorum*, *C. inumbrata* и др.). И наконец, некоторые виды были установлены повторно (*C. novograblenovii*, *C. peshemskyi*, *C. chamarensis*, *C. karacolica*, *C. emasculata* и др.). Интересно отметить, что общее число видов и подвидов осок (382), принятых в настоящей работе, мало отличается от числа монотипных видов (392), приведенных в обработке В. И. Кречетовича во «Флоре СССР», несмотря на то что 60 из них, как было отмечено выше, были отнесены мной в синонимы. Количество таксонов восполнилось благодаря описанию разными авторами новых для науки видов и подвидов, но главным образом за счет нахождения видов, прежде неизвестных для нашей территории. Больше всего таких видов было выявлено М. Г. Поповым и Е. М. Брадис (1950), Д. П. Воробьевым (1956) и В. Н. Ворошиловым (1966, 1982).

Виды расположены в работе по предложенной мной системе рода, опубликованной в конспективной форме в 1990 г. Эта система отличается от последних, наиболее крупных систем (Kükenthal, 1909; Mackenzie, 1931, 1935; Кречетович, 1935а; Ohwi, 1936; Koyama, 1962; Chater, 1980; Nilsson, 1985) большей дифференцированностью, иным объемом многих подразделений рода, а также порядком расположения таксонов. Система содержит все 5 известных подродов осок, включая недавно описанный (Егорова, 1985а) подрод *Kreczetoviczia* (= sect. *Acutae* s. l.). Подрод *Vigneastra* (= subgen. *Indocarex*), преимущественно тропический, представлен в нашей флоре одним видом, подрод *Carex* (самый многочисленный из всех подродов) — 224 видами и подвидами, подрод *Kreczetoviczia* — 48, *Vignea* — 76, *Psyllophora* — 33. Виды объединены в 69 секций (названия многих из них впервые лектотипифицированы) и 81 подсекцию. Всего в роде известно около 130 секций. Из всех евразиатских секций на исследованной территории отсутствует не более 25, причем 12 секций принадлежат к подроду

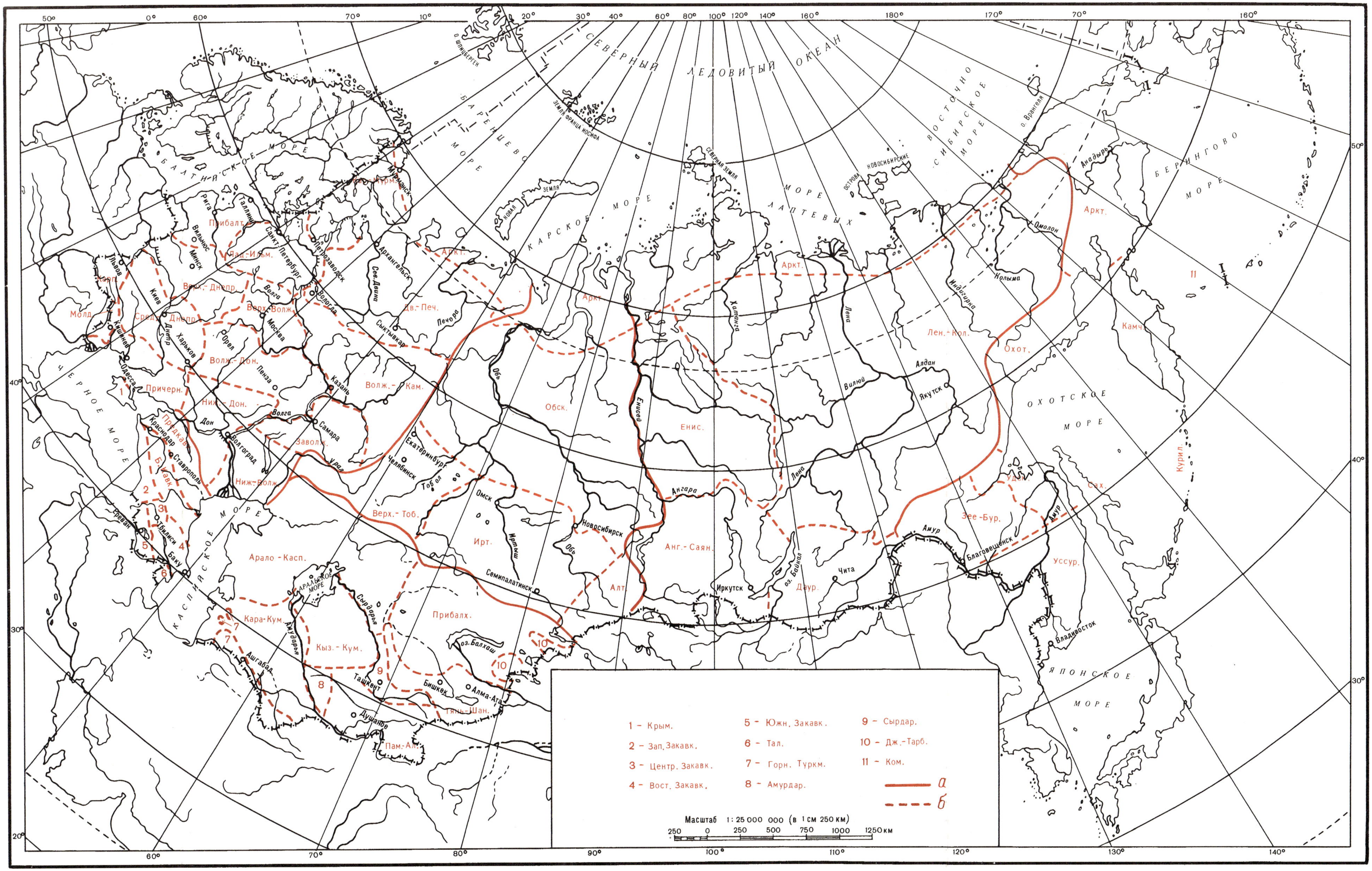

Районы, принятые для указания географического распространения видов и подвидов рода Carex L.

а — границы основных физико-географических областей; б — границы ботанико-географических районов (государственная граница СССР дана по состоянию на 1991 г.)

The regions accepted for indication of the geographical distribution of the genus Carex L. species and subspecies

a — boundaries of the main territorial divisions; b — boundaries of the botanical-geographical regions (the state boundary of the USSR is drawn as of 1991)

Vigneastra, 9 — *Carex*, 1 — *Kreczetoviczia*, 1 — *Vignea* и 2 — *Psyllophora*. Таким образом, настоящая система, не будучи системой всего рода *Carex*, достаточно полно отражает его таксономическую структуру (кроме подрода *Vigneastra*) на евразиатском континенте. Наиболее многочисленными секциями, включающими в полном объеме 45—82 вида, являются *Aulocystis* (60), *Mitratae* (60), *Acrocystis* (45), *Microrhynchae* (55), *Phacocystis* (65) и *Ovales* (82). 4 первые секции принадлежат к подроду *Carex*, 5-я — *Kreczetoviczia*, 6-я — *Vignea*. 16 секций содержат 15—36 видов, 47 — менее 15, из них 9 секций — монотипные. 17 секций разделены на подсекции, объединяющие обычно 2 или несколько видов. Большое число видов включают подсекции *Aterrimae* (12—15) и *Alpinae* (14) из секции *Microrhynchae* и подсекция *Vulgares* (30) из секции *Phacocystis* (= sect. *Acutae* s. str.). Некоторые подсекции монотипные. В системе нет рядов. Викарные географические расы, образующие генетический ряд в понимании В. Л. Комарова, я рассматриваю в качестве подвидов, за исключением тех рас, которые хорошо морфологически обособлены. Последние приняты здесь как отдельные виды. Но таких видов (викарных) немного и если их объединить в ряды, то в соответствии с правилами ботанической номенклатуры потребовалось бы описать большое число монотипных рядов на базе всех остальных, не викарных видов, что едва ли целесообразно.

Все элементы системы характеризуются комплексом признаков и расположены в эволюционной последовательности, хотя очевидно, что при линейном расположении материала филогенетический принцип не всегда выдержан. Так, относительно продвинутая секция может стоять перед более примитивной секцией, представляющей другую линию развития. Эволюционные взаимоотношения секций лучше отражены на помещенных в конце работы схемах (рис. 73—76).

В приводимом ниже систематическом обзоре рассматриваются виды флоры России и других государств, прежде входивших в состав СССР (см. карту). Для большинства секций указываются виды, встречающиеся за пределами этой территории. Они перечисляются после описания секции или, если она разделена на подсекции, после описания последних. При недавно установленных видах имеются ссылки на источник их публикации.

В работе приводятся только основные синонимы. У видов, состоящих из подвидов, синонимы, относящиеся к типовому подвиду, указываются при названии вида. В номенклатурных абзацах, помимо первоисточников, цитируются обработка В. И. Кречетовича (1935а) во «Флоре СССР», монография «Осоки СССР. Виды подрода Vignea» (Егорова, 1966б), отдельные статьи, специально посвященные приводимому таксону, флористические сводки, содержащие существенно новые данные по его систематике и географии, а также некоторые, преимущественно современные работы, отражающие разные точки зрения в отношении названия, объема и систематического положения принятых здесь видов и подвидов. При перечне литературных источников фамилии авторов сокращаются так же, как и при названиях таксонов.

Из эксикатного материала указываются образцы, собранные в пределах рассматриваемой территории и опубликованные в основном в изданиях «Список растений Гербария Русской флоры» («Schedae ad Herbarium Florae Rossicae» — H. F. R.) и «Список растений Гербария флоры СССР» («Schedae ad Herbarium Florae URSS» — H. F. URSS).

Для большинства видов и подвидов цитируется тип (typus, = holotypus) или лектотип (lectotypus). Если типовой образец не содержит сведений о месте сбора

7 Заказ № 131

растения или он не был мной изучен, то из протолога приводится «locus classicus». При цитировании лектотипа указывается выбравший его автор.

Помеси между видами, описанные в качестве гибридов или самостоятельных видов, приводятся в комментариях к родительским видам.

Географическое распространение видов и подвидов указывается по районам, приведенным выше. Более детальные данные о географии осок содержатся в ряде региональных Флор и Определителей и в отдельных статьях (Егорова, 1966а, 1976б, 1976в, 1991б; Юрцев и др., 1979; Новиков и др., 1986; Петровский, 1988; Кожевников, 1988; Малышев, 1990, и др.). В некоторых работах (Егорова, 1966а, 1966б, 1976в; Кожевников, 1988; Малышев, 1990) имеются карты с точечным изображением распространения видов *Carex*; в настоящей работе ссылки на карты из-за недостатка места не даются. Следует отметить, что для территории Средней Азии мной приводится больше видов, чем в «Определителе растений Средней Азии» (Егорова, 1976б). Это связано с тем, что в названном издании Средняя Азия принята в иных границах, чем в настоящей работе, где они даны по «Флоре СССР» (1964). Данные о распространении видов в Монголии, отсутствующие в работе В. И. Грубова (1982), приводятся на основании виденных мной гербарных образцов с этой территории, собранных И. А. Губановым, Р. В. Камелиным, З. В. Карамышевой, Хильбигом (W. Hilbig) и другими ботаниками. Информация о новых флористических находках в Монголии содержится во многих публикациях названных авторов.

Carex as a whole numbers about 2000 species. In the considered territory it is represented by 346 species or 382 taxa of specific and subspecific ranks. As subspecies the geographical races are accepted, characterized by overlapping quantitative characters and, as often as not, in addition, by the presence of transitive forms in regions of distribution areas overlapping. 37 species are divided into subspecies.

Examining the types, vast herbarium material and published sources has allowed to change considerably and to contribute to the data concerning specific composition of the genus *Carex* in our flora in comparison with data, contained in the treatment of sedges by Kreczetowicz (Кречетович, 1935a) in «Flora URSS». As a result of a critical revision of the genus, 60 species of 392 cited in the mentioned work, and 11 species, described after its publication have been put into synonymy. Many sedges are characterized by rather great polymorphism. It was one of the reasons of describing many species, having, in my opinion, no specific independence owing to inconstancy of characters having been assumed as a basis for their establishing. As examples, *C. ruthenica*, *C. verae*, *C. flavella*, *C. aequivoca*, *C. pedunculifera*, *C. fuscovaginata*, *C. dichroandra*, *C. sareptana*, *C. uralensis*, *C. duriusculiformis*, *C. arrhyncha*, *C. coarcta* can be cited. Ecological forms were also being described as species (*C. lumnitzeri*, *C. argyroglochin*, *C. hylaea*, *C. vitilis*, *C. slobodovii*, *C. buschirum*, *C. inumbrata* and others). At last, some species were established repeatedly (*C. novograblenovii*, *C. peshemskyi*, *C. chamarensis*, *C. karacolica*, *C. emasculata* and others). It is interesting to note, that a total number of sedges species and subspecies (382) accepted in the present work, is little different from number of monotypic species (392) cited in the treatment by Kreczetowicz in «Flora URSS», in spite of 60 of them, as it was noted above, having been put by me into synonymy. The number of taxa was filled up due to describing by different authors species and subspecies new for the science, but mainly by finding species unknown before for our territory. Most of such species was revealed by Popov and Bradis (Попов, Брадис, 1950), Vorobjev (Воробьев, 1956) and Woroshilov (Ворошилов, 1966, 1982).

In the work, species are arranged according to the proposed by my system of the genus, published in synopsis form in 1990. This system differs from the later, largerst systems (Kükkenthal, 1909; Mackenzie, 1931, 1935; Кречетович, 1935a; Ohwi, 1936; Koyama, 1962; Chater, 1980; Nilsson, 1985) by greater differentiation, other volume of many genus subdivisions, as well as order of taxa arrangement. The system contains all of 5 known subgenera of sedges, including recently described (Егорова, 1985a) the subgenus *Kreczetoviczia* (= sect. *Acutae* s. l.). The subgenus *Vigneastra* (= subgen. *Indocarex*), mainly tropical, is represented in our flora by one species, the subgenus *Carex* (the largest of all subgenera) by 224 species and subspecies, the subgenus *Kreczetoviczia* by 48, *Vignea* by 76, *Psyllophora* by 33. Species are united into 69 sections (names of many ones being lectotypified for the first time) and 81 subsections. As a whole, about 130 sections of the genus are known. Of all Eurasian sections not more than 25 are absent in the investigated territory, 12 sections belonging to the subgenus *Vigneastra*, 9 ones to *Carex*, 1 to *Kreczetoviczia*, 1 to *Vignea* and 2 to *Psyllophora*. Thus, the present system, not being a system of the whole genus *Carex*, reflects quite adequately its taxonomic structure (except the subgenus *Vigneastra*) in Eurasian continent. The largest sections, containing, as a whole, from 45 to 82 species each, are *Aulocystis* (60 species), *Mitratae* (60), *Acrocystis* (45), *Microrhynchae* (55), *Phacocystis* (65) and *Ovales* (82). 4 former sections belong to the subgenus *Carex*, the 5th one to *Kreczetoviczia*, 6th to *Vignea*. 16 sections contain 15—36 species, 47 ones — less than 15, 9 of them being monotypic ones. 17 sections are subdivided into subsections, the latters uniting usually 2 or several species. A great number of species is included in the subsections *Aterrimae* (12—15) and *Alpinae* (14) from the section *Microrhynchae* and in the subsection *Vulgares* (30) from the section *Phacocystis* (= sect. *Acutae* s. str.). Some subsections are monotypic. The system has no series. I consider vicarious geographical races, forming genetic series in the sense by V. L. Komarov, as subspecies, except well morphologically separated ones. The latters are accepted here as separate species. But such species (vicarious) are few, and if they were united in series, then, according to Code of botanical nomenclature, a great number of monotypic series should be described basing on the others, not vicarious species, that would be hardly reasonable.

All elements of the system are characterized by combination of characters and are arranged in evolutionary succession, though it is obvious, that the phylogenetic principle is not always kept at a linear arrangement of the material. Thus, a relatively advanced section can be placed before a more primitive section presenting another line of development. The evolutionary relations of the sections are better reflected in schemes placed at the end of the work (Fig. 73—76).

In a taxonomic review presented below, the species of flora of Russia and other states been before in the USSR, are considered (see map, p. 92). For most sections, species occurring outside this territory are indicated. They are listed after description of the section or, if it is subdivided into subsections, after description of the latters. For recently established species, the reference to sources of their publication are available.

Only the main synonymy is presented in the work. For species consisting of subspecies, a synonymy related to the type subspecies is placed at the species name. In nomenclatural paragraphs, besides origin sources, the treatment by Kreczetowicz (Кречетович, 1935a) in «Flora URSS», the monograph «Осоки СССР. Виды подрода *Vignea*» (Егорова, 1966б), some papers specially devoted to a presented taxon, floristic synopses containing essentially new data on taxonomy and geography, as well as some, mainly recent works reflecting different points of view concerning name, volume and systematic position of a species and subspecies accepted here, are cited. In the enumeration of sources, names of authors are abbreviated in the same way, as under names of taxa.

Among exsiccatae, specimens collected within the considered territory and published mainly in editions «Список растений Гербария Русской флоры» («Schedae ad Herbarium Florae Rossicae» — H. F. R.) and «Список растений Гербария флоры СССР» («Schedae ad Herbarium Florae URSS» — H. F. URSS) are cited.

For most of the species and subspecies the type (typus, = holotypus) or lectotype (lectotypus) is cited. If the type specimen does not contain any information about place of the plant collection or it has not been examined by me, «locus classicus» from the protologue is cited. When citing lectotype, the author having chosen it is indicated.

Crossbreds between species, described as hybrids or independent species, are mentioned in comments to parental species.

Geographical distribution of species and subspecies is indicated by regions mentioned above. More detailed data on geography of sedges are contained in a number of regional Floras and Keys and in individual papers (Егорова, 1966a, 1976б, 1976в, 1991б; Юрцев и др., 1979; Новиков и др., 1986; Петровский, 1988; Кожевников, 1988; Малышев, 1990, et al.). Some works (Егорова, 1966a, 1966б, 1976в; Кожевников, 1988; Малышев, 1990) contain maps with dot pictures of distribution of *Carex* species; in the present work, references to maps are not given due to shortage of space. It should be noted, that here for the territory of Middle Asia more species are cited, than in «Определитель растений Средней Азии» (Егорова, 1976б). It is connected with the fact, that in the latter edition Middle Asia is accepted in other boundaries, than in the present work, where they are given according to «Flora URSS» (1964). Data on distribution of species in Mongolia, if absent in the work by Grubov (Грубов, 1982), are presented basing on seen by me herbarium specimens from this territory, collected by Gubanov, Kamelin, Karamysheva, Hilbig and other botanists. Information on new floristic records in Mongolia is contained in many publications by mentioned authors.

CAREX L. 1753, Sp. Pl. : 972; id. 1754, Gen. Pl., ed. 5 : 420.[1] — **ОСОКА**. — Цветки однополые, без околоцветника, в пазухах спирально расположенных кроющих чешуй, б. ч. в многоцветковых колосках, собранных в метельчатое, кистевидное или колосовидное сложное соцветие, реже соцветие одноколосковое. Колоски или однополые, состоящие целиком из тычиночных (мужских) или пестичных (женских) цветков, или обоеполые (смешанные), двух типов: андрогинные — с тычиночными цветками в верхней части колоска и с пестичными в нижней или гинекандрические — с пестичными цветками наверху, с тычиночными внизу. Колоски расположены б. ч. по одному, редко по нескольку в пазухах б. ч. линейных (часто влагалищных) или чешуевидных кроющих листьев, сидячие или на ножках, часто окруженные при основании мешочковидным или влагалищеобразным, очень редко чешуевидным предлистом (кладопрофиллом). Тычиночные (мужские) цветки состоят из (2)3 тычинок с длинными тонкими свободными или, очень редко, сросшимися нитями и линейными пыльниками, пестичные (женские) — из гинецея, заключенного в замкнутый орган — мешочек, суженный на верхушке в б. м. длинный или короткий, цельный, косоусеченный или двузубчатый носик, из которого выставляются часть столбика и рыльца; мешочки в поперечном сечении плоско-выпуклые, почти плоские, сжато-трехгранные, трехгранные, тупо- или округло-трехгранные, двояковыпуклые или почти округлые, перепончатые или кожистые, с жилками или без них, голые, реже опушенные, иногда с очень мелкими сосочками (папиллами), пурпурными или бурыми точками, штрихами или прозрачными железками, на ножке или сидячие. Рылец 2—3. Плод — двояковыпуклый или трехгранный заключенный в мешочек орех, сидячий, реже на ножке (карпофоре), иногда при основании с осевым придатком. Многолетние корневищные однодомные, очень редко двудомные травянистые растения. Стебли (репродуктивные побеги) б. ч. центральные, редко боковые или ложнобоковые, обычно трехгранные, б. м. выполненные или полые. Листья трехрядные, б. ч. голые, обычно с линейной пластинкой, замкнутым влагалищем и язычком, редко с широколанцетной или эллиптической пластинкой, без влагалища, с б. м. явственным черешком и без язычка, б. ч. базальные, иногда расставленные, нижние нередко редуцированы до чешуевидных влагалищ. — L e c t o t y p u s : *C. hirta* L. — Hitchcock, Green, 1929, 1947 (typus conserv. propos.).

Около 200 видов, почти по всему земному шару, но преимущественно в умеренном, холодном и субтропическом поясах сев. полушария. На рассматриваемой территории род насчитывает 382 таксона видового и подвидового рангов.

Вопрос о лектотипификации *Carex* рассматривался в ряде работ (Егорова, 1971а, 1971б; Voss, 1972; McNeill et al., 1987; Reznicek, 1990a). Впервые в качестве лектотипа рода был указан *C. pulicaris* L., причем приоритет в его выборе принадлежит Бриттону (Britton, 1907), как недавно отметил Резничек (Reznicek, 1990a), а не Бриттону и Брауну (Britton, Brown, 1913), в работе которых, как известно, были установлены лектотипы (type species) всех приведенных в ней ро-

---

[1] В пределах *Carex* было выделено около 60 родов, не получивших, однако, признания, кроме рода *Vignea*, принимаемого немногими авторами (см. выше с. 18). Наименования некоторых из этих родов приведены в настоящей работе при названиях подродов и секций, в основном, в качестве их базионимов.
Within the genus *Carex* about 60 genera were established, however, obtained no recognition, except the genus *Vignea* accepted by few authors (see above, page 25). The names of some of these genera are cited in the present work at the names of subgenera and sections, mainly as their basionyms.

дов. *C. pulicaris* — второй по порядку вид, приведенный Линнеем (Linnaeus, 1753) в составе рода *Carex* в «Species Plantarum».

Выбор *C. pulicaris* в качестве лектотипа *Carex* был сделан, на мой взгляд, неудачно, без учета таксономической традиции в изучении этого обширного рода. Названный вид имеет соцветие, состоящее из 1 колоска, в то время как традиционно в группу законных, или настоящих осок, обозначавшуюся как sect. *Legitimae* (Koch, 1837; Tuckerman, 1843, и др.), *Carices genuinae* (Drejer, 1844), subgen. *Eucarex* Peterm. (Petermann, 1849), *Eucarex* Coss. et Germ. (Kükenthal, 1909; Hylander, 1966, и др.), включали виды с соцветием из 2—нескольких колосков (б. ч. тычиночных и пестичных). В настоящее время эта группа обозначается как подрод *Carex*, поскольку он включает принимаемый многими авторами (Moore, Edgar, 1970; Егорова, 1972a, 1976a, 1990; Chater, 1980; Toivonen, 1984; Nilsson, 1985; Hooper, 1985; Stace, 1991, и др.) другой лектотип рода *Carex* — *C. hitra* L., обоснованно выбранный Хичкоком и Грин (Hitchcock, Green, 1929, 1947). *C. pulicaris* выделялась в монотипный род *Psyllophora* (Degl.) Heuff. (Heuffel, 1844), а также вместе с другими одноколосковыми видами в подрод *Psyllophora* (Degl.) Peterm. (Petermann, 1849), более известный под названием *Primocarex* Kük. Данный подрод признается рядом авторов (Moore, Edgar, 1970; Егорова, 1976a, 1990; Chater, 1980; Toivonen, 1984; Nilsson, 1985; Stace, 1991, и др.). Если лектотипом рода считать *C. pulicaris*, тогда небольшой, насчитывающий менее 80 видов, подрод *Psyllophora* (= subgen. *Primocarex*) должен будет носить название рода, т. е. *Carex*, а самому крупному подроду, включающему около 1400 видов и носящему сейчас название *Carex*, придется дать другое наименование, что весьма нецелесообразно и противоречит принципам номенклатурной стабильности.

На основании вышеизложенного можно, по-видимому, сделать вывод о том, что первоначальный лектотип рода — *C. pulicaris*, подлежит отмене в соответствии со статьей 8.1 «Международного кодекса ботанической номенклатуры» (International code..., 1988), где сказано (пункт «с»), что выбор лектотипа может быть отменен, если он был сделан в большой степени механически. Если основания для отмены *C. pulicaris* в качестве лектотипа *Carex* недостаточны, тогда следует законсервировать род с новым типом — *C. hitra*, предложенным Хичкоком и Грин (см. выше)[1].

Flowers unisexual, without perianth, in axils of spirally arranged glumes, generally in many-flowered spikes aggregated in panicleform, racemiform or spiciform compound inflorescence, more rarely the inflorescence being unispicate. Spikes are either unisexual, consisting entirely of male (staminate) or female (pistillate) flowers, or bisexual (mixed), of two types: androgynous, with male flowers in upper part of spike and female in lower one, or gynaecandrous, with female flowers above and male below. Spikes are arranged generally by one, rarely by several in axils of generally linear (frequently with sheaths) or glumaceous bracts, sessile or pedunculate, frequently surrounded at base by utricle-like or sheath-like, very rarely by scale-like prophyll (cladoprophyll). Male flowers consist of (2)3 stamens with long thin free, or very rarely fused, filaments and linear anthers, female ones — of gynoeceum enclosed in a sac-like organ, utricle, narrowed at apex into more or less long or short, entire, obliquely truncate or bidentate beak from which style and stigmas project; utricles in cross-section plano-convex, almost flat, compressed-trigonous, trigonous, obtuse- or orbicular-trigonous, biconvex or

---

[1] В то время, когда работа находилась в печати, были опубликованы предложения (см.: Nicolson, 1992 : 559) по консервации типов многих линнеевских родов, в т. ч. и типа рода *Carex* — *C. hirta*. В 1995 г. Номенклатурный комитет по семенным растениям одобрил эти предложения и рекомендовал их для рассмотрения на XVI Международном ботаническом конгрессе, который состоится в 1999 г.

suborbicular, membranous or coriaceous, veined or veinless, glabrous, more rarely pubescent, sometimes with very small papillae, purple or brown dots, streakes or transparent glandules, with stipe or sessile. Stigmas 2—3. Fruit is a biconvex or trigonous enclosed in utricle nut, sessile, more rarely with stipe (carpophore), sometimes at base with rachilla. Perennial rhizomatous monoecious, very rarely dioecious herbaceous plants. Stems (reproductive shoots) generally central, rarely lateral or pseudolateral, usually trigonous, more or less solid, or hollow. Leaves three-ranked, generally glabrous, usually with linear blade, closed sheath and ligula, rarely with broad-lanceolate or elliptical blade, sheathless, with more or less distinct petiole and without ligula, generally basal, sometimes distant, lower ones rather often reduced to scale-like sheaths. — L e c t o t y p u s: *C. hirta* L. — Hitchcock, Green, 1929, 1947; (typus conserv. propos.).

About 2000 species, almost world-wide, but mainly in temperate, cold and subtropical belts of the northern hemisphere. In considered territory the genus numbers 382 taxa of specific and subspecific ranks.

A question concerning lectotypification of *Carex* was considered in a number of works (Егорова, 1971а, 1971б; Voss, 1972; McNeill et al., 1987; Reznicek, 1990a). For the first time *C. pulicaris* L. was indicated as a lectotype of the genus, the priority in its choosing belonging to Britton (1907), as Reznicek (1990a) has noted recently, instead of Britton and Brown (1913), work by them, as it is known, having established lectotypes (type species) of all genera cited in it. *C. pulicaris* is the second species by order, cited by Linnaeus (1753) in the genus *Carex* in «Species Plantarum».

The choosing of *C. pulicaris* as lectotypus of *Carex* was made, in my opinion, lamely, without account of taxonomical tradition in study of this vast genus. The named species has inflorescence consisting of one spike, while traditionally, the group of legitimate, or true, sedges, been designated as sect. *Legitimae* (Koch, 1837; Tuckerman, 1843, etc.), *Carices genuinae* (Drejer, 1844), subgen. *Eucarex* Peterm. (Petermann, 1849), *Eucarex* Coss. et Germ. (Kükenthal, 1909; Hylander, 1966, etc.), included species with inflorescence of 2—several spikes (generally male and female). At present, this group is designated as the subgenus *Carex*, as including accepted by many authors (Moore, Edgar, 1970; Егорова, 1972а, 1972б, 1976а, 1990; Chater, 1980; Toivonen, 1984; Nilsson, 1985; Hooper, 1985; Stace, 1991, etc.) another lectotypus of the genus *Carex*, namely *C. hirta* L., substantiatedly chosen by Hitchcock and Green (1929, 1947). *C. pulicaris* was distinguished as the monotypic genus *Psyllophora* (Degl.) Heuff. (Heuffel, 1844), as well as, together with other unispicate species, as a subgenus *Psyllophora* (Degl.) Peterm. (Petermann, 1849), better known under the name *Primocarex* Kük. This subgenus is admitted by a number of authors (Moore, Edgar, 1970; Егорова, 1976а; 1990; Chater, 1980, Toivonen, 1984; Nilsson, 1985; Stace, 1991, etc.). If *C. pulicaris* is considered as the lectotypus of the genus, then a small, less than 80 species, the subgenus *Psyllophora* (= subgen. *Primocarex*) should have the name of the genus, i. e. *Carex*, while the largest subgenus, including about 1400 species and named at present *Carex* should be renamed, that is extermely unreasonable and contraticts to principles of nomenclatural stability.

Basing on the above-stated, it can be, obviously, concluded, that the original lectotypus of the genus, namely *C. pulicaris*, should be superseded according to the article 8.1 of «International Code of botanical nomenclature» (1988, art. 8.1), which runs (item «c»), that choice of lectotypus can be superseded, if it was based on a largely mechanical metod of selection. If grounds for superseding *C. pulicaris* as the lectotypus of *Carex* are insufficient, then the genus should be conservated with the new type, *C. hirta*, proposed by Hitchcock and Green (see above)[1].

Ключ для определения секций

1. Соцветие состоит из 1 колоска .... 2.
\+ Соцветие состоит из 2 или более колосков .... 18.
2. Колосок гинекандрический, т. е. с пестичными (женскими) цветками в верхней части колоска и тычиночными (мужскими) в нижней .... 56. **Canescentes** (*C. ursina*) (c. 550).

[1] When this work was being prepared for the publication, the proposals for the conservation of types of many Linnaean generic names, including the genus *Carex* type, *C. hirta* L., have been published (see: Nicolson, 1992 : 559). In 1995 Committee for Spermatophyta approved these proposals and they should be submitted to the Sixteenth International Botanical Congress in 1999.

\+ Колосок б. ч. андрогинный, т. е. с тычиночными цветками в верхней части колоска и пестичными в нижней, реже тычиночный или пестичный........ 3.
3. Колосок андрогинный (растения однодомные)........ 4.
\+ Колосок тычиночный или пестичный (растения двудомные)........ 16.
4. Мешочки в нижней части колоска сильно расставленные, сидящие в пазухах очень длинных кроющих листьев........ 57. **Caryotheca** (*C. phyllostachys*) (с. 574).
\+ Мешочки сближенные, сидящие в пазухах кроющих чешуй........ 5.
5. Мешочки продолговато-яйцевидные или яйцевидные, на тонкой ножке (0.4)0.5—1 мм дл., зрелые горизонтально или вниз отогнутые. Кроющие чешуи рано опадающие. Растения без ползучих корневищ........ 61. **Callistachys** (с. 581).
\+ Мешочки почти сидячие или иногда на ножке до 1 мм дл., но тогда они слабо отклоненные от оси колоска, а кроющие чешуи не опадающие........ 6.
6. Рылец 3; плоды трехгранные........ 7.
\+ Рылец 2; плоды двояковыпуклые........ 13.
7. Растения без ползучих корневищ........ 8.
\+ Растения с ползучими корневищами........ 9.
8. Кроющие чешуи обычно рано (до созревания плодов) опадающие. Мешочки 1.6—4(5) мм дл., желтовато-зеленоватые, голые........ 62. **Rarae** (с. 585).
\+ Кроющие чешуи не опадающие. Мешочки 4—5(7) мм дл., ржавые, покрытые мелкими щетинковидными волосками........ 63. **Cardiopera** (с. 592).
9. Мешочки узколанцетные, постепенно без изгиба суженные в удлиненный носик........ 10.
\+ Мешочки яйцевидные, широкояйцевидные или продолговато-обратнояйцевидные, обычно б. м. резко суженные в короткий носик........ 11.
10. Колосок удлиненный, до 5 см дл. Кроющие чешуи при плодах не опадающие. Мешочки слабо отклоненные от оси колоска, на ножке до 1 мм дл. Плод при основании без осевого придатка........ 64. **Circinatae** (с. 593).
\+ Колосок 1—1.5 см дл. Кроющие чешуи рано опадающие. Мешочки в зрелом состоянии вниз отогнутые, почти сидячие. Плод при основании с осевым придатком (иногда выступающим из мешочка) или без него........ 58. **Leucoglochin** (с. 574).
11. Мешочки почти округлые в поперечном сечении, яйцевидные или широкояйцевидные, кожистые, блестящие, с жилками, зрелые сильно отклоненные от оси колоска. Плод при основании с осевым придатком........ 59. **Obtusatae** (с. 578).
\+ Мешочки тупо-трехгранные в поперечном сечении, обратнояйцевидные или эллиптические, редко яйцевидные, перепончатые, матовые, без жилок, зрелые прижатые. Плод при основании с осевым придатком или без него........ 12.

12. Мешочки яйцевидные, 2.5—3 мм дл., вверху темно-пурпурные, постепенно суженные в носик. Растение Памира.. 3. **Aulocystis** (*C. borii*) (с. 134).

\+ Мешочки обратнояйцевидные или эллиптические, 1.8—4 мм дл., вверху ржаво-бурые, б. м. резко суженные в носик. Растения других районов..60. **Petraeae** (с. 579).

13(6). Мешочки с жилками. Плод при основании без осевого придатка. Растения с ползучими корневищами или без них..69. **Physoglochin** (с. 599).

\+ Мешочки без жилок. Плод при основании с осевым придатком. Растения без ползучих корневищ..14.

14. Мешочки ланцетные или продолговато-яйцевидные, зрелые вниз отогнутые. Кроющие чешуи рано опадающие....66. **Psyllophora** (с. 595),

\+ Мешочки яйцевидные, округло-яйцевидные, эллиптические или широкоэллиптические, зрелые прижатые. Кроющие чешуи не опадающие...15.

15. В пазухе нижней кроющей чешуи нет мешочка. Колосок с 10—30 мешочками. Края мешочков гладкие..........67. **Capituligerae** (с. 596).

\+ В пазухе нижней кроющей чешуи имеется мешочек. Колосок с 5—15 мешочками. Края мешочков в верхней половине (включая и носик) рассеянно-шероховатые.................................... 68. **Nardinae** (с. 598).

16(3). Рылец 2. Зрелые мешочки горизонтально или вниз отклоненные от оси колоска. Пластинки листьев желобчато-трехгранные, не более 1 мм шир. ....69. **Physoglochin** (с. 599).

\+ Рылец 3. Зрелые мешочки прижатые к оси колоска или едва отклоненные. Пластинки листьев плоские, 1—1.5(2) мм шир. ....17.

17. Мешочки узколанцетные, 3—4 мм дл., голые. Побеги окружены при основании бледно-бурыми влагалищами листьев. Кроющие чешуи каштановые, не реснитчатые..............................64. **Circinatae** (с. 593).

\+ Мешочки обратнояйцевидные, 2.5—3(3.5) мм дл., с густыми желтовато-бурыми волосками. Побеги окружены при основании темно-пурпурными влагалищами листьев. Кроющие чешуи черно-пурпурные, по краям обычно реснитчатые..65. **Scirpinae** (с. 594).

18(1). Рылец 2; плоды двояковыпуклые..19.

\+ Рылец 3; плоды трехгранные..50.

19. Колоски в соцветии почти одинаковые по форме и размерам, обычно все обоеполые или и обоеполые, и однополые, очень редко только однополые, в последнем случае растения однодомные или двудомные.. 20.

\+ Колоски в соцветии двоякого рода: верхние (1—4) тычиночные (мужские), обычно более узкие, нижние пестичные (женские), утолщенные; нередко нижние колоски наверху с тычиночными цветками....43.

20. Соцветие кистевидное или почти щитковидное; боковые колоски на ножках 0.3—8 см дл., окруженных при основании влагалищеобразным предлистом — кладопрофиллом... 21.

\+ Соцветие колосовидное, головчатое или метельчатое; боковые колоски сидячие, без влагалищеобразного кладопрофилла..........................23.

21. Все колоски гинекандрические (т. е. с пестичными цветками в верхней части колоска и с тычиночными — в нижней). Кроющие чешуи пурпурно-черные..............................38. **Phacocystis** (*C. eleusinoides*) (с. 433).

\+ Верхний колосок гинекандрический, боковые пестичные. Кроющие чешуи темно-коричневые или ржаво-бурые..22.

22. Колоски 0.5—1.2 см дл., на ножках 0.5—1.5 см дл. Мешочки очень густо покрытые папиллами (сосочками), на верхушке округлые, без носика..................................33. **Microrhynchae** (*C. bicolor*) (с. 372).

\+ Колоски 3—5 см дл., на ножках 3—8 см дл. Мешочки без папилл, с коротким носиком...36. **Praelongae** (с. 420).

23(20). Колоски в соцветии или все андрогинные (т. е. с тычиночными цветками в верхней части колоска и пестичными — в нижней), иногда с примесью тычиночных, или, редко, однополые (растения однодомные или двудомные), или однополые с примесью андрогинных. Соцветие колосовидное, головчатое или метельчатое...............................24.

\+ Колоски в соцветии или все гинекандрические (т. е. с пестичными цветками в верхней части колоска и с тычиночными — в нижней), или, очень редко, только верхний колосок гинекандрический, а боковые пестичные, или наряду с гинекандрическими колосками имеются однополые — пестичные или тычиночные. Соцветие колосовидное, редко головчатое..37.

24. Растения сфагновых болот с длинными стелющимися плетевидными вегетативными побегами, из узлов которых отходят вертикальные вегетативные и репродуктивные побеги..25.

\+ Растения без плетевидных побегов..26.

25. Стебли и листья очень густо покрытые папиллами (сосочками), хорошо заметными под бинокуляром. В соцветии наряду с андрогинными колосками могут быть тычиночные и пестичные. Мешочки тонкокожистые.........................43. **Holarrhenae** (*C. pseudocuraica*) (с. 499).

\+ Стебли и листья без папилл. Все колоски андрогинные. Мешочки толстокожистые.......................46. **Divisae** (*C. chordorrhiza*) (с. 517).

26. Соцветие из 2—4(5) мелких бледно-зеленых колосков, расставленных на 1—2 см друг от друга; колоски малоцветковые, из 1—2 тычиночных, обычно плохо заметных цветков и 2—4-пестичных. Мешочки эллиптические, 2.5—3 мм дл., блестящие, с тонкими жилками, с коротким цельным носиком. Стебли нитевидные, слабые, часто полегающие...50. **Dispermae** (*C. disperma*) (с. 538).

\+ Соцветие из более многочисленных колосков, б. м. тесно сближенных и обычно с бо́льшим количеством цветков. Стебли крепкие, прямостоящие...27.

27. Растения с ползучими, часто длинными корневищами, б. ч. рыхлодернистые; побеги расставленные или скученные................................28.

\+ Растения с укороченными, не ползучими корневищами, густодернистые; побеги скученные..34.

28. Корневища очень длинные, тонкие, 0.8—1.5(2) мм в диам., с плотными пучками из 2—нескольких побегов, редко побеги одиночные. Мешочки без крыла, голые. Растения обычно сухих местообитаний....29.

\+ Корневища часто утолщенные, 2.5–5(6) мм в диам., с расставленными по 1, реже по 2–3, побегами; если корневища более тонкие, то растения сырых или болотистых местообитаний или мешочки вверху опушенные. Мешочки с крылом или без крыла........................... 30.

29. Мешочки кожистые, плоско-выпуклые, внизу губчатые, с шероховатым носиком, легко отделяющиеся от оси колоска...47. **Boernera** (с. 520).

\+ Мешочки перепончатые, неравно двояковыпуклые или плоско-выпуклые, либо сильно пузыревидно вздутые (до 2 см дл.), внизу не губчатые, с трудом отделяющиеся от оси колоска, с гладким, иногда рассеянно-шероховатым носиком......................48. **Physodeae** (с. 525).

30. Корневище с тонкой рыхлой, при высыхании отстающей и обычно сминающейся корой...31.

\+ Корневище с толстой плотной корой, при высыхании не отстающей и не сминающейся...32.

31. Колоски андрогинные и однополые, иногда верхние на верхушке и внизу с тычиночными цветками, посередине — с пестичными. Мешочки обычно с хорошо выраженным крылом или иногда с очень узкими крыловидными краями, с остро-двузубчатым носиком, с обеих сторон с хорошо выраженными жилками, не вздутые. Плод плотно заключен в мешочке..44. **Ammoglochin** (с. 505).

\+ Колоски андрогинные. Мешочки без крыла, с цельным или спереди иногда слегка щелевидно расщепленным или слабо двузубчатым носиком, обычно без жилок или с неясными жилками спереди, часто немного вздутые. Плод не плотно заключен в мешочке...49. **Foetidae** (с. 530).

32. Соцветие колосовидно-метельчатое, с мелкими колосками, скученно расположенными на укороченных прижатых веточках...39. **Heleoglochin** (*C. diandra*) (с. 481).

\+ Соцветие колосовидное, с колосками, сидящими на главной его оси..33.

33. Колоски часто однополые (тычиночные, обычно в средней части соцветия, и пестичные — наверху и внизу) с примесью андрогинных (в средней части соцветия) или андрогинные, нередко с примесью тычиночных. Мешочки с очень узкими крыловидными краями. Стебли высоко облиственные, с расставленными узлами; сторона влагалища, противоположная пластинке листа, травянистая, и лишь возле устья перепончатая..43. **Holarrhenae** (с. 499).

\+ Колоски андрогинные. Мешочки без крыловидных краев. Стебли низко облиственные, с базальными узлами и листовыми пластинками, отходящими часто почти на одном уровне; сторона влагалища, противоположная пластинке листа, перепончатая......... 46. **Divisae** (с. 517).

34(27). Соцветие метельчатое, с удлиненными веточками или колосовидно-метельчатое, с укороченными (*C. diandra*), с многочисленными мелкими колосками 3–5 мм дл. Мешочки неравно двояковыпуклые, толстокожистые, 2.5–3.5 мм дл.; носик не двузубчатый; плод с трудом отделяется от мешочка. Перепончатая сторона листовых влагалищ не поперечно-морщинистая, ее верхний край утолщенный, буроватый... ....39. **Heleoglochin** (с. 481).

\+ Соцветие колосовидное, иногда только в нижней части с 1—2 веточками или колосовидно-метельчатое, с укороченными веточками, со скученными на них колосками; колоски 5—15 мм дл. Мешочки плоско-выпуклые, перепончатые или тонкокожистые, 3.2—5(6) мм дл.; плод легко отделяется от мешочка. Перепончатая сторона листовых влагалищ б. ч. поперечно-морщинистая, ее верхний край не утолщенный.. 35.

35\. Плод очень мелкий, 1—1.2 мм дл., значительно короче и у́же мешочка. Мешочки с едва двузубчатым носиком, с обеих сторон иногда с мелкими пурпурными бугорками. Кроющие листья часто удлиненные (линейные или щетиновидные).......................40. **Phleoideae** (с. 486).

\+ Плод (1.5)2.2—2.8 мм дл., почти полностью заполняет мешочек. Мешочки б. ч. с двузубчатым носиком. Кроющие листья чешуевидные или самые нижние иногда щетиновидные или узколинейные........... 36.

36\. Соцветие колосовидно-метельчатое из многочисленных колосков, скученных по нескольку на укороченных веточках. Кроющие чешуи с шероховатой остью. Мешочки с жилками, внизу губчатые. Стебли утолщенные, 2—4 мм в диам., мягкие, при сжимании (и в гербарии) сплющивающиеся, вогнуто-трехгранные, острошероховатые. Растения сырых и болотистых местообитаний.................41. **Vulpinae** (с. 489).

\+ Соцветие колосовидное, из 4—10 колосков, сидящих на его главной оси, иногда внизу с 1—2 удлиненными веточками из нескольких колосков. Кроющие чешуи острые или с гладкой остью. Мешочки б. ч. без жилок, внизу не губчатые, или, иногда, (у *C. contigua*) с губчатым подушковидным возвышением. Стебли 1—1.5 мм в диам., не сплющивающиеся, с прямыми или несколько выпуклыми гранями. Растения умеренно увлажненных местообитаний (разреженные леса, кустарники, склоны)...................................42. **Phaestoglochin** (с. 493).

37(23). Растения с длинноползучими корневищами. В соцветии наряду с гинекандрическими колосками нередко имеются тычиночные (обычно в верхней и средней части соцветия) и пестичные (в нижней его части). Мешочки по краям кверху от середины или от нижней трети с крылом, с остро-двузубчатым носиком...44. **Ammoglochin** (с. 505).

\+ Растения без ползучих корневищ, иногда с тонкими ползучими корневищами, но тогда мешочки с цельным носиком. Все колоски гинекандрические или боковые иногда пестичные. Мешочки по краям без крыла или с крылом почти от самого основания........................... 38.

38\. Соцветие из 6—15 головчато скученных многоцветковых колосков, при основании с 2—3 длинными линейными кроющими листьями, в несколько раз его превышающими. Мешочки узколанцетовидные, 7—9 мм дл., с длинными щетиновидными носиками, отчего все соцветие щетинистое...........................52. **Cyperoideae** (*C. bohemica*) (с. 540).

\+ Соцветие из б. м. расставленных или иногда головчато скученных колосков, но в последнем случае без длинных кроющих листьев. Мешочки значительно меньших размеров....................................... 39.

39. Нижние колоски с длинными линейными кроющими листьями, значительно превышающими соцветие........................51. **Remotae** (с. 538).

\+ Колоски с чешуевидными кроющими листьями, и только у нижнего колоска кроющий лист с б. м. длинной щетиновидной пластинкой..40.

40. Мешочки уплощенные, плоско- или вогнуто-выпуклые, почти от самого основания с б. м. широким или очень узким крылом. Плод не полностью заполняет мешочек, в 2 раза у́же и короче его...53. **Ovales** (с. 542).

\+ Мешочки не уплощенные, без крыла. Плод почти полностью заполняет мешочек...41.

41. Зрелые мешочки сильно отклоненные от оси колоска (звездчато растопыренные), в основании с небольшим губчатым возвышением, с удлиненным (до 1.5 мм) носиком. Верхний колосок булавовидный, с узкой удлиненной тычиночной частью (он как бы на ножке). Листовые пластинки желобчатые............................54. **Stellulatae** (с. 546).

\+ Зрелые мешочки б. ч. прижатые или немного отклоненные от оси колоска, иногда сильно отклоненные, но не звездчато, а почти горизонтально, без губчатого возвышения, с более коротким носиком. Верхний колосок почти не отличается по форме от остальных, иногда он булавовидный, но тогда мешочки с очень коротким носиком. Листовые пластинки плоские...42.

42. Стебли и листовые пластинки без папилл. Мешочки без папилл и мельчайших бугорков, зрелые почти горизонтально отклоненные от оси колоска, ланцетовидные, (3)3.7–4(4.2) мм дл., с резко выступающими ребристыми жилками. Соцветие прерывистое, 3–8(10) см дл., из 5–12(18) колосков...............55. **Elongatae** (*C. elongata*) (с. 549).

\+ Стебли и листовые пластинки густо покрытые папиллами. Мешочки обычно с папиллами или мельчайшими бугорками, зрелые б. ч. прижатые или слабо отклоненные от оси колоска, иногда сильно отклоненные, но тогда соцветие состоит из 2–4 мелких колосков или ось соцветия коленчато изогнутая......................56. **Canescentes** (с. 550).

43(19). Мешочки блестящие, пузыревидно вздутые, 3–5 мм дл. Столбик обычно изогнутый (отогнут от самого основания вниз, а затем наверх). Пестичные колоски 0.6–1 см шир. ....8. **Vesicariae** (*C. saxatilis* и *C. stenolepis*) (с. 170).

\+ Мешочки матовые, плоско- или двояковыпуклые, иногда немного вздутые, но не пузыревидно, обычно 2–2.5, реже 3–3.5 мм дл. Столбик прямой. Пестичные колоски более узкие, б. ч. узкоцилиндрические, редко утолщенные...44.

44. Верхние (1)2–6 колосков тычиночные (боковые часто на ножках), остальные 10–20 пестичные (или нередко андрогинные — на верхушке с тычиночными цветками), расположенные в пазухах кроющих листьев пучками по 2–6, узкоцилиндрические, поникающие. Мешочки с жилками и коротким цельным или едва выемчатым носиком. Растения с ползучими корневищами......................34. **Tuminenses** (с. 414).

\+ Пестичные колоски в числе 2–5(6), расположенные в пазухах кроющих листьев по одному. Растения с ползучими корневищами или без них..45.

45. Мешочки плоско-выпуклые, б. ч. без жилок, часто с блестящими железками, вверху по краям с мелкими шипиками, с удлиненным, 0.4—1.5(2) мм, глубоко- или коротко-двузубчатым носиком. Рыльца нередко очень длинные (до 7 мм). Растения с длинными ползучими корневищами..35. **Forficulae** (с. 414).
\+ Мешочки плоско- или двояковыпуклые, с жилками или без них, б. ч. без шипиков по краям, с более коротким, 0.1—0.3 мм, цельным носиком.. 46.
46. Соцветие обычно почти щитковидное, вследствие того что верхушки колосков расположены почти на одном уровне; тычиночный колосок 1, пестичные колоски очень узкие, 3—5 см дл., 0.3—0.4 см в диам., на длинных ножках, поникающие. Нижний кроющий лист превышает соцветие. Растение юга Дальнего Востока.... 36. **Praelongae** (с. 420).
\+ Соцветие не щитковидное, верхушки колосков расположены на разных уровнях; тычиночных колосков 1—4, пестичные колоски более широкие.. 47.
47. Мешочки широкояйцевидные, почти округлые, густо покрытые папиллами, с мозолисто утолщенным носиком. Пестичные колоски 2—3.5(4) см дл., 0.8—1.2 см в диам., на длинных ножках, поникающие. Растение юга Дальнего Востока...36. **Praelongae** (*C. maximowiczii*) (с. 420).
\+ Мешочки без папилл, реже с папиллами, но тогда они другой формы, а пестичные колоски б. ч. на коротких ножках и не поникающие...48.
48. Нижний кроющий лист с желобчатой линейной пластинкой, обхватывающей колосок. Пестичные колоски почти сидячие, нижний иногда на короткой, до 1.5 см, ножке. Чешуи тычиночных колосков (обычно) и пестичных (иногда) с очень коротким шипиком. Мешочки постепенно суженные в беловатый, мозолисто утолщенный носик. Растение преимущественно северных морских побережий Евразии и Сев. Америки..................................37. **Temnemis** (*C. subspathacea*) (с. 423).
\+ Нижний кроющий лист с плоской линейной или щетиновидной пластинкой. Мешочки обычно резко суженные в носик........................49.
49. Носик мешочков мозолисто утолщенный, желтоватый или беловатый, глянцевитый; мешочки кожистые или перепончатые, короче кроющих чешуй. Плод посередине нередко с глубокой узкой выемкой. Чешуи тычиночных колосков б. ч. с коротким остроконечием, пестичных — с б. м. длинной остью или острые (в последнем случае мешочки кожистые). Пестичные или обоеполые (андрогинные) колоски б. ч. на длинных ножках, поникающие, реже прямостоячие; боковые тычиночные колоски нередко на ножках..........................37. **Temnemis** (с. 423).
\+ Носик мешочков б. ч. не утолщенный мозолисто (если утолщенный, то пестичные колоски прямостоячие, обычно с тупыми, реже островатыми чешуями); мешочки перепончатые, короче или длиннее кроющих чешуй. Плод без выемки. Чешуи тычиночных и пестичных колосков без ости и остроконечия. Пестичные колоски б. ч. на очень коротких, редко на б. м. длинных ножках, обычно прямостоячие; боковые тычиночные колоски почти сидячие.....................38. **Phacocystis** (с. 433).

50(18). Колоски однополые, очень редко андрогинные (т. е. с тычиночными цветками в верхней части колоска, пестичными — в нижней), многочисленные, в густых крупных (до 8—10 см дл. и 4 см в диам.) колосовидных, обычно однополых (мужских или женских) соцветиях. Мешочки кожистые, 10—14 мм дл., по краям с крылом..45. **Macrocephalae** (с. 514).

\+ Колоски однополые или обоеполые, расставленные или сближенные, все соцветие менее 4 см в диам. Мешочки значительно меньших размеров, если 10—12 мм, то колоски расставленные.......................51.

51. Колоски андрогинные, в числе 4—7, линейно-цилиндрические, рыхлоцветковые, расставленные, на длинных ножках, при основании которых имеется мешочковидный предлист, заключающий в себе гинецей и плод (см. рис. 10, *1*). Мешочки 9—10 мм дл., с удлиненным носиком. Растения южн. Курильских о-вов..1. **Mundae** (*C. dissitiflora*) (с. 131).

\+ При основании ножек колосков имеется влагалищеобразный или воронковидный предлист, не заключающий в себе гинецея и плода..52.

52. Листовые пластинки широколанцетные, (1.5)2—3 см шир. Колоски андрогинные, немногоцветковые, рыхлые, на ножках, расставленные по всему репродуктивному побегу. Мешочки 3—3.5(4) мм дл., зеленоватые. Плод при основании с осевым придатком...5. **Siderostictae** (*C. siderosticta*) (с. 152).

\+ Листовые пластинки линейные..53.

53. Соцветие плотное, коротколосовидное, из 4—6 андрогинных колосков. Кроющие листья чешуевидные. Мешочки 5—8 мм дл., узкояйцевидные. Плод при основании с осевым придатком. Растение Карпат...4. **Curvulae** (*C. curvula*) (с. 152).

\+ Соцветие из расставленных или б. м. сближенных колосков, но в последнем случае оно не бывает образованным только одними андрогинными колосками. Плод при основании без осевого придатка..... 54.

54. Все колоски в соцветии андрогинные, рыхловатые, на длинных ножках, боковые в 4—6 пучках из 2—5 колосков (нижние колоски нередко одиночные); соцветие часто занимает почти весь репродуктивный побег. Мешочки обратнояйцевидные, 3.5—4 мм дл., опушенные. Растение с короткими ползучими корневищами. Листовые пластинки очень жесткие, 4—6 мм шир. Растение Кавказа..2. **Decorae** (*C. pontica*) (с. 133).

\+ Колоски в соцветии однополые (тычиночные и пестичные) или обоеполые (андрогинные или гинекандрические) и пестичные, не собранные в пучки..55.

55. Верхние 1—3 колоска андрогинные, остальные пестичные, иногда все колоски андрогинные...56.

\+ Верхние 1—5(7) колосков тычиночные, или верхний колосок гинекандрический, остальные пестичные или очень редко гинекандрические...59.

56. Колоски расположены почти по всему стеблю. Мешочки узколанцетовидные, 7—9 мм дл. Рыльца очень длинные, 10—15 мм, долго не опадающие......................13. **Silvaticae** (*C. bostrychostigma*) (с. 204).
\+ Колоски расположены в верхней части стебля. Мешочки менее 5.5 мм дл. Рыльца значительно короче...57.
57. Мешочки в верхней части или по всей поверхности покрытые мелкими щетинковидными волосками.............................3. **Aulocystis** (с. 134).
\+ Мешочки голые... 58.
58. Верхний колосок малоцветковый, с немногими тычиночными и 1—3(4) пестичными цветками. Мешочки с жилками. Листовые пластинки узкожелобчатые...30. **Chlorostachyae** (с. 342)
\+ Верхний колосок многоцветковый, с бóльшим количеством пестичных цветков. Мешочки без жилок. Растение Памира...............................
....3. **Aulocystis** (*C. borii*) (с. 134).
59(55). Верхний колосок гинекандрический, остальные пестичные или, очень редко, гинекандрические..60.
\+ Верхние 1—5(7) колосков тычиночные, остальные пестичные (последние иногда наверху с немногими тычиночными цветками)..............67.
60. Мешочки шиловидно-ланцетные, (6)7—9 мм дл., с длинными, 1.5—2 мм, дуговидно изогнутыми зубцами носика. Растение Дальнего Востока.................................11. **Pseudocypereae** (*C. capricornis*) (с. 197).
\+ Мешочки иной формы, менее крупные, зубцы носика значительно короче и не дуговидные..61.
61. Нижний кроющий лист без влагалища или с очень коротким, 0.2—0.3 см, влагалищем, с линейной или щетиновидной пластинкой или чешуевидный..62.
\+ Нижний кроющий лист с влагалищем 0.5—3 см дл. и линейной пластинкой..63.
62. Чешуи пестичных колосков рано опадающие. Мешочки широкояйцевидные, почти округлые, беловато-голубоватые, позднее буреющие. Пестичные колоски на тонких ножках, поникающие. Побеги окружены при основании буроватыми влагалищами листьев. Корни с густыми желтовато-буроватыми или оранжеватыми волосками.........................
............................31. **Limosae** (*C. magellanica* subsp. *irrigua*) (с. 355).
\+ Чешуи пестичных колосков не опадающие. Пестичные колоски прямостоячие или поникающие. Побеги окружены при основании красноватыми или пурпурными влагалищами листьев, реже буроватыми, но тогда колоски прямостоячие, а мешочки не широкояйцевидные. Корни без желтовато-буроватых или оранжеватых колосков..........................
....33. **Microrhynchae** (с. 372).
63. Растения с ползучими корневищами...64.
\+ Растения без ползучих корневищ..65.
64. Растения с длинными ползучими корневищами. Мешочки кожистые, почти округлые в поперечном сечении...
....28. **Lamprochlaenae** (*C. turkestanica*) (с. 322).
\+ Растения с короткими ползучими корневищами. Мешочки перепончатые, почти плоские................................29. **Chartoteuchium** (с. 336).

65. Мешочки округло-трехгранные в поперечном сечении, 2.3–3.3(3.5) мм дл., ржавые или зеленовато-буроватые; кроющие чешуи светло-ржаво-коричневые...30. **Chlorostachyae** (с. 342).

\+ Мешочки уплощенно-трехгранные или почти плоские, 4.5–7.5 мм дл., темно- или пурпурно-коричневые или почти сплошь бледно-пепельные; кроющие чешуи черно-бурые или пурпурно-каштановые.................66.

66. Мешочки ланцетовидные, уплощенно-трехгранные, с удлиненным, по краям шиповато-шероховатым носиком. Побеги окружены при основании очень светлыми буровато-желтыми влагалищами листьев...3. **Aulocystis** (*C. fuliginosa*) (с. 134).

\+ Мешочки эллиптические, почти плоские, с коротким гладким белоперепончатым носиком. Побеги окружены при основании бурыми или красновато-бурыми влагалищами листьев...29. **Chartoteuchium** (с. 336).

67(59). Мешочки по краям от основания с узким зазубренным крылом, продолговато-яйцевидные или яйцевидно-ланцетные, 6–12 мм дл. Колоски расставлены почти по всему стеблю.......12. **Secalinae** (с. 200).

\+ Мешочки по краям без крыла. Колоски б. ч. расположены в верхней половине стебля...68.

68. Мешочки ланцетовидные, 11–12 мм дл., с многочисленными жилками и двузубчатым носиком с зубцами 0.5–1 мм дл. Пестичные колоски 1.5–2.5 см дл., немногоцветковые, почти шаровидные. Нижний кроющий лист значительно превышает соцветие. Корневище не ползучее. Растение Дальнего Востока.....7. **Rostrales** (*C. dolichocarpa*) (с. 169).

\+ Мешочки не более 7 мм дл. ....69.

69. Нижние колоски (1–3) сидят у самого основания стебля на длинных тонких ножках, верхние сближенные. Мешочки опушенные............70.

\+ Все колоски расположены в верхней половине стебля или, редко, равномерно расставлены по всему стеблю. Мешочки голые или опушенные...72.

70. Плод наверху с кольцевидным возвышением по краю...20. **Mitratae** (с. 239).

\+ Плод наверху без кольцевидного возвышения.................................71.

71. Пестичные колоски яйцевидные или шаровидные, густые. Мешочки с многочисленными ребристыми жилками, с коротким прямым носиком .... 23. **Hallerianae** (*C. halleriana*) (с. 281).

\+ Пестичные колоски продолговатые, рыхлые. Мешочки без жилок, с коротким, б. м. косым носиком, немного смещенным на переднюю (т. е. обращенную к кроющей чешуе) сторону...24. **Digitatae** (с. 282).

72. Плод наверху с кольцевидным возвышением по краю. Мешочки опушенные, очень редко голые..............................20. **Mitratae** (с. 239).

\+ Плод наверху без кольцевидного возвышения по краю. Мешочки голые, реже опушенные...73.

73. Нижний кроющий лист без влагалища или с едва выраженным (0.2–0.3 мм дл.) влагалищем.. 74.

\+ Нижний кроющий лист с влагалищем 0.5–4(5) см дл. .... 96.

74. Тычиночный колосок 1 ... 75.
\+ Тычиночных колосков 2—7 ... 90.
75. Мешочки пузыревидно вздутые, темно- или красновато-бурые, блестящие ... 8. **Vesicariae** (с. 170).
\+ Мешочки не вздутые или, реже, б. м. вздутые, но тогда они зеленоватые или желтоватые, матовые ... 76.
76. Мешочки ланцетовидные, 4.5—9 мм дл., желтовато-зеленоватые, с удлиненным глубоко-двузубчатым носиком с жесткими шиловидными прямыми или дуговидными зубцами. Пестичные колоски густые, многоцветковые, на ножках, часто поникающие ... 11. **Pseudocypereae** (с. 197).
\+ Мешочки не ланцетовидные, с цельным, коротко-двузубчатым или выемчатым носиком, иногда почти без носика ... 77.
77. Листовые пластинки с обеих сторон рассеянно опушенные. Нижний кроющий лист в основании б. ч. волнистый. Пестичные колоски в числе 2—4, зеленовато-желтоватые, короткоцилиндрические, 0.8—2 см дл., на ножках 1—3 см дл., прямостоячие или б. м. поникающие. Мешочки продолговато-эллиптические, наверху закругленные, без носика ... 25. **Porocystis** (*C. pallescens*) (с. 304).
\+ Листовые пластинки голые. Нижний кроющий лист в основании не волнистый. Мешочки с носиком, редко без носика, но тогда пестичные колоски почти сидячие ... 78.
78. Мешочки опушенные ... 79.
\+ Мешочки голые ... 80.
79. Соцветие (7)10—22 см дл. Мешочки 4—6.5 мм дл., с явственно двузубчатым носиком. Растения крупные, 50—10 см выс. Листовые пластинки узкожелобчатые, почти щетиновидные, очень редко плоские, 3—4 мм шир. ... 6. **Carex** (с. 156).
\+ Соцветие менее 7 см дл. Мешочки 1.5—3.5 мм дл., редко до 4.5 мм дл., с коротко-двузубчатым или едва выемчатым носиком. Растения (5)10—30(40—50) см выс. Листовые пластинки плоские ... 26. **Acrocystis** (с. 306).
80. Мешочки сизо- или голубовато-зеленые, позднее буреющие, густо покрытые сосочками, с очень коротким цельным носиком. Пестичные колоски на б.м. длинных ножках, часто поникающие. Корни с густыми желтовато-буроватыми или оранжеватыми волосками ... 31. **Limosae** (с. 355).
\+ Мешочки иной окраски, без сосочков или, реже, с сосочками. Корни без густых желтовато-буроватых или оранжеватых волосков ... 81.
81. Мешочки зеленые, с резко выступающими ребристыми жилками, густо покрытые мелкими сосочками, зрелые заметно отклоненные от оси колоска, с немного изогнутым, выемчатым или коротко-двузубчатым носиком. Пестичные колоски яйцевидные или продолговатые, 1—2.5 см дл., на коротких, до 1 см, ножках ... 15. **Anomalae** (*C. glauciformis*) (с. 211).
\+ Мешочки без резко выступающих ребристых жилок, б. ч. без сосочков; если с сосочками, то вверху черно-пурпурные ... 82.

8 Заказ № 131

82. Чешуи пестичных и тычиночных колосков почти черные или темно-каштановые. Нижний кроющий лист при основании с черными ушками. Мешочки часто в верхней половине темно-пурпурные.............83.
\+ Чешуи пестичных и тычиночных колосков зеленоватые, бледно- или светло-коричневые, очень редко красновато-пурпурные. Нижний кроющий лист при основании без черных ушек. Мешочки зеленоватые, зеленовато-желтые или, редко, вверху красновато-коричневые........86.
83. Плод на ножке (карпофоре). Мешочки почти плоские, по краям (иногда и по жилкам) от основания густо щетинисто-шероховатые или с единичными шипиками, или гладкие, с очень коротким, 0.1–0.15(0.3) мм цельным носиком. Пестичные колоски на б. м. длинных ножках, обычно поникающие.. 32. **Scitae** (с. 361).
\+ Плод без ножки. Мешочки уплощенно-трехгранные или тупо- или округло-трехгранные, по краям гладкие. Пестичные колоски почти сидячие, реже на ножках...84.
84. Пестичные колоски почти сидячие, обычно б. м. тесно сближенные, или нижний немного отставленный, реже все пестичные колоски немного расставленные; чешуи острые или туповатые. Мешочки тупо- или округло-трехгранные. Растения с ползучими корневищами, редко без них...33. **Microrhynchae** (с. 372).
\+ Пестичные колоски на длинных, редко коротких, 0.5–1.5(3) см, ножках, часто б. м. поникающие, расставленные; чешуи острые или с б. м. длинной остью. Мешочки уплощенно-трехгранные или почти плоские.........................85.
85. Растения с короткими ползучими корневищами. Зрелые мешочки в верхней части с черно-пурпурными или бурыми крапинками, матовые.. .... 32. **Scitae** (с. 361).
\+ Растения без ползучих корневищ. Зрелые мешочки ржаво- или буровато-желтые...................................33. **Microrhynchae** (с. 372).
86(82). Растения с длинными ползучими корневищами...................... 87.
\+ Растения без ползучих корневищ...89.
87. Нижний кроющий лист линейный, в 2–3 раза превышает соцветие. Стебли б. м. сплюснуто-трехгранные, с крыловидными шероховатыми углами. Колоски сближенные, нижние на ножках, прямостоячие. Мешочки пузыревидно вздутые, зрелые горизонтально отклоненные, на длинной, 0.7–1 мм, ножке, с удлиненным носиком............................ ....8. **Vesicariae** (*C. mollissima*) (с. 170).
\+ Нижний кроющий лист линейный, б. ч. короче соцветия или чешуевидный. Мешочки почти сидячие...88.
88. Пестичные колоски шаровидные или яйцевидные, 0.5–1.2 см дл., малоцветковые, почти сидячие. Нижний кроющий лист чешуевидный. Мешочки кожистые, яйцевидные или шаровидно-обратнояйцевидные, желтые или вверху красновато-коричневые. Стебли обычно в пучках... ....28. **Lamprochlaenae** (с. 322).
\+ Пестичные колоски цилиндрические, 2–10 см дл., с многочисленными цветками, на ножках, очень редко почти сидячие. Нижний кроющий лист линейный. Мешочки перепончатые, яйцевидные или эллиптические, зеленые. Стебли расставленные по 1–2.............................. .... 15. **Anomalae** (с. 211).

89(86). Нижний кроющий лист чешуевидный, короче соцветия. Пестичные колоски мало- и рыхлоцветковые. Мешочки без жилок, вверху пурпурные, внизу зеленоватые. Побеги окружены при основании пурпурными влагалищами листьев..
....28. **Lamprochlaenae** (*C. glacialis*) (с. 322).

\+ Нижний кроющий лист линейный, обычно немного длиннее соцветия. Пестичные колоски многоцветковые, густые. Мешочки с жилками, желтоватые. Побеги окружены при основании светло-бурыми влагалищами листьев..22. **Ceratocystis** (с. 268).

90(74). Мешочки почти плоские, по краям густо щетинисто-шероховатые. Плод на ножке (карпофоре). Чешуи пестичных колосков почти черные..32. **Scitae** (с. 361).

\+ Мешочки почти округлые или тупо-трехгранные в поперечном сечении, редко почти плоские, по краям гладкие. Плод без ножки.......91.

91. Мешочки почти плоские, 3—4 мм дл., серовато-зеленые, тонкокожистые, с коротким носиком. Пестичные колоски узкоцилиндрические, (2)3—7 см дл. Растение, внешне похожее на *C. acuta* L. ....
....9. **Paludosae** (*C. acutiformis*) (с. 188).

\+ Мешочки тупо-трехгранные или почти округлые в поперечном сечении ....92.

92. Мешочки опушенные или б. м. шероховатые от очень коротких щетинковидных волосков или шипиков, иногда голые, но тогда они без жилок...93.

\+ Мешочки голые, с жилками..94.

93. Мешочки с явственно двузубчатым носиком. Листовые пластинки обычно узкожелобчатые, редко плоские. Пестичные колоски прямостоячие......
....6. **Carex** (с. 156).

\+ Мешочки с цельным или выемчатым носиком. Листовые пластинки плоские. Пестичные колоски прямостоячие или поникающие................
....16. **Glaucae** (с. 217).

94. Мешочки кожистые или пробковидные, не вздутые пузыревидно, зрелые косо вверх отклоненные от оси колоска, обычно с коротким и широким коротко-двузубчатым носиком. Чешуи пестичных колосков б. ч. с короткой остью....................................10. **Tumidae** (с. 190).

\+ Мешочки перепончатые, редко тонкокожистые, обычно пузыревидно вздутые, зрелые косо вверх, горизонтально или слегка вниз отклоненные от оси колоска, б. ч. с удлиненным двузубчатым, редко цельным или выемчатым носиком...95.

95. Чешуи пестичных колосков острые или тупые. Носик мешочков двузубчатый, цельный или выемчатый, по цвету не отличающийся от остальной части мешочка, гладкий...................8. **Vesicariae** (с. 170).

\+ Чешуи пестичных колосков с остью, очень редко без нее. Носик мешочков двузубчатый, в верхней части (возле устья) и по краям зубцов красновато-коричневый, гладкий или с единичными щетинками
....6. **Carex** (*C. drymophila*) (с. 156).

96(73). Мешочки сжато- или уплощенно-трехгранные или почти плоские, зрелые черно-пурпурные, темно-коричневые или ржаво-бурые, редко желтовато-буроватые или зеленоватые. Плод на б. м. длинной ножке (карпофоре)..97.

\+ Мешочки тупо- или округло-трехгранные или почти округлые в поперечном сечении, зрелые желтоватые, зеленоватые или ржаво-бурые, очень редко вверху пурпурно-бурые. Плод почти сидячий, реже на ножке...98.

97. Мешочки сжато- или уплощенно-трехгранные, нередко опушенные (по всей поверхности или только в верхней части), по краям шиповато-шероховатые, часто глянцевитые, с жилками или без них, с удлиненным, реже коротким носиком. Тычиночных колосков 1—3.................. ....3. **Aulocystis** (с. 134).

\+ Мешочки почти плоские, голые, по краям гладкие или, редко, с немногими шипиками, матовые, без жилок, с коротким носиком. Тычиночный колосок обычно 1..................29. **Chartoteuchium** (с. 336).

98. Мешочки ланцетовидные, голые; носик с шиловидными прямыми или дуговидно изогнутыми зубцами. Тычиночный колосок 1. Растения без ползучих корневищ................................11. **Pseudocypereae** (с. 197).

\+ Мешочки иной формы, если ланцетовидные, то растения с ползучими корневищами, а тычиночных колосков 2—4....................................99.

99. Чешуи пестичных колосков с остью. Мешочки почти округлые в поперечном сечении, б. м. вздутые, (4)5—10(12) мм дл., опушенные, с двузубчатым (часто с длинными зубцами), б. ч. удлиненным носиком. Тычиночных колосков 2—5. Пестичные колоски цилиндрические, густые. Растения с ползучими корневищами...........6. **Carex** (с. 156).

\+ Чешуи пестичных колосков с остью или без нее. Мешочки голые или опушенные, в последнем случае тычиночный колосок 1................100.

100. Столбик с кольцевидным, валиковидным или коническим утолщением; плод с б. м. глубокими впадинами. Мешочки 3—6.5 мм дл., с многочисленными жилками, с двузубчатым носиком; кроющие чешуи с остью. Листовые пластинки 5—12 мм шир. Растения Дальнего Востока... 19. **Rhomboidales** (с. 237).

\+ Столбик без утолщения...101.

101. Мешочки опушенные, обычно матовые.. 102.

\+ Мешочки голые, гладкие или вверху шероховатые от очень коротких щетинковидных волосков, в последнем случае мешочки глянцевитые.... ....105.

102. Мешочки густо опушенные по всей поверхности, спереди в верхней части со светлой продольной полоской, лишенной опушения. Нижний кроющий лист превышает соцветие. Растение Кавказа...................... ....26. **Acrocystis** (*C. grioletii*) (с. 306).

\+ Мешочки рассеянно опушенные по всей поверхности или, иногда, только в верхней части, без светлой полоски. Нижний кроющий лист короче соцветия..103.

103. Мешочки с удлиненным цельным, по краям обычно сильно щетинисто-шероховатым носиком, без жилок. Пестичные колоски рыхлые, немногоцветковые, на длинных ножках, поникающие......................... .... 30. **Chlorostachyae** (*C. ledebouriana*) (с. 342).

\+ Мешочки с коротким или удлиненным, цельным или двузубчатым, по краям не шероховатым носиком. Пестичные колоски прямостоячие....... ....104.

104\. Мешочки (3.5)5–8 мм дл., обычно ромбоидальные, кверху и книзу б. м. равномерно суженные, с многочисленными жилками, с прямым двузубчатым носиком 1–3 мм дл. Пестичные колоски густые, продолговатые, утолщенные. Нижний кроющий лист с хорошо развитой линейной пластинкой................................17. **Depauperatae** (с. 221).

\+ Мешочки 2.5–4(4.5) мм дл., обратногрушевидные, с б. м. сильно клиновидно оттянутым основанием, без жилок или с жилками, с очень коротким, 0.1–0.2 мм, обычно б. м. косым цельным или слабо выемчатым носиком. Пестичные колоски рыхлые, обычно узкоцилиндрические. Нижний кроющий лист без пластинки или, реже, с короткой щетиновидной или линейной пластинкой..........24. **Digitatae** (с. 282).

105(101). Растения с ползучими корневищами.....................................106.

\+ Растения без ползучих корневищ..112.

106\. Тычиночный колосок беловатый или бледно-бурый, линейно-ланцетовидный, 0.5–1.5 см дл., расположенный на одном уровне с верхним пестичным колоском или немного выше или ниже его; пестичные колоски малоцветковые, рыхлые, почти линейные. Нижний кроющий лист состоит только из одного влагалища, наверху косо усеченного и белоперепончатого.. 27. **Albae** (с. 320).

\+ Тычиночный колосок возвышается над верхним пестичным колоском. Нижний кроющий лист состоит из влагалища и пластинки...........107.

107\. Стебли обычно в пучках. Мешочки 2.3–4 мм дл., кожистые, глянцевитые, желтоватые или буровато-желтые, с цельным или выемчатым, реже коротко-двузубчатым носиком. Нижний кроющий лист с коротким, 0.5–1.5(2) см, влагалищем и пластинкой короче соцветия.......... ....28. **Lamprochlaenae** (с. 322).

\+ Стебли расставленные по 1–2. Мешочки б. ч. матовые, если глянцевитые, то тонко-перепончатые. Нижний кроющий лист обычно с более длинным влагалищем..108.

108\. Нижний кроющий лист длиннее соцветия или равен ему. Мешочки б. ч. вздутые, без папилл, с двузубчатым носиком с хорошо выраженными, часто длинными зубцами. Тычиночных колосков 2–5, редко 1...... ....109.

\+ Нижний кроющий лист короче соцветия (часто значительно), очень редко равен ему, но тогда мешочки густо покрытые папиллами. Мешочки не вздутые, с цельным, косо усеченным, выемчатым или, иногда, коротко-двузубчатым носиком. Тычиночный колосок 1............ 110.

109\. Чешуи пестичных колосков с остью. Влагалища и пластинки листьев часто опушенные. Стебли нередко с расставленными узлами............... ....6. **Carex** (с. 156).

\+ Чешуи пестичных колосков острые или туповатые. Влагалища и пластинки листьев голые. Стебли со сближенными, базальными узлами..... ....8. **Vesicariae** (с. 170).

110. Побеги окружены при основании пурпурными влагалищами листьев. Листовые пластинки с обеих сторон и по краям обычно волосистые, на репродуктивных побегах они заметно короче, чем на вегетативных. Мешочки с многими, хорошо выраженными жилками. Пестичные колоски прямостоячие..................................17. **Depauperatae** (с. 221).

\+ Побеги окружены при основании светло-бурыми влагалищами листьев. Листовые пластинки голые, на репродуктивных побегах они почти такой же длины, как и на вегетативных. Мешочки без жилок или с неясными, реже хорошо выраженными жилками, в последнем случае пестичные колоски поникающие..111.

111. Пестичные колоски 3—6 см дл., в числе 3—5, узколинейные. Мешочки и кроющие чешуи зеленые......13. **Silvaticae** (*C. strigosa*) (с. 204).

\+ Пестичные колоски 1—2.5(3) см дл., в числе 1—2(3), продолговатые. Мешочки желтые, буровато-желтые или сизо-зеленые, кроющие чешуи коричневые..18. **Paniceae** (с. 229).

112(105). Мешочки и кроющие чешуи пурпурно-бурые. Растение Южн. Закавказья...................................3. **Aulocystis** (*C. cilicica*) (с. 134).

\+ Мешочки и кроющие чешуи не пурпурно-бурые...........................113.

113. Пестичные колоски цилиндрические, 7—12(16) см дл., густые, часто поникающие. Нижний кроющий лист немного превышает соцветие или равен ему. Мешочки 2.5—3.5 мм дл., с коротким, 0.2—0.5 мм, цельным или едва выемчатым носиком. Листовые пластинки 10—20 мм шир. ....14. **Rhynchocystis** (*C. pendula*) (с. 210).

\+ Пестичные колоски 1—5(6) см дл., густые или рыхлые. Нижний кроющий лист короче соцветия или, редко, длиннее его в 1.5—3 раза. Мешочки б. ч. с более длинным носиком. Листовые пластинки 1.5—10(12) мм шир. ....114.

114. Пестичные колоски густоцветковые, прямостоячие........................115.

\+ Пестичные колоски рыхлоцветковые, часто поникающие...............116.

115. Чешуи пестичных колосков на верхушке б. ч. с остроконечием. Мешочки с многочисленными буроватыми или пурпурными крапинками. Пестичные колоски б. ч. продолговато-цилиндрические, довольно сильно расставленные по стеблю, редко сближенные..........................
.... 21. **Spirostachyae** (с. 262).

\+ Чешуи пестичных колосков туповатые или острые. Мешочки без крапинок. Пестичные колоски яйцевидные или продолговато-яйцевидные, сближенные или немного расставленные......22. **Ceratocystis** (с. 268).

116. Мешочки 4.5—9 мм дл., с многочисленными, обычно хорошо выраженными жилками, с немного изогнутым или прямым носиком, в последнем случае побеги окружены при основании пурпурными влагалищами листьев. Пестичные колоски продолговатые, 0.6—0.8 см в диам. ....17. **Depauperatae** (с. 221).

\+ Мешочки без жилок, редко с жилками, с прямым носиком. Побеги окружены при основании светло-бурыми влагалищами листьев. Пестичные колоски узкоцилиндрические или продолговатые, 0.2—0.5 см в диам. ....117.

117. Тычиночный колосок 1.5—3.5 см дл., возвышающийся над верхним пестичным; пестичные колоски (2)3—4.5 см дл. Мешочки 3.5—9 мм дл., без жилок, реже с жилками; носик с мягкими белоперепончатыми зубцами или цельный. Растения 30—80(100) см выс. ....13. **Silvaticae** (с. 204).
\+ Тычиночный колосок 0.5—1.5 см дл., возвышающийся над верхним пестичным колоском или расположенный на одном уровне с ним или ниже; пестичные колоски 0.5—1.5(2) см дл. Мешочки 1.7—4 мм дл., без жилок; носик цельный. Растения (3)5—30(50) см выс. ....30. **Chlorostachyae** (с. 342).

Key to the sections

1. Spike solitary...2.
\+ Spikes 2 or more...18.
2. Spike gynaecandrous. i. e. with male (staminate) flowers below and female (pistillate) flowers above.......................................56. **Canescentes** (*C. ursina*) (p. 550).
\+ Spike androgynous, i. e. with male flowers above and female flowers below, or entirely male or female...3.
3. Plants monoecious, spike androgynous...4.
\+ Plants dioecious, spike entirely male or female...16.
4. Lower utricles strongly distant and disposed in axils of very long leaf-like bracts...57. **Caryotheca** (*C. phyllostachys*) (p. 574).
\+ All utricles approximate and disposed in axils of glumes...5.
5. Utricles oblong-ovoid or ovoid, with a slender stipe (0.4)0.5—1 mm long, horizontally patent or deflexed when mature. Female glumes caducous. Plants without creeping rhizomes...61. **Callistachys** (p. 581).
\+ Utricles subsessile or sometimes with a stipe 1 mm long, but then they slightly patent and female glumes persistent...6.
6. Stigmas 3, fruits trigonous...7.
\+ Stigmas 2, fruits biconvex...13.
7. Plants without creeping rhizomes...8.
\+ Plants with creeping rhisomes...9.
8. Female glumes usually caducous. Utricles 1.6—4(5) mm long, yellowish-greenish, glabrous...62. **Rarae** (p. 585).
\+ Female glumes persistent. Utricles 4—5(7) mm long, ferruginous, covered with setulous hairs...63. **Cardiopera** (p. 592).
9. Utricles narrowly lanceolate, gradually narrowed into an elongate beak...10.
\+ Utricles ovoid, broadly ovoid or oblong-obovoid, usually more or less abruptly narrowed into a short beak...11.
10. Spike elongate, up to 5 cm long. Female glumes persistent. Utricles slightly patent, with a stipe up to 1 mm long. Fruit without rachilla at base............64. **Circinatae** (p. 593).
\+ Spike 1—1.5 cm long. Female glumes caducous. Utricles deflexed when mature, subsessile. Fruit with rachilla at base (sometimes protruding from utricle) or without it...58. **Leucoglochin** (p. 574).
11. Utricles nearly orbicular in cross-section, ovoid or broadly ovoid, coriaceous, shining, veined, strongly patent when mature. Fruit with rachilla at base...59. **Obtusatae** (p. 578).
\+ Utricles obtusely trigonous, obovoid or ellipsoid, rarely ovoid, membranous, dull, veinless, appressed-ascending when mature. Fruit with or without rachilla at base.....................12.
12. Utricles ovoid, 2.5—3 mm long, dark purple above, gradually narrowed into a beak. Plants of Pamir... 3. **Aulocystis** (*C. borii*) (p. 134).
\+ Utricles obovoid or ellipsoid, 1.8—4 mm long, ferrugineus-brown above, more or less abruptly narrowed into a beak...60. **Petraeae** (p. 579).

13(6). Utricles veined. Fruit without rachilla at base. Plants with or without creeping rhizomes.. 69. **Physoglochin** (p. 599).
\+ Utricles veinless. Fruit with rachilla at base. Plants without creeping rhizomes............14.
14. Utricles lanceolate or oblong-ovate, deflexed when mature. Female glumes caducous......... .... **Psyllophora** (p. 595).
\+ Utricles ovoid, orbicular-ovoid, ellipsoid or broadly ellipsoid, appressed when mature. Glumes persistent..15.
15. Lowest glume sterile (empty). Spike with 10–30 utricles. Utricles smooth on margins...... ....67. **Capituligerae** (p. 596).
\+ Lowest glume fertile. Spike with 5–15 utricles. Utricles (including beak) sparsely scabrid on margins..68. **Nardinae** (p. 598).
16(3). Stigmas 2. Utricles horizontally patent or deflexed when matyre. Leaf blades canaliculate-trigonous, not more than 1 mm wide................ 69. **Physoglochin** (p. 599).
\+ Stigmas 3. Utricles appressed or slightly erecto-patent when mature. Leaf blades flat, 1–1.5 mm wide..17.
17. Utricles narrowly lanceolate, 3–4 mm long, glabrous. Stems clothed at base with pale brown leaf sheaths. Female glumes castaneous, not ciliate on margins............................ ....64. **Circinatae** (p. 593).
\+ Utricles obovoid, 2.5–3(3.5) mm long, densely covered with yellowish-brown hairs. Stems clothed at base with dark purplish leaf sheaths. Female glumes black-purplish, usually ciliate on margins...65. **Scirpinae** (p. 594).
18(1). Stigmas 2, fruits biconvex.. 19.
\+ Stigmas 3, fruits trigonous..50.
19. Spikes more or less similar in appearance, usually all bisexual (mixed) or both bisexual and unisexual, very rarely unisexual only and then plants monoecious or dioecious..... 20.
\+ Spikes dissimilar in appearance, the upper 1–4 spikes male (staminate), usually rather narrow, the lower ones female (pistillate), thickened; the lower spikes not rarely with male flowers above..43.
20. Inflorescence racemiform or subcorymbiform; lateral spikes with peduncles 0.3–8 cm long, surrounded at base by a sheath-like (tubular) cladoprophyll.................................... 21.
\+ Inflorescence spiciform, capitate or panicleform; lateral spikes sessile, without a sheath-like cladoprophyll.. 23.
21. All spikes gynaecandrous, i. e. with male (stamitate) flowers below and female (pistillate) flowers above. Glumes purple-black............38. **Phacocystis** (*C. eleusinoides*) (p. 433).
\+ Terminal spike gynaecandrous, the lateral ones female. Glumes dark brown or ferruginous-brown...22.
22. Spikes 0.5–1.2 cm long, with peduncles 0.5–1.5 cm long. Utricles very densely papillose, rounded at apex, beakless..............33. **Microrhynchae** (*C. bicolor*) (p. 372).
\+ Spikes 3–5 cm long, with peduncles 3–8 cm long. Utricles not papillose, with a short beak..36. **Praelongae** (p. 420).
23(20). All spikes in inflorescence androgynous (i. e. with male flowers above and female below) or androgynous with few male, or, rarely, all spikes unisexual (plants monoecious or dioecious), or unisexual with few androgynous. Inflorescence spiciform, capitate or panicleform.. 24.
\+ All spikes in inflorescence gynaecandrous (i. e. with male flowers below and female above), or, very rarely, the terminal one gynecandrous, the lateral ones female, or spikes both gynaecandrous and unisexual (female or male). Inflorescence spiciform, rarely capitate...37.
24. Plants of sphagnum bogs, with decumbent flagellate long shoots, giving a rise to distant vertical vegetative and reproductive shoots.. 25.
\+ Plants without flagellate shoots..26.
25. Stems and leaf blades densely papillose. All spikes androgynous or sometimes androgynous, male and female. Utricles thin-coriaceous.. ....43. **Holarrhenae** (*C. preudocuraica*) (p. 499).
\+ Stems and leaf blades not papillose. All spikes androgynous. Utricles thick-coriaceous...... ....46. **Divisae** (*C. chordorrhiza*) (p. 517).

26. Inflorescence with 2–4(5) minute pale green spikes separated from each other by 1–2 cm; spikes few-flowered, each with 1–2 male flowers and 2–4 female. Utricles elliptical, 2.5–3 mm long, shining, with slender veins, abruptly contracted into a short entire beak. Stems filiform, weak, often decumbent...............50. **Dispermae** (*C. disperma*) (p. 538).
\+ Inflorescence with many more or less approximate many-flowered spikes. Stems firm, erect .... 27.
27. Plants with creeping, ofter long rhizomes, usually laxly caespitose; shoots distant or congested........ 28.
\+ Plants without creeping rhizomes, densely caespitose; shoots congested........ 34.
28. Rhizomes very long, thin, 0.8–1.5(2) mm in diam., giving a rise to compact clusters of 2-several shoots, rarely shoots solitary. Utricles unwinged, glabrous. Plants usually of dry habitats........ 29.
\+ Rhizomes often thickened, 2.5–5(6) mm in diam., giving a rise to distant solitary shoots, more rarely to clusters of 2–3 shoots, if rhizomes more thin, then plants of damp or boggy habitats or utricles pubescent above. Utricles with or without a wing........ 30.
29. Utricles coriaceous, plano-convex, spongy at base, easily separable from the spike axis, with a scabrid beak........ 47. **Boernera** (p. 520).
\+ Utricles membranous, unequally biconvex or plano-convex, or strongly inflated, bulliform, up to 2 cm long, not spongy at base, with difficulty separable from the spike axis, with a smooth, sometimes sparsely scabrid beak........ 48. **Physodeae** (p. 525).
30. Rhizomes with a thin loose cortex, detaching and usually crumpling in drying........ 31.
\+ Rhizomes with a thick tight cortex, not detaching and not crumpling in drying........ 32.
31. Spikes androgynous and unisexual or, sometimes, the upper spikes with male flowers above and below, and female in the middle. Utricles usually distinctly winged or, sometimes, with very narrow wing-like margins, with a sharply bidentate beak, distinctly veined, not inflated, closely enveloping a fruit........ 44. **Ammoglochin** (p. 505).
\+ Spikes androgynous. Utricles unwinged, with an entire, sometimes slightly cleft dorsally or weakly bidentate beak, usually veinless, or faintly veined, often slightly inflated, not closely enveloping a fruit........ 49. **Foetidae** (p. 530).
32. Inflorescence spiciform-paniculate, with minute spikes crowded along short branchlets........ 39. **Heleoglochin** (*C. diandra*) (p. 481).
\+ Inflorescence spiciform, with spikes disposed on the main axis........ 33.
33. Spikes often unisexual: usually the middle male, the upper and the lower female, sometimes the midlle androgynous, or spikes androgynous and male. Utricles with very narrow wing-like margins. Stems leafy in the upper 1/2 or 2/3, with distant nodes; one side of leaf sheath opposite leaf blade herbaceous and only at mouth membranous........ 43. **Holarrhenae** (p. 499).
\+ All spikes androgynous. Utricles without wing-like margins. Stems leafy only in its lower part, with nodes crowded at base; one side of leaf sheath opposite leaf blade completely membranous........ 46. **Divisae** (p. 517).
34(27). Inflorescence panicleform, with elongate branchlets or spiciform-paniculate with short ones; spikes numerous, minute, 3–5 mm long. Utricles unequally biconvex, thick-coriaceous, 2.5–3.5 mm long; fruit with difficulty separable from the utricle. Membranous side of leaf sheath not transversely wrinkled, at apex thickened, brownish........ 39. **Heleoglochin** (p. 481).
\+ Inflorescence spiciform, sometimes with 1–2 elongate branchlets with few separated spikes, or spiciform-paniculate, with short branchlets along which spikes crowded; spikes 5–10(15) mm long. Utricles plano-convex, membranous or thin-coriaceous, 3.2–5(6) mm long; fruit easily separable from the utricle. Membranous side of leaf sheath usually transversely wrinkled, at apex not thickened........ 35.
35. Fruit very minute, 1–1.2 mm long, not filling utricle, much shorter and narrower than the latter. Utricles with a scarcely bidentate beak, sometimes with very minute purple tubercles. Bracts often leaf-like or setaceous........ **Phleoideae** (p. 486).
\+ Fruit (1.5)2.2–2.8 mm long, nearly filling utricle. Utricles usually with a bidentate beak. Bracts mostly glumaceous, but the lowest one sometimes setaceous or leaf-like........ 36.
36. Inflorescence spiciform-paniculate with numerous spikes crowded along short branchlets. Female glumes with a scabrid awn. Utricles veined, spongy at base. Stems thickened,

2–4 mm in diam., soft, easily flattening in pressing (and in herbarium), with concave faces, sharply scabrid. Plants of moist and boggy habitats..........41. **Vulpinae** (p. 489).

\+ Inflorescence spiciform, with 2–10 spikes disposed on the main axis, rarely with 1–2 elongate branchlets with few separated spikes. Female glumes acute, acuminate or with a smooth awn. Utricles usually veinless, not spongy at base, or sometimes (*C. contigua*) spongy and thickened. Stems 1–1.5 mm in diam., firm, not flattening, with flat or stightly convex faces. Plants of moderately damp habitats (light forest, shrubs, slopes)..42. **Phaestoglochin** (p. 493).

37(23). Plants with long creeping rhizomes. Inflorescence with gynaecandrous spikes, or not rarely, gynaecandrous, male (usually in the upper part and the middle) and female (in the lower part). Utricles winged on margins in the upper 1/2 or 2/3, with a sharply bidentate beak..44. **Ammoglochin** (p. 505).

\+ Plants without or, sometimes, with creeping rhizomes, but then utricles with an entire beak. All spikes gynaecandrous or the lateral sometimes female. Utricles unwinged on margins or winged almost throughout..38.

38. Inflorescence capitate, with 6–15 very crowded many-flowered spikes. Bracts leaf-like, long, the lowest one greatly esceeding inflorescence. Utricles narrowly lanceolate, 7–9 mm long, with a very long setiform beak.......52. **Cyperoideae** (*C. bohemica*) (p. 540).

\+ Inflorescence with separated spikes, sometimes spikes crowded, but then bracts not leaf-like. Utricles much less than 7 mm long..39.

39. Lower spikes with leaf-like long bracts, much exceeding inflorescence...51. **Remotae** (p. 538).

\+ Spikes with glumaceous bracts, only the lowest more or less long, setaceous...............40.

40. Utricles flattened, plano-convex or concave-convex, broadly or very narrowly winged almost throughout. Fruit not filling utricle, c. 1/2 as long and 1/2 as wide as the latter ....53. **Ovales** (p. 542).

\+ Utricles not flattened, unwinged. Fruit almost filling utricle.......................................41.

41. Utricles very strongly patent (stellate-spreading) when mature, spongy and thickened at base, with an elongate (up to 1.5 mm) beak. The terminal spike clavate. Leaf blades canaliculate.. 54. **Stellulatae** (p. 546).

\+ Utricles mostly appressed or slightly patent when mature, but sometimes nearly horizontally patent, not spongy at base. The terminal spike similar in appearance to the others, sometimes clavate, but then utricles with a very short beak. Leaf blades flat...42.

42. Stems, leaf blades and utricles not papillose. Utricles nearly horizontally patent when mature, lanceolate, (3)3.7–4(4.2) mm long, prominently veined. Inflorescence interrupted, 3–8(10) cm long, with 5–12(18) spikes..55. **Elongatae** (*C. elongata*) (p. 549).

\+ Stems and leaf blades dense-papillose. Utricles usually papillose or minute-tuberculate, appressed or slightly patent when mature, sometimes strongly patent, and then inflorescence with 2–4 minute spikes or inflorescence axis geniculate-curved.. 56. **Canescentes** (p. 550).

43(19). Utricles shining, strongly inflated, bulliform, 3–5 mm long. Style usually bent down and then upwards. Female spikes 0.6–1 cm wide..8. **Vesicariae** (*C. saxatilis* and *C. stenolepis*) (p. 170).

\+ Utricles dull, plano-convex or biconvex, sometimes slightly inflated, but not bulliform, usually 2–2.5 mm long, more rarely 3–3.5 mm. Style straight. Female spikes narrower, often narrowly cylindrical, rarely thickened...44.

44. Upper (1)2–6 spikes male (the lateral often pedunculate), the others 10–20 female (or not rarely androgynous), arising in fascicles by 2–6 from bract axils, narrowly cylindrical, pendent. Utricles veined, with a short entire or scarcely emarginate beak. Plants with creeping rhizomes.. 34. **Tuminenses** (p. 414).

\+ Female spikes 2–5(6), arising by one from bract axils. Plants with or without creeping rhizomes..45.

45. Utricles plano-convex, usually veinless, often with minute shining glandules, with small spinelets on margins above, with an elongate, 0.4–1.5(2) mm, deeply or shortly bidentate beak. Stigmas not rarely very long (up to 7 mm). Plants with creeping rhizomes.. 35. **Forficulae** (p. 414).

\+ Utricles plano- or biconvex, veined or veinless, usually without spinelets on margins, with a shorter, 0.1—0.3 mm, entire beak..........46.

46\. Inflorescence usually subcorymbiform owing to tops of all spikes being disposed nearly at the same level; male spike 1; female spikes very narrow, 3—5 cm long, 0.3—0.4 cm in diam., with long peduncles, pendent. Lowest bract leaf-like, exceeding inflorescence. Plants of southern Far East..........36. **Praelongae** (p. 420).

\+ Inflorescence not corymbiform (tops of spikes being disposed at different levels); male spikes 1—4; female spikes broader than 0.3—0.4 cm in diam. .... 47.

47\. Utricles broadly ovate, nearly orbicular, densely papillose, with a callose-thickened beak. Female spikes 2—3.5(4) cm long, 0.8—1.2 cm in diam., with long peduncles, pendent. Plants of southern Far East..........36. **Praelongae** (*C. maximowiczii*) (p. 420).

\+ Utricles not papillose, rarely papillose, but then they of a different shape and female spikes mostly with short peduncles, not pendent..........48.

48\. Lowest bract leaf-like with canaliculate subspathaceous blade. Female spikes subsessile, the lowest sometimes with a short peduncle up to 1.5 cm long. Male glumes (usually) and female (sometimes) shortly awned. Utricles gladually narrowed into a whitish callose-thickened beak. Plants mostly of northern coasts of Eurasia and North America.......... ....37. **Temnemis** (*C. subspathacea*) (p. 423).

\+ Lowest bract leaf-like with flat blade, or setaceous. Utricles usually abruptly contracted into a beak..........49.

49\. Beak of utricles callose-thickened, yellowish or whitish, shining; utricles coriaceous or membranous. Fruit not rarely constricted in the middle. Male glumes mostly mucronate, female glumes with more or less long awn or acute (in last case utricles coriaceous), longer than utricles. Female or bisexual (androgynous) spikes mainly with long peduncles, usually pendent; lateral male spikes often pedunculate..........37. **Temnemis** (p. 423).

\+ Beak of utricles not callose-thickened (if thickened, then female spikes erect and glumes usually obtuse, more rarely acutish); utricles membranous. Fruit not constricted. Male and female glumes unawned and not mucronate, female ones longer or shorter than utricles. Female spikes mostly with very short, rarely more or less long peduncles, usually erect; lateral male spikes subsessile.......... **Phacocystis** (p. 433).

50(18). Spikes unisexual, very rarely androgynous (i. e. with male flowers above and female below), numerous, densely crowded into a spiciform large (up to 8—10 cm long and 4 cm in diam.) usually unisexual inflorescence. Utricles coriaceous, 10—14 mm long, winged..........45. **Macrocephalae** (p. 514).

\+ Spikes unisexual or bisexual, distant or approximate; inflorescence less than 4 cm in diam. Utricles much shorter than 10 mm, if 10—12 mm, then spikes distant..........51.

51\. Spikes 4—7, androgynous, linear-cylindrical, loosely flowered, distant, with long peduncles, surrounded at base by utricle-like cladoprophyll, enclosing gynoeceum and fruit (Fig. 10, *1*). Utricles 9—10 mm long, with an elongate beak. Plants of southern Kuril Islands.......... .... 1. **Mundae** (*C. dissitiflora*) (p. 131).

\+ The bases of peduncles surrounded by a sheath-like (tubular) or infundibuliform cladoprophyll, not enclosing gynoeceum and fruit..........52.

52\. Leaf blades broadly lanceolate, 2—3 cm wide. Spikes androgynous, few-flowered, lax, pedunculate, distant throughout reproductive shoots. Utricles 3—3.5(4) mm long, greenish. Fruit with rachilla at base.......... 5. **Siderostictae** (*C. siderosticta*) (p. 152).

\+ Leaf blades linear..........53.

53\. Inflorescence very dense, short, with 4—6 androgynous spikes. Bracts glumaceous. Utricles 5—8 mm long, narrowly ovate. Fruit with rachilla at base. Plants of Carpathians ....4. **Curvulae** (*C. curvula*) (p. 152).

\+ Inflorescence with distant or more or less approximate spikes, in last case inflorescence consists not only of androgynous spikes. Fruit without rachilla at base..........54.

54\. All spikes androgynous, rather lax, with long peduncles; lateral spikes gathered in 4—6 fascicles by 2—5 (the lower ones not rarely solitary); inflorescence often comprising nearly all of stem. Utricles obovoid, 3.5—4 mm long, pubescent. Plants with short creeping rhizomes. Leaf blades very rigid, 4—6 mm wide. Plants of Caucasus.......... ....2. **Decorae** (*C. pontica*) (p. 133).

\+ Spikes unisexual (male and female) or bisexual (androgynous or gynaecandrous) and female, not gathered in fascicles..55.

55\. Upper 1–3 spikes androgynous, the others female, sometimes all spikes androgynous..56.

\+ Upper 1–5(7) spikes male, or the terminal gynaecandrous, the others female, or, very rarely, gynaecandrous..59.

56\. Spikes are disposed nearly throughout a stem. Utricles narrowly lanceolate, 7–9 mm long. Stigmas very long, 10–15 mm, persistent for long time...13. **Silvaticae** (*C. bostrychostigma*) (p. 204).

\+ Spikes are disposed in the upper part of a stem. Utricles less than 5.5 mm long. Stigmas much shorter than 10–15 mm..57.

57\. Utricles with setulous hairs in the upper part or throughout a surface...3. **Aulocystis** (p. 134).

\+ Utricles glabrous..58.

58\. Terminal spike few-flowered, with few male flowers and 1–3(4) female. Utricles veined. Leaf blades narrowly canaliculate......................................30. **Chlorostachyae** (p. 342).

\+ Terminal spike many-flowered, female flowers more than 4 in number. Utricles veinless. Plants of Pamir..3. **Aulocystis** (*C. borii*) (p. 134).

59(55). Terminal spike gynaecandrous, the others female, or, very rarely, gynaecandrous...60.

\+ Upper 1–5(7) spikes male, the others female (the latters sometimes with few male flowers above)..67.

60\. Utricles subulate-lanceolate, (6)7–9 mm long, with long, 1.5–2 mm, arcuate-divergent beak teeth. Plants of Far East............... 11. **Pseudocypereae** (*C. capricornis*) (p. 197).

\+ Utricles of different shape, less large; beak teeth much shorter and not arcuate......... 61.

61\. Lowest bract without or with very short sheath 0.2–0.5 mm long, with linear blade, setaceous or glumaceous..62.

\+ Lowest bract with a sheath 0.5–3 cm long and linear blade....................................63.

62\. Female glumes caducous. Utricles broadly ovate, nearly orbicular, whitish-bluish, later brownish. Female spikes with slender peduncles, pendent. Stems clothed at base with brownish leaf sheaths. Roots covered with dense yellowish-brownish or orangish hairs..31. **Limosae** (*C. magellanica* subsp. *irrigua*) (p. 355).

\+ Female glumes persistent. Female spikes erect or pendent. Stems clothed at base with reddish or purple leaf sheaths, more rarely brownish, but then spikes erect and utricles not broadly ovate. Roots without yellowish-brownish or orangish hairs...33. **Microrhynchae** (p. 372).

63\. Plants with creeping rhizomes..64.

\+ Plants without creeping rhizomes..65.

64\. Plants with long creeping rhizomes. Utricles coriaceous, nearly orbicular in cross-section .... 28. **Lamprochlaenae** (*C. turkestanica*) (p. 322).

\+ Plants with short creeping rhizomes. Utricles membranous, nearly flat...29. **Chartoteuchium** (p. 336).

65\. Utricles orbicular-trigonous in cross-section, 2.3–3.3(3.5) mm long, ferruginous or greenish-brownish; female glumes pale ferruginous-brown... 30. **Chlorostachyae** (p. 342).

\+ Utricles flattened-trigonous or nearly flat, 4.5–7.5 mm long, dark brown or purple-brown or nearly entirely pale ashy; female glumes black-brown or purple-castaneous..............66.

66\. Utricles lanceolate, flattened-trigonous, with an elongate spinulous-scabrid on margins beak. Stems clothed at base with pale brownish-yellow leaf sheaths...3. **Aulocystis** (*C. fuliginosa*) (p. 134).

\+ Utricles elliptical, nearly flat, with a short smooth hyaline-tipped beak. Stems clothed at base with brown or reddish-brown leaf sheaths............... 29. **Chartoteuchium** (p. 336).

67(59). Utricles from base with a narrow serrulate wing on margins, oblong-ovate or ovate-lanceolate, 6–12 mm long. Spikes distant nearly all over a stem...12. **Secalinae** (p. 200).

\+ Utricles unwinged. Spikes disposed in the upper half of a stem...............................68.

68. Utricles lanceolate, 11–12 mm long, many-veined, with a bidentate beak having teeth 0.5–1 mm long. Female spikes 1.5–2.5 cm long, few-flowered, almost globose. Lowest bract much exceeding inflorescence. Rhizome not creeping. Plants of Far East................ ....7. **Rostrales** (*C. dolichocarpa*) (p. 169).
\+ Utricles not more 7 mm long..69.
69. Lowest 1–3 spikes with long slender peduncles arising from base of a stem; upper spikes appoximate. Utricles pubescent...70.
\+ All spikes are disposed in the upper half of a stem, or, rarely, distant throughout a stem. Utricles glabrous or pubescent...72.
70. Fruit with a ring-shaped ridge at top...20. **Mitratae** (p. 239).
\+ Fruit without a ring-shaped ridge at top...71.
71. Female spikes ovoid or globose, dense. Utricles with many prominent veins and with a short straight beak...23. **Hallerianae** (*C. halleriana*) (p. 281).
\+ Female spikes oblong, lax. Utricles veinless, with a very short, more or less obligue beak ....24. **Digitatae** (p. 282).
72. Fruit with a ring-shaped ridge at top. Utricles pubescent, or, very rarely, glabrous........... ....20. **Mitratae** (p. 239).
\+ Fruit without a ring-shaped ridge. Utricles glabrous, more rarely pubescent................73.
73. Lowest bract without or with a scarcely developed sheath 0.2–0.3 mm long............ 74.
\+ Lowest bract with a sheath 0.5–4(5) cm long...96.
74. Male spike 1...75.
\+ Male spikes 2–7..90.
75. Utricles strongly inflated, bulliform, dark brown or reddish-brown, shining...................... ....8. **Vesicariae** (p. 170).
\+ Utricles not inflated, or, more rarely, more or less inflated, but then they greenish or yellowish, dull...76.
76. Utricles lanceolate, 4.5–9 mm long, yellowish-greenish, gradually narrowed into an elongate, deeply bidentate beak with rigid, subulate, straight or arcuate teeth. Female spikes dense, many-flowered, pedunculate, often pendent... 11. **Pseudocypereae** (p. 197).
\+ Utricles not lanceolate, with an entire, shortly bidentate or emarginate beak, sometimes almost beakless...77.
77. Leaf blades sparsely pubescent on both surfaces. Lowest bract mostly undulate at base. Female spikes 2–4, greenish-yellowish, shortly cylindrical, 0.8–2 cm long, with peduncles 1–3 cm long, erect or more or less pendent. Utricles oblong-ellipsoid, rounded at apex, beakless...25. **Porocystis** (*C. pallescens*) (p. 304).
\+ Leaf blades grabrous. Lowest bract not undulate at base. Utricles with a beak, rarely beakless, but then female spikes subsessille..78.
78. Utricles pubescent..79.
\+ Utricles grabrous..80.
79. Inflorescence (7)10–22 cm long. Utricles 4–6.5 mm long, with a distinct bidentate beak. Plants 50–100 cm high. Leaf blades narrowly canaliculate, very rarely flat, 3–4 mm wide..6. **Carex** (p. 156).
\+ Inflorescence less than 7 cm long. Utricles 1.5–3.5 mm long, rarely up to 4.5 mm long, with a shortly bidentate or scarcely emarginate beak. Plants (5)10–30(40–50) cm high. Leaf blades flat..26. **Acrocystis** (p. 306).
80. Utricles glaucous-green or bluish-green, later brownish, dense papillose, with a very short entire beak. Female spikes with more or less long peduncles, often pendent. Roots with dense yellowith-brownish or orangish hairs...................................31. **Limosae** (p. 355).
\+ Utricles of different colour, not papillose, or, rarely, papilosse. Roots without dense yellowish-brownish or orangish hairs.. 81.
81. Utricles green, prominently veined, dense papillose, patent when mature, with a slightly curved, emarginate or shortly bidentate beak. Female spikes ovoid or oblong, 1–2.5 cm long, with short peduncles up to 1 cm long....15. **Anomalae** (*C. glauciformis*) (p. 211).
\+ Utricles not prominently veined, mostly not papillose, if papillose, then black-purple above .... 82.

82. Male and female glumes nearly black or dark castaneous. Lowest bract dark-auricles at base. Utricles often dark purple above.. 83.
\+ Male and female glumes greenish or pale brown, very rarely reddish-purple. Lowest bract not dark-auricled at base. Utricles greenish, greenish-yellow or, rarely, reddish-brown above.. 86.
83. Fruit with a stipe (carpophore). Utricles nearly flat, on margins (sometimes on veins as well) densely setulous-scabrid or with very few isolated spinelets, or smooth, with a very short, 0.1–0.15(0.3) mm long, entire beak. Female spikes with more or less long peduncles, usually pendent..32. **Scitae** (p. 361).
\+ Fruit without a stipe. Utricles flattened-trigonous, obtusely or orbicular-trigonous, smooth on margins. Female spikes subsessile, more rarely, pedunculate.................................... 84.
84. Female spikes subsessile, usually more or less approximate, or the lowest slightly remote, more rarely all female spikes slightly remote. Female glumes acute or obtusish. Utricles obtusely or orbicular-trigonous. Plants with or without creeping rhizomes........................ ....33. **Microrhynchae** (p. 372).
\+ Female spikes with long, rarely short peduncles 0.5–1.5(3) cm, often pendent, distant. Female glumes acute or more or less long-awned. Utricles flattened-trigonous or nearly flat.. 85.
85. Plants with shortly creeping rhizomes. Utricles with black-purple or brown dots when mature, dull...32. **Scitae** (p. 361).
\+ Plants without creeping rhizomes. Utricles ferruginous- or brownish-yellow when mature... ....33. **Microrhynchae** (p. 372).
86(82). Plants with long creeping rhizomes.. 87.
\+ Plants without creeping rhizomes... 89.
87. Lowest bract leaf-like, 2–3 times as long as inflorescence. Stems more or less flattened-trigonous, on angles wing-like and scabrid. Spikes approximate, the lower pedunculate, erect. Utricles inflated, bulliform, horizontally patent when mature, with a long stipe 0.7–1 mm, with an elongate beak..................... 8. **Vesicariae** (*C. mollissima*) (p. 170).
\+ Lowest bract leaf-like, mostly shorter than inflorescence, or glumaceous. Utricles subsessile... .... 88.
88. Female spikes globose or ovoid, 0.5–1.2 cm long, few-flowered, subsessile. Lowest bract glumaceous. Utricles coriaceous, ovoid or orbicular-obovoid, yellow or reddish-brown above. Stems usually forming clusters.............................28. **Lamprochlaenae** (p. 322).
\+ Female spikes cylindrical, 2–10 cm long, many-flowered, pedunculate, very rarely subsessile. Lowest bract leaf-like. Utricles membranous, ovoid or ellipsoid, green. Stems distant by 1–2.. 15. **Anomalae** (p. 211).
89(86). Lowest bract glumaceous, shorter than inflorescence. Female spikes lax, few-flowered. Utricles veinless, purple above, greenish below. Stems clothed at base with purple leaf sheaths...28. **Lamprochlaenae** (*C. glacialis*) (p. 322).
\+ Lowest bract leaf-like, usually stightly longer than inflorescence. Female spikes many-flowered, dense. Utricles veined, yellowish. Stems clothed at base with pale brown leaf sheaths.. 22. **Ceratocystis** (p. 268).
90(74). Utricles nearly flat, densely setulous-scabrid on margins. Fruit with a stipe (carpophore). Female glumes almost black..32. **Scitae** (p. 361).
\+ Utricles nearly orbicular or obtusely trigonous in cross-section, rarely nearly flat, smooth at margins. Fruit without a stipe.. 91.
91. Utricles nearly flat, 3–4 mm long, grayish-green, thin-coriaceous, with a short beak. Female spikes narrowly cylindrical, (2)3–7 cm long. Plants similar in appearance to *C. acuta*...9. **Paludosae** (*C. acutiformis*) (p. 188).
\+ Utricles obtusely trigonous or almost orbicular in cross-section.................................. 92.
92. Utricles pubescent or more or less scabrid (i. e. with very minute setulous hairs or spinelets), sometimes glabrous, but then they veinless... 93.
\+ Utricles glabrous, veined.. 94.
93. Utricles with a distinctly bidentate beak. Leaf blades usually narrowly canaliculate, rarely flat. Female spikes erect..6. **Carex** (p. 156).
\+ Utricles with an entire or emarginate beak. Leaf blades flat. Female spikes erect or pendent.. 16. **Glaucae** (p. 217).

94. Utricles coriaceous or corky, not inflated, not bullifform, obliquely patent when mature, usually with a short and broad, shortly bidentate beak. Female glumes mostly awned........ ....10. **Tumidae** (p. 190).

\+ Utricles membranous, rarely thin-coriaceous, usually inflated, bulliform, obliquely or horizontally patent or deflexed when mature, mostly with an elongate bidentate, rarely entire or emarginate beak..95.

95. Female glumes acute or obtuse. Beak of utricles bidentate, entire or emarginate, not differing in colour from the body, smooth.................................8. **Vesicariae** (p. 170).

\+ Female glumes awned, very rarely unawned. Beak of utricles bidentate, reddish-brown above (at the mouth) and on margins of teeth, smooth or with few spinelets................... ....6. **Carex** (*C. drymophila*) (p. 156).

96(73). Utricles compressed- or flattened-trigonous or nearly flat, black-purple, dark brown or ferruginous-brown when mature, rarely yellowish-brownish or greenish. Fruit with a more or less long stipe (caprophore)...97.

\+ Utricles obtusely or orbicular-trigonous or almost orbicular in cross-section, yellowish, greenish or ferruginous-brown at maturity, very rarely purple-brown above. Fruit subsessile, more rarely with a stipe..98.

97. Utricles compressed- or flattened-trigonous, not rarely pubescent (throughout the surface or only above), spinulate-scabrid on margins, often shining, with or whithout veins, with an elongate, more rarely short beak. Male spikes 1—3................3. **Aulocystis** (p. 134).

\+ Utricles nearly flat, glabrous, smooth on margins, or rarely, with few spinelets, dull, veinless, with a short beak. Male spike usually 1.............29. **Chartoteuchium** (p. 336).

98. Utricles lanceolate, glabrous; beak with subulate straight or arcuate teeth. Male spike 1. Plants without creeping rhizomes......................................11. **Pseudocypereae** (p. 197).

\+ Utricles of different shape, if lanceolate, then plants with creeping rhizomes and male spikes 2—4...99.

99. Female glumes awned. Utricles almost orbicular in cross-section, more or less inflated, (4)5—10(12) mm long, pubescent, with a bidentate (often with long teeth), mostly elongate beak. Male spikes 2—5. Female spikes cylindrical, dense. Plants with creeping rhizomes...**Carex** (p. 156).

\+ Female glumes awned or awnless. Utricles glabrous or pubescent, in last case male spike 1...100.

100. Style with a ring-shaped, vallate or conical thickening; fruit with more or less deep cavities. Utricles 3—6.5 mm long, many-veined, with a bidentate beak; female glumes awned. Leaf blades 5—12 mm wide. Plants of Far East.....19. **Rhomboidales** (p. 237).

\+ Style without a thickening...101.

101. Utricles pubescent, usually dull.. 102.

\+ Utricles glabrous, smooth or scabrid-pubescent (i. e. with minute setulous hairs) above, in last case utricles shining...105.

102. Utricles densely pubescent throughout except a pale longitudinal stripe dorsally. Lowest bract leaf-like, exceeding inflorescence. Plants of Caucasus.. ....26. **Acrocystis** (*C. grioletii*) (p. 306).

\+ Utricles sparsely pubescent throughout, or, sometimes in the upper part, without a pale stripe. Lowest bract leaf-like, shorter than inflorescence...103.

103. Utricles with an elongate entire, on margins usually densely setulous-scabrid beak, veinless. Female spikes lax, few-flowered, with long peduncles, pendent........................... ....30. **Chlorostachyae** (*C. ledebouriana*) (p. 342).

\+ Utricles with a short or elongate, entire or bidentate, at margins not setulous beak. Female spikes erect...104.

104. Utricles (3.5)5—8 mm long, usually rhomboidal, gradually narrowed towards the apex and the base, many-veined, with a straight bidentate beak 1—3 mm long. Female spikes dense, oblong, thickened. Lowest bract leaf-like, long..........17. **Depauperatae** (p. 221).

\+ Utricles 2.5—4(4.5) mm long, obpyriform, more or less strongly cuneate at base, veined or veinless, with a very short, 0.1—0.2 mm long, usually more or less oblique, entire or weakly emarginate beak. Female spikes lax, usually narrowly cylindrical. Lowest bract sheath-like, without leaf blade, or, more rarely, with a short blade or setaceous................ ....24. **Digitatae** (p. 282).

105(101). Plants with creeping rhizomes........106.
\+ Plants without creeping rhizomes........112.

106. Male spike pale or pale brownish, linear-lanceolate, 0.5–1.5 cm long, disposed at the same level with the uppermost female spike or slightly overtopping the latter, or a little overtopped by it; female spikes few-flowered, lax, almost linear. Lowest bract sheath-like, with sheath obliquely truncate and hyaline at top........27. **Albae** (p. 320).
\+ Male spike overtopping the uppermost female spike. Lowest bract leaf-like, with sheath and blade........107.

107. Stems usually forming clusters. Utricles 2.3–4 mm long, coriaceous, shining, yellowish or brownish-yellow, with an entire or emarginate, more rarely shortly bidentate beak. Lowest bract with a short, 0.5–1.5(2) cm, sheath and with blade shorter than inflorescence........28. **Lamprochlaenae** (p. 322).
\+ Stems distant by 1–2. Utricles mostly dull, if shining, then thin-membranous. Sheath of the lowest bract usually more than 1.5 cm long........108.

108. Lowest bract exceeding or equalling inflorescence. Utricles mostly inflated, not papillose, with a bidentate beak with distinct, often long teeth. Male spikes 2–5, rarely 1........109.
\+ Lowest bract shorter (often much shorter) than inflorescence, very rarely equalling it, but then utricles densely papillose. Utricles not inflated, with an entire, obliquely truncate, emarginate, or, sometimes shortly bidentate beak. Male spike 1........110.

109. Female glumes awned. Leaf sheaths and blades often pubescent. Stems not rarely with distant nodes........6. **Carex** (p. 156).
\+ Female glumes acute or obtusish. Leaf sheaths and blades glabrous. Stems with nodes crowded at base........8. **Vesicariae** (p. 170).

110. Stems clothed at base with purple leaf sheaths. Leaf blades hairy on both surfaces and on margins; leaf blades on reproductive shoots distinctly shorter than on vegetative ones. Utricles with many distinct veins. Female spikes erect........17. **Depauperatae** (p. 221).
\+ Stems clothed at base with pale brown leaf sheaths. Leaf blades glabrous, of the same length on reproductive shoots as on vegetative ones. Utricles veinless or with obscure veins, more rarely distinctly veined, but then female spikes pendent........111.

111 Female spikes 3–6 cm long, 3–5 in number, narrowly linear. Utricles and female glumes green........13. **Silvaticae** (*C. strigosa*) (p. 204).
\+ Female spikes 1–2.5(3) cm long, 1–2(3) in number, oblong. Utricles yellow, brownish-yellow or glaucous-green; female glumes brown........18. **Paniceae** (p. 229).

112(105). Utricles and female glumes purple-brown. Plants of Southern Transcaucasia........3. **Aulocystis** (*C. cilicica*) (p. 134).
\+ Utricles and female glumes not purple-brown........113.

113. Female spikes cylindrical, 7–12(16) cm long, dense, often pendent. Lowest bract equalling or slightly exceeding inflorescence. Utricles 2.5–3.5 mm long, with a short, 0.2–0.5 mm, entire or weakly emarginate beak. Leaf blades 10–20 mm wide........14. **Rhynchocystis** (*C. pendula*) (p. 210).
\+ Female spikes 1–5(6) cm long, dense or lax. Lowest bract shorter than or, rarely, 1.5–3 times as long as inflorescence. Beak of utricles mostly more than 0.5 mm long. Leaf blades 1.5–10(12) mm wide........114.

114. Female spikes dense, erect........115.
\+ Female spikes lax, often pendent........116.

115. Female glumes mucronate. Utricles with numerous brownish or purple dots. Female spikes mostly oblong-cylindrical, rather strongly distant, rarely approximate........21. **Spirostachyae** (p. 262).
\+ Female glumes obtusish or acute. Utricles not dotted. Female spikes ovoid or oblong-ovoid, approximate or slightly distant........22. **Ceratocystis** (p. 268).

116. Utricles 4.5–9 mm long, with many, usually distinct veins, with a slightly curved or straight beak, in last case stems clothed at base with purple leaf sheaths. Female spikes oblong, 0.6–0.8 cm diam........17. **Depauperatae** (p. 221).
\+ Utricles veinless, rarely veined, with a straight beak. Stems clothed at base with pale brown leaf sheaths. Female spikes narrowly cylindrical or oblong, 0.2–0.5 cm diam........117.

117. Male spike 1.5—3.5 cm long, overtopping the uppermost female spike; female spikes (2)3—4.5 cm long. Utricles 3.5—9 mm long, veinless, more rarely veined; a beak with soft hyaline teeth or entire. Plants 30—80(100) cm high..........13. **Silvaticae** (p. 204).
\+ Male spike 0.5—1.5 cm long, overtopping the uppermost female spike or disposed at the same level with latter, or overtopped by it; female spikes 0.5—1.5 (2) cm long. Utricles 1.7—4 mm long, veinless, with an entire beak. Plants (3)5—30(50) cm high..................
....30. **Chlorostachyae** (p. 342).

Subgenus 1. Vigneastra (Tuckerm.) Kük. 1899, Bot. Jahrb. **27**, 4 : 516, quoad nom.; Егор. 1990, Бот. журн. **75**, 6 : 859. — Sect. *Vigneastra* Tuckerm. 1843, Enum. Meth. Caric.: 10, p. p. — Sect. *Indocarex* Baill. 1894, Hist. Pl. 12 : 341, 342, 345. — Subgen. *Caricandra* C.B. Clarke, 1904, Journ. Linn. Soc. London (Bot.), 37 : 4, p. p. — Subgen. *Indocarex* (Baill.) Kük. 1909, in Engl. Pflanzenr. 38 : 251, nom. illeg. — Растения однодомные. Соцветие метельчатое, редко кистевидное, колосовидное или головчатое, из андрогинных, обычно многочисленных и, как правило, почти сидячих колосков. Основание каждой ветви соцветия окружено мешочкообразным предлистом (кладопрофиллом), который иногда заключает в себе гинецей и плод. Кроющие листья нижних ветвей первого порядка с длинным трубчатым влагалищем и линейной пластинкой, а всех остальных, как правило, с чешуевидным влагалищем и щетиновидной пластинкой. Мешочки в поперечном сечении почти округлые, выпукло-трехгранные или трехгранные, часто опушенные. Рылец 3. Плод трехгранный, иногда при основании с осевым придатком. — L e c t o t y p u s : *C. indica* L. — Егорова (цит. соч.).

Включает 13 секций и около 100 видов, распространенных в тропических и субтропических поясах обоих полушарий, но преимущественно в Южн., Юго-Вост. и Вост. (Юго-Зап. Китай) Азии, и только 2 вида (*C. dissitiflora* Franch. и *C. satsumensis* Franch. et Savat.) — в умеренном поясе (на южн. Курилах и в Японии). На нашей территории представлен 1 видом.

Для обозначения данного подрода использовалось название *Indocarex* (Baill.) Kük., l. c. Однако оно является nomen illegitimum, как излишнее в момент опубликования, поскольку в синонимы к нему Кюкенталь (Kükenthal, 1909, l. c.) отнес название sect. *Vigneastra* Tuckerm. со ссылкой на свою работу (Kükenthal, 1899, l. c.), в которой им была уже сделана комбинация в ранге подрода — subgen. *Vigneastra* (Tuckerm.) Kük. l. c., являющаяся приоритетным названием для данного подрода.

Plants monoecious. Inflorescence panicleform, rarely racemiform, spiciform or capitate, composed of androgynous, usually numerous and, as a rule, subsessile spikes. Base of each inflorescence branch is surrounded by utricle-like prophyll (cladoprophyll), sometimes enclosing gynoeceum and fruit. Bracts of lower branches of the first order have long tubular sheath and linear blade, and all the others, as a rule, have those with glumaceous sheath and setaceous blade. Utricles suborbicular, convex-trigonous or trigonous in cross-section, frequently pubescent. Stigmas 3. Fruit trigonous, sometimes with rachilla at base. — L e c t o t y p u s: *C. indica* L. — Egorova (Егорова, l. c.).

Includes 13 sections and about 100 species distributed in tropical and subtropical belts of both hemispheres, mainly in South, Southeast and East (South-Western China) Asia, only 2 species (*C. dissitiflora* Franch. and *C. satsumensis* Franch. et Savat.) occuring in temperate belt (southern Kurils and Japan). In our territory, is represented by 1 species.

The name *Indocarex* (Baill.) Kük., l. c. has been used for this subgenus. However, it is nomen illegitimum, as being superfluous at the time of publication. Kükenthal (1909, l. c.) included the name *Vigneastra* Tuckerm. (in the sectional rank) in its synonymy, with reference to his own work (Kükenthal, 1899, l. c.), which already had contained the combination in the subgeneric rank — subgen. *Vigneastra* (Tuckerm). Kük. l. c., the latter being the priority name for the considered subgenus.

9 Заказ № 131

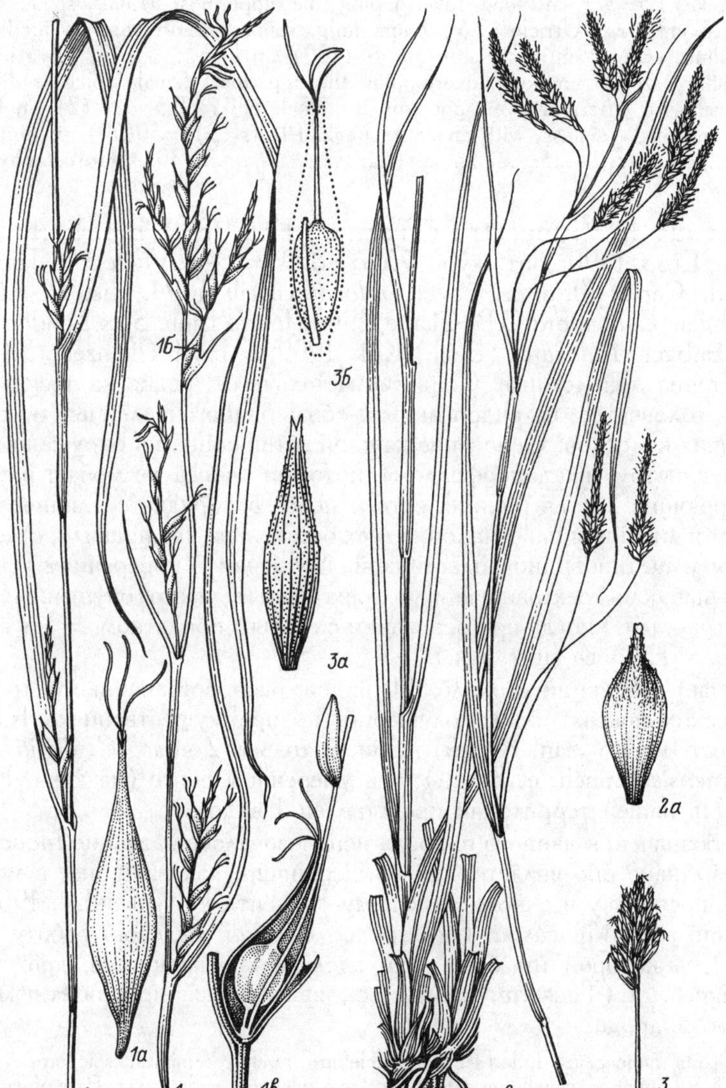

Рис. 10.

1 — *Carex dissitiflora* Franch., соцветие, *1а* — мешочек, *1б* — мешочковидный предлист (кладопрофилл), расположенный в основании колоска, *1в* — кладопрофилл в продольном разрезе (видны плод и ось колоска); *2* — *C. pontica* Albov, общий вид растения, *2а* — мешочек; *3* — *C. curvula* All., соцветие, *3а* — мешочек, *3б* — плод с осевым придатком.

Fig. 10.

1 — *Carex dissitiflora* Franch., inflorescence, *1a* — utricle, *1б* — utricle-like prophyll (cladoprophyll) located at the spike base, *1в* — cladoprophyll in longitudinal section (fruit and spike axis are visible); *2* — *C. pontica* Albov, the whole plant, *2a* — utricle; *3* — *C. curvula* All., inflorescence, *3a* — utricle, *3б* — fruit with rachilla.

Sectio 1. Mundae Kük. 1909, in Engl. Pflanzenr. 38 : 254. — Sect. *Debiles* (Carey) Ohwi, 1936, Mem. Coll. Sci. Kyoto Univ. sér. B, **11**, 5 : 444, p. p. — Колоски в числе 4—7, линейно-цилиндрические, рыхлоцветковые, выходящие из пазух кроющих листьев по 1—3, на ножках. Мешочкообразный предлист каждой ветви соцветия заключает в себе гинецей и плод. Мешочки трехгранные, эллиптические или ланцетовидные, перепончатые, 3—10 мм дл., с удлиненным носиком. Плод при основании с осевым придатком. Растения с ползучими корневищами или без них. — Typus: *C. munda* Boott.

3 вида, на Курильских о-вах, в Японии, вост. Гималаях и на о-ве Тайвань; вне рассматриваемой территории: *C. fragilis* Boott и *C. munda* Boott (вост. Гималаи).

Spikes 4—7, linear-cylindrical, loosely flowered, arising from bract axils by 1—3, pedunculate. Utricle-like prophyll of each branch encloses gynoeceum and fruit. Utricles trigonous, ellipsoid or lanceolate, membranous, 3—10 mm long, with an elongate beak. Fruit with rachilla at base. Plants with or without creeping rhizomes. — Typus: *C. munda* Boott.

3 species in Kuril Islands, Japan, eastern Himalaya and island Taiwan; outside considered territory: *C. fragilis* Boott. and *C. munda* Boott (eastern Himalaya).

1 (1). **C. dissitiflora** Franch. 1895, Bull. Soc. Philom. Paris, sér. 8, 7 : 32; id. 1896, Nouv. Arch. Mus. Paris, sér. 3, 8 : 250, tab. 5; Kük. 1909, in Engl. Pflanzenr. 38 : 254; Ohwi,1936, Mem. Coll. Sci. Kyoto Univ. ser. B, **11**, 5 : 445; id. 1965, Fl. Jap. : 247; Ворош. 1966, Фл. сов. Дальн. Вост. : 98; А. Е. Кожевников, 1988, в Сосуд. раст. сов. Дальн. Вост. 3 : 315. — **О. расставленноцветковая**.

Описан из Японии; typus: о-в Хоккайдо, «Yezo, Faurie» (P).

В горных лесах, по склонам холмов. — **Дальн. Вост.**: Курил. (юг: о-ва Итуруп, Кунашир, Шикотан). Общ. распр.: В. Азия (Япония и о-в Тайвань). — 2n = 36 (Koyama, 1962), 38 (Okuno, 1939). — Рис. 10, *1*.

Для о-ва Итуруп этот очень редкий вид приведен на основании сборов В. Ю. Баркалова 1982 г. в окр. пос. Рыбаки (MHA!), для о-вов Шикотан и Кунашир — по литературным данным (Ohwi, 1936, l. c.; Кожевников, цит. соч.).

This very rare species is cited for island Iturup on the base of collections by Barkalov in 1982 in vicinities of village Rybaki (MHA!), for islands Shikotan and Kunashiri according to published data (Ohwi, 1936, l. c.; А. Е. Кожевников, l. c.).

Subgenus 2. Carex. — Subgen. *Dichostachys* Dumort. 1827, Fl. Belg. : 146. — Sect. *Legitimae* Koch, 1837, Syn, Fl. Germ. : 754. — *Carex* 1. *Heterostachyae tristigmaticae* Fries, 1845, Summa Veg. Scand. 1 : 70, nom. nud. — Subgen. *Eucarex* Peterm.[1] 1849, Deutschl. Fl. : 604; Kük. 1909, in Engl. Pflanzenr. 38 : 293, cum auct. Coss. et Germ., p. max. p.; В. Креч. 1935, во Фл. СССР, 3 : 201, p. max. p. — Sect. *Orthostachyae* O. Lang, 1851, Linnaea, 24 : 546, p. p. — *Jouvella* Bonnet, 1883, Petite Fl. Paris : 421. — Sect. *Jouvella* (Bonnet) Baill. 1894, Hist. Pl. 12 : 345. — Subgen. *Caricandra* C. B. Clarke, 1904, Journ. Linn. Soc. London (Bot.), 37 : 4, p. p. — Subgen. *Propriae* C. B. Clarke, 1904, l. c. : 5. — Subgen. *Jouvella* (Bonnet)

---

[1] Во всей таксономической литературе по роду *Carex* название *Eucarex* приводится с такой ссылкой: subgen. *Eucarex* Coss. et Germ. 1845, Fl. Paris : 744. Однако в названном источнике (Cosson, Germain, 1845) нет не только названия *Eucarex*, но даже и с. 744. Последнее впервые было действительно обнародовано Петерманом (Petermann, l. c.).
In all taxonomic literature on the genus *Carex*, the name *Eucarex* is cited with reference as follows: subgen. *Eucarex* Coss. et Germ. 1845, Fl. Paris : 744. However, in the mentioned work (Cosson, Germain, 1845), not only the name *Eucarex* is absent, but even page 744. The name was validly published for the first time by Petermann (l. c.).

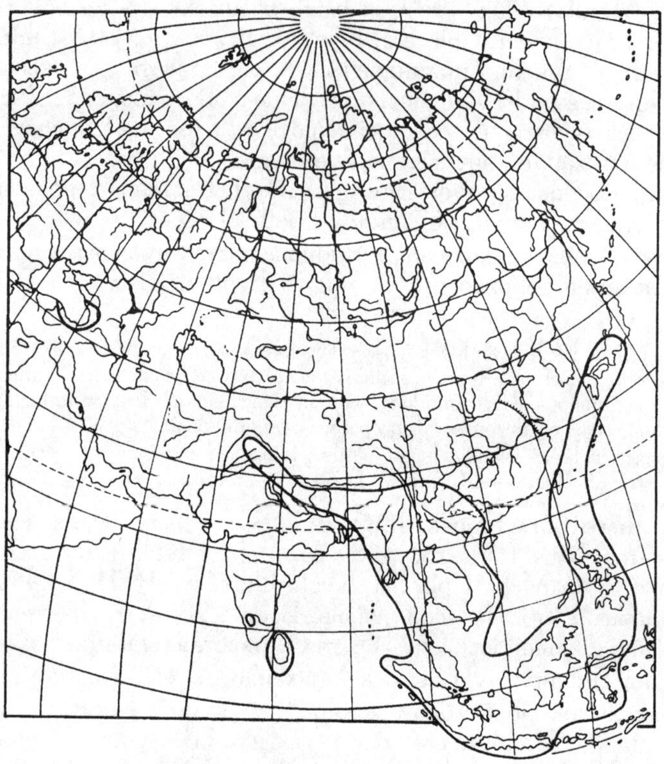

Рис. 11. Ареал секции *Decorae* (Kük.) Ohwi.

Fig. 11. Range of the section *Decorae* (Kük.) Ohwi.

Rouy, 1912, Fl. Fr. 13 : 432. — Растения однодомные. Соцветие кистевидное, редко колосовидное или головчатое, обычно из 2—10, иногда 15—30 колосков. Верхние колоски тычиночные, нижние пестичные, реже верхний колосок или 2—3 верхних (редко все колоски соцветия) андрогинные или гинекандрические; тычиночные колоски обычно почти сидячие, пестичные на б. м. длинных, реже очень коротких ножках. Основание каждой ветви соцветия окружено перепончатым влагалищеобразным предлистом (кладопрофиллом). Кроющие листья с б. м. длинным трубчатым влагалищем и линейной пластинкой или только с влагалищем или пластинкой, реже они чешуевидные (с чешуевидным влагалищем и короткой щетиновидной пластинкой). Мешочки от почти округлых или выпукло-трехгранных в поперечном сечении до трехгранных, уплощенно-трехгранных или почти плоских и, очень редко, плоско-выпуклых, голые, реже опушенные. Рылец (2)3. Плод обычно трехгранный, при основании очень редко с осевым придатком. — Т у р u s: generis lectotypus.

Самый крупный подрод осок, включающий около 60 секций и 1400 видов, распространенных почти по всему земному шару, но преимущественно в умеренном, холодном и субтропическом поясах сев. полушария. Ареал подрода совпадает с ареалом рода. На нашей территории подрод представлен 32 секциями и 224 видами и подвидами.

Plants monoecious. Inflorescence racemiform, rarely spiciform or capitate, usually of 2—10, sometimes 15—30 spikes. Upper spikes male, lower ones female; more rarely terminal spike or 2—3 upper ones (rarely all spikes in inflorescence) androgynous or gynaecandrous; male spikes usually subsessile, female with more or less long, more rarely very short peduncles. The base of each inflorescence branch is surrounded by membranous sheath-like prophyll (cladoprophyll). Bracts with more or less long tubular sheath and linear blade or having either sheath or blade, more rarely they are glumaceous (with glumaceous sheath and short setaceous blade). Utricles from suborbicular or convex-trigonous in cross-section to more or less trigonous, flattened-trigonous or almost flat and, very rarely, plano-convex, glabrous, more rarely pubescent. Stigmas (2)3. Fruit usually trigonous, very rarely with rachilla at base. — T y p u s: generis lectotypus.

The largest subgenus of *Carex*, including about 60 sections and 1400 species, distributed almost world-wide, but mainly in temperate, cold and subtropical belts of the northern hemisphere. The subgenus distribution area is identical to that of the genus. In our territory, the subgenus is represented by 32 sections and 224 species and subspecies.

Sectio 2. Decorae (Kük.) Ohwi, 1936, Mem. Coll. Sci. Kyoto Univ. ser. B, **11**, 5 : 338. — Sect. *Frigidae* subsect. *Decorae* Kük. 1909, in Engl. Pflanzenr. 38 : 541, p. max. p. — Sect. *Orphinascus* (Börn.) V. Krecz. 1935, во Фл. СССР, 3 : 284, p. min. p., quoad *C. ponticam*. — Все колоски андрогинные (верхний изредка тычиночный), в числе 5—25, боковые в 4—8 пучках из 2—5(13) колосков (нижние нередко одиночные), многоцветковых, обычно рыхловатых, цилиндрических, на длинных ножках, поникающих. Нижний кроющий лист с длинным (до 10 см) влагалищем и пластинкой короче соцветия. Кроющие чешуи с короткой остью или острые. Мешочки трехгранные, перепончатые, 2—8 мм дл., матовые, с жилками или без них, опушенные, по краям обычно шероховатые, б. ч. с длинным, почти цельным, выемчатым или коротко-двузубчатым носиком. Рылец 3; плод часто на карпофоре. Растения с ползучими корневищами или без них. — T y p u s: *C. decora* Boott.

Свыше 25 видов, в Зап. (1 вид), Вост. (Юго-Зап. и Южн. Китай, о-в Тайвань, Япония), Южн. (Индия и о-в Шри-Ланка) и Юго-Вост. Азии и в Новой Гвинее (рис. 11); вне рассматриваемой территории: *C. celebica* Kük., *C. decora*, *C. morii* Hayata, *C. perakensis* C. B. Clarke, *C. prainii* C. B. Clarke, *C. verticillata* Zoll. et Mor. и др.

All spikes androgynous (terminal rarely male), 5—25, lateral ones arranged in 4—8 fascicles of 2—5(13) spikes (lower ones quite often solitary), many-flowered, usually rather lax, cylindrical, long-pedunculate, pendent. Lowest bract with long (up to 10 cm) sheath and blade shorter than inflorescence. Glumes short-awned or acute. Utricles trigonous, membranous, 2—8 mm long, dull, veined or veinless, pubescent, usually scabrid on margins, generally with a long, almost entire, emarginate or short-bidentate beak. Stigmas 3. Fruit frequently on carpophore. Plants with or without creeping rhizomes. — T y p u s: *C. decora* Boott.

Over 25 species in West (1 species), East (South-Western and Southern China, island Taiwan, Japan), South (India and island Sri Lanka) and Southeast Asia and in New Guinea (Fig. 11); outside considered territory: *C. celebica* Kük., *C. decora*, *C. morii* Hayata, *C. perakensis* C. B. Clarke, *C. prainii* C. B. Clarke, *C. verticillata* Zoll. et Mor. and others.

1 (2). **C. pontica** Albov, 1895, Bull. Herb. Boiss. 3 : 93; В. Креч. 1935, во Фл. СССР, 3 : 286. — *C. tristis* var. β. *lazica* Boiss. et Bal. 1884, in Boiss. Fl. Or. 5 : 424. — *C. lazica* (Boiss. et Bal.) Kük. 1909, in Engl. Pflanzenr. 38 : 543 (cum auct. comb. Albov). — *C. lazica* var. *clavata* Kük. 1909, l. c. : 543. — **О. понтийская**.

Описан из Малой Азии (Понтийские горы) и с Кавказа; l e c t o t y p u s: «In collibus alpinis prope cacumen Tcharantach Ponti Lazici, 7000', 1866, Balansa» (G, syntypi LE!) — Nilsson (1985 : «holotypus»), Егорова (h. l.).

На сырых лугах, каменистых склонах, известняковых скалах, в зарослях рододендрона, в разреженных лесах из бука, березы и дуба понтийского; в субальпийском, реже альпийском поясах, иногда доминирует на субальпийских лугах. —

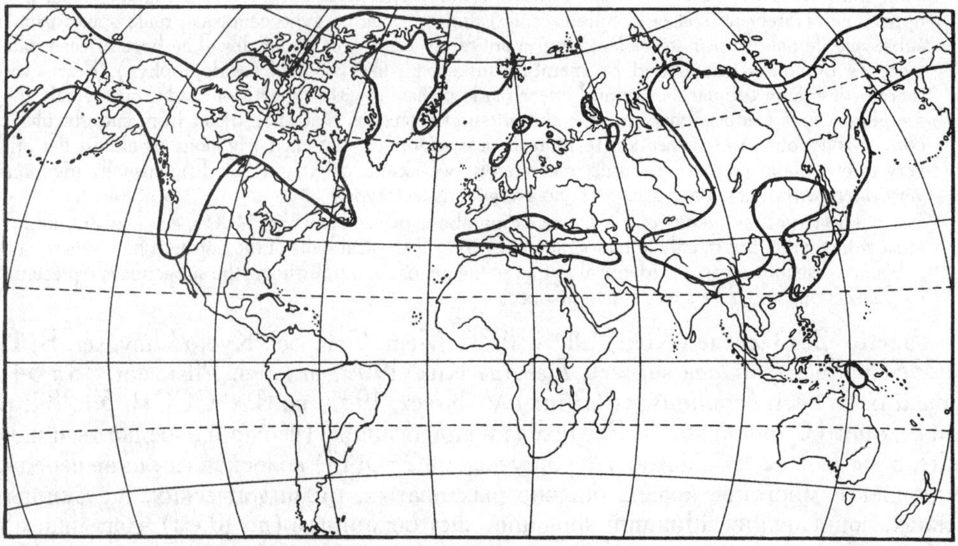

Рис. 12. Ареал секции *Aulocystis* Dumort.

Fig. 12. Range of the section *Aulocystis* Dumort.

Кавк.: Б. Кавк. (зап., редко), Зап. и Центр. (Юго-Осетия: горы Алхашенда) Закавк. Общ. распр.: З. Азия (сев.-вост. Турция). — 2n = ? — Рис. 10, *2*.

Во «Флоре Турции» (Nilsson, 1985 : 144) цитированный выше в качестве лектотипа образец обозначен как голотип.

In «Flora of Turkey» (Nilsson, 1985 : 144), the specimen cited above as the lectotype has been designated as the holotype.

Sectio 3. Aulocystis Dumort. 1827, Fl. Belg. : 147, p. p.; Chater, 1980, in Fl. Europ. 5 : 315. — *Edritria* Rafin. 1840, Good Book a. Amen. Nat. : 26, p. p. — *Carex* **Dontostomae* ε. *Frigidae* Fries, 1845, Summa Veg. Scand. 1 : 70, p. p., nom. nud. — Sect. *Frigidae* Fries ex Christ, 1885, Bull. Soc. Bot. Belg. **24**, 2 : 14, nom. nud. — Sect. *Microrhynchae* Drej. ex L. H. Bailey, 1887, Proc. Amer. Acad. Arts Sci. 22 : 92, p. p. — Sect. *Frigidae* Meinsh. 1901, Тр. Петерб. бот. сада, **18**, 3 : 353, 283, p. p. — Sect. *Frigidae* Fries ex Kük. 1909, in Engl. Pflanzenr. 38 : 531, p. p.; Егор. 1972, Новости сист. высш. раст. 9 : 85; ead. 1976, во Фл. Европ. ч. СССР, 2 : 190. — Sect. *Ferrugineae* (Kük.) Rouy, 1912, Fl. Fr. 13 : 462. — *Proteocarpus* Börn. sect. *Orphinascus* Börn. 1913, Abh. Naturw. Ver. Bremen, 21 : 268. — *Carex* sect. *Fuliginosae* Tuckerm. ex Ohwi, 1936, Mem. Coll. Sci. Kyoto Univ. ser. B, **11**, 5 : 326, p. p. — Sect. *Orphinascus* (Börn.) V. Krecz. 1935, во Фл. СССР, 3 : 284, p. p., excl. *C. pontica*. — Sect. *Edritria* (Rafin.) V. Krecz. 1935, l. c. : 335. — Sect. *Campylorhina* V. Krecz. 1935, l. c., quoad *C. alajicam*. — Верхние 1—3 колоска тычиночные или андрогинные (иногда верхний гинекандрический), остальные 2—4(5) пестичные, б. м. многоцветковые, б. ч. густые, продолговатые или яйцевидные, на б. м. длинных ножках и обычно поникающие. Нижний кроющий лист, как правило, с длинным влагалищем и пластинкой короче соцветия. Чешуи пестичных колосков б. ч. острые или туповатые, обычно черно-пурпурные или каштановые. Мешочки уплощенные или сжато-трехгранные, перепончатые, 4—6.5(7) мм дл., часто глянцевитые, зрелые б. ч. черно-пурпурные или бурые, с жилками или без них, нередко б. м. опушенные, по краям часто б. м. шиповато-шероховатые, с удлиненным, реже коротким, цельным, выемчатым или коротко-двузубчатым носиком. Рылец (2)3; плод часто на карпофоре. Растения без ползучих корневищ, реже с ползучими корневищами. — L e c t o t y p u s: *C. firma* Host — Егорова (h. l.).

Около 60 видов и подвидов, в Европе (от Пиренеев до Карпат и в арктических районах), во внетропических областях Азии, на о-ве Нов. Гвинея и в Сев. Америке (рис. 12). — Л и т.: Raymond, 1952; Dietrich, 1967; Reznicek, 1986; Waterway, 1990.

Upper 1—3 spikes male or androgynous (sometimes terminal gynaecandrous), the others 2—4(5) female, more or less many-flowered, dense, oblong or ovoid, more or less long-pedunculate and usually pendent. Lowest bract as a rule with long sheath and blade shorter than inflorescence. Female glumes generally acute or obtusish, usually black-purple or chestnut. Utricles flattened or compressed-trigonous, membranous, 4—6.5(7) mm long, frequently lustrous, at maturity generally black-purple or brown, veined or veinless, quite often more or less pubescent, frequently more or less spinulate-scabrid on margins, with an elongate, more rarely short, entire, emarginate or short-bidentate beak. Stigmas (2)3; fruit frequently with carpophore. Plants without, more rarely with creeping rhizomes. — L e c t o t y p u s: *C. firma* Host — Egorova (h. l.).

About 60 species and subspecies in Europe (from Pyrenees to Carpathians and in Arctic regions), in extratropical areas of Asia, in New Guinea and North America (Fig. 12). — R e f.: Raymond, 1952; Dietrich, 1967; Reznicek, 1986; Waterway, 1990.

1. Верхний колосок гинекандрический....................14. **C. fuliginosa**.....2.
\+ Верхний колосок тычиночный или андрогинный.............................3.
2. Верхний колосок (1.3)1.5—1.7(2) см дл.; пестичные колоски (1.3)1.8—2.5 см дл. Мешочки (4.7)5—5.5(6) мм дл. Листовые пластинки 3.5—5 мм шир. Растение Карпат.........14a. **C. fuliginosa** subsp. **fuliginosa**.
\+ Верхний колосок 0.8—1 см дл.; пестичные колоски (0.5)1—1.2(1.5) см дл. Мешочки (4)4.2—5(6) мм дл. Листовые пластинки 2—3.5 мм шир. Растение севера Евразии..............14b. **C. fuliginosa** subsp. **misandra**.
3. Верхний колосок андрогинный...4.
\+ Верхний колосок тычиночный..6.
4. Мешочки уплощенно-трехгранные (почти плоские), (4)4.5—5.5 мм дл., покрытые мелкими щетинковидными волосками. Растение Сев.-Вост. Азии..3. **C. petricosa**.
\+ Мешочки тупо-трехгранные, не уплощенные. Растения Средней Азии ....5.
5. Растение без ползучих корневищ. Обычно 3 верхних колоска андрогинные, следующие за ними пестичные. Мешочки обратнояйцевидные, 4.5—5.3 мм дл., покрытые мелкими щетинковидными волосками, резко суженные в длинный, около 2 мм, носик...................1. **C. alajica**.
\+ Растение с ползучими корневищами. Только верхний колосок андрогинный, остальные 1—2 пестичные. Мешочки яйцевидные, 2.5—3 мм дл., голые, постепенно суженные в короткий носик...........2. **C. borii**.

6(3). Растения с ползучими корневищами. Мешочки бурые, красновато-бурые или беловатые, обычно с коротким носиком.........................7.

\+ Растения без ползучих корневищ. Мешочки в верхней половине обычно темно-пурпурные, с удлиненным носиком.....................................11.

7. Мешочки трехгранные, по всей поверхности покрытые удлиненными волосками, с жилками или без них. Побеги окружены при основании красновато-бурыми влагалищами листьев...8.

\+ Мешочки уплощенно-трехгранные (почти плоские), вверху покрытые короткими щетинковидными волосками или, редко, голые, с жилками. Побеги окружены при основании бурыми, светло-бурыми или темно-пурпурными влагалищами листьев...9.

8. Мешочки продолговато-обратнояйцевидные, 4–4.5(5) мм дл. с довольно рассеянным опушением, из-под которого ясно видны 4–5 жилок, с цельным (лишь с небольшой щелью посередине) носиком, из которого обычно не выступает столбик......................11. **C. litvinovii**.

\+ Мешочки продолговато-эллиптические, кверху и книзу клиновидно суженные, (4.5)5–6.5 мм дл., очень густо опушенные, с коротко-двузубчатым носиком, из которого часто выступает столбик...12. **C. koshewnikowii**.

9. Побеги окружены при основании темно-пурпурными влагалищами листьев; листовые пластинки вверху не извилистые. Тычиночный колосок 1, на ножке 3–4 см дл.; пестичные колоски 3–5 мм в диам. Мешочки ланцетовидные, (5)5.5–6.5 мм дл., 1.2–1.3 мм шир. ....6. **C. ktausipali**.

\+ Побеги окружены при основании бурыми или светло-бурыми влагалищами листьев; листовые пластинки вверху обычно извилистые. Тычиночные колоски в числе 1–3(5), сидячие; пестичные колоски 5–8 мм в диам. Мешочки яйцевидные или обратнояйцевидные, 5–6(6.5) мм дл., 1.6–2.8 мм шир. ....10.

10. Пестичные колоски короткоцилиндрические, прямостоячие, ножки их обычно целиком скрыты во влагалищах кроющих листьев. Кроющие чешуи равные мешочкам или длиннее их. Мешочки обычно продолговато-яйцевидные или продолговато-обратнояйцевидные, в основании клиновидные...5. **C. alexeenkoana**.

\+ Пестичные колоски яйцевидные или эллиптические, поникающие, отклоненные или, реже, прямостоячие, ножки их выступают из влагалищ кроющих листьев на 1–2.5(3) см. Кроющие чешуи короче мешочков. Мешочки обычно продолговато-яйцевидные или яйцевидные, в основании округлые..4. **C. macrogyna**.

11(6). Пестичные колоски яйцевидные, 0.5–1 см дл., нижние на коротких, 0.3–1(2) см, ножках. Мешочки ланцетовидные, 3.5–4.5 мм дл., голые. Тычиночный колосок 1.......................................10. **C. firma**.

\+ Пестичные колоски продолговато-яйцевидные, продолговатые или почти линейные, 1–2(2.5) см дл., нижние на ножках 2–9(12) см дл. Тычиночных колосков 1–3..12.

12. Тычиночный колосок 1(2). Мешочки яйцевидные или продолговато-яйцевидные, 3.8–4.5(5) мм дл., тупо-трехгранные, голые, резко суженные в носик с немногими шипиками по краям. Плод без карпофора.. 13. **C. cilicica**.

\+ Тычиночных колосков 1–3. Мешочки ланцетовидные, 4–6.5(7) мм дл., сжато-трехгранные, покрытые короткими щетинковидными волосками или голые, постепенно суженные в б. м. шероховатый по краям носик....13.

13. Мешочки (3.7)4–4.5 мм дл., голые, блестящие, без жилок. Чешуи тычиночных колосков с широкими белоперепончатыми краями. Пестичные колоски в числе 3–6, узкие, почти линейные, 2.5–3 мм в диам., рыхловатые....7. **C. regeliana**.

\+ Мешочки 4.5–6.5(7) мм дл., матовые или со слабым блеском. Чешуи тычиночных колосков без белоперепончатых краев или с узкими краями. Пестичные колоски в числе 2–3, продолговато-яйцевидные или продолговатые, 4–6 мм в диам., б. ч. густые....14.

14. Побеги окружены при основании пурпурными влагалищами листьев (окраска лучше выражена на внутренних влагалищах); листовые пластинки (1)2–3(4) мм шир. Пестичные колоски рыхловатые. Мешочки в верхней половине или по всей поверхности с короткими щетинковидными волосками, редко голые, обычно со слабо выраженными жилками....8. **C. sempervirens**.

\+ Побеги окружены при основании желтоватыми влагалищами листьев; листовые пластинки (1.5)2–6 мм шир. Пестичные колоски густые. Мешочки только в верхней трети с короткими щетинковидными волосками или голые, с жилками или без них....9. **C. tristis**....15.

15. Мешочки с жилками, б. м. опушенные. Листовые пластинки (1.5)2–5 мм шир. Растение Кавказа....9a. **C. tristis** subsp. **tristis**.

\+ Мешочки без жилок, опушенные или голые. Листовые пластинки 3–6 мм шир. Растение южн. Сибири и Средней Азии....9b. **C. tristis** subsp. **stenocarpa**.

1. Terminal spike gynaecandrous....14. **C. fuliginosa**....2.

\+ Terminal spike male or androgynous....3.

2. Terminal spike (1.3)1.5–1.7(2) cm long; female spikes (1.3)1.8–2.5 cm long. Utricles (4.7)5–5.5(6) mm long. Leaf blades 3.5–5 mm wide. Plants of Carpathians....14a. **C. fuliginosa** subsp. **fuliginosa**.

\+ Terminal spike 0.8–1 cm long; female spikes (0.5)1–1.2(1.5) cm long. Utricles (4)4.2–5(6) mm long. Leaf blades 2–3.5 mm wide. Plant of North Eurasia....14b. **C. fuliginosa** subsp. **misandra**.

3. Terminal spike androgynous....4.

\+ Terminal spike male....6.

4. Utricles flattened-trigonous (almost flat), (4)4.5–5.5 mm long, covered with small setulous hairs. Plants of Northeast Asia....3. **C. petricosa**.

\+ Utricles obtuse-trigonous, not flattened. Plants of Middle Asia....5.

5. Plant without creeping rhizomes. Usually 3 upper spikes androgynous, the next ones female. Utricles obovoid, 4.5–5.3 mm long, covered with small setulous hairs, abruptly narrowed into a long, about 2 mm, beak....1. **C. alajica**.

\+ Plant with creeping rhizomes. Only terminal spike androgynous, the others 1–2 female. Utricles ovoid, 2.5–3 mm long, glabrous, gradually narrowed into a short beak....2. **C. borii**.

6(3). Plants with creeping rhizomes. Utricles brown, reddish-brown or whitish, usually with a short beak....7.

\+ Plants without creeping rhizomes. Utricles from middle to apex usually dark-purple, with an elongate beak....11.

7. Utricles trigonous, covered with elongate hairs all over surface, veined or veinless. Stems are surrounded at base by reddish-brown leaf sheaths..8.
\+ Utricles flattened-trigonous (almost flat), covered with short setulous hairs at the apex or, rarely, glabrous, veined. Stems are surrounded at base by brown, light brown or dark purple leaf sheaths..9.
8. Utricles oblong-obovoid, 4—4.5(5) mm long, rather sparsely pubescent, with 4—5 veins distinctly visible through pubescense, with an entire (only with small slit in the middle) beak usually without protruding style...11. **C. litvinovii**.
\+ Utricles oblong-elliptical, cuneate-narrowed to both ends, (4.5)5—6.5 mm long, very densely pubescent, with a short-bidentate beak frequently with protruding style...12. **C. koshewnikowii**.
9. Stems are surrounded at base by dark purple leaf sheaths; leaf blades not flexuous in upper part. Male spike 1, with peduncle 3—4 cm long; female spikes 3—5 mm in diam. Utricles lanceolate, (5)5.5—6.5 mm long, 1.2—1.3 mm wide................6. **C. ktausipali**.
\+ Stems are surrounded at base by brown or light-brown leaf sheaths; leaf blades usually flexuous in upper part. Male spikes 1—3(5), sessile; female spikes 5—8 mm in diam. Utricles ovoid or obovoid, 5—6(6.5) mm long, 1.6—2.8 mm wide...........................10.
10. Female spikes short-cylindrical, erect, with peduncles usually entirely included in bract sheaths. Glumes equaling or exceeding utricles. Utricles usually oblong-ovate or oblong-obovate, cuneate at base...5. **C. alexeenkoana**.
\+ Female spikes ovoid or elliptical, pendent, patent or, more rarely, erect, with peduncles projecting from bract sheaths by 1—2.5(3) cm. Glumes shorter than utricles. Utricles usually oblong-ovate or ovate, orbicular at base..................................4. **C. macrogyna**.
11(6). Female spikes ovoid, 0.5—1 cm long, lower ones with short, 0.3—1(2) cm, peduncles. Utricles lanceolate, 3.5—4.5 mm long, glabrous. Male spike 1..................10. **C. firma**.
\+ Female spikes oblong-ovoid, oblong or sublinear, 1—2(2.5) cm long, lower ones with peduncles 2—9(12) cm long. Male spikes 1—3...12.
12. Male spike 1(2). Utricles ovoid or oblong-ovoid, 3.8—4.5(5) mm long, obtuse-trigonous, glabrous, abruptly narrowed into a beak with few small prickles on margins. Fruit without carpophore...13. **C. cilicica**.
\+ Male spikes 1—3. Utricles lanceolate, 4—6.5(7) mm long, compressed-trigonous, covered with short setulous hairs or glabrous, gradually narrowed into a beak more or less scabrid on margins..13.
13. Utricles (3.7)4—4.5 mm long, glabrous, shining, veinless. Male glumes with broad white-scarious margins. Female spikes 3—6, narrow, sublinear, 2.5—3 mm in diam., rather lax...7. **C. regeliana**.
\+ Utricles 4.5—6.5(7) mm long, dull or slightly shining. Male glumes without white-scarious margins or narrow-margined. Female spikes 2—3, oblong-ovoid or oblong, 4—6 mm in diam., generally dense...14.
14. Stems are surrounded at base by purple leaf sheaths (colouring is more distinct in inner sheaths); leaf blades (1)2—3(4) mm wide. Female spikes rather lax. Utricles from middle to apex or all over surface with short setuous hairs, rarely glabrous, usually with faint veins..8. **C. sempervirens**.
\+ Stems are surrounded at base by yellowish leaf sheaths; leaf blades (1.5)2—6 mm wide. Female spikes dense. Utricles only in upper third with short setulous hairs or glabrous, veined or veinless...9. **C. tristis**.....15.
15. Utricles veined, more or less pubescent. Leaf blades (1.5)2—5 mm wide. Plants of Caucasus...9a. **C. tristis** subsp. **tristis**.
\+ Utricles veinless, pubescent or glabrous. Leaf blades 3—6 mm wide. Plants of southern Siberia and Middle Asia...9b. **C. tristis** subsp. **stenocarpa**.

Subsect. 1. **Alajicae** Egor. 1985, Бот. журн. **70**, 11 : 1549. — Sect. *Campylorhina* V. Krecz. cycl. *Trachycarpa* V. Krecz. 1935, во Фл. СССР, 3 : 354, p. p., sine descr. latin. — Верхние 3 колоска андрогинные, тесно сближенные, остальные 1—2 пестичные, густые. Мешочки трехгранные, без жилок, с длинным носиком, спереди глубоко (до основания) клиновидно расщепленным. Плод без карпофора, почти полностью заполняет мешочек. Растения без ползучих корневищ. — Typus: *C. alajica* Litv. Монотипная подсекция.

Upper 3 spikes androgynous, closely approximate, the others 1—2 female, dense. Utricles trigonous, veinless, with a long, frontally deeply (down to base) cuneate-cleft beak. Fruit without carpophore, almost completely filling utricle. Plants without creeping rhizomes. — Typus: *C. alajica* Litv. Monotypic subsection.

1 (3). **C. alajica** Litv. 1910, Тр. Бот. муз. Акад. наук, 7 : 99; В. Креч. 1935, во Фл. СССР, 3 : 355; Егор. 1967, в Раст. Центр. Азии, 3 : 77, табл. 5, рис. 1; ead. 1976, в Опред. раст. Средн. Азии, 5 : 80. — **О. алайская**.

Описан из Средней Азии; lectotypus: Алайская долина, «Turkestania, ур. Тараша, на травянистом склоне, 9—10 000', 24 VI 1895, № 5437, С. Коржинский» (LE! cum isolectotypo) — Егорова (h. l.).

По сухим мелкоземистым степным и луговым склонам, на скалах, моренах, в арчовниках; в субальпийском и в верхней части лесного пояса гор. — **Средн. Азия**: Пам.-Ал. (Алайский, Заалайский и Туркестанский хребты, гора Гармо). Общ. распр.: Ц. Азия (Китай: Кашгария). — 2n = ? — Рис. 13, *3*.

Это довольно редкое растение иногда (Заалайский хр.: Алтын-Дара) является доминантом осоковых сообществ.

This quite rare plant sometimes (Trans Alai: Altyn-Dara) dominates in sedge communities.

Subsect. 2. **Pamiricae** Egor. 1985, Бот. журн. **70**, 11 : 1549. — Sect. *Nigellae* Nelmes, 1949, Kew Bull. 1 : 38. — Верхний колосок андрогинный, остальные 2—3 пестичные (иногда они не развиваются, и тогда соцветие одноколосковое). Мешочки тупо-трехгранные, голые, без жилок, с коротким цельным носиком. Плод без карпофора, плотно заполняет мешочек. Растения с длинными ползучими корневищами. — Typus: *C. ikonnikovii* Egor. (= *C. borii* Nelmes). Монотипная подсекция.

Terminal spike androgynous, the others 2—3 female (sometimes they are not developed, and then inflorescence is unispicate). Utricles obtuse-trigonous, glabrous, veinless, with a short entire beak. Fruit without carpophore, tightly filling utricle. Plants with long creeping rhizomes. — Typus: *C. ikonnikovii* Egor. (= *C. borii* Nelmes). Monotypic subsection.

2 (4). **C. borii** Nelmes, 1949, Kew Bull. 1 : 38; Stewart, 1967, Bull. Bot. Surv. Ind. 9 : 152; id. 1972, Anno. Cat. Vasc. Fl. W. Pak.: 74; Juyal et al. 1984, Bull. Bot. Surv. Ind. 3—4 : 223. — *C. ikonnikovii* Egor. 1968, Новости сист. высш. раст. 1968 : 31; Егор. 1976, в Опред. раст. Средн. Азии, 5 : 80. — *C. montis-everesti* auct. non Kük.: В. Креч., Овч. и Чук. 1964, во Фл. ТаджССР, 2 : 144, табл. 34. — **О. Бора**.

Описан из сев.-зап. Гималаев; typus: Индия, Пенджаб, «Punjab, Lahul, Lingti, close to water, 3000 m, 29 June 1941, № 15019, N. L. Bor» (K, isotypus DD).

На лужайках у тающих снежников в высокогорьях, на высоте 4500 м над ур. м. — **Средн. Азия**: Пам.-Ал. (хр. Петра Первого: ледник Фортамбек; Зап. Памир: Ваханский хр., с. Вранг; Вост. Памир: верховья р. Чечекты). Общ. распр.: Ю. Азия (Пакистан и Индия: сев.-зап. Гималаи). 2n = ? — Рис. 13, *7*.

Соцветие у *C. borii* иногда состоит только из одного колоска. Предположение об идентичности этому виду описанного из Средней Азии *C. ikonnikovii* Egor., l. c. (Typus: «Вост. Памир, верховья р. Чечекты, на лужайке, 4500 м над ур. м., 27 IX 1955, № 5606, С. С. Иконников» — LE!) было подтверждено А. К. Сытиным, который в 1992 г. посетил Кью и по моей просьбе сравнил типовые образцы названных видов.

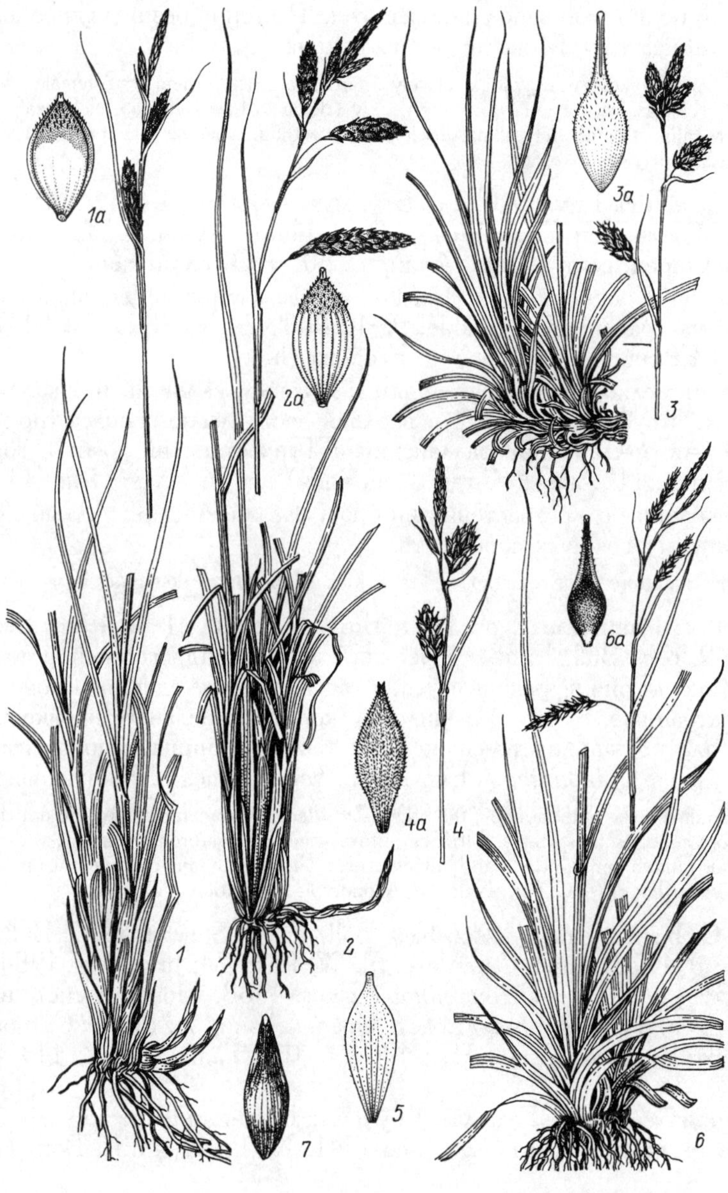

Рис. 13.

1 — *Carex alexeenkoana* Litv., общий вид растения, *1a* — мешочек; *2* — *C. macrogyna* Turcz. ex Steud., общий вид растения, *2a* — мешочек; *3* — *C. alajica* Litv., общий вид растения, *3a* — мешочек; *4* — *C. koshewnikowii* Litv., соцветие, *4a* — мешочек; *5* — *C. litvinovii* Kük., мешочек; *6* — *C. regeliana* (Kük.) Litv., общий вид растения, *6a* — мешочек; *7* — *C. borii* Nelmes, мешочек.

Fig. 13.

1 — *Carex alexeenkoana* Litv., the whole plant, *1a* — utricle; *2* — *C. macrogyna* Turcz. ex Steud., the whole plant, *2a* — utricle; *3* — *C. alajica* Litv., the whole plant, *3a* — utricle; *4* — *C. koshewnikowii* Litv., inflorescence, *4a* — utricle; *5* — *C. litvinovii* Kük., utricle; *6* — *C. regeliana* (Kük.) Litv., the whole plant, *6a* — utricle; *7* — *C. borii* Nelmes, utricle.

The inflorescence of *C. borii* sometimes consists only of one spike. Supposition about identity with this species of described from Middle Asia *C. ikonnikovii* Egor., l. c. (Typus: «Вост. Памир, верховья р. Чечекты, на лужайке, 4500 м над ур. м., 27 IX 1955, № 5606, С. С. Иконников» — LE!) has been confirmed by Dr. Sytin, who had visited Kew in 1992 and, at my request, compared type specimens of the mentioned species.

Subsect. 3. **Macrogynae** Egor. 1985, Бот. журн. **70**, 11 : 1549. — Sect. *Orphinascus* (Börn.) V. Krecz. cycl. *Eu-Orphinascus* V. Krecz. 1935, во Фл. СССР, 3 : 286, sine descr. latin. — Sect. *Edritria* (Rafin.) V. Krecz. cycl. *Hypolasia* V. Krecz. 1935, l. c.: 336, p. p., sine descr. latin. — Верхний колосок тычиночный или андрогинный, следующие (обычно тесно с ним сближенные) тычиночные, андрогинные или пестичные, остальные 1—3 пестичные, густые, на длинных ножках, иногда скрытых во влагалищах кроющих листьев. Мешочки уплощенно-трехгранные, с жилками, б. ч. с коротким носиком, цельным или едва выемчатым. Плод на карпофоре 0.6—0.8 мм дл., не полностью заполняет мешочек. Рылец (2)3. Растения с ползучими корневищами. — Typus: *C. macrogyna* Turcz. ex Steud.

Свыше 10 видов; вне рассматриваемой территории: *C. przewalskii* Egor. (Центр. Азия: Нань-Шань), *C. siroumensis* Koidz. и *C. stenantha* Franch. et Savat. (Вост. Азия), *C. haematostoma* Nees и *C. kashmirensis* C. B. Clarke (Южн. Азия: Гималаи), *C. franklinii* Boott, *C. lepageana* Raymond и *C. misandroides* Fernald (Сев. Америка) и другие виды.

Terminal spike male or androgynous, the next (usually closely approximate with the former) male, androgynous or female, the others 1—3 female, dense, with long, sometimes hidden in bract sheaths, peduncles. Utricles flattened-trigonous, veined, generally with a short, entire or scarcely emarginate beak. Fruit with carpophore 0.6—0.8 mm long, incompletely filling utricle. Stigmas (2)3. Plants with creeping rhizomes. — Typus: *C. macrogyna* Turcz. ex Steud.

Over 10 species; outside considered territory: *C. przewalskii* Egor. (Central Asia: Nan Shan), *C. siroumensis* Koidz. and *C. stenantha* Franch. et Savat. (East Asia), *C. haematostoma* Nees and *C. kashmirensis* C. B. Clarke (South Asia: Himalaya), *C. franklinii* Boott, *C. lepageana* Raymond and *C. misandroides* Fernald (North America) and other species.

3 (5). **C. petricosa** Dew. 1836, Amer. Journ. Sci. 29 : 246, tab. W, fig. 70; Raymond, 1952, Canad. Field-Nat. **66**, 4 : 101; Hult. 1968, Fl. Al. : 273; Юрц. и др., 1975, Бот. журн. **60**, 6 : 835; Юрц. и др. 1979, Бюлл. Моск. общ. исп. прир. отд. биол. **84**, 5 : 118. — **О. каменниковая.**

Описан из Сев. Америки; typus: Скалистые горы, «Summits of Rocky Mountains, № 283, Drummond» (GH, photo: Raymond, 1952, l. c., pl. II, fig. 1).

В щебнистой сухой дриадово-осоковой тундре, на известняковых субстратах. — **Дальн. Вост.**: Аркт. (восток Чукотского п-ова: мыс Краузе и р. Пучевеем — приток р. Чегитунь). Общ. распр.: С. Америка (Аляска, Юкон, Макензи, Альберта). — 2n = ?

Данные о произрастании *C. petricosa* на р. Пучевеем (второе известное местонахождение вида на нашей территории) приведены на основании устного сообщения Б. А. Юрцева в 1991 г. См. также комментарии к *C. macrogyna*.

Data on occurrence of *C. petricosa* at the river Pucheveem (the second known location of the species at our territory) are cited on the base of the verbal comment by Dr. Yurtsev in 1991. See also comments to *C. macrogyna*.

4 (6). **C. macrogyna** Turcz. ex Steud. 1855, Syn. Pl. Glum. 2 : 236; Turcz. ex Bess. 1834, Flora (Regensb.), **17**, 1, Beibl. : 27, nom. nud.; В. Креч. 1935, во Фл. СССР, 3 : 293, p. p., excl. pl. ex Asia Med.; Егор. 1966, в Аркт. Фл. СССР, 3 : 127; ead. 1967, в Раст. Центр. Азии, 3 : 80; Малышев, 1979, во Фл. Центр. Сиб. 1 : 190; А. Е. Кожевников, 1988, в Сосуд. раст. сов. Дальн. Вост. 3 : 297. —

C. ustulata var. *macrogyna* (Turcz. ex Steud.) Regel, 1880, Тр. Петерб. бот. сада, 7 : 571, quoad nom. — *C. petricosa* auct. non Dew: Юрц. и др. 1972, Бот. журн. **57**, 7 : 769; Хохряков, 1985, Фл. Магад. обл. : 93; Малышев, 1990, во Фл. Сиб. 3: 113. — E x s.: H.F. URSS № 6010. — **О. крупноколосковая**.

Описан с юга Вост. Сибири; t y p u s: «In rupibus ad torrentem Kudun, 1829, Turczaninow» (P, isotypus LE!).

На сухих задернованных, каменистых и щебнистых склонах, скалах, в горных степях, сухих разреженных лесах, на осоково-кобрезиевых лугах и луговинах по берегам речек и ручьев, в сухих щебнистых тундрах; обычно на известняковых субстратах, от высокогорий (особенно характерен для нижнегольцовой полосы и подгольцового пояса) до верхней части лесного пояса. — **Зап. Сиб.**: Алт. (Нарымский хр.); **Вост. Сиб**.: Аркт. (Таймыр: с. Даксатас в окр. пос. Тарея и горы Бырранга; низовья Хатанги близ устья р. Жданихи; низовья Оленека и Лены), Енис. (плато Путорана), Лен.-Кол., Анг.-Саян. (южн. половина), Даур. (сев.-зап.); **Дальн. Вост.**: Аркт. (зап. Чукотка: Анюйское нагорье — рр. Ергувеем и Погынден; восток Чукотского п-ва), Охот., Удск. (хр. Геран). О б щ. р а с п р.: Ц. (Монголия: Гобийский Алтай; Китай: Вост. Тянь-Шань) и Вост. (Сев. Китай) Азия. — 2n = 32 (Крогулевич, 1971), 48 (Жукова, Петровский, 1980). — Рис. 13, *2*.

Вид варьирует по строению верхних колосков. Обычно 3 верхних колоска целиком тычиночные, но иногда верхний колосок целиком тычиночный или при основании с 1—2 пестичными цветками, а остальные 2 или андрогинные, или андрогинный и пестичный. Изменчивость наблюдается и у мешочков: они яйцевидные или продолговато-яйцевидные, б. м. резко или постепенно суженные в короткий носик.

C. macrogyna обнаруживает очень тесное родство с двумя крайне близкими между собой видами — *C. franklinii* Boott и *C. petricosa* Dew., распространенными на Аляске и западе Канады (Юкон, Макензи дистрикт, Альберта). Из них последний встречается также на крайнем востоке Чукотского п-ова. Основное и достаточно существенное, хотя и не абсолютное различие между *C. macrogyna*, с одной стороны, и *C. franklinii* и *C. petricosa* — с другой, состоит в строении верхнего колоска, который у первого вида, за редким исключением, тычиночный (см. выше), а у двух других, как правило, андрогинный. Кроме того, у *C. macrogyna* рылец всегда 3, в то время как у *C. franklinii* и *C. petricosa* 2—3. Некоторые авторы не признают видовой самостоятельности *C. macrogyna* и синонимизируют это название с *C. franklinii* (Hultén, 1968) или с *C. petricosa* (Малышев, цит. соч.). Возможно, *C. macrogyna* следует рассматривать в ранге подвида *C. petricosa*. *C. franklinii* (Typus: «Rocky Mountains, Drummond» — K!, photo LE), описанная из того же района, что и *C. petricosa*, отличается от последней только бо́льшими размерами стеблей и колосков и едва ли заслуживает видового ранга.

The species varies in structure of upper spikes. Usually 3 upper spikes are entirely male, but sometimes terminal spike is male or with 1—2 female flowers at base, the other 2 ones being either both androgynous, or androgynous and female. The variability is observed in utricles also: they are ovate or oblong-ovate, more or less abruptly or gradually narrowed into a short beak.

C. macrogyna demonstrates a very close relation with two extremely closed one another species, namely *C. franklinii* Boott and *C. petricosa* Dew. which are distributed in Alaska and western Canada (Yukon, Mackenzie district, Alberta). The latter one occurs also in the extreme east of Chukot Peninsula. Main and rather essential, though inabsolute, difference between *C. macrogyna* on the one hand, and *C. franklinii* and *C. petricosa* on the other hand, consists in structure of terminal spike, which is, with rare exception, male in the former species (see above), and, as a rule, androgynous in two latter ones. Besides that, *C. macrogyna* always has 3 stigmas, while *C. franklinii* and *C. petricosa* have 2—3 ones. Some authors do not admit the specific independence of *C. macrogyna* and synonymize this name with *C. franklinii* (Hultén, 1968) or with *C. petricosa* (Малышев, l. c.). Possibly, *C. macrogyna* should be considered in the rank of a subspecies of *C. petricosa*. *C. franklinii* (Typus: «Rocky Mountains, Drummond» — K!, photo LE) described from the same region as *C. petricosa*, is distinguished from the latter only by larger size of stems and spikes and hardly merits a specific rank.

5 (7). **C. alexeenkoana** Litv. 1910, Тр. Бот. муз. Акад. наук, 7 : 98; В. Креч. 1935а, во Фл. СССР, 3 : 338; Егор. 1967, в Раст. Центр. Азии, 3 : 77; ead. 1976, в Опред. раст. Средн. Азии, 5 : 78. — *C. ustulata* var. *brevipedunculata* Regel, 1880, Тр. Петерб. бот. сада, 7 : 571. — *C. ustulata* var. *macrogyna* (Turcz. ex Steud.) Regel, 1880, l. c. : 571, quoad pl. — *C. kenkolensis* Litv. 1910, l. c. : 88; В. Креч. 1935а, l. c. : 337. — *C. bordabensis* Litv. 1910, l. c. : 100. — *C. macrogyna* var. *brevipedunculata* (Regel) Kük. ex O. et B. Fedtsch. 1924, Тр. Петерб. бот. сада, **38**, 1 : 216. — *C. pseudomacrogyna* Kük. 1929, Изв. Главн. бот. сада СССР, 1—3 : 220. — *C. macrogyna* auct. non Turcz. ex Steud.: Ostenf. 1908, Bot. Tidsskr. 28 : 230; В. Креч. 1935б, Тр. Среднеаз. гос. унив. сер. 8b, 20 : 20. — **О. Алексеенко**.

Описан из Китая (Памир); typus: «Tagdumbasch-Pamir (terra chinensis), in angustiis Pistan jugi Sary-kol, in lapidosis, 13 000', 15 VII 1901, № 1887, Alexeenko» (LE!).

На каменистых, щебнистых и степных склонах, осыпях, в трещинах скал, в арчовниках, реже по луговинам вдоль речек и ручьев и осоково-кобрезиевым лугам; в среднем и верхнем поясах гор, обычно. — **Средн. Азия**: Дж.-Тарб. (Джунгарский Алатау), Тянь-Шан., Пам.-Ал. (Алай, Туркестанский хр., хр. Хозретиши, Зап. и Вост. Памир). Общ. распр.: З. (Афганистан), Ц. (Китай: Кашгария, Вост. Тянь-Шань, Памир и Тибет — хр. Керия) и Ю. (сев. Пакистан) Азия. 2n = ? — Рис. 13, *1*.

Очень близок к *C. macrogyna* (см. ключ). *C. kenkolensis* Litv., l. c. (Typus: Ферганский хр., «Андижанский у., на перевале Кенкол, 16 1899, D. Litvinov» — LE!) была справедливо отождествлена с *C. alexeenkoana* В. И. Кречетовичем (1935б, цит. соч.) (см. также: Егорова, 1976, цит. соч.).

Very close to *C. macrogyna* (see the key). *C. kenkolensis* Litv., l. c. (Typus: Fergana Chain, «Андижанский у., на перевале Кенкол, 16 VI 1899, D. Litvinov» — LE!) was correctly identified by Kreczetowicz (1935б, l. c.) with *C. alexeenkoana* (see also: Егорова, 1976, l. c.).

6 (8). **C. ktausipali** Meinsh. 1901, Тр. Петерб. бот. сада, **18**, 3 : 359; В. Креч. 1935, во Фл. СССР, 3 : 286; Егор. 1966, в Аркт. фл. СССР, 3 : 128; Ворош. 1982, Опред. раст. сов. Дальн. Вост. : 125; А. Е. Кожевников, 1988, в Сосуд. раст. сов. Дальн. Вост. 3 : 296. — *C. stenantha* Franch. et Savat. var. *taisetsuensis* Akiyama, 1931, Journ. Fac. Sci. Hokkaido Univ. ser. 5, 1 : 60, tab. 11, fig. 5; Ohwi, 1936, Mem. Coll. Sci. Kyoto Univ. ser. B, **11**, 5 : 331; id. 1965, Fl. Jap. : 235. — *C. gorodkovii* V. Krecz. 1935, во Фл. СССР, 3 : 606, 287. — *C. stenantha* auct. non Franch. et Savat. : Kük. 1909, in Engl. Pflanzenr. 38 : 565, p. p.; Ворош. 1966, Фл. сов. Дальн. Вост. : 105. — **О. ктаузипальская**.

Описан с южн. Сахалина; typus: «Insula Sachalin, auf dem Gipfel des Ktausipal, 11 VII 1860, Fr. Schmidt» (LE! cum isotypis 3).

По каменистым и щебнистым склонам. **Дальн. Вост.**: Аркт. (Пенжинская губа у с. Ловат), Камч. (юг: мыс Лопатка), Охот. (сев.: Тауйская губа), Сах., Курил. Общ. распр.: В. Азия (о-в Хоккайдо). 2n = ?

C. gorodkovii V. Krecz., l. c., описанная с побережья Охотского моря (Typus: «Тауйская губа, близ Нагаево, 4 VI 1932, Б. Н. Городков, Б. А. Тихомиров» — LE!), идентична *C. ktausipali* (Егорова, цит. соч.). Указание В. И. Кречетовича (цит. соч.) на то, что мешочки *C. gorodkovii* имеют удлиненную ножку, не подтвердилось при изучении типового материала. *C. ktausipali* очень близка к *C. stenantha* Franch. et Savat. (о-в Хонсю), от которой отличается мешочками (5)5.5—6.5 мм дл., (1)1.2—1.3 мм шир. (а не 6.5—7.5 мм дл., 0.9—1 мм шир.) с более коротким носиком.

C. gorodkovii V. Krecz., l. c., described from the coast of Okhotsk Sea (Typus: «Тауйская губа, близ Нагаево, 4 VI 1932, Б. Н. Городков, Б. А. Тихомиров» — LE!), is identical to *C. ktausipali* (Егорова, l. c.). The indication by Kreczetowicz (l. c.) on utricles of *C. gorodkovii* as having elongate stipe, is not confirmed by examining the type material. *C. ktausipali* is very close to *C. stenantha* Franch. et Savat. (isl. Honshu), from which differs by utricles (5)5.5—6.5 mm long, (1)1.2—1.3 mm wide (instead of 6.5—7.5 mm long, 0.9—1 mm wide) with shorter beak.

Subsect. 4. **Stenocarpae** Egor. 1985, Бот. журн. **70**, 11 : 1549. — Sect. *Orphinascus* (Börn.) V. Krecz. cycl. *Eu-Orphinascus* V. Krecz. 1935, во Фл. СССР. 3 : 286, p. p., sine descr. latin. — Верхние 1—3 колоска тычиночные (иногда верхний колосок или третий сверху андрогинные), остальные 2—3(4—6) пестичные, густые или рыхловатые, на длинных ножках, поникающие. Мешочки сжатотрехгранные, с жилками или без них, с удлиненным цельным или едва двузубчатым носиком. Плод без карпофора. Растения без ползучих корневищ. — Typus: *C. stenocarpa* Turcz. ex V. Krecz.

4 вида.

Upper 1—3 spikes male (sometimes terminal spike or that third from above androgynous), the others 2—3 (4—6) female, dense or rather lax, with long peduncles, pendent. Utricles compressed-trigonous, veined or veinless, with an elongate, entire or scarcely bidentate beak. Fruit without carpophore. Plants without creeping rhizomes. — Typus: *C. stenocarpa* Turcz. ex V. Krecz.

4 species.

7 (9). **C. regeliana** (Kük.) Litv. 1910, Тр. Бот. муз. Акад. наук, 7 : 94; В. Креч. 1935, во Фл. СССР, 3 : 292; Егор. 1976, в Опред. раст. Средн. Азии, 5 : 78. — *C. capillaris* var. *regeliana* Kük. 1909, in Engl. Pflanzenr. 38 : 591. — **О. Регеля**.

Описан из Средней Азии; typus: Зеравшанский хр., «Serawschan, Kschtut, zum Kuli-Kalon, Jun.-Jul. 1882, Regel» (LE! cum isotypis 5).

На болотистых лугах, болотцах, по долинам рек и у ключей, иногда по степным склонам; в среднем и верхнем поясах гор. — **Средн. Азия**: Дж.-Тарб. (Джунгарский Алатау), Тянь-Шан. (Центр. Тянь-Шань: Терскей-Ала-Тоо и долина р. Нарын.), Пам.-Ал. (Алайский хр., басс. рр. Кызылсу и кашкарской Кызылсу, Зеравшанский хр.). Эндемик. — 2n = ? — Рис. 13, *6*.

8 (10). **C. sempervirens** Vill. 1787, Hist. Pl. Dauph. 3 : 214; М. Попов и Брадис, 1950, Визн. росл. УРСР : 833. — *C. sempervirens* var. *pseudotristis* Domin, 1931, Rozpr. Česke Akad. tř. 2, **41**, 9 : 8. — *C. sempervirens* subsp. *pseudotristis* (Domin) Pawł. 1937, Publ. Inst. Bot. Univ. Jagell. Cracov. : 5. — **О. вечнозеленая**.

Описан из юго-вост. Франции (массив Шансор в Альпах Дофинэ, «Il vient dans le Champsaur, le Queyras, le Briançonnois, etc.»); typus: GRM.

На альпийских лугах. — **Европ. ч.**: Карп. Общ. распр.: Ц. и Ю. Европа. — 2n = 30, 32, 34, (Dietrich, 1967), 68 (Chater, 1980).

9 (11). **C. tristis** Bieb. 1819, Fl. Taur. Cauc. 3 : 615; В. Креч. 1935, во Фл. СССР, 3 : 288; Гроссг. 1940, Фл. Кавк., изд. 2, 2 : 61; Егор. 1991, Бот. журн. **76**, 12 : 1736. — *C. frigida* var. *densa* Meinsh. 1901, Тр. Петерб. бот. сада, **18**,

3 : 359. — *C. sempervirens* subsp. *tristis* (Bieb.) Kük. 1909, in Engl. Pflanzenr. 38 : 569, p. p., quoad pl. cauc. — *C. sempervirens* subsp. *tristis* var. *pendulina* Kük. 1909, l. c. : 570. — *C. hispidula* subsp. *karaczaica* E. Busch, 1909, Тр. Бот. сада Юрьев. унив. **10**, 1 : 1. — *C. tristis* var. *pendulina* (Kük.) Grossh. 1928, Фл. Кавк. 1 : 172. — *C. meinshauseniana* V. Krecz. 1935, во Фл. СССР, 3 : 606, 287; Гроссг. 1940, l. c. : 61. — *C. aladagensis* W. Schultze-Motel, 1963, Willdenowia, **3**, 1 : 92. — *C. ferruginea* auct. non Scop. : Stev. 1812—1813, Mem. Soc. Nat. Moscou, 4 : 68. — *C. fuliginosa* auct. non Schkuhr : Гроссг. 1928, Фл. Кавк. 1 : 171. — *C. brachystachys* auct. non Schrank: Гроссг. 1949, Опред. раст. Кавк. : 664; Тумаджанов, 1953, Зам. сист. геогр. раст. (Тбилиси), 17 : 147. — *C. sempervirens* auct. non Vill.: Ю. Алексеев, 1976, Науч. докл. высш. школы, биол. науки, 3 : 73, p. p., quoad pl. e Cauc. — Exs.: H.F.R. №№ 1094 et 1793 (ut *C. frigida* var. *densa*), H.F. URSS № 3204 (ut *C. meinshauseniana*), Kneucker, Car. exs. № 42. — **О. печальная**.

Описан с вост. Кавказа («In subalpinis Caucasi orientalis cirça Buduch et in alpe Shahdagh nascitur, Junio florens»); lectotypus: вост. Кавказ, гора Шахдаг, «Jucharibasch, 1810, Steven» (LE!; syntypus H, photo LE!) — Егорова, 1991, l. c.

a) subsp. **tristis**[1].

На альпийских и субальпийских лугах, в кустарниках и редколесьях. — **Кавк.**: все районы, кроме Предкавк. и Тал. Общ. распр.: З. Азия (Турция, сев. Иран). — 2n = 38 (Восканян, 1974), 44 (Харадзе и др., 1973, ut *C. meinshauseniana* V. Krecz.), 74 (Харадзе и др., 1977, ut *C. meinshauseniana*). — Рис. 14, *2*.

Одна из наиболее широко распространенных на Кавказе осок. Вопросы, связанные с типификацией и полиморфизмом *C. tristis* и синонимизацией с этим названием *C. meinshauseniana* V. Krecz., l. c., были рассмотрены мной ранее (Егорова, цит. соч.).

К *C. brachystachys* Schrank — виду, распространенному в горах зарубежной Европы (от Пиренеев до Южн. Карпат), А. А. Гроссгеймом (цит. соч.) и И. И. Тумаджановым (цит. соч.) были отнесены узколистные образцы subsp. *tristis*, собранные в 1946 г. Тумаджановым в зап. части Кавказа («окр. Алибекского ледника в верховьях Теберды» — TBI!; «Верхняя Сванетия, урочище Бегос-Хлоба» — TBI!).

C. aladagensis W. Schiltze-Motel, l. c., описанная из южн. Турции (typus: хр. Тавр, «Taurus cilicicus, Ala-Dag, 19 IX 1938, № 729 Ellenberg» — B), судя по оригинальному диагнозу и изображению типового образца, идентична *C. tristis subsp. tristis*.

One of the most widespread sedges in the Caucasus. Questions on typification and polymorphism of *C. tristis* and synonymization of *C. meinshauseniana* V. Krecz., l. c. with this name were considered by me before (Егорова, l. c.).

Narrow-leaved specimens of subsp. *tristis* collected in 1946 by Tumadzhanov in the western Caucasus («окр. Алибекского ледника в верховьях Теберды» — TBI!; «Верхняя Сванетия, урочище Бегос-Хлоба» — TBI!) were referred by Grossheim (Гроссгейм, l. c.) and Tumadzhanov (Тумаджанов, l. c.) to *C. brachystachys* Schrank, a species distributed in mountains of foreign Europe (from Pyrenees to southern Carpathians).

---

[1] Здесь и далее синонимы, относящиеся к типовому подвиду, приведены при названии вида.
Here and further synonyms of the type subspecies are cited under the name of a species.

10 Заказ № 131

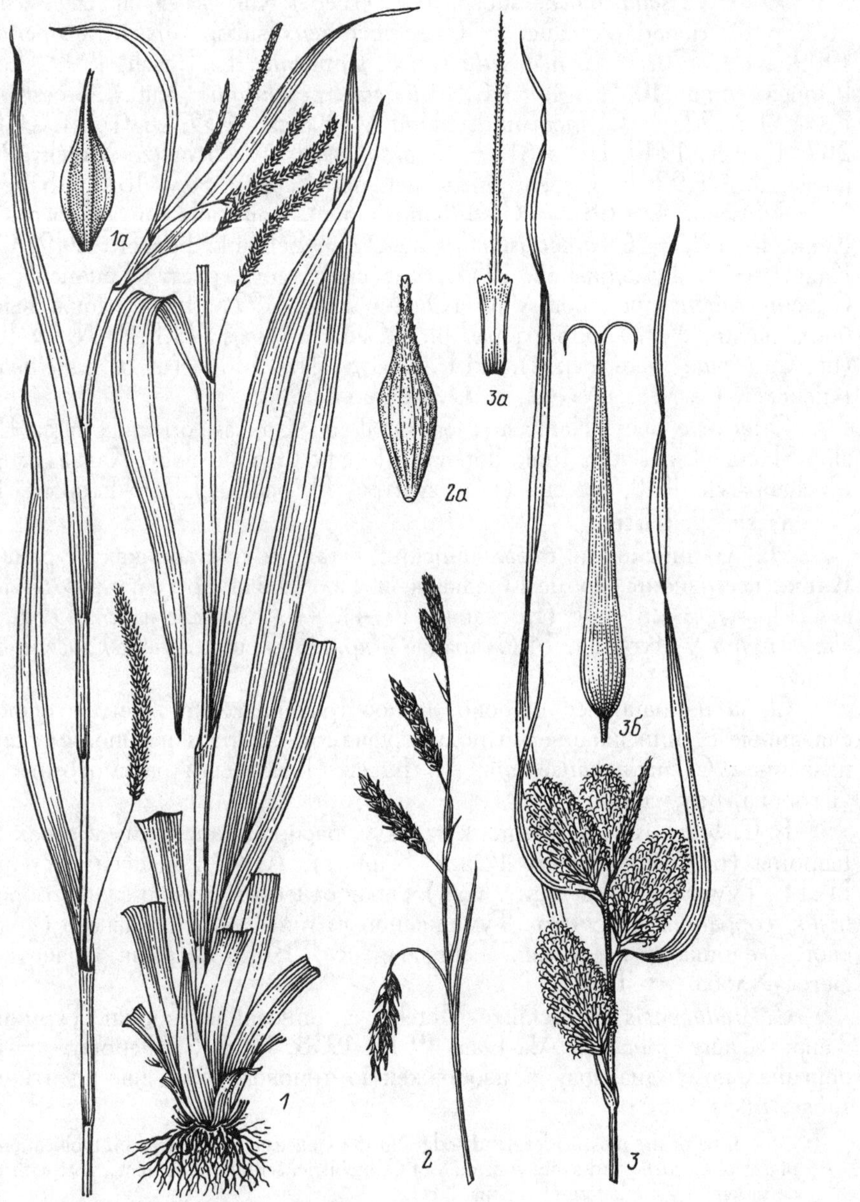

Рис. 14.

1 — *Carex latifrons* V. Krecz., общий вид растения, *1a* — мешочек; *2* — *C. tristis* Bieb. subsp. *tristis*, соцветие, *2a* — мешочек; *3* — *C. capricornis* Meinsh. ex Maxim., соцветие, *3a* — кроющая чешуя мешочка, *3б* — мешочек.

Fig. 14.

1 — *Carex latifrons* V. Krecz., the whole plant, *1a* — utricle; *2* — *C. tristis* Bieb. subsp. *tristis*, inflorescence, *2a* — utricle; *3* — *C. capricornis* Meinsh. ex Maxim., inflorescence, *3a* — female glume, *3б* — utricle.

C. aladagensis W. Schultze-Motel, l. c., described from southern Turkey (Typus: Taurus Mountains, «Taurus cilicicus, Ala-Dag, 19 IX 1938, № 729 Ellenberg» — B), judging from original diagnosis and figure of the type specimen, is identical to *C. tristis.* subsp. *tristis.*

b) subsp. **stenocarpa** (Turcz. ex V. Krecz.) Egor. comb. nov. — *C. stenocarpa* Turcz. ex V. Krecz. 1935, во Фл. СССР, 3 : 607, 291; Turcz. ex Bess. 1834, Flora (Regensb.), **17**, 1, Beibl. : 27, nom. nud.; Егор. 1967, в Раст. Центр. Азии, 3 : 81; ead. 1976, в Опред. раст. Средн. Азии, 5 : 77; Малышев, 1979, во Фл. Центр. Сиб. 1 : 190. — *C. sempervirens* subsp. *tristis* (Bieb.) Kük. 1909, in Engl. Pflanzenr. 38 : 569, p. p., excl. typo, quoad pl. ex As. Med. — *C. tristis* var. *asiatica* Litv. 1910, Тр. Бот. муз. Акад. наук, 7 : 94. — *C. sempervirens* subsp. *tristis* var. *asiatica* (Litv.) O. et B. Fedtsch. 1924, Тр. Петерб. бот. сада, **38**, 1 : 217. — *C. trstis* auct. non Bieb.: Turcz. 1855, Bull. Soc. Nat. Moscou, **28**, 2 : 349. — *C. sempervirens* auct. non Vill.: Ю. Алексеев, 1976, Науч. докл. высш. школы, биол. науки, 3 : 74, p. p., quoad pl. e Sibir. et As. Med.; Малышев, 1990, во Фл. Сиб. 3 : 113. — **О. узкоплодная**.

Описан с юга Вост. Сибири; typus: Вост. Саян, «In rupibus ad torrentem Kudun, 1830, Turczaninow» (LE!).

На субальпийских и альпийских лугах, влажных каменистых и задернованных склонах, скалах, по берегам ручьев, в лиственничниках и арчовниках, в лишайниковой горной тундре; в верхнем поясе гор и у верхней границы леса, часто. — **Зап. Сиб.**: Обск. (Кузнецкий Алатау), Ирт. (юго-вост.), Алт.; **Вост. Сиб.**: Лен.-Кол. (сев.-зап. побережье Байкала и Становое нагорье), Анг.-Саян. (юг и Байкальский хр.), Даур. (зап.; юг: Хэнтэй-Чикойское нагорье — гольцы Сохондо и Балбастуй); **Средн. Азия**: Дж.-Тарб., Тянь-Шан., Пам.-Ал. Общ. распр.: Ц. (Китай, Монголия), В. (Юго-Зап. Китай) и Ю. (Индия: Каракорум, Зап. Гималаи) Азия. — 2n = 36 (Крогулевич, 1971), 40—42 (Соколовская, Стрелкова, 1948).

Слабо морфологически обособленная раса *C. tristis* s. l. От типового подвида, помимо признаков, приведенных в ключе, незначительно отличается более широкими листовыми пластинками (3—6, а не (1.5)2—6 мм шир.) и пестичными колосками (5—6, а не 4—5 мм шир.) и более крупными мешочками (5—6.3, а не 4.5—5(6.5) мм дл.). Довольно полиморфное растение, варьирующее главным образом по строению верхних колосков (они или тычиночные, в числе 3, или верхний колосок тычиночный, а два следующих за ним андрогинные), степени опушения мешочков (от б. м. опушенных в верхней части до голых), а также по ширине листовых пластинок (3—6 мм) и соотношению длины листьев и стебля (как и у типового подвида, альпийские растения имеют более широкие и короткие пластинки, чем растения, обитающие в субальпийском и лесном поясах гор).

C. stenocarpa отмечена Реймондом (Raymond, 1952 : 100) в одном пункте Аляски (Cape Nome), но во «Флоре Аляски» (Hultén, 1968) этот вид не приводится.

C. tristis s. l. очень близка к *C. sempervirens*, от которой, помимо признаков, указанных в ключе, отличается более широкими, 5—6 мм в диам. (а не 4—5 мм) пестичными колосками с более короткими, 2—6 см (а не 2—9(12) мм), ножками.

A poorly morphologically separated race of *C. tristis* s. l. Besides characters enumerated in the key, slightly differs from the type subspecies by broader leaf blades (3—6 mm, instead of (1.5)2—6 mm wide) and female spikes (5—6 mm, instead of 4—5 mm wide) as well as larger utricles (5—6.3 mm, instead of 4.5—5(6.5) mm long). Rather a polymorphic plant, varying mainly in structure of upper spikes (they are either 3 male, or terminal spike is male and two next ones androgynous), extent of utricle pubescence (from more or less pubescent in upper part to glabrous), as well as in width of leaf blades (3—6 mm wide) and ratio of leaves to stem length (like the type subspecies, alpine plants have broader and shorter blades, than plants growing in subalpine and forest mountain belts).

C. stenocarpa was indicated by Raymond (1952 : 100) for one location of Alaska (Cape Nome), but in «Flora of Alaska» (Hultén, 1968) this species is not cited.

C. tristis s.l. is very close to *C. sempervirens*, differing from the latter, beside characters mentioned in the key, by broader female spikes 5—6 mm in diam. (instead of 4—5 mm), with shorter peduncles 2—6 cm long (instead of 2—9(12) cm).

10 (12). **C. firma** Host, 1797, Syn. Pl. Austr. : 509; Nevole, 1924, Sborn, klubu Přirodověd. Brné, 7 : 3; Фодор, 1974, Фл. Закарп. : 173. — **О. крепкая**.

Описан из Австрии («In alpibus austriacis, styriacis»); typus: ?BP, ?W.

На каменистых склонах и скалах; в среднем и верхнем поясах гор. — **Европ. ч.**: (Карпаты: горы Говерла и Черногора). Общ. распр.: Ц. и Ю. Европа. — 2n = 34 (Dietrich, 1967), 68 (Chater, 1980).

Для названных пунктов *C. firma* приведена на основании литературных данных (Nevole, l. c.; Фодор, цит. соч.). Произрастание этого вида в украинской части Вост. Карпат вполне возможно, поскольку он встречается в Вост. Карпатах на территориях Польши и Румынии.

Следует отметить, что *C. firma* не включена в «Визначник рослин Українських Карпат» (1977).

For enumerated above locations in the Ukraine territory, *C. firma* is cited according to published data (Nevole, l. c.; Фодор, l. c.). Occurrence of this species in Ukrainian part of Eastern Carpathians is quite possible, since it occurs in Eastern Carpathians in territories of Poland and Romania.

It should be noted that *C. firma* is not included in «Визначник рослин Українських Карпат» (1977).

Subsect. 5. **Lanatae** Egor. 1985, Бот. журн. **70**, 11 : 155. — Sect. *Edritria* (Rafin.) V. Krecz. cycl. *Hypolasia* V. Krecz. 1935, во Фл. СССР, 3 : 336, p. p., sine descr. latin. — Верхние 1—3 колоска тычиночные, остальные 1—2(3) пестичные, густые, на коротких ножках, прямостоячие. Мешочки трехгранные, с б.м. густым опушением из удлиненных волосков, с жилками или без них, с цельным или очень коротко-двузубчатым носиком. Плод на карпофоре 0.6 мм дл. Растения с длинными ползучими корневищами. — Typus: *C. litvinovii* Kük.

3 вида; вне рассматриваемой территории: *C. eriocarpa* Hausskn. et Kük. (Турция).

Upper 1—3 spikes male, the others 1—2(3) female, dense, short-pedunculate, erect. Utricles trigonous, more or less densely pubescent by elongate hairs, veined or veinless, with an entire or very short-bidentate beak. Fruit with carpophore 0.6 mm long. Plants with long creeping rhizomes. — Typus: *C. litvinovii* Kük.

3 species; outside considered territory: *C. eriocarpa* Hausskn. et Kük. (Turkey).

11 (13). **C. litvinovii** Kük. 1904, Bull. Herb. Boiss. sér. 2, 4 : 59; id. 1909, in Engl. Pflanzenr. 38 : 534; В. Креч., 1935, во Фл. СССР, 3 : 338; Егор., 1976, в Опред. раст. Средн. Азии, 5 : 79. — Exs.: H. F. As. Med. № 554. — **О. Литвинова**.

Описан из Средней Азии; typus: «Iter Turkestan, 1899, Litwinow» (LE!).

На каменистых склонах, осыпях и скалах; в среднем и верхнем поясах гор. — **Средн. Азия**: Тянь-Шан. (хребты Кетмень, Каратау, Таласский Алатау, Ташкентский Алатау — долина р. Пскем и горы Б. и М. Чимган, Чаткальский и Ферганский хребты). Эндемик. — 2n = ? — Рис. 13, 5.

12 (14). **C. koshewnikowii** Litv. 1910, Тр. Бот. муз. Акад. наук, 7 : 92; В. Креч. 1935, во Фл. СССР, 3 : 337; Егор. 1976, в Опред. раст. Средн. Азии, 5 : 79. — Exs.: H.F.R. № 2796. — **О. Кожевникова**.

Описан из Средней Азии; lectotypus: «Алайский хр., перевал Тенгиз-бай, сухие альпийские луговины, 11—13500', 18 VI 1895, № 5484, С. Коржинский» (LE!) — Егорова (h. l.).

На каменистых склонах, мелкощебнистых осыпях, в трещинах скал, иногда на галечниках; в нижнем, среднем, изредка в верхнем поясах гор. — **Средн. Азия**: Тянь-Шан. (Ферганский хр.), Пам.-Ал. (кроме Вост. Памира). Эндемик. — 2n = ? — Рис. 13, *4*.

Очень близок к *C. litvinovii*, от которой отличается по характеру мешочков (см. ключ). Другие признаки, приведенные В. И. Кречетовичем (l. c.) в качестве отличительных для *C. koshewnikowii*, (иные, чем у *C. litvinovii*, ширина и форма поперечного сечения листовых пластинок и форма кроющих чешуй) не подтвердились на изученном материале.

Very close to *C. litvinovii*, differing from the latter by characters of utricles (see the key). Other characters indicated by Kreczetowicz (l. c.) as being distinctive for *C. koshewnikowii*, (different from those of *C. litvinovii*, width and shape of cross-section of leaf blades, as well as shape of glumes) are not confirmed on examined material.

Subsect. 6. **Cilicicae** Egor. 1985, Бот. журн. **70**, 11 : 1550. — Sect. *Orphinascus* (Börn.) V. Krecz. cycl. *Eu-Orphinascus* (Börn.) V. Krecz. 1935, во Фл. СССР, 3 : 286, p. p., sine descr. latin. — Верхний колосок тычиночный, крупный, остальные 2—3 пестичные, густые, на недлинных ножках, прямостоячие. Мешочки трехгранные, с тонкими жилками, голые, с удлиненным двузубчатым носиком. Плод без карпофора. Растения без ползучих корневищ. — Typus: *C. cilicica* Boiss. Монотипная подсекция.

Terminal spike male, large, the others 2—3 female, dense, with rather short peduncles, erect. Utricles trigonous, thin-veined, glabrous, with an elongate bidentate beak. Fruit without carpophore. Plants without creeping rhizomes. — Typus: *C. cilicica* Boiss. Monotypic subsection.

13 (15). **C. cilicica** Boiss. 1859, Diagn, Pl. Nov. ser. 2, 4 : 124; id. 1882, Fl. Or. 5 : 424; Егор. 1982, Новости сист. высш. раст. 19 : 51; Ö. Nilsson, 1985, in Fl. Turk. 9 : 131. — *C. hostiana* var. *froedinii* Fagerström, 1967, Acta Soc. Fauna Fl. Fenn. **79**, 3 : 2. — *C. hostiana* auct. non DC.: Барсегян, Егорова, 1969, Биол. журн. Арм. **22**, 4 : 76. — **О. киликийская**.

Описан из южн. Турции (хр. Тавр); typus: «Region alpine du Taurus oriental, au-dessus de Boulgarmaden, 20 Jul., № 114, Balansa» (G!).

На болотистых лугах и болотах в субальпийском и среднем поясах гор. — **Кавк.**: Южн. Закавк. (юг Армении: Айоцдзорский, б. Даралагезский хр.). Общ. распр.: З. Азия (Турция, сев.-вост. Ирак, сев. Иран). — 2n = ?

На нашей территории этот вид известен только по сборам А. М. Барсегяна 1965 г. («Азизбековский р-н, между сс. Хачик и Гнишек, заболоченный горный луг, 2400—2500 м над ур. м.» — LE!, ERE!). На возможное нахождение этого вида в Закавказье указывали В. И. Кречетович (1935а) и А. А. Гроссгейм (1940). В названном районе Армении *C. cilicica* является одним из обычных растений горных заболоченных лугов и болот. Представлена здесь типовым подвидом. Два других подвида — subsp. *muratica* Ö. Nilsson и subsp. *mugarica* Ö. Nilsson эндемичны для Турции (Nilsson, l. c.).

Вопрос о систематическом положении *C. cilicica* нуждается в специальном изучении с привлечением кариологических данных. Обычно этот вид включают в рассматриваемую секцию, но иногда (Nilsson, l. c.) — в секцию *Fulvellae* Fries ex Christ (= sect. *Spirostachyae* Drej. ex L. H. Bailey). От представителей секции *Spirostachyae* *C. cilicica* отличается пурпурно-бурой (а не желтовато-зеленоватой) окраской мешочков, последние к тому же, глянцевитые, с длинным носиком (а не матовые, с коротким носиком). Кроме того, ни один вид секции *Spirostachyae* не обитает, подобно *C. cilicica*, в высокогорьях. Вместе с тем по сравнению с видами ряда подсекций секции *Aulocystis* мешочки у *C. cilicica* трехгранные, голые (а не уплощенно-трехгранные, б. м. опушенные), плод сидячий (а не на карпофоре), тычиночный колосок 1 (а не 1—3).

This species is known in our territory only from collections by Barsegyan in 1965 in southern Armenia («Азизбековский р-н, между сс. Хачик и Гнишек, заболоченный горный луг, 2400—2500 м над ур. м.» — LE!, ERE!). Possibility of finding this species in Transcaucasia was indicated by Kreczetowicz (1935a) and Grossheim (1940). In the mentioned region of Armenia, *C. cilicica* is one of usual plants of mountain boggy meadows and bogs. It is represented there by the type subspecies. Two other subspecies, subsp. *muratica* Ö. Nilsson and subsp. *mugarica* Ö. Nilsson are endemic for Turkey (Nilsson, l. c.).

The question concerning systematic position of *C. cilicica* needs a special study, with involving karyological data. Usually this species is included in considered section, but sometimes (Nilsson, l. c.) in the section *Fulvellae* Fries ex Christ (= sect. *Spirostachyae* Drej. ex L. H. Bailey). *C. cilicica* differs from representatives of the section *Spirostachyae* in the purple-brown colouring (instead of yellowish-greenish) of utricles, the latter, besides, being shining, with long beak (instead of dull, with short beak). Beside that, no species of the section *Spirostachyae* grows, like *C. cilicica*, in altimontane areas. At the same time, comparing with species of some subsections of the section *Aulocystis*, utricles of *C. cilicica* are trigonous, glabrous (instead of flattened-trigonous, more or less pubescent), fruit sessile (instead of carpophored), male spike 1 (instead of 1—3).

Subsect. 7. **Fuliginosae** Tuckerm. ex Kük. 1909, in Engl. Pflanzenr. 38 : 550, p. min. p., quoad *C. fuliginosam*. — Верхний колосок гинекандрический, остальные 1—4 пестичные, густые, на длинных ножках, поникающие. Мешочки уплощенно-трехгранные, без жилок, гладкие, с шиповато-шероховатыми краями, с удлиненным цельным или едва выемчатым носиком. Плод без карпофора. Растения без ползучих корневищ. — T y p u s: *C. fuliginosa* Schkuhr. Монотипная подсекция.

Terminal spike gynaecandrous, the others 1—4 female, dense, with long peduncles, pendent. Utricles flattened-trigonous, veinless, smooth, spinulate-scabrid on margins, with an elongate, entire or scarcely emarginate beak. Fruit without carpophore. Plants without creeping rhizomes. — T y p u s: *C. fuliginosa* Schkuhr. Monotypic subsection.

14 (16). **C. fuliginosa** Schkur, 1801, Beschr. Abbild. Riedgr. : 91, tab. Cc, fig. 47; М. Попов и Брадис, 1950, в Визн. росл. УРСР : 833; Егор. 1976, во Фл. Европ. ч. СССР, 2 : 190. — **О. сажистая.**

Описан из Австрии (Вост. Альпы, хр. Высокий Тауэрн, «...im Pinzgau»); t y p u s: HAL.

a) subsp. **fuliginosa**.

На каменистых местах в альпийском поясе. — **Европ. ч.**: Карп. (Карпаты). О б щ. р а с п р.: Ц. и Ю. Европа. — 2n = 40 (Dietrich, 1967).

b) subsp. **misandra** (R. Br.) Nyman, 1882, Consp. Fl. Europ. : 771; Егор. 1976а, во Фл. Европ. ч. СССР, 2 : 190; ead. 1976б, во Фл. Сев.-Вост. Европ. ч. СССР, 2 : 63; Chater, 1980, in Fl. Europ. 5 : 315; Малышев, 1990, во Фл. Сиб. 3 : 112. — *C. misandra* R. Br. 1823, Chlor. Melvill. : 25; id. 1824, in Suppl. App. Parry's Voy. App. XI, Bot. : 283; В. Креч. 1935, во Фл. СССР, 3 : 292; Егор. 1966, в Аркт. фл. СССР, 3 : 125; Ворош. 1982, Опред. раст. сов. Дальн. Вост. : 121; А. Е. Кожевников, 1988, в Сосуд. раст. сов. Дальн. Вост. 3 : 298. — *C. fuliginosa* var. β. *misandra* (R. Br.) O. Lang, 1851, Linnaea, 24 : 597;

Kük. 1909, in Engl. Pflanzenr. 38 : 557. — C. *frigida* All. var. β. Trev. 1852, in Ledeb. Fl. Ross. 4 : 294. — C. *fuliginosa* subsp. *misandra* (R. Br.) W. Dietrich, 1967, Feddes Repert. **75**, 1—2 : 15. — Exs.: H.F. URSS № 6067. — **О. нижнетычинковая**.

Описан из арктической Канады (о-в Мелвилл в архипелаге Парри, «Melvill»); typus: K.

В мохово-осоковых и разнотравно-дриадовых тундрах, на моховых приключевых болотцах, сырых галечниках; в арктической тундре и субарктических и, очень редко, южн. высокогорьях. — **Европ. ч.**: Аркт. (Нов. Земля; о-в Вайгач; Югорский п-ов: хр. Пай-Хой, Амдерма и Хабарово; р. Хальмеръю в окр. Воркуты; Полярн. Урал: р. Хойла), Кар.-Мурм. (Хибинские горы), Дв.-Печ. (Приполярн. Урал: верховья р. Кожим); **Зап. Сиб.**: Аркт. (Полярн. Урал), Обск. (Приполярн. Урал; Сев. Урал: басс. р. Хулги; Средн. Урал: Денежкин Камень); **Вост. Сиб.**: Аркт., Енис. (плато Путорана), Лен.-Кол. (сев.: север Среднесибирского плато, Верхоянский хр., хр. Сунтар-Хаята; юг: Южно-Муйский хр. и басс. верхнего течения Алдана); **Дальн. Вост.**: Аркт., Камч., Охот., Удск. (сев.: хр. Геран и Тыркано-Майский водораздел), Зее-Бур. (сев.: хр. Эзоп), Курил. Общ. распр.: С. Европа (Шпицберген, Фенноскандия); С. Америка (Гренландия; Канада; США: Аляска, Юта, Колорадо). — 2n = 40 (Dietrich, 1967; Жукова, Петровский, 1971; Крогулевич, 1976; Юрцев, Жукова, 1978; Жукова, 1980).

Для Курильских о-вов подвид указан по литературным данным (Ohwi, 1936; Кожевников, цит. соч.).

The subspecies is indicated here for Kuril Islands according to published data (Ohwi, 1936; Кожевников, l. c.).

К секции *Aulocystis* принадлежат также 2 приведенных ниже вида, о произрастании которых на нашей территории нет достоверных данных.

The section *Aulocystis* includes also 2 species enumerated below, no reliable data being available concerning their occurence in our territory.

C. ferruginea Scop. 1772, Fl. Carn., ed. 2, 2 : 225.

Описан из Словении («Habitat circa S. Petrum»); typus: ?

На каменистых горных склонах. — **Европ. ч.**: Карп. (? Карпаты). Общ. распр.: Ю. Европа.

Для Карпат C. *ferruginea* была отмечена С.С. Фодором (1974) на основании старых литературных данных без указания конкретных местонахождений. В «Визначнике рослин Українських Карпат» (1977) это растение не приводится. Нахождение C. *ferruginea* в украинской части Вост. Карпат маловероятно: севернее Южн. Карпат (южн. Румыния) вид неизвестен (Chater, 1980).

C. *ferruginea* was indicated for the Carpathians by Fodor (Фодор, 1974), basing on old published data, without indication of concrete locations. In «Визначник рослин Українських Карпат» (1977) this plant is not cited. Occurrence of C. *ferruginea* in Ukrainian part of Eastern Carpathians is almost improbable: the species is unknown to the north of Southern Carpathians (southern Romania) (Chater, 1980).

C. mucronata All. 1785, Fl. Pedem. 2 : 268; C. Koch, 1848, Linnaea, 21 : 613; Kük. 1909, in Engl. Pflanzenr. 38 : 532; В. Креч. 1935, во Фл. СССР, 3 : 336; Гроссг. 1940: Фл. Кавк., изд. 2, 2 : 60; id. 1949, Опред. раст. Кавк. : 664.

Описан из сев.-зап. Италии (Котские Альпы, басс. р. Бардонеш, «In alpibus di Bardonache lecta est»); typus: ?TO.

На сухих каменистых склонах. — Кавк.: Б. Кавк. (центр: ? Казбек, ? Алагир). Общ. распр.: Ц. и Ю. Европа.

Этот распространенный в Альпах, Апеннинах и горах сев.-зап. части бывшей Югославии вид приводился для Казбека под знаком вопроса Кохом (С. Koch, l. с.), а также видевшим его образец Кюкенталем (Kükenthal, l. с.) и рядом последующих авторов, в частности В. И. Кречетовичем (цит. соч.) и А. А. Гроссгеймом (цит. соч.). В LE имеются 2 экземпляра этого вида из Алагира, собранные Лаговским (Lagowski), этикетки которого, как отмечали Кречетович (цит. соч. : 336) и Гроссгейм (1940, цит. соч. : 262—264), часто недостоверны. Этот вид несомненно должен быть исключен из состава флоры Кавказа.

This species distributed in Alpes, Apennines and mountains of north-western part of the former Yugoslavia was cited for Kazbek with question-mark by C. Koch (l. c.), as well as by Kükenthal (l. c.) who had seen Koch's specimen, and some later authors, personally by Kreczetowicz (Кречетович, l. c.) and Grossheim (Гроссгейм, l. c.). In LE there are 2 specimens of this species from Alagir, collected by Lagowski; Kreczetowich (Кречетович, l. c. : 336) and Grossheim (Гроссгейм, 1940, l. c. : 262—264) have indicated his labels as being frequently doubtful. This species should undoubtedly be excluded from flora of the Caucasus.

Sectio 4. Curvulae Tuckerm. ex Kük. 1909, in Engl. Pflanzenr. 38 : 185; Егор. 1976, во Фл. Европ. ч. СССР, 2 : 160. — *Cryptoglochin* Heuff. 1844, Flora (Regensb.), 27 : 528. — *Kobresia* Willd. sect. *Cryptoglochin* (Heuff.) Ivanova, 1939, Бот. журн. 24, 5—6 : 489. — Все колоски андрогинные, в числе 4—6, в плотном короткоколосовидном соцветии, немногоцветковые, густые, почти сидячие. Нижний кроющий лист без влагалища, чешуевидный. Кроющие чешуи острые. Мешочки неясно трехгранные, тонкоперепончатые, 5—8 мм дл., без жилок, вверху по краям с шипиками, с удлиненным цельным или коротко-двузубчатым носиком. Рылец 3; плод при основании с осевым придатком. Растения без ползучих корневищ. — Typus: *C. curvula* All.

2 вида в горах Европы; вне рассматриваемой территории: *C. rosae* (Gilomen) H. Hess et Landolt (Пиренеи и Альпы).

All spikes androgynous, 4—6, few-flowered, dense, subsessile, in dense short-spiciform inflorescence. Lowest bract not sheathing, glumaceous. Glumes acute. Utricles obscurely trigonous, thin-membranous, 5—8 mm long, veinless, in upper part with small prickles on margins, with an elongate entire or short-bidentate beak. Stigmas 3; fruit with rachilla at base. Plants without creeping rhizomes. — Typus: *C. curvula* All.

2 species in mountains of Europe; outside considered territory: *C. rosae* (Gilomen) H. Hess et Landolt (Pyrenees and Alps).

1 (17). **C. curvula** All. 1785, Fl. Pedem. 2 : 264, tab. 92, fig. 3; М. Попов и Брадис, 1950, в Визн. росл. УРСР : 826; Ю. Алексеев, 1974, Вестн. Моск. унив. сер. 6, биол., почв. 6 : 46—48; Егор. 1976, во Фл. Европ. ч. СССР, 2 : 160. — ? *C. tripartita* All. l. c. : 265, tab. 92, fig. 5, nom. ambig. — *Kobresia curvula* (All.) Ivanova, 1939, Бот. журн. **24**, 5—6 : 489. — **О. изогнутая**.

Описан из сев. Италии (Пьемонт, «In summis jugis montis Silvii et montis Rosa. Cl. Bellardi in alpinis elatioribus d'Ussey»); typus: ?TO.

На высокогорных лугах и скалах. **Европ.ч.**: Карп. (Карпаты). Общ. распр.: Ц. (юг) и Ю. Европа. — 2n ≈ 86 (Reese, 1953). — Рис. 10, *3*.

Sectio 5. Siderostictae Franch. ex Ohwi, 1936, Mem. Coll. Sci. Kyoto Univ. ser. B, **11**, 5 : 428. — *Carex* p. *Siderostictae* Franch. 1898, Nouv. Arch. Mus. Paris, **3**, 10 : 106, nom. nud. — Sect. *Careyanae* Tuckerm. ex Kük. 1909, in Engl. Pflanzenr. 38 :

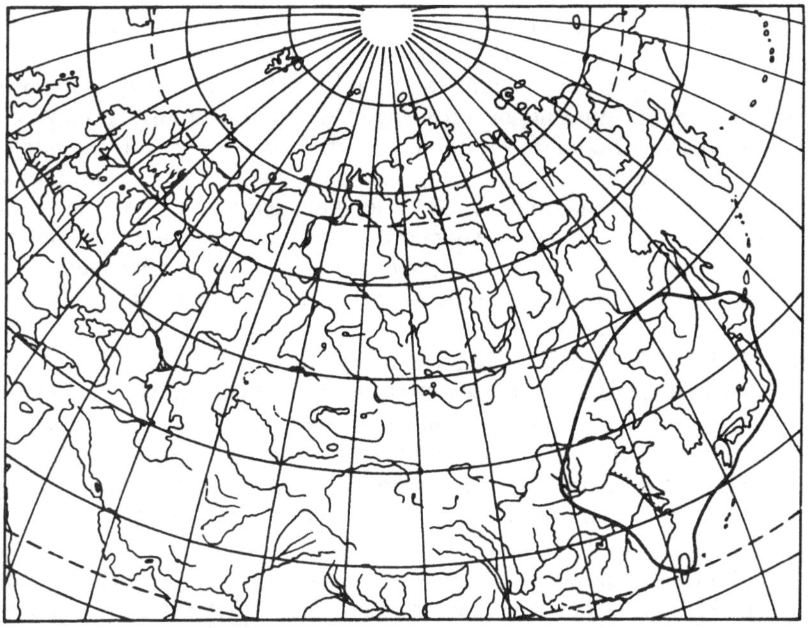

Рис. 15. Ареал секции *Siderostictae* Franch. ex Ohwi.

Fig. 15. Range of the section *Siderostictae* Franch. ex Ohwi.

522, p. p. — Sect. *Maltrema* (Rafin.) V. Krecz. 1935, во Фл. СССР, 3 : 356, nom. illeg. — Sect. *Laxiflorae* (Kunth) Mackenzie subsect. *Siderostictae* (Franch. ex Ohwi) T. Koyama, 1962, Journ. Fac. Sci. Univ. Tokyo (Bot.), **8**, 4 : 222, 223. — Все колоски андрогинные, от 4 до многочисленных, расставленные по всему репродуктивному побегу и иногда отходящие от его узлов по 2—3, мало- или немногоцветковые, рыхлые, короткоцилиндрические или шаровидные, на ножках. Кроющие листья в виде расширенных кверху, косо срезанных влагалищ, иногда имеющих короткую пластинку. Кроющие чешуи острые или туповатые, с 3 жилками. Мешочки тупо- или округло-трехгранные в поперечном сечении, иногда немного вздутые, 2—4 мм дл., перепончатые, с жилками, с коротким цельным или выемчатым носиком. Рылец 3. Плод при основании иногда (*C. siderosticta*) с осевым придатком. Растения с ползучими корневищами; листовые пластинки широколанцетные или линейные. — T y p u s: *C. siderosticta* Hance.

9 видов, в Вост. Азии (рис. 15); вне рассматриваемой территории: *C. ciliatomarginata* Nakai, *C. glossostigma* Hand.-Mazz., *C. grandiligulata* Kük., *C. hatuyenensis* K. Khoi, *C. kucyniakyii* Raymond, *C. okamotoi* Ohwi, *C. pachygyna* Franch. et Savat. и *C. tumidula* Ohwi.

Ряд авторов (Kükenthal, l. c.; Mackenzie, 1935; Raymond, 1959; Koyama, l. c.) включали виды рассматриваемой секции или в секцию *Careyanae* Tuckerm. ex Kük., или в секцию *Laxiflorae* (Kunth) Mackenzie вместе с видами родства

C. plantaginea Lam. и *C. laxiflora* Lam. (восток Сев. Америки) и с *C. olbiensis* Jord. (Средиземноморье). В обеих группах (т. е. в восточноазиатской и американо-средиземноморской) есть представители с широколанцетными листовыми пластинками (признак крайне редкий в роде *Carex*), что, видимо, и послужило основанием для объединения видов этих групп в одной секции. Между тем у видов первой группы, в отличие от второй соцветие состоит из андрогинных (а не однополых — тычиночного и пестичных) колосков, носик мешочков прямой (а не изогнутый), корневище длинноползучее (а не укороченное, неползучее). Рассматриваемые группы видов резко различаются и по кариологическим данным. У *C. siderosticta*, *C. ciliatomarginata* и *C. pachygyna* 2n = 12 (самое низкое число в роде *Carex* и самый примитивный кариотип), в то время как у *C. laxiflora* 2n = 40, у *C. plantaginea* 2n = 60.

Таким образом, обе группы видов обнаруживают достаточно существенные различия, что дает основание рассматривать их в составе отдельных секций. Наличие у ряда видов этих секций широколанцетных пластинок является, по-видимому, результатом конвергентного развития.

Виды секции *Siderostictae* значительно обособлены друг от друга, и почти каждый из них можно было бы выделить в монотипную подсекцию.

Название *Maltrema* (Rafin.) V. Krecz., l. c. не может быть использовано для обозначения данной секции, хотя оно появилось на год раньше, чем название *Siderostictae*. В. И. Кречетович, установив секцию *Maltrema*, включил в нее *C. siderosticta*. Однако *C. siderosticta* нет в составе рода *Maltrema* Rafin. (базионим секции *Maltrema*), вследствие чего название *Maltrema* не может быть типифицировано этим видом. Виды, перечисленные при описании рода *Maltrema* (*C. plantaginea*, *C. oligocarpa* Schkuhr ex Willd. и др.), были распределены Кюкенталем (Kükenthal, l. c.) между секциями *Griseae* (L. H. Bailey) Kük. и *Careyanae*. Поэтому секционное название *Maltrema* является nomen illegitimum, как излишнее и должно быть отнесено в синонимы к названным секциям.

All spikes androgynous, 4—many, distantly arranged all over reproductive shoot and sometimes arising from its nodes by 2—3, few-flowered, lax, short-cylindrical or globose, pedunculate. Bracts are represented by apically enlarged, obliquely truncate sheaths, sometimes with short blades. Glumes acute or obtusish, 3-veined. Utricles obtuse- or orbicular-trigonous in cross-section, sometimes a little inflated, 2—4 mm long, membranous, veined, with a short entire or emarginate beak. Stigmas 3. Fruit sometimes (*C. siderosticta*) with rachilla at base. Plants with creeping rhizomes; leaf blades broad-lanceolate or linear. — T y p u s: *C. siderosticta* Hance.

9 species in East Asia (Fig. 15); outside considered territory: *C. ciliatomarginata* Nakai, *C. glossostigma* Hand.-Mazz., *C. grandiligulata* Kük., *C. hatuyenensis* K. Khoi, *C. kucyniakyii* Raymond, *C. okamotoi* Ohwi, *C. pachygyna* Franch. et Savat. and *C. tumidula* Ohwi.

Some authors (Kükenthal, l. c.; Mackenzie, 1935; Raymond, 1959; Koyama, l. c.) included species of the section under consideration in the sections *Careyanae* Tuckerm. ex Kük. or *Laxiflorae* (Kunth) Mackenzie together with species allied to *C. plantaginea* Lam. and *C. laxiflora* Lam. (eastern North America) as well as *C. olbiensis* Jord. (Mediterranean). Both groups (i. e., East Asian and American-Mediterranean) have representatives with broad-lanceolate leaf blades (the character being extremely rare for the genus *Carex*), that probably has served as a basis for uniting species of these groups in one section. Meanwhile, species of the former group, in contrary from the latter one, have inflorescence composed of androgynous (instead of unisexual — male and female) spikes, straight utricle beaks (instead of curved), long creeping rhizomes (instead of abbreviated, not creeping). The considered groups of species are definitely distinguished karyologically as well. *C. siderosticta*, *C. ciliatomarginata* and *C. pachygyna* have 2n = 12 (the lowest chromosome number in the genus *Carex* and the most primitive karyotype), while *C. laxiflora* having 2n = 40, *C. plantaginea* having 2n = 60.

Thus, these two groups of species demonstrate essential differences enough to be a base for considering them as separate sections. Broad-lanceolate leaf blades demonstrated by a number of species of both sections are, probably, a result of convergent development.

Рис. 16. *Carex siderosticta* Hance

а — репродуктивные побеги, *б* — молодой вегетативный побег, *в* — мешочек, *г* — вскрытый мешочек (виден плод с осевым придатком).

Fig. 16. *Carex siderosticta* Hance

а — reproductive shoots, *б* — young vegetative shoot, *в* — utricle, *г* — dissected utricle (fruit with rachilla is visible).

Species of the section *Siderostictae* are considerably separated from each other, and almost each of them could be distinguished as monotypic subsection.

The name *Maltrema* (Rafin.) V. Krecz., l. c. cannot be used for the section under consideration, though it has been published a year before the name *Siderostictae*. When established the section *Maltrema*, Kreczetowicz has included *C. siderosticta* in it. However, *C. siderosticta* had not been included in the genus *Maltrema* Rafin., the latter being basionym of the section *Maltrema*), owing to that the name *Maltrema* cannot be typified by this species. Species enumerated in the description of the genus *Maltrema* (*C. plantaginea*, *C. oligocarpa* Schkuhr ex Willd., etc.), were distributed by Kükenthal (l. c.) among the sections *Griseae* (L. H. Bailey) Kük. and *Careyanae*. Therefore, the section name *Maltrema* is nomen illegitimum, as being superfluous, and should be included into synonymy to the sections named above.

1 (18). **C. siderosticta** Hance, 1873, Journ. Linn. Soc. London (Bot.), 13 : 89; В. Креч. 1935, во Фл. СССР, 3 : 357; T. Koyama, 1962, Journ. Fac. Sci. Univ. Tokyo (Bot.), **8**, 4 : 232, p. p., excl. var. *pilosa* Lévl. ex Nakai. — Exs.: H.F.R. N 2385, H.F. URSS N 5566.

Описан из Вост. Китая («In silvis montanis, Jehol, April, invenit Rev. P. Arm. David, Exs. № 15599»); typus: ?BM.

В широколиственных и смешанных лесах. — **Дальн. Вост.**: Зее-Бур. (юг, редко), Уссур. (юг). Общ. распр.: В. Азия (Китай, п-ов Корея, Япония). — 2n = 12, 24 (Tanaka, 1939, 1940b). — Рис. 16.

У типичной *C. siderosticta* кроющие листья состоят только из одних влагалищ, косо срезанных на верхушке. Но у ее разновидности — var. *bracteosa* Franch. (Япония) кроющие листья имеют и короткую пластинку.

The typical *C. siderosticta* has bracts consisting only of sheaths obliquely truncate at apex; its variety, var. *bracteosa* Franch. (Japan) having bracts with short blade as well.

Sectio 6. Carex. — Sect. *Lasiocarpae* Fries ex Christ, 1885, Bull. Soc. Bot. Belg. **24**, 2 : 11, p. p., nom. nud. — Sect. *Aristatae* (Carey) Christ, 1885, l. c. : 11, p. p. — Sect. *Trachychlaenae* Drej. ex L. H. Bailey, 1887, Proc. Amer. Acad. Arts. Sci. 22 : 71, p. p. — Sect. *Odontostomae* Fries ex Pax, 1888, in Engl. u. Prantl, Nat. Pflanzenfam. **2**, 2 : 125, p. p. — Sect. *Vesicariae* Meinsh. 1901, Тр. Петерб. бот. сада, **18**, 3 : 366, 283, p. p. — Sect. *Hirtae* Tuckerm. ex Kük. 1909, in Engl. Pflanzenr. 38 : 742, p. p. — Sect. *Pompholyx* V. Krecz. 1935, во Фл. СССР, 3 : 134, p. p. — Верхние (1)2—5 колосков тычиночные, остальные 2—4(5) пестичные, много- и б. м. густоцветковые, цилиндрические, нижние обычно на ножках. Нижний кроющий лист б. ч. с длинным влагалищем (редко без влагалища) и с пластинкой, превышающей соцветие. Чешуи пестичных колосков обычно с короткой или длинной остью. Мешочки почти округлые в поперечном сечении, б. м. вздутые, обычно продолговато-яйцевидные или яйцевидно-конические, кожистые, реже перепончатые, (4)5—10(12) мм дл., с многочисленными жилками, опушенные, редко голые, обычно с удлиненным остро-двузубчатым носиком. Рылец 3; столбик прямой или изогнутый. Растения с ползучими корневищами; стебли часто с расставленными узлами. — Typus: generis lectotypus.

Около 30 видов, в Европе, умеренном и отчасти субтропическом поясах Азии, во внеарктических областях Сев. Америки, в умеренном и субтропическом поясах Южн. Америки и в Сев. Африке.

Upper (1)2—5 spikes male, the others 2—4(5) female, many- and more or less dense-flowered, cylindrical, lower ones usually pedunculate. Lowest bract generally with long sheath (rarely sheathless) and blade, exceeding inflorescence. Female glumes usually with short or long awn. Utricles suborbicular in cross-section, more or less inflated, usually oblong-ovoid or ovoid-conic, coriaceous, more rarely membranous, (4)5—10(12) mm long, many-veined, pubescent, rarely glabrous, usually with an elongate sharply-bidentate beak. Stigmas 3; style straight or curved. Plants with creeping rhizomes; stems frequently with distant nodes. — T y p u s: generis lectotypus.

About 30 species in Europe, temperate and partly subtropical belts of Asia, in non-arctic areas of North America, in temperate and subtropical belts of South America and in North Africa.

1. Мешочки опушенные..2.
+ Мешочки голые...8.
2. Мешочки (5)6—8(9) мм дл., тонкокожистые или перепончатые, с б. м. длинным, 1.5—3.5 мм, и обычно глубоко-двузубчатым носиком с зубцами (0.5)1—2.5(3) мм дл. Влагалища и пластинки листьев опушенные или, иногда, голые и только у верхнего края пленчатой стороны влагалища опушенные..3.
+ Мешочки 4—5 мм дл., с коротким, 0.7—1(1.2) мм, коротко-двузубчатым носиком с зубцами 0.5—0.9 мм дл. Влагалища и пластинки листьев голые..6.
3. Носик спереди и по краям зубцов красновато-коричневый; зубцы широкие, мягкие. Мешочки перепончатые..4.
+ Носик зеленовато-желтоватый, не отличающийся по цвету от остальной части мешочка; зубцы шиловидные, твердые. Мешочки тонкокожистые...5.
4. Пластинки листьев 5—8(10) мм шир., снизу опушенные или голые; влагалища листьев б.м. густо опушенные или голые и только у края его пленчатой стороны опушенные. Мешочки 6—8(9) мм дл.; зубцы носика (1)1.5—2.2(2.5) мм дл. Нижний кроющий лист с влагалищем (2)3—7 см дл. ....4. **C. sordida**.
+ Пластинки листьев 3—4(5) мм шир., как и влагалища, голые. Мешочки 5—6.5 мм дл.; зубцы носика (0.3)0.4—0.7 мм дл. Нижний кроющий лист без влагалища, редко с коротким, до 1 см, влагалищем......... ....6. **C. glabrescens**.
5. Чешуи пестичных колосков рассеянно-волосистые. Пластинки листьев 2—4(5) мм шир., опушенные с обеих сторон, редко голые. Мешочки 5.5—7 мм дл., обычно по всей поверхности густо-волосистые. Пестичные колоски расположены почти по всему стеблю.............1. **C. hirta**.
+ Чешуи пестичных колосков голые. Пластинки листьев (3)4—8(10) мм шир., опушенные с нижней стороны или голые. Мешочки 6—9 мм дл., рассеянно-волосистые. Пестичные колоски расположены в верхней половине стебля..3. **C. atherodes**.
6(2). Пестичные колоски на очень коротких ножках, почти сидячие. Пластинки листьев желобчатые, 1—2 мм шир. Чешуи пестичных колосков коричневые...8. **C. lasiocarpa**.....7.
+ Нижние пестичные колоски на ножках 3—6 см дл. Пластинки листьев плоские, 3—5 мм шир. Чешуи пестичных колосков бледно-бурые. Растение Средней Азии...7. **C. fedia**.
7. Влагалища листьев, окружающих основания побегов, красновато-бурые или желтоватые, редко темно-пурпурные. Чешуи пестичных колосков короче мешочков, равные им или немного длиннее. Мешочки густо опушенные, носики их опушенные и лишь спереди, возле устья, голые, реже целиком голые...........8a. **C. lasiocarpa** subsp. **lasiocarpa**.

\+ Влагалища листьев, окружающих основания побегов, темно-пурпурные. Чешуи пестичных колосков немного длиннее мешочков или равные им. Мешочки б.м. густо опушенные, иногда почти голые, носики их целиком голые или только по краям иногда реснитчато-волосистые.. ....8b. **C. lasiocarpa** subsp. **occultans**.

8(1). Тычиночный колосок 1; пестичные колоски сближенные, 1–2.5 см дл. Мешочки 5–6 мм дл., с коротким, 0.7–1 мм, коротко-двузубчатым носиком, зубцы 0.3–0.5 мм дл. ....9. **C. latisquamea**.

\+ Тычиночных колосков 2–4(5); пестичные колоски расставленные, (2)3–6(8) см дл. Мешочки (4.5)5–9 мм дл., с удлиненным, 1.5–3.5 мм, носиком, зубцы (1)1.2–2.5(3) мм дл. ....9.

9. Мешочки 6–10 мм дл., тонкокожистые; носик с крепкими шиловидными зубцами, по цвету не отличающийся от остальной части мешочка. Чешуи тычиночных колосков с длинной остью........................10.

\+ Мешочки (4.5)5–8(9) мм дл., перепончатые; носик с широкими мягкими зубцами, в верхней части и по краям зубцов красновато-коричневый. Чешуи тычиночных колосков безостые, острые или заостренные...11.

10. Мешочки (7)8–10(12) мм дл., продолговато яйцевидно-конические; носик спереди заметно глубже вырезан, чем сзади, с зубцами 2.2–3 мм дл. Пластинки листьев 2–4 мм шир., с сильно завернутыми краями...2. **C. raddei**.

\+ Мешочки 6–9 мм дл., яйцевидные или продолговато-яйцевидные; носик спереди и сзади одинаково вырезан, с зубцами (1)1.2–2.5(3) мм дл. Пластинки листьев (3)4–8(10) мм шир., б. м. плоские................. ....3. **C. atherodes** (см. также ступень 5).

11. Влагалища листьев по всей поверхности или только у верхнего края пленчатой стороны опушенные, пластинки снизу опушенные или голые, 5–8(10) мм шир. Влагалище нижнего кроющего листа (2)3–7 см дл. Мешочки 6–8(9) мм дл., в верхней половине опушенные или голые, по краям носика и его зубцов (с наружной и внутренней сторон) щетинисто-реснитчатые; зубцы носика (1)1.5–2.2(2.5) мм дл. Пестичные колоски в числе (3)4–5, густые (ось колоска почти не видна), со слабо отклоненными зрелыми мешочками........................... ....4. **C. sordida**.

\+ Влагалища листьев и у верхнего края голые, пластинки голые, 3–5 мм шир. Влагалище нижнего кроющего листа 0–1(3) см дл. Мешочки (4.5)5–7 мм дл., голые, по краям носика гладкие или с единичными щетинками; зубцы носика гладкие, 0.6–1.2(2) мм дл. Пестичные колоски в числе 2–3(4), рыхлые (ось колоска хорошо видна), с сильно (почти горизонтально) отклоненными зрелыми мешочками...5. **C. drymophila**.

1. Utricles pubescent...2.

\+ Utricles glabrous..8.

2. Utricles (5)6–8(9) mm long, thin-coriaceous or membranous, with a more or less long, 1.5–3.5 mm, and usually deeply bidentate beak with teeth (0.5)1–2.5(3) mm long. Sheaths and blades of leaves pubescent or, sometimes, glabrous and pubescent only at upper margin of scarious side of sheath...3.

+ Utricles 4–5 mm long, with a short, 0.7–1(1.2) mm, short-bidentate beak with teeth 0.5–0.9 mm long. Sheaths and blades of leaves glabrous...6.

3. Beak reddish-brown in front and at teeth margins; teeth broad, soft. Utricles membranous ....4.

+ Beak greenish-yellowish, not differing by colouring from the other part of utricle; teeth subulate, rigid. Utricles thin-coriaceous...5.

4. Leaf blades 5–8(10) mm wide, beneath pubescent or glabrous; leaf sheaths more or less densely pubescent, or glabrous and pubescent only at edge of its scarious side. Utricles 6–8(9) mm long; beak teeth (1)1.5–2.2(2.5) mm long. Lowest bract with sheath (2)3–7 cm long...4. **C. sordida**.

+ Leaf blades 3–4(5) mm wide, together with sheaths glabrous. Utricles 5–6.5 mm long; beak teeth (0.3)0.4–0.7 mm long. Lowest bract sheathless, rarely with short, up to 1 cm, sheath...6. **C. glabrescens**.

5. Female glumes sparsely pubescent. Leaf blades 2–4(5) mm wide, pubescent both above and beneath, rarely glabrous. Utricles 5.5–7 mm long, usually densely pubescent all over surface. Female spikes arranged almost all over stem....................................1. **C. hirta**.

+ Female glumes glabrous. Leaf blades (3)4–8(10) mm wide, pubescent beneath or glabrous. Utricles 6–9 mm long, sparsely pubescent. Female spikes located in upper half of stem..3. **C. atherodes**.

6(2). Female spikes with very short peduncles, subsessile. Leaf blades canaliculate, 1–2 mm wide. Female glumes brown...8. **C. lasiocarpa**.....7.

+ Lower female spikes with peduncles 3–6 cm long. Leaf blades flat, 3–5 mm wide. Female glumes pale brown. Plant of Middle Asia...7. **C. fedia**.

7. Sheaths of leaves surrounding shoot bases reddish-brown or yellowish, rarely dark purple. Female glumes shorter than utricles, equal to them or a little longer. Utricles densely pubescent; beaks pubescent, but only in front, near orifice, glabrous, more rarely completely glabrous...8a. **C. lasiocarpa** subsp. **lasiocarpa**.

+ Sheaths of leaves surrounding shoot bases dark purple. Female glumes a little longer than utricles or equal to them. Utricles more or less densely pubescent, sometimes subglabrous; beaks completely glabrous or only on margins sometimes ciliate-pubescent........................ ....8b. **C. lasiocarpa** subsp. **occultans**.

8(1). Male spike 1; female spikes approximate, 1–2.5 cm long. Utricles 5–6 mm long, with a short, 0.7–1 mm, short-bidentate beak, teeth 0.3–0.5 mm long................................ ....9. **C. latisquamea**.

+ Male spikes 2–4(5); female spikes distant, (2)3–6(8) cm long. Utricles (4.5)5–9 mm long, with an elongate, 1.5–3.5 mm, beak, teeth (1)1.2–2.5(3) mm long..................9.

9. Utricles 6–10 mm long, thin-coriaceous; a beak with rigid subulate teeth, not differing by colouring from the other part utricle. Male glumes with long awn.........................10.

+ Utricles (4.5)5–8(9) mm long, membranous; a beak with broad soft teeth, in upper part and at teeth margins reddish-brown. Male glumes awnless, acute or acuminate............11.

10. Utricles (7)8–10(12) mm long, oblong-ovoid-conic; a beak dorsally distinctly deeper cuneate-cleft, than venrally, with teeth 2.2–3 mm long. Leaf blades 2–4 mm wide, with strongly revolute margins...2. **C. raddei**.

+ Utricles 6–9 mm long, ovoid or oblong-ovoid; a beak dorsally and ventrally equally cuneate-cleft, with teeth (1)1.2–2.5(3) mm long. Leaf blades (3)4–8(10) mm wide, more or less flat..3. **C. atherodes** (see also stage 5).

11. Leaf sheaths pubescent all over surface or only at upper edge of scarious side, blades beneath pubescent or glabrous, 5–8(10) mm wide. Sheath of lowest bract (2)3–7 cm long. Utricles 6–8(9) mm long, in upper half pubescent or glabrous, on beak margins and teeth (at outer and inner sides) setulous-ciliate; beak teeth (1)1.5–2.2(2.5) mm long. Female spikes (3)4–5 in number, dense (spike axis almost invisible), with utricles slightly patent at maturity...4. **C. sordida**.

+ Leaf sheaths glabrous including upper edge, blades glabrous, 3–5 mm wide. Sheath of lowest bract 0–1(3) cm long. Utricles (4.5)5–7 mm long, glabrous, at beak margins smooth or with very few setulas; beak teeth smooth, 0.6–1.2(2) mm long. Female spikes 2–3(4), lax (spike axis distinctly visible), with utricles at maturity strongly (almost horizontally) patent..5. **C. drymophila**.

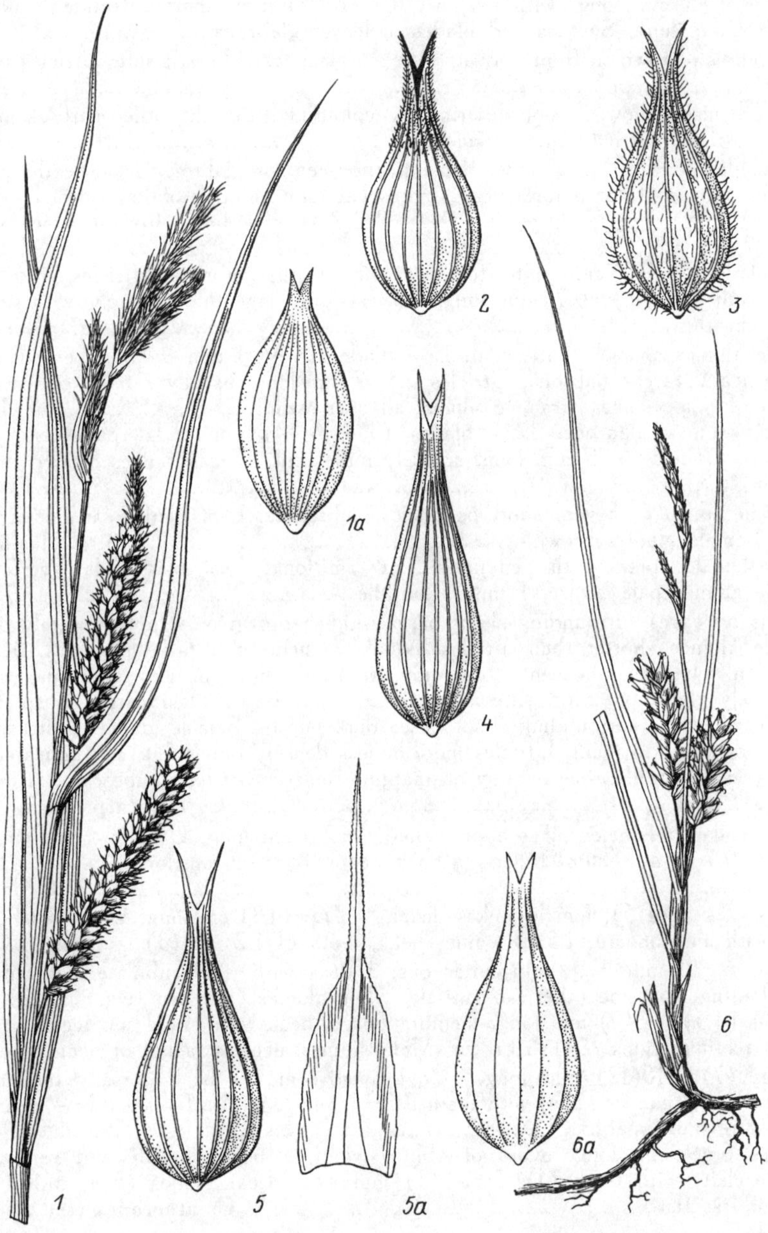

Рис. 17.

1 — *Carex riparia* Curt., соцветие, *1a* — мешочек; *2* — *C. sordida* Van Heurck et Muell. Arg., мешочек; *3* — *C. hirta* L., мешочек; *4* — *C. raddei* Kük., мешочек; *5* — *C. atherodes* Spreng., мешочек, *5a* — кроющая чешуя мешочка; *6* — *C. pumila* Thunb., общий вид растения, *6a* — мешочек.

Fig. 17.

1 — *Carex riparia* Curt., inflorescence, *1a* — utricle; *2* — *C. sordida* Van Heurck et Muell. Arg., utricle; *3* — *C. hirta* L., utricle; *4* — *C. raddei* Kük., utricle; *5* — *C. atherodes* Spreng., utricle, *5a* — female glume; *6* — *C. pumila* Thunb., the whole plant, *6a* — utricle.

1 (19). **C. hirta** L. 1753, Sp. Pl. : 975; В. Креч. 1935, во Фл. СССР, 3 : 455. — E x s.: H.F.R. № 845, H.F. URSS № 4222a, b. — **О. коротковолосистая**.

Описан из Европы («Habitat in Europae sabulosis»); l e c t o t y p u s: «Herb. A. van Royen, sheet 901, 336—595» (L) — Kukkonen in Nicolson, 1992 : 559.

На приречных склонах, сырых лугах, берегах водоемов, опушках, в кустарниках, по краям дорог, обычно на песчаной почве. — **Европ. ч.**: все районы, кроме Аркт. (в Кар.-Мурм. юг Карелии, в Дв.-Печ. юг); **Кавк.**: все районы, кроме Тал.; **Дальн. Вост.**: Уссур. (юг, заносное). О б щ . р а с п р.: Европа; З. Азия (Турция; Иран: хр. Кухруд); С. Америка (заносное); С. Африка. — 2n = 112 (Heilborn, 1924; Wahl, 1940; Davies, 1956a, 1956b; Dietrich, 1972; Тодераш, 1977). — Рис. 17, *3*.

Варьирует подобно другим видам секции по степени опушения влагалищ и пластинок листьев: от рассеянно-волосистых до голых и только у верхнего края пленчатой стороны влагалища волосистых.

Varies, like other species of the section, by extent of leaf sheaths and blades pubescence: from sparsely pubescent to glabrous and pubescent only at upper edge of scarious side of sheath.

2 (20). **C. raddei** Kük. 1899, Bot. Centralbl. 77 : 67; В. Креч. 1935, во Фл. СССР, 3 : 457; Чекань, 1972, Бот. журн. **57**, 11 : 1421; Y. L. Chang et Y. L. Yang, 1976, in Fl. Chin. Bor.-Or. 11 : 78; Y. T. Lee, 1976, in Fl. Cor. 7 : 417; А. Е. Кожевников, 1988, в Сосуд. раст. сов. Дальн. Вост. 3 : 341. — *C. aristata* R. Br. subsp. *raddei* (Kük.) Kük. 1909, in Engl. Pflanzenr. 38 : 755; Ворош. 1982, Опред. раст. сов. Дальн. Вост. : 127. — *C. aristata* subsp. *raddei* var. *eriophylla* Kük. 1909, l. c. : 755. — *C. eriophylla* (Kük.) Kom. 1925, Мал. опред. раст. Дальневост. края : 135; В. Креч. 1935, l. c.: 455; А. Е. Кожевников, 1988, l. c. : 341. — *C. aristata* subsp. *eriophylla* (Kük.) Worosch. 1982, Опред. раст. сов. Дальн. Вост. : 127, comb. invalid. (sine basionymo). — E x s.: H.F. URSS № 5670. — **О. Радде**.

Описан с юга российского Дальнего Востока (басс. рр. Зеи и Буреи); l e c t o t y p u s: Амурская обл., «ad fl. Amur inter Ust-Strelotshnaja et ostia fl. Dseja, 1857, № 8, G. Radde» (LE!) — Кречетович (in sched.), Егорова (h. l.).

На песчаных берегах рек, отмелях, среди пойменных кустарников. — **Дальн. Вост.**: Удск., Зее-Бур., Уссур. О б щ . р а с п р.: Ц. (вост. Монголия) и В. (Сев.-Вост. Китай, п-ов Корея) Азия. — 2n = ? — Рис. 17, *4*.

Варьирует на протяжении всего ареала по степени опушения влагалищ листьев и пластинок (с нижней стороны) от густо- до рассеянно-волосистых и голых, причем опушенные образцы встречаются чаще, чем неопушенные. Растения с волосистыми листьями были описаны с п-ова Корея как *C. aristata* subsp. *raddei* var. *eriophylla* Kük., l. c. (typus: «Sandige Gräben bei Tschinampo, № 944, Faurie» — LE!). Одними авторами (см. синонимику) эта разновидность рассматривается в ранге вида или подвида, другими (Y. L. Chang et Y. L. Yang, l. c.; Y. T. Lee, l. c.; Kitagawa, 1979) справедливо, на мой взгляд, синонимизируется с *C. raddei*.

Varies throughout its range in extent of pubescence of leaf sheaths and blades (beneath) from densely to sparsely pubescent and glabrous, pubescent specimens occurring more often, than glabrous. Plants with pubescent leaves were described from Korea peninsula as *C. aristata* subsp. *raddei* var. *eriophylla* Kük., l. c. (typus: «Sandige Gräben bei Tschinampo, № 944, Faurie» — LE!). Some authors (see synonymy) consider this variety in the rank of species or subspecies, others (Y. L. Chang et Y. L. Yang, l.c.; Y. T. Lee, l. c.; Kitagawa, 1979) synonymizing it (correctly, in my opinion) with *C. raddei*.

11 Заказ № 131

3 (21). **C. atherodes** Spreng. 1826, Syst. Veg. 3 : 828; Егор. 1972, Новости сист. высш. раст. 9 : 67; ead. 1976, во Фл. Европ. ч. СССР, 2 : 164; Cronquist et al. 1977, Intermount. Fl. 6 : 116; Малышев, 1979, во Фл. Центр. Сиб. 1 : 169; id. 1990, во Фл. Сиб. 3 : 120; Ö. Nilsson, 1985, in Fl. Turk. 9 : 111; А. Е. Кожевников, 1988, в Сосуд. раст. сов. Дальн. Вост. 3 : 342. — *C. aristata* R. Br. 1823, in Richards. App.VII Bot. in Franklin, Narr. Journey Polar Sea : 753, non Honck. 1792; Ворош. 1982, Опред. раст. сов. Дальн. Вост. : 127, quoad subsp. *aristata*. — *C. orthostachys* C. A. Mey. 1833, in Ledeb. Fl. Alt. 4 : 231; В. Креч. 1935, во Фл. СССР, 3 : 452; Y. L. Chang et Y. L. Yang, 1976, in Fl. Chin. Bor.-Or. 11 : 80. — *C. siegertiana* Uechtr. 1866, Verh. Bot. Ver. Brandenb. 8 : 92, 103; В. Креч. 1935, l. c. : 451. — *C. aristata* subsp. *orthostachys* (C. A. Mey.) Kük. 1909, in Engl. Pflanzenr. 38 : 753. — *C. pergrandis* V. Krecz. et Lucznik, 1937, Тр. Дальневост. фил. АН СССР, сер. бот. 2 : 824; А. Е. Кожевников, 1988, l. c. : 339. — *C. atherodes* var. *orthostachys* (C. A. Mey.). A. E. Kozhevnikov, 1988, в Сосуд. раст. сов. Дальн. Вост. 3 : 342. — *C. atherodes* var. *maxima* (Kük.) A. E. Kozhevnikov, l. c. : 342. — *C. atherodes* var. *vix-vaginata* (Kük.) A. E. Kozhevnikov, l. c. : 342. — Exs.: H.F. URSS № 4235. — **О. прямоколосая**.

Описан из лесной зоны Канады («Denotes the wooded country from latitude 54° to 64° north»); typus est typus *C. aristatae* R. Br.: «Cumberland House, Dr. Richardson» (K).

По берегам рек и озер, на пойменных, иногда б. м. засоленных лугах, ключевых болотцах, в заболоченных лесах и кустарниках; на равнине и в лесном поясе гор. — **Европ.ч.**: Кар.-Мурм. (юг Карелии), Дв.-Печ., Прибалт. (Латвия), Лад.-Ильм., Верх.-Днепр. (редко; в Беларуси — Витебская обл., Городокский р-н, с. Меховое), Верх.-Волж., Волж.-Кам., Карп. (Львовская обл.), Волж.-Дон., Сред.-Днепр. (сев.), Заволж.; **Кавк.**: Центр. и Южн. (Грузия: Джавахетия; Армения: Разданский р-н, с. Мисхана) Закавк.; **Зап. Сиб.**: Обск. (юг), Верх.-Тоб., Ирт., Алт.; **Вост. Сиб.**: Лен.-Кол. (сев.-вост. и к югу от Вилюя и Алдана), Анг.-Саян., Даур.; **Дальн. Вост.**: Зее-Бур., Уссур.; **Средн. Азия**: Арало-Касп. (оз. Челкар), Прибалх. (оз. Зайсан и Казахский мелкосопочник). Общ. распр.: С. (Швеция, Финляндия) и Ц. (Германия, Польша) Европа; З. (сев.-вост. Турция), Ц. (Монголия) и В. (Китай) Азия; С. Америка. — 2n = ? — Рис. 17, 5.

По мнению американских авторов (Cronquist et al., l. c.), описание вида несомненно базируется на образцах Ричардсона, цитированных выше в качестве типа.

Во всех частях ареала *C. atherodes* встречаются растения как с совсем голыми влагалищами и пластинками листьев (в частности, таков типовой образец *C. orthostachys* C. A. Mey.: «In pratis humidis ad lacum Noor-Saisan, Hb. Meyer» — LE!), так и с б. м. густо опушенными влагалищами и рассеянно опушенными на нижней поверхности пластинками. Вид варьирует также по длине зубцов носика мешочков от (1)1.2 до 2.5(3) мм дл., причем она может колебаться в пределах одной популяции (например, у автентичных образцов *C. orthostachys* с Алтая зубцы 1.5—2.3 мм дл.). Поэтому я не могу признать самостоятельности *C. orthostachys*, так же как и выделенных на основании различий в степени опушения листьев и длине зубцов носика разновидностей *C. atherodes* (см. синонимику). Таксономически идентична *C. atherodes* и описанная с юга российского Дальнего Востока *C. pergrandis* V. Krecz. et Lucznik, l. c. (typus: юг Приморского края, «Приморская губ., правый берег р. Супутинки близ с. Кондратенково, 13 VII 1932, № 284, З. Лучник» — LE!).

C. atherodes, очень редкое в зарубежной Европе растение, недавно было найдено в Швеции (Niordson, 1988).

In opinion of American authors (Cronquist et al., l. c.), a description of the species is undoubtedly based on Richardson's specimens cited above as a type.

In all parts of *C. atherodes* range, plants occur with glabrous leaf sheaths and blades (for instance, the type specimen of *C. orthostachys* C. A. Mey.: «In pratis humidis ad lacum Noor-Saisan, Hb. Meyer» — LE!), as well as those with sheaths more or less densely pubescent and blades sparsely pubescent beneath. The species varies also in length of utricle beak teeth, from (1)1.2 to 2.5(3) mm long, the latter being able to fluctuate within one population (for example, authentic specimens of *C. orthostachys* from Altai have teeth 1.5—2.3 mm long). Therefore, I can not admit independence of *C. orthostachys*, as well as varieties of *C. atherodes* (see synonymy) distinguished on base of differences in extent of leaves pubescence and length of beak teeth. *C. atherodes* is taxonomicaly identical to *C. pergrandis* V. Krecz. et Lucznik, l. c. described from the southern Russian Far East (typus: southern Maritime Territory, «Приморская губ., правый берег р. Супутинки близ с. Кондратенково, 13 VII 1932, № 284, З. Лучник» — LE!).

C. atherodes, being a very rare plant in foreign Europe, recently was found in Sweden (Niordson, 1988).

4 (22). **C. sordida** Van Heurck et Muell. Arg. 1870, in Van Heurck, Observ. Bot. 1 : 33; В. Креч. во Фл. СССР, 1935, 3 : 462 (pro sp. obscur.); Егор. 1966, в Аркт. фл. СССР, 3 : 160; ead. 1979, Новости сист. высш. раст. 16 : 52; А. Е. Кожевников, 1988, в Сосуд. раст. сов. Дальн. Вост. 3 : 338. — *C. hirta* var. *glabrata* Turcz. 1838, Bull. Soc. Nat. Moscou, **11**, 1 : 104, nom. nud. — *C. hirta* var. γ. Trev. 1852, in Ledeb. Fl. Ross. 4 : 319. — *C. orthostachys* var. *hirtaeformis* Maxim. 1859, Prim. Fl. Amur. : 316. — *C. akanensis* Franch. 1895, Bull. Soc. Philom. Paris, sér. 8, 7 : 51. — *C. amurensis* Kük. 1899, Bot. Centralbl. 77 : 94; В. Креч. l. c. : 457. — *C. amurensis* var. *abbreviata* Kük. 1899, l. c. : 94. — *C. burejana* Meinsh. 1901, Тр. Петерб. бот. сада, **18**, 3 : 368, p. p. — *C. drymophila* var. *akanensis* (Franch.) Kük. 1909, in Engl. Pflanzenr. 38 : 756; Y. T. Lee, 1976, in Fl. Cor. 7 : 419; Ворош. 1982, Опред. раст. сов. Дальн. Вост. : 127. — *C. drymophila* var. *glabrata* Ohwi, 1936, Mem. Coll. Sci. Kyoto Univ. ser. B, **11**, 5 : 507, nom. invalid. — *C. drymophila* var. *abbreviata* (Kük.) Ohwi, 1943, Acta Phytotax. Geobot. (Kyoto), 12 : 107; T. Koyama, 1962, Journ. Fac. Sci. Univ. Tokyo (Bot.), 8 : 246 (cum auct. comb. T. Koyama); Y. L. Chang et Y. L.Yang, 1976, in Fl. Chin. Bor.-Or. 11 : 78. — *C. bongardiana* auct. non C. A. Mey.: Fr. Schmidt, 1868, Mém. Acad. Sci. Pétersb. sér. 7, **12**, 2 : 197. — *C. drymophila* auct. non Turcz. ex Steud.: В. Креч. 1935, l. c. : 456, p. p., quoad pl. kamtsch.; А. Е. Кожевников, 1988, l. c. : 339, p. p.; Малышев, 1990, во Фл. Сиб. 3 : 121, p. p., quoad syn. — Exs.: H.F. URSS № 5820. — **О. грязноватая**.

Описан с п-ова Камчатка («In Kamtschatka, Chamisso, in hb. van Heurck, sub nomine schedulino hic admisso»); typus: ?AWH.

На сырых лугах, по берегам рек и ручьев, в пойменных кустарниках и лесах, на опушках; на равнине и в лесном поясе гор. — **Вост. Сиб.**: Лен.-Кол. (юг: Алданское нагорье), Даур. (вост.); **Дальн. Вост.**: все районы, кроме Ком. и Курил., в Аркт. — кроме Чукотского п-ова. Общ. распр.: Ц. (вост. Монголия, р. Халхин-Гол) и В. (Сев.-Вост. Китай, п-ов Корея, о-в Хоккайдо) Азия. — 2n = ? — Рис. 17, *2*.

Близок к *C. drymophila*, от которой довольно хорошо отличается рядом признаков (см. ключ и мою работу: Егорова, 1979, цит. соч.). Сильно варьирует на протяжении всего ареала по опушению листьев и мешочков, но в северных районах распространения вида преобладают растения без опушения, а в южных — опушенные. Наблюдается 5 вариантов изменчивости вида по этому признаку

(Егорова, 1979, цит. соч.): 1) листовые влагалища, нижняя поверхность пластинок и мешочки в верхней половине с б. м. густым опушением (такие наиболее сильно опушенные растения были описаны как *C. akanensis* Franch., l. c. и *C. amurensis* Kük., l. c.; лектотип последнего вида: басс. Амура, «Bölor, in Laubwäldern, häufig, 1 VII 1855, Maximowicz» — Кречетович, in sched., Егорова, h. l.); 2) влагалища и пластинки опушенные, мешочки голые; 3) влагалища опушенные, пластинки и мешочки голые; 4) влагалища голые, лишь по верхнему краю пленчатой части опушенные, пластинки голые, мешочки опушенные; 5) влагалища голые, только у верхнего края опушенные, пластинки и мешочки голые.

Close to *C. drymophila*, quite well differing from the latter by a number of characters (see key and my work: Егорова, 1979, l. c.). Varies highly throughout its range by pubescence of leaves and utricles, but in northern regions of the species distribution plants without pubescence prevail, and in southern — pubescent ones. 5 variants of the species variability by this character have been observed (Егорова, 1979, l. c.): 1) leaf sheaths, blades beneath and utricles in upper half more or less densely pubescent (those, the most intensively pubescent plants were described as *C. akanensis* Franch., l. c. and *C. amurensis* Kük., l. c.; lectotypus of the latter species: басс. Амура «Bölor, in Laubwäldern, häufig, 1 VII 1855, Maximowicz» — Kreczetowicz, in sched., Egorova, h. l.); 2) sheaths and blades pubescent, utricles glabrous; 3) sheaths pubescent, blades and utricles glabrous; 4) sheaths glabrous, only at upper edge of scarious part pubescent, blades glabrous, utricles pubescent; 5) sheaths glabrous, only at upper edge pubescent, blades and utricles glabrous.

5 (23). **C. drymophila** Turcz. ex Steud. 1855, Syn. Pl. Glum. 2 : 238; Turcz. 1838, Bull. Soc. Nat. Moscou, **11**, 1 : 104, nom. nud.; В. Креч. 1935, во Фл. СССР, 3 : 456, p. p., excl. pl. kamtsch.; Raymond, 1959, Mém. Jard. Bot. Montréal, 53 : 89; Егор. 1967, в Раст. Центр. Азии, 3 : 87; ead., 1979, Новости сист. высш. раст. 16 : 52; Y. L. Chang et Y. L. Yang, 1976, Fl. Chin. Bor.-Or. 11 : 78; Ворош. 1982, Опред. раст. сов. Дальн. Вост. : 127, quoad var. *drymophila* , excl. pl. kamtsch.; А. Е. Кожевников, 1988, в Сосуд. раст. сов. Дальн. Вост. 3 : 339, p. p.; Малышев, 1990, во Фл. Сиб. 3 : 121, p. p., excl. syn. — *C. bongardiana* C. A. Mey.[1] var. *gracilis* C. A. Mey. 1856, in Trautv. et C. A. Mey. in Middendorff, Reise Nord. Ost. Sibir. **1**, 2, 3 : 101 (Fl. Ochot.). — *C. orthostachys* var. *drymophila* (Turcz. ex Steud.) Maxim. 1859, Prim. Fl. Amur. : 316. — *C. amurensis* var. *drymophila* (Turcz. ex Steud.) Kük. 1899, Bot. Centralbl. 77 : 96. — *C. udensis* Meinsh. 1901, Тр. Петерб. бот. сада, **18**, 3 : 366. — *C. drymophila* var. *udensis* (Meinsh.) Kük. 1909, in Engl. Pflanzenr. 38 : 755, p. p., quoad typum; Y. T. Lee, 1976, in Fl. Cor. 7 : 419, p. p., quoad typum. — Exs.: H.F. URSS № 5567 (ut *C. sordida*). — **О. лесолюбивая**.

Описан из Вост. Сибири (южн. Прибайкалье); typus: хр. Хамар-Дабан, р. Хара-Мурин, «Ad torr[entem] Chara-Murin, 1835, [Turczaninow]» (P! isotypi LE!).

На сырых песчаных берегах лесных рек, в пойменных лесах, приречных ивняках; в лесном поясе гор. — **Вост. Сиб.**: Лен.-Кол. (юг: Байкальский хр. и Патомское нагорье), Анг.-Саян. (юго-вост.: хр. Хамар-Дабан), Даур. (сев.-вост. побережье Байкала и вост. Даурия); **Дальн. Вост.**: Охот., Удск., Зее-Бур., Уссур. Общ. распр.: Ц. (вост. Монголия) и В. (Сев.-Вост. Китай, п-ов Корея,

---

[1] *C. bongardiana* C. A. Mey., описанная в том же источнике, что и *C. bongardiana* var. *gracilis* C. A. Mey., является, по всей вероятности, синонимом *C. utriculata* Boott.

C. bongardiana C. A. Mey. described in the same work as *C. bongardiana* var. *gracilis* C. A. Mey. is, most probably, a synonym of *C. utriculata* Boott.

сев. Вьетнам) Азия. — 2n = 60 (Кожевников и др., 1986), 80 (Юрцев, Жукова, 1982; Малышев, 1990).

Варьирует по форме чешуй пестичных колосков от б. м. длинноостистых (более частый вариант) до безостых, с белоперепончатой верхушкой и по строению нижнего кроющего листа, который может быть без влагалища или с влагалищем до 1(3) см дл.

C. drymophila близка к *C. sordida* и *C. glabrescens* (см. комментарии к этим таксонам).

На п-ове Камчатка, вопреки указаниям ряда авторов (Комаров, 1927; Hultén, 1927; Кречетович, цит. соч.; Кожевников, цит. соч.), *C. drymophila* не встречается. Данные о распространении вида на этой территории относятся к *C. sordida* (Егорова, 1979, цит. соч., 1981б).

Varies in shape of female glumes from more or less long-awned (more often occuring variant) to awnless, with white-scarious apex, as well as by structure of lowest bract, which can be either sheathless or with sheath up to 1(3) cm long.

C. drymophila is close to *C. sordida* and *C. glabrescens* (see comments to these taxa).

In Kamchatka, contrary to indications by a number of authors (Комаров, 1927; Hultén, 1927; Кречетович, l. c.; Кожевников, l. c.), *C. drymophila* does not occur. Data on distribution of the species in this territory refer to *C. sordida* (Егорова, 1979, l. c., 1981б).

6 (24). **C. glabrescens** (Kük.) Ohwi, 1931, Mem. Coll. Sci. Kyoto Univ. ser. B, **6**, 5 : 245, p. p., excl. pl. jap.; id. 1936, l. c. **11**, 5 : 509; Y. L. Chang et Y. L. Yang, 1976, Fl. Chin. Bor.-Or. 11 : 77; А. Е. Кожевников, 1988, в Сосуд. раст. сов. Дальн. Вост. 3: 339. — *C. wallichiana* Presc. ex Nees var. *miyabei* (Franch.) Kük. f. *glabrescens* Kük. 1909, in Engl. Pflanzenr. 38 : 749. — *C. drymophila* var. *udensis* (Meinsh.) Kük. l. c. : 755, p. p., excl. typo; Y. T. Lee, 1976, in Fl. Cor. 7 : 419, p. p., excl. typo. — *C. drymophila* var. *pilifera* Kük. l. c. : 756; Ворош. 1982, Опред. раст. сов. Дальн. Вост. : 127. — *C. drymophila* var. *glabrescens* (Kük.) Kitag. 1939, Lineam. Fl. Mansh. : 100. — *C. fedia* Nees ex Wight var. *pilifera* (Kük.) T. Koyama, 1959, Bot. Mag. Tokyo, 72 : 305; id. 1962, Journ. Fac. Sci. Univ. Tokyo (Bot.), **8**, 4 : 245. — **О. оголяющаяся**.

Описан с п-ова Корея; l e c t o t y p u s : «Kan-ouen-to, 28 Jun. 1901, № 947, U. Faurie» (LE!) — Егорова (h. l.).

На сырых лугах по берегам рек. — **Дальн. Вост.**: Уссур. (юг: правый берег Суйфуна у с. Тереховки). О б щ . р а с п р.: В. Азия (Сев.-Вост. Китай, п-ов Корея). — 2n = ?

Вид известен на нашей территории только из одного пункта. Собранные в нем образцы (LE!) были тестированы как *C. glabrescens* В. И. Кречетовичем в 1939 г.

Близок к *C. drymophila* и *C. fedia*. От первого вида отличается наличием опушения на мешочках и более короткими, (0.3)0.4—0.7 мм (а не 0.6—1.2(2) мм дл.) зубцами носика, а от второго — перепончатыми (а не кожистыми) мешочками с более длинным носиком.

The species is known only from one location in our territory. Specimens collected there (LE!) were identified by Kreczetowicz as *C. glabrescens* in 1939.

Close to *C. drymophila* and *C. fedia*. Differs from the former species by pubescent utricles and shorter beak teeth, (0.3)0.4—0.7 mm (instead of 0.6—1.2(2) mm long), and from the latter one by membranous (instead of coriaceous) utricles with longer beak.

7 (25). **C. fedia** Nees, 1834, in Wight, Contrib. Bot. Ind. : 129; В. Креч. 1935, во Фл. СССР, 3 : 414; В. Креч., Овч. и Чук. 1963, во Фл. ТаджССР, 2 : 138,

табл. 31, рис. 4—6; Егор. 1976, в Опред. раст. Средн. Азии, 5 : 66; Нгуен Кхак Кхой, 1979, Новости сист. высш. раст. 16 : 82. — *C. wallichiana* Presc. ex Nees, 1834, l.c. : 129, non Spreng. 1826. — **О. федийская**.

Описан из Непала; typus: «Nepalia, № 114, Royle» (K).

По берегам рек и озер, на болотистых лужайках; на равнине и в предгорьях. — **Средн. Азия**: Амудар. (Туркмения: Ходжамбасс), Пам.-Ал. (низкогорья южн. Таджикистана: долина р. Вахш — заповедник «Тигровая балка», урочище Якка-Пста и оз. Банное, горы Каратау в окр. Кабадиана — между кишл. Дилянкур и Сарай). Общ. распр.: З. (вост. Афганистан), В. (Юго-Зап. Китай, сев. Вьетнам) и Ю. (сев. Пакистан, Индия, Непал, Мьянма, Таиланд) Азия. — 2n = 94 (Bir et al., 1986).

Обнаруживает близкое родство с *C. glabrescens* (см. выше) и *C. miyabei* Franch. (Япония).

Demonstrates close relation with *C. glabrescens* (see above) and *C. miyabei* Franch. (Japan).

8 (26). **C. lasiocarpa** Ehrh. 1784, Hannover. Magaz. 9 : 132; id. 1788, Beitr. Naturk. 3 : 73; В. Креч. 1935, во Фл. СССР, 3 : 416. — *C. filiformis* Good. 1794, Trans. Linn. Soc. London, 2 : 172. — *C. lasiocarpa* var. *fuscata* Ohwi, 1931, Mem. Coll. Sci. Kyoto Univ. ser. B, **6**, 5 : 242. — *C. koidzumii* Honda var. *fuscata* (Ohwi) Ohwi, 1936, l. c. **11**, 5 : 506. — Exs.: H.F.R. № 345, H.F. URSS № 6104. — **О. волосистоплодная**.

Описан из Швеции и Германии («Sie wachst in Schweden und auf dem Harze»); lectotypus: «19. *Carex lasiocarpa* Ehrh. Upsalia» (LE!) — Егорова (h. l.).

a) subsp. **lasiocarpa**.

На моховых, преимущественно сфагновых, реже травяно-осоковых болотах, топких берегах водоемов, в заболоченных лесах. — **Европ.ч.**: все районы, кроме Ниж.-Волж. и Крым. (в Аркт. Кольский п-ов и юго-восток Большеземельской тундры); **Кавк.**: Предкавк. (зап.), Б. Кавк. (зап., центр.), Зап. (Кобулети), Центр. и Южн. (оз. Севан) Закавк.; **Зап. Сиб.**: все районы, кроме Аркт.; **Вост. Сиб.**: Енис. (редко), Лен.-Кол. (к югу от Якутска), Анг.-Саян., Даур.; **Дальн. Вост.**: Камч., Удск., Зее-Бур., Уссур., Сах. (сев.), Курил. (сев.); **Средн. Азия**: Арало-Касп. (сев.), Прибалх. (сев.). Общ. распр.: Европа; В. Азия (Сев.-Вост. Китай, север п-ова Корея). — 2n = 56 (Löve, 1954). — Рис. 18, 5.

В качестве лектотипа *C. lasiocarpa* здесь процитирован образец, текст этикетки которого, включая и название вида, принадлежит руке автора его описания.

Нижний кроющий лист у *C. lasiocarpa* изредка имеет развитое влагалище.

Согласно литературным данным (Kükenthal, 1909; Кречетович, цит. соч.), образует помеси с *C. riparia*, *C. vesicaria* и *C. rostrata*.

It is the specimen cited here as the lectotype of *C. lasiocarpa*, which label, including the name of species, is written by author of its description.

C. lasiocarpa sometimes has lowest bract with developed sheath.

According to published data (Kükenthal, 1909; Кречетович, l. c.), generates crossbreds with *C. riparia*, *C. vesicaria* and *C. rostrata*.

b) subsp. **occultans** (Franch.) Hult. 1962, Kungl. Sv. Vet.-Akad. Handl. ser. 4, **8**, 5 : 76, map 67 (Circump. Pl. 1). — *C. filiformis* var. *occultans* Franch. 1898, Nouv. Arch. Mus. Paris, sér. 3, 10 : 89. — *C. lasiocarpa* var. *occultans* (Franch.) Kük. 1909, in Engl. Pflanzenr. 38 : 747, excl. pl. e China; T. Koyama, 1962, Journ. Fac.

Рис. 18.

1 — *Carex pseudocyperus* L., соцветие, *2a* — мешочек; *3* — *C. melanostachya* Bieb. ex Willd., соцветие, *3a* — мешочек; *4* — *C. acutiformis* Ehrh., мешочек; *5* — *C. lasiocarpa* Ehrh. subsp. *lasiocarpa*, соцветие, *5a* — мешочек.

Fig. 18.

1 — *Carex pseudocyperus* L., inflorescence, *2a* — utricle; *3* — *C. melanostachya* Bieb. ex Willd., inflorescence, *3a* — utricle; *4* — *C. acutiformis* Ehrh., utricle; *5* — *C. lasiocarpa* Ehrh. subsp. *lasiocarpa*, inflorescence, *5a* — utricle.

Sci. Univ. Tokyo (Bot.), **8**, 4 : 245; Ohwi, 1965, Fl. Jap. : 253. — *C. striata* Michx. var. *japonica* Koidz. 1915, Bot. Mag. Tokyo, 29 : 388. — *C. koidzumii* Honda, 1931, Bot. Mag. Tokyo, 45 : 3; Ohwi, 1936, Mem. Coll. Sci. Kyoto Univ. ser. B, **11**, 5 : 505; Ворош. 1982, Опред. раст. сов. Дальн. Вост. : 121; А. Е. Кожевников, 1988, в Сосуд. раст. сов. Дальн. Вост. 3 : 343. — *C. occultans* (Franch.) V. Krecz. 1935, во Фл. СССР, 3 : 417. — **О. скрывающаяся**.

Описан из Японии (о-в Хоккайдо, «Yeso: Mororan»); typus: P.

На моховых болотах. — **Дальн. Вост.**: Сах. (юг), Курил. (юг). Общ. распр.: В. Азия (о-ва Хоккайдо и Хонсю, редко). — 2n = ?

Помимо признаков, приведенных в ключе, данный подвид отличается от типового более коротким и менее густым опушением мешочков. Согласно литературным указаниям, растения типового подвида и subsp. *occultans* различаются по форме листовых пластинок (Кречетович, цит. соч.; Т. Koyama, l. c.; А. Е. Кожевников, цит. соч.) и по цвету опушения мешочков (Ohwi, l. c.). Но, как показало изучение гербарного материала, данные подвиды не обнаруживают отличий по названным признакам. Листья у обоих подвидов обычно желобчатые или желобчато вдоль свернутые, редко плоские, а опушение мешочков состоит из беловатых, желтоватых или буроватых волосков.

Американские представители *C. lasiocarpa* принадлежат к третьему ее подвиду — subsp. *americana* (Fern.) Hult. От типового подвида он отличается меньшими размерами мешочков (до 4, а не до 5 мм дл.) и более обособленными, как правило, носиками с более короткими зубцами. Заметим, что образцы с более обособленным, чем у типичной *C. lasiocarpa*, носиком мешочков встречаются иногда и на российском Дальнем Востоке. По другим признакам, указанным Гультеном (Hultén, l. c.), subsp. *americana* не обнаруживает, на мой взгляд, отличий от типового подвида. По мнению же Койямы (Т. Koyama, l. c.), американские растения идентичны европейским.

Besides characters, enumerated in the key, the considered subspecies differs from the type one by shorter and less dense pubescence of utricles. According to published indications, plants belonging to the type subspecies and subsp. occultans differ by shape of leaf blades (Кречетович, l. c.; T. Koyama, l. c.; А. Е. Кожевников, l. c.) as well as by the colouring of utricle pubescence (Ohwi, l. c.). However, as it was proved by examining the herbarium material, considered subspecies do not show any differences in mentioned characters. Both subspecies usually have canaliculate or canaliculate-convolute, rarely flat leaves, and utricle pubescence consists of whitish, yellowish or brownish hairs.

American representatives of *C. lasiocarpa* belong to the third its subspecies, subsp. *americana* (Fern.) Hult. It differs from the type subspecies by smaller size of utricles (up to 4, instead of up to 5 mm long) which, as a rule, more abruptly contracted into a beak with shorter teeth. It is to note, that specimens with such beaks sometimes occur in Russian Far East as well. Concerning other characters mentioned by Hultén (l. c.), subsp. *americana* does not show, in my opinion, any differences from the type one. In opinion of Koyama (l. c.), American plants are identical to European ones.

9 (27). **C. latisquamea** Kom. 1901, Тр. Петерб. бот. сада, **18**, 3 : 477; id. 1901, l. c. 20 : 386 (Фл. Маньчж. 1); В. Креч. 1935, во Фл. СССР, 3 : 450; Ohwi, 1936, Mem. Coll. Sci. Kyoto Univ. ser. B, **11**, 5 : 510; id. 1965, Fl. Jap. : 253; Y. L. Chang et Y. L. Yang, 1976, in Fl. Chin. Bor.-Or. 11 : 80; Y. T. Lee, 1976, in Fl. Cor. 7 : 416; Ворош. 1982, в Опред. раст. сов. Дальн. Вост. : 127; А. Е. Кожевников, 1988, в Сосуд. раст. сов. Дальн. Вост. 3 : 330. — *C. villosa* Boott, 1857, in A. Gray, List Pl. Jap. in Narr. Exped. Perry, 2 : 327, non Stokes, 1812. — *C. villosa* var. *wrightii* Franch. et Savat. 1879, Enum. Pl. Jap. 2 : 567. — *C. villosa* var. *latisquamea* (Kom.) Kük. 1909, in Engl. Pflanzenr. 38 : 641. — **О. широкочешуйная**.

Описан с юга российского Дальнего Востока; lectotypus: Буреинский хребет, «In pratis silvaticis vallis Amurensis prope pagum Marjino, 2 VI 1895, V. Komarov» (LE!) — Кречетович (in sched.), Егорова (h. l.).

На лесных лугах, среди кустарников. — **Дальн. Вост.**: Зее-Бур., Уссур. Общ. распр.: В. Азия (Сев.-Вост. Китай, п-ов Корея, Япония). — 2n = ?

Sectio 7. Rostrales Meinsh. 1901, Тр. Петерб. бот. сада, **18**, 3 : 365, p. p. — Sect. *Physocarpae* Drej. ex L. H. Bailey subsect. *Lupulinae* Tuckerm. ex Kük. 1909, in Engl. Pflanzenr. 38 : 703, p. min. p. — Sect. *Folliculatae* Mackenzie, 1913, in Britton a. Brown, Ill. Fl. North. Unit. Stat., ed. 2, 1 : 353; id. 1935, in North Amer. Fl. **18**, 7 : 426. — Sect. *Pompholyx* V. Krecz. cycl. *Costularia* (Rafin.) V. Krecz. 1935, во Фл. СССР, 3 : 458. — Sect. *Orthocerates* Koch subsect. *Folliculatae* (Mackenzie) T. Koyama, 1962, Journ. Fac. Sci. Univ. Tokyo (Bot.), **8**, 4 : 234. — Верхний колосок тычиночный, остальные 1—5 пестичные или, иногда, андрогинные, мало(5—20)-цветковые, рыхловатые, почти шаровидные, 1.5—2.5 см дл., на ножках. Нижний кроющий лист с длинным влагалищем и пластинкой, значительно превышающей соцветие. Чешуи пестичных колосков острые или остистые, с 3—5 жилками. Мешочки почти округлые в поперечном сечении, немного вздутые, ланцетовидные, 8—15 мм дл., зрелые сильно отклоненные от оси колоска, тонкокожистые, блестящие, желтовато-зеленые, с многочисленными жилками, с удлиненным, б.м. шероховатым двузубчатым носиком. Рылец 3. Плод с выпуклыми или вогнутыми гранями и длинным извилистым или прямым остающимся столбиком. Растения без ползучих корневищ. — Typus: *C. rostrata* Michx. (= *C. michauxiana* Boeck.).

4 вида, из которых один (*C. dolichocarpa* C. A. Mey. ex V. Krecz.) в Вост. Азии и на востоке Нов. Гвинеи, а 3 — на востоке Сев. Америки (от Ньюфаундленда до Флориды); вне рассматриваемой территории: *C. folliculata* L., *C. lonchocarpa* Willd. ex Schlecht. и *C. michauxiana* Boeck. — Лит.: Wujek, Menapace, 1986.

Terminal spike male, the others 1—5 female or sometimes androgynous, few(5—20)-flowered, rather lax, subglobose, 1.5—2.5 cm long, pedunculate. Lowest bract with long sheath and blade much exceeding the inflorescence. Female glumes acute or awned, 3—5-veined. Utricles suborbicular in cross-section, a little inflated, lanceolate, 8—15 mm long, at maturity strongly patent, thin-coriaceous, shining, yellowish-green, many-veined, with an elongate, more or less scabride bidentate beak. Stigmas 3. Fruit with convex or concave sides and long flexious or straight remaining style. Plants without creeping rhizomes. — Typus: *C. rostrata* Michx. (= *C. michauxiana* Boeck.).

4 species, one (*C. dolichocarpa* C. A. Mey. ex V. Krecz.) occurring in East Asia and in eastern New Guinea, and 3 being in eastern North America (from Newfoundland to Florida); outside considered territory: *C. folliculata* L., *C. lonchocarpa* Willd. ex Schlecht. and *C. michauxiana* Boeck. — Ref.: Wujek, Menapace, 1986.

1 (28). **C. dolichocarpa** C. A. Mey. ex V. Krecz. 1935, во Фл. СССР, 3 : 623, 458; Ворош. 1982, Опред. раст. сов. Дальн. Вост. : 125. — *C. michauxiana* subsp. *asiatica* Hult. 1927, Fl. Kamtch. 1 : 207. — *C. michauxiana* var. *asiatica* (Hult.) Ohwi, 1936, Mem. Coll. Sci. Kyoto Univ. ser. B, **11**, 5 : 491, id. Fl. Jap. : 251; Kern a. Nooteboom, 1979, Fl. Males. ser. 1, 9 : 167. — *C. michauxiana* f. *asiatica* (Hult.) Akiyama, 1932, Journ. Fac. Sci. Hokk. Univ. 5 : 220. — *C. michauxiana* auct. non Boeck.: Kük. 1909, in Engl. Pflanzenr. 38 : 705, p. p., quoad pl. asiat. — Exs.: H.F. URSS № 6859. — **О. длинноплодная**.

Описан с п-ова Камчатка; typus: «Kamtschatka, 1831, Rieder» (LE! cum isotypis 3).

На осоково-сфагновых болотах, заболоченных берегах озер, в старицах; редко. — **Дальн. Вост.**: Камч. (зап. и юг), Курил. Общ. распр.: В. Азия (Вост. Китай, о-ва Хоккайдо и Хонсю), Нов. Гвинея. — 2n = ?

Очень близок к *C. michauxiana*, от которой отличается более широкими, 3—4.5(5) мм (а не 2—3 мм), листовыми пластинками, чешуями пестичных колосков с 4—5 жилками (а не с 3), мешочками (10.5)11—13 мм дл. (а не 8—10 мм), а также тем, что тычиночный колосок обычно превышает следующий за ним пестичный (а не находится на одном с ним уровне или ниже).

У образцов с Нов. Гвинеи верхний колосок часто не тычиночный, а гинекандрический (Kern a. Nooteboom, l. c.).

Very close to *C. michauxiana*, differing from it by broader, 3—4.5(5) mm (instead of 2—3 mm), leaf blades, female glumes 4—5-veined (instead of 3-veined), utricles (10.5)11—13 mm long (instead of 8—10 mm), as well as male spike usually exceeding the next female one (instead of being at the same level or below).

Specimens from New Guinea frequently have gynaecandrous terminal spike, instead of male one (Kern a. Nooteboom, l.c.).

Sectio 8. Vesicariae Meinsh. 1901, Тр. Петерб. бот. сада, **18**, 3 : 366, 283, p. p. — *Carex* a. *Heterostachyae* **Dontostomae* α. *Vesicariae* Fries, 1845, Summa Veg. Scand. 1 : 70, p. p., nom. nud. — Sect. *Vesicariae* Fries ex Christ, 1885, Bull. Soc. Bot. Belg. **24**, 2 : 11, nom. nud. — Sect. *Physocarpae* Drej. ex L. H. Bailey, 1887, Proc. Amer. Acad. Arts Sci. 22 : 60, p. p., nom. illeg.; Kük. 1909, in Engl. Pflanzenr. 38 : 702. — Sect. *Vesicariae* Fries ex Rouy, 1912, Fl. Fr. 13 : 484, p. p., nom. superfl.; Егор. 1976, во Фл. Европ. ч. СССР, 2 : 167. — Sect. *Vesicariae* Fries ex Rouy subsect. *Ampullaceae* Rouy, l. c. : 484. — Sect. *Pompholyx* V. Krecz. 1935, во Фл. СССР, 3 : 434, p. p. — Sect. *Malacocarex* V. Krecz. 1935, l. c. : 433, p. p., quoad *C. mollissimam*, sine descr. latin. — Subgen. *Kuekenthalia* Savile et Calder, 1953, Canad. Journ. Bot. **31**, 2 : 171, non Börn. 1913, pro gen. — Sect. *Ampullaceae* (Rouy) Egor. 1985, Бот. журн. **70**, 11 : 1549. — Верхние 1—5(7) колосков тычиночные, остальные (1)2—5(8) пестичные, много- и б. ч. густоцветковые, обычно продолговатые или цилиндрические, б. ч. на ножках. Нижний кроющий лист без влагалища, с пластинкой, превышающей соцветие или б. м. равной ему. Чешуи пестичных колосков острые или тупые, с 1 жилкой. Мешочки пузыревидно вздутые, перепончатые, реже тонкокожистые, обычно глянцевитые, б. ч. яйцевидные, (2.5)3—8(9) мм дл., зрелые косо вверх, горизонтально или несколько вниз отклоненные от оси колоска, б. ч. с удлиненным двузубчатым, редко цельным или выемчатым носиком. Столбик часто изогнутый. Рылец (2)3. Растения с ползучими корневищами. — Typus: *C. vesicaria* L.

Свыше 30 видов, в Европе, во внетропических областях Азии и в Сев. Америке.

Более раннее секционное название *Physocarpae* Drej. ex L. H. Bajley, l. c. не может быть использовано для обозначения приводимой секции, как незаконное по статьям 52.1 и 52.2 «Международного кодекса ботанической номенклатуры» (International code..., 1994), так как секция *Physocarpae* в своем первоначальном объеме включала тип (*C. pauciflora* Lightf.) приоритетной секции *Leucoglogin* Dumort. Названия *Vesicariae* Meinsh., l. c. и *Pompholyx* V. Krecz., l. c. были незаконными согласно статье 63.1 Международного кодекса 1980 г., так как они включали при первоописании тип (лектотип — *C. hirta* L.) рода *Carex*. Название *Vesicariae* Fries ex Rouy, l. c. незаконно, как излишнее в номенклатурном отношении. Поэтому для рассматриваемой секции мной была предложена комбинация *Ampullaceae* (Rouy) Egor., l. c. Теперь же согласно статьям 52.1 и 52.2 ныне действующего Кодекса (International code..., 1994) название *Vesicariae* Meinsh.

является законным, так как лектотип рода *Carex* был выбран после обнародования названия *Vesicariae*.

Upper 1—5(7) spikes male, the others (1)2—5(8) female, many- and generally dense-flowered, usually oblong or cylindrical, generally pedunculate. Lowest bract sheathless, with blade exceeding inflorescence or more or less equal to it. Female glumes acute or obtuse, 1-veined. Utricles inflated, bulliform membranous, more rarely thin-coriaceous, usually shining, generally ovoid, (2.5)3—8(9) mm long, at maturity patent obliquely upwards, horizontally or somewhat deflexed, generally with an elongate bidentate, rarely entire or emarginate beak. Style frequently curved. Stigmas (2)3. Plants with creeping rhizomes. — T y p u s: *C. vesicaria* L.

Over 30 species in Europe, extratropical areas of Asia and North America.

The earlier section name *Physocarpae* Drej. ex L. H. Bailey, l. c. can not be used for the cited section, as being illegitimate according to articles 52.1 and 52.2 of «International Code of Botanical Nomenclature» (1994), since the section *Physocarpae*, as circumscribed by its author, included the type of the priority section *Leucoglogin* Dumort. (*C. pauciflora* Lightf.). According to article 63.1 of «Code» of the year 1978, the names *Vesicariae* Meinsh., l. c. and *Pompholyx* V. Krecz., l. c. were illegitimate, since they had originally included the type of the genus *Carex* (lectotypus — *C. hirta* L.). The name *Vesicariae* Fries ex Rouy, l. c. is illegitimate as being nomenclaturally superfluous. Therefore, the combination *Ampullaceae* (Rouy) Egor., l. c. was offerred by me for the section under consideration. Now, according to articles 52.1 and 52.2 of the current «Code» (International code..., 1994), the name *Vesicariae* Meinsh. is legitimate, since the lectotypus of the genus *Carex* was chosen after publication of the name *Vesicariae*.

1. Рылец 2, плоды двояковыпуклые. Мешочки блестящие, тонкоперепончатые, (2.5)3—4(5) мм дл., зрелые красновато-бурые или почти черные, б. м. горизонтально отклоненные от оси колоска, без жилок, с цельным или едва выемчатым, реже двузубчато-выемчатым носиком 0.4—0.6(0.7) мм дл. Растения с очень короткими ползучими корневищами............11. **C. saxatilis**.....2.
\+ Рылец 3, плоды трехгранные. Мешочки обычно с жилками. Растения с длинными ползучими корневищами............3.
2. Нижние пестичные колоски (1)1.5—2.5(3) см дл., на нитевидных ножках (1)1.5—3.5(5) см дл., б. ч. повисающие или отклоненные в сторону, реже прямостоячие. Мешочки яйцевидные или продолговато-эллиптические, (3)3.5—4.5(5) мм дл. Тычиночных колосков б. ч. 2............11a. **C. saxatilis** subsp. **laxa**.
\+ Нижние пестичные колоски 0.8—2 см дл., на несколько более утолщенных ножках 0.3—1.5(3) см дл., б. ч. прямостоячие. Мешочки яйцевидные, реже продолговато-яйцевидные, (2.5)3—4 мм дл. Тычиночный колосок б. ч. 1............11b. **C. saxatilis** subsp. **saxatilis**.
3. Пластинки листьев б. м. желобчатые или вдоль сложенные, 1—2 мм шир. Мешочки почти округлые или широкояйцевидные, с коротким, 0.4—0.6 мм, носиком............4.
\+ Пластинки листьев плоские, килеватые, реже б. м. желобчатые, (2)3—15(20) мм шир. Мешочки чаще с более длинным носиком............5.
4. Нижний пестичный колосок почти сидячий. Тычиночных колосков 1—2. Мешочки почти округлые, 2.5—3.5(4) мм дл., перепончатые, сильно глянцевитые, с выемчатым или мягко коротко-двузубчатым носиком............5. **C. rotundata**.
\+ Нижний пестичный колосок на ножке 0.7—3 см дл. Тычиночный колосок 1. Мешочки широкояйцевидные, 4.7—5.5 мм дл., почти кожистые, матовые, с жестко-двузубчатым носиком............6. **C. tsuishikarensis**.

5. Нижний кроющий лист в 2–3 раза превышает соцветие. Тычиночный колосок 1. Пестичные колоски 1.2–3 см дл., рыхловатые, нижние на ножке до 3 см дл. Мешочки соломенно-желтые, яйцевидные, 4–5 мм дл., на длинной, 0.7–1 мм, тонкой ножке, с удлиненным, слабо двузубчатым носиком. Пластинки листьев 3–7 мм шир. ....13. **C. mollissima**.

\+ Нижний кроющий лист равен соцветию или немного короче или длиннее его. Тычиночных колосков 1–5(7). Мешочки сидячие или на ножке не более 0.2 мм дл., иногда до 1 мм дл., но тогда мешочки вверху красновато-бурые или пурпурно-черные..................................6.

6. Мешочки с цельным или едва выемчатым, без явственных зубцов носиком 0.8–1.2 мм дл., зрелые косо вверх отклоненные от оси колоска, (4)4.5–6 мм дл., часто темно-пурпурные или красновато-черные. Чешуи пестичных колосков темно-бурые, на верхушке белоперепончатые..10. **C. pamirica**.....7.

\+ Мешочки с явственно двузубчатым, с хорошо развитыми зубцами, носиком, зрелые косо или горизонтально отклоненные от оси колоска ....8.

7. Пластинки листьев (4)6–8(10) мм шир. Пестичные колоски (2.5)3–4.5 см дл.; чешуи ланцетные, равные мешочкам или немного длиннее их. Растение 50–100 см выс. ....10a. **C. pamirica** subsp. **pamirica**.

\+ Пластинки листьев 3.5–5 мм шир. Пестичные колоски 2.2–2.5(4) см дл.; чешуи продолговато-яйцевидные или ланцетные, обычно короче мешочков, иногда вдвое. Растение 20–50 см выс. ....10b. **C. pamirica** subsp. **dichroa**.

8. Стебли в верхней части остро-трехгранные, обычно сильно шероховатые. Пластинки листьев 3–5 мм шир., плоские. Мешочки тонкокожистые, зрелые косо вверх отклоненные от оси колоска. Основания побегов окружены пурпурными высокими чешуевидными килеватыми, сетчато расщепленными влагалищами. Корни с желтоватыми волосками...9.

\+ Стебли по всей длине тупо- или округло-трехгранные, гладкие, изредка шероховатые, но тогда мешочки горизонтально отклоненные от оси колоска. Мешочки перепончатые. Основания побегов окружены б. ч. светло-бурыми, реже красновато-бурыми, обычно продолженными в листовую пластинку, не килеватыми и не расщепленными сетчато влагалищами. Корни без желтоватых волосков..................................12.

9. Мешочки 4–6(7) мм дл., зрелые обычно красновато- или ржаво-бурые, редко (*C. stenolepis*) черно-пурпурные, постепенно суженные в носик с зубцами не более 0.5 мм дл. Пестичные колоски 1.5–3(4) см дл., 0.7–1 см в диам. ....10.

\+ Мешочки 6.5–9 мм дл., зрелые соломенно-желтые, постепенно или резко суженные в носик с зубцами 0.5–1 мм дл. Пестичные колоски 2.5–7 см дл., 1.2–1.5 см в диам. ....11.

10. Мешочки (4)4.5–6(7) мм дл., с хорошо выраженными жилками, зрелые обычно красновато-бурые. Листья короче стебля. Растение Вост. Сибири и Дальнего Востока...9. **C. vesicata**.

\+ Мешочки 4—5 мм дл., с неясными жилками, зрелые ржаво-бурые или черно-пурпурные. Листья длиннее стебля. Растение севера Европейской части .... 12. **C. stenolepis**.

11. Мешочки продолговато яйцевидно-конические, 7—9 мм дл., 2.3—3 мм шир. (их длина в 3 раза превышает ширину), постепенно суженные в носик с зубцами около 1 мм дл. Пестичные колоски 3.5—7 см дл. .... 7. **C. vesicaria**.

\+ Мешочки широкояйцевидные или почти шаровидные, 6.5—7.5(8) мм дл., (2.5)3—3.5(3.7) мм шир. (их длина в 2 раза превышает ширину), резко суженные в носик с зубцами 0.5 мм дл. Пестичные колоски 2.5—3.5(4.5) см дл. .... 8. **C. monile**.

12(8). Нижний кроющий лист значительно длиннее соцветия. Пестичные колоски в числе 2—4, цилиндрические, (3)3.5—9 см дл., нижние на ножках до 5 см дл. Тычиночных колосков 2—5(7). Носик (1)1.2—2 мм дл., с хорошо выраженными зубцами 0.4—0.5 мм дл. Растения (40)50—120(150) см выс. .... 13.

\+ Нижний кроющий лист короче соцветия или равен ему. Пестичные колоски в числе 1—2(3), яйцевидные или продолговатые, (1)1.5—2.5(3) см дл., почти сидячие, или нижний на короткой, 0.5 см, редко до 2—3 см дл., ножке. Тычиночных колосков 1—2. Носик (0.2)0.3—1.2(1.5) мм дл., с более короткими зубцами. Растения 15—40 см выс. .... 14.

13. Пластинки листьев (6)8—15(20) мм шир., зеленые, не утолщенные, довольно мягкие, плоские. Мешочки 5—6.5 мм дл., рано буреющие (красновато-бурые), зрелые горизонтально отклоненные от оси колоска, очень плотно расположенные, глянцевитые, с носиком 1.5—2 мм дл. Пестичные колоски 1—1.5 см в диам. Стебли гладкие, реже шероховатые .... 2. **C. rhynchophysa**.

\+ Пластинки листьев (2)3—5(8—10) мм шир., сизо- или голубовато-зеленые, утолщенные, жесткие, плоские, килеватые или б. м. желобчатые. Мешочки 4—5(6) мм дл., желтовато-зеленоватые или, редко, вверху буроватые, зрелые косо вверх, реже горизонтально отклоненные от оси колоска, б. м. плотно или рыхловато расположенные, слабо глянцевитые. Пестичные колоски 0.7—1 см в диам. Стебли гладкие..... .... 1. **C. rostrata**.

14. Корневище обычно с бледно-бурыми, редко с пурпурными чешуями. Мешочки вверху буроватые, с носиком 0.9—1.2(1.5) мм дл., зрелые горизонтально отклоненные от оси колоска, с ясными жилками, почти сидячие; кроющие чешуи каштановые. Столбик при плодах на небольшом протяжении прямой, а затем изогнут в сторону и вверх, не прижат к плоду .... 3. **C. jacutica**.

\+ Корневище с пурпурными чешуями. Мешочки вверху красновато-бурые или пурпурно-черные, с носиком (0.2)0.3—0.5(1) мм дл., зрелые горизонтально или несколько вниз отогнутые от оси колоска, с неясными жилками, на хорошо заметной ножке 0.5—1 мм дл.; кроющие чешуи темно-коричневые или пурпурно-черные. Столбик при плодах от самого основания отогнут вниз и прижат к плоду..................... .... 4. **C. membranacea**.

1. Stigmas 2, fruits biconvex. Utricles shining, thin-membranous, (2.5)3–4(5) mm long, at maturity reddish-brown or almost black, more or less horizontally patent, veinless, with an entire or scarcely emarginate, more rarely bidentate-emarginate beak 0.4–0.6(0.7) mm long. Plants with very short creeping rhizomes................................11. **C. saxatilis**.....2.
\+ Stigmas 3, fruits trigonous. Utricles usually veined. Plants with long creeping rhizomes..3.
2. Lower female spikes (1)1.5–2.5(3) cm long, with filiform peduncles (1)1.5–3.5(5) cm long, generally pendent or patent, more rarely erect. Utricles ovoid or oblong-elliptical, (3)3.5–4.5(5) mm long. Male spikes generally 2............11a. **C. saxatilis** subsp. **laxa**.
\+ Lower female spikes 0.8–2 cm long, with somewhat more thickened peduncles 0.3–1.5(3) cm long, generally erect. Utricles ovoid, more rarely oblong-ovoid, (2.5)3–4 mm long. Male spike generally 1.......................................11b. **C. saxatilis** subsp. **saxatilis**.
3. Leaf blades more or less canaliculate or lengthwise folded, 1–2 mm wide. Utricles suborbicular or broad-ovoid, with a short, 0.4–0.6 mm, beak....................................4.
\+ Leaf blades flat, carinated, more rarely more or less canaliculate, (2)3–15(20) mm wide. Utricles generally with longer beak...5.
4. Lowest female spike subsessile. Male spikes 1–2. Utricles suborbicular, 2.5–3.5(4) mm long, membranous, intensively shining, with an emarginate or softly short-bidentate beak..5. **C. rotundata**.
\+ Lowest female spike with peduncle 0.7–3 cm long. Male spike 1. Utricles broad-ovoid, 4.7–5.5 mm long, subcoriaceous, dull, with a rigidly bidentate beak..6. **C. tsuishikarensis**.
5. Lowest bract 2–3 times exceeding inflorescence. Male spike 1. Female spikes 1.2–3 cm long, rather lax, lower ones with peduncles up to 3 cm long. Utricles straw-yellow, ovoid, 4–5 mm long, with long, 0.7–1 mm, thin stipe, with an elongate, sligtly bidentate beak. Leaf blades 3–7 mm wide...13. **C. mollissima**.
\+ Lowest bract equal, or a little shorter or longer than inflorescence. Male spikes 1–5(7). Utricles sessile or with stipes not longer than 0.2 mm, if up to 1 mm long, then utricles being reddish-brown or purple-black above..6.
6. Utricles with an entire or scarcely emarginate (without distinct teeth) beak 0.8–1.2 mm long, at maturity obliquely patent, (4)4.5–6 mm long, frequently dark purple or reddish-black. Female glumes dark brown, white-membranous at apex.......10. **C. pamirica**.....7.
\+ Utricles with distinctly bidentate (with more or less long teeth) beak, at maturity obliquely or horizontally patent..8.
7. Leaf blades (4)6–8(10) mm wide. Female spikes (2.5)3–4.5 cm long; glumes lanceolate, equal or a little longer than utricles. Plants 50–100 cm high..10a. **C. pamirica** subsp. **pamirica**.
\+ Leaf blades 3.5–5 mm wide. Female spikes 2.2–2.5(4) cm long; glumes oblong-ovate or lanceolate, usually shorter (sometimes twice) than utricles. Plants 20–50 cm high..10b. **C. pamirica** subsp. **dichroa**.
8. Stems in upper part sharply-triquetrous, usually intensively scabrid. Leaf blades 3–5 mm wide, flat. Utricles thin-coriaceous, at maturity obliquely upwards patent. Stem bases surrounded by long purple scale-like carinated reticular-split sheaths. Roots with yellowish hairs...9.
\+ Stems all over their length obtuse or orbicular-triquetrous, smooth; if scabrid, then utricles horizontally patent. Utricles membranous. Stem bases surrounded by generally light-brown, more rarely reddish-brown sheaths usually continued into leaf blade, not carinated and not reticular-split. Roots without yellowish hairs...12.
9. Utricles 4–6(7) mm long, at maturity usually reddish- or ferruginous-brown, rarely (*C. stenolepis*) black-purple, gradually narrowed into a beak with teeth not longer than 0.5 mm. Female spikes 1.5–3(4) cm long, 0.7–1 cm in diam. ....10.
\+ Utricles 6.5–9 mm long, at maturity straw-yellow, gradually or abruptly narrowed into a beak with teeth 0.5–1 mm long. Female spikes 2.5–7 cm long, 1.2–1.5 cm in diam. ....11.
10. Utricles (4)4.5–6(7) mm long, with distinct veins, at maturity usually reddish-brown. Leaves shorter than stem. Plants of Eastern Siberia and Far East..........9. **C. vesicata**.

\+ Utricles 4–5 mm long, with obscure veins, at maturity ferruginous-brown or black-purple. Leaves longer than stem. Plants of northern European part................12. **C. stenolepis.**

11\. Utricles oblong-ovoid-conic, 7–9 mm long, 2.3–3 mm wide (their length 3 times exceeding width), gradually narrowed into a beak with teeth about 1 mm long. Female spikes 3.5–7 cm long...7. **C. vesicaria.**

\+ Utricles broad-ovoid or subglobose, 6.5–7.5(8) mm long, (2.5)3–3.5(3.7) mm wide (their length 2 times exceeding width), abruptly narrowed into a beak with teeth 0.5 mm long. Female spikes 2.5–3.5(4.5) cm long...8. **C. monile.**

12(8). Lowest bract much longer than inflorescence. Female spikes 2–4, cylindrical, (3)3.5–9 cm long, lower ones with peduncles up to 5 cm long. Male spikes 2–5(7). Beak (1)1.2–2 mm long, with distinct teeth 0.4–0.5 mm long. Plants (40)50–120(150) cm high...13.

\+ Lowest bract shorter or equal to inflorescence. Female spikes 1–2(3), ovoid or oblong, (1)1.5–2.5(3) cm long, subsessile or lowest one with short, 0.5 cm, rarely up to 2–3 cm long, peduncle. Male spikes 1–2. Beak (0.2)0.3–1.2(1.5) mm long, with shorter teeth. Plants 15–40 cm high..14.

13\. Leaf blades (6)8–15(20) mm wide, green, not thickened, rather soft, flat. Utricles 5–6.5 mm long, early turning reddish-brown, at maturity horizontally patent, very approximate, shining, with a beak 1.5–2 mm long. Female spikes 1–1.5 cm in diam. Stems smooth, more rarely scabrid..2. **C. rhynchophysa.**

\+ Leaf blades (2)3–5(8–10) mm wide, glaucous- or light-blue-green, thickened, rigid, flat, carinate or more or less canaliculate. Utricles 4–5(6) mm long, yellowish-greenish or, rarely, brownish above, at maturity obliquely upwards, more rarely horizontally patent, more or less densely or rather laxely arranged, slightly shining. Female spikes 0.7–1 cm in diam. Stems smooth...1. **C. rostrata.**

14\. Rhizome usually with pale brown, rarely with purple scales. Utricles brownish above, with a beak 0.9–1.2 (1.5) mm long, at maturity horizontally patent, distinctly veined, subsessile; glumes chestnut. Style at fructification direct along a small distance, then bent aside and upwards, not adpressed to fruit...3. **C. jacutica.**

\+ Rhizome with purple scales. Utricles reddish-brown or purple-black above, with a beak (0.2)0.3–0.5(1) mm long, at maturity horizontally patent or somewhat deflexed, obscurely veined, with well distinct stipe 0.5–1 mm long; glumes dark-brown or purple-black. Style at fructification from the very base bent downwards and adpressed to fruit...... .... 4. **C. membranacea.**

1 (29). **C. rostrata** Stokes, 1787, in With. Bot. Arrang. Brit. Pl., ed. 2, 2 : 1059. — *C. ampullacea* Good. 1794, Trans. Linn. Soc. London, 2 : 207. — *C. inflata* auct. vix Huds. (nom. dub.): В. Креч. 1935, во Фл. СССР, 3 : 442. — *C. utriculata* auct. non Boott: В. Креч. 1935, l. c.: 444. — Exs.: H.F.R. № 644, H.F. URSS № 4244a,b. — **О. носиковая**, или **вздутая**.

Описан из Шотландии и Англии (Bogs of Isla and on Benteskerny in Breadalbane; in Giggleswick Tarn; Semer Water in Wensledale; near Bungay in Suffolk); lectotypus: ?BM.

По берегам рек и озер, в прибрежных мелководьях, старицах, канавах, на осоковых болотах, окраинах сфагновых болот, иногда в заболоченных лесах и редколесьях; часто образует обширные заросли. — **Европ.ч.**: все районы, кроме Крым. (в Аркт. материковая часть); **Кавк.**: все районы, кроме Предкавк. и Тал.; **Зап. Сиб.**: все районы (в Аркт. Полярн. Урал; низовья Оби: Салехард; Обская губа: бухта Находка; среднее течение р. Ныды); **Вост. Сиб.**: все районы (в Аркт. низовья Енисея: Хантайка; низовья Лены: Булун; р. Индигирка и низовья Колымы: пос. Колымская); **Дальн. Вост.**: все районы, кроме Ком. (в Аркт. басс. Анадыря и Пенжины, зал. Корфа, в Курил. сев. острова); **Средн. Азия**: Арало-Касп. (сев.), Прибалх. (сев.), Дж.-Тарб. (Джунгарский Алатау: сев. склон, хр. Мын-Чукур). Общ. распр.: Европа; З. (сев. Турция, сев. Иран),

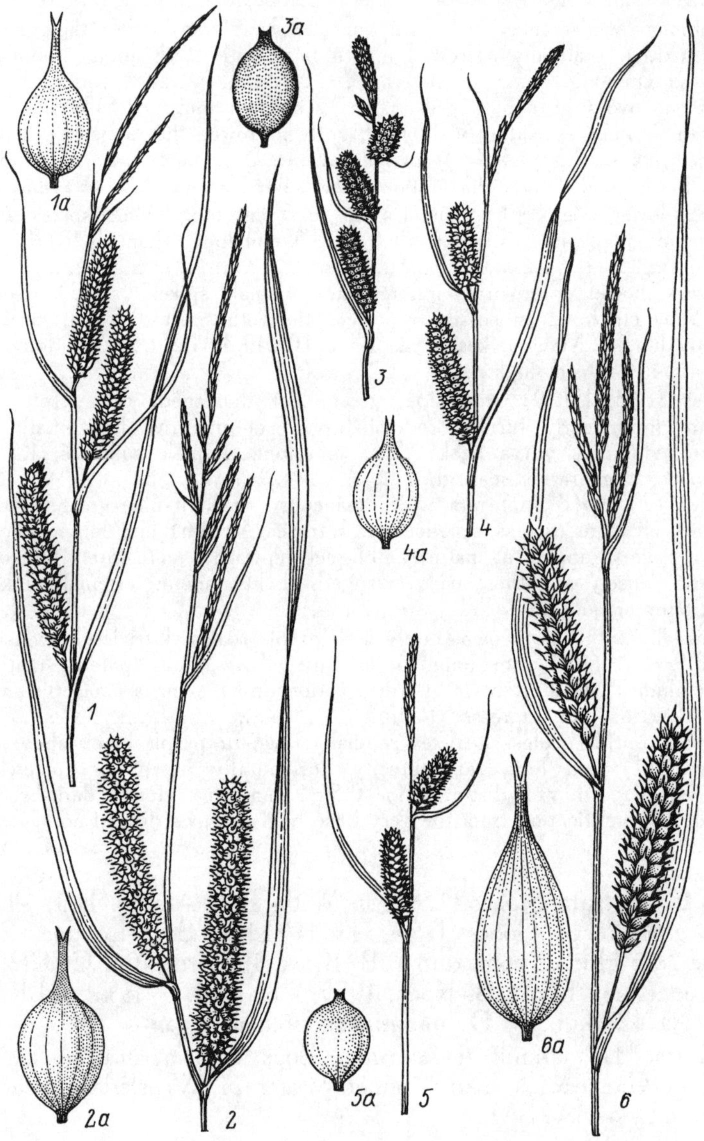

Рис. 19.

1 — *Carex rostrata* Stokes, соцветие, *1a* — мешочек; *2* — *C. rhynchophysa* C. A. Mey., соцветие, *2a* — мешочек; *3* — *C. membranacea* Hook., соцветие, *3a* — мешочек; *4* — *C. jacutica* V. Krecz., соцветие, *4a* — мешочек; *5* — *C. rotundata* Wahlenb., соцветие, *5a* — мешочек; *6* — *C. vesicaria* L., соцветие, *6a* — мешочек.

Fig. 19.

1 — *Carex rostrata* Stokes, inflorescence, *1a* — utricle; *2* — *C. rhynchophysa* C. A. Mey., inflorescence, *2a* — utricle; *3* — *C. membranacea* Hook., inflorescence, *3a* — utricle; *4* — *C. jacutica* V. Krecz., inflorescence, *4a* — utricle; *5* — *C. rotundata* Wahlenb., inflorescence, *5a* — utricle; *6* — *C. vesicaria* L., inflorescence, *6a* — utricle.

Ц. (Китай: Джунгария; Монголия) и В. (Сев.-Вост. Китай, север п-ова Корея) Азия; С. Америка. — 2n = 60 (Кожевников и др., 1986), 72—74 (Соколовская, Стрелкова, 1948), 72 (Жукова, Петровский, 1976), 76 (Heilborn, 1924; Löve, Löve, 1956), 82 (Wahl, 1940). — Рис. 19, *1*.

Довольно полиморфный вид, варьирующий по всему ареалу по ряду признаков (Егорова, 1966а), в том числе по ширине пластинки листа — от (2)3 до 5(8—10) мм и ее форме в поперечном сечении — от плоской и килеватой до б.м. желобчатой. Наиболее обычны растения с плоскими или слегка килеватыми пластинками различной ширины. Сибирские и дальневосточные образцы *C. rostrata* с плоскими и широкими пластинками иногда относились к var. *utriculata* (Boott) L. H. Bailey (Крылов, 1929) или к *C. utriculata* Boott (Кречетович, цит. соч.). *C. utriculata* описана из южн. Канады. Изучение типа этого вида («Cumberland House to Bear Lake, Dr. Richardson, F. Boott» — K!) показало, что настоящая *C. utriculata* отличается от *C. utriculata* в понимании названных авторов. У растений типового образца чешуи пестичных колосков с остями, у нижних чешуй до 3 мм дл., а сами колоски широкие, 1.3 см в диам., в то время как у изученных мной азиатских и американских образцов, принимаемых за *C. utriculata*, чешуи острые, а колоски более узкие, 0.7—1 см в диам. Растения, идентичные типу *C. utriculata*, на нашей территории не встречаются.

Гибридизирует с образованием стерильных помесей с *C. rhynchophysa* (см. ниже), *C. vesicaria* (= *C.* × *pannewitziana* Figert), *C. rotundata* (см. комментарии к этому виду) и очень редко с *C. saxatilis*. Известны стерильные образцы и у типичной *C. rostrata*.

Rather a polymorphic species, varying all over its range by a number of characters (Егорова, 1966a), including width of a leaf blade — from (2)3 to 5(8—10) mm, and its shape in cross-section — from flat and carinate to more or less canaliculate. The most usual plants are those with flat or slightly carinate blades of various width. Siberian and Far Eastern specimens of *C. rostrata* with flat and broad blades sometimes were referred to var. *utriculata* (Boott) L. H. Bailey (Крылов, 1929) or to *C. utriculata* Boott (Кречетович, l. c.). *C. utriculata* was described from southern Canada. The examining of the type of this species («Cumberland House to Bear Lake, Dr. Richardson, F. Boott» — K!) demonstrated, that true *C. utriculata* is different from *C. utriculata* in the sense of mentioned authors. Plants of type specimen have female glumes with awn up to 3 mm long, and the spikes broad, 1.3 cm in diam. while examined by me Asian and American specimens having been refered to *C. utriculata* have acute glumes and narrower spikes 0.7—1 cm in diam. Plants identical to type of *C. utriculata* do not occur in our territory.

Hybridizes, with generating sterile crossbreds, with *C. rhynchophysa* (see below), *C. vesicaria* (= *C.* × *pannewitziana* Figert), *C. rotundata* (see comments to that species) and very rarely with *C. saxatilis*. Sterile specimens of the typical *C. rostrata* are known as well.

2 (30). **C. rhynchophysa** C. A. Mey. 1844, Index Sem. Hort. Bot. Petropol. 9, Suppl. : 9 (descr.) et 2 (auct. descr.); В. Креч. 1935, во Фл. СССР, 3 : 438. — *C. bullata* Schkuhr b. *laevirostris* Fries, 1839, Nov. Fl. Suec. Mant. 2 : 59. — *C. bullata* subsp. *laevirostris* (Fries) Fries, 1844, Bot. Not. 1—2 : 24. — *C. laevirostris* (Fries) Blytt et Fries, 1845, Summa Veg. Scand. 1 : 237. — ? *C. ventricosa* Franch. 1895, Bull. Soc. Philom. Paris, ser. 8, 7 : 91, non Curt. 1790. — Exs.: H.F. URSS № 4241. — **О. вздутоносая**.

Описан из Европы и Сибири («Hab. in Dahuria, in Kamtschatka, prope Petropolin et in Norvegia circa Christianiam»); l e c t o t y p u s : «Hab. in Dahuria. Cult. in h.b. Petropolit., 1842, Meyer» (LE!) — Егорова (h. l.).

По илистым берегам рек и озер и в прибрежных мелководьях, на травяно-осоковых болотах, в старицах, канавах, в болотистых лесах и редколесьях; местами образует заросли. — **Европ. ч.**: Аркт. (низовья Печоры и р. Адзьва), Кар.-

12 Заказ № 131

Мурм., Дв.-Печ., Прибалт. (Латвия), Лад.-Ильм., Верх.-Днепр. (Беларусь и Смоленская обл., редко), Верх.-Волж., Волж.-Кам., Волж.-Дон. (к северу от 52° с. ш.); **Зап. Сиб.**: Аркт. (р. Ныда), Обск., Верх.-Тоб. (сев.), Ирт. (вост.), Алт.; **Вост. Сиб.**: Енис. (редко), Лен.-Кол. (преимущественно на юге), Анг.-Саян., Даур.; **Дальн. Вост.**: все районы, кроме Ком. (в Аркт. басс. Анадыря и Пенжины, зал. Корфа); **Средн. Азия**: ? Прибалх. (юго-вост.: оз. Зайсан). Общ. распр.: С. и Ц. (сев.-вост. Польша) Европа; Ц. (Монголия) и В. (Сев.-Вост. Китай, север п-ова Корея, о-ва Хоккайдо и Хонсю) Азия. — 2n = 74, 80 (Хромосомные числа..., 1969). — Рис. 19, *2*.

Нижний пестичный колосок иногда ветвистый (с 1—2 колосками при основании), а у его кроющего листа изредка наблюдается влагалище 1.5—3 см дл.

Образует стерильные помеси с *C. rostrata* (= *C.* × *friesii* Blytt и *C. vesicaria* (= *C.* × *bogstadensis* Kük.)).

Lowest female spike sometimes branched (with 1—2 spikes at base), and its bract rarely has sheath 1.5—3 cm long.

Generates sterile crossbreds with *C. rostrata* (= *C.* × *friesii* Blytt) and *C. vesicaria* (= *C.* × *bogstadensis* Kük.).

3 (31). **C. jacutica** V. Krecz. 1935, во Фл. СССР, 3 : 621, 441; Малышев, 1979, во Фл. Центр. Сиб. 1 : 173; id. 1990, во Фл. Сиб. 3 : 92; Егор. 1981, в Опред. раст. Камч. обл. : 321; Ворош. 1982, Опред. раст. сов. Дальн. Вост. : 122; А. Е. Кожевников, 1988, в Сосуд. раст. сов. Дальн. Вост. 3 : 349, p. p., excl. pl. arct. — *C. pulla* var. *tristigmatica* Trautv. 1877, Тр. Петерб. бот. сада, 5 : 130. — **О. якутская**.

Описан из Вост. Сибири; typus: «Sibiria orientalis, ad fl. Olenek, unter fl. Tomba et fl. Maigda, 6 VII 1874, A. Czekanowski et F. Müller» (LE! cum isotypis 2).

На сырых и болотистых берегах озер, речек и ручьев, галечниках, в пойменных кустарниках, заболоченных лесах, в лесном и в нижней части верхнего пояса гор, б.ч. на карбонатных субстратах; местами образует заросли. — **Вост. Сиб.**: Лен.-Кол. (преимущественно восточнее Лены, западнее: басс. рр. Оленек и Далдын, притока Мархи, и устье Вилюя), Анг.-Саян. (вост.: басс. верхнего течения Лены), Даур. (сев.-зап.); **Дальн. Вост.**: Камч. (юг: р. Авача у с. Светлый Ключ), Охот. Эндемик. — 2n = 20 (Малышев, 1990), 70 (Юрцев, Жукова, 1982). — Рис. 19, *4*.

Очень близок к *C. rhynchophysa*, от которой отличается меньшими размерами всех частей растения: стеблями 10—30(40) см выс. (а не 60—120 см), пластинками листьев 3—5 мм шир. (а не 8—15(25) мм), тычиночными колосками в числе 1—2, 1.5—2 см дл. (а не 3—7, 3—6 см дл.), пестичными колосками 1.5—2.5(3) см дл. (а не 5—9 см), мешочками (4)4.3—4.5(5) мм дл., с носиком 0.9—1.2(1.5) мм дл. (а не 5—6.5 мм дл., с носиком 1.5—2 мм дл.), а также нижним кроющим листом короче соцветия или равным ему (а не значительно превышающим его). *C. jacutica* близка также к *C. membranacea*, с которой имеет большое габитуальное сходство, вследствие чего легко может быть смешана с ней; названные виды различаются по признакам, приведенным в ключе.

Гибридизирует с *C. rostrata*, *C. rotundata* и *C. vesicata* (Малышев, 1990, цит. соч.).

Very close to *C. rhynchophysa*, differing from it by smaller size of all parts of the plant: stems 10—30(40) cm high (instead of 60—120 cm), leaf blades 3—5 mm wide (instead of 8—15(25) mm), 1—2 male spikes 1.5—2 cm long (instead of 3—7 ones, 3—6 cm long), female spikes

1.5–2.5(3) cm long (instead of 5–9 cm), utricles (4)4.3–4.5(5) mm long, with beak 0.9–1.2(1.5) mm long (instead of 5–6.5 mm long, with beak 1.5–2 mm long); as well as by lowest bract shorter than inflorescence or equal to it (instead of considerably exceeding it). *C. jacutica* is also close to *C. membranacea*, having a great similarity with it in habitus, owing to that can be easily mixed with the latter; the mentioned species are distinguished by characters enumerated in the key.

Hybridizes with *C. rostrata*, *C. rotundata* and *C. vesicata* (Малышев, 1990, l. c.).

4 (32). **C. membranacea** Hook. 1825, in Parry, Journ. Second Voy., App. : 406; В. Креч. 1935, во Фл. СССР, 3 : 449; Егор. 1966, в Аркт. фл. СССР, 3 : 158; ead., 1981, в Опред. раст. Камч. обл. : 321; А. Е. Кожевников, 1988, в Сосуд. раст. сов. Дальн. Вост. 3 : 349. – *C. jacutica* auct. non V. Krecz.: А. Е. Кожевников, цит. соч. : 349, quoad pl. arct. – Exs.: H.F. URSS № 5615. – **О. перепончатая**.

Описан из вост. Канады; typus: о-в Саутгемптон в Гудзоновом заливе, «Southempton Island, Howe River, Capt. Parry» (K!, photo LE!).

По берегам рек и ручьев, галечникам, в болотистой тундре. – **Дальн. Вост.**: Аркт. (Чукотка, о-в Врангеля, басс. Анадыря и Корякия). Общ. распр.: С. Америка (Аляска и север Канады). – 2n = 74 (Жукова, Петровский, 1971, 1980; Петровский, Жукова, 1978; Жукова, 1980, 1982). – Рис. 19, *3*.

См. комментарий к предыдущему виду.

See comments to the previous species.

5 (33). **C. rotundata** Wahlenb. 1803, Kungl. Sv. Vet.-Akad. Handl. ser. nov. 24 : 153; В. Креч. 1935, во Фл. СССР, 3 : 443; Егор. 1966, в Аркт. фл. СССР, 3 : 155; Малышев, 1990, во Фл. Сиб. 3 : 97. – *C. rostrata* subsp. *rotundata* (Wahlenb.) Kük. 1909, in Engl. Pflanzenr. 38 : 723. – Exs.: H.F. URSS № 4245. – **О. кругловатая**.

Описан с севера Фенноскандии («Hab. in paludosis subalpinis Lapponiarum»); typus: UPS.

На осоково-сфагновых и осоковых болотах, болотистых лугах, в мочажинах, на топких берегах озер; на равнине и в лесном, подгольцовом, редко гольцовом поясах гор, нередко встречается в изобилии. – **Европ. ч.**: Аркт. (материковая часть, о-в Вайгач и юг Нов. Земли: Гусиная Земля), Кар.-Мурм. (Кольский п-ов и север Карелии), Дв.-Печ. (сев.; Приполярн. Урал, Сев. Урал: гора Тельпозиз), Волж.-Кам. (Сев. Урал: верховье р. Веле; Средн. Урал: верховье р. Кырьи); **Зап. Сиб.**: Аркт., Обск. (Приполярн. Урал и к северу от 62° с. ш.); **Вост. Сиб.**: Аркт., Енис. (сев.: плато Путорана и басс. нижнего течения Ниж. Тунгуски), Лен.-Кол. (сев.: к северу от верхнего течения Вилюя, Яны и Индигирки; юго-вост.: горы в басс. среднего течения Витима и верхнего течения Олекмы и Алдана); **Дальн. Вост.**: Аркт. (материковая часть), Камч., Охот., Удск., Зее-Бур. (сев.), Уссур. (сев.), Сах. (сев.), Курил. Общ. распр.: С. Европа; В. Азия (север п-ова Корея); С. Америка (Аляска, север и восток Канады). – 2n = 80 (Жукова, Тихонова, 1973; Жукова, Петровский, 1976; Юрцев, Жукова, 1978). – Рис. 19, *5*.

Образует стерильные помеси с *C. rostrata*, принимавшиеся прежде за *C. stenolepis* Less. (см. ниже). Особенно многочисленны гибридные образцы на Кольском п-ове. Обычно они походят на *C. rotundata*, но пластинки листьев у них шире, пестичные колоски длиннее, кроющие чешуи у́же, а мешочки светлее, с более длинным носиком. Названные признаки свойственны *C. rostrata*.

Generates sterile crossbreds with C. *rostrata*, which formerly were taken for C. *stenolepis* Less. (see below). The hybrid specimens are especially numerous in Kola Peninsula. Usually they resemble C. *rotundata*, but their leaf blades are broader, female spikes longer, glumes narrower and utricles lighter, with longer beak. The mentioned characters are peculiar to C. *rostrata*.

6 (34). **C. tsuishikarensis** Koidz. et Ohwi, 1930—1931, Journ. Fac. Agr. Hokk. Univ. **26**, 2 : 273 (Miyabe a. Kudo, Fl. Hokk. a. Saghal. 2); Ohwi, 1936, Mem. Coll. Sci. Kyoto Univ. ser. B, **11**, 5 : 498; Ворош. 1966, Фл. сов. Дальн. Вост. : 106; А. Е. Кожевников, 1988, в Сосуд. раст. сов. Дальн. Вост. 3 : 350. — C. *oligosperma* var. *tsuishikarensis* (Koidz. et Ohwi) B. Boivin, 1979, Phytologia, **43**, 1 : 104. — C. *oligosperma* auct. non Michx.: Ohwi, 1965, Fl. Jap. : 252; T. Koyama, 1962, Journ. Fac. Sci. Univ. Tokyo (Bot.), **8**, 4 : 244; Ворош. 1982, Опред. раст. сов. Дальн. Вост. : 125. — **О. цуйсикаринская**.

Описан из Японии; typus: о-в Хоккайдо, «Tsuishikari, 20 VII anno?, G. Koidzumi» (KYO).

На моховых болотах и болотистых берегах рек и озер. — **Дальн. Вост.**: Курил. (юг: о-в Кунашир, близ Южно-Курильска). Общ. распр.: В. Азия (о-ва Хоккайдо и Хонсю). — 2n = ?

C. *tsuishikarensis* была отнесена одним из авторов (Ohwi, 1965, l. c.) ее оригинального диагноза в синонимы произрастающего на востоке Сев. Америки вида C. *oligosperma* Michx. Сравнение гербарных образцов C. *oligosperma* (LE) из разных районов Сев. Америки (Лабрадор, Квебек, Онтарио, Новая Шотландия, Массачусетс) с описаниями C. *tsuishikarensis* (Koidzumi, Ohwi, 1930—1931, l. c.; Ohwi, 1936, 1965, l.c.) и двумя ее экземплярами с о-ва Кунашир (MHA!) показало, что азиатские растения не идентичны американским. От C. *oligosperma* C. *tsuishikarensis* отличается тычиночным колоском 2—3.3 см дл., 2—2.5 мм в диам. (а не 3—4 см дл., 1—2 мм в диам.), пестичными колосками на ножках 0.7—3 см дл., 8—20-цветковыми (а не почти сидячими, 8-10-цветковыми), матовыми мешочками 4.7—5.5 мм дл., спереди с 8—9 жилками (а не глянцевитыми, 4.5—6.2 мм дл., спереди с 3—4 жилками), а также незначительно более узкими листовыми пластинками и наличием влагалища 0.5—2 см дл. у нижнего кроющего листа.

One of the authors of the original diagnosis of C. *tsuishikarensis* (Ohwi, 1965, l. c .) included it in synonymy to growing in eastern North America species C. *oligosperma* Michx. Comparison of herbarium specimens of C. *oligosperma* (LE) from different regions of North America (Labrador, Quebec, Ontario, Nova Scotia, Massachusetts) with descriptions of C. *tsuishikarensis* (Koidzumi, Ohwi, 1930—1931, l.c.; Ohwi, 1936, 1965, l. c.) as well as two its specimens from Kunashiri island (MHA!) demonstrated, that Asian plants are not identical to American ones. C. *tsuishikarensis* differs from C. *oligosperma* by male spike 2—3.3 cm long, 2—2.5 mm in diam. (instead of 3—4 cm long, 1—2 mm in diam.), female spikes 8—20-flowered, with peduncles 0.7—3 cm long (instead of 8—10-flowered, subsessile), dull utricles 4.7—5.5 mm long, dorsally with 8—9 veins (instead of shining, 4.5—6.2 mm long, dorsally with 3—4 veins), as well as slightly narrower leaf blades and lowest bract with sheath 0.5—2 cm.

7 (35). **C. vesicaria** L. 1753, Sp. Pl. : 979; Kük. 1909, in Engl. Pflanzenr. 38 : 725, p. p.; В. Креч. 1935, во Фл. СССР, 3 : 445. — ? C. *inflata* Huds. 1762, Fl. Angl. : 354, nom. dub. — Exs.: H.F.R. № 1644. — **О. пузырчатая**.

Описан из Европы («Hab. in Europae udis silvaticis»); lectotypus: Herb. Linn. № 1100.74 (LINN, photo LE!) — Егорова (h. l.).

На травяно-осоковых болотах, по берегам рек и озер, иногда в прибрежных мелководьях, на болотистых лугах, по окраинам стариц, в канавах, заболоченных кустарниках и лесах. — **Европ.ч.**: все районы (в Аркт. материковая часть, кроме Полярн. Урала); **Кавк.**: все районы (редко); **Зап. Сиб.**: все районы, кроме

Аркт.; **Вост. Сиб.**: Енис. (юг: басс. верхнего течения Ниж. Тунгуски), Лен.-Кол. (сев. Прибайкалье и басс. верхнего течения Лены и нижнего течения Витима), Анг.-Саян., Даур. (сев.-зап.); **Средн. Азия**: Арало-Касп. (сев.), Прибалх. (сев.; вост.: басс. оз. Зайсан). Общ. распр.: Европа; З. Азия (сев. Турция, сев. Иран). — 2n = 74 (Tanaka, 1948), 82 (Heilborn, 1924), 86 (Dietrich, 1972), 88 (Chater, 1980). — Рис. 19, *6*.

Близкие к *C. vesicaria* виды (или подвиды) произрастают в Сев. Америке (см.: Hultén, 1962 : 244, map 60).

Известны немногие гибридные образцы между *C. vesicaria* и *C. rostrata*, а также (еще более редкие) между *C. vesicaria* и *C. saxatilis* (см. комментарии к *C. stenolepis*).

Species (or subspecies) close to *C. vesicaria* grow in North America (see: Hultén, 1962 : 244, map 60).

There are a few known hybrid specimens between *C. vesicaria* and *C. rostrata*, as well as (even fewer) between *C. vesicaria* and *C. saxatilis* (see comments to *C. stenolepis*).

8 (36). **C. monile** Tuckerm. 1843, Enum. Caric. : 20; Ворош. 1966, Фл. сов. Дальн. Вост. : 102; Егор. 1981, в Опред. раст. Камч. обл. : 320; А. Е. Кожевников, 1988, в Сосуд. раст. сов. Дальн. Вост. 3 : 349. — *C. vesicaria* var. *monile* (Tuckerm.) Boeck. 1877, Linnaea, 41 : 320; Kük. 1909, in Engl. Pflanzenr. 38 : 726; Hult. 1962, Kungl. Sv. Vet.-Akad. Handl. ser. 4, **8**, 5 : 244, map 60 (Circump. Pl. 1); Ворош. 1982, Опред. раст. сов. Дальн. Вост. : 123. — *C. vesicaria* var. *tenuistachya* auct. non Kük. s. str.: Kük. 1909, l. c. : 726, p. p. — *C. vesicaria* auct. non L.: Mackenzie, 1935, in North Amer. Fl. **18**, 7 : 451, p. p., quoad syn. *C. monile*; Ohwi, 1936, Mem. Coll. Sci. Kyoto Univ. ser. B, **11**, 5 : 498, p. p.; id. 1965, Fl. Jap. : 252, p. p.; Ворош. 1982, l. c. : 123, quoad var. *vesicaria*. — *C. vesicaria* var. *dichroa* auct. non Anderss.: T. Koyama, 1962, Journ. Fac. Sci. Univ. Tokyo (Bot.), **8**, 4 : 242, p. p., quoad pl. e Kuril. et Amer. Septentr. — **О. четочная**.

Описан из Сев. Америки; lectotypus: «Ohio, Sullivant; from Herb. Tuckerman» (BM!, photo LE!) — Егорова (h. l.).

На травяно-осоковых болотах, по болотистым лугам, берегам водоемов, окраинам стариц, в заболоченных кустарниках. — **Дальн. Вост.**: Камч., Сах., Курил. Общ. распр.: В. Азия (Япония); С. Америка. — 2n = ?

Очень близок к *C. vesicaria*, от которой отличается относительно более широкими мешочками, резко суженными в носик (см. ключ). Наши растения отличаются от типа *C. monile* более короткими, (2)2.5—3(3.5) см (а не 5—6 см), тычиночными колосками и более короткими и широкими, 2.5—3.5(4.5) см дл., (1)1.2—1.5 см в диам. (а не 5—6 см дл. и не более 1 см в диам.), рыхловатыми пестичными колосками. Возможно, их следует рассматривать в качестве подвида *C. monile* s. l.

Very close to *C. vesicaria*, from which differs by relatively broader utricles abruptly narrowed into a beak (see the key). Our plants differ from the type of *C. monile* by shorter male spikes (2)2.5—3(3.5) cm long (instead of 5—6 cm), as well as shorter and broader, rather lax female spikes 2.5—3.5(4.5) cm long, (1)1.2—1.5 cm in diam. (instead of 5—6 cm long and up to 1 cm in diam.). Probably, they should be considered as a subspecies of *C. monile* s. l.

9 (37). **C. vesicata** Meinsh. 1901, Тр. Петерб. бот. сада, **18**, 3 : 367; В. Креч. 1935, во Фл. СССР, 3 : 446; Егор. 1966, в Аркт. фл. СССР, 3 : 159; Y. T. Lee, 1976, in Fl. Cor. 7 : 415; А. Е. Кожевников, 1988, в Сосуд. раст. сов. Дальн. Вост. 3 : 347; Малышев, 1990, во Фл. Сиб. 3 : 99. — *C. vesicaria* var. *tenuistachya* Kük. 1899, Bot. Centralbl. 77 : 58; id. 1909, in Engl. Pflanzenr. 38 : 726, p. p.; Ворош.

1982, Опред. раст. сов. Дальн. Вост. : 123. — *C. vesicaria* f. *tenuistachya* (Kük.) T. Koyama, 1962, Journ. Fac. Sci. Univ. Tokyo (Bot.), **8**, 4 : 242. — *C. vesicaria* subsp. *vesicata* (Meinsh.) Egor. 1973, Новости сист. высш. раст. 10 : 103. — *C. vesicaria* auct. non L.: Ohwi, 1936, Mem. Coll. Sci. Kyoto Univ. ser. B, **11**, 5 : 498, p. p.; id. 1965, Fl. Jap. : 252, p. p.; Y. L. Chang, Y. L. Yang, 1976, in Fl. Chin. Bor.-Or. 11 : 73. — E x s.: H.F. URSS № 3801b (ut *C. dichroa*). — **О. пузыревидная**.

Описан из басс. Амура; t y p u s: «In paludibus ad fl. Palmira, Mandshuria austroorientalis, 24 VI 1861, Maximowicz» (LE!) — Кречетович (in sched.), Егорова (h. l.).

По берегам рек и озер, на болотистых пойменных лугах; на равнине и в лесном поясе гор. — **Вост. Сиб.**: Лен.-Кол. (низовья Вилюя; басс. среднего течения Лены южнее устья Алдана, басс. Алдана, Яны, Индигирки и Колымы), Анг.-Саян. (редко), Даур.; **Дальн. Вост.**: все районы, кроме Ком. (в Аркт. басс. Анадыря и Пенжины и зал. Корфа). О б щ . р а с п р.: Ц. (сев. Монголия) и В. (Сев.-Вост. Китай, север п-ова Корея, Япония) Азия; ? С. Америка. — 2n = ?

Близок к *C. vesicaria*, которую замещает в Вост. Сибири к востоку от Байкала и Лены. Отличается от названного вида рядом константных признаков: глянцевитыми, обычно красновато-бурыми мешочками с более резко выраженными жилками и более короткими зубцами носиков, а также отсутствием опушения на влагалищах срединных и верхних листьев и меньшими размерами всего растения, пестичных колосков и мешочков (см. ключ).

В зоне налегания ареалов *C. vesicaria* и *C. vesicata* наблюдаются переходные формы между ними.

Close to *C. vesicaria*, replacing the latter in Eastern Siberia to the east of Lake Baikal and Lena river. It differs from the mentioned species by a number of constant characters: shining, usually reddish-brown utricles with more distinct veins and shorter teeth of beak, as well as absence of pubescence on sheaths of middle and upper leaves and smaller sizes of the whole plant, female spikes and utricles (see key).

In the zone of *C. vesicaria* and *C. vesicata* ranges overlapping there are transitive forms between them.

10 (38). **C. pamirica** (O. Fedtsch.) O. et B. Fedtsch. 1907, в Б. Федч. Бот. журн. **1**, 6 : 191 (Тр. Петерб. общ. естествоисп. **35**, 3); Б. Федч. 1908, Тр. Петерб. бот. сада, **28**, 1 : 70, 123 (cum auct. comb. B. Fedtsch.). — *C. vesicaria* var. *pamirica* O. Fedtsch. 1903, Тр. Петерб. бот. сада, 21.3 : 432. — *C. pamirensis* C.B.Clarke, 1908, Kew Bull., Add. ser. 8 : 87; Б. Федч. 1907, Бот. журн. **1**, 6 : 191 (Тр. Петерб. общ. естествоисп. **35**, 3), in nota; В. Креч. 1935, во Фл. СССР, 3 : 448 (cum auct. C. B. Clarke ex B. Fedtsch.); Егор. 1967, в Раст. Центр. Азии, 3 : 85; ead., 1976, в Опред. раст. Средн. Азии, 5 : 68; Малышев, 1990, во Фл. Сиб. 3 : 94. — *C. obscuriceps* Kük. var. *pamirica* (O. Fedtsch.) Kük. 1909, in Engl. Pflanzenr. 38 : 724. — *C. dichroa* subsp. *pamirensis* (C. B. Clarke) Egor. 1973, Новости сист. высш. раст. 10 : 103; ead., 1985, l. c. 22 : 54. — **О. памирская**.

Описан из Средн. Азии; l e c t o t y p u s: «Памир, Ранг-Куль, 14 VIII 1878, Кушакевич» (LE! cum syntypo) — Егорова (h. l.).

а) subsp. **pamirica**.

По берегам рек и озер, в старицах, на заболоченных лугах и осоковых болотах, в мочажинах; в верхнем поясе гор. — **Зап. Сиб.**: Алт. (Кош-Агачский р-н); **Вост. Сиб.**: Анг.-Саян. (Тува: р. Кара-Суг в Барун-Хемчикском р-не; Вост. Саян.: оз. Ильчир); **Средн. Азия**: Тянь-Шан. (Сев. — Кетменьтау и Зап. и Центр. Тянь-Шань), Пам.-Ал. (Алайский и Заалайский хребты, Зап. Памир,

Ваханский хр., Вост. Памир). Общ. распр.: З. (Афганистан), Ц. (Китай: Джунгария, Вост. Тянь-Шань и Памир) и Ю. (зап. Гималаи) Азия. — 2n = ?

Приоритетным названием для этого вида следует считать *C. pamirica*, а не *C. pamirensis*, как было принято рядом авторов (см. синонимику). Оба эти названия появились в 1907 г., в статье Б. А. Федченко (цит. соч.), посвященной памяти известного английского циперолога Кларка (C. B. Clarke), в таком тексте: «*Carex pamirensis* C. B. Clarke — так назвал Кларк осоку, которая во «Флоре Памира» О. А. Федченко названа *C. vesicaria* var. *pamirica* O. Fedtsch., а теперь названа *C. pamirica* O. et B. Fedtsch.». Заметим, что названием *C. pamirensis* Кларк в 1905 г. обозначил посланные ему нетестированные синтипы *C. vesicaria* var. *pamirica* O. Fedtsch. Действительно обнародована *C. pamirensis* была уже после кончины Кларка, в 1908 г. Комбинация же *C. pamirica* (O. Fedtsch.) O. et B. Fedtsch. появилась годом раньше — в работе Б. А. Федченко 1907 г. (цит. соч.), в цитированном выше абзаце.

Для Зап. и Вост. Сибири subsp. *pamirica* приведен по данным Л. И. Малышева (цит. соч.), для Афганистана — по данным Кукконена (Kukkonen, 1987).

It is *C. pamirica* that should be considered as the correct name for this species, instead of *C. pamirensis* as it was accepted by some authors (see synonymy). Both of these names have been appeared in 1907, in article by Fedtschenko (Федченко, l. c.) devoted to memory of noted English cyperologist C. B. Clarke, in wording as follows: « *Carex pamirensis* C. B. Clarke — так назвал Кларк осоку, которая во «Флоре Памира» О. А. Федченко названа *C. vesicaria* var. *pamirica* O. Fedtsch., а теперь названа *C. pamirica* O. et B. Fedtsch.» («This sedge had been signed by Clarke as *Carex pamirensis* C. B. Clarke, but was published in «Flora of the Pamirs» by O. A. Fedtschenko under the name *C. vesicaria* var. *pamirica* O. Fedtsch. and is named here as *C. pamirica* O. et B. Fedtsch.».) To note, Clarke in 1905 just designated untested syntypes of *C. vesicaria* var. *pamirica* O. Fedtsch. sent to him, by the name *C. pamirensis*. *C. pamirensis* was validly published only after Clarke's death, in 1908. As for combination *C. pamirica* (O. Fedtsch.) O. et B. Fedtsch., it has appeared a year before, in the work by Fedtschenko (Федченко, 1907, l. c.), in paragraph cited above.

Subsp. *pamirica* is cited for Western and Eastern Siberia according to data by Malyshev (Малышев, l. c.), for Afghanistan according to data by Kukkonen (1987).

b) subsp. **dichroa** (Freyn) Egor. comb. nov. — *C. pulla* Good. subsp. *dichroa* Freyn, 1890, Österr. Bot. Zeitschr. 40 : 304. — *C. dichroa* (Freyn) V. Krecz. 1935, во Фл. СССР, 3 : 447, sine auct. comb., non Franch. 1895; Егор. 1980, Новости сист. высш. раст. 17 : 109. — *C. vesicaria* var. *grahamii* (Boott) Kük. 1909, in Engl. Pflanzenr. 38 : 727, p. p., quoad pl. sibir. — *C. kryloviana* Schischk. et Serg. 1928, Систем. зам. Герб. Томск. унив. 6 : 1. — *C. pamirensis* var. *dichroa* (Freyn) Malyschev, 1990, во Фл. Сиб. 3 : 95. — *C. vesicaria* var. *alpigena* auct. non Fries: Kük. 1909, l. c. : 727, quoad pl. e Dzhung. — Exs.: H.F. URSS №№ 3801a, 5005. — **О. двоякоокрашенная**.

Описан из Вост. Сибири; typus: «Sumpfwiesen am Irkut bei Irkutsk, Juni 1888, F. Karo» (BRNM!, photo LE).

На болотистых лугах, по берегам рек, ручьев и озер; в лесном и в нижней части верхнего пояса гор. — **Кавк.**: Б. Кавк. (зап., центр), Зап. (Абхазия) и Центр. (Юго-Осетия) Закавк.; **Зап. Сиб.**: Ирт. (юго-вост.), Алт.; **Вост. Сиб.**: Лен.-Кол. (сев.-зап. побережье Байкала; р. Лена в среднем течении: о-в Харыйалаах близ пос. Покровка), Анг.-Саян., Даур.; **Дальн. Вост.**: Зее-Бур. (истоки Правой Буреи: предгорья хр. Эзоп); **Средн. Азия**: Дж.-Тарб., Тянь-Шан. (Сев. Тянь-Шань: Заилийский Алатау — долина р. Б. Алмаатинки, Кунгей-Алатау — долина р. Тау-Чилик). Общ. распр.: Ц. Азия (Монголия). — 2n = ?

Единственный известный с Дальнего Востока образец данного подвида (сборы А. А. Нечаева 1978 г.) нетипичен для последнего, отличаясь от него более крупными, 5.7—6 мм дл. (а не 4—5 мм), мешочками.

Гибридизирует с *C. saxatilis* subsp. *laxa* и *C. vesicaria* (Малышев, 1990, цит. соч.).

The only specimen of this subspecies known from Far East (collections by A. Nechaev in 1978) is not typical for it, differing by larger utricles 5.7—6 mm long (instead of 4—5 mm).

Hybridizes with *C. saxatilis* subsp. *laxa* and *C. vesicaria* (Малышев, 1990, l. c.).

11 (39). **C. saxatilis** L. 1753, Sp. Pl. : 976; В. Креч. 1935, во Фл. СССР, 3 : 448; Егор. 1966, в Аркт. фл. СССР, 3 : 160, quoad subsp. *saxatilis*. — *C. pulla* Good. 1797, Trans. Linn. Soc. London, 3 : 78. — *C. vesicaria* subsp. *saxatilis* (L.) Kük. 1909, in Engl. Pflanzenr. 38 : 727, p.p. — *C. procerula* auct. non V. Krecz.: Кузен. 1954, во Фл. Мурм. обл. 2 : 142. — E x s.: H.F. URSS №№ 3702, 6968. — **О. наскальная**, или **каменная**.

Описан из Европы («Hab. in Europae alpibus»); l e c t o t y p u s: Herb. Linn. № 1100.51 (LINN, photo LE!) — Егорова (h. l.).

а) subsp. **laxa** (Trautv.) Kalela, 1941, Ann. Bot. Soc. Zool.-Bot. Fenn. Vanamo, **14**, 2 : 15; Hult. 1962, Kungl. Sv. Vet.-Akad. Handl. ser. 4, **8**, 5 : 22, 242 (Circump. Pl. 1); id. 1968, Fl. Al. : 277; Егор. 1966, l. c. : 162; Малышев, 1990, во Фл. Сиб. 3 : 98. — *C. pulla* var. *laxa* Trautv. 1877, Тр. Петерб. бот. сада, 5 : 130. — *C. physocarpa* C. Presl, 1825—1830, Reliq. Haenk. 1 : 205; Ворош. 1982, Опред. раст. сов. Дальн. Вост. : 116; А. Е. Кожевников, 1988, в Сосуд. раст. сов. Дальн. Вост. 3 : 351. — *C. pulla* var. *sibirica* Christ, 1887, Kungl. Sv. Vet.-Akad. Handl. 22 : 181. — *C. vesicaria* subsp. *saxatilis* f. *laxa* (Trautv.) Kük. 1909, l. c. : 728. — *C. vesicaria* var. *physocarpa* (C. Presl.) Kük. 1909, l. c. : 728. — *C. procerula* V. Krecz. 1935, во Фл. СССР, 3 : 622, 449. — *C. saxatilis* var. *laxa* (Trautv.) Ohwi, 1935, Journ. Jap. Bot. 11 : 408; id. 1936, Mem. Coll. Sci. Kyoto Univ. ser. B, **11**, 5 : 500. — *C. saxatilis* auct. non L. s. str.: Ворош. 1982, Опред. раст. сов. Дальн. Вост. : 116; А.Е.Кожевников, 1988, в Сосуд. раст. сов. Дальн. Вост. 3 : 351. — E x s.: H.F.URSS № 5709. — **О. рыхловатая**.

Описан с севера Вост. Сибири; l e c t o t y p u s : басс. верхнего течения р. Оленек, «Sibiria orientalis, ad fl. Tomba superior, 25 VI 1874, Czekanowski et Müller» (LE!) — Егорова (l. c.).

По болотистым берегам и мелководьям озер и речек, у ручьев, в мочажинах, на осоковых болотах; в арктической, преимущественно горной тундре и гипоарктических и южных высокогорьях, реже в лесном поясе; образует заросли. — **Европ. ч.**: Аркт. (Новая Земля, о-в Вайгач, Югорский п-ов, Полярн. Урал), Дв.-Печ. (Приполярн. и Сев. Урал), Волж-Кам. (Сев. Урал: Конжаковский Камень); **Зап. Сиб.**: Аркт. (Полярн. Урал и север Гыданского п-ова), Обск. (Приполярн. Урал); **Вост. Сиб.**: Аркт., Енис. (к северу от Ниж. Тунгуски), Лен.-Кол. (сев.: басс. Оленека, верховья Вилюя и от Верхоянского хребта до Колымы; юг: Становое нагорье), Анг.-Саян. (северо-запад Байкальского хребта; Вост. Саян; Тува: верховье р. Балыктыг-Хем), Даур. (сев.-зап.: Становое нагорье); **Дальн. Вост.**: Аркт., Камч., Охот., Удск. (хр. Геран и сев. Сихотэ-Алинь), Зее-Бур. (сев.: хребты Эзоп, Баджал и Дуссе-Алинь), Курил. (сев.: о-ва Шумшу и Парамушир). О б щ . р а с п р.: С. Америка (зап.). — 2n = 80 (Жукова, Тихонова, 1971; Юрцев, Жукова, 1978; Малышев, 1990, и др.).

В синонимы к subsp. *laxa* Гультен (Hultén, 1962, l. c., 1968, l. c.) отнес *C. physocarpa* C. Presl., l. c., описанную из зап. части Канады, расположенной к востоку от о-ва Ванкувер («Hab. in sinu Nootka aut in portu Mulgraave»; typus: «Nootka-Sund» — PR!, photo LE!). Изучение типа этого вида убеждает в правильности его мнения.

Известна стерильная помесь между рассматриваемым подвидом и *C. pamirica* subsp. *dichroa* (см. выше).

C. physocarpa C. Presl., l. c., described from western part of Canada located to east of Vancouver Island (« Hab. in sinu Nootka aut in portu Mulgraave»; typus: «Nootka-Sund» — PR!, photo LE!), was included in synonymy to subsp. *laxa* by Hultén (1962, l. c., 1968, l. c.). Examining the type of this species convinces the correctness of his opinion.

A sterile crossbred is known between the considered subspecies and *C. pamirica* subsp. *dichroa* (see above).

b) subsp. **saxatilis**.

На осоково-моховых болотах, в осоково-моховых и осоково-пушицевых тундрах, по берегам ручьев, рек и озер. — **Европ.ч.**: Аркт. (Кольский п-ов, п-ов Канин), Кар.-Мурм. (Кольский п-ов), Волж.-Кам. (Сев. Урал: Конжаковский Камень). Общ. распр.: С. и Атл. (Шотландия) Европа; С. Америка (вост. Канада и Гренландия). — 2n = 80 (Хромосомные числа..., 1969).

К данному подвиду близок североамериканский вид *C. miliaris* Michx.

Образует стерильные помеси с *C. rotundata*, *C. rostrata* и, редко, с *C. vesicaria* (см. также комментарии к следующему виду).

The North American species *C. miliaris* Michx. is close to this subspecies.

Generates sterile crossbreds with *C. rotundata*, *C. rostrata* and, rarely, with *C. vesicaria* (see also comments to the next species).

12 (40). **C. stenolepis** Less. 1831, Reise Norweg. Loffod. : 301; В. Креч. 1935, во Фл. СССР, 3 : 443, quoad nom.; Hyl. 1966, Nord. Kärlväxtfl. 2 : 179; Егор. 1976, во Фл. Европ. ч. СССР, 2 : 168; Chater, 1980, in Fl. Europ. 5 : 305. — **О. узкочешуйная**.

Описан из Скандинавии («...aus der Umgegend von Trondhjem... und aus Tornea-Lappmark...»); typus: ?

На осоково-моховых болотах; очень редко. — **Европ. ч.**: Аркт. (Кольский п-ов: между пос. Харловка и пос. Варзино), Кар.-Мурм. (Хибинские горы). Общ. распр.: С. (Фенноскандия) и Атл. (Шотландия) Европа. — 2n = ?

Сочетает признаки *C. saxatilis* и *C. vesicaria* и, возможно, имеет гибридное происхождение (Hylander, l. c.; Chater, l. c.). В. И. Кречетовичем (цит. соч.) за *C. stenolepis* были приняты стерильные помеси между *C. rostrata* и *C. rotundata*.

По внешнему виду *C. stenolepis* сходна с *C. saxatilis* s. str., от которой отличается трехрыльцевыми столбиками, более широкими, 0.7—1 см в диам. (а не 0.6—0.8 мм), и снабженными ножками пестичными колосками, чешуи которых почти в 3 раза уже мешочков (а не почти равные им по ширине), и мешочками с двузубчатым (а не б. ч. цельным) носиком. Признаки, отличающие *C. stenolepis* от *C. vesicaria*, приведены в ключе.

C. grahamii Boott (1844, Trans. Linn. Soc. London, 19 : 215; syntypi: Шотландия, «Clova-Jorfarshire 8th Aug. 18 [32], Weight, from Dr. Graham; Glen Dole-Clova, 1832, from Greville» — K!), рассматриваемая в качестве самостоятельного вида (Кречетович, цит. соч. : 446) или относимая в синонимы к *C. stenolepis* (Hylander, l.c.; Toivonen, 1984), очень близка к *C. saxatilis* (Егорова, цит. соч. :

169) и является стерильной помесью между этим видом и, по-видимому, *C. vesicaria* (Jermy, Tutin, 1968; Chater, 1980).

Образцы, б. м. идентичные типовому материалу по *C. grahamii*, известны у нас на Кольском п-ове и Сев. Урале (гора Тельпоз-из). Одни из них полностью стерильны, у других только в отдельных мешочках имеются развитые плоды. Количество рылец колеблется от 2 до 3, чешуи пестичных колосков обычно ланцетовидные, немного короче мешочков.

Combines characters of *C. saxatilis* and *C. vesicaria* and possibly has hybrid origin (Hylander, l. c.; Chater, l. c.). Kreczetowicz (Кречетович, l. c.) took for *C. stenolepis* sterile crossbreds between *C. rostrata* and *C. rotundata*.

C. stenolepis resembles *C. saxatilis* s. str. in habitus, differing from it by tristigmatic styles, broader, 0.7–1 cm in diam. (instead of 0.6–0.8 mm), and pedunculate female spikes with glumes almost 3 times narrower than utricles (instead of almost equal them in width), as well as utricles with bidentate (instead of generally entire) beak. Characters distinguishing *C. stenolepis* from *C. vesicaria* are enumerated in the key.

C. grahamii Boott (1844, Trans. Linn. Soc. London, 19 : 215; syntypi: Scotland, «Clova-Jorfarshire 8th Aug. 18[32], Weight, from Dr. Graham; Glen Dole-Clova, 1832, from Greville» — K!), being considered as separate species (Кречетович, l. c. : 446) or included in synonymy to *C. stenolepis* (Hylander, l. c.; Toivonen, 1984), is very close to *C. saxatilis* (Егорова, l. c. : 169) and presents a sterile crossbred between this species and, probably, *C. vesicaria* (Jermy, Tutin, 1968; Chater, 1980).

Specimens more or less identical to type material of *C. grahamii* are known in our territory in Kola Peninsula and Northern Ural (mountain Тельпоз-из). Some of them are completely sterile, others having developed fruits only in some utricles. The number of stigmas varies from 2 to 3, female glumes usually lanceolate, a little shorter than utricles.

13 (41). **C. mollissima** Christ, 1888, in Scheutz, Kungl. Sv. Vet.-Akad. Handl. ser. nov. **22**, 10 : 181; В. Креч. 1935, во Фл. СССР, 3 : 433; Малышев, 1990, во Фл. Сиб. 3 : 94. — *C. yingkiliensis* Baranov et Skvortsov, 1965, Quart. Journ. Taiwan Mus. **18**, 1–2 : 226. — **О. мягчайшая**.

Описан из Вост. Сибири; l e c t o t y p u s: «Sibiria, Jenissei, Alinskoje, 4 VII 1876, M. Brenner» (S! isolectotypus LE!) — Егорова, 1976а.

На лесных травяно-осоковых болотцах, по болотистым берегам лесных ручьев, речек и озер, в лесных мочажинах; на равнине, в лесном и очень редко в подгольцовом поясе гор. — **Европ. ч.**: Дв.-Печ. (Сев. Урал: басс. верхнего течения Печоры — рр. Илыч, Кисунья и др.), Волж.-Кам. (окр. Соликамска; Средн. Урал: Кытлым и Чердынский р-н, р. Лопья); **Зап. Сиб.**: Аркт. (Полярн. Урал: долина р. Соби; окр. Салехарда), Обск. (р. Южн. Лабатнанг; басс. Сев. Сосьвы; Сев. Урал: Большесосьвинский хр., пос. Баяновка; Средн. Урал: Денежкин Камень и окр. Ниж. Тагила), Алт. (вост.: хр. Куркуре и верховья Абакана); **Вост. Сиб.**: Енис., Лен.-Кол. (кроме сев.-вост., преимущественно в южн. половине), Анг.-Саян. (редко), Даур. (сев.-зап. и вост.); **Дальн. Вост.**: Охот., Удск., Зее-Бур., Уссур. (сев.), Сах. О б щ. р а с п р.: В. Азия (Сев.-Вост. Китай, п-ов Корея). — 2n = 80 (Крогулевич, 1976; Малышев, 1990). — Рис. 20, *2*; 21.

На Полярном Урале *C. mollissima* была собрана Ю. П. Кожевниковым. Два известных местонахождения вида на этой территории (в центральной части хребта и на вост. макросклоне) приурочены к лесному поясу (Кожевников, 1985б).

C. mollissima was collected in Polar Ural by Yu. P. Kozhevnikov. Two known locations of species in this territory (in central part of the ridge and on eastern side) belong to the forest belt (Кожевников, 1985б).

Рис. 20.

1 — *Carex pendula* Huds., нижняя часть растения и соцветие, *1a* — мешочек; *2* — *C. mollissima* Christ, соцветие, *2a* — мешочек; *3* — *C. livida* (Wahlenb.) Willd., соцветие, *3a* — мешочек; *4* — *C. sylvatica* Huds., соцветие, *4a* — мешочек; *5* — *C. arnellii* Christ, мешочек.

Fig. 20.

1 — *Carex pendula* Huds., lower part of the plant and inflorescence, *1a* — utricle; *2* — *C. mollissima* Christ, inflorescence, 2a — utricle; *3* — *C. livida* (Wahlenb.) Willd., inflorescence, 3a — utricle; 4 — *C. sylvatica* Huds., inflorescence, 4a — utricle; 5 — *C. arnellii* Christ, utricle.

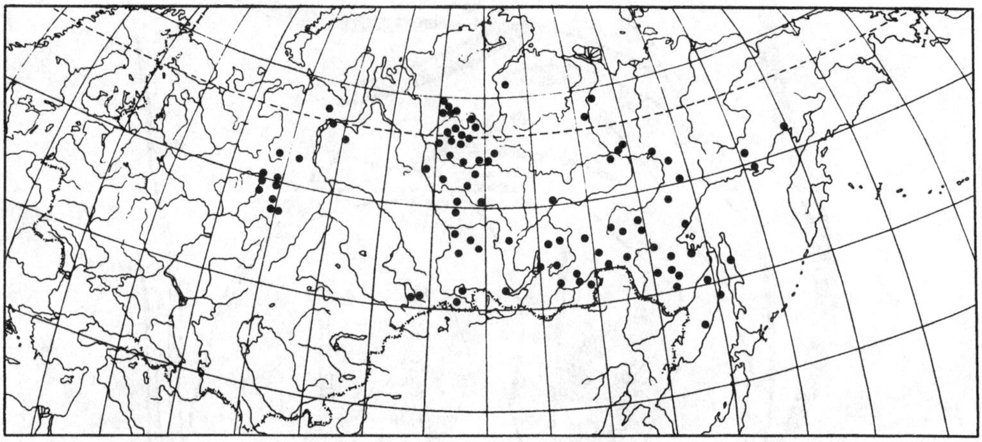

Рис. 21. Ареал *Carex mollissima* Christ.[1]

Fig. 21. Range of *Carex mollissima* Christ.

Sectio 9. Paludosae Fries ex Kük. 1909, in Engl. Pflanzenr. 38 : 730, p. p., quoad *C. paludosam.* — Sect. *Elaeostachys* V. Krecz. 1935, во Фл. СССР, 3 : 399, p. p., quoad *C. acutiformem*, sine descr. latin. — Sect. *Acutiformes* Egor. 1985, Бот. журн. **70**, 11 : 1550. — Верхние 2—3(4) колоска тычиночные, остальные (2)3—4 пестичные, цилиндрические, многоцветковые, густые, почти сидячие, или нижний иногда на короткой (обычно до 1.5 см) ножке. Кроющие листья без влагалища, нижний превышает соцветие. Чешуи пестичных колосков с короткой остью. Мешочки сжато-трехгранные, уплощенные, тонкокожистые, серовато-зеленые, матовые, покрытые мелкими сосочками, с жилками, с коротким, слабо выемчатым носиком. Рылец 3. Растения с ползучими корневищами. — Typus: *C. paludosa* Good. (= *C. acutiformis* Ehrh.). Монотипная секция.

С видами родства *C. riparia*, обычно включаемыми в секцию *Paludosae*, а здесь рассматриваемыми в составе секции *Tumidae*, *C. acutiformis* имеет только габитуальное сходство, хорошо отличаясь от них почти плоскими тонкостенными (а не б. м. округлыми в поперечном сечении, с сильно утолщенными стенками) мешочками, а также анатомическим строением перикарпия (Егорова, Трифонова, 1986).

Upper 2—3(4) spikes male, the others (2)3—4 female, cylindrical, many-flowered, dense, subsessile or lowest sometimes with short (usually up to 1.5 cm) peduncle. Bracts sheathless, lowest exceeding inflorescence. Female glumes with short awn. Utricles compressed-trigonous, flattened, thin-coriaceous, greyish-green, dull, covered with small papillae, veined, with a short, slightly emarginate beak. Stigmas 3. Plants with creeping rhizomes. — Typus: *C. paludosa* Good. (= *C. acutiformis* Ehrh.). Monotypic section.

---

[1] Здесь и на остальных картах государственная граница СССР дана по состоянию на 1991 г.
Here, and on the other maps, frontiers of the USSR are given according to the state of the year 1991.

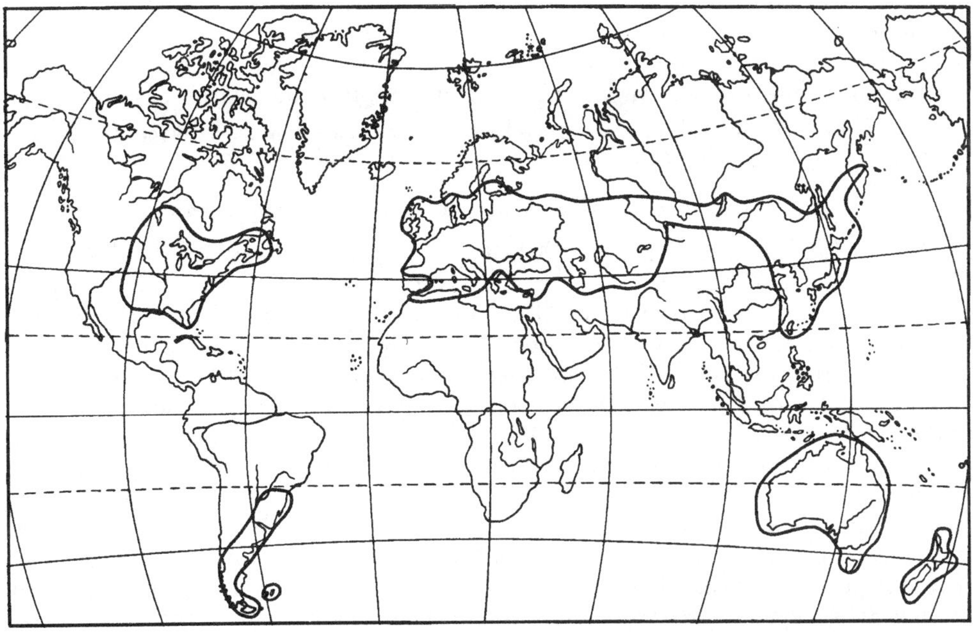

Рис. 22. Ареал секции *Tumidae* Meinsh.

Fig. 22. Range of the section *Tumidae* Meinsh.

With species allied to *C. riparia*, generally been included in the section *Paludosae*, and here considered as members of the section *Tumidae*, *C. acutiformis* resembles only by habit, well differing from them by almost flat thin-walled utricles (instead of more or less orbicular in cross-section, with strongly thickened walls), as well as by anatomical structure of pericarp (Егорова, Трифонова, 1986).

1 (42). **C. acutiformis** Ehrh. 1789, Beitr. Naturk. 4 : 43; В. Креч. 1935, во Фл. СССР, 3 : 400. — *C. paludosa* Good. 1794, Trans. Linn. Soc. London, 2 : 202. — *C. olgae* Regel, 1882, Изв. Общ. любит. естествозн. антроп. этногр. **34**, 2 : 83. — Exs.: H.F.R. № 597, H.F. URSS № 4202. — **О. островидная**.

Описан из Германии (Нижняя Саксония: между г. Брауншвейгом и г. Люнебургом, «In paludosis Brunsvico-Luneburgicis»); lectotypus: «*Carex acutiformis*, Ahlemer Holt., 1787» (LE!) — Егорова (h. l.).

По берегам водоемов, на травяно-осоковых болотах, болотистых лугах; от равнин до нижнего пояса гор. — **Европ. ч.**: все районы, кроме Аркт. и Дв.-Печ. (в Кар.-Мурм. юг Карелии); **Кавк.**: все районы; **Зап. Сиб.**: Обск. (крайний юг), Верх.-Тоб., Ирт.; **Вост. Сиб.**: Анг.-Саян. (зап.: оз. Белое в басс. р. Чулым и д. Большая Иня в окр. Минусинска); **Средн. Азия**: Арало-Касп. (сев.), Прибалх., Дж-Тарб., Сырдар., Тянь-Шан. (Сев. и Зап. Тянь-Шань), Пам.-Ал. (зап.: окр. Самарканда и Душанбе, басс. р. Туполанг, низкогорья южн. Таджикистана). Общ. распр.: Европа; З. (от Турции до зап. Пакистана), Ц. (Вост. Тянь-Шань) и Ю. (Гималаи) Азия; С. Америка (заносное); С. и Ю. (заносное) Африка. — 2n = 78 (Dietrich, 1964**b**, 1972; Тодераш, 1977). — Рис. 18, *4*.

В качестве лектотипа *C. acutiformis* здесь выбран один из трех хранящихся в LE автентичных образцов. Два других образца тестированы: «*Carex acutiformis*, 1786, M. Schreb.» и «*Carex acutiformis*, 1787, H.».

Растение внешне походит на *C. acuta* из секции *Phacocystis* Dumort.

It is one of three authenthic specimens kept in LE, chosen here as the lectotype of *C. acutiformis*. Other two specimens are tested as «*Carex acutiformis*, 1786, M. Schreb.» and «*Carex acutiformis*, 1787, H.».

The plant resembles in habit *C. acuta* from the section *Phacocystis* Dumort.

Sectio 10. Tumidae Meinsh. 1901, Тр. Петерб. бот. сада, **18**, 3 : 376; Егор. 1990, Бот. журн. **75**, 6 : 860. — *Carex* 5. *Carices paludosae* Fries, 1835, Corp. Fl. Suec. : 190, p. p. — *Anithista* Rafin. 1840, Good Book a. Amen. Nat. : 26. — *Carex* sect. *Paludosae* Christ, 1885, Bull. Soc. Bot. Belg. **24**, 2 : 11, nom. nud. — Sect. *Paludosae* Fries ex Kük. 1909, in Engl. Pflanzenr. 38 : 730, p. max. p., excl. *C. paludosa*; Егор. 1976, во Фл. Европ.ч. СССР, 2 : 164, p. max. p. — Sect. *Anithista* (Rafin.) V. Krecz. 1935, во Фл. СССР, 3 : 403. — Верхние (1)2—6 колосков тычиночные, остальные 2—5(6) пестичные, обычно много- и густоцветковые, б. ч. цилиндрические, нижние почти сидячие или на ножках до 5—6 см дл. Нижний кроющий лист обычно без влагалища или с коротким (обычно около 5 мм) влагалищем, с пластинкой, превышающей соцветие. Чешуи пестичных колосков часто с короткой остью. Мешочки обычно почти округлые в поперечном сечении, неравно-двояковыпуклые или тупо-трехгранные, кожистые или пробковидные, б.ч. яйцевидные или продолговато-яйцевидные, (3)4—7(8) мм дл., зрелые косо вверх отклоненные от оси колоска, с многочисленными жилками, обычно с коротким и широким коротко-двузубчатым носиком. Рылец 3. Растения с длинными ползучими корневищами. — L e c t o t y p u s: *C. riparia* Curt. — Егорова (1990, l. c.).

16 видов в Европе, умеренном поясе Азии, на востоке Сев. Америки, в Южн. Америке, Сев. Африке, Австралии и Нов. Зеландии (рис. 22); вне рассматриваемой территории: *C. argyi* Lévl. et Vaniot и *C. heterostachya* Bunge (Китай и п-ов Корея), *C. hyalinolepis* Steud. и *C. lacustris* Schkuhr (восток Сев. Америки), *C. brasiliensis* St.-Hil. и *C. chilensis* Brongn. ex Duperrey (Южн. Америка), *C. trifida* Cav. (юг Южн. Америки, Огненная Земля, Фолклендские о-ва, Нов. Зеландия с прилегающими о-вами), *C. bichenoviana* Boott ex Hook. f. (южн. Австралия и о-в Тасмания).

Upper (1)2—6 spikes male, the others 2—5(6) female, usually many- and dense-flowered, generally cylindrical, lower ones subsessile or with peduncles up to 5—6 cm long. Lowest bract usually sheathless or with short (usually about 5 mm) sheath, with blade exceeding inflorescence. Female glumes frequently with short awn. Utricles usually suborbicular in cross-section, unequally-biconvex or obtuse-trigonous, coriaceous or corky, generally ovoid or oblong-ovoid, (3)4—7(8) mm long, at maturity obliquely patent, many-veined, usually with a short and broad short-bidentate beak. Stigmas 3. Plants with long creeping rhizomes. — L e c t o t y p u s: *C. riparia Curt* — Egorova (Егорова, 1990, l. c.).

16 species in Europe, temperate belt of Asia, in eastern North America, South America, North Africa, Australia and New Zealand (Fig. 22); outside considered territory: *C. argyi* Lévl. et Vaniot and *C. heterostachya* Bunge (China and Korea), *C. hyalinolepis* Steud. and *C. lacustris* Schkuhr (eastern North America), *C. brasiliensis* St.-Hil. and *C. chilensis* Brongn. ex Duperrey (South America), *C. trifida* Cav. (southern South America, Tierra del Fuego, Falkland Islands, New Zealand with allied islands), *C. bichenoviana* Boott ex Hook. f. (southern Australia and Tasmania).

1. Мешочки широкояйцевидные, почти округлые или яйцевидные, (3)3.5—4(4.2) мм дл., б. ч. оранжевые или пурпурные, блестящие, с выступающими жилками. Пестичные колоски узкоцилиндрические, 0.5—0.6(0.7) мм в диам. .... 8. **C. songorica**.....2.

\+ Мешочки от яйцевидных до ланцетовидных, (4.5)5—7.5 мм дл., серые, зеленовато- или буровато-серые или буровато-желтоватые, матовые или слегка глянцевитые, с вдавленными или выступающими жилками. Пестичные колоски цилиндрические, 0.8—1 см в диам. ....3.

2\. Мешочки б.ч. оранжевые, реже пурпурные, с тонкими жилками; носик 0.5—0.7(1) мм дл. ....8a. **C. songorica** subsp. **songorica**.

\+ Мешочки обычно темно-пурпурные, с утолщенными ребристыми жилками; носик 0.8—1.2 мм дл. ....8b. **C. songorica** subsp. **gotoi**.

3\. Стебли высоко облиственные; влагалище верхнего листа доходит до основания соцветия, а пластинка значительно его превышает. Колоски сближенные. Мешочки продолговато-яйцевидные, 6.5—7(7.5) мм дл. Растение 10—30(35) см выс., обитающее на песчаных морских побережьях Дальнего Востока..6. **C. pumila**.

\+ Стебли не высоко облиственные; влагалище верхнего листа обычно не доходит до середины стебля, пластинка не превышает соцветия. Колоски расставленные. Растения более высокие................................4.

4\. Мешочки с вдавленными жилками, (5)5.5—6 мм дл. Влагалища срединных листьев в верхней половине обычно с довольно густым коротким опушением...7. **C. melanostachya**.

\+ Мешочки с выступающими жилками. Влагалища листьев голые........5.

5\. Пестичные колоски яйцевидные или продолговатые, 1—2 см дл., почти сидячие. Мешочки яйцевидные, (4.7)5.5—6 мм дл. Пластинки листьев 1.5—2.5(3) мм шир., желобчатые или вдоль свернутые, жесткие...5. **C. scabrifolia**.

\+ Пестичные колоски цилиндрические, 3—10 см дл., нижний из них на ножке (1)2—6 см дл. Пластинки листьев (3)4—15 мм шир., плоские... ....6.

6\. Мешочки узколанцетовидные, (6)6.5—7.5 мм дл., 1.5—1.7 мм шир. Растение Дальнего Востока.......................................4. **C. kirganica**.

\+ Мешочки продолговато-яйцевидные или яйцевидные, очень редко широкояйцевидные, (5)5.5—7 мм дл., 2—2.5 мм шир. ....7.

7\. Мешочки широкояйцевидные, с утолщенными жилками...................... ....2. **C. anisoneura**.

\+ Мешочки продолговато-яйцевидные или яйцевидные, с тонкими жилками..8.

8\. Чешуи пестичных колосков с остью (1.5)2—2.5 мм дл., обычно длиннее мешочков; пестичные колоски 3—10 см дл. Пластинки листьев (5)7—15 мм шир. ....1. **C. riparia**.

\+ Чешуи пестичных колосков с более короткой, до 1 мм, остью или без ости, короче (иногда вдвое) мешочков; пестичные колоски 3—5(6) см дл. Пластинки листьев (3)4—8 мм шир. ....3. **C. rugulosa**.

1\. Utricles broad-ovoid, suborbicular or ovoid, (3)3.5—4(4.2) mm long, generally orange or purple, shining, with prominent veins. Female spikes narrow-cylindrical, 0.5—0.6(0.7) mm in diam. ....8. **C. songorica**.....2.

\+ Utricles ovoid to lanceolate, (4.5)5—7.5 mm long, grey, greenish- or brownish-grey or brownish-yellowish, dull or slightly shining, with sunken or prominent veins. Female spikes cylindrical, 0.8—1 cm in diam. ....3.

2. Utricles generally orange, more rarely purple, with thin veins; beak 0.5—0.7(1) mm long ....8a. **C. songorica** subsp. **songorica**.
\+ Utricles usually dark purple, with thickened costate veins; beak 0.8—1.2 mm long............ ....8b. **C. songorica** subsp. **gotoi**.
3. Stems high leafy; sheath of uppermost leaf reaches the base of inflorescence, and blade considerably exceeding it. Spikes approximate. Utricles oblong-ovoid, 6.5—7(7.5) mm long. Plants 10—30(35) cm high, growing on sandy sea coasts of Far East...................... ....6. **C. pumila**.
\+ Stems not high leafy; sheath of uppermost leaf usually does not reach the middle of stem, blade does not exceeding inflorescence. Spikes distant. Plants higher..........................4.
4. Utricles with sunken veins, (5)5.5—6 mm long. Sheaths of middle leaves usually with rather dense short pubescence in upper half..................................7. **C. melanostachya**.
\+ Utricles with prominent veins. Sheaths of leaves glabrous..5.
5. Female spikes ovoid or oblong, 1—2 cm long, subsessile. Utricles ovoid, (4.7)5.5—6 mm long. Leaf blades 1.5—2.5(3) mm wide, canaliculate or involute, rigid.......................... ....5. **C. scabrifolia**.
\+ Female spikes cylindrical, 3—10 cm long, lowest one with peduncle (1)2—6 cm long. Leaf blades (3)4—15 mm wide, flat..6.
6. Utricles narrow-lanceolate, (6)6.5—7.5 mm long, 1.5—1.7 mm wide. Plants of Far East.. .... 4. **C. kirganica**.
\+ Utricles oblong-ovoid or ovoid, very rarely broad-ovoid, (5)5.5—7 mm long, 2—2.5 mm wide..7.
7. Utricles broad-ovoid, with thickened veins..2. **C. anisoneura**.
\+ Utricles oblong-ovoid or ovoid, with thin veins...8.
8. Female glumes with awns (1.5)2—2.5 mm long, usually longer than utricles; female spikes 3—10 cm long. Leaf blades (5)7—15 mm wide......................................1. **C. riparia**.
\+ Female glumes with shorter, up to 1 mm long, awn or awnless, shorter (sometimes twice) than utricles; female spikes 3—5(6) cm long. Leaf blades (3)4—8 mm wide.................... ....3. **C. rugulosa**.

1 (43). **C. riparia** Curt. 1783, Fl. Lond. **2**, 4 : tab. 60, cum descr.; Kük. 1909, in Engl. Pflanzenr. 38 : 735, p.p., excl. var. *lacustris* (Willd.) Kük., var. *rugulosa* (Kük.) Kük. et var. *chilensis* (Brongn. ex Duperrey) Kük.; В. Креч. 1935, во Фл. СССР, 3 : 409; Малышев, 1990, во Фл. Сиб. 3 : 149. — *C. gracilenta* Litv. 1910, Тр. Бот. муз. Акад. наук, 7 : 95, p. p., quoad pl. ex Ulutau, non Boott, 1854. — Exs.: H.F. URSS № 4243. — **О. береговая**.

Описан из окр. Лондона («In passing thro Battersea...»); typus: K.

По берегам рек и озер, на травяно-осоковых болотах, у арыков; на равнине, в предгорьях и нижнем поясе гор. — **Европ. ч.**: все районы, кроме Аркт., Дв.-Печ. и Причерн. (в Кар.-Мурм. юг Карелии: ж.-д. ст. Шуя и заповедник «Кивач»); **Кавк.**: все районы, кроме Тал.; **Зап. Сиб.**: Обск. (крайний юг), Верх.-Тоб., Ирт., Алт. (сев.-зап.: оз. Манжерок); **Вост. Сиб.**: Енис. (нижнее течение Подкаменной Тунгуски), Анг.-Саян. (зап.); **Средн. Азия**: Арало-Касп. (сев.), Прибалх., Дж.-Тарб. (Джунгарский Алатау: окр. пос. Лепсинск), Каракум. (юг: Байрам-Али), Амудар., Сырдар., Тянь-Шан. (Заилийский Алатау: окр. Алма-Аты; хр. Каратау; Киргизский Алатау: окр. Бишкека; Ферганский хр.: р. Арсланбоб), Пам.-Ал. (Гиссарская долина). Общ. распр.: Европа; З. (Сирия, Турция, сев. Иран) и Ц. (Китай: Вост. Тянь-Шань) Азия; С. Африка. — 2n = 72 (Heilborn, 1924; Rohweder, 1938; Тодераш, 1977, 1980). — Рис. 17, *1*.

Значительно варьирует по ширине листовой пластинки; у нижнего кроющего листа изредка наблюдается короткое влагалище. Обнаруживает довольно близкое родство с североамериканским видом *C. lacustris* и южноамериканским — *C. chilensis*. Указывается для южн. полушария (Moore, Chater, 1971 : 319).

Образует стерильные помеси с *C. melanostachya*.

Considerably varies in width of leaf blade; lowest bract rarely has short sheath. The species demonstrates rather close relation with North American species *C. lacustris* and South American one *C. chilensis*. Is indicated for the southern hemisphere (Moore, Chater, 1971 : 319).

Generates sterile crossbreds with *C. melanostachya*.

2 (44). **C. anisoneura** V. Krecz. 1935, во Фл. СССР, 3 : 410; Егор. 1976, в Опред. раст. Средн. Азии, 5 : 64. — *C. gracilenta* Litv. 1910, Тр. Бот. муз. Акад. наук, 7 : 95, p. p., excl. pl. ex Ulutau, non Boott, 1854. — **О. неравножилковатая**.

Описан из Зап. Тянь-Шаня; t y p u s est lectotypus *C. gracilentae* Litv.: Ферганский хр., «Turkestania, Андижанский у., между Арсланбобом и Чарваком, болото, 5 VI 1899, D. Litvinow» (LE!).

На болотах в нижнем поясе гор. — **Средн. Азия**: Тянь-Шан. (Ферганский хр., между сел. Арсланбоб и Чарвак).

Известен только из указанного местонахождения. От *C. riparia*, также встречающейся в окрестностях Арсланбоба, отличается широкояйцевидными мешочками с утолщенными жилками (у *C. riparia* мешочки продолговато-яйцевидные или яйцевидные, с тонкими жилками). В. И. Кречетович (1935б) считал *C. anisoneura* критическим видом и высказал предположение, что растения, описанные под этим названием, являются формой *C. riparia*. Вид нуждается в дальнейшем изучении.

Is known only from the mentioned location. From *C. riparia*, the latter also occurring in vicinity of the village Arslanbob, differs by broad-ovoid utricles with thickened veins (*C. riparia* has oblong-ovoid or ovoid utricles with thin veins). Kreczetowicz (Кречетович, 1935б) considered *C. anisoneura* as an unclear species and suggested that the plants belonging to it are a form of *C. riparia*. The species needs further investigation.

3 (45). **C. rugulosa** Kük. 1904, Bull. Herb. Boiss. sér. 2, 4 : 58; В. Креч. 1935, во Фл. СССР, 3 : 410; Ohwi, 1936, Mem. Coll. Sci. Kyoto Univ. ser. B. **11**, 5 : 487; id. 1965, Fl. Jap. : 251; Егор. 1967, в Раст. Центр. Азии, 3 : 89; Y. L. Chang et Y. L. Yang, 1976, in Fl. Chin. Bor.-Or. 11 : 87, Y. T. Lee, 1976, in Fl. Cor. 7 : 403; Ворош. 1982, Опред. раст. сов. Дальн. Вост. 3 : 344; Малышев, 1990, во Фл. Сиб. 3 : 149. — *C. riparia* var. *rugulosa* (Kük.) Kük. 1909, in Engl. Pflanzenr. 38 : 736. — *C. smirnovii* V. Krecz. 1935, во Фл. СССР, 3 : 619, 411. — **О. морщинистая**.

Описан из Японии; l e c t o t y p u s: о-в Хоккайдо, «Yesso, Hakodate, 1861—1863, Dr. Albrecht» (G, isolectotypus LE!) — Егорова (h. l.).

По берегам рек, на травяно-осоковых болотах. — **Зап. Сиб.**: Ирт. (вост.), Алт. (сев.); **Вост. Сиб.**: Анг.-Саян., Даур. (зап.: сев.-вост. Прибайкалье; вост.); **Дальн. Вост.**: Зее-Бур., Уссур. (юг). О б щ . р а с п р.: Ц. (Китай: Хэси) и В. (Китай, п-ов Корея, Япония) Азия. — 2n = ?

Очень близок к *C. riparia*, которую замещает в основном к востоку от р. Ангары. *C. smirnovii* V. Krecz., l. c., описанная из Вост. Сибири (syntypi: «Иркутская губ., Балаганский у., близ с. Усть-Осинское, 3 VII 1910, №№ 1290, 1351, Н. Мальцев» — LE!), была справедливо отождествлена с *C. rugulosa* самим В. И. Кречетовичем, о чем свидетельствуют его тесты на образцах, первоначально отнесенных им к *C. smirnovii*.

Very close to *C. riparia*, replacing it generally to east of Angara river. *C. smirnovii* V. Krecz., l. c., described from Eastern Siberia (syntypi: «Иркутская губ., Балаганский у., близ с. Усть-Осинское, 3 VII 1910, №№ 1290, 1351, Н. Мальцев » — LE!), was correctly identified with *C. rugulosa* by Kreczetowicz himself, an evidence of it being his tests on specimens originally referred by him to *C. smirnovii*.

13 Заказ № 131

4 (46). **C. kirganica** Kom. 1914, Feddes Repert. 13 : 164; В. Креч. 1935, во Фл. СССР, 3 : 411; Ohwi, 1936, Mem. Coll. Sci. Kyoto Univ. ser. B, **11**, 5 : 488; Y. L. Chang et Y. L. Yang, 1976, in Fl. Chin. Bor.-Or. 11 : 90; Y. T. Lee, 1976, in Fl. Cor. 7 : 404; Ворош. 1982, Опред. раст. сов. Дальн. Вост. : 124; А. Е. Кожевников, 1988, в Сосуд. раст. сов. Дальн. Вост. 3 : 344, excl. syn. *C. smirnovii*; Малышев, 1990, во Фл. Сиб. 3 : 147. — *C. graciliformis* Ohwi, 1931, l. c. **6**, 5 : 264. — *C. mukdenensis* Kitag. 1934, Bot. Mag. Tokyo, 48 : 29, fig. 5. — *C. rugulosa* var. *graciliformis* (Ohwi) Kitag. 1934, l. c. : 31; T. Koyama, 1962, Journ. Fac. Sci. Univ. Tokyo (Bot.), 8, 4 : 249. — *C. kirganica* var. *mukdenensis* (Kitag.) Kitag. 1938, Rep. Inst. Sci. Res. Manch. 2 : 287. — **О. кирганикская**.

Описан с п-ова Камчатка; t y p u s: «Камчатка, близ сел. Кирганик, 4 VII 1909, № 2883, В. Комаров» (LE!, isotypus MW!).

На травяно-осоковых болотах, по берегам рек, в старицах. — **Вост. Сиб.**: Лен.-Кол. (юго-вост.: пос. Верх. Амга), Анг.-Саян. (юго-вост.: очень редко), Даур.; **Дальн. Вост.**: Камч. (центр.: сел. Кирганик и Щепино), Удск., Зее-Бур., Уссур., Сах. (сев.). О б щ. р а с п р.: В. Азия (Сев.-Вост. Китай, п-ов Корея). — 2n = ?

5 (47). **C. scabrifolia** Steud. 1855, Syn. Pl. Glum. 2 : 237; В. Креч. 1935, во Фл. СССР, 3 : 408. — *C. pierotii* Miq. 1865, Ann. Mus. Bot. Lugd.-Batav. 2 : 148. — **О. шероховатолистная**.

Описан из Японии; s y n t y p i: «Japan, №№ 67, 83, Zollinger» (P).

На приморских лугах. — **Дальн. Вост.**: Уссур. (юг). О б щ. р а с п р.: В. Азия (Китай: Сев.-Вост., Вост., о-в Тайвань; п-ов Корея; Япония). — 2n = 82 (Tanaka, 1948).

Согласно Кюкенталю (Kükenthal, 1909 : 737), типовые образцы *C. scabrifolia* собраны не на о-ве Ява, как указано в протологе, а в Японии, о чем свидетельствует текст их этикеток.

According to Kükenthal (1909 : 737), type specimens of *C. scabrifolia* are collected not in Java, as it is noted in the protologue, but in Japan, as the text of their labels testifies.

6 (48). **C. pumila** Thunb. 1784, Fl. Jap. : 39; В. Креч. 1935, во Фл. СССР, 3 : 408. — *C. platyrhyncha* Franch. et Savat. 1877, 1878, 2 : 154, 582; В. Креч. 1935, во Фл. СССР, 3 : 412. — *C. nutans* var. *platyrhyncha* (Franch. et Sav.) Kük. 1909, in Engl. Pflanzenr. 38 : 740. — E x s.: H.F. URSS № 5565. — **О. малорослая**.

Описан из Японии (о-в Хонсю, «Crescit in arenosis juxta viarum margines in insula Nippon»); t y p u s: UPS.

По песчаным морским побережьям. — **Дальн. Вост.**: Уссур. (юг), Сах. (юг), Курил. (юг). О б щ. р а с п р.: В. Азия (Китай: Сев.-Вост., Вост., о-в Тайвань; п-ов Корея; Япония); Ю. Америка (? Чили); Австралия, Нов. Зеландия. — 2n = 68 (Heilborn, 1924; Davies. 1956a, 1956b), 80 (Пробатова, Соколовская, 1988), 82 (Tanaka, 1939). — Рис. 17, *6*.

Биполярный вид, возможно, дифференцированный на 2 подвида. В частности, растения из Нов. Зеландии, насколько можно судить по детальному описанию Муе и Эдгар (Moore, Edgar, 1970), отличаются от восточноазиатских бóльшим числом пестичных колосков (до 7, а не 2—3), которые к тому же часто несут на верхушке тычиночные цветки (у азиатских образцов они целиком пестичные). Кроме того, у мешочков новозеландских растений зубцы носиков слабо шероховатые (а не гладкие). У близкого к *C. pumila* вида *C. bichenoviana*, обитающего в Австралии (Новый Южный Уэльс) и в Тасмании, тычиночных колосков 4—15 (при основании они часто с пестичными цветками), пестичные колоски в числе 2—3, наверху часто с тычиночными цветками (Kükenthal, 1909). Явное преобладание андрогинных колосков у австралийских и новозеландских растений свидетельствует не только об их таксономической обособленности от азиатских, но и о большей их примитивности по сравнению с последними.

A bipolar species, possibly differentiated into 2 subspecies. Particularly, plants from New Zealand, as far as it could be judged by detailed description by Moore and Edgar (1970), differ from East Asian ones by greater number of female spikes (up to 7, instead of 2—3), the latters in addition frequently bearing male flowers at apex (in Asian specimens they are completely female). Besides that, New Zealand plants have slightly scabrid teeth of utricle beaks (instead of smooth). Close species, *C. bichenoviana*, growing in Australia (New South Wales) and Tasmania, has 4—15 male spikes (frequently with female flowers at base), 2—3 female spikes, frequently with male flowers at apex (Kükenthal, 1909). Obvious prevalence of androgynous spikes in Australian and New-Zealand plants is an evidence not only of their taxonomic separation from Asian ones, but also of their greater primitiveness in comparing with the latters.

7 (49). **C. melanostachya** Bieb. ex Willd. 1805, Sp. Pl. **4**, 1 : 299; В. Креч. 1935, во Фл. СССР, 3 : 412. — *C. nutans* Host, 1801, Gram. Austr. 1 : 61, non J. F. Gmel. 1791; Kük. 1909, in Engl. Pflanzenr. 38 : 740, p. p., excl. var. *platyrhyncha* (Franch. et Sav.) Kük. et pl. chin. — *C. ledebourii* Boiss. et Buhse, 1860, Nouv. Mém. Soc. Nat. Moscou, 12 : 222. — *C. ripariiformis* Litv. 1910, Тр. Бот. муз. Акад. наук, 7 : 96, «*C. riariaeformis*»; В. Креч. 1935, l. c. : 413; Егор. 1976, в Опред. раст. Средн. Азии, 5 : 65. — Exs.: H.F. URSS № 4230. — **О. черноколосая**.

Описан с Кавказа («Ad mare Caspium»); typus: B (Herb. Willd.).

На сыроватых, б. ч. солонцеватых местах в степях и на лугах, в поймах рек, по окраинам полей, арыков; от равнин до среднего пояса гор. — **Европ. ч.**: Волж.-Кам. (юг: юг Удмуртии: ж.-д. ст. Можга, заносное), ? Карп., Сред.-Днепр., Волж.-Дон. (кроме севера, где только в Рязанской обл. — район г. Михайлова и в Мордовии — р. Карнай близ с. Монастырского), Заволж., Молд., Причерн., Ниж.-Дон., Ниж.-Волж., Крым.; **Кавк.**: все районы; **Зап. Сиб.**: Верх.-Тоб., Ирт.; **Вост. Сиб.**: Анг.-Саян. (к западу от Енисея); **Средн. Азия**: Арало-Касп., Прибалх., Дж.-Тарб., Горн.-Туркм., Сырдар. (редко), Тянь-Шан. (Сев. и Зап. Тянь-Шань; Центр. Тянь-Шань: долина р. Сусамыр), Пам.-Ал. (кроме Вост. Памира). Общ. распр.: Ц. и Ю. Европа; З. (Турция, сев. Ирак, сев. и зап. Иран) и Ц. (Китай: Джаркентская котловина) Азия. — 2n = 48 (Тодераш, 1977). — Рис. 18, *3*.

Варьирует по окраске мешочков, которые могут быть зеленовато-желтоватыми, буровато-серыми, темно-пурпурными или красновато-ржавыми. Характерный признак вида: наличие вдавленных жилок на мешочках — выражен у них только в зрелом состоянии.

C. ripariiformis Litv., l. c., известная только из одного местонахождения в Зап. Тянь-Шане (lectotypus: Чаткальский хр., «Наманганский у., луга по р. Чаткалу, близ Назар-Магомета, 3 VII 1899, Litvinov» — LE!), является несколько уклоняющейся, не имеющей таксономического значения формой *C. melanostachya*, отличающейся от типичных образцов этого вида более длинными, 0.8—1.3 мм (а не 0.7—0.9 мм), зубцами носиков у мешочков (см. также: Егорова, цит. соч.).

Для Вост. Сибири *C. melanostachya* приведена по данным Л. И. Малышева (1990).

Известны стерильные гибриды между *C. melanostachya* и *C. riparia* (*C.* × *toezensis* Simonk.) (см. также комментарии к *C. songorica*).

Varies in colouring of utricles, which can be greenish-yellowish, brownish-grey, dark-purple or reddish-ferruginous. The characteristic feature of the species, sunken veins on utricles, is distinct only at maturity.

C. ripariiformis Litv., l. c., known from the one location in Western Tien Shan (lectotypus: Chatkalskij ridge, «Наманганский у., луга по р. Чаткалу, близ Назар-Магомета, 3 VII 1899, Litvinov» — LE!), is somewhat deviated, out of taxonomic significance, form of *C. melanostachya*, differing from typical specimens of this species by longer, 0.8—1.3 mm (instead of 0.7—0.9 mm), teeth of utricles beaks (see also: Егорова, l.c.).

For Eastern Siberia *C. melanostachya* is cited according to data by Malyshev (Малышев, 1990).

Sterile hybrids beetween *C. melanostachya* and *C. riparia* (*C.* × *toezensis* Simonk.) are known (see also comments to *C. songorica*).

8 (50). **C. songorica** Kar. et Kir. 23 V 1842, Bull. Soc. Nat. Moscou, **15**, 3 : 525; В. Креч. 1935, во Фл. СССР, 3 : 414; Егор. 1976, в Опред. раст. Средн. Азии, 5 : 65; Малышев, 1990, во Фл. Сиб. 3 : 150. — *C. songarica* Schrenk, 18 VII 1842, Bull. Acad. Sci. Pétersb. **10**, 23 : 35. — *C. fedtschenkoana* Kük. 1910, Feddes Repert. 8 : 327; В. Креч. 1935, l. c. : 414. — *C. songorica* var. *atrata* Litv. 1910, Тр. Бот. муз. Акад. наук, 7 : 97. — *C. heterostachya* var. *atrata* (Litv.) O. et B. Fedtsch. 1924, Тр. Петерб. бот. сада, **38**, 1 : 227. — *C. heterostachya* auct. non Bunge: Kük. 1909, in Engl. Pflanzenr. 38 : 741, p. p., quoad pl. ex Asia Med. et auct. al. — **О. джунгарская**.

Описан из Средней Азии; t y p u s: юго-вост. Прибалхашье, «In herbosis insular. fl. Lepsa, Jun. Karelin et Kiriloff» (LE! cum isotypis 5).

a) subsp. **songorica**.

На сырых и болотистых, часто солонцеватых и солончаковых лугах, травяных болотцах, в тугаях, по берегам рек и озер, на галечниках, от равнин до среднего и, реже, верхнего поясов гор. — **Кавк.**: Б. Кавк. (центр., вост.), Южн. Закавк. (Армения), Тал.; **Зап. Сиб.**: Верх.-Тоб. (юг), Ирт. (вост.), Алт.; **Вост. Сиб.**: Анг.-Саян. (зап.); **Средн. Азия**: все районы, кроме Каракум., Кызылкум. и Амудар. О б щ. р а с п р.: З. (юго-вост. Турция, Иран, Афганистан), Ц. (сев. и зап. Монголия; Китай: Джунгария) и Ю. (зап. Пакистан) Азия. — 2n = 82 (Соколовская, Стрелкова, 1939). — Рис. 18, *2*.

Как и у *C. melanostachya*, мешочки у этого вида варьируют по окраске от соломенно-желтых и оранжевых до красновато- или пурпурно-бурых и черно-пурпурных. Жилки обычно не вдавленные, но у очень зрелых мешочков иногда бывают вдавленными. Растения *C. songorica* с едва развитыми мешочками могут быть приняты за внешне похожий вид — *C. melanostachya* (и наоборот). Оба вида хорошо различаются по признакам листьев: у *C. melanostachya* влагалища срединных листьев обычно с довольно густым коротким опушением, не узловато-сетчатые, а у *C. songorica* они голые, узловато-сетчатые от выступающих поперечных жилок.

Растения, описанные с Зап. Памира как *C. fedtschenkoana* Kük., l. c. (typus: «Шугнан: от Вира до Джиланды, 20 VIII 1904, B. Fedtschenko» LE!), оказались, как правильно предположил В. И. Кречетович (1935б), молодыми особями *C. songorica*. Позднее (1941б) *C. fedtschenkoana* была отнесена им в синонимы последней.

Like *C. melanostachya*, this species has utricles varying in colouring from straw-yellow and orange to reddish- or purple-brown and black-purple. Veins usually not sunken, but very mature utricles sometimes have sunken ones. Plants of *C. songorica* with scarcely developed utricles can be taken for the species similar in habit, C. *melanostachya* (and vice versa). Both species are well distinguished by characters of leaves: C. *melanostachya* has sheaths of middle leaves usually with rather dense short pubescence, not nodulose-reticular, and C. *songorica* having those glabrous, nodose--reticular from prominent transversal veins.

Plants described from Western Pamir as C. *fedtschenkoana* Kük., l. c. (typus: « Шугнан: от Вира до Джиланды, 20 VIII 1904, B. Fedtschenko» LE!), proved, as it correctly had been supposed by Kreczetowicz (Кречетович, 1935б), to be young individuals of C. *songorica*. Later (1941б) he included C. *fedtschenkoana* in synonymy of the latter.

b) subsp. **gotoi** (Ohwi) M. Pop. 1955, в Списке раст. Герб. фл. СССР, 13 : 6, № 3803; Малышев, 1990, во Фл. Сиб. 3 : 150. — C. *gotoi* Ohwi, 1930, Mem. Coll. Sci. Kyoto Univ. ser. B, **5**, 3 : 248; Y. L. Chang et Y. L. Yang, 1976, in Fl. Chin. Bor.-Or. 11 : 85; Y. T. Lee, 1976, in Fl. Cor. 7 : 401; Ворош. 1982, Опред. раст. сов. Дальн. Вост. : 124; А. Е. Кожевников, 1988, в Сосуд. раст. сов. Дальн. Вост. 3 : 346. — C. *sukaczevii* V. Krecz. 1931, во Фл. Забайк. 2 : 136; id. 1935, во Фл. СССР, 3 : 415. — C. *heterostachya* auct. non Bunge: Kük. 1909, in Engl. Pflanzenr. 38 : 741, p. p. — C. *haematostachys* auct. non Lévl. et Vaniot: В. Креч. 1935, во Фл. СССР, 3 : 415. — Exs.: H.F. URSS № 3803. — **О. Гото**.

Описан с п-ова Корея; t y p u s: «Kwainei in north-eastern Korea, 30 VI 1929, S. Goto» (KYO).

На сыроватых и относительно сухих (остепненных) лугах. — **Вост. Сиб.**: Лен.-Кол. (крайний юг: басс. Витима), Анг.-Саян. (юго-вост.: южн. Прибайкалье), Даур.; **Дальн. Вост.**: Зее-Бур. (юг), Уссур. (юг). О б щ . р а с п р.: Ц. (вост. Монголия) и В. (Сев.-Вост. Китай, п-ов Корея) Азия. — 2n = ?

Очень слабо морфологически обособленная раса, отличающаяся от типового подвида незначительно более узкими мешочками с утолщенными ребристыми жилками и несколько более длинным носиком. C. *sukaczevii* V. Krecz., l. c., описанная из Даурии, была позднее отождествлена В. И. Кречетовичем с C. *gotoi* (см. его пометки на гербарных образцах C. *sukaczevii*). Как C. *gotoi* Кречетович тестировал образцы с Дальнего Востока, первоначально отнесенные им (1935, цит. соч.) к C. *haematostachys* Lévl. et Vaniot. (= C. heterostachya Bunge).

The race is very poorly separated morphologically, differing from the type subspecies by slightly narrower utricles with thickened costate veins and somewhat longer beak. C. *sukaczevii* V. Krecz., l. c., described from Dauria, was then equated by Kreczetowicz with C. *gotoi* (see his notes on herbarium sheets of C. *sukaczevii*). Kreczetowicz tested as C. *gotoi* the specimens from Far East, originally referred by him (1935, l. c.) to C. *haematostachys* Lévl. et Vaniot. (= C. heterostachya Bunge).

Sectio 11. Pseudocypereae Tuckerm. ex Kük. 1909, in Engl. Pflanzenr. 38 : 693, p. p. — Sect. *Rostrales* Meinsh. 1901, Тр. Петерб. бот. сада, **18**, 3 : 365, p. p. — Sect. *Pompholyx* V. Krecz. 1935, во Фл. СССР, 3 : 434, p. p., quoad C. *pseudocyperum*. — Верхний колосок тычиночный, остальные 2—6 пестичные, много- и густоцветковые, продолговатые, б. ч. на длинных ножках, часто поникающие. Нижний кроющий лист обычно без влагалища, с пластинкой, значительно превышающей соцветие. Чешуи пестичных колосков с остью. Мешочки округлотрехгранные в поперечном сечении, б. м. вздутые, перепончатые или кожистые, ланцетовидные или (у зарубежных видов) яйцевидные, 4—9 мм дл., зрелые горизонтально или вниз отклоненные от оси колоска, с многочисленными ребристыми жилками, с удлиненным глубоко-двузубчатым носиком с жесткими шиловидными или остевидными зубцами. Рылец 3. Растения без ползучих или с ползучими (у североамериканских видов) корневищами. — T y p u s: C. *pseudocyperus* L.

14 видов, в Европе, Зап., Сев. (юг Сибири), Центр. и Вост. Азии, Сев. и Центр. Америке, Вест-Индии (о-ва Ямайка и Гаити), Южн. Америке, Сев. (о-ва

Мадейра и Алжир) и Южн. Африке, на о-ве Мадагаскар, в Австралии, на о-ве Тасмания, в Нов. Гвинее и Нов. Зеландии; вне рассматриваемой территории: *C. comosa* Boott, *C. hystricina* Muehl. и *C. schweinitzii* Dew. (Сев. Америка), *C. thurberi* Dew. (Сев. и Центр. Америка, о-в Гаити), *C. polysticha* Boeck. (Вест-Индия и Южн. Америка), *C. acutata* F. Boott, *C. haenkeana* C. Presl и *C. purpureovaginata* Boeck. (Южн. Америка), *C. sphaerogyna* Bak. (о-в Мадагаскар), *C. cognata* Kunth (Южн. Африка), *C. fascicularis* Boott (Австралия, о-в Тасмания, Нов. Гвинея, Нов. Зеландия), *C. maorica* Hamlin (Нов. Зеландия).

Terminal spike male, the others 2—6 female, many- and dense-flowered, oblong, generally with long peduncles, frequently pendent. Lowest bract usually sheathless, with blade considerably exceeding inflorescence. Female glumes awned. Utricles orbicular-trigonous in cross-section, more or less inflated, membranous or coriaceous, lanceolate or (in foreign species) ovoid, 4—9 mm long, at maturity horizontally patent or deflexed, with numerous costate veins, with an elongate deep-bidentate beak with rigid subulate or awn-like teeth. Stigmas 3. Plants without or with (in North-American species) creeping rhizomes. — Typus: *C. pseudocyperus* L.

14 species in Europe, West, North (southern Siberia), Central and East Asia, North and Central America, West Indies (Jamaica and Haiti), South America, North (Madeira and Algeria) and South Africa, Madagascar, Australia, Tasmania, New Guinea and New Zealand; outside considered territory: *C. comosa* Boott, *C. hystricina* Muehl. and *C. schweinitzii* Dew. (North America), *C. thurberi* Dew. (North and Central America, Haiti), *C. polysticha* Boeck. (West Indies and South America), *C. acutata* F. Boott, *C. haenkeana* C. Presl and *C. purpureovaginata* Boeck. (South America), *C. sphaerogyna* Bak. (Madagascar), *C. cognata* Kunth (South Africa), *C. fascicularis* Boott (Australia, Tasmania, New Guinea, New Zealand), *C. maorica* Hamlin (New Zealand).

1. Пестичные колоски 3—6 см дл., 0.8—1 см в диам., нижние на ножках (3)4—6 см дл. Мешочки яйцевидно-ланцетные, 4.5—5.5 мм дл.; зубцы носика прямые, 0.5—1 мм дл. .... 1. **C. pseudocyperus.**
\+ Пестичные колоски 1.5—3 см дл., 1.5—1.8 см в диам., нижние на ножках 1.5—3 см дл. Мешочки шиловидно-ланцетные, (6)7—9 мм дл.; зубцы носика дуговидно изогнутые, 1.5—2 мм дл. .. 2. **C. capricornis.**

1. Female spikes 3—6 cm long, 0.8—1 cm in diam., lower ones with peduncles (3)4—6 cm long. Utricles ovoid-lanceolate, 4.5—5.5 mm long; beak teeth straight, 0.5—1 mm long..... .... 1. **C. pseudocyperus.**
\+ Female spikes 1.5—3 cm long, 1.5—1.8 cm in diam., lower ones with peduncles 1.5—3 cm long. Utricles subulate-lanceolate, (6)7—9 mm long; beak teeth arched, 1.5—2 mm long.. 2. **C. capricornis.**

Subsect. 1. **Pseudocypereae** Egor. 1985, Бот. журн. **70**, 11 : 1550. — Sect. *Pompholyx* V. Krecz. cycl. *Cyperocarex* V. Krecz. 1935, во Фл. СССР, 3 : 459, p. p., sine descr. latin. — Мешочки обычно яйцевидно-ланцетные; зубцы носика шиловидные, прямые, едва расходящиеся. — Typus: *C. pseudocyperus* L.

6 видов, в Европе, умеренном поясе Азии, в Сев. и Южн. Америке, Австралии, Нов. Гвинее и Нов. Зеландии (рис. 23); вне рассматриваемой территории: *C. comosa*, *C. fascicularis*, *C. haenkeana*. *C. maorica* и *C. polysticha* (см. выше).

Utricles usually ovoid-lanceolate; beak teeth subulate, straight, scarcely divergent. — Typus: *C. pseudocyperus* L.

6 species in Europe, temperate zone of Asia, North and South America, Australia, New Guinea and New Zealand (Fig. 23); outside considered territory: *C. comosa*, *C. fascicularis*, *C. haenkeana*. *C. maorica* and *C. polysticha* (see above).

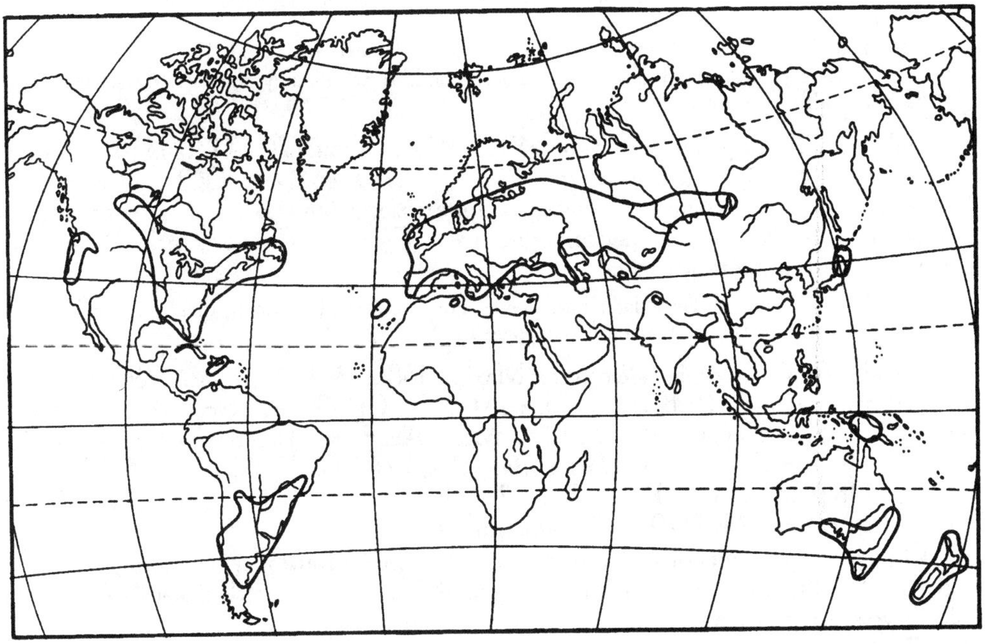

Рис. 23. Ареал подсекции *Pseudocypereae* Egor.

Fig. 23. Range of the subsection *Pseudocypereae* Egor.

1 (51). **C. pseudocyperus** L. 1753, Sp. Pl. : 978; B. Креч. 1935, во Фл. СССР, 3 : 360. — Exs.: H.F.R. № 1393, a, b, H.F. URSS № 4239a, b. — **О. ложносытевая**.

Описан из Европы («Habitat in Europae fossis»); lectotypus: Herb. Linn. № 1100.68 (LINN, photo LE!) — Егорова (h. l.).

По берегам рек и озер (иногда в прибрежной воде), на травяно-осоковых болотах, сырых и болотистых лугах, в сырых кустарниках, по канавам; от равнин до среднего пояса гор. — **Европ. ч.**: все районы, кроме Аркт. (в Кар.-Мурм. Карелия, в Дв.-Печ. крайний юг); **Кавк.**: все районы (в Б. Кавк. зап.); **Зап. Сиб.**: Обск. (крайний юг), Верх.-Тоб., Ирт.; **Вост. Сиб.**: Анг.-Саян. (кроме Зап. и Вост. Саяна), Даур. (сев.-зап. Бурятия); **Средн. Азия**: Арало-Касп. (плато Устюрт, окраина песков Б. Барсуки), Прибалх., Амудар., Тянь-Шан. (предгорья Заилийского Алатау: окр. Алма-Аты; Ферганский хр.: Арсланбоб). Общ. распр.: Европа; З. (Сирия, Турция, Иран), Ц. (Китай: Джунгарская Гоби), В. и Ю. (Гималаи) Азия; С. Америка; С. Африка (о-ва Мадейра, Алжир). — 2n = 66 (Heilborn, 1924; Rohweder, 1938; Wahl, 1940). — Рис. 18, *1*.

Кроющие листья у *C. pseudocyperus* обычно без влагалища, но иногда у нижнего из них наблюдается влагалище до 3.5 см дл.

Указывается для южн. полушария (Moore, Chater, 1971 : 319).

Образует стерильные помеси с *C. vesicaria*, а также, как было отмечено недавно (Barker et al., 1976 : 85—88) — с *C. rostrata*.

C. pseudocyperus usually has sheathless bracts, but sometimes the lowest one having sheath up to 3.5 cm long.

Is indicated for the southern hemisphere (Moore, Chater, 1971 : 319).

Generates sterile crossbreds with *C. vesicaria* and, as was recently noted (Barker et al., 1976 : 85—88), with *C. rostrata*.

Subsect. 2. **Capricornes** Egor. 1985, Бот. журн. **70**, 11 : 1550. — Sect. *Pompholyx* V. Krecz. cycl. *Cyperocarex* V. Krecz. 1935, во Фл. СССР, 3 : 459, p. p., sine descr. latin. — Мешочки шиловидно-ланцетные; зубцы носика шиловидные, дуговидно изогнутые, сильно расходящиеся. — Typus: *C. capricornis* Meinsh. ex Maxim. Монотипная подсекция.

Utricles subulate-lanceolate; beak teeth subulate, arched, strongly divergent. — Typus: *C. capricornis* Meinsh. ex Maxim. Monotypic subsection.

2 (52). **C. capricornis** Meinsh. ex Maxim. 1886, Bull. Acad. Sci. Pétersb. **31**, 1 : 119, incl. var. *capitata*; В. Креч. 1935, во Фл. СССР, 3 : 459. — *C. pseudocyperus* var. *brachystachya* Regel et Maack, 1861, Mém. Acad. Sci. Pétersb. sér. 7, **4**, 4 : 165, tab. XII, fig. 13—17. — *C. brachystachya* (Regel et Maack) Akiyama, 1932, Journ. Fac. Sci. Hokkaido Univ. (Bot.), **2**, 1 : 219, fig. 161, non Schrank et Moll, 1785. — Exs.: H.F. URSS № 7170. — **О. козерогая**.

Описан с российского Дальнего Востока (юг Приморского края); lectotypus: «Bei Nikolskoye am Suifun, 20 Juni 1872, № 77, Goldenstaadt» (LE! cum isolectotypis 2) — Егорова (h. l.).

По берегам рек и озер, мелководьям, на травяно-осоковых болотах. — **Вост. Сиб.**: Даур. (зап.: гора Кумын в окр. г. Кяхты); **Дальн. Вост.**: Зее-Бур., Уссур. (юг). Общ. распр.: В. Азия (Сев.-Вост. Китай, п-ов Корея, о-ва Хоккайдо и Хонсю). — 2n = ? — Рис. 14, *3*.

Варьирует по строению верхнего колоска: обычно он тычиночный, но иногда гинекандрический.

Единственный известный из Вост. Сибири гербарный образец *C. capricornis*, собранный в 1923 г. П. Михно (LE!), по-видимому, неправильно этикетирован (Малышев, 1990). Последующими гербарными сборами данные о произрастании этого вида в Вост. Сибири пока не подтверждены.

Varies in structure of terminal spike: usually it is male, but sometimes gynaecandrous.

The one herbarium specimen of *C. capricornis* known from Eastern Siberia, collected in 1923 by P. Mikhno (LE!), has obviously a wrong label (Малышев, 1990). Subsequent herbarium collections did not so far confirm the data on growing this species in Eastern Siberia.

Sectio 12. Secalinae (O. Lang) Kük. 1909, in Engl. Pflanzenr. 38 : 679. — Sect. *Orthostachyae* g. *Secalinae* O. Lang, 1851, Linnaea, 25 : 611. — Sect. *Hordeiformes* (Aschers. et Graebn.) Rouy, 1912, Fl. Fr. 13 : 483. — *Kuekenthalia* Börn. 1913, Abh. Naturw. Ver. Bremen, 21 : 266. — Sect. *Kuekenthalia* (Börn.) V. Krecz. 1935, во Фл. СССР, 3 : 383. — Верхние (1)2—3 колоска тычиночные, остальные 2—6 пестичные, много- и густоцветковые, продолговатые, расставленные почти до основания репродуктивного побега, нижние на ножках и иногда ветвистые. Нижний кроющий лист с длинным влагалищем и пластинкой, значительно превышающей соцветие. Чешуи пестичных колосков острые или с короткой остью. Мешочки почти плоско-выпуклые, кожистые, 6—12 мм дл., по краям от основания с узким зазубренным крылом, с немногими жилками, с удлиненным носиком. Рылец 3. Растения без ползучих корневищ. — Typus: *C. secalina* Willd. ex Wahlenb.

3 вида, в Европе, Зап., Сев., Средн., Центр. и Вост. Азии и Сев. Африке.

Рис. 24.

1 — *Carex distans* L. subsp. *distans*, соцветие, *1a* — мешочек; *2* — *C. diluta* Bieb., пестичный колосок, *2a* — мешочек; *3* — *C. flava* L., соцветие, *3a* — мешочек; *4* — *C. lepidocarpa* Tausch, соцветие, *4a* — мешочек; *5* — *C. secalina* Willd. ex Wahlenb., общий вид растения, *5a* — мешочек; *6* — *C. hordeistichos* Vill., мешочек; *7* — *C. serotina* Mérat, соцветие, *7a* — мешочек.

Fig. 24.

1 — *Carex distans* L. subsp. *distans*, inflorescence, *1a* — utricle; *2* — *C. diluta* Bieb., female spike, *2a* — utricle; *3* — *C. flava* L., inflorescence, *3a* — utricle; *4* — *C. lepidocarpa* Tausch, inflorescence, *4a* — utricle; *5* — *C. secalina* Willd. ex Wahlenb., the whole plant, *5a* — utricle; *6* — *C. hordeistichos* Vill., utricle; *7* — *C. serotina* Mérat, inflorescence, *7a* — utricle.

Upper (1)2—3 spikes male, the others 2—6 female, many- and dense-flowered, oblong, distantly arranged almost to base of reproductive shoot, lower ones pedunculate and sometimes branched. Lowest bract with long sheath and blade considerably exceeding inflorescence. Female glumes acute or with short awn. Utricles almost plano-convex, coriaceous, 6—12 mm long, from base with narrow serrulate wing on margins, few-veined, with an elongate beak. Stigmas 3. Plants without creeping rhizomes. — Typus: *C. secalina* Willd. ex Wahlenb.

3 species in Europe, West, North, Middle, Central and East Asia and North Africa.

1. Мешочки 10—12 мм дл., спереди шероховатые и с многочисленными жилками............1. **C. hordeistichos**.
+ Мешочки 6—7 мм дл., гладкие, спереди с 3—7 жилками................2.
2. Зрелые мешочки прижатые друг к другу и немного изогнутые по направлению к оси колоска, на задней (адаксиальной) стороне с 1—3 жилками. Пестичные колоски (1)2—5 см дл. ....2. **C. secalina**.
+ Зрелые мешочки почти горизонтально отклоненные от оси колоска, на задней стороне с 1 жилкой или без жилок. Пестичные колоски 1—1.5 см дл. ....3. **C. eremopyroides**.

1. Utricles 10—12 mm long, frontally scabrid and many-veined.............1. **C. hordeistichos**.
+ Utricles 6—7 mm long, smooth, frontally 3—7-veined..............2.
2. Mature utricles appressed one to another and curved a little to spike axis, 1—3-veined on adaxial side. Female spikes (1)2—5 cm long..............2. **C. secalina**.
+ Mature utricles almost horizontally patent, 1-veined or veinless on adaxial side. Female spikes 1—1.5 cm long..............3. **C. eremopyroides**.

1 (53). **C. hordeistichos** Vill. 1787, Hist. Pl. Dauph. 2 : 221; В. Креч. 1935, во Фл. СССР, 3 : 383. — Exs.: H.F.R. № 946, H.F. URSS № 4223. — **О. ячменерядная**.

Описан из юго-вост. Франции (массив Шансор в Альпах Дофинэ, «Il vient á Saint-Jullien dans le Champsaur, á Buissard dans les marais»); typus: GRM.

На сырых и заболоченных лугах в долинах рек, по краям дорог, на песчаной почве. — **Европ. ч.**: Карп. (окр. Львова), Сред.-Днепр., Волж.-Дон. (Белгородская обл.), Заволж., Молд., Причерн., Ниж.-Дон. (? Волгоград), Ниж.-Волж. (Астрахань), Крым.; **Кавк.**: все районы. Общ. распр.: Атл., Ц. и Ю. Европа; З. Азия (Турция, сев. Ирак, зап. Иран); С. Африка. — 2n = 54, 60 (Tarnavschi, 1948), 56 (Heilborn, 1939; Tanaka, 1948; Тодераш, 1980). — Рис. 24, *6*.

2 (54). **C. secalina** Willd. ex Wahlenb. 1803, Kungl. Sv. Vet.-Akad. Handl. ser. nov. 24 : 151; В. Креч. 1935, во Фл. СССР, 3 : 384; Ворош. 1982, Опред. раст. сов. Дальн. Вост. : 125. — Exs.: H.F.R. № 1945b, H.F. URSS № 7178. — **О. ржаная**.

Описан из Австрии («Hab. in Austria»); typus: UPS.

На засоленных сырых лугах, в песчаных западинах, на песчаных и илистых берегах озер и рек. — **Европ. ч.**: Сред.-Днепр., Заволж., Молд., Причерн., Ниж.-Волж.; **Кавк.**: Предкавк. (окр. Ставрополя), Б. Кавк. (Железноводск), Центр. (Тбилиси) и Южн. (басс. Севана) Закавк.; **Зап. Сиб.**: Верх.-Тоб., Ирт., Алт.; **Вост. Сиб.**: Анг.-Саян. (юго-зап.); **Дальн. Вост.**: Уссур. (окр. Уссурийска, заносное); **Средн. Азия**: Прибалх. (долины рр. Аксу и Каратал), Сырдар. (окр. Кзыл-Орды). Общ. распр.: Ц. Европа; З. Азия (Иран, Афганистан). — 2n = 50 (Тодераш, 1980). — Рис. 24, *5*; 25.

Для Зап. Азии указывается Кукконеном (Kukkonen, 1987).

For West Asia is indicated by Kukkonen (1987).

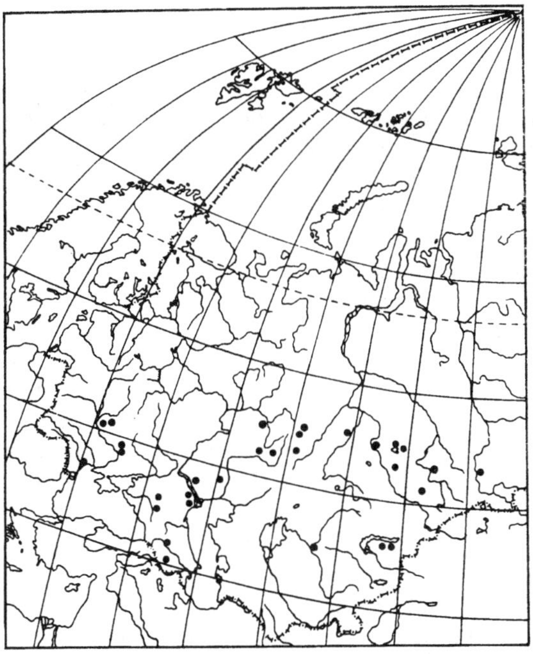

Рис. 25. Распространение *Carex secalina* Willd. ex Wahlenb. на территории России и сопредельных государств.

Fig. 25. Distribution of *Carex secalina* Willd. ex Wahlenb. in the territory of Russia and adjacent states.

3 (55). **C. eremopyroides** V. Krecz. 1935, во Фл. СССР, 3 : 617, 384; Егор. 1967, в Раст. Центр. Азии, 3 : 84; Y. L. Chang et Y. L. Yang, 1976, in Fl. Chin. Bor.-Or. 11 : 106; Груб. 1982, Опред. раст. Монг. : 59. — *C. secalina* auct. non Wahlenb.: Kük. 1909, in Engl. Pflanzenr. 38 : 681, p. p., quoad pl. jacut.; Малышев, 1990, во Фл. Сиб. 3 : 155, p. p., quoad pl. baical. et dahur. — Exs.: H.F.R. № 1945a (ut *C. secalina*). — **О. мортуковидная**.

Описан из Вост. Сибири; typus: «Забайкальская обл., Селенгинский у., берег оз. Гусиного, 22 VI 1915, В. Сукачев» (LE! cum isotypo).

На засоленных лугах, песчаных берегах озер и рек. — **Вост. Сиб.**: Лен.-Кол. (центр. Якутия), Анг.-Саян. (Прибайкалье), Даур. Общ. распр.: Ц. (сев. и вост. Монголия) и В. (Сев.-Вост. Китай) Азия. — 2n = ?

Близок к *C. secalina*, от которой отличается, главным образом, почти горизонтально отклоненными от оси колоска зрелыми мешочками (а не прижатыми друг к другу и немного изогнутыми по направлению к оси колоска), а также меньшими размерами пестичных колосков — 1—1.5 см дл., а не (1)2—5 см дл. (см. ключ). Признаки, которые были указаны В. И. Кречетовичем (l. c.) в качестве отличительных для *C. eremopyroides*: более короткая, чем у *C. secalina*, ножка верхнего тычиночного колоска, иная форма и меньшие размеры мешочков, иное соотношение длины мешочков и кроющих чешуй — не подтвердились при изучении гербарного материала.

Close to *C. secalina*, differing from it mainly by utricles patent almost horizontally at maturity (instead of appressed and slightly curved to spike axis), as well as smaller size of female spikes, 1—1.5 cm long, instead of (1)2—5 cm long (see the key). The characters pointed by Kreczetowicz (Кречетович, l. c.) as distinctive for *C. eremopyroides*, namely shorter than in *C. secalina*, peduncle of terminal male spike, another shape and smaller size of utricles, another ratio of length of utricles and glumes, are not confirmed by examining the herbarium material.

Sectio 13. Silvaticae Rouy, 1912, Fl. Fr. 13 : 470, p. p.; Егор. 1972, Новости сист. высш. раст. 9 : 70. — *Carex* a. *Heterostachyae* γ. *Strigosae* Fries, 1845, Summa Veg. Scand. 1 : 70, p. p., nom. nud. — Sect. *Strigosae* Fries ex Christ, 1885, Bull. Soc. Bot. Belg. **24**, 2 : 13, nom. nud.; Chater, 1980, in Fl. Europ. 5 : 305, p. p. — *Proteocarpus* Börn. 1913, Abh. Naturw. Ver. Bremen, 21 : 267, p. p., quoad typum. — Sect. *Proteocarpus* (Börn.) V. Krecz. 1935, во Фл. СССР, 3 : 422. — Верхние 1—3(7) колосков тычиночные (у *C. bostrychostigma* верхний колосок изредка андрогинный), остальные 2—5(7) пестичные (иногда верхние из них андрогинные), часто расставленные почти до основания репродуктивного побега, рыхлоцветковые, узко- и длинноцилиндрические, на длинных ножках, часто поникающие, нижние иногда ветвистые. Нижний кроющий лист с длинным влагалищем и пластинкой короче соцветия. Чешуи пестичных колосков острые или с короткой остью. Мешочки трехгранные или почти округлые в поперечном сечении, иногда немного вздутые, 3—8.5(9) мм дл., перепончатые, с жилками или без них, обычно с удлиненным двузубчатым, с мягкими белоперепончатыми зубцами, или цельным носиком. Рылец 3. Плод иногда (у *C. bostrychostigma*) на карпофоре. Растения б. ч. без ползучих корневищ. — Typus: *C. sylvatica* Huds.

9 видов и подвидов, в Европе, Зап., Сев., Центр. (сев. Монголия) и Вост. Азии и Сев. Африке.

Видовой состав данной секции нуждается в уточнении; возможно, в нее следует включить некоторые виды секции *Hymenochlaenae* Drej. ex L. H. Bailey, в частности *C. debilis* Michx.

Upper 1—3(7) spikes male (in *C. bostrychostigma* terminal spike rarely androgynous), the others 2—5(7) female (sometimes upper ones androgynous), frequently distant almost to base of reproductive shoot, loosely flowered, narrow- and long-cylindrical, with long peduncles, frequently pendent, lower ones sometimes branched. Lowest bract with long sheath and blade shorter than inflorescence. Female glumes acute or with short awn. Utricles trigonous or suborbicular in cross-section, sometimes a little inflated, 3—8.5(9) mm long, membranous, veined or veinless, usually with an elongate beak, entire or with soft white-scarious teeth. Stigmas 3. Fruit sometimes (in *C. bostrychostigma*) with carpophore. Plants generally without creeping rhizomes. — Typus: *C. sylvatica* Huds.

9 species and subspecies in Europe, West, North, Central (Mongolia) and East Asia and North Africa.

The species list of the section needs more precise definition; probably, some species from the section *Hymenochlaenae* Drej. ex L. H. Bailey, namely *C. debilis* Michx., should be included in the former.

1. Рыльца очень длинные, 10—15 мм, долго не опадающие. Колоски расположены почти по всему стеблю; пестичные колоски в числе (3)4—7. Мешочки узколанцетовидные, (7)7.5—8.5(9) мм дл., постепенно суженные в удлиненный, косо усеченный носик, на верхушке обычно с хорошо выраженными белоперепончатыми зубцами........1. **C. bostrychostigma**.
\+ Рыльца короткие, менее 5 мм. Мешочки 3—6(6.5) мм дл., постепенно суженные в очень короткий носик или б. м. резко в длинный.........2.
2. Растение с ползучим корневищем. Ножки нижних пестичных колосков скрыты во влагалищах кроющих листьев или выступают из них не более чем на 1 см. Мешочки продолговато-яйцевидные, 3—4 мм дл., с коротким, менее 0.5 мм, цельным носиком..............6. **C. strigosa**.
\+ Растения без ползучих корневищ. Ножки нижних пестичных колосков выступают из влагалищ кроющих листьев более чем на 2 см. Мешочки обратнояйцевидные или эллиптические, 4—6(6.5) мм дл., с длинным двузубчатым или, реже, цельным носиком...............................3.

3. Побеги окружены при основании сильно волокнисто расщепленными влагалищами листьев. Тычиночных колосков (1)2—3. Мешочки почти округлые в поперечном сечении, немного вздутые, желтовато-зеленые, (4)4.5—6(6.5) мм дл. ....5. **C. arnellii**.

\+ Побеги окружены при основании б. м. цельными влагалищами листьев. Тычиночных колосков 1—2. Мешочки трехгранные, не вздутые.......4.

4. Пластинки листьев 8—15(20) мм шир. Тычиночный колосок расположен на одном уровне с верхним пестичным колоском. Соцветие занимает почти весь репродуктивный побег. Мешочки 3.5—4(4.5) мм дл.; носик цельный или едва двузубчатый....................2. **C. latifrons**.

\+ Пластинки листьев 3—8 мм шир. Тычиночный колосок превышает верхний пестичный колосок. Соцветие занимает верхнюю половину репродуктивного побега. Мешочки (4.5)4.7—6 мм дл.; носик с короткими или хорошо развитыми зубцами....................5.

5. Мешочки без жилок или, редко, с 1—2 жилками при основании; носик гладкий или, иногда, с 1—2 шипиками по краям. Пластинки листьев (3—4)5—8 мм шир. Растение Европейской части, Кавказа и Зап. Сибири....................3. **C. sylvatica**.

\+ Мешочки обычно с (1)2—6 жилками и б. м. шероховатым носиком. Пластинки листьев 3—4 мм шир. Растение Кавказа (восток Большого Кавказа, Зап. Закавказье и Талыш)....................4. **C. hypaneura**.

1. Stigmas very long, 10—15 mm, persistent for a long time. Spikes arranged almost all over stem; female spikes (3)4—7. Utricles narrow-lanceolate, (7)7.5—8.5(9) mm long, gradually narrowed into an elongate, obliquely truncate beak, usually with distinct white-scarious teeth at apex....................1. **C. bostrychostigma**.

\+ Stigmas short, up to 5 mm. Utricles 3—6(6.5) mm long, gradually narrowed into a very short beak, or more or less abruptly narrowed into a long one....................2.

2. Plants with creeping rhizome. Peduncles of lower female spikes hidden in bract sheaths or project from them not more than by 1 cm. Utricles oblong-ovoid, 3—4 mm long, with short, up to 0.5 mm, entire beak....................6. **C. strigosa**.

\+ Plants without creeping rhizomes. Peduncles of lower female spikes project from bract sheaths more than by 2 cm. Utricles obovoid or elliptical, 4—6(6.5) mm long, with long bidentate or, more rarely, entire beak....................3.

3. Stems are surrounded at base by strongly fibrous-split leaf sheaths. Male spikes (1)2—3. Utricles suborbicular in cross-section, a little inflated, yellowish-green, (4)4.5—6(6.5) mm long....................5. **C. arnellii**.

\+ Stems are surrounded at base by more or less entire leaf sheaths. Male spikes 1—2. Utricles trigonous, not inflated.................... 4.

4. Leaf blades 8—15(20) mm wide. Male spike is located at one level with upper female spike. Inflorescence takes almost all the reproductive shoot. Utricles 3.5—4(4.5) mm long; beak entire or scarcely bidentate....................2. **C. latifrons**.

\+ Leaf blades 3—8 mm wide. Male spike exceeds upper female spike. Inflorescence takes upper half of reproductive shoot. Utricles (4.5)4.7—6 mm long; beak with short or well developed teeth....................5.

5. Utricles veinless or, rarely, 1—2-veined at base; beak smooth or, sometimes, with 1—2 small prickles at margins. Leaf blades (3—4)5—8 mm wide. Plants of European part, Caucasus and Western Siberia 3. **C. sylvatica**.

\+ Utricles usually (1)2—6-veined, with a more or less scabrid beak. Leaf blades 3—4 mm wide. Plants of Caucasus (eastern Great Caucasus, western Transcaucasia and Talysh)..4. **C. hypaneura**.

Subsect. 1. **Bostrychostigmaticae** Egor. subsect. nov. — Sect. *Polyglochis* V. Krecz. 1935, во Фл. СССР, 3 : 334, sine descr. latin. — Sect. *Debiles* (Carey) Ohwi, 1936, Mem. Coll. Sci. Kyoto Univ. ser. B, **11**, 5 : 444, p. p. — Spicula superior plerumque staminata, raro androgyna, ceterae (3)4—7 pistillatae vel superiores interdum androgynae. Utriculi anguste-lanceolati, (7)7.5—8.5(9) mm lg., in rostrum elongatum, oblique sectum dentibus alboscariosis sensim angustati. Stigmata longissima (10—15 mm lg.). Fructus carpophoro 0.6—0.7 mm lg. Planta rhizomatibus repentibus carens. — Typus: *C. bostrychostigma* Maxim. Subsectio monotypica.

Верхний колосок б. ч. тычиночный, изредка андрогинный, остальные (3)4—7 пестичные, или, иногда, верхние из них андрогинные. Мешочки узколанцетовидные, (7)7.5—8.5(9) мм дл., постепенно суженные в удлиненный, косо срезанный, с белоперепончатыми зубцами носик. Рыльца очень длинные (10—15 мм). Плод на карпофоре 0.6—0.7 мм дл. Растение без ползучих корневищ. — Typus: *C. bostrychostigma* Maxim. Монотипная подсекция.

Terminal spike generally male, rarely androgynous, the others (3)4—7 female, or sometimes upper ones androgynous. Utricles narrow-lanceolate, (7)7.5—8.5(9) mm long, gradually narrowed into an elongate, obliquely truncate beak with white-scarious teeth. Stigmas very long (10—15 mm). Fruit with carpophore 0.6—0.7 mm long. Plants without creeping rhizomes. — Typus: *C. bostrychostigma* Maxim. Monotypic subsection.

1 (56). **C. bostrychostigma** Maxim. 1886, Bull. Acad. Sci. Pétersb. **31**, 1 : 118; В. Креч. 1935, во Фл. СССР, 3 : 334. — Exs.: H.F. URSS № 5564. — **О. курчаворыльцевая**.

Описан с юга российского Дальнего Востока и из Японии (о-в Кюсю); lectotypus: «Auf den Pfad am Cruiser Fluss... St. Olga, 12 VI 1860, Maximowicz» (LE!) — Егорова (h. l.).

В сырых лиственных лесах, на опушках и полянах. — **Дальн. Вост.**: Уссур. (юг). Общ. распр.: В. Азия (Сев.-Вост. Китай, п-ов Корея, о-ва Хонсю, Сикоку, Кюсю). — 2n = ? — Рис. 26, *9*.

Subsect. 2. **Silvaticae** Egor. subsect. nov. — Sect. *Hymenochlaenae* Drej. ex L. H. Bailey subsect. *Longirostres* Kük. 1909, in Engl. Pflanzenr. 38 : 604, p. p., excl. typo. — Spiculae superiores 1—3(7) staminatae, ceterae 2—5(7) pistillatae (in *C. latifronde* raro androgynae). Utriculi obovati vel elliptici, 4—6(6.5) mm lg., in rostrum longum dentibus mollis, raro integrum abrupte angustati. Stigmata brevia. Fructus sine carpophoro. Plantae rhizomatibus repentibus carentes. — Typus: *C. sylvatica* Huds.

Верхние 1—3(7) колосков тычиночные, остальные 2—5(7) пестичные (у *C. latifrons* изредка андрогинные). Мешочки обратнояйцевидные или эллиптические, 4—6(6.5) мм дл., резко суженные в длинный носик с мягкими белоперепончатыми зубцами или, реже, цельный. Рыльца короткие. Плод без карпофора. Растения без ползучих корневищ. — Typus: *C. sylvatica* Huds.

7 видов и подвидов; вне рассматриваемой территории: *C. sylvatica* subsp. *paui* [Sennen] A. et O. Bólos (сев.-вост. Испания, сев.-зап. Африка), *C. hondoënsis* Ohwi (Япония) и *C. algeriensis* Nelmes (Алжир).

Upper 1—3(7) spikes male, the others 2—5(7) female (in *C. latifrons* rarely androgynous). Utricles obovoid or elliptical, 4—6(6.5) mm long, abruptly narrowed into a long beak with soft white-scarious teeth or, more rarely, entire. Stigmas short. Fruit without carpophore. Plants without creeping rhizomes. — Typus: *C. sylvatica* Huds.

7 species and subspecies; outside considered territory: *C. sylvatica* subsp. *paui* [Sennen] A. et O. Bólos (northeastern Spain, North-West Africa), *C. hondoënsis* Ohwi (Japan) and *C. algeriensis* Nelmes (Algeria).

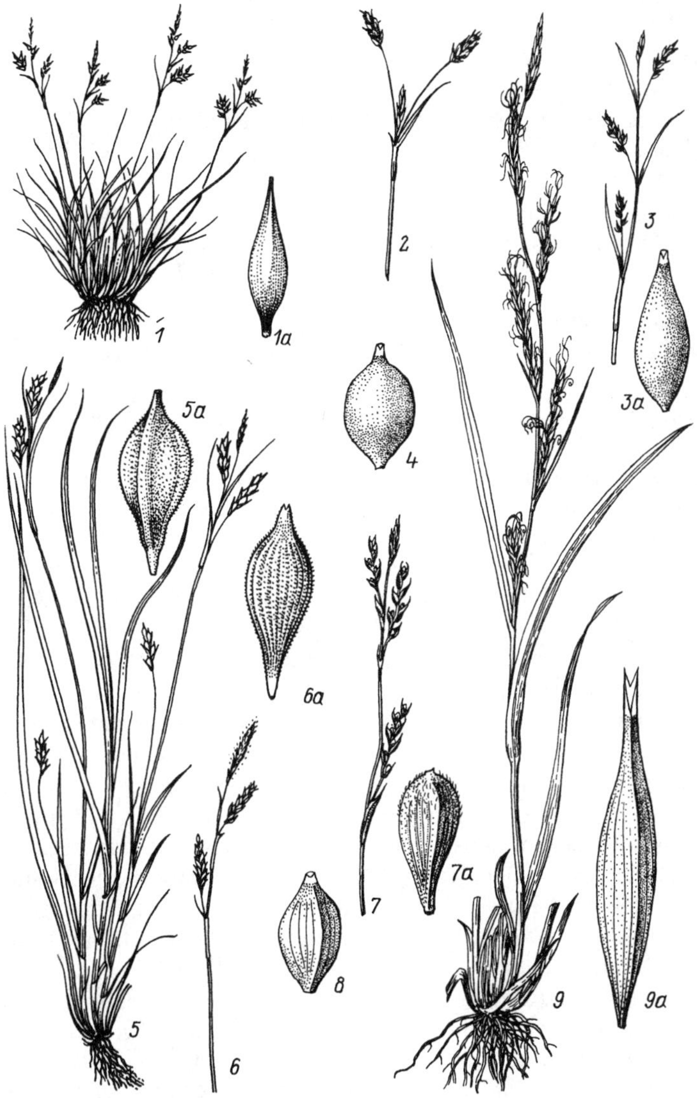

Рис. 26.

1 — *Carex williamsii* Britt., общий вид растения, *1a* — мешочек; *2* — *C. fuscidula* V. Krecz. ex Egor., соцветие; *3* — *C. capillaris* L., соцветие, *3a* — мешочек; *4* — *C. delicata* C. B. Clarke, мешочек; *5* — *C. erythrobasis* Lévl. et Vaniot, общий вид растения, *5a* — мешочек; *6* — *C. bleharicarpa* Franch., соцветие, *6a* — мешочек; *7* — *C. lanceolata* Boott, соцветие, *7a* — мешочек; *8* — *C. sedakowii* C. A. Mey. ex Meinsh., мешочек; *9* — *C. bostrychostigma* Maxim., общий вид растения, *9a* — мешочек.

Fig. 26.

1 — *Carex williamsii* Britt., the whole plant, *1a* — utricle; *2* — *C. fuscidula* V. Krecz. ex Egor., inflorescence; *3* — *C. capillaris* L., inflorescence, *3a* — utricle; *4* — *C. delicata* C. B. Clarke, utricle; *5* — *C. erythrobasis* Lévl. et Vaniot, the whole plant, *5a* — utricle; *6* — *C. blepharicarpa* Franch., inflorescence, *6a* — utricle; *7* — *C. lanceolata* Boott, inflorescence, *7a* — utricle; *8* — *C. sedakowii* C. A. Mey. ex Meinsh., utricle; *9* — *C. bostrychostigma* Maxim., the whole plant, *9a* — utricle.

2 (57). **C. latifrons** V. Krecz. 1935, во Фл. СССР, 3 : 425. — *C. latifolia* Boiss. et Bal. 1884, in Boiss. Fl. Or. 5 : 421, non Moench, 1794, nec Schkuhr, 1801. — *C. sylvatica* subsp. *latifrons* (V. Krecz.) Ö. Nilsson, 1985, in Fl. Turk. 9 : 119. — **О. широколистная**.

Описан из сев.-вост. Турции (Восточно-Понтийские горы); typus est typus *C. latifoliae* Boiss. et Bal.: «In Ponto Lazico circa Djimil, № 990, Balansa» (G, isotypus K).

На лесных и субальпийских лугах, в буковых и пихтовых лесах. — **Кавк.**: Зап. Закавк. (от р. Мзымты до Аджарии включительно). Общ. распр.: З. Азия (сев.-вост. Турция). — 2n = ? — Рис. 14, *1*.

3 (58). **C. sylvatica** Huds. 1762, Fl. Angl. : 353; В. Креч. 1935, во Фл. СССР, 3 : 423; Малышев, 1990, во Фл. Сиб. 3 : 157. — Exs.: H.F.R. № 844. — **О. лесная**.

Описан из Англии; typus: утрачен; lectotypus: Morison, 1715, Pl. Hist. Univ. Oxon. 3, sect. 8, tab. 12, fig. 9 — Егорова (h. l.).

В тенистых широколиственных и смешанных лесах, на опушках, среди кустарников, в старых парках. — **Европ. ч.**: все районы, кроме Аркт., Кар.-Мурм., Дв.-Печ., Причерн., Ниж.-Дон. и Ниж.-Волж. (в Волж.-Кам. Средн. Урал: Кыштым; Южн. Урал); **Кавк.**: все районы; **Зап. Сиб.**: Ирт. (юго-вост.: Кемеровская обл.), Алт. Общ. распр.: С. (кроме Финляндии), Атл., Ц. и Ю. Европа; З. Азия (сев. Турция, Кипр, Сирия, Ливан, сев. Иран); С. Америка (вост., заносное). — 2n = 58 (Heilborn, 1928; Davies, 1956a, 1956b; Тодераш, 1977, 1980). — Рис. 20, *4*.

В качестве лектотипа *C. sylvatica* вместо утраченного типа мною выбран цитированный в протологе вида рисунок из работы Морисона (Morison, l. c.).

Довольно полиморфный вид, варьирующий по ширине листовых пластинок (б. ч. они 5—7 мм шир., но иногда 3—4 мм), количеству (1(2)) и длине ((1)1.5—4 см) тычиночных колосков, окраске чешуй тычиночных и пестичных колосков — от бледно-зеленых до бледно-коричневых, степени рыхлости пестичных колосков, размерам мешочков — (4.5)4.7—6 мм дл., но б. ч. 5 мм, характеру носиков — от очень коротко-двузубчатых, почти цельных, до явственно двузубчатых, с прямыми или расходящимися зубцами.

C. sylvatica представлена на нашей территории типовым подвидом. Другой подвид (а возможно, вид) — subsp. *paui* [Sennen] A. et O. Bólos, встречается в сев.-вост. Испании и сев.-зап. Африке (Chater, 1980). К *C. sylvatica* очень близки *C. latifrons*, *C. hypaneura* (см. ниже) и *C. algeriensis* Nelmes (= *C. sylvatica* var. *algeriensis* (Nelmes) Maire et Weiller).

As the lectotype of *C. sylvatica*, the drawing from work by Morison (l. c.) cited in the species protologue, is chosen by me instead of the lost type.

Rather a polymorphic species, varying in width of leaf blades (generally 5—7 mm wide, but sometimes 3—4 mm), number: 1(2) and length: (1)1.5—4 cm — of male spikes, the colouring of male and female glumes from pale green to pale brown extent of laxity of female spikes, size of utricles: (4.5)4.7—6 mm long, but generally 5 mm characters of beaks: from very short-bidentate, almost entire, to distinctly bidentate, with straight or divergent teeth.

C. sylvatica is represented in our territory by the type subspecies. Another subspecies (possibly, species), namely subsp. *paui* [Sennen] A. et O. Bólos, occurs in north-eastern Spain and North-West Africa (Chater, 1980). There are, very close to *C. sylvatica*, *C. latifrons*, *C. hypaneura* (see below) and *C. algeriensis* Nelmes (= *C. sylvatica* var. *algeriensis* (Nelmes) Maire et Weiller).

4 (59). **C. hypaneura** V. Krecz. 1935, во Фл. СССР, 3 : 621, 424; Егор. 1991, Бот. журн. **76**, 12 : 1738. — *C. sylvatica* var. *angustifolia* Litv. 1932, в Списке раст. Герб. фл. СССР, 9 : 63. — *C. sylvatica* auct. non Huds.: Гроссг. 1940, Фл. Кавк., изд. 2, 2 : 62, quoad syn. *C. hypaneura*. — Exs.: H.F. URSS № 2911. — **О. неясножилковатая**.

Описан с Кавказа; lectotypus: «Transcaucasia, Abkhasia, distr. Suchum, loco herbosa ad marginem sylvae prope monasterium N. Athonense, 10 V 1906, E. Bordzilowski» (LE! cum syntypo) — Егорова (l. c.).

В лиственных лесах, на опушках, среди кустарников. — **Кавк.**: Б. Кавк. (Азербайджан, Кубинский р-н), Зап. Закавк., Тал. Общ. распр.: З. Азия (? сев.-вост. Турция). — 2n = ?

Колхидско-гирканский вид, слабо морфологически обособленный от *C. sylvatica*, вследствие чего не всегда может быть четко отграничен от этого распространенного по всему Кавказу вида (Егорова, цит. соч.). Варьирует по числу жилок у мешочков и степени шероховатости носиков. Известны образцы *C. hypaneura*, у которых мешочки с жилками, но с гладким носиком или без жилок, но с шероховатым носиком.

Colchis-Hyrcanian species, slightly separated morphologically from *C. sylvatica*, therefore it can not be always precisely delimited from the latter species, distributed all over the Caucasus (Егорова, l. c.). Varies in number of veins on utricles and extent of scabridness of beaks. Specimens of *C. hypaneura* are known, either with veined utricles but smooth beak, or with veinless utricles but scabrid beak.

5 (60). **C. arnellii** Christ, 1888, in Scheutz, Kungl. Sv. Vet.-Akad. Handl. **22**, 10 : 177; Kük. 1909, in Engl. Pflanzenr. 38 : 609, p. p., excl. pl. jap.; В. Креч. 1935, во Фл. СССР, 3 : 424; Егор. 1976, во Фл. Европ. ч. СССР, 2 : 171; Малышев, 1990, во Фл. Сиб. 3 : 156. — *C. sylvatica* β. Turcz. 1856, Fl. Baic.-Dahur. **2**, 2 : 279. — *C. maximowiczii* Boeck. 1877, Linnaea, 41 : 237, non Miq. 1865, nec Fr. Schmidt, 1868. — *C. turczaninowiana* Meinsh. ex Korsh. 1892, Тр. Петерб. бот. сада, 12 : 411. — *C. subconcolor* Kitag. 1934, Bot. Mag. Tokyo, 48 : 20; А. Е. Кожевников, 1988, в Сосуд. раст. сов. Дальн. Вост. 3 : 316. — Exs.: H.F. URSS № 4204. — **О. Арнелла**.

Описан из Вост. Сибири; lectotypus: «Sibiria, Jenisei, Schumika inter Krasnojarsk et Jeniseisk, 16 VI 1876, H. W. Arnell» (LE! cum syntypo) — Егорова (l. c.).

В светлых лиственных и смешанных лесах, на опушках, вырубках, среди кустарников, б. ч. по склонам. — **Европ. ч.**: Волж.-Кам. (юг Костромской обл.: Красносельский р-н, с. Красное; окр. Кирова и Казани; юг Мари Эл; Средн. и Южн. Урал), Волж.-Дон. (вост.: на востоке Нижегородской обл., Мордовии и Пензенской обл., Ульяновская обл., Самарская обл.: Жигули; Саратовская обл.: с. Воскресенское), Заволж. (р. Кинель); **Зап. Сиб.**: Обск. (сев.: Сев. Урал, р. Лозьва; крайний юг), Ирт. (к востоку от Иртыша), Алт.; **Вост. Сиб.**: Лен.-Кол. (к югу от 61° 30' с. ш.), Анг.-Саян., Даур.; **Дальн. Вост.**: Удск., Зее-Бур., Уссур., Сах. (юг). Общ. распр.: Ц. (сев. Монголия) и В. (Сев.-Вост. Китай, север п-ова Корея) Азия. — 2n = 42 (Хромосомные числа..., 1969). — Рис. 20, *5*.

Близок к *C. hondoënsis* Ohwi (о-в Хонсю). *C. subconcolor* Kitag., l. c., описанная из Сев.-Вост. Китая, была справедливо отождествлена с *C. arnellii* китайскими авторами (Chang, Yang, 1976).

Close to *C. hondoënsis* Ohwi (Honshu). *C. subconcolor* Kitag., l. c., described from North-Eastern China, was correctly equated with *C. arnellii* by Chinese authors (Chang, Yang, 1976).

14 Заказ № 131

Subsect. 3. **Strigosae** (Anderss.) Egor. comb. nov. — *Carex* I. *Heterostachyae* A. *Tristigmaticae* γ. *Strigosae* Anderss. 1849, Pl. Scand. 1 : 21. — *Carex* a. *Heterostachyae* γ. *Strigosae* Fries, 1845, Summa Veg. Scand. 1 : 70, p. p., nom. nud. — Sect. *Strigosae* Fries ex Christ, 1885, Bull. Soc. Bot. Belg. **24**, 2 : 13, p. p., nom. nud. — Верхний колосок тычиночный, остальные 3—5 пестичные. Мешочки продолговато-яйцевидные, 3—4 мм дл., постепенно суженные в короткий цельный носик. Рыльца короткие. Плод без карпофора. Растение с ползучими корневищами. — Typus: *C. strigosa* Huds. Монотипная подсекция.

Terminal spike male, the others 3—5 female. Utricles oblong-ovoid, 3—4 mm long, gradually narrowed into a short entire beak. Stigmas short. Fruit without carpophore. Plants with creeping rhizomes. — Typus: *C. strigosa* Huds. Monotypic subsection.

6 (61). **C. strigosa** Huds. 1778, Fl. Angl., ed. 2 : 411; В. Креч. 1935, во Фл. СССР, 3 : 419; Тодераш, Чеботарь, 1978, Бот. журн. **63**, 8 : 1228. — **О. сухощавая**.

Описан из Англии («Hab. in sylvis et sepibus. Found in a lane at Black Notley in Essex, Mr. Dale. R.Syn. Prope Oxford. D. Sheffield»); типовой материал утрачен.

На сырых местах, у ключей в широколиственных лесах. — **Европ. ч.**: Молд. (Ниспоренский р-н, р. Кобак); **Кавк.**: Зап. (Абхазия) и Вост. (Грузия: Лагодехи; Азербайджан: окр. г. Закаталы) Закавк., Тал. Общ. распр.: С. (Дания), Атл., Ц. и Ю. Европа; З. Азия (сев. Иран). — 2n = 66 (Heilborn, 1928; Davies, 1956a, 1956b; Тодераш, Чеботарь, 1978; Тодераш, 1980).

На территории Европейской части СССР вид был обнаружен Л. Г. Тодераш в 1976 г. (Тодераш, Чеботарь, l. c.).

In the territory of European part of the former USSR, the species was found by Toderash in 1976 (Тодераш, Чеботарь, l. c.).

Sectio 14. Rhynchocystis Dumort. 1827, Fl. Belg. : 147; Chater, 1980, in Fl. Europ. 5 : 305. — *Carex* II. *Maximae* Aschers. 1864, Fl. Brandenb. 1 : 764. — Sect. *Maximae* (Aschers.) Kük. 1909, in Engl. Pflanzenr. 38 : 423, p. max. p.; Егор. 1976, во Фл. Европ. ч. СССР, 2 : 169. — Sect. *Agastachys* Ehrh. ex V. Krecz. 1935, во Фл. СССР, 3 : 419, p. p., quoad *C. pendulam*. — Верхний колосок тычиночный, иногда гинекандрический (у зарубежных видов), остальные 3—8 пестичные, много- и густоцветковые, очень длинные (до 16 см), цилиндрические, на ножках, часто поникающие. Нижний кроющий лист с влагалищем до 7—10 см дл. и пластинкой, превышающей соцветие. Чешуи пестичных колосков с остью. Мешочки округло-трехгранные в поперечном сечении, немного вздутые, 2—3.5 мм дл., перепончатые, глянцевитые, с немногими жилками, с коротким прямым или слегка изогнутым цельным, выемчатым или едва двузубчатым носиком. Рылец 3. Растения без ползучих корневищ. — Typus: *C. maxima* Scop. (= *C. pendula* Huds.).

5 видов, в Европе, Зап. Азии и Сев., Вост. и Южн. Африке; вне рассматриваемой территории: *C. microcarpa* Bertol. ex Moris (Италия, о-ва Корсика и Сардиния), *C. bequaertii* DeWild. и *C. petitiana* A. Rich. (Вост. Африка) и *C. mossii* Nelmes (Южн. Африка). — Лит.: Nelmes, 1940.

Terminal spike male, sometimes gynaecandrous (in foreign species), the others 3—8 female, many- and dense-flowered, very long (up to 16 cm), cylindrical, pedunculate, frequently pendent. Lowest bract with sheath up to 7—10 cm long and blade exceeding inflorescence. Female glumes awned. Utricles orbicular-trigonous in cross-section, a little inflated, 2—3.5 mm long, membranous, shining, few-veined, with a short straight or slightly curved entire, emarginate or scarcely bidentate beak. Stigmas 3. Plants without creeping rhizomes. — Typus: *C. maxima* Scop. (= *C. pendula* Huds.).

5 species in Europe, West Asia and North, East and South Africa; outside considered territory: *C. microcarpa* Bertol. ex Moris (Italy, Corsica and Sardinia), *C. bequaertii* De Wild. and *C. petitiana* A. Rich. (East Africa) and *C. mossii* Nelmes (South Africa). — R e f.: Nelmes, 1940.

1 (62). **C. pendula** Huds. 1762, Fl. Angl. 1 : 352; В. Креч. 1935, во Фл. СССР, 3 : 420. — *C. maxima* Scop. 1772, Fl. Carn., ed. 2, 2 : 229. — **О. висячая**.

Описан из Англии («Habitat in sylvis et sepibus humidis; in sepibus inter Hampstead et Highgate»); t y p u s: утрачен; n e o t y p u s: Morison, 1699, Pl. Hist. Univ. Oxon. 3, sect. 8, tab. 12, fig. 4 — Егорова (h. l.).

На сырых местах в тенистых широколиственных, б. ч. горных лесах. — **Европ. ч.**: Карп., Молд., Крым.; **Кавк.**: Предкавк. (зап.), Б.Кавк., Зап., Вост. и Южн. (Армения: Кафанский р-н) Закавк. О б щ. р а с п р.: С. (Дания), Атл., Ц. и Ю. Европа; З. Азия (Турция, сев. Ирак, сев. Иран); С. Африка. — 2n = 58 (Heilborn, 1939; Kjellqvist, Löve, 1963), 60 (Tanaka, 1948; Тодераш, 1980), 62 (Chater, 1980). — Рис. 20, *1*.

В качестве неотипа *C. pendula* вместо утраченного типа мною предложен рисунок в работе Морисона (Morison, l. c.), цитированный автором описания этого вида во 2-м и 3-м изданиях «Flora Anglica» (1778, 1798).

I have proposed as the neotype of *C. pendula*, instead of the lost type, the drawing in work by Morison (l. c.), cited by the author of the species description in the 2nd and 3rd editions of «Flora Anglica» (1778, 1798).

Sectio 15. Anomalae (Carey) Mackenzie, 1935, in North Amer. Fl. **18**, 6 : 339; Kern a. Nooteboom, 1979, in Fl. Males. 9 : 159. — Sect. *Carex proper* subsect. *Anomalae* Carey, 1848, in A. Gray, Man. Bot. : 557, p. p. — Sect. *Tumidae* Kük. 1909, in Engl. Pflanzenr. 38 : 611, non Meinsh. 1901. — Sect. *Elaeostachys* V. Krecz. 1935, во Фл. СССР, 3 : 399, p. p., excl. *C. acutiformi*, sine descr. latin. — Sect. *Agastachys* V. Krecz. 1935, l. c. : 419, p. p., quoad *C. jaluensem*. — Sect. *Malacocarex* V. Krecz. 1935, l. c. : 433, p. p., quoad *C. planiculmem*, sine descr. latin. — Sect. *Glaucaeformes* Ohwi, 1936, Mem. Coll. Sci. Kyoto Univ. ser. B, **11**, 5 : 413; Егор. 1990, Бот. журн. **75**, 6 : 861. — Sect. *Molliculae* Ohwi, 1936, l. c. : 450; Егор. 1990, l. c. : 860. — Sect. *Confertiflorae* Franch. ex Ohwi, 1936, l. c. : 474. — Sect. *Dispalatae* Ohwi, 1936, l. c. : 480; Егор. 1990, l. c. : 860. — Sect. *Alliiformes* Akiyama, 1955, Caric. Far East. Reg. As. : 143. — Sect. *Extensae* ser. *Tumidae* T. Koyama, 1962, Journ. Fac. Sci. Univ. Tokyo (Bot.), **8**, 4 : 202. — Верхний колосок тычиночный, остальные 2—5 пестичные (нижний из них иногда ветвистый), много- и густоцветковые, цилиндрические, нижние обычно на ножках 0.5—5 см дл., прямостоячие или б. м. поникающие. Нижний кроющий лист без влагалища, с б. м. длинной пластинкой, иногда превышающей соцветие. Чешуи пестичных колосков б. ч. с остью. Мешочки округло- или тупо-трехгранные в поперечном сечении, обычно немного вздутые, 2—4 мм дл., перепончатые или тонкокожистые, иногда покрытые папиллами, с жилками, зрелые косо или, чаще, б. м. горизонтально отклоненные от оси колоска, с прямым или б. м. изогнутым цельным, косо усеченным, выемчатым или коротко- и мягко-двузубчатым, на верхушке белоперепончато окаймленным носиком. Рылец 3. Растения с ползучими корневищами. — L e c t o t y p u s: *C. scabrata* Schwein. — Kern a. Nooteboom (l. c.).

Около 30 видов, преимущественно в Вост. Азии, а также в Южн. и Юго-Вост. Азии, Сев. Америке, Австралии и Нов. Гвинее; вне рассматриваемой территории: *C. alliiformis* C. B. Clarke, *C. alopecuroides* D. Don, *C. confertiflora* Boott, *C. hymenodon* Ohwi, *C. idzuroi* Franch. et Savat., *C. ischnostachya* Steud., *C. liui* T. Koyama et Chuang, *C. lobulirostris* Drej., *C. nemostachys* Steud., *C. neo-*

petelotii Raymond, *C. olivacea* Boott, *C. persistens* Ohwi, *C. pseudochinensis* Lévl. et Vaniot, *C. purpureotincta* Ohwi, *C. recurvisaccus* T. Koyama, *C. subtransversa* C. B. Clarke и др. (Азия), *C. brownii* Tuckerm. (Азия, Австралия, Нов. Гвинея), *C. oedorrhampha* Nelmes (= *C. tumida* Boott) (Азия, Нов. Гвинея), *C. amplifolia* Boott и *C. scabrata* Schwein. (Сев. Америка), *C. alsophila* F. Muell. и *C. lacistoma* R. Br. (Австралия) и др.

Я разделяю мнение Керна и Ноотебоома (Kern a. Nooteboom, l. c.), включивших в секцию *Anomalae* ряд таксонов секционного ранга, выделенных Ови (Ohwi, l. c.) и Акиямой (Akiyama, l. c.). Мною с секцией *Anomalae* синонимизирована здесь и секция *Glaucaeformes* Ohwi, l. c.

Terminal spike male, the others 2–5 female (lowest sometimes branched), many- and dense-flowered, cylindrical, lower ones usually with peduncles 0.5–5 cm long, erect or more or less pendent. Lowest bract sheathless, with more or less long blade sometimes exceeding inflorescence. Female glumes generally awned. Utricles orbicular or obtuse-trigonous in cross-section, usually a little inflated, 2–4 mm long, membranous or thin-coriaceous, sometimes covered with papillae, veined, at maturity obliquely or, more often, more or less horizontally patent, with a straight or more or less curved, entire, obliquely truncate, emarginate or short and soft-bidentate, at apex white-scarious beak. Stigmas 3. Plants with creeping rhizomes. — Lectotypus: *C. scabrata* Schwein. — Kern a. Nooteboom (l. c.).

About 30 species, mainly in East Asia, as well as in South and Southeast Asia, North America, Australia and New Guinea; outside considered territory: *C. alliiformis* C. B. Clarke, *C. alopecuroides* D. Don, *C. confertiflora* Boott, *C. hymenodon* Ohwi, *C. idzuroi* Franch. et Savat., *C. ischnostachya* Steud., *C. liui* T. Koyama et Chuang, *C. lobulirostris* Drej., *C. nemostachys* Steud., *C. neopetelotii* Raymond, *C. olivacea* Boott, *C. persistens* Ohwi, *C. pseudochinensis* Lévl. et Vaniot, *C. purpureotincta* Ohwi, *C. recurvisaccus* T. Koyama, *C. subtransversa* C. B. Clarke and others (Asia), *C. brownii* Tuckerm. (Asia, Australia, New Guinea), *C. oedorrhampha* Nelmes (= *C. tumida* Boott) (Asia, New Guinea), *C. amplifolia* Boott and *C. scabrata* Schwein. (North America), *C. alsophila* F. Muell. and *C. lacistoma* R. Br. (Australia) and others.

I share the opinion of Kern and Nooteboom (l. c.), who have included in the section *Anomalae* some taxa of section rank distinguished by Ohwi (l. c.) and Akiyama (l. c.). Here, I put in synonymy to the section *Anomalae* also the section *Glaucaeformes* Ohwi, l. c.

1. Мешочки густо покрытые папиллами, с резко выступающими ребристыми жилками, с выемчатым или коротко-двузубчатым носиком. Чешуи пестичных колосков темно-пурпурно-бурые..... 8. **C. glauciformis**.
\+ Мешочки без папилл. Чешуи пестичных колосков бледно-зеленые, светло-бурые или красновато-пурпурные.......................................2.
2. Пестичные колоски длинно- и узкоцилиндрические, (2)3–6(7) см дл., 4–5 мм в диам., нижние на ножках 2–5 см дл., поникающие; чешуи светло-ржавые. Мешочки 2–2.5 мм дл., эллиптические, с коротким, 0.1–0.2(0.3) мм, прямым цельным носиком...1. **C. jaluensis**.
\+ Пестичные колоски цилиндрические, 5–8 мм в диам., нижние поникающие или прямостоячие. Мешочки (2.5)3–4 мм дл., с прямым или б. м. изогнутым носиком не менее 0.5 мм дл. ....3.
3. Побеги окружены при основании пурпурными влагалищами листьев. Чешуи пестичных колосков красновато-пурпурные. Мешочки матовые, с сильно изогнутым наружу пурпурным носиком.........7. **C. dispalata**.
\+ Побеги окружены при основании светло- или желтовато-бурыми влагалищами листьев. Чешуи пестичных колосков зеленоватые или бледно-бурые. Мешочки блестящие, с прямым или немного изогнутым зеленоватым или зеленовато-желтоватым носиком............................4.

4. Пестичные колоски рыжеватые из-за очень длинных, долго сохраняющихся рылец; нижние колоски на ножках 1—3.5 см дл., обычно поникающие. Мешочки 3.5—4 мм дл., постепенно суженные в слабо шероховатый носик. Листовые пластинки 2.5—3(4) мм шир. ....4. **C. japonica**.
\+ Пестичные колоски бледно-зеленые; рыльца короткие, быстро опадающие. Мешочки с гладким носиком...5.
5. Листовые пластинки 2—4 мм шир. Мешочки 3—3.3 мм дл., довольно резко суженные в носик. Пестичные колоски почти сидячие, или нижний на ножке до 0.5 мм дл. ....6. **C. aphanolepis**.
\+ Листовые пластинки 5—8(12) мм шир. ....6.
6. Стебли по ребрам узкокрылатые. Нижние пестичные колоски на ножках 1—3(5) см дл., прямостоячие или б. м. отклоненные, иногда ветвистые. Мешочки довольно резко суженные в носик..2. **C. planiculmis**.
\+ Стебли не крылатые. Нижние пестичные колоски почти сидячие или на ножках до 0.5 см дл., прямостоячие, не ветвистые. Мешочки постепенно суженные в носик...7.
7. Зрелые мешочки горизонтально отклоненные от оси колоска, по всей поверхности покрытые пурпурно-бурыми точками. Пестичные колоски 6—7 мм в диам., чешуи острые.................................3. **C. mollicula**.
\+ Зрелые мешочки косо отклоненные от оси колоска, без пурпурно-бурых точек. Пестичные колоски 3—4 мм в диам.; чешуи с короткой остью...5. **C. doniana**.

1. Utricles densely covered with papillae, with sharply prominent costate veins, with emarginate or short-bidentate beak. Female glumes dark purple-brown..8. **C. glauciformis**.
\+ Utricles without papillae. Female glumes pale green, light brown or reddish-purple.......2.
2. Female spikes long- and narrow-cylindrical, (2)3—6(7) cm long, 4—5 mm in diam., lower ones with peduncles 2—5 cm long, pendent; glumes light ferruginous. Utricles 2—2.5 mm long, elliptical, with a short, 0.1—0.2(0.3) mm, straight entire beak..1. **C. jaluensis**.
\+ Female spikes cylindrical, 5—8 mm in diam., lower ones pendent or erect. Utricles (2.5)3—4 mm long, with a straight or more or less curved beak down to 0.5 mm long.. ....3.
3. Stems surrounded at base by purple leaf sheaths. Female glumes reddish-purple. Utricles dull, with strongly outside curved purple beak.......................................7. **C. dispalata**.
\+ Stems surrounded at base by light- or yellowish-brown leaf sheaths. Female glumes greenish or pale brown. Utricles shining, with a straight or a little curved greenish or greenish-yellowish beak...4.
4. Female spikes rufous from very long, persistent for a long time stigmas; lower spikes with peduncles 1—3.5 cm long, usually pendent. Utricles 3.5—4 mm long, gradually narrowed into a slightly scabrid beak. Leaf blades 2.5—3(4) mm wide..................4. **C. japonica**.
\+ Female spikes pale green; stigmas short, early deciduous. Utricles with a smooth beak....... ....5.
5. Leaf blades 2—4 mm wide. Utricles 3—3.3 mm long, rather abruptly narrowed into a beak. Female spikes subsessile, or lowest with peduncle up to 0.5 mm long...................... ....6. **C. aphanolepis**.
\+ Leaf blades 5—8(12) mm wide...6.

6. Stems narrow-winged along edges. Lower female spikes with peduncles 1—3(5) cm long, erect or more or less patent, sometimes branched. Utricles rather abruptly narrowed into a beak..2. **C. planiculmis**.
\+ Stems wingless. Lower female spikes subsessile or with peduncles up to 0.5 cm long, erect, not branched. Utricles gradually narrowed into a beak..7.
7. Mature utricles horizontally patent, all over surface covered with purple-brown points. Female spikes 6—7 mm in diam., glumes acute....................................3. **C. mollicula**.
\+ Mature utricles obliquely patent, without purple-brown points. Female spikes 3—4 mm in diam.; glumes with a short awn..5. **C. doniana**.

1 (63). **C. jaluensis** Kom. 1901, Тр. Петерб. бот. сада, 20 : 369 (Фл. Маньчж. 1); В. Креч. 1935, во Фл. СССР, 3 : 420. — **О. ялусская.**

Описан с п-ова Корея; typus: «Korea septentrionalis, distr. Sam-su, in valle fl. Jalu, prope Sang-su-u, ad ripas rivuli, 5 VII 1897, V. Komarov» (LE!).

На сырых местах в лиственных лесах. — **Дальн. Вост.**: Уссур. (юг). Общ. распр.: В. Азия (Сев.-Вост. Китай, п-ов Корея). — 2n = ? — Рис. 27, *2*.

К секции *Anomalae* вид был впервые отнесен Ови (Ohwi, 1936). Кюкенталь (Kükenthal, 1909) и Кречетович (l. c.) помещали *C. jaluensis* в одну секцию (*Maximae* (Aschers.) Kük., *Agastachys* V. Krecz.) с видами родства *C. pendula*, от которых рассматриваемый вид отличается отсутствием влагалища у кроющих листьев и хорошо выраженной афиллоподией.

The species was for the first time included in the section *Anomalae* by Ohwi (1936). Kükenthal (1909) and Kreczetowicz (Кречетович, l. c.) placed *C. jaluensis* in the same section (*Maximae* (Aschers.) Kük., *Agastachys* V. Krecz.) as species allied to *C. pendula*, the considered species differing from the latters by absence of bract sheaths and distinct aphyllopody.

2 (64). **C. planiculmis** Kom. 1901, Тр. Петерб. бот. сада, **18**, 3 : 448; В. Креч. 1935, во Фл. СССР, 3 : 434; Ohwi, 1936, Mem. Coll. Sci. Kyoto Univ. ser. B, **11**, 5 : 456; id. 1965, Fl. Jap. 248; Y. L. Chang et Y. L. Yang, 1976, in Fl. Chin. Bor.-Or. 11 : 101; Y. T. Lee, 1976, in Fl. Cor. 7 : 394; Ворош. 1982, Опред. раст. сов. Дальн. Вост. : 124; А. Е. Кожевников, 1988, в Сосуд. раст. сов. Дальн. Вост. 3 : 323. — *C. japonica* var. *naipiangensis* Lévl. et Vaniot, 1904, Bull. Soc. Bot. Fr. 51 : 206. — *C. mollicula* var. *naipiangensis* (Lévl. et Vaniot) T. Koyama, 1962, Journ. Fac. Sci. Univ. Tokyo (Bot.), **8**, 4 : 210. — **О. плоскостебельная.**

Описан из Сев.-Вост. Китая; typus: «Prov. Kirinensis, distr. Ninguna, in silva vetusta abietina prope Taimagon, 30 VI 1896, V. L. Komarov» (LE!).

В лиственных, смешанных и хвойных лесах и на опушках. — **Дальн. Вост.**: Уссур., Сах. (юг). Общ. распр.: В. Азия (Сев.-Вост. Китай, п-ов Корея, о-ва Хоккайдо и Хонсю). — 2n = 62 (Tanaka, 1939).

3 (65). **C. mollicula** Boott, 1867, Illustr. Carex, 4 : 192; Ohwi, 1936, Mem. Coll. Sci. Kyoto Univ. ser. B, **11**, 5 : 457; id. 1965, Fl. Jap. : 248; Ворош. 1966, Фл. сов. Дальн. Вост. : 102; id. 1982, Опред. раст. сов. Дальн. Вост. : 123; Y. T. Lee, 1976, in Fl. Cor. 7 : 395. — **О. мягковатая.**

Описан с о-вов Цусима в Корейском (б. Цусимском) проливе; typus: «Island of Tsus-Sima strait of Korea, may 1859, № 842, C. Wilford» (K!, photo LE!).

В сырых лесах по горным склонам и холмам. — **Дальн. Вост.**: Сах. (юг), Курил. (юг). Общ. распр. В. Азия (? Центр. Китай, юг п-ова Корея, Япония). — 2n = 56, 66, 68, 70 (Хромосомные числа..., 1969).

Рис. 27.

1 — *Carex glauciformis* Meinsh., общий вид растения, *1a* — мешочек; *2* — *C. jaluensis* Kom., соцветие, *2a* — мешочек; *3* — *C. japonica* Thunb., общий вид растения, *3a* — мешочек.

Fig. 27.

1 — *Carex glauciformis* Meinsh., the whole plant, *1a* — utricle; *2* — *C. jaluensis* Kom., inflorescence, *2a* — utricle; *3* — *C. japonica* Thunb., the whole plant, *3a* — utricle.

4 (66). **C. japonica** Thunb. 1784, Fl. Jap. : 38; Kük. 1909, in Engl. Pflanzenr. 38 : 620, p. p., excl. var. omnes; Ohwi, 1936, Mem. Coll. Sci. Kyoto Univ. ser. B, **11**, 5 : 453; id. 1965, Fl. Jap. : 247; Y. L. Chang et Y. L. Yang, 1976, in Fl. Chin. Bor.-Or. 11 : 101; Y. T. Lee, 1976, in Fl. Cor. 7 : 395; Ворош. 1982, Опред. раст. сов. Дальн. Вост. : 123. — **О. японская**.

Описан из Японии (о-в Хонсю, «Crescit in insula Nippon»); typus : UPS.

В лесах по долинам рек. — **Дальн. Вост.**: Сах. (юг: окр. Невельска), Курил. (юг: о-в Кунашир, между пос. Серноводск и Менделево). Общ. распр.: В. Азия (Сев.-Вост. и Сев. Китай, п-ов Корея, Япония). — 2n = 62 (Tanaka, 1939; Okuno, 1939). — Рис. 27, *3*.

5 (67). **C. doniana** Spreng. 1826, Syst. Veg. 3 : 825; Ohwi, 1936, Mem. Coll. Sci. Kyoto Univ. ser. B, **11**, 5 : 455; id. 1965, Fl. Jap. : 248; Ворош. 1984, Бюлл. Главн. бот. сада АН СССР, 134 : 33; А. Е. Кожевников, 1988, в Сосуд. раст. сов. Дальн. Вост. 3 : 324. — *C. chlorostachys* D. Don, 1825, Trans. Linn. Soc. London, 14 : 330, non Stev. 1813. — *C. alopecuroides* var. *chlorostachys* (D. Don) C. B. Clarke, 1903, Journ. Linn. Soc. London (Bot.), 36 : 271; Кхой, 1979, Новости сист. высш. раст. 16 : 80; Kern a. Nooteboom, 1979, Fl. Males. ser. 1, 9 : 160. — *C. japonica* var. *chlorostachys* (D. Don) Kük. 1909, in Engl. Pflanzenr. 38 : 620. — **О. Дона**.

Описан из вост. Гималаев («Habitat in Nepaliae alpibus, Wallich»); typus (est typus *C. chlorostachys* D. Don, l. c.): ? BM, ?K.

В тенистых лесах. — **Дальн. Вост.**: Курил. (юг: о-в Кунашир, окр. пос. Рудная). Общ. распр.: В. (Центр., Юго-Зап. и Южн. Китай, п-ов Корея, Япония), Ю. (вост. Индия, Непал) и Ю.-В. Азия; Нов. Гвинея. — 2n = 62 (Tanaka, 1937).

6 (68). **C. aphanolepis** Franch. et Savat. 1877, Enum. Pl. Jap. 2 : 152, 580; Ohwi, 1936, Mem. Coll. Sci. Kyoto Univ. ser. B, **11**, 5 : 454; id. 1965, Fl. Jap. : 248; Ворош. 1982, Опред. раст. сов. Дальн. Вост. : 123, in adnot. ad *C. japonica*; он же, 1984, Бюлл. Главн. бот. сада АН СССР, 134 : 33; А. Е. Кожевников, 1988, в Сосуд. раст. сов. Дальн. Вост. 3 : 324. — *C. japonica* var. *aphanolepis* (Franch. et Savat.) Kük. 1909, in Engl. Pflanzenr. 38 : 620. — **О. невзрачночешуйная**.

Описан из Японии; typus: о-в Хонсю, «Nippon, in montibus Hakone, № 3490bis, Savatier» (P).

На лесных склонах. — **Дальн. Вост.**: Курил. (юг: о-в Кунашир). Общ. распр.: В. Азия (п-ов Корея, Япония). — 2n = ?

7 (69). **C. dispalata** Boott, 1856—1857, in A. Gray, List Pl. Jap. in Narr. Exped. Perry, 2 : 325; В. Креч. 1935, во Фл. СССР, 3 : 399. — Exs.: H.F. URSS № 7171. — **О. расходящаяся**.

Описан из Японии (о-в Хоккайдо, «Hakodadi»); typus: BM.

На болотистых берегах рек и озер, травяно-осоковых болотах. — **Дальн. Вост.**: Удск., Уссур., Сах., Курил. (юг). Общ. распр.: В. Азия (Сев.-Вост. и Центр. Китай, п-ов Корея, Япония). — 2n = 78 (Tanaka, 1939), 84 (Okuno, 1939).

Представлен на нашей территории типовой разновидностью. Другая разновидность: var. *takeuchii* (Ohwi) Ohwi — встречается на о-ве Хонсю (Ohwi, 1965).

Is represented in our territory by the type variety. Another variety, var. *takeuchii* (Ohwi) Ohwi, occurs in Honshu island (Ohwi, 1965).

8 (70). **C. glauciformis** Meinsh. 1901, Тр. Петерб. бот. сада, **18**, 3 : 389; В. Креч. 1935, во Фл. СССР, 3 : 401; А. Е. Кожевников, 1988, в Сосуд. раст. сов. Дальн. Вост. 3 : 291; Малышев, 1990, во Фл. Сиб. 3 : 147. — **О. сизовидная**.

Описан с юга российского Дальнего Востока; typus: «Sibiria austro-orientalis, Mandshuria, pr. Grigorjewka, V 1889, Palczewsky» (LE!).

На сырых лугах. — **Вост. Сиб.**: Даур. (вост.); **Дальн. Вост.**: Зее-Бур. (юг), Уссур. Общ. распр.: В. Азия (Сев.-Вост. Китай, север п-ова Корея). — 2n = ? — Рис. 27, *1*.

Обнаруживает довольно близкое родство с североамериканским видом *C. scabrata* Schwein.

Demonstrates quite close relation with North-American species *C. scabrata* Schwein.

Sectio 16. Glaucae (Aschers.) Rouy, 1912, Fl. Fr. 13 : 491; Егор. 1972, Новости сист. высш. раст. 9 : 71. — *Carex* BB. *Glaucae* Aschers. 1864, Fl. Brandenb. 1 : 783, p. p. — Sect. *Glaucae* Nym. ex Christ, 1885, Bull. Soc. Bot. Belg. **24**, 2 : 15, nom. nud. — Sect. *Trachychlaenae* Drej. ex L. H. Bailey, 1887, Proc. Amer. Acad. Arts Sci. 22 : 71, p. p., — Sect. *Phaeolorum* Ehrh. ex V. Krecz. 1935, во Фл. СССР, 3 : 401, sine descr. latin. — Sect. *Hispidae* Mackenzie, 1935, in North Amer. Fl. **18**, 7 : 420, sine descr. latin. — Верхние 1—3(6) колоска тычиночные, остальные 2—7(12) пестичные или, иногда, андрогинные, многоцветковые, густые, удлиненно-цилиндрические, на ножках, прямостоячие или поникающие. Нижний кроющий лист обычно без влагалища (у наших видов) или с б. м. длинным влагалищем, с пластинкой, б. м. равной соцветию или превышающей его. Чешуи пестичных колосков острые или с остью. Мешочки тупо- или сжато-трехгранные или почти округлые в поперечном сечении, иногда немного вздутые, тонкокожистые, 2.5—5 мм дл., без жилок или с немногими жилками, шероховатые от мелких щетинковидных волосков, реже гладкие, с очень коротким цельным или выемчатым носиком. Рылец 3. Растения с б. м. длинными ползучими корневищами. — Typus: *C. glauca* Scop. (= *C. flacca* Schreb.).

11 видов, во внеарктических районах Европы, в Зап., Вост. (Юго-Зап. Китай) и Южн. (Гималаи) Азии, Сев. Америке (юго-запад США, сев. и центр. Мексика) и Сев. Африке; вне рассматриваемой территории: *C. hispida* Willd. (Южн. Европа, Сев. Африка), *C. inanis* Kunth, *C. rufulistolon* T. Koyama и *C. setigera* D. Don. (Гималаи), *C. schlagintweitiana* Boeck. (Гималаи, Юго-Зап. Китай), *C. pringlei* L. H. Bailey, *C. seatoniana* L. H. Bailey, *C. spissa* L. H. Bailey и *C. ultra* L. H. Bailey (юго-запад США, сев. и центр. Мексика). К данной секции иногда (Kern, Nooteboom, 1979a) относят *C. maculata* Boott (Вост., Южн. и Юго-Вост. Азия, Австралия, Нов. Гвинея, Нов. Каледония, о-ва Самоа); вопрос о систематическом положении этого вида нуждается в дальнейшем изучении.

Upper 1—3(6) spikes male, the others 2—7(12) female or sometimes androgynous, many-flowered, dense, elongate-cylindrical, pedunculate, erect or pendent. Lowest bract usually sheathless (in our species) or with more or less long sheath, with blade more or less equal to inflorescence or exceeding it. Female glumes acute or awned. Utricles obtuse- or compressed-trigonous or suborbicular in cross-section, sometimes a little inflated, thin-coriaceous, 2.5—5 mm long, veinless or few-veined, scabrid or more rarely, smooth, with a very short entire or emarginate beak. Stigmas 3. Plants with more or less long creeping rhizomes. — Typus: *C. glauca* Scop. (= *C. flacca* Schreb.).

11 species in non-arctic regions of Europe, in West, East (South-Western China) and South (Himalaya) Asia, North America (southwestern USA, northern and central Mexico) and North Africa; outside considered territory: *C. hispida* Willd. (Southern Europe, North Africa), *C. inanis*

Kunth, *C. rufulistolon* T. Koyama and *C. setigera* D. Don. (Himalaya), *C. schlagintweitiana* Boeck. (Himalaya, South-Western China), *C. pringlei* L. H. Bailey, *C. seatoniana* L. H. Bailey, *C. spissa* L. H. Bailey and *C. ultra* L. H. Bailey (southwestern USA, northern and central Mexico). Sometimes (Kern, Nooteboom, 1979a) *C. maculata* Boott (East, South and Southeast Asia, Australia, New Guinea, New Caledonia, Samoa Islands) is included in this section; question concerning systematic position of this species needs further investigation.

1. Пестичные колоски 5—7 мм в диам., нижние на ножках (0.5)1—1.5(2) см дл., прямостоячие. Мешочки 3.5—4.2(4.5) мм дл., эллиптические или обратнояйцевидные, тупо-трехгранные, немного вздутые, зрелые буроватые..1. **C. cuspidata**.

\+ Пестичные колоски 3.5—4(5) мм в диам., нижние на тонких ножках (1.5)2—3.5 см дл., б. ч. поникающие. Мешочки 2.5—3 мм дл., обратнояйцевидные или широкоэллиптические, неравно-двояковыпуклые, вздутые, зрелые почти черные..2. **C. flacca**.

1. Female spikes 5—7 mm in diam., lower ones with peduncles (0.5)1—1.5(2) cm long, erect. Utricles 3.5—4.2(4.5) mm long, elliptical or obovoid, obtuse-trigonous, a little inflated, at maturity brownish..1. **C. cuspidata**.

\+ Female spikes 3.5—4(5) mm in diam., lower ones with thin peduncles (1.5)2—3.5 cm long, generally pendent. Utricles 2.5—3 mm long, obovoid or broad-elliptical, unequally biconvex, inflated, at maturity almost black...2. **C. flacca**.

1 (71). **C. cuspidata** Host, 1801, Gram. Austr. 1 : 71, tab. 97; В. Креч. 1935, во Фл. СССР, 3 : 402; Егор. 1976, во Фл. Европ. ч. СССР, 2 : 171. — *C. serrulata* Biv. 1816, Stirp. Rar. Sci. Descr. 4 : 9. — *C. glauca* subsp. *serrulata* (Biv.) Arcang. 1894, Comp. Fl. Ital., ed. 2 : 92. — *C. glauca* var. *cuspidata* (Host) Aschers. et Graebn. 1902, Syn. Mitteleur. Fl. **2**, 2 : 138; Kük. 1909, in Engl. Pflanzenr. 38 : 418. — *C. flacca* var. *euglauca* subvar. *cuspidata* (Host) Maire et Weiller, 1957, Fl. Afr. Nord. 4 : 133. — *C. flacca* subsp. *cuspidata* (Host) Vicioso, 1959, Bol. Inst. Forest. Invest. Exper. Madrid, **30**, 79 : 100. — *C. flacca* subsp. *serrulata* (Biv.) W. Greuter, 1967, Boissiera, 13 : 167; Chater, 1980, in Fl. Europ. 5 : 306; Ö. Nilsson, 1985, in Fl. Turk. **9** : 120. — Exs.: H.F. URSS № 4211. — **О. заостренная**.

Описан из б. Югославии (п-ов Истрия, «In Istriae locis humidis ad mare»); typus: W.

В горных лесах, кустарниках, по сухим склонам. — **Европ. ч.**: Молд. (Бессарабская возвышенность и г. Белгород-Днестровский), Крым.; **Кавк.**: все районы, кроме Южн. Закавк. Общ. распр.: Ю. Европа; З. Азия; С. Африка. — 2n = 90 (Kjellqvist, Löve, 1963; Löve, Kjellqvist, 1973). — Рис. 28, *2*.

При трактовке данного растения в качестве подвида следует использовать название *C. flacca* subsp. *serrulata* (Biv.) W. Greuter, l. c., так как первой комбинацией в ранге подвида является *C. glauca* subsp. *serrulata* (Biv.) Arcang., l. c.

If this plant is considered as subspecies, the name *C. flacca* subsp. *serrulata* (Biv.) W. Greuter, l. c. should be used, as the priority combination in subspecies rank is *C. glauca* subsp. *serrulata* (Biv.) Arcang., l. c.

2 (72). **C. flacca** Schreb. 1771, Spicil. Fl. Lips., App. : 178. — *C. glauca* Scop. 1772, Fl. Carn., ed. 2, 2 : 223. — «*C. glauca* Murr.» — Kük. 1909, in Engl. Pflanzenr. 38 : 416. — *C. diversicolor* auct. non Crantz: В. Креч. 1935, во Фл. СССР, 3 : 402, p. p. — **О. повислая**.

Рис. 28.

1 — *Carex flacca* Schreb., соцветие, *1a* — мешочек; *2* — C. *cuspidata* Host, соцветие, *2a* — мешочек; *3* — C. *michelii* Host, соцветие, *3a* — мешочек; *4* — C. *brevicollis* DC., мешочек; *5* — C. *panicea* L., соцветие, *5a* — мешочек; *6* — C. *vaginata* Tausch subsp. *vaginata*, мешочек; *7* — C. *pilosa* Scop., соцветие, *7a* — мешочек.

Fig. 28.

1 — *Carex flacca* Schreb., inflorescence, *1a* — utricle; *2* — C. *cuspidata* Host, inflorescence, *2a* — utricle; *3* — C. *michelii* Host, inflorescence, *3a* — utricle; *4* — C. *brevicollis* DC., utricle; *5* — C. *panicea* L., inflorescence, *5a* — utricle; *6* — C. *vaginata* Tausch subsp. *vaginata*, utricle; *7* — C. *pilosa* Scop., inflorescence, *7a* — utricle.

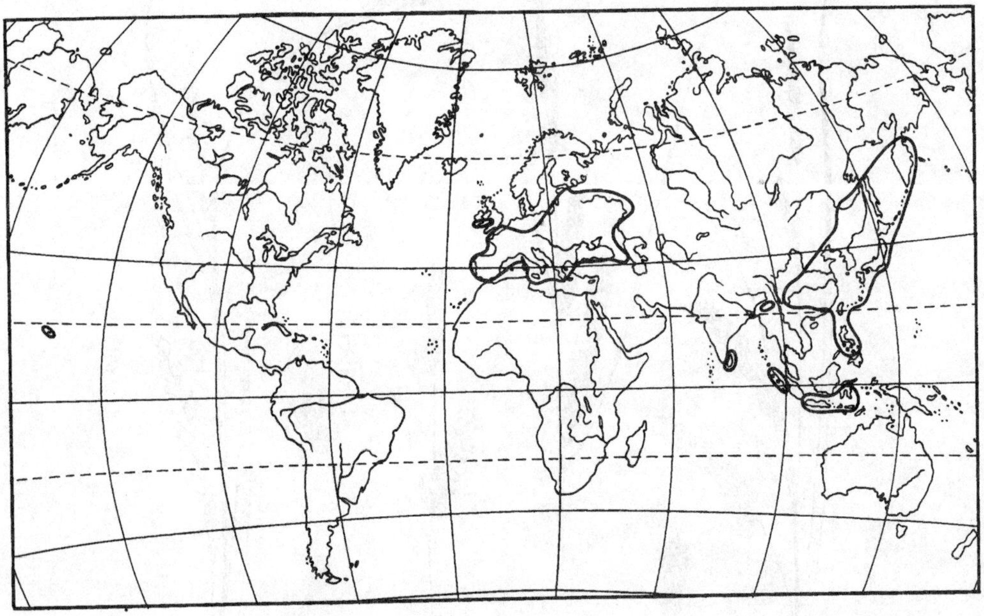

Рис. 29. Ареал секции *Depauperatae* Meinsh.

Fig. 29. Range of the section *Depauperatae* Meinsh.

Описан из Германии (окр. Лейпцига, «Ad fossas passim, v. c. loco ab ill. Boehmero indicato»); typus: ?, specim. auth.: LE!

На сырых и болотистых, изредка на суходольных лугах, в разреженных лесах, на опушках, обычно на карбонатной почве. — **Европ. ч.**: Прибалт., Лад.-Ильм. (запад Ленинградской обл.), Верх.-Днепр. (Беларусь: окр. г. Гродно — пос. Лососно и Витебская обл., окр. с. Б. Летцы), Верх.-Волж. (Московская обл., б. Бронницкий р-н, с. Б. Ивановское), Волж.-Кам. (Пермская обл., б. Краснокамский р-н, ж.-д. ст. Шабуничи), Карп. (Львовская обл.; Черновицкая обл., Путильский р-н, села Верх. Яровец и М. Дихтенец), Днепр. (сев.). Общ. распр.: Европа; З. Азия (сев.-вост. Турция, сев. и зап. Ирак); С. Америка (заносное); Нов. Зеландия (заносное). — 2n = 76 (Heilborn, 1924; Rohweder, 1938; Tanaka, 1948; Davies, 1956a, 1956b; Dietrich, 1972). — Рис. 28, *1*.

Место хранения типа *C. flacca* неизвестно. Среди 19 образцов этого вида, присланных из Мюнхена (M), где находится гербарий Шребера, не оказалось экземпляра, который можно было бы рассматривать в качестве типового. В LE имеется один автентик *C. flacca*: «*Carex flacca* mihi in Spicil. fl. Lips. (Schreber), Hb. Pallas», но он, судя по содержанию этикетки, был тестирован Шребером, по-видимому, уже после публикации описания этого вида.

Сведения о распространении *C. flacca* в Зап. Азии приведены по литературным данным (Hooper, 1985; Nilsson, 1985).

The location of the type of *C. flacca* is unknown. Among 19 specimens of the species sent from Munich (M), where Schreber's herbarium is kept, there was no specimen, which could be considered as the type. In LE, the one authentic specimen of *C. flacca* is available: «*Carex flacca* mihi in Spicil. fl. Lips. (Schreber), Hb. Pallas», but judging by contents of the label, it was obviously tested by Schreber after publication of species description.

Information on distribution of *C. flacca* in West Asia is cited according to published data (Hooper, 1985; Nilsson, 1985).

Sectio 17. Depauperatae Meinsh. 1901, Тр. Петерб. бот. сада, **18**, 3 : 284, 384, p. p. — *Carex* §. *Pilosae* Aschers. et Graebn. 1903, Syn. Mitteleur. Fl. **2**, 2 : 133. — *Carex* §. *Ventricosae* Aschers. et Graebn. 1903, l. c. : 185. — Sect. *Rhomboidales* Kük. 1909, in Engl. Pflanzenr. 38 : 622, p. p. — Sect. *Vaginatae* Meinsh. 1901, l. c. : 384, p. p. — Sect. *Brevicolles* Rouy, 1912, Fl. Fr. 13 : 448; Егор. 1972, Новости сист. высш. раст. 9 : 72. — Sect. *Pilosae* (Aschers. et Graebn.) Rouy, 1912, l. c. : 471. — *Proteocarpus* Börn. sect. *Proteocarpus* Börn. 1913, Abh. Naturw. Ver. Bremen, 21 : 267, p. p. — Sect. *Campylorhina* V. Krecz. 1935, во Фл. СССР, 3 : 339, p. p., sine descr. latin. — Верхний колосок тычиночный, остальные (1)2—3(4) пестичные, немногоцветковые, рыхлые или плотные, продолговатые, обычно на длинных ножках, б. ч. прямостоячие. Нижний кроющий лист с б. м. длинным влагалищем и с пластинкой короче соцветия. Чешуи пестичных колосков часто с короткой (до 2.5 мм) остью или заостренные, с 3 жилками. Мешочки тупо-трехгранные, обычно ромбоидальные, в основании клиновидные, (3.5)5—8 мм дл., с многочисленными жилками, рассеянно опушенные или голые, обычно с удлиненным прямым или немного изогнутым двузубчатым, косо усеченным или выемчатым, спереди клиновидно расщепленным носиком. Рылец 3. Плод нередко с глубокими впадинами на гранях. Растения с ползучими корневищами или без них; репродуктивные побеги иногда боковые. — Т у р u s: *C. depauperata* Curt. ex With.

Около 30 видов, преимущественно в Вост. Азии, 3 вида (*C. jackiana* Boott, *C. lateralis* Kük. и *C. loheri* C. B. Clarke) в Южн. и Юго-Вост. Азии, 5 видов (*C. brevicollis* DC., *C. depauperata* Curt. ex With., *C. michelii* Host, *C. mingrelica* Kük. и *C. pilosa* Scop.) в Европе, на Кавказе и северо-востоке Малой Азии и 1 вид (*C. oahuensis* C. A. Mey.) на Гавайских о-вах (рис. 29). — Л и т.: Holub, 1959.

Terminal spike male, the others (1)2—3(4) female, few-flowered, loose or dense, oblong, usually with long peduncles, generally erect. Lowest bract with more or less long sheath and blade shorter than inflorescence. Female glumes frequently with short (up to 2.5 mm) awn or acuminate, 3-veined. Utricles obtuse-trigonous, usually rhomboidal, cuneate at base, (3.5)5—8 mm long, many-veined, sparsely pubescent or glabrous, usually with an elongate straight or a little curved bidentate, obliquely truncate or emarginate, frontally cuneate-cleft beak. Stigmas 3. Fruit quite often deeply hollowed on sides. Plants with or without creeping rhizomes; reproductive shoots sometimes lateral. — T y p u s: *C. depauperata* Curt. ex With.

About 30 species, mainly in East Asia, 3 species (*C. jackiana* Boott, *C. lateralis* Kük. and *C. loheri* C. B. Clarke) in South and Southeast Asia, 5 species (*C. brevicollis* DC., *C. depauperata* Curt. ex With., *C. michelii* Host, *C. mingrelica* Kük. and *C. pilosa* Scop.) in Europe, Caucasus and north-eastern Asia Minor and 1 species (*C. oahuensis* C. A. Mey.) in Hawaiian Islands (Fig. 29). — R e f.: Holub, 1959.

1. Пестичные колоски плотные, с ножками, скрытыми во влагалищах кроющих листьев. Мешочки б. ч. опушенные, с двузубчатым носиком .... 2.

\+ Пестичные колоски редкоцветковые, с ножками, выступающими из влагалищ кроющих листьев. Мешочки голые, с косо усеченным или выемчатым, спереди клиновидно расщепленным носиком .... 5.

2. Мешочки голые, (5)5.5–6.5 мм дл., постепенно суженные в шероховатый по краям носик. Репродуктивные побеги боковые..8. **C. xiphium**.

\+ Мешочки опушенные..3.

3. Растение с длинными тонкими ползучими корневищами. Листовые пластинки 2–3 мм шир. Чешуи пестичных колосков бледно-зеленые. Мешочки 5–6.5 мм дл., с удлиненным, 2–2.5 мм, носиком...9. **C. michelii**.

\+ Растения без длинных тонких ползучих корневищ. Чешуи пестичных колосков ржавые или коричневые...4.

4. Мешочки 4.5–5 мм дл., с коротким, около 1 мм, носиком. Листовые пластинки 5–7 мм шир. ....11. **C. brevicollis**.

\+ Мешочки 6.5–7.5(8) мм дл., с удлиненным, около 3 мм, носиком. Листовые пластинки 2–4 мм шир. ....10. **C. longirostrata**.

5(1). Побеги окружены при основании пурпурными влагалищами листьев...6.

\+ Побеги окружены при основании бледно-бурыми влагалищами листьев ....10.

6. Мешочки 3.5–5(5.5) мм дл., с немного изогнутым наружу носиком 1–1.5(2) мм дл. Листовые пластинки с обеих сторон и по краям обычно волосистые, на репродуктивных побегах они заметно короче, чем на вегетативных; репродуктивные побеги боковые. Растения с ползучими корневищами...7.

\+ Мешочки 6–8.5(9) мм дл., с прямым или слегка изогнутым носиком 1.5–3 мм дл. Листовые пластинки голые, на репродуктивных побегах они почти такой же длины, как и на вегетативных; репродуктивные побеги центральные. Растения без ползучих корневищ.................... 8.

7. Носик мешочков на верхушке с пурпурным окаймлением, 1–1.3 мм дл.; мешочки 3.5–4 мм дл.; кроющие чешуи яйцевидные...6. **C. campylorhina**.

\+ Носик мешочков на верхушке без пурпурного окаймления, 1.2–1.5(2) мм дл.; мешочки 4.5–5(5.5) мм дл.; кроющие чешуи ланцетовидные...7. **C. pilosa**.

8. Пестичные колоски на извилистых ножках до 12(15) см дл., поникающие. Мешочки 6–7(7.5) мм дл., постепенно суженные в слегка изогнутый гладкий носик 1.5–2.2 мм дл. Листовые пластинки (4)7–10(12) мм шир. Растение Дальнего Востока...................1. **C. egena**.

\+ Пестичные колоски на прямых ножках до 7 см дл., прямостоячие. Мешочки резко или постепенно суженные в прямой, б. м. шероховатый носик. Растения Европейской части и Кавказа.........................9.

9. Тычиночный колосок бледно-коричневый или бледно-зеленый, 2–3(4) см дл., 2.5–3 мм в диам. Пестичные колоски 4–6(9)-цветковые. Мешочки (7)7.5–8.5(9) мм дл., спереди с 16–18 жилками, резко суженные в бледный носик 2.5–3 мм дл. Листовые пластинки (2.5)3–4(5) мм шир. ....4. **C. depauperata**.

\+ Тычиночный колосок коричневый или пурпурно-коричневый, 2–2.5 см дл., 4–5 мм в диам. Пестичные колоски 6–9(13)-цветковые.

Мешочки 7—7.5 мм дл., спереди с 7—8 жилками, постепенно суженные в пурпурный носик 1.8—2.5 мм дл. Листовые пластинки 5—7 мм шир. ....5. **C. mingrelica**.

10(5). Верхние 2—3 колоска тесно сближенные, остальные расставленные. Тычиночный колосок узкий, 1—1.5 см дл., 2—3 мм в диам. Пестичные колоски прямостоячие; чешуи острые. Мешочки 4.5—5(5.5) мм дл. Листовые пластинки 5—10 мм шир. ....2. **C. parciflora**.

\+ Все колоски расставленные. Тычиночный колосок утолщенный, 1.5—2.5(3) см дл., 5—8 мм в диам. Пестичные колоски поникающие; чешуи с остью 1.5—2(2.5) мм дл. Мешочки (5)5.5—6.5 мм дл. Листовые пластинки 3—6 мм шир. ....3. **C. nikolskensis**.

1. Female spikes dense, with peduncles hidden in sheaths of bracts. Utricles generally pubescent, with a bidentate beak..2.

\+ Female spikes sparse-flowered, with peduncles, exserted from sheaths of bracts. Utricles glabrous, with a obliquely truncate or emarginate, frontally cuneate-cleft beak..............5.

2. Utricles glabrous, (5)5.5—6.5 mm long, gradually narrowed into scabrid on margins beak. Reproductive stems lateral..8. **C. xiphium**.

\+ Utricles pubescent..3.

3. Plants with long, thin, creeping rhizomes. Leaf blades 2—3 mm wide. Female glumes pale green. Utricles 5—6.5 mm long, with an elongate, 2—2.5 mm, beak.......9. **C. michelii**.

\+ Plants without long thin creeping rhizomes. Female glumes ferruginous or brown..........4.

4. Utricles 4.5—5 mm long, with a short, about 1 mm, beak. Leaf blades 5—7 mm wide...... .... 11. **C. brevicollis**.

\+ Utricles 6.5—7.5(8) mm long, with an elongate, about 3 mm, beak. Leaf blades 2—4 mm wide...10. **C. longirostrata**.

5(1). Stems are surrounded at base by purple leaf sheaths.. 6.

\+ Stems are surrounded at base by pale brown leaf sheaths...10.

6. Utricles 3.5—5(5.5) mm long, with a little outside curved beak 1—1.5(2) mm long. Leaf blades on both surfaces and on margins usually pubescent, in reproductive shoots they are considerably shorter, than in vegetative; reproductive shoots lateral. Plants with creeping rhizomes.. 7.

\+ Utricles 6—8.5(9) mm long, with a straight or slightly curved beak 1.5—3 mm long. Leaf blades glabrous, in reproductive shoots almost equal to those in vegetative; reproductive shoots central. Plants without creeping rhizomes...8.

7. Utricle beaks with purple border at apex, 1—1.3 mm long; utricles 3.5—4 mm long; female glumes ovate.. 6. **C. campylorhina**.

\+ Utricle beaks without purple border at apex, 1.2—1.5(2) mm long; utricles 4.5—5(5.5) mm long; female glumes lanceolate...7. **C. pilosa**.

8. Female spikes with flexuous peduncles up to 12(15) cm long, pendent. Utricles 6—7(7.5) mm long, gradually narrowed into a slightly curved smooth beak 1.5—2.2 mm wide. Leaf blades (4)7—10(12) mm wide. Plants of Far East......................................1. **C. egena**.

\+ Female spikes with straight peduncles up to 7 cm long, erect. Utricles abruptly or gradually narrowed into a straight, more or less scabrid beak. Plants of European part and Caucasus...9.

9. Male spike pale brown or pale green, 2—3(4) cm long, 2.5—3 mm in diam. Female spikes 4—6(9)-flowered. Utricles (7)7.5—8.5(9) mm long, frontally 16—18-veined, abruptly narrowed into a pale beak 2.5—3 mm long. Leaf blades (2.5)3—4(5) mm wide.. ....4. **C. depauperata**.

\+ Male spike brown or purple-brown, 2—2.5 cm long, 4—5 mm in diam. Female spikes 6—9(13)-flowered. Utricles 7—7.5 mm long, frontally 7—8-veined, gradually narrowed into a purple beak 1.8—2.5 mm long. Leaf blades 5—7 mm wide........5. **C. mingrelica**.

10(5). Upper 2–3 spikes closely approximate, the others distant. Male spike narrow, 1–1.5 cm long, 2–3 mm in diam. Female spikes erect; glumes acute. Utricles 4.5–5(5.5) mm long. Leaf blades 5–10 mm wide..2. **C. parciflora**.

\+ All spikes distant. Male spike thickened, 1.5–2.5(3) cm long, 5–8 mm in diam. Female spikes pendent; glumes with awn 1.5–2(2.5) mm long. Utricles (5)5.5–6.5 mm long. Leaf blades 3–6 mm wide..3. **C. nikolskensis**.

1 (73). **C. egena** Lévl. et Vaniot, 1907, Feddes Repert. 4 : 227; Y. L. Chang et Y. L. Yang, 1976, Fl. Chin. Bor.-Or. 11 : 134; Y. T. Lee, 1976, in Fl. Cor. 7 : 410; А. Е. Кожевников, 1988, Сосуд. раст. сов. Дальн. Вост. 3 : 330. — *C. oligostachys* Meinsh. ex Maxim. 1886, Bull. Acad. Sci. Pétersb. **31**, 1 : 117, non *C. oligostachya* Nees, 1834; В. Креч. 1935, во Фл. СССР, 3 : 351; Ворош. 1982, Опред. раст. сов. Дальн. Вост. : 125. — *C. filipes* Franch. et Savat. var. *oligostachys* Kük. 1909, in Engl. Pflanzenr. 38 : 644, p. p.; Ohwi, 1936, Mem. Coll. Sci. Kyoto Univ. ser. B, **11**, 5 : 424; T. Koyama, 1962, Journ. Fac. Sci. Univ. Tokyo (Bot.), **8**, 4 : 229. — **О. неродящая**.

Описан с п-ова Корея; t y p u s: «Coreé, mont des diamants, 24 VI 1906, № 1366, U. Faurie» (P).

В лиственных лесах по склонам сопок. — **Дальн. Вост.**: Уссур. (юг). О б щ . р а с п р .: В. Азия (Сев.-Вост. Китай, п-ов Корея). — 2n = ?

C. oligostachys Meinsh. ex Maxim., l. c. (t y p u s: российский Дальн. Восток, южн. Приморье, «Ussuri am Li-Fudin Unterlauf, 21 V 1860, Maximowicz» — LE!) была впервые отождествлена с *C. egena* Ови (Ohwi, l. c.) и Кречетовичем (1937).

C. oligostachys Meinsh. ex Maxim., l. c. (typus: Russian Far East, southern Maritime Territory, «Ussuri am Li-Fudin Unterlauf, 21 V 1860, Maximowicz» — LE!) was for the first time equated with *C. egena* by Ohwi (l. c.) and Kreczetowicz (Кречетович, 1937).

2 (74). **C. parciflora** Boott, 1858–1859, in A. Gray, Mem. Amer. Acad. new ser. **6**, 2 : 418; Ohwi, 1936, Mem. Coll. Sci. Kyoto Univ. ser. B, **11**, 5 : 427; id. 1965, Fl. Jap. : 427, quoad var. *parciflora*; Ворош. 1982, Опред. раст. сов. Дальн. Вост. : 128; А. Е. Кожевников, 1988, в Сосуд. раст. сов. Дальн. Вост. 3 : 330. — *C. glehnii* Fr. Schmidt, 1868, Mém. Acad. Sci. Pétersb. sér. 7, 12 : 194, tab. VII, fig. 16–21; В. Креч. 1935, во Фл. СССР, 3 : 350. — *C. jackiana* Boott subsp. *parciflora* (Boott) Kük. 1909, in Engl. Pflanzenr. 38 : 638, p. p., quoad pl. sachal. — **О. скудноцветковая**.

Описан из Японии; t y p u s: о-в Хоккайдо, «Hokadate, Explor. Exped. 1853–1856, № 46, C. Wright» (GH, isotypus K!).

На сырых и болотистых местах. — **Дальн. Вост.**: Сах. (юг), Курил. (юг). О б щ . р а с п р.: В. Азия (о-ва Хоккайдо и Хонсю). — 2n = ?

Сравнение типа *C. glehnii* Fr. Schmidt, l. c. («Insula Sachalin, Oko, 13 Jul. 1861, Glehn» — LE!) с типовым образцом *C. parciflora* убеждает в правильности мнения Кюкенталя (Kükenthal, l. c.), впервые отождествившего первый вид со вторым.

C. parciflora обнаруживает близкое родство с *C. jackiana* Boott (Южн. и Юго-Вост. Азия), *C. macroglossa* Franch. et Savat. (п-ов Корея, Япония) и *C. vaniotii* Lévl. Последние два вида рассматриваются Ови (Ohwi, 1965) в качестве разновидностей *C. parciflora*. Для Курильских о-вов *C. parciflora* приведена по литературным данным (Ohwi, l. c.; Кожевников, l. c.).

The comparison of the type of *C. glehnii* Fr. Schmidt, l. c. («Insula Sachalin, Oko, 13 Jul. 1861, Glehn» — LE!) with the type specimen of *C. parciflora* convinces of the correctness of Kükenthal's opinion (l. c.), who equated for the first time the former species with the latter one.

C. parciflora demonstrates close relation with *C. jackiana* Boott (South and Southeast Asia), *C. macroglossa* Franch. et Savat. (Korea, Japan) and *C. vaniotii* Lévl. The two latter species are considered by Ohwi (1965) as varieties of *C. parciflora*. For Kuril Islands, *C. parciflora* is cited according to published data (Ohwi, l. c.; Кожевников, l. c.).

3 (75). **C. nikolskensis** Kom. 1916, Изв. Петерб. бот. сада, 16 : 154; В. Креч. 1935, во Фл. СССР, 3 : 346. — *C. papulosa* auct. non Boott: Kük. 1909, in Engl. Pflanzenr. 38 : 637, p. p., quoad pl. corean.; Ohwi, 1936, Mem. Coll. Sci. Kyoto Univ. ser. B, **11**, 5 : 425, quoad syn. *C. nikolskensis* et pl. corean.; id. 1965, Fl. Jap. : 245, p. p., quoad pl. ussur. et corean.; Y. T. Lee, 1976, in Fl. Cor. 7 : 409; Ворош. 1982, Опред. раст. сов. Дальн. Вост. 3 : 333. — **О. никольская**.

Описан с юга российского Дальнего Востока; typus: «Басс. Суйфуна, долина р. Раковки, Никольск-Уссурийск, 22 V 1913, Комаров» (LE!).

На сырых лугах. — **Дальн. Вост.**: Уссур. (юг). Общ. распр.: В. Азия (п-ов Корея). — 2n = ?

Рядом авторов (см. синонимику) отождествлялась с японским видом *C. papulosa* Boott. Изучение типового образца *C. papulosa* (typus: «Herbarium of the U. S. North Pacific Expl. Exp. 1853—1856, Hakodade, Japan, № 48, C. Wright» — GH, isotypus K!) и других гербарных материалов по этому японскому виду показало, что *C. nikolskensis* не идентична последнему и хорошо отличается от него ширококоническими носиками мешочков (у *C. papulosa* они линейно-конические, узкие, более длинные).

Some authors (see synonymy) identified it with Japanese species *C. papulosa* Boott. Examining the type specimen of *C. papulosa* (typus: «Herbarium of the U. S. North Pacific Expl. Exp. 1853—1856, Hakodade, Japan, № 48, C. Wright» — GH, isotypus K!) and other herbarium materials from this japanese species demonstrated that *C. nikolskensis* is not identical to the latter and well differs from it by broad-conic utricle beaks (*C. papulosa* has linear-conic, narrow, longer ones).

4 (76). **C. depauperata** Curt. ex With. 1787, Bot. Arrang. Brit. Pl., ed. 2, 2 : 1049; В. Креч. 1935, во Фл. СССР, 3 : 352; Ö. Nilsson, 1985, in Fl. Turk. 9 : 144. — **О. обедненная**.

Описан из окр. Лондона; typus: «Charlton-wood, Kent, Mr. Woodward» (K).

В светлых широколиственных лесах и кустарниках по горным склонам. — **Европ. ч.**: Крым.; **Кавк.**: Предкавк. (окр. Ставрополя), Б. Кавк. (вост.: Дагестан), Зап. (Абхазия: гора Арбыха), Центр. (Грузия), Вост. (Армения: Ноемберянский р-н, Дебедашенский леспромхоз) и Южн. (Армения: Зангезурский хр., р. Цав) Закавк., Тал. (Астаринский р-н). Общ. распр.: Атл., Ц. и Ю. Европа; Зап. Азия (сев.-вост. Турция). — 2n = 44 (Dietrich, 1972). — Рис. 30, *4*.

5 (77). **C. mingrelica** Kük. 1909, in Engl. Pflanzenr. 38 : 574; В. Креч. 1935, во Фл. СССР, 3 : 352. — *C. albovii* Lesk. 1931, Журн. Русск. бот. общ. 16 : 72, fig. 3. — **О. мингрельская**.

Описан с Кавказа; typus: Грузия, «Mingrelien, Kernaktoni an Felsen, 2000 m, № 43, N. Alboff» (LE!).

На горных лесных и субальпийских лугах. — **Кавк.**: Б. Кавк. (зап., центр.), Зап. (Абхазия, Аджария), Центр. (Бакуриани, Боржоми, Кернактони) и Вост. (Грузия: Лагодехи) Закавк. Эндемик. — 2n = ? — Рис. 30, *3*.

Близок к *C. depauperata*, от которой отличается в основном мешочками с меньшим количеством жилок, постепенно суженными в более короткий носик, и

15 Заказ № 131

Рис. 30.

1 — *Carex insaniae* Koidz., общий вид растения, *1а* — мешочек, *1б* — плод со столбиком, имеющим кольцевидное утолщение; *2* — *C. xiphium* Kom., соцветие, *2а* — мешочек; *3* — *C. mingrelica* Kük., соцветие, *3а* — мешочек; *4* — *C. depauperata* Curt. ex With., мешочек.

Fig. 30.

1 — *Carex insaniae* Koidz., the whole plant, *1a* — utricle, *1б* — fruit with style, the latter with distinct ring-shaped thickening; *2* — *C. xiphium* Kom., inflorescence, *2a* — utricle; *3* — *C. mingrelica* Kük., inflorescence, *3a* — utricle; *4* — *C. depauperata* Curt. ex With., utricle.

утолщенным, интенсивно окрашенным тычиночным колоском (см. ключ). В. И. Кречетович (l. с.) различал *C. depauperata* и *C. mingrelica* по форме мешочков в поперечном сечении, по форме их основания, характеру расщепления носика мешочков и по соотношению длины соцветия и нижнего кроющего листа. Однако по этим признакам названные виды, на мой взгляд, не отличаются.

Close to *C. depauperata*, differing from it mainly by utricles with less number of veins, gradually narrowed into a shorter beak, as well as thickened, intensively coloured male spike (see the key). Kreczetowicz (Кречетович, l. c.) distinguished *C. depauperata* from *C. mingrelica* by shape of utricles in cross-section, shape of their base, character of splitting utricle beaks as well as by ratio of inflorescence to lowest bract length. However, in my opinion, these species do not differ by these characters.

6 (78). **C. campylorhina** V. Krecz. 1935, во Фл. СССР, 3 : 612, 342, excl. pl. ochot.; А. Е. Кожевников, 1988, в Сосуд. раст. сов. Дальн. Вост. 3 : 331. — *C. auriculata* Franch. 1895, Bull. Soc. Philom. Paris, sér. 7, 10 : 106, non L. H. Bailey, 1887; Kitag. 1979, Neo-Lineam. Fl. Mansh. : 119; Ворош. 1982, Опред. раст. сов. Дальн. Вост. : 125, excl. pl. ochot. — *C. pilosa* var. *auriculata* Kük. 1909, in Engl. Pflanzenr. 38 : 637; Y. L. Chang et Y. L. Yang, 1976, in Fl. Chin. Bor.-Or. 11 : 136. — *C. pilosa* auct. non Scop.: Kük. 1909, l. c. : 636, p. p., quoad pl. ex Asia Or.; Ohwi, 1936, Mem. Coll. Sci. Kyoto Univ. ser. B, **11**, 5 : 421; id. 1965, Fl. Jap. : 244; Y. T. Lee, 1976, in Fl. Cor. 7 : 410. — **О. кривоносиковая**.

Описан с юга российского Дальнего Востока; typus: «Хабаровский окр., левобережье Амура, оз. Болонь-Оджаль, 22 V 1910, И. В. Кузнецов» (LE! cum isotypis 2).

В широколиственных и смешанных лесах. — **Дальн. Вост.**: Удск., Зее-Бур., Уссур., Сах., Курил. (юг). Общ. распр.: В. Азия (Сев.-Вост. Китай; п-ов Корея; Япония: о-ва Хоккайдо и Хонсю). — 2n = ?

C. campylorhina идентична описанной с о-ва Хоккайдо *C. auriculata* Franch., l. с. (typus: «Yezo, № 352, Faurie» — P!), однако название *C. auriculata* Franch. является поздним омонимом по отношению к *C. auriculata* L. H. Bailey.

От близкого вида — *C. pilosa*, отличается главным образом пурпурным окаймлением на верхушке носиков мешочков, а также менее крупными мешочками с более коротким и сильнее изогнутым носиком и формой чешуй пестичных колосков (см. ключ). По количеству цветков в пестичных колосках и соотношению длины мешочков и кроющих чешуй *C. pilosa* и *C. campylorhina*, вопреки указанию В. И. Кречетовича (l. с.), не различаются.

C. campylorhina is identical to *C. auriculata* Franch., l. c. described from Hokkaido island (typus: «Yezo, № 352, Faurie» — P!), however, the name *C. auriculata* Franch. is the later homonym of *C. auriculata* L. H. Bailey.

Differs from the allied species *C. pilosa* mainly by purple border at apex of utricle beaks, as well as by smaller utricles with shorter and more curved beak, and by shape of female glumes (see the key). Contrary to the indication by Kreczetowicz (Кречетович, l. c.), *C. pilosa* and *C. campylorhina* are not distinguished by the number of flowers in female spikes and ratio of utricles to glumes length.

7 (79). **C. pilosa** Scop. 1772, Fl. Carn., ed. 2, 2 : 226; В. Креч. 1935, во Фл. СССР, 3 : 342. — Exs.: H.F.R. № 743, H.F. URSS № 4237. — **О. волосистая**.

Описан из Словении («In sylvis circa Idriam»); typus: ? LINN, ? B, ? C.

В лиственных (часто широколиственных) и смешанных лесах и кустарниках. — **Европ. ч.**: Прибалт. (Латвия: окр. Даугавпилса; Литва), Лад.-Ильм. (окр. Ленинграда: возвышенность Кирхгоф у ж.-д. ст. Можайская; юго-восток Псковской и Новгородской областей), Верх.-Днепр., Верх.-Волж., Волж.-Кам. (юг),

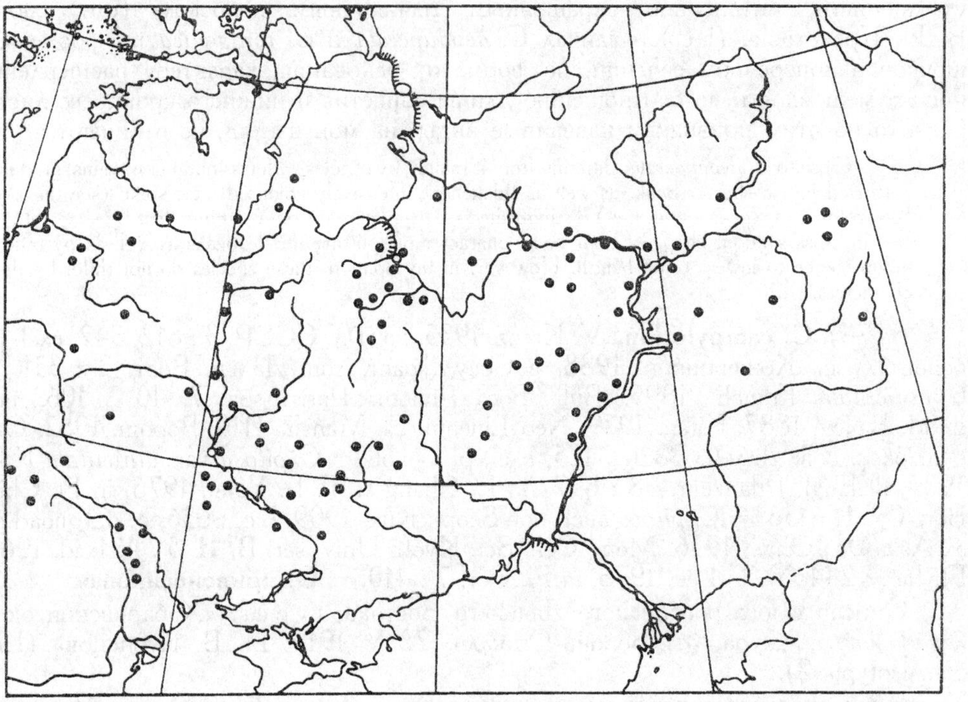

Рис. 31. Распространение *Carex pilosa* Scop. на территории России и сопредельных государств.

Fig. 31. Distribution of *Carex pilosa* Scop. in the territory of Russia and adjacent states.

Карп., Сред.-Днепр., Волж.-Дон., Заволж., Молд., Причерн. (? Николаевская обл., окр. с. Владимировка), Ниж.-Дон. (Сарепта). Общ. распр.: Ц. и Ю. (редко) Европа. — 2n = 44 (Tanaka, 1948; Dietrich, 1972), 48, 52, 56 (Тодераш, 1980). — Рис. 28, 7; 31.

8 (80). **C. xiphium** Kom. 1901, Тр. Петерб. бот. сада, **18**, 6 : 446; id 1901, l. c. 20 : 387 (Фл. Маньчж. 1); В. Креч. 1935, во Фл. СССР, 3 : 349. — **О. мечевидная**.

Описан с юга российского Дальнего Востока (басс. Амура) и севера п-ова Корея; lectotypus: Амурская обл., берег Амура, «In sylvis paludosis circa Radde, 5 VI 1895, V. L. Komarov» (LE! cum syntypo) — Кречетович (in sched.), Егорова (h. l.).

На лесных склонах. — **Дальн. Вост.**: Удск., Зее-Бур., Уссур. Общ. распр.: В. Азия (Сев.-Вост. Китай, север п-ова Корея). — 2n = ? — Рис. 30, 2.

9 (81). **C. michelii** Host, 1797, Syn. Pl. Austr. : 507; В. Креч. 1935, во Фл. СССР, 3 : 354. — Exs.: H.F. URSS № 4232. — **О. Микели**.

Описан из Австрии и Венгрии («In Austriae, Pannoniae collibus, pratis siccioribus, montanis sylvaticis»); lectotypus: Micheli, 1729, Nova Pl. Gen. tab. 32, fig. 5 — Егорова (h. l.).

В светлых широколиственных лесах, на опушках и полянах, по склонам гор и холмов. — **Европ. ч.**: Карп., Сред.-Днепр., Волж.-Дон., Молд., Причерн. (Горловка), Ниж.-Дон. (зап.), Крым.; **Кавк.**: все районы, кроме Тал. Общ. распр.: Ц. и Ю. Европа; З. Азия (сев.-вост. Турция). — 2n = 40 (Тодераш, 1979). — Рис. 28, *3*.

В качестве лектотипа *C. michelii* здесь выбран цитированный в протологе вида рисунок из работы Микели (Micheli, l. c.).

As the lectotype of *C. michelii* the drawing from the work by Micheli (l. c.) cited in the species protologue is chosen here.

10 (82). **C. longirostrata** C. A. Mey. 1831, Mém. Sav. Étr. Pétersb. 1 : 220; В. Креч. 1935, во Фл. СССР, 3 : 354. — *C. bispicata* Hook. et Arn. 1832, Bot. Beech. Voy. 3 : 118, tab. 28. — *C. camschatcense* Kunth, 1837, Enum. Pl. 2 : 477, nom. illeg. — Exs.: H.F. URSS № 7174. — **О. длинноносиковая**.

Описан с п-ова Камчатка; typus: «Kamtschatka, Eschscholz» (LE!).

В лиственных лесах, на опушках и полянах по склонам гор. — **Дальн. Вост.**: все районы, кроме Аркт., Охот. и Курил. (сев.). Общ. распр.: В. Азия (Сев.-Вост. Китай, п-ов Корея, Япония). — 2n = ?

Близок к произрастающей в Сев.-Вост. Китае *C. nodaeana* Baranov et Skvortsov (= *C. pseudorostrata* Y. L. Chang et Y. L. Yang).

Close to *C. nodaeana* Baranov et Skvortsov (= *C. pseudorostrata* Y. L. Chang et Y. L. Yang) growing in North-Eastern China.

11 (83). **C. brevicollis** DC. 1815, in Lam. et DC. Fl. Fr. ed. 3, 5 : 295; В. Креч. 1935, во Фл. СССР, 3 : 350. — Exs.: H.F. URSS № 7169. — **О. коротконосиковая**[1].

Описан из юго-вост. Франции (Французская Юра, гора Парв в окр. г. Белле, «...non loin du Rhône, à la base de la montagne de Parve, pres Belley, ou elle decouverte par M. V. Auger»); typus: G.

В светлых широколиственных лесах и кустарниках по склонам гор и холмов и на субальпийских лугах. — **Европ. ч.**: Сред.-Днепр., Молд.; **Кавк.**: Б. Кавк. (зап.; вост.: окр. Махачкалы), Зап. (Абхазия, Аджария), Центр. (Грузия: Ошорский хр.; Армения: Лорийское плато), Вост. (Карабах) и Южн. Закавк. Общ. распр.: Ц. и Ю. (сев.) Европа; З. Азия (сев.-вост. Турция). — 2n = 56 (Tanaka, 1948; Tischler, 1950; Тодераш, 1980). — Рис. 28, *4*.

Sectio 18. Paniceae (Carey) Chist, 1885, Bull. Soc. Bot. Belg. **24**, 2 : 13, p. max. p. — Sect. *Carex proper* subsect. *Paniceae* Carey, 1848, in A. Gray, Man. Bot. : 550. — Sect. *Dactylostachyae* Drej. ex L. H. Bailey, 1887, Proc. Amer. Acad. Arts Sci. 22 : 71, p. p. — Sect. *Campylorhina* V. Krecz. 1935, во Фл. СССР, 3 : 339, p. p., sine descr. latin. — Sect. *Chalciolaenae* V. Krecz. 1935, l. c. : 241, sine descr. latin., p. min. p., quoad *C. laxam*. — Верхний колосок тычиночный, остальные 2—3 пестичные, немногоцветковые, рыхловатые, продолговатые, на длинных ножках, б. ч. прямостоячие. Нижний кроющий лист с б. м. длинным влагалищем и с пластинкой короче

[1] Во «Флоре СССР» (Кречетович, l. c.) приведено другое русское название этого вида — осока парвская. Однако, по мнению Голуба (Holub, 1959), которое я разделяю, это название не связано этимологически с латинским эпитетом.
In «Flora URSS» (Кречетович, l. c.), another Russian name of the species is cited, «осока парвская». However, according to Holub's opinion (Holub, 1959), shared by me, this name is not connected by etymology with the Latin epithet.

соцветия. Чешуи пестичных колосков острые или тупые, с 1–3 жилками. Мешочки тупо- или округло-трехгранные, иногда б. м. вздутые, яйцевидные, в основании округлые, 2.5–5(6) мм дл., б. ч. без жилок или, редко, с немногими жилками, голые, иногда по всей поверхности или только вверху с папиллами, с коротким, иногда удлиненным, немного изогнутым выемчатым, коротко-двузубчатым, реже цельным носиком или, очень редко, без носика. Рылец 3. Растения с ползучими корневищами; репродуктивные побеги центральные. — Typus: *C. panicea* L.

16 видов, в Европе, умеренном и холодном поясах Азии, Сев. и Южн. Америке и Сев. Африке; вне рассматриваемой территории: *C. asturica* Boiss. (Португалия, Испания), *C. aurea* Nutt., *C. bilmoreana* Mackenzie, *C. californica* L. H. Bailey, *C. meadii* Dew., *C. polymorpha* Mühlenb., *C. saltuensis* L. H. Bailey, *C. tetanica* Schkuhr и *C. woodii* Dew. (Сев. Америка), *C. brachycalama* Griseb. и *C. confertispicata* Boeck. (Южн. Америка).

Terminal spike male, the others 2–3 female, few-flowered, rather lax, oblong, long-pedunculate, generally erect. Lowest bract with more or less long sheath and blade shorter than inflorescence. Female glumes acute or obtuse, 1–3-veined. Utricles obtuse or orbicular-trigonous, sometimes more or less inflated, ovoid, orbicular at base, 2.5–5(6) mm long, generally veinless or, rarely, few-veined, glabrous, sometimes with papillae all over surface or only at apex, with a short, sometimes elongate, a little curved emarginate, short-bidentate, more rarely entire beak or, very rarely, beakless. Stigmas 3. Plants with creeping rhizomes; reproductive shoots central. — Typus: *C. panicea* L.

16 species in Europe, temperate and cold zones of Asia, in North and South America and North Africa; outside considered territory: *C. asturica* Boiss. (Portugal, Spain), *C. aurea* Nutt, *C. bilmoreana* Mackenzie, *C. californica* L. H. Bailey, *C. meadii* Dew., *C. polymorpha* Mühlenb., *C. saltuensis* L. H. Bailey, *C. tetanica* Schkuhr and *C. woodii* Dew. (North America), *C. brachycalama* Griseb. and *C. confertispicata* Boeck. (South America).

1. Пестичные колоски 1–2 см дл., на длинных, до 4 см, тонких ножках, поникающие. Мешочки округло-трехгранные, ланцетовидные, сизо-зеленые, густо покрытые папиллами, с жилками и коротким, 0.2–0.3 мм, выемчато-двузубчатым носиком. Листовые пластинки 1–2 мм шир. ....5. **C. laxa**.
+ Пестичные колоски на б. м. длинных ножках, прямостоячие. Мешочки эллиптические или широкоэллиптические, с неясными жилками или без жилок, с носиком 0.3–1.2 мм дл. или почти без носика. Листовые пластинки 2–5 мм шир. ....2.
2. Соцветие 2–5(6) см дл., из сближенных колосков. Тычиночный колосок ланцетовидный, 1.5–2 см дл. Пестичные колоски яйцевидные или продолговатые, 1–2 см дл. Нижний кроющий лист почти равен соцветию. Мешочки сизо-зеленые, густо покрытые папиллами, тупотрехгранные, эллиптические, почти без носика, с выемкой наверху. Листовые пластинки сизо-зеленые, желобчато сложенные, 2–3 мм шир., почти равные стеблю или длиннее его....................4. **C. livida**.
+ Соцветие (5)8–16 см дл., из значительно расставленных колосков. Тычиночный колосок булавовидный. Нижний кроющий лист короче соцветия. Мешочки зеленовато- или буровато-желтые, округло-трехгранные, широкоэллиптические, с хорошо выраженным носиком. Листья короче стебля....................3.
3. Листовые пластинки сизо-зеленые, б. ч. прямые, 2–4 мм шир., длинно заостренные. Тычиночный колосок 1–2.5 см дл.; чешуи с белоперепончатыми краями, лучше выраженными в нижней части колоска.

Чешуи пестичных колосков на верхушке и вдоль средней жилки, так же как и мешочки в верхней половине, с папиллами, хорошо заметными под бинокуляром. Носик мешочков 0.3–0.5 мм дл., цельный или спереди выемчатый..3. **C. panicea**.

\+ Листовые пластинки ярко-зеленые, часто вниз отогнутые, 3–5(7) мм шир., коротко заостренные. Тычиночный колосок 1–2 см дл.; чешуи без белоперепончатых краев. Чешуи пестичных колосков и мешочки без папилл. Носик мешочков (0.6)0.8–2 мм дл., коротко-двузубчатый или сзади цельный, а спереди б. м. глубоко выемчатый............4.

4\. Мешочки 4.5–5.5(6) мм дл.; носик 1–2 мм дл., глубина его передней выемки (0.5)0.7–1 мм..2. **C. falcata**.

\+ Мешочки (3.5)4–4.5(5) мм дл.; носик 0.6–1.2 мм дл., глубина его передней выемки 0.2–0.3(0.5) мм........................1. **C. vaginata**.....5.

5\. Растение 30–50 см выс. Тычиночный колосок 1–2 см дл. Пестичные колоски 1–2.5 см дл.; чешуи ржаво-коричневые с широкой зеленой полоской вдоль средней жилки. Мешочки зеленовато-желтые...1a. **C. vaginata** subsp. **vaginata**.

\+ Растение 5–20 см выс. Тычиночный колосок 0.7–1 см дл. Пестичные колоски 0.5–1 см дл.; чешуи темно- или красновато-коричневые, обычно без зеленой полоски вдоль средней жилки. Мешочки буровато-желтые...............................1b. **C. vaginata** subsp. **quasivaginata**.

1\. Female spikes 1–2 cm long, with long, up to 4 cm, thin peduncles, pendent. Utricles orbicular-trigonous, lanceolate, glaucous-green, densely covered with papillae, veined, with a short, 0.2–0.3 mm, emarginate-bidentate beak. Leaf blades 1–2 mm wide....................5. **C. laxa**.

\+ Female spikes with more or less long peduncles, erect. Utricles elliptical or broad-elliptical, with obscurely veined or veinless, with a beak 0.3–1.2 mm long or almost beakless. Leaf blades 2–5 mm wide........................2.

2\. Inflorescence 2–5(6) cm long, of approximate spikes. Male spike lanceolate, 1.5–2 cm long. Female spikes ovoid or oblong, 1–2 cm long. Lowest bract is almost equal to inflorescence. Utricles glaucous-green, densely covered with papillae, obtuse-trigonous, elliptical, almost beakless, with excision at apex. Leaf blades glaucous-green, canaliculately folded, 2–3 mm wide, almost equal to stem or longer than it....................4. **C. livida**.

\+ Inflorescence (5)8–16 cm long, of considerably distant spikes. Male spike clavate. Lowest bract shorter than inflorescence. Utricles greenish- or brownish-yellow, orbicular-trigonous, broad-elliptical, with a well distinct beak. Leaves shorter than stem............................3.

3\. Leaf blades glaucous-green, generally straight, 2–4 mm wide, long acuminate. Male spike 1–2.5 cm long; glumes with white-scarious margins distinct better in lower part of spike. Female glumes at apex and along midrib, as well as utricles in upper half, with papillae well distinct under binocular microscope. Utricle beak 0.3–0.5 mm long, entire or emarginate........................3. **C. panicea**.

\+ Leaf blades bright-green, frequently downwards divergent, 3–5(7) mm wide, short-acuminate. Male spikes 1–2 cm long; glumes without white-scarious margins. Female glumes and utricles without papillae. Utricle beak (0.6)0.8–2 mm long, short-bidentate or entire and only frontally more or less deep-emarginate..............................4.

4\. Utricles 4.5–5.5(6) mm long; beak 1–2 mm long, its frontal excision (0.5)0.7–1 mm deep........................2. **C. falcata**.

\+ Utricles (3.5)4–4.5(5) mm long; beak 0.6–1.2 mm long, its frontal excision 0.2–0.3(0.5) mm deep..........................1. **C. vaginata**.....5.

5\. Plants 30–50 cm high. Male spike 1–2 cm long. Female spikes 1–2.5 cm long; glumes ferruginous-brown with broad green stripe along midrib. Utricles greenish-yellow...............1a. **C. vaginata** subsp. **vaginata**.

+ Plants 5–20 cm high. Male spike 0.7–1 cm long. Female spikes 0.5–1 cm long; glumes dark- or reddish-brown, usually without green stripe along midrib. Utricles brownish-yellow.. 1b. **C. vaginata** subsp. **quasivaginata**.

1 (84). **C. vaginata** Tausch, 1821, Flora (Regensb.), 4 : 557; В. Креч. 1935, во Фл. СССР, 3 : 344; Егор. 1976, во Фл. Европ. ч. СССР, 2 : 174; ead. 1991, Бот. журн. **76**, 12 : Малышев, 1990, во Фл. Сиб. 3 : 153, р. р., excl. syn. subsp. *quasivaginata*. — C. *panicea* var. β. *sparsiflora* Wahlenb. 1812, Fl. Lapp. : 236. — C. *sparsiflora* (Wahlenb.) Steud. 1841, Nomencl. Bot., ed. 2, 1 : 296; Kük. 1909, in Engl. Pflanzenr. 38 : 511, р. р., excl. pl. ex As. Or. et var. *petersii* (C. A. Mey. ex Fr. Schmidt) Kük. et subsp. *altocaulis* (Dew.) Britton. — C. *falcata* auct. non Turcz.: В. Креч. 1935, l. c. р. р., quoad pl. ex Jeniss. distr. — Exs.: H.F.R. № 38; H.F. URSS №№ 4804, 6011. — **О. влагалищная**.

Описан из Чехии («Hab. in pratis summorum jugium Sudetorum (Brunnberg, Riesengrund)»); typus: PRC.

a) subsp. **vaginata**.

В сыроватых лесах и кустарниках, на лесных лугах, опушках, полянах, просеках, вдоль лесных троп и дорог, иногда в лесотундровых редколесьях и тундре; на равнине, в лесном и верхнем поясах гор. — **Европ. ч.**: Аркт. (редко), Кар.-Мурм., Дв.-Печ., Прибалт., Лад.-Ильм., Верх.-Днепр., Верх.-Волж., Волж.-Кам., Карп. (Черногора), Сред.-Днепр. (окр. Киева), Волж.-Дон.; **Кавк.**: Предкавк. (окр. Ставрополя), Б. Кавк., Южн. Закавк. (Армения: Мегринский р-н, гора Чкнавор); **Зап. Сиб.**: Обск. (юг), Верх.-Тоб. (окр. Кургана и Тюмени), Ирт. (окр. Кокчетава), Алт. (басс. Чулышмана); **Вост. Сиб.**: Енис. (окр. Енисейска), Лен.-Кол. (зап.: басс. Оленека, Вилюя, Мархи), Анг.-Саян. (окр. Красноярска — р. Кас). Общ. распр.: С., Атл. и Ц. Европа; С. Америка (сев.). — 2n = 32 (Löve, Löve, 1956). — Рис. 28, *6*.

b) subsp. **quasivaginata** (C. B. Clarke) Malyschev, 1965, Высокогорн. фл. Вост. Саяна : 90; Егор. 1976, во Фл. Европ. ч. СССР, 2 : 174. — C. *quasivaginata* C. B. Clarke, 1908, Kew Bull. Add. ser. 8 : 79; А. Е. Кожевников, 1988, в Сосуд. раст. сов. Дальн. Вост. 3 : 330. — C. *algida* Turcz. ex V. Krecz. 1935, во Фл. СССР, 3 : 612, 345. — C. *vaginata* auct. non Tausch : Егор. 1966, в Аркт. фл. СССР, 3 : 142, р. р.; Малышев, 1990, во Фл. Сиб. 3 : 153, р. р.; А. Е. Кожевников, 1988, l. c. : 331. — **О. влагалищевидная**.

Описан из Норвегии; typus: «Norway, Trondhjem, № 144, Martius» (K).

В сырой мохово-кустарниковой и осоковой арктической и высокогорной тундре и в болотистых редколесьях. — **Европ. ч.**: Аркт. (материковая часть и о-в Колгуев), Кар.-Мурм. (Кольский п-ов), Дв.-Печ. (сев. и сев.-вост.), Волж.-Кам. (Сев. Урал); **Зап. Сиб.**: Аркт. (Полярн. Урал, п-ов Ямал, Гыданский п-ов), Обск. (Приполярн. Урал); **Вост. Сиб.**: Аркт., Енис. (плато Путорана), Лен.-Кол. (басс. Хеты и Хатанги; Верхоянский хр., басс. Яны, Индигирки, Колымы; Становое нагорье), Анг.-Саян. (юг Среднесибирского плато и Вост. Саян), Даур. (верховья Витима); **Дальн. Вост.**: Аркт. (зап. и вост. Чукотка, о-в Врангеля, басс. Анадыря). Общ. распр.: С. Европа (север Фенноскандии); Ц. Азия (Монголия); С. Америка (Аляска, север Канады). — 2n = 32 (Жукова, Тихонова, 1971; Юрцев, Жукова, 1978; Жукова, Петровский, 1980; Малышев, 1990).

Subsp. *quasivaginata* распространен в арктической и субарктической зонах Евразии и Сев. Америки и в гольцах Урала, гор Вост. Сибири и Монголии. У особей этого подвида обычно все мешочки или часть из них недоразвитые, (3)3.5 мм дл., но их зрелые мешочки достигают 4—4.5 мм дл. и не отличаются ни по размерам, ни по форме от мешочков типового подвида (Егорова, 1966, l. c.), вопреки мнению В. И. Кречетовича (цит. соч.), полагавшего, что *C. algida* (= *C. vaginata* subsp. *quasivaginata*) имеет более мелкие мешочки по сравнению с *C. vaginata*.

Данные о нахождении рассматриваемого растения в Удском районе — хр. Геран (Шлоттгауэр, 1978), на п-ове Камчатка и в Охотии (Кожевников, l. c.), по всей вероятности, относятся к *C. falcata*.

Subsp. *quasivaginata* is distributed in arctic and subarctic zones of Eurasia and North America and in alpine tundra areas of Urals, mountains of Eastern Siberia and Mongolia. Specimens of this subspecies usually have utricles all or partly of them underdeveloped, (3)3.5 mm long, but their mature utricles reach 4—4.5 mm long and differ neither in size, nor in shape from utricles of type subspecies (Егорова, 1966, l. c.), contrary to opinion of Kreczetowicz (Кречетович, l. c.), who considered *C. algida* (= *C. vaginata* subsp. *quasivaginata*) having smaller utricles than *C. vaginata*.

The data on occurrence of considered plants in Uda region — Geran ridge (Шлоттгауэр, 1978), in Kamchatka and Okhotsk region (Кожевников, l. c.), most probably concern *C. falcata*.

2 (85). **C. falcata** Turcz. 1855, Bull. Soc. Nat. Moscou, **28**, 2 : 341; В. Креч. 1935, во Фл. СССР, 3 : 346; Егор. 1966, в Аркт. фл. СССР, 3 : 144; Y. L. Chang et Y. L. Yang, 1976, in Fl. Chin. Bor.-Or. 11 : 138; Y. T. Lee, 1976, in Fl. Cor. 7 : 411; Ворош. 1982, Опред. раст. сов. Дальн. Вост. : 126; А. Е. Кожевников, 1988, в Сосуд. раст. сов. Дальн. Вост. 3 : 331; Малышев, 1990, во Фл. Сиб. 3 : 152. — *C. petersii* C. A. Mey. ex Fr. Schmidt, 1868, Mém. Acad. Sci. Pétersb. sér. 7, **12**, 2 : 194. — *C. sparsiflora* var. *petersii* (C. A. Mey. ex Fr. Schmidt) Kük. 1909, in Engl. Pflanzenr. 38 : 513. — *C. sparsiflora* var. *falcata* (Turcz.) Kük. 1911, Русск. бот. журн. 3—6 : 146. — *C. vaginata* var. *petersii* (C. A. Mey. ex Fr. Schmidt) Akiyama, 1935, Journ. Jap. Bot. 11 : 499; Ohwi, 1936, Mem. Coll. Sci. Kyoto Univ. ser. B, **11**, 5 : 419; id. 1965, Fl. Jap.: 244. — *C. sparsiflora* auct. non (Wahlenb.) Steud.: Kük. 1909, l. c. : 511, p. p., quoad pl. ex As. Or. — *C. campylorhina* V. Krecz. 1935, во Фл. СССР, 3 : 342, p. p., quoad pl. ochot. — *C. auriculata* auct. non Franch.: Ворош. 1982, l. c. : 125, p. p., quoad pl. ochot. — **О. серповидная**.

Описан из Вост. Сибири; typus: горы Укалькит между Баргузином и Верхней Ангарой, «In lateribus umbrosis alpis Ukalkit, 1834, Turcz [aninow]» (LE! cum isotypis 2).

В лиственных и смешанных разреженных лесах, кустарниках, на полянах, лесных лугах, иногда в лесотундровых редколесьях, на сырых луговинах в тундре, по окраинам болот. — **Вост. Сиб.**: Енис. (басс. рр. Ниж. Тунгуски и Подкаменной Тунгуски в верхнем течении), Лен.-Кол., Анг.-Саян. (сев. и вост.), Даур.; **Дальн. Вост.**: все районы (в Аркт. басс. Анадыря, Оклана, Пенжины и залив Корфа). Общ. распр.: Ц. (сев. Монголия) и В. (Сев.-Вост. Китай; п-ов Корея; о-ва Хоккайдо и Хонсю) Азия. — 2n = 48 (Жукова, 1980).

Очень близок к *C. vaginata* (Егорова, l. c.), от которой отличается главным образом мешочками с заметно более глубокой выемкой носика (см. ключ) и бóльшим числом хромосом.

По моим данным, *C. falcata* распространена к востоку от Енисея. Указания Л. И. Малышева (l. c.) о нахождении этого вида в Зап. Сибири (в 3 пунктах на юге Обского района), по-видимому, относятся к *C. vaginata*.

Very close to *C. vaginata* (Егорова, l. c.), differing from it mainly by utricles with distinctly deeper excision of beak (see the key) and greater chromosome number.

According to my data, *C. falcata* is distributed to the east of Yenisei. Indications by Malyshev (Малышев, l. c.) on presence of this species in Western Siberia (in 3 locations in the southern Ob region) obviously concern *C. vaginata*.

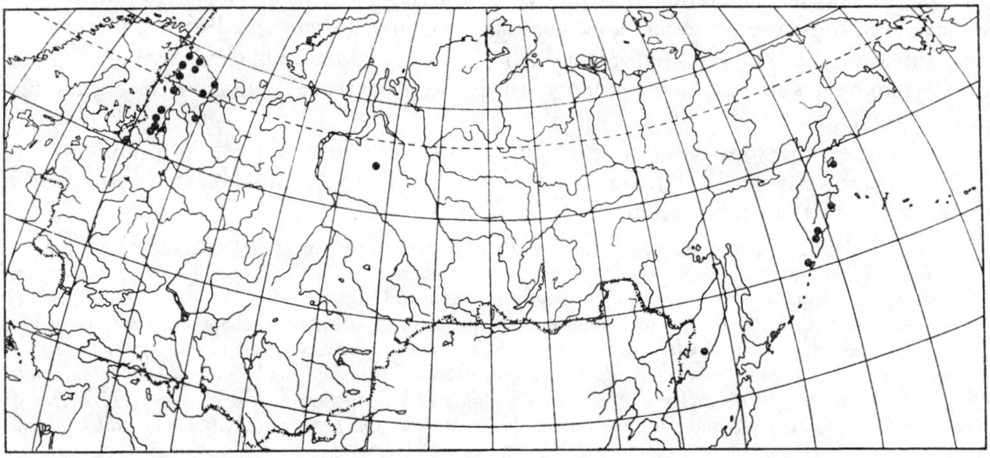

Рис. 32. Распространение *Carex livida* (Wahlenb.) Willd. на территории России.

Fig. 32. Distribution of *Carex livida* (Wahlenb.) Willd. in the territory of Russia.

3 (86). **C. panicea** L. 1753, Sp. Pl. : 977; В. Креч. 1935, во Фл. СССР, 3 : 344; Егор. 1976, в Опред. раст. Средн. Азии, 5 : 69. — Exs.: H.F. URSS № 4803. — **О. просяная**.

Описан из Европы («Habitat in Europa uliginosis»); lectotypus: Herb. Linn. № 1100.63 (LINN, photo LE) — Егорова (h. l.).

На сырых и болотистых лугах, в кустарниках и разреженных лесах, на низинных осоковых болотах, в мочажинах, по сырым берегам рек, у родников; на равнине, в лесном, реже верхнем поясе гор. — **Европ. ч.:** Кар.-Мурм., Дв.-Печ. (зап.: окр. Кириллова, Каргополя и Усть-Пинеги), Прибалт., Лад.-Ильм., Верх.-Днепр., Верх.-Волж., Волж.-Кам. (окр. Казани; Средн. и Южн. Урал), Карп., Сред.-Днепр., Волж.-Дон. (сев.), Заволж. (г. Сергиевск), Молд. (г. Белгород-Днестровский), Крым.; **Кавк.**: Предкавк. (Ставрополь), Б. Кавк., Зап. (Сванетия), Центр., Вост. (гора Кяпаз) и Южн. Закавк., Тал. (Барнасар); **Зап. Сиб.**: Обск. (юго-вост.), Ирт. (вост.), Алт.; **Вост. Сиб.**: Енис. (р. Подкаменная Тунгуска в среднем течении), Лен.-Кол. (басс. Лены в верхнем течении), Анг.-Саян.; **Средн. Азия**: Прибалх. (Зайсанская котловина; р. Чу), Дж.-Тарб. (Джунгарский Алатау), Тянь-Шан. (Зап. и Центр. Тянь-Шань), Пам.-Ал. (хребты Зеравшанский и Петра Первого). Общ. распр.: Европа; З. (Турция, сев.-вост. Ирак, сев. и зап. Иран) и Ц. (Вост. Тянь-Шань) Азия; С. Африка (Марокко); С. Америка (заносное), Нов. Зеландия (заносное). — 2n = 32 (Heilborn, 1924; Davies, 1956a, 1956b; Dietrich, 1972; Дмитриева, 1985). — Рис. 28, 5.

Близок к C. *asturica* Boiss., встречающейся на северо-западе Пиренейского п-ова.

Для Вост. Закавказья и Талыша вид приведен по данным А. А. Гроссгейма (1940).

Close to C. *asturica* Boiss., the latter occurring in the north-western Iberian Peninsula.

The species is cited for eastern Transcaucasia and Talysh according to Grossheim's data (Гроссгейм, 1940).

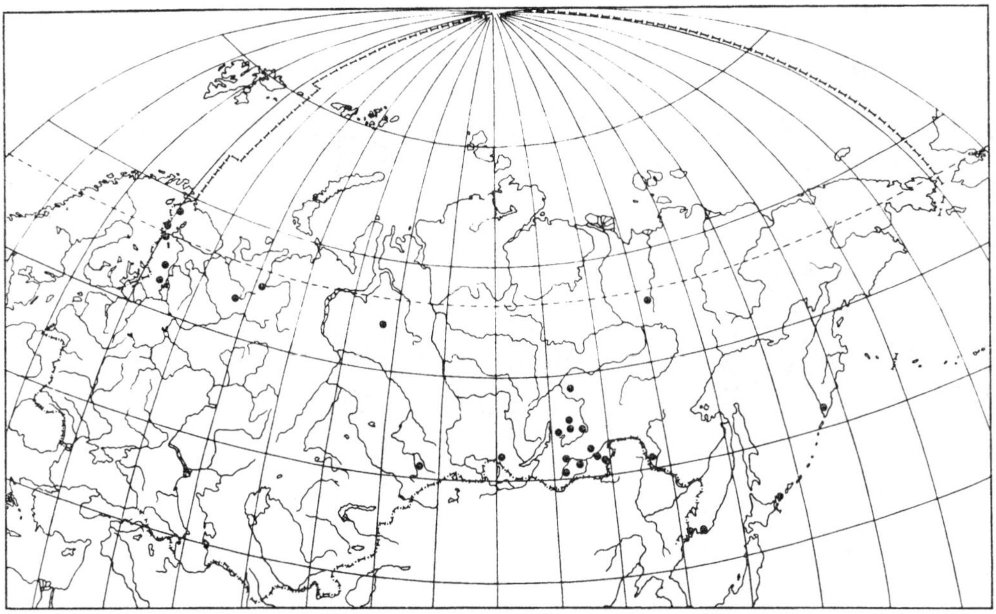

Рис. 33. Распространение *Carex laxa* Wahlenb. на территории России.

Fig. 33. Distribution of *Carex laxa* Wahlenb. in the territory of Russia.

4 (87). **C. livida** (Wahlenb.) Willd. 1805, Sp. Pl. **4**, 1 : 285; В. Креч. 1935, во Фл. СССР, 3 : 343, sine auct. comb.; Ohwi, 1936, Mem. Coll. Sci. Kyoto Univ. ser. B, **11**, 5 : 418; id. 1965, Fl. Jap. : 244; Егор. 1976, во Фл. Европ. ч. СССР, 2 : 174; Ворош. 1982, Опред. раст. сов. Дальн. Вост. : 137; А. Е. Кожевников, 1988, в Сосуд. раст. сов. Дальн. Вост. 3 : 334; Малышев, 1990, во Фл. Сиб. 3 : 152. — *C. limosa* δ. *livida* Wahlenb. 1803, Kungl. Sv. Vet.-Akad. Handl. ser. nov. 24 : 162. — *C. fujitae* Kudo, 1922, Journ. Coll. Agr. Hokk. Univ. **11**, 2 : 82 (Fl. Paramushir.); В. Креч. 1935, l. c. : 246. — Exs.: H.F.R. № 794. — **О. свинцово-зеленая**.

Описан из сев. Финляндии (окр. г. Энонтекиё, «In paludibus ad fontes sylvestres Lapponiae Enontekensis»); typus: UPS.

На осоково-моховых, часто сфагновых болотах, торфянистых берегах озер, у лесных ключей. — **Европ. ч.**: Аркт. (Кольский п-ов), Кар.-Мурм., Дв.-Печ. (Двинская губа Белого моря: пос. Солза), Лад.-Ильм. (окр. Петербурга: ? Лахта; Карельский перешеек: окр. пос. Морье и Громово); **Зап. Сиб.**: Обск. (сев.: басс. верховьев р. Пур между верховьями рр. Ету и Шяатль); **Вост. Сиб.**: Лен.-Кол. (левобережье Вилюя в 8 км западнее аласа Андынга; окр. оз. Токо); **Дальн. Вост.**: Камч. (центр., юг и о-в Карагинский), Уссур. (центр.: Приморский край, Тернейский р-н, оз. Хунтами), Курил. Общ. распр.: С. Европа (Фенноскандия); В. Азия (север п-ова Корея; о-в Хоккайдо); С. Америка (зап.: от Аляски до штата Калифорния; север, восток и юг Канады и северо-восток США). — 2n = 32 (Moore, Calder, 1964). — Рис. 20, *3*, 32.

Описанная с Курильских о-вов (о-в Парамушир) *C. fujitae* Kudo, l. c., была справедливо отождествленаОви (Ohwi, 1936, l. c.) с *C. livida*.

Рис. 34. Ареал секции *Rhomboidales* Kük.

Fig. 34. Range of the section *Rhomboidales* Kük.

C. livida — очень редкий вид с резко выраженным дизъюнктивным распространением. Приводится Гультеном (Hultén, 1971, map 381) для нескольких пунктов арктической части Кольского п-ова, расположенных между Печенгой и Поноем; в LE имеются образцы только из Печенгских тундр (пос. Пахтаярви, сборы М. Л. Раменской). В окрестностях Петербурга *C. livida* известна в настоящее время только близ пос. Морье, где недавно была обнаружена М. С. Боч; вид исчез из пос. Лахта и Коломяги, где неоднократно собирался в конце XIX и начале XX в., а также, по-видимому, из пос. Громово на р. Вуоксе, для которого он отмечался Хиитоненом (Hiitonen, 1933). А. Е. Кожевниковым (цит. соч.) *C. livida* приводится для Охотского р-на, без указания конкретного местонахождения.

Ohwi (1936, l. c.) correctly equated with *C. livida* the species *C. fujitae* Kudo, l. c. described from Kuril Islands.

C. livida is a very rare species with strongly pronounced disjunctive distribution. It is cited by Hultén (1971, map 381) for several points in Arctic part of Kola Peninsula located between Pechenga and Ponoj; in LE only the specimens from Pechenga tundras (village Pakhtajarvi, collections by M. Ramenskaya) are available. In vicinities of St.-Petersburg *C. livida* is known now only at village Morje, where it was found recently by Dr. M. Boch; the species disappeared from villages Lakhta and Kolomjagi, where repeatedly had been collected at the end of XIXth and beginning XXth centuries, as well as from village Gromovo on river Vuoksa, for the latter point being noted by Hiitonen (1933). Kozhevnikov (Кожевников, l. c.) cited *C. livida* for Okhotsk region, without indication of any concrete location.

5 (88). **C. laxa** Wahlenb. 1803, Kungl. Sv. Vet.-Akad. Handl. ser. nov. 24 : 162; В. Креч. 1935, во Фл. СССР, 3 : 243; Ohwi, 1936, Mem. Coll. Sci. Kyoto Univ. ser. B, **11**, 5 : 420; id. 1965, Fl. Jap. : 244; Егор. 1976, во Фл. Европ. ч. СССР, 2 : 175; Ворош. 1982, Опред. раст. сов. Дальн. Вост. : 138; А. Е. Кожев-

ников, 1988, в Сосуд. раст. сов. Дальн. Вост. 3 : 333; Малышев, 1990, во Фл. Сиб. 3 : 135. — **О. рыхлая**.

Описан из сев. Финляндии (окр. г. Энонтекиё, «Habitat in ripis turfosis lacuum circa Enontekis Lapp. Tornensis»); typus: UPS.

На осоково-моховых болотах и заболоченных берегах рек; на равнине и в лесном поясе гор. — **Европ. ч.**: Кар.-Мурм. (запад Мурманской обл.: пос. Куолаярви и р. Лотта; Карелия), Дв.-Печ. (рр. Вашка и Печорская Пижма); **Зап. Сиб.**: Обск. (сев.: басс. верховьев Пура; вост.), Алт. (хр. Куркуре: оз. Деринкуль); **Вост. Сиб.**: Аркт. (низовья Оленека), Енис. (плато Путорана: оз. Някшингда), Лен.-Кол. (сев.-вост.: басс. р. Сартанг, р. Нера близ с. Балаганнах и басс. Колымы; юг: Становое нагорье), Анг.-Саян. (вост.: Патомское нагорье и Вост. Саян), Даур.; **Дальн. Вост.**: Аркт. (зап. Чукотка), Камч. (вост. и юг), Охот. (Аян), Удск., Зее-Бур. (Амуро-Зейское плато), Уссур. (юг), Курил. Общ. распр.: С. Европа (Фенноскандия); Ц. (сев. и вост. Монголия) и В. (север п-ова Корея, о-ва Хоккайдо и Хонсю) Азия; С. Америка (сев. Аляска, сев.-зап. Канада). — 2n = 58 (Koyama, 1962). — Рис. 33.

Этот вид обычно включают в секцию *Limosae*. К секции *Paniceae* он был впервые отнесен Ови (Ohwi, 1936, l. c.). С представителями секции *Limosae* *C. laxa* имеет габитуальное сходство (из-за поникающих пестичных колосков), отличаясь от них наличием влагалища у кроющих листьев, выемчато-двузубчатым (а не цельным) носиком, филлоподными стеблями, а также отсутствием на корнях густых оранжевых волосков (Егорова, 1972).

Редкое растение с дизъюнктивным распространением. Для арктических районов Вост. Сибири и Дальнего Востока вид приведен по данным Л. И. Малышева (l. c.) и А. Е. Кожевникова (l. c.), для Курильских о-ов — по данным Ови (Ohwi, l. c.).

This species is usually included in the section *Limosae*. It was for the first time included in the section *Paniceae* by Ohwi (1936, l. c.). *C. laxa* has similarity in habit with representatives of the section *Limosae* (because of pendent female spikes), differing from them by bracts with sheath, emarginate-bidentate (instead of entire) beak, phyllopodic stems, as well as absence of dense orange hairs on roots (Егорова, 1972).

Rare plant with disjunctive distribution. For Arctic regions of Eastern Siberia and Far East the species is cited according to data by Malyshev (Малышев, l. c.) and Kozhevnikov (А. Е. Кожевников, l. c.), for Kuril Islands according to data by Ohwi (l. c.).

Sectio 19. Rhomboidales Kük. 1909, in Engl. Pflanzenr. 38 : 622, p. p. — Sect. *Sinocarex* V. Krecz. 1935, во Фл. СССР, 3 : 356, sine descr. latin. — Верхний колосок тычиночный, остальные 2—4 пестичные, много- и густоцветковые или мало- и редкоцветковые, б. ч. продолговатые, на ножках, прямостоячие, б. м. расставленные. Нижний кроющий лист с длинным влагалищем и пластинкой короче соцветия или б. м. равной ему. Чешуи пестичных колосков с остью до 3 мм дл., с 3 жилками. Мешочки тупо- или округло-трехгранные, обычно ромбоидальные, в основании клиновидные, с многочисленными жилками, б. ч. опушенные, с двузубчатым или выемчатым носиком. Рылец (2)3. Плод на коротком карпофоре, по ребрам или граням с б. м. глубокими впадинами, иногда (у *C. chinensis* Retz.) с осевым придатком у основания; характерно наличие кольцевидного, валиковидного или конического утолщения на участке столбика, имеющем такую же консистенцию, как и плод, или на верхушке плода. Растения с ползучими корневищами или без них; репродуктивные побеги центральные или боковые. — Lectotypus: *C. chinensis* Retz. — Kern, Nooteboom (1979a).

Около 25 видов в Вост. Азии (преимущественно в южн. районах Китая) и отчасти в Юго-Вост. Азии (рис. 34); вне рассматриваемой территории: *C. brevicuspis* C. B. Clarke, *C. chinensis* Retz., *C. erythrolepis* Kük., *C. giraldiana* Kük., *C. harlandii* Boott, *C. heudesii* Lévl. et Vaniot, *C. manca* Boott, *C. mancaeformis* C. B. Clarke, *C. martinii* Lévl. et Vaniot, *C. simulans* C. B. Clarke, *C. tatsutakensis* Hayata, *C. tenebrosa* Boott и *C. tibetica* Franch. (Китай), *C. blinii* Lévl. et Vaniot и *C. hoozanensis* Hayata (Китай, Вьетнам), *C. khoii* Egor. et Aver. (Вьетнам: Егорова, Аверьянов, 1989), *C. anomocarya* Nelmes (Мьянма, Таиланд, Вьетнам, о-в Хайнань, о-ва Суматра и Ява), *C. collifera* Ohwi, *C. matsumurae* Franch., *C. morrowii* Boott и *C. toyoshimae* Tuyama (Япония).

От видов секции *Depauperatae* Meinsh., включаемых иногда (Kükenthal, l. c.; Chater, 1980, и др.) в секцию *Rhomboidales*, представители последней отличаются наличием кольцевидного, валикового или конического утолщения на столбике или верхушке плода, обнаруживая родство по этому очень редкому у осок признаку с видами следующей секции — *Mitratae*.

Terminal spike male, the others 2—4 female, many- and dense-flowered or few- and sparse-flowered, generally oblong, pedunculate, erect, more or less distant. Lowest bract with long sheath and blade shorter than inflorescence or more or less equal to it. Female glumes with awns up to 3 mm long, 3-veined. Utricles obtuse- or orbicular-trigonous, usually rhomboidal, at base cuneate, many-veined, generally pubescent, with a bidentate or emarginate beak. Stigmas (2)3. Fruit with short carpophore, with more or less deep cavities along edges or faces, sometimes (in *C. chinensis* Retz.) with rachilla at base; the presence of ring-shaped, vallate or conical thickening at a part of style with the same consistence as fruit, or at fruit apex, is characteristic. Plants with or without creeping rhizomes; reproductive shoots central or lateral. — L e c t o t y p u s: *C. chinensis* Retz. — Kern, Nooteboom (1979a).

About 25 species in East Asia (mainly in southern regions of China) and partly in Southeast Asia (Fig. 34); outside considered territory: *C. brevicuspis* C. B. Clarke, *C. chinensis* Retz., *C. erythrolepis* Kük., *C. giraldiana* Kük., *C. harlandii* Boott, *C. heudesii* Lévl. et Vaniot, *C. manca* Boott, *C. mancaeformis* C. B. Clarke, *C. martinii* Lévl. et Vaniot, *C. simulans* C. B. Clarke, *C. tatsutakensis* Hayata, *C. tenebrosa* Boott and *C. tibetica* Franch. (China), *C. blinii* Lévl. et Vaniot and *C. hoozanensis* Hayata (China, Vietnam), *C. khoii* Egor. et Aver. (Vietnam: Егорова, Аверьянов, 1989), *C. anomocarya* Nelmes (Myanmar, Thailand, Vietnam, islands Hainan, Sumatra and Java), *C. collifera* Ohwi, *C. matsumurae* Franch., *C. morrowii* Boott and *C. toyoshimae* Tuyama (Japan).

From species of the section *Depauperatae* Meinsh., sometimes included (Kükenthal, l. c.; Chater, 1980, etc.) in the section *Rhomboidales*, representatives of the latter section differ by presence of ring-shaped, vallate or conical thickening on style or apex of fruit, demonstrating relation by this character, very rare one among sedges, with species of the next section, *Mitratae*.

1. Мешочки 6—6.5 мм дл., опушенные короткими рассеянными волосками. Репродуктивные побеги боковые, в пределах одной дерновины резко различающиеся по высоте.................................2. **C. insaniae**.
\+ Мешочки 3—4 мм дл., голые. Репродуктивные побеги центральные, в пределах одной дерновины б. м. одинаковые по высоте..1. **C. foliosissima**.

1. Utricles 6—6.5 mm long, covered with short diffuse hairs. Reproductive shoots lateral, sharply different by height within one tuft..2. **C. insaniae**.
\+ Utricles 3—4 mm long, glabrous. Reproductive shoots central, within one tuft more or less equal by height...1. **C. foliosissima**.

1 (89). **C. foliosissima** Fr. Schmidt, 1868, Mém. Acad. Sci. Pétersb. sér. 7, **12**, 2 : 195, tab. VI (Reisen im Amur-Lande...); В. Креч. 1935, во Фл. СССР, 3 : 356; Ohwi, 1936, Mem. Coll. Sci. Kyoto Univ. ser. B, **11**, 5 : 381; id. 1965,

Fl. Jap. : 241, quoad var. *foliosissima*; Ворош. 1982, Опред. раст. сов. Дальн. Вост. : 128. — *C. morrowii* Boott subsp. *foliosissima* (Fr. Schmidt) Ohwi, 1931, Mem. Coll. Sci. Kyoto Univ. ser. B, **6**, 5 : 251. — *C. morrowii* auct. non Boott: Kük. 1909, in Engl. Pflanzenr. 38 : 626, p. p., quoad syn. *C. foliosissima*. — **О. обильнолистная**.

Описан с о-ва Сахалин; typus: «Insula Sachalin, Oko, 13 Jul. 1861, Glehn» (LE! cum isotypis 3).

В светлых горных лесах. — **Дальн. Вост.**: Сах. (юг), Курил. (юг: о-в Кунашир). Общ. распр.: В. Азия (о-ва Хоккайдо, Хонсю, Кюсю). — 2n = 30, 36 (Funabiki, 1958).

2 (90). **C. insaniae** Koidz. 1930, Fl. Symb. Orient.-Asiat. : 44; Ohwi, 1936, Mem. Coll. Sci. Kyoto Univ. ser. B, **11**, 5 : 386; Ворош. 1966, Фл. сов. Дальн. Вост. : 99; id., 1982, Опред. раст. сов. Дальн. Вост. : 122. — *C. fauriei* Franch. 1886, Bull. Soc. Philom. Paris, sér. **7**, **10** : 105; id. 1897, Nouv. Arch. Mus. Paris, sér. 3, 9 : 197, tab. 6, fig. 1, non Franch. 1879. — **О. необычная**.

Описан из Японии; typus est typus *C. fauriei* Franch.: о-в Хоккайдо, «Japonia, Yezo, Otaru, 23 V 1885, № 271, Faurie» (P).

На лесных склонах вблизи морского побережья. — **Дальн. Вост.**: Курил. (юг: о-в Кунашир, окр. пос. Кинакай, окр. Лагунного озера на побережье Кунаширского пролива, долина ручья Кислого). Общ. распр.: В. Азия (о-ва Хоккайдо и Хонсю). — 2n = 50 (Tanaka, 1939), 60 (Okuno, 1939). — Рис. 30, *1*.

Для о-ва Кунашир (Furukamapp) *C. insaniae* впервые был приведен Ови (Ohwi, l. c.), а затем по его данным — В. Н. Ворошиловым (l. c.). В других пунктах острова образцы этого очень редкого на нашей территории вида собраны Е. Г. Победимовой (окр. пос. Кинакай, 1959 — LE!), С. С. Харкевичем (окр. Лагунного озера, 1968 — МНА!) и Л. М. Алексеевой и Н. Н. Корниенко (долина ручья Кислого, 1978 — МНА!). А. Е. Кожевников (1988) указывает *C. insaniae* для Южн. Сахалина.

C. insaniae характеризуется оригинальной особенностью, состоящей в том, что репродуктивные побеги в пределах одной и той же дерновины резко различаются по высоте, за что, по-видимому, это растение и получило свое видовое название («insania» буквально — безумие, сумасшествие). По мнению Ворошилова (l. c.), видовой эпитет названия *C. insaniae* образован от имени собственного.

For island Kunashiri (Furukamapp) *C. insaniae* was cited for the first time by Ohwi (l. c.), and then, after his data, by Woroshilov (Ворошилов, l. c.). In other points of the island, specimens of this very rare in our territory species were collected by Pobedimova (окр. пос. Кинакай, 1959 — LE!), Kharkevich (окр. Лагунного озера, 1968 — МНА!) и Alexeeva and Kornienko (долина ручья Кислого, 1978 — МНА!). Kozhevnikov (Кожевников, 1988) cited *C. insaniae* for South Sakhalin.

C. insaniae is characterized by an original feature, being that reproductive shoots within the same tuft are strongly different by height, due to this plant probably has received its specific name («insania» literally means madness). In Woroshilov's opinion (Ворошилов, l. c.), the species epithet of the name *C. insaniae* is derived from the personal name.

Sectio 20. Mitratae Kük. 1909, in Engl. Pflanzenr. 38 : 458, p. max. p. — *Onkerma* Rafin. 1840, Good Book a. Amen. Nat. : 27. — Sect. *Praecoces* Christ, 1885, Bull. Soc. Bot. Belg. **24**, 2 : 14, nom. nud. — Sect. *Globulares* Meinsh. 1901, Тр. Петерб. бот. сада, **18**, 3 : 284, 393, p. p. — Sect. *Onkerma* (Rafin.) V. Krecz. 1935, во Фл. СССР, 3 : 305, p. p. — Верхний колосок тычиночный, остальные 1—4 пестичные, немногоцветковые, рыхловатые, продолговатые или яйцевидные, короткие (до 1.5 см), на б. м. развитых или слабо выраженных ножках, иногда нижние пестич-

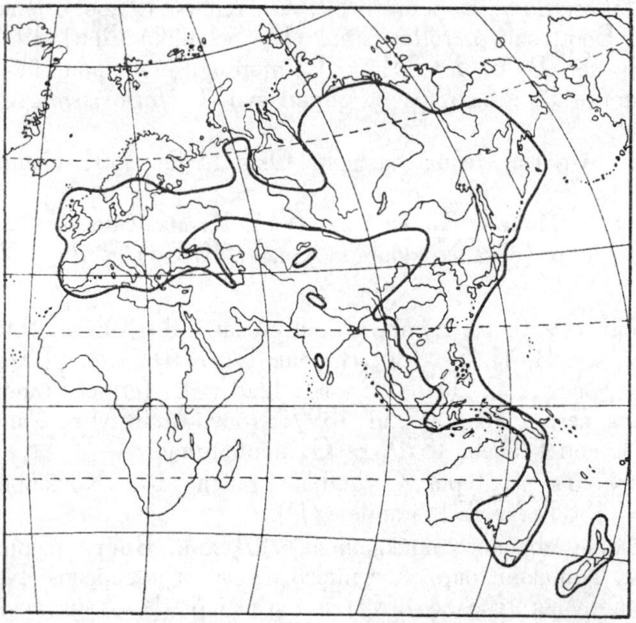

Рис. 35. Ареал секции *Mitratae* Kük.

Fig. 35. Range of the section *Mitratae* Kük.

ные колоски (1–2) сидят у основания стебля на длинных ножках. Нижний кроющий лист с коротким, (0.2)0.5–1.5 см, влагалищем и узколинейной или щетиновидной пластинкой обычно короче соцветия, иногда только с влагалищем без пластинки (редко с очень короткой пластинкой). Чешуи пестичных колосков острые, заостренные, с остроконечием, иногда остистые. Мешочки почти округлые в поперечном сечении или тупо-трехгранные, редко несколько уплощенно-трехгранные, перепончатые или тонкокожистые, 2–4(5–6.5) мм дл., б. ч. без жилок, б. м. опушенные, иногда голые, в основании клиновидные, обычно с коротким, слабо выемчатым или коротко- (и мягко-) двузубчатым носиком. Рылец 3; столбик в основании часто немного утолщенный. Плод наверху с кольцевидным возвышением по краю. Растения с ползучими или неползучими корневищами. — Т у р u s: *C. mitrata* Franch.

Свыше 60 видов, большинство из которых (около 45) произрастает в Вост. Азии (преимущественно в Юго-Зап. и Центр. Китае, на о-ве Тайвань и в Японии), остальные виды распространены в Европе, Зап., Средн., Сев., Южн. (Индия) и Юго-Вост. (Камбоджа, Вьетнам, Малайский архипелаг) Азии, в Нов. Гвинее, вост. Австралии, Тасмании, Нов. Зеландии и Сев. Африке; 1 вид (*C. caryophyllea*) встречается как заносное растение на востоке Сев. Америки (рис. 35).

Terminal spike male, the others 1–4 female, not many-flowered, not dense, oblong or ovoid, short (up to 1.5 cm), with more or less developed or slightly distinct peduncles, sometimes lower female spikes (1–2) located at base of stem on long peduncles. Lowest bract with short, (0.2)0.5–1.5 cm, sheath and narrow-linear or setaceous blade usually shorter than inflorescence, sometimes only with sheath without blade (rarely with very short blade). Female glumes acute, acuminate, sometimes awned. Utricles suborbicular in cross-section or obtuse-trigonous, rarely somewhat flattened-trigonous, membranous or thin-coriaceous, 2–4(5–6.5) mm long, generally veinless, more or less pubescent, sometimes glabrous, cuneate at base, usually with a short, slightly emarginate or short- (and soft-) bidentate beak. Stigmas 3; style frequently a little thickened at base. Fruit at apex with ring-shaped ridge on margin. Plants with creeping or non-creeping rhizomes. — T y p u s: *C. mitrata* Franch.

60 species, with majority (about 45) occurring in East Asia (mainly in Southwestern and Central China, in island Taiwan and Japan), the other species are distributed in Europe, West, Middle, North, South (India) and Southeast (Cambodia, Vietnam, Malay Archipelago) Asia, in New Guinea, eastern Australia, Tasmania, New Zealand and North Africa; 1 species (*C. caryophyllea*) occurs as alien plant in eastern North America (Fig. 35).

1. Нижние пестичные колоски (1—2) сильно отставлены от верхних и сидят у основания стебля на длинных ножках.................................2.
\+ Все пестичные колоски б. м. сближенные или равномерно расставленные по стеблю (иногда почти до самого его основания)..................4.
2. Чешуи пестичных колосков коричневые. Клиновидное основание мешочка утолщенное, беловатое, мясистое..11. **C. subumbellata** (см. также ступень 12).
\+ Чешуи пестичных колосков бледно-зеленые или бледно-ржавые. Клиновидное основание мешочка такой же консистенции, как и остальная его часть..3.
3. Тычиночный колосок 0.5—0.7 см дл. Мешочки ланцетовидные, 2.8—3 мм дл., 0.9—1 мм шир., голые или в верхней части слабо опушенные. Плод на ножке (карпофоре) 0.5—0.7 мм дл. Растение Дальнего Востока ....3. **C. jacens**.
\+ Тычиночный колосок 0.8—1.8 см дл. Мешочки широковеретеновидные, 2.5—3 мм дл., 1.2—1.3 мм шир., густо опушенные. Плод без карпофора. Растение Европейской части и Кавказа...4. **C. depressa** subsp. **transsilvanica**.
4(1). Кроющий лист нижнего пестичного колоска состоит только из влагалища, иногда несущего едва развитую пластинку..........................5.
\+ Кроющий лист нижнего пестичного колоска состоит из влагалища и пластинки..6.
5. Мешочки 5—6.5 мм дл., опушенные, с жилками..1. **C. blepharicarpa**.
\+ Мешочки 2.5—2.7 мм дл., голые, без жилок....16. **C. trautvetteriana**.
6. Нижний кроющий лист равен соцветию или превышает его, нередко в 2 раза. Чешуи пестичных колосков бледно-зеленые, с остью (0.5)1.5—2.5(4) мм дл., длиннее мешочков. Мешочки обратнояйцевидные, (2)2.5—3.2 мм дл., с жилками, опушенные или голые, с носиком 0.8—1.2 мм дл. Растение без ползучих корневищ....5. **C. leucochlora**.
\+ Нижний кроющий лист короче соцветия. Чешуи пестичных колосков б. ч. коричневые, без ости, иногда с коротким, до 0.5 мм, остроконечием. Мешочки с жилками или без них, б. ч. опушенные................7.
7. Растения густодернистые, без ползучих корневищ. Побеги окружены при основании светло-серовато-буроватыми, сильно волокнисто расщепленными влагалищами старых листьев. Стебли б. м. высоко облиственные, влагалища листьев разной длины, пластинки отходят от них на разных уровнях..8.
\+ Растения рыхло- или б. м. густодернистые, с б. м. длинными ползучими горизонтальными или с короткими восходящими корневищами. Побеги окружены при основании коричневыми, обычно цельными или слабо волокнисто расщепленными влагалищами старых листьев. Стебли низко облиственные, влагалища листьев почти одинаковой длины, пластинки отходят от них почти на одном уровне..........................11.

16 Заказ № 131

8. Тычиночный колосок светлый, с бледно-ржавыми до беловатых, иногда с бурыми чешуями; пестичные колоски плотные, с (15)20–30 цветками. Мешочки резко суженные в носик 0.5–0.7 мм дл. Стебли обычно шероховатые..6. **C. umbrosa**.....9.
\+ Тычиночный колосок коричневый; пестичные колоски рыхловатые или плотные, с 10–15(20) цветками. Мешочки резко или постепенно суженные в носик. Стебли гладкие...10.
9. Тычиночный колосок (1)1.3–2 см дл., 3–5 мм шир.; пестичные колоски 0.8–1.5(2) см дл. Мешочки обратнояйцевидные, (2)2.5–3 мм дл., без жилок, реже с тонкими неясными жилками. Растение Европейской части...6a. **C. umbrosa** subsp. **umbrosa**.
\+ Тычиночный колосок (0.8)1–1.5 см дл., 2.5–4(5) мм шир.; пестичные колоски 0.7–1.2 см дл. Мешочки б. ч. широко-обратнояйцевидные, 2–2.5(2.8) мм дл., с 4–6 б. м. ясными жилками, иногда без жилок. Растение Дальнего Востока..
....6b. **C. umbrosa** subsp. **pseudosabynensis**.
10. Пестичные колоски рыхловатые, расставленные, нижний отставлен от выше расположенного колоска на 1–3 см, не налегает на него, с ножкой 0.5–2.5 см дл. Мешочки б. ч. продолговато-обратнояйцевидные, (2)2.5–3.5(4) мм дл., 1–1.1 мм шир., с жилками или без них, постепенно суженные в носик 0.6–1(1.2) мм дл. Стебли 15–30 см выс., тонкие, 0.4–0.6 мм в диам. Растение востока Европейской части, Сибири и Дальнего Востока..........................8. **C. sabynensis**.
\+ Пестичные колоски густые, сближенные, нижний налегает на выше расположенный колосок, с ножкой 0.5(1) см дл. Мешочки обратнояйцевидные, 2.5–3 мм дл., 1.2–1.3 мм шир., без жилок, резко суженные в носик 0.5–0.6 мм дл. Стебли 5–15(20) см выс., утолщенные, 0.7–1 мм в диам. Растение Кавказа............................7. **C. huetiana**.
11(7). Пестичные колоски расставленные по всему стеблю, на длинных, 2–3 см, ножках. Чешуи пестичных колосков с 5 жилками, бледно-зеленые, почти бесцветные. Мешочки 2.5–3(3.2) мм дл., с жилками, голые, с носиком 0.6–0.8(1) мм дл. ....2. **C. sachalinensis**.
\+ Пестичные колоски расположены в верхней половине стебля, обычно на более коротких, 0.5–1.5 см, ножках. Чешуи пестичных колосков с 1–3 жилками, коричневые. Мешочки б. ч. опушенные, с жилками или без них..12.
12. Растения с короткими восходящими корневищами, образующие плотные дерновинки. Мешочки голые или почти голые, в зрелом состоянии с утолщенным беловатым мясистым клиновидным основанием.......
....11. **C. subumbellata** (см. также ступень 2).
\+ Растения с б. м. удлиненными ползучими горизонтальными корневищами, образующие рыхлые или б. м. плотные дерновинки. Мешочки опушенные, с клиновидным основанием такой же консистенции, как и остальная их часть...13.
13. Соцветие из сближенных колосков, 2–3 см дл. Пестичные колоски 0.8–1.2(1.5) см дл. Нижний кроющий лист с влагалищем 2–4 мм дл. и узколинейной или щетиновидной пластинкой обычно короче своего колоска. Мешочки с хорошо выраженным опушением, с носиком 0.2–

0.3(0.4) мм дл., очень редко 0.5 мм дл. Кольцевидное возвышение на верхушке плода 0.3 мм в диам., его очертания не вырисовываются на поверхности мешочка..........14.

\+ Соцветие из расставленных колосков, (4)5–7.5(9) см дл. Пестичные колоски 1.5–2 см дл. Нижний кроющий лист с влагалищем 0.7–1.5 см дл. и узколинейной пластинкой, обычно превышающей колосок или равной ему. Мешочки с рассеянным опушением или голые, с носиком 0.3–0.8(1) мм дл. Кольцевидное возвышение на верхушке плода 0.5 мм в диам., его очертания явственно вырисовываются на поверхности мешочка..........17.

14\. Мешочки с 4–5(7) ребристыми жилками на каждой грани. Чешуи тычиночного колоска светло-ржавые, с белоперепончатыми краями..........12. **C. nervata**.

\+ Мешочки с немногими слабо выраженными тонкими жилками или без них. Чешуи тычиночных колосков коричневые, обычно без белоперепончатых краев..........15.

15\. Чешуи тычиночных колосков закругленные на верхушке. Мешочки обычно широко-обратнояйцевидные, без жилок......14. **C. conspissata**.

\+ Чешуи тычиночных колосков островатые или туповатые. Мешочки обычно обратнояйцевидные, с неясными жилками или без них........16.

16\. Чешуи пестичных колосков яйцевидные или широкояйцевидные, короче мешочков или равные им. Носик мешочков 0.2–0.3(0.4) мм дл., цельный..........13. **C. caryophyllea**.

\+ Чешуи пестичных колосков продолговато-яйцевидные, длиннее мешочков или равные им. Носик мешочков 0.5 мм дл., выемчато-зубчатый..........15. **C. titovii**.

17(13). Чешуи тычиночных колосков интенсивно-коричневые, обычно без белоперепончатых краев. Мешочки 2–2.7(3) мм дл., голые или с очень короткими незаметными рассеянными волосками, с носиком 0.3–0.4(0.5) мм дл. ....10. **C. microtricha**.

\+ Чешуи тычиночных колосков светло-ржаво-коричневые, с белоперепончатыми краями. Мешочки (2)2.5–3 мм дл., вверху с удлиненными рассеянными, но хорошо заметными волосками, с носиком (0.4)0.5–0.8(1) мм дл. ....9. **C. subebracteata**.

1\. Lower 1–2 female spikes distant far from upper ones and located at base of stem on long peduncles..........2.

\+ All female spikes more or less approximate or evenly distant along stem (sometimes almost down to base)..........4.

2\. Female glumes brown. Cuneate base of utricle thickened whitish fleshy..........11. **C. subumbellata** (see also stage 12).

\+ Female glumes pale green or pale ferruginous. Cuneate base of utricle has the same consistence, as the other its part..........3.

3\. Male spike 0.5–0.7 cm long. Utricles lanceolate, 2.8–3 mm long, 0.9–1 mm wide, glabrous or slightly pubescent at apex. Fruit with a stipe (carpophore) 0.5–0.7 mm long. Plants of Far East..........3. **C. jacens**.

\+ Male spike 0.8–1.8 cm long. Utricles broad-fusiform, 2.5–3 mm long, 1.2–1.3 mm wide, densely pubescent. Fruit without a carpophore. Plants of European part and Caucasus..........4. **C. depressa** subsp. **transsilvanica**.

4(1). Bract of lowest female spike consists only of sheath, sometimes bearing scarcely developed blade............5.
\+ Bract of lowest female spike consists of sheath and blade............6.
5. Utricles 5–6.5 mm long, pubescent, veined............1. **C. blepharicarpa**.
\+ Utricles 2.5–2.7 mm long, glabrous, veinless............16. **C. trautvetteriana**.
6. Lowest bract equal to inflorescence or exceeding it, rather often twice. Female glumes pale green, with awn (0.5)1.5–2.5(4) mm long, longer than utricles. Utricles obovoid, (2)2.5–3.2 mm long, veined, pubescent or glabrous, with a beak 0.8–1.2 mm long. Plants without creeping rhizomes............5. **C. leucochlora**.
\+ Lowest bract shorter than inflorescence. Female glumes generally brown, awnless or sometimes with a short awn up to 0.5 mm. Utricles veined or veinless, generally pubescent............7.
7. Plants densely caespitose, without creeping rhizomes. Stems surrounded at base by light greyish-brownish, intensively fibrous-split sheaths of dead leaves. Stems more or less high leafy, leaf sheaths of different length, blades arising from them at different levels.........8.
\+ Plants laxly or more or less densely caespitose, with more or less long creeping horizontal or short ascending rhizomes. Stems surrounded at base by brown, usually entire or slightly fibrous-split sheaths of dead leaves. Stems leafy at base, leaf sheaths almost of equal length, blades arising from them almost at the same level............11.
8. Male spike light, with pale ferruginous to whitish, sometimes with brown glumes; female spikes dense, with (15)20–30 flowers. Utricles abruptly narrowed into a beak 0.5–0.7 mm long. Stems usually scabrid............6. **C. umbrosa**.....9.
\+ Male spike brown; female spikes rather lax or dense, with 10–15(20) flowers. Utricles abruptly or gradually narrowed into a beak. Stems smooth............10.
9. Male spike (1)1.3–2 cm long, 3–5 mm wide, female ones 0.8–1.5(2) cm long. Utricles obovoid, (2)2.5–3 mm long, veinless, more rarely with thin obscure veins. Plants of European part............6a. **C. umbrosa** subsp. **umbrosa**.
\+ Male spike (0.8)1–1.5 cm long, 2.5–4(5) mm wide, female ones 0.7–1.2 cm long. Utricles generally broad-obovoid, 2–2.5(2.8) mm long, more or less distinctly 4–6-veined, sometimes veinless. Plants of Far East............6b. **C. umbrosa** subsp. **pseudosabynensis**.
10. Female spikes rather lax, distant, lowest distant from above placed spike by 1–3 cm, not overlapping it, with peduncle 0.5–2.5 cm long. Utricles generally oblong-obovoid, (2)2.5–3.5(4) mm long, 1–1.1 mm wide, veined or veinless, gradually narrowed into a beak 0.6–1(1.2) mm long. Stems 15–30 cm high, thin, 0.4–0.6 mm in diam. Plants of eastern European part, Siberia and Far East............8. **C. sabynensis**.
\+ Female spikes dense, approximate, overlapping, lowest one with peduncle 0.5(1) cm long. Utricles obovoid, 2.5–3 mm long, 1.2–1.3 mm wide, veinless, abruptly narrowed into a beak 0.5–0.6 mm long. Stems 5–15(20) cm high, thickened, 0.7–1 mm in diam. Plants of Caucasus............7. **C. huetiana**.
11(7). Female spikes distant all over a stem, with long, 2–3 cm, peduncles. Female glumes 5-veined, pale green, almost colourless. Utricles 2.5–3(3.2) mm long, veined, glabrous, with a beak 0.6–0.8(1) mm long............2. **C. sachalinensis**.
\+ Female spikes located in upper half of a stem, usually with shorter, 0.5–1.5 cm, peduncles. Female glumes 1–3-veined, brown. Utricles generally pubescent, veined or veinless............12.
12. Plants with short ascending rhizomes, forming dense tufts. Utricles glabrous or glabrate, at maturity with thickened whitish fleshy cuneate base............11. **C. subumbellata** (see also stage 2).
\+ Plants with more or less elongate creeping horizontal rhizomes, forming loose or more or less dense tufts. Utricles pubescent, with cuneate base of the same consistence as their other part............13.
13. Inflorescence of approximate spikes, 2–3 cm long. Female spikes 0.8–1.2(1.5) cm long. Lowest bract with sheath 2–4 mm long and narrow-linear or setaceous blade usually shorter than spike. Utricles with well distinct pubescence, with a beak 0.2–0.3(0.4) mm long, very rarely 0.5 mm long. Ring-shaped ridge at fruit apex 0.3 mm in diam., its outline not visible on surface of utricle............14.

\+ Inflorescence of distant spikes, (4)5–7.5(9) cm long. Female spikes 1.5–2 cm long. Lowest bract with sheath 0.7–1.5 cm long and narrow-linear blade, usually exceeding spike or equal to it. Utricles sparsely pubescent or glabrous, with a beak 0.3–0.8(1) mm long. Ring-shaped ridge at fruit apex 0.5 mm in diam., its outline distinctly visible on surface of utricle..17.

14\. Utricles with 4–5(7) costate veins on each side. Male glumes light ferruginous, with white-scarious margins..12. **C. nervata.**

\+ Utricles with few faint thin veins or veinless. Male glumes brown, usually without white-scarious margins..15.

15\. Male glumes orbicular at apex. Utricles usually broad-obovoid, veinless...14. **C. conspissata.**

\+ Male glumes acutish or obtusish, but not orbicular. Utricles usually obovoid, obscurely veined or veinless..16.

16\. Female glumes ovate or broad-ovate, shorter than utricles or equal to them. Utricle beak 0.2–0.3(0.4) mm long, entire..13. **C. caryophyllea.**

\+ Female glumes oblong-ovate, longer than utricles or equal to them. Utricle beak 0.5 mm long, emarginate-bidentate...15. **C. titovii.**

17(13). Male glumes intensively brown, usually without white-scarious margins. Utricles 2–2.7(3) mm long, glabrous or with very short scarcely distinct diffuse hairs, with a beak 0.3–0.4(0.5) mm long..10. **C. microtricha.**

\+ Male glumes light ferruginous-brown, with white-scarious margins. Utricles (2)2.5–3 mm long, at apex with elongate diffuse, but well distinct hairs, with a beak (0.4)0.5–0.8(1) mm long...9. **C. subebracteata.**

Subsect. 1. **Blepharicarpae** Egor. 1985, Бот. журн. **70**, 11 : 1550. — Sect. *Onkerma* (Rafin.) V. Krecz. cycl. *Hypomitra* V. Krecz. 1935, во Фл. СССР, 3 : 333, p. p., sine descr. latin. — Пестичные колоски в числе (1)2–3(4), расставленные, узкопродолговатые, редко- и немногоцветковые, на длинных (3–6 см) ножках, нижние иногда коротковетвистые, самые нижние колоски (1–2) нередко прикорневые, сидящие у основания стебля на длинных ножках. Кроющий лист нижнего пестичного колоска с длинным (2–2.5 см) влагалищем и иногда с короткой (до 1 см) щетиновидной пластинкой. Чешуи пестичных колосков светло-коричневые, с коротким остроконечием. Мешочки (самые крупные в секции) 5–6.5 мм дл., немного уплощенные, с жилками, опушенные, с удлиненным носиком. Кольцевидное возвышение на верхушке плода менее 0.2 мм в диам.[1] Растение без ползучих корневищ. — Т у р u s: *C. blepharicarpa* Franch. Монотипная подсекция.

Female spikes (1)2–3(4), distant, narrow-oblong, sparse- and few-flowered, with long (3–6 cm) peduncles, lower spikes sometimes short-branched, the lowest 1–2 rather often subradical, located at base of stem on long peduncles. Bract of lower female spike with long (2–2.5 cm) sheath and sometimes with short (up to 1 cm) setaceous blade. Female glumes light brown, with short point. Utricles (the largest in the section) 5–6.5 mm long, a little flattened, veined, pubescent, with an elongate beak. Ring-shaped ridge at fruit apex less than 0.2 mm in diam.[2] Plants without creeping rhizomes. — T y p u s: *C. blepharicarpa* Franch. Monotypic subsection.

1 (91). **C. blepharicarpa** Franch. 1895, Bull. Soc. Philom. Paris, sér. 8, 7 : 46; В. Креч. 1935, во Фл. СССР, 3 : 333; T. Koyama, 1962, Journ. Fac. Sci. Univ. Tokyo (Bot.), **8**, 4 : 159. — *C. dueensis* Meinsh. 1901, Тр. Петерб. бот. сада, **18**, 3 : 387. — *C. blepharicarpa* var. *dueensis* (Meinsh.) Akiyama, 1934, Journ. Jap. Bot. 10 : 332. — *C. pediformis* var. *pedunculata* auct. non Maxim.: Fr. Schmidt., 1868, Mém.

[1] У видов остальных подсекций оно 0.3–0.5 мм в диам.

[2] Species of the other subsections have it 0.3–0.5 mm in diam.

Acad. Sci. Pétersb. sér. 7, **12**, 2 : 194 (Reisen im Amur-Lande...). — E x s.: H.F. URSS № 7168. — **О. реснитчатоплодная**.

Описан из Японии; l e c t o t y p u s: о-в Хоккайдо, «Yezo, cote de Fukuyama, 2 VII 1889, № 3818, Faurie» (P! cum syntypis!) — Егорова (h. l.).

На сухих лесных склонах. — **Дальн. Вост.**: Сах., Курил. О б щ . р а с п р.: В. Азия (Япония) — 2n = 26, 31—34 (Koyama, 1962). — Рис. 26, *6*.

Систематическое положение *C. blepharicarpa* не вполне ясно. Этот вид относили к секциям *Mitratae* (Kükenthal, l. c.), *Onkerma* cycl. *Hypomitra* V. Krecz. (= sect. *Mitratae*) (Кречетович, цит. соч.), *Ferrugineae* (= sect. *Aulocystis*) (Ohwi, 1936) и *Decorae* (T. Koyama, l. c.; Кожевников, 1988). Наличие кольцевидного возвышения на верхушке плода — признака, свойственного почти исключительно видам секции *Mitratae*, свидетельствует в пользу принадлежности *C. blepharicarpa* к последней. По числу хромосом и уплощенно-трехгранным мешочкам данное растение обнаруживает близость к представителям секции *Aulocystis*, от которых оно отличается отсутствием карпофора у плода, характером опушения мешочков и наличием прикорневых колосков. В отличие от видов секции *Decorae* колоски у *C. blepharicarpa* раздельнополые (а не андрогинные), отходящие от узлов стебля по одному (а не пучками).

Довольно полиморфный вид, варьирующий по соотношению длины стебля и листьев (они б. м. равные ему или вдвое длиннее), окраске перепончатой части влагалищ листьев (она преимущественно желтая, оранжевая и коричнево-оранжевая у японских растений и в основном беловатая у образцов с Сахалина и Курил), по степени плотности дерновины, ширине белоперепончатых краев у чешуй тычиночных колосков (от очень широких, благодаря чему колоски беловатые, до очень узких, и в этом случае они коричневые или золотисто-ржавые).

В пределах *C. blepharicarpa* выделяют 2 разновидности: var. *blepharicarpa* (Сахалин, Курилы, Япония) и var. *stenocarpa* Ohwi (Япония).

Systematic position of *C. blepharicarpa* is not quite clear. This species was included in the sections *Mitratae* (Kükenthal, l. c.), *Onkerma* cycl. *Hypomitra* V. Krecz. (= sect. *Mitratae*) (Кречетович, l. c.), *Ferrugineae* (= sect. *Aulocystis*) (Ohwi, 1936) and *Decorae* (T. Koyama, l. c.; Кожевников, 1988). The presence of ring-shaped ridge at apex of fruit, the character being peculiar almost exclusively to species of the section *Mitratae*, is an evidence for the *C. blepharicarpa* belonging to the latter. In chromosome number and flattened-trigonous utricles, this plant demonstrates relation to representatives of the section *Aulocystis*, differing from them by absence of fruit carpophore, a kind of utricle pubescence and presence of subradical spikes. As distinct from species of the section *Decorae*, *C. blepharicarpa* has unisexual spikes (instead of androgynous) arising from stem nodes by one (instead of in fascicles).

Rather polymorphic species, varying by length ratio of stem to leaves (they are more or less equal to it or twice longer), colouring membranous part of leaf sheaths (mainly yellow, orange and brown-orange in Japanese plants and generally whitish in specimens from Sakhalin and Kurils), by density of tuft, width of white-scarious margins of male glumes (from very broad, then the spikes are whitish, to very narrow, and then those being brown or goldish-ferruginous).

Within *C. blepharicarpa* 2 varieties are distinguished: var. *blepharicarpa* (Sakhalin, Kurils, Japan) and var. *stenocarpa* Ohwi (Japan).

Subsect. 2. **Sachalinenses** Egor. 1985, Бот. журн. **70**, 11 : 1550. — Sect. *Onkerma* (Rafin.) V. Krecz. ser. *Chloroticae* V. Krecz. 1935, во Фл. СССР, 3 : 330, p. p., sine descr. latin. — Пестичные колоски в числе (1)2—3(4), расставленные почти по всему стеблю, узкоцилиндрические, рыхлые, на длинных (2—3 см), ножках. Нижний кроющий лист с длинным (1.5—2.5 см) влагалищем и короткой пластинкой. Чешуи пестичных колосков бледно-зеленые, с 5 жилками и коротким остроконечием. Мешочки с жилками, голые, с удлиненным, 0.6—0.8(1) мм дл., носиком. Растения с ползучими корневищами. — T y p u s: *C. sachalinensis* Fr. Schmidt.

2 вида; вне рассматриваемой территории: *C. sikokiana* Franch. et Savat. (Япония).

Female spikes (1)2—3(4), distant almost all over stem, narrow-cylindrical, loose, with long (2—3 cm) peduncles. Lowest bract with long (1.5—2.5 cm) sheath and short blade. Female glumes pale green, 5-veined, short-acuminate. Utricles veined, glabrous, with an elongate beak 0.6—0.8(1) mm long. Plants with creeping rhizomes. — Typus: *C. sachalinensis* Fr. Schmidt.

2 species; outside considered territory: *C. sikokiana* Franch. et Savat. (Japan).

2 (92). **C. sachalinensis** Fr. Schmidt, 1868, Mém. Acad. Sci. Pétersb. sér. 7, **12**, 2 : 194, tab. VI, fig. 14—17 (Reisen im Amur-Lande...); В. Креч. 1935, во Фл. СССР, 3 : 332; Ohwi, 1965, Fl. Jap. : 238; А. Е. Кожевников, 1988, в Сосуд. раст. сов. Дальн. Вост. 3 : 269. — *C. pisiformis* var. *sachalinensis* (Fr. Schmidt) Kük. 1909, in Engl. Pflanzenr. 38 : 477. — *C. korsakoviensis* Lévl. 1909, Bull. Acad. Intern. Géogr. Bot. (Le Mans), 19 : 34. — **О. сахалинская**.

Описан с Сахалина; lectotypus: пос. Ильинский, «Insula Sachalin, Kussunai, 20 Juni 1861, Glehn» (LE!) — Кречетович (in sched.), Егорова (h. l.).

В сырых хвойных, реже смешанных лесах по склонам сопок. — **Дальн. Вост.**: Сах. (юг), Курил. (южн. о-ва). Общ. распр.: В. Азия (о-в Хоккайдо и север о-ва Хонсю). — 2n = 62, 64, 66, 68 (Хромосомные числа..., 1969).

Очень полиморфный вид, представленный на Сахалине и Курилах типовой разновидностью. Другие 10 разновидностей, выделенных Ови (Ohwi, l. c.), распространены на о-ве Хонсю и более южных островах Японии, а также на о-ве Тайвань.

В. И. Кречетовичем (l. c.: 332) для Сахалина по данным японских ботаников (Miyabe, Kudo, 1930—1931) был указан близкий к *C. sachalinensis* вид — *C. sikokiana* Franch. et Savat. (1877, 1878, Enum. Pl. Jap. 2 : 573, 146. — *C. sachalinensis* var. *sikokiana* (Franch. et Savat.) Ohwi, 1965, Fl. Jap. : 239; typus: о-в Сикоку, «Sikokou, mai 1875, № 3556, Rein» — P!, photo LE!). Другими японскими авторами (Ohwi, 1936, 1965; Koyama, 1962) этот вид отмечен только для Японии (о-ва Хонсю, Сикоку, Кюсю) и юга п-ова Корея. В. Н. Ворошилов (1982 : 136) привел *C. sikokiana* для о-ва Монерон (юг Сахалинской обл.). Однако единственный гербарный образец (MHA!) с этого острова, определенный Ворошиловым в 1974 г. как *C. sikokiana*, принадлежит к *C. microtricha*, отличаясь от типичных представителей последней только более высокими стеблями. Изучение гербарного материала по *C. sachalinensis* (LE, MHA) и типа *C. sikokiana* показало, что последний вид на территории нашей страны не встречается. А. Е. Кожевников (цит. соч.) также считает, что *C. sikokiana* следует исключить из состава флоры России.

Very polymorphic species, represented in Sakhalin and Kurils by the type variety. Other 10 varieties established by Ohwi (l. c.) are distributed in Honshu island and the southern islands of Japan, as well as in Taiwan island.

After Japanese botanists (Miyabe, Kudo, 1930—1931), Kreczetowicz (Кречетович, l. c.: 332) have cited for Sakhalin the species close to *C. sachalinensis*, namely *C. sikokiana* Franch. et Savat. (1877, 1878, Enum. Pl. Jap. 2 : 573, 146. — *C. sachalinensis* var. *sikokiana* (Franch. et Savat.) Ohwi, 1965, Fl. Jap. : 239; typus: Shikoku island, «Sikokou, mai 1875, № 3556, Rein» — P!, photo LE!). Other Japanese authors (Ohwi, 1936, 1965; Koyama, 1962) cited this species only for Japan (islands Honshu, Shikoku, Kyushu) and southern Korea. Woroshilov (Ворошилов, 1982 : 136) cited *C. sikokiana* for Moneron island (southern Sakhalin region). However, the only herbarium specimen (MHA!) from this island identified by Woroshilov in 1974 as *C. sikokiana*, belongs to *C. microtricha*, differing from typical representatives of the latter by nothing but higher stems. Examining herbarium material of *C. sachalinensis* (LE, MHA) and the type of *C. sikokiana* demonstrated, that the latter species does not occur in the territory of our country. Kozhevnikov (А. Е. Кожевников, l. c.) also considers, that *C. sikokiana* should be excluded from the list of flora of Russia.

Subsect. 3. **Jacentes** Egor. 1985, Бот. журн. **70**, 11 : 1550. — Пестичные колоски в числе 4—6(7), яйцевидные или продолговатые, на коротких ножках, нижние (1—2) колоски сидят у основания стебля на длинных ножках. Кроющий лист нижнего из верхних колосков с коротким влагалищем и линейной пластинкой короче соцветия. Чешуи пестичных колосков бледно-зеленые, тупые или с коротким остроконечием. Мешочки с многими жилками, голые. Плод на ножке (карпофоре) 0.5—0.7 мм дл.[1] Растения без ползучих корневищ. — Typus: *C. jacens* C. B. Clarke. Монотипная подсекция.

Female spikes 4—6(7), ovoid or oblong, short-pedunculate, lower 1—2 spikes located at base of stem on long peduncles. Bract of the lowest spike of upper ones with short sheath and linear blade shorter than inflorescence. Female glumes pale green, obtuse or with short point. Utricles many-veined, glabrous. Fruit with stipe (carpophore) 0.5—0.7 mm long.[2] Plants without creeping rhizomes. — Typus: *C. jacens* C. B. Clarke. Monotypic subsection.

3 (93). **C. jacens** C. B. Clarke, 1908, Kew Bull. Add. ser. 8 : 80; Ohwi, 1965, Fl. Jap. : 237; Егор. 1972, Новости сист. высш. раст. 9 : 81; Ворош. 1982, Опред. раст. сов. Дальн. Вост. : 135. — *C. geantha* Ohwi, 1930, Mem. Coll. Sci. Kyoto Univ. ser. B, **5**, 3 : 265; id. 1936, l. c. **11**, 5 : 358; Воробьев, 1956, Тр. Дальневост. фил. АН СССР, сер. бот. **3**, 5 : 23. — *C. kingiana* auct. non Lévl. et Vaniot: М. Поп. 1970, Осоки Сах. и Курильск. о-вов : 63. — **О. приниженная.**

Описан из Японии; syntypi: «Japan, № 28, Faurie; Tokyo, № 482, Faurie» (K).

В хвойных лесах, ольховниках, зарослях сазы. — **Дальн. Вост.**: Курил. (юг: о-ва Уруп, Итуруп). Общ. распр.: В. Азия (о-ва Хоккайдо и Хонсю). — 2n = ?

Сборы *C. jacens* с о-ва Итуруп, для которого этот редкий вид был впервые приведен Ови (Ohwi, 1936, l. c.), хранятся в SAP! и MHA!, с о-ва Уруп — в MHA!

Collections of *C. jacens* from Iturup island, for that this rare species having been cited for the first time by Ohwi (1936, l. c.), are kept in SAP! and MHA!, those from Urup island being in MHA!

Subsect. 4. **Depressae** Egor. 1985, Бот. журн. **70**, 11 : 1551. — Sect. *Onkerma* (Rafin.) V. Krecz. ser. *Bracteatae* V. Krecz. 1935, во Фл. СССР, 3 : 321, p. p., sine descr. latin. — Пестичные колоски в числе (2)3—4(5), продолговатые, рыхловатые, верхние сближенные, на коротких ножках, нижние (1—2) сидят у основания стебля на длинных, до 8 см, ножках. Кроющий лист нижнего из верхних колосков с очень коротким влагалищем и с пластинкой, равной соцветию или превышающей его. Чешуи пестичных колосков бледно-зеленовато-буроватые, острые, с коротким остроконечием или остью до 1.2 мм дл. Мешочки с жилками, опушенные, с коротким носиком. Растения без ползучих корневищ. — Typus: *C. depressa* Link.

3 вида и подвида; вне рассматриваемой территории: *C. depressa* Link subsp. *depressa* (зап. Средиземноморье) и *C. basilaris* Jourd. (Сев. Африка).

Female spikes (2)3—4(5), oblong, rather lax, upper ones approximate, short-pedunculate, lower 1—2 ones located at base of stem on long, up to 8 cm, peduncles. Bract of the lowest of upper spikes with very short sheath and blade equal to inflorescence or exceeding it. Female glumes pale

---

[1] У видов остальных подсекций карпофора нет.

[2] Species of the other subsections have no carpophore.

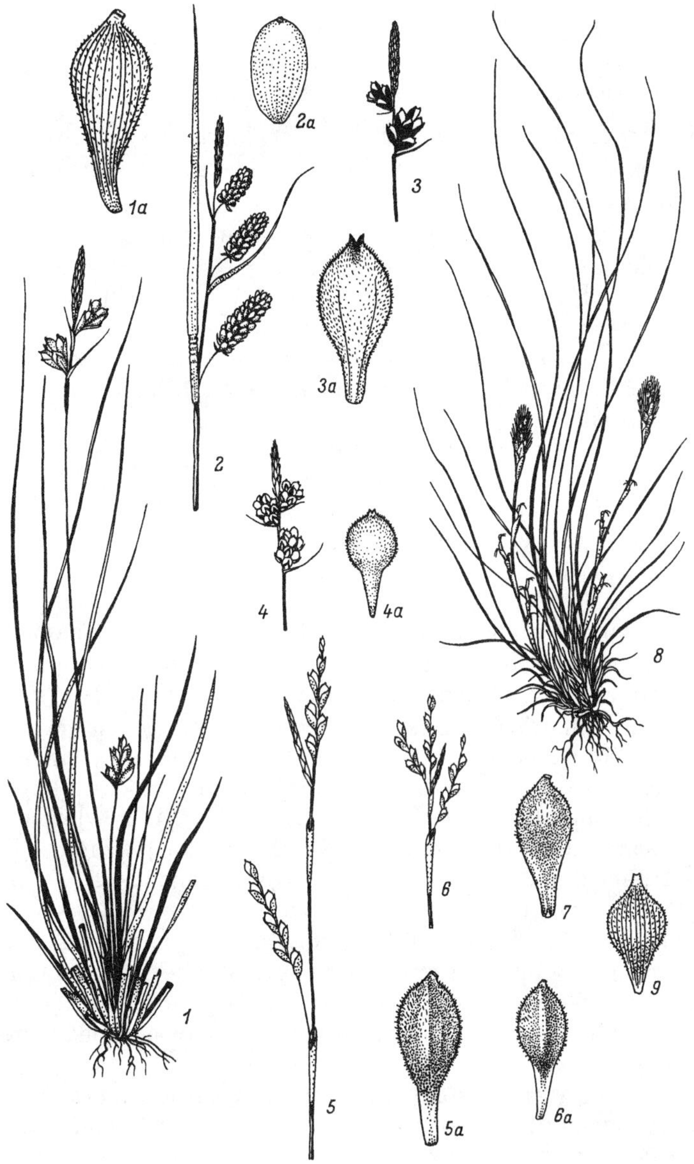

Рис. 36.

1 — *Carex halleriana* Asso, общий вид растения, *1a* — мешочек; *2* — *C. pallescens* L., соцветие, *2a* — мешочек; *3* — *C. montana* L., соцветие, *3a* — мешочек; *4* — *C. pilulifera* L., соцветие, *4a* — мешочек; *5* — *C. digitata* L., соцветие, *6a* — мешочек; *7* — *C. rhizina* Blytt ex Lindblom subsp. *rhizina*, мешочек; *8* — *C. humilis* Leysser, общий вид; *9* — *C. depressa* Link subsp. *transsilvanica* (Schur) Egor., мешочек.

Fig. 36.

1 — *Carex halleriana* Asso, the whole plant, *1a* — utricle; *2* — *C. pallescens* L., inflorescence, *2a* — utricle; *3* — *C. montana* L., inflorescence, *3a* — utricle; *4* — *C. pilulifera* L., inflorescence, *4a* — utricle; *5* — *C. digitata* L., inflorescence, *6a* — utricle; *7* — *C. rhizina* Blytt ex Lindblom subsp. *rhizina*, utricle; *8* — *C. humilis* Leysser, the whole plant; *9* — *C. depressa* Link subsp. *transsilvanica* (Schur) Egor., utricle.

greenish-brownish, acute, with short point or awn up to 1.2 mm long. Utricles veined, pubescent, with a short beak. Plants without creeping rhizomes. — T y p u s: *C. depressa* Link.

3 species and subspecies; outside considered territory: *C. depressa* Link subsp. *depressa* (Western Mediterranean) and *C. basilaris* Jourd. (North Africa).

4 (94). **C. depressa** Link, 1799, in Schrader, Journ. Bot. 2 : 309.

Описан из южн. Португалии («In den dürren Heiten von Alemtejo»); t y p u s: B.

subsp. **depressa**.

Встречается в зап. Средиземноморье (юго-зап. Европа, сев.-зап. Африка).

subsp. **transsilvanica** (Schur) Egor. 1972, Новости сист. высш. раст. 9 : 80; Chater, 1980, in Fl. Europ. 5 : 312; Ö. Nilsson, 1985, in Fl. Turk. 9 : 138. — *C. transsilvanica* Schur, 1853, Verh. Mitt. Siebenb. Ver. Naturw. 4, Anhang : 80; id. 1866, Enum. Pl. Transs. : 717; М. Поп. и Брадис, 1950, в Визн. рocл. УРСР : 831. — *C. depressa* b. *transsilvanica* (Schur) K. Richt. 1890, Pl. Europ. 1 : 158. — *C. depressa* var. *transsilvanica* (Schur) Kük. 1909, in Engl. Pflanzenr. 38 : 463. — *C. euxina* Marc. ex Kneucker, 1904, Bemerkung. Car. exs. 12a : 5, № 30, nom. nud., in adnot. ad *C. transsilvanicam*; id. 1906, Allg. Bot. Zeitschr. 11 : 33 (Car. exs. 12a, № 30). — *C. depressa* var. *euxina* Woronow et Marc. 1905, Тр. Петерб. бот. сада, 24 : 564 (Schedae ad Fl. Cauc. exs. fasc. 2, № 27). — *C. euxina* (Woronow et Marc.) V. Krecz. 1935, во Фл. СССР, 3 : 321 (ut *C. euxina* Marc.). — E x s.: Kneucker, Car. exs. № 30 (108a IV) (ut *C. transsilvanica*); Fl. Cauc. exs. № 27 (ut *C. depressa* var. *euxina*). — **О. трансильванская**.

Описан из Румынии (Южн. Карпаты); l e c t o t y p u s: «In graminosis elatioribus Transsilv. Stolzenburg, Anfang Juni, D[et.] Schur» (LW!) — Егорова (h. l.).

В широколиственных (буковых, грабово-буковых, дубовых) горных лесах, на опушках, среди кустарников. — **Европ. ч.**: Карп., Крым.; **Кавк.**: Предкавк. (окр. Ставрополя), Б. Кавк. (зап. и вост.), Зап., Центр., Вост. (Грузия: Телави) и Южн. (юг Армении: Кафанский р-н — гора Хуступ и Мегринский р-н — с. Вагравар) Закавк., Тал. (окр. г. Ленкорани). О б щ. р а с п р.: Ц. (Карпаты) и Ю. (б. Югославия, Болгария, европ. Турция) Европа; З. Азия (сев.-вост. Турция, сев. Иран). — 2n = ? — Рис. 36, *9*.

По мнению Голуба (Holub, 1988), комбинация *C. depressa* subsp. *transsilvanica* была впервые предложена Рихтером (Richter, l. c.). Однако статус *C. transsilvanica*, так же как и растений из других родов, обозначен названным автором неясно и вопрос о том, можно ли его таксонам придавать ранг подвида, является дискуссионным.

От типового подвида subsp. *transsilvanica* отличается гладкими стеблями, мягкими и более широкими пластинками листьев, острыми или с коротким острием (очень редко с остью до 1.2 мм дл.) чешуями пестичных колосков и мешочками б. ч. с ясными жилками (у subsp. *depressa* чешуи с остями до 1.2 мм дл., мешочки с неясными жилками или без них).

Как уже отмечалось мной ранее (Егорова, l. c.), *C. euxina* (Woronow et Marc.) V. Krecz., l. c. (typus: «Abchasia, in collibus graminosis circa Suchum-kale, 17/30 IV 1905, G. Woronow (Fl. Cauc. exs. № 27)» — LE!, isotypi in Herb. mult.) не обнаруживает отличий от subsp. *transsilvanica*. Признаки, указанные В. И. Кречетовичем (l. c.) в качестве отличительных для *C. euxina* (более узкие, чем у *C. transsilvanica*, продолговато-яйцевидные мешочки, опушенные более длинными волосками, более узкие листовые пластинки и поникающие стебли), не подтвердились на изученном материале.

In Holub's opinion (1988), the combination C. *depressa* subsp. *transsilvanica* was offerred for the first time by Richter (l. c.). However, status of C. *transsilvanica*, like plants from other genera, was not clearly designated by the author, and therefore the question is debatable, whether it is possible to consider his taxa in the the rank of subspecies.

Subsp. *transsilvanica* differs from the type subspecies by smooth stems, soft and broader leaf blades, acute or short-cuspidate (very rarely with awn up to 1.2 mm long) female glumes and utricles generally distinctly veined (subsp. *depressa* has female glumes with awn up to 1.2 mm long, utricles obscurely veined or veinless).

As it was already noted by me before (Егорова, l. c.), C. *euxina* (Woronow et Marc.) V. Krecz., l. c. (typus: «Abchasia, in collibus graminosis circa Suchum-kale, 17/30 IV 1905, G. Woronow (Fl. Cauc. exs. № 27)» — LE!, isotypi in Herb. mult.) does not demonstrate any difference from subsp. *transsilvanica*. The characters, pointed out by Kreczetowicz (Кречетович, l. c.) as distinctive for C. *euxina* (narrower than in C. *transsilvanica*, oblong-ovoid utricles, covered with longer hairs, narrower leaf blades and pendent stems), have not been confirmed in examined materials.

Subsect. 5. **Leucochlorae** Egor. 1985, Бот. журн. **70**, 11 : 1551. — Sect. *Onkerma* (Rafin.) V. Krecz. ser. *Bracteatae* V. Krecz. 1935, во Фл. СССР, 3 : 321, p. p., sine descr. latin. — Пестичные колоски в числе 2—3, б. м. сближенные, яйцевидные или продолговатые, довольно густые, на коротких ножках. Нижний кроющий лист с коротким влагалищем и длинной пластинкой, равной соцветию или почти вдвое его превышающей. Чешуи пестичных колосков бледно-зеленые, с остями до 2 мм дл. Мешочки с жилками, опушенные или голые. Растения без ползучих корневищ. — T y p u s: C. *leucochlora* Bunge.

2 вида; вне рассматриваемой территории: C. *breviculmis* R. Br. (Юго-Вост. Азия, Нов. Гвинея, Австралия, Нов. Зеландия).

Female spikes 2—3, more or less approximate, ovoid or oblong, rather dense, short-pedunculate. Lowest bract with short sheath and long blade equal to inflorescence or exceeding it almost twice. Female glumes pale green, with awns up to 2 mm long. Utricles veined, pubescent or glabrous. Plants without creeping rhizomes. — T y p u s: C. *leucochlora* Bunge.

2 species; outside considered territory: C. *breviculmis* R. Br. (Southeast Asia, New Guinea, Australia, New Zealand).

5 (95). **C. leucochlora** Bunge, 1833, Enum. Pl. Chin. Bor. : 68; id. 1835, Mém. Sav. Étr. Pétersb. 2 : 142; В. Креч. 1935, во Фл. СССР, 3 : 323; Y. L. Chang et Y. L. Yang, 1976, in Fl. Chin. Bor.-Or. 11 : 124; Y. T. Lee, 1976, in Fl. Cor. 7 : 378; Ворош. 1982, Опред. раст. сов. Дальн. Вост. : 135. — C. *royleana* Nees, 1834, in Wight, Contrib. Bot. Ind. : 127. — C. *hypochlora* Freyn, 1903, Österr. Bot. Zeitschr. 53 : 26, nec sensu В. Креч. 1935, l. c. : 330. — C. *breviculmis* subsp. *royleana* (Nees) Kük. 1909, in Engl. Pflanzenr. 38 : 469. — C. *leucochlora* var. *subglabra* V. Vassil. 1953, в Списке раст. Герб. Фл. СССР, 12 : 69. — C. *umbrosa* subsp. *hypochlora* (Freyn) Egor. 1973, Новости сист. высш. раст. 10 : 103, quoad nom. — C. *breviculmis* auct. non R. Br. : Ohwi, 1965, Fl. Jap. : 237, p. p., quoad syn. C. *leucochlora* et C. *royleana*. — C. *nervata* auct. non Franch. et Savat.: Ворош. 1982, цит. соч. : 135. — E x s.: H.F. URSS № 3604. — **О. бледно-зеленая**.

Описан из Сев. Китая; t y p u s: «Chin. bor., Zin-wey-schanj, Bunge» (P!, isotypus LE!).

На сухих травянистых склонах, в разреженных лесах, на полянах, вдоль лесных троп. — **Дальн. Вост.**: Удск. (с. Циммермановка), Зее-Бур., Уссур. О б щ. р а с п р.: В.Азия (Китай, п-ов Корея, Сев. Вьетнам, Япония). — 2n = ?

В. И. Кречетовичем (l. c.) было отмечено, что растения C. *leucochlora* с нашей территории не вполне тождественны типу этого вида, имеющему более густо опушенные, чем у них, мешочки. Следует уточнить, однако, что у наших образцов C. *leucochlora* (в отличие от типичных особей этого вида с б. м. густо опушенными по всей поверхности мешочками) мешочки совсем без опушения или, реже, только вверху с рассеяным опушением. Растения с голыми или почти голыми мешочками обычны в Сев.-Вост. Китае, на п-ове Корея и в Японии. Из названных регионов известны образцы и с густо опушенными мешочками. Возможно, что на севере своего ареала *C. leucochlora* представлена очень слабо выраженной расой, отличающейся от типовой лишь слабо опушенными или голыми мешочками.

Сравнение типовых образцов *C. leucochlora* и описанной из Непала *C. royleana* Nees, l. c. (lectotypus: «Mupoorae, herb. Royle, № 152» — K!, photo LE — Егорова (h. l.)) убеждает в тождественности этих видов. Идентичной *C. leucochlora* оказалась и описанная из басс. Амура *C. hypochlora* Freyn, l. c. (typus: «Blagowieczensk, Wiesen, Hügel, Juni 1898, F. Karo» — BRNM!, photo LE) (Егорова, 1980).

C. leucochlora обнаруживает близкое родство с *C. breviculmis* R. Br. (ареал ее указан выше). Последняя отличается от *C. leucochlora* очень короткими, обычно 1—2 см выс., стеблями и наличием многочисленных, хорошо выраженных жилок на мешочках. Некоторые авторы (например, Ohwi, 1965, l. c.) объединяют *C. leucochlora* с *C. breviculmis*.

Kreczetowicz (Кречетович, l. c.) noted, that plants of *C. leucochlora* from our territory are not identical equal to the species type, the latter having more densely pubescent utricles. It should be specified, however, that our specimens of *C. leucochlora* (unlike typical specimens of this species with utricles more or less densely pubescent all over surface) have utricles entirely glabrous or, more rarely, only at apex sparsely pubescent. Plants with glabrous or subglabrous utricles are usual in North-Eastern China, Korea and in Japan. From these regions, the specimens with densely pubescent utricles are known as well. It is possible, that in the north of its range, *C. leucochlora* is represented by very slightly distinct race, differing from the type one only by slightly pubescent or glabrous utricles.

Comparison of the type specimens of *C. leucochlora* and described from Nepal *C. royleana* Nees, l. c. (lectotypus: «Mupoorae, herb. Royle, № 152» — K!, photo LE — Егорова (h. l.)) convinces of identity of these species. *C. hypochlora* Freyn, l. c. (typus: «Blagowieczensk, Wiesen, Hügel, Juni 1898, F. Karo» — BRNM!, photo LE) (Егорова, 1980) described from Amur basin proved to be identical to *C. leucochlora* as well.

C. leucochlora demonstrates close relation to *C. breviculmis* R. Br. (the range is outlined above). The latter species differs from *C. leucochlora* by very short, usually 1—2 cm high, stems and numerous well distinct veins on utricles. Some authors (namely, Ohwi, 1965, l. c.) combine *C. leucochlora* and *C. breviculmis* as one.

Subsect. 6. **Umbrosae** Egor. 1985, Бот. журн. **70**, 11 : 1551. — Sect. *Onkerma* (Rafin.) V. Krecz. ser. *Polyrrhizae* V. Krecz. 1935, во Фл. СССР, 3 : 327, sine descr. latin. — Пестичные колоски в числе 2—3, сближенные или немного расставленные, яйцевидные или продолговатые, густые или рыхловатые, на коротких (до 1 см) ножках. Нижний кроющий лист с коротким влагалищем и пластинкой. Чешуи пестичных колосков коричневые и светло-коричневые, острые или тупые, редко с коротким остроконечием. Мешочки с жилками, опушенные, с удлиненным носиком. Растения без ползучих корневищ. — Typus: *C. umbrosa* Host.

4 вида и подвида.

Female spikes 2—3, approximate or a little distant, ovoid or oblong, dense or rather lax, with short (up to 1 cm) peduncles. Lowest bract with short sheath and blade. Female glumes brown and light brown, acute or obtuse, rarely with short point. Utricles veined, pubescent, with an elongate beak. Plants without creeping rhizomes. — Typus: *C. umbrosa* Host.

4 species and subspecies.

6 (96). **C. umbrosa** Host, 1801, Gram. Austr. 1 : 52, tab. 69; В. Креч. 1935, во Фл. СССР, 3 : 328; Егор. 1976, во Фл. Европ. ч. СССР, 2 : 184, quoad subsp. *umbrosa*; Chater, 1980, in Fl. Europ. 5 : 312, quoad subsp. *umbrosa*. — *C. longifolia*

Host, 1809, Gram. Austr. 4 : 48, tab. 85. — *C. polyrrhiza* Wallr. 1822, Sched. Crit. : 492; Meinsh. 1901, Тр. Петерб. бот. сада, **18**, 3 : 397, р. р. — **О. теневая**.

Описан из Австрии («In Austriae sylvis umbrosis»); t y p u s: ? W, ? BP.

a) subsp. **umbrosa**.

В светлых лиственных и широколиственных лесах, на полянах, среди кустарников, обычно по склонам. — **Европ. ч.**: Прибалт. (Эстония: окр. Тарту), Лад.-Ильм. (Ленинградская обл.: между ж.-д. ст. Мариенбург и г. Гатчиной, окр. ж.-д. ст. Нурма, окр. Мги), Верх.-Днепр. (Беларусь: зап. и юг; Брянская обл.: с. Кокино в окр. Брянска и близ ж.-д. ст. Красный Рог), Карп., Сред.-Днепр. (Житомирская обл.). О б щ. р а с п р.: Атл. (Бельгия), Ц. и Ю. Европа. — 2n = 62 (Dietrich, 1964b; Chater, 1980), 66 (Chater, 1980).

b) subsp. **pseudosabynensis** Egor. 1980, Новости сист. высш. раст. 17 : 104. — *C. recticulmis* Franch. 1895, Bull. Soc. Philom. Paris, sér. 8, 7 : 48; Kitag. 1979, Neo-Lineam. Fl. Mansh. : 136; Ворош. 1982, Опред. раст. сов. Дальн. Вост. : 135. — *C. lucidula* Franch. 1895, l. c. : 48. — *C. umbrosa* subsp. *sabynensis* (Less. ex Kunth) Kük. 1909, in Engl. Pflanzenr. 38 : 468, р. р., excl. typo. — *C. umbrosa* subsp. *hypochlora* (Freyn) Egor. 1973, Новости сист. высш. раст. 10 : 103, quoad pl. — *C. pseudosabynensis* (Egor.) A. E. Kozhevnikov, 1988, в Сосуд. раст. сов. Дальн. Вост. 3 : 266. — *C. sabynensis* auct. non Less.: Ohwi, 1936, Mem. Coll. Sci. Kyoto Univ. ser. B, **11**, 5 : 352; id. 1965, Fl. Jap. : 237; Y. T. Lee, 1976, in Fl. Cor. 7 : 381. — *C. hypochlora* auct. non Freyn: В. Креч. 1935, во Фл. СССР, 3 : 330; Y. L. Chang et Y. L. Yang, 1976, in Fl. Chin. Bor.-Or. 11 : 126; Y. T. Lee, 1976, l. c. : 380. — *C. nervata* auct. non Franch. et Savat. : Ворош. 1982, l. c. : 135. — **О. ложносабинская**.

Описан с юга российского Дальнего Востока; t y p u s: «Владивостокский округ, долина р. Лянчихэ, в кустарнике, 30 V 1928, М. Ф. Гришко» (LE! cum isotypo).

На сухих осоково-разнотравных лугах, в разреженных, б. ч. дубовых лесах, среди кустарников, по склонам сопок. — **Дальн. Вост.**: Зее-Бур., Уссур. О б щ. р а с п р.: Ц. (сев. Монголия: Худер) и В. (Сев.-Вост. Китай, п-ов Корея, Япония) Азия. — 2n = ?

Растения данного подвида рядом авторов (Кречетович, l. c.; Chang et Yang, l. c.; Lee, l. c.) относились к *C. hypochlora* Freyn. Однако изучение типа этого вида показало, что он идентичен *C. leucochlora* (Егорова, 1980, l. c.). *C. umbrosa* subsp. *pseudosabynensis* идентична описанным из Японии *C. recticulmis* Franch., l. c. (typus: «Plantes du Japon. Forêt de Shibecha, 27 VI 1890, № 5335, Faurie» — P!) и *C. lucidula* Franch., l. c. (typus: «Plantes du Japon. Plaines de Shirakawa, 17 mai 1892, № 7633, Faurie» — P!).

Образцы subsp. *pseudosabynensis* часто принимают за очень редко встречающуюся в области его произрастания *C. sabynensis*. Приводимый подвид отличается от последнего вида светлым тычиночным колоском, густыми пестичными колосками и более мелкими мешочками, резко (а не постепенно) суженными в носик (см. также ключ).

Для Монголии subsp. *pseudosabynensis* приведен на основании виденных мной сборов В. В. Петровского и Т. М. Заславской, сделанных в 1989 г. в Монгольской Даурии, близ границы с Россией.

Some authors (Кречетович, l. c.; Chang et Yang, l. c.; Lee, l. c.) ascribed plants of this subspecies to *C. hypochlora* Freyn. However, examining the type of this species has demonstrated its identity to *C. leucochlora* (Егорова, 1980, l. c.). *C. umbrosa* subsp. *pseudosabynensis* is identical to described from Japan *C. recticulmis* Franch., l. c. (typus: «Plantes du Japon. Forêt de Shibecha,

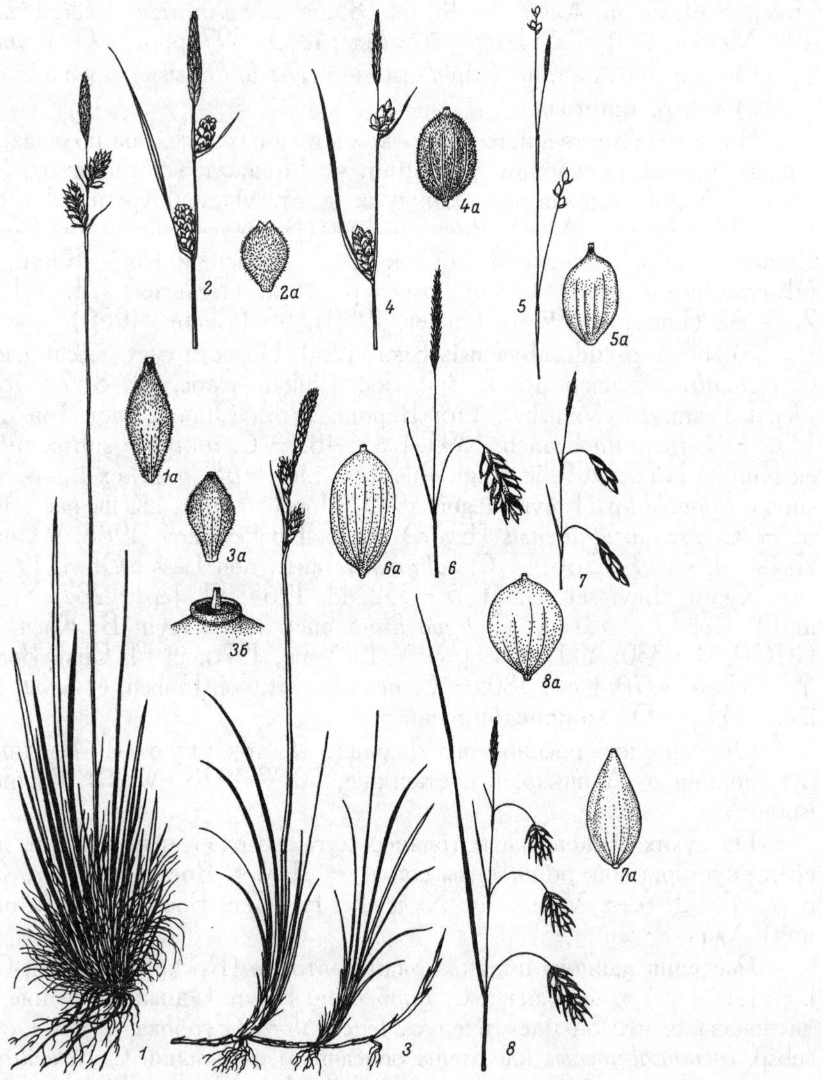

Рис. 37.

1 — *Carex sabynensis* Less. ex Kunth, общий вид растения, *1a* — мешочек; *2* — C. *tomentosa* L., соцветие, *2a* — мешочек; *3* — C. *caryophyllea* Latourr., общий вид растения, *3a* — мешочек, *3б* — верхняя часть плода с кольцевидным возвышением; *4* — C. *globularis* L., соцветие, *4a* — мешочек; *5* — C. *alba* Scop., соцветие, *5a* — мешочек; *6* — C. *limosa* L., соцветие, *6a* — мешочек; *7* — C. *rariflora* (Wahlenb.) Smith subsp. *rariflora*, соцветие, *7a* — мешочек; *8* — C. *magellanica* Lam. subsp. *irrigua* (Wahlenb.) Hiit., соцветие, *8a* — мешочек.

Fig. 37.

1 — *Carex sabynensis* Less. ex Kunth, the whole plant, *1a* — utricle; *2* — C. *tomentosa* L., inflorescence, *2a* — utricle; *3* — C. *caryophyllea* Latourr., the whole plant, *3a* — utricle, *3б* — upper part of the fruit with a ring-shaped ridge; *4* — C. *globularis* L., inflorescence, *4a* — utricle; *5* — C. *alba* Scop., inflorescence, *5a* — utricle; *6* — C. *limosa* L., inflorescence, *6a* — utricle; 7 — C. *rariflora* (Wahlenb.) Smith subsp. *rariflora*, inflorescence, *7a* — utricle; *8* — C.*magellanica* Lam. subsp. *irrigua* (Wahlenb.) Hiit., inflorescence, *8a* — utricle.

27 VI 1890, № 5335, Faurie» — P!) and C. *lucidula* Franch., l. c. (typus: «Plantes du Japon. Plaines de Shirakawa, 17 mai 1892, № 7633, Faurie» — P!).

Specimens of subsp. *pseudosabynensis* are often taken for C. *sabynensis* very rarely occurring within the range of the former. The mentioned subspecies differs from the latter species by light male spike, dense female spikes and smaller utricles, abruptly (instead of gradually) narrowed into a beak (see also the key).

Subsp. *pseudosabynensis* is cited for Mongolia according to collections by Petrovsky and Zaslavskaya of 1989 from Mongolian Dauria, close to frontier with Russia, seen by me.

7 (97). **C. huetiana** Boiss. 1859, Diagn. Pl. Or. ser. 2, 4 : 123; В. Креч. 1935, во Фл. СССР, 3 : 328. — C. *umbrosa* var. β. *huetiana* (Boiss.) Kük. 1901, Allg. Bot. Zeitschr. 7 : 193; id. 1909, in Engl. Pflanzenr. 38 : 468. — C. *umbrosa* subsp. *huetiana* (Boiss.) Soó, 1971, Acta Bot. Acad. Sci. Hung. **16**, 3—4 : 371; Chater, 1980, in Fl. Europ. 5 : 312; Ö. Nilsson, 1985, in Fl. Turk. 9 : 137. — C. *umbrosa* subsp. *huetiana* (Boiss.) Egor. 1973, Новости сист. высш. раст. 10 : 103. — **О. Юэ**.

Описан из сев.-вост. Турции (Эрзурум); t y p u s: «In Armeniae montibus suprá Zazalarhané, alt. 7—8000', cl. Huet du Pavillon» (G, isotypus K).

На лугах, среди кустарников, в разреженных лесах; в высокогорьях и верхней части лесного пояса. — **Кавк.**: все районы, кроме Предкавк. и Тал. О б щ . р а с п р.: Ю. Европа (Пиренеи, Балканы); З. Азия (сев.-зап. и вост. Турция). — 2n = ?

8 (98). **C. sabynensis** Less. ex Kunth, 1837, Enum. Pl. 2 : 440; В. Креч. 1935, во Фл. СССР, 3 : 329; Егор. 1966, в Аркт. фл. СССР, 3 : 141; А. Е. Кожевников, 1988, в Сосуд. раст. сов. Дальн. Вост. 3 : 266; Малышев, 1990, во Фл. Сиб. 3 : 139. — C. *pediformis* var. *obliqua* Turcz. 1856, Fl. Baic.-Dahur. **2**, 2 : 274. — C. *pediformis* var. *caespitosa* Fr. Schmidt, 1872, Mém. Acad. Sci. Pétersb. sér. 7, 18 : 127. — C. *brenneri* Christ, 1888, Kungl. Sv. Vet.-Akad. Handl. ser. nov. 22 : 178. — C. *umbrosa* subsp. *sabynensis* (Less. ex Kunth) Kük. 1909, in Engl. Pflanzenr. 38 : 468, p. p.; Егор. 1976, во Фл. Европ. ч. СССР, 2 : 184; Chater, 1980, in Fl. Europ. 5 : 312. — **О. сабинская**.

Описан из Зап. Саяна (хр. Сабинский, «Montes Sabynenses, ad limites Mongoliae chinensis»); t y p u s: утрачен в Берлине (B) во время Второй мировой войны; l e c t o t y p u s: «Mt. Sabinenses, 1834, Lessing» (LE!) — Егорова (h. l.).

На сырых задернованных и щебнистых склонах, на сырых луговинах среди прибрежных кустарников, в ерниковых тундрах, болотистых редколесьях, на известняковых скалах; в высокогорьях, реже в лесном поясе гор, очень редко в арктической тундре. — **Европ. ч.**: Аркт. (восток Большеземельской тундры, Карская тундра, Полярн. Урал), Дв.-Печ. (Приполярн. и Сев. Урал), Волж.-Кам. (Сев. Урал; Средн. Урал: сел. Янычи; Южн. Урал: Башкирия, Белорецкий р-н, увал Мосеев); **Зап. Сиб.**: Аркт. (Полярн. Урал), Обск. (Приполярн. Урал и Норильские горы), Алт.; **Вост. Сиб.**: Аркт. (низовья Енисея), Енис., Лен.-Кол. (преимущественно на юге), Анг.-Саян., Даур. (зап.: редко); **Дальн. Вост.**: Аркт. (сев. Корякия), Охот. (Аян), Удск., Зее-Бур. (Буреинский хр.), Уссур. (редко), ? Сах., ? Курил. О б щ . р а с п р.: Ц. (Монголия: Хэнтей) и В. (Сев.-Вост. Китай, п-ов Корея, ? Япония) Азия. — 2n = 40 (Крогулевич, 1971), 60 (Юрцев, Жукова, 1982; Малышев, 1990). — Рис. 37, *1*.

В соответствии со статьей 9.9 «Международного кодекса ботанической номенклатуры» (International code..., 1994) в качестве лектотипа C. *sabynensis* взамен утраченного голотипа мной выбран здесь изотип этого вида.

In accordance with article 9.9 of «International Code of botanical nomenclature» (1994), as the lectotype of *C. sabynensis*, instead of the holotype destroyed in Berlin (B), I have chosen here the isotype of the species.

Subsect. 7. **Caryophylleae** Egor. 1985, Бот. журн. **70**, 11 : 1551. — Sect. *Onkerma* (Rafin.) V. Krecz. ser. *Bracteatae* V. Krecz. 1935, во Фл. СССР, 3 : 321, p. p., sine descr. latin. — Sect. *Onkerma* ser. *Caryophylleae* V. Krecz. 1935, l. c. : 323, sine descr. latin. — Sect. *Onkerma* ser. *Chloroticae* V. Krecz. 1935, l. c. : 330, p. p., sine descr. latin. — Пестичные колоски в числе 2—3, б. ч. сближенные, яйцевидные или продолговато-яйцевидные, б. м. густые, на коротких ножках; очень редко (у *C. subumbellata*) 1(2) колоска сидят у основания стебля на длинных ножках. Нижний кроющий лист с коротким влагалищем и пластинкой. Чешуи пестичных колосков коричневые, острые или тупые, редко с очень коротким остроконечием. Мешочки с жилками или без жилок, б. ч. с коротким носиком. Растения с ползучими корневищами, очень редко без них. — Typus: *C. caryophyllea* Latourr.

6 видов.

Female spikes 2—3, generally approximate, ovoid or oblong-ovoid, more or less dense, with short peduncles; very rarely (in *C. subumbellata*) 1—2 spikes located at base of stem on long peduncles. Lowest bract with short sheath and blade. Female glumes brown, acute or obtuse, rarely with very short point. Utricles veined or veinless, generally with a short beak. Plants with creeping rhizomes, very rarely without them. — Typus: *C. caryophyllea* Latourr.

6 species.

9 (99). **C. subebracteata** (Kük.) Ohwi, 1931, Mem. Coll. Sci. Kyoto Univ. ser. B, **6**, 5 : 252; В. Креч. 1935, во Фл. СССР, 3 : 330; Y. L. Chang et Y. L. Yang, 1976, in Fl. Chin. Bor.-Or. 11 : 128; Y. T. Lee, 1976, in Fl. Cor. 7 : 381; A. E. Кожевников, 1988, в Сосуд. раст. сов. Дальн. Вост. 3 : 268; Малышев, 1990, во Фл. Сиб. 3 : 140. — *C. pisiformis* var. *subebracteata* Kük. 1909, in Engl. Pflanzenr. 38 : 477. — *C. pediformis* var. *rostrata* Maxim. 1859, Prim. Fl. Amur. : 310. — *C. sabynensis* var. *rostrata* (Maxim.) Ohwi, 1936, Mem. Coll. Sci. Kyoto Univ. ser. B, **11**, 5 : 353. — *C. nervata* auct. non Franch. et Savat.: В. Креч. 1935, l. c. : 326. — *C. lucidula* auct. non Franch. : Ворош. 1982, Опред. раст. сов. Дальн. Вост. : 136. — **О. малоприцветниковая**.

Описан из басс. Амура, Маньчжурии и с севера п-ова Корея; lectotypus: «Ad fl. Amur, Maximowicz» (LE!) — Кречетович (in sched.), Егорова (h. l.).

В лиственных, смешанных и хвойных лесах и на опушках, по склонам сопок. — **Вост. Сиб.**: Даур. (вост.: близ ж.-д. ст. Седловая); **Дальн. Вост.**: Удск., Зее-Бур., Уссур. Общ. распр.: В. Азия (Сев.-Вост. Китай, п-ов Корея, о-ва Хонсю и Кюсю). — 2n = ?

Пестичные колоски у этого вида обычно расставленные, редко сближенные (все соцветие в первом случае 5—7(9) см дл., во втором — около 3 см); жилки на мешочках хорошо или слабо развитые, но иногда они отсутствуют.

This species has usually distant, rarely approximate female spikes (all inflorescences in the first case 5—7(9) cm long, in the second about 3 cm); veins of utricles well or slightly developed, sometimes they are absent.

10 (100). **C. microtricha** Franch. 1897, Nouv. Arch. Mus. Hist. Nat. (Paris), sér. 3, 9 : 189; В. Креч. 1935, во Фл. СССР, 3 : 327; Ворош. 1966, Фл. сов. Дальн. Вост. : 102; id., 1982, Опред. раст. сов. Дальн. Вост. : 136; Егор. 1979, Новости сист. высш. раст. 16 : 54. — *C. praecox* β. *vidalii* Franch. et Savat. 1877, 1878, Enum. Pl. Jap. 2 : 141, 565. — *C. caryophyllea* subsp. *nervata* (Franch. et

Savat.) Kük. 1909, in Engl. Pflanzenr. 38 : 465, p. p., excl. typo, quoad f. *vidalii* (Franch. et Savat.) Kük., f. *leiocarpa* Franch. ex Kük. et f. *dissita* Franch. ex Kük. — *C. caryophyllea* subsp. *nervata* var. *microtricha* (Franch.) Kük. 1909, l. c. : 466. — *C. verna* var. *microtricha* (Franch.) Ohwi, 1935, Journ. Jap. 11 : 410. — *C. caryophyllea* var. *microtricha* (Franch.) Ohwi, 1965, Fl. Jap. : 237. — *C. caryophyllea* auct. non Latourr.: Ком. 1927, Фл. Камч. 1 : 254. — *C. verna* auct. non Chaix : Hult. 1927, Fl. Kamtch. 1 : 199. — *C. subumbellata* auct. non Meinsh.: В. Креч. 1935, l. c. : 322, p. p., quoad pl. kamtsch. et komandor. — *C. nervata* auct. non Franch. et Savat.: Ворош. 1966, l. c. : 102. — *C. sikokiana* auct. non Franch. et Savat.: Ворош. 1982, l. c. : 136. — **О. мелковолосистая**.

Описан из Японии; typus: о-в Хонсю, «Plantes du Japon, dunes de Niigata, 26 VII 1888, № 2456, Faurie» (P!).

На сухих травянистых склонах, суходольных лугах, в горных разреженных лесах, на опушках, среди кустарников. — **Дальн. Вост.**: Камч., Ком. (о-в Беринга), Удск., Уссур. (очень редко), Сах., Курил. (о-в Итуруп). Общ. распр.: В. Азия (о-ва Хоккайдо и Хонсю). — 2n = ?

Вид приводился В. И. Кречетовичем (l. c.) только для Сахалина на основании данных японских авторов (Miyabe, Kudo, 1930—1931). Изучение типа *C. microtricha* показало, что это растение является довольно обычным на Камчатке и Сахалине (Егорова, l. c.). Образцы *C. microtricha* из названных районов были идентифицированы Кречетовичем как *C. subumbellata*. Таксономические отношения между *C. microtricha*, *C. subumbellata*, *C. caryophyllea* и *C. nervata* рассматриваются в моей работе (Егорова, l. c.).

The species was cited by Kreczetowicz (Кречетович, l. c.) for Sakhalin only, according to data by Japanese authors (Miyabe, Kudo, 1930—1931). Examining the type of *C. microtricha* has demonstrated, that this plant is rather usual in Kamchatka and Sakhalin (Егорова, l. c.). Specimens of *C. microtricha* from the mentioned regions were identified by Kreczetowicz as *C. subumbellata*. Taxonomic relations between *C. microtricha*, *C. subumbellata*, *C. caryophyllea* and *C. nervata* are considered in my work (Егорова, l. c.).

11 (101). **C. subumbellata** Meinsh. 1901, Тр. Петерб. бот. сада, **18**, 3 : 395; В. Креч. 1935, во Фл. СССР, 3 : 322, p. p., excl. syn. nonnull. et excl. pl. kamtsch. et komandor.; Ohwi, 1965, Fl. Jap. : 236; Егор. 1979, Новости сист. высш. раст. 16 : 54; Ворош. 1982, Опред. раст. сов. Дальн. Вост. : 136; А. Е. Кожевников, 1988, в Сосуд. раст. сов. Дальн. Вост. 3 : 262. — *C. depressa* var. *subumbellata* (Meinsh.) Kük. 1911, Русск. бот. журн. 3—6 : 125. — **О. зонтиковидная**.

Описан с о-ва Сахалин («Hab.: Insel Sachalin, bei Duë, 20 Mai 1860, (Fr. Schmidt)»); typus: «Insula Sachalin, Dui, 30 Mai 1861, Glehn» (LE!).

На сухих травянистых склонах, в светлых лиственных лесах. — **Дальн. Вост.**: Сах. (юг), Курил. (юг). Общ. распр.: В. Азия (о-в Хоккайдо: m. Jübaridake). — 2n = ?

Данные протолога *C. subumbellata* и гербарного образца, цитированного здесь в качестве типа этого вида, расходятся в отношении указания даты сбора и коллектора. Возможно, в протологе была допущена неточность. *C. subumbellata* — редкое растение, внешне очень похожее на *C. microtricha*. К последнему виду относятся указания В. И. Кречетовича (l. c.) о произрастании *C. subumbellata* на Камчатке и Командорских о-вах. К *C. microtricha* принадлежат и некоторые сахалинские растения, отнесенные им к *C. subumbellata*. От *C. microtricha* *C. subumbellata* отличается густыми дерновинами, короткими восходящими (а не длинноползучими) корневищами и наличием у зрелых мешочков беловатой утолщенной мясистой ножки (элайосомы). Кроме того, у *C. subumbellata*, как правило, име-

17 Заказ № 131

ется прикорневой пестичный колосок, сидящий у основания стебля на длинной ножке. У *C. microtricha* такой колосок наблюдается крайне редко.

Для Курильских о-вов вид приведен по данным А. Е. Кожевникова (l. c.). В Японии (о-в Хонсю) изредка встречается разновидность — *C. subumbellata* var. *verecunda* Ohwi (Ohwi, 1965).

The protologue of *C. subumbellata* and herbarium specimen cited here as the type of this species provide different data concerning the date of collecting and the name of collector. Probably, it was an inexactitude crept in the protologue. *C. subumbellata* is a rare species very similar with *C. microtricha* in habit. Data by Kreczetowicz (Кречетович, l. c.) on occurrence of *C. subumbellata* in Kamchatka and Commander Islands are related to the latter species. Some plants from Sakhalin ascribed by him to *C. subumbellata*, also belong to *C. microtricha*. *C. subumbellata* differs from *C. microtricha* by dense tufts, short ascending (instead of long-creeping) rhizomes and mature utricles having whitish thickened fleshy stipe (elaiosome). Besides that, *C. subumbellata* has, as a rule, a subradical female spike located at base of stem on long peduncle. *C. microtricha* has such a spike extremely rarely.

The species is cited for Kuril Islands according to data by Kozhevnikov (А. Е. Кожевников, l. c.).

In Japan (Honshu island) the variety *C. subumbellata* var. *verecunda* Ohwi (Ohwi, 1965) rarely occurs.

12 (102). **C. nervata** Franch. et Savat. 1877, 1878, Enum. Pl. Jap. 2 : 141, 566; Ohwi, 1965, Fl. Jap. : 236; Y. L. Chang et Y. L. Yang, 1976, in Fl. Chin. Bor.-Or. 11 : 126; ? А. Е. Кожевников, 1988, в Сосуд. раст. сов. Дальн. Вост. 3 : 267. — *C. caryophyllea* subsp. *nervata* (Franch. et Savat.) Kük. 1909, in Engl. Pflanzenr. 38 : 465. — **О. жилковатая**.

Описан из Японии; typus: о-в Хонсю, «Nippon, in montibus Hakone, № 3498, Savatier» (P!, isotypus LE!).

В светлых лесах. — **Дальн. Вост.**: Уссур. (южн. Сихотэ-Алинь). Общ. распр.: В. Азия (Сев.-Вост. Китай, юг п-ова Корея, Япония). — 2n = ?

Вид отмечен В. И. Кречетовичем (1935а) и В. Н. Ворошиловым (1982) для Зее-Буреинского и Уссурийского районов «Флоры СССР», однако образцы (LE!, MHA!), определенные названными авторами как *C. nervata*, принадлежат к *C. subebracteata* (LE!), *C. leucochlora*, *C. umbrosa* subsp. *pseudosabynensis* и *C. microtricha* (MHA!). Для нашей территории я привожу *C. nervata* на основании только одного гербарного экземпляра («Южный Сихотэ-Алинь, яблоневодубовая роща в бухте Та-Чингоуза, 23 VI 1945, П. Жудов» — MW!). Остальные 3 образца, собранные в южн. Сихотэ-Алине тем же коллектором, относятся к *C. subebracteata*. Вопрос о произрастании *C. nervata* в других пунктах российского Дальнего Востока (Кожевников, цит. соч.) требует уточнения. На островах Японии (кроме Хоккайдо) *C. nervata* — обычное растение (Ohwi, l. c.). Наиболее близок этот вид к *C. caryophyllea* и *C. conspissata*, от которых отличается хорошо выраженными ребристыми жилками — до 5(7) на каждой из граней мешочка.

The species is cited by Kreczetowicz (Кречетович, 1935a) and Woroshilov (Ворошилов, 1982) for Zeya-Bureya and Ussuri regions of «Flora URSS», however specimens (LE! MHA!) identified by these authors as *C. nervata*, belong to *C. subebracteata* (LE!), *C. leucochlora*, *C. umbrosa* subsp. *pseudosabynensis* and *C. microtricha* (MHA!). I am citing *C. nervata* for our territory on the base of the one herbarium specimen («Южный Сихотэ-Алинь, яблонево-дубовая роща в бухте Та-Чингоуза, 23 VI 1945, П. Жудов» — MW!). The other 3 specimens collected in southern Sikhote-Alin by the same collector are referred to *C. subebracteata*. The question concerning occurrence of *C. nervata* in other locations of the Russian Far East (Кожевников, l. c.) needs more precise definition. In islands of Japan (except Hokkaido), *C. nervata* is an usual plant (Ohwi, l. c.). This species is the most close to *C. caryophyllea* and *C. conspissata*, differing from them by well distinct costate veins, up to 5(7) in number, on each side of the utricle.

13 (103). **C. caryophyllea** Latourr. 1785, Chlor. Lugd. in L. Syst. Pl. Europ. 1 : 27; Kük. 1909, in Engl. Pflanzenr. 38 : 463; Егор. 1972, Новости сист. высш. раст. 9 : 80; ead. 1976, во Фл. Европ. ч. СССР, 2 : 183; Chater, 1980, in Fl. Europ. 5 : 312; Малышев, 1990, во Фл. Сиб. 3 : 138, p. p., excl. syn. *C. conspissata* V. Krecz. — *C. praecox* Jacq. 1778, Fl. Austr. 5 : 23, non Schreb. 1771. — *C. verna* Chaix, 1786, in Vill. Hist. Pl. Dauph. 1 : 312; В. Креч. 1935, во Фл. СССР, 3 : 323. — *C. ruthenica* V. Krecz. 1935, во Фл. СССР, 3 : 610, 325. — *C. scabricuspis* V. Krecz. 1935, l. c. : 609, 324. — Exs.: H.F.R. №№ 1538, 1539. — **О. гвоздичная**, или **весенняя**.

Описан из юго-вост. Франции («Lugd. et Delph.»); typus: P.

На сухих травянистых склонах, суходольных лугах, среди кустарников, в сухих светлых лесах, на опушках, б. ч. на песчаной почве; на равнине и в лесном поясе гор. — **Европ. ч.**: все районы, кроме Аркт., Кар.-Мурм., Дв.-Печ. и Ниж.-Волж., редок в Лад.-Ильм. и Верх.-Днепр.; **Кавк.**: все районы, кроме вост. Предкавк., ? Тал.; **Зап. Сиб.**: Обск. (юг), Верх.-Тоб., Ирт., Алт.; **Вост. Сиб.**: Анг.-Саян. (зап.); **Средн. Азия**: Арало-Касп. (сев.), Прибалх. (сев.). Общ. распр.: С. (юг Фенноскандии), Атл., Ц. и Ю. Европа; З. Азия (сев.-вост. Турция, сев. Иран); С. Америка (заносное); С. Африка — 2n = 62 (Heilborn, 1924), 64 (Heilborn, 1918; Davies, 1956a, 1956b), 66 (Davies, 1956a, 1956b; Стоева, Попова, 1990), 67 (Стоева, Попова, 1990), 68 (Davies, 1956a, 1956b; Стоева, Попова, 1990), 69 (Стоева, Попова, 1990). — Рис. 37, *3*.

Полиморфный вид. Изучению его популяционной изменчивости и кариологии посвящена работа М. П. Стоевой и Е. Д. Поповой (1990).

C. ruthenica V. Krecz., l. c. (typus: Зап. Сибирь, «Тюкалинский у., близ сел. Еланское, 28 V 1902, № 145, Н. Скалозубов» — LE!) и *C. scabricuspis* V. Krecz., l. c. (typus: «Caucasus, Carthalinia, Abastuman, 9 VI 1881, № 871, A. H. et V. F. Brotherus» — LE!, isotypus H), приведенные В. И. Кречетовичем (l. c.) соответственно для Европейской части и Зап. Сибири и Кавказа, таксономически идентичны *C. caryophyllea*. В основу для выделения этих видов были положены такие вариабельные признаки *C. caryophyllea*, как степень плотности дерновины и выраженности жилкования и опушения на мешочках, а также форма верхушки чешуй пестичных колосков, соотношение длины чешуй и мешочков, размеры мешочков.

Polymorphic species. It is the work by Stoeva and Popova (Стоева, Попова, 1990) devoted to study of its population variability and karyology.

C. ruthenica V. Krecz., l. c. (typus: Зап. Сибирь, «Тюкалинский у., близ сел. Еланское, 28 V 1902, № 145, Н. Скалозубов» — LE!) and *C. scabricuspis* V. Krecz., l. c. (typus: «Caucasus, Carthalinia, Abastuman, 9 VI 1881, № 871, A. H. et V. F. Brotherus» — LE!, isotypus H), cited by Kreczetowicz (Кречетович, l. c.) for the European part, and Western Siberia and Caucasus, correspondently, are taxonomicaly identical to *C. caryophyllea*. These species were distinguished on the base of such variable characters of *C. caryophyllea* as the extent of tuft density and distinctness of venation and pubescence of utricles, as well as shape of apex of female glumes, length ratio of glumes to utricles, size of utricles.

14 (104). **C. conspissata** V. Krecz. 1935, во Фл. СССР, 3 : 611, 326; Егор. 1963, в Списке раст. Герб. фл. СССР, 15 : 9; Ворош. 1982, Опред. раст. сов. Дальн. Вост. : 136; А. Е. Кожевников, 1988, в Сосуд. раст. сов. Дальн. Вост. 3 : 266. — *C. caryophyllea* subsp. *conspissata* (V. Krecz.) L. Hämet-Ahti, 1970, Ann. Bot. Fenn. **7**, 3 : 272; Малышев, 1979, во Фл. Центр. Сиб. 1 : 183. — *C. caryophyllea* auct. non Latourr.: Малышев, 1990, во Фл. Сиб. 3 : 138, p. p., quoad pl. e Sibir. East. — Exs.: H.F. URSS № 4209. — **О. уплотненная**.

Описан из Вост. Сибири; typus: «Иркутская губ., Балаганский уезд, луг по р. Уде, близ дер. Щербаково, 6 VI 1908, Н. Мальцев» (LE!).

На сухих травянистых склонах, остепненных лугах, в сухих светлых (часто лиственничных и березовых) лесах, на опушках и полянах; на равнине и в лесном поясе гор. — **Вост. Сиб.**: Енис. (юго-вост.), Лен.-Кол. (юг), Анг.-Саян., Даур.; **Дальн. Вост.**: Зее-Бур. Общ. распр.: Ц. Азия (Монголия: Хэнтей). — 2n = ?

Очень близок к предыдущему виду, от которого отличается главным образом закругленными на верхушке чешуями тычиночных колосков (см. также ключ).

Very close to the previous species, differing from it mainly by orbicular at apex male glumes (see also the key).

15 (105). **C. titovii** V. Krecz. 1935, Тр. Среднеаз. унив. сер. 8b, 20 : 15; Егор. 1967, в Раст. Центр. Азии, 3 : 70; ead. 1976, в Опред. раст. Средн. Азии, 5 : 73. — **О. Титова**.

Описан из Средней Азии; typus: Джунгарский Алатау, «Лепсинский уезд, уроч. Суок-джайляу, 1 VII 1917, № 338, В. С. Титов» (ТАК!).

На сухих мелкоземистых задернованных склонах в среднем и верхнем поясах гор. — **Средн. Азия**: Дж.-Тарб. (хр. Саур и Джунгарский Алатау), Тянь-Шан. (Заилийский Алатау, сев. склон Терскей-Ала-Тоо: окр. сел. Покровка; долина р. Кугайрек). Общ. распр.: Ц. Азия (Китай: Джунгарский Алатау и Вост. Тянь-Шань). 2n = ?

Вид очень близок к *C. caryophyllea*, но в отличие от последнего чешуи пестичных колосков у него продолговато-яйцевидные, превышающие мешочки или равные им (а не яйцевидные и широкояйцевидные, короче мешочков или равные им) и носик мешочков незначительно более длинный, 0.5 мм, выемчато-зубчатый (а не 0.2—0.3(0.4) мм дл., цельный).

Следует отметить, что названные признаки свойственны типовому образцу *C. titovii*, но не вполне выдержаны у немногих других известных образцов этого вида. По мнению В. И. Кречетовича (l. c.), *C. titovii* отличается от *C. ruthenica* (= *C. caryophyllea*) острыми и остистыми чешуями пестичных колосков (а не островатыми и тупыми) и мешочками 2.8—3 мм дл. (а не 2.3—2.5 мм). Однако как у типа *C. titovii*, так и у остальных образцов этого вида длина мешочков 2.4—2.6 мм. Кроющие же чешуи у них не остистые, а острые или островатые, что наблюдается и у *C. caryophyllea* в разных частях ее ареала (у последнего вида они бывают даже и коротко шиповато заостренными).

Вопрос о видовой самостоятельности *C. titovii* неясен; для его решения необходим дополнительный гербарный материал со зрелыми мешочками.

The species is very close to *C. caryophyllea*, but, differing from the latter, has female glumes oblong-ovoid, exceeding utricles or equal to them (instead of ovoid and broad-ovoid, shorter than utricles or equal to them), and beak of utricles slightly longer, 0.5 mm, emarginate-dentate (instead of 0.2—0.3(0.4) mm long, entire).

It should be noted, that the named characters are peculiar to the type specimen of *C. titovii*, but are not quite constant in a few other known specimens of this species. In opinion of Kreczetowicz (Кречетович, l. c.), *C. titovii* differs from *C. ruthenica* (= *C. caryophyllea*) by acute and awned female glumes (instead of acutish and obtuse) and utricles 2.8—3 mm long (instead of 2.3—2.5 mm). However, both in the type of *C. titovii* and the other specimens of the species, the length of utricles is 2.4—2.6 mm. As for their glumes, they are not awned, but acute or acutish, which is demonstrated also by *C. caryophyllea* in different parts of its range (in the latter species they happen to be even shortly prickly acuminate).

The question concerning the specific separation of *C. titovii* is not clear; its solving requires an additional herbarium materials with mature utricles.

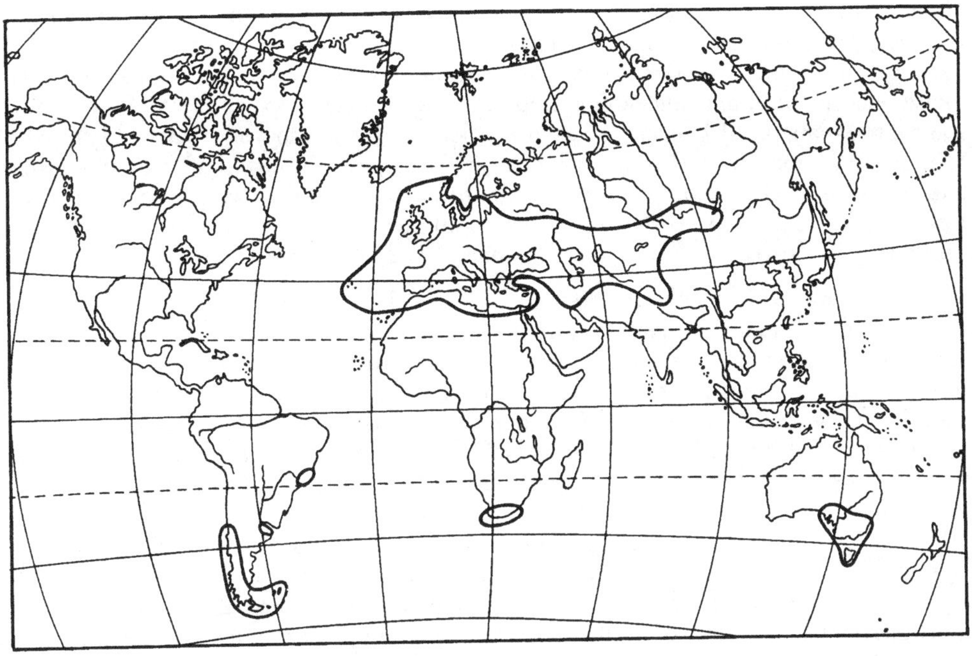

Рис. 38. Ареал секции *Spirostachyae* Drej. ex L. H. Bailey.

Fig. 38. Range of the section *Spirostachyae* Drej. ex L. H. Bailey.

Subsect. 8. **Glabrae** Egor. 1985, Бот. журн. **70**, 11 : 1551. — Sect. *Onkerma* (Rafin.) V. Krecz. ser. *Chloroticae* V. Krecz. 1935, во Фл. СССР, 3 : 330, p. p., sine descr. latin. — Пестичные колоски в числе 1—2, немного расставленные, узкопродолговатые, редко- и немногоцветковые, на ножках 0.5—1.5 см дл. Нижний кроющий лист с коротким, 0.5—1 см, влагалищем, без листовой пластинки. Чешуи пестичных колосков красновато-коричневые, туповатые или тупые. Мешочки без жилок, голые, с коротким носиком. Растения с ползучими корневищами. — Typus: *C. trautvetteriana* Kom. Монотипная подсекция.

Female spikes 1—2, a little distant, narrow-oblong, laxly- and few-flowered, with peduncles 0.5—1.5 cm long. Lowest bract with short, 0.5—1 cm, sheath, bladeless. Female glumes reddish-brown, obtusish or obtuse. Utricles veinless, glabrous, with a short beak. Plants with creeping rhizomes. — Typus: *C. trautvetteriana* Kom. Monotypic subsection.

16 (106). **C. trautvetteriana** Kom. 1901, Тр. Петерб. бот. сада, 20 : 394, in adnot. (Фл. Маньчж. 1); В. Креч. 1935, во Фл. СССР, 3 : 331; Егор. 1966, в Аркт. фл. СССР, 3 : 142; Малышев, 1979, во Фл. Центр. Сиб. 1 : 183; id. 1990, во Фл. Сиб. 3 : 140; А. Е. Кожевников, 1988, в Сосуд. раст. сов. Дальн. Вост. 3 : 269. — *C. ebracteata* Trautv. 1877, Тр. Петерб. бот. сада, 5 : 125, non Philip. 1864. — *C. pisiformis* var. *ebracteata* (Trautv.) Kük. 1909, in Engl. Pflanzenr. 38 : 477. — **О. Траутфеттера**.

Описан из Вост. Сибири; typus est lectotypus *C. ebracteatae* Trautv.: басс. р. Оленека, «Ad. fl. Welingna, 21 Jun. 1874, A. Czekanowski et F. Müller» (LE! cum isotypis 2) — Кречетович (in sched.), Егорова (h. l.).

На сухих щебнистых полузадернованных склонах, в сухих щебнистых осоково-дриадово-кобрезиевых тундрах, на скалах, иногда в сухих сосновых борах и лиственничных редколесьях; характерна для карбонатных субстратов; в высокогорьях, реже в арктической тундре и лесном поясе гор. — **Вост. Сиб.**: Аркт. (низовья Анабара, Оленека и Лены), Енис. (сев.: восток плато Путорана), Лен.-Кол. (к югу от 61° с. ш., на севере басс. рр. Оленека, Мархи и верхнего течения Колымы), Даур. (сев.-зап.); **Дальн. Вост.**: Аркт. (зап. Чукотка), Охот. (юг), Удск., Зее-Бур. (сев.: хр. Дуссэ-Алинь). — 2n = 54, 56, 58 (Жукова, Петровский, 1980), 58 (Юрцев, Жукова; 1982; Малышев, 1990).

Sectio 21. Spirostachyae Drej. ex L. H. Bailey, 1887, Proc. Amer. Acad. Arts Sci. 22 : 109, p. min. p., quoad *C. extensam*; Kük. 1909, in Engl. Pflanzenr. 38 : 657, p. p. — Grex *Carices spirostachyae* Drej. 1844, Symb. Car. : 10, p. p., nom. invalid. — *Carex* 3. *Carices extensae* Fries, 1835, Corp. Fl. Suec. : 188, p. p. — *Carex* δ. *Fulvellae* Fries, 1845, Summa Veg. Scand. 1 : 70, p. p., nom. nud. — Sect. *Orthostachyae* O. Lang α. *Distantes* O. Lang, 1851, Linnaea, 24 : 603. — Sect. *Fulvellae* Fries ex Christ, 1885, Bull. Soc. Bot. Belg. **24**, 2 : 12, p. p., nom. nud. — Sect. *Fulvellae* Fries ex Meinsh. 1901, Тр. Петерб. бот. сада, **18**, 3 : 380, p. p. — Sect. *Extensae* Rouy, 1912, Fl. Fr. 13 : 458. — Sect. *Distantes* (O. Lang) Rouy, l. c. : 476; Егор. 1976, во Фл. Европ. ч. СССР, 2 : 175. — Sect. *Nastantha* (Börn.) V. Krecz. 1935, во Фл. СССР, 3 : 385, p. p. — Верхние 1 (2—3) колоска тычиночные, остальные 2—4(8) пестичные, многоцветковые, густые, б. ч. продолговато-цилиндрические, на длинных, до 6 см, реже коротких ножках, нижние иногда ветвистые. Нижний кроющий лист с б. м. длинным, 1.5—3(4) см, влагалищем и с пластинкой б. ч. вдвое короче соцветия, но иногда (например, у *C. extensa*) он без влагалища или с коротким, до 1(2) см, влагалищем и с пластинкой значительно длиннее соцветия. Чешуи пестичных колосков с 3 жилками, на верхушке б. ч. с шероховатым остроконечием. Мешочки тупо- или округло-трехгранные, обычно не вздутые, тонкокожистые, (2.7)3—4.5 мм дл., зрелые прижатые или немного отклоненные, с многочисленными буроватыми или пурпурными крапинками, с жилками, с прямым, коротко-двузубчатым, выемчатым или цельным носиком. Рылец 3. Растения без ползучих корневищ; характерно наличие антилигулы — язычковидного выроста на верхушке перепончатой стороны листовых влагалищ. — L e c t o t y p u s: *C. extensa* Good. — Егорова (h. l.).

17 видов в Европе, умеренном поясе Азии (на восток до Забайкалья, сев. Монголии и зап. Гималаев), Сев. (Мексика) и Южн. Америке, Сев. и Южн. Африке и на юго-востоке Австралии (рис. 38); вне рассматриваемой территории: *C. lainzii* Luceño, E. Rico et T. Romero (Luceño et al., 1987) (центр. Испания), *C. binervis* Smith, *C. mairii* Coss. et Germ. и *C. punctata* Gaudin (Европа и Сев. Африка), *C. cretica* Gradstein et Kern (о-в Крит), *C. munroi* Boott ex C. B. Clarke (зап. Гималаи), *C. distenta* Kunze ex Kunth и *C. fuscula* d'Urv. (Южн. Америка), *C. montis-eeka* Hillebrand (Гавайские о-ва), *C. fissirostris* Ball (сев.-зап. Африка — Марокко), *C. burchelliana* Boeck. (Южн. Африка), *C. blakei* Nelmes, *C. gunniana* Boott и *C. tasmanica* Kük. (юго-вост. Австралия). — Л и т.: Patzke, 1964; Егорова, 1976a; Chater, 1980; Nilsson, 1985; Crins, Ball, 1988.

Upper 1(2—3) spikes male, the others 2—4(8) female, many-flowered, dense, generally oblong-cylindrical, with long, up to 6 cm, more rarely short peduncles, lower spikes sometimes branched. Lowest bract with more or less long, 1.5—3(4) cm, sheath and with blade generally twice shorter than inflorescence, but sometimes (for example, in *C. extensa*) without sheath or with short, up to 1(2) cm, sheath and blade considerably longer than inflorescence. Female glumes 3-veined, at apex generally with scabrid point. Utricles obtuse or orbicular-trigonous, usually not inflated, thin-coriaceous, (2.7)3—4.5 mm long, at maturity adpressed or a little patent, with numerous brownish or purple freckles, veined, with a straight, short-bidentate, emarginate or entire beak. Stigmas 3. Plants without creeping rhizomes; the presence of antiligule (lingulate appendage at apex of membranous side of leaf sheaths) is characteristic. — Lectotypus: *C. extensa* Good. — Egorova (h. l.).

17 species in Europe, temperate zone of Asia (eastwards to Transbaikalia, in northern Mongolia and Western Himalaya), North (Mexico) and South America, North and South Africa and southeastern Australia (Fig. 38); outside considered territory: *C. lainzii* Luceño, E. Rico et T. Romero (Luceño et al., 1987) (Central Spain), *C. binervis* Smith, *C. mairii* Coss. et Germ. and *C. punctata* Gaudin (Europe and North Africa), *C. cretica* Gradstein et Kern (Crete), *C. munroi* Boott ex C. B. Clarke (Western Himalaya), *C. distenta* Kunze ex Kunth and *C. fuscula* d'Urv. (South America), *C. montis-eeka* Hillebrand (Hawaiian Islands), *C. fissirostris* Ball (North-West Africa: Morocco), *C. burchelliana* Boeck. (South Africa), *C. blakei* Nelmes, *C. gunniana* Boott and *C. tasmanica* Kük. (southeastern Australia). — Ref.: Patzke, 1964; Егорова, 1976a; Chater, 1980; Nilsson, 1985; Crins, Ball, 1988.

1. Пестичные колоски сближенные или нижний иногда б. м. отставленный, яйцевидные, шаровидные или продолговато-яйцевидные, 0.6—1.5(2) см дл. Нижний кроющий лист без влагалища или с влагалищем 0.3—1(2) см дл. и длинной пластинкой, в (1.5)3 раза превышающей соцветие. Мешочки яйцевидные, (2.7)3—3.5(4) мм дл., с гладким коротко-двузубчатым носиком. Листовые пластинки желобчатые.................................3. **C. extensa**.

\+ Пестичные колоски расставленные, продолговато-цилиндрические или продолговато-яйцевидные, (0.8)1—3(4) см дл. Нижний кроющий лист с влагалищем 1—3 см дл. и длинной пластинкой короче соцветия. Листовые пластинки плоские.................................2.

2. Тычиночный колосок коричневый, светло-коричневый или бледно-ржавый, на б. м. длинной ножке вследствие того, что верхний пестичный колосок отставлен от него. Мешочки яйцевидные или широкояйцевидные, 2.8—4.5 мм дл., в зрелом состоянии довольно плотно прижатые друг к другу и часто немного изогнутые к оси колоска, тупо-трехгранные, светло-ржавые или буроватые, б. ч. резко суженные в б. м. шероховатый, реже гладкий, двузубчатый, реже двузубчато-выемчатый носик. Чешуи пестичных колосков б. ч. яйцевидные, коричневые, на верхушке с шероховатым острием или, реже, туповатые, немного (на длину носика) короче мешочков. Пестичных колосков 2—3(4).................................2. **C. distans**.....3.

\+ Тычиночный колосок беловатый или бледно-ржавый, обычно без ножки, так как верхний пестичный колосок сидит почти у самого его основания. Мешочки яйцевидные или эллиптические, 3—3.5 мм дл., в зрелом состоянии несколько растопыренные, не прижатые друг к другу, округло-трехгранные, зеленоватые или желтовато-зеленоватые, постепенно суженные в гладкий или с единичными шипиками, цельный, выемчатый или едва двузубчатый носик. Чешуи пестичных колосков б. ч. широкояйцевидные, светло- или бледно-коричневые, на верхушке всегда с шероховатым острием, более чем вдвое короче мешочков и почти не видны из-за них. Пестичных колосков 3—4(5).................................1. **C. diluta**.

3. Соцветие до 35 см дл.; тычиночный колосок б. ч. коричневый, редко светло-коричневый или бледно-ржавый. Пестичные колоски 5—8 мм в диам.; чешуи б. ч. с острием. Мешочки яйцевидные, (3)3.5—4.5 мм дл., с явственно двузубчатым, редко едва двузубчатым носиком.................................2a. **C. distans** subsp. **distans**.

\+ Соцветие до 15(20) см дл. Тычиночный колосок бледно-ржавый, реже коричневый. Пестичные колоски 4—5.5(7) мм в диам.; чешуи б. ч. без острия. Мешочки широкояйцевидные, редко яйцевидные, 2.8—3.3(3.5) мм дл., с очень коротко-двузубчатым носиком........................ ....2b. **C. distans** subsp. **aspratilis**.

1\. Female spikes approximate, or lowest sometimes more or less distant, ovoid, globose or oblong-ovoid, 0.6—1.5(2) cm long. Lowest bract sheathless or with sheath 0.3—1(2) cm long and long blade, (1.5)3 times exceeding inflorescence. Utricles ovoid, (2.7)3—3.5(4) mm long, with a smooth short-bidentate beak. Leaf blades canaliculate.....3. **C. extensa**.
\+ Female spikes distant, oblong-cylindrical or oblong-ovoid, (0.8)1—3(4) cm long. Lowest bract with sheath 1—3 cm long and long blade shorter than inflorescence. Leaf blades flat...2.
2\. Male spike brown, light brown or pale ferruginous, with more or less long peduncle owing to the uppermost female spike to be distant from it. Utricles ovoid or broad-ovoid, 2.8—4.5 mm long, at maturity rather closely adpressed one to another and frequently a few curved to spike axis, obtuse-trigonous, light ferruginous or brownish, generally abruptly narrowed into a more or less scabrid, more rarely smooth, bidentate, more rarely bidentate-emarginate beak. Female glumes generally ovate, brown, with a scabrid cusp at apex or, more rarely, obtusish, a little (by length of beak) shorter than utricles. Female spikes 2—3(4)...2. **C. distans**.....3.
\+ Male spike whitish or pale ferruginous, usually without peduncle, because the uppermost female spike is located almost at its base. Utricles ovoid or elliptical, 3—3.5 mm long, at maturity somewhat spreaded, not adpressed one to another, orbicular-trigonous, greenish or yellowish-greenish, gradually narrowed into a smooth or with few prickles, entire, emarginate or scarcely bidentate beak. Female glumes generally broad-ovate, light or pale brown, at apex always with a scabrid cusp, more than twice shorter than utricles and almost invisible from behind them. Female spikes 3—4(5)..........................1. **C. diluta**.
3\. Inflorescence up to 35 cm long; male spike generally brown, rarely light brown or pale ferruginous. Female spikes 5—8 mm in diam.; glumes generally cuspidate. Utricles ovoid, (3)3.5—4.5 mm long, with a distinctly bidentate, rarely scarcely bidentate beak.............. ....2a. **C. distans** subsp. **distans**.
\+ Inflorescence up to 15(20) cm long. Male spike pale ferruginous, more rarely brown. Female spikes 4—5.5(7) mm in diam.; glumes generally without cusp. Utricles broad-ovoid, rarely ovoid, 2.8—3.3(3.5) mm long, with a very short-bidentate beak................ ....2b. **C. distans** subsp. **aspratilis**.

1 (107). **C. diluta** Bieb. 1808, Fl. Taur.-Cauc. 2 : 388; Kük. 1909, in Engl. Pflanzenr. 38 : 659, p. p.; В. Креч. 1935, во Фл. СССР, 3 : 394, p. max. p.; Егор. 1976а, во Фл. Европ. ч. СССР, 2 : 177; ead. 1976б, в Опред. раст. Средн. Азии, 5 : 70; Малышев, 1990, во Фл. Сиб. 3 : 128. — *C. aitchisonii* Boeck. 1880, Flora (Regensb.), 63 : 456. — *C. karelinii* Meinsh. 1901, Тр. Петерб. бот. сада, **18**, 3 : 380; В. Креч. 1935, l. c. : 395. — *C. chorgosica* Meinsh. 1901, l. c. : 381. — *C. diluta* var. *karelinii* (Meinsh.) Kük. 1909, l. c. : 660. — *C. diluta* var. *chorgosica* (Meinsh.) Kük. 1909, l. c. : 660. — *C. czarwakensis* Litv. 1910, Тр. Бот. муз. Акад. наук, 7 : 97; В. Креч. 1935, l. c. : 395. — Exs.: H.F.R. № 1792, H.F. URSS № 6964. — **О. светлая**.

Описан с Кавказа; typus: Грузия, «Iberia, Steven» (LE! isotypi LE! H).

На сырых и болотистых, обычно солонцеватых или засоленных лугах, по берегам рек и ручьев, у выходов ключей, по арыкам; от равнины до среднего пояса гор. — **Европ. ч.**: Сред.-Днепр. (вост.: Полтавская, Харьковская и Луганская обл., очень редко), Волж.-Дон., Заволж., Причерн. (вост.: Артемовск и Донецк), Ниж.-Дон., Ниж.-Волж., ? Крым.; **Кавк.**: все районы, редок в Зап. Закавк.; **Зап. Сиб.**: Обск. (юго-вост.), Верх.-Тоб., Ирт., Алт.; **Вост. Сиб.**: Анг.-

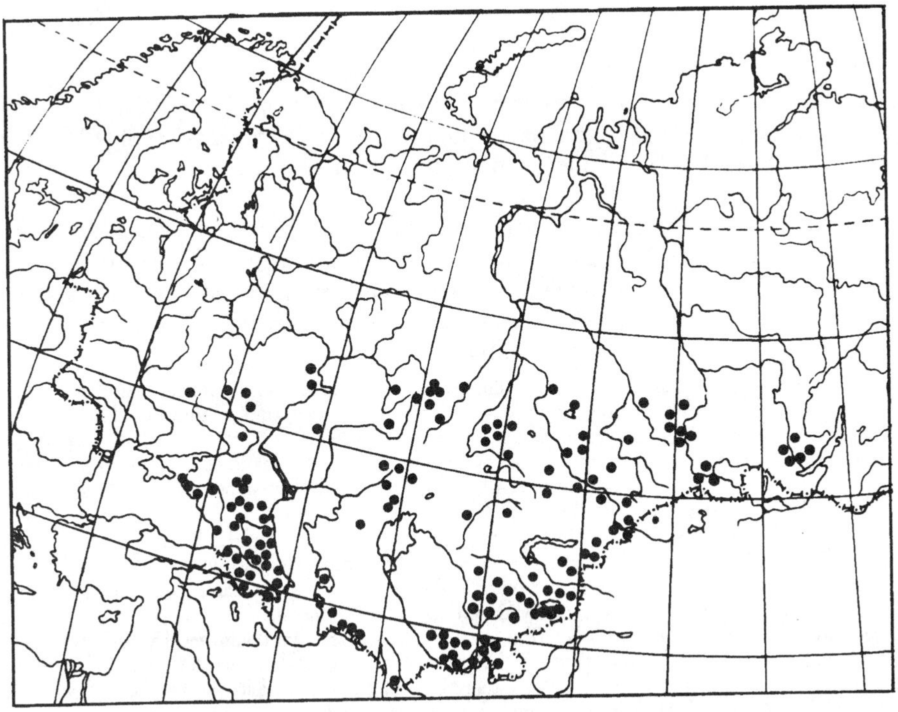

Рис. 39. Распространение *Carex diluta* Bieb. на территории России и сопредельных государств.

Fig. 39. Distribution of *Carex diluta* Bieb. in the territory of Russia and adjacent states.

Саян. (зап. и вост.), Даур. (зап.); **Средн. Азия**: все районы, кроме Каракум., Кызылкум. и Амудар. Общ. распр.: З. (юго-зап. Турция, Ирак, Иран, Афганистан), Ц. (Китай: Джунгария, Кашгария, Памир; сев. Монголия: Улангом) и Ю. (зап. Пакистан; Индия: Каракорум и зап. Гималаи) Азия. — 2n = ? — Рис. 24, *2*; 39.

Характерное растение солонцеватых и засоленных лугов, широко распространенное на Кавказе и в Средней Азии. Довольно полиморфный вид. Длина его соцветия варьирует в пределах от 10 до 23 см дл. Тычиночный колосок б. ч. 1, но иногда их 2; очень редко верхний колосок гинекандрический; нижние пестичные колоски бывают ветвистыми. Жилки на мешочках обычно хорошо развиты, но иногда они почти не выражены. Носики варьируют от цельных до выемчатых или едва двузубчатых и от гладких до слабо шероховатых (и те, и другие можно наблюдать в одном колоске).

Тип *C. karelinii* Meinsh., l. c. (Средняя Азия, Прибалхашье: «Songaria ad fl. Lepsa, 7 VI 1840, Schrenk et Meinshausen» — LE!) и гербарные образцы с юга Европейской части, Кавказа, юга Зап. Сибири и из Средней Азии, отнесенные В. И. Кречетовичем (l. c.) к этому виду, не обнаруживают отличий от *C. diluta*. Признаки, по которым Кречетович отличал *C. karelinii* от *C. diluta*, не подтвердились на гербарном материале (Егорова, 1967 : 84; 1976а, 1976б). К. Ф. Мейнсгаузен сравнивал *C. karelinii* с *C. distans* и *C. extensa*. Синонимом *C. diluta* является и *C. czarwakensis* Litv., l. c., также описанная из Средней Азии (typus: Узбекистан, Ферганская долина, «Андижанский у., Чарвак, у родника, 5 VI 1899, Д. Литвинов» — LE!). Как правильно предположил Кречетович (l. c.), в качестве *C. czarwakensis* были описаны крупные образцы *C. diluta*.

C. diluta обнаруживает близкое родство с *C. fissirostris* Ball (Марокко), *C. munroi* Boott ex C. B. Clarke (зап. Гималаи) и *C. burcheliana* Boeck. (Южн. Африка).

В Крыму *C. diluta*, по всей вероятности, не встречается (Егорова, 1976а).

Между *C. diluta* и обоими подвидами *C. distans* имеет место интрогрессивная гибридизация: их стерильные помеси уклоняются в сторону *C. distans*, отличаясь от нее более мелкими мешочками со слабо двузубчатым носиком (Егорова, 1976а; Nilsson, 1985; Малышев, 1990).

A typical plant of semi-saline and saline meadows, widespread in Caucasus and Middle Asia. Rather polymorphic species. The length of its inflorescence varies from 10 to 23 cm long. Male spike generally 1, but sometimes 2; termimal spike is very rarely gynaecandrous; lower female spikes sometimes branched. Veins on utricles are usually well developed, but sometimes they are almost indistinct. Beaks vary from entire to emarginate or scarcely bidentate and from smooth to slightly scabrid (both are possible to be observed in the same spike).

The type of *C. karelinii* Meinsh., l. c. (Middle Asia, Lake Balkhash region: «Songaria ad fl. Lepsa, 7 VI 1840, Schrenk et Meinshausen» — LE!) and herbarium specimens from southern European part, Caucasus, South Siberia and Middle Asia, ascribed by Kreczetowicz (Кречетович, l. c.) to this species, do not demonstrate any differences from *C. diluta*. The characters considered by Kreczetowicz as distinctive for *C. karelinii* from *C. diluta*, were not confirmed by herbarium material (Егорова, 1967 : 84; 1976a, 1976б). Meinshausen compared *C. karelinii* with *C. distans* and *C. extensa*. Among synonyms of *C. diluta*, there is *C. czarwakensis* Litv. as well, also described from Middle Asia (typus: Uzbekistan, Fergana Valley, «Андижанский у., Чарвак, у родника, 5 VI 1899, Д. Литвинов» — LE!). As Kreczetowicz (Кречетович, l. c.) correctly supposed, the large samples of *C. diluta* were described as *C. czarwakensis*.

C. diluta demonstrates close relation with *C. fissirostris* Ball (Morocco), *C. munroi* Boott ex C. B. Clarke (Western Himalaya) and *C. burcheliana* Boeck. (South Africa).

Most probably, *C. diluta*, does not occur in the Crimea (Егорова, 1976a).

Between *C. diluta* and both subspecies of *C. distans*, an introgressive hybridization takes place: their sterile crossbreds deviate to *C. distans*, differing from it by smaller utricles with slightly bidentate beak (Егорова, 1976a; Nilsson, 1985; Малышев, 1990).

2 (108). **C. distans** L. 1759, Syst. Nat., ed. 10, 2 : 1263; В. Креч. 1935, во Фл. СССР, 3 : 397; Егор. 1976, во Фл. Европ. ч. СССР, 2 : 177. — *C. fulva* Gaertn., Mey. et Scherb. 1802, Fl. Wetteram, 3 : 330. — *C. flavescens* Host, 1809, Gram. Austr. 4 : 53, tab. 96. — *C. diluta* auct. non Bieb.: В. Креч. 1935, l. c. : 394, p. p., quoad pl. taur. — Exs.: H.F.R. №№ 193, 1638. — **О. расставленная**.

Описан из Европы; typus: Morison, 1715, Pl. Hist. Univ. Oxon. sect. 8, tab. 12, fig. 18 — Егорова (h. l.).

a) subsp. **distans**.

На сырых и болотистых, б. ч. засоленных, иногда приморских лугах. — **Европ. ч.**: Прибалт. (Эстония, запад Латвии, Литва), Верх.-Днепр. (запад и юг Беларуси), Верх.-Волж. (окр. Калуги), Карп., Средн.-Днепр., Волж.-Дон. (Орловская обл.: близ Орла; Липецкая обл.; Воронежская обл.), Молд., Причерн., Ниж.-Дон. (р. Чир и ст. Должанская), Крым.; **Кавк.**: Предкавк. (зап.), Б. Кавк. (юг Дагестана), Зап. (сев.: Анапа, Новороссийск), Вост. (Апшеронский п-ов) и Южн. (Армения: окр. Еревана и басс. Севана; Нахичеванская республика) Закавк., Тал. Общ. распр.: С. (юг), Атл., Ц. и Ю. Европа; З. Азия (Турция, сев.-вост. Ирак, сев. Иран); С. Африка. — 2n = 72 (Dietrich, 1972), 74 (Heilborn, 1924; Davies, 1955; Kjellqvist, Löve, 1963; Тодераш, 1980). — Рис. 24, *1*.

В качестве типа вида здесь обозначен единственный элемент, включенный К. Линнеем в протолог *C. distans*.

Для Липецкой обл. растение приведено по литературным данным (Флора Липецкой обл., 1996).

The only element included by C. Linnaeus in the protologue of the *C. distans* is accepted here as the holotype of this species.

b) subsp. **aspratilis** (V. Krecz.) Egor. 1976, во Фл. Европ. ч. СССР, 2 : 177; Малышев, 1990, во Фл. Сиб. 3 : 128. — *C. aspratilis* V. Krecz. 1935, во Фл. СССР, 3 : 618, 398. — *C. karelinii* var. *aspratilis* (V. Krecz.) Serg. 1961, в Крылов, Фл. Зап. Сиб. **12**, 1 : 3188. — **О. шероховатая**.

Описан из Казахстана; typus: «Тургайская обл., Кустанайский уезд, мокрые солончаки близ оз. Белого, 8 VI 1921, № 97, Н. В. Павлов» (LE!).

На сырых и болотистых лугах, солончаках, по берегам водоемов. — **Европ. ч.**: Волж.-Дон. (Нижегородская и Ульяновская обл.), Заволж., Ниж.-Дон. (окр. Красноармейска), Ниж.-Волж. (Урда); **Зап. Сиб.**: Обск. (крайний юг), Верх.-Тоб., Ирт.; **Вост. Сиб.**: Анг.-Саян., Даур. (зап.); **Средн. Азия**: Арало-Касп. (пески Б.Барсуки и окр. ж.-д. ст. Челкар). Общ. распр.: Ц. Азия (сев. Монголия). — 2n = ?

По степени шероховатости носиков мешочков типовой подвид и subsp. *aspratilis* не обнаруживают отличий. Оба подвида (но чаще subsp. *aspratilis*) образуют стерильные помеси с *C. diluta* (см. комментарии к этому виду).

The type subspecies and subsp. *aspratilis* have no distinctions by the degree of beak scabridness. Both subspecies (but more often subsp. *aspratilis*) generate sterile crossbreds with *C. diluta* (see comments to that species).

3 (109). **C. extensa** Good. 1794, Trans. Linn. Soc. London, 2 : 175, tab. 21, fig. 7; В. Креч. 1935, во Фл. СССР, 3 : 396; Егор. 1976, во Фл. Европ. ч. СССР, 2 : 177. — Exs.: H.F.R. № 1693. — **О. растянутая**.

Описан из южн. Англии («Habitat in palustribus prope Harwich, marshy part of Braunton Burrows in Devonshire»); syntypi: K.

На засоленных песчаных местах по морским побережьям. — **Европ. ч.**: Прибалт. (Эстония), Молд. (юг: Буджак), Причерн., Крым.; **Кавк.**: Предкавк. (побережье Керченского пролива), Б. Кавк. (Дагестан: окр. Махачкалы и Каспийска), Зап. Закавк. (сев.: Анапа, Новороссийск), Тал. (п-ов Сара). Общ. распр.: С. (юг), Атл., Ц. (сев.) и Ю. Европа; С. Америка (заносное), С. Африка, Ю. Африка (? заносное). — 2n = 60 (Davies, 1955, 1956a, 1956b; Dietrich, 1972).

У *C. extensa* влагалище кроющего листа нижнего пестичного колоска или совсем не развито, или варьирует в пределах 0.3—1(2) см дл., причем, чем сильнее нижний пестичный колосок отставлен от остальных колосков, тем длиннее влагалище его кроющего листа.

На юге Африки (Капская обл.) и в Южн. Америке (Буэнос-Айрес) *C. extensa* представлена соответственно var. *ecklonii* (Nees) Kük. и var. *vixdentata* Kük. ex Barros, которые, возможно, следует рассматривать в качестве ее подвидов или отдельных видов. Заметим, что для Южн. Африки (ЮАР: Натал) указывается и типичная *C. extensa* (Kükenthal, 1909; Palhinha, 1966); по-видимому, она встречается там как заносное растение.

Близкое родство *C. extensa* обнаруживает с средиземноморским видом *C. mairii* Coss. et Germ.

In *C. extensa* the sheath of the lowest female spike bract is either not developed at all, or varies by 0.3–1(2) cm long, the longer lowest female spike being distant from the others, the longer the sheath of its bract being.

In South Africa (Cape Province) and South America (Buenos Aires) *C. extensa* is represented, correspondently, by var. *ecklonii* (Nees) Kük. and var. *vixdentata* Kük. ex Barros, which should possibly be considered as its subspecies or separate species. To note, the typical *C. extensa* is cited for South Africa (Republic of South Africa: Natal) as well (Kükenthal, 1909; Palhinha, 1966); it obviously occurs there as an alien plant.

C. extensa demonstrates close relation with Mediterranean species *C. mairii* Coss. et Germ.

Sectio 22. Ceratocystis Dumort. 1827, Fl. Belg. : 147, p. p.; Chater, 1980, in Fl. Europ. 5 : 309. — *Carex* 3. *Carices extensae* Fries, 1835, Corp. Fl. Suec. : 188, p. p. — *Carex* δ. *Fulvellae* Fries, 1845, Summa Veg. Scand. 1 : 70, p. p., nom. nud. — Sect. *Carex proper* subsect. *Flavae* Carey, 1848, in A. Gray, Man. Bot. : 559. — Sect. *Fulvellae* Fries ex Christ, 1885, Bull. Soc. Bot. Belg. **24**, 2 : 12, p. min. p., nom. nud. — Sect. *Flavae* (Carey) Christ, 1885, l. c. : 12, p. p. — Sect. *Spirostachyae* Drej. ex L. H. Bailey, 1887, Proc. Amer. Acad. Arts Sci. 22 : 109, p. p.; Kük. 1909, in Engl. Pflanzenr. 38 : 657, p. p. — Sect. *Fulvellae* Fries ex Meinsh. 1901, Тр. Петерб. бот. сада, **18**, 3 : 380, p. p. — *Proteocarpus* Börn. subgen. *Nastantha* Börn. 1913, Abh. Naturw. Ver. Bremen, 21 : 267. — Sect. *Nastantha* (Börn.) V. Krecz. 1935, во Фл. СССР, 3 : 385, p. p. — Верхний колосок тычиночный, иногда (у *C. serotina*) гинекандрический (очень редко 2–3 верхних колоска тычиночные), остальные 2–6 пестичные, б. м. многоцветковые, густые, б. ч. яйцевидные и продолговато-яйцевидные, обычно почти сидячие, или нижний иногда на ножке 1–3(5) см дл. (изредка он ветвистый). Нижний кроющий лист б. ч. без влагалища, с пластинкой обычно намного длиннее соцветия. Чешуи пестичных колосков с 1 жилкой, туповатые или острые. Мешочки округло-трехгранные в поперечном сечении, вздутые (кроме *C. scandinavica*), перепончатые или тонкокожистые, (1.8)2–6(7) мм дл., зрелые косо, горизонтально или вниз отогнутые, желтоватые, обычно с жилками, с коротко-двузубчатым или выемчатым, гладким или шероховатым, прямым или б. м. изогнутым носиком. Рылец 3. Растения без ползучих корневищ, редко (*C. hostiana*) с короткими ползучими корневищами. — Lectotypus: *C. flava* L. — Егорова (h. l.).

15 видов, преимущественно в Европе и Сев.Америке, отчасти в умеренном поясе Азии, Сев. Африке, Нов. Зеландии, Тасмании и на юге Южн. Америки; вне рассматриваемой территории: *C. demissa* Hornem. (subsp. *demissa* — Зап. Европа; subsp. *iranica* Kukkonen (Kukkonen, 1984b) — Иран), *C. durieui* Steud. (сев.-зап. Пиренеи), *C. nevadensis* Boiss. et Reuter (Южн. Европа, Сев. Африка), *C. cryptolepis* Mackenzie и *C. saxilittoralis* Robertson (Robertson, 1980) (восток Сев. Америки), *C. cataractae* R. Br. (юг Чили и Аргентины) и *C. flaviformis* Nelmes (Тасмания, Нов. Зеландия). — Лит.: Senay, 1950, 1951; Davies, 1953, 1955; Palmgren, 1959; Егорова, 1973; Havlíčková, 1982, 1983; Schmid, 1982, 1983; Crins, Ball, 1987, 1988, 1989; Даушкевич и др., 1990; Stoeva, Štěpánková, 1990; Pykälä, Toivonen, 1994.

Название *Ceratocystis* Dumort. было принято для обозначения данной секции Чейтером (Chater, l. c.) и использовано затем рядом авторов (Nilsson, 1985; Crins, Ball, 1988, 1989). Однако лектотип этого очень сборного в первоначальном понимании таксона (Dumortier, l. c.) не был предложен. Следуя установившейся в последнее время практике применения названия *Ceratocystis* для группы видов родства *C. flava*, я выбрала последний вид в качестве лектотипа рассматриваемой секции.

Виды секции *Ceratocystis* и предыдущей секции *Spirostachyae* одними авторами (Bailey, l. c.; Kükenthal, l. c.; Mackenzie, 1935; Кречетович, 1935a; Palmgren, 1959, и др.) объединяются в одну секцию (*Spirostachyae*, *Fulvellae* или *Nastantha*), в то время как другими (Nelmes, 1952b, 1962; Егорова, 1976a; Chater, 1980; Nilsson, 1985; Crins, Ball, 1988, 1989) они рассматриваются в составе 2 близкородственных, но достаточно хорошо обособленных секций (*Spirostachyae*, или *Distantes* и *Flavae*, или *Ceratocystis*). Отмеченные рядом авторов (Patzke, 1964; Егорова, 1976a; Chater, 1980) диагностические признаки этих секций (форма и расположение пестичных колосков, степень выраженности влагалища у нижнего кроющего листа, характер верхушки у чешуй пестичных колосков, наличие или отсутствие у мешочков буроватых или пурпурных крапинок — кристаллических включений в клетках эпидермы) недавно были дополнены Кринсом и Боллом (Crins, Ball, 1988), которые установили, что данные группы осок различаются и по составу флавоноидов, форме плодов и, отчасти, по образованной коническими кремнеземными телами скульптуре нижних стенок их эпидермы.

Секция *Ceratocystis* — одна из наиболее сложных в систематическом отношении групп осок. Довольно большой полиморфизм видов, нечеткость их морфологических границ, существование многочисленных помесей, обычно стерильных, но иногда (в результате интрогрессивной гибридизации) в разной степени фертильных, значительно затрудняют идентификацию растений рассматриваемой секции. Хорошо различаются только б. м. типичные образцы видов. Таксономическую принадлежность многих особей можно определить лишь условно.

В настоящее время в оценке систематического положения некоторых представителей секции *Ceratocystis* существуют определенные разногласия. Примечательно, что на основании детальных кариосистематических исследований осок этой группы одни авторы (Schmid, 1983; Crins, Ball, 1989) рассматривают *C. lepidocarpa* и *C. demissa* в качестве разновидностей *C. viridula* Michx., а *C. serotina* — как синоним последней, в то время как другие (Stoeva, Štěpánková, 1990) принимают названные таксоны в ранге вида.

Terminal spike male, sometimes (at *C. serotina*) gynaecandrous (very rarely 2—3 upper spikes male), the others 2—6 female, more or less many-flowered, dense, generally ovoid and oblong-ovoid, usually subsessile, or lowest sometimes with peduncle 1—3(5) cm long (rarely branched). Lowest bract generally sheathless, with blade usually much longer than inflorescence. Female glumes 1-veined, obtusish or acute. Utricles orbicular-trigonous in cross-section, inflated (except *C. scandinavica*), membranous or thin-coriaceous, (1.8)2—6(7) mm long, at maturity obliquely or horizontally patent or deflexed, yellowish, usually veined, with a short-bidentate or emarginate, smooth or scabrid, straight or more or less curved beak. Stigmas 3. Plants without creeping rhizomes, rarely (in *C. hostiana*) with short-creeping rhizomes. — L e c t o t y p u s: *C. flava* L. — Егорова (h. l.).

15 species, mainly in Europe and North America, partly in temperate zone of Asia, in North Africa, New Zealand, Tasmania and in southern South America; outside considered territory: *C. demissa* Hornem. (subsp. *demissa* — Western Europe; subsp. *iranica* Kukkonen (Kukkonen, 1984b) — Iran), *C. durieui* Steud. (north-western Pyrenees), *C. nevadensis* Boiss. et Reuter (South Europe, North Africa), *C. cryptolepis* Mackenzie and *C. saxilittoralis* Robertson (Robertson, 1980) (eastern North America), *C. cataractae* R. Br. (southern Chile and Argentina) and *C. flaviformis* Nelmes (Tasmania, New Zealand). — R e f.: Senay, 1950, 1951; Davies, 1953, 1955; Palmgren, 1959; Егорова, 1973; Havlíčková, 1982, 1983; Schmid, 1982, 1983; Crins, Ball, 1987, 1988, 1989; Даушкевич и др., 1990; Stoeva, Štěpánková, 1990; Pykälä, Toivonen, 1994.

The name *Ceratocystis* Dumort. was accepted for this section by Chater (l. c.) and has been then used by a number of authors (Nilsson, 1985; Crins, Ball, 1988, 1989). However, the lectotype of this taxon, the latter being very combine in original sense (Dumortier, l. c.), was not proposed. Following to recently established practice of using the name *Ceratocystis* for the group of species allied to *C. flava*, I have chosen the latter species as the lectotype of considered section.

Some authors (Bailey, l. c.; Kükenthal, l. c.; Mackenzie, 1935; Кречетович, 1935a; Palmgren, 1959, etc.) unite species of the section *Ceratocystis* and the previous section *Spirostachyae* in the one section (*Spirostachyae*, *Fulvellae* or *Nastantha*), while others (Nelmes, 1952b, 1962; Егорова, 1976a; Chater, 1980; Nilsson, 1985; Crins, Ball, 1988, 1989) consider them as 2 closely related, but quite well separated sections (*Spirostachyae*, or *Distantes* and *Flavae*, or *Ceratocystis*). Diagnostic characters of these sections, pointed out by a number of authors (Patzke, 1964; Егорова, 1976a; Chater, 1980), namely the shape and arrangement of female spikes, extent of sheath development in lowest bract, character of apex in female glumes, presence or absence of brownish or purple freckles in utricles, being crystal inclusions in epidermal cells, recently were supplemented by Crins and Ball (1988), who have established, that these groups of sedges are distinguished also by composition of flavonoids, shape of fruits and partly by sculpture of lower walls of their epidermal cells which is formed by conic silica bodies.

The section *Ceratocystis* is one of the most systematically difficult in groups of sedges. Rather great polymorphism of species, indistinctness of their morphological boundaries, existence of numerous crossbreds, usually sterile, but sometimes (as a result of introgressive hybridization) to a different extent fertile, considerably impede the identification of plants of considered section. Only more or less typical specimens of species are well distinguishable. Taxonomic belonging of many specimens can be determined only relatively.

At present, there are certain differences in estimation of systematic position of some representatives of the section *Ceratocystis*. It is remarkable, that both basing on detailed karyosystematical investigations of sedges from this group, some authors (Schmid, 1983; Crins, Ball, 1989) consider *C. lepidocarpa* and *C. demissa* as varieties of *C. viridula* Michx., and *C. serotina* as the synonym of the latter, while others (Stoeva, Štěpánková, 1990) accept all the enumerated taxa in specific rank.

1. Тычиночных колосков 1(2); пестичные колоски расставленные, продолговато-яйцевидные или продолговатые, 1.5–2 см дл., нижний на ножке 1–5 см дл. Нижний кроющий лист с влагалищем (0.7)1–2.5(3.5) см дл. и пластинкой заметно короче соцветия. Носик мешочков в устье белоперепончатый, 0.8–1.1 мм дл. ....1. **C. hostiana**.

\+ Тычиночный колосок обычно 1; пестичные колоски сближенные, или нижний иногда б. м. значительно отставленный, на ножке 1–2 см дл. Нижний кроющий лист обычно без влагалища, с пластинкой, превышающей соцветие, равной ему или немного короче. Носик мешочков в устье не белоперепончатый..2.

2. Мешочки (3.5)4–6(7) мм дл., зрелые обычно вниз отогнутые, с удлиненным, (1.2)1.4–2 мм, б. м. изогнутым носиком. Пестичные колоски 0.7–2 см дл., 0.6–1(1.2) см в диам. Листовые пластинки плоские, 2–6(7) мм шир. ....3.

\+ Мешочки (1.8)2–3.5(3.7) мм дл., зрелые косо отклоненные от оси колоска, с более коротким, 0.5–0.8(1) мм, прямым носиком. Пестичные колоски 0.5–1.2(1.4) см дл., 0.4–0.7 см в диам. Листовые пластинки плоские или желобчатые, 1.5–4 мм шир. ....5.

3. Нижний кроющий лист в (1.5)2–5 раз длиннее соцветия, (1.5)2–3 мм шир. Мешочки (3.5–4)4.5–6(7) мм дл., с носиком, равным 1/2 длины всего мешочка. Тычиночный колосок сидячий или, реже, на ножке 1(2) см дл.; чешуи его обычно без белоперепончатых краев...... ....2. **C. flava**.

\+ Нижний кроющий лист равен соцветию или немного короче или длиннее его (но не более, чем в 1.5(2) раза), 1–1.5(2) мм шир. Мешочки (3.5)3.7–4.5(5) мм дл., с носиком, равным 1/3 длины всего мешочка. Тычиночный колосок на ножке 0.5–3(4) см дл. или, реже, почти сидячий...4.

4. Листья обычно вдвое короче стебля, 2—3(4) мм шир. Тычиночный колосок на ножке 0.5—3(4) см дл. (иногда тычиночных колосков 2—3). Нижний кроющий лист равен соцветию или немного короче его, реже длиннее. Мешочки обратнояйцевидные, довольно резко суженные в носик 1.5—2 мм дл. ....3. **C. lepidocarpa**.

\+ Листья почти равные стеблю или короче его на 1/3, 2—4 мм шир. Тычиночный колосок почти сидячий или на ножке 0.5—1 см дл., всегда 1. Нижний кроющий лист превышает соцветие. Мешочки широкоэллиптические, постепенно суженные в носик 1—2 мм дл. ....4. **C. jemtlandica**.

5(2). Мешочки не вздутые (плод полностью заполняет мешочек), (1.8)2—2.5 мм дл., 0.9—1.1 мм шир., с неясными жилками или без жилок. Пестичные колоски в числе 2—3(5), 4—5 мм в диам., не ветвистые, темно-коричневые. Листовые пластинки желобчатые, 1.5—2.5 мм шир. ....7. **C. scandinavica**.

\+ Мешочки б. м. вздутые (плод не полностью заполняет мешочек), (2)2.5—4(4.7) мм дл., 1.2—1.8 мм шир., обычно с явственными жилками. Пестичные колоски в числе 2—6, 5—7 мм в диам., нижние иногда ветвистые, ржаво- или бледно-коричневые или зеленоватые. Листовые пластинки плоские, реже б. м. желобчатые, 2—4 мм шир. ... .6.

6. Мешочки (3)3.5—4(4.7) мм дл., 1.5—1.8 мм шир., довольно сильно вздутые. Пестичные колоски малоцветковые.............6. **C. bergrothii**.

\+ Мешочки 2—3.5 мм дл., (1)1.2—1.5 мм шир. Пестичные колоски многоцветковые..7.

7. Мешочки (2)2.5—3.5 мм дл., б. ч. обратнояйцевидные или продолговато-обратнояйцевидные, реже широко-обратнояйцевидные, б. ч. постепенно суженные в носик. Чешуи пестичных колосков б. ч. продолговато-яйцевидные или яйцевидные..............................5. **C. serotina**.

\+ Мешочки 2—2.5(3) мм дл., широко-обратнояйцевидные, резко суженные в носик. Чешуи пестичных колосков широкояйцевидные или яйцевидные..8. **C. viridula**.

1. Male spikes 1(2); female spikes distant, oblong-ovoid or oblong, 1.5—2 cm long, lowest with peduncle 1—5 cm long. Lowest bract with sheath (0.7)1—2.5(3.5) cm long and blade appreciably shorter than inflorescence. Utricle beak white-scarious at orifice, 0.8—1.1 mm long..1. **C. hostiana**.

\+ Male spike generally 1; female spikes approximate, lowest one sometimes more or less considerably distant, with peduncle 1—2 cm long. Lowest bract usually sheathless, with blade exceeding inflorescence, equal to it or a little shorter. Utricle beak at orifice not white-scarious..2.

2. Utricles (3.5)4—6(7) mm long, at maturity usually deflexed, with an elongate, (1.2)1.4—2 mm, more or less curved beak. Female spikes 0.7—2 cm long, 0.6—1(1.2) cm in diam. Leaf blades flat, 2—6(7) mm wide..3.

\+ Utricles (1.8)2—3.5(3.7) mm long, at maturity obliquely patent, with a shorter, 0.5—0.8(1) mm, straight beak. Female spikes 0.5—1.2(1.4) cm long, 0.4—0.7 cm in diam. Leaf blades flat or canaliculate, 1.5—4 mm wide..5.

3. Lowest bract (1.5)2—5 times longer than inflorescence, (1.5)2—3 mm wide. Utricles (3.5—4)4.5—6(7) mm long, with a beak as long as 1/2 of the whole utricle. Male spike sessile or, more rarely, with peduncle 1(2) cm long; its glumes usually without white-scarious margins..2. **C. flava**.

\+ Lowest bract equal to inflorescence or a little shorter or longer (not more than 1.5(2) times), 1–1.5(2) mm wide. Utricles (3.5)3.7–4.5(5) mm long, with a beak as long as 1/3 of the whole utricle. Male spike with peduncle 0.5–3(4) cm long or, more rarely, subsessile..4.

4\. Leaves usually twice shorter than stem, 2–3(4) mm wide. Male spike with peduncle 0.5–3(4) cm long (sometimes of male spikes 2–3). Lowest bract equal to inflorescence or a little shorter, more rarely longer. Utricles obovoid, rather abruptly narrowed into a beak 1.5–2 mm long..3. **C. lepidocarpa.**

\+ Leaves almost equal to stem or shorter by 1/3, 2–4 mm wide. Male spike subsessile or with peduncle 0.5–1 cm long, always 1. Lowest bract exceeding inflorescence. Utricles broad-elliptical, gradually narrowed into a beak 1–2 mm long............4. **C. jemtlandica.**

5(2). Utricles not inflated (fruit completely fills utricle), (1.8)2–2.5 mm long, 0.9–1.1 mm wide, obscurely veined or veinless. Female spikes 2–3(5), 4–5 mm in diam., not branched, dark brown. Leaf blades canaliculate, 1.5–2.5 mm wide...7. **C. scandinavica.**

\+ Utricles more or less inflated (fruit incompletely fills utricle), (2)2.5–4(4.7) mm long, 1.2–1.8 mm wide, usually distinctly veined. Female spikes 2–6, 5–7 mm in diam., lower ones sometimes branched, ferruginous- or pale brown or greenish. Leaf blades flat, more rarely more or less canaliculate, 2–4 mm wide..6.

6\. Utricles (3)3.5–4(4.7) mm long, 1.5–1.8 mm wide, rather strongly inflated. Female spikes few-flowered..6. **C. bergrothii.**

\+ Utricles 2–3.5 mm long, (1)1.2–1.5 mm wide. Female spikes many-flowered.............7.

7\. Utricles (2)2.5–3.5 mm long, generally obovoid or oblong-obovoid, more rarely broad-obovoid, generally gradually narrowed into a beak. Female glumes generally oblong-ovate or ovate...5. **C. serotina.**

\+ Utricles 2–2.5(3) mm long, broad-obovoid, abruptly narrowed into a beak. Female glumes broad-ovate or ovate...8. **C. viridula.**

Subsect. 1. **Hostianae** Egor. 1985, Бот. журн. **70**, 11 : 1551. — Sect. *Nastantha* (Börn.) V. Krecz. ser. *Distantiformes* V. Krecz. 1935, во Фл. СССР, 3 : 396, p. p. — Тычиночных колосков 1(2); пестичные колоски продолговато-яйцевидные или продолговатые, расставленные, на ножке, которая у нижнего колоска 1—5 см дл. Нижний кроющий лист с влагалищем и пластинкой короче соцветия. Мешочки косо отклоненные, прямые, с прямым, в устье белоперепончатым носиком 0.8—1.1 мм дл., равным 1/4 длины всего мешочка. — Typus: *C. hostiana* DC. Монотипная подсекция.

Male spikes 1(2); female spikes oblong-ovoid or oblong, distant, with peduncles, the latter of lowest spike 1–5 cm long. Lowest bract with sheath and blade shorter than inflorescence. Utricles is obliquely patent, straight, with a straight, white-scarious at orifice beak 0.8–1.1 mm long, as long as 1/4 of the whole utricle. — Typus: *C. hostiana* DC. Monotypic subsection.

1 (110). **C. hostiana** DC. 1813, Cat. Pl. Horti Monsp. : 88; В. Креч. 1935, во Фл. СССР, 3 : 397; Егор. 1976, во Фл. Европ. ч. СССР, 2 : 178; Crins a. Ball, 1987, Rhodora, **89**, 859 : 253. — *C. hornschuchiana* Hoppe, 1824, Flora (Regensb.), 7 : 599; Kük. 1909, in Engl. Pflanzenr. 38 : 665. — *C. fulvescens* Mackenzie, 1910, Bull. Torrey Bot. Club, 37 : 239—241. — *C. fulva* auct. non Good.: Host, 1809, Gram. Austr. 4 : 53, tab. 95. — Exs.: H.F. URSS № 6965. — **О. Хоста.**

Описан из Австрии («Hab. in Austria»); typus: Host, l. c., tab. 77, «*C. fulva* Good.».

На сырых и болотистых лугах, заболоченных берегах водоемов, низинных болотах; на карбонатной почве. — **Европ. ч.**: Прибалт., Лад.-Ильм., Верх.-Днепр. (Беларусь), Карп., Сред.-Днепр. (сев.-зап.). Общ. распр.: С., Атл., Ц. и Ю. (очень редко) Европа; С. Америка (восток Канады: о-в Ньюфаундленд и залив Св. Лаврентия). — 2n = 56 (Heilborn, 1924, 1928; Davies, 1953, 1956a, 1956b).

Поскольку при первоописании *C. hostiana* не были указаны гербарные образцы, типом вида следует считать цитированный в протологе рисунок («*C. fulva* Host, Gram. 4, t. 77») из работы Хоста (Host, l. c.), ошибочно обозначенный как *C. fulva* Good. Как видно из цитаты, автором описания *C. hostiana* дана ссылка на табл. 77. Следует отметить, что в экземпляре работы Хоста, хранящемся в библиотеке Ботанического института им. В. Л. Комарова (LE), на этой таблице изображена *C. bellardi* All. (= *Kobresia bellardi* (All.) Degl., *K. myosuroides* (Vill.) Fiori et Paol.), рисунок же *C. fulva* имеется на табл. 95. Ошибка в цитировании номера таблицы весьма маловероятна, и поэтому приходится допустить, что в распоряжении де Кандолля был экземпляр с другим расположением таблиц, что иногда имеет место в книгах XVIII в., для которых рисунки выполнялись ручным способом.

Представление о *C. hostiana* как об европейском растении изменилось после отождествления с ним североамериканского вида *C. fulvescens* Mackenzie, l. c. (Crins, Ball, 1987).

Образует стерильные помеси с *C. flava*, *C. lepidocarpa* и *C. serotina*. *C. fulva* Good. представляет собой гибрид *C. hostiana* с *C. serotina* (Kükenthal, l. c.) либо с *C. lepidocarpa* (Jermy, Tutin, 1968).

Since in original description of *C. hostiana* no herbarium specimen was cited, it is the drawing from Host's work (Host, l. c.) designated by mistake as *C. fulva* Good, cited in the protologue («*C. fulva* Host, Gram. 4, t. 77») which should be considered as the type of the species. As it is obvious from the citation, the author of *C. hostiana* description referred to tab. 77. It should be noted, that in the copy of work by Host kept in the library of Komarov Botanical Institute (LE), this table represents *C. bellardi* All. (= *Kobresia bellardi* (All.) Degl., *K. myosuroides* (Vill.) Fiori et Paol.), while drawing of *C. fulva* is in tab. 95. A mistake in reference to the number of table is hardly probable, it is to be assumed, that De Candolle had at his disposal a copy with another arrangement of tables, a case sometimes taking place in books of XVIIIth century with drawings been made by hand.

The view of *C. hostiana* as of the European plant has been changed after equating with it the North-American species *C. fulvescens* Mackenzie, l. c. (Crins, Ball, 1987).

Generates sterile crossbreds with *C. flava*, *C. lepidocarpa* and *C. serotina*. *C. fulva* Good. is a hybrid of *C. hostiana* with *C. serotina* (Kükenthal, l. c.), or with *C. lepidocarpa* (Jermy, Tutin, 1968).

Subsect. 2. **Flavae** Carey, 1848, in A. Gray, Man. Bot. : 559. — Sect. *Nastantha* (Börn.) V. Krecz. ser. *Flavae* V. Krecz. 1935, во Фл. СССР, 3 : 387, p. p., sine descr. latin. — Тычиночный колосок 1 (очень редко 2—3); пестичные колоски продолговато-яйцевидные, яйцевидные или шаровидные, сближенные и почти сидячие, или нижний иногда отставленный, на ножке до 2 см дл. Нижний кроющий лист обычно без влагалища, превышает соцветие или б. м. равен ему. Мешочки горизонтально или вниз отклоненные и б. м. изогнутые, обычно с изогнутым носиком (1.2)1.4—2 мм дл., равным половине или 1/3 длины всего мешочка, в устье не белоперепончатым. — Typus: *C. flava* L.

5 видов; вне рассматриваемой территории: *C. nevadensis* Boiss. et Reuter (Южн. Европа, Сев. Африка) и *C. cryptolepis* Mackenzie (восток Сев. Америки).

Male spike 1 (very rarely 2—3); female spikes oblong-ovoid, ovoid or globose, approximate and subsessile, or lowest sometimes distant, with peduncle up to 2 cm long. Lowest bract usually sheathless, exceeding inflorescence or more or less equal to it. Utricles horizontally patent or deflexed and more or less curved, usually with a curved beak (1.2)1.4—2 mm long, as long as a half or 1/3 of the whole utricle, at orifice not white-scarious. — Typus: *C. flava* L.

5 species; outside considered territory: *C. nevadensis* Boiss. et Reuter (Southern Europe, Northern Africa) and *C. cryptolepis* Mackenzie (eastern North America).

18 Заказ № 131

2 (111). **C. flava** L. 1753, Sp. Pl. : 975; В. Креч. 1935, во Фл. СССР, 3 : 387; Егор. 1976, во Фл. Европ. ч. СССР, 2 : 178. — *C. flava* var. *laxior* Kük. 1909, in Engl. Pflanzenr. 38 : 673. — *C. flavella* V. Krecz. 1933, в Маевск. Фл. Средн. Росс., изд. 6 : 184; id. 1935, во Фл. СССР, 3 : 617, 388. — *C. laxior* (Kük.) Mackenzie, 1935, in North Amer. Fl. **18**, 5 : 306. — *C. nevadensis* Boiss. et Reuter subsp. *flavella* (V. Krecz.) Patzke et Podlech, 1959, in Janchen, Catal. Fl. Austr. **1**, 4 : 774. — *C. lepidocarpa* auct. non Tausch: В. Креч. 1935, l. c. : 389, p. p. — Exs.: H.F. URSS № 4218a, b. — **О. желтая.**

Описан из Европы («Habitat in Europa paludibus»); lectotypus: Herb. Linn. № 1100.40 (LINN, photo LE!) — Pykälä, Toivonen (1994).

На сырых и болотистых лугах, травяно-осоковых болотах, сырых лужайках по берегам водоемов; на равнине, в лесном, субальпийском и альпийском поясах гор. — **Европ. ч.**: Аркт. (Кольский п-ов), Кар.-Мурм., Дв.-Печ. (Архангельская и Вологодская обл.), Прибалт., Лад.-Ильм., Верх.-Днепр., Верх.-Волж., Волж.-Кам. (кроме Урала), Карп., Сред.-Днепр., Волж.-Дон., Заволж. (Башкирия: пос. Чишмы и окр. Уфы), Крым. (очень редко); **Кавк.**: Б. Кавк. (зап.: верховья Кубани и Эльбрус), Зап. Закавк. (Абхазия: Гагринский хр., гора Арбика); **Вост. Сиб.**: Даур. (юго-зап.: басс. Кудары). Общ. распр.: Европа; З. Азия (сев. Турция, центр. Иран: хр. Кухруд); С. Америка, С. Африка. — 2n = 58 (Tanaka, 1942; Stoeva, Štěpánková, 1990; Даушкевич и др., 1990), 60 (Davies, 1955; Löve, Löve, 1956; Dietrich, 1964a, 1964b, 1972; Schmid, 1982; Stoeva, Štěpánková, 1990; Даушкевич и др., 1990), 62 (Schmid, 1982). — Рис. 24, *3*.

Пестичные колоски в соцветии *C. flava* б. ч. сближены, и нижний кроющий лист, как правило, не имеет влагалища. Но у некоторых растений нижний колосок отставлен от других на 2.5—8(12) см, и в этом случае его кроющий лист снабжен влагалищем 1.5—3.5 см дл., причем, чем сильнее отставлен колосок, тем оно длиннее. Отмеченное явление наблюдается и у всех остальных видов рассматриваемой секции, у которых нижний кроющий лист обычно без влагалища.

В качестве *C. flavella* V. Krecz, l. c. (typus: Европейская Россия, «Сел. Заколпье Меленковского у. Владимирской губ., болотистые кустарники по р. Колпи, 15 VI 1914, № 5469, М. И. Назаров» — LE!) были описаны образцы *C. flava* с более мелкими, 3.5—4 мм дл., мешочками, изредка встречающиеся в пределах ареала последней (наиболее обычными для *C. flava* являются растения с мешочками 4.5—5.5 мм дл.). *C. flavella* синонимизируют с *C. flava* многие авторы (Fagerström, 1967; Егорова, 1973; Chater, 1980; Havlíčková, 1982, 1983; Crins, Ball, 1989; Даушкевич и др., 1990). Но иногда этот вид отождествляют с *C. demissa* Hornem. (Davies, 1953; Hultén, 1971) или относят к нему низкорослые растения *C. flava*, произрастающие в верхнем поясе гор Центральной Европы (Podlech, Patzke, 1960; Dietrich, 1964a, 1964b).

Идентичным *C. flava* оказался и североамериканский вид *C. laxior* (Kük.) Mackenzie, l. c. (Crins, Ball, 1989). Для Ирана *C. flava* приведена по данным Кукконена (Kukkonen, 1987).

C. flava образует стерильные помеси с *C. hostiana*, *C. lepidocarpa* и *C. serotina*.

Female spikes in inflorescence of *C. flava* are generally approximate, and lowest bract, as a rule, has no sheath. But some plants have lowest spike distant from the others by 2.5—8(12) cm, and then its bract is supplied by sheath 1.5—3.5 cm long, the longer the spike being distant, the longer the sheath is. The noted phenomenon is demonstrated by all the other species of considered section, having usually sheatless lowest bract.

Described as *C. flavella* V. Krecz, l. c. (typus: Europaean Russia, «Сел. Заколпье Меленковского у. Владимирской губ., болотистые кустарники по р. Колпи, 15 VI 1914, № 5469, М. И. Назаров» — LE!), there were specimens of *C. flava* with smaller, 3.5—4 mm long, utricles, rarely occurring within the range of the latter (the most common for *C. flava* are plants with utricles 4.5—5.5 mm long). *C. flavella* has been synonymized with *C. flava* by many authors (Fagerström, 1967; Егорова, 1973; Chater, 1980; Havlíčková, 1982, 1983; Crins, Ball, 1989; Даушкевич и др., 1990). But sometimes this species is equated with *C. demissa* Hornem. (Davies, 1953; Hultén, 1971) or is considered as including dwarf plants of *C. flava* occurring in upper belt of Central Europaean mountains (Podlech, Patzke, 1960; Dietrich, 1964a, 1964b).

North-American species *C. laxior* (Kük.) Mackenzie, l. c. proved to be identical to *C. flava* as well (Crins, Ball, 1989). For Iran *C. flava* is cited according to data by Kukkonen (1987).

C. flava generates sterile crossbreds with *C. hostiana*, *C. lepidocarpa* and *C. serotina*.

3 (112). **C. lepidocarpa** Tausch, 1834, Flora (Regensb.), **17**, 1 : 179; Kük. 1909, in Engl. Pflanzenr. 38 : 672, p. p.; В. Креч. 1935, во Фл. СССР, 3 : 389, p. p.; Егор. 1976, во Фл. Европ. ч. СССР, 2 : 178, p. p., excl. syn. *C. jemtlandica*; Chater, 1980, in Fl. Europ. 5 : 309. — *C. flava* var. *elatior* Schlechtendal, 1823, Fl. Berol. 1 : 477. — *C. flava* var. *lepidocarpa* (Tausch) Godr. 1844, Fl. Lorr. 3 : 118. — *C. flava* subsp. *brachyrrhyncha* Čelak. 1867, Prodr. Fl. Böhem. 1 : 71. — *C. lepidocarpa* var. *nelmesiana* Raymond, 1952, Bull. Soc. Bot. Fr. 99 : 194. — *C. lepidocarpa* subsp. *scotica* E. W. Davies, 1953, Watsonia, 3 : 71. — *C. viridula* Michx. subsp. *brachyrrhyncha* (Čelak.) B. Schmid var. *scotica* (E. W. Davies) B. Schmid, 1983, Watsonia, **14**, 3—4 : 318. — *C. viridula* subsp. *brachyrrhyncha* var. *lepidocarpa* (Tausch) B. Schmid, 1983, l. c. : 317. — *C. viridula* subsp. *brachyrrhyncha* var. *elatior* (Schlechtendal) Crins, 1989, in Crins a. Ball. Canad. Journ. Bot. **67**, 4 : 1058, p. p., excl. syn. *C. jemtlandica*. — **О. чешуеплодная.**

Описан из Чехии («...findet sich in Böhmen...»); lectotypus: «Praha, № 1639» (PRC, cum isolectotypo) — Crins, l. c.

На сырых и болотистых лугах. — **Европ. ч.**: Прибалт., Лад.-Ильм. (Ленинградская обл.: д. Сокколово между г. Гатчиной и ж.-д. ст. Пудость, окр. ж.-д. ст. Суйда и Прибытково; север Псковской обл.), Верх.-Днепр. (запад Беларуси), Карп. (Львовская обл.), Сред.-Днепр. (Тернопольская обл., б. Золотниковский р-н, с. Богатковицы). Общ. распр.: С., Атл., Ц. и Ю. (редко) Европа; С. Америка (вост.); С. Африка (Марокко). — 2n = 68 (Davies, 1955; Dietrich, 1972; Schmid, 1982; Stoeva, Štěpánková, 1990), 69 (Stoeva, Štěpánková, 1990), 72 (Löve, Löve, 1974). — Рис. 24, *4*.

Иногда (Crins, l. c.) вид рассматривается в качестве разновидности *C. viridula*.

Указание В. И. Кречетовича (цит. соч.) о произрастании *C. lepidocarpa* на севере Европейской части СССР относится к *C. flava*.

Образует стерильные помеси с *C. flava*, а также, согласно литературным данным (Toivonen, 1984), с *C. hostiana*.

Sometimes (Crins, l. c.) the species is considered as variety of *C. viridula*.

The note by Kreczetowicz (Кречетович, l. c.) about occurrence of *C. lepidocarpa* in the northern European part of the USSR relates to *C. flava*.

Generates sterile crossbreds with *C. flava* and, according to published data (Toivonen, 1984), with *C. hostiana* as well.

4 (113). **C. jemtlandica** (Palmgr.) Palmgr. 1938, Mem. Soc. Fauna Fl. Fenn. 13 : 126; id. 1959, in Fl. Fenn. 2 : 61; Hyl. 1966, Nord. Kärlväxtfl. 2 : 155; Егор. 1972, Новости сист. высш. раст. 9 : 76; Chater, 1980, in Fl. Europ. 5 : 309; Toivonen, 1984, in Retkeilykasvio : 461. — *C. lepidocarpa* subsp. *jemtlandica* Palmgr. 1926, in Lindm. Svensk Fanerogamfl., ed. 2 : 153. — *C. jemtlandica* var. *gotlandiae* Palmgr.

1958, Comment. Biol. **20**, 3 : 12, 15. — *C. jemtlandica* var. *kainuensis* Palmgr. 1958, l. c. : 13, 15. — *C. viridula* Michx. subsp. *brachyrrhyncha* (Čelak.) B. Schmid var. *elatior* (Schlechtendal) Crins, 1989, in Crins a. Ball, Canad. Journ. Bot. **67**, 4 : 1058, p. p., quoad syn. *C. jemtlandica*. — *C. lepidocarpa* auct. non Tausch: Егор. 1976, во Фл. Европ. ч. СССР, 2 : 178, p. p., quoad syn. *C. jemtlandica*. — **О. емтландская**.

Описан из Швеции; l e c t o t y p u s: «Suecia, Jemtlandia, Ostersund, Froson, 13 VIII 1910, A. Palmgren» (H, cum isolectotypo) — Crins, 1989, l. c.

На болотистых лугах, в сырых и болотистых лесах. — **Европ. ч.**: Кар.-Мурм. (юго-вост. Карелия), Прибалт. (Эстония: о-в Сааремаа). О б щ . р а с п р.: С. Европа (Фенноскандия). — 2n = ?

C. jemtlandica очень близка к *C. lepidocarpa* (см. ключ) и иногда рассматривалась в качестве формы этого вида (Wiinstedt, 1947; Senay, 1950, 1951), а в последнее время или синонимизируется с ним (Crins, l. c.), или принимается в качестве подвида *C. lepidocarpa* (Pykälä, Toivonen, 1994).

Для нашей территории *C. jemtlandica* приведена по литературным данным (Palmgren, 1959, l. c.; Hylander, l. c.).

C. jemtlandica is very close to *C. lepidocarpa* (see the key) and sometimes was considered as the form of this species (Wiinstedt, 1947; Senay, 1950, 1951), and recently is synonymized with it (Crins, l. c.) or is taken as the subspecies of *C. lepidocarpa* (Pykälä, Toivonen, 1994).

For our territory, *C. jemtlandica* is cited here according to published data (Palmgren, 1959, l. c.; Hylander, l. c.).

Subsect. 3. **Serotinae** Egor. 1985, Бот. журн. **70**, 11 : 1552. — Sect. *Nastantha* (Börn.) V. Krecz. ser. *Flavae* V. Krecz. 1935, во Фл. СССР, 3 : 387, p. p., sine descr. latin. — Тычиночный колосок 1 (иногда верхний колосок гинекандрический); пестичные колоски яйцевидные, продолговато-яйцевидные или коротко-цилиндрические, тесно сближенные и почти сидячие, или нижний (у *C. demissa* и иногда у других видов) б. м. значительно отставленный, на ножке 1—2 см дл. Нижний кроющий лист обычно без влагалища, превышает соцветие. Мешочки косо или иногда горизонтально отклоненные, неизогнутые, с прямым носиком 0.5—0.8(1) мм дл., равным обычно менее 1/3 длины всего мешочка, в устье не белоперепончатым. — T y p u s: *C. serotina* Mérat.

7 видов, вне рассматриваемой территории: *C. demissa* Hornem., *C. cataractae* R. Br., *C. flaviformis* Nelmes.

Male spike 1 (sometimes terminal spike gynaecandrous); female spikes ovoid, oblong-ovoid or short-cylindrical, closely approximate and subsessile, or lowest (in *C. demissa* and sometimes in other species) more or less considerably distant, with peduncle 1—2 cm long. Lowest bract usually sheathless, exceeding inflorescence. Utricles obliquely or sometimes horizontally patent, not curved, with straight beak 0.5—0.8(1) mm long, no longer than 1/3 of the whole utricle, at orifice not white-scarious. — T y p u s: *C. serotina* Mérat.

7 species, outside considered territory: *C. demissa* Hornem., *C. cataractae* R. Br., *C. flaviformis* Nelmes.

5 (114). **C. serotina** Mérat, 1821, Nouv. Fl. Env. Paris, ed. 2, 2 : 54; Nelmes, 1939, Journ. Bot. (London), 77 : 304; id. 1945, Bot. Exchange Club, 1945 : 90; Wiinstedt, 1945, Bot. Tidsskr. **47**, 2 : 223; id. 1947, l. c. **48**, 2 : 195; Senay, 1950, Bull. Mus. Nat. Hist. Nat. sér. 2, 22 : 792; Егор. 1976, во Фл. Европ. ч. СССР, 2 : 179; ead. 1976, в Опред. раст. Средн. Азии, 5 : 71; Chater, 1980, in Fl. Europ. 5 : 310, quoad subsp. *serotina*. — *C. philocrena* V. Krecz. 1935, во Фл. СССР, 3 : 618, 393. — *C. kotilainii* Palmgr. 1958, Comment. Biol. **20**, 3 : 6, 15; Hyl. 1966, Nord. Kärlväxtfl. 2 : 163; Toivonen, 1984, in Retkeilykasvio : 462. — *C. oederi* var. *philocrena* (V. Krecz.) T. Koyama, 1960, in Kitamura, Fl. Afghan. : 51. — *C. serotina* subsp.

philocrena (V. Krecz.) Kukkonen, 1984, Acta Soc. Fenn. **21**, 4 : 387. — *C. viridula* subsp. *serotina* (Mérat) Malyschev, 1990, во Фл. Сиб. 3 : 130. — *C. oederi* auct. non Retz.: Kük. 1909, in Engl. Pflanzenr. 38 : 673, p. p., excl. var.; В. Креч. 1935, во Фл. СССР, 3 : 390 et auct. mult. — *C. viridula* subsp. *viridula* var. *viridula* sensu Crins a. Ball, 1989, Canad. Journ. Bot. **67**, 4 : 1055, p. p., quoad pl. europ. (excl. syn. *C. scandinavica*) et syn. *C. philocrena*. — *C. viridula* auct. non Michx.: Малышев, 1990, во Фл. Сиб. 3 : 129. — **О. поздняя**.

Описан из окр. Парижа; t y p u s: «marais des friches d'aulnai prés Bondy, 21 août 1814» (P, photo — Wiinstedt, 1947, l. c. : 205, 206).

На сырых и болотистых лугах, песчаных берегах водоемов, травяно-осоковых и моховых болотах; на равнине, в предгорьях, нижнем и среднем, реже верхнем поясах гор, часто на карбонатной почве. — **Европ. ч.**: Аркт. (Кольский п-ов, очень редко), Кар.-Мурм., Дв.-Печ., Прибалт., Лад.-Ильм., Верх.-Днепр., Верх.-Волж. (сев.), Волж.-Кам. (юг: северо-восток Башкортостана, с. Озерное), Карп., Сред.-Днепр., Волж.-Дон. (Тульская обл., Епифанское болото; север Воронежской обл., пос. Терновка), Причерн. (Алешковские пески между Цюрупинском и Голой Пристанью); **Зап. Сиб.**: Обск. (зап.: Сев. Урал: Денежкин Камень; юго-вост.: Кемеровская обл.), Верх.-Тоб. (Средн. Урал: окр. Свердловска; Южн. Урал: север Челябинской обл. — окр. Кыштыма, оз. Ануля и Аргаяшский р-н, оз. Тептярги), Алт.; **Вост. Сиб.**: Анг.-Саян., Даур. (зап.); **Средн. Азия**: Прибалх., Дж.-Тарб., Сырдар. (юг), Тянь-Шан. (Сев. и Зап. Тянь-Шань), Пам.-Ал. (кроме Зап. и Вост. Памира). О б щ . р а с п р.: Европа; З. (Афганистан), Ц. (Китай: Вост. Тянь-Шань), В. (Сев.-Зап. Китай: пров. Ганьсу) и Ю. (зап. Гималаи) Азия; С. Америка; С. Африка. — 2n = 60 (Stoeva, Štěpánková, 1990), 66 (Schmid, 1982), 68 (Dietrich, 1972; Schmid, 1982; Stoeva, Štěpánková, 1990), 70 (Heilborn, 1924; Davies, 1955; Schmid, 1982; Stoeva, Štěpánková, 1990, и др.), 72 (Moore, Calder, 1964; Schmid, 1982, и др.). — Рис. 24, 7 .

До сравнительно недавнего времени приводимый вид обозначали как *C. oederi* Retz. (1779, Fl. Scand. Prodr. : 179). Но, как было отмечено рядом авторов (Wiinstedt, 1936, 1947; Nelmes, 1939, l. c., 1945, l. c.; Hylander, 1945; Palmgren, 1959), хранящийся в Лунде автентичный образец *C. oederi* принадлежит к *C. pilulifera* L. По мнению первых двух авторов, его следует считать типом *C. oederi*. Это заключение согласуется с оригинальным диагнозом *C. oederi*, в котором мешочки данного вида охарактеризованы как шаровидные (признак *C. pilulifera*!), а также и с тем, что автор описания *C. oederi* в своих более поздних работах (Retzius, 1793, Kungl. Sv. Vet.-Akad. Handl. 14 : 314; id. 1795, Fl. Scand. Prodr., ed. 2 : 220) отнес данный вид в синонимы к *C. pilulifera*. Другие авторы (Mansfeld, 1940; Hylander, 1945, 1966; Palmgren, 1959) полагали, что типом *C. oederi* является цитированный в протологе рисунок во «Florae Danicae» (Oeder, 1768, 3, tab. 371), якобы соответствующий *C. oederi* в традиционном понимании этого вида. Но, как справедливо отметил Нелмс (Nelmes, 1939, l. c.), изображенное на данном рисунке растение можно отнести и к *C. pilulifera*.

C. serotina — довольно полиморфное растение. Листовые пластинки у него могут быть желобчатыми, плоскими или килеватыми. Верхний колосок иногда бывает гинекандрическим, а нижние, пестичные, — ветвистыми. Колоски в соцветии обычно сближенные, но иногда нижний из них б. м. значительно отставленный, и в этом случае у его кроющего листа имеется влагалище до 1(1.5) см дл. Нижний кроющий лист превышает соцветие в (1.5) 5 раз или почти равен ему. Чешуи пестичных колосков варьируют от ржаво- до бледно-коричневых и зеленоватых, носики мешочков — от гладких до имеющих единичные шипики и от цельных и слегка выемчатых до коротко-двузубчатых.

C. serotina очень близка к *C. viridula* Michx., и в последнее время (Crins a. Ball, 1989. l. c.; Pykälä, Toivonen, 1994) ее объединяют с последней. Изучение хранящихся в LE гербарных образцов *C. viridula* из вост. Канады (в частности, из окрестностей Монреаля, откуда был описан данный вид) и других районов Сев. Америки показало, однако, что этот материал не идентичен образцам *C. serotina*, хотя различия между этими видами незначительные и нерезкие (см. ключ). Поэтому есть основания считать *C. serotina* подвидом *C. viridula*, как это делает Л. И. Малышев (цит. соч.). Но принимая во внимание, что все виды рассматриваемой секции (кроме *C. hostiana*) не вполне четко обособлены друг от друга (возможно, вследствие гибридизационных процессов), мне представляется более целесообразным рассматривать растения *C. serotina* в ранге вида.

Близкое родство *C. serotina* обнаруживает и с *C. demissa* Hornem., широко распространенной преимущественно в зап. районах Зап. Европы. Чейтером (Chater, l. c.) этот вид указывается для Прибалтики, а Тойвоненом (Toivonen, 1984: карта) для окр. Выборга. В гербарных хранилищах Эстонии, Латвии и Литвы, а также С.-Петербурга я не видела образцов, принадлежащих к *C. demissa*. Однако нахождение ее на нашей территории вполне возможно. От *C. serotina C. demissa* отличается тычиночным колоском обычно на ножке, нижним пестичным колоском почти всегда сильно отставленным от остальных, более крупными, (3)3.5—4 мм дл., мешочками с более длинным, около 1 мм, носиком, а также анатомическим строением стебля (см.: Jermi, Tutin, 1968; Jermy et al., 1982).

С *C. serotina* мною была отождествлена *C. philocrena* V. Krecz., l. c. (typus: Таджикистан, «Дарваз, хр. Петра Великого, Арзынг, 19 VII 1899, № 2732, В. Липский» — LE!), приведенная В. И. Кречетовичем для Средней Азии. Несмотря на большую изолированность ареалов, *C. serotina* и *C. philocrena* не обнаруживают, на мой взгляд, каких-либо отличий. Признаки, по которым различал эти виды Кречетович, являются вариабельными (см. выше) и свойственны им обоим (Егорова, 1976б).

C. kotilainii Palmgr., l. c., описанную из Куусамо — района Финляндии, пограничного с сев. Карелией (typus: «Fennia, par. Kuusamo, Lükasenvaara, in palude fertili ad lac. Tulilampi, 16 VII 1937, M. et A. Palmgren» — H!, isotypus S!), я также считаю идентичной *C. serotina* (Егорова, 1976а). С последним видом ее объединяет и Чейтер (Chater, l. c.). Другие авторы (Crins, Ball, 1989) синонимизируют *C. kotilainii* с *C. viridula* subsp. *viridula* var. *bergrothii*.

C. oederi subsp. *fennica* Palmgr., описанную из Финляндии (typus: «Fennia, Karelia australis, Vehkalachti, Pyhältö, 5 VII 1951, L. Fagerström» — H), мне представляется более правильным рассматривать в ранге разновидности *C. serotina*: *C. serotina* var. **fennica** (Palmgr.) Egor. comb. et stat. nov. — *C. oederi* subsp. *fennica* Palmgr. 1958, Comment. Biol. **20**, 3 : 8, 15; Hyl. 1966, l. c. : 166. От типичных представителей *C. serotina* эта разновидность отличается несколько более крупными, 1—1.2(1.4) см дл. (а не 0.6—1.2 см), и более многоцветковыми пестичными колосками. Палмгрен (Palmgren, l. c.) приводит данное растение для южных районов Норвегии, Швеции, Финляндии и Карелии. В LE образцов var. *fennica* из Карелии нет. В пределах бывшего СССР var. *fennica* известна из 2 пунктов Ленинградской обл. (между ж.-д. ст. Токсово и Кузьмолово во Всеволожском р-не и в истоках р. Оредеж в Волосовском р-не — сборы Н. Н. Цвелева), а также из Латвии (Кемери).

Для Сев. и Средн. Урала *C. serotina* приведена по данным Л. П. Сергиевской (1961). На Кавказе *C. serotina* известна по недостоверно этикетированным сборам коллектора прошлого века Лаговского (Егорова, 1991б).

Образует стерильные помеси с *C. flava* и *C. lepidocarpa*.

Until comparatively recent time, the cited species was designated as *C. oederi* Retz. (1779, Fl. Scand. Prodr. : 179). However, as it was noted by a number of authors (Wiinstedt, 1936, 1947; Nelmes, 1939, l. c., 1945, l. c.; Hylander, 1945; Palmgren, 1959), the authentic specimen of *C. oederi* kept in Lund, belongs to *C. pilulifera* L. In opinion of two former authors, it should be considered as the type of *C. oederi*. This conclusion corresponds to the original diagnosis of *C. oederi*, where its utricles are described as globose (the character of *C. pilulifera*!), as well as with the fact, that the author of description of *C. oederi* in his later works (Retzius, 1793, Kungl. Sv. Vet.-Akad. Handl. 14 : 314; id. 1795, Fl. Scand. Prodr., ed. 2 : 220) has synonymized this species with *C. pilulifera*. Other authors (Mansfeld, 1940; Hylander, 1945, 1966; Palmgren, 1959) supposed that the type of *C. oederi* is the drawing in «Florae Danicae» (Oeder, 1768, 3, tab. 371) cited in the protologue, supposedly corresponding to *C. oederi* in traditional sense. However, as it was correctly noted by Nelmes (1939, l. c.), the plant pictured in this drawing can be related to *C. pilulifera* as well.

C. serotina is rather a polymorphic plant. Its leaf blades can be canaliculate, flat or carinate. Terminal spike is sometimes gynaecandrous, and lower, female ones can be branched. Spikes in inflorescence usually approximate, but sometimes the lowest more or less considerably distant and then its bract has the sheath up to 1(1.5) cm long. Lowest bract (1.5)5 times exceeds the inflorescence or is almost equal to it. Female glumes vary from ferruginousto pale brown and greenish, beaks of utricles from smooth to solitary-prickled and from entire and slightly emarginate to short-bidentate ones.

C. serotina is very close to *C. viridula* Michx. and at the last time (Crins a. Ball, 1989. l. c.; Pykälä, Toivonen, 1994) is united with the latter. Examining herbarium specimens of *C. viridula* kept in LE from eastern Canada (namely, from vicinities of Montreal, from which the species was described) and other regions of North America has demonstrated, however, that this material is not identical to specimens of *C. serorina*, though differences between these species is insignificant and indistinct (see the key). Therefore, there are reasons to consider *C. serotina* as the subspecies of *C. viridula*, as Malyshev (Малышев, l. c.) has done. Taking into account, however, that all species of considered section (except *C. hostiana*) are not quite distinctly separated one from another (probably, as a result of process of hybridization), it seems to me more advisable to consider plants of *C. serotina* in the specific rank.

C. serotina demonstrates close relation also with *C. demissa* Hornem., the latter being widespread mainly in western regions of Western Europe. Chater (l. c.) cited this species for Baltia, and Toivonen (1984 : map) — in the vicinity of Vyborg. In Herbaria of Estonia, Latvia and Lithuania, as well as Saint Petersburg, I have not seen any specimens belonging to *C. demissa*. However, finding it in our territory is quite possible. *C. demissa* differs from *C. serotina* by usually pedunculate male spike, lowest female spike almost always far distant from the others, larger utricles (3)3.5—4 mm long with longer beak about 1 mm, as well as by anatomical structure of stem (see: Jermi, Tutin, 1968; Jermy et al., 1982).

With *C. serotina* I equated *C. philocrena* V. Krecz., l. c. (typus: Tadzhikistan, «Дарваз, хр. Петра Великого, Арзынг, 19 VII 1899, № 2732, В. Липский» — LE!) cited by Kreczetowicz for Middle Asia. Despite great isolation of ranges, *C. serotina* and *C. philocrena* do not demonstrate, in my view, any differences. The characters used by Kreczetowicz for distinguishing these species, are variable (see above) and peculiar to both of (Егорова, 1976б).

C. kotilainii Palmgr., l. c. described from Kuusamo, the region of Finland adjacent to northern Karelia (typus: «Fennia, par. Kuusamo, Lükasenvaara, in palude fertili ad lac. Tulilampi, 16 VII 1937, M. et A. Palmgren» — H!, isotypus S!), is also identical, in my opinion, to *C. serotina* (Егорова, 1976а). It is united with the latter species also by (Chater, l. c.). Other authors (Crins, Ball, 1989) put *C. kotilainii* into synonymy of *C. viridula* subsp. *viridula* var. *bergrothii*.

C. oederi subsp. *fennica* Palmgr., described from Finland (typus: «Fennia, Karelia australis, Vehkalachti, Pyhältö, 5 VII 1951, L. Fagerström» — H) seems me to be considered in rank of the variety of *C. serotina*: *C. serotina* var. **fennica** (Palmgr.) Egor. comb. et stat. nov. — *C. oederi* subsp. *fennica* Palmgr. 1958, Comment. Biol. **20**, 3 : 8, 15; Hyl. 1966, l. c. : 166. This variety differs from the typical representatives of *C. serotina* by somewhat larger, 1—1.2(1.4) cm long (instead of 0.6—1.2 cm), and more many-flowered female spikes. Palmgren (l. c.) cites this plant for southern regions of Norway, Sweden, Finland and Karelia. In LE, there are no specimen of var.

fennica from Karelia. Within the former USSR, var. *fennica* is known from 2 locations in Leningrad region (between railway stations Toksovo and Kuzjmolovo in Vsevolozhsk district and in head of the river Oredezh in Volosovo district, collections by Tzvelev), and also from Latvia (Kemeri).

For Northern and Central Ural *C. serotina* is cited according to data by Sergievskaya (Сергиевская, 1961). In the Caucasus *C. serotina* is known by doubtfully labelled specimens by collector of the last century Lagovsky (Егорова, 1991б).

Generates sterile crossbreds with *C. flava* and *C. lepidocarpa*.

6 (115). **C. bergrothii** Palmgr. 1958, Comment. Biol. **20**, 3 : 4, 15; Hyl. 1966, Nord. Kärlväxtfl. 2 : 162; Егор. 1972, Новости сист. высш. раст. 9 : 76; ead. 1976, во Фл. Европ. ч. СССР, 2 : 179; Chater, 1980, in Fl. Europ. 5 : 310. — *C. viridula* Michx. subsp. *viridula* var. *bergrothii* (Palmgr.) B. Schmid, 1983, Watsonia, **14**, 3—4 : 315; Crins a. Ball, 1989, Canad. Journ. Bot. **67**, 4 : 1061, p. p., excl. syn. *C. kotilainii*. — **О. Бергрота**.

Описан из Финляндии; t y p u s: «Fennia, Kuusamo, Reposuo, 18 VII 1940, M. et A. Palmgren» (H).

На сырых и болотистых лугах и травяных болотах. — **Европ. ч.**: Кар.-Мурм. (Кольский п-ов: басс. Умбы и Умбозера; Карелия: р. Шуя, Беломорский р-н, окр. Петрозаводска — оз. Сандал, о-в Валаам), Дв.-Печ. (сев.: басс. среднего течения Пинеги, басс. Кулоя, басс. Мезени — устье р. Четлас; зап.: басс. Щугора и Илыча), Прибалт. (Эстония), Лад.-Ильм. (окр. Петербурга: Сестрорецк, Левашово, Пудость; север Псковской обл.). О б щ . р а с п р.: С. Европа (Швеция и Финляндия). — 2n = ?

В LE имеется один из паратипов *C. bergrothii* («Karelia pomorica, in palude prope flum. Sjuja, 16 VII 1896, J. O. Bergroth»); несколько паратипов хранится в MW. *C. bergrothii* очень близка к *C. serotina*, от которой отличается сильно вздутыми и более крупными мешочками ((3)3.5—4(4.7) мм дл., 1.5—1.8 мм шир., а не (2)2.5—3.5 мм дл., (1)1.2—1.5 мм шир.) и значительно меньшим их количеством в колосках. Ареал этого вида занимает сев. часть ареала *C. serotina*.

In LE, one of the paratypes of *C. bergrothii* is available («Karelia pomorica, in palude prope flum. Sjuja, 16 VII 1896, J. O. Bergroth»); some paratypes are kept in MW. *C. bergrothii* is very close to *C. serotina*, differing from it by strongly inflated and larger utricles ((3)3.5—4(4.7) mm long, 1.5—1.8 mm wide, instead of (2)2.5—3.5 mm long, (1)1.2—1.5 mm wide), and considerably fewer number of them in spikes. The range of this species takes the northern part of *C. serotina* range.

7 (116). **C. scandinavica** E. W. Davies, 1953, Watsonia, **3**, 1 : 66; Егор. 1972, Новости сист. высш. раст. 9 : 76; ead. 1976, во Фл. Европ. ч. СССР, 2 : 180. — *C. oederi* subsp. *pulchella* Lönnr. 1854, Observ. Pl. Suec. : 24; Hyl. 1966, Nord. Kärlväxtfl. 2 : 167. — *C. pulchella* (Lönnr.) Lindm. 1918, Svensk Fanerogamfl. : 143, non Berggr. 1878, nec Holm, 1903; В. Креч. 1935, во Фл. СССР, 3 : 393. — *C. serotina* subsp. *pulchella* (Lönnr.) Van Ooststr. 1949, in Heukels et Wachter, Bekn. Schoolfl. Nederl., ed. 7 : 319; Chater, 1980, in Fl. Europ. 5 : 310. — *C. viridula* subsp. *viridula* var. *viridula* sensu Crins a. Ball, 1989, Canad. Journ. Bot. **67**, 4 : 1055, quoad syn. *C. scandinavica*. — E x s.: H.F. URSS № 5116. — **О. скандинавская**.

Описан из Швеции; t y p u s est lectotypus *C. oederi* subsp. *pulchella* Lönnr.: «Sweden, Gottland, Norrlanda, 21 VII 1853, K. J. Lönnroth» (UPS) — Crins a. Ball, 1989, l. c.

На песчаных берегах морей и озер, на приморских засоленных низкотравных лугах. — **Европ. ч.**: Кар.-Мурм. (южн. Карелия: оз. Сегозеро), Прибалт. (Эстония, зап. Латвия), Лад.-Ильм. (Финский залив, Ладожское озеро и южн. берег Онежского озера). О б щ . р а с п р.: С., Атл. и Ц. (сев.) Европа. — 2n = 70 (Heilborn, 1928).

Редкий, преимущественно приморский вид, очень близкий к *C. serotina*. Основное различие между этими видами состоит в том, что мешочки у *C. serotina* б. м. вздутые и плод занимает не весь мешочек, а у *C. scandinavica* мешочки невздутые, полностью заполненные плодом. По мнению некоторых авторов (Crins, Ball, 1989), растения, соответствующие *C. scandinavica*, не имеют таксономической самостоятельности.

A rare, mainly maritime species, very close to *C. serotina*. The main difference between these species is that utricles of *C. serotina* are more or less inflated, and fruit does not fill the whole utricle, while utricles of *C. scandinavica* are not inflated, completely filled by fruit. In opinion by some authors (Crins, Ball, 1989), plants referred to *C. scandinavica* have no taxonomic independence.

8 (117). **C. viridula** Michx. 1803, Fl. Bor.-Amer. 2 : 170; В. Креч. 1935, во Фл. СССР, 3 : 389; Ohwi, 1965, Fl. Jap. : 250; Ворош. 1982, Опред. раст. сов. Дальн. Вост. : 128; А. Е. Кожевников, 1988, в Сосуд. раст. сов. Дальн. Вост. 3 : 328; Crins a. Ball, 1989, Canad. Journ. Bot. **67**, 4 : 1054, p. p., excl. pl. europ. et syn. *C. philocrena*. — *C. oederi* var. β. *viridula* (Michx.) Kük. 1909, in Engl. Pflanzenr. 38 : 674; T. Koyama, 1962, Journ. Fac. Sci. Univ. Tokyo (Bot.), **8**, 4 : 208. — *C. chlorophila* Mackenzie, 1935, in North Amer. Fl. **18**, 5 : 304. — *C. oederi* subsp. *viridula* (Michx.) Hult. 1968, Fl. Al. : 276. — *C. oederi* auct. non Retz.: Ohwi, 1936, Mem. Coll. Sci. Kyoto Univ. ser. B, **11**, 5 : 479. — **О. зелененькая**.

Описан из Канады; typus: «Canada, entre Montréal et les trois Riviéres, Michaux» (P).

На сырых местах. — **Дальн. Вост.**: Камч. (южн.), Сах., Курил. Общ. распр.: С. Америка. — 2n = 70 (Koyama, 1962), ~ 72 (Moore, Calder, 1964).

Для Сахалина указывается японскими авторами (Ohwi, 1936, 1965, l. c.; Koyama, 1962). См. также комментарии к *C. serotina*.

Is indicated for Sakhalin by Japanese authors (Ohwi, 1936, 1965, l. c.; Koyama, 1962). See also the comments to *C. serotina*.

Sectio 23. Hallerianae (Aschers. et Graebn.) Rouy, 1912, Fl. Fr. 13 : 439; Егор. 1972, Новости сист. высш. раст. 9 : 77. — *Carex* B. **Hallerianae* Aschers. et Graebn. 1903, Syn. Mitteleur. Fl. **2**, 2 : 146, p. p. — Sect. *Montanae* (Carey) Christ, 1885, Bull. Soc. Bot. Belg. **24**, 2 : 14, p. p., quoad *C. hallerianam*. — Sect. *Digitatae* subsect. *Eu-Digitatae* Kük. 1909, in Engl. Pflanzenr. 38 : 484, p. p. — Sect. *Campylorhina* V. Krecz. 1935, во Фл. СССР, 3 : 339, sine descr. latin., p. p., quoad *C. hallerianam*. — Верхний колосок тычиночный, остальные 2—5 пестичные, часто наверху с тычиночными цветками, малоцветковые, довольно густые, яйцевидные или б. м. шаровидные, верхние почти сидячие или на коротких ножках, нижние (1—2) сидят у основания стебля на длинных ножках. Кроющий лист нижнего из верхних колосков с коротким (2—4 мм) влагалищем и пластинкой короче соцветия. Чешуи пестичных колосков острые или с короткой остью. Мешочки трехгранные, с клиновидно оттянутым основанием, с многочисленными ребристыми жилками, опушенные, с коротким или удлиненным прямым, цельным или спереди б. м. глубоковыемчатым носиком. Рылец 3; столбик прямой. Плод на карпофоре 0.2—0.3 мм дл. Растения с ползучими корневищами или без них. Репродуктивные побеги центральные. — Typus: *C. halleriana* Asso.

2 вида; вне рассматриваемой территории: *C. rorulenta* Porta (Балеарские о-ва).

Terminal spike male, the others 2—5 female, frequently with male flowers at apex, few-flowered, rather dense, ovoid or more or less globose, upper ones subsessile or with short peduncles, lower ones (1—2) located at base of stem on long peduncles. Bract of the lowest of upper spikes with short (2—4 mm) sheath and blade shorter than inflorescence. Female glumes acute or with short awn.

Utricles trigonous, with cuneately tapered base, with many costate veins, pubescent, with a short or elongate straight, entire or frontally more or less deep-emarginate beak. Stigmas 3; style straight. Fruit with carpophore 0.2—0.3 mm long. Plants with or without creeping rhizomes. Reproductive shoots central. — Typus: C. *halleriana* Asso.

2 species; outside considered territory: C. *rorulenta* Porta (Balearic Islands).

1 (118). **C. halleriana** Asso, 1779, Syn. Stirp. Arag. : 133, tab. 9, fig. 2; Kük. 1909, in Engl. Pflanzenr. 38 : 487, p. p., excl. subsp. *planostachys* (Kunze) Kük.; В. Креч. 1935, во Фл. СССР, 3 : 353; Егор. 1976, во Фл. Европ. ч. СССР, 2 : 180. — C. *alpestris* All. 1785, Fl. Pedem. 2 : 270. — C. *gynobasis* Vill. 1787, Hist. Pl. Dauph. 2 : 206. — **О. Галлера**.

Описан из сев.-вост. Испании (Арагон, «Oritur en el monte de Herrera, en la Sierra de Villaroye, circa Calcena»); typus : ?

В светлых широколиственных горных лесах, кустарниках и на открытых сухих каменистых склонах. — **Европ. ч.**: Крым.; **Кавк.**: Предкавк. (окр. Ставрополя: оз. Рыбное), Б. Кавк. (редко), Зап. (сев.: окр. Новороссийска), Центр. (редко), Вост. и Южн. (юг) Закавк., Тал. Общ. распр.: Ц. (юг) и Ю. Европа; З. Азия (Турция, сев. Иран, ? Афганистан, Пакистан); С. Африка (сев.-зап.). — 2n = 50 (Dietrich, 1964b), 54 (Kjellqvist, Löve, 1963). — Рис. 36, *1*.

Sectio 24. Digitatae (Fries) Christ, 1885, Bull. Soc. Bot. Belg. **24**, 2 : 13, p. max. p. — *Carex* ***Cyrtostomae* α. *Digitatae* Fries, 1845, Summa Veg. Scand. 1 : 70. — *Carex* 1. *Carices digitatae* Fries, 1835, Corp. Fl. Suec. 1 : 187. — Sect. *Humiles* (Aschers. et Graebn.) Rouy, 1912, Fl. Fr. 13 : 449. — Sect. *Aunieria* (Gand.) V. Krecz. 1935, во Фл. СССР, 3 : 358, comb. invalid. — Верхний колосок тычиночный, часто не превышающий уровня верхнего пестичного колоска, остальные (1)2—5 пестичные, малоцветковые, рыхлые, довольно узкие, на ножках, нижние колоски (1—3) иногда сидят у основания стебля на длинных ножках. Нижний кроющий лист б. ч. с удлиненным влагалищем, наверху косо усеченным, без листовой пластинки или, реже, с короткой щетиновидной или линейной пластинкой. Чешуи пестичных колосков острые, тупые или с коротким острием или остью. Мешочки трехгранные или выпукло-трехгранные, с б. м. сильно клиновидно оттянутым основанием, с жилками или без них, опушенные, с коротким, обычно б. м. косым (немного смещенным на переднюю грань мешочка) цельным или слабо выемчатым носиком. Рылец 3; столбик прямой или изогнутый. Плод на карпофоре до 2 мм дл. Растения без ползучих корневищ, реже с ползучими корневищами. Репродуктивные побеги иногда боковые. — Typus: C. *digitata* L.

Около 30 видов, в Европе, умеренных (преимущественно) областях Азии и умеренном поясе Сев. Америки; большинство (около 20) видов встречается в Вост. Азии.

Название α. *Digitatae* Fries l. c. — базионим секции *Digitatae*, обнародовано путем ссылки на действительно обнародованное описание таксона *Carices digitatae* Fries, l. c.

Terminal spike male, frequently not exceeding level of uppermost female spike, the others (1)2—5 female, few-flowered, loose, rather narrow, pedunculate, lower spikes (1—3) sometimes located at base of stem on long peduncles. Lowest bract generally with an elongate sheath obliquely truncate above, bladeless or, more rarely, with short setaceous or linear blade. Female glumes acute, obtuse or with a short cusp or awn. Utricles trigonous or convex-trigonous, with more or less strongly cuneately tapered base, veined or veinless, pubescent, with a short, usually more or less oblique (a little displaced to frontal side of utricle) entire or slightly emarginate beak. Stigmas 3; style straight or curved. Fruit with a carpophore up to 2 mm long. Plants without creeping rhizomes, more rarely with creeping rhizomes. Reproductive shoots sometimes lateral. — Typus: C. *digitata* L.

About 30 species in Europe, temperate (mostly) of Asia and temperate zone of North America; the majority (about 20) of species occurring in East Asia.

The name α. *Digitatae* Fries, l. c. being the basionym of the section *Digitatae* was published by reference to the validly published description of the taxon *Carices digitatae* Fries, l. c.

1. Нижние колоски (1—3) сидят у основания стебля на длинных ножках. Чешуи пестичных колосков с остью 1—2 мм дл. ....2.
\+ Все колоски расположены в верхней половине стебля. Чешуи пестичных колосков без ости или иногда с короткой, не более 0.5 мм, остью ....4.
2. Все растение опушенное. Листовые пластинки 0.5—1(1.2) мм шир., по краям реснитчатые. Чешуи тычиночных и пестичных колосков с остью 1.5—2 мм дл. Мешочки 4.5—5 мм дл., почти вдвое длиннее кроющих чешуй..1. **C. holotricha**.
\+ Растения не опушенные. Листовые пластинки 2—6 мм шир., не реснитчатые. Чешуи тычиночных колосков без ости, пестичных — с остью 1—1.2 мм дл. Мешочки 4—4.5 мм дл., почти равные кроющим чешуям..3.
3. Тычиночный колосок продолговато-булавовидный, 2—2.5 см дл., многоцветковый, возвышающийся над верхним пестичным колоском. Чешуи пестичных колосков на верхушке без выемки. Мешочки с носиком 0.15—0.2 мм дл. Побеги окружены при основании бурыми влагалищами листьев; листовые пластинки 3—6 мм шир., жесткие....... ....3. **C. martynenkoi**.
\+ Тычиночный колосок ланцетовидный, (0.5)0.7—1 см дл., малоцветковый, не превышает уровня верхнего пестичного колоска. Чешуи пестичных колосков на верхушке с выемкой. Мешочки с носиком 0.4—0.5 мм дл. Побеги окружены при основании пурпурными влагалищами листьев; листовые пластинки 2—4 мм шир., мягкие................ ....2. **C erythrobasis**.
4(1). Стебли 2—10(15) см выс., листья в 3—5(10) раз длиннее их, покрытые рассеянными щетинковидными волосками. Пестичные колоски расположены почти по всему стеблю. Мешочки без жилок....5.
\+ Стебли (8)10—40(50) см выс., листья короче их, равные им или немного, редко в 1.5—2(3—4) раза, длиннее, голые. Пестичные колоски расположены в верхней половине стебля. Мешочки с жилками или без них...7.
5. Тычиночный колосок относительно многоцветковый, продолговатый, 1—1.5(2) см дл., 2—4 мм шир.; чешуи яйцевидные, на верхушке тупые или округлые, с очень широкими белоперепончатыми краями (отчего весь колосок серебристый); нижняя чешуя не достигает половины длины колоска. Листовые пластинки 1—1.5(2) мм шир. Растение Европейской части, Кавказа и Зап. Сибири................11. **C. humilis**.
\+ Тычиночный колосок малоцветковый, узко-ланцетный, 0.5—1 см дл., 1—1.5 мм шир.; чешуи ланцетные, на верхушке острые или с коротким острием, с узкими белоперепончатыми краями; нижняя чешуя немного не достигает верхушки колоска (крайне редко тычиночный колосок такого же типа, как в тезе, но тогда листовые пластинки 0.2—0.5 мм шир.). Растения Вост. Сибири и Дальнего Востока.........................6.

6. Листовые пластинки узколинейные, 1–1.5(2) мм шир. Растение с укороченным корневищем, образующее плотные дерновины..12. **C. nanella**.

\+ Листовые пластинки волосовидные, 0.2–0.5 мм шир. Растение с удлиненным корневищем, образующее рыхлые дерновины..13. **C. callitrichos**.

7(4). Листья на репродуктивных (цветоносных) побегах состоят из влагалищ без листовых пластинок, или самое верхнее из них имеет короткую щетиновидную пластинку. Мешочки в сечении трехгранные, с плоскими или немного вогнутыми гранями, без жилок, с клиновидным беловатым, несколько мясистым основанием. Чешуи пестичных колосков кверху расширенные..8.

\+ Листья на репродуктивных побегах с влагалищами и пластинками (последние б. м. длинные у нижних стеблевых листьев и укороченные у верхних). Мешочки в сечении округло-трехгранные, с выпуклыми гранями, с жилками или без них, в основании оттянутые в утолщенную «ножку». Чешуи пестичных колосков кверху суженные..................10.

8. Соцветие 1–2(2.5) см дл., из 3–4 пучковидно сближенных колосков. Тычиночный колосок обычно не более 0.5 см дл., светло-коричневый. Пестичные колоски 0.8–1.5 см дл., на ножках до 1 см дл. Кроющие листья состоят из бледно-зеленых влагалищ, нижнее из которых до 0.5 см дл. Мешочки 2.5–3(3.5) мм дл. Репродуктивные побеги в основании с зеленоватыми или бледно-пурпурными влагалищами, верхнее из которых часто с короткой, 0.3–0.8(1) см, щетиновидной пластинкой..16. **C. ornithopoda**.

\+ Соцветие (3)4–10 см дл., из 3–4 расставленных или, реже, б. м. сближенных (но не пучковидно) колосков. Кроющие листья состоят из обычно пурпурноокрашенных влагалищ, нижние из которых 1–2 см дл. Мешочки (3.5)3.8–5 мм дл. Репродуктивные побеги в основании с темно-пурпурными влагалищами, б. ч. без листовых пластинок......9.

9. Пестичные колоски 5–10-цветковые. Кроющие чешуи немного короче мешочков. Мешочки (3.5)3.8–4.2(4.5) мм дл. Тычиночный колосок пурпурный. Растение Европейской части, Кавказа и Зап. Сибири..14. **C. digitata**.

\+ Пестичные колоски 3–4(5)-цветковые. Кроющие чешуи почти вдвое короче мешочков. Мешочки 4.5–5 мм дл. Тычиночный колосок ржавый или бледно-ржавый. Растение Дальнего Востока..15. **C. quadriflora**.

10(7). Тычиночный колосок расположен обычно ниже уровня верхнего пестичного колоска, б. ч. узколанцетовидный, 0.6–1(1.5) см дл., 1.2–3 мм шир., малоцветковый; нижняя чешуя колоска достигает половины и более его длины..11.

\+ Тычиночный колосок возвышается над верхним пестичным колоском, утолщенный, продолговато-булавовидный, (1)1.5–2.5 см дл., 4–5 мм шир., многоцветковый; нижняя чешуя колоска значительно короче половины его длины..16.

11. Чешуи пестичных колосков ланцетовидные или яйцевидные, б. ч. в 1.5–2 раза длиннее мешочков, реже б. м. равные им. Мешочки спереди с (6)7–10, реже с 4–5 хорошо выраженными жилками; носик

очень короткий, 0.1—0.2 мм. Кроющий лист нижнего пестичного колоска состоит из влагалища, наверху косо усеченного, бурого, белоперепончато окаймленного, без листовой пластинки или, иногда, с очень короткой, до 0.5 см, щетиновидной пластинкой..............................12.

\+ Чешуи пестичных колосков яйцевидные или продолговато-яйцевидные, короче мешочков, б. м. равные им или немного длиннее их. Мешочки спереди с 1—4 не всегда хорошо выраженными жилками или без них; носик 0.2—0.5 мм дл. Кроющий лист нижнего пестичного колоска состоит из влагалища и узколинейной или щетиновидной пластинки (0.5—1)1.5—3 см дл. или только из влагалища..............................13.

12\. Мешочки спереди с 6—10 жилками. Стебли 15—30(40) см выс. Листья короче стеблей, б. м. равные им или, иногда, в 1.5—2 раза длиннее их..9. **C. lanceolata**.

\+ Мешочки спереди с 4—5 жилками. Стебли 5—10 см выс. Листья в 1.5—4 раза длиннее стеблей................................10. **C. korkischkoae**.

13\. Растения рыхлодернистые, с ползучими корневищами. Побеги окружены при основании темно-пурпурно-бурыми листовыми влагалищами б. ч. с хорошо выраженным сетчатым расщеплением. Кроющий лист нижнего пестичного колоска состоит из влагалища, наверху косо усеченного, бурого, белоперепончато окаймленного, без листовой пластинки или, иногда, с короткой, до 0.5(1) см, щетиновидной пластинкой. Мешочки (3.5)3.8—4 мм дл., с клиновидно оттянутым основанием («ножкой») 0.8—1(1.3) мм дл. ....8. **C. rhizina**.....14.

\+ Растения плотнодернистые, с укороченными не ползучими корневищами. Побеги окружены при основании б. ч. бурыми листовыми влагалищами со слабо выраженным сетчатым расщеплением. Кроющий лист нижнего пестичного колоска состоит из влагалища и узколинейной или щетиновидной пластинки (1)1.5—3 см дл. Мешочки (2.8)3—3.5(4) мм дл., с клиновидно оттянутым основанием («ножкой») 0.5—0.6 мм дл. ....15.

14\. Кроющий лист нижнего пестичного колоска состоит из влагалища и обычно короткой, 0.5(1) см, редко более длинной, щетиновидной пластинки. Чешуи пестичных колосков острые или с короткой, 0.5—0.8 мм, остью, немного длиннее мешочков, реже б. м. равные им. Носик мешочков 0.3—0.5 мм дл. Растение Вост. Сибири (?) и Дальнего Востока.................................8a. **C. rhizina** subsp. **reventa**.

\+ Кроющий лист нижнего пестичного колоска состоит обычно только из влагалища. Чешуи пестичных колосков тупые или островатые (редко коротко заостренные), короче мешочков или б. м. равные им. Носик мешочков 0.2—0.3 мм дл. Растение Европейской части, Кавказа и Зап. Сибири...8b. **C. rhizina** subsp. **rhizina**.

15\. Мешочки 3—3.5(4) мм дл., спереди с неясными жилками или без них, по бокам обычно с 3—5 ребристыми жилками, лучше выраженными в нижней половине. Чешуи пестичных колосков б. ч. светло-коричневые. Растение Европейской части, Кавказа, Сибири и Дальнего Востока.... ....6. **C. pediformis**.

\+ Мешочки (2.8)3—3.3 мм дл., без жилок. Чешуи пестичных колосков б. ч. коричневые. Растение Средней Азии.............7. **C. aneurocarpa**.

16(10). Растение рыхлодернистое, с ползучими корневищами. Побеги окружены при основании темно-пурпурно-бурыми, цельными или слабо волокнистыми листовыми влагалищами. Кроющий лист нижнего пестичного колоска состоит из влагалища, наверху косо усеченного, ржаво-бурого, белоперепончато окаймленного, без листовой пластинки или, очень редко, с короткой, 0.2–0.7 мм, щетиновидной пластинкой .... 5. **C. macroura**.

\+ Растение плотнодернистое, с укороченными не ползучими корневищами. Побеги окружены при основании бурыми или каштановыми, сильно волокнистыми листовыми влагалищами. Кроющий лист нижнего пестичного колоска состоит из влагалища и узколинейной или щетиновидной пластинки 1–3 см дл. .... 4. **C. supermascula**.

1\. Lower spikes (1–3) are located at base of stem on long peduncles. Female glumes with an awn 1–2 mm long.. 2.

\+ All spikes are located in upper half of stem. Female glumes awnless or sometimes with a short, not longer than 0.5 mm, awn.. 4.

2\. The whole plant pubescent. Leaf blades 0.5–1(1.2) mm wide, ciliate at margins. Male and female glumes with awn 1.5–2 mm long. Utricles 4.5–5 mm long, almost twice as long as glumes... 1. **C. holotricha**.

\+ Plants glabrous. Leaf blades 2–6 mm wide, not ciliate. Male glumes awnless, female ones with awn 1–1.2 mm long. Utricles 4–4.5 mm long, almost equal to glumes....... 3.

3\. Male spike oblong-clavate, 2–2.5 cm long, many-flowered, overtopping the uppermost female spike. Female glumes not emarginate at apex. Utricles with a beak 0.15–0.2 mm long. Stems are surrounded at base by brown leaf sheaths; leaf blades 3–6 mm wide, rigid.. 3. **C. martynenkoi**.

\+ Male spike lanceolate, (0.5)0.7–1 cm long, few-flowered, not exceeding the level of the uppermost female spike. Female glumes emarginate at apex. Utricles with beak 0.4–0.5 mm long. Stems are surrounded at base by purple leaf sheaths; leaf blades 2–4 mm wide, soft... 2. **C. erythrobasis**.

4(1). Stems 2–10(15) cm high, leaves 3–5(10) times longer than stems, covered with diffuse setulous hairs. Female spikes are located almost all over stem. Utricles veinless........... 5.

\+ Stems (8)10–40(50) cm high, leaves shorter, equal or a little, rarely 1.5–2(3–4) times longer than stems, glabrous. Female spikes are located in upper half of stem. Utricles veined or veinless.. 7.

5\. Male spike relatively many-flowered, oblong, 1–1.5(2) cm long, 2–4 mm wide; glumes ovate, obtuse or orbicular at apex, with very broad white-scarious margins (so the whole spike silvery); lowest glume does not reach half of spike length. Leaf blades 1–1.5(2) mm wide. Plants of European part, Caucasus and Western Siberia......... 11. **C. humilis**.

\+ Male spike few-flowered, narrow-lanceolate, 0.5–1 cm long, 1–1.5 mm wide; glumes lanceolate, at apex acute or with short cusp, with narrow white-scarious margins; lowest glume does not a little reach spike apex (extremely rarely male spike is the same as is described in thesis, then leaf blades 0.2–0.5 mm wide). Plants of Eastern Siberia and Far East.. 6.

6\. Leaf blades narrow-linear, 1–1.5(2) mm wide. Plants with abbreviated rhizome, forming dense tufts.. 12. **C. nanella**.

\+ Leaf blades capilliform, 0.2–0.5 mm wide. Plants with an elongate rhizome, forming loose tufts.. 13. **C. callitrichos**.

7(4). Leaves of reproductive (flowering) shoots consisting of sheaths without blades, or uppermost has short setaceous blade. Utricles trigonous in cross-section, with flat or a little concave sides, veinless, with a cuneate, whitish, somewhat fleshy base. Female glumes enlarged to apex.. 8.

\+ Leaves of reproductive shoots with sheaths and blades (the latter ones more or less long in lower cauline leaves and abbreviated in upper ones). Utricles orbicular-trigonous in cross-section, with convex sides, veined or veinless, at base narrowed into a thickened «stipe». Female glumes narrowed to apex..10.

8. Inflorescence 1–2(2.5) cm long, of 3–4 fasciculately approximate spikes. Male spike usually not more than 0.5 cm long, light brown. Female spikes 0.8–1.5 cm long, with peduncles up to 1 cm long. Bracts consist of pale green sheaths, the lowest being up to 0.5 cm long. Utricles 2.5–3(3.5) mm long. Reproductive shoots at base with greenish or pale purple sheaths, uppermost being frequently with a short, 0.3–0.8(1) cm, setaceous blade..16. **C. ornithopoda**.

\+ Inflorescence (3)4–10 cm long, of 3–4 distant or, more rarely, more or less approximate (but not fasciculately) spikes. Bracts consist of usually purple-coloured sheaths, lower ones being 1–2 cm long. Utricles (3.5)3.8–5 mm long. Reproductive shoots at base with dark purple sheath, generally without leaf blades..9.

9. Female spikes 5–10-flowered; glumes a little shorter than utricles. Utricles (3.5)3.8–4.2(4.5) mm long. Male spike purple. Plants of European part, Caucasus and Western Siberia..14. **C. digitata**.

\+ Female spikes 3–4(5)-flowered; glumes almost twice shorter than utricles. Utricles 4.5–5 mm long. Male spike ferruginous or pale ferruginous. Plants of Far East...15. **C. quadriflora**.

10(7). Male spike is usually located below a level of the uppermost female spike, generally narrow-linear, 0.6–1(1.5) cm long, 1.2–3 mm wide, few-flowered; lowest glume of spike reaches the half and more of its length..11.

\+ Male spike overtopping the uppermost female spike, thickened, oblong-clavate, (1)1.5–2.5 cm long, 4–5 mm wide, many-flowered; lowest glume of spike considerably shorter than the half of its length..16.

11. Female glumes lanceolate or ovate, generally 1.5–2 times longer than utricles, more rarely more or less equal to them. Utricles frontally with (6)7–10, more rarely with 4–5 well distinct veins; beak very short, 0.1–0.2 mm. Bract of lowest female spike consists of sheath above obliquely truncated, brown, white-scarious-margined, without leaf blade or, sometimes, with very short, up to 0.5 cm, setaceous blade...12.

\+ Female glumes ovate or oblong-ovate, shorter than utricles, more or less equal to them or a little longer. Utricles frontally with 1–4, not always distinct veins or veinless; beak 0.2–0.5 mm long. Bract of lowest female spike consists of sheath and narrow-linear or setaceous blade (0.5–1)1.5–3 cm long, or only of sheath...13.

12. Utricles frontally 6–10-veined. Stems 15–30(40) cm high. Leaves shorter than stems, more or less equal to them or, sometimes, 1.5–2 times longer.............9. **C. lanceolata**.

\+ Utricles frontally 4–5-veined. Stems 5–10 cm high. Leaves 1.5–4 times longer than stems...10. **C. korkischkoae**.

13. Plants loose-caespitose, with creeping rhizomes. Stems are surrounded at base by dark purple-brown leaf sheaths generally distinctly reticular-cleft. Bract of lowest female spike consists of sheath above obliquely truncate, brown, white-scarious-margined, without leaf blade or, sometimes, with a short, up to 0.5(1) cm, setaceous blade. Utricles (3.5)3.8–4 mm long, with cuneately tapered base («stipe») 0.8–1(1.3) mm long..8. **C. rhizina**...14.

\+ Plants dense-caespitose, with abbreviated not creeping rhizomes. Stems are surrounded at base by generally brown leaf sheaths slightly reticular-cleft. Bract of lowest female spike consists of sheath and narrow-linear or setaceous blade (1)1.5–3 cm long. Utricles (2.8)3–3.5(4) mm long, with cuneately tapered base («stipe») 0.5–0.6 mm long.... 15.

14. Bract of lowest female spike consists of sheath and usually short, 0.5(1) cm, rarely longer, setaceous blade. Female glumes acute or with short, 0.5–0.8 mm, awn, a little longer than utricles, more rarely more or less equal to them. Utricle beak 0.3–0.5 mm long. Plants of Eastern Siberia (?) and Far East.....................8a. **C. rhizina** subsp. **reventa**.

\+ Bract of lowest female spike usually consists only of sheath. Female glumes obtuse or acutish (rarely short-acuminate), shorter than utricles or more or less equal to them. Utricle beak 0.2–0.3 mm long. Plants of European part, Caucasus and Western Siberia ....8b. **C. rhizina** subsp. **rhizina**.

15. Utricles 3–3.5(4) mm long, frontally obscurely veined or veinless, laterally usually with 3–5 costate veins, more distinct in lower half. Female glumes generally light brown. Plants of European part, Caucasus, Siberia and Far East.................. 6. **C. pediformis.**
\+ Utricles (2.8)3–3.3 mm long, veinless. Female glumes generally brown. Plants of Middle Asia.. 7. **C. aneurocarpa.**
16(10). Plants loose-caespitose, with creeping rhizomes. Stems are surrounded at base by dark purple-brown, entire or slightly fibrous leaf sheaths. Bract of lowest female spike consists of sheath obliquely truncate above, ferruginous-brown, white-scarious-margined, without leaf blade or, very rarely, with short, 0.2–0.7 mm, setaceous blade......5. **C. macroura.**
\+ Plants dense-caespitose, with abbreviated not creeping rhizomes. Stems are surrounded at base by brown or chestnut, strongly fibrous leaf sheaths. Bract of lowest female spike consists of sheath and narrow-linear or setaceous blade 1–3 cm long..............................
.... 4. **C. supermascula.**

Subsect. 1. **Subradicales** Egor. 1985, Бот. журн. **70**, 11 : 1552. — Репродуктивные побеги (стебли) центральные. Нижние пестичные колоски (1–3) сидят у основания стебля на длинных ножках. Тычиночный колосок продолговато-булавовидный, многоцветковый, превышающий верхний пестичный колосок или ланцетовидный, малоцветковый, расположенный немного ниже его уровня. Кроющие листья с влагалищем и пластинкой. Чешуи пестичных колосков с остью 1–2 мм дл. Мешочки трехгранные, без жилок, с клиновидным основанием, иногда превращенным в беловатый, несколько мясистый элайосом. — Т у р u s: C. *erythrobasis* Lévl. et Vaniot.

7 видов; вне рассматриваемой территории: C. *hashimotoi* Ohwi, C. *lasiolepis* Franch. и C. *macrandrolepis* Lévl. (Вост. Азия) и C. *pedunculata* Muehlenb. ex Willd. (Сев. Америка).

Reproductive shoots (stems) central. Lower female spikes (1–3) located at base of stem on long peduncles. Male spike oblong-clavate, many-flowered, exceeding the uppermost female spike or lanceolate, few-flowered, located a little below its level. Bracts with sheath and blade. Female glumes with awn 1–2 mm long. Utricles trigonous, veinless, with cuneate base sometimes transformed in whitish, somewhat fleshy elaiosome. — T y p u s: C. *erythrobasis* Lévl. et Vaniot.

7 species; outside considered territory: C. *hashimotoi* Ohwi, C. *lasiolepis* Franch. and C. *macrandrolepis* Lévl. (East Asia) and C. *pedunculata* Muehlenb. ex Willd. (North America).

1 (119). **C. holotricha** Ohwi, 1938, Acta Phytotax. Geobot. (Kyoto), **7**, 3 : 131; Y. T. Lee, 1976, in Fl. Cor. 7 : 388; А. Е. Кожевников и Коркишко, 1985, Бюлл. Главн. бот. сада АН СССР, 135 : 32; А. Е. Кожевников, 1988, в Сосуд. раст. сов. Дальн. Вост. 3 : 271. — C. *lasiolepis* var. *lata* Ohwi, 1932, l. c. 1 : 74; T. Koyama, 1962, Journ. Fac. Sci. Univ. Tokyo (Bot.), **8**, 4 : 178. — C. *lasiolepis* auct. non Franch. : Kük. 1909, in Engl. Pflanzenr. 38 : 486, p. p., quoad pl. e Corea; Ohwi, 1936, Mem. Coll. Sci. Kyoto Univ. ser. B, **11**, 5 : 394, p. p., quoad pl. e Corea. — **О. густоволосистая.**

Описан с северо-запада п-ова Корея; t y p u s: хр. Каннам, «M. Kongosan, J. Ohwi» (KYO).

В разреженных дубняках по склонам сопок. — **Дальн. Вост.**: Уссур. (юг: Хасанский р-н, заповедник «Кедровая падь»). О б щ . р а с п р.: В. Азия (п-ов Корея). — 2n = ?

Близок к японскому виду C. *lasiolepis* Franch.

Close to Japanese species C. *lasiolepis* Franch.

2 (120). **C. erythrobasis** Lévl. et Vaniot, 1908, Feddes Repert. 5 : 240, emend. Kük. 1909, in Engl. Pflanzenr. 38 : 766; Егор. и Верхолат, 1979, Новости сист. высш. раст. 15 : 76. — C. *pedunculata* var. *erythrobasis* (Lévl. et Vaniot) T. Koyama, 1962, Journ. Fac. Sci. Univ. Tokyo (Bot.), **8**, 4 : 177 — **О. пурпурновлагалищная.**

Описан с о-ва Чеджудо на юге п-ова Корея; typus: «Corea, in silvis Quelpaert, in petrosis et rupibus, 1000 m, maio 1907, № 2278, U. Faurie» (P, isotypus LE!).

В широколиственных, смешанных и лиственничных лесах. — **Дальн. Вост.**: Уссур. (юг: заповедник «Кедровая падь» и Уссурийский р-н, Шуфанское плато — застава Таежная). Общ. распр.: В. Азия (Сев.-Вост. Китай, п-ов Корея). — 2n = ? — Рис. 26, 5.

3 (121). **C. martynenkoi** Zolot. 1984, Новости сист. высш. раст. 21 : 226; Малышев, 1990, во Фл. Сиб. 3 : 124. — **О. Мартыненко**.

Описан из Зап. Сибири; typus: «Алтайский гос. заповедник, Телецкое озеро близ кордона Байгазан, на щебнисто-каменистых склонах, 20 VI 1977, Н. И. Золотухин» (LE!).

На щебнисто-каменистых склонах. — **Зап. Сиб.**: Алт. (сев.-вост.). Эндемик. — 2n = ?

Известен только по типовому образцу. В оригинальном описании вида неточно дана характеристика соцветия (не отмечено наличие в нем прикорневых, т.е. сидящих почти в основании стебля, пестичных колосков) и мешочков (они не тупо-, а остро-трехгранные).

Is known only by the type specimen. In original description of the species, characteristics of inflorescence are given inexactly (presence of subradical, i.e. located almost at base of stem, female spikes is not pointed out), so are those of utricles (the latter ones are not obtuse-, but sharply trigonous).

Subsect. 2. **Pediformes** Egor. 1985, Бот. журн. **70**, 11 : 1552. — Sect. *Aunieria* (Gand.) V. Krecz. ser. *Orthorachis* V. Krecz. 1935, во Фл. СССР, 3 : 366, sine descr. latin. et ser. *Polycamptorachis* V. Krecz. l. c. : 362, p. p., sine descr. latin. — Репродуктивные побеги центральные. Пестичные колоски расположены в верхней половине стебля, б. м. расставленные. Тычиночный колосок продолговато-булавовидный, многоцветковый, превышающий верхний пестичный колосок, или ланцетовидный, малоцветковый, расположенный ниже уровня верхнего пестичного колоска или вровень с ним. Нижний кроющий лист состоит из влагалища и пластинки или только из влагалища. Мешочки выпукло- или округло-трехгранные, с немногими жилками или без них, с клиновидным основанием, не превращенным в элайосом. — Typus: *C. pediformis* C. A. Mey.

12 видов и подвидов; вне рассматриваемой территории: *C. crebra* V. Krecz. (Китай: пров. Ганьсу и Юньнань), *C. macrosandra* V. Krecz. (Центр. Китай), *C. pachyneura* Kitag. (Сев.-Вост. Китай) и *C. pisanensis* T. Koyama (Непал).

Reproductive shoots central. Female spikes are located in upper half of stem, more or less distant. Male spike oblong-clavate, many-flowered, exceeding the appermost female spike or lanceolate, few-flowered, located below or at the same level as the uppermost female spike. Lowest bract consists of sheath and blade or only of sheath. Utricles convex- or orbicular-trigonous, few-veined or veinless, with cuneate base not transformed in elaiosome. — Typus: *C. pediformis* C. A. Mey.

12 species and subspecies; outside considered territory: *C. crebra* V. Krecz. (China: provinces Gansu and Yunnan), *C. macrosandra* V. Krecz. (Central China), *C. pachyneura* Kitag. (North-Eastern China) and *C. pisanensis* T. Koyama (Nepal).

4 (122). **C. supermascula** V. Krecz. 1946, Бот. мат. (Ленинград), **9**, 4—12 : 189; Егор. 1967, в Раст. Центр. Азии, 3 : 76; А. Е. Кожевников, 1988, в Сосуд. раст. сов. Дальн. Вост. 3 : 284; Малышев, 1990, во Фл. Сиб. 3 : 123, pro syn. *C. macroura* subsp. *kirilowii*. — *C. sutschanensis* auct. non Kom.: В. Креч. 1935, во Фл. СССР, 3 : 368. — *C. pediformis* auct. non C. A. Mey.: Y. L. Chang et

Y. L. Yang, 1976, in Fl. Chin. Bor.-Or. 11 : 114, p. p., quoad syn. *C. supermascula*. — *C. pediformis* var. *pedunculata* auct. non Maxim.: Ворош. 1982, Опред. раст. сов. Дальн. Вост. : 134, quoad syn. *C. supermascula*. — **О. мужская**.

Описан с юга российского Дальнего Востока; t y p u s: «Около Благовещенска, по сухим склонам, 14 VI 1904, F. Karo» (LE!).

На сухих лугах, степных каменистых склонах, в сухих разреженных лесах. — **Вост. Сиб.**: Даур.; **Дальн. Вост.**: Зее-Бур., Уссур. О б щ . р а с п р.: Ц. (вост. Монголия) и В. (Сев.-Вост., Сев. и Юго-Зап. Китай, п-ов Корея) Азия. — 2n = ?

C. supermascula близка к *C. macroura* (об отличиях между видами см. в ключе), а также к *C. pediformis*, от которой отличается крупным утолщенным, (1)1.5—2.5 см дл., 4—5 мм шир., многоцветковым тычиночным колоском (у *C. pediformis* он обычно маленький, узкий, 0.6—1(1.5) мм дл., 2—3 мм шир., малоцветковый).

C. supermascula is close to *C. macroura* (concerning differences between these species, see in the key), as well as to *C. pediformis*, differing from the latter by large thickened, (1)1.5—2.5 cm long, 4—5 mm in diam., many-flowered male spike (*C. pediformis* usually has that small, narrow, 0.6—1(1.5) mm long, 2—3 mm wide, few-flowered).

5 (123). **C. macroura** Meinsh. 1901, Тр. Петерб. бот. сада, **18**, 3 : 404; В. Креч. 1935, во Фл. СССР, 3 : 367; Егор. 1976, во Фл. Европ. ч. СССР, 2 : 183; Kitag. 1979, Neo-Lineam. Fl. Mansh. : 130; А. Е. Кожевников, 1988, в Сосуд. раст. сов. Дальн. Вост. 3 : 282; Малышев, 1990, во Фл. Сиб. 3 : 123, quoad *C. macroura* s. str. — *C. pediformis* var. *macroura* (Meinsh.) Kük. 1909, in Engl. Pflanzenr. 38 : 491; Ворош. 1982, Опред. раст. сов. Дальн. Вост. : 134. — *C. pediformis* subsp. *macroura* (Meinsh.) Podp. 1928, Publ. Fac. Sci. Univ. Masaryk, 101 : 21; Chater, 1980, in Fl. Europ. 5 : 311. — *C. pediformis* var. *macroura* (Meinsh.) Worosch. 1985, во Флорист. иссл. СССР : 155, comb. superfl. — *C. pediformis* auct. non C. A. Mey.: Y. L. Chang et Y. L. Yang, 1976, in Fl. Chin. Bor.-Or. 11 : 114, p. p., quoad syn. *C. macroura*. — **О. большехвостая**.

Описан из Зап. Сибири; l e c t o t y p u s: «Sib. occid. pr. urbem Tobolsk, Haupt» (LE!). — Егорова (h. l.).

В сухих светлых хвойных и смешанных лесах, на опушках, скалах, щебнистых склонах; в нижнем, среднем, реже верхнем (подгольцовом и нижней части гольцового) поясах гор, преимущественно на карбонатной почве. — **Европ. ч.**: Волж.-Кам. (Татарстан; Пермская обл.: Еловский р-н, с. Сивяки; Средн. и Южн. Урал); **Зап. Сиб.**: Обск. (центр: окр. г. Ханты-Мансийска; юго-зап. и юго-вост.), Ирт. (сев. и юго-вост.), Алт.; **Вост. Сиб.**: Енис. (верхнее течение Ниж. Тунгуски и басс. Подкаменной Тунгуски), Лен.-Кол. (юг: к югу от р. Вилюй), Анг.-Саян., Даур. (зап.); **Дальн. Вост.**: Уссур. (юг); **Средн. Азия**: Дж.-Тарб. (хр. Мын-Чукур; ? хр. Саур). О б щ . р а с п р.: Ц. (Монголия; Китай: Алтай) и В. (Сев.-Вост. Китай) Азия. — 2n = ?

Близок к *C. rhizina*, от которой отличается крупным, (1)1.5—2.5 см дл., 4—5 мм шир., многоцветковым тычиночным колоском, возвышающимся над верхним пестичным колоском (а не маленьким, 0.6—1(1.5) см дл., 1.2—3 мм шир., расположенным обычно ниже уровня верхнего пестичного колоска), а также к *C. supermascula* (см. ключ).

Имеются указания о произрастании вида в басс. Печоры (см.: Егорова, 1976в). Требуют подтверждения данные В. И. Кречетовича (1935а, 1935б) о нахождении этого растения на хр. Саур.

Close to *C. rhizina*, differing from it by large, (1)1.5–2.5 cm long, 4–5 mm wide, many-flowered male spike rising above the uppermost female spike (instead of small, 0.6–1(1.5) cm long, 1.2–3 mm wide, located usually below a level of the uppermost female spike), as well as to *C. supermascula* (see the key).

There are notes about occurrence of the species in basin of Pechora river (see: Егорова, 1976в). Data by Kreczetowicz (Кречетович, 1935а, 1935б) about finding this plant in ridge Saur needs confirmation.

6 (124). **C. pediformis** C. A. Mey. 1831, Mém. Sav. Étr. Pétersb. 1 : 219, tab. X; В. Креч. 1935, во Фл. СССР, 3 : 368; Егор. 1966, в Аркт. фл. СССР, 3 : 145; ead. 1976, во Фл. Европ. ч. СССР, 2 : 182, quoad subsp. *pediformis*; Y. L. Chang et Y. L. Yang, 1976, in Fl. Chin. Bor.-Or. 11 : 114, excl. syn. nonnull.; Chater, 1980, in Fl. Europ. 5 : 311, quoad subsp. *pediformis*; Ворош. 1982, Опред. раст. сов. Дальн. Вост. : 134, quoad var. *pediformis*; А. Е. Кожевников, 1988, в Сосуд. раст. сов. Дальн. Вост. 3 : 284, excl. pl. kamtsch.; Малышев, 1990, во Фл. Сиб. 3 : 125, quoad *C. pediformem* s. str. — *C. kirilowii* Turcz. 1855, Bull. Soc. Nat. Moscou, 28 : 340; В. Креч. 1935, l. c. : 370; Малышев, 1979, во Фл. Центр. Сиб. 1 : 181; А. Е. Кожевников, 1988, цит. соч. : 285. — *C. pediformis* var. *floribunda* Korsh. 1892, Тр. Петерб. бот. сада, **12**, 2 : 409. — *C. floribunda* (Korsh.) Meinsh. 1901, Тр. Петерб. бот. сада, **18**, 3 : 402, p. p., et quoad typum. — *C. sutschanensis* Kom. 1916, Изв. Петерб. бот. сада, 16 : 155; В. Креч. 1935, l. c. : 368; Kitag. 1979, Neo-Lineam. Fl. Mansh. : 139; А. Е.Кожевников, 1988, l. c. : 284, in adnot. ad *C. supermascula*. — *C. hankaensis* Kitag. 1941, Journ. Jap. Bot. 17 : 236; id. 1979, l. c. : 125. — *C. macroura* subsp. *kirilowii* (Turcz.) Malyschev, 1990, во Фл. Сиб. 3 : 123. — *C. pediformis* subsp. *reventa* (V. Krecz.) Malyschev, 1990, l. c. : 126, p. p., quoad pl. arct., excl. typo. — *C. woroschilovii* A. E. Kozhevnikov, 1987, Бюлл. Моск. общ. исп. прир. отд. биол. **92**, 6 : 135. — *C. austroussuriensis* A. E. Kozhevnikov, 1987, l. c. : 135. — **О. стоповидная**.

Описан с п-ова Камчатка, побережья Байкала и с Алтая («Habitat in Kamtschatka, ad Baicalem, nec non in locis montosis siccis regionis altaicae»); l e c t o t y p u s: C. A. Meyer, l. c. tab. X. — Егорова (h. l.).

В горных степях, лесостепях, остепненных лесах, на опушках, известняковых обнажениях, сухих каменистых склонах, скалах, каменистых россыпях, в остепненных тундрах, на возвышенностях, в нижнем, среднем, реже в верхнем поясах гор, б. ч. на карбонатных субстратах. — **Европ. ч.**: Дв.-Печ. (басс. р. Усы: хр. Адак и басс. р. Ухты: с. Веселый Кут), Волж.-Кам. (юг и вост.), Карп. (район Львова), Волж.-Дон. (юго-зап.: Курская, Белгородская и Воронежская обл., редко; вост.: Куйбышевская обл.: Жигули), Заволж. (Башкортостан), Причерн. (Донецкий кряж: Луганская обл., Лисичанский р-н, р. Донец у сел. Серебрянка); **Кавк.**: Б. Кавк. (Дагестан: Леваши), Южн. Закавк. (Армения: басс. Севана — Шоржа и Артанишский п-ов); **Зап. Сиб.**: Обск. (юго-вост.), Ирт. (сев.: Омская обл. — окр. Омска и д. Саратовка; вост.), Алт.; **Вост. Сиб.**: Аркт. (низовья Лены), Енис. (редко), Лен.-Кол. (преимущественно в южн. половине), Анг.-Саян., Даур.; **Дальн. Вост.**: Аркт. (Анюйское и Чукотское нагорья, басс. Анадыря и Пенжины; очень редко), Охот., Удск., Зее-Бур., Уссур. О б щ. р а с п р.: Ц. (Монголия) и В. (Сев. и Сев.-Вост. Китай) Азия. — 2n = 70 (Davies, 1956a, 1956b; Жукова, Петровский, 1975, 1980).

Как отмечено выше, вид описан с Камчатки, побережья Байкала и Алтая. В LE нет автентиков *C. pediformis*, но имеется образец, изображенный при первоописании этого вида («legit Dr. Tilesius in Kamtschatka, dedit cl. Ledebour, 1825»), обозначенный В. И. Кречетовичем (in sched.) в качестве его лектотипа.

Данный образец собран, как следует из этикетки, на Камчатке В. Тилезиусом. Однако *C. pediformis*, по моим данным, там не встречается. Кречетович был прав, сделав на этом образце пометку: «Vix e Kamtschatka! Probabiliter e reg. Irkutensi». Следует заметить, кроме того, что, хотя, согласно И. П. Бородину (1908), Тилезиус гербаризировал на Камчатке, сборы его с этой территории, как установил А. Е. Кожевников (l. c.) на основании литературных источников (Комаров, 1927; Hultén, 1927), неизвестны. Таким образом, цитированный образец *C. pediformis* мог быть собран только в Сибири (либо в б. Иркутской губ., как предположил Кречетович, либо в этом районе или в Охотии, как считает Кожевников).

C. pediformis — горностепной вид, широко распространенный в южн. районах Сибири, а также в Монголии. Редок в других частях своего ареала, в особенности на Кавказе и Дальнем Востоке. Довольно полиморфное растение, варьирующее в основном по габитусу, степени плотности дерновины, соотношению длины стебля и листьев, по длине ножки тычиночного и пестичных колосков, пластинки нижнего кроющего листа, по количеству пестичных цветков в колосках и степени рыхлости последних, по форме верхушки чешуй пестичных колосков (от тупой до островатой и заостренной), степени интенсивности окраски чешуй, по количеству жилок на мешочках (иногда жилок нет). Тычиночный колосок у *C. pediformis* обычно маленький, узкий (0.6—1 см дл., 2—3 мм шир.), малоцветковый. Расположен он часто на одном уровне с верхним пестичным колоском или немного ниже его. Но иногда (в случае, если верхний пестичный колосок не развит) тычиночный колосок превышает следующий за ним пестичный колосок.

В синонимы *C. pediformis* я отношу описанную из Вост. Саяна *C. kirilowii* Turcz., l. c. (typus: «In alpe Dschylgyn, 1836, Turczaninow» — LE!). Она представляет, на мой взгляд, не имеющую таксономического значения высокогорную форму *C. pediformis* с более интенсивно окрашенными кроющими чешуями и более короткими листьями, чем у ее особей, произрастающих в нижних поясах гор.

C. sutschanensis Kom., l. c., известная только по типовым образцам (typus: юг Приморского края, «залив Америка, за деревней, ближе к устью Сучана, 7 VI 1913, А. Булавкина» — LE! cum isotypo!), отличается от типичных образцов *C. pediformis* более длинными и более узко белоперепончато окаймленными чешуями пестичных колосков. Тычиночный колосок у типа и изотипа *C. sutschanensis* варьирует в пределах 1—1.5 см дл. (от малоцветкового ланцетовидного до б. м. многоцветкового продолговатого), как это наблюдается и у *C. pediformis*. На мой взгляд, нет достаточных оснований рассматривать *C. sutschanensis* в качестве самостоятельного вида. С *C. pediformis* это растение уже было отождествлено ранее (Кречетович, 1946; Y. L. Chang et Y. L. Yang, l. c.).

Синонимами *C. pediformis* я считаю описанные с юга российского Дальнего Востока *C. austroussuriensis* A. E. Kozhevnikov, l. c. (typus: «Приморский край, Хасанский р-н, Голубиный утес, 6 VI 1969, Н. В. Туманова» — VLA, isotypi LE!, MHA, MW!) и *C. woroschilovii* A. E. Kozhevnikov, l. c. (typus: «Амурская обл., окр. пос. Толбузина, 29 V 1910, № 171, Г. А. Стоянов» — VLA, isotypus MW!). Первый вид автор описания отличает от *C. pediformis* более длинными листьями — признаком, который не может служить достаточным основанием для выделения таксона видового уровня. *C. woroschilovii*, известная только из одного местонахождения, отличается от типичной *C. pediformis* лишь более извилистой осью пестичных колосков. На мой взгляд, этот признак является небольшим уклонением и не имеет таксономического значения. По числу жилок *C. woroschilo-*

vii не отличается от *C. pediformis*: их не 9—16, как указано в описании, а 3—4 (причем спереди жилок нет, а на боковых сторонах по 1—2).

Имеются указания (Раменская, Андреева, 1982) о произрастании *C. pediformis* на юге Карелии. Место хранения соответствующих гербарных образцов неизвестно (в LE и Петрозаводске их нет).

As it is noted above, the species is described from Kamchatka, Baikal shore and Altai. In LE, there are no authentics of *C. pediformis*, but there is the specimen («legit Dr. Tilesius in Kamtschatka, dedit cl. Ledebour, 1825»), pictured under original description of the species and designated by Kreczetowicz (in sched.) as its lectotype. This specimen is collected, as it is obvious from the label, in Kamchatka by Tilesius. However, by my data, *C. pediformis* does not occur there. Kreczetowicz was right when put the note in this specimen: «Vix e Kamtschatka! Probabiliter e reg. Irkutensi». It should be noted in addition that, although Borodin (Бородин, 1908) had pointed out Tilesius's collecting in Kamchatka, Kozhevnikov (A. E. Кожевников, l. c.) established, basing on published sources (Комаров, 1927; Hultén, 1927), that Tilesius's collections from this territory are unknown. Thus, the cited sbove specimen of *C. pediformis* could be collected only in Siberia (either, as Kreczetowicz has supposed, in Irkutsk province, or, as Kozhevnikov believes, in that province or in Okhotsk region).

C. pediformis is a montane-steppe species widespread in southern regions of Siberia, as well as in Mongolia. It is rare in other parts of its range, especially in the Caucasus and Far East. Rather polymorphic plant, varying mainly in habit, extent of tuft density, length ratio of stem to leaves, in length of peduncle of male and female spikes as well as blade of lowest bract, in number of female flowers in spikes and extent of their laxity, in shape of apex of female glumes (from obtuse to acutish and acuminate), in intensity of glume colouring, in number of veins on utricles (sometimes veins are absent). *C. pediformis* usually has a small, narrow (0.6—1 cm long, 2—3 mm wide), few-flowered male spike. It is located frequently flush with the uppermost female spike or a little below. But sometimes (if the uppermost female spike is not developed) male spike exceeds the next female spike.

I put into synonymy of *C. pediformis C. kirilowii* Turcz., l. c. described from Eastern Sayan (typus: «In alpe Dschylgyn, 1836, Turczaninow» — LE!). In my opinion, it is high-mountain form of *C. pediformis*, having no taxonomic significance, with more intensively colored glumes and shorter leaves, than at its specimens growing in lower mountain belts.

C. sutschanensis Kom., l. c. known only by the type specimens (typus: southern Maritime Territory, «залив Америка, за деревней, ближе к устью Сучана, 7 VI 1913, А. Булавкина» — LE! cum Isotypo!), differs from typical specimens of *C. pediformis* by longer and narrower white-scarious-margined female glumes. Male spike at the type and isotype of *C. sutschanensis* varies in limits of 1—1.5 cm long (from few-flowered lanceolate to more or less many-flowered oblong), the same being observed in *C. pediformis*. In my opinion, there is no sufficient reason to consider *C. sutschanensis* as separate species. This plant was already equated with *C. pediformis* before (Кречетович, 1946; Y. L. Chang et Y. L. Yang, l. c.).

I regard as synonyms of *C. pediformis* two species described from southern Russian Far East: *C. austroussuriensis* A. E. Kozhevnikov, l. c. (typus: «Приморский край, Хасанский р-н, Голубиный утес, 6 VI 1969, Н. В. Туманова» — VLA, isotypi LE!, MHA, MW!) and *C. woroschilovii* A. E. Kozhevnikov, l. c. (typus: «Амурская обл., окр. пос. Толбузина, 29 V 1910, № 171, Г. А. Стоянов» — VLA, isotypus MW!). The author of the diagnosis distinguishes the former species from *C. pediformis* by longer leaves, the character which cannot serve as sufficient reason for establishing taxon of the specific rank. *C. woroschilovii*, known from the one location, differs from the typical *C. pediformis* just by more flexuous axis of female spikes. In my opinion, this character is a small deviation having no taxonomic significance. *C. woroschilovii* does not differ from *C. pediformis* by number of utricle veins: they are not 9—16, as it is noted in the description, but 3—4 (veins being absent in front, and present on lateral faces by 1—2).

There are data (Раменская, Андреева, 1982) on occurrence of *C. pediformis* in the southern Karelia. Location of corresponding herbarium specimens is unknown (in LE and Petrozavodsk they are absent).

7 (125). **C. aneurocarpa** V. Krecz. 1935, во Фл. СССР, 3 : 614, 369; Егор. 1967, в Раст. Центр. Азии, 3 : 73; ead. 1976, в Опред. раст. Средн. Азии, 5 : 72. — *C. pediformis* var. *nana* Litv. 1910, Тр. Бот. муз. Акад. наук, 7 : 110. — *C. pediformis* auct. non C. A. Mey.: Kük. 1909, in Engl. Pflanzenr. 38 : 490, p. p., quoad pl. ex As. Med. — **О. нежилкоплодная**.

Описан из Китая; t y p u s: Джунгария, «Kuldsha, Chorgos, 15 V 1878, A. Regel» (LE!).

На степных, остепненных и луговых склонах, осоково-кобрезиевых лугах; в горностепном, в верхней части лесного и верхнем поясах гор. — **Средн. Азия**: Прибалх. (Казахский мелкосопочник: в 65 км к юго-востоку от Каркаралинска; оз. Зайсан), Дж.-Тарб., Тянь-Шан. О б щ. р а с п р.: Ц. Азия (Китай: Джунгария). — 2n = ?

Из признаков, приведенных В. И. Кречетовичем (l. c.) в качестве отличительных для *C. aneurocarpa*, выдержан только один — отсутствие жилок на мешочках (Егорова, 1976, l. c.). Но этот признак нерезко отграничивает *C. aneurocarpa* от *C. pediformis*, поскольку у последнего вида в разных частях его ареала встречаются растения, также не имеющие жилок на мешочках. Возможно, *C. aneurocarpa* правильнее рассматривать в качестве подвида *C. pediformis*.

Among characters, cited by Kreczetowicz (Кречетович, l. c.) as distinctive for *C. aneurocarpa*, only one is constant, namely absence of veins on utricles (Егорова, 1976, l. c.). However, this character distinguishes *C. aneurocarpa* from *C. pediformis* indistinctly, since within the latter species in different parts of its range, plants without veins on utricles also occur. Probably, *C. aneurocarpa* is correct to be considered as the subspecies of *C. pediformis*.

8 (126). **C. rhizina** Blytt ex Lindblom, 1839, Bot. Not. (Lund), 8 : 98, emend. V. Krecz. 1935, во Фл. СССР, 3 : 366. — *C. rhizodes* Blytt ex Fries, 1839, Nov. Fl. Suec. Mant. 2 : 58, nom. invalid., pro syn. *C. pediformis*. — *C. rhizodes* Blytt ex Meinsh. 1901, Тр. Петерб. бот. сада, **18**, 3 : 403. — *C. rhizodes* var. *andrejewii* Litv. 1902, в Списке раст. Герб. русск. фл. 4 : 56, № 1095. — *C. pediformis* subsp. *rhizodes* (Blytt), 1907, Schedae Pl. Finl. Exs. 1—8 : 44, sine auct. comb. — *C. pediformis* var. γ. *rhizina* (Blytt ex Lindblom) Kük. 1909, in Engl. Pflanzenr. 38 : 491, p. p. — *C. pediformis* subsp. *rhizodes* (Blytt ex Meinsh.) Lindb. f. 1916, Schedae Pl. Finl. Exs. 9—20 : 34; Егор. 1976, во Фл. Европ. ч. СССР, 3 : 182; Chater, 1980, in Fl. Europ. 5 : 311; Малышев, 1990, во Фл. Сиб. 3 : 127. — E x s.: H.F.R. № 1095 (ut *C. rhizodes* var. *andrejewii*), H.F. URSS № 6967. — **О. корневищная**.

Описан из Норвегии (окр. Осло); ? i s o t y p u s: «Norveg. austr. occid. Christiania. Majo. Leg. Prof. M. Blytt» (LE!).

a) subsp. **reventa** (V. Krecz.) Egor. 1985, Бот. журн. **70**, 11 : 1552. — *C. reventa* V. Krecz. 1935, во Фл. СССР, 3 : 614, 367; Y. L. Chang et Y. L. Yang, 1976, in Fl. Chin. Bor.-Or. 11 : 116; Y. T. Lee, 1976, in Fl. Cor. 7 : 392; Егор. 1981, в Опред. раст. Камч. обл. : 318; А. Е. Кожевников, 1988, в Сосуд. раст. сов. Дальн. Вост. 3 : 282. — *C. pediformis* α. *genuina* et β. *pedunculata* Maxim. 1859, Prim. Fl. Amur. : 309. — *C. pediformis* var. *rhizina* (Blytt ex Lindblom) Kük. 1909, in Engl. Pflanzenr. 38 : 491, p. p., quoad pl. ex Or. Extr. — *C. pediformis* f. *parviflora* Kük. 1910, Feddes Repert. 13 : 7. — *C. pediformis* var. *reventa* (V. Krecz.) Worosch. 1982, Опред. раст. сов. Дальн. Вост, : 134; id. 1985, во Флорист. иссл. СССР : 155. — *C. pediformis* subsp. *reventa* (V. Krecz.) Malyschev, 1990, во Фл. Сиб. 3 : 126, p. p., excl. pl. arct. — *C. rhizina* auct. non Blytt ex Lindblom: Ком. 1927, Фл. Камч. 1 : 255. — *C. pediformis* var. *rhizina* auct. non (Blytt ex Lindblom) Kük. : Ohwi, 1936, Mem. Coll. Sci. Kyoto Univ. ser. B, **11**, 5 : 400. — **О. возвратившаяся**.

Описан с российского Дальнего Востока; t y p u s: Хабаровский край, «Amur, Mariinsk, 11 VI 1856, Maximowicz» (LE!).

В хвойных и смешанных лесах, б. ч. по склонам. — **Вост. Сиб.**: Енис. (сев.: плато Путорана — оз. Кета), Лен.-Кол., Даур. (зап.); **Дальн. Вост.**: Камч. (центр, редко), Удск., Зее-Бур., Уссур. Общ. распр.: В. Азия (Сев.-Вост. Китай, п-ов Корея). — 2n = ?

Данный подвид довольно слабо морфологически обособлен от типового (см. ключ). По жилкованию мешочков он не обнаруживает отличий от последнего, вопреки указанию В. И. Кречетовича (l. c.).

Л. И. Малышев (l. c.) впервые привел subsp. *reventa* (в качестве подвида *C. pediformis*) для Вост. Сибири, причем как широко распространенное растение, заходящее даже в пределы Арктики (низовья Лены). Я не видела образцов subsp. *reventa* с территории Вост. Сибири, но думаю, что произрастание здесь этого неморального вида маловероятно. С уверенностью могу отметить, что данные Малышева о нахождении subsp. *reventa* в низовьях Лены относятся к *C. pediformis* (= *C. pediformis* s. str. — по Малышеву), которую я впервые привела для этого района в «Арктической флоре СССР» (Егорова, 1966а).

This subspecies is rather poorly separated morphologically from the type one (see the key). Contrary to note by Kreczetowicz (Кречетович, l. c.), it does not demonstrate any difference by venation of utricles from the latter.

Malyshev (Малышев, l. c.) for the first time has cited subsp. *reventa* (as subspecies of *C. pediformis*) for Eastern Siberia, as being the widespread plant reaching as far as Arctic regions (Lower Lena). I have not seen any specimens of subsp. *reventa* from the territory of Eastern Siberia, but I believe, that occurrence of this nemoral species here is hardly probable. I can note with confidence, that data by Malyshev on finding subsp. *reventa* in Lower Lena relate to *C. pediformis* (= *C. pediformis* s. str. according to Malyshev), the latter being for the first time cited for that region by me in «Арктическая флора СССР» (Егорова, 1966а).

b) subsp. **rhizina**.

В сухих лиственных и смешанных лесах, сосновых борах, на опушках и полянах, б. ч. по склонам; на карбонатной почве. — **Европ. ч.**: все районы, кроме Аркт., Кар.-Мурм., Ниж.-Волж. и Крым. (в Верх.-Днепр. восток Беларуси, Смоленская и Брянская обл., в Карп. Львовская обл., окр. пос. Ивано-Франково, в Причерн. Донецкая обл.); **Кавк.**: Предкавк. (Краснодарский край), Б. Кавк. (центр: басс. Черека Безенгийского; вост.: вост. Дагестан), Южн. Закавк. (Армения: Зангезурский хр., гора Капутжух); **Зап. Сиб.**: Обск. (зап.: басс. М. Сосьвы; г. Березов, р. Эсс; г. Ханты-Мансийск), Ирт. (вост.: север Алтайского края — с. Калистратиха на р. Оби). Общ. распр.: С. (юг Феноскандии) и Ц. (вост.) Европа. — 2n = ? — Рис. 36, 7.

По мнению Хиландера (Hylander, 1966 : 143), название *C. rhizina* представляет собой nomen nudum. Однако изучение источника первоописания этого вида показывает, что это название можно считать действительно обнародованным, так как в протологе указано одно из основных отличий (длинное корневище) от родственного вида — *C. digitata*.

C. rhizina близка к *C. macroura* (см. комментарий к этому виду) и *C. pediformis* (см. ключ). Варьирует по признакам репродуктивных органов, причем в тех же пределах, что и последний вид (см. комментарий к нему).

In opinion of Hylander (1966 : 143), the name *C. rhizina* is nomen nudum. However, study of the original description of this species shows, that this name can be considered as validly published, since in the protologue one of its main distintions (long rhizome) from allied species, *C. digitata*, is mentioned.

C. rhizina is close to *C. macroura* (see comments to that species) and *C. pediformis* (see the key). Varies in characters of reproductive organs, being in the same limits, that the latter species (see comments to it).

9 (127). **C. lanceolata** Boott, 1857, in A. Gray, List Pl. Jap. in Narr. Exped. Perry, 2 : 325; В. Креч. 1935, во Фл. СССР, 3 : 363; Ohwi, 1965, Fl. Jap. : 242; Y. L. Chang et Y. L. Yang, 1976, in Fl. Chin. Bor.-Or. 11 : 117; Y. T. Lee, 1976, in Fl. Cor. 7 : 390; А. Е. Кожевников, 1988, в Сосуд. раст. сов. Дальн. Вост. 3 : 275; Малышев, 1990, во Фл. Сиб. 3 : 123. — *C. floribunda* (Korsh.) Meinsh. 1901, Тр. Петерб. бот. сада, **18**, 3 : 402, p. p. excl. typo. — *C. longisquamata* Meinsh. ex Kom. 1901, Тр. Петерб. бот. сада, 20 : 394 (Фл. Маньчж. 1). — *C. delicatula* C. B. Clarke, 1908, Kew Bull. Add. ser. 8 : 79. — *C. lanceolata* var. *subpediformis* Kük. 1909, in Engl. Pflanzenr. 38 : 493. — *C. subpediformis* (Kük.) Suto et Suzuki, 1933, Utsunmiya-Nogaku-Kaishi, 8 : 11 (non vidi), cit. sec. auct. Y. L. Chang et Y. L. Yang, 1976, l. c. : 119. — *C. prevernalis* Kitag. 1934, Bot. Mag. Tokyo, 48 : 15; А. Е. Кожевников, 1988, l. c. : 275. — *C. pseudolanceolata* V. Krecz. 1935, во Фл. СССР, 3 : 613, 363. — *C. lanceolata* var. *laxa* Ohwi, 1936, Mem. Coll. Sci. Kyoto Univ. ser. B, **11**, 5 : 402. — *C. karafutoana* Ohwi, 1944, Cyper. Jap. 2 : 170; А. Е. Кожевников, 1988, l. c. : 274. — *C. humilis* var. *subpediformis* (Kük.) T. Koyama, 1962, Journ. Fac. Sci. Univ. Tokyo (Bot.), **8**, 4 : 176. — *C. humilis* var. *floribunda* (Korsh.) T. Koyama, 1962, l. c. : 177. — *C. lanceolata* subsp. *pseudolanceolata* (V. Krecz.) Worosch. 1985, во Флорист. иссл. СССР : 155. — *C. vorobjevii* A. E. Kozhevnikov, 1987, Бюлл. Моск. общ. исп. прир. отд. биол. **92**, 6 : 127; id. 1988, в Сосуд. раст. сов. Дальн. Вост. 3 : 272. — *C. foliabunda* A. E. Kozhevnikov, 1987, l. c. : 130; id. 1988, l. c. : 277. — *C. neosachalinensis* A. E. Kozhevnikov, 1987, l. c. : 131; id. 1988, l. c. : 278. — *C. lancibracteata* A. E. Kozhevnikov, 1987, l. c. : 134; id. 1988, l. c. : 280. — *C. charkeviczii* A. E. Kozhevnikov, 1987, l. c. : 135; id. 1988, l. c. : 281. — **О. ланцетная**.

Описан из Японии; t y p u s: о-в Хоккайдо, «Hakodadi, in rocky places, Williams, Morrow» (K!, photo LE!).

В светлых сухих лесах, на остепненных каменистых склонах; в нижнем и среднем поясах гор. — **Вост. Сиб.**: Енис. (юг: очень редко), Лен.-Кол. (к югу от 60° с. ш., севернее — р. Лена у с. Бестях и между Якутском и устьем Алдана), Анг.-Саян. (преимущественно на юго-востоке), Даур.; **Дальн. Вост.**: Удск. (юг), Зее-Бур., Уссур., Сах. О б щ . р а с п р.: Ц. (Монголия) и В. (Сев.-Зап., Сев., Сев.-Вост. и Центр. Китай, п-ов Корея, Япония) Азия. — 2n = 72 (Koyama, 1962). — Рис. 26, 7.

Вид очень полиморфен, что, возможно, связано с древними гибридизационными процессами. Варьирует на протяжении всего ареала по форме чешуй пестичных колосков (от ланцетной, наиболее обычной, до яйцевидной), соотношению длины мешочков и чешуй (чешуи б. ч. вдвое длиннее мешочков, реже б. м. равные им), по количеству пестичных цветков в колосках (2—8) и плотности их расположения, по форме оси колоска (от б. м. сильно коленчато изогнутой до почти прямой), соотношению длины листьев и стебля (листья короче стебля или б. м. равны ему или иногда превышают его в 1.5—2 раза), по степени плотности дерновины (от довольно плотной до рыхлой), окраске влагалищ нижних листьев (от темно-пурпурно-бурой до бурой) и степени их волокнистости. Рассмотренные варианты признаков наблюдаются у *C. lanceolata* в разных сочетаниях.

Растения этого вида, отклоняющиеся от б. м. типичных его представителей, были описаны в основном с юга Дальнего Востока в качестве самостоятельных видов, не обособленных, однако, ни географически, ни экологически. Я считаю их таксономически идентичными *C. lanceolata*. Эти виды следующие: *C. delicatula* C. B. Clarke, l. c. (typus: Япония, «An pied de l'Ilbuki, 29 IV 1892, № 7799, [Faurie]» — K!, photo LE!), *C. subpediformis* (Kük.) Suto et Suzuki (описан из Сев. и Центр. Китая и Японии), *C. prevernalis* Kitag., l. c. (typus: Сев.-Вост. Китай, «Prov. Feng-t'ien, in collibus siccis prope Ling-shuei-szu, 3 V 1932, M. Kitagawa» — MAK), *C. pseudolanceolata* V. Krecz., l. c. (syntypi: Вост. Сибирь, «Вост. Даурия, у ж.-д. ст. Седловой Разъезд, 12, 13 VI 1903, №№ 295, 316, Д. Литвинов» — LE!), *C. karafutoana* Ohwi, l. c. (= *C. lanceolata* var. *laxa* Ohwi; syntypi: Сахалин «Vladimirof, № 917, Faurie; m. Kashipo, J. Ohwi; m. Tosso, J. Ohwi»), *C. vorobjevii* A. E. Kozhevnikov, l. c. (typus: «Приморский край, Хасанский р-н, заповедник «Кедровая падь», гора Чалбан, 22 VI 1964, Т. И. Нечаева» — VLA; paratypus: ibid., «р. Кедровая, 23 VI 1983, Р. И. Коркишко» — MW!), *C. foliabunda* A. E. Kozhevnikov, l. c. (typus: «Приморский край, Хасанский р-н, заповедник «Кедровая падь», на вершине Сухореченского хребта, 3 VII 1964, Т. И. Нечаева» — VLA, isotypus MW!), *C. neosachalinensis* A. E. Kozhevnikov, l. c. (typus: «Ins. Sachalin, prope Kussunai, 1861, Glehn» — VLA, isotypus MW!), *C. lancibracteata* A. E. Kozhevnikov, l. c. (typus: «Приморский край, Уссурийский р-н, Шуфанское плато, 6 VI 1970, Т. И. Нечаева» — VLA, isotypus MW!) и *C. charkeviczii* A. E. Kozhevnikov, l. c. (typus: «Южный Сихотэ-Алинь, в 8 км на север от д. Глазковка, 15 VI 1955, П. Жудова» — VLA, isotypi LE!, MW!). Заметим, что *C. subpediformis*, *C. prevernalis* и *C. pseudolanceolata* были синонимизированы с *C. lanceolata* предыдущими исследователями (Kükenthal, 1909; Ohwi, 1936, 1965; Малышев, 1979а, 1990).

C. lanceolata характеризуется очень коротким (0.1—0.2 мм) носиком мешочков. Из Монголии (Алашаньская Гоби) и Сев. Китая известны образцы с более длинным (0.3—0.4 мм) носиком, описанные мной (Егорова, 1967) как *C. lanceolata* var. *alaschanica* Egor. (typus: «China, jugum Alaschan, in angustis Tzsosto, 11 V 1908, S. Czetyrkin» — LE!). Возможно, они заслуживают выделения в ранге вида.

По-видимому, помесью *C. lanceolata* (вероятнее всего с *C. nanella*) является описанная по образцам с недоразвитыми мешочками и известная только из одного местонахождения *C. cenantha* A. E. Kozhevnikov (1987, Бюлл. Моск. общ. исп. прир. отд. биол. **92**, 6 : 129; typus: «Южный Сихотэ-Алинь, остепненный луг в бухте Заря, 2 VII 1946, П. Жудов, К. Куркин» — VLA, isotypi LE! MW!). У этого растения низкие, 8—12 см выс., стебли и превышающие их в 1.5—2 раза листья.

The species is very polymorhic, which is probably connected with ancient processes of hybridization. Varies throughout its range in shape of female glumes (from the most usual lanceolate to ovate), length ratio of utricles to glumes (glumes generally twice longer than utricles, more rarely more or less equal to them), in number of female flowers in spikes (2—8) and density of their arrangement, in shape of spike axis (from more or less strongly geniculate-curved to almost straight), in length ratio of leaves to stem (leaves shorter than stem, or more or less equal to it, or sometimes 1.5—2 times exceed it), in extent of tuft density (from rather dense to loose), in colouring sheaths of lower leaves (from dark purple-brown to brown) and extent of their fibrousity. Enumerated variants of characters are observed at *C. lanceolata* in different combinations.

Plants of this species deviating from more or less typical its representatives, were described mainly from southern Far East as independent species, however separated neither geographically, nor ecologically. I consider them taxonomicly identical with *C. lanceolata*. These species are as follows: *C. delicatula* C. B. Clarke, l. c. (typus: Japan, «An pied de l'Ilbuki, 29 IV 1892, № 7799, [Faurie]» — K!, photo LE!), *C. subpediformis* (Kük.) Suto et Suzuki (described from Northern and Central China and Japan), *C. prevernalis* Kitag., l. c. (typus: North-Eastern China, «Prov. Feng-t'ien, in collibus siccis prope Ling-shuei-szu, 3 V 1932, M. Kitagawa» — MAK), *C. pseudolanceolata* V. Krecz., l. c. (syntypi: Eastern Siberia, «Вост. Даурия, у ж.-д. ст. Седловой Разъезд, 12, 13 VI 1903, №№ 295, 316, Д. Литвинов» — LE!), *C. karafutoana* Ohwi, l. c. (= *C. lanceolata* var. *laxa* Ohwi; syntypi: Sakhalin, «Vladimirof, № 917, Faurie; m. Kashipo, J. Ohwi; m. Tosso, J. Ohwi»), *C. vorobjevii* A. E. Kozhevnikov, l. c. (typus: «Приморский край, Хасанский р-н, заповедник «Кедровая падь», гора Чалбан, 22 VI 1964, Т. И. Нечаева» —

VLA; paratypus: ibid., «р. Кедровая, 23 VI 1983, Р. И. Коркишко» — MW!), *C. foliabunda* A. E. Kozhevnikov, l. c. (typus: «Приморский край, Хасанский р-н, заповедник «Кедровая падь», на вершине Сухореченского хребта, 3 VII 1964, Т. И. Нечаева» — VLA, isotypus MW!), *C. neosachalinensis* A. E. Kozhevnikov, l. c. (typus: «Ins. Sachalin, prope Kussunai, 1861, Glehn» — VLA, isotypus MW!), *C. lancibracteata* A. E. Kozhevnikov, l. c. (typus: «Приморский край, Уссурийский р-н, Шуфанское плато, 6 VI 1970, Т. И. Нечаева» — VLA, isotypus MW!) and *C. charkeviczii* A. E. Kozhevnikov, l. c. (typus: «Южный Сихотэ-Алинь, в 8 км на север от д. Глазковка, 15 VI 1955, П. Жудова» — VLA, isotypi LE!, MW!). To note, *C. subpediformis*, *C. prevernalis* and *C. pseudolanceolata* were put in synonymy to *C. lanceolata* by previous researchers (Kükenthal, 1909; Ohwi, 1936, 1965; Малышев, 1979a, 1990).

C. lanceolata is characterized by a very short (0.1—0.2 mm) beak of utricles. From Mongolia (Alashan Gobi) and Northern China, specimens with longer (0.3—0.4 mm) beak are known, described by me (Егорова, 1967) as *C. lanceolata* var. *alaschanica* Egor. (typus: «China, jugum Alaschan, in angustis Tzsosto, 11 V 1908, S. Czetyrkin» — LE!). Probably, they are worthy to be established in the rank of species.

Apparently, described from specimens with underdeveloped utricles and known from the one location *C. cenantha* A. E. Kozhevnikov (1987, Бюлл. Моск. общ. исп. прир. отд. биол. **92**, 6 : 129; typus: «Южный Сихотэ-Алинь, остепненный луг в бухте Заря, 2 VII 1946, П. Жудов, К. Куркин» — VLA, isotypi LE! MW!) is just a crossbred of *C. lanceolata* (most probably, with *C. nanella*). This plant has low, 8—12 cm high, stems and leaves exceeding them 1.5—2 times.

10 (128). **C. korkischkoae** A. E. Kozhevnikov, 1987, Бюлл. Моск. общ. исп. прир. отд. биол. **92**, 6 : 128; id. 1988, в Сосуд. раст. сов. Дальн. Вост. 3 : 276. — *C. nanelliformis* A. E. Kozhevnikov, 1987, l. c. : 132, id. 1988, l. c. : 277. — **О. Коркишко**.

Описан с юга российского Дальнего Востока; typus: «Приморский край, Хасанский р-н, в 2.5 км западнее пос. Славянка, 15 VI 1983, Р. И. Коркишко» (VLA, isotypi LE!, MW!).

В смешанных и лиственных (б. ч. дубовых) лесах по каменистым склонам. — **Дальн. Вост.**: Зее-Бур. (юг), Уссур. (центр и юг). Эндемик; возможно нахождение в Сев.-Вост. Китае. — 2n = ?

Очень близок к *C. lanceolata*, от которой отличается в основном меньшим числом жилок на мешочках и более длинными листьями, превышающими стебель в 1.5—4 раза. Не следует, по-видимому, выделять в ранге вида растения, описанные как *C. nanelliformis* A. E. Kozhevnikov, l. c. (typus: «Амурская обл., Архаринский р-н, Хинганский заповедник, в 45 км на запад от пос. Архара, 16 VI В. В. Якубов» — VLA, isotypus MW!) и отличающиеся от *C. korkischkoae* листьями, превышающими стебель в 3—4 раза.

Very close to *C. lanceolata*, differing from it mainly by fewer number of veins on utricles and longer leaves 1.5—4 times exceeding the stem. Plants described as *C. nanelliformis* A. E. Kozhevnikov, l. c. (typus: «Амурская обл., Архаринский р-н, Хинганский заповедник, в 45 км на запад от пос. Архара, 16 VI В. В. Якубов» — VLA, isotypus MW!) and distinguished from *C. korkischkoae* by leaves 3—4 times exceeding the stem, are not apparently worthy to be considered in rank of species.

Subsect. 3. **Humiles** Egor. 1985, Бот. журн. **70**, 11 : 1552. — Sect. *Aunieria* (Gand.) V. Krecz. ser. *Polycamptorachis* V. Krecz. 1935, во Фл. СССР, 3 : 362, p. p., sine descr. latin. — Репродуктивные побеги центральные, обычно 2—10 см выс., листья в 3—5(10) раз длиннее их, с рассеянными щетинковидными волосками[1]. Пестичные колоски расположены почти по всему стеблю. Тычиночный колосок

[1] У видов остальных подсекций репродуктивные побеги (8)10—40(50) см выс., листья короче их, равные им или немного, редко в 2—4 раза длиннее, голые.

превышает уровень верхнего пестичного колоска, узколанцетный малоцветковый или продолговатый многоцветковый. Нижний кроющий лист состоит только из влагалища. Мешочки выпукло-трехгранные, без жилок, с клиновидным основанием, не превращенным в элайосом. — Т у р u s: *C. humilis* Leysser.

3 вида.

Reproductive shoots central, usually 2—10 cm high, leaves 3—5(10) times longer, with diffuse setulous hairs[1]. Female spikes are located almost all over stem. Male spike exceeds the level of the uppermost female one, narrow-lanceolate few-flowered or oblong many-flowered. Lowest bract consists only of a sheath. Utricles convex-trigonous, veinless, with cuneate base not transformed in elaiosome. — T y p u s: *C. humilis* Leysser.

3 species.

11 (129). **C. humilis** Leysser, 1761, Fl. Halen. [ed. 1] : 175; В. Креч. 1935, во Фл. СССР, 3 : 365; Гроссг. 1940, Фл. Кавк., изд. 2, 2 : 58; id. 1949, Опред. раст. Кавк. : 663; Привалова, 1959, Тр. Никит. бот. сада, 31 : 31; Кононов, Танфильев, 1982, Новости сист. высш. раст. 19 : 197; Малышев, 1990, во Фл. Сиб. 3 : 122; Егор. 1991, Бот. журн. **76**, 174. — *C. buschiorum* V. Krecz. 1940, Тр. Бот. инст. Азерб. фил. АН СССР, 9 : 245, с рис.; Гроссг. 1940, l. c. : 58; id., 1949, l. c. : 663. — E x s.: H.F.R. № 2049, H.F. URSS № 6966. — **О. низкая**.

Описан из Германии (окр. г. Галле, «H. in montosis aridis apricis in der Heide; ad Liskau passim; ad Langenbogen; Wettin frequens»); s y n t y p i — HAL.

В степях, на степных мелкоземистых и каменистых склонах, в светлых сухих лесах, на карбонатной почве; на равнине, в нижнем и среднем поясах гор. — **Европ. ч.**: Карп., Волж.-Дон., Средн.-Днепр., Причерн., Ниж.-Дон., Крым.; **Кавк.**: все районы, кроме Тал.; **Зап. Сиб.**: Ирт. (вост.), Алт.; **Вост. Сиб.**: Анг.-Саян. (зап.: Хакасия). О б щ . р а с п р.: Атл., Ц. и Ю. Европа. — 2n = 36, 38 (Chater, 1980). — Рис. 36, *8*.

C. buschiorum V. Krecz., l. c. (typus: Кавказ, «Юго-Осетия, левый берег ущ. р. Б. Лиахвы, 11 VII 1936, № 98, В. И. Кречетович» — LE! cum isotypo) я считаю экологической (лесной) формой *C. humilis*, имеющей по сравнению с растениями открытых местообитаний несколько более высокие репродуктивные побеги и более длинные и мягкие листья. По строению мешочков *C. buschiorum* не обнаруживает отмеченных в ее протологе отличий от *C. humilis* (Егорова, l. c.).

Видовой самостоятельности *C. buschiorum* не признавали Л. А. Привалова (l. c.), П. А. Смирнов (1971), В. Н. Кононов и В. Г. Танфильев (l. c.) и Нилссон (Nilsson, 1985).

В. И. Кречетовичем (1940, l. c.) *C. humilis* указывалась для Малой Азии на основании цитированного им гербарного образца («Скутари, около Босфора, сборы Ноэ»). Однако в LE он отсутствует. Во «Флоре Турции» (Nilsson, 1985) вид для этой территории не приводится.

I consider *C. buschiorum* V. Krecz., l. c. (typus: Кавказ, «Юго-Осетия, левый берег ущ. р. Б. Лиахвы, 11 VII 1936, № 98, В. И. Кречетович» — LE! cum isotypo) as an ecological (forest) form of *C. humilis*, the former having, as compared with plants of open habitats, somewhat higher reproductive shoots and more long and soft leaves. *C. buschiorum* does not show any differences, noted in its protologue, from *C. humilis* by features of utricles (Егорова, l. c.).

---

[1] Species of the other subsections have reproductive shoots (8)10—40(50) cm high, leaves shorter, equal or a little, rarely 2—4 times longer, glabrous.

Specific independence of *C. buschiorum* was not admitted by Privalova (Привалова, l. c.), Smirnov (Смирнов, 1971), Kononov and Tanfiliev (Кононов, Танфильев, l. c.) and Nilsson (1985).

Kreczetowicz (Кречетович, 1940, l. c.) cited *C. humilis* for Asia Minor basing on quoted by him herbarium specimen («Скутари, около Босфора, сборы Ноэ»). However, it is absent in LE. In «Flora of Turkey» (Nilsson, 1985), the species is not cited for this territory.

12 (130). **C. nanella** Ohwi, 1930, Mem. Coll. Sci. Kyoto Univ. ser. B, **5**, 3 : 263; В. Креч. 1935, во Фл. СССР, 3 : 364; Y. T. Lee, 1976, in Fl. Cor. 7 : 391; Малышев, 1979, во Фл. Центр. Сиб. 1 : 182; id. 1990, во Фл. Сиб. 3 : 125, p. p., excl. syn. *C. callitrichos* V. Krecz.; А. Е. Кожевников, 1988, в Сосуд. раст. сов. Дальн. Вост. 3 : 279. — *C. lanceolata* var. *nana* Lévl. et Vaniot, 1901, Bull. Acad. Intern. Géogr. Bot. (Le Mans), 10 : 269; Kük. 1909, in Engl. Pflanzenr. 38 : 493. — *C. humilis* var. *nana* (Lévl. et Vaniot) Ohwi, 1936, l. c., **11**, 5 : 399, in descr.; T. Koyama, 1962, Journ. Fac. Sci. Univ. Tokyo (Bot.), **8**, 4 : 175; Y. L. Chang et Y. L. Yang, 1976, in Fl. Chin. Bor.-Or. 11 : 121. — *C. scirrobasis* auct. non Kitag.: А. Е. Кожевников, 1988, l. c. : 280. — **О. низенькая**.

Описан из Японии; t y p u s est typus *C. lanceolatae* var. *nana* Lévl. et Vaniot, l. c.: о-в Хонсю, «Aomori, juin 1897, № 1088, Léveille et Vaniot» (P).

В сухих светлых, преимущественно лиственных, нередко остепненных лесах по горным склонам и холмам, на скалах. — **Вост. Сиб.**: Лен.-Кол. (юг: басс. Витима), Даур.; **Дальн. Вост.**: Зее-Бур., Уссур. (юг), Курил. (о-в Шикотан). О б щ . р а с п р.: В. Азия (Сев.-Вост. Китай, п-ов Корея, Япония). — 2n = 72 (Koyama, 1962).

Образец из южн. Приморья («Владивостокский округ, зап. берег оз. Ханка, между сел. Ильинка и д. Ново-Николаевской, 19 VIII 1926, Г. Мельвиль» — LE!), на основании которого А. Е. Кожевниковым (l. c.) приведена для нашей территории *C. scirrobasis* Kitag., ничем не отличается от *C. nanella*. В. И. Кречетовичем данный образец и был первоначально тестирован как *C. nanella*, *C. scirrobasis* — его более позднее определение. Настоящая *C. scirrobasis* Kitag. (1938, Rep. Inst. Sci. Res. Manch. **2**, 7 : 285. — *C. humilis* var. *scirrobasis* (Kitag.) Y. L. Chang et Y. L. Yang, 1976, in Fl. Chin. Bor.-Or. 11 : 121), описанная из Сев.-Вост. Китая (typus: «Prov. Feng-t'ien, in collibus siccis graminosis circa Lao-hu-t'an prope Ta-lien, 19 IV 1932, M. Kitagawa» — MAK), судя по оригинальному диагнозу, очень близка к *C. nanella*, от которой отличается жесткими листовыми пластинками до 2 мм шир. и бóльшим числом (до 6) пестичных цветков в колосках. Названные признаки не выражены у цитированного выше образца.

The specimen from southern Maritime Territory («Владивостокский округ, зап. берег оз. Ханка, между сел. Ильинка и д. Ново-Николаевской, 19 VIII 1926, Г. Мельвиль» — LE!), basing of which Kozhevnikov (А. Е. Кожевников, l. c.) cited *C. scirrobasis* Kitag. for our territory, has no difference from *C. nanella*. Originally, Kreczetowicz had tested this specimen as *C. nanella*, as for *C. scirrobasis*, it was his later identification. The true *C. scirrobasis* Kitag. (1938, Rep. Inst. Sci. Res. Manch. **2**, 7 : 285. — *C. humilis* var. *scirrobasis* (Kitag.) Y. L. Chang et Y. L. Yang, 1976, in Fl. Chin. Bor.-Or. 11 : 121), described from North-Eastern China (typus: «Prov. Feng-t'ien, in collibus siccis graminosis circa Lao-hu-t'an prope Ta-lien, 19 IV 1932, M. Kitagawa» — MAK), judging by original diagnosis, is very close to *C. nanella*, differing from it by rigid leaf blades up to 2 mm wide and more numerous (up to 6) female flowers in spikes. Mentioned characters are not distinct in the specimen cited.

13 (131). **C. callitrichos** V. Krecz. 1935, во Фл. СССР, 3 : 613, 364; Y. L. Chang et Y. L. Yang, 1976, Fl. Chin. Bor.-Or. 11 : 119; Ворош. 1982, Опред. раст. сов. Дальн. Вост. : 134, in adnot. ad *C. nanella*; А. Е. Кожевников, 1988, в Сосуд. раст. сов. Дальн. Вост. 3 : 279. — *C. humilis* var. *callitrichos* (V. Krecz.)

Ohwi, 1936, Mem. Coll. Sci. Kyoto Univ. ser. B, **11**, 5 : 399, in descr.; id. 1965, Fl. Jap. : 242. — *C. nanella* var. *callitrichos* (V. Krecz.) Worosch. 1985, во Флорист. иссл. СССР : 155. — *C. nanella* auct. non Ohwi: Малышев, 1990, во Фл. Сиб. 3 : 125, quoad syn. *C. callitrichos*. — **О. красовласовая**.

Описан с юга российского Дальнего Востока; typus: Хабаровский край, «Перевал от Любавинского прииска к Хинганскому зимовью на восток от д. Пашковой, 14 VI 1895, В. Л. Комаров» (LE!).

В сухих елово-пихтовых и лиственничных лесах, на сухих каменистых склонах и скалах; в лесном, подгольцовом и верхней части гольцового пояса гор. — **Вост. Сиб.**: Лен.-Кол. (юг: Становое, Патомское и Витимское нагорья); **Дальн. Вост.**: Зее-Бур., Уссур. (юг), Курил. (юг). Общ. распр.: В. Азия (Сев.-Вост. Китай, п-ов Корея, Япония — о-в Кюсю). — 2n = ?

От близкого вида, *C. nanella*, отличается очень узкими, 0.2—0.5 мм (а не 1—1.5(2) мм), волосовидными листовыми пластинками, длинными ползучими корневищами и рыхлыми дерновинами. Ряд исследователей осок (см. синонимику) не признает видовой самостоятельности *C. callitrichos*. Авторы же обработки рода *Carex* во «Флоре Северо-Восточного Китая» (Chang et Yang, l. c.) принимают *C. callitrichos* в ранге вида, в то время как *C. nanella* они рассматривают в качестве разновидности *C. humilis* (*C. humilis* var. *nana* (Lévl. et Vaniot) Ohwi). В пределах *C. callitrichos* ими выделена разновидность var. *austrohinganica* Y. L. Chang et Y. L. Yang (Chang, Yang, 1976). Последняя встречается в Сев.-Вост. Китае; от типовой разновидности она отличается более широкими, 1—2 мм, листовыми пластинками и бо́льшим, (1)2—4, числом цветков в пестичных колосках. Заметим, однако, что названные признаки являются отличительными для *C. scirrobasis* Kitag. (см. комментарии к *C. nanella*).

Вопрос о видовой самостоятельности *C. callitrichos* не вполне ясен. Необходим дополнительный гербарный материал, чтобы установить, насколько коррелируют отличительные признаки этого вида — узкие пластинки листьев и ползучие корневища. Что касается ширины пластинок, то, как отмечает Л. И. Малышев (1990, l. c.), сибирские растения имеют пластинки промежуточного размера от 0.5 до 1.2 мм шир.

К *C. callitrichos* очень близок или тождествен ей известный только из одного местонахождения вид — *C. pulchrifolia* A. E. Kozhevnikov (1987, Бюлл. Моск. общ. исп. прир. отд. биол. **92**, 6 : 130; id. 1988, в Сосуд. раст. сов. Дальн. Вост. 3 : 279. — Typus: «Приморский край, залив П. Великого, о-в Фуругельма, 25 IV 1979, Л. М. Борзова, Г. Э. Куренцова» — VLA). Я не видела типового образца этого растения; согласно оригинальному описанию, оно отличается от *C. callitrichos* более крупным тычиночным колоском с тупыми (а не острыми) чешуями с более широкими белоперепончатыми краями. Интересно отметить, что по строению тычиночного колоска *C. pulchrifolia* сходна с близким европейским видом — *C. humilis*. Такой же колосок, как у последнего, Койяма (Koyama, l. c. : 176) обнаружил у одного японского образца *C. nanella*, который был отнесен им к *C. humilis*. Возможно, и у *C. callitrichos*, подобно *C. nanella*, могли возникнуть особи с тычиночным колоском, похожим на таковой у *C. humilis*, как следствие случайного выщепления заложенного в их генотипе признака последнего вида, более примитивного, близкого к анцестральному типу.

Для южн. Курил *C. callitrichos* приведена по данным Ови (Ohwi, 1965).

From an allied species, *C. nanella*, differs by very narrow, 0.2—0.5 mm (instead of 1—1.5(2) mm), capilliform leaf blades, long creeping rhizomes and loose tufts . A number of sedge researchers (see the synonymy) does not admit specific independence of *C. callitrichos*. On the contrary, Chang and Yang, l. c., accept *C. callitrichos* in rank of species, while considering *C. nanella* as variety of *C. humilis* (*C. humilis* var. *nana* (Lévl. et Vaniot) Ohwi). Within *C. callitrichos*, they distinguished the variety var. *austrohinganica* Y. L. Chang et Y. L. Yang (Chang, Yang, 1976). The latter occurs in North-Eastern China; it differs from the type one by broader, 1—2 mm, leaf blades and more numerous, (1)2—4, flowers in female spikes. It should be noted, however, that mentioned characters are distinctive for *C. scirrobasis* Kitag. (see comments to *C. nanella*).

The question concerning specific independence of *C. callitrichos* is not quite clear. An additional herbarium material is necessary, to establish extent of correlation of distinctive characters of this species, namely narrow leaf blades and creeping rhizomes. As to width of blades, Malyshev (Малышев, 1990, l. c.) notes, that Siberian plants have blades of intermediate size, from 0.5 to 1.2 mm wide.

Very close or equal to *C. callitrichos*, is the species known only from the one location, namely *C. pulchrifolia* A. E. Kozhevnikov (1987, Бюлл. Моск. общ. исп. прир. отд. биол. **92**, 6 : 130; id. 1988, в Сосуд. раст. сов. Дальн. Вост. 3 : 279. — Typus: «Приморский край, залив П. Великого, о-в Фругельма, 25 IV 1979, Л. М. Борзова, Г. Э. Куренцова» — VLA). I have not seen the type specimen of this plant. According to original description, it differs from *C. callitrichos* by larger male spike with obtuse (instead of acute) glumes with broader white-scarious margins. It is interesting to note, that *C. pulchrifolia* is similar in structure of male spike with allied European species, *C. humilis*. The same spike, as in the latter, Koyama (l. c. : 176) had found in the one Japanese specimen of *C. nanella*, which was ascribed by him to *C. humilis*. Probably, *C. callitrichos*, like *C. nanella*, could generate specimens with a male spike similar to that in *C. humilis*, due to a chance exposure of a hidden in their genotype character of the latter species, being more primitive and close to an ancestral type.

For southern Kurils, *C. callitrichos* is cited according to data by Ohwi (1965).

Subsect. 4. **Digitatae** (Fries) Egor. 1985, Бот. журн. **70**, 11 : 1552. — *Carex* ***Cyrtostoma* α. *Digitatae* Fries, 1845, Summa Veg. Scand.: 70, p. p. — Sect. *Digitatae* subsect. *Eu-Digitatae* Kük. 1909, in Engl. Pflanzenr. 38 : 484, nom. Illeg., p. min. p. — Sect. *Aunieria* cycl. *Bitteria* (Börn.) V. Krecz. 1935, во Фл. СССР, 3 : 360. — Репродуктивные побеги боковые. Пестичные колоски расположены в верхней половине стебля, б. м. расставленные или пучковидно сближенные. Тычиночный колосок малоцветковый, ланцетовидный, расположен б. ч. ниже уровня верхнего пестичного колоска. Нижний кроющий лист состоит обычно только из влагалища. Мешочки трехгранные, без жилок, с клиновидным основанием, превращенным в беловатый, несколько мясистый элайосом. — Typus: *C. digitata* L.

4 вида и подвида; вне рассматриваемой территории: *C. ornithopoda* subsp. *ornithopodioides* (Hausm.) Nyman (горы Центр. и Южн. Европы).

Reproductive shoots lateral. Female spikes are located in upper half of stem, more or less distant or fasciculately approximate. Male spike few-flowered, lanceolate, located generally below level of the uppermost female spike. Lowest bract consists usually only of a sheath. Utricles trigonous, veinless, with cuneate base transformed in whitish, somewhat fleshy elaiosome. — Typus: *C. digitata* L.

4 species and subspecies; outside considered territory: *C. ornithopoda* subsp. *ornithopodioides* (Hausm.) Nyman (mountains of Central and South Europe).

14 (132). **C. digitata** L. 1753, Sp. Pl. : 975; В. Креч. 1935, во Фл. СССР, 3 : 360; Егор. 1976, во Фл. Европ. ч. СССР, 2 : 182; ead. 1991, Бот. журн. **76**, 12 : 1741; Малышев, 1990, во Фл. Сиб. 3 : 122. — Exs.: H.F.R. № 693. — **О. пальчатая.**

Описан из Европы («Habitat in Europae nemoribus»); lectotypus: Herb. Linn. № 1100.41 (LINN, photo LE) — Егорова (h. l.).

В лиственных, смешанных, реже хвойных лесах, кустарниках, часто по склонам, обычно на карбонатной почве. — **Европ. ч.**: все районы, кроме Аркт. и Ниж.-Волж. (в Кар.-Мурм. Карелия, в Причерн. Донецкая обл.); **Кавк.**: все районы (в Южн. Закавк. Армения: район Дилижана и Зангезурский хр., гора Хуступ); **Зап. Сиб.**: Обск. (зап.: р. Манья — приток р. Ляпин, окр. Ханты-Мансийска и Тобольска), Верх.-Тоб. (сев.: окр. Тюмени). Общ. распр.: Ев-

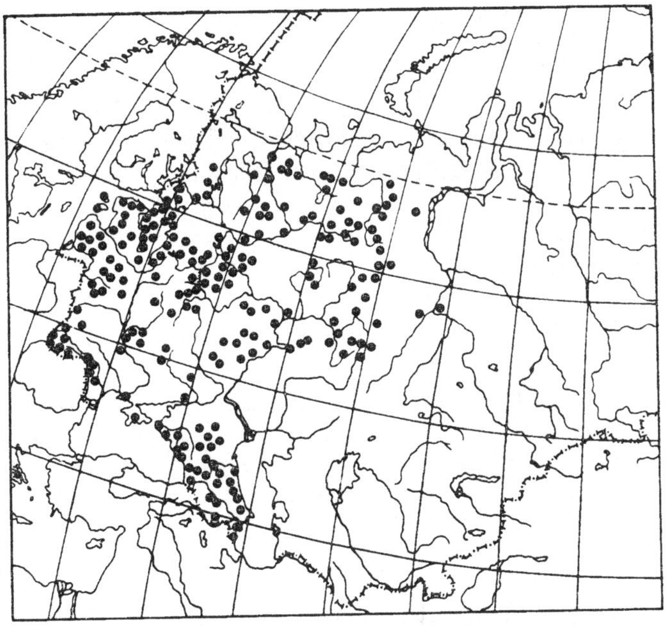

Рис. 40. Распространение *Carex digitata* L. на территории России и сопредельных государств.

Fig. 40. Distribution of *Carex digitata* L. in the territory of Russia and adjacent states.

ропа; З. Азия (сев.-вост. Турция, сев. Иран). — 2n = 48, 50, 52 (Davies, 1956a, 1956b), 54 (Chater, 1980). — Рис. 36, 5; 40.

Образует стерильные помеси с *C. ornithopoda*.

Согласно литературным данным (Mäkinen, 1965; Harmaja, 1986, 1990), на севере Швеции, юге Финляндии, в Чехии, Словакии, б. Югославии, а также в окрестностях Санкт-Петербурга (Карельский перешеек, «Räisäla, Hitynlahti, 1888, J. Linden» — H) встречается растение, первоначально описанное как *C. digitata* var. *pallens* Fristedt. Первый из названных авторов высказал предположение, что данная разновидность возникла в результате древней интрогрессии между *C. digitata* и *C. pediformis* subsp. *rhizodes* (= *C. rhizina*). Второй автор возвел var. *pallens* в ранг вида — *C. pallens* (Fristedt) Harmaja (Harmaja, 1986), отметив при этом, что данный вид мог произойти от *C. digitata* и без участия *C. pediformis*. От *C. digitata C. pallens* отличается зеленой (а не коричневой) окраской влагалищ кроющих листьев, более мелкими, 3.3—3.7 мм дл., (а не 3.8—4.2 мм), мешочками, микроскопическими признаками волосков на мешочках, особенностями кремнеземных конических образований в эпидерме плода, а также числом хромосом (2n = 54, а не 52) (Mäkinen, 1965; Harmaja, 1986).

Generates sterile crossbreds with *C. ornithopoda*.

According to published data (Mäkinen, 1965; Harmaja, 1986, 1990), in northern Sweden, southern Finland, Czechia, Slovakia, the former Yugoslavia, as well as in vicinities of Saint Petersburg (Karelian Isthmus, «Raisala, Hitynlahti, 1888, J. Linden» — H), the plant occurs originally described as *C. digitata* var. *pallens* Fristedt. The former of mentioned authors suggested, that this variety appeared as a result of an ancient introgression between *C. digitata* and *C. pediformis* subsp. *rhizodes* (= *C. rhizina*). The second author raised var. *pallens* up to specific rank: *C. pallens* (Fristedt) Harmaja (Harmaja, 1986), and noted, that this species could originate from *C. digitata* without share of *C. pediformis*, as well. *C. pallens* differs from *C. digitata* by green (instead of brown) sheaths of bracts, smaller, 3.3—3.7 mm long (instead of 3.8—4.2 mm), utricles, microscopic characters of hairs on utricles, features of silica conic formations in epidermis of fruit, as well as chromosome number (2n = 54, instead of 52) (Mäkinen, 1965; Harmaja, 1986).

15 (133). **C. quadriflora** (Kük.) Ohwi, 1932, Acta Phytotax. Geobot. (Kyoto), 1 : 74; В. Креч. 1935, во Фл. СССР, 3 : 361. — C. *digitata* subsp. *quadriflora* Kük. 1909, in Engl. Pflanzenr. 38 : 497. — C. *digitata* var. *pallida* Meinsh. 1901, Тр. Петерб. бот. сада, **18**, 3 : 401; T. Koyama, 1962, Journ. Fac. Sci. Univ. Tokyo (Bot.), **8**, 4 : 178. — Exs.: H.F. URSS № 5819. — **О. четырехцветковая**.

Описан с юга российского Дальнего Востока (басс. Уссури), из Сев.-Вост. Китая и севера п-ова Корея; lectotypus: «Ussuri Becken. An trockene Waldstellen am Oberlauf des Li-Fudin, 24 V 1860, Maximowicz» (LE!) — Егорова (h. l.).

В лиственных, смешанных и хвойных лесах по склонам сопок. **Дальн. Вост.**: Уссур. (юг). Общ. распр.: В. Азия (Сев.-Вост. Китай, север п-ова Корея, о-в Хоккайдо). — 2n = ?

16 (134). **C. ornithopoda** Willd. 1805, Sp. Pl. **4**, 1 : 255; Kük. 1909, in Engl. Pflanzenr. 38 : 497, p. p.; Егор. 1972, Новости сист. высш. раст. 9 : 79; ead. 1976, во Фл. Европ. ч. СССР, 2 : 182; Chater, 1980, in Fl. Europ. 5 : 311. — C. *pedata* auct. vix L. (1763, Sp. Pl., ed. 2 : 1384, nom. dub.): В. Креч. 1935, во Фл. СССР, 3 : 361. — Exs.: H.F.R. № 643. — **О. птиценожковая**.

Описан из Европы («Habitat in rupibus calcareis Germaniae, in alpibus et subalpinis subudis Austriae, Salisburgi, Tyrolis, Helvetiae, Italiae inque pratis subhumidis Gothlandiae»); типовой материал: B (Herb. Willd.).

На сухих открытых травянистых склонах, обнажениях известняков, известняковых скалах, иногда в лесах, на карбонатной почве. — **Европ. ч.**: Кар.-Мурм. (юг Карелии: заповедник «Кивач»); Дв.-Печ. (кроме вост.), Прибалт., Лад.-Ильм. (Ленинградская и Псковская обл.), Верх.-Днепр. (Беларусь: Минская обл., Мядельский р-н, оз. Мядель), Верх.-Волж. (Тверская обл.: Старицкий и Торжковский р-ны), Карп. Общ. распр.: С., Атл., Ц. и Ю. (редко) Европа; З. Азия (сев.-вост. Турция). — 2n = 46 (Heilborn, 1924), 52 (Chater, 1980), 54 (Dietrich, 1964b). — Рис. 36, *6*.

Вид представлен на нашей территории типовым подвидом; другой подвид — subsp. *ornithopodioides* (Hausm.) Nyman, встречается в горах Центр. и Южн. Европы (Chater, l. c.). Комментарии, касающиеся названия вида, даны мной в опубликованной ранее работе (Егорова, 1972, l. c.).

Для Карелии (заповедник «Кивач»!) вид был приведен И. Б. Кучеровым и др. (1997). C. *ornithopoda* указывается для Кавказа (Зап. Закавказье: Аджария) (Хохряков, 1994). Отмечена в одном пункте на северо-востоке Турции (Понтийские горы выше Джимила) (Nilsson, 1985).

Образует стерильные помеси с C. *digitata*.

The species is represented in our territory by the type subspecies; another subspecies, subsp. *ornithopodioides* (Hausm.) Nyman occurs in mountains of Central and Southern Europe (Chater, l. c.). The comments, concerning the species name, are given in my work published before (Егорова, 1972, l. c.).

For Karelia (reserve «Kivach»!) the species was cited by Kucherov et al. (Кучеров и др., 1997). Is cited for the one location in north-eastern Turkey (Pontus mountains above Djimil) (Nilsson, 1985).

Generates sterile crossbreds with C. *digitata*.

Sectio 25. Porocystis Dumort. 1827, Fl. Belg. : 147, p. p.; Chater, 1980, in Fl. Europ. 5 : 310. — ? *Olambis* Rafin. 1840, Good. Book a. Amen. Nat. : 26. — Sect. *Pallescentes* (Carey) Christ, 1885, Bull. Soc. Bot. Belg. **24**, 2 : 13. — Sect. *Carex proper* subsect. *Pallescentes* Carey, 1848, in A. Gray, Man. Bot. : 552, p. p. — Sect.

Spirostachyae Drej. ex L. H. Bailey, 1887, Proc. Amer. Acad. Arts Sci. 22 : 109, p. min. p. — Sect. *Pachystylae* Kük. 1909, in Engl. Pflanzenr. 38 : 428, p. min. p. — Sect. *Olambis* (Rafin.) V. Krecz. 1935, во Фл. СССР, 3 : 278. — Sect. *Virescens* Kunth ex Mackenzie, 1935, in North Amer. Fl. **18**, 6 : 318, p. min. p. — Верхний колосок тычиночный, остальные 2—4 пестичные, многоцветковые, довольно густые, яйцевидные или продолговатые, на ножках. Нижний кроющий лист без влагалища, с пластинкой, значительно превышающей соцветие. Чешуи пестичных колосков острые или с коротким острием. Мешочки слегка вздутые, почти округлые в поперечном сечении, с немногими жилками, точечные, без носика. Рылец 3; столбик в основании немного утолщенный. Растения без ползучих корневищ; пластинки листьев и влагалища опушенные. — L e c t o t y p u s: *C. pallescens* L. — Егорова (h. l.). Монотипная секция.

В работе Дюмортье (Dumortier, l. c.) секция *Porocystis* представлена 4 неродственными видами: *C. pallescens*, *C. glauca*, *C. panicea* и *C. limosa*. Лектотип этой секции был фактически выбран Чейтером (Chater, l. c.), оставившим в ее составе только *C. pallescens*, хотя он не был указан названным автором ясно, как предписывает статья 7.11 «Международного кодекса ботанической номенклатуры» (International code..., 1994).

Terminal spike male, the others 2—4 female, many-flowered, rather dense, ovoid or oblong, pedunculate. Lowest bract sheathless, with blade considerably exceeding inflorescence. Female glumes acute or with a short cusp. Utricles slightly inflated, suborbicular in cross-section, few-veined, punctate, without a beak. Stigmas 3; style a little thickened at base. Plants without creeping rhizomes; leaf blades and sheaths pubescent. — L e c t o t y p u s: *C. pallescens* L. — Egorova (h. l.). Monotypic section.

In the work by Dumortier (l. c.), the section *Porocystis* is represented by 4 not related one to another species: *C. pallescens*, *C. glauca*, *C. panicea* and *C. limosa*. The lectotype of this section was in fact chosen by Chater (l. c.), who retained within it the species *C. pallescens* only, though he did not indicate the lectotype clearly contrary to the article 7.11 of «International Code of botanical nomenclature» (1994).

1 (135). **C. pallescens** L. 1753, Sp. Pl. : 977; В. Креч. 1935, во Фл. СССР, 3 : 278; Егор. 1976, в Опред. раст. Средн. Азии, 5 : 72; ead. 1991, Бот. журн. **76**, 11 : 1741; Малышев, 1990, во Фл. Сиб. 3 : 146. — *C. chalcodeta* V. Krecz. 1935, во Фл. СССР, 3 : 604, 279. — *C. pallescens* var. *chalcodeta* (V. Krecz.) Ö. Nilsson, 1985, in Fl. Turk. 9 : 134. — E x s.: H.F.R. № 795, H.F. URSS № 3670. — **О. бледноватая**.

Описан из Европы («Habitat in Europae paludibus»); l e c t o t y p u s: Herb. Linn. № 1100.60 (LINN, photo LE!) — Егорова (h. l.).

На лесных полянах, опушках, в разреженных лесах, на сыроватых лугах; до субальпийского пояса гор. — **Европ. ч.**: все районы, кроме Аркт.; **Кавк.**: все районы, кроме Предкавк.; **Зап. Сиб.**: Обск. (юг), Верх.-Тоб. (сев.), Ирт., Алт.; **Вост. Сиб.**: Енис. (крайний юго-запад: басс. Енисея и низовьев Ангары), Анг.-Саян. (зап.; вост.: Черемховский р-н и южн. побережье Байкала); **Средн. Азия**: Арало-Касп. (сев.), Дж.-Тарб. (Джунгарский Алатау: басс. р. Коксу и долина р. Лепсы выше Лепсинска), Тянь-Шан. (Заилийский Алатау: басс. р. М. Алмаатинки). О б щ. р а с п р.: Европа; З. Азия (Турция, зап. Сирия, Ливан, сев. Иран); С. Америка (вост.); С. Африка (Тунис). — 2n = 64 (Davies 1956a, 1956b), 66 (Tanaka, 1948). — Рис. 36, *2*.

C. chalcodeta V. Krecz., l. c., описанная В. И. Кречетовичем из Грузии (typus: «Prov. Tiflis, lac. Tabistskhuri, 6 VII 1916, P. Krylov, E. Steinberg» — LE!) и приводимая им во «Флоре СССР» наряду с *C. pallescens* для всего Кавказа, представляет собой субальпийскую экологическую форму последней с более

20 Заказ № 131

интенсивно окрашенными кроющими чешуями, чем у растений этого вида, обитающих в нижних поясах гор на лесных лугах, опушках, полянах, в светлых лесах (Егорова, 1991, l. c.).

C. chalcodeta V. Krecz., l. c. had been described by Kreczetowicz from Georgia (typus: «Prov. Tiflis, lac. Tabistskhuri, 6 VII 1916, P. Krylov, E. Steinberg» — LE!) and cited by him in «Flora URSS» together with *C. pallescens* for the whole Caucasus, is just a subalpine ecological form of the latter with more intensively coloured glumes, than in plants of this species growing in lower mountain belts in forest meadows, edges, clearings, in light forests (Егорова, 1991, l. c.).

Sectio 26. Acrocystis Dumort. 1827, Fl. Belg.: 147, p. p.; Chater, 1980, in Fl. Europ. 5: 313. — Sect. *Cheilocystis* Dumort. 1827, l. c.: 147. — Sect. *Montanae* (Carey) Christ, 1885, Bull. Soc. Bot. Belg. **24**, 2 : 14, p. p.; Kük. 1909, in Engl. Pflanzenr. 38 : 438. — Sect. *Carex proper* subsect. *Montanae* Carey, 1848, in A. Gray, Man. Bot.: 556, p. p. — *Onkerma* Rafin. 1840, Good Book a. Amen. Nat.: 27. — *Carex* sect. *Tomentosae* Christ, 1885, l. c.: 14, p. p., nom. nud. — Sect. *Sphaeridiophorae* Drej. ex L. H. Bailey, 1887, Proc. Amer. Acad. Arts Sci. 22: 121, p. p. — Sect. *Globulares* Meinsh. 1901, Тр. Петерб. бот. сада, **18**, 3: 284, 393, p. p. — Sect. *Onkerma* (Rafin.) V. Krecz. 1935, во Фл. СССР, 3: 305, p. p. — Верхний колосок тычиночный, остальные (1)2—3(4—6) пестичные, иногда гинекандрические (у ряда американских видов), б. ч. немногоцветковые и короткие, густые, почти сидячие, реже нижний на короткой (до 1 см), иногда (у *C. grioletii*) на длинной ножке; нередко (у многих американских видов) имеются 1—2 прикорневых колоска на длинных ножках. Нижний кроющий лист без влагалища или, очень редко, с влагалищем 0.5—1.5 см дл., чешуевидный с короткой щетиновидной пластинкой или, реже, узколинейный, б. ч. короче соцветия. Чешуи пестичных колосков от тупых до заостренных и короткоостистых. Мешочки почти округлые в поперечном сечении, реже тупо-трехгранные, тонкокожистые, б. ч. без жилок, опушенные, обычно с коротким коротко-двузубчатым или выемчатым носиком. Столбик при основании нередко б. м. утолщенный. Рылец (2)3. Растения с ползучими корневищами или без ползучих корневищ. — L e c t o t y p u s: *C. montana* L. — Егорова (h. l.).

Около 45 видов, из которых 17 в Европе и умеренном и отчасти арктическом и субтропическом поясах Азии, около 25 видов только в Сев. Америке и 1 в Андах Южн. Америки (рис. 41). — Л и т.: Crins, Ball, 1983.

Terminal spike male, the others (1)2—3(4—6) female, sometimes gynaecandrous (in a number of American species), generally few-flowered and short, dense, subsessile, more rarely lowest with short (up to 1 cm), sometimes (in *C. grioletii*) with long peduncle; rather often (in many American species) there are 1—2 subradical spikes on long peduncles. Lowest bract sheathless or, very rarely, with sheath 0.5—1.5 cm long, glumaceous with short setaceous blade or, more rarely, leaf-like, generally shorter than inflorescence. Female glumes from obtuse to acuminate and short-awned. Utricles suborbicular in cross-section, more rarely obtuse-trigonous, thin-coriaceous, generally veinless, pubescent, usually with a short, short-bidentate or emarginate beak. Style at base rather often more or less thickened. Stigmas (2)3. Plants with or without creeping rhizomes. — L e c t o t y p u s: *C. montana* L. — Egorova (h. l.).

About 45 species, 17 occurring in Europe and temperate and partly arctic and subtropical zones of Asia, about 25 species in North America only, and 1 in Andes of South America (Fig. 41). — R e f.: Crins, Ball, 1983.

1. Нижний кроющий лист линейный, длиннее соцветия. Нижний пестичный колосок на ножке до 5 см дл.; колоски расставленные. Мешочки спереди в верхней части со светлой продольной полоской, лишенной опушения. Растения без ползучих корневищ.................1. **C. grioletii.**

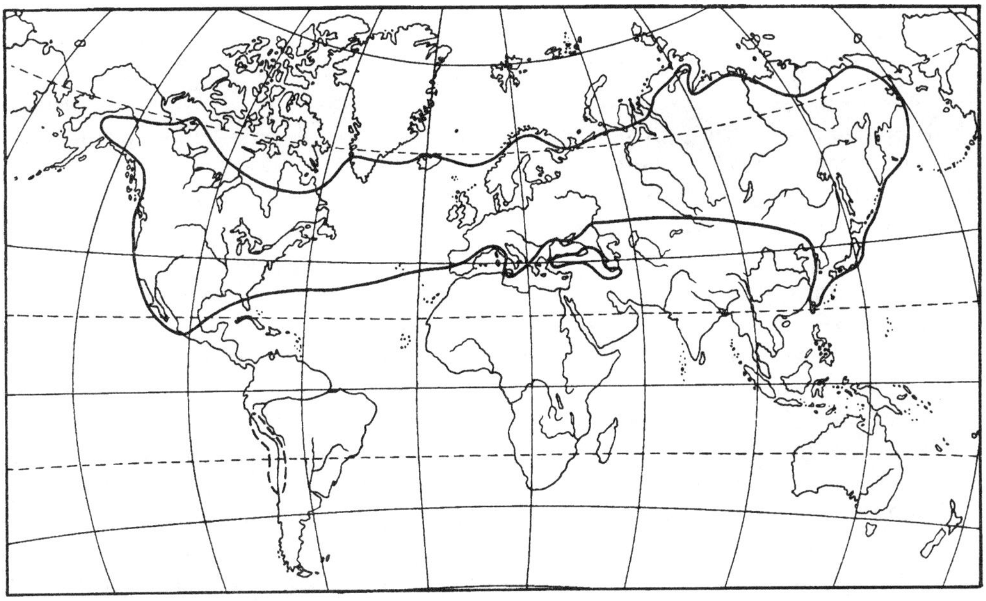

Рис. 41. Ареал секции *Acrocystis* Dumort. (прерывистой линией показаны приблизительные границы фрагмента ареала).

Fig. 41. Range of the section *Acrocystis* Dumort. (approximate borders of the range fragment are shown by an interrupted line).

\+ Нижний кроющий лист чешуевидный или линейный, короче соцветия или б. м. равный ему, иногда длиннее, но в этом случае колоски тесно сближенные. Нижний пестичный колосок почти сидячий или на ножке не более 1 см дл. Мешочки без светлой полоски.......................2.

2. Нижний кроющий лист линейный..3.

\+ Нижний кроющий лист чешуевидный, иногда с короткой щетиновидной пластинкой..6.

3. Растения без ползучих корневищ. Колоски тесно сближенные. Мешочки почти округлые в поперечном сечении, без жилок...5. **C. pilulifera.**

\+ Растения с ползучими корневищами. Колоски б. м. расставленные. Мешочки с жилками или без них..4.

4. Мешочки почти округлые в поперечном сечении, без жилок, с очень густыми щетинковидными волосками, без носика, наверху с выемкой...3. **C. tomentosa.**

\+ Мешочки тупо-трехгранные, с жилками...5.

5. Чешуи пестичных колосков тупые; мешочки зеленоватые, с очень коротким, 0.2–0.3 мм, носиком. Листовые пластинки 1–2 мм шир., мягкие; пленчатая сторона влагалищ с рассеянными волосками...4. **C. globularis.**

\+ Чешуи пестичных колосков острые или с коротким остроконечием; мешочки буроватые, с более длинным, 0.7—1 мм, носиком. Листовые пластинки 2.5—4 мм шир., жесткие; пленчатая сторона влагалищ без волосков..2. **C. mandshurica.**

6(2). Мешочки тупо-трехгранные, продолговато-обратнояйцевидные или продолговато-эллиптические, с жилками, редко без них....................7.

\+ Мешочки почти округлые в поперечном сечении, обратнояйцевидные или широко-обратнояйцевидные, без жилок.......................................9.

7. Растения с ползучими корневищами. При основании побегов нет курчаво извитых листьев; листовые пластинки голые. Пестичные колоски в числе 2—5(6). Мешочки продолговато-обратнояйцевидные или продолговато-эллиптические, 2.5—3.5 мм дл., без жилок, с носиком 0.4—0.7 мм дл. ....6. **C. oxyandra.**

\+ Растения без ползучих корневищ. При основании побегов имеются курчаво извитые остатки старых листьев; листовые пластинки сверху опушенные. Пестичные колоски в числе 1—2(3). Мешочки обратнояйцевидные, (3)3.5—4.5 мм дл., с жилками, с носиком 0.2—0.3 мм дл. ....8.

8. Чешуи тычиночных колосков на верхушке закругленные. Пестичные колоски с 8—12(15) мешочками; чешуи тупые или, редко, с коротким, 0.1—0.5 мм, остроконечием...11. **C. montana.**

\+ Чешуи тычиночных колосков острые или с коротким, 0.1—0.3 мм, остроконечием. Пестичные колоски с 15—20 мешочками; чешуи обычно с остроконечием 0.2—1 мм дл. ....10. **C. ulobasis.**

9. Чешуи пестичных колосков на верхушке тупые или закругленные, по краям обычно б. м. бахромчатые. Мешочки с очень коротким, около 0.2 мм, носиком. Побеги окружены при основании коричневыми влагалищами листьев; листовые пластинки очень жесткие, почти кожистые..10.

\+ Чешуи пестичных колосков острые или заостренные, по краям не бахромчатые. Мешочки с более длинным носиком. Побеги окружены при основании пурпурными влагалищами листьев; листовые пластинки мягкие..11.

10. Чешуи тычиночных и пестичных колосков ржаво-коричневые, с широкими белоперепончатыми краями, голые или, реже, с беловатым опушением. Тычиночный колосок 1—2 см дл. Пестичных колосков (1)2—3, (0.5)1—1.5 см дл. Мешочки (2)2—3 мм дл., густо опушенные по всей поверхности. Листовые пластинки 3—4 мм шир. Растение 10—30(40) см выс. ....12. **C. ericetorum.**

\+ Чешуи тычиночных и пестичных колосков сплошь пурпурно-черные или с очень узкими белоперепончатыми краями, в нижней половине опушенные. Тычиночный колосок 0.6—1(1.3) см дл. Пестичных колосков 1(2), 0.5—0.7 см дл. Мешочки 1.8—2 мм дл., рассеянно опушенные в верхней части. Листовые пластинки 1.5—2.5 мм шир. Растение 5—10(15) см. выс. ....13. **C. melanocarpa.**

11. Чешуи тычиночных и пестичных колосков черно-пурпурные или темно-коричневые. Тычиночный колосок возвышается над верхним пестичным колоском.. 7. **C. vanheurckii**.....12.

\+ Чешуи тычиночных и пестичных колосков светло-коричневые или бледно-ржавые. Тычиночный колосок часто не возвышается над верхним пестичным колоском...13.

12. Тычиночный колосок линейный, с черно-пурпурными или красновато-темно-коричневыми чешуями, на верхушке тупыми, с узкими белоперепончатыми краями..................7a. **C. vanheurckii** subsp. **vanheurckii.**

\+ Тычиночный колосок булавовидный, с коричневыми чешуями, на верхушке островатыми, с широкими белоперепончатыми краями...7b. **C. vanheurckii** subsp. **crassispiculata.**

13. Тычиночный колосок узколинейный, малоцветковый, 0.6–0.8(1) см дл., расположенный на одном уровне с верхним пестичным колоском или немного превышает его; нижняя чешуя б. ч. равна по длине половине или 2/3 длины тычиночного колоска. Мешочки яйцевидные, реже обратнояйцевидные, 3.5–4(4.5) мм дл., б. м. постепенно суженные в носик 1–1.2 мм дл. ....9. **C. amgunensis.**

\+ Тычиночный колосок линейно-булавовидный, многоцветковый, 1–1.3 см дл., заметно возвышающийся над верхним пестичным колоском; нижняя чешуя значительно короче половины длины колоска. Мешочки широко-обратнояйцевидные или почти шаровидные, (2)2.2–2.5(2.7) мм дл., резко суженные в носик 0.6–0.7 мм дл. ...8. **C. chloroleuca.**

1. Lowest bract leaf-like, longer than inflorescence. Lowest female spike with peduncle up to 5 cm long; spikes distant. Utricles frontally in upper part with light longitudinal stripe lacking in pubescence. Plants without creeping rhizomes..........................1. **C. grioletii.**

\+ Lowest bract glumaceous or leaf-like, shorter than inflorescence or more or less equal to it, sometimes longer, but then spikes closely approximate. Lowest female spike subsessile or with peduncle not more than 1 cm long. Utricles without light stripe......................2.

2. Lowest bract leaf-like..3.

\+ Lowest bract glumaceous, sometimes with short setaceous blade.................................6.

3. Plants without creeping rhizomes. Spikes closely approximate. Utricles suborbicular in cross-section, veinless...5. **C. pilulifera.**

\+ Plants with creeping rhizomes. Spikes more or less distant. Utricles veined or veinless 4.

4. Utricles suborbicular in cross-section, veinless, with very dense setulous hairs, without a beak, with excision at apex...3. **C. tomentosa.**

\+ Utricles obtuse-trigonous, veined...5.

5. Female glumes obtuse; utricles greenish, with very short, 0.2–0.3 mm, beak. Leaf blades 1–2 mm wide, soft; scarious side of sheaths with diffuse hairs............4. **C. globularis.**

\+ Female glumes acute or with short point; utricles brownish, with a longer, 0.7–1 mm, beak. Leaf blades 2.5–4 mm wide, rigid; scarious side of sheaths without hairs............... ....2. **C. mandshurica.**

6(2). Utricles obtuse-trigonous, oblong-obovoid or oblong-elliptical, veined, rarely veinless..7.

\+ Utricles suborbicular in cross-section, obovoid or broad-obovoid, veinless....................9.

7. Plants with creeping rhizomes. Crisp-flexuous leaves at base of shoots absent; leaf blades glabrous. Female spikes 2–5(6). Utricles oblong-obovoid or oblong-elliptical, 2.5–3.5 mm long, veinless, with a beak 0.4–0.7 mm long................................6. **C. oxyandra.**

\+ Plants without creeping rhizomes. At base of shoots crisp-flexuous remnants of old leaves present; adaxial leaf surfaces pubescent. Female spikes 1–2(3). Utricles obovoid, (3)3.5–4.5 mm long, veined, with a beak 0.2–0.3 mm long....................................8.

8. Male glumes orbicular at apex. Female spikes with 8–12(15) utricles; female glumes obtuse or, rarely, with short, 0.1–0.5 mm, point.................................11. **C. montana.**

\+ Male glumes acute or with short, 0.1–0.3 mm, point. Female spikes with 15–20 utricles; female glumes usually with point 0.2–1 mm long.................................10. **C. ulobasis.**

9. Female glumes at apex obtuse or orbicular, at margins usually more or less fringed. Utricles with very short, about 0.2 mm, beak. Stems are surrounded at base by brown sheaths of leaves; leaf blades very rigid, almost coriaceous..10.
\+ Female glumes acute or acuminate, at margins not fringed. Utricles with longer beak. Stems are surrounded at base by purple sheaths of leaves; leaf blades soft.................11.
10. Male and female glumes ferruginous-brown, with broad white-scarious margins, glabrous or, more rarely, with whitish pubescence. Male spike 1—2 cm long. Female spikes (1)2—3, (0.5)1—1.5 cm long. Utricles (2)2—3 mm long, densely pubescent all over surface. Leaf blades 3—4 mm wide. Plants 10—30(40) cm high.......12. **C. ericetorum.**
\+ Male and female glumes entirely purple-black or with very narrow white-scarious margins, in lower half pubescent. Male spike 0.6—1(1.3) cm long. Female spikes 1(2), 0.5—0.7 cm long. Utricles 1.8—2 mm long, sparsely pubescent in upper part. Leaf blades 1.5—2.5 mm wide. Plants 5—10(15) cm high...13. **C. melanocapra.**
11. Male and female glumes black-purple or dark brown. Male spike rising above the uppermost female spike..7. **C. vanheurckii**.....12.
\+ Male and female glumes light brown or pale ferruginous. Male spike frequently not rising above the uppermost female spike...13.
12. Male spike linear, glumes black-purple or dark reddish-brown, obtuse at apex, with narrow white-scarious margins.. 7a. **C. vanheurckii** subsp. **vanheurckii.**
\+ Male spike clavate, glumes brown, acutish at apex, with broad white-scarious margins....... ....7b. **C. vanheurckii** subsp. **crassispiculata.**
13. Male spike narrow-linear, few-flowered, 0.6—0.8(1) cm long, located flush with the uppermost female spike or a little exceeds it; lowest glume is generally as long as half or 2/3 of male spike. Utricles ovoid, more rarely obovoid, 3.5—4(4.5) mm long, more or less gradually narrowed into a beak 1—1.2 mm long..........................9. **C. amgunensis.**
\+ Male spike linear-clavate, many-flowered, 1—1.3 cm long, appreciably rising above the uppermost female spike; lowest glume considerably shorter than half of male spike. Utricles broad-obovoid or subglobose, (2)2.2—2.5(2.7) mm long, abruptly narrowed into a beak 0.6—0.7 mm long...8. **C. chloroleuca.**

Subsect. 1. **Elongatibracteatae** Egor. 1985, Бот. журн. **70**, 11 : 1552. — Sect. *Schizochlaenae* V. Krecz. 1935, во Фл. СССР, 3 : 304, sine descr. latin. — Нижний кроющий лист без влагалища или с влагалищем 0.5—1.5 см дл. и линейной пластинкой, превышающей соцветие. Пестичные колоски в числе 3—5, расставленные, нижний на ножке до 5 см дл. Мешочки тупо-трехгранные, без жилок, со слабо выемчатым носиком. Растения без ползучих корневищ. — Typus: *C. grioletii* Roem. Монотипная подсекция.

Lowest bract sheathless or with sheath 0.5—1.5 cm long and linear blade exceeding inflorescence. Female spikes 3—5, distant, lowest with peduncle up to 5 cm long. Utricles obtuse-trigonous, veinless, with a slightly emarginate beak. Plants without creeping rhizomes. — Typus: *C. grioletii* Roem. Monotypic subsection.

1 (136). **C. grioletii** Roem. 1806, in Schkuhr, Nachtr. Riedgr. : 76, tab. Rrrr, fig. 209; В. Креч. 1935, во Фл. СССР, 3 : 304. — Exs.: Woronow et Schelkownikow, H. F. Cauc. N 307. — **О. Гриолети.**

Описан из сев.-зап. Италии («Hab. in littoribus occidentalis Liguriae»); typus: HAL.

В сырых тенистых лесах. — **Кавк.**: Б. Кавк. (вост.: Азербайджан, Кубинский р-н), Зап. и Центр. Закавк., Тал. Общ. распр.: Ю. Европа; З. Азия (сев.-зап. и сев.-вост. Турция, сев. Иран). — 2n = 48 (Dietrich, 1964b).

Влагалище у кроющего листа нижнего пестичного колоска *C. grioletii* или отсутствует, или развито и варьирует обычно в пределах 0.5—1.5 см дл., изредка оно более длинное, до 2(5) см (в случае, если нижний колосок сильно отставлен от остальных).

The bract sheath of the lowest female spike of *C. grioletii* is either absent, or developed and varies usually from 0.5 to 1.5 cm long, rarely longer, up to 2(5) cm (if the lowest spike is distant far from the others).

Subsect. 2. **Mandshuricae** Egor. 1985, Бот. журн. **70**, 11 : 1553. — Sect. *Anithista* (Rafin.) V. Krecz. ser. *Onkermoideae* V. Krecz. 1935, во Фл. СССР, 3: 418, sine descr. latin. — Нижний кроющий лист без влагалища, с линейной пластинкой короче соцветия. Пестичные колоски в числе 2—4, верхние сближенные, почти сидячие, нижний отставленный, на ножке до 0.5 см дл. Мешочки тупо-трехгранные, с жилками, с коротко-двузубчатым или выемчатым носиком. Растения с ползучими корневищами; стебли расставленные по 1 или 2. — Typus: *C. mandshurica* Meinsh. Монотипная подсекция.

Lowest bract sheathless, leaf-like, shorter than inflorescence. Female spikes 2—4, upper ones approximate, subsessile, lowest distant, with peduncle up to 0.5 cm long. Utricles obtuse-trigonous, veined, with a short-bidentate or emarginate beak. Plants with creeping rhizomes; stems distant by 1 or 2. — Typus: *C. mandshurica* Meinsh. Monotypic subsection.

2 (137). **C. mandshurica** Meinsh. 1893, Bot. Centalbl. 55 : 197; В. Креч. 1935, во Фл. СССР, 3 : 418. — **О. маньчжурская.**

Описан с юга российского Дальнего Востока; lectotypus: «Залив Св. Ольги, по р. Вайфудину, 13 VII 1860, Maximowicz» (LE! cum syntypo) — Егорова (h. l.).

В светлых лиственных и смешанных лесах, по опушкам, лесным лугам; склонам гор. — **Дальн. Вост.**: Уссур. (юг). Общ. распр.: В. Азия (?Сев.-Вост. Китай, север п-ова Корея). — 2 n = ?

C. mandshurica включают либо в секцию *Acrocystis* (= sect. *Pachystylae*, sect. *Montanae*), с видами родства *C. tomentosa* и *C. globularis* (Мейнсгаузен, 1901; Kükenthal, 1909; Ohwi, 1936), либо в секцию *Tumidae* (= sect. *Anithista*), с видами родства *C. riparia* (Кречетович, 1935a). Анатомическое строение перикарпия говорит в пользу отнесения *C. mandshurica* к первой секции (Егорова, Трифонова, 1986 : 1604).

C. mandshurica has been included either in the section *Acrocystis* (= sect. *Pachystylae*, sect. *Montanae*), as species allied to *C. tomentosa* and *C. globularis* (Мейнсгаузен, 1901; Kükenthal, 1909; Ohwi, 1936), or in the section *Tumidae* (= sect. *Anithista*) as species allied to *C. riparia* (Кречетович, 1935a). The anatomical structure of pericarp is an evidence for including *C. mandshurica* to the former section (Егорова, Трифонова, 1986 : 1604).

Subsect. 3. **Tomentosae** Egor. 1985, Бот. журн. **70**, 11 : 1553. — Sect. *Cheilocystis* Dumort. 1827, Fl. Belg. : 147. — Sect. *Tomentosae* Christ, 1885, Bull. Soc. Bot. Belg. **24**, 2 : 14, p. p., nom. nud. — Sect. *Onkerma* ser. *Nomostachyae* V. Krecz. 1935, во Фл. СССР, 3 : 318, sine descr. latin. — Нижний кроющий лист с коротким влагалищем и линейной пластинкой короче соцветия. Пестичные колоски в числе 1—2, б. м. расставленные, нижний на ножке 0.5—1 см дл. Мешочки почти округлые в поперечном сечении, без жилок, с очень густыми сероватобеловатыми жесткими щетинковидными волосками, без носика, на верхушке двузубчато-выемчатые. Растения с длинными ползучими корневищами; стебли расставленные по 1 или по 2. — Typus: *C. tomentosa* L. Монотипная подсекция.

Lowest bract with short sheath and linear blade shorter than inflorescence. Female spikes 1—2, more or less distant, lowest with peduncle 0.5—1 cm long. Utricles suborbicular in cross-section, veinless, with very dense greyish-whitish rigid setulous hairs, beakless, bidentate-emarginate at apex. Plants with long creeping rhizomes; stems distant by 1 or by 2. — Typus: *C. tomentosa* L. Monotypic subsection.

3 (138). **C. tomentosa** L. 1767, Mantissa: 123; В. Креч. 1935, во Фл. СССР, 3 : 318. — Exs.: H.F. URSS № 4248a, b, c, — **О. войлочная.**

Описан из Австрии («Habitat in Austria, D[edit] Jacquin»); typus: ? W.

На луговых и степных склонах, остепненных лугах, в разреженных лесах, среди кустарников; на равнине и в лесном поясе гор. — **Европ. ч.**: Прибалт. (Эстония), Лад.-Ильм. (юг Ленинградской обл.: окр. г. Гатчины и ж.-д. ст. Елизаветино — истоки р. Оредеж), Верх.-Днепр. (редко; в Беларуси: Гомельская обл., Житковичский р-н, пос. Туров и д. Переров), Верх.-Волж. (Ярославская обл.), Волж.-Кам., Карп., Сред.-Днепр., Волж.-Дон., Заволж., Молд., Ниж.-Дон., Крым.; **Кавк.**: все районы; **Зап. Сиб.**: Верх.-Тоб., Ирт., Алт.; **Вост. Сиб.**: Енис. (басс. верховьев Ниж. Тунгуски), Лен.-Кол. (басс. Вилюя и верхнего течения Лены), Анг.-Саян. (зап. и вост.), Даур. (зап.); **Ср. Азия**: Арало-Касп. (сев.: Мугоджары). Общ. распр.: С. (юг), Ц. и Ю. (сев.) Европа; З. (Турция, сев. Иран) и Ц. (сев. Монголия) Азия. — 2n = 48 (Heilborn, 1924). — Рис. 37, *2*.

Subsect. 4. **Globulares** (Meinsh.) Egor. 1985, Бот. журн. **70**, 11 : 1553. — Sect. *Globularis* Meinsh. 1901, Тр. Петерб. бот. сада, **18**, 3: 393, 284, p. p. — Sect. *Onkerma* ser. *Chordatae* V. Krecz. 1935, во Фл. СССР, 3 : 317, sine descr. latin. — Нижний кроющий лист почти без влагалища, с линейной пластинкой, б. м. равной соцветию. Пестичные колоски в числе 1—3, б. м. расставленные, нижний на ножке 0.5—1 см дл. Мешочки тупо-трехгранные, с жилками, с очень коротким, слабо выемчатым носиком. Растения с длинными ползучими корневищами; стебли расставленные по 1 или по 2, или в пучках. — Typus: *C. globularis* L. Монотипная подсекция.

Lowest bract almost sheathless, with linear blade, more or less equal to inflorescence. Female spikes 1—3, more or less distant, lowest with peduncle 0.5—1 cm long. Utricles obtuse-trigonous, veined, with a very short, slightly emarginate beak. Plants with long creeping rhizomes; stems distant by 1 or 2 or in fascicles. — Typus: *C. globularis* L. Monotypic subsection.

4 (139). **C. globularis** L. 1753, Sp. Pl. : 976; В. Креч. 1935, во Фл. СССР, 3 : 317. — Exs.: H.F.R. № 346, H.F. URSS № 4219. — **О. шаровидная.**

Описан из Европы («Habitat in Europa frigidiore»); lectotypus: Herb. Linn. № 1100.45 (LINN, photo LE!) — Егорова (h. l.).

В заболоченных моховых, часто кочковатых хвойных лесах и редколесьях, по гарям, на моховых болотах, в сырых кустарниково-моховых тундрах; на равнине и в лесном поясе гор, реже в арктической тундре и высокогорьях, местами обычна. — **Европ. ч.:** Аркт. (материковая часть), Кар.-Мурм., Дв.-Печ., Прибалт., Лад.-Ильм., Верх.-Днепр., Верх.-Волж., Волж.-Кам., Волж.-Дон. (кроме юга); **Зап.** и **Вост. Сиб.:** все районы; **Дальн. Вост.**: Аркт. (басс. Анадыря), Камч. (север п-ова Камчатка и о-в Карагинский), Охот., Удск., Зее-Бур., Уссур., Сах. Общ. распр.: С. и Ц. (Польша) Европа; Ц. (Монголия) и В. (Сев.-Вост. Китай, п-ов Корея) Азия. — 2n = ? — Рис. 37, *4*.

Экземпляр, выбранный здесь в качестве лектотипа, был обозначен Линнеем (несомненно ошибочно) «16 *globulifera*» (16 — порядковый номер *C. globularis* в «Species Plantarum»). Данный экземпляр соответствует протологу *C. globularis* и принадлежит виду, для которого употребляется это название. В протологе имеется ссылка на «Flora Lapponica», однако материал по «Flora Lapponica» (Париж) не содержит *C. globularis* (Fries, 1861).

The specimen, selected here as the lectotype, was designated by Linnaeus (undoubtedly by mistake) as «16 *globulifera*» (16 is an ordinal number of *C. globularis* in «Species Plantarum»), but it agrees with the protologue and corresponds with the species to which the name C. *globularis* is applied. There is a reference in the protologue to «Flora Lapponica», however, the «Flora Lapponica» material having in Paris does not contain C. *globularis* (Fries, 1861).

Subsect. 5. **Piluliferae** Egor. 1985, Бот. журн. **70**, 11 : 1553. — Sect. *Onkerma* ser. *Anomalostachyae* V. Krecz. 1935, во Фл. СССР, 3 : 318, p. p., sine descr. latin. — Нижний кроющий лист линейный, равен соцветию или превышает его. Пестичные колоски в числе 2—4, б. ч. сближенные, почти сидячие. Мешочки почти округлые в поперечном сечении, без жилок, с коротким двузубчато-выемчатым носиком. Рылец 2—3[1]. Растения без ползучих корневищ. — Typus: C. *pilulifera* L.

2 вида; вне рассматриваемой территории: C. *azorica* J. Gay (= C. *pilulifera* subsp. *azorica* (J. Gay) Franco et Rocha Afonco) (Азорские о-ва). Возможно, к данной подсекции принадлежит также C. *fritschii* Waisb. (Центр. Европа).

Lowest bract leaf-like, equal to inflorescence or exceeds it. Female spikes 2—4, generally approximate, subsessile. Utricles suborbicular in cross-section, veinless, with a short bidentate-emarginate beak. Stigmas 2—3[2]. Plants without creeping rhizomes. — Typus: C. *pilulifera* L.

2 species; outside considered territory: C. *azorica* J. Gay (= C. *pilulifera* subsp. *azorica* (J. Gay) Franco et Rocha Afonco) (Azores). C. *fritschii* Waisb. (Central Europe) probably belongs to this subsection as well.

5 (140). **C. pilulifera** L. 1753, Sp. Pl. : 976; Kük. 1909, in Engl. Pflanzenr. 38 : 450, p. p., excl. var. *azorica*; В. Креч. 1935, во Фл. СССР, 3 : 318. — Exs.: H.F. URSS № 4238. — **О. шариконосная.**

Описан из Европы («Habitat in Europa»); lectotypus: Plukenet, 1691, Phytographia, t. 91, f. 8 —Егорова (h. l.); epitypus: «Pl. Vasc. Dan. Exs. № 261. Zealand: S-ern part of Steenstrup Lyng, W of Nykøbing, June 13 1970, N. Jacobsen (LE!), isoepitypi in Herb. mult.) — Егорова (h. l.).

В сухих светлых лесах, на опушках, среди кустарников, на суходольных лугах, сухих травянистых склонах. — **Европ. ч.**: Прибалт., Лад.-Ильм., Верх.-Днепр. (запад Беларуси; Брянская обл., Брасовский р-н, пос. Холмецкий), Верх.-Волж. (окр. Москвы; Ярославская обл.), Карп. Общ. распр.: С., Атл., Ц. и Ю. (редко) Европа. — 2n = 16 (Heilborn, 1918), 18 (Heilborn, 1924; Löve, Löve, 1956). — Рис. 36, 4.

Гербарный образец № 1100.50 (LINN, photo LE!), обозначенный Линнеем «*pilulifera*», но без указания порядкового номера (№ 18) C. *pilulifera* в «Species Plantarum», принадлежит к C. *norvegica*. Поэтому в качестве лектотипа мною выбран цитированный в протологе C. *pilulifera* рисунок из работы Плюкене (Plukenet, l. c.). Однако этот рисунок является недостаточно хорошим, чтобы способствовать точному применению названия C. *pilulifera*, вследствие чего одновременно с лектотипом здесь выбирается и эпитип.

The specimen № 1100.50 (LINN, photo LE!) designated by Linnaeus «*pilulifera*» but without an ordinal number of C. *pilulifera* in «Species Plantarum», namely № 18, belongs to C. *norvegica*. Therefore, the drawing quoted in the protologue of C. *pilulifera* is chosen here as the lectotype of the name. However, this drawing is not good enough to serve for the purpose of the precise application of the name C. *pilulifera*, that is why I selected the epitype simultaneously with the lectotype.

---

[1] Двурыльцевые столбики имеет C. *azorica* J. Gay. У всех других видов секции *Acrocystis* рылец 3.

[2] It is C. *azorica* J. Gay having distigmatous styles. In all other species of the section *Acrocystis*, stigmas 3.

Subsect. 6. **Montanae** Carey, 1948, in A. Gray, Man. Bot.: 556, p. p. — Нижний кроющий лист чешуевидный, с щетиновидной верхушкой, короче соцветия. Пестичные колоски в числе 1—4(5), сближенные, почти сидячие. Мешочки почти округлые в поперечном сечении, редко тупо-трехгранные, без жилок или с неясными жилками, со слабо выемчатым или очень коротко-двузубчатым носиком. Растения с ползучими корневищами; стебли в пучках. — L e c t o t y p u s : *C. pennsylvanica* Lam. — Егорова (h. l.).

7 видов и подвидов; вне рассматриваемой территории: *C. pennsylvanica* и *C. deflexa* Hornem. (Сев. Америка).

Подсекция *Montanae* основана на североамериканских видах, не имеющих близкого (на уровне подсекции) родства с европейской *C. montana* L., от эпитета названия которой, по-видимому, образовано название данной подсекции. В связи с этим *C. montana* не может быть ее типом.

Lowest bract glumaceous, with setaceous apex, shorter than inflorescence. Female spikes 1—4(5), approximate, subsessile. Utricles suborbicular in cross-section, rarely obtuse-trigonous, veinless or obscurely veined, with a slightly emarginate or very short-bidentate beak. Plants with creeping rhizomes; stems in fascicles. — L e c t o t y p u s : *C. pennsylvanica* Lam. — Egorova (h. l.).

7 species and subspecies; outside considered territory: *C. pennsylvanica* and *C. deflexa* Hornem. (North America).

The subsection *Montanae* is based on North-American species having no close relation (at subsection level) with European *C. montana* L., the name of the subsection having been obviously formed from epithet of the latter. In this connection, *C. montana* cannot be its type.

6 (141). **C. oxyandra** (Franch. et Savat.) Kudo, 1924, Rep. Veg. North. Sagh. : 72; В. Креч. 1935, во Фл. СССР, 3 : 319. — *C. montana* var. *oxyandra* Franch. et Savat. 1877, 1878, Enum. Pl. Jap. 2 : 141, 565. — *C. wrightii* Franch. 1895, Bull. Soc. Philom. Paris., sér. 8, 7 : 47, non Dew. 1858; Kük. 1909, in Engl. Pflanzenr. 38 : 443. — *C. pauzhetica* A. E. Kozhevnikov, 1983, в Комаровск. чтениях (Владивосток), 30 : 46. — *C. oxyandra* var. *pauzhenica* (A. E. Kozhevnikov) A. E. Kozhevnikov, 1988, в Сосуд. раст. сов. Дальн. Вост. 3 : 288. — **О. островерхая**.

Описан из Японии; t y p u s: о-в Хонсю, «Nippon, circa Yokoska haud frequens, № 1412, Savatier» (P).

На сухих лугах, травянистых склонах, по опушкам. — **Дальн. Вост.**: Аркт. (Корякское нагорье), Камч. (п-ов Камчатка), Сах. (юг), Курил. О б щ . р а с п р.: В. Азия (о-в Тайвань; Япония). — 2n = ?

Указание В. И. Кречетовича (l. c.) на locus classicus *C. oxyandra* — о-в Кюсю («Киу-шиу»), относится к *C. wrightii* Franch., l. c.

C. oxyandra занимает в данной подсекции обособленное положение благодаря наличию тупо-трехгранных (а не почти округлых) в поперечном сечении мешочков и жилок на них, обнаруживая сходство по этим признакам с видами подсекции *Crispifoliatae* (см. ниже).

Растения, описанные как *C. pauzhetica* A. E. Kozhevnikov, l. c. (typus: «Камчатская обл., Усть-Большерецкий р-н, окр. пос. Паужетка, 9 VII 1978, Е. А. Кожевников» — LE!, isotypus VLA) и позднее рассматриваемые автором описания в качестве разновидности *C. oxyandra* (см. синонимику), не имеют, на мой взгляд, таксономической самостоятельности. Из Камчатской обл. я видела только один образец *C. oxyandra* (юг п-ова Камчатка: пос. Паужетка). А. Е. Кожевников (1983, l. c. : 47—49, рис. 2; 1988, l. c., карта 82) приводит этот вид для нескольких пунктов данной территории, самые северные из которых находятся в пределах Арктики (Корякское нагорье).

The note by Kreczetowicz (Кречетович, l. c.) about the locus classicus *C. oxyandra* — Kyushu island («Киу-шиу»), refers to *C. wrightii* Franch., l. c.

C. oxyandra takes an isolated position in the subsection owing to obtuse-trigonous in cross-section (instead of suborbicular) utricles and veins on them, demonstrating similarity in these characters with species of the subsection *Crispifoliatae* (see below).

Plants described as *C. pauzhetica* A. E. Kozhevnikov, l. c. (typus: «Камчатская обл., Усть-Большерецкий р-н, окр. пос. Паужетка, 9 VII 1978, Е. А. Кожевников» — LE!, isotypus VLA) and then considered by the author of description as variety of *C. oxyandra* (see synonymy), are not, in my view, a distinct taxon. I have seen only the one specimen of *C. oxyandra* from Kamchatka region (southern Kamchatka peninsula: village Pauzhetka). Kozhevnikov (А. Е. Кожевников, 1983, l. c. : 47—49, fig. 2; 1988, l. c., map 82) cites this species for several locations of this territory, the northernmost of them being within Arctic region (Koryak plateau).

7(142). **C. vanheurckii** Müller Arg. 1870, in Van Heurck, Observ. Bot. 1 : 30; В. Креч. 1935, во Фл. СССР, 3 : 314. — *C. amblyolepis* Trautv. et Mey. 1856, Fl. Ochot. in Middendorff, Reise Nord. Ost. Sibir. **1**, 2, 3 : 99, non Peterm. 1844. — *C. pennsylvanica* var.*amblyolepis* (Trautv. et Mey.) Kük. 1902—1903, Öfvers. Finska Vet.-Soc. Vörh. **45**, 8 : 8; id. 1909, in Engl. Pflanzenr. 38 : 446. Exs.: H.F. URSS № 7180. — **О. Ван-Хьюрка**.

Описан с п-ова Камчатка («In Kamtschatka, hb. Van Heurck»); typus: ? AWH.

a) subsp. **vanheurckii**.

В светлых сухих лесах и редколесьях, среди кустарников, на сухих травянистых и каменистых склонах, песчаных обрывах рек; в лесном поясе гор и в высокогорьях, очень редко в арктической тундре. — **Вост. Сиб.**: Енис. (р. Ниж. Тунгуска в верхнем течении), Лен.-Кол. (к югу от рр. Вилюй и Алдан, севернее — р. Лена к северу от пос. Бестях, Верхоянский хр. и басс. верховьев рр. Томпо, Индигирки и Колымы), Даур.; **Дальн. Вост.**; все районы (в Аркт. басс. Анадыря и Пенжины, залив Корфа). Общ. распр.: В. Азия (Сев.-Вост. Китай, п-ов Корея, Япония). — 2n = ?

Указание В. И. Кречетовича (l. c.) на locus classicus *C. vanheurckii* («окр. Петропавловска») и место хранения типа этого вида (LE) относится к *C. amblyolepis* Trautv. et Mey., l. c. Но поскольку название *C. vanheurckii* было дано не как nomen novum взамен *C. amblyolepis* (поздний омоним), а появилось независимо от него, то тип *C. amblyolepis* не может считаться типом *C. vanheurckii*.

The note by Kreczetowicz (Кречетович, l. c.) about the locus classicus of *C. vanheurckii* («окр. Петропавловска») and location of this species type keeping (LE) relates to *C. amblyolepis* Trautv. et Mey., l. c. However, since the name *C. vanheurckii* are not nomen novum instead of *C. amblyolepis* (later homonym), but appeared irrespective of it, the type of *C. amblyolepis* cannot be considered as the type of *C. vanheurckii*.

b) subsp. **crassispiculata** (Malyschev) Malyschev, 1979, во Фл. Центр. Сиб. 1 : 186; id. 1990, во Фл. Сиб. 3 : 145. — *C. vanheurckii* var. *crassispiculata* Malyschev, 1963, Бот. мат. (Ленинград), 22 : 22. — **О. толстоколосковая**.

Описан из Вост. Сибири; typus: Вост. Саян, «Окинские альпы, верховье р. Илеэ, в подгольцовом поясе, 23 VI 1960, № 196, Л. Малышев, А. Сокольников» (NS).

В приречных сырых лесах и кустарниках, на галечниковых берегах рек, иногда на щебнистых склонах; на равнине и в горах до субальпийского пояса. — **Вост. Сиб.**: Енис. (юго-вост., очень редко), Лен.-Кол. (север Среднесибирского плато и к югу от Якутска), Анг.-Саян. (вост.). Эндемик.

Встречается преимущественно на западе ареала вида; произрастает в сырых и избыточно увлажненных местах в отличие от типового подвида, характерного для сухих местообитаний (Малышев, l. c.).

Occurs mainly in the west of the species range; grows in damp and overhumidified locations, in contrary to the type subspecies typical for dry habitats (Малышев, l. c.).

8 (143). **C. chloroleuca** Meinsh. 1893, Bot. Centralbl. 55 : 196; Егор. 1985, Новости сист. высш. раст. 22 : 52. — *C. chinganensis* Litv. 1908, в Списке раст. Герб. русск. фл. 6 : 135, № 1941; В. Креч. 1935, во Фл. СССР, 3 : 320. — *C. amgunensis* var. *chloroleuca* (Meinsh.) Kük. 1909, in Engl. Pflanzenr. 38 : 447. — *C. pleiandra* Ohwi, 1932, Acta Phytotax. Geobot. 1 : 73. — *C. amgunensis* auct. non Fr. Schmidt: В. Креч. 1935, l. c. : 319, p. p., quoad syn. *C. chloroleuca*, *C. amgunensis* var. *chloroleuca* et pl. e distr. Zee-Bur. — Exs.: H.F.R. № 1941. — **О. зеленовато-белая**.

Описан с юга российского Дальнего Востока; lectotypus: «Ad fl. Amur, montes Burejae, 1858, № 25, G. Radde» (LE! cum isolectotypo) — Егорова, l. c.

На сухих каменистых и луговых склонах, в разреженных лесах и по опушкам. — **Вост. Сиб.**: Енис. (сев.: басс. р.Медвежьей), Анг.-Саян. (юг, редко), Даур. (юго-вост.); **Дальн. Вост.**: Удск. (редко), Уссур. (юг). Общ. распр.: В. Азия (Сев.-Вост. Китай). — 2n = ?

Вопросы, касающиеся лектотипификации *C. chloroleuca* и его таксономических отношений с близким видом — *C. amgunensis*, рассматриваются в моей статье (Егорова, l. c.).

C. chloroleuca близка и к *C. vanheurckii*, от которой отличается более коротким, 1—1.3 см дл. (а не (1)1.5—2.5 см дл.), тычиночным колоском с острыми (а не тупыми) кроющими чешуями, а также светло-коричневой или бледно-ржавой окраской чешуй тычиночных и пестичных колосков (а не черно-пурпурной или темно-коричневой).

Questions concerning the lectotypification of *C. chloroleuca* and its taxonomic relations with close species *C. amgunensis*, are considered in my paper (Егорова, l. c.).

C. chloroleuca is close also to *C. vanheurckii*, differing from it by shorter, 1—1.3 cm long (instead of (1)1.5—2.5 cm), male spike with acute (instead of obtuse) glumes, as well as light brown or pale ferruginous colouring male and female glumes (instead of black-purple or dark brown).

9 (144). **C. amgunensis** Fr. Schmidt, 1868, Mém. Acad. Sci. Pétersb. sér. 7, **12**, 2 : 69, tab. 1, fig. 4—5; Kük. 1909, in Engl. Pflanzenr. 38 : 447, p. p., excl. var. *chloroleuca*; В. Креч. 1935б во Фл. СССР, 3 : 319, p. p., excl. syn. *C. chloroleuca* et *C. amgunensis* var. *chloroleuca* et pl. e distr. Zee-Bur. — Exs.: H.F.R. № 1942 (ut *C. chloroleuca* Meinsh.), H.F. URSS № 7165. — **О. амгунская**.

Описан с российского Дальнего Востока; typus: «Amgun fl., Anf. Juni, 1862, Fr. Schmidt» (LE! cum isotypis).

В сухих светлых хвойных лесах (б. ч. лиственничных и сосновых), на опушках, по сухим каменистым и остепненным склонам; в лесном поясе гор, реже на равнине. — **Европ. ч.**: Волж.-Кам. (Средн. и Южн. Урал, очень редко); **Зап. Сиб.**: Обск. (юго-вост.), Ирт. (сев.-вост.), Алт.; **Вост. Сиб.**: Енис. (юг), Лен.-Кол. (к югу от рр. Вилюй и Алдан и басс. Колымы), Анг.-Саян., Даур.; **Дальн. Вост.**: Охот., Удск. (р. Амгунь и с. Богородское), Уссур. (залив Ольги). Общ. распр.: Ц. (Монголия) и В. (Сев.-Вост. Китай) Азия. — 2n = ?

Вид описан с вост. окраины его ареала без указания конкретного местонахождения. Основываясь на дате сбора типового образца (начало июня — «Anfang Juni»), можно приблизительно установить (по описанию маршрута Ф. Б. Шмидта), что этот образец был собран в среднем течении Амгуни (Омальский хр., басс. р. Омал). В. И. Кречетовичем (l. c. : 319) указано, что *C. amgunensis* «описана с Амгуни, между устьями рек Агнекана и Омаля». Заметим, однако, что таких сведений в работе Шмидта не содержится. Кречетович (l. c.) привел *C. amgunensis* для Двинско-Печорского района (басс. рр. Щугор и Ухта), но гербарным материалом эти данные не подтверждены.

The species was described from the eastern boundary of its range without any note of particular location. Basing on the date of collection of the type specimen (beginning of June — «Anfang Juni»), it can be approximately established (from outline of route by F. B. Schmidt), that this specimen was collected in the Middle Amgun (Omal ridge, basin of Omal river). Kreczetowicz (Кречетович, l. c. : 319) noted, that *C. amgunensis* «was described from Amgun, between mouths of Agnekan and Omal rivers». It should be noted, however, that the work by Schmidt does not contain such information. Kreczetowicz (Кречетович, l. c.) has cited *C. amgunensis* for Dvina-Pechora region (basins of Shchugor and Ukhta rivers), but these data are not confirmed by herbarium material.

Subsect. 7. **Crispifoliatae** Egor. 1985, Бот. журн. **70**, 11 : 1553. — Sect. *Onkerma* ser. *Macrolepidae* V. Krecz. 1935, во Фл. СССР, 3 : 310, sine descr. latin. — Нижний кроющий лист чешуевидный, с щетиновидной верхушкой, короче соцветия. Пестичные колоски в числе 1—2, сближенные, почти сидячие. Мешочки тупотрехгранные, с жилками, с очень коротким, слабо выемчатым носиком. Растения без ползучих корневищ. Листовые пластинки сверху опушенные, в сухом состоянии курчаво извитые. — Typus: *C. montana* L.

Lowest bract glumaceous, with setaceous apex, shorter than inflorescence. Female spikes 1—2, approximate, subsessile. Utricles obtuse-trigonous, veined, with a very short, slightly emarginate beak. Plants without creeping rhizomes. Adaxial leaf blade surfaces pubescent, leaves after drying crisp-flexuous. — Typus: *C. montana* L.

10 (145). **C. ulobasis** V. Krecz. 1935, во Фл. СССР, 3 : 608, 311. — *C. montana* var. *manshuriensis* Kom. 1901, Тр. Петерб. бот. сада, 20: 396 (Фл. Маньчж.); Kük. 1909, in Engl. Pflanzenr. 38 : 442. — *C. montana* auct. non L.: Ohwi, 1936, Mem. Coll. Sci. Kyoto Univ. ser. B., **11**, 5 : 407. — **О. курчавая**.

Описан с российского Дальнего Востока; typus: Хабаровский край, басс. среднего течения Амура, «Бабстово, луга, 26 V 1891, С. Коржинский» (LE! cum isotypo).

На сухих лугах, в дубовых лесах, среди кустарников, по опушкам; обычно по склонам сопок и увалов. — **Дальн. Вост.**: Зее-Бур., Уссур. (юг). Общ. распр.: В. Азия (Сев.-Вост. Китай, п-ов Корея). — 2n = ?

Очень близок к *C. montana*, от которой, помимо признаков, приведенных в ключе, отличается очень жесткими и более сильно курчаво извитыми пластинками старых (отмерших) листьев. По форме и размерам мешочков и по соотношению длины мешочков и кроющих чешуй *C. ulobasis* и *C. montana* (вопреки мнению В. И. Кречетовича, l. c.) не обнаруживают отличий. Кречетовичем *C. ulobasis* отмечена для Охотского (Охотск) и Удского районов. Гербарные образцы из первого района в LE отсутствуют, из второго — принадлежат к *C. vanheurckii*.

Very close to *C. montana*, differing from it, besides characters mentioned in the key, by very rigid and more intensively crisp-flexuous blades of old (died) leaves. *C. ulobasis* and *C. montana*, contrary to Kreczetowicz's opinion (Кречетович, l. c.), do not demonstrate any differences by shape and size of utricles, as well as by length ratio of utricles to glumes. Kreczetowicz cited *C. ulobasis* for Okhotsk (town of Okhotsk) and Uda regions. Herbarium specimens from the former region are absent in LE, those from the latter one belong to *C. vanheurckii*.

11 (146). **C. montana** L. 1753, Sp. Pl. : 975; Kük. 1909, in Engl. Pflanzenr. 38 : 442, p. p., excl. var. *manshuriensis*; В. Креч. 1935, во Фл. СССР, 3 : 310. — Exs.: H.F.R. № 39, H.F.URSS № 4234. — **О. горная**.

Описан из Европы («Habitat in Europa montanis apricis»); lectotypus: Herb. Linn. № 1100. 43 quoad pl. 1, 2 et 4 (LINN, photo LE!) — Егорова (h. l.).

По сухим склонам, в сухих светлых лиственных и смешанных лесах, на опушках, среди кустарников; на равнине и в лесном поясе гор. — **Европ. ч.**: Прибалт., Лад.-Ильм. (Псковская обл.), Верх.-Днепр., Верх.-Волж., Волж.-Кам. (Средн. и Южн. Урал), Карп., Сред.-Днепр., Волж.-Дон., Заволж., Молд., Ниж.-Дон; **Кавк.**: ?Предкавк. (оз. Медвежье), **Зап. Сиб.**: Обск. (юго-вост.: окр. Туринска), Верх.-Тоб. (окр. Екатеринбурга; север Курганской обл., с. Бединка). Общ. распр.: С. (юг Швеции), Атл., Ц. и Ю. Европа. — 2n = 38 (Хромосомные числа..., 1969; Тодераш, 1980). — Рис. 36, *3*; 42.

На Кавказе вид известен только по недостоверно этикетированным сборам Лаговского (Егорова, 1991б). В Зап. Сибири этот европейский вид известен по очень немногим образцам, хранящимся в основном в LE!, а также в LECB! (сборы Н. И. Науменко 1991 г. из Курганской обл.). Указание В. И. Кречетовича (цит. соч.) о произрастании *C. montana* в Иртышском районе не подтверждено гербарным материалом.

The species is known in the Caucasus only from doubtfully labelled collections by Lagovsky (Егорова, 1991б). In Western Siberia, this European species is known from very few specimens kept mainly in LE! as well as in LECB! (collections by N. I. Naumenko in 1991 from Kurgan region). The note by Kreczetowicz (Кречетович, l. c.) on occurrence of *C. montana* in Irtysh region is not confirmed by herbarium material.

Subsect. 8. **Fimbriatae** Egor. 1985, Бот. журн. **70**, 11 : 1553. — Sect. *Onkerma* ser. *Lepidocoleae* V. Krecz. 1935, во Фл. СССР, 3 : 312, p. p., sine descr. latin. — Нижний кроющий лист чешуевидный, с щетиновидной верхушкой, короче соцветия. Пестичные колоски в числе 1—2, немного расставленные, почти сидячие; кроющие чешуи по краям обычно б. м. бахромчатые. Мешочки почти округлые в поперечном сечении, без жилок, с едва выемчатым носиком. Растения с короткими ползучими корневищами. — Typus: *C. ericetorum* Poll.

2 вида.

Lowest bract glumaceous, with setaceous apex, shorter than inflorescence. Female spikes 1—2, a little distant, subsessile; glumes usually more or less fringed at margins. Utricles suborbicular in cross-section, veinless, with scarcely emarginate beak. Plants with short creeping rhizomes. — Typus: *C. ericetorum* Poll.

2 species.

12 (147). **C. ericetorum** Poll. 1777, Hist. Pl. Palat. 2 : 580; Kük. 1909, in Engl. Pflanzenr. 38 : 440, p. p., excl. subsp. *melanocarpa*; В. Креч. 1935, во Фл. СССР, 3 : 312. — *C. approximata* All. 1785, Fl. Pedem. 2 : 267; В. Креч. 1935, l. c.: 313. — *C. ericetorum* var. *strictifolia* Kryl. 1929, Фл. Зап. Сиб. 3 : 485. — *C. ericetorum* subsp. *baicalensis* Gorodk. ex V. Krecz. 1931, во Фл. Забайк. 2 : 126. — Exs.: H.F.R. № 344, H.F. URSS № 5267. — **О. верещатниковая**.

Описан из Германии («Passim in siccissimis sylvisque circa Lautereni; in ericetis ac collibus siccis prope Erfenbach»); typus: ?

В светлых сухих сосновых, реже лиственничных лесах, на опушках, полянах и вырубках, в верещатниках, на сухих щебнистых и каменистых склонах, иногда на суходольных лугах и в щебнистой лишайниковой тундре; на равнине и в лесном поясе гор, реже в высокогорьях; б. ч. на песчаной почве. — **Европ. ч.**: все

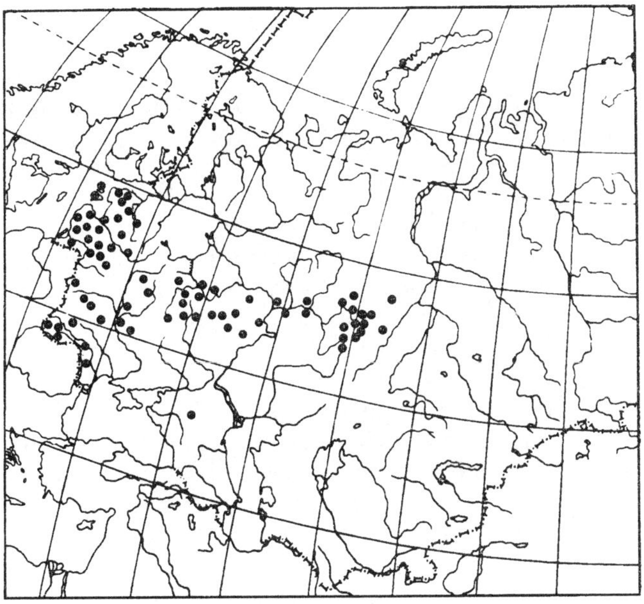

Рис. 42. Распространение *Carex montana* L. на территории России и сопредельных государств.

Fig. 42. Distribution of *Carex montana* L. in the territory of Russia and adjacent states.

районы, кроме Молд., Ниж.-Волж. и Крым. (в Аркт. на северо-востоке Кольского п-ова, в басс. р. Пеши и в низовьях Печоры); **Кавк.**: ? Предкавк. (Ставрополь); **Зап. Сиб.**: все районы (кроме Аркт. и Алт.) к югу от 65° с. ш.; **Вост. Сиб.**: Енис. (юго-вост.), Лен.-Кол. (юг), Анг.-Саян., Даур. (сев. и зап.). Общ. распр.: С., Атл. и Ц. Европа; Ц. Азия (сев. Монголия). — 2n = 30 (Heilborn, 1924; Davies, 1956a, 1956b), 32 (Heilborn, 1918).

Данные о произрастании *C. ericetorum* на Кавказе нуждаются в подтверждении (Егорова, 1991б). В Средней Азии вид, вопреки указаниям В. И. Кречетовича (l. c.), не встречается.

The data concerning occurrence of *C. ericetorum* in the Caucasus need confirmation (Егорова, 1991б). In Middle Asia, the species, in spite of note by Kreczetowicz (Кречетович, l. c.), does not occur.

13 (148). **C. melanocarpa** Cham. ex Trautv. 1847, Phaenog. Pfl. Hochnord. (Fl. Taimyr.) in Middendorff, Reise Nord. Ost. Sibir. **1**, 2, 1 : 21, tab. 4; В. Креч. 1935, во Фл. СССР, 3 : 312. — *C. brachyphylla* Turcz. 1855, Bull. Soc. Nat. Moscou, **28**, 2 : 346. — *C. inornata* Turcz. 1856, Fl. Baic.-Dahur. **2**, 1 : 282. — *C. ericetorum* subsp. *melanocarpa* (Cham. ex Trautv.) Kük. 1909, in Engl. Pflanzenr. 38 : 440. — *C. melanocarpa* var. *rigidior* T. Koyama, 1962, Journ. Fac. Sci. Univ. Tokyo (Bot.), **8**, 4 : 179. — **О. черноплодная**.

Описан с Чукотского п-ова; typus: бухта Лаврентия, «Sin. St. Laurentii» (LE!).

На щебнистых и каменистых местах, каменистых луговых склонах, в сухих мохово-кустарниковых тундрах, в лиственничных редколесьях, на каменистых склонах среди кедрового стланика; нередко на карбонатных субстратах; в высокогорьях, верхней части лесного пояса и в горной и равнинной арктической тундре. — **Европ. ч.**: Аркт. (Карская тундра и Полярн. Урал); **Зап. Сиб.**: Аркт. (юг Обско-Тазовского п-ова и Гыданская тундра); Обск. (Приполярн. Урал:

басс. р. Хулги); **Вост. Сиб.**: Аркт. (от низовьев Енисея до бухты Тикси), Енис. (плато Путорана и басс. Ниж. Тунгуски), Лен.-Кол., Анг.-Саян. (Вост. Саян), Даур. (сев.-зап. и вост.: гора Кавекта в верховьях р. Куенги); **Дальн. Вост.**: Аркт. (от Сев. Анюйского хр. до бухты Лаврентия, басс. р. Анадырь и Корякия), Камч. (п-ов Камчатка: центр. и вост., о-в Карагинский), Охот., Удск. (хр. Геран), Зее-Бур. (хр. Эзоп), Сах. (сев.). Общ. распр.: В. Азия (о-в Хоккайдо). — 2n = 20—25 (Малышев, 1990), 26 (Жукова, Тихонова, 1971; Жукова, Петровский, 1977; Юрцев, Жукова, 1978), 28 (Малышев, 1990).

В протологе *C. melanocarpa* имеется неточность в отношении указания места сбора типового образца («ex insula St. Laurentii»). Как следует из этикетки, последний собран не на о-ве Св. Лаврентия (запад США), а в губе Св. Лаврентия (бухта Лаврентия) (Чукотский п-ов). На о-ве Св. Лаврентия (Hultén, 1968) и вообще в Сев. Америке *C. melanocarpa* не встречается.

Датой публикации сочинения А. Ф. Миддендорфа (Middendorff, l. c.), в котором помещена работа Э. Р. Траутфеттера «Phaenogame Pflanzen aus dem Hochorden» (в нее входит «Florula Taimyrensis» с описанием *C. melanocarpa*), является, согласно Стафлё и Кауену (Stafleu, Cowan, 1981), 1847 год, а не 1856, как указано в ряде флористических сводок, в частности во «Flora Europaea» (Chater, 1980).

In the protologue of *C. melanocarpa*, an inexactitude concerning location of collection of the type specimen («ex insula St. Laurentii») is committed. As follows from the label, the latter was collected not in Saint Lawrence Island (USA), but in Saint Lawrence bay (Lawrence Gulf) (Chukot Peninsula). In Saint Lawrence Island (Hultén, 1968) and in North America at all, *C. melanocarpa* does not occur.

The work by Middendorff (l. c.) containing the work by Trautvetter «Phaenogame Pflanzen aus dem Hochorden» (the latter includes «Florula Taimyrensis» with description of *C. melanocarpa*), according to Stafleu and Cowan (1981), had been published in the year 1847, instead of 1856, as it was cited in the number of floristic accounts, in particular, «Flora Europaea» (Chater, 1980).

Sectio 27. Albae (Aschers. et Graebn.) Kük. 1909, in Engl. Pflanzenr. 38 : 499; Егор. 1972, Новости сист. высш. раст. 9 : 82. — *Carex* § *Albae* Aschers. et Graebn. 1903, Syn. Mitteleur. Fl. **2**, 2 : 156. — Sect. *Lamprochlaenia* (Börn.) V. Krecz. 1935, во Фл. СССР, 3 : 370, p. min p. — Верхний колосок тычиночный, расположенный на одном уровне с верхним пестичным колоском или немного ниже или выше его; остальные колоски пестичные, в числе 1—3, малоцветковые, рыхлые, почти линейные, 0.5—1 см дл., на длинных ножках, прямостоячие. Нижний кроющий лист в виде влагалища 1—2 см дл., наверху косо усеченного и белоперепончатого. Мешочки почти округлые в поперечном сечении или тупо-трехгранные, кожистые или перепончатые, блестящие, гладкие, с немногими жилками или без них, с коротким цельным носиком. Плод полностью заполняет мешочек. Рылец 3. Растения с длинными ползучими корневищами. — Typus: *C. alba* Scop.

3 вида в Европе, умеренном поясе Азии и в Сев. Америке; вне рассматриваемой территории; *C. eburnea* Boott (Сев. Америка).

Terminal spike male, located flush with the uppermost female spike or a little below or above it; the others 1—3 female, few-flowered, loose, sublinear, 0.5—1 cm long, with long peduncles, erect. Lowest bract is represented by sheath 1—2 cm long, obliquely truncate and white-scarious at apex. Utricles suborbicular in cross-section or obtuse-trigonous, coriaceous or membranous, shining, smooth, few-veined or veinless, with a short entire beak. Fruit completely fills utricle. Stigmas 3. Plants with long creeping rhizomes. — Typus: *C. alba* Scop.

3 species in Europe, temperate zone of Asia and North America; outside considered territory: *C. eburnea* Boott (North America).

1. Тычиночный колосок расположен ниже уровня верхнего пестичного колоска, реже на одном с ним уровне. Верхушка оси пестичного колоска очень короткая, едва заметная. Листовые пластинки 0.7–1(1.5) мм шир. .... 2. **C. alba.**

\+ Тычиночный колосок расположен на одном уровне с верхним пестичным колоском или немного превышает его. Верхушка оси пестичного колоска хорошо выраженная, продолжающаяся над верхним мешочком. Листовые пластинки 0.3–0.5 мм шир. .... 1. **C. ussuriensis.**

1. Male spike located below level of the uppermost female spike, more rarely flush with it. Apex of female spike axis very short, scarcely distinct. Leaf blades 0.7–1(1.5) mm wide.. .... 2. **C. alba.**

\+ Male spike located flush with the uppermost female spike or a little exceeds it. Apex of female spike axis well distinct, continuing above the uppermost utricle. Leaf blades 0.3–0.5 mm wide.. 1. **C. ussuriensis.**

1 (149). **C. ussuriensis** Kom. 1901, Тр. Петерб. бот. сада, **18**, 3 : 443; В. Креч. 1935, во Фл. СССР, 3 : 373. — *C. alba* subsp. *ussuriensis* (Kom.) Kük. 1909, in Engl. Pflanzenr. 38 : 500. — *C. alba* var. *ussuriensis* (Kom.) T. Koyama, 1962, Journ. Fac. Sci. Univ. Tokyo (Bot.), **8**, 4 : 173. — Exs.: H.F. URSS № 5568. — **О. уссурийская.**

Описан с российского Дальнего Востока; lectotypus: «In cedretis circa Kasansky. Кедровники кругом Любавинского прииска в Буреинских горах, 12 VI 1895, V. L. Komarov» (LE!) — Кречетович (in sched.), Егорова (h. l.).

В хвойных и смешанных лесах. — **Дальн. Вост.**: Удск., Зее-Бур., Уссур. Общ. распр.: В. Азия (Сев.-Вост. Китай, п-ов Корея). — 2n = ?

В протологе вида, по всей вероятности, ошибочно указана другая дата сбора (13 VI 1895) цитированного выше лектотипа.

In protologue of the species, in all probability, the wrong date of collection (13 VI 1895) of the lectotypus cited above is noted by mistake.

2 (150). **C. alba** Scop. 1772, Fl. Carn., ed. 2, 2 : 216; Kük. 1909, in Engl. Pflanzenr. 38 : 500, p. p.; В. Креч. 1935, во Фл. СССР, 3 : 373; Малышев, 1990, во Фл. Сиб. 3 : 130. — *C. ajanensis* Worosch. 1965, Бюлл. Главн. бот. сада АН СССР, 60 : 35. — Exs.: H.F. URSS № 4203. — **О. белая.**

Описан из Словении («Hab. circa Idriam»); typus: ? LINN, ? C, ? B.

В сырых светлых хвойных и смешанных лесах, обычно на обнажениях известняка, и на открытых каменистых, б. ч. известняковых склонах; на возвышенностях и в лесном и верхнем поясах гор. — **Европ. ч.**: Аркт. (восток Большеземельской тундры: басс. р. Адзьвы — р. Пымва-шор), Дв.-Печ., Волж.-Кам. (Средн. и Южн. Урал), Сред.-Днепр. (очень редко); **Кавк.**: Б. Кавк., Зап. и Центр. Закавк.; **Зап. Сиб.**: Обск. (Сев. Урал: р. Сев. Сосьва; д. Саратово на Иртыше), Алт.; **Вост. Сиб.**: Аркт. (низовья Лены: пос. Чекуровка), Енис., Лен.-Кол. (к западу от Лены и Алдана, к востоку от Алдана — юг Верхоянского хр. и басс. верхнего течения Колымы), Даур. (северо-запад; низовья Селенги); **Дальн. Вост.**: Охот. (Аян); **Средн. Азия.**: Дж.-Тарб. (Джунгарский Алатау: оз. Павлова), Тянь-Шан. (Центр. Тянь-Шань: оз. Сон-Куль). Общ. распр.: С., Ц. и Ю. (сев.) Европа; Ц. Азия (Китай: Джунгария; сев. Монголия). — 2n = 54 (Dietrich, 1964b). — Рис. 37, 5; 43.

21 Заказ № 131

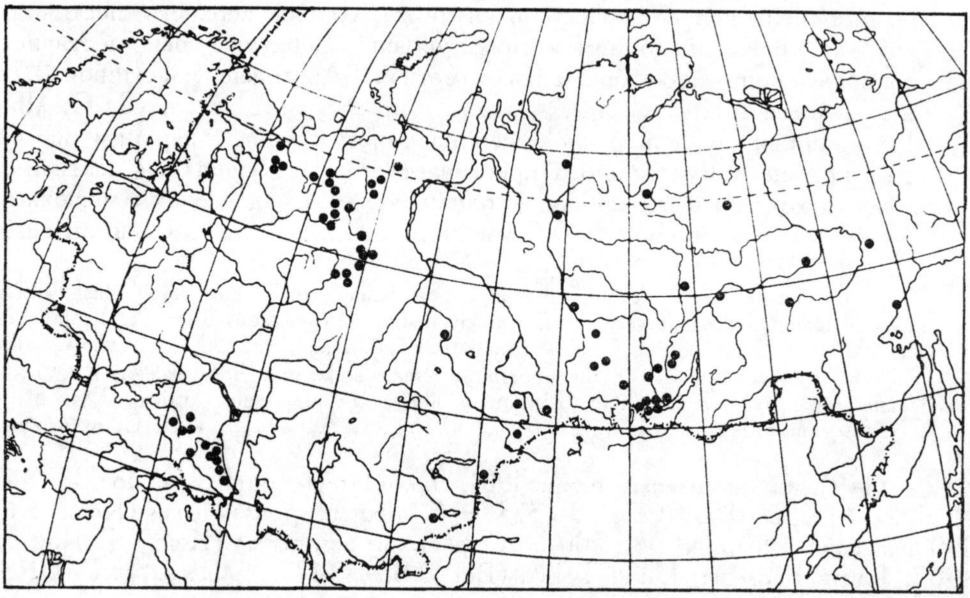

Рис. 43. Распространение *Carex alba* Scop. на территории России и сопредельных государств.

Fig. 43. Distribution of *Carex alba* Scop. in the territory of Russia and adjacent states.

C. ajanensis Worosch., l. c., описанная с побережья Охотского моря, была справедливо отнесена автором описания в синонимы *C. alba*.

C. ajanensis Worosch., l. c. described from the coast of Okhotsk Sea, was correctly put by the author of description in synonymy to *C. alba*.

Sectio 28. Lamprochlaenae Drej. ex L. H. Bailey, 1887, Proc. Amer. Acad. Arts Sci. 22 : 129, p. p. — Grex *Carices lamprochlaenae* Drej. 1844, Symb. Caric.: 10, p. p. — Sect. *Nitidae* (Aschers.) Rouy, 1912, Fl. Fr. 13 : 457. — Sect. *Lamprochlaenia* (Börn.) V. Krecz. 1935, во Фл. СССР, 3 : 370, p. p. — Sect. *Obtusatae* (Tuckerm.) Mackenzie, 1935, in North Amer. Fl. 4 : 180, p. p., quoad *C. supinam*. — Sect. *Rupestres* (Tuckerm.) Mackenzie, 1935. l. c. : 219, p. p., quoad *C. glacialem*. — *Lamprochlaenia* Börn. 1913, Abh. Naturw. Ver. Bremen, 21 : 272, p. p. — Верхние колоски 1(2—3) тычиночные (очень редко гинекандрические), остальные 1—3 пестичные или иногда андрогинные, немногоцветковые, б. ч. густые, яйцевидные, шаровидные или коротко цилиндрические, почти сидячие или на ножках 1—4.5 см дл., обычно прямостоячие. Нижний кроющий лист чешуевидный или с влагалищем 0.5—1.5(2) см дл. и линейной пластинкой б. ч. короче соцветия. Мешочки почти округлые в поперечном сечении, редко тупо-трехгранные, б. ч. кожистые, блестящие, голые или с мелкими щетинковидными волосками, с немногими жилками или без них, с коротким, реже удлиненным цельным или спереди выемчатым либо коротко-двузубчатым носиком. Рылец 3; столбик в основании б. м. утолщенный, прямой или немного изогнутый. Растения с длинными ползучими корневищами (стебли обычно в пучках), редко с укороченными, не ползучими. — L e c t o t y p u s: *C. obesa* All. var. *minor* Boott (= *C. supina* Willd. ex Wahlenb.) — Егорова (1976а : 188).

15 видов и подвидов в Европе, умеренных (преимущественно субаридных) и отчасти холодных районах Азии, в Сев. Америке и Сев. Африке (рис. 44); вне

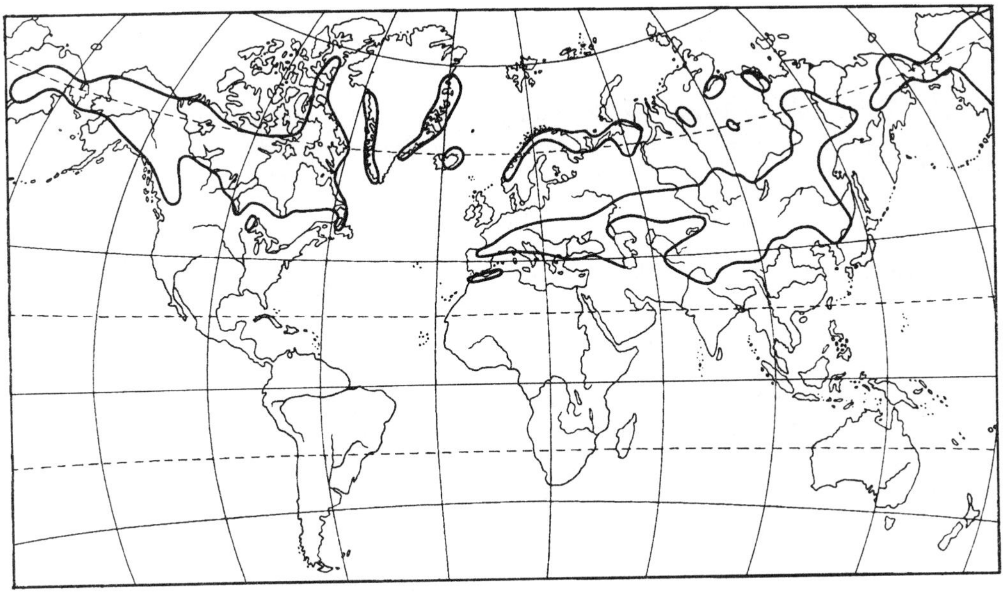

Рис. 44. Ареал секции *Lamprochlaenae* Drej. ex L. H. Bailey.

Fig. 44. Range of the section *Lamprochlaenae* Drej. ex L. H. Bailey.

рассматриваемой территории: *C. allivescens* V. Krecz., *C. aridula* V. Krecz. и *C. ivanoviae* Egor. (Китай), *C. terrae-novae* Fern. (Канада).

Upper 1(2—3) spikes male (very rarely gynaecandrous), the others 1—3 female or sometimes androgynous, not many-flowered, generally dense, ovoid, globose or short-cylindrical, subsessile or with peduncles 1—4.5 cm long, usually erect. Lowest bract glumaceous or with sheath 0.5—1.5(2) cm long and linear blade generally shorter than inflorescence. Utricles suborbicular in cross-section, rarely obtuse-trigonous, generally coriaceous, shining, glabrous or with small setulous hairs, few-veined or veinless, with a short, more rarely elongate entire or frontally emarginate or short-bidentate beak. Stigmas 3; style at base more or less thickened, straight or a little curved. Plants with long creeping rhizomes (stems usually in fascicles), rarely with abbreviated, not creeping ones. — Lectotypus: *C. obesa* All. var. *minor* Boott (= *C. supina* Willd. ex Wahlenb.) — Egorova (Егорова, 1976a : 188).

15 species and subspecies in Europe, temperate (mainly subarid) and partly cold regions of Asia, in North America and North Africa (Fig. 44); outside considered territory: *C. allivescens* V. Krecz., *C. aridula* V. Krecz. and *C. ivanoviae* Egor. (China), *C. terrae-novae* Fern. (Canada).

1. Верхние колоски тычиночные, в числе 2—3, остальные андрогинные, редко целиком пестичные. Мешочки тупо-трехгранные, тонкокожистые, без жилок .... 2.
\+ Верхние колоски тычиночные или, очень редко, гинекандрические, в числе 1(2), остальные обычно пестичные. Мешочки округло-трехгранные в поперечном сечении, кожистые, с жилками или без них .... 3.
2. Мешочки 3.7—4.2(4.5) мм дл., с удлиненным, 1.7—2(2.2) мм, спереди глубоко клиновидно расщепленным носиком. Тычиночных колосков 2—3. Ножка нижнего колоска в соцветии 3—4.5 см дл. .... 1. **C. malyschevii.**

\+ Мешочки 3.5–3.7 мм дл., с коротким, 0.3–0.4 мм, цельным носиком. Тычиночных колосков 2. Ножка нижнего колоска в соцветии 2–3.5 см дл. .... 2. **C. ungurensis.**

3\. Растения без ползучих корневищ, образующие небольшие плотные дерновинки. Мешочки 2–2.5 мм дл., матовые............9. **C. glacialis.**

\+ Растения с длинными ползучими корневищами. Мешочки более крупные, глянцевитые..4.

4\. Нижний кроющий лист с влагалищем 0.5–1.5 см дл. и узколинейной пластинкой. Верхние 1–2 колоска тычиночные, редко гинекандрические; нижний пестичный колосок на ножке 0.5–3.5 см дл. Мешочки вверху обычно покрытые мелкими щетинковидными волосками, с жилками..5.

\+ Нижний кроющий лист без влагалища, чешуевидный, с щетиновидной верхушкой. Тычиночный колосок 1; пестичные колоски почти сидячие. Мешочки обычно голые..9.

5\. Тычиночный колосок 1, обычно на ножке 1.5–2.5 см дл.; нижний пестичный колосок на ножке 2–3.5 см дл. Мешочки 2.3–3 мм дл. ... .6. **C. relaxa.**

\+ Тычиночных колосков 1–2, верхний сидячий или на ножке до 0.5 см. дл.; нижний пестичный колосок на ножке 0.5–1.5(2) см дл. Мешочки 3.5–4 мм дл. ....6.

6\. Пестичные колоски рыхловатые, иногда на верхушке с несколькими тычиночными цветками. Носик мешочков не более 0.5 мм дл. ....3. **C. minutiscabra.**

\+ Пестичные колоски густые, без тычиночных цветков на верхушке. Носик мешочков 0.6–1.3 мм дл. ....7.

7\. Верхние 1–2 колоска тычиночные или иногда гинекандрические, 1.5–3 см дл.; нижний пестичный колосок 1–2 см дл. Носик мешочков (0.8)1–1.3 мм дл., очень редко более короткий, спереди обычно глубоко клиновидно расщепленный, сзади цельный или б. м. расщепленный, в последнем случае он коротко-двузубчатый. Основания стеблей довольно широкие, около 5 мм в диам. Растение Средней Азии и Алтая..4. **C. turkestanica.**

\+ Верхний колосок (очень редко 2 верхних колоска) тычиночный, 1–2 см дл.; нижний пестичный колосок 0.5–1.5 см дл. Носик мешочков 0.6–1 мм дл., обычно цельный. Основания стеблей более узкие. Растение Европейской части и Кавказа..........5. **C. liparocarpos**.....8.

8\. Чешуи пестичных колосков широкояйцевидные или яйцевидные, 2.5–3 мм дл., обычно туповатые, короче мешочков. Мешочки яйцевидные ....5b. **C. liparocarpos** subsp. **liparocarpos.**

\+ Чешуи пестичных колосков продолговато-яйцевидные, 4.5–5 мм дл., обычно заостренные, равные мешочкам или немного длиннее их. Мешочки эллиптические или продолговато-эллиптические......................... ....5a. **C. liparocarpos** subsp. **bordzilowskii.**

9(4). Тычиночный колосок 1.5–2.5 см дл., немного отклоненный в сторону; нижний пестичный колосок 0.5–1.3 см дл. Мешочки (3)3.5–4 мм дл., с жилками, с носиком 0.5–1 мм дл. ....7. **C. korshinskyi.**

\+ Тычиночный колосок 0.8—1.3 см дл., не отклоненный в сторону; нижний пестичный колосок 0.5—0.8 см дл. Мешочки 3—3.5(4) мм дл., без жилок, с носиком (0.4)0.5—0.7(0.8) мм дл. ....8. **C. supina**.....10.

10\. Мешочки шаровидно-обратнояйцевидные, 2—2.3 мм шир., желтые, резко суженные в носик; кроющие чешуи обычно короче мешочков..8a. **C. supina** subsp. **supina**.

\+ Мешочки яйцевидные, 1.5—1.7 мм шир., в верхней части красновато-коричневые, внизу зеленовато-желтоватые; кроющие чешуи равные или почти равные мешочкам...........8b. **C. supina** subsp. **spaniocarpa**.

1\. Upper 2—3 spikes male, the others androgynous, rarely entirely female. Utricles obtuse-trigonous, thin-coriaceous, veinless..2.

\+ Upper 1(2) spikes male or, very rarely, gynaecandrous, the others usually female. Utricles orbicular-trigonous in cross-section, coriaceous, veined or veinless................................3.

2\. Utricles 3.7—4.2(4.5) mm long, with an elongate, 1.7—2(2.2) mm, frontally deeply cuneate-cleft beak. Male spikes 2—3. Peduncle of the lowest inflorescence spike 3—4.5 cm long..1. **C. malyschevii.**

\+ Utricles 3.5—3.7 mm long, with short, 0.3—0.4 mm, entire beak. Male spikes 2. Peduncle of the lowest inflorescence spike 2—3.5 cm long..................2. **C. ungurensis.**

3\. Plants without creeping rhizomes, forming small dense tufts. Utricles 2—2.5 mm long, dull..9. **C. glacialis.**

\+ Plants with long-creeping rhizomes. Utricles larger, shining...4.

4\. Lowest bract with sheath 0.5—1.5 cm long and narrow-linear blade. Upper 1—2 spikes male, rarely gynaecandrous; lowest female spike with peduncle 0.5—3.5 cm long. Utricles at top usually covered with small setulous hairs, veined...5.

\+ Lowest bract sheathless, glumaceous, with setaceous apex. Male spike 1; female spikes subsessile. Utricles usually glabrous..9.

5\. Male spike 1, usually with peduncle 1.5—2.5 cm long; lowest female one with peduncle 2—3.5 cm long. Utricles 2.3—3 mm long...6. **C. relaxa.**

\+ Male spikes 1—2, uppermost sessile or with peduncle up to 0.5 cm long; lowest female one with peduncle 0.5—1.5(2) cm long. Utricles 3.5—4 mm long.............................6.

6\. Female spikes rather lax, sometimes with several male flowers at top. Beak of utricles no longer than 0.5 mm..3. **C. minutiscabra.**

\+ Female spikes dense, without male flowers at top. Beak of utricles 0.6—1.3 mm long...7.

7\. Upper 1—2 spikes male or sometimes gynaecandrous, 1.5—3 cm long; lowest female spike 1—2 cm long. Beak of utricles (0.8)1—1.3 mm long, very rarely shorter, frontally usually deeply cuneate-cleft, dorsally entire or more or less cleft, in the latter case it short-bidentate. Bases of stems rather broad, about 5 mm in diam. Plants of Middle Asia and Altai..4. **C. turkestanica.**

\+ Terminal spike (very rarely 2 spikes) male, 1—2 cm long; lowest female spike 0.5—1.5 cm long. Beak of utricles 0.6—1 mm long, usually entire. Bases of stems narrower. Plants of European part and Caucasus..5. **C. liparocarpos**.....8.

8\. Female glumes broad-ovate or ovate, 2.5—3 mm long, usually obtusish, shorter than utricles. Utricles ovoid..................................5b. **C. liparocarpos** subsp. **liparocarpos.**

\+ Female glumes oblong-ovate, 4.5—5 mm long, usually acuminate, equal to utricles or a little longer. Utricles elliptical or oblong-elliptical..5a. **C. liparocarpos** subsp. **bordzilowskii.**

9(4). Male spike 1.5—2.5 cm long, a little patent aside; lowest female spike 0.5—1.3 cm long. Utricles (3)3.5—4 mm long, veined, with a beak 0.5—1 mm long.....7. **C. korshinskyi.**

\+ Male spike 0.8—1.3 cm long, not patent aside; lowest female spike 0.5—0.8 cm long. Utricles 3—3.5(4) mm long, veinless, with a beak (0.4)0.5—0.7(0.8) mm long...8. **C. supina**.....10.

10. Utricles globose-obovoid, 2—2.3 mm wide, yellow, abruptly narrowed into a beak; female glumes usually shorter than utricles....................................8a. **C. supina** subsp. **supina**.
\+ Utricles ovoid, 1.5—1.7 mm wide, reddish-brown in upper part, greenish-yellowish in lower part; female glumes equal or almost equal to utricles..8b. **C. supina** subsp. **spaniocarpa.**

Subsect. 1. **Archaicae** Egor. 1985, Бот. журн. **70**, 11 : 1553. — Колоски расставленные, верхние 2(3) тычиночные, остальные андрогинные, редко пестичные, на ножках 2—4.5 см. дл. Нижний кроющий лист с влагалищем 1—2 см дл. и линейной пластинкой. Мешочки тупо-трехгранные, тонкокожистые, вверху с мелкими щетинковидными волосками, без жилок. Плод плотно заключен в мешочке. Растения с ползучими корневищами. — Typus: *C. malyschevii* Egor.

2 вида.

Spikes distant, upper 2(3) ones male, the others androgynous, rarely female, with peduncles 2—4.5 cm long. Lowest bract with sheath 1—2 cm long and linear blade. Utricles obtuse-trigonous, thin-coriaceous, with small setulous hairs in upper part, veinless. Fruit is densely enveloped by utricle. Plants with creeping rhizomes. — Typus: *C. malyschevii* Egor.

2 species.

1 (151). **C. malyschevii** Egor. 1968, Новости сист. высш. раст. 1968 : 32; Малышев, 1990, во Фл. Сиб. 3 : 131, карта 140. — **О. Малышева.**

Описан из Вост. Сибири; typus: «Становое нагорье, Южно-Муйский хр., р. Инамакит, в подголоцовом поясе, на задерненном карбонатном склоне с кустарниками, 15 VIII 1966, № 3054, Л. Малышев, Е. Титов» (LE! isotypus NS).

На задерненных и каменистых склонах, осыпях, скалистых берегах речек, в разреженных сухих лиственничниках и зарослях кедрового стланика; преимущественно на карбонатных субстратах; в подгольцовом поясе и верхней части лесного; редко. — **Вост. Сиб.**: Лен.-Кол. (Становое нагорье: хребты Южно-Муйский, Кодар и Удокан; юг Верхоянского хр.: хр. Сетте-Дабан в Томпонском р-не; басс. Колымы в пределах Якутии (Момский хр.) и Магаданской обл.), Даур. (зап.: Икатский хр. — перевал Верхний Икат). Эндемик. — 2n = 44 (Юрцев, Жукова, 1982). Рис. 45, *3*; 46.

2 (152). **C. ungurensis** Litv. 1910, Тр. Бот. муз. Акад. наук, 7 : 93; В. Креч. 1935, во Фл. СССР, 3 : 379; Егор. 1976, в Опред. раст. Средн. Азии, 5 : 74. — *C. turkestanica* auct. non Regel: В. Креч., Овч. и Чук. 1963, во Фл. Тадж. 2 : 126, quoad syn. *C. ungurensis*. — **О. унгурская.**

Описан из Средней Азии; typus: Зап. Тянь-Шань, Ферганский хр., «Turkestania, Андижанский у., по р. Кара-Унгур, в еловом лесу, 6000', 30 V 1899, Д. Литвинов» (LE! cum isotypis 2).

В еловых лесах в среднем поясе гор; редко. — **Средн. Азия**: Тянь-Шан. (Центр. Тянь-Шань: Кунгей-Алатау — сев. склон, ущелье р. Курмекты, Терскей-Ала-Тоо — окр. с. Покровка, хр. Нарынтау — окр. г. Нарына; Зап. Тянь-Шань: Ферганский хр. — долина р. Кара-Унгур). Эндемик. — 2n = ? — Рис. 45, *5*.

Вид описан по образцам с незрелыми мешочками и, вероятно, поэтому В. И. Кречетовичем (1935б) был предположительно принят за экологическую (лесную) форму *C. turkestanica*. Изучение дополнительного гербарного материала по *C. ungurensis*, в особенности образцов из Кунгей-Алатау (LE! AA!), имеющих развитые мешочки и плоды, не оставляют сомнений в самостоятельности этого вида. От *C. turkestanica* он хорошо отличается тупо-трехгранными мешочками с коротким, 0.3—0.4 мм, цельным носиком (а не почти округлыми в по-

Рис. 45.

1 — *Carex turkestanica* Regel, общий вид растения, *1a* — мешочек; *2* — *C. relaxa* V. Krecz., общий вид растения, *2a* — мешочек; *3* — *C. malyschevii* Egor., соцветие, *3a* — мешочек; *4* — *C. supina* Willd. ex Wahlenb. subsp. *supina*, общий вид растения, *5a* — мешочек; *6* — *C. glacialis* Mackenzie, общий вид растения, *6a* — мешочек.

Fig. 45.

1 — *Carex turkestanica* Regel, the whole plant, *1a* — utricle; *2* — *C. relaxa* V. Krecz., the whole plant, *2a* — utricle; *3* — *C. malyschevii* Egor., inflorescence, *3a* — utricle; *4* — *C. supina* Willd. ex Wahlenb. subsp. *supina*, the whole plant, *5a* — utricle; *6* — *C. glacialis* Mackenzie, the whole plant, *6a* — utricle.

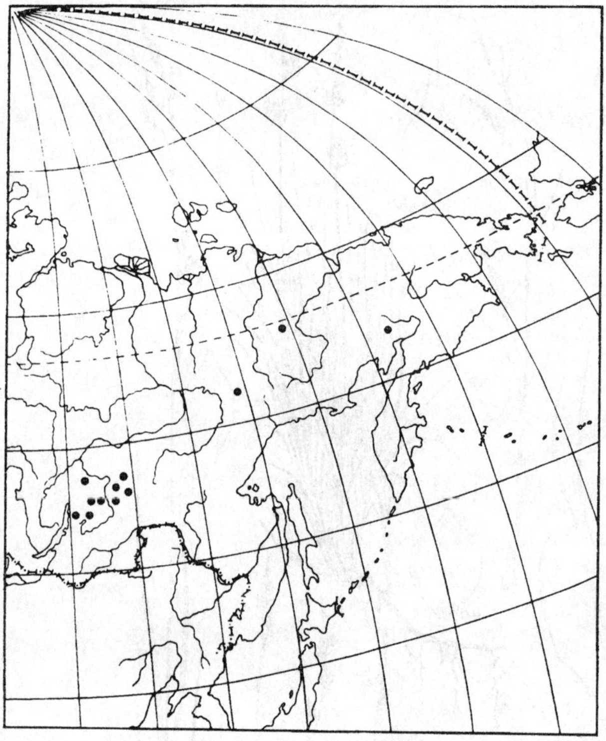

Рис. 46. Ареал *Carex malyschevii* Egor.

Fig. 46. Range of *Carex malyschevii* Egor.

перечном сечении, с носиком 0.8—1.3 мм дл., спереди обычно глубоко клиновидно расщепленным), ножкой нижнего колоска 2—4 см дл. (а не 0.7—1.2 см дл.), а также пестичными колосками, несущими на верхушке тычиночные цветки (подробнее см.: Егорова, 1976б).

Возможно, *C. ungurensis* и *C. malyschevii* принадлежат к разным подсекциям.

The species is described basing on specimens with immature utricles and, probably, therefore was presumably taken by Kreczetowicz (Кречетович, 1935б) for the ecological (forest) form of *C. turkestanica*. Examining additional herbarium material of *C. ungurensis*, particularly specimens from Kungei-Alatau (LE! AA!), with developed utricles and fruits, leaves no doubt in independence of this species. It well differs from *C. turkestanica* by obtuse-trigonous utricles with short, 0.3—0.4 mm, entire beak (instead of suborbicular in cross-section with beak 0.8—1.3 mm long, frontally usually deeply cuneate-cleft), by peduncle of lowest spike 2—4 cm long (instead of 0.7—1.2 cm long), as well as female spikes with male flowers at apex (see details: Егорова, 1976б).

C. ungurensis and *C. malyschevii* probably belong to different subsections.

Subsect. 2. **Nitidae** (Heuff.) Egor. 1972, Новости сист. высш. раст. 9 : 83. — *Carex* Н. *Nitidae* Heuff. 1844, Flora (Regensb.), **27**, 31 : 533, p. p. — Колоски б. м. расставленные, верхние 1(2) тычиночные или, очень редко, гинекандрические, остальные 1—2(3) пестичные, нижний на ножке 0.5—3.5 см дл. Нижний кроющий лист с влагалищем 0.5—1.5 см дл. и линейной или щетиновидной пластинкой. Мешочки почти округлые в поперечном сечении, кожистые, вверху обычно с мелкими щетинковидными волосками, с жилками. Плод не полностью заполняет мешочек. Растения с ползучими корневищами. — Т у р u s: *C. nitida* Host (= *C. liparocarpos* Gaud.).

6 видов и подвидов; вне рассматриваемой территории: *C. ivanoviae* Egor. (Китай).

Spikes more or less distant, upper 1(2) ones male or, very rarely, gynaecandrous, the others 1–2(3) female, lowest one with peduncle 0.5–3.5 cm long. Lowest bract with sheath 0.5–1.5 cm long and linear or setaceous blade. Utricles suborbicular in cross-section, coriaceous, in upper part usually with small setulous hairs, veined. Fruit not completely fills utricle. Plants with creeping rhizomes. — Typus: *C. nitida* Host (= *C. liparocarpos* Gaud.).

6 species and subspecies; outside considered territory: *C. ivanoviae* Egor. (China).

3 (153). **C. minutiscabra** Kük. ex V. Krecz. 1935, во Фл. СССР, 3 : 616, 380; Егор. 1967б в Раст. Центр. Азии, 3 : 72; ead. 1976, в Опред. раст. Средн. Азии, 5 : 74. — **О. слабошероховатая.**

Описан из Средней Азии; typus: Джунгарский Алатау, «Джаркентский район, гора Актастытау, 23 VI 1910, № 1563, А. Михельсон» (LE!).

В лесах в среднем поясе гор. — **Средн. Азия**: Дж.-Тарб. (Джунгарский Алатау: гора Актастытау). Общ. распр.: Ц. Азия (Китай: Вост. Тянь-Шань, долина р. Музарт). — 2n = ?

Известен только из двух пунктов. Очень слабо обособлен от *C. turkestanica*. По степени шероховатости мешочков не отличается от последней. Вид нуждается в дальнейшем изучении.

Is known only from two locations. Very slightly separated from *C. turkestanica*. Does not differ from of the latter by extent of utricle scabridness. The species needs further investigation.

4 (154). **C. turkestanica** Regel, 1881, Тр. Петерб. бот. сада, **7**, 2 : 570; В. Креч. 1935, во Фл. СССР, 3 : 377. — *C. nitida* var. β. Trev. 1852, in Ledeb. Fl. Ross. 4 : 306, p. p. — *C. obesa* All. var. *aspera* Boeck. 1877, Linnaea, 41 : 185. — *C. orientalis* Meinsh. 1901, Тр. Петерб. бот. сада, **18**, 3 : 393. — *C. nitida var. aspera* (Boeck.) Kük. 1909, in Engl. Pflanzenr. 38 : 458. — *C. heterostachya* var. *minor* Kük. 1909, l. c. : 721, p. p., quoad pl. turkest. — *C. conglobata* var. *acuta* Litv. 1910, Тр. Бот. муз. Акад. наук, 7 : 99. — *C. nitida* var. *acuta* (Litv.) O. et B. Fedtsch. 1924, Тр. Петерб. бот. сада, **38**, 1 : 210. — *C. verae* Ovcz. et Czuk. 1963, во Фл. Тадж. 2 : 423, 129, табл. 29. — *C. turkestanica* subsp. *beleensis* Zolot. 1984, Новости сист. высш. раст. 21 : 228. — *C. obesa* auct. non All.: Meinsh. 1901, l. c. : 392, p. p. — *C. supina* auct. nonnull. quoad pl. ex Asia Media et Himal., non Wahlenb. — *C. nitida* auct. nonnull. quoad pl. ex Asia Media, non Host. — Exs.: H.F. URSS № 4308. — **О. туркестанская.**

Описан из Средней Азии; lectotypus: Зап. Тянь-Шань, Киргизский Алатау, «Alatau, Aischmara, X 1876, A. Regel» (LE! cum isotypis 2) — Егорова (h. l.).

В степях, полупустынях, на мелкоземистых и каменистых склонах, в арчовниках, розариях и других древесно-кустарниковых зарослях, на субальпийских лугах, иногда на скалах, осыпях и у арыков; от подгорных равнин до среднего и, реже, верхнего пояса гор; обычно. — **Зап. Сиб.**: Алт.; **Средн. Азия**: Прибалх. (Зайсанская котловина и Балхаш-Алакульская низменность), Дж.-Тарб., Тянь-Шан., Пам.-Ал. (кроме Вост. Памира). Общ. распр.: З. (?Афганистан), Ц. (Китай: Джунгария) и Ю. (зап.Гималаи) Азия. — 2n = ?. Рис. 45, *1*.

У *C. turkestanica* 1–2 верхних колоска обычно тычиночные. Но изредка по всему ее ареалу встречаются особи, у которых они гинекандрические. Подобные образцы были описаны из Таджикистана (typus: «юго-западные отроги Дарвазского хребта, 1600 м, окр. кишлака Карнбак, разнотравный кленовник, 30 VI 1957, № 3718, В. И. Запрягаева» — LE!) как *C. verae* Ovcz. et Czuk., l. c. Однако видовая самостоятельность этих растений не может быть признана, поскольку по другим признакам они не отличаются от типичной *C. turkestanica*. Заметим, что варьирование по строению верхнего колоска (он тычиночный или гинекандрический) наблюдается и у других видов осок (*C. caucasica*, *C. delicata*, *C. griffithii* и др.).

В качестве *C. turkestanica* subsp. *beleensis* Zolot., l. c. с вост. Алтая (typus: «Алтайский гос. заповедник, Телецкое озеро, близ кордона Беле, 30 V 1980, И. Б. Золотухина, С. С. Сумчакова» — LE!) были описаны образцы, отличающиеся от типичных образцов *C. turkestanika* более коротким, 0.4—0.6 мм (а не 0.8—1.3 мм дл.), носиком мешочков. Однако, как справедливо отмечает Л. И. Малышев (1990), выделение subsp. *beleensis* неоправданно, так как на Алтае встречаются растения и с более длинным, 0.6—0.9 мм, носиком.

Возможно, к *C. turkestanica* принадлежит образец («Вост. Памир, долина р. Муксу, 25 VIII 1936, № 350, К. Станюкович» — TASH), описанный Ю. Е. Алексеевым в качестве формы центральноазиатского вида *C. ivanoviae* Egor. (Китай: Тибетский автономный округ, провинции Цинхай и Ганьсу) — *C. ivanoviae* Egor. f. *subglacialis* G. Alexeev (1991, Бюлл. Моск. общ. исп. прир. отд. биол. **96**, 4 : 115).

C. turkestanica близка к *C. liparocarpos* и, вероятно, более правильно рассматривать ее в качестве подвида последней.

> *C. turkestanica* usually has 1—2 upper spikes male. But rarely, all over its range specimens occur with those gynaecandrous. Similar specimens were described from Tadzhikistan (typus: «юго-западные отроги Дарвазского хребта, 1600 м, окр. кишлака Карнбак, разнотравный кленовник, 30 VI 1957, № 3718, В. И. Запрягаева» — LE!) as *C. verae* Ovcz. et Czuk., l. c. However, the specific independence of these plants can not be admitted, since they do not differ from the typical *C. turkestanica* by other cacters. To note, varying by structure of terminal spike (it is male or gynaecandrous) are observed in other sedge species as well (*C. caucasica*, *C. delicata*, *C. griffithii* et al.).
>
> As *C. turkestanica* subsp. *beleensis* Zolot., l. c. from eastern Altai (typus: «Алтайский гос. заповедник, Телецкое озеро, близ кордона Беле, 30 V 1980, И. Б. Золотухина, С. С. Сумчакова» — LE!) the specimens were described differing from the typical specimens of *C. turkestanica* by shorter, 0.4—0.6 mm (instead of 0.8—1.3 mm long), beak of utricles. However, as Malyshev (Малышев, 1990) notes correctly, distinguishing subsp. *beleensis*is unjustified, because plants with longer, 0.6—0.9 mm, beak also occur in Altai.
>
> It is possible, that belonging to *C. turkestanica* is the specimen («Вост. Памир, долина р. Муксу, 25 VIII 1936, № 350, К. Станюкович» — TASH) described by Alexeev as a form of centralasiatic species *C. ivanoviae* Egor. (China: Tibet, provinces Tsinghai and Gansu) — *C. ivanoviae* Egor f. *subglacialis* G. Alexeev (1991, Бюлл. Моск. общ. исп. прир. отд. биол. **96**, 4 : 115).
>
> *C. turkestanica* is allied to *C. liparocarpos* and, probably, it is more correct to consider it as a subspecies of the latter.

5 (155). **C. liparocarpos** Gaud. 1804, Etr. Fl. : 153. — *C. nitida* Host, 1801, Gram. Austr. 1 : 53, non Hoppe, 1800; Kük. 1909, in Engl. Pflanzenr. 38 : 457; В. Креч. 1935, во Фл. СССР, 3 : 377. — *C. conglobata* Kit. et Willd. 1805, Sp. Pl. 4 : 281. — *C. obessa* auct. non All.: Meinsh. 1901, Тр. Петерб. бот. сада, **18**, 3 : 392, p. p. — **О. блестящеплодная**.

Описан из южн. Европы; typus: ?

а) subsp. **bordzilowskii** (V. Krecz.) Egor. 1972, Новости сист. высш. раст. 9 : 84; Chater, 1980, in Fl. Europ. 5 : 315; Ö. Nilsson, 1989, in Fl. Turk. 9 : 142. — *C. bordzilowskii* V. Krecz. 1935, во Фл. СССР, 3 : 615, 378. — *C. schkuhrii* Willd. 1805, Sp. Pl. 4 : 264. — *C. nitida* auct. non Host: П. Смирн. 1971, Науч. докл. высш. школы, биол. науки, 5 : 61. — Exs.: H.F. URSS № 4205. — **О. Бордзиловского.**

Описан с Кавказа; typus: «Transcaucasia, Iberia, Tiflis, in jugo Telety, 28 IV 1908, T. Roop» (LE!).

На каменистых склонах в среднем поясе гор. — **Европ. ч.:** Причерн. (вост.), Крым. (Ялтинская яйла); **Кавк.**: все районы. Общ. распр.: З. Азия (сев.-вост. Турция, сев. Иран). — 2n = ?

Комбинация в ранге подвида была сделана мной на названии *C. bordzilowskii* V. Krecz., l. c., а не на приоритетном *C. schkuhrii* Willd., l. c., вследствие того, что только недавно я отождествила первый вид со вторым (Егорова, 1991б).

The combination in subspecific rank was based by me on the name *C. bordzilowskii* V. Krecz., l. c., instead of priority one *C. schkuhrii* Willd., l. c. because only recently I have equated the former species with the latter (Егорова, 1991б).

b) subsp. **liparocarpos**.

На степных мелкоземистых и каменистых склонах, меловых холмах, боровых песках. — **Европ. ч.**: Молд., Причерн. (вост.), Ниж.-Дон. (сев.: р. Голубая), Крым. Общ. распр.: Атл. (Франция), Ц. и Ю. Европа; С. Африка. — 2n = 40 (Тодераш, 1979).

6 (156). **C. relaxa** V. Krecz. 1935, во Фл. СССР, 3 : 616, 379. — **О. прореженная.**

Описан из Вост. Сибири; typus: «Забайкальская обл., между рр. Нерчей и Куенгой, вершина пади Сухой по дороге в Н. Ключи, 18 VI 1911, № 3186, В. Сукачев, Г. Поплавская» (LE!).

В степях, на сухих лугах, лесных опушках. — **Вост. Сиб.**: Анг.-Саян. (вост.: Бурятия, падь Боргойская между рр. Темник и Джида), Даур. (вост.). Общ. распр.: Ц. (Монголия; Китай: Цинхай) и В. (Сев., Сев.-Зап., Юго-Зап. Китай) Азия. — 2n = ? — Рис. 45, *2*.

Первоначально вид был известен из Вост. Сибири, причем только из одного местонахождения, и считался эндемиком СССР (Кречетович, l. c.). Позднее было установлено, что *C. relaxa* встречается в ряде районов Монголии, где распространена довольно широко, и в Китае (Егорова, 1959а, 1967; Грубов, 1982). В Вост. Сибири это растение теперь известно в нескольких пунктах (Малышев, 1979а, 1990).

В. Н. Ворошиловым (1982) и А. Е. Кожевниковым (1988) *C. relaxa* приводится для Дальнего Востока (басс. Зеи), однако из 3 гербарных образцов, на которых основаны их данные, один принадлежит к виду из родства *C. pediformis* (MHA!), а 2 других — к *C. subebracteata* и *C. ledebouriana* (LE!).

Originally, the species had been known from one location in Eastern Siberia, and was considered as endemic for the USSR (Кречетович, l. c.). Later, it was ascertained, that *C. relaxa* occurs in some regions of Mongolia, where it is distributed rather widely, and in China (Егорова, 1959а, 1967; Грубов, 1982). In Eastern Siberia this plant is known now from several locations (Малышев, 1979а, 1990).

Woroshilov (Ворошилов, 1982) and Kozhevnikov (Кожевников, 1988) cited *C. relaxa* for Far East (basin of Zea), however their data are based on 3 herbarium specimens, one of them belonging to a species allied to *C. pediformis* (MHA!), and two others to *C. subebracteata* and *C. ledebouriana* (LE!).

Subsect. 3. **Supinae** (Meinsh.) Egor. 1972, Новости сист. высш. раст. 9 : 84. — Sect. *Supinae* Meinsh. 1901, Тр. Петерб. бот. сада, **18**, 3 : 284, 392. — Колоски сближенные, верхний тычиночный, остальные 1—2 пестичные, почти сидячие. Нижний кроющий лист без влагалища, чешуевидный. Мешочки почти округлые в поперечном сечении, кожистые, блестящие, гладкие, с жилками или без них. Плод не полностью заполняет мешочек. Растения с ползучими корневищами. — Typus: *C. supina* Willd. ex Wahlenb.

4 вида и подвида; вне рассматриваемой территории: *C. aridula* V. Krecz. (Китай).

Spikes approximate, terminal male, the others 1–2 female, subsessile. Lowest bract sheathless, glumaceous. Utricles suborbicular in cross-section, coriaceous, shining, smooth, veined or veinless. Fruit not completely fills utricle. Plants with creeping rhizomes. — Typus: *C. supina* Willd. ex Wahlenb.

4 species and subspecies; outside considered territory: *C. aridula* V. Krecz. (China).

7 (157). **C. korshinskyi** Kom. 1901, Тр. Петерб. бот. сада, **20** : 394 (Фл. Маньчж. 1); В. Креч. 1935, во Фл. СССР, 3 : 375; Ohwi, 1935, Mem. Coll. Sci. Kyoto Univ. ser. B, **11**, 5 : 404; Y. L. Chang et Y. L. Yang, 1976, in Fl. Chin. Bor.-Or. 11 : 112; Y. T. Lee, 1976, in. Fl. Cor. 7 : 400; Ворош. 1982, Опред. раст. сов. Дальн. Вост. : 130. — *C. supina* var. *costata* Meinsh. 1901, Тр. Петерб. бот. сада, **18**, 3 : 392. — *C. supina* var. *korshinskyi* (Kom.) Kük. 1909, in Engl. Pflanzenr. 38 : 457. — *C. costata* Turcz. ex V. Krecz. 1931, во Фл. Забайк. 2 : 126, non Presl, 1819, nec Schwein., 1824. — *C. supina* subsp. *korshinskyi* (Kom.) Hult. 1942, Lunds Univ. Årsskr. N.F., Avd. 2, **38**, 1 : 365 (Fl. Al. 2). — *C. supina* subsp. *korshinskyi* (Kom.) Malyschev, 1990, во Фл. Сиб. 3 : 133, comb. superfl. — Exs.: H.F.R. №№ 494, 1946a,b (ut *C. supina* Wahlenb.); H.F. URSS № 5668. — **О. Коржинского**.

Описан с российского Дальнего Востока (юг Приморского края); lectotypus: «Inter Nikolsk et Sinelnikova, 26 V 1896, V. Komarov» (LE! cum syntypis) — Кречетович (in sched.), Егорова (h. l.).

В равнинных и горных степях, на сухих песчаных и щебнистых склонах, россыпях, скалах; в горах до субальпийского пояса; часто. — **Зап. Сиб.**: Ирт. (вост.), Алт.; **Вост. Сиб.** Лен.-Кол. (южн. половина), Анг.-Саян., Даур.; **Дальн. Вост.**: Зее-Бур., Уссур. Общ. распр.: Ц. (Китай: Джунгария; Монголия) и В. (Сев.-Вост. Китай; п-ов Корея) Азия. — 2n = ?

Этикетка выбранного в качестве лектотипа автентика *C. korshinskyi* несколько расходится с протологом, где отмечено, что растение собрано «Inter oppidum Nikolsk Ussuriensis et stationem Poltavskaya, 25 et 27 Majo 1896». Образцов, полностью соответствующих протологу, в LE нет. Возможно, однако, что в нем допущена неточность в отношении географии и даты сбора.

C. korshinskyi близка к *C. supina*, от которой довольно хорошо отличается признаками, отмеченными в ключе, а также бо́льшими размерами всего растения, более толстыми волокнистыми основаниями побегов и более длинным соцветием. Различия между *C. korshinskyi* и *C. supina* более существенны, чем между *C. spaniocarpa* и последним видом. Поэтому, на мой взгляд, *C. korshinskyi* и *C. spaniocarpa* не могут иметь один и тот же таксономический ранг. Если рассматривать *C. spaniocarpa* в качестве подвида *C. supina*, как это принято в настоящей работе, то *C. korshinskyi* следует придавать видовой (а не подвидовой, см. синонимику) ранг (несмотря на некоторое захождение признаков обоих видов).

The label of authentic specimen chosen as the lectotypus of *C. korshinskyi* is somewhat in disagreement with the protologue, where it is noted, that the plant was collected «Inter oppidum Nikolsk Ussuriensis et stationem Poltavskaya, 25 et 27 Majo 1896a». Specimens completely corresponding to the protologue are not available in LE. It is possible, however, that an inexactitude is committed in it concerning geography and date of collection.

C. korshinskyi is close to *C. supina*, rather well differing from it by characters cited in the key, as well as by larger size of the whole plant, thicker fibrous bases of shoots and longer inflorescence.

Distinctions between *C. korshinskyi* and *C. supina* are more essential than between *C. spaniocarpa* and the latter species. Therefore, in my view, *C. korshinskyi* and *C. spaniocarpa* cannot have the same taxonomic rank. If *C. spaniocarpa* is considered as subspecies of *C. supina*, as it is accepted in this work, then the specific rank should be attached to *C. korshinskyi* (despite some overlapping characters of both species), contrary to opinion of quoted authors, which considered *C. korshinskyi* as a subspecies of *C. supina*.

8 (158). **C. supina** Willd. ex Wahlenb. 1803, Kungl. Sv. Vet.-Akad. Handl. ser. nov. 24 : 158; Willd. 1805, Sp. Pl. 4 : 265 (cum auct. Willd.); Kük. 1909, in Engl. Pflanzenr. 38 : 445, p. p.; В. Креч. 1935, во Фл. СССР, 3 : 376, p. p., escl. syn. *C. schkuhrii*. — *C. glomerata* Schkuhr, 1801, Beschr. Abbild. Riedgr. : 79, tab. I, fig. 41, non Gilib. 1792, nom. invalid., nec non Thunb. 1794. — *C. obesa* All. var. γ. *minor* Boott, 1867, Ill. Carex, 4 : 161, 162, tab. 535, p. p., quoad syn. *C. supina* s. str. — *C. supina* subsp. *eurasiatica* V. Krecz. 1931, во Фл. Забайк. 2 : 125. — *C. globularis* auct. non L.: Roth, 1788, Tent. Fl. Germ. 1 : 397 («*C. glomerata*»); id. 1793, l. c. **2**, 2 : 442. — Exs.: H.F.R. №№ 494, 1946a,b. — **О. приземистая**.

Описан из Центр. Европы, по-видимому из Германии; typus est typus *C. glomeratae* Schkuhr: «*C. glomerata* mihi. *G. globularis* Fl. Hall.» (HAL!, photo LE!).

a) subsp. **supina**.

В степях, на сухих лугах, сухих песчаных местах, в сосновых борах, иногда по щебнистым склонам; на равнине, в предгорьях, реже в горах (до верхнего пояса); часто. — **Европ. ч.**: Прибалт. (Латвия: Даугавпилский р-н), Верх.-Днепр. (Беларусь: Минская обл. — Налибокская пуща), Сред.-Днепр., Волж.-Дон., Молд., Причерн., Заволж., Ниж.-Дон., Ниж.-Волж., Крым. (окр. Судака: близ пос. Лагерного); **Кавк.**: все районы (кроме центр. части Б. Кавк., очень редок в его вост. части); **Зап. Сиб.**: Обск. (юг), Верх.-Тоб., Ирт., Алт.; **Вост. Сиб.**: Анг.-Саян. (зап.); **Средн. Азия**: Арало-Касп. (сев.), Прибалх. (Казахский мелкосопочник; пески между рр. Караталом и Аксу и Зайсанская котловина), Дж.-Тарб., Тянь-Шан. (Киргизский Алатау). Общ. распр.: Ц. Европа; З. Азия (сев.-вост. Турция, сев. Иран). — 2n = 38 (Dietrich, 1964b). — Рис. 45, *4*; 47.

Название *C. supina* было обнародовано вместо *C. glomerata* Schkuhr, l. c., оказавшегося поздним омонимом. Последний вид был описан без указания местонахождения, но, по всей вероятности, из Германии. Не вполне ясно, какой образец следует считать типом *C. glomerata* и, соответственно, и типом *C. supina*. Как «typus» был обозначен присланный в LE в 1972 г. из Галле (HAL) цитированный выше автентик *C. glomerata*. Нилсон же (Nilsson, 1985) указывает, что голотип вида хранится в Упсале (UPS), а изотип — в Берлине (B — Willd.). Поэтому вопрос о типе *C. glomerata* требует уточнения.

В пояснении нуждается следующий номенклатурный момент. В протологе *C. glomerata* Schkuhr в качестве синонима процитировано: «*C. glomerata* Roth. Tent. I, p. 397, nº 25». Последнее название опубликовано в 1778 г., т. е. раньше, чем *C. glomerata* Thunb. (см. номенклатурный абзац к *C. supina*), и, следовательно, можно сделать вывод, что название *C. glomerata* Roth является приоритетным для растения, обозначаемого сейчас как *C. supina*. Однако в действительности Рот (Roth, 1788, l. c.) не описал нового вида, так как при *C. glomerata* он дал ссылку на с. 844 работы Линнея «Systema Vegetabilium» и оказалось, что диагноз этого вида идентичен диагнозу приведенной на данной странице *C. globularis* L. Во 2-м издании своей работы Рот (Roth, 1793, l. c.) уже привел не *C. glomerata*, а *C. globularis* со ссылкой на с. 397 первого издания, на которой им дано название *C. glomerata*. Из сказанного следует, что эпитет «*glomerata*» в

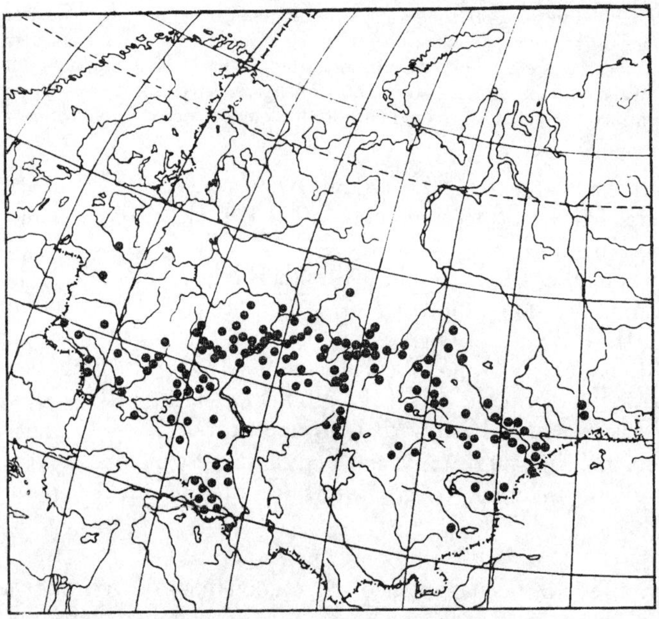

Рис. 47. Распространение *Carex supina* Willd. ex Wahlenb. subsp. *supina* на территории России и сопредельных государств.

Fig. 47. Distribution of *Carex supina* Willd. ex Wahlenb. subsp. *supina* in the territory of Russia and adjacent states.

1-м издании работы Рота является опечаткой (вместо «*globularis*»). Приводимые же Ротом сведения об экологии «*C. glomerata*» и *C. globularis* («Habitat in campis aridis et collibus apricis...») ясно свидетельствуют о том, что за *C. globularis* L. Рот принял растения, отнесенные позднее к *C. supina*.

The name *C. supina* was published instead of *C. glomerata* Shkuhr, l. c., the latter proved to be a later homonym. The latter species was described without note of location, but, most probably, from Germany. It is not quite clear, which specimen should be considered as the type of *C. glomerata* and, correspondently, the type of *C. supina*. It was the authentic specimen of *C. glomerata* cited above, been sent to LE in 1972 from Halle (HAL), designated as «typus». Nilsson (1985), however, pointed out, that the holotype of the species is kept in Uppsala (UPS) and isotypus in Berlin (B – Willd.). Therefore, the question concerning the type of *C. glomerata* needs more precise definition.

The following nomenclatural point requires elucidacion. In the protologue of *C. glomerata* Shkuhr, the following citation is placed in the synonymy: «*C. glomerata* Roth. Tent. I, p. 397, n° 25». The latter name was published in 1778, i.e. before *C. glomerata* Thunb. (see nomenclatural paragraph to *C. supina*), and, therefore, it could be concluded, that the name *C. glomerata* Roth was the priority one for the plant named now as *C. supina*. However, Roth (1788, l. c.) had not in fact described the new species, since at *C. glomerata* he had put the reference to the page 844 of Linnaeus's work «Systema Vegetabilium», and the diagnosis of this species proved to be identical to diagnosis of *C. globularis* L. placed in that page. In the 2nd edition of his work, Roth (1793, l. c.) did not already cite *C. glomerata*, but *C. globularis* with reference to the page 397 of the first edition, where the name *C. glomerata* had been placed. It follows from the said above, that the epithet «*glomerata*» in the 1st edition of Roth's work was a misprint (instead of «*globularis*»). An information cited by Roth concerning ecology of «*C. glomerata*» and *C. globularis* («Habitat in campis aridis et collibus apricis...»), is a clear evidence, that Roth took for *C. globularis* L. plants referred later to *C. supina*.

b) subsp. **spaniocarpa** (Steud.) Hult. 1942, Lunds Univ. Årsskr. N.F., Avd. 2, **38**, 1 : 365 (Fl. Al. 2); Егор. 1966, в Аркт. фл. СССР, 3 : 145; Юрц. и др. 1973, Новости сист. высш. раст. 10 : 316; Юрц. и др. 1978, Бот. журн. **63**, 5 : 628; Малышев, 1990, во Фл. Сиб. 3 : 133. — *C. spaniocarpa* Steud. 1855, Syn. Pl. Glum. 2 : 225; В. Креч. 1935, во Фл. СССР, 3 : 375; А. Е. Кожевников, 1988, в Сосуд. раст. сов. Дальн. Вост. 3 : 294. — *C. oligocarpa* Hornem. 1837, Plantel., ed. 3, 2 : 270; id. 1836, Fl. Dan. 13, tab. 2181, non Willd. 1805, nec Muehlenb. 1817. — *C. obesa* All. var. *γ. minor* Boott, 1867, Ill. Carex, 4 : 161, 162, p. p., quoad syn. *C. spaniocarpa*. — *C. supina* var. *spaniocarpa* (Steud.) Boivin, 1967, Nat. Canad. **94**, 4 : 523. — *C. supina* auct. non Wahlenb.: Kük. 1909, in Engl. Pflanzenr. 38 : 455, quoad syn. *C. spaniocarpa* et *C. oligocarpa*. — Exs.: H.F. URSS №№ 6161, 6311. — **О. немногоплодная**.

Описан из Гренландии («Groenlandia»); typus (est typus *C. oligocarpae* Hornem.): C.

На сухих песчаных и каменистых южн. склонах в степных и тундровостепных группировках; спорадически. — **Зап. Сиб.**: Аркт. (п-ов Ямал: басс. верховьев р. Мордыяхи; Гыданский п-ов: в 30 км к востоку от оз. Венто); **Вост. Сиб.**: Аркт. (Дудинка; устье р. Агапы — притока р. Пясины; низовья Анабара: оз. Улахан-Кюель и пос. Саскылах; низовья Колымы), Лен.-Кол. (бассейны верхнего течения Яны и Индигирки и окр. Якутска); **Дальн. Вост.**: Аркт. (зап., центр. (оз. Рымыркен) и вост. (р. Амгуема) Чукотка; о-в Врангеля; басс. Белой, притока Анадыря; пос. Шахтерский; залив Корфа). Общ. распр.: С. Америка (Аляска, север Канады, юго-зап. и вост. Гренландия). — 2n = 36 (Жукова, 1980), 44 (Жукова, 1969), 50 (Жукова, Петровский, 1975).

Для Зап. Сибири subsp. *spaniocarpa* приведен по сборам О. В. Ребристой (LE!), впервые обнаружившей его на данной территории (Ребристая, 1991). Гультеном (Hultén, 1962, map 178) это растение указывается для низовьев рр. Лены и Алазеи.

For Western Siberia, subsp. *spaniocarpa* is cited according to collections by O. V. Rebristaya (LE!), who has found it for the first time in this territory (Ребристая, 1991). Hultén (1962, map 178) cited this plant for Lower Lena and Alazeya.

Subsect. 4. **Glaciales** (Hyl.) Egor. 1985, Бот. журн. **70**, 11 : 1553; id. 1972, Новости сист. высш. раст. 9 : 84, sine basionymo. — Sect. *Glaciales* Hyl. 1966, Nord. Kärlväxtfl. 2 : 386, 146. — Sect. *Lamprochlaenia* ser. *Pseudopedatae* V. Krecz. 1935, во Фл. СССР, 3 : 374, sine descr. latin. — Колоски б. м. сближенные, верхний тычиночный, остальные 2—3 пестичные, почти сидячие. Нижний кроющий лист чешуевидный. Мешочки почти округлые в поперечном сечении, перепончатые, матовые, гладкие, без жилок. Плод полностью заполняет мешочек. Растения без ползучих корневищ. — Typus: *C. glacialis* Mackenzie.

2 вида; вне рассматриваемой территории: *C. terrae-novae* Fern. (Сев. Америка).

Spikes more or less approximate, terminal male, the others 2—3 female, subsessile. Lowest bract glumaceous. Utricles suborbicular in cross-section, membranous, dull, smooth, veinless. Fruit completely fills utricle. Plants without creeping rhizomes. — Typus: *C. glacialis* Mackenzie.

2 species; outside considered territory: *C. terrae-novae* Fern. (North America).

9 (159). **C. glacialis** Mackenzie, 1910, Bull. Torrey Bot. Club, 37 : 244; В. Креч. 1935, во Фл. СССР, 3 : 374; Егор. 1966, в Аркт. фл. СССР, 3 : 146; Юрц. 1972, Бот. журн. **57**, 7 : 769; Малышев, 1990, во Фл. Сиб. 3 : 131, карта 139; Ворош. 1982, Опред. раст. сов. Дальн. Вост.: 130. — *C. pedata* Wahlenb. 1812, Fl. Lapp. : 239, tab. 14, non L. 1763. — Exs.: H.F. URSS № 4361. — **О. ледниковая**.

Описан из сев. Швеции («Hab. in collibus et lateribus asperis alpium Lulensium ad alatus meridionale lacus Virih-jaur»); typus (est typus *C. pedatae* Wahlenb.): UPS.

На сухих щебнистых известняковых и песчаниковых, слабо задернованных склонах, обнажениях известняка, в сухих лиственничных редколесьях и дриадово-осоковых тундрах; в горной арктической тундре, в субарктических и южн. высокогорьях и лесном поясе; довольно обычна и нередко обильна. — **Европ. ч.**: Аркт. (материковая часть и о-в Вайгач), Кар.-Мурм., Дв.-Печ. (восток Республики Коми), Волж.-Кам. (Сев. Урал и север Средн. Урала); **Зап. Сиб.**: Аркт. (Полярн. Урал; юг п-ова Ямал: р. Хадата; низовья р. Таз), Обск. (Приполярн. Урал: верховья р. Хобею — притока р. Ляпин; низовья р. Б. Пур); **Вост. Сиб.**: Аркт., Енис. (плато Путорана), Лен.-Кол., Анг.-Саян. (Вост. Саян и Байкальский хр.), Даур. (сев.); **Дальн. Вост.**: Аркт. (редко), Удск. (сев.: хр. Онгоктак). Общ. распр.: С. Европа; С. Америка (Аляска, сев. Канада, юго-зап. и вост. Гренландия), — 2n = 34 (Жукова, Тихонова, 1971; Юрцев, Жукова, 1978), 36 (Жукова, Петровский, 1980). — Рис. 45, *6*.

К *C. glacialis* очень близка *C. terrae-novae* Fern. (север Канады). Таксономические отношения этих видов обсуждаются в работе Гультена (Hultén, 1962 : 30).

Very close to *C. glacialis*, is *C. terrae-novae* Fern. (northern Canada). Taxonomic relations of these species are discussed in the work by Hultén (1962 : 30).

Sectio 29. Chartoteuchium (Börn.) V. Krecz. 1935, во Фл. СССР, 3 : 279; Егор. 1972, Новости сист. высш. раст. 9 : 84. — *Proteocarpus* Börn. sect. *Orphinascus* Börn. subsect. *Chartoteuchium* Börn. 1913, Abh. Naturw. Ver. Bremen, 21 : 268. — *Carex* sect. *Frigidae* subsect. *Fuliginosae* Kük. 1909, in Engl. Pflanzenr. 38 : 550, p. p. — Верхние 1(2) колоска тычиночные, или верхний гинекандрический, остальные пестичные, в числе 2—5, б. ч. многоцветковые, густые, на длинных ножках, поникающие. Нижний кроющий лист с б. м. длинным влагалищем и с пластинкой короче своего колоска. Кроющие чешуи мешочков острые, редко остистые. Мешочки почти плоские, перепончатые, б. ч. пурпурно-черные или темно-коричневые, матовые, гладкие, без жилок, обычно с коротким, неглубоко- и мягко-двузубчатым носиком. Плод в несколько раз короче и у́же мешочка, на длинном карпофоре. Рылец 3. Растения с короткими ползучими корневищами или без них. — Typus: *C. atrofusca* Schkuhr (указан автором базионима секционного названия).

Около 15 видов, в Европе, во внетропических, преимущественно горных областях Азии, в Сев. Америке и на юге Южн. Америки (рис. 48); вне рассматриваемой территории: *C. angustifructus* V. Krecz., *C. banksii* Boott, *C. cruenta* Nees, *C. gilesii* Nelmes, *C. luteobrunnea* Nelmes, *C. luzulifolia* W. Boott, *C. luzulina* Olney, *C. montis-everesti* Kük., *C. nivalis* Boott и др.

Upper 1(2) spikes male, or terminal gynaecandrous, the others 2—5 female, generally many-flowered, dense, with long peduncles, pendent. Lowest bract with more or less long sheath and blade shorter than spike. Female glumes acute, rarely awned. Utricles almost flat, membranous, generally purple-black or dark brown, dull, smooth, veinless, usually with short, short- and soft-bidentate beak. Fruit several times shorter and narrower than utricle, with long carpophore. Stigmas 3. Plants with or without short creeping rhizomes. — Typus: *C. atrofusca* Schkuhr (cited by the author of basionym of the sectional name).

About 15 species in Europe, extratropical, mainly mountain areas of Asia, in North America and southern South America (Fig. 48); outside considered territory: *C. angustifructus* V. Krecz., *C. banksii* Boott, *C. cruenta* Nees, *C. gilesii* Nelmes, *C. luteobrunnea* Nelmes, *C. luzulifolia* W. Boot, *C. luzulina* Olney, *C. montis-everesti* Kük., *C. nivalis* Boott and others.

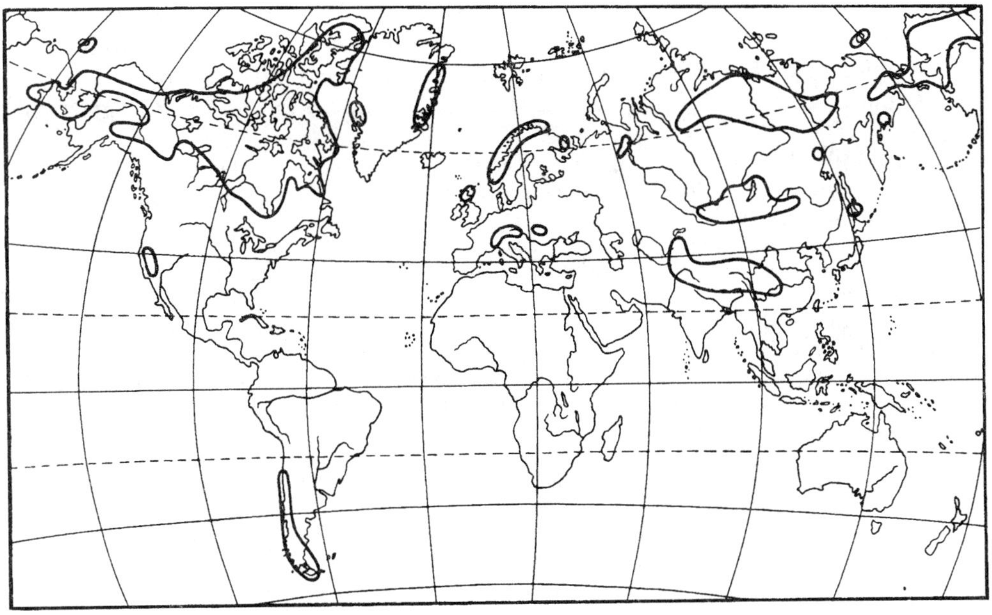

Рис. 48. Ареал секции *Chartoteuchium* (Börn.) V. Krecz.

Fig. 48. Range of the section *Chartoteuchium* (Börn.) V. Krecz.

1. Растения с короткими ползучими корневищами. Пестичные колоски 1–2.5 см дл.; кроющие чешуи яйцевидные или продолговато-яйцевидные, острые, почти равные мешочкам или немного короче их; носик мешочков только на верхушке белоперепончатый..................2.

\+ Растения без ползучих корневищ. Пестичные колоски (1.5)2–5 см дл.; кроющие чешуи ланцетные, острые или с короткой остью, значительно короче мешочков; носик мешочков весь белоперепончатый.....3.

2. Кроющие чешуи мешочков коричневые или светло-коричневые, со светлой средней жилкой; мешочки желтовато-буроватые или зеленоватые, с более светлыми краями (отчего колоски пестрые), которые вверху часто с немногими шипиками, резко суженные в носик; по краям носика и по килю чешуй имеются папиллы. Перепончатая сторона влагалищ кроющих листьев без пурпурной окраски...1. **C. coriophora**.

\+ Кроющие чешуи мешочков обычно сплошь черно-пурпурные или черно-бурые; мешочки черно-пурпурные или почти черные, только внизу беловатые, по краям гладкие, постепенно суженные в носик; по краям носика и по килю чешуй нет папилл. Перепончатая сторона влагалищ кроющих листьев часто черно-пурпурная......4. **C. atrofusca**.

3. Кроющие чешуи мешочков без ости; мешочки (4.5)5–7(7.5) мм дл., почти сплошь бледно-пепельные или с б. м. крупными бледно-пепельными пятнами на коричневом или пурпурно-коричневом фоне. Пестичные колоски 8–10 мм в диам. .... 2. **C. tianschanica**.

22 Заказ № 131

\+ Кроющие чешуи мешочков с остью 0.4—1.5 мм дл.; мешочки 4—4.5(5) мм дл., темно-коричневые, темно-пурпурные или пурпурно-коричневые, без бледно-пепельных пятен. Пестичные колоски 6—8 мм в диам. .... 3. **C. griffithii**.

1\. Plants with short creeping rhizomes. Female spikes 1—2.5 cm long; glumes ovate or oblong-ovate, acute, almost equal to utricles or a little shorter; beak of utricles only at apex white-scarious.. 2.

\+ Plants without creeping rhizomes. Female spikes (1.5)2—5 cm long; glumes lanceolate, acute or with short awn, considerably shorter than utricles; beak of utricles entirely white-scarious.. 3.

2\. Female glumes brown or light brown with light midrib; utricles yellowish-brownish or greenish, with lighter margins (therefore spikes variegate), in upper part frequently with few small prickles, abruptly narrowed into a beak; papillae present on margins of beak and on keel of glumes. Membranous side of bract sheaths without purple colouring.. 1. **C. coriophora**.

\+ Female glumes usually entirely black-purple or black-brown; utricles black-purple or almost black, only in lower part whitish, on margins smooth, gradually narrowed into a beak; papillae on margins of beak and on keel of glumes absent. Membranous side of bract sheaths frequently black-purple.. 4. **C. atrofusca**.

3\. Female glumes awnless; utricles (4.5)5—7(7.5) mm long, almost entirely pale ashy or with more or less large pale ashy spots on brown or purple-brown background. Female spikes 8—10 mm in diam. .... 2. **C. tianschanica**.

\+ Female glumes with awn 0.4—1.5 mm long; utricles 4—4.5(5) mm long, dark brown, dark purple or purple-brown, without pale ashy spots. Female spikes 6—8 mm in diam. .... 3. **C. griffithii**.

1 (160). **C. coriophora** Fisch. et Mey. ex Kunth, 1837, Enum. Pl. 2 : 463; В. Креч. 1935, во Фл. СССР, 3 : 282. — *C. ustulata* var. *pallida* Meinsh. 1901, Тр. Петерб. бот. сада, **18**, 3 : 357. — *C. atrofusca* var. *coriophora* (Kunth) Kük. 1909, in Engl. Pflanzenr. 38 : 554, p. p., excl. pl. turkest. — *C. atrofusca* var. *fusca* Kryl. 1912, Фл. Алт. 6 : 1514. — Exs.: H.F. URSS № 5004. — **О. клопоносная**.

Описан из Вост. Сибири («Dahuria»); lectotypus: «pr. Doroninsk, Vlassov, Herb. Fischer» (LE!, isolectotypus MW!) — Егорова (h. l.).

На сырых и болотистых осоковых и кобрезиевых лугах, по берегам рек и ручьев, в приречных кустарниках; в среднем (лесном), иногда в верхнем поясах гор. — **Зап. Сиб.**: Алт.; **Вост. Сиб.**: Енис. (юг), Лен.-Кол. (сев.: басс. Яны — р. Тустах; юг), Анг.-Саян., Даур. Общ. распр.: Ц. (Китай: Вост. Тянь-Шань; Монголия) и В. (Сев.-Вост. Китай) Азия. — 2n = ? — Рис. 49, *2*.

Из протолога *C. coriophora*, где процитировано: «*C. coriophora* Fischer et C. A. Mey. in litt.», следует, что этот вид был выделен Ф. Б. Фишером и К. А. Мейером. Поэтому выбор в качестве лектотипа *C. coriophora* образца из Даурии, на котором рукой Мейера обозначено «*coriophora*», представляется мне правомерным.

Вид варьирует по строению верхнего колоска: обычно он тычиночный, реже гинекандрический. *C. coriophora* иногда смешивают с *C. atrofusca*. От последнего вида, помимо признаков, приведенных в ключе, она отличается бо́льшим количеством тычиночных (1—2(3), а не 1) и пестичных (3—5, а не 2—3) колосков.

Для севера Вост. Сибири (басс. Яны) приводится по данным Л. И. Малышева (1990).

It follows from the protologue of *C. coriophora*, where it is quoted: «*C. coriophora* Fischer et C. A. Mey. in litt.», that this species was established by Fischer and Meyer. Therefore, I consider

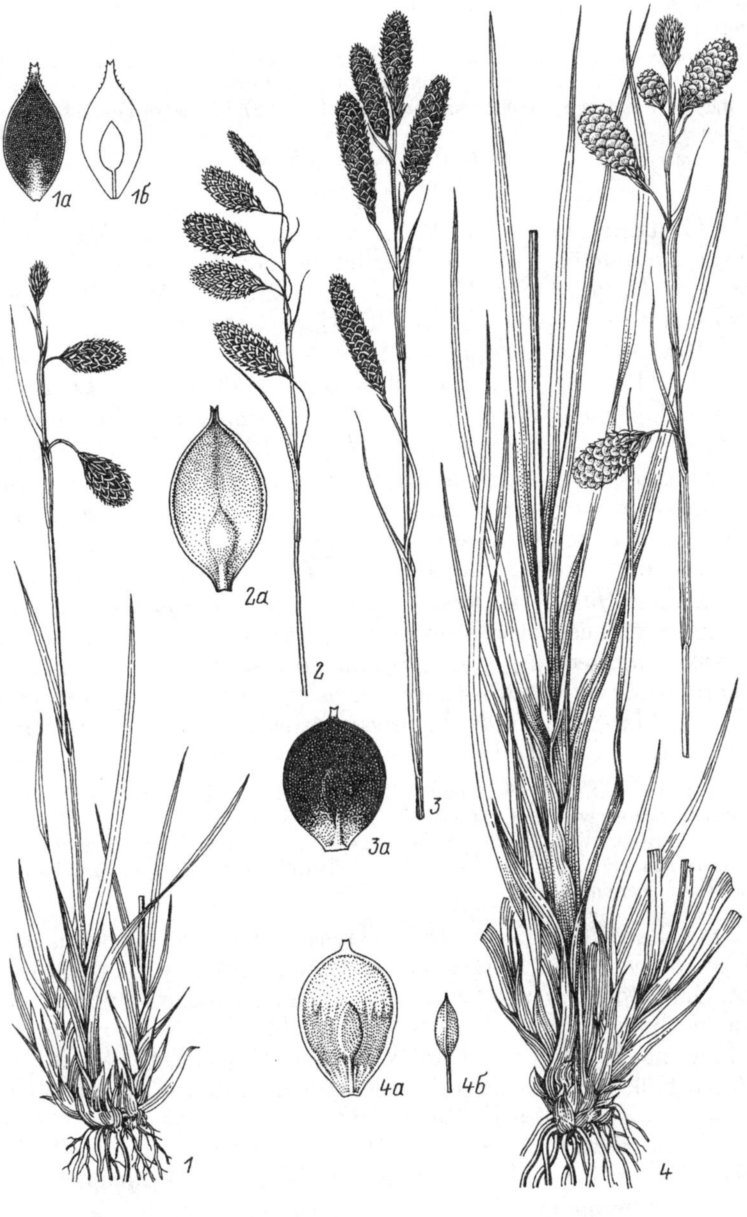

Рис. 49.

1 — *Carex atrofusca* Schkuhr, общий вид растения, *1a* — мешочек, *1б* — плод на карпофоре во вскрытом мешочке; *2* — *C. coriophora* Fisch. et Mey. ex Kunth, соцветие, *3a* — мешочек; *4* — *C. tianschanica* Egor., общий вид растения, *4a* — мешочек, *4б* — плод на карпофоре.

Fig. 49.

1 — *Carex atrofusca* Schkuhr, the whole plant, *1a* — utricle, *1б* — fruit on carpophore, in dissected utricle; *2* — *C. coriophora* Fisch. et Mey. ex Kunth, inflorescence, *3a* — utricle; *4* — *C. tianschanica* Egor., the whole plant, *4a* — utricle, *4б* — fruit on carpophore.

it acceptable to choose a specimen from Dahuria with designation by Meyer's hand «*coriophora*» as the lectotype.

The species varies in structure of terminal spike: usually it male, more rarely gynaecandrous. *C. coriophora* is sometimes mixed up with *C. atrofusca*. From the latter species, besides characters cited in the key, it differs by greater number of male (1—2(3), instead of 1) and female (3—5, instead of 2—3) spikes.

For northern Eastern Siberia (basin of Yana), is cited according to data by Malyshev (Малышев, 1990).

2 (161). **C. tianschanica** Egor. 1976, в Опред. раст. Средн. Азии, 5 : 245, 76. — *C. ustulata* var. *aterrima* Regel, 1881, Тр. Петерб. бот. сада, **7**, 2 : 571. — *C. griffithii* auct. non Boott: В. Креч. 1935, во Фл. СССР, 3 : 281; id. 1941, во Фл. Узбек. 1 : 364; Л. Поп. 1950, во Фл. Кирг. ССР, 2 : 286; Поляк. 1958, во Фл. Казахст. 2 : 64; Закир. 1961, Фл. раст. басс. Зеравш. 2 : 64; В. Креч., Овч. и Чук. 1963, во Фл. ТаджССР, 2 : 113, р. р. — Exs.: H.F. URSS № 7179. — **О. тяньшанская**.

Описан из Средней Азии; typus: «Сев. Тянь-Шань, Заилийский Алатау, в верхнем поясе горы Средний Талгар, 17 VIII 1938, В. П. Голоскоков» (LE!).

На каменистых склонах, моренах, скалах, по каменистым руслам рек и галечникам, в низкотравных кобрезиевых пустошах, иногда у ключей и в приречных березняках; в высокогорьях и в верхней части лесного пояса. — **Средн. Азия**: Тянь-Шан., Пам-Ал. Эндемик. — 2n = ? — Рис. 49, *4*.

Близок к *C. griffithii* (см. ниже), от которой, помимо признаков, указанных в ключе, отличается верхним колоском, преимущественно тычиночным (лишь иногда он гинекандрический); у *C. griffithii* этот колосок б. ч. гинекандрический. С Гиссарского хребта, где встречаются оба вида, известны промежуточные формы между ними. На Алайском и Дарвазском хребтах, откуда также имеются сборы *C. tianschanica* и *C. griffithii*, такие формы не отмечены.

Is close to *C. griffithii* (see below), differing from it, besides characters mentioned in the key, by terminal spike mainly male (only sometimes it is gynaecandrous); in *C. griffithii* it is generally gynaecandrous. From Hissar Ridge, where both species occur, the intermediate forms between them are known. In Alai and Darvaz Ridges, where *C. tianschanica* and *C. griffithii* have been also collected, such forms are not found.

3 (162). **C. griffithii** Boott, 1851, Trans. Linn. Soc. London, **20**, 3 : 138; В. Креч., Овч. и Чук. 1963, во Фл. ТаджССР, 2 : 113, р. р.; Иконн. 1963, Опред. раст. Пам. : 82; Егор. 1976, в Опред. раст. Средн. Азии, 5 : 76. — *C. nivalis* f. *griffithii* (Boott) Kük. 1909, in Engl. Pflanzenr. 38 : 553. — *C. nivalis* var. *griffithii* (Boott) T. Koyama, 1958, Acta Phytotax. Geobot. (Kyoto), **17**, 4 : 100. — *C. nivalis* auct. non Boott: Kük. 1909, l. c. : 551, p. p., quoad pl. turkest.; Литв. 1910, Тр. Бот. муз. Акад. наук, 7 : 91; О. и Б. Федч. 1924, Тр. Петерб. бот. сада, **38**, 1 : 214, excl. syn. — *C. oliveri* auct. non Boeck.: В. Креч. 1935, во Фл. СССР, 3 : 280 et auct. fl. Asiae Med. — Exs.: H.F. USSR № 4501. — **О. Гриффита**.

Описан из Афганистана, typus: «Afghanistan, № 78, Griffith» (K!, photo LE!).

На каменистых склонах, осыпях, приснежных моренах, по сырым берегам рек, у ключей; в верхнем поясе гор. — **Средн. Азия**: Пам.-Ал. (редко на Алайском и Гиссарском хребтах, более часто на Дарвазском хр., Зап. и Вост. Памире). Общ. распр.: З. (Афганистан), Ц. (Китай: Кашгария) и Ю. (Пакистан: Читрал; Индия; зап. Гималаи) Азия. — 2n = ? — Рис. 49, *3*.

Образцы этого вида В. И. Кречетовичем (1935, l. c.) и авторами среднеазиатских Флор и Определителей были отнесены к описанной из Пакистана («Kurrum Valley, Dr. Aitchison»; typus: ? B) *C. oliveri* Boeck. (1880, Flora

(Regensb.), 63 : 445). Тип последней, по-видимому, утрачен. Согласно оригинальному описанию, *C. oliveri* отличается от *C. griffithii* продолговато-яйцевидными, почти ланцетовидными мешочками, постепенно суженными в белоперепончатый на верхушке носик (а не эллиптическими или широкоэллиптическими, резко суженными в белоперепончатый по всей длине носик) и, по-видимому, близка к распространенной в Афганистане, Пакистане и Индии (Гималаи) *C. nivalis* Boott. Кюкенталь (Kükenthal, l. c. : 553) синонимизировал *C. oliveri* с *C. nivalis* f. *cinnamomea* (Boott) Kük. Реймонд (Raymond, 1965) рассматривает *C. oliveri* в качестве самостоятельного вида и считает наиболее близким к нему произрастающую в Каракоруме *C. luteobrunnea* Nelmes (= *C. lepus-aetatis* T. Koyama).

Растения, принадлежащие, по мнению Кречетовича (1935а) и ряда других авторов, к *C. griffithii*, описаны мной как *C. tianschanica* (см. номенклатурный абзац и комментарий к этому виду.

C. griffithii указывается (но, по-видимому, ошибочно) для Кавказа (Большой Кавказ в пределах Азербайджана: Шахдаг, плато Бабахан яйлаг) (Алиев, Дамиров, 1988 : 48). Гербарный образец этого вида, хранящийся в Баку, в Гербарии Азербайджанского гос. университета, не был мне прислан для просмотра.

The specimens of this species were related by Kreczetowicz (Кречетович, l. c.) and authors of Middle Asian «Floras» and «Identification keys» to described from Pakistan («Kurrum Valley, Dr. Aitchison»; typus: ? B) *C. oliveri* Boeck. (1880, Flora (Regensb.), 63: 445). The type of the latter is obviously lost. According to original description, *C. oliveri* differs from *C. griffithii* by oblong-ovoid, almost lanceolate utricles gradually narrowed into a white-scarious at apex beak (instead of elliptical or broad-elliptical, abruptly narrowed into a white-scarious all over its length beak) and is obviously close to *C. nivalis* Boott distributed in Afghanistan, Pakistan and India (Himalaya). Kükental, (l. c. : 553) synonymized *C. oliveri* with *C. nivalis* f. *cinnamomea* (Boott) Kük. Raymond (1965) considers *C. oliveri* as an independent species and beleives *C. luteobrunnea* Nelmes (= *C. lepus-aetatis* T. Koyama) occurring in Karakoram Range, to be the most close to it.

Plants belonging, in opinion of Kreczetowicz (Кречетович, 1935a) and a number of other authors, to *C. griffithii*, are described by me as *C. tianschanica* (see the nomenclatural paragraph and comment to that species).

C. griffithii is cited (but, obviously, by mistake) for the Caucasus (Great Caucasus within Azerbaijan: Shakhdagh, plateau Babakhan yailagh) (Алиев, Дамиров, 1988 : 48). The herbarium specimen of this species, kept in Baku, in Herbarium of Azerbaijan State University, has not been sent to me for examining.

4 (163). **C. atrofusca** Schkuhr, 1801, Beschr. Abbild. Riedgr. : 106, tab. V, fig. 82; Kük. 1909, in Engl. Pflanzenr. 38 : 553, p. p.; B. Креч. 1935, во Фл. СССР, 3 : 282. — *C. ustulata* Wahlenb. 1803, Kungl. Sv. Vet.-Akad. Handl. ser. nov. 24 : 156. — *C. atrofusca* var. *coriophora* (Kunth) Kük. 1909, l. c. : 554, excl. typo, quoad pl. turkest. — *C. stilbophaea* V. Krecz. 1935, во Фл. СССР, 3 : 605, 283. — *C. oxyleuca* V. Krecz. 1935, l. c. : 605, 284. — *C. sisukensis* Akiyama, 1955, Caric. Far East. Reg. As. : 125, tab. 109, fig. 2; Чер. 1981, Сосуд. раст. СССР : 201. — *C. taskanensis* A. Khokhr. 1983, Бюлл. Моск. общ. исп. прир. отд. биол. **88**, 5 : 95. — **О. черно-бурая**.

Описан из Словении («In Alpibus Vochein, m. Terglau, Kerma»); t y p u s: HAL.

На сырых лужайках по берегам рек и ручьев, на осоково-кобрезиевых лугах, влажных щебнистых, слабо задернованных склонах, в сырых мохово-осоковых и мохово-кобрезиевых тундрах, в лиственничных редколесьях; характерна для карбонатных субстратов; в высокогорьях и верхней части лесного пояса, в арктических горных и равнинных тундрах, а также в лесотундрах; иногда образует небольшие заросли. — **Европ. ч.**: Аркт. (Кольский п-ов и Полярн. Урал), Дв.-Печ. (Приполярн. Урал: р. Кожим): **Зап. Сиб.**: Аркт. (Полярн. Урал), Алт.; **Вост. Сиб.**: Аркт. (от пос. Тарея на Таймыре до р. Хараулах), Енис. (сев. плато Путорана; юг: г. Енисейск), Лен.-Кол. (сев.; крайний юг; юго-вост.: юго-зап. Джугджур), Даур. (сев.-зап.); **Дальн. Вост.**: Аркт., Охот. (Аян), Сах. (юг); **Средн. Азия**: Дж.-Тарб. (Джунгарский Алатау), Тянь-Шан. (Сев. и Центр. Тянь-Шань), Пам.-Ал. Общ. распр.: С., Атл. (Шотландия) и Ц. (Альпы и Карпаты) Европа; З. (Гиндукуш), Ц. (Китай и сев. Монголия), В. (Сев.-Зап. и Юго-Зап. Китай) и Ю. (зап. Гималаи) Азия; С. Америка (Аляска, сев. Канада, Гренландия). — 2n = 38 (Малышев, 1990), 40 (Dietrich, 1967). — Рис. 49, *1*.

Известны растения *C. atrofusca*, у которых верхний колосок не тычиночный, как у типичных ее представителей, а гинекандрический. В Арктике и на Памире отмечены образцы с бледно-бурыми кроющими чешуями (f. *flavescens* Kük., l. c.).

C. stilbophaea V. Krecz., l. c. и *C. oxyleuca* V. Krecz., l. c., описанные соответственно из Вост. Сибири (Вост. Саян) и Средней Азии (Алайский хребет), идентичны *C. atrofusca* (Егорова, 1967, 1976б). Описанная с Сахалина *C. sisukensis* Akiyama, l. c., как показало изучение ее типа («South Saghalin, Shikika, Sekkai-yame, 15 VII 1937, B. Yoshimura, M. Hara» — SAP!, photo LE!), была справедливо отождествлена Койямой (Koyama, 1962) с *C. atrofusca*. Сахалинское местонахождение *C. atrofusca* значительно изолировано от основного ареала вида. Синонимом *C. atrofusca* является и *C. taskanensis* Khokhr., l. c. (typus: «Магаданская обл., Сусуманский р-н, верховья р. Таскан, 12 VIII 1981, О. Хохрякова, А. П. Хохряков» — MW!) (Егорова, 1987; Кожевников, 1988).

The plants of *C. atrofusca* are known with terminal spike is not male, as in its typical representatives, but gynaecandrous. In Arctic and Pamir, specimens are found with pale brown female glumes (f. *flavescens* Kük., l. c.).

C. stilbophaea V. Krecz., l. c. and *C. oxyleuca* V. Krecz., l. c. described from Eastern Siberia (Eastern Sayan) and Middle Asia (Alai ridge) correspondently, are identical to *C. atrofusca* (Егорова, 1967, 1976б). Described from Sakhalin *C. sisukensis* Akiyama, l. c., as examining of its type («South Saghalin, Shikika, Sekkai-yame, 15 VII 1937, B. Yoshimura, M. Hara» — SAP!, photo LE!) has shown, had been correctly equated by Koyama (1962) with *C. atrofusca*. Sakhalin location of *C. atrofusca* is far isolated from the main range of the species. Among synonyms of *C. atrofusca*, is also *C. taskanensis* Khokhr., l. c. (typus: «Магаданская обл., Сусуманский р-н, верховья р. Таскан, 12 VIII 1981, О. Хохрякова, А. П. Хохряков» — MW!) (Егорова, 1987; Кожевников, 1988).

Sectio 30. Chlorostachyae Meinsh. 1901, Тр. Петерб. бот. сада, 18, 3 : 283, 360, p. p. — *Carex* ***Capillares* Aschers. et Graebn. 1903, Syn. Mitteleur. Fl. **2**, 2 : 153. — Sect. *Hymenochlaenae* subsect. *Capillares* (Aschers. et Graebn.) Kük. 1909, in Engl. Pflanzenr. 38 : 588. — Sect. *Capillares* (Aschers. et Graebn.) Rouy, 1912, Fl. Fr. 13 : 452; Егор. 1972, Новости сист. высш. раст. 9 : 70. — *Proteocarpus* Börn. sect. *Proteocarpus* Börn. 1913, Abh. Naturw. Ver. Bremen, 21 : 267, p. p. — Sect. *Caricella* (Ehrh.) V. Krecz. 1935, во Фл. СССР, 3 : 425, comb. invalid. — Верхний колосок тычиночный, андрогинный или гинекандрический, остальные 2—5(7) пестичные, немного- или малоцветковые, рыхлые, почти линейные, на длинных нитевидных ножках, поникающие, нижние иногда ветвистые. Нижний кроющий лист с длинным влагалищем и пластинкой короче соцветия. Мешочки округло- или тупотрехгранные в поперечном сечении, обычно немного вздутые, перепончатые, без жилок или с жилками, глянцевитые, обычно гладкие, с цельным, б. м. шероховатым или гладким носиком. Плод б. ч. заметно короче и у́же мешочка. Рылец 3. Растения без ползучих корневищ. — Typus: *C. chlorostachys* Stev. (= *C. capillaris* L.).

13 видов и подвидов, в Европе, арктическом и умеренном поясах Азии, в Сев. Америке и Сев. Африке. — Лит.: Löve et al., 1957; Егорова, 1964.

Terminal spike male, androgynous or gynaecandrous, the others 2—5(7) female, not many- or few-flowered, loose, almost linear, with long filiform peduncles, pendent, lower spikes sometimes branched. Lowest bract with long sheath and blade shorter than inflorescence. Utricles orbicular or obtuse-trigonous in cross-section, usually a little inflated, membranous, veinless or veined, shining, usually smooth, with an entire, more or less scabrid or smooth beak. Fruit generally distinctly shorter and narrower than utricle. Stigmas 3. Plants without creeping rhizomes. — Typus: *C. chlorostachys* Stev. (= *C. capillaris* L.).

13 species and subspecies in Europe, Arctic and temperate zones of Asia, in North America and North Africa. — Ref.: Löve et al., 1957; Егорова, 1964.

1. Верхний колосок андрогинный, с 1—3(4) пестичными цветками. Мешочки с жилками. Листья узкожелобчатые, 0.5—1(1.5) мм шир. .....2.
\+ Верхний колосок тычиночный (очень редко в основании его расположен 1 пестичный цветок) или гинекандрический. Мешочки без жилок. Листовые пластинки плоские, 1.5—4 мм шир. ....3.
2. Мешочки в сечении округло-трехгранные, светло-коричневые, глянцевитые, постепенно суженные в удлиненный носик. Плод наполовину заполняет мешочек. Кроющие чешуи продолговатые, светло-коричневые...1. **C. williamsii**.
\+ Мешочки в сечении трехгранные, бледно-зеленые, матовые, обычно довольно резко суженные в короткий носик. Плод почти полностью заполняет мешочек. Кроющие чешуи почти округлые, б. ч. бледно-зеленые...2. **C. sedakowii**.
3. Верхний колосок тычиночный..4.
\+ Верхний колосок гинекандрический..9.
4. Тычиночный колосок (0.8)1—1.5 см дл., 3—5 мм шир., булавовидный, многоцветковый, коричневый или коричневато-оранжевый, превышающий верхний пестичный колосок или, редко, расположенный на одном уровне с ним или немного ниже его. Мешочки в сечении трехгранные, очень плотно охватывающие плод, в верхней части (включая и носик) по краям обычно сильно щетинисто-шероховатые, довольно резко суженные в удлиненный носик, нередко с опушением из мелких щетинок.. 3. **C. ledebouriana**.....5.
\+ Тычиночный колосок 0.5—1 см дл., 2—2.5 мм шир., линейный, бледно-зеленый или бледно- или рыжевато-коричневый, превышающий верхний пестичный колосок или расположенный на одном уровне с ним или ниже его. Мешочки в сечении почти округлые, неплотно охватывающие плод, постепенно суженные в слабо шероховатый по краям или гладкий носик..6.
5. Мешочки 3.5—4.5(5) мм дл., голые или либо в верхней части, либо по всей поверхности покрытые мелкими щетинками. Пестичные колоски 1.5—3 см. дл. Тычиночных колосков 1—2. Листовые пластинки 2.5—4.5 мм шир. ....3a. **C. ledebouriana** subsp. **tenuiformis**.
\+ Мешочки (2.8)3—3.5 мм дл., голые или только в верхней части (по поверхности носика) покрытые мелкими щетинками. Пестичные колоски 1—1.5 см дл. Тычиночный колосок 1. Листовые пластинки (1.5)2—3 мм шир. ....3b. **C. ledebouriana** subsp. **ledebouriana**.

6. Тычиночный колосок обычно превышает верхний пестичный колосок. Пестичные колоски в числе (3)4—5, б. м. многоцветковые, с 15—25(30) цветками; нижние колоски часто ветвистые, с 1—2 веточками. Мешочки 1.7—2.7(3) мм дл. .... 7.

\+ Тычиночный колосок не превышает верхнего пестичного колоска. Пестичные колоски в числе (1)2—3, малоцветковые, с 5—10(15) цветками; нижние колоски не ветвистые. Мешочки 3—4 мм дл. ....8.

7. Зрелые мешочки зеленовато-бурые, 2.2—2.7(3) мм дл., яйцевидные, реже продолговато-яйцевидные, глянцевитые................7. **C. delicata**.

\+ Зрелые мешочки бледно-зеленые, 1.7—2 мм дл., широкояйцевидные, матовые..8. **C. selengensis.**

8. Тычиночный колосок беловатый, расположенный немного ниже верхнего пестичного колоска или на одном уровне с ним; ножка тычиночного колоска 0.7—2.5 см дл. Чешуи пестичных колосков бледно-бурые или бледно-зеленые, с широкими белоперепончатыми краями. Мешочки зеленовато-бурые, 3—4 мм дл., 1.3—1.5 мм шир., со слабо шероховатым, реже гладким носиком..........................4. **C. capillaris**.

\+ Тычиночный колосок рыжевато-коричневый, расположенный значительно ниже уровня двух верхних пестичных колосков; ножка тычиночного колоска 0.1—0.5 см дл. Чешуи пестичных колосков каштановые, б. ч. с узкими белоперепончатыми краями. Мешочки светло-рыжевато-коричневые, 3—3.5 мм дл., 1—1.2 мм шир., обычно с гладким носиком..5. **C. fuscidula**.

9(3). Мешочки ланцетовидные, (2.5)2.8—3.3(3.5) мм дл., 0.7—0.9 мм шир., с удлиненным гладким или слабо шероховатым носиком; кроющие чешуи светло-коричневые, немного короче мешочков..6. **C. krausei**.

\+ Мешочки яйцевидные или широкояйцевидные, реже продолговато-яйцевидные, 1.7—2.7(3) мм дл., с коротким носиком; кроющие чешуи бледно-коричневые или бледно-зеленые, вдвое короче мешочков (см. ступень 7).

1. Terminal spike androgynous, with 1—3(4) female flowers. Utricles veined. Leaves narrow-canaliculate, 0.5—1(1.5) mm wide..2.

\+ Terminal spike male (very rare with 1 female flower at base) or gynaecandrous. Utricles veinless. Leaf blades flat, 1.5—4 mm wide..3.

2. Utricles orbicular-trigonous in cross-section, light brown, shining, gradually narrowed into an elongate beak. Fruit fills half of the utricle. Female glumes oblong, light brown..1. **C. williamsii**.

\+ Utricles trigonous in cross-section, pale green, dull, usually rather abruptly narrowed into a short beak. Fruit almost completely fills utricle. Female glumes suborbicular, generally pale green..2. **C. sedakowii**.

3. Terminal spike male..4.

\+ Terminal spike gynaecandrous..9.

4. Male spike (0.8)1—1.5 cm long, 3—5 mm wide, clavate, many-flowered, brown or brownish-orange, exceeding the uppersmost female spike or, rarely, located flush with it or a little below. Utricles trigonous in cross-section, very closely enveloping fruit, in upper part (including beak) on margins usually strongly setulous-scabrid, rather abruptly narrowed into an elongate beak, rather often with pubescence of small setulae..3. **C. ledebouriana**.....5.

\+ Male spike 0.5—1 cm long, 2—2.5 mm wide, linear, pale green or pale or reddish-brown, exceeding the uppersmost female spike or located flush with it or below. Utricles suborbicular in cross-section, loosely enveloping fruit, gradually narrowed into a slightly scabrid on margins or smooth beak.. 6.

5\. Utricles 3.5—4.5(5) mm long, glabrous or covered with small setulae in upper part or all over surface. Female spikes 1.5—3 cm long. Male spikes 1—2. Leaf blades 2.5—4.5 mm wide..3a. **C. ledebouriana** subsp. **tenuiformis**.

\+ Utricles (2.8)3—3.5 mm long, glabrous or only in upper part (on beak surface) covered with small setulae. Female spikes 1—1.5 cm long. Male spike 1. Leaf blades (1.5)2—3 mm wide... 3b. **C. ledebouriana** subsp. **ledebouriana**.

6\. Male spike usually exceeds the uppermost female spike. Female spikes (3)4—5, more or less many-flowered, with 15—25(30) flowers; lower spikes frequently branched, with 1—2 branchlets. Utricles 1.7—2.7(3) mm long...7.

\+ Male spike not exceeding the uppermost female spike. Female spikes (1)2—3, few-flowered, with 5—10(15) flowers; lower spikes not branched. Utricles 3—4 mm long....8.

7\. Utricles at maturity greenish-brown, 2.2—2.7(3) mm long, ovoid, more rarely oblong-ovoid, shining...7. **C. delicata**.

\+ Utricles at maturity pale-green, 1.7—2 mm long, broad-ovoid, dull.....8. **C. selengensis**.

8\. Male spike whitish, located a little below the uppermost female spike or flush with it; peduncle of male spike 0.7—2.5 cm long. Female glumes pale brown or pale green with broad white-scarious margins. Utricles greenish-brown, 3—4 mm long, 1.3—1.5 mm wide, with a slightly scabrid, more rarely smooth beak..................................4. **C. capillaris**.

\+ Male spike reddish-brown, located considerably below than two upper female spikes; peduncle of male spike 0.1—0.5 cm long. Female glumes chestnut, generally with narrow white-scarious margins. Utricles light reddish-brown, 3—3.5 mm long, 1—1.2 mm wide, usually with a smooth beak.. 5. **C. fuscidula**.

9(3). Utricles lanceolate, (2.5)2.8—3.3(3.5) mm long, 0.7—0.9 mm wide, with an elongate smooth or slightly scabrid beak; female glumes light brown, a little shorter than utricles... .... 6. **C. krausei**.

\+ Utricles ovoid or broad-ovoid, more rarely oblong-ovoid, 1.7—2.7(3) mm long, with a short beak; female glumes pale brown or pale green, twice shorter than utricles (see stage 7)

Subsect. 1. **Williamsianae** Egor. subsect. nov. — Subsect. *Androgynae* Egor. 1964, Новости сист. высш. раст. 1964 : 45, p. p., quoad *C. williamsii*. — Spicula suprema androgyna. Utriculi transverse sectus rotundato-trigoni, nitidi, nervosi, glabri. Leminae foliorum anguste canaliculatae. — Typus: *C. williamsii* Britt. Subsectio monotypica.

Верхний колосок андрогинный. Мешочки в поперечном сечении округло-трехгранные, глянцевитые, с жилками, голые. Листовые пластинки узко-желобчатые. — Typus: *C. williamsii* Britt. Монотипная подсекция.

Terminal spike androgynous. Utricles orbicular-trigonous in cross-section, shining, veined, glabrous. Leaf blades narrow-canaliculate. — Typus: *C. williamsii* Britt. Monotypic subsection.

1 (164). **C. williamsii** Britt. 1901, Bull. New York Bot. Gard. **2**, 6 : 159; В. Креч. 1952, в сб. Ареал, 1 : 32; A. et D. Löve et Raymond, 1957, Canad. Journ. Bot. 35 : 745; Егор. 1964, Новости сист. высш. раст. 1964 : 32; ead. 1966, в Аркт. фл. СССР, 3 : 148; Малышев, 1979, во Фл. Цент. Сиб. 1 : 177. — *C. novograblenovii* Kom. 1932, Изв. Бот. сада АН СССР, **30**, 1—2 : 199; В. Креч. во Фл. СССР, 3 : 432. — *C. peshemskyi* Malyschev, 1961, Бот. мат. (Ленинград), 21 : 462. — *C. capillaris* var. *williamsii* (Britt.) Boivin, 1967, Nat. Canad. **94**, 4 : 522. — Exs.: H.F. URSS №№ 5618, 6312. — **О. Уильямса**.

Описан из Канады; typus: «Canada, Yukon territory, Dawson, 12 VI 1899, R. S. Williams» (NY).

На осоково-сфагновых и гипновых болотцах, у ручьев, в сырых осоково-моховых заболоченных тундрах, на задернованных приморских галечниках; в высокогорьях и арктической тундре. — **Европ. ч.**: Аркт. (Полярн. Урал: Хойла), Дв.-Печ. (Приполярн. Урал: р. Кожим); **Зап. Сиб.**: Аркт. (Полярн. Урал: истоки р. Хадаты и перевал Хараматлова; Обско-Тазовский п-ов: пос. Ныда); **Вост. Сиб.**: Аркт. (залив Борхая), Енис. (сев.: плато Путорана), Лен.-Кол. (сев.: север Среднесибирского плато, Верхоянский хр., басс. верховьев Яны, Индигирки и Колымы; юг: Байкальский хр., Становое нагорье; юго-вост.: юго-зап. Джугджур), Анг.-Саян. (Зап. и Вост. Саян, южн. побережье Байкала), Даур. (зап.); **Дальн. Вост.**: Аркт., Камч. (вост.: Пиначево-Налачевский перевал), Охот., Удск. (сев.: Тыркано-Майский водораздел и хр. Геран), Зее-Бур. (очень редко). Общ. распр.: Ц. Азия (сев. Монголия); С. Америка (Аляска, север Канады). — 2n = 18 (Löve et al., 1957), 46 (Юрцев, Жукова, 1978; Жукова, Петровский, 1980). — Рис. 26, *1*.

Вид дважды описывался с территории России — с Камчатки (*C. novograblenovii* Kom., l. c.) и из Вост. Сибири (*C. peshemskyi* Malyschev, l. c.).

Верхний колосок у *C. williamsii*, как и у приводимой ниже *C. sedakowii*, андрогинный, что послужило основанием для выделения этих видов в подсекцию *Androgynae* Egor. (см. ниже). Дальнейшее изучение *C. williamsii* и *C. sedakowii* показало, однако, что они не обнаруживают близкого родства и должны относиться к разным подсекциям.

Довольно обширный ареал *C. williamsii* — от Полярного Урала до Аляски и Канады, имеет ярко выраженный дизъюнктивный характер, особенно в азиатской части.

The species was twice described from the territory of Russia: from Kamchatka (*C. novograblenovii* Kom., l. c.) and from Eastern Siberia (*C. peshemskyi* Malyschev, l. c.).

Both *C. williamsii* and cited below *C. sedakowii* have androgynous terminal spike, which had been a reason to unite these species in the subsection *Androgynae* Egor. (see below). The further study of *C. williamsii* and *C. sedakowii* has shown, however, that they do not demonstrate close relation and should be related to different subsections.

A rather large range of *C. williamsii*, namely from Polar Ural to Alaska and Canada, has a distinct disjunctive character, especially in its Asian part.

Subsect. 2. **Androgynae** Egor. 1964, Новости сист. высш. раст. 1964 : 45, p. p., excl. *C. williamsii*. — Верхний колосок андрогинный. Мешочки в сечении трехгранные, матовые, с жилками, голые. Листовые пластинки узко-желобчатые. — Typus: *C. sedakowii* C. A. Mey. ex Meinsh. Монотипная подсекция.

Terminal spike androgynous. Utricles trigonous in cross-section, dull, veined, glabrous. Leaf blades narrow-canaliculate. — Typus: *C. sedakowii* C. A. Mey. ex Meinsh. Monotypic subsection.

2 (165). **C. sedakowii** C. A. Mey. ex Meinsh. 1901, Тр. Петерб. бот. сада, **18**, 3 : 360; B. Креч. 1935, во Фл. СССР, 3 : 427; Малышев, 1990, во Фл. Сиб., 3 : 118. — *C. capillaris* var. *paludosa* Fr. Schmidt, 1868, Mém. Acad. Sci. Pétersb. sér. 7, **12**, 2 : 69 (Reisen im Amur-Lande). — *C. chaffanjonii* E. G. Camus, 1912, Not. Syst. Paris, **2**, 7 : 205. — Exs.: H.F.R. № 1346a, b; H.F. URSS № 4246. — **О. Седакова**.

Описан из Вост. Сибири; lectotypus: окр. Улан-Удэ, «Кульские воды, VI, Седаков» (LE!) — Кречетович (in sched.), Егорова (h. l.).

По сырым лугам, берегам рек и ручьев, в зарослях пойменных кустарников, на осоково-моховых болотах, в заболоченных хвойных лесах. — **Зап. Сиб.**:

Обск. (окр. Тобольска), Ирт. (юго-вост.: низовья р. Топчуган), Алт. (центр); **Вост. Сиб.**: Енис. (юг), Лен.-Кол. (к югу от 65° с. ш.), Анг.-Саян., Даур.; **Дальн. Вост.**: Охот. (юг: р. Уй), Удск., Зее-Бур., Уссур., Курил. Общ. распр.: Ц. (сев. Монголия) и В. (Сев.-Вост. Китай, п-ов Корея) Азия. — 2n = 56 (Löve et al., 1957). — Рис. 26, *8*.

Для Курил (о-ва Парамушир и Шикотан) вид приведен по данным Ови (Ohwi, 1936).

For Kurils (islands Paramushir and Shikotan), the species is cited according to data by Ohwi (1936).

Subsect. 3. **Chalcandrae** (V. Krecz. ex Egor.) Egor. 1990, Бот. журн. **75**, 6 : 863. — Sect. *Capillares* subsect. *Capillariformes* Egor. ser. *Chalcandrae* V. Krecz. ex Egor. 1964, Новости сист. высш. раст. 1964 : 46. — Верхний колосок тычиночный, многоцветковый. Мешочки в сечении трехгранные, матовые, без жилок, в верхней части или по всей поверхности покрытые мелкими щетинками. Листовые пластинки плоские. — Typus: *C. ledebouriana* C. A. Mey. ex Trev.

3 вида и подвида; вне рассматриваемой территории: *C. neofilipes* Nakai (п-ов Корея).

Terminal spike male, many-flowered. Utricles trigonous in cross-section, dull, veinless, in upper part or all over surface covered with small setulae. Leaf blades flat. — Typus: *C. ledebouriana* C. A. Mey. ex Trev.

3 species and subspecies; outside considered territory: *C. neofilipes* Nakai (Korea).

3 (166). **C. ledebouriana** C. A. Mey. ex Trev. 1863, Bull. Soc. Nat. Moscou, **36**, 1 : 540; В. Креч. 1935, во Фл. СССР, 3 : 431; Егор. 1964, Новости сист. высш. раст. 1964 : 43. — *C. capillaris* β. Trev. 1852, in Ledeb. Fl. Ross. 4 : 295. — *C. lenaensis* Kük. 1903, Öfvers. Finsk. Vet.-Soc. Förhandl. **14**, 8 : 10. — *C. seiskoënsis* Freyn, 1903, Österr. Bot. Zeitschr. 53 : 27; В. Креч. 1935, l. c.: 463. — *C. capillaris* var. *ledebouriana* (C. A. Mey ex Trev.) Kük. 1909, in Engl. Pflanzenr. 38 : 591. — *C. capillaris* subsp. *ledebouriana* (C. A. Mey. ex Trev.) Worosch. 1985, в Флорист. иссл. СССР : 154. — **О. Ледебура**.

Описан с Алтая; typus: «In summis alpibus Kuraicis [Bunge], Herb. Fischer» (LE!).

a) subsp. **tenuiformis** (Lévl. et Vaniot) Egor. 1985, Новости сист. высш. раст. 22 : 54. — *C. tenuiformis* Lévl. et Vaniot, 1902, Bull. Geogr. Bot. (Le Mans), 11 : 104; A. et D. Löve et Raymond, 1957, Canad. Journ. Bot. 35 : 746; Егор. 1964, Новости сист. высш. раст. 1964 : 44; А. Е. Кожевников, 1986, Бюлл. Главн. бот. сада АН СССР, 141 : 53; id. 1988, в Сосуд. раст. сов. Дальн. Вост. 3 : 316. — *C. koreana* Kom. 1901, Тр. Петерб. бот. сада, **18**, 3 : 446, non L. H. Bailey, 1889; В. Креч. 1935, во Фл. СССР, 3 : 432. — *C. tasorum* Kom. 1916, Изв. Петерб. бот. сада, 16 : 153; В. Креч. 1935, l. c. : 333. — *C. komarovii* Koidz. 1919, Bot. Mag. Tokyo, 33 : 208; Ворош. 1966, Фл. сов. Дальн. Вост.: 100. — **О. тонкая**.

Описан из Японии; typus: о-в Ребун, «Rebunshiri, № 2814, Léveille, Vaniot» (P).

На каменистых россыпях, сырых лужайках, скалистых обнажениях; в высокогорьях и верхней части лесного пояса. — **Дальн. Вост.**: Зее-Бур. (басс. Буреи), Уссур., Сах. (юг), Курил. (юг). Общ. распр: В. Азия (Сев.-Вост. Китай, п-ов Корея, о-ва Хоккайдо и Хонсю). — 2n = 40 (Löve et al., 1957).

C. tasorum Kom., l. c., описанная с Сихотэ-Алиня, из низовьев р. Рудной (lectotypus: «Приморская обл., окр. д. Владимир-Мономах, на левом берегу р. Тютихе, 19 V 1909, Н. В. Дюкина» — LE! — Кречетович (in sched.)), была справедливо отождествлена с *C. teniuformis* А. Е. Кожевниковым (1986, 1988, l. c.). Данные о хромосомном числе subsp. *tenuiformis* нуждаются в подтверждении. Для цитологического исследования этого растения были взяты плоды, собранные, как указано в работе А. и Д. Леве и Реймонда (см. выше), из Удского района «Флоры СССР». Однако subsp. *tenuiformis* в этом районе не встречается.

C. tasorum Kom., l. c. described from Sikhote Alin, namely lower river Rudnaya (lectotypus: «Приморская обл., окр. д. Владимир-Мономах, на левом берегу р. Тютихе, 19 V 1909, Н. В. Дюкина» — LE! — Kreczetowicz (in herb.)), was correctly equated with *C. teniuformis* by Kozhevnikov (А. Е. Кожевников, 1986, 1988, l. c.). Data concerning the chromosome number of subsp. *tenuiformis* need confirmation. For the cytological study of this plant, the fruits were taken, collected, according to work by A. and D. Löve and Raymond (see above), from Uda region of «Flora USSR». However, subsp. *tenuiformis* does not occur in this region.

b) subsp. **ledebouriana**.

На каменистых и щебнистых задернованных склонах, в лишайниковых, моховых и травянисто-кустарниковых тундрах и редколесьях; в высокогорьях, лесном поясе (редко) и в арктической горной тундре; часто. — **Европ. ч.**: Аркт. (восток Большеземельской тундры и Полярн. Урал); **Зап. Сиб.**: Аркт. (Полярн. Урал), Обск. (Приполярн. Урал: басс. р. Хулги; Кузнецкий Алатау), Алт.; **Вост. Сиб.**: Аркт. (от низовьев Енисея до р. Хараулах), Енис. (плато Путорана), Лен.-Кол. (сев.; юг: Становое нагорье), Анг.-Саян., Даур.; **Дальн. Вост.**: Аркт. (от центр. части Чукотского нагорья до востока Чукотского п-ова; басс. Анадыря; пос. Шахтерский; Корякия), Охот., Зее-Бур., Уссур. (хр. Сев. Сихотэ-Алинь), Сах. (сев.); **Средн. Азия.**: Дж.-Тарб. (Тарбагатай: гора Кара-чоку). Общ. распр.: Ц. Азия (сев. Монголия). — 2n = 56 (Löve et al., 1957).

Л. И. Малышев (1990) описал из южн. Сибири 2 подвида *C. ledebouriana*: subsp. *substepposa* Malyschev (Алтай) и subsp. *transbaicalensis* Malyschev (Забайкалье) (типы обоих таксонов в LE). К сожалению, из-за недостатка времени в связи со сдачей настоящей работы в печать я не смогла убедиться в правомерности выделения названных подвидов.

C. lenaensis Kük., l. c., описанная с низовьев Лены (о-в Тит-Ары) по сборам Каяндера, была позднее отнесена Кюкенталем (Kükenthal, 1909, l. c.) в синонимы *C. capillaris* var. *ledebouriana* (C. A. Mey. ex Trev.) Kük., l. c. *C. lenaensis* в понимании В. И. Кречетовича во «Флоре СССР» соответствует *C. fuscidula* V. Krecz. ex Egor. и *C. krausei* Boeck. (Егорова, 1964, l. c., 1966a). *C. seiskoënsis* Freyn, l. c. была приведена Кречетовичем (l. c.) в списке видов неясного положения. Изучение типа, полученного из Брно («Wiesen um Blagowieczensk, Juni, Juli 1898, F. Karo» — BRNM!, photo — Егорова, 1980 : 111), позволило отождествить этот вид с *C. ledebouriana* s. str. (Егорова, 1980).

Malyshev (Малышев, 1990) has described 2 subspecies of *C. ledebouriana* from Southern Siberia: subsp. *substepposa* Malyschev (Altai) and subsp. *transbaicalensis* Malyschev (Transbaikalia) (types of both taxa kept in LE). Unfortunately, because of shortage of time when delivering this work for the press, I could not examine the correctness of separation of named subspecies.

C. lenaensis Kük., l. c. described from Lower Lena River island Tit-Ary) by Cajander's collections, was later put by Kükenthal (1909, l. c.) into synonymy of *C. capillaris* var. *ledebouriana* (C. A. Mey. ex Trev.) Kük., l. c. *C. lenaensis* in Kreczetowicz's sense in «Flora URSS» corresponds to *C. fuscidula* V. Krecz. ex Egor. and *C. krausei* Boeck. (Егорова, 1964, l. c., 1966a). *C. seiskoënsis* Freyn, l. c. was cited by Kreczetowicz (Кречетович, l. c.) in the list of species with obscure position. Examining of the type received from Brno («Wiesen um Blagowieczensk, Juni, Juli 1898, F. Karo» — BRNM!, photo — Егорова, 1980 : 111) made it possible to equate this species with *C. ledebouriana* s. str. (Егорова, 1980).

Subsect. 4. **Capillariformes** Egor. 1964, Новости сист. высш. раст. 1964 : 45, p. p., excl. *C. ledebouriana*. — Верхний колосок тычиночный, мало- или б. м. многоцветковый, или гинекандрический. Мешочки в сечении округло-трехгранные, б. ч. глянцевитые, без жилок, голые. Листовые пластинки плоские. — Typus: *C. capillaris* L.

8 видов и подвидов; вне рассматриваемой территории: *C. boecheriana* A. et D. Löve et Raymond (Гренландия) и *C. krausei* subsp. *porsildiana* (Polunin) A. et. D. Löve (Сев. Америка: побережье Гудзонова залива, п-ов Унгава, Гренландия; Исландия).

Terminal spike male, few- or more or less many-flowered, or gynaecandrous. Utricles orbicular-trigonous in cross-section, generally shining, veinless, glabrous. Leaf blades flat. — Typus: *C. capillaris* L.

8 species and subspecies; outside considered territory: *C. boecheriana* A. et D. Löve et Raymond (Greenland) and *C. krausei* subsp. *porsildiana* (Polunin) A. et. D. Löve (North America: coast of Hudson Bay, Ungava Peninsula, Greenland; Iceland).

4 (167). **C. capillaris** L. 1753, Sp. Pl. : 977; Kük. 1909, in Engl. Pflanzenr. 38 : 590, p. p.; В. Креч. 1935, во Фл. СССР, 3 : 428, p. p.; A. et D. Löve et Raymond, 1957, Canad. Journ. Bot. 35 : 748, p. p. excl. syn. *C. fuscidula*; Егор. 1964, Новости сист. высш. раст. 1964 : 34; Ohwi, 1965, Fl. Jap. : 247; Ворош. 1982, Опред. раст. сов. Дальн. Вост. : 126, p. p., excl. syn. *C. fuscidula*; А. Е. Кожевников, 1988, в Сосуд. раст. сов. Дальн. Вост. 3 : 318. — *C. chlorostachys* Stev. 1813, Mém. Soc. Nat. Moscou, 4 : 68; В. Креч. 1935, l. c. : 428. — *C. capillaris* subsp. *karoi* Freyn, 1890, Österr. Bot. Zeitschr. 40 : 303. — *C. karoi* (Freyn) Freyn, 1896, l. c. 46 : 132. — *C. capillaris* subsp. *chlorostachys* (Stev.) A. et D. Löve et Raymond, 1957, l. c. : 749, excl. syn. *C. selengensis*; T. Koyama, 1962, Journ. Fac. Sci. Univ. Tokyo (Bot.), **8**, 4 : 217. — *C. capillaris* subsp. *karoi* (Freyn) Worosch. 1985, Флорист. иссл. СССР : 154, comb. superfl. quoad nom. — Exs.: H.F.R. №№ 596, 1940a. — **О. волосовидная**.

Описан из Швеции («Habitat in Sueciae pratis humidis»); lectotypus: Herb. Linn. № 1100.57 (LINN, photo LE!) — Егорова (h. l.).

На замшелых и торфянистых лесных и пойменных лугах, луговых и лесистых склонах, опушках, в разреженных лесах и среди кустарников, по берегам речек и ручьев, окраинам травянистых болот, на сырых и болотистых луговинах в тундре; на равнинах лесной зоны, в лесном и субальпийском поясах гор и в зональной тундре. — **Европ. ч.**: Аркт. (материковая часть), Кар.-Мурм., Дв.-Печ., Прибалт., Лад.-Ильм., Верх.-Днепр. (Смоленская обл.; Беларусь: Минская обл., Мядельский р-н), Верх.-Волж., Волж.-Кам., Карп., Сред.-Днепр., Волж.-Дон. (Нижегородская обл.: б. Арзамасский у.; Мордовия: р. Акшенас близ с. Зыково; север Ульяновской обл.); **Кавк.**: Б. Кавк., Зап. (юг), Центр. (Юго-Осетия; сев. Армения: р. Дзорагет, Кечутские горы) и Южн. (Армения: Зангезурский хр. — оз. Капутан) Закавк.; **Зап. Сиб.**: Аркт. (низовья Оби: р. Б. Пайпудын), Обск. (юг: в районе Томска и Тюмени): Верх.-Тоб. (сев.), Ирт. (сев. и вост.), Алт.; **Вост. Сиб.**: Аркт. (низовья Енисея, Оленека и Лены), Енис., Лен.-Кол. (кроме сев.-вост.), Анг.-Саян., Даур. (зап. и вост., очень редко); **Дальн. Вост.**: Зее-Бур. (басс. р. Уркан); **Средн. Азия**: Тянь-Шан. (Киргизский Алатау: долина р. Южн. Ала-Арчи, южн. склон Кунгей-Алатау: Тюпский р-н, стационар Каркыра). Общ. распр: Европа; З. (сев.-вост. Турция) и В. (о-ва Хоккайдо и Хонсю, очень редко) Азия; С. Америка (Канада, северо-восток США, вост. Гренландия). — 2n = 54 (Löve et al., 1957; Жукова, Петровский, 1980). — Рис. 26, *3*.

О вариабельности данного вида, его таксономических отношениях с приводимой ниже *C. fuscidula* и о синонимизации с ним *C. chlorostachys* Stev., l. c. мною было сказано ранее (Егорова, 1964, l. c.). *C. karoi* (Freyn) Freyn, l. c. я отнесла в синонимы к *C. capillaris* вследствие того, что ее типом оказалось растение, идентичное последней (Егорова, 1980) (см. также комментарий к *C. delicata*).

Указание И. И. Карягина (1952) о произрастании *C. capillaris* в Вост. Закавказье (Малый Кавказ) не подтверждено гербарным материалом (Егорова, 1991б). Согласно А. Е. Кожевникову (l. c.), *C. capillaris* распространена на российском Дальнем Востоке более широко, чем указывается в настоящей работе. Он приводит этот вид для Корякии, п-ова Камчатка (одно местонахождение), для районов, прилегающих к Охотскому морю, и сев. Курил. Возможно, однако, что эти данные относятся к близкому виду — *C. fuscidula*. В подтверждении нуждаются сведения о нахождении *C. capillaris* на Сахалине и Курильских о-вах (T. Koyama, l. c.) и в Японии (T. Koyama, l. c.; Ohwi, l. c.). Кронквистом (Cronquist, 1977) *C. capillaris* приводится для запада США; возможно, однако, что здесь встречается *C. fuscidula* или вид, близкий к *C. delicata*. В арктических районах Сев. Америки произрастает, по-видимому, только *C. fuscidula*.

A variability of *C. capillaris*, its taxonomic relations with cited below *C. fuscidula* and synonymization of *C. chlorostachys* Stev., l. c. with the former, were discussed by me before (Егорова, 1964, l. c.). *C. karoi* (Freyn) Freyn, l. c. was put by me into synonymy to *C. capillaris*, because the type of the former proved to be a plant identical to the latter (Егорова, 1980) (see also the comments to *C. delicata*).

The note by Karyagin (Карягин, 1952) about occurrence of *C. capillaris* in Eastern Transcaucasia (Little Caucasus) is not confirmed by herbarium material (Егорова, 1991б). According to Kozhevnikov (А. Е. Кожевников, l. c.), *C. capillaris* is more widespread in Russian Far East, than is indicated in my work. He cites this species for Koryakia, Kamchatka (the one location), regions adjacent to Okhotsk Sea and northern Kurils. It is possible, however, that these data relate to a close species, *C. fuscidula*. Information on occurrence of *C. capillaris* in Sakhalin and Kuril Islands (T. Koyama, l. c.) as well as Japan (T. Koyama, l. c.; Ohwi, l. c.) needs confirmation. Cronquist (1977) cited *C. capillaris* for western USA; it is possible, however, that *C. fuscidula* or the species allied to *C. delicata* occur there. In Arctic regions of North America, only *C. fuscidula* obviously occurs.

5 (168). **C. fuscidula** V. Krecz. ex Egor. 1964, Новости сист. высш. раст. 1964 : 36, Егор. 1966, в Аркт. фл. СССР, 3 : 150; ead. 1972, Новости сист. высш. раст. 9 : 71; Малышев, 1979, во Фл. Центр. Сиб. 1 : 176; А. Е. Кожевников, 1988, в Сосуд. раст. сов. Дальн. Вост. 3 : 318. — *C. fuscidula* V. Krecz. 1952, в сб. Ареал, 1 : 32, nom. nud., карта 25. — *C. capillaris* subsp. *fuscidula* (V. Krecz. ex Egor.) A. et D. Löve, 1976, Bot. Not. (Lund), 128 : 504; Chater, 1980, in Fl. Europ. 5 : 306; Малышев, 1990, во Фл. Сиб. 3 : 114. — *C. capillaris* auct. non L.: В. Креч. 1935, во Фл. СССР, 3 : 428, quoad pl. tschuktsch.; Porsild, 1957, Ill. Fl. Canad. Arct. Archip. : 58, p. p., map 97; Polunin, 1959, Circumpol. Arct. Fl. : 100, 102, p. p.; Ворош. 1982, Опред. раст. сов. Дальн. Вост. : 126, quoad syn. *C. fuscidula*. — *C. lenaensis* auct. non Kük.: В. Креч. 1935, l. c. : 429, quoad pl. Sibir. arct. et tschuktsch. — **О. буроватенькая**.

Описан с российского Дальнего Востока; t y p u s: «Дальний Восток, низовья р. Пенжины, близ с. Каменское, на задернованном галечнике, 16 VII 1932, Б. Н. Городков, Б. А. Тихомиров» (LE!).

На задернованных щебнистых склонах, осыпях, по сырым берегам рек и ручьев, в осоково-моховых, щебнистых, лишайниковых и дриадовых тундрах; в арктической горной и равнинной тундре, субарктических и южных высокогорьях, реже в верхней части лесного пояса. — **Европ. ч.**: Аркт. (восток Большеземельской тундры, Карская тундра, Полярн. Урал), Волж.-Кам. (Сев. Урал); **Зап. Сиб.**: Аркт. (Полярн. Урал и низовья Оби), Алт.; **Вост. Сиб.**: Аркт., Енис. (сев.: плато Путорана), Лен.-Кол. (сев.; юг: Становое нагорье и верховья Алдана; юго-вост.: юго-зап. Джугджур), Анг.-Саян. (хр. Вост. Саян), Даур. (сев.-зап.: вост. побережье Байкала — Чивыркуйские гольцы); **Дальн. Вост.**: Аркт. (Сев. Анюйский хр., Чаунская губа, восток Чукотского п-ова, басс. Анадыря, Пенжины и залив Корфа), Камч. (о-в Карагинский), Удск. (хр. Геран и Тыркано-Майский водораздел), Зее-Бур. (сев.-вост.: хребты Дуссэ-Алинь и Ям-Алинь). Общ. распр.: С. Америка (Аляска, о-в Элсмир, о-в Саутгемптон, штаты Колорадо, Манитоба, Нью-Гэмпшир, восток Гудзонова залива; сев. и зап. Гренландия). — 2n = 48 (Юрцев, Жукова, 1982), 54 (Юрцев, Жукова, 1978; Жукова, 1980; Жукова, Петровский, 1980). — Рис. 26, *2*.

Близкий к *C. capillaris* вид, характерный для арктической зоны и высокогорий Вост. Сибири и Дальнего Востока. В евразиатской Арктике, начиная с Большеземельской тундры, *C. fuscidula* заметно преобладает над *C. capillaris*, а к востоку от Лены полностью ее замещает. В американской Арктике (кроме вост. Гренландии) встречается, по-видимому, только *C. fuscidula*.

В Вост. Саяне известна помесь между *C. fuscidula* и *C. ledebouriana* (Малышев, 1990, l. c.).

The species close to *C. capillaris*, typical for Arctic zone and altimontane areas of Eastern Siberia and Far East. In Eurasian Arctic, from Bolshezemelskaya Tundra, *C. fuscidula* distinctly prevails over *C. capillaris*, and to the east of Lena completely replaces it. In American Arctic (except eastern Greenland) only *C. fuscidula* obviously occurs.

A hybrid between *C. fuscidula* and *C. ledebouriana* is known from Eastern Sayan (Малышев, 1990, l. c.).

6 (169). **C. krausei** Boeck. 1886, Bot. Jahrb. 7 : 279; Hult. 1942, Lunds Univ. Årsskr. N.F., Avd. 2, **38**, 1 : 161 (Fl. Al. 2); A. et D. Löve et Raymond, 1957, Canad. Journ. Bot. 35 : 747; Егор. 1964, Новости сист. высш. раст. 1964 : 42; ead. 1966, в Аркт. фл. СССР, 3 : 151; Юрц. и др. 1972, Бот. журн. **57**, 7 : 769; iid. 1975, Новости сист. высш. раст. 12 : 314; Малышев, 1990, во Фл. Сиб. 3 : 116. — ? *C. nana* Cham. ex Steud. 1855, Syn. Pl. Glum. 2 : 228, non Lam. 1789. — ? *C. chamissonis* Meinsh. 1901, Тр. Петерб. бот. сада, **18**, 3 : 361; В. Креч. 1935, во Фл. СССР, 3 : 430; A. et D. Löve et Raymond, 1957, l. c. : 747. — *C. capillaris* var. *nana* (Cham. ex Steud.) Kük. f. *krausei* (Boeck.) Kük. 1909, in Engl. Pflanzenr. 38 : 591. — *C. capillaris* var. *nana* (Cham. ex Steud.) Kük. 1909, l. c. : 591, quoad specim. № 92, ? an quoad typum. — *C. capillaris* subsp. *krausei* (Boeck.) Böcher, 1952, Medd. Grönl. **147**, 9 : 52. — *C. lenaensis* auct. non Kük.: В. Креч. 1935, во Фл. СССР, 3 : 429, p. p. — **О. Краузе**.

Описан с юго-востока Аляски; typus: («Gebiet des Lynn-Canals, Sandinsel in Chilicot unterhalb Katkwälta, 17 VI 1882, № 92, Aurel und Arthur Krause» (B, утрачен); lectotypus est isotypus *C. krausei* (LE!) — Егорова (h. l.).

В пойменных кустарничках, на песчано-галечниковых берегах речек, влажных осыпях, скалах, песчаных местах в тундре; в южных и гипоарктических высокогорьях и верхней части лесного пояса, а также в арктической тундре. — **Европ. ч.**: Аркт. (Полярн. Урал: ж.-д. ст. Полярн. Урал и гора Шлем), Дв.-Печ. (Приполярн. Урал: р. Кожим); **Зап. Сиб.**: Аркт. (Полярн. Урал: верховья Соби и гора Рай-Из), Алт. (р. Ороктуй); **Вост. Сиб.**: Аркт. (низовья Енисея и Лены), Енис. (басс. Ниж. Тунгуски: пос. Нарын), Лен.-Кол. (сев.: пос. Хатанга, Среднесибирское плато — басс. р. Медвежьей и р. Верх. Томба, басс. Алдана —

пос. Теплый ключ и Нежданинское, хр. Черского, Момский хр.; юг: Байкальский хр., Становое нагорье и басс. среднего течения Амги — пос. Верх. Амга), Анг.-Саян. (Тува: пос. Нарын; Вост. Саян), Даур. (сев.-зап., юго-вост.: Нерчинский Завод); **Дальн. Вост.**: Аркт. (запад и центр Чукотского нагорья и крайний восток Чукотского п-ова). Общ. распр.: С. Америка (Аляска). — 2n = 36 (Löve et al., 1957), 62 (Юрцев, Жукова, 1978, 1982).

Тип *C. krausei*, прежде, по всей вероятности, хранившийся в Берлине (B), в настоящее время там отсутствует, как сообщили нам из Ботанического музея в Берлин-Далеме в ноябре 1992 г. Возможно, как и типы некоторых других видов, он был утрачен во время Второй мировой войны. В качестве лектотипа *C. krausei* здесь указывается хранящийся в LE изотип.

Образцы этого вида В. И. Кречетович (1935, l. c.) принял за *C. lenaensis* Kük. (= *C. ledebouriana* s. str.), а позднее определил их как *C. chamissonis*, причем этим названием он тестировал и экземпляр, оказавшийся, как было мною установлено (Егорова, 1964, l. c.), изотипом *C. krausei*.

У приводимого вида верхний колосок всегда гинекандрический, а нижние пестичные, нередко ветвящиеся (этот признак выражен и у типового образца).

А. и Д. Леве и Реймонд (A. et D. Löve et Raymond, l. c.) разделяют *C. krausei* на 2 подвида: subsp. *krausei* и subsp. *porsildiana* (Polunin) A. et D. Löve. Первый подвид они приводят для Аляски, второй — для побережья Гудзонова залива, п-ова Унгава, Гренландии и Исландии. Согласно названным авторам, subsp. *porsildiana* отличается от subsp. *krausei* более мелкими мешочками (1.3—1.8 мм дл., а не 2.5—3 мм). На нашей территории *C. krausei* представлена типовым подвидом, но на крайнем востоке Чукотского п-ова встречаются формы, переходные к subsp. *porsildiana*.

Возможно, синонимом *C. krausei* является *C. chamissonis* Meinsh., l. c. Название *C. chamissonis* было обнародовано вместо названия *C. nana* Cham. ex Steud., l. c., оказавшегося поздним омонимом. Согласно протологу, *C. nana* описана по образцам, собранным И. Редовским на о-ве Уналашка (Алеутские о-ва) («Redowsky legit in Unalaschka»). По мнению В. И. Кречетовича (l. c.), вид описан с Охотского побережья.

Типовой экземпляр *C. nana*, по-видимому, хранящийся в Париже (P), мне пока не удалось получить. Гультен (Hultén, 1960 : 127) отмечает, что в LE имеется экземпляр *C. nana* с этикеткой «Unalaschka Hb. Cham.». В действительности же в LE хранятся только образцы *C. nana*, этикетированные «Kamt. Sibiria, Redowski, Hb. Cham.» и «legit in Kamtschatka Dr. Redowsky»; на первом из них имеется автограф Шамиссо (Chamisso) «*Carex nana* m.». Но, как указывает И. Бородин (1908), Редовский не был ни на Камчатке, ни на Уналашке; он гербаризировал в 1806 г. по пути из Иркутска на Камчатку через Алданский хребет, Удский острог, Охотск и Гижигинск, где и скончался в феврале 1807 г. Кроме того, виды рассматриваемой секции на Камчатке и Алеутских о-вах не встречаются (Hultén, 1960; Егорова, 1982; Кожевников, 1988).

«Камчатские» образцы *C. nana* принадлежат к виду, прежде называемому *C. karoi*, а теперь *C. delicata* (см. ниже), и были собраны, по-видимому, в Иркутской обл. Идентичность их *C. karoi* auct. (= *C. delicata*) была установлена мной ранее (Егорова, 1964). У этих растений (они собраны в молодом состоянии) верхний колосок тычиночный, мешочки яйцевидные. Типовой образец *C. nana*, по-видимому, отличается от «камчатских». В оригинальном описании вида отмечено, что верхний колосок у него тычиночный, иногда андрогинный, мешочки (незрелые) ланцетные. (Замечу, что андрогинными колосками в старой литературе нередко называли обоеполые колоски как с тычиночными цветками наверху, так и с пестичными). Кюкенталь (Kükental, l. c.), видевший тип *C. nana*, характеризует это растение, принятое им как *C. capillaris* var. *nana* (Cham. ex Steud.) Kük., l. c., гинекандрическим верхним колоском. К var. *nana* он отнес образец с Аляски («fr. Krause, № 92»), являющийся типом *C. krausei*. У последнего вида верхний колосок гинекандрический, мешочки ланцетовидные. Основываясь на диагнозе *C. nana* и трактовке Кюкенталем var. *nana*, с которой он отождествил *C. krausei*, можно высказать предположение об идентичности этих таксонов. Окончательно решить этот вопрос можно лишь при изучении типа *C. nana*.

К *C. krausei* очень близок эндемичный для Гренландии вид *C. boecheriana* A. et D. Löve et Raymond, отличающийся от первого вида по форме мешочков. Близка к *C. krausei* и *C. delicata* (см. комментарии к последней).

The type of *C. krausei*, most probably had been kept in Berlin (B), is absent there at present time, according to information from Botanisches Museum in Berlin-Dahlem of November 1992. Probably, it was lost during World War II, like types of some other species. As the lectotype of *C. krausei*, the isotype kept in LE is designated here.

Kreczetowicz (Кречетович, 1935, l. c.) had taken the specimens of this species for *C. lenaensis* Kük. (= *C. ledebouriana* s. str.), and later identified them as *C. chamissonis*, by this name also the specimen being tested by him, which was proved (Егорова, 1964, l. c.) to be the isotype of *C. krausei*.

The cited species has always gynaecandrous terminal spike, lower ones being female, rather often branched (this character is distinct in type specimen as well).

A. and D. Löve and Raymond (l. c.) subdivide *C. krausei* into 2 subspecies: subsp. *krausei* and subsp. *porsildiana* (Polunin) A. et D. Löve. They cite the former subspecies for Alaska, the latter one for coast of Hudson Bay, Ungava Peninsula, Greenland and Iceland. According to these authors, subsp. *porsildiana* differs from subsp. *krausei* by smaller utricles (1.3—1.8 mm long, instead of 2.5—3 mm). In our territory, *C. krausei* is represented by the type subspecies, but in the very eastern Chukot Peninsula, the forms, transitional to subsp. *porsildiana* occur.

It is possible, *C. chamissonis* Meinsh., l. c. is a synonym of *C. krausei*. The name *C. chamissonis* was published instead of the name *C. nana* Cham. ex Steud., l. c., the latter being a later homonym. According to the protologue, *C. nana* is described from specimens collected by I. Redowsky in island Unalaska (Aleutian Islands) («Redowsky legit in Unalaschka»). In Kreczetowicz's opinion, (Кречетович, l. c.), the species is described from Okhotsk Sea coast.

I have not until now managed to receive the type specimen *C. nana*, which is obviously kept in Paris (P). Hultén, (1960 : 127) notes, that in LE there is a specimen of *C. nana* with label «Unalaschka Hb. Cham.». Really, only the specimens of *C. nana* labelled «Kamt. Sibiria, Redowski, Hb. Cham.» and «legit in Kamtschatka Dr. Redowsky» are kept in LE; the former one having the autograph by Chamisso «*Carex nana* m.». However, as Borodin (Бородин, 1908) has noted, Redowsky was neither in Kamchatka, nor in Unalaska; he had been collecting herbarium in 1806 on the way from Irkutsk to Kamchatka through Aldan Mountains, Udskij ostrog, Okhotsk and Gijiginsk, where he died in February of 1807. Besides, species of considered section do not occur in Kamchatka and Aleutian Islands (Hultén, 1960; Егорова, 1982; Кожевников, 1988).

«Kamchatian» specimens of *C. nana* belong to species called before *C. karoi*, and now *C. delicata* (see below), and were obviously collected in Irkutsk region. Their identity with *C. karoi* auct. (= *C. delicata*) was ascertained by me before (Егорова, 1964). These plants (they are collected at juvenility) have male terminal spike, ovoid utricles. The type specimen of *C. nana*, obviously, differs from «Kamchatian» ones. It is noted in the original description of the species, that its terminal spike male, sometimes androgynous, utricles (immature) lanceolate. (To note, in old literature, bisexual spikes both with male or with female flowers above were not rarely called androgynous ones). Kükental (l. c.), who had seen the type of *C. nana*, characterized this plant accepted by him as *C. capillaris* var. *nana* (Cham. ex Steud.) Kük., l. c. by gynaecandrous terminal spike. He has related to var. *nana* the specimen from Alaska («fr. Krause, № 92»), being the type of *C. krausei*. The latter species has gynaecandrous terminal spike, lanceolate utricles. Basing on the diagnosis of *C. nana* and Kükental's interpretation of var. *nana*, which he equated with *C. krausei*, these taxa can be supposed to be identical. This question can be solved finally only by examining the type of *C. nana*.

23 Заказ № 131

Very close to *C. krausei*, is the species endemic for Greenland, namely *C. boecheriana* A. et D. Löve et Raymond, differing from the former species by shape of utricles. *C. delicata* is also close to *C. krausei* (see comments to the former).

7 (170) **C. delicata** C. B. Clarke, 1908, Kew Bull. Add. ser. 8 : 79; Егор. 1980, Новости сист. высш. раст. 17 : 109; А. Е. Кожевников, 1988, в Сосуд. раст. сов. Дальн. Вост. 3 : 317, p. p., quoad pl. kolym.; Малышев, 1990, во Фл. Сиб. 3 : 115. — *C. displodensis* Printz, 1921, Veg. Sib.-Mong. Front. : 152, fig. 77. — *C. capillaris* subsp. *densiflora* Printz, l. c. : 158, fig. 79, 80. — *C. capillaris* f. *major* auct. non Drej. : Kük. 1909, in Engl. Pflanzenr. 38 : 590. — *C. karoi* auct. non (Freyn) Freyn: В. Креч. 1935, во Фл. СССР, 3 : 430; A. et D. Löve et Raymond, 1957, Canad. Journ. Bot. 35 : 747; Егор. 1964, Новости сист. высш. раст. 1964 : 40, p. p., excl. syn. *C. chamissonis*; Ворош. 1982, Опред. раст. сов. Дальн. Вост. : 126. — **О. изящная**.

Описан из Вост. Сибири; t y p u s: «Nerczynsk, nasse Waldwiesen in Thälern am Schilkaflusse, Gebüsche, 1891, № 385, F. Karo» (LE!, isotypi LE!, BRNM!).

На болотистых осоково-разнотравных, нередко солонцеватых лугах, в поймах рек, на галечниках, у ручьев и ключей, на травяных болотцах, в зарослях кустарников, по краям арыков; в нижнем, среднем, изредка в верхнем поясах гор. — **Зап. Сиб.**: Обск. (юго-вост.), Ирт. (вост.), Алт.; **Вост. Сиб.**: Енис. (нижнее течение Ниж. Тунгуски: фактория Кочумдек), Лен.-Кол. (р. Вилюй, р. Лена выше впадения Вилюя и к востоку от Лены южнее 68° с. ш.), Анг.-Саян., Даур.; **Дальн. Вост.**: Охот., ? Зее-Бур., Уссур. (сев.-зап.: Хабаровский край, пос. Известковый): **Средн. Азия**: Дж.-Тарб., Тянь-Шан., Пам.-Ал. О б щ . р а с п р.: З. (сев.-вост. Афганистан), Ц., В. (Сев. и Сев.-Вост. Китай) и Ю. (сев. Пакистан; Индия: зап. Гималаи) Азия. — 2n = 58 (Löve et al., 1957; Малышев, 1990). — Рис. 26, *4*.

Указание, что тип *C. delicata* находится в Кью (Егорова, 1980, l. c.), не подтвердилось. В качестве типа вида здесь рассматривается соответствующий протологу образец, хранящийся в LE. Тип и изотипы *C. delicata* имеют один и тот же номер (№ 385), но тексты их этикеток незначительно различаются.

Растения данного вида прежде называли *C. karoi* (Freyn) Freyn. Однако типовой образец *C. karoi* («Schattige Waldwiesen am Irkut bei Irkutsk, Juni 1888, № 138, F. Karo» — BRNM!, photo LE!) принадлежит к *C. capillaris*, вследствие чего название *C. karoi* следует считать синонимом последнего (Егорова, 1980, l. c.).

Верхний колосок у *C. delicata* обычно тычиночный, но нередки и образцы, у которых он гинекандрический, как у близкого вида — *C. krausei*. От последнего *C. delicata* отличается главным образом яйцевидными, реже продолговато-яйцевидными мешочками с коротким носиком (а не ланцетовидными, с удлиненным носиком; см. также ключ). У обоих видов нижние колоски часто ветвистые.

В Прибайкалье и Забайкалье известны экземпляры, промежуточные по признакам между *C. delicata* и *C. capillaris*.

В. И. Кречетович (l. c.) привел *C. delicata* под названием *C. karoi* для Зее-Буреинского района, но его данные не подтверждены гербарным материалом. В. Н. Ворошиловым (l. c.) рассматриваемый вид указан для этой территории под знаком вопроса. В Хабаровском крае *C. delicata* была собрана Т. И. Нечаевой в 1990 г. на болоте близ железной дороги, что не исключает возможности заноса этого растения из Вост. Сибири.

Для Афганистана и Пакистана вид приведен по данным Кукконена (Kukkonen, 1987).

The indication on the type of C. *delicata* as kept in Kew (Егорова, 1980, l. c.) was not confirmed. As the type of the species, the specimen is considered here, corresponding to the protologue and kept in LE. The type and isotypes of C. *delicata* have the same number (№ 385), but texts of their labels are slightly different.

Plants of this species were called before as C. *karoi* (Freyn) Freyn. However, the type specimen of C. *karoi* («Schattige Waldwiesen am Irkut bei Irkutsk, Juni 1888, № 138, F. Karo» — BRNM!, photo LE!) belongs to C. *capillaris*, consequently the name C. *karoi* should be considered as a synonym of the latter (Егорова, 1980, l. c.).

C. *delicata* usually has male terminal spike, but specimens quite often occur with that gynaecandrous, as in the allied species, C. *krausei*. C. *delicata* differs from the latter species mostly by ovoid, more rarely oblong-obovoid utricles with short beak (instead of lanceolate utricles with elongate beak; see the key also). Lower spikes of both species are often branched.

In Baikal region and Transbaikalia specimens are known being intermediate by characters between C. *delicata* and C. *capillaris*.

Kreczetowicz (Кречетович, l. c.) had cited C. *delicata* under the name C. *karoi* for Zeya-Bureya region, but his data were not confirmed by herbarium material. Woroschilov (Ворошилов, l. c.) mentioned the considered species for this territory with the question-mark. In Khabarovsk Territory, C. *delicata* was collected by T. I. Nechaeva in 1990 in a bog near railway; possibly this species occurs here as a plant alien from Eastern Siberia.

For Afghanistan and Pakistan the species is cited according to data by Kukkonen (1987).

8 (171). **C. selengensis** Ivanova, 1937, Бот. мат. (Ленинград), 7 : 276. — C. *capillaris* var. *parvirostris* Kük. 1929, Acta Horti Gotoburg. 5 : 46. — C. *licentii* Nelmes, 1939, Kew Bull. 1939 : 185. — C. *karoi* var. *parvirostris* (Kük.) A. et D. Löve et Raymond, 1957, Canad. Journ. Bot. 35 : 747. — C. *capillaris* subsp. *chlorostachys* (Stev.) A. et D. Löve et Raymond, 1957, l. c. : 749, p. p., excl. typo. — C. *karoi* subsp. *selengensis* (Ivanova) Egor. 1973, Новости сист. высш. раст. 10 : 103. — C. *delicata* subsp. *selengensis* (Ivanova) Egor. 1980, l. c. 17 : 109; Малышев, 1990, во Фл. Сиб. 3 : 116. — C. *karoi* auct. non (Freyn) Freyn: Y. L. Chang et Y. L. Yang, 1976, Fl. Chin. Bor.-Or. 11 : 97, quoad syn. C. *selengensis*. — **О. селенгинская**.

Описан из Монголии; typus: «Сев.Монголия, Хангай, р. Боргултай, 4 VII 1926, № 178, Н. Иконников-Галицкий» (LE!).

На сырых лугах, по берегам рек, в зарослях прибрежных кустарников, заболоченных лесах. — **Зап. Сиб.**: Ирт. (сев.-вост.: Новосибирская обл., Ордынский р-н, с. Шарап), Алт. (Тува: с. Чадан); **Вост. Сиб.**: Анг.-Саян. (к востоку от Ангары: с. Кукунут), Даур. (юг). Общ. распр.: Ц. (сев. Монголия) и В. (Сев. и Сев.-Вост. Китай) Азия. — 2n = ?

Данные о нахождении вида в Иртышском, Алтайском и Ангаро-Саянском районах приводятся по работе Л. И. Малышева (l. c.).

The data on occurrence of the species in Irtysh, Altai and Angara-Sayan regions are cited according to work by Malyshev (Малышев, l. c.).

Sectio 31. Limosae Meinsh. 1901, Тр. Петерб. бот. сада, **18**, 3 : 283, 349, p. p.; Tuckerm. 1843, Enum. Meth. Car. : 12, nom. nud.; Christ, 1885, Bull. Soc. Bot. Belg. 24 : 15, nom. nud. — Sect. *Microrhynchae* Drej. ex L. H. Bailey, 1887, Proc. Amer. Acad. Arts Sci. 22 : 76, p. p. — Sect. *Chalciolaena* V. Krecz. 1935, во Фл. СССР, 3 : 241, p. max. p., sine descr. latin. — Sect. *Laxiflorae* subsect. *Limosae* (Tuckerm. ex Fries) T. Koyama, 1962, Journ. Fac. Sci. Univ. Tokyo (Bot.), **8**, 4 : 222. — Верхний колосок тычиночный, реже гинекандрический, остальные 1—3 пестичные, редко гинекандрические, много- или малоцветковые, б. м. густые, на ножках, часто поникающие. Нижний кроющий лист линейный, без влагалища или с едва выраженным влагалищем, б. м. равен соцветию или превышает его. Мешочки уплощенно- или б. м. округло-трехгранные, тонкокожистые, с жилками, густо покрытые сосочками (папиллами), с очень коротким цельным или едва выемчатым носиком. Плод целиком заполняет мешочек. Рылец 3. Растения с длинными ползучими или укороченными корневищами. — Typus: *C. limosa* L.

5 видов и подвидов, из них 4 вида и подвида в холодном и умеренном поясах Евразии и Сев. Америки, а один подвид (*C. magellanica* subsp. *magellanica*) на юге Южн. Америки.

Terminal spike male, more rarely gynaecandrous, the others 1—3 female, rarely gynaecandrous, many- or few-flowered, more or less dense, with peduncles, frequently pendent. Lowest bract leaf-like, sheathless or with scarcely distinct sheath, more or less equal to inflorescence or exceeds it. Utricles flattened- or more or less orbicular-trigonous, thin-coriaceous, veined, densely covered with papillae, with a very short entire or scarcely emarginate beak. Fruit completely fills utricle. Stigmas 3. Plants with long creeping or abbreviated rhizomes. — Typus: *C. limosa* L.

5 species and subspecies, 4 species and subspecies being in cold and temperate zones of Eurasia and North America, and one subspecies (*C. magellanica* subsp. *magellanica*) being in southern South America.

1. Пестичные колоски продолговатые, относительно узкие, (3)4—5(7) мм в диам. Мешочки округло-трехгранные в поперечном сечении, эллиптические, яйцевидные или продолговато-яйцевидные, 3.5—4.2 мм дл., постепенно суженные в короткий, на верхушке с узким бурым окаймлением носик. Стебли гладкие. Растения с ползучими корневищами.. 3. **C. rariflora**.....2.

\+ Пестичные колоски яйцевидные, эллиптические или продолговатые, 6—8(10) мм в диам. Мешочки уплощенно-трехгранные, эллиптические или широкояйцевидные, быстро суженные в очень короткий светло-желтый носик. Стебли обычно шероховатые...3.

2. Пестичные колоски 7—10(15)-цветковые, 4—5 мм в диам.; кроющие чешуи немного короче мешочков, равные им или реже, немного длиннее; мешочки эллиптические, реже яйцевидные или продолговато-яйцевидные. Стебли (10)15—20(30) см выс. ....
....3b. **C. rariflora** subsp. **rariflora**.

\+ Пестичные колоски 10—25-цветковые, 6—7 мм в диам.; кроющие чешуи длиннее мешочков, реже короче их; мешочки яйцевидные или широкояйцевидно-ланцетовидные. Стебли (10)15—40(60) см выс. ......
....3a. **C. rariflora** subsp. **pluriflora**.

3. Чешуи пестичных колосков эллиптические или яйцевидные, от светло-коричневых до темно-пурпурно-бурых, немного длиннее мешочков и равные им по ширине, не опадающие; мешочки эллиптические, (4)4.2—4.5(5) мм дл. Нижний кроющий лист короче соцветия, реже равен ему. Листовые пластинки 1—1.5(2) мм шир., серовато-зеленые. Растения с длинными ползучими корневищами; стебли расставленные..
....2. **C. limosa**.

\+ Чешуи пестичных колосков ланцетные, пурпурно-черные, часто с завернутыми вовнутрь краями, когтевидно изогнутые, длиннее мешочков на 1/3 или в 2 раза и вдвое у́же их, опадающие; мешочки широкояйцевидные, почти округлые, 3—3.5 мм дл. Нижний кроющий лист равен соцветию или длиннее его. Листовые пластинки (2)2.5—3(4) мм шир., ярко-зеленые. Растения с короткими ползучими корневищами; стебли скученные.........................1. **C. magellanica** subsp. **irrigua**.

1. Female spikes oblong, narrow, (3)4—5(7) mm in diam. Utricles orbicular-trigonous in cross-section, elliptical, ovoid or oblong-ovoid, 3.5—4.2 mm long, gradually narrowed into a short beak with a very narrow brown limbus at the apex. Stems smooth. Plants with creeping rhizomes...3. **C. rariflora**.....2.
\+ Female spikes ovoid, elliptical or oblong, 6—8(10) mm in diam. Utricles flattened-trigonous, elliptical or broad-ovoid, abruptly narrowed into a very short light yellow beak. Stems usually scabrid...3.
2. Female spikes 7—10(15)-flowered, 4—5 mm in diam.; glumes a little shorter than utricles, equal to them or, more rarely, a little longer; utricles elliptical, more rarely ovoid or oblong-ovoid. Stems (10)15—20(30) cm high.............3b. **C. rariflora** subsp. **rariflora**.
\+ Female spikes 10—25-flowered, 6—7 mm in diam.; glumes longer than utricles, more rarely shorter; utricles ovoid or broad-ovoid-lanceolate. Stems (10)15—40(60) cm high.... ....3a. **C. rariflora** subsp. **pluriflora**.
3. Female glumes elliptical or ovate, from light brown to dark purple-brown, a little longer than utricles and equal them by width, not deciduous; utricles elliptical, (4)4.2—4.5(5) mm long. Lowest bract leaf-like, shorter than inflorescence, more rarely equal to it. Leaf blades 1—1.5(2) mm wide, greyish-green. Plants with long creeping rhizomes; stems distant...2. **C. limosa**.
\+ Female glumes lanceolate, purple-black, frequently with involute margins, unguiculately curved, by 1/3 or twice longer than utricles and twice narrower, deciduous; utricles broad-ovoid, suborbicular, 3—3.5 mm long. Lowest bract leaf-like, equal or longer than inflorescence. Leaf blades (2)2.5—3(4) mm wide, bright-green. Plants with short creeping rhizomes; stems aggregated............................1. **C. magellanica** subsp. **irrigua**.

1 (172). **C. magellanica** Lam. 1789, Encycl. Méth. Bot. 3 : 385; Kük. 1909, in Engl. Pflanzenr. 38 : 505, p. p.

Описан из Южн. Америки, с берегов Магелланова пролива («...au détroit Magellan, par Commerson»); typus: P.

subsp. **magellanica**.

Встречается в субантарктических районах Южн. Америки к югу от 40° ю. ш. (включая Огненную Землю и Фолклендские о-ва). По данным зарубежных авторов (Roivainen, 1954; Moore, Chater, 1971; Chater, 1980), первый из которых наблюдал популяции *C. magellanica* на Огненной Земле, южноамериканский подвид отличается от циркумполярно распространенного в сев. полушарии subsp. *irrigua* (см. ниже) верхним колоском почти всегда гинекандрическим (очень редко он тычиночный), бóльшим количеством тычиночных цветков (2—5) при основании боковых колосков и более длинными и широкими кроющими чешуями. У subsp. *irrigua* верхний колосок гинекандрический или тычиночный, а боковые или целиком пестичные, или с 1—3 тычиночными цветками при основании. На мой взгляд, *C. magellanica* очень слабо дифференцирована на подвиды. Различия между ними выявляются лишь при популяционном анализе. Таксономическую принадлежность отдельно взятых гербарных образцов *C. magellanica* s. l. без знания места их сбора установить практически невозможно.

Occurring in subantarctic regions of South America to the south of 40° South latitude (including Tierra del Fuego and Falkland Islands). According to data of foreign authors (Roivainen, 1954; Moore, Chater, 1971; Chater, 1980), the former of them having been observed the populations of *C. magellanica* in Tierra del Fuego, the South-American subspecies differs from subsp. *irrigua*, the latter being distributed circumpolar in the northern hemisphere, (see below) by terminal spike almost always gynaecandrous (very rarely male), greater number of male flowers (2—5) at base of lateral spikes and longer and broader female glumes. Subsp. *irrigua* has terminal spike gynaecandrous or male, and lateral ones entirely female or with 1—3 male flowers at base. In my opinion, *C. magellanica* is very poorly differentiated into subspecies. The distinctions between them can be revealed only by population analysis. The taxonomic belonging of taken separately herbarium specimens of *C. magellanica* s. l. is practically impossible to be established without knowledge of location of their collection.

subsp. **irrigua** (Wahlenb.) Hiit. 1933, Suomen Kasvio : 161; Chater, 1980, in Fl. Europ. 5 : 317. — C. *limosa* β. *irrigua* Wahlenb. 1803, Kungl. Sv. Vet.-Akad. Handl. ser. nov. 24 : 162. — C. *paupercula* Michx. 1803, Fl. Bor.-Amer. 2 : 172; А. Е. Кожевников, 1988, в Сосуд. раст. сов. Дальн. Вост. 3 : 336. — C. *irrigua* (Wahlenb.) Smith ex Hoppe, 1826, Caric. Germ. : 72; В. Креч. 1935, во Фл. СССР, 3 : 245, sine auct. comb. — C. *paupercula* subsp. *irrigua* (Wahlenb.) A. et D. Löve, 1961, Bot. Not. **114**, 1 : 50. — C. *magellanica* subsp. *irrigua* (Wahlenb.) Hult. 1962, Kungl. Sv. Vet.-Acad. Handl. ser. 4, **8**, 5 : 90 (Circump. Pl. 1). — C. *majae* Khokhr. 1980, в сб. Горные тундры хр. Бол. Анначаг : 90. — C. *magellanica* auct. non Lam. s. str.: Kük. 1909, in Engl. Pflanzenr. 38 : 505, p. p.; Малышев, 1990, во Фл. Сиб. 3 : 137. — Exs.: H.F.R. № 445, H.F. URSS № 4229. — **О. заливная**.

Описан из Швеции («...locis irriguis et inundatis per Sveciam septentrionalem»); typus: UPS.

На моховых болотах, болотистых осоковых лугах, в мочажинах, заболоченных лесах и редколесьях, по берегам зарастающих озер, в осоково-моховых тундрах; на равнине, в лесном и, редко, верхнем поясах гор. — **Европ. ч.**: Аркт. (материковая часть), Кар.-Мурм., Дв.-Печ., Прибалт., Лад.-Ильм., Верх.-Днепр. (север Беларуси и Смоленская обл.), Верх.-Волж., Волж.-Кам., Волж.-Дон. (Мордовский гос. заповедник); **Кавк.**: Б. Кавк. (зап. и центр.), Зап. (Краснодарский край, верховья Мзымты; Абхазия) и Центр. (верховья Черной Арагвы и Цалки) Закавк.; **Зап. Сиб.**: Аркт. (низовья Оби и юго-восток Обской губы), Обск., Верх.-Тоб., Алт.; **Вост. Сиб.**: Енис., Лен.-Кол. (юг.), Анг.-Саян., Даур.; **Дальн. Вост.**: Камч., Охот. (сев.), Удск., Зее-Бур. (басс. Зеи: оз. Токо; хр. Дуссе-Алинь), Уссур. (центр), Курил. (сев.). Общ. распр.: Европа; З. (сев.-вост. Турция) и В. (Япония: о-в Хонсю) Азия; С. Америка (включая южн. Гренландию). — 2n = 58 (Löve, Löve, 1956). — Рис. 37, *8*.

Варьирует по строению колосков, верхний из которых может быть тычиночным или гинекандрическим (наполовину с тычиночными цветками), а боковые пестичными или гинекандрическими (с 1—3 тычиночными цветками). Отмеченное варьирование (особенно в строении верхнего колоска) нередко наблюдается даже в пределах одной популяции.

C. *majae* Khokhr., l. c. (typus: «Магаданская обл., Тенькинский р-н, окр. пос. Сиббит-Тыэллах, 6 VIII 1977, В. Б. Звезденко» — MW!), известная лишь из одного местонахождения, отличается от типичных subsp. *irrigua* кроющими чешуями короче мешочков (обычно они длиннее последних).

Для Уссурийского района subsp. *irrigua* приводится по данным А. Е. Кожевникова (l. c.), для сев. Курил — по данным Ови (Ohwi, 1936).

Рассматриваемый подвид образует помеси с C. *rariflora*, описанные как C. *stygia* Fries (см. комментарий к C. *rariflora*).

Varies in structure of spikes, the terminal one being male or gynaecandrous (by half with male flowers), and lateral ones being female or gynaecandrous (with 1—3 male flowers). Noted variation (especially by structure of terminal spike) is rather often observed even within the same population.

C. *majae* Khokhr., l. c. (typus: «Магаданская обл., Тенькинский р-н, окр. пос. Сиббит-Тыэллах, 6 VIII 1977, В. Б. Звезденко» — MW!) known only from the one location, differs from typical subsp. *irrigua* by female glumes shorter than utricles (usually they are longer than the latters).

For Ussuri region, subsp. *irrigua* is cited according to data by Kozhevnikov (А. Е. Кожевников, l. c.), for northern Kurils according to Ohwi (1936).

The considered subspecies generates hybrids with C. *rariflora* described as C. *stygia* Fries (see comments to C. *rariflora*).

2 (173). **C. limosa** L. 1753, Sp. Pl. : 977; Kük. 1909, in Engl. Pflanzenr. 38 : 504, incl. var. *fusco-cuprea* Kük.; В. Креч. 1935, во Фл. СССР, 3 : 244. — *C. fusco-cuprea* (Kük.) V. Krecz. 1935, во Фл. СССР, 3 : 244. — Exs.: H.F.R. № 744a, H.F. URSS №№ 4226a, b, 5052, 6160. — **О. топяная**.

Описан из Европы («Habitat in Europae frigidae paludibus sylvaticis»); lectotypus: Herb. Linn. № 1100.56 (LINN, photo LE!) — Егорова (h. l.).

На сфагновых болотах, торфяниках, мочажинах, по краям зарастающих озер, на торфянистых берегах рек, в осоково-моховых тундрах; на равнине и в лесном, редко в верхнем поясах гор. — **Европ. ч.**: все районы, кроме Молд., Причерн., Ниж.-Дон., Ниж.-Волж. и Крым. (в Аркт. материковая часть); **Кавк.**: Б. Кавк. (зап. и центр.), Зап. (юг) и Центр. Закавк.; **Зап. Сиб.**: Аркт. (низовья Оби), Обск., Верх.-Тоб., Ирт. (вост.), Алт.; **Вост. Сиб.**: все районы (в Аркт. низовья Енисея, Котуя, Яны, Индигирки и Колымы); **Дальн. Вост.**: все районы, кроме Ком. (в Аркт. зап. Чукотка: Анюйское нагорье, оз. Верхний Илирней; басс. Анадыря и Корякия). Общ. распр.: С., Атл., Ц. и Ю. (сев.) Европа; В. Азия (Сев.-Вост. Китай, север п-ова Корея, о-ва Хоккайдо и Хонсю); С. Америка. — 2n = 56 (Жукова, Петровский, 1976; Малышев, 1990). — Рис. 37, *6*.

Известны образцы *C. limosa*, у которых боковые колоски несут на верхушке тычиночные цветки. Образует стерильные помеси с *C. magellanica* subsp. *irrigua*.

The specimens of *C. limosa* are known with lateral spikes bearing male flowers at apex. *C. limosa* generates sterile crossbreds with *C. magellanica* subsp. *irrigua*.

3 (174). **C. rariflora** (Wahlenb.) Smith, 1813, in Sowerby, Engl. Bot. 35 : tab. 2516 (cum descr.); Kük. 1909, in Engl. Pflanzenr. 38 : 502, excl. var. β. *stygia*; В. Креч. 1935, во Фл. СССР, 3 : 242, sine auct. comb. — *C. limosa* γ. *rariflora* Wahlenb. 1803, Kungl. Sv. Vet.-Akad. Handl. ser. nov. 24 : 132. — Exs.: H.F. URSS № 6310. — **О. редкоцветковая**.

Описан из сев. Швеции («Hab. in locis irriguis infra alpinis per Norlandiam septentrionalem»); typus: UPS.

а) subsp. **pluriflora** (Hult.) Egor. 1985, Новости сист. высш. раст. 22 : 54. — *C. pluriflora* Hult. 1942, Lunds Univ. Årsskr. N.F. Avd. 2, **38**, 1 : 367, fig. 4a—d (Fl. Al. 2); Чер. 1973, Свод дополн. и измен. к Фл. СССР : 217; Егор. 1979, Новости сист. высш. раст. 16 : 57; Ворош. 1982, Опред. раст. сов. Дальн. Вост.: 138; А. Е. Кожевников, 1988, в Сосуд. раст. сов. Дальн. Вост. 3 : 334. — *C. nigrita* Fisch. in Boeck. 1877, Linnaea, 41 : 164 (in adnot., pro var. *C. limosae*); В. Креч. 1935, во Фл. СССР, 3 : 242, pro syn. *C. stygiae* (ut «*C. nigrita* Fisch. ex Boeck.»). — *C. nigrita* Fisch. ex Worosch. 1966, Фл. сов. Дальн. Вост. : 102 (ut «*C. nigrita* Fisch. ex Boeck.»), nom. invalid. — *C. rariflora* var. *pluriflora* (Hult.) Boivin, 1967, Nat. Canad. **94**, 4 : 523. — *C. rariflora* var. *pluriflora* (Hult.) Worosch. 1985, во Флорист. иссл. в СССР : 155, comb. superfl. — *C. stygia* auct. non Fries: В. Креч. 1935, цит. соч. : 242, p. p., quoad pl. ex ins. Komandor. — **О. многоцветковая**.

Описан с южн. побережья Аляски; typus: «Hinchinbrook I, 2 VIII 1936, Norberg» (S, isotypus LE!).

На сырых и болотистых местах. — **Дальн. Вост.**: Ком. (о-в Беринга), Сах. (сев.: окр. Охи), Курил. (сев.: о-в Парамушир). Общ. распр.: С. Америка (Алеутские о-ва и Аляска). — 2n = 52 (Crins, 1990).

Морфологически очень слабо обособлен от циркумполярного типового подвида, отличаясь от него комплексом варьирующих признаков. Заметим, что ряд признаков, по которым автор описания *C. pluriflora* отличал этот вид от

C. rariflora, либо не подтверждается на гербарном материале (черные кроющие чешуи, мешочки без носиков), либо свойственны обоим видам (Егорова, 1979, l. c.).

Растения, соответствующие subsp. *pluriflora*, В. Н. Ворошиловым (1966, l. c.) были обозначены как *C. nigrita* Fisch. ex. Boeck. В. И. Кречетовичем (l. c.) это название приведено в качестве синонима *C. stygia*. Однако название *C. nigrita* не было действительно обнародовано ни Бекелером (Boeckeler) (Егорова, 1979, l. c.), ни Ворошиловым.

Very poorly separated morphologically from the circumpolar type subspecies, differiing from it by complex of varying characters. To note, a number of characters used by the author of description of *C. pluriflora* as distinctive for this species from *C. rariflora*, either are not confirmed by herbarium material (black glumes, beakless utricles), or are characteristic to both species (Егорова, 1979, l. c.).

Plants corresponding to subsp. *pluriflora* were designated by Woroshilov (Ворошилов, 1966, l. c.) as *C. nigrita* Fisch. ex. Boeck. Kreczetowicz (Кречетович, l. c.) put this name into synonymy of *C. stygia*. However, the name *C. nigrita* has been validly published neither by Boeckeler (Егорова, 1979, l. c.), nor by Woroshilov.

b) subsp. **rariflora**.

На мохово-осоковых болотах, в болотистых тундрах, по краям мочажин, берегам зарастающих озер; на равнине и в верхнем поясе гор; характерное растение тундровых равнинных болот, где часто образует обширные заросли; встречается также в лесотундре и на севере лесной зоны. — **Европ. ч.**: Аркт., Кар.-Мурм. (Кольский п-ов и Беломорское побережье Карелии), Дв.-Печ. (сев.; зап.: Сев. Урал); **Зап. Сиб.**: Аркт., Обск. (Приполярн. Урал); **Вост. Сиб.**: Аркт., Енис. (плато Путорана); **Дальн. Вост.**: все районы (в Зее-Бур. и Уссур. по одному местонахождению, в Курил. сев. острова). Общ. распр.: С. и Атл. (Шотландия) Европа; С. Америка (Аляска, сев. и вост. Канада). — 2n = 50 (Юрцев, Жукова, 1978), 52 (Жукова, Петровский, 1977; Малышев, 1990). — Рис. 37, 7.

Для Зее-Буреинского и Уссурийского районов приводится по данным В. Н. Ворошилова (1982) и А. Е. Кожевникова (1988).

Образует стерильные гибриды с *C. magellanica* subsp. *irrigua*, описанные из Скандинавии как *C. stygia* Fries (1842, Nov. Fl. Suec. Mant. 3 : 141; ? В. Креч. 1935, во Фл. СССР, 3 : 242; ? Кузен. 1954, во Фл. Мурм. обл. 2 : 96. — *C. rariflora* subsp. *stygia* (Fries) Anderss. 1849, Cyper. Scand. : 35. — *C. rariflora* subsp. *stygia* (Fries) Nyman, 1882, Consp, Fl. Europ. : 775, comb. superfl. — *C. rariflora* var. *stygia* (Fries) Kük. 1909, in Engl. Pflanzenr. 38 : 502. — *C. rariflora* subsp. *stygia* (Fries) A. et D. Löve, 1961, Bot. Not. (Lund), **114**, 1 : 50, comb. superfl.).

Мнение о том, что *C. stygia* представляет собой помесь между *C. magellanica* subsp. *irrigua* и *C. rariflora*, высказал Холмберг (Holmberg, 1929 : 213), что было отмечено мной ранее (Егорова, 1972, 1976а). В качестве гибрида между названными видами *C. stygia* рассматривается и другими авторами (Hylander, 1966; Chater, 1980). В. И. Кречетович (l. c.) привел *C. stygia* в качестве самостоятельного вида, указав его для Карелии (Сумской посад) и Командорских о-вов (о-в Беринга). Образец из Сумского посада в LE отсутствует. Описание *C. stygia*, данное Кречетовичем, не совпадает с оригинальным. Поэтому остается неясным, с каким европейским растением он связывал название *C. stygia*. Образцы с о-ва Беринга (Кречетовичем они позднее были определены как *C. nigrita*) принадлежат к приводимому ниже подвиду — subsp. *pluriflora*. О. И. Кузенева

(l. c.) привела *C. stygia* для Кольского п-ова как редкое растение, но без указания конкретного распространения. Достоверные данные о нахождении *C. stygia* на территории б. СССР пока отсутствуют.

For Zeya-Bureya and Ussuri regions is cited according to data by Woroshilov (Ворошилов, 1982) and Kozhevnikov (Кожевников, 1988).

Generates sterile hybrids with *C. magellanica* subsp. *irrigua* described from Scandinavia as *C. stygia* Fries (1842, Nov. Fl. Suec. Mant. 3 : 141; ?В. Креч. 1935, во Фл. СССР, 3 : 242; ?Кузен. 1954, во Фл. Мурм. обл. 2 : 96. — *C. rariflora* subsp. *stygia* (Fries) Anderss. 1849, Cyper. Scand. : 35. — *C. rariflora* subsp. *stygia* (Fries) Nyman, 1882, Consp, Fl. Europ. : 775, comb. superfl. — *C. rariflora* var. *stygia* (Fries) Kük. 1909, in Engl. Pflanzenr. 38 : 502. — *C. rariflora* subsp. *stygia* (Fries) A. et D. Löve, 1961, Bot. Not. (Lund), **114**, 1 : 50, comb. superfl.).

The opinion about *C. stygia* to be a hybrid between *C. magellanica* subsp. *irrigua* and *C. rariflora*, was advanced by Holmberg (1929 : 213), that has been noted by me before (Егорова, 1972, 1976a). *C. stygia* is considered as a hybrid between mentioned species by other authors as well (Hylander, 1966; Chater, 1980). Kreczetowicz (Кречетович, l. c.) has cited *C. stygia* as separate species for Karelia (Sumskoj posad) and Commander Islands (Bering Island). The specimen from Sumskoj posad is absent in LE. Description of *C. stygia* given by Kreczetowicz, disagrees with the original one. Therefore, it remains obscure, what European plant he meant by the name *C. stygia*. Specimens from Bering Island (they were later identified by Kreczetowicz as *C. nigrita*) belong to subspecies cited below, namely subsp. *pluriflora*. Kuzeneva (Кузенева, l. c.) has cited *C. stygia* for Kola Peninsula as a rare plant, but without pointing out the particular distribution. Reliable data on occurrence of of *C. stygia* in the former USSR territory are absent so far.

Sectio 32. Scitae Kük. 1909, in. Engl. Pflanzenr. 38 : 410, p. p. — *Loxaniza* Rafin. 1840, Good Book a. Amen. Nat. : 25. — Sect. *Loxaniza* (Rafin.) V. Krecz. 1935, во Фл. СССР, 3 : 246, p. min. p. — Верхние 1—2 колоска тычиночные, остальные 2—3(4) пестичные, многоцветковые, густые, на ножках. Кроющие листья линейные, без влагалища, при основании обычно с черноватыми ушками. Чешуи пестичных колосков остисто заостренные или с остями. Мешочки уплощенно-трехгранные или почти плоские, перепончатые или тонкокожистые, сплошь пурпурно-черные или пятнистые, гладкие или по краям и, реже, по жилкам щетинисто-шероховатые, без жилок или с немногими жилками, без папилл, с коротким цельным или едва выемчатым носиком. Плод на карпофоре или сидячий. Рылец 3. Растения с короткими ползучими корневищами. — Т у р u s : *C. scita* Maxim.

11 видов, в Вост. Сибири (1 вид), на российском Дальнем Востоке, в Японии и на западе Сев. Америки. — Л и т.: Murray, 1970.

Upper 1—2 spikes male, the others 2—3(4) female, many-flowered, dense, pedunculate. Bracts leaf-like, sheathless, at base usually with blackish auricles. Female glumes aristate-acuminate or awned. Utricles flattened-trigonous or almost flat, membranous or thin-coriaceous, entirely purple-black or spotted, smooth or on margins and, more rarely, along veins setulous-scabrid, veinless or few-veined, without papillae, with a short entire or scarcely emarginate beak. Fruit with carpophore or sessile. Stigmas 3. Plants with short creeping rhizomes. — T y p u s : *C. scita* Maxim.

11 species, in Eastern Siberia (1 species), Russian Far East, Japan and western North America. — R e f.: Murray, 1970.

1. Стебли афиллоподные: нижние 1—2 листа чешуевидные, пластинка нижнего листа намного короче пластинки верхнего, влагалища листьев разной длины (пластинки отходят от них на разном уровне); влагалища нижних листьев б. ч. темно-пурпурные или темно-коричневые. Мешочки по краям от середины или почти от основания густо щетинисто-шероховатые или с единичными шипиками, или гладкие, с носиком 0.1—0.15(0.3) мм дл. Плод на карпофоре..2.

\+ Стебли филлоподные: чешуевидных листьев нет, пластинки нижнего и верхнего листьев не различаются по длине, влагалища листьев почти одинаковой длины (пластинки отходят от них почти на одном уровне); влагалища нижних листьев б. ч. светло-коричневые. Мешочки по краям гладкие, с носиком 0.3–0.8(1) мм дл. Плод без карпофора.......5.

2\. Мешочки по краям гладкие или, редко, с единичными шипиками. Тычиночный колосок 1..3.

\+ Мешочки по краям густо щетинисто-шероховатые. Тычиночных колосков 1–2..4.

3\. Чешуи пестичных колосков на верхушке с выемкой, из которой выходит ость (0.5)3–10 мм дл. Мешочки 5–6(7) мм дл., по краям гладкие, с 3–5 жилками..1. **C. macrochaeta**.

\+ Чешуи пестичных колосков без выемки и ости. Мешочки (3.5)4–5 мм дл., по краям гладкие или с единичными шипиками, обычно без жилок..4. **C. podocarpa**.

4\. Пестичные колоски 5–6(7) мм в диам., на длинных, 2–4 см, тонких ножках, часто поникающие. Мешочки 4–5 мм дл., по жилкам гладкие. Чешуи пестичных колосков без ости или с остью 0.3–2(5) мм дл. Перепончатая сторона влагалищ срединных листьев беловатая. Стебли почти гладкие.. 3. **C. riishirensis**.

\+ Пестичные колоски 8–10 мм в диам., на коротких, 0.5–1.5(2.5) см, утолщенных ножках, обычно прямостоячие. Мешочки 5.5–7.5 мм дл., по жилкам шероховатые, реже гладкие. Чешуи пестичных колосков с остью 2–5 мм дл. Перепончатая сторона влагалищ срединных листьев коричневато-оранжевая или пурпурная. Стебли шероховатые.............. ....2. **C. scabrinervia**.

5(1). Пестичные колоски на коротких, 0.5–1.5(3) см, утолщенных ножках, прямостоячие, редко поникающие. Чешуи пестичных колосков яйцевидные или продолговато-яйцевидные, острые или тупые, обычно сплошь черные, б. ч. равные мешочкам или немного короче их. Мешочки 2.5–3.5(4) мм дл., с носиком 0.3–0.4(0.5) мм дл. .... 6. **C. nesophila**.

\+ Пестичные колоски на удлиненных, (2)4–5 см, тонких ножках, обычно поникающие. Чешуи пестичных колосков острые или с остью 0.5–2 мм дл. Мешочки (3.5)3.8–5.5(6) мм дл., с носиком (0.3)0.4–0.8(1) мм дл. ....5. **C. flavocuspis**.....6.

6\. Мешочки 4–5.5(6) мм дл., с носиком 0.5–0.8(1) мм дл. Чешуи пестичных колосков удлиненно-ланцетные, с остью 0.5–2 мм дл., коротким острием или острые, черно-бурые, со светлой средней жилкой, длиннее мешочков или равные им...................................... .... 5a. **C. flavocuspis** subsp. **flavocuspis**.

\+ Мешочки (3.5)3.8–4.8 мм дл., с носиком (0.3)0.4–0.5 мм дл. Чешуи пестичных колосков яйцевидные, продолговато-яйцевидные, реже узкояйцевидные, острые, иногда с коротким острием или тупые, черные или черно-бурые, сплошь окрашенные или со светлой средней жилкой, короче мешочков... .... 5b. **C. flavocuspis** subsp. **krascheninnikovii**.

1. Stems aphyllopodic: lower 1–2 leaves scale-like, blade of lower leaf being much shorter than blade of upper one, leaf sheaths different in length (blades rise from them at different levels); sheaths of lower leaves generally dark purple or dark brown. Utricles on margins from middle or almost from base densely setulous-scabrid or with very few isolated spinelets, or smooth, with a beak 0.1–0.15(0.3) mm long. Fruit with carpophore ....2.
\+ Stems phyllopodic: scale-like leaves absent, blades of lower and upper leaves do not differ by length, leaf sheaths almost equal by length (blades rise from them almost at the same level); sheath of lower leaves generally light brown. Utricles on margins smooth, with a beak 0.3–0.8(1) mm long. Fruit without carpophore..........5.
2. Utricles on margins smooth or, rarely, with very few isolated spinelets. Male spike 1...3.
\+ Utricles on margins densely setulous-scabrid. Male spikes 1–2..........4.
3. Female glumes at apex with an excision, from which awn rises (0.5)3–10 mm long. Utricles 5–6(7) mm long, on margins smooth, 3–5-veined..........1. **C. macrochaeta.**
\+ Female glumes without excision and awn. Utricles (3.5)4–5 mm long, on margins smooth or with very few isolated spinelets, usually veinless..........4. **C. podocarpa.**
4. Female spikes 5–6(7) mm in diam., with long, 2–4 cm, thin peduncles, frequently pendent. Utricles 4–5 mm long, smooth along veins. Female glumes awnless or with awn 0.3–2(5) mm long. Membranous side of sheaths of middle leaves whitish. Stems almost smooth..........3. **C. riishirensis.**
\+ Female spikes 8–10 mm in diam., with short, 0.5–1.5(2.5) cm, thickened peduncles, usually erect. Utricles 5.5–7.5 mm long, along veins scabrid, more rarely smooth. Female glumes with awns 2–5 mm long. Membranous side of sheaths of middle leaves brownish-orange or purple. Stems scabrid..........2. **C. scabrinervia.**
5(1). Female spikes with short, 0.5–1.5(3) cm, thickened peduncles, erect, rarely pendent. Female glumes ovate or oblong-ovate, acute or obtuse, usually entirely black, generally equal to utricles or a little shorter. Utricles 2.5–3.5(4) mm long, with a beak 0.3–0.4(0.5) mm long..........6. **C. nesophila.**
\+ Female spikes with elongate, (2)4–5 cm, thin peduncles, usually pendent. Female glumes acute or with awn 0.5–2 mm long. Utricles (3.5)3.8–5.5(6) mm long, with a beak (0.3)0.4–0.8(1) mm long..........5. **C. flavocuspis**.....6.
6. Utricles 4–5.5(6) mm long, with a beak 0.5–0.8(1) mm long. Female glumes elongate-lanceolate, with an awn 0.5–2 mm long, or short cusp, or acute, black-brown, with light midrib, longer than utricles or equal to them.......5a. **C. flavocuspis** subsp. **flavocuspis.**
\+ Utricles (3.5)3.8–4.8 mm long, with a beak (0.3)0.4–0.5 mm long. Female glumes ovate, oblong-ovate, more rarely narrow-ovate, acute, sometimes with short a cusp or obtuse, black or black-brown, entirely coloured or with light midrib, shorter than utricles ....5b. **C. flavocuspis** subsp. **krascheninnikovii.**

Subsect. 1. **Podocarpae** Egor. 1985, Новости сист. высш. раст. 22 : 62. — Плод на карпофоре 0.7–1 мм дл. Мешочки по краям (а иногда и по жилкам) щетинисто-шероховатые или с единичными шипиками, или гладкие, с носиком 0.1–0.15(0.3) мм дл., редко без носика. Стебли афиллоподные (см. ключ). — Typus: *C. podocarpa* R. Br.

7 видов; вне рассматриваемой территории: *C. scita* Maxim. и *C. sharensis* Franch. (Япония) и *C. spectabilis* Dew. (= *C. tolmiei* Boott) (Сев. Америка).

Fruit with carpophore 0.7–1 mm long. Utricles on margins (sometimes also along veins) setulous-scabrid or with very few spinelets, or smooth, with beak 0.1–0.15(0.3) mm long, rarely beakless. Stems aphyllopodic (see the key). — Typus: *C. podocarpa* R. Br.

7 species; outside considered territory: *C. scita* Maxim. and *C. sharensis* Franch. (Japan) and *C. spectabilis* Dew. (= *C. tolmiei* Boott) (North America).

1 (175). **C. macrochaeta** C. A. Mey. 1831, Mém. Sav. Étr. Pétersb. 1 : 224, tab. XIII; Kük. 1909, in Engl. Pflanzenr. 38 : 412, p. p.; В. Креч. 1935, во Фл. СССР, 3 : 259. — **О. длинноостистая.**

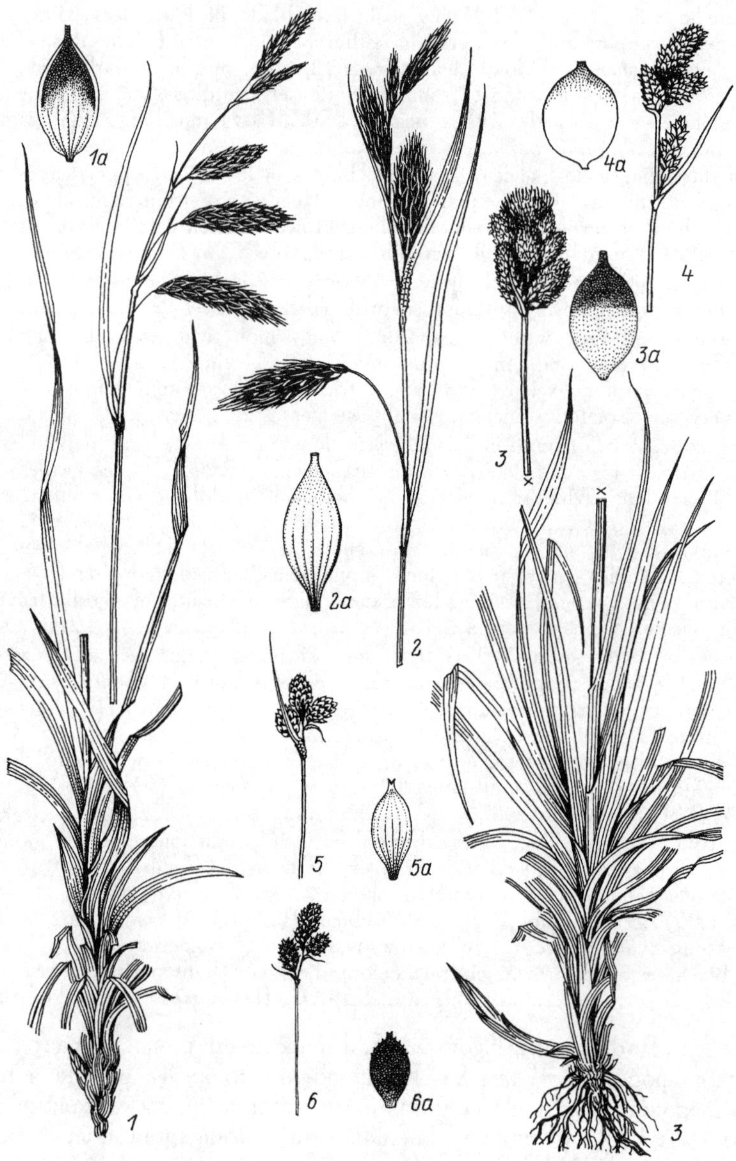

Рис. 50.

1 — *Carex flavocuspis* Franch. et Savat. subsp. *krascheninnikovii* (Kom. ex V. Krecz.) Egor., общий вид растения, *1a* — мешочек; *2* — *C. macrochaeta* C. A. Mey., соцветие, *2a* — мешочек; *3* — *C. melanantha* C. A. Mey., общий вид растения, *3a* — мешочек; *4* — *C. melananthiformis* Litv., соцветие, *4a* — мешочек; *5* — *C. media* R. Br., соцветие, *5a* — мешочек; *6* — *C. norvegica* Retz., соцветие, *6a* — мешочек.

Fig. 50.

1 — *Carex flavocuspis* Franch. et Savat. subsp. *krascheninnikovii* (Kom. ex V. Krecz.) Egor., the whole plant, *1a* — utricle; *2* — *C. macrochaeta* C. A. Mey., inflorescence, *2a* — utricle; *3* — *C. melanantha* C. A. Mey., the whole plant, *3a* — utricle; *4* — *C. melananthiformis* Litv., inflorescence, *4a* — utricle; *5* — *C. media* R. Br., inflorescence, *5a* — utricle; *6* — *C. norvegica* Retz., inflorescence, *6a* — utricle.

Описан с Алеутских о-вов; typus: о-в Уналашка, «Unalaschka, Eschscholtz» (LE! cum isotypo).

По сырым задернованным мелкоземистым и каменистым склонам, преимущественно в приморской полосе. — **Дальн. Вост.**: Аркт. (восток Чукотского п-ова: заливы Лаврентия и Креста; басс. р. Анадырь: перевал к р. Утесики), Ком., ?Курил. Общ. распр.: С. Америка (зап.: от Алеутских о-вов и южн. Аляски до штата Вашингтон). — 2n = 60 (Moore, Calder, 1964). — Рис. 50, *2*.

Значительно варьирует по длине ости у чешуй пестичных колосков (см. ключ). Образцы с длинными остями встречаются значительно чаще, чем с короткими. В. И. Кречетовичем (l. с.) *C. macrochaeta* приводилась под знаком вопроса для п-ова Камчатка. Достоверных сборов вида с этой территории нет (Егорова, 1981б). Требуют подтверждения данные о произрастании этого вида на Курилах, откуда в LE имеется только 1 гербарный образец с пометкой: «Ex herb. Turczaninow». Редкая на нашей территории, *C. macrochaeta* — одна из самых обычных осок на Алеутских о-вах и юго-востоке Аляски (Murray, 1970).

Considerably varies by length of awn in female glumes (see the key). Specimens with long awns occur much more often, than with short ones. Kreczetowicz (Кречетович, l. c.) cited *C. macrochaeta* with question mark for Kamchatka. Reliable collections of the species from this territory absent (Егорова, 1981б). Data on occurrence of this species in Kurils need confirmation, there being only the one herbarium specimen in LE, with following note: «Ex herb. Turczaninow». Being rare in our territory, *C. macrochaeta* is one of the most usual sedges in Aleutian Islands and southeastern Alaska (Murray, 1970).

2 (176). **C. scabrinervia** Franch. 1895, Bull. Soc. Philom. Paris, sér. 8, 7 : 37; В. Креч. 1935, во Фл. СССР, 3 : 258. — *C. scita* var. *scarbrinervia* (Franch.) Kük. 1909, in Engl. Pflanzenr. 38 : 415; Ворош. 1982, Опред. раст. сов. Дальн. Вост. : 132. — **О. шероховатожилковатая**.

Описан из Японии; typus: о-в Ребун близ о-ва Хоккайдо, «Ile de Rebunshiri, 31 VII 1892, № 8448, Faurie» (P!, photo LE!).

На скалах, каменистых и задернованных склонах вблизи морских побережий. — **Дальн. Вост.**: Сах. (юг; центр: Набильский хр.), Курил. (юг: о-ва Шикотан, Уруп и Итуруп). Общ. распр.: В. Азия (о-в Хоккайдо). — 2n = ? — Рис. 51, *3*.

C. scabrinervia — полиморфный вид, варьирующий по степени шероховатости жилок на мешочках (они иногда гладкие), по длине ости кроющих чешуй (от 2 до 5 мм), по окраске (от светлых до пятнисто-пурпурных) и размерам мешочков (5.5—7.5 мм дл.), по длине ножек пестичных колосков (от 0.5 см до 1.5(2.5) см). Близка к *C. riishirensis*, от которой хорошо отличается (см. ключ) окраской перепончатой части влагалищ листьев, короткими ножками пестичных колосков, бóльшей шириной последних и более крупными мешочками (у обоих видов они густо щетинисто-шероховатые по краям).

В. Н. Ворошилов (l. с.) приводит данное растение для Камчатки, однако это указание не подтверждено гербарным материалом.

C. scabrinervia is a polymorphic species varying by extent of scabridness of veins on utricles (sometimes they are smooth), by length of awn of glumes (from 2 to 5 mm), by colouring (from light to spotted-purple) and size of utricles (5.5—7.5 mm long), by length of peduncles of female spikes (from 0.5 cm to 1.5(2.5) cm). It is close to *C. riishirensis*, well differing from it (see the key) by colouring membranous side of leaf sheaths, short peduncles of broader female spikes, and by larger utricles (both species having the latters densely setulous-scabrid on margins).

Woroshilov (Ворошилов, l. c.) cites this plant for Kamchatka, but this note is not confirmed by herbarium material.

Рис. 51.

1 — *Carex podocarpa* R. Br., общий вид растения, *1а* — мешочек, *1б* — плод на карпофоре; *2* — *C. nesophila* Holm, общий вид растения, *2а* — мешочек; *3* — *C. scabrinervia* Franch., мешочек; *4* — *C. riishirensis* Franch., мешочек; *5* — *C. meyeriana* Kunth, общий вид растения, *5а* — мешочек; *6* — *C. augustinowiczii* Meinsh. ex Korsh. subsp. *augustinowiczii*, соцветие, *6а* — мешочек; *7* — *C. hancockiana* Maxim., соцветие, *7а* — мешочек; *8* — *C. peiktusani* Kom., соцветие, *8а* — мешочек.

Fig. 51.

1 — *Carex podocarpa* R. Br., the whole plant, *1a* — utricle, *1б* — fruit on carpophore; *2* — *C. nesophila* Holm, the whole plant, *2a* — utricle; *3* — *C. scabrinervia* Franch., utricle; *4* — *C. riishirensis* Franch., utricle; *5* — *C. meyeriana* Kunth, the whole plant, *5a* — utricle; *6* — *C. augustinowiczii* Meinsh. ex Korsh. subsp. *augustinowiczii*, inflorescence, *6a* — utricle; *7* — *C. hancockiana* Maxim., inflorescence, *7a* — utricle; *8* — *C. peiktusani* Kom., inflorescence, *8a* — utricle.

3 (177). **C. riishirensis** Franch. 1895, Bull. Soc. Philom. Paris, sér. 8, 7 : 88; А. Е. Кожевников, 1988, в Сосуд. раст. сов. Дальн. Вост. 3 : 300. — *C. ciliolata* Franch. 1895, l. c. : 38. — *C. koraginensis* Meinsh. 1901, Тр. Петерб. бот. сада, **18**, 3 : 351; В. Креч. 1935, во Фл. СССР, 3 : 258; Егор. 1981, в Опред. раст. Камч. обл. : 324, p. max. p.; Ворош. 1982, Опред. раст. сов. Дальн. Вост. : 132; А. Е. Кожевников, 1988, l. c. : 301. — *C. scita* var. *koraginensis* (Meinsh.) Kük. 1909, in Engl. Pflanzenr. 38 : 415. — *C. scita* var. *riishirensis* (Franch.) Kük. 1909, l. c. : 415; T. Koyama, 1962, Journ. Fac. Sci. Univ. Tokyo (Bot.), **8**, 4 : 190. — *C. podocarpa* var. *koraginensis* (Meinsh.) Worosch. 1985, во Флорист. иссл. СССР : 155. — *C. podocarpa* auct. non R. Br.: Егор. 1966, в Аркт. фл. СССР, 3 : 135, quoad pl. e Kamtsch., Komandor., syst. fl. Anadyr et Korjak. — *C. scita* auct. non Maxim.: Ворош. 1966, Фл. сов. Дальн. Вост.: 105. — *C. scita* var. *scita* sensu Ворош. 1982, l. c. : 132. — **О. рисирская**.

Описан из Японии; t y p u s : о-в Рисири близ о-ва Хоккайдо, «Sommet du Riishiri, 27 VI 1891, № 7392, Faurie» (P!, photo LE!).

На сырых лугах, по берегам рек и ручьев, на галечниках; в горной арктической тундре, в высокогорьях и у верхней границы лесного пояса; в некоторых районах очень часто. — **Дальн. Вост.**: Аркт. (басс. Анадыря и Корякия), Камч., Ком., Охот., Удск., Зее-Бур. (редко), Уссур. (редко), Сах. (юг), Курил. (сев.: о-ва Шумшу и Парамушир). О б щ . р а с п р .: В. Азия (о-ва Рисири и Хоккайдо). — 2n = ? — Рис. 51, *4*.

C. koraginensis Meinsh., l. c., описанная с о-ва Карагинского, находящегося вблизи п-ова Камчатка (typus: «Koraginsk, Mertens» — LE!), и приводимая рядом авторов (l. c.) для российского Дальнего Востока, была синонимизирована с *C. riishirensis* (точнее, с *C. scita* var. *riishirensis*) Койямой (T. Koyama, l. c.), в ареал которой он, помимо о-ва Хоккайдо, включил Сахалин, Камчатку и Курилы. Ови (Ohwi, 1936), вначале принявший *C. koraginensis* в качестве разновидности *C. scita*, позднее (Ohwi, 1965), как и Койяма, отождествил ее с var. *riishirensis*, о чем говорят приводимые им данные по географии этой разновидности, совпадающие с данными Койямы.

Сравнение типовых образцов *C. riishirensis* и *C. koraginensis* выявило почти полную их идентичность и подтвердило справедливость мнения Койямы о тождественности этих таксонов. Различие между типами *C. koraginensis* и *C. riishirensis* состоит в том, что у растений типового образца первого вида чешуи пестичных колосков без ости или с короткой, 0.4 мм, остью, а у второго одни растения типового образца не имеют ости, а у других она достигает 2 мм дл. Различие в длине остей представляется мне несущественным, если принять во внимание значительную вариабельность кроющих чешуй, которую можно наблюдать на большом гербарном материале с нашей территории, относимом прежде к *C. koraginensis*. Так, у образцов с п-ова Камчатка чешуи б. ч. или без ости, или с короткой, 0.3—0.5 мм, остью. Но в средней части полуострова (Гональское плато) и в южной (Коряцкая долина, долина р. Поперечной) наряду с образцами названного типа встречаются растения, у которых кроющие чешуи имеют ость до 1.7—2 мм дл. У образцов с сев. Курил (о-ва Парамушир и Шумшу) кроющие чешуи без ости, а с южных (о-ва Уруп и Итуруп) — с остью 2—5 мм дл. На о-ве Рисири, как показало изучение типа *C. riishirensis*, имеются и остистые, и безостые экземпляры. Таким образом, почти по всему ареалу данного вида встречаются растения с кроющими чешуями без ости и с остью разной длины. Но, по-видимому, по направлению к югу наблюдается тенденция к увеличению длины ости, т. е. имеет место клинальная изменчивость. Рассматриваемый вид варьирует, кроме того, по форме кроющих чешуй от продолговато-яйцевидной до ланцетной и удлиненно-ланцетной и по их окраске — от пурпурно- до коричнево-черной, а иногда до светло-коричневой (причем чешуи бывают или сплошь окрашенными, или посередине со светлой полоской). Мешочки у *C. riishirensis* по краям в верхней половине или почти до самого основания обычно густо щетинисто-шероховатые, что хорошо отграничивает этот вид от близкой *C. podocarpa*, у которой они по краям гладкие или, реже, с единичными шипиками. Другие признаки, отличающие *C. riishirensis* от последней, — наличие жилок на мешочках (немногих, б. ч. хорошо заметных) и присутствие в соцветии обычно 2 (а не 1) тычиночных колосков.

А. Е. Кожевников (l. c. : 301) приводит для Сахалина и южн. Курил близкий к *C. riishirensis* вид — *C. tenuiseta* Franch. (1895, Bull. Soc. Philom. Paris, sér. 8, 7 : 43. — *C. scita* var. *brevisquama* (Koidz.) Ohwi, 1936, Mem. Coll. Sci. Kyoto Univ. ser. B, **11**, 5 : 323), описанный с о-ва Хонсю и приводимый японскими авторами (в качестве разновидности *C. scita*) только для этого острова. Заметим, что *C. tenuiseta* не отмечена на ближайшем к Сахалину и Курилам о-ве Хоккайдо, что вызывает сомнение в достоверности данных о произрастании этого вида на нашей территории. Кожевников указывает, что от *C. riishirensis C. tenuiseta* б. м. надежно отличается лишь гладкими стеблями. Однако в группе видов данного родства признак гладкостебельности не является выдержанным. Достаточно сказать, что почти гладкие стебли имеют растения типового образца *C. riishirensis*.

По всей вероятности, именно *C. riishirensis* была принята В. Н. Ворошиловым (l. c. 1966, 1982) за *C. scita* Maxim. и *C. scita* var. *scita*, которые он приводит для Сахалина, Камчатки и Курил. Правда, он (1982 : 132) замечает: «Наши растения var. *scita* не типичны и, возможно, принадлежат к особой форме». Изучение типа *C. scita* (typus: о-в Хонсю, «Japonia, Nippon media, Hakone, ad rivulos, 1864, Maximowicz» — LE!) показало, что на российском Дальнем Востоке данный вид отсутствует. Он встречается, и притом довольно редко, только в Японии, в центральной части о-ва Хонсю. От близких видов: *C. scabrinervia* и *C. riishirensis* — *C. scita* хорошо отличается мешочками в верхней части морщинистыми, без носика, наверху с несколько вдавленным отверстием с черным окаймлением.

C. koraginensis Meinsh., l. c. described from island Karaginskyi located near Kamchatka (typus: «Koraginsk, Metrens» — LE!) and cited by a number of authors (l. c.) for Russian Far East, was synonymized by T. Koyama (l. c.) with *C. riishirensis* (namely, with *C. scita* var. *riishirensis*). He has included in its range, besides Hokkaido island, as far as Sakhalin, Kamchatka and Kurils. Ohwi, at first, (1936) had accepted *C. koraginensis* as variety of *C. scita* and later (Ohwi, 1965) has equated it, like Koyama, with var. *riishirensis*, the evidence of it being his data on geography of this variety identical with those by Koyama.

Comparison of the type specimens of *C. riishirensis* and *C. koraginensis* demonstrated that they are almost identical, and confirmed the correctness of Koyama's opinion about identity of these taxa. The distinction between types of *C. koraginensis* and *C. riishirensis* is that plants of the type specimen of the former species have female glumes without awns or with short, 0.4 mm, awn, while some plants of the type specimen of the latter species have no awn and others have it reaching 2 mm long. The distinction by length of awns seems to me inessential, taking into account a considerable variability of glumes, which can be observed in the large herbarium material been ascribed before to *C. koraginensis*, from our territory. So, samples from Kamchatka generally have glumes without awn or with short, 0.3—0.5 mm, awn. However, in middle part of the peninsula (Gonalskoye plateau) and in the southern one (Koryak valley, valley of the river Poperechnaya), side by side with specimens of the mentioned type, the plants occur having glumes with awn up to 1.7—2 mm long. Specimens from nothern Kurils (islands Paramushir and Shumushu) have awnless glumes, and those from southern Kurils (islands Urup and Iturup) have glumes with awn 2—5 mm long. In Riishiri island, as examining of the type of *C. riishirensis* has shown, both awned and awnless specimens occur. Thus, almost all over the range of this species, plants occur with glumes both without awn and with awn of different length. But obviously, there is a trend of increasing length of the awn from north to south, i. e. a clinal variability takes place. The considered species varies, in addition, in shape of glumes from oblong-ovate to lanceolate and elongate-lanceolate and in their colouring from purple- to brown-black, and sometimes to light brown (glumes being either entirely coloured, or with light stripe in the middle). Utricles of *C. riishirensis* usually densely setulous-scabrid on margins in upper half or almost down to base, the character well separating this species from the close *C. podocarpa*, having utricles smooth on margins or, more rarely, with very few spinelets. Other characters distinguishing *C. riishirensis* from the latter species are veins on utricles (few, generally well distinct) and usually 2 (instead of 1) male spikes in the inflorescence.

Kozhevnikov (А. Е. Кожевников, l. c. : 301) cites for Sakhalin and southern Kurils the species allied to *C. riishirensis*, namely *C. tenuiseta* Franch. (1895, Bull. Soc. Philom. Paris, sér. 8, 7 : 43. — *C. scita* var. *brevisquama* (Koidz.) Ohwi, 1936, Mem. Coll. Sci. Kyoto Univ. ser. B, **11**, 5 : 323), described from Honshu and cited by Japanese authors (as variety of *C. scita*) only for that island. To note, *C. tenuiseta* is not found in the nearest to Sakhalin and Kurils island Hokkaido, that raises doubts about reliability of the data on occurrence of this species in our territory. Kozhevnikov notes, that *C. tenuiseta* differs from *C. riishirensis* more or less reliably only by smooth stems. However, in this group of allied species, the character of smooth stem is not constant. Suffice is to say, that plants of the type specimen of *C. riishirensis* have almost smooth stems.

It was *C. riishirensis*, which, most probably, was taken by Woroshilov (Ворошилов, l. c., 1966, 1982) for *C. scita* Maxim. and *C. scita* var. *scita*, cited by him for Sakhalin, Kamchatka and Kurils. True, he notes (1982 : 132): «Our plants are not typical, and, possibly, belong to separate form.». Examining the type of *C. scita* (typus: Honsu island, «Japonia, Nippon media, Hakone, ad rivulos, 1864, Maximowicz» — LE!) has shown, that this species is absent in Russian Far East. It occur, and besides rather rarely, only in Japan, in the central part of Honshu. *C. scita* well differs from allied species *C. scabrinervia* and *C. riishirensis* by wrinkled in upper part beakless utricles, at apex with somewhat sunken black-margined orifice.

4 (178). **C. podocarpa** R. Br. 1823, in Richards. App. VII Bot., in Franklin, Narr. Journey Polar Sea : 751; id. 1824, l. c., ed. 2 : 764; Kük. 1909, in Engl. Pflanzenr. 38 : 411; В. Креч. 1941, Бот. мат. (Ленинград), 9 : 19; Егор. 1966, в Аркт. фл. СССР, 3 : 136, p. p., excl. syn. *C. koraginensis*; Murray, 1970, Canad. Journ. Bot. **48**, 2 : 315. — *C. behringensis* C. B. Clarke, 1908, Kew Bull. Add. ser. 8 : 81; В. Креч. 1935, во Фл. СССР, 3 : 259. — *C. tolmiei* var. *nigella* (Boott) Kük. 1909, l. c. : 411, p. p. — *C. tolmiei* var. *invisa* Kük. 1909, l. c. : 412, p. p. — *C. pauxilla* V. Krecz. 1935, во Фл. СССР, 3 : 601, 260. — *C. musartiana* Kük. ex V. Krecz. 1935, l. c. : 602, 261. — *C. atrofusca* auct. non Schkuhr: Ворош. 1966, Фл. сов. Дальн. Вост. : 97, p. p. et quoad syn. — *C. koraginensis* auct. non Meinsh.: Егор. 1981, в Опред. раст. Камч. обл. : 324, p. min. p. — *C. spectabilis* auct. non Dew.: Ворош. 1982, Опред. раст. сов. Дальн. Вост. : 133. — Exs.: H.F. URSS №№ 5616, 5708, 6608. — **О. ножкоплодная**.

Описан из сев.-зап. Канады («Barren grounds from Point Lake in the Arctic Sea»); typus: «№ 370, D'r Richardson» (K!, isotypi BM, GH; photo LE!).

По берегам рек и ручьев, сырым лугам и лужайкам, болотцам, среди кустарников; в равнинной и горной арктической тундре и верхнем поясе гор; довольно часто. — **Вост. Сиб.**: Аркт. (низовья Лены: среднее течение р. Хараулах), Лен.-Кол. (к востоку от Лены), Анг.-Саян., Даур. (сев.-зап.); **Дальн. Вост.**: Аркт. (Чукотка к востоку от Чаунской губы; о-в Врангеля; ?басс. Анадыря), Камч. (очень редко), Ком., Охот., Удск., Зее-Бур. (сев.), Курил. Общ. распр.: С. Америка (запад Канады к югу от арктической части Юкона; США: внеарктическая Аляска, Кордильеры). — 2n = 60 (Жукова, 1969), 62 (Жукова, Тихонова, 1973; Жукова, Петровский, 1976; Юрцев, Жукова, 1978), 64 (Жукова, Петровский, 1971, 1980; Петровский, Жукова, 1978), 66 (Жукова, Петровский, 1975), 70 (Жукова, Петровский, 1977; Петровский, Жукова, 1978). — Рис. 51, *1*.

24 Заказ № 131

C. pauxilla V. Krecz., l. c. (typus: сев.-вост. Прибайкалье, «Даурия, Верхняя Ангара, перевал Якчий-Дзелинда, 24 VII 1912, № 923, В. Сукачев, Г. Поплавская» — LE!) была синонимизирована с *C. podocarpa* самим автором описания вида (Кречетович, 1941, l. c.).

Как уже отмечалось ранее (Егорова, 1967, 1976б), *C. musartiana* Kük. ex Krecz., l. c. (typus: Вост. Тянь-Шань, «Музарт, VIII 1877, А. Регель» — LE!) была приведена В. И. Кречетовичем (1935, цит. соч.) для Средней Азии ошибочно: цитированное (и единственное) место сбора вида находится в китайском Тянь-Шане. Позднее Кречетович (1941, l. c.) справедливо отнес *C. musartiana* в синонимы к *C. podocarpa*. Следует отметить, что данные о произрастании последней в Вост. Тянь-Шане нельзя считать достоверными, так как они не подтвердились последующими гербарными сборами. Возможно, образцы, описанные как *C. musartiana*, попали в сборы А. Регеля случайно.

C. podocarpa варьирует по форме чешуй пестичных колосков (от яйцевидной до продолговато-яйцевидной и яйцевидно-ланцетной) и мешочков (от яйцевидной и эллиптической до продолговато-яйцевидной и продолговато-эллиптической), по соотношению длины кроющих чешуй и мешочков (чешуи б. ч. длиннее мешочков, но могут быть б. м. равными им или короче), по характеру носика мешочков (от цельного до выемчато-двузубчатого). Тычиночный колосок у этого вида обычно 1 и очень редко их 2 (как правило, у более мощно развитых экземпляров). На мешочках иногда имеются слабо выраженные жилки. Края мешочков у большинства образцов *C. podocarpa*, как и у типа, гладкие. Но в различных районах ареала вида (например, на Чукотке, в Охотии, на Верхоянском хребте, в Прибайкалье) известны растения, у которых по краям мешочков имеются единичные (б. ч. 1—3) шипики, причем мешочки как с гладкими, так и со снабженными шипиками краями могут быть в одном и том же колоске. Заметим, что у североамериканских образцов *C. podocarpa* края мешочков всегда гладкие. Наличие шипиков у дальневосточных и сибирских представителей этого вида, возможно, является следствием древних гибридизационных процессов с *C. riishirensis*.

C. pauxilla V. Krecz., l. c. (typus: north-eastern Baikal region, «Даурия, Верхняя Ангара, перевал Якчий-Дзелинда, 24 VII 1912, № 923, В. Сукачев, Г. Поплавская» — LE!) was synonymized with *C. podocarpa* by himself the author of the species description (Кречетович, 1941, l. c.).

As it was already noted before (Егорова, 1967, 1976б), *C. musartiana* Kük. ex Krecz., l. c. (typus: Eastern Tien Shan, «Музарт, VIII 1877, А. Регель» — LE!) was cited by Kreczetowicz (Кречетович, 1935, l. c.) for Middle Asia by mistake: the cited (and unique) location of the species collection is in Chinese Tien Shan. Later, Kreczetowicz (Кречетович, 1941, l. c.) has correctly included *C. musartiana* into synonymy to *C. podocarpa*. It should be noted, that data on occurrence of the latter in Eastern Tien Shan should not be considered reliable, as they were not confirmed by later herbarium collections. It is possible, that specimens described as *C. musartiana* have got into A. Regel's collections by chance.

C. podocarpa varies by shape of female glumes (from ovate to oblong-ovate and ovate-lanceolate) and utricles (from ovate and elliptical to oblong-ovate and oblong-elliptical), by ratio of length of glumes and utricles (glumes generally longer than utricles, but can be more or less equal them or shorter), by character of utricle beak (from entire to emarginate-bidentate). Male spike in this species usually 1, and very rarely 2 (as a rule, in more vigorously developed specimens). On utricles, sometimes there are faint veins. Margins of utricles in most of the specimens of *C. podocarpa*, as well as at the type, are smooth. However, in various regions of the species range (for example, in Chukot Peninsula, in Okhotsk region, Verkhoyansk Ridge, in Baikal region) the plants are known with few (generally 1—3) prickles on utricle margins, utricles both with smooth and prickled margins being sometimes in the same spike. To note, North American specimens of *C. podocarpa* always have smooth margins of utricles. Presence of prickles in Far-Eastern and Siberian representatives of this species is, possibly, a consequence of ancient hybridization processes with *C. riishirensis*.

Subsect. 2. **Nesophilae** Egor. 1985, Новости сист. высш. раст. 22 : 63. — Плод без карпофора. Мешочки гладкие, с носиком 0.3—0.8 мм дл. Стебли филлоподные (см. ключ). — Т у р u s : *C. nesophila* Holm.

4 вида; вне рассматриваемой территории: *C. paysonis* Clokey и *C. microchaeta* Holm (Сев. Америка).

Fruit without carpophore. Utricles smooth, with a beak 0.3—0.8 mm long. Stems phyllopodic (see the key). — T y p u s : *C. nesophila* Holm.

4 species; outside considered territory: *C. paysonis* Clokey and *C. microchaeta* Holm (North America).

5 (179). **C. flavocuspis** Franch. et Savat. 1877, 1878, Enum. Pl. Jap. 2 : 147, 574; Ohwi, 1965, Fl. Jap. : 234; М. Поп. 1970, Осоки Сах. и Курильск. о-вов: 58; Ворош. 1982, Опред. раст. сов. Дальн. Вост. : 133. — *C. macrochaeta* subsp. *flavocuspis* (Franch. et Savat.) Kük. 1909, in Engl. Pflanzenr. 38 : 414. — *C. macrochaeta* subsp. *flavocuspis* var. *denticulata* Kük. l. c. : 414. — *C. tolmiei* var. *denticulata* (Kük.) Ohwi, 1935, Journ. Jap. Bot. 11 : 409. — *C. spectabilis* subsp. *flavocuspis* (Franch. et Savat.) T. Koyama, 1962, Journ. Fac. Sci. Univ. Tokyo (Bot.), **8**, 4 : 192. — **О. желтоостроконечная**.

Описан из Японии; t y p u s : о-в Хонсю, «Nippon, in monte Ontake, prov. Senano, № 3762, Savatier» (P).

a) subsp. **flavocuspis**.

На лугах в верхнем поясе гор. — **Дальн. Вост.**: Курил. О б щ . р а с п р .: В. Азия (о-ва Хоккайдо и Хонсю). — 2n = 62 (Koyama, 1962).

Светлый: Ови (Ohwi, l. c.) приводит это растение также и для Сахалина.

Ови (Ohwi, l. c.) cites this plant also for Sakhalin.

b) subsp. **krascheninnikovii** (Kom. ex. V. Krecz.) Egor. 1979, Новости сист. высш. раст. 16 : 58. — *C. krascheninnikovii* Kom. ex V. Krecz. 1941, Бот. мат. (Ленинград), 9 : 22; id. 1938, Сов. бот. 1 : 182, nom. nud. — *C. tolmiei* var. *invisa* Kük. 1911, Русск. бот. журн. 3—6 : 110, quoad pl. kamtsch. — *C. macrochaeta* var. *paramushirensis* Kudo, 1922, Fl. Paramushir : 81. — *C. tolmiei* var. *longiuscula* Hult. 1927, Fl. Kamtch. 1 : 195. — *C. atrofusca* var. *fulvicoma* Kom. 1927, Фл. Камч. 1 : 261, excl. syn. — *C. tolmiei* var. *paramushirensis* (Kudo) Ohwi, 1936, Mem. Coll. Sci. Kyoto Univ. ser. B, **11**, 5 : 319. — *C. melanostoma* Fisch. ex. V. Krecz. 1935, во Фл. СССР, 3 : 261, quoad pl. kamtsch., excl. typo. — *C. flavocuspis* var. *paramushirensis* (Kudo) Ohwi, 1944, Cyper. Jap. 2 : 170. — *C. spectabilis* subsp. *flavocuspis* var. *paramushirensis* (Kudo) T. Koyama, 1962. Journ. Fac. Sci. Univ. Tokyo (Bot.), **8**, 4 : 192. — *C. tolmiei* auct. non Boott: Hult. 1927, l. c. : 193; Егор. 1966, в Аркт. фл. СССР, 3 : 137, quoad pl. korjak. — *C. atrofusca* auct. non Schkuhr.: Ком. 1927, Фл. Камч. 1 : 260; Ворош. 1966, Фл. сов. Дальн. Вост. : 97. — *C. nesophila* auct. non Holm: Ворош. 1982, Опред. раст. сов. Дальн. Вост. : 132, — *C. spectabilis* auct. non. Dew.: Ворош. 1982, l. c. : 133, quoad pl. kamtsch. — **О. Крашенинникова**.

Описан с п-ова Камчатка; l e c t o t y p u s : «Камчатка, гора Крашенинникова, альпийская зона, 20 VIII 1909, В. Комаров» (LE!) — Егорова, 1979, l. c.

На лугах в верхнем поясе гор. — **Дальн. Вост.**: Аркт. (Корякское нагорье, с. Култушное), Камч., Курил. (сев.). Эндемик. — 2n = ? — Рис. 50, *1*.

Как следует из синонимики, систематическое положение этого широко распространенного на Камчатке и Курилах подвида оценивалось весьма различным образом, не говоря уже о его неправильных определениях. Вопросы, связанные с историей изучения *C. krascheninnikovii*, действительным обнародованием, типификацией и взаимоотношениями с наиболее близкими таксонами рассматриваются в моей работе (Егорова, 1979 : 58—60). Указание Ови (Ohwi, 1965, l. c.) о произрастании var. *paramushirensis* (= subsp. *krascheninnikovii*) на Сахалине является, по всей вероятности, ошибочным.

As follows from the synonymy, the systematic position of it widespread in Kamchatka and Kurils subspecies was assessed in extermely different ways, not to mention its misidentifications. The questions connected with history of study of *C. krascheninnikovii*, its valid publication, typification and relations with the closest taxa are considered in my work (Егорова, 1979 : 58—60). The note by Ohwi (1965, l. c.) on occurrence of var. *paramushirensis* (= subsp. *krascheninnikovii*) in Sakhalin is, most probably, a mistake.

6 (180). **C. nesophila** Holm, 1904, Amer. Journ. Sci. ser. 4, 17 : 315; Юрц. и др. 1973, Новости сист. высш. раст. 10 : 315; Егор. 1979, Новости сист. высш. раст. 16 : 60. — *C. arakamensis* C. B. Clarke, 1908, Kew. Bull. Add. ser. 8 : 82; В. Креч. 1935, во Фл. СССР, 3 : 265. — *C. melanostoma* Fisch. ex V. Krecz. 1935, во Фл. СССР, 3 : 602, 261, p. p., quoad typum et pl. anadyr. — *C. microchaeta* subsp. *nesophila* (Holm) Murray, 1970, Canad. Journ. Bot. 48 : 323. — *C. tolmiei* auct. non Boott: Kük. 1909, in Engl. Pflanzenr. 38 : 411, p. p.; В. Креч. 1941, Бот. мат. (Ленинград), 9 : 20; Егор. 1966, в Аркт. фл. СССР, 3 : 137, p. p., excl. pl. korjak. — Exs.: H.F. URSS № 6159. — **О. островная**.

Описан с Алеутских о-вов; l e c t o t y p u s : «Alasca, Popof Island, Schumagin Islands, 1899, Kincaid» (LCU) — Murray (1970, l. c.).

По каменистым местам, осоково-кустарничковым луговинам, берегам ручьев; преимущественно в приморской равнинной и горной тундре. — **Дальн. Вост.**: Аркт. (о-в Врангеля, вост. Чукотка, басс. Анадыря, залив Корфа). О б щ . р а с п р .: С. Америка (Аляска с прилегающими островами, включая Алеутские). — 2n = 62 (Жукова, Тихонова, 1973; Жукова, Петровский, 1977; Юрцев, Жукова, 1978), 64 (Жукова, 1969). — Рис. 57, *2*.

C. tolmiei Boott, за которую рядом авторов принималось данное растение, является, как установил Мёррей (Murray, l. c.), синонимом *C. spectabilis* Dew. Последний вид принадлежит к подсекции *Podocarpae* и ограничен в своем распространении западными внеарктическими районами Сев. Америки.

C. arakamensis C. B. Clarke, l. c., как показало изучение типа (typus: «Arakamtchetchene island, Behring straits, № 23, C. Wright» — K!, photo LE!), является синонимом *C. nesophila*, а не *C. tolmiei*, как полагал В. И. Кречетович (1941, l. c.).

A number of authors took this plant for *C. tolmiei* Boott, the latter, as was established by Murray (l. c.), being a synonym of *C. spectabilis* Dew. The latter species belongs to subsection *Podocarpae*, and its distribution is limited by western non-arctic regions of North America.

C. arakamensis C. B. Clarke, l. c., as examining its type has shown (typus: «Arakamtchetchene island, Behring straits, № 23, C. Wright» — K!, photo LE!), is a synonym of *C. nesophila*, instead of *C. tolmiei*, as Kreczetowicz (Кречетович, (1941, l. c.) believed.

Sectio 33. Microrhynchae Drej. ex L. H. Bailey, 1887, Proc. Amer. Acad. Arts Sci. 22 : 76, p.max. p. — *Loxaniza* Rafin. 1840, Good Book a. Amen. Nat. : 25. — *Carex* ***Cyrtostomae* ε. *Atratae* Fries, 1845, Summa Veg. Scand. 1 : 71, nom. nud. — Sect. *Atratae* Fries ex Christ, 1885, Bull. Soc. Bot. Belg. **24**, 2 : 15, nom. nud. — Sect. *Atratae* Fries ex Pax, 1888, in Engl. u. Prantl, Nat. Pflanzenfam. **2**, 2 : 125; Kük. 1909, in Engl. Pflanzenr. 38 : 382; Егор. 1972, Новости сист. высш. раст. 9 : 87. — *Limivasculum* Börn. 1913, Abh. Naturw. Ver. Bremen, 21 : 269, p. p. — Sect. *Loxaniza* (Rafin.) V. Krecz. 1935, во Фл. СССР, 3 : 246, p. max. p. — Верхний колосок гинекандрический, реже тычиночный, остальные 2—6(10) пестичные (очень редко гинекандрические), б. ч. многоцветковые, густые, на б. м. длинных ножках и часто поникающие или почти сидячие, нижний иногда на короткой, до 1.5 см, ножке. Кроющие листья без влагалища, б. ч. линейные, при основании обычно с черноватыми ушками. Чешуи пестичных колосков острые, редко коротко остисто заостренные или остистые, обычно почти черные. Мешочки от округло-трехгранных в поперечном сечении до б. м. трехгранных или сильно уплощенно-трехгранных (почти плоских), от перепончатых до б. м. кожистых, часто темноокрашенные, гладкие, с жилками или без них, нередко с мелкими папиллами, обычно с коротким цельным, выемчатым или коротко-двузубчатым носиком, иногда без него. Плод часто значительно короче и у́же мешочков, очень редко на карпофоре. Рылец 3 (у *C. bicolor* All. 2). Растения с длинными ползучими корневищами или без них. — L e c t o t y p u s : *C. atrata* L. — Егорова (h. l.).

Около 60 видов во внетропических областях Евразии и Сев. Америки, 1 вид (*C. atropicta* Steud.) в Андах Южн. Америки. — Л и т .: Cajander, 1935; Kalela, 1944; Murray, 1969.

Terminal spike gynaecandrous, more rarely male, the others 2—6(10) female (very rarely gynaecandrous), generally many-flowered, dense, with more or less long peduncles and frequently pendent or subsessile, lowest one sometimes with short, up to 1.5 cm, peduncle. Bracts generally leaf-like, sheathless, at base usually with blackish auricles. Female glumes acute, rarely shortly aristate-acuminate or awned, usually almost black. Utricles from orbicular-trigonous in cross-section to more or less trigonous or strongly flattened-trigonous (almost flat), from membranous to more or less coriaceous, frequently dark coloured, smooth, veined or veinless, rather often with small papillae, usually with a short entire, emarginate or short-bidentate beak, sometimes beakless. Fruit frequently considerably shorter and narrower than utricles, very rarely with carpophore. Stigmas 3 (*C. bicolor* All. has 2). Plants with or without long creeping rhizomes. — L e c t o t y p u s : *C. atrata* L. — Егорова (h. l.).

About 60 species in extratropical areas of Eurasia and North America, 1 species (*C. atropicta* Steud.) in Andes of South America. — R e f . : Cajander, 1935; Kalela, 1944; Murray, 1969.

1. Рылец 2; плоды и мешочки двояковыпуклые. Колоски в соцветии пучковидно сближенные.......... 27. **C. bicolor**.
\+ Рылец 3; плоды трехгранные, мешочки трехгранные, округло- или уплощенно-трехгранные.......... 2.
2. Все колоски в соцветии гинекандрические, на длинных ножках, поникающие. Мешочки сильно уплощенные, почти плоские. Плод на длинной (около 1 мм) ножке (карпофоре).......... 1. **C. urostachys**.
\+ Верхний колосок гинекандрический или тычиночный (очень редко пестичный или андрогинный), остальные пестичные. Плод без карпофора.......... 3.
3. Верхний колосок гинекандрический или, иногда, пестичный.......... 4.
\+ Верхний колосок тычиночный.......... 26.
4. Растения без ползучих корневищ. Боковые колоски на б. м. длинных ножках или почти сидячие.......... 5.
\+ Растения с б. м. длинными ползучими корневищами. Боковые колоски почти сидячие.......... 21.
5. Чешуи пестичных колосков со светлой остью или заостренные (в последнем случае чешуи светло-бурые или бледно-ржавые). Мешочки с жилками.......... 6.
\+ Чешуи пестичных колосков без ости, острые, иногда коротко заостренные (в последнем случае чешуи красновато-коричневые или пурпурно-бурые). Мешочки б. ч. без жилок.......... 8.

6. Чешуи пестичных колосков темно-коричневые, б. м. резко суженные в светлую ость (0.5)1–3 мм дл. Мешочки эллиптические, (3.5)4–5 мм дл., уплощенно-трехгранные, буровато-желтые, резко суженные в очень короткий, 0.1–0.2(0.3) мм, цельный или едва выемчатый носик ....2. **C. gmelinii**.

\+ Чешуи пестичных колосков светло-бурые или бледно-ржавые, постепенно суженные в ость 0.5–1.5 мм дл., реже заостренные. Мешочки с более длинным, 0.4–0.5 мм, коротко-двузубчатым носиком..........7.

7. Верхний колосок булавовидный, тычиночные цветки занимают 1/3–2/3 его длины; боковые колоски цилиндрические, 1–3 см дл. Мешочки тупо-трехгранные, эллиптические, яйцевидные, продолговато-эллиптические или ланцетовидные, 3.5–4.2(4.5) мм дл., зеленоватые, зрелые прижатые, постепенно суженные в носик...... 3. **C. peiktusani**.

\+ Верхний колосок не отличается по форме от боковых, эллиптический или широкоэллиптический, с немногими тычиночными цветками при основании; боковые колоски 0.5–1.5 см дл. Мешочки несколько вздутые, эллиптические или обратнояйцевидные, 2.7–3.5 мм дл., светло-ржавые, зрелые горизонтально отклоненные, резко суженные в носик ....4. **C. hancockiana**.

8(5). Соцветие кистевидное, обычно б. м. на бок склоненное; боковые колоски на ножках (0.5)1–5 см дл., б. ч. поникающие. Мешочки уплощенно-трехгранные, почти плоские, (3.5)4–4.5 мм дл., резко суженные в носик...9.

\+ Соцветие головчатое или прерывистое, прямостоячее; боковые колоски почти сидячие. Мешочки не уплощенно-трехгранные, 2.2–3.7(4) мм дл., обычно постепенно суженные в носик......................................13.

9. Пестичные колоски рыхловатые, нижние на ножках 3–5 см дл., поникающие; чешуи ланцетные или продолговато-яйцевидные, острые или коротко остисто заостренные, пурпурно-бурые, с белоперепончатыми краями; все соцветие рыхлое, поникающее. Мешочки эллиптические или обратнояйцевидные, ржаво-желтые, блестящие, б. ч. с жилками..10. **C. caucasica**.

\+ Пестичные колоски плотные, нижние на ножках (0.2–0.5)1–2(3) см дл., прямостоячие или поникающие; чешуи яйцевидные или продолговато-яйцевидные, острые, пурпурно-черные, бурые или темно-бурые, без белоперепончатых краев. Мешочки без жилок................................10.

10. Зрелые мешочки пурпурно-черные (по цвету почти не отличимые от кроющих чешуй); кроющие чешуи яйцевидные, немного короче мешочков..13. **C. aterrima**.....11.

\+ Зрелые мешочки ржаво-желтые или золотисто- или зеленовато-ржавые, очень редко слегка буроватые, с пурпурно-черным носиком....12.

11. Соцветие (3)3.5–4.5 см. дл.; пестичные колоски (1.5)1.8–3 см дл., нижние на ножке (0.5)1–2(3) см дл. Мешочки (3)3.5–4.2 мм дл. ....13a. **C. aterrima** subsp. **aterrima**.

\+ Соцветие 2–3 см дл.; пестичные колоски 1.5–2(2.5) см дл., нижние на ножке 0.2–0.5(1–1.5) см дл. Мешочки (3.5)4–4.5 мм дл. ....13b. **C. aterrima** subsp. **medwedewii**.

12. Соцветие (3.5)4—6(7) см дл., из 4—5 колосков 1—2(2.5) см дл., нижние на ножке 1—2(3) см дл. Кроющие чешуи продолговато-яйцевидные, обычно длиннее мешочков. Плод в 1.4 раза короче мешочка.. ....11. **C. atrata**.

\+ Соцветие 2—3(5) см дл., из 3—4(5) колосков 0.8—1.5 см дл., нижний на ножке (0.2)0.5—1(2) см дл. Кроющие чешуи яйцевидные, короче мешочков (иногда вдвое) или почти равные им. Плод в 1.7—2.3 раза короче мешочка..12. **C. popovii**.

13(8). Соцветие из расставленных узкоцилиндрических колосков. Стебли сильно уплощенно-трехгранные, почти плоские. Корни с густыми беловато-сероватыми волосками.. ....5. **C. augustinowiczii** (см. также ступень 31).

\+ Соцветие из головчато скученных (иногда только нижний отставленный) яйцевидных, обратно- или продолговато-яйцевидных колосков. Стебли трехгранные. Корни без заметных волосков........................14.

14. Мешочки почти плоские, 3.5—4.5 мм дл., эллиптические, без жилок, вверху по краям гладкие, резко суженные в носик. Пестичные колоски 0.8—2.5 см дл. ....15.

\+ Мешочки трехгранные, (2)2.2—3.7(4) мм дл., иной формы (если эллиптические, то 2.2—2.5(2.8) мм дл.), с жилками или без них, вверху по краям нередко шероховатые, постепенно суженные в носик. Пестичные колоски 0.6—1.2 см дл. ....16.

15. Мешочки золотисто- или зеленовато-ржавые, за исключением темного на верхушке носика, (3.2)3.5—4.5 мм дл. Растение Средней Азии...... ....12. **C. popovii**.

\+ Мешочки, по крайней мере в верхней половине, сплошь (включая и носик) пурпурно-черные, (3.5)4—4.5 мм дл. Растение Кавказа........... ....13b. **C. aterrima** subsp. **medwedewii**.

16. Мешочки с жилками..17.

\+ Мешочки без жилок..18.

17. Мешочки продолговато-эллиптические или продолговато-яйцевидные, золотисто-желтые, с пурпурно-коричневым носиком; кроющие чешуи немного короче мешочков. Побеги окружены при основании бурыми влагалищами листьев..22. **C. infuscata**.

\+ Мешочки продолговато-обратнояйцевидные или продолговато-эллиптические, бледно-зеленые (в конце вегетации желтоватые или буровато-зеленоватые); кроющие чешуи обычно в 2 раза короче мешочков. Побеги окружены при основании пурпурными влагалищами листьев..... ....23. **C. media**.

18. Мешочки продолговато-эллиптические или продолговато-яйцевидные, 3—4(4.5) мм дл., в верхней половине пурпурно-черные, с носиком (0.4)0.5—0.6 мм дл. ....19.

\+ Мешочки широко-обратнояйцевидные или эллиптические, (2)2.2—2.5(2.8) мм дл., буроватые или зеленоватые, очень редко пурпурные... ....20.

19. Мешочки (3)3.5—4.(4.5) мм дл., с носиком обычно слабо шероховатым или гладким..21. **C. melanocephala**.

\+ Мешочки 3–3.3(3.5) мм дл., с носиком сильно шероховатым, реже слабо шероховатым или гладким .... 20. **C. oligantha**.

20. Побеги окружены при основании короткими пурпурными влагалищами листьев. Мешочки широко-обратнояйцевидные или эллиптические, буроватые, с носиком 0.3–0.4 мм дл.; кроющие чешуи короче мешочков, но почти одинаковой с ними ширины. Рыльца 0.5–0.7 мм дл. .... 26. **C. norvegica**.

\+ Побеги окружены при основании высокими светло-бурыми влагалищами листьев. Мешочки эллиптические, пурпурные (незрелые зеленые, вверху буроватые), с носиком 0.15–0.2 мм дл.; кроющие чешуи в 2 раза короче и в 3 раза у́же мешочков. Рыльца около 2 мм дл. .... 25. **C. macrostigmatica**.

21(4). Мешочки в поперечном сечении тупо-трехгранные, не вздутые, по всей поверхности очень густо покрытые папиллами, с жилками и очень коротким носиком или без него. Нижний кроющий лист линейный, равен соцветию, длиннее или короче его .... 22.

\+ Мешочки в поперечном сечении округло-трехгранные, немного вздутые, без папилл или с папиллами только в верхней части, с жилками или без жилок, с коротким или удлиненным носиком. Нижний кроющий лист чешуевидный или с линейной пластинкой короче соцветия... .... 25.

22. Мешочки 3.5–3.8 мм дл., зеленовато-беловатые, без носика (с выемкой наверху) или с едва развитым носиком; кроющие чешуи яйцевидные, острые или с очень короткой остью, пурпурно-черные. Соцветие 3.5–5 см дл., из (3)4 колосков. Нижний кроющий лист короче соцветия или иногда равен ему .... 9. **C. adelostoma**.

\+ Мешочки с очень коротким выемчато-двузубчатым носиком; кроющие чешуи яйцевидно-ланцетные, с б. м. длинной остью, ржаво-бурые, коричневые или пурпурно-коричневые. Соцветие 5–10 см дл., из 4–5 колосков. Нижний кроющий лист равен соцветию или длиннее его..... .... 23.

23. Верхний колосок булавовидный или продолговато-яйцевидный, внизу на 1/4–1/3 своей длины с тычиночными цветками; боковые колоски в числе 2–3(4), 6–10 мм в диам. Чешуи пестичных колосков вдоль средней жилки с папиллами. Мешочки 3.5–4.5 мм дл., зеленовато-беловатые, покрытые довольно крупными, хорошо заметными под бинокуляром папиллами .... 24.

\+ Верхний колосок цилиндрический, с немногими, почти незаметными тычиночными цветками (очень редко они занимают 1/4–1/3 колоска) или целиком пестичный; боковые колоски в числе 3–5, цилиндрические, 1.5–3.5 см дл., 4–6 мм в диам., самые нижние иногда ветвистые. Чешуи пестичных колосков без папилл вдоль средней жилки. Мешочки 2.7–3.5 мм дл., б. ч. зеленые или желтовато-зеленые (но иногда беловато-зеленые), с мелкими сосочками; носик мешочков со слабо развитыми зубцами или почти без зубцов. (Растение по форме колосков очень походит на виды, родственные *C. acuta*)..................... .... 6. **C. hartmanii**.

24. Боковые колоски 1.5—2.5 см дл., продолговатые. Мешочки 3.5—4 мм дл.; носик со слабо выраженными зубцами или цельный, без зубцов... ....7. **C. tarumensis**.

\+ Боковые колоски 1—1.5(2) см дл., яйцевидные или продолговато-яйцевидные. Мешочки (3.5)4—4.5 мм дл.; носик выемчато-двузубчатый, с короткими, но обычно явственными зубцами............8. **C. buxbaumii**.

25(21). Мешочки желтовато-беловатые или желтовато-зеленоватые, эллиптические или обратнояйцевидные, (4)4.5—5(6) мм дл., с носиком 0.7—1.2 мм дл., обычно явственно двузубчатым. Стебли гладкие; листовые пластинки часто изогнутые, наверху извилистые.................. ....16. **C. sabulosa**.

\+ Мешочки вверху черно-бурые, широко-обратнояйцевидные или широкоэллиптические до почти округлых, 2.5—3.3 мм дл., с носиком 0.2—0.3(0.5) мм дл., цельным, реже выемчатым или коротко-двузубчатым. Стебли шероховатые; листовые пластинки прямые или несколько изогнутые, но не извилистые.............................15. **C. melananthiformis**.

26(3). Пестичные колоски на б. м. длинных ножках, часто поникающие... ....27.

\+ Пестичные колоски почти сидячие..29.

27. Чешуи пестичных колосков яйцевидные, туповатые. Мешочки в поперечном сечении округло-трехгранные, 3—3.5 мм дл., ржаво-бурые, без жилок, с коротким носиком, из которого часто выступает столбик ....17. **C. stylosa**.

\+ Чешуи пестичных колосков с остью, остисто заостренные или острые. Мешочки уплощенно-трехгранные, 3.5—5 мм дл., ржаво- или буровато-желтые, с жилками; столбик не выступает из носика.....................28.

28. Чешуи пестичных колосков без белоперепончатых краев, со светлой шероховатой остью (0.5)1—3 мм дл. ....2. **C. gmelinii** (см. также ступень 6).

\+ Чешуи пестичных колосков с белоперепончатыми краями, острые или коротко остисто-заостренные..10. **C. caucasica** (см. также ступень 9).

29. Растения с ползучими корневищами..30.

\+ Растения без ползучих корневищ..33.

30. Тычиночный колосок почти незаметный, 3—5 мм дл., верхний пестичный колосок превышает его или, редко, на одном с ним уровне. Пестичные колоски узкоцилиндрические, в числе 2(3), 0.6—1.2 см дл., 2—3 мм в диам. Мешочки 2—2.3 мм дл., с очень коротким, 0.15 мм, носиком или без него..19. **C. holostoma**.

\+ Тычиночный колосок 1—2.5 см дл., заметно возвышается над верхним пестичным колоском. Пестичные колоски яйцевидные или продолговатые, в числе (2)3—5, 1—3 см дл., 0.6—1 см в диам. Мешочки 2.7—5(6) мм дл., с носиком 0.2—1(1.2) мм дл. ....31.

31. Мешочки желтовато-беловатые или желтовато-зеленоватые, (4)4.5—5(6) мм дл., с двузубчатым носиком 0.7—1.2 мм дл. ....16. **C. sabulosa** (см. также ступень 25).

\+ Мешочки вверху черно-бурые, 2.5—3.3 мм дл., с цельным, реже выемчатым или коротко-двузубчатым носиком 0.2—0.3(0.5) мм дл. ....32.

32. Соцветие очень плотное, вследствие чего границы между колосками не различимы (особенно при незрелых мешочках), колоски как бы слиты в общую массу. Мешочки яйцевидные, обратнояйцевидные или эллиптические. Листовые пластинки (3)5–7 мм шир., резко суженные к верхушке..14. **C. melanantha**.
\+ Соцветие менее плотное, с хорошо различимыми колосками, нижний из которых часто отставленный. Мешочки широко-обратнояйцевидные или широкоэллиптические, реже яйцевидные. Листовые пластинки (2)3–4(5) мм шир., постепенно суженные к верхушке...15. **C. melananthiformis**.
33. Соцветие из расставленных колосков; пестичные колоски узкоцилиндрические, 2–4 см дл., 3–3.5 мм шир. Мешочки яйцевидные или продолговато-яйцевидные, 2.5–3(3.5) мм дл., зрелые немного изогнутые наружу, зеленые, с коротким цельным, кверху немного расширенным носиком. Стебли уплощенно-трехгранные, почти плоские. Корни с густыми беловато-сероватыми волосками...5. **C. augustinowiczii**.....34.
\+ Соцветие из тесно сближенных колосков, нижний колосок иногда отставленный; пестичные колоски яйцевидные, шаровидно- или продолговато-яйцевидные, 0.6–1.5 см дл. Мешочки 3.2–3.7 мм дл. Стебли трехгранные. Корни без заметных волосков........................35.
34. Влагалища нижних листьев темно-пурпурные; листовые пластинки 2–3(3.5) мм шир. Мешочки 2.5–3 мм дл. Боковые колоски пестичные ....5a. **C. augustinowiczii** subsp. **augustinowiczii**.
\+ Влагалища нижних листьев бурые; листовые пластинки 3–4(5) мм шир. Мешочки 2.7–3(3.5–4) мм дл. Боковые колоски пестичные или гинекандрические (с немногими тычиночными цветками)...5b. **C. augustinowiczii** subsp. **soyaeensis**.
35. Тычиночный колосок 1–2.5(3) см дл., с ржаво-бурыми чешуями. Нижний кроющий лист чешуевидный, короче соцветия. Мешочки яйцевидные или эллиптические, 3.2–3.6 мм дл., серовато-зеленые, по всей поверхности густо покрытые папиллами. Растение образует кочки ....18. **C. meyeriana**.
\+ Тычиночный колосок около 1 см дл., с пурпурно-черными чешуями. Нижний кроющий лист линейный, б. м. равный соцветию. Мешочки продолговато-яйцевидные или продолговато-эллиптические, 3.5–3.7 мм дл., зеленые, вверху черно-бурые, без папилл. Растение не образует кочек..24. **C. tatjanae**.

1. Stigmas 2; fruits and utricles biconvex. Spikes in inflorescence fasciculately approximate...27. **C. bicolor**.
\+ Stigmas 3; fruits trigonous, utricles trigonous, orbicular- or flattened-trigonous.............2.
2. All spikes in inflorescence gynaecandrous, long-pedunculate, pendent. Utricles strongly flattened, almost flat. Fruit with a long (about 1 mm) stipe (carpophore)...1. **C. urostachys**.
\+ Terminal spike gynaecandrous or male (very rarely female or androgynous), the others female. Fruit without carpophore...3.
3. Terminal spike gynaecandrous or sometimes female..4.
\+ Terminal spike male...26.

4. Plants without creeping rhizomes. Lateral spikes with more or less long peduncles or subsessile..5.
\+ Plants with more or less long creeping rhizomes. Lateral spikes subsessile................. 21.
5. Female glumes with light awn or acuminate (in the latter case, glumes light brown or pale ferruginous). Utricles veined..6.
\+ Female glumes awnless, acute, sometimes short-acuminate (in the latter case glumes reddish-brown or purple-brown). Utricles generally veinless.. 8.
6. Female glumes dark brown, more or less abruptly narrowed into a light awn (0.5)1–3 mm long. Utricles elliptical, (3.5)4–5 mm long, flattened-trigonous, brownish-yellow, abruptly narrowed into a very short, 0.1–0.2(0.3) mm, entire or scarcely emarginate beak .... 2. **C. gmelinii**.
\+ Female glumes light brown or pale ferruginous, gradually narrowed into awn 0.5–1.5 mm long, more rarely acuminate. Utricles with a longer, 0.4–0.5 mm, short-bidentate beak... ....7.
7. Terminal spike clavate, male flowers take 1/3–2/3 of its length; lateral spikes cylindrical, 1–3 cm long. Utricles obtuse-trigonous, elliptical, ovoid, oblong-elliptical or lanceolate, 3.5–4.2(4.5) mm long, greenish, at maturity adpressed, gradually narrowed into a beak ....3. **C. peiktusani**.
\+ Terminal spike does not differ by shape from lateral ones, elliptical or broad-elliptical, with few male flowers at base; lateral spikes 0.5–1.5 cm long. Utricles somewhat inflated, elliptical or obovoid, 2.7–3.5 mm long, pale ferruginous, at maturity horizontally patent, abruptly narrowed into a beak...4. **C. hancockiana**.
8(5). Inflorescence racemiform, usually more or less laterally patent; lateral spikes with peduncles (0.5)1–5 cm long, generally pendent. Utricles flattened-trigonous, almost flat, (3.5)4–4.5 mm long, abruptly narrowed into a beak...9.
\+ Inflorescence capitate or interrupted, erect; lateral spikes subsessile. Utricles not flattened-trigonous, 2.2–3.7(4) mm long, usually gradually narrowed into a beak....................13.
9. Female spikes rather lax, lower ones with peduncles 3–5 cm long, pendent; glumes lanceolate or oblong-ovate, acute or shortly aristate-acuminate, purple-brown, with white-scarious margins; the whole inflorescence loose, pendent. Utricles elliptical or obovate, ferruginous-yellow, shining, generally veined...10. **C. caucasica**.
\+ Female spikes dense, lower ones with peduncles (0.2–0.5)1–2(3) cm long, erect or pendent; glumes ovate or oblong-ovate, acute, purple-black, brown or dark brown, without white-scarious margins. Utricles veinless..10.
10. Mature utricles purple-black (almost not differing by colour from female glumes); female glumes ovate, a little shorter than utricles...................................13. **C. aterrima**.....11.
\+ Mature utricles ferruginous-yellow or golden- greenish-ferruginous, very rarely slightly brownish, with a purple-black beak...12.
11. Inflorescence (3)3.5–4.5 cm long; female spikes (1.5)1.8–3 cm long, lowest one with peduncle (0.5)1–2(3) cm long. Utricles (3)3.5–4.2 mm long.............................. ....13a. **C. aterrima** subsp. **aterrima**.
\+ Inflorescence 2–3 cm long; female spikes 1.5–2(2.5) cm long, lowest one with peduncle 0.2–0.5(1–1.5) cm long. Utricles (3.5)4–4.5 mm long.. ....13b. **C. aterrima** subsp. **medwedewii**.
12. Inflorescence (3.5)4–6(7) cm long, of 4–5 spikes 1–2(2.5) cm long, lowest one with peduncle 1–2(3) cm long. Female glumes oblong-ovate, usually longer than utricles. Fruit 1.4 times shorter than utricle...11. **C. atrata**.
\+ Inflorescence 2–3(5) cm long, of 3–4(5) spikes 0.8–1.5 cm long, lowest one with peduncle (0.2)0.5–1(2) cm long. Glumes ovate, shorter than utricles (sometimes twice) or almost equal them. Fruit 1.7–2.3 times shorter than utricle..............12. **C. popovii**.
13(8). Inflorescence of distant narrow-cylindrical spikes. Stems strongly flattened-trigonous, almost flat. Roots with dense whitish-greyish hairs.. ....5. **C. augustinowiczii** (see also stage 31).
\+ Inflorescence of capitately glomerate (sometimes only lowest one distant) ovoid, obovoid or oblong-ovoid spikes. Stems trigonous. Roots without distinct hairs.........................14.
14. Utricles almost flat, 3.5–4.5 mm long, elliptical, veinless, in upper part smooth at margins, abruptly narrowed into a beak. Female spikes 0.8–2.5 cm long..................15.

\+ Utricles trigonous, (2)2.2–3.7(4) mm long, having another shape (if elliptical, then 2.2–2.5(2.8) mm long), veined or veinless, in upper part rather often scabrid at margins, gradually narrowed into a beak. Female spikes 0.6–1.2 cm long.............................16.

15\. Utricles golden- eтeтeтeтeтeтoг greenish-ferruginous except dark at apex beak, (3.2)3.5–4.5 mm long. Plants of Middle Asia..12. **C. popovii**.

\+ Utricles, at least in upper half, entirely (including beak) purple-black, (3.5)4–4.5 mm long. Plants of Caucasus..................................13b. **C. aterrima** subsp. **medwedewii**.

16\. Utricles veined...17.

\+ Utricles veinless..18.

17\. Utricles oblong-elliptical or oblong-ovoid, golden-yellow, with a purple-brown beak; female glumes a little shorter than utricles. Stems are surrounded at base by brown leaf sheaths ....22. **C. infuscata**.

\+ Utricles oblong-obovoid or oblong-elliptical, pale green (in the end of vegetative period yellowish or brownish-greenish); female glumes usually 2 times shorter than utricles. Stems are surrounded at base by purple leaf sheaths.......................................23. **C. media**.

18\. Utricles oblong-elliptical or oblong-ovoid, 3–4(4.5) mm long, in upper half purple-black, with beak (0.4)0.5–0.6 mm long...19.

\+ Utricles broad-obovoid or elliptical, (2)2.2–2.5(2.8) mm long, brownish or greenish, very rarely purple..20.

19\. Utricles (3)3.5–4(4.5) mm long, with usually slightly scabrid or smooth beak............... ....21. **C. melanocephala**.

\+ Utricles 3–3.3(3.5) mm long, with a strongly scabrid, more rarely slightly scabrid or smooth beak..20. **C. oligantha**.

20\. Stems are surrounded at base by short purple leaf sheaths Utricles broad-obovoid or elliptical, brownish, with beak 0.3–0.4 mm long; female glumes shorter than utricles, but almost equal them by width. Stigmas 0.5–0.7 mm long...................26. **C. norvegica**.

\+ Stems are surrounded at base by high light brown leaf sheaths. Utricles elliptical, purple (immature green, brownish in upper part), with a beak 0.15–0.2 mm long; female glumes 2 times shorter and 3 times narrower than utricles. Stigmas about 2 mm long............... ....25. **C. macrostigmatica**.

21(4). Utricles obtuse-trigonous in cross-section, not inflated, all over surface very densely covered by papillae, veined, with a very short beak or beakless. Lowest bract leaf-like, equal to inflorescence, longer or shorter than it..22.

\+ Utricles orbicular-trigonous in cross-section, a little inflated, without papillae or with papillae only at apex, veined or veinless, with short or elongate beak. Lowest bract glumaceous or leaf-like shorter than inflorescence...25.

22\. Utricles 3.5–3.8 mm long; greenish-whitish, beakless (with excision at apex) or with scarcely developed beak; female glumes ovate, acute or with very short awn, purple-black. Inflorescence 3.5–5 cm long, of (3)4 spikes. Lowest bract shorter than inflorescence or sometimes equal to it...9. **C. adelostoma**.

\+ Utricles with very short emarginate-bidentate beak; female glumes ovate-lanceolate, with a more or less long awn, ferruginous-brown, brown or purple-brown. Inflorescence 5–10 cm long, of 4–5 spikes. Lowest bract is equal to inflorescence or longer.................23.

23\. Terminal spike clavate or oblong-ovoid, in lower 1/4–1/3 of its length with male flowers; lateral spikes 2–3(4), 6–10 mm in diam. Female glumes with papillae along midrib. Utricles 3.5–4.5 mm long, greenish-whitish, covered with rather large papillae well distinct under binocular microscope.. 24.

\+ Terminal spike cylindrical, with few, almost inconspicuous male flowers (very rarely they take 1/4–1/3 part of the spike) or entirely female; lateral spikes 3–5, lower ones cylindrical, 1.5–3.5 cm long, 4–6 mm wide, the lowest ones sometimes branched. Female glumes without papillae along midrib. Utricles 2.7–3.5 mm long, generally green or yellowish-green (sometimes whitish-green), with small papillae; beak of utricles with slightly developed teeth or almost teethless. (Plants very similar to species allied to *C. acuta* by shape of spikes)...6. **C. hartmanii**.

24\. Lateral spikes 1.5–2.5 cm long, oblong. Utricles 3.5–4 mm long; beak with slightly distinct teeth or entire, teethless...7. **C. tarumensis**.

\+ Lateral spikes 1–1.5(2) cm long, ovoid or oblong-ovoid. Utricles (3.5)4–4.5 mm long; beak emarginate-bidentate, with short, but usually distinct teeth..........8. **C. buxbaumii**.

25(21). Utricles yellowish-whitish or yellowish-greenish, elliptical or obovoid, (4)4.5–5(6) mm long, with a beak 0.7–1.2 mm long, usually distinctly bidentate. Stems smooth; leaf blades frequently curved, flexuous in upper part..................................16. **C. sabulosa**.

\+ Utricles in upper part black-brown, broad-obovoid or broad-elliptical to suborbicular, 2.5–3.3 mm long, with a beak 0.2–0.3(0.5) mm long, entire, more rarely emarginate or short-bidentate. Stems scabrid; leaf blades straight or somewhat curved, but not flexuous ....15. **C. melananthiformis**.

26(3). Female spikes with more or less long peduncles, frequently pendent......................27.

\+ Female spikes subsessile..29.

27\. Female glumes ovate, obtusish. Utricles orbicular-trigonous in cross-section, 3–3.5 mm long, ferruginous-brown, veinless, with a short beak, frequently with protruding style........ ....17. **C. stylosa**.

\+ Female glumes with awn, aristate-acuminate or acute. Utricles flattened-trigonous, 3.5–5 mm long, ferruginous- or brownish-yellow, veined; style does not protrude from beak........28.

28\. Female glumes without white-scarious margins, with light scabrid awn (0.5)1–3 mm long ....2. **C. gmelinii** (see also stage 6).

\+ Female glumes with white-scarious margins, acute or short-aristate-acuminate................. ....10. **C. caucasica** (see also stage 9).

29\. Plants with creeping rhizomes..30.

\+ Plants without creeping rhizomes...33.

30\. Male spike almost inconspicuous, 3–5 mm long, uppermost female spike exceeds it or, rarely, is located flush with it. Female spikes 2(3), narrow-cylindrical, 0.6–1.2 cm long, 2–3 mm wide. Utricles 2–2.3 mm long, with a very short, 0.15 mm, beak or beakless ....19. **C. holostoma**.

\+ Male spike 1–2.5 cm long, distinctly rising above uppermost female spike. Female spikes (2)3–5, ovoid or oblong, 1–3 cm long, 0.6–1 cm wide. Utricles 2.7–5(6) mm long, with beak 0.2–1(1.2) mm long..31.

31\. Utricles yellowish-whitish or yellowish-greenish, (4)4.5–5(6) mm long, with a bidentate beak 0.7–1.2 mm long..16. **C. sabulosa** (see also stage 25).

\+ Utricles in upper part black-brown, 2.5–3.3 mm long, with a beak 0.2–0.3(0.5) mm long, entire, more rarely emarginate or short-bidentate..32.

32\. Inflorescence very dense, owing to that boundaries between spikes indistinct (especially when utricles immature), spikes as if merged in common mass. Utricles ovoid, obovoid or elliptical. Leaf blades (3)5–7 mm wide, abruptly narrowed to apex..14. **C. melanantha**.

\+ Inflorescence less dense, with well distinct spikes, lowest one frequently distant. Utricles broad-obovoid or broad-elliptical, more rarely ovoid. Leaf blades (2)3–4(5) mm wide, gradually narrowed to apex...15. **C. melananthiformis**.

33\. Inflorescence of distant spikes; female spikes narrow-cylindrical, 2–4 cm long, 3–3.5 mm wide. Utricles ovoid or oblong-ovoid, 2.5–3(3.5) mm long, at maturity a little curved outside, green, with a short entire beak a little enlarged to apex. Stems flattened-trigonous, almost flat. Roots with dense whitish-greyish hairs... ....5. **C. augustinowiczii**.....34.

\+ Inflorescence of densely approximate spikes, lowest spike sometimes distant; female spikes ovoid, globose or oblong-ovoid, 0.6–1.5 cm long. Utricles 3.2–3.7 mm long. Stems trigonous. Roots without distinct hairs...35.

34\. Sheaths of lower leaves dark purple; leaf blades 2–3(3.5) mm wide. Utricles 2.5–3 mm long. Lateral spikes female....................5a. **C. augustinowiczii** subsp. **augustinowiczii**.

\+ Sheaths of lower leaves brown; leaf blades 3–4(5) mm wide. Utricles 2.7–3(3.5–4) mm long. Lateral spikes female or gynaecandrous (with few male flowers)....................... ....5b. **C. augustinowiczii** subsp. **soyaeensis**.

35\. Male spike 1–2.5(3) cm long, with ferruginous-brown glumes. Lowest bract glumaceous, shorter than inflorescence. Utricles ovoid or elliptical, 3.2–3.6 mm long, greyish-green, all over surface densely covered with papillae. Plants forming tussocks.....18. **C. meyeriana**.

\+ Male spike about 1 cm long, with purple-black glumes. Lowest bract leaf-like, more or less equal to inflorescence. Utricles trigonous, oblong-ovoid or oblong-elliptical, 3.5—3.7 mm long, green, in upper part black-brown. Plants does not form tussocks..24. **C. tatjanae**.

Subsect. 1. **Urostachyae** Egor. 1985, Новости сист. высш. раст. 22 : 63. — Все колоски гинекандрические, в числе 5—8, с очень многочисленными цветками, на ножках, поникающие. Нижний кроющий лист превышает соцветие. Чешуи пестичных колосков от острых до остистых. Мешочки сильно сжатые (почти плоские), с жилками, с цельным носиком. Плод на карпофоре около 1 мм дл., в 3 раза короче и у́же мешочка. Растения без ползучих корневищ. — Typus: *C. urostachys* Franch.

2 вида; вне рассматриваемой территории: *C. mertensii* Prescott (запад Сев. Америки).

All spikes gynaecandrous, 5—8, with very numerous flowers, pedunuclate, pendent. Lowest bract leaf-like exceeding inflorescence. Female glumes from acute to awned. Utricles strongly compressed (almost flat), veined, with a entire beak. Fruit 3 times shorter and narrower than utricle, with carpophore about 1 mm long. Plants without creeping rhizomes. — Typus: *C. urostachys* Franch.

2 species; outside considered territory: *C. mertensii* Prescott (western North America).

1 (181). **C. urostachys** Franch. 1895, Bull. Soc. Philom. Paris, sér. 8, 7 : 35; Ohwi, 1936, Mem. Coll. Sci. Kyoto Univ. ser. B, **11**, 5 : 316; Ворош. 1966, Фл. сов. Дальн. Вост. : 107. — *C. mertensii* var. *urostachys* (Franch.) Kük. 1909, in Engl. Pflanzenr. 38 : 401. — **О. хвостоколосая.**

Описан из Японии; typus: о-в Хонсю, «Sommet de l'Iwagisan, 5 IX 1889, Faurie» (P!, photo LE!).

На песчаных и каменистых склонах в субальпийском поясе, особенно вблизи вулканов. — **Дальн. Вост.**: Курил. (юг: о-в Кунашир). Общ. распр.: В. Азия (о-ва Хоккайдо и Хонсю). — 2n = ?

Сборы *C. urostachys* в наших гербарных хранилищах отсутствуют. Для о-ва Кунашир вид указан Ови (Ohwi, l. c.) на основании виденного им гербарного образца («m. Rausu, № 3268, M. Tatewaki» — SAP). *C. urostachys* хорошо морфологически обособлена от близкого пацифического североамериканского вида *C. mertensii*.

Collections of *C. urostachys* in our Herbaria are absent. For Kunashiri island, the species is cited by Ohwi (l. c.) basing on the herbarium specimen seen by him («m. Rausu, № 3268, M. Tatewaki» — SAP). *C. urostachys* is well morphologically separated from the close Pacific-North-American species *C. mertensii*.

Subsect. 2. **Longiaristatae** Egor. 1985, Новости сист. высш. раст. 22 : 64. — Верхний колосок гинекандрический, редко тычиночный, остальные 2—4 пестичные, многоцветковые, на длинных ножках, б. м. поникающие. Нижний кроющий лист превышает соцветие. Чешуи пестичных колосков с длинной остью. Мешочки уплощенно-трехгранные, с жилками, с цельным или едва выемчатым носиком. Плод в 1.4—1.5 раза короче и у́же мешочка. Растение без ползучих корневищ. — Typus: *C. gmelinii* Hook. et Arn. Монотипная подсекция.

Terminal spike gynaecandrous, rarely male, the others 2—4 female, many-flowered, with long peduncles, more or less pendent. Lowest bract leaf-like, exceeding inflorescence. Female glumes with a long awn. Utricles flattened-trigonous, veined, with entire or scarcely emarginate beak. Fruit 1.4—1.5 times shorter and narrower than utricle. Plants without creeping rhizomes. — Typus: *C. gmelinii* Hook. et Arn. Monotypic subsection.

2 (182). **C. gmelinii** Hook. et Arn. 1832, Bot. Beech. Voy. 3 : 118, 111, tab. 27; В. Креч. 1935, во Фл. СССР, 3 : 277; Юрц. и др. 1975, Новости сист. высш. раст. 12 : 313; Y. L. Chang et Y. L. Yang, 1976, Fl. Chin. Bor.-Or. 11 : 147. — Exs.: H.F. URSS № 5667. — **О. Гмелина.**

Описан с п-ова Камчатка; typus: «Avatshka Bay, Kamtschatka, Beechey» (E!, photo LE!).

На приморских лугах (иногда в полосе приливов), обрывах, песчаных отмелях и скалах, изредка в местах, удаленных от моря, где растет у ручьев и на болотистых низинах; часто. — **Дальн. Вост.**: весь, кроме Зее-Бур. (в Аркт. Чукотский п-ов). Общ. распр.: В. Азия (п-ов Корея, о-ва Хоккайдо и Хонсю); С. Америка (Аляска и Британская Колумбия). — 2n = 50 (Кожевников и др., 1986), 58 (Жукова, 1965), 62 (Юрцев, Жукова, 1978). — Рис. 52, 5.

По всему ареалу вида изредка встречаются образцы с тычиночным, а не гинекандрическим верхним колоском. На Чукотке известны популяции *C. gmelinii* с почти безостыми чешуями пестичных колосков и только нижние чешуи у них с короткой остью (Юрцев и др., l. c.).

All over the range of the species, the specimens rarely occur with male, instead of gynaecandrous terminal spike. In Chukot Peninsula, the populations of *C. gmelinii* are known with almost awnless female glumes, only lower glumes having short awn (Юрцев и др., l. c.).

Subsect. 3. **Longibracteatae** Egor. 1985, Новости сист. высш. раст. 22 : 64. — Верхний колосок гинекандрический, остальные 2—3 пестичные, довольно многоцветковые, на длинных, реже коротких ножках, прямостоячие. Нижний кроющий лист значительно превышает соцветие. Чешуи пестичных колосков острые или с короткой остью. Мешочки тупо-трехгранные, с жилками, с цельным или коротко-двузубчатым носиком. Плод в 1.4—1.5 раз короче и в 1.5—1.6 раз у́же мешочка. Растения без ползучих корневищ. — Typus: *C. peiktusani* Kom.

3 вида; вне рассматриваемой территории: *C. lehmanii* Drej. (Индия, Китай, Япония).

Terminal spike gynaecandrous, the others 2—3 female, rather many-flowered, with long, more rarely short peduncles, erect. Lowest bract leaf-like considerably exceeding inflorescence. Female glumes acute or with a short awn. Utricles obtuse-trigonous, veined, with an entire or short-bidentate beak. Fruit 1.4—1.5 times shorter and 1.5—1.6 times narrower than utricle. Plants without creeping rhizomes. — Typus: *C. peiktusani* Kom.

3 species; outside considered territory: *C. lehmanii* Drej. (India, China, Japan).

3 (183). **C. peiktusani** Kom. 1901, Тр. Петерб. бот. сада, **18**, 3 : 445; В. Креч. 1935, во Фл. СССР, 3 : 272. — *C. hancockiana* var. *peiktusani* (Kom.) Kük. 1909, in Engl. Pflanzenr. 38 : 395. — **О. пейктусанская.**

Описан с севера п-ова Корея; lectotypus: «In paludibus herbosis planitiei elevata Peischan vel Peiktusan, ad trajectum Abuzsakogar. Korea Septentr. phov. Kensong, 21 VI 1897, Komarov» (LE!) — Комаров (in sched.), Егорова (h. l.).

В трещинах скал, на скалистых обрывах, каменистых россыпях; в лесном поясе гор. — **Дальн. Вост.**: Уссур. (юг). Общ. распр.: В. Азия (Сев.-Вост. Китай, п-ов Корея, о-в Хонсю). — 2n = ? — Рис. 51, 8.

Вид основан на двух синтипах. Тип (лектотип) был обозначен автором названия вида уже после его действительного обнародования. Форма мешочков *C. peiktusani* варьирует от эллиптической до яйцевидной, продолговато-эллиптической и ланцетной.

The species is based on two syntypes. The type (lectotype) was designated by the author of species name after of its valid publication. Shape of utricles of *C. peiktusani* varies from elliptical to ovoid, oblong-elliptical and lanceolate.

Рис. 52.

1 — *Carex sabulosa* Turcz. ex Kunth, общий вид растения, *1a* — мешочек; *2* — *C. buxbaumii* Wahlenb., соцветие, *2a* — мешочек; *3* — *C. hartmanii* Cajand., нижняя часть растения и соцветие, *3a* — мешочек; *4* — *C. adelostoma* V. Krecz., общий вид растения; *4a* — мешочек; *5* — *C. gmelinii* Hook. et Arn., соцветие, *5a* — мешочек; *6* — *C. bicolor* All., общий вид растения, *6a* — мешочек; *7* — *C. stylosa* C. A. Mey, соцветие, *7a* — мешочек с выступающим столбиком; *8* — *C. holostoma* Drej., соцветие, *8a* — мешочек.

Fig. 52.

1 — *Carex sabulosa* Turcz. ex Kunth, the whole plant, *1a* — utricle; *2* — *C. buxbaumii* Wahlenb., inflorescence, *2a* — utricle; *3* — *C. hartmanii* Cajand., lower part of the plant and inflorescence, *3a* — utricle; *4* — *C. adelostoma* V. Krecz., the whole plant; *4a* — utricle; *5* — *C. gmelinii* Hook. et Arn., inflorescence, *5a* — utricle; *6* — *C. bicolor* All., the whole plant, *6a* — utricle; *7* — *C. stylosa* C. A. Mey, inflorescence, *7a* — utricle with projecting style; *8* — *C. holostoma* Drej., inflorescence, *8a* — utricle.

4 (184). **C. hancockiana** Maxim. 1879, Bull. Soc. Nat. Moscou, **54**, 1 : 66, p. p.; B. Креч. 1935, во Фл. СССР, 271, p. p.; Малышев, 1979, во Фл. Центр. Сиб. 1 : 194; id. 1990, во Фл. Сиб. 3 : 104; Егор. 1985, Новости сист. высш. раст. 22 : 50. — *C. alpina* f. *longipedunculata* Kük. 1911, Русск. бот. журн. 3—6 : 101. — *C. komaroviana* Baranov et Skvortsov, 1965, Quart. Journ. Taiwan Mus. **18**, 1—2 : 229. — Exs.: H.F. URSS № 7172. — **О. Ханкока**.

Описан из Сев. Китая; lectotypus: «Fl. Pekin., Po-hua-shan, Junio 1877, Dr. Bretschneider» (LE!) — Егорова (1985, l. c.).

По берегам рек, на лугах, в зарослях кустарников, на вырубках; в лесном и верхнем поясах гор; очень редко. — **Зап. Сиб.**: Алт.; **Вост. Сиб.**: Анг.-Саян. (Зап. Саян: хр. Борус, дол. р. Пойловы; юго-зап. побережье Байкала: ст. Маритуй, пос. Култук, хр. Хамар-Дабан), Даур. (юг: р. Киркун). Общ. распр.: Ц. (Китай: Вост. Тянь-Шань; сев. Монголия) и В. (Китай и п-ов Корея) Азия. — 2n = ? — Рис. 51, 7.

Описание *C. hancockiana* основано на двух синтипах. Один из них, представленный сборами Ханкока («In m. Siao-Wutai-schan, 1876, Hancock» — LE!), идентичен ранее описанной *C. lehmanii* Drej. Поэтому в целях сохранения названия *C. hancockiana* оно было типифицировано мной (Егорова, l. c.) образцами Бретшнейдера.

C. komaroviana Baranov et Skvortsov, l. c., описанная из Китая (Внутренняя Монголия), насколько можно судить по ее оригинальному диагнозу и рисунку, была справедливо отождествлена с *C. hancockiana* Китагавой (Kitagawa, 1979). Китайские ботаники (Chang, Yang, 1976) отнесли *C. komaroviana* в синонимы к *C. angarae* (= *C. media*).

The description of *C. hancockiana* is based on two syntypes. One of them, represented by Hancock's collections («In m. Siao-Wutai-schan, 1876, Hancock» — LE!) is identical to described before *C. lehmanii* Drej. Therefore, for the purpose of retention of the name *C. hancockiana*, it was typified by me (Егорова, l. c.) by Bretschneider's specimens.

C. komaroviana Baranov et Skvortsov, l. c. described from China (Inner Mongolia), as far as it can be judged from its original diagnosis and drawing, was correctly equated with *C. hancockiana* by Kitagawa (1979). Chinese botanists (Chang, Yang, 1976) have put *C. komaroviana* into synonymy of *C. angarae* (= *C. media*).

Subsect. 4. **Planiculmes** Egor. 1985, Новости сист. высш. раст. 22 : 65. — Верхний колосок тычиночный, реже гинекандрический, остальные 2—3(4) пестичные, или, очень редко, гинекандрические, узкоцилиндрические (похожие на *C. acuta* L.), многоцветковые, почти сидячие. Нижний кроющий лист не превышает соцветие. Чешуи пестичных колосков острые. Мешочки трехгранные, с жилками, с коротко-двузубчатым носиком. Плод немного короче и у́же мешочка. Стебли сильно уплощенно трехгранные, почти плоские. Растения без ползучих корневищ. — Typus: *C. augustinowiczii* Meinsh. ex Korsh.

2 вида; вне рассматриваемой территории: *C. curvicollis* Franch. et Savat. (Япония).

Terminal spike male, more rarely gynaecandrous, the others 2—3(4) female, or, very rarely, gynaecandrous, narrow-cylindrical (resembling *C. acuta* L.), many-flowered, subsessile. Lowest bract leaf-like does not exceed inflorescence. Female glumes acute. Utricles trigonous, veined, with a short-bidentate beak. Fruit a little shorter and narrower than utricle. Stems strongly flattened-trigonous, almost flat. Plants without creeping rhizomes. — Typus: *C. augustinowiczii* Meinsh. ex Korsh.

2 species; outside considered territory: *C. curvicollis* Franch. et Savat. (Japan).

25 Заказ № 131

5 (185). **C. augustinowiczii** Meinsh. ex Korsh. 1892, Тр. Петерб. бот. сада, 12 : 411; Kük. 1909, in Engl. Pflanzenr. 38 : 389, p. p.; В. Креч. 1935, во Фл. СССР, 3 : 272, p. p.; Ворош. 1966, Фл. сов. Дальн. Вост.: 97, p. p.; id. 1982, Опред. раст. сов. Дальн. Вост. : 131, p. p.; Егор. 1985, Новости сист. высш. раст. 22 : 49, p. p.; А. Е. Кожевников, 1988, в Сосуд. раст. сов. Дальн. Вост. 3 : 309, p. p. — **О. Августиновича**.

Описан с российского Дальнего Востока; typus: басс. среднего течения Амура, «Амурская обл., ст. Бабстово, в долине у ручья, 27 V 1891, С. Коржинский» (LE! cum isotypo).

a) subsp. **augustinowiczii**.

По берегам лесных речек и ручьев; на равнине и в лесном поясе гор. — **Дальн. Вост.**: Охот. (сев.: окр. Магадана), Удск., Зее-Бур., Уссур. Общ. распр.: В. Азия (Сев.-Вост. и Сев. Китай, п-ов Корея). — 2n = 54, 66 (Хромосомные числа..., 1969). — Рис. 51, *6*.

Для Охотского района приведен по литературным данным (Хохряков, 1985; А. Е. Кожевников, l. c.).

For Okhotsk region, it is cited according to published data (Хохряков, 1985; А. Е. Кожевников, l. c.).

b) subsp. **soyaeensis** (Kük.) Egor. 1990, Бот. журн. **75**, 6 : 863. — *C. soyaeensis* Kük. 1904, Bull. Hérb. Boiss. sér. 2, 4 : 53; Miyabe et Kudo, 1930—1931, Journ. Fac. Agr. Hokkaido Univ. **26**, 2 : 240 (Fl. Hokkaido a. Saghal. 2); В. Креч. 1935, l. c.: 273. — *C. eleusinoides* var. *flaccidior* Fr. Schmidt, 1868, Mém. Acad. Sci. Pétersb. sér. 7, **12**, 2 : 196 (Reisen im Amur-Lande). — *C. flaccidior* (Fr. Schmidt) Miyabe et Kudo, 1918, Trans. Sapporo Nat. Hist. Soc. **7**, 1 : 28. — *C. augustinowiczii* auct. non Korsh. s. str.: Kük. 1909, l. c. : 389, p. p., quoad pl. sachal. et japon.; Ohwi, 1936, Mem. Coll. Sci. Kyoto Univ. ser. B, **11**, 5 : 312, p. p., excl. var. *sharensis* (Franch.) Ohwi; id. 1965, Fl. Jap.: 233; T. Koyama, 1962, Journ. Fac. Sci. Univ. Tokyo (Bot.), 8, 4 : 196; Ворош. 1966, l. c. : 97, p. p.; id. 1982, l. c. : 131, p. p., quoad syn. *C. soyaeensis*; Егор. 1985, l. c. : 49, p. p., quoad syn. *C. soyaeensis*; А. Е. Кожевников, 1988, l. c. : 309, p. p., quoad syn. *C. soyaeensis*. — Exs.: H.F. URSS № 7166. — **О. сойская**.

Описан из Японии; typus: о-в Хоккайдо, «Cap Soya, 19 VI 1891, № 7230, Faurie» (G!, isotypus P!, photo LE!).

По берегам лесных речек и ручьев; на равнине и в лесном поясе гор. — **Дальн. Вост.**: Камч., Сах., Курил. Общ. распр.: В. Азия (о-ва Хоккайдо и Хонсю). — 2n = 68 (T. Koyama, l. c., ut *C. augustinowiczii*).

C. soyaeensis была приведена В. И. Кречетовичем (l. c.) для нашей территории (сев. Сахалин) по данным японских ботаников (Miyabe, Kudo, l. c.). Цитированные выше авторы, начиная с Ови (Ohwi, l. c.), относили этот вид в синонимы к *C. augustinowiczii*. Изучение гербарного материала, определенного как *C. augustinowiczii*, показало, что типу последней идентичны только образцы с материковой части Дальнего Востока (кроме Камчатки). Растения с Камчатки, Сахалина, Курил и Японии отличаются от типичной *C. augustinowiczii* бурыми (а не темно-пурпурными) влагалищами нижних листьев, обычно более широкими листовыми пластинками, тычиночным или гинекандрическим верхним колоском (у *C. augustinowiczii* s. str. он тычиночный и крайне редко гинекандрический) и несколько более крупными мешочками, и соответствуют *C. soyaeensis*. Заметим, что Кюкенталь (Kükenthal, l. c.) характеризует последний вид гинекандрическим верхним колоском. Однако этот признак не выдержан и варьирует даже в пределах одной дерновины, что можно наблюдать даже у типового материала. Так, у изотипа *C. soyaeensis* у трех побегов одной дерновины верхний колосок гинекандрический, а у двух — тычиночный.

По всему ареалу subsp. *soyaeensis* встречаются растения с более широкими (4—5 мм), чем у ее типичных образцов, листовыми пластинками, и более крупными (3.5—4 мм дл.) мешочками. Такие образцы были описаны с Сахалина (typus: «In valle montis Susuyazan, 20 VII 1930, № 6, Sh, Sugawara» — KYO) как *C. augustinowiczii* var. *macrogyna* Ohwi (1931, Mem. Coll. Sci. Kyoto Univ. ser. B, **6**, 5 : 261). Позднее автор описания (Ohwi, 1936, l. c.) синонимизировал эту разновидность с *C. augustinowiczii*. Совершенно очевидно, однако, что растения с признаками var. *macrogyna* должны рассматриваться в составе subsp. *soyaeensis*, возможно, в ранге разновидности или формы.

Таксономические отношения *C. augustinowiczii* с *C. sharensis* Franch. (последний вид рассматривается Ови (Ohwi, l. c.) и Койямой (T. Koyama, l. c.) в качестве разновидности первого) обсуждаются в моей статье (Егорова, 1985, цит. соч.).

C. soyaeensis was cited by Kreczetowicz (Кречетович, l. c.) for our territory (northern Sakhalin) after data of Japanese botanists (Miyabe, Kudo, l. c.). The mentioned authors, beginning from Ohwi (l. c.), had put this species into synonymy of *C. augustinowiczii*. Examining of the herbarium material been ifentified as *C. augustinowiczii* has shown, only the specimens from continental part of Far East (except Kamchatka) are identical to the type of the latter. The plants from Kamchatka, Sakhalin, Kurils and Japan, differ from the typical *C. augustinowiczii* by brown (instead of dark purple) sheaths of lower leaves, usually broader leaf blades, male or gynaecandrous terminal spike (*C. augustinowiczii* s. str. has that male, extremely rarely gynaecandrous) and somewhat larger utricles, and correspond to *C. soyaeensis*. To note, Kükenthal (l. c.) has characterized the latter species by gynaecandrous terminal spike. However, this character is not constant and varies even within the same tuft, that can be observed even at the type material. So, the isotype of *C. soyaeensis* has in one tuft three shoots with gynaecandrous terminal spike and two shoots with male one.

All over the range of subsp. *soyaeensis* plants occur with broader (4—5 mm) than in the typical specimens leaf blades and larger (3.5—4 mm long) utricles. Such specimens were described from Sakhalin (typus: «In valle montis Susuyazan, 20 VII 1930, № 6, Sh, Sugawara» — KYO) as *C. augustinowiczii var. macrogyna* Ohwi (1931, Mem. Coll. Sci. Kyoto Univ. ser. B, **6**, 5 : 261). Later, the author of description (Ohwi, 1936, l. c.) synonymized this variety with *C. augustinowiczii*. It is perfectly obvious, however, that plants with characters of var. *macrogyna* should be considered within subsp. *soyaeensis*, probably, in the rank of variety or form.

Taxonomic relations of *C. augustinowiczii* with *C. sharensis* Franch. (the latter species is considered by Ohwi (l. c.) and T. Koyama (l. c.) as the variety of the former) are discussed in my paper (Егорова, 1985, l. c.).

Subsect. 5. **Papilliferae** Egor. 1985. Новости сист. высш. раст. 22 : 65. — Верхний колосок гинекандрический (иногда пестичный), остальные 2—3 пестичные (нижний изредка коротковетвистый), почти сидячие, много- или относительно немногоцветковые. Нижний кроющий лист равен соцветию, длиннее или короче его. Чешуи пестичных колосков с б. м. длинной остью или заостренные. Мешочки тупо-трехгранные, с жилками, покрытые папиллами, с выемчато-двузубчатым носиком или без него. Плод в 1.5—1.6 раза короче и в 1.3 раза у́же мешочка. Растения с длинными ползучими корневищами. — Т у р u s : *C. buxbaumii* Wahlenb.

5 видов; вне рассматриваемой территории: *C. morrisseyi* Porsild (Канада).

Terminal spike gynaecandrous (sometimes female), the others 2—3 female (lowest one rarely short-branched), subsessile, multi- or rather few-flowered. Lowest bract leaf-like, equal to inflorescence, longer or shorter. Female glumes with more or less long awn or acuminate. Utricles obtuse-trigonous, veined, covered with papillae, with an emarginate-bidentate beak or beakless. Fruit 1.5—1.6 times shorter and 1.3 times narrower than utricle. Plants with long creeping rhizomes. — T y p u s : *C. buxbaumii* Wahlenb.

5 species; outside considered territory: *C. morrisseyi* Porsild (Canada).

6 (186). **C. hartmanii** Cajand. II 1935, Ann. Bot. Soc. Zool.-Bot. Fenn. Vanamo, **5**, 5 : 23, fig. 9, map 1; В. Креч. 1940, во Фл. УРСР, 2 : 506. — *C. buxbaumii* var. *macrostachya* C. Hartm. 1849, Scand. Fl., ed. 5 : 268. — *C. buxbaumii* var. *australis* Anderss. 1849, Cyp. Scand. : 39. — *C. emasculata* V. Krecz. IV 1935, во Фл. СССР, 3 : 604, 277. — Exs.: Kneucker, Car. exs. № 25 (ut *C. buxbaumii*), H.F.R. №№ 2388, 2389 (ut *C. buxbaumii*); H.F. URSS № 4220. — **О. Гартмана**.

Описан из Швеции; lectotypus: «Gotland, Ardre, Helgmyr, 14 VI 1931, B. Englund» (H! photo: Cajander, l. c., fig. 9 et LE!) — Егорова (1976а : 195).

В сырых лиственных лесах и кустарниках, на сырых лугах; на равнине и в лесном поясе гор; редко. — **Европ. ч.**: Прибалт., Лад.-Ильм.: Верх.-Днепр., Верх.-Волж., Карп. (Львовская обл.), Сред.-Днепр., Волж.-Дон., Заволж., Ниж.-Дон.; **Кавк.**: Б. Кавк. (зап. и центр), Зап., Центр. и Южн. (юго-зап. Грузия) Закавк.; **Зап. Сиб.**: Обск. (окр. Тюмени), Верх.-Тоб. (в районе Кургана), Ирт. (вост.); **Средн. Азия**: Арало-Касп. (Мугоджары: уроч. Уркач; б. Тургайский у.: р. Ак-кучук). Общ. распр.: С. (юг) и Ц. Европа; З. Азия (сев.-вост. Турция); С. Америка (сев.-вост. Канада). — 2n = ? — Рис. 52, *3*.

При описании *C. hartmanii* было процитировано большое число синтипов, из которых позднее, в Гербарии Ботанического музея Университета Хельсинки (H), был выбран (in sched.) цитируемый здесь лектотип; фотография этого образца имеется в работе Каяндера (Cajander, l. c. : 24, fig. 9). В. И. Кречетович, описавший *C. emasculata* из окр. С.-Петербурга (typus: LE!), сам отождествил ее с описанной на месяц раньше *C. hartmanii*.

C. hartmanii нередко смешивают с *C. buxbaumii*, от которой она отличается цилиндрическими, более длинными и узкими пестичными колосками 1.5—3.5 см дл., 4—6 мм шир. (а не 1—1.5(2) см дл., 6—10 мм шир.), сходными по форме с пестичными колосками видов родства *C. acuta*, верхним колоском с немногими тычиночными цветками или целиком пестичным (очень редко целиком тычиночным), мешочками 2.7—3.5 мм дл. (а не (3.5)4—4.5 мм дл.), отсутствием папилл на чешуях пестичных колосков. Кроме того, эти чешуи у *C. hartmanii* симметричные, в то время как у *C. buxbaumii* асимметричные (Cajander, 1935; Chater, 1980).

Согласно Кречетовичу (1935, l. c.), рассматриваемые виды различаются по характеру строения носика, который у *C. hartmanii* (= *C. emasculata*) узковыемчатый, с прямыми зубцами, а у *C. buxbaumii* — широко полулунно-выемчатый, с расходящимися зубцами. Однако названные признаки не являются достаточно константными, так как и у *C. buxbaumii* носик нередко бывает узковыемчатым, с прямыми зубцами. Но последние у *C. buxbaumii* развиты обычно лучше, чем у *C. hartmanii*.

C. hartmanii — неморальный вид с редкими реликтовыми местонахождениями в степной и таежной зонах. По данным Каяндера (Cajander, l. c. : 33, map 1), сев. граница его распространения совпадает с границей *Quercus robur*.

In the protologue of *C. hartmanii* a great number of syntypes was cited, later in the Herbarium of the Botanical Museum of the Helsinki University (H) the lectotype cited here being chosen (in sched.) among them; the photo of this specimen is in the work by Cajander (l. c. : 24, fig. 9). Kreczetowicz had described *C. emasculata* from vicinities of Saint-Petersburg (typus — LE!) and later equated it himself with *C. hartmanii* described a month before.

C. hartmanii rather often is mixed with *C. buxbaumii*, from which it differs by cylindrical, longer and narrower female spikes 1.5—3.5 cm long, 4—6 mm wide (instead of 1—1.5(2) cm long, 6—10 mm wide), resembling in shape female spikes of species allied to *C. acuta*, by terminal spike with few male flowers or entirely female (very rarely entirely male), by utricles 2.7—3.5 mm long (instead of (3.5)4—4.5 mm long), by female glumes without papillae. Besides that, *C. hartmanii* has symmetrical female glumes, while *C. buxbaumii* having asymmetrical ones (Cajander, 1935; Chater, 1980).

According to Kreczetowicz (Кречетович, 1935, l. c.), the considered species differ by structure of beak, the latter of *C. hartmanii* (= *C. emasculata*) being narrow-emarginate, with straight teeth, while that of *C. buxbaumii* broadly semilunar-emarginate, with divergent teeth. However, mentioned characters are not enough constant, as a beak in *C. buxbaumii* also can be rather often narrow-emarginate, with straight teeth. But, the latters in *C. buxbaumii* are usually developed better, than in *C. hartmanii*.

C. hartmanii is a nemoral species, with rare relict locations in steppe and taiga zones. According to data by Cajander (l. c. : 33, map 1), the northern boundary of its distribution coincides with the boundary of *Quercus robur*.

7 (187). **C. tarumensis** Franch. 1895, Bull. Soc. Philom. Paris, sér. 8, 7 : 37 («*tarunensis*»); В. Креч. 1937, Бот. журн. **22**, 1 : 108, 110; Ohwi, 1953, Fl. Jap. : 190; Ворош. 1966, Фл. сов. Дальн. Вост. : 106; Y. L. Chang et Y. L. Yang, 1976, Fl. Chin. Bor.-Or. 11 : 150; Y. T. Lee, 1976, Fl. Cor. 7 : 372; А. Е. Кожевников, 1988, Сосуд. раст. сов. Дальн. Вост. 3 : 309. — *C. buxbaumii* auct. non Wahlenb.: Kük. 1909, in Engl. Pflanzenr. 38 : 393, p. p.; T. Koyama, 1962, Journ. Fac. Sci. Univ. Tokyo (Bot.), **8**, 4 : 200. — **О. тарумаинская**.

Описан из Японии, lectotypus: о-в Хоккайдо, «Tarumai, bord des marais, 18 VI 1893, Faurie» (P!, photo LE!) — Егорова (h. l.).

На болотистых местах. — **Дальн. Вост.**: Сах. (юг), Курил. (юг: о-в Шикотан). Общ. распр.: В. Азия (Сев.-Вост. Китай, п-ов Корея, о-в Хоккайдо). — 2n = ?

Очень близок к *C. buxbaumii*, от которой отличается признаками, приведенными в ключе. А. Е. Кожевников (l. c.) отмечает наличие у мешочков *C. tarumensis* 15—20 утолщенных ясных жилок (последние у *C. buxbaumii* в меньшем числе и неясно выраженные). Однако типовые образцы *C. tarumensis* не отличаются по жилкам от типичной *C. buxbaumii*.

Is very close to *C. buxbaumii*, differing from it by characters cited in the key. Kozhevnikov (А. Е. Кожевников, l. c.) points out utricles of *C. tarumensis* to have 15—20 thickened distinct veins (the latters in *C. buxbaumii* being fewer and obscure). However, the type specimens of *C. tarumensis* do not differ by veins from the typical *C. buxbaumii*.

8 (188). **C. buxbaumii** Wahlenb. 1803, Kungl. Sv. Vet.-Acad. Handl. ser. nov. 24 : 163; Kük. 1909, in Engl. Pflanzenr. 38 : 393, p. p.; В. Креч. 1935, во Фл. СССР, 3 : 276; Малышев, 1990, во Фл. Сиб. 3 : 103, p. p., excl. syn. — *C. polygama* Schruhr, 1801, Beschr. Abbild. Riedgr.: 84, Tab. Gg, fig. 76, non J. F. Gmel. 1791. — *C. polygama* subsp. *subulata* Cajand. 1935, Ann. Bot. Soc. Zool.-Bot. Fenn. Vanamo, **5**, 5 : 11. — Exs.: H.F.R. № 2390. — **О. Буксбаума**.

Описан из Германии и Дании; typus est lectotypus *C. polygamae* Schkuhr: Дания, о-в Зеландия, «In uliginosis Seaellandiae» (HAL! photo LE!) — Rauschet (in sched.), Егорова (h. l.).

На болотистых лугах, осоково-гипновых болотах, по берегам рек и озер; на равнине и в лесном поясе гор. — **Европ. ч.**: Аркт. (Кольский п-ов), Кар.-Мурм., Дв.-Печ. (зап.), Прибалт. (Эстония, Латвия, Литва: Клайпедский р-н), Лад.-Ильм., Верх.-Днепр., Волж.-Кам., Карп. (сев.-зап.), Сред.-Днепр. (Винница и Тростянец), Волж.-Дон., Заволж. (сев.); **Кавк.**: Б. Кавк. (зап.: верховье р. Марухи); **Зап. Сиб.**: Обск. (юг), Верх.-Тоб., Ирт., Алт.; **Вост. Сиб.**: Лен.-Кол. (юго-зап.: басс. Лены — устье р. Бирюкан), Анг.-Саян., Даур. (зап.); **Средн. Азия**: Арало-Касп. (Мугоджары), Прибалх. (сев.: Казахский мелкосопочник; вост.). Общ. распр.: С., Атл. и Ц. Европа; С. Америка (включая южн.

Гренландию); ? Австрал. — 2n = 74, 100 (Хромосомные числа..., 1969). — Рис. 52, *2*.

Валенберг (Wahlenberg, l. c.) дал для *C. polygama* Schkuhr, l. c. новое название — *C. buxbaumii*, поскольку первое оказалось более поздним омонимом. Поэтому типом *C. buxbaumii* является цитированный выше лектотип *C. polygama*, обозначенный Раушетом (A. Rauschet) в 1972 г. в Гербарии Университета г. Галле (HAL).

Японскими ботаниками (Koyama, 1962; Ohwi, 1965) указывается для Австралии, но, возможно, это указание относится к предыдущему виду. См. также комментарии к *C. hartmanii*.

Wahlenberg (l. c.) has given a new name for *C. polygama* Schkuhr, l. c., namely *C. buxbaumii*, since the former one proved to be a later homonym. Therefore, the type of *C. buxbaumii* is the lectotype of *C. polygama* cited above, been designated by Rauschet in 1972 in the Herbarium of the University at Halle (HAL).

Is indicated by Japanese botanists (Koyama, 1962; Ohwi, 1965) for Australia, but, probably, this indication is related to the previous species. See also comments to *C. hartmanii*.

9 (189). **C. adelostoma** V. Krecz. 1935, во Фл. СССР, 3 : 603, 275. — *C. buxbaumii* β. *alpina* C. Hartm. 1818, Kungl. Sv. Vet.-Akad. Handl. : 160. — *C. buxbaumii* γ. *alpicola* C. Hartm. 1820, Handb. Scand. Fl. [ed. 1] : 41. — *C. buxbaumii* β. *mutica* C. Hartm. 1820, l. c. : 41. — *C. polygama* subsp. *mutica* (C. Hartm.) Cajand. 1934, Luonnon Ystävä, 38 : 182. — *C. polygama* subsp. *alpina* (C. Hartm.) Cajand. 1935, Ann. Bot. Soc. Zool.-Bot. Fenn. Vanamo, **5**, 5 : 18. — *C. buxbaumii* subsp. *alpina* (C. Hartm.) Liro, 1938, Ann. Acad. Sci. Fenn. ser. A, Biol. 42 : 523; Chater, 1980, in Fl. Europ. 5 : 318. — *C. buxbaumii* subsp. *mutica* (C. Hartm.) Isoviita, 1977, Ann. Bot. Fenn. **14**, 4 : 208; Toivonen, 1978, in L. Hämet-Ahti et Toivonen, Suomen sara-, vihvilä-ja heinäkasv. : 33. — Exs.: H.F. URSS № 4202. — **О. неясноустая**.

Описан с Кольского п-ова; typus: окр. Мурманска «Александровск, Тюва-губа, на берегу реки, 23 VI 1921, № 7762, М. И. Назаров» (LE!).

На мохово-осоковых болотах, в заболоченной тундре, по сырым каменистым склонам; в верхнем и лесном поясах гор и в арктической тундре. — **Европ. ч.**: Аркт. (Кольский п-ов), Кар.-Мурм. (Кольский п-ов и север Карелии), Дв.-Печ. (Сев. Урал.), Волж.-Кам. (Средн. Урал.: Муравьиный Камень); **Зап. Сиб.**: Обск. (Приполярн. Урал: басс. р. Ляпин), Алт. (хр. Куркуле); **Вост. Сиб.**: Енис. (плато Путорана и район Ачинска), Лен.-Кол. (басс. р. Мархи, Северо-Байкальское и Становое нагорья), Анг.-Саян., Даур. (юго-зап.); **Дальн. Вост.**: Охот. Общ. распр.: С. Европа; С. Америка (вост.). — 2n = 106 (Löve, Löve, 1956). — Рис. 52, *1*.

При трактовке данного растения в качестве подвида следует использовать название *C. buxbaumii* subsp. *mutica* (C. Hartm.) Isoviita, l. c., так как первой комбинацией в ранге подвида является *C. polygama* subsp. *mutica* (C. Hartm.) Cajand. l. c.

Гультеном (Hultén, 1968 : 257) *C. adelostoma* указывается для одного пункта на южн. Аляске. Возможно, *C. morrisseyi* Porsild (Канада) является синонимом *C. adelostoma*.

When being interpreted as a subspecies, this plant should be named *C. buxbaumii* subsp. *mutica* (C. Hartm.) Isoviita, l. c., since the earliest combination in a rank of subspecies is *C. polygama* subsp. *mutica* (C. Hartm.) Cajand.

Hultén (1968 : 257) has indicated *C. adelostoma* for one location in southern Alaska. *C. morrisseyi* Porsild (Canada) is probably conspecific with *C. adelostoma*.

Subsect. 6. **Aterrimae** Egor. 1985, Новости сист. высш. раст. 22 : 65. — Верхний колосок гинекандрический, редко тычиночный, остальные 2—3(4—5) пестичные, обычно плотные, многоцветковые, часто на б. м. длинных ножках и поникающие; соцветие б. ч. поникающее. Нижний кроющий лист равен соцветию или немного превышает его. Чешуи пестичных колосков острые, редко коротко остисто заостренные. Мешочки уплощенно-трехгранные, б. ч. без жилок, часто пурпурно-черные, с коротко-двузубчатым носиком. Плод в 1.4—2 раза короче и в 1.6—2 раза у́же мешочка. Растения без ползучих корневищ или редко, с очень короткоползучими корневищами. — Typus: *C. aterrima* Hoppe.

12—15 видов; вне рассматриваемой территории: *C. pirinensis* (Achtarov) Achtarov (Болгария), *C. japonalpina* (T. Koyama) T. Koyama (Монголия: Хэнтей; Сев.-Вост. Китай, п-ов Корея и о-в Хонсю), *C. duthiei* C. B. Clarke (Гималаи, Мьянма, Китай), *C. kansuensis* Nelmes (Китай), *C. nigerrima* Nelmes (Индия: Кашмир), *C. schneideri* Nelmes (Юго-Зап. Китай), *C. apodostachya* Ohwi и *C. jisaburo-ohwiana* T. Koyama (о-в Тайвань) и несколько видов в Сев. Америке.

Terminal spike gynaecandrous, rarely male, the others 2—3(4—5) female, usually dense, many-flowered, frequently with more or less long peduncles and pendent; inflorescence generally pendent. Lowest bract leaf-like, equal to inflorescence or a little exceeding it. Female glumes acute, rarely shortly aristate-acuminate. Utricles flattened-trigonous, generally veinless, frequently purple-black, with a short-bidentate beak. Fruit 1.4—2 times shorter and 1.6—2 times narrower than utricle. Plants without creeping rhizomes or, rarely, with very short-creeping ones. — Typus: *C. aterrima* Hoppe.

12—15 species; outside considered territory: *C. pirinensis* (Achtarov) Achtarov (Bulgaria), *C. japonalpina* (T. Koyama) T. Koyama (Mongolia: Chentejn; North-Eastern China, Korea Peninsula and Honshu), *C. duthiei* C. B. Clarke (Himalaya, Myanmar, China), *C. kansuensis* Nelmes (China), *C. nigerrima* Nelmes (India: Kashmir), *C. schneideri* Nelmes (South-Western China), *C. apodostachya* Ohwi and *C. jisaburo-ohwiana* T. Koyama (island Taiwan) and some species in North America.

10 (190). **C. caucasica** Stev. 1813, Mém. Soc. Nat. Moscou, 4 : 68; В. Креч. 1935, во Фл. СССР, 3 : 252; Егор. 1976, во Фл. Сев.-Вост. Европ. ч. СССР, 2 : 67; ead. 1985, Новости сист. высш. раст. 22 : 47. — *C. pseudoatrata* Meinsh. 1901, Тр. Петерб. бот. сада, **18**, 3 : 346. — *C. atrata* subsp. *caucasica* (Stev.) Kük. 1909, in Engl. Pflanzenr. 38 : 400. — *C. urbis-malorum* M. Pop. 1935, Бюлл. Моск. общ. исп. прир. отд. биол. **44**, 3 : 131. — *C. karacolica* Polozh. 1965, Сист. зам. Герб. Томск. унив. 79—80 : 11. — Exs.: Kneucker, Car. exs. № 317. — **О. кавказская.**

Описан из юго-вост. части Большого Кавказа; lectotypus: гора Шахдаг, «Jucharibasch, Jun. 1810 [Steven]» (H, photo LE!) — Егорова (1985, l. c.).

На лугах, лесных опушках и полянах, у ручьев, в редколесьях; в среднем (у верхней границы леса) и верхнем (б. ч. субальпийском) поясах гор. — **Европ. ч.**: Дв.-Печ. (Сев. Урал: Поясовый Камень и верхнее течение Печоры), Волж.-Кам. (Средн. и Южн. Урал); **Кавк.**: все районы, кроме Предкавк. и Тал.; **Зап. Сиб.**: Алт. (Терехтинский хр. и р. Каракол); **Средн. Азия**: Дж.-Тарб. (Джунгарский Алатау), Тянь-Шан. Общ. распр.: З. (сев.-вост. Турция, сев. Иран) и Ц. Китай: Вост. Тянь-Шань) Азия. — 2n = 52, 54 (Хромосомные числа..., 1969). — Рис. 53, *1*; 54.

Вопрос о лектотипификации вида рассматривается в моей работе (Егорова, 1985, l. c.).

Верхний колосок у *C. caucasica* гинекандрический или, реже, тычиночный. Растения с тычиночным верхним колоском были описаны дважды — как *C. urbis-malorum* M. Pop., l. c. (typus: «Заилийский Алатау, ущ. р. Батарейки, 10 VII 1933, Н. И. Рубцов» — AA!) и *C. karacolica* Polozh., l. c. (typus: «Алтай, устье р. Каракол, луг, 12 VII 1947, А. В. Куминова, Г. Павлова» — TK!). Изучение типов названных видов выявило их принадлежность к *C. caucasica*.

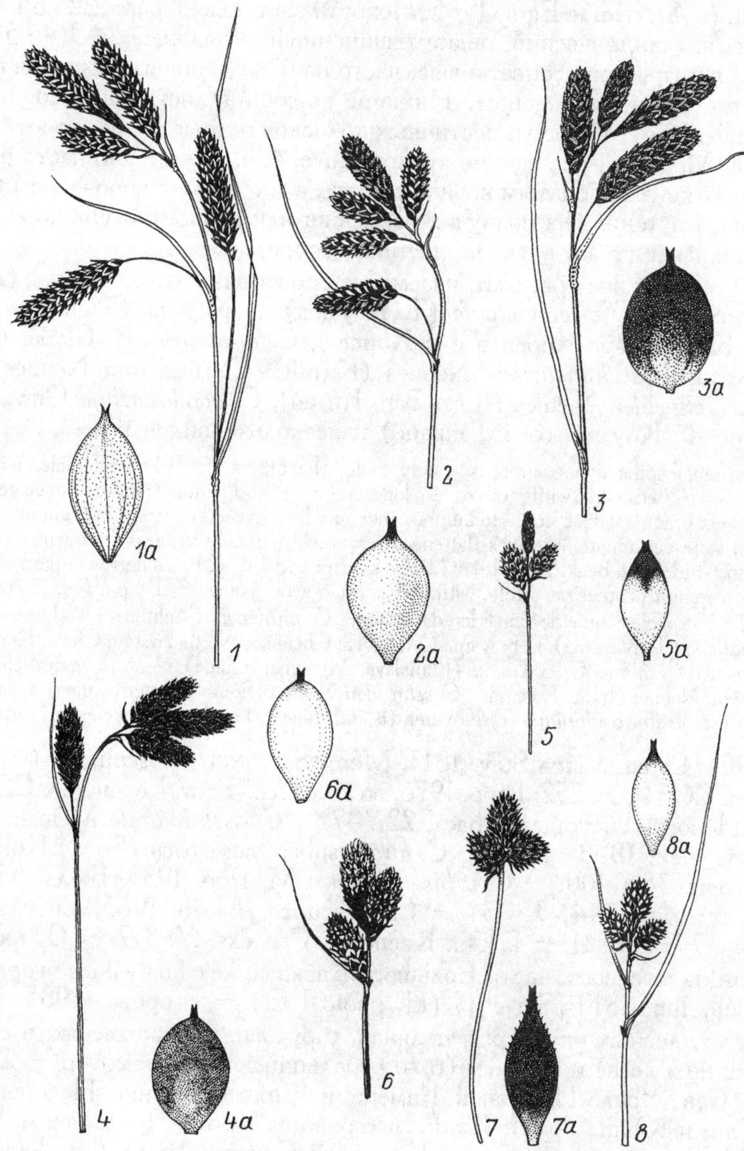

Рис. 53.

1 — *Carex caucasica* Stev., соцветие, *1a* — мешочек; *2* — *C. atrata* L., соцветие, *2a* — мешочек; *3* — *C. aterrima* Hoppe subsp. *aterrima*, соцветие, *3a* — мешочек; *4* — *C. aterrima* subsp. *medwedewii* (Leskov) Egor., соцветие, *4a* — мешочек; *5* — *C. tatjanae* Malyschev, соцветие, *5a* мешочек; *6* — *C. popovii* V. Krecz., соцветие, *6a* — мешочек; *7* — *C. melanocephala* Turcz., соцветие, *7a* — мешочек; *8* — *C. infuscata* Nees, соцветие, *8a* — мешочек.

Fig. 53.

1 — *Carex caucasica* Stev., inflorescence, *1a* — utricle; *2* — *C. atrata* L., inflorescence, *2a* — utricle; *3* — *C. aterrima* Hoppe subsp. *aterrima*, inflorescence, *3a* — utricle; *4* — *C. aterrima* subsp. *medwedewii* (Leskov) Egor., inflorescence, *4a* — utricle; *5* — *C. tatjanae* Malyschev, inflorescence, *5a* — utricle; *6* — *C. popovii* V. Krecz., inflorescence, *6a* — utricle; *7* — *C. melanocephala* Turcz., inflorescence, *7a* — utricle; *8* — *C. infuscata* Nees, inflorescence, *8a* — utricle.

К *C. caucasica*, по мнению Койямы (Koyama, 1962), близок эндемик о-ва Тайвань — *C. jisaburo-ohwiana* T. Koyama (1956, Jap. Journ. Bot. 15 : 176, fig. 7. — *C. caucasica* subsp. *jisaburo-ohwiana* (T. Koyama) T. Koyama, 1962, Journ, Fac. Sci. Univ. Tokyo (Bot.), **8**, 4 : 197).

A question concerning the lectotypification of the species is considered in my work (Егорова, 1985, l. c.).

Terminal spike of *C. caucasica* is gynaecandrous or, more rarely, male. Plants with male terminal spike were described twice: as *C. urbis-malorum* M. Pop., l. c. (typus: «Заилийский Алатау, ущ. р. Батарейки, 10 VII 1933, Н. И. Рубцов» — AA!) and *C. karacolica* Polozh., l. c. (typus: «Алтай, устье р. Каракол, луг, 12 VII 1947, А. В. Куминова, Г. Павлова» — TK!). Examining the types of these species has revealed their identity to *C. caucasica*.

In opinion of Koyama (1962), closely allied with *C. caucasica* is a species endemic for island Taiwan, namely *C. jisaburo-ohwiana* T. Koyama (1956, Jap. Journ, Bot. 15 : 176, fig. 7. — *C. caucasica* subsp. *jisaburo-ohwiana* (T. Koyama) T. Koyama, 1962, Journ, Fac. Sci. Univ. Tokyo (Bot.), **8**, 4 : 197).

11 (191). **C. atrata** L. 1753, Sp. Pl. : 976; В. Креч. 1935, во Фл. СССР, 3 : 252; Егор. 1976, во Фл. Сев.-Вост. Европ. ч. СССР, 2 : 66. — **О. почерневшая**.

Описан из Европы («Hab. in Alpibus Europae»); l e c t o t y p u s : specimen in Clifford Herbarium (BM) — Kukkonen (1980 : 155, photo: fig. 1).

На сырых лугах, по берегам ручьев и речек, на каменистых склонах и скалах, сырых луговинах в тундре; в верхнем поясе гор и в горной и равнинной тундре. — **Европ. ч.**: Аркт. (Кольский п-ов и Полярн. Урал), Кар.-Мурм. (Мурманская обл. к северу от Вуориярви), Дв.-Печ. (Сев. Урал), Карп.; **Зап. Сиб.**: Обск. (Приполярн. Урал: верховья р. Сокурьи в басс. р. Ляпин). О б щ . р а с п р .: С., Атл., Ц. и Ю. Европа; С. Америка (Гренландия). — 2n = 54 (Heilborn, 1924; Löve, Löve, 1956). — Рис. 53, *2*.

Как отмечает Кукконен (Kukkonen, 1980), оригинальный линнеевский материал по *C. atrata*, хранящийся в LINN, не содержит образцов, соответствующих *C. atrata* в обычном понимании этого вида. Для сохранения традиционного использования названия *C. atrata* Кукконен лектотипифицировал его образцом из «Clifford Herbarium» (ссылка Линнея на работу «Hortus Cliffortianus» — один из элементов протолога). Данный образец Денди (J. E. Dandy) был помечен как тип *C. atrata* (Kukkonen, 1980 : 155).

К *C. atrata* и к следующему виду — *C. popovii*, очень близки описанная из Японии *C. japonalpina* (T. Koyama) T. Koyama (= *C. atrata* var. *japonalpina* T. Koyama), встречающаяся в Монголии (Хэнтей), Сев.-Вост. Китае (вост. Маньчжурия), на севере п-ова Корея и о-ве Хонсю, и эндемик о-ва Тайвань *C. apodostachya* Ohwi.

C. atrata образует помеси, частично фертильные с *C. norvegica* (Hylander, 1966 : 124).

As Kukkonen (1980) has noted, the original Linnaeus's material of *C. atrata* being kept in LINN, does not contain specimens corresponding to *C. atrata* in usual sense of this species. For a retention of the current usage of the name *C. atrata*, Kukkonen has lectotypified it by a specimen from «Clifford Herbarium» (reference by Linnaeus to the work «Hortus Cliffortianus» is one of elements of the protologue). This specimen was labelled by J. E. Dandy as the type of *C. atrata* (Kukkonen, 1980 : 155).

Very close to *C. atrata* and to the next species, *C. popovii*, are described from Japan *C. japonalpina* (T. Koyama) T. Koyama (= *C. atrata* var. *japonalpina* T. Koyama) occurring in Mongolia (Chentejn), North-Eastern China (eastern Manchuria), in northern Korea and island Honshu, and also *C. apodostachya* Ohwi endemic to Taiwan.

Generates partly fertile crossbreds with *C. norvegica* (Hylander, 1966 : 124).

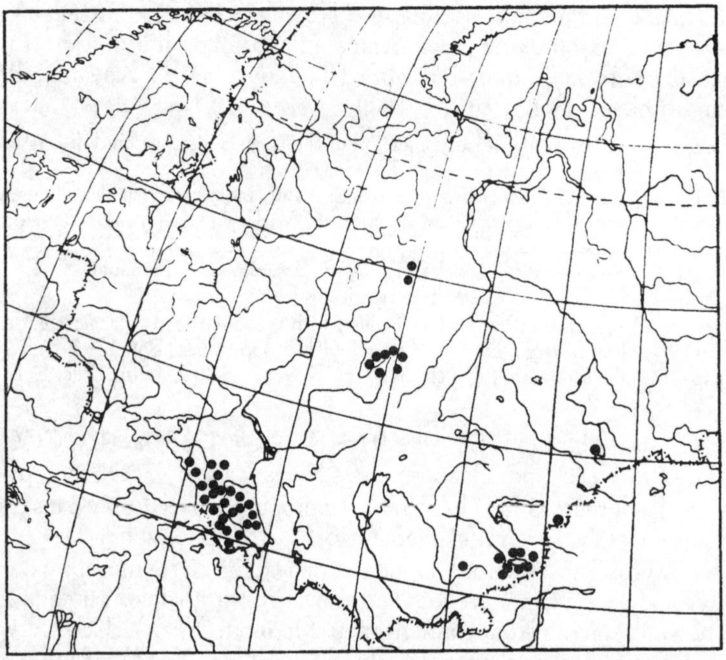

Рис. 54. Распространение *Carex caucasica* Stev. на территории России и сопредельных государств.

Fig. 54. Distribution of *Carex caucasica* Stev. in the territory of Russia and adjacent states.

12 (192). **C. popovii** V. Krecz. III 1935, Бюлл. Среднеаз. унив. 21 : 181; В. Креч. 1941, во Фл. Узбек. 1 : 364; Егор. 1985, Новости сист. высш. раст. 22 : 46. — *C. caucasica* var. *abbreviata* Litv. et var. *bracteata* Litv. 1910, Тр. муз. Акад. наук, 7 : 88, 89. — *C. decaulescens* V. Krecz. IV 1935, во Фл. СССР, 3 : 599, 255; Егор. 1976, в Опред. раст. Средн. Азии, 5 : 82. — *C. decaulescens* subsp. *popovii* (V. Krecz.) R. Kam. 1979, в Комаров. чтениях (Ленинград), 31 : 115, comb. invalid. — **О. Попова**.

Описан из Средней Азии; typus: «Горы Кугитанг, у сел. Кемпырь-тюбе, 29 IV 1915, № 301bis, М.Г. Попов» (TAK!).

На сырых лужайках по берегам рек и ручьев, на галечниках, у родников и ключей, на болотистых лугах, сазоболотах, осыпях; в среднем и верхнем поясах гор. — **Средн. Азия**: Тянь-Шан. (Зап. Тянь-Шань: Таласский Алатау, Чаткальский, Ферганский и Кураминский хребты), Пам.-Ал. (хребты Алайский, Зеравшанский, Гиссарский, Петра Первого, Каратегинский, Дарвазский, Зап. Памир, Кугитанг). Эндемик. — 2n = 54 (Соколовская, Стрелкова, 1939). — Рис. 53, *6*.

В Гербарии Ботанического института им. В. Л. Комарова (LE!) имеются 2 экземпляра *C. popovii* с такой же этикеткой, как у типового, но с другими номерами и датой сбора (№№ 284, 300, 28 IV 1915). Они совершенно идентичны типовому образцу.

C. popovii и *C. decaulescens* V. Krecz., l. c. (typus: «Tian-Schan Occidentalis, р. Андаульган, 23 VII 1897, B. Fedtschenko» — LE! cum isotypo) были описаны почти одновременно. В оригинальных описаниях первый вид сравнивался с *C. gracilenta* Boott и *C. trispiculata* Boeck., второй — с *C. caucasica* Stev. От названных растений оба вида, описанные Кречетовичем, отличаются достаточно хорошо. В 1941 г. Кречетович (l. c.) попытался выявить различия между *C. decaulescens* и *C. popovii*. Но, как показало изучение их типовых образцов и всего имеющегося гербарного материала, между этими видами не наблюдается отмеченных Кречетовичем различий (Егорова, 1976, l. c.). Поэтому *C. decaulescens*, описанную месяцем позднее, чем *C. popovii*, следует считать синонимом последней. В 1976 г. название *C. popovii* было приведено мной (Егорова, l. c.) в качестве синонима *C. decaulescens*, так как в то время мне были неизвестны точные выходные данные источника с оригинальным описанием *C. popovii*.

Вид варьирует по длине кроющих чешуй (они или короче мешочков, иногда вдвое, или б. м. равные им) и по характеру нижнего кроющего листа. Если все колоски в соцветии головчато сближенные, то последний чешуевидный, с щетиновидной верхушкой или линейный, немного длиннее или короче соцветия; если нижний колосок отставлен от остальных, то его кроющий лист всегда линейный.

В пределах *C. decaulescens* (= *C. popovii*) Кукконен (Kukkonen, 1984b) выделяет 2 подвида (помимо типового): subsp. *alsia* (Raymond) Kukkonen (= *C. alsia* Raymond, 1965, in Køie a. Rech. f. Symbol. Afghan. 6 : 29), описанный из Пакистана (Читрал) по одному гербарному образцу, и subsp. *brunneola* Kukkonen, эндемичный для гор Эльбурс в сев. Иране. Судя по оригинальному диагнозу *C. alsia*, этот вид принадлежит к другой группе родства, чем *C. decaulescens*, а именно к подсекции *Alpinae* (см. ниже). Кукконен, видевший тип или изотип *C. alsia* в BM, считает, что изучение дополнительного материала по этому виду, возможно, покажет нецелесообразность его выделения даже в ранге подвида *C. decaulescens*. Что касается subsp. *brunneola*, то он отличается, по-видимому, от *C. decaulescens* s. str. только более темной (золотисто-коричневой, а не золотисто- или зеленовато-ржавой) окраской мешочков и, возможно, идентичен произрастающей в сев. Иране и на Кавказе *C. aterrima* subsp. *medwedewii*.

In the Herbarium of Komarov Botanical Institute (LE!), 2 specimens of *C. popovii* are available with the same label, as at the type one, but with other numbers and date of collection (№№ 284, 300, 28 IV 1915). They are perfectly identical to the type specimen.

C. popovii and *C. decaulescens* V. Krecz., l. c. (typus: «Tian-Schan Occidentalis, p. Андаульган, 23 VII 1897, B. Fedtschenko» — LE! cum isotypo) were described almost at the same time. In their original descriptions, the former species was compared with *C. gracilenta* Boott and *C. trispiculata* Boeck., the latter one with *C. caucasica* Stev. Both species described by Kreczetowicz differ from mentioned plants well enough. In 1941, Kreczetowicz (Кречетович, l. c.) tried to reveal distinctions between *C. decaulescens* and *C. popovii*. But, as examining of their type specimens and all the available herbarium material has shown, there are no distinctions mentioned by Kreczetowicz between these species (Егорова, 1976, l. c.). Therefore, *C. decaulescens* described a month later, than *C. popovii*, should be considered as a synonym of the latter. In 1976, the name *C. popovii* was cited by me (Егорова, l. c.) as a synonym of *C. decaulescens*, as in that time an exact imprint of the source with the original description of *C. popovii* was unknown to me.

The species varies in length of female glumes (they are either shorter than utricles, sometimes twice, or more or less equal to them) and in characteristics of lowest bract. If all spikes in inflorescence are capitate-approximate, then the latter is glumaceous with setaceous apex or it leaf-like, a little longer or shorter than inflorescence; if the lowest spike is distant from the others, then its bract is always leaf-like.

Within *C. decaulescens* (= *C. popovii*), Kukkonen (1984b) has distinguished 2 subspecies (in addition to the type one): subsp. *alsia* (Raymond) Kukkonen (= *C. alsia* Raymond, 1965, in Køie a. Rech. f. Symbol. Afghan. 6 : 29) described from Pakistan (Chitral) from one herbarium specimen, and subsp. *brunneola* Kukkonen endemic for Elburz Mountains in northern Iran. Judging from the original diagnosis of *C. alsia*, this species belongs to another affinity, than *C. decaulescens*, namely to the subsection *Alpinae* (see below). Kukkonen has seen the type or isotype of *C. alsia* in BM and beleives, that examining an additional material on this species will probably demonstrate its separation even in rank of subspecies of *C. decaulescens* to be unreasoned. As concerning subsp. *brunneola*, it obviously differs from *C. decaulescens* s. str. only by more dark (golden-brown, instead of golden- or greenish-ferruginous) the colouring of utricles and is probably identical to growing in northern Iran and Caucasus *C. aterrima* subsp. *medwedewii*.

13 (193). **C. aterrima** Hoppe, 1826, Caric. Germ. : 51; id. 1815, Denkschr. Regensb. Bot. Ges. **1**, 1 : 159–167, tab. 3, fig. o, p, q (sine nomine specifico); Егор. 1976, во Фл. Европ. ч. СССР, 2 : 193; Малышев, 1990, во Фл. Сиб. 3 : 100. — *C. atrata* var. *aterrima* (Hoppe) C. Hartm. 1846, Svensk Norsk Excurs. Fl. : 131. — *C. atrata* subsp. *aterrima* (Hoppe) Čelak. 1867, Prodr. Fl. Böhm. : 67. — *C. perfusca* V. Krecz. 1935, во Фл. СССР, 3 : 600, 256. — *C. atrata* subsp. *perfusca* (V. Krecz.) T. Koyama, 1955, Journ. Jap. Bot. 30 : 312. — *C. caucasica* subsp. *perfusca* (V. Krecz.) T. Koyama, 1962, Journ. Fac. Sci. Univ. Tokyo (Bot.), **8**, 4 : 198. — *C. atrata* auct. non L.: Ворош. 1982, Опред. раст. сов. Дальн. Вост. : 131. — **О. темная**.

Описан из Центр. Европы; l e c t o t y p u s : Hoppe, 1815, l. c., tab. 3, fig. o, p, q — Егорова (h. l.).

a) subsp. **aterrima**.

На сырых лугах, болотцах, по берегам рек, на мелкоземистых склонах, в разреженных лесах; в среднем (у верхней границы леса) и верхнем поясах гор. — **Европ. ч.**: Волж.-Кам. (Южн. Урал: хр. Машак близ горы Ямантау), Карп.; Зап. Сиб.: Обск. (Кузнецкий Алатау), Алт.; **Вост. Сиб.**: Аркт. (низовья Енисея), Енис., Лен.-Кол. (к югу от 60° с. ш., севернее — басс. Оленека: р. Верх. Томба), Анг.-Саян., Даур. (сев.-зап. и юг); **Дальн. Вост.**: Охот., Зее-Бур. (сев.), Уссур. (очень редко), Сах.; **Средн. Азия**: Дж.-Тарб., Тянь-Шан., Пам.-Ал. (Алайский хр.). О б щ. р а с п р.: Ц. и Ю. Европа. — 2n = 54 (Хромосомные числа..., 1969). Рис. 53, *3*.

В качестве лектотипа *C. aterrima* здесь предложен цитированный в протологе вида рисунок, приведенный Хоппе (Hoppe, 1815, l. c.) для еще не описанного им растения.

Очень широко распространенное растение (от гор Центр. и Южн. Европы до российского Дальнего Востока), не обнаруживающее, однако, географической изменчивости. Данному подвиду, как было мной установлено (Егорова, l. c.), идентична описанная с Алтая (хр. Холзун) *C. perfusca* V. Krecz., l. c. (typus: «Томская губ., Змеиногорский у., водораздел рек Черновой и Бирюксы, горная тундра, 4 VIII 1910, № 355, М. П. Томин» — LE!), приводимая автором описания для Сибири, Дальнего Востока и Средней Азии. Признаки, которыми В. И. Кречетович отличал *C. perfusca* от *C. aterrima* (коротко заостренные листья, черно-пурпурные, а не черные колоски, более короткие кроющие чешуи, наличие неясных жилок в основании мешочков), являются вариабельными и свойственны также образцам *C. aterrima* из Центр. и Южн. Европы. *C. aterrima* близка к *C. atrata*, от которой отличается главным образом по окраске зрелых мешочков — черно-пурпурной (а не ржаво-желтой) и по соотношению размеров мешочков и плодов: плод у *C. aterrima* в 1.8–2 раза короче и у́же мешочка (а не в 1.4 раза короче и в 1.6–1.7 раза у́же). Названные различия являются весьма стойкими. Растения *C. aterrima* s. str. обычно крупнее, чем таковые *C. atrata* **(**(20)40–70 см выс., а не 15–45 см**)**, колоски у них более длинные, чем у последней **(**(1.5)1.8–3 см. дл., а не 1–2(2.5)**)**, а в пазухе самого нижнего кроющего листа, обычно удаленного от выше расположенного колоска на 2–5 см, колосок б. ч. отсутствует (характерный признак!).

В Карпатах встречаются промежуточные формы между *C. aterrima* и *C. atrata*, имеющие более светлые, чем у *C. aterrima*, мешочки. См. также комментарий к *C. melanocephala*.

The drawing been presented by Hoppe (1815, l. c.) for the plant not yet described by him, then cited in the species protologue (Hoppe, 1826, l. c.) is suggested here as the lectotype of the *C. aterrima* name.

A very widespread plant (from mountains of Central and Southern Europe to Russian Far East), however, demonstrating no geographical variability. Identical to this subspecies, as it was established by me (Егорова, l. c.), is *C. perfusca* V. Krecz., l. c. described from Altai (ridge Kholzun) (typus: «Томская губ., Змеиногорский у., водораздел рек Черновой и Бирюксы, горная тундра, 4 VIII 1910, № 355, М. П. Томин» — LE!), cited by the author of description for Siberia, Far East and Middle Asia. Characters used by Kreczetowicz for distinguishing *C. perfusca* from *C. aterrima* (short-acuminate leaves, black-purple, instead of black, spikes, the shorter glumes, presence of obscure veins at base of utricles), are variable and peculiar also for specimens of *C. aterrima* from Central and Southern Europe. *C. aterrima* is close to *C. atrata*, differing from it mainly by the black-purple colouring of mature utricles (instead of ferruginous-yellow) and by size ratio of utricles to fruits: fruit of *C. aterrima* is 1.8—2 times shorter and narrower than utricle (instead of 1.4 times shorter and 1.6—1.7 times narrower). The mentioned distinctions are extremely stable. Plants of *C. aterrima* s. str. are usually taller, than those of *C. atrata* ((20)40—70 cm high, instead of 15—45 cm), spikes of the formers are longer ((1.5)1.8—3 cm long, instead of 1—2(2.5)), in addition, spike in axil of the lowest bract usually located 2—5 cm below the next spike, is generally absent (a typical character!).

In Carpathians intermediate forms between *C. aterrima* and *C. atrata* occur, with lighter, than in *C. aterrima*, utricles. See also comments to *C. melanocephala*.

b) subsp. **medwedewii** (Leskov) Egor. 1985, Новости сист. высш. раст. 22 : 54. — *C. medwedewii* Leskov, 1931, Журн. Русск. бот. общ. **16**, 1 : 70, рис. 2; В. Креч. 1935, во Фл. СССР, 3 : 256; Гроссг. 1949, Опред. раст. Кавк. : 661. — *C. aequivoca* V. Krecz. 1935, во Фл. СССР, 3 : 600, 257. — *C. kukkonenii* Ö. Nilsson, 1985, in Fl. Turk. 9 : 622, 149. — *C. atrata* subsp. *atrata* sensu Ö. Nilsson, 1985, l. c. : 148. — *C. atrata* subsp. *aterrima* auct. non (Hoppe) Čelak.: Ö. Nilsson, l. c. : 148. — Exs.: H.F.R. № 1141 (ut *C. atrata* var. *nigra* (All.) Boott). — **О. Медведева**.

Описан с Кавказа; typus: «Caucasus occidentalis, distr. Maikop, ad fontes fl. Belaja, in prato subalpino ad mont. Abago, 16 VIII 1929, A. I. Leskov» (LE!).

На альпийских и субальпийских лугах, каменистых склонах. — **Кавк.**: все районы, кроме Предкавк. и Тал.; часто. Общ. распр.: З. Азия (сев.-вост. Турция, сев. Ирак, сев. Иран). — 2n = 46 (Харадзе и др., 1973, 1977, ut *C. aequivoca* V. Krecz.). — Рис. 53, *4*.

Вопрос о типе названия приводимого таксона нуждается в пояснении. В. И. Кречетовичем (l. c.) было указано, что тип *C. medwedewii* Leskov, l. c. находится в Ленинграде (LE). Однако ленинградский образец (текст его этикетки, полностью совпадающий с таковым в протологе, и определение написаны Кречетовичем) помечен им в 1934 г. как «tautotypus» (т. е. изотип). Тем не менее данный образец следует считать типом (а не изотипом) *C. medwedewii*, так как, во-первых, он был изображен при первоописании рассматриваемого растения, а во-вторых, в Майкопе, где работал А. И. Лесков, типовой материал по этому виду, как любезно сообщил нам М. Д. Алтухов, отсутствует.

От типового данный подвид отличается более компактным соцветием, более короткой, 0.2—0.5 см (очень редко 1—1.5 см дл.), ножкой нижнего колоска и несколько более крупными мешочками ((3.5)4—4.5 мм дл.; у subsp. *aterrima* соцветие рыхловатое, ножка нижнего колоска (0.5)1—2(3) см дл., мешочки (3)3.5—4.2 мм дл.). По форме мешочков и размерам носиков растения обоих таксонов не различаются, вопреки указанию Кречетовича (l. c. : 250).

C. aequivoca V. Krecz., l. c. (lectotypus: Кавказ, «Тифлисская губ., Горийский у., гора Цхра-Цхаро, 1—2 VII 1916, П. Н. Крылов, Е. И. Штейнберг» — LE!) была отождествлена с *C. medwedewii* самим В. И. Кречетовичем, как показывают его тесты на гербарных образцах, датированные 1941 г. В синонимы к *C. medwedewii* *C. aequivoca* впервые была отнесена А. А. Гроссгеймом (l. c.).

C. kukkonenii Ö. Nilsson, l. c., приведенный автором описания для вост. Турции и сев. Ирака, является, как показало изучение типа (typus: юго-вост. Турция, «Turkey, prov. Hakkari: Cilo Dag, 10 km W. of Cilo Tepe, 3140 m, 9 VIII 1954, N 24141, Davis, Polunin» — E!), идентичной *C. aterrima* subsp. *medwedewii*.

Рассматриваемый подвид очень близок к *C. pirinensis* (Achtarov) Achtarov, произрастающей на юго-западе Болгарии и включенной в Красную книгу этой страны (Червена книга..., 1984).

The question concerning the type of the mentioned taxon name needs explanation. Kreczetowicz (Кречетович, l. c.) noted, that the type of *C. medwedewii* Leskov, l. c. is kept in Leningrad (LE). However the specimen from LE, labeled and identified by Kreczetowicz, was marked by him as the «tautotypus» (i. e. isotypus). Nevertheless, the specimen should be considered as the type (instead of the isotype) of *C. medwedewii*, since, first, it was pictured under the original description of the considered plant, and secondly, in Maikop, where Leskov worked, the type material of this species is absent, as M. D. Altukhov has kindly informed us.

This subspecies differs from the type one by more compact inflorescence, shorter, 0.2—0.5 cm (very rarely 1—1.5 cm long) peduncle of lowest spike and by larger utricles (3.5)4—4.5 mm long; (subsp. *aterrima* has rather lax inflorescence, peduncle of lowest spike (0.5)1—2(3) cm long, utricles (3)3.5—4.2 mm long). Contrary to the indication by Kreczetowicz (Кречетович, l. c. : 250), plants of these two taxa are not distinguished by shape of utricles and size of beaks.

C. aequivoca V. Krecz., l. c. (lectotypus: Caucasus, «Тифлисская губ., Горийский у., гора Цхра-Цхаро, 1—2 VII 1916, П. Н. Крылов, Е. И. Штейнберг» — LE!) was equated with *C. medwedewii* by Kreczetowicz himself, as determination labels on herbarium specimens, dated year 1941, show. *C. aequivoca* was for the first time put into synonymy of *C. medwedewii* by Grossheim (Гроссгейм, l. c.).

C. kukkonenii Ö. Nilsson, l. c., cited by the author of its description for the eastern Turkey and northern Iraq, as the examining of its holotype («Turkey, prov. Hakkari: Cilo Dag, 10 km W. of Cilo Tepe, 3140 m, 9 VIII 1954, N 24141, Davis, Polunin» — E!) showed, proved be conspecific with *C. aterrima* subsp. *medwedewii*.

The considered subspecies is very close to *C. pirinensis* (Achtarov) Achtarov occurring in southwestern Bulgaria and included in Red Book of this state (Червена книга..., 1984).

Subsect. 7. **Sabulosae** Egor. 1985, Новости сист. высш. раст. 22 : 66. — Верхний колосок гинекандрический или тычиночный (очень редко андрогинный), остальные 2—4 пестичные, многоцветковые, почти сидячие; соцветие колосовидное или головчатое, очень плотное. Нижний кроющий лист короче соцветия, часто чешуевидный. Чешуи пестичных колосков острые. Мешочки округло-трехгранные, немного вздутые, вверху с папиллами, с жилками или без них, с цельным, выемчатым или двузубчатым носиком. Растения с длинными ползучими корневищами. — Typus: *C. sabulosa* Turcz. ex Kunth.

4 вида; вне рассматриваемой территории: *C. moorcroftii* Falc. ex Boott (Гималаи и Китай).

Terminal spike gynaecandrous or male (very rarely androgynous), the others 2—4 female, many-flowered, subsessile; inflorescence spiciform or capitate, very dense. Lowest bract shorter than inflorescence, frequently glumaceous. Female glumes acute. Utricles orbicular-trigonous in cross-section, a little inflated, with papillae in upper part, veined or veinless, with an entire, emarginate or bidentate beak. Plants with long creeping rhizomes. — Typus: *C. sabulosa* Turcz. ex Kunth.

4 species; outside considered territory: *C. moorcroftii* Falc. ex Boott (Himalaya and China).

14 (194). **C. melanantha** C. A. Mey. 1833, in Ledeb. Fl. Alt. 4 : 216; Kük. 1909, in Engl. Pflanzenr. 38 : 391, p. p.; V. Krecz. 1935, во Фл. СССР, 3 : 273; Егор. 1976, в Опред. раст. Средн. Азии, 5 : 84; Малышев, 1990, во Фл. Сиб. 3 : 106, p. p., excl. syn. — *C. nigra* var. β. Trev. 1852, in Ledeb. Fl. Ross. 4 : 288. — *C. nigra* var. *melanantha* (C. A. Mey.) Regel et var. *orientalis* Regel, 1881, Тр. Петерб. бот. сада, **7**, 2 : 568. — *C. melanantha* subsp. *moorcroftii* (Boott) Kük. 1909, l. c. : 391, p. p., excl. typo, quoad pl. ex As. Med. — Exs.: H.F.R. № 1897 (ut *C. moorcroftii*), H.F. URSS № 7175. — **О. черноцветковая**.

Описан с Алтая; lectotypus: истоки р. Чарыш, «Ad Tscharysch, Herb. Ledeb. № 455» (LE!) — Кречетович (in sched.), Егорова (h. l.).

На сырых лугах, осоковых болотах, по берегам ручьев, рек, озер, у родников, на моренах, иногда на остепненных склонах; от альпийского пояса, где распространен очень широко, до верхней границы леса; часто образует самостоятельные ассоциации. — **Зап. Сиб.**: Алт.; **Вост. Сиб.**: Анг.-Саян. (Зап. и Вост. Саян — очень редко); **Средн. Азия**: Дж.-Тарб., Тянь-Шан., Пам.-Ал. Общ. распр.: З. (Афганистан), Ц., В. (Китай: Цинхай) и Ю. (Пакистан; Индия: зап. Гималаи и Кашмир) Азия. — 2n = 52 (Соколовская, Стрелкова, 1948), 78 (Соколовская, Стрелкова, 1939). — Рис. 50, *3*.

Очень редко встречаются образцы с гинекандрическим или андрогинным (а не тычиночным, как у типичных экземпляров) верхним колоском. На Вост. Памире известны растения *C. melanantha* со светло-бурыми чешуями — f. *pallida* Litv. (1910, Тр. Бот. муз. Акад. наук, 7 : 90). См. также комментарий к *C. melananthiformis*.

Specimens with gynaecandrous or androgynous (instead of male, as in typical specimens) terminal spike very rarely occur. In Eastern Pamir, plants of *C. melanantha* with light brown glumes are known, namely f. *pallida* Litv. (1910, Тр. Бот. муз. Акад. наук, 7 : 90). See also comments to *C. melananthiformis* Litv.

15 (195). **C. melananthiformis** Litv. 1910, Тр. Бот. муз. Акад. наук, 7 : 90; В. Креч. 1935, во Фл. СССР, 3 : 274; Гроссг. 1940, Фл. Кавк., изд. 2, 2 : 53; Егор. 1976, в Опред. раст. Средн. Азии, 5 : 84; Малышев, 1979, во Фл. Центр. Сиб., 1 : 195. — *C. melanantha* β. *baicalensis* Turcz. 1855, Bull. Soc. Nat. Moscou, 28 : 335. — *C. melananthoides* Litv. ex V. Krecz. 1931, во Фл. Забайк. 2 : 124. — *C. melanantha* auct. non C. A. Mey. : Малышев, 1990, во Фл. Сиб. 3 : 106, p. max. p. et quoad syn. — **О. ложночерноцветковая**.

Описан из Вост. Сибири; lectotypus: Вост. Саян, «In humidis sabulosis ad fl. Irkut prope Mondam, 1830, Turczaninow» (LE!) — Егорова (h. l.).

На сырых и болотистых лугах, осоковых болотах, по берегам рек; в среднем и верхнем поясах гор. — **Кавк.**: Б. Кавк. (верховья Кубани, Эльбрус, верховья Малки, юг Дагестана и Кубинский р-н Азербайджана); **Зап. Сиб.**: Алт.; **Вост. Сиб.**: Анг.-Саян. (юг), Даур.; **Средн. Азия**: Прибалх. (Казахский мелкосопочник: район Каркаралинска), Дж.-Тарб., Тянь-Шан. (Центр. Тянь-Шань: басс. рр. Сарыджаз и Куэлю; Зап. Тянь-Шань: басс. р. Ангрен). Общ. распр.: Ц. Азия (Китай: Кашгария; Монголия). — 2n = ? — Рис. 50, *4*.

Верхний колосок у этого вида обычно гинекандрический, но иногда тычиночный. *C. melanantha* и *C. melananthiformis* — очень близкие, слабо морфологически обособленные виды (возможно, подвиды), различающиеся комплексом неконстантных признаков — строением верхнего колоска, степенью компактности соцветия, формой мешочков и формой и шириной листовых пластинок. У первого вида верхний колосок обычно тычиночный, а все соцветие настолько компактное, что колоски его как бы сливаются в сплошную общую массу, мешочки яйцевидные, обратнояйцевидные или эллиптические, листовые пластинки (3)5—7 мм шир., резко суженные к верхушке. Верхний колосок у второго вида обычно гинекандрический, все соцветие менее компактное, с хорошо различимыми колосками, мешочки б. ч. широко-обратнояйцевидные или широко-эллиптические, реже яйцевидные, листовые пластинки (2)3—4(5) мм шир., постепенно суженные к верхушке. *C. melanantha* — преимущественно ирано-туранский вид, *C. melananthiformis* — монгольско-южносибирский, с единичными местонахождениями на Кавказе и в Средней Азии.

C. melananthiformis иногда принимают за *C. sabulosa*, от которой она отличается шероховатыми по углам и густо покрытыми папиллами стеблями (а не б. ч. гладкими, без папилл), менее жесткими листьями и мешочками меньших размеров, 2.5—3.3 мм дл. (а не (4)4.5—5(6) мм дл.), вверху покрытыми явственно выраженными папиллами, с коротким, 0.2—0.3(0.5) мм, обычно цельным или выемчатым (а не 0.7—1.2 мм дл., обычно двузубчатым) носиком.

Terminal spike of this species is gynaecandrous, sometimes male. *C. melanantha* and *C. melananthiformis* are very close species (possibly, subspecies), slightly separated morphologically, differing by complex of unstable characters, namely structure of terminal spike, extent of inflorescence compactness, shape of utricles and shape and width of leaf blades. In first species, terminal spike is usually male, and the whole inflorescence is so compact, that the spikes as if being merged in a dense mass, utricles are ovoid, obovoid or elliptical, leaf blades are (3)5—7 mm wide, abruptly narrowed up to apex. Terminal spike of the latter species is usually gynaecandrous, inflorescence less compact, with well distinct spikes, utricles are generally broad-obovoid or broad-elliptical, more rarely ovoid, leaf blades (2)3—4(5) mm wide, gradually narrowed up to apex. *C. melanantha* is mainly Irano-Turanian species, while *C. melananthiformis* is Mongolian-Southsiberian one, with very few locations in the Caucasus and Middle Asia.

C. melananthiformis is sometimes taken for *C. sabulosa*, the former differing from the latter by scabrid on angles and densely covered with papillae stems (instead of generally smooth, without papillae), less rigid leaves and smaller utricles 2.5—3.3 mm long (instead of (4)4.5—5(6) mm long) covered in upper part with distinct papillae, with short, 0.2—0.3(0.5) mm, usually entire or emarginate beak (instead of 0.7—1.2 mm long, usually bidentate).

16 (196). **C. sabulosa** Turcz. ex Kunth, 1837, Enum. Pl. 2 : 432; Turcz. ex Bess. 1834, Flora (Regensb.), **17**, 1, Beibl. : 26, nom. nud.; В. Креч. 1935, во Фл. СССР, 3 : 275, p. p., excl. syn. *C. moorcroftii* Falc. ex Boott; Малышев, 1990, во Фл. Сиб. 3 : 108. — *C. melanantha* var. *sabulosa* (Turcz. ex Kunth) Kük. 1909, in Engl. Pflanzenr. 38 : 392. — *C. leiophylla* Mackenzie, 1935, in North. Amer. Fl. **18**, 6 : 365. — *C. sabulosa* subsp. *leiophylla* (Mackenzie) A. E. Porsild, 1966, Nat. Mus. Can. Bull. 216 : 20. — Exs.: H.F.R. № 2391a, b; H.F. URSS №№ 3802, 6557. — **О. песчанолюбивая.**

Описан из Вост. Сибири («Alpes Baicalenses ?»); typus — утрачен в Берлин-Далеме (B) во время Второй мировой войны; lectotypus: вост. побережье оз. Байкал, близ с. Турки, «In sabulosis ad Baicalem prope Turcam, 1829, Turczaninow» (LE! cum isolectotypis 3) — Егорова (h. l.).

По прибрежным пескам, дюнам, песчаным степям, сухим лугам. — **Вост. Сиб.**: Аркт. (низовья Лены), Енис. (басс. нижнего течения Ангары), Лен.-Кол. (р. Лена, р. Витим близ пос. Чары), Анг.-Саян. (юг), Даур. (зап.); **Средн. Азия**: Прибалх. (Зайсанская котловина), Тянь-Шан. (Сев. Тянь-Шань: хр. Кетмень — пески Кум-Текей в долине р. Чоль-Адыр). Общ. распр.: Ц. Азия (сев. Монголия); С. Америка (зап. Аляска: басс. р. Кобук; Канада: басс. р. Юкон). — 2n = ? — Рис. 52, *1*.

В протологе *C. sabulosa* указано: «C. sabulosa Turcz., C. A. Mey. in litt.» и далее: «v. specim. authent. a C. A. Mey. missa» («видел автентичный экземпляр, полученный от К. А. Мейера»). По всей вероятности, виденный Кунтом (Kunth, l. c.) образец (тип *C. sabulosa*) имел такую же этикетку, как и хранящиеся в LE 4 образца, на которых рукой Н. С. Турчанинова обозначено: «*C. sabulosa* mihi. In sabulosis ad Baicalem prope Turkam, 1829, Turczaninow». Из этих образцов здесь выбран лектотип. Следует отметить, что Кунт, очевидно, не был уверен в том, что место сбора изученного им образца находится в альпийском поясе окружающих Байкал гор и поэтому «locus classicus» обозначил со знаком вопроса («Alpes Baicalenses?»).

C. sabulosa очень близка к *C. moorcroftii* Falc. ex Boott — характерному обитателю песчаных плоскогорий Тибета (Егорова, 1967), но не тождественна последней, вопреки мнению В. И. Кречетовича (l. c.). *C. leiophylla* Mackenzie, l. c., описанная из басс. Юкона (Канада) была идентифицирована с *C. sabulosa* Реймондом (Raymond, 1965 : 27) и Гультеном (Hultén, 1968 : 256). Изучение хранящегося в LE топотипа *C. leiophylla* («Carcross, south of Whitehorse, 15 VIII 1960, J. Calder, I. Kukkonen») убеждает в правильности мнения названных авторов. Макензи характеризует *C. leiophylla* гладкими листьями. Пока невозможно установить, насколько выдержан этот признак на американском материале. Сибирские и монгольские образцы *C. sabulosa* имеют и гладкие, и шероховатые листья.

В ареале *C. sabulosa* в связи с синонимизацией с ней *C. leiophylla* выявилась значительная дизъюнкция между зап. Даурией и Леной, с одной стороны, и Аляской и Юконом — с другой. Рассматриваемый вид принадлежит к числу немногих видов осок, общих для Сев. Азии и запада Сев. Америки, но отсутствующих на востоке азиатского континента.

C. sabulosa варьирует по строению верхнего колоска (обычно он гинекандрический, но иногда тычиночный), по характеру нижнего кроющего листа, который или чешуевидный и короче своего колоска, либо узколинейный и длиннее его, по строению носика у мешочков — б. ч. он остро-двузубчатый, реже выемчатый.

Для Аляски вид приведен здесь на основании устного сообщения Б. А. Юрцева.

The protologue of *C. sabulosa* runs as follows: «*C. sabulosa* Turcz., C. A. Mey. in litt.» and then «v. specim. authent. a C. A. Mey. missa» («having seen an authentic specimen received from C. A. Meyer»). In all probability, the specimen seen by Kunth (l. c.) (i.e. the type of *C. sabulosa*, which was lost in B during World War II) had the same label as four specimens being kept in LE with following authograph by Turczaninow: «*C. sabulosa* mihi. In sabulosis ad Baicalem prope Turkam. 1829, Turczaninow.» One from these specimens is designated here as the lectotype. It should be noted, that Kunth, obviously, had not enough assurance, that a locality of collecting the specimen examined by him was in an alpine belt of mountains surrounding Baikal Lake, and marked «locus classicus» by question-mark («Alpes Baicalenses?»).

C. sabulosa is very close to *C. moorcroftii* Falc. ex Boott, a typical inhabitant of sandy plateaus of Tibet (Егорова, 1967), but is not identical to the latter, contrary to opinion of Kreczetowicz (Кречетович, l. c.). *C. leiophylla* Mackenzie, l. c. described from basin of Yukon (Canada), was identified with *C. sabulosa* by Raymond (1965 : 27) and Hultén (1968 : 256). Examining the topotype of *C. leiophylla* kept in LE («Carcross, south of Whitehorse, 15 VIII 1960, J. Calder, I. Kukkonen») has convinced in correctness of opinion of mentioned authors. Mackenzie characterized *C. leiophylla* as having smooth leaves. It is impossible to establish so far, how constant is this character in American material. Siberian and Mongolian specimens of *C. sabulosa* have both scabrid and smooth leaves.

Owing to synonymization of *C. leiophylla* with *C. sabulosa*, a large disjunction between western Dauria and Lena, on the one hand, and Alaska and Yukon, on the other hand, appeared in range of the latter. The considered species is among few sedge species, common for Northern Asia and western North America but absent in eastern Asian continent.

26 Заказ № 131

C. *sabulosa* varies in structure of terminal spike (usually it is gynaecandrous, but sometimes male), in character of lowest bract being either glumaceous and shorter than spike, or leaf-like and longer than it, in structure of utricle beak, it generally being sharply bidentate, more rarely emarginate.

For Alaska C. *sabulosa* is cited here according to the verbal information by Dr. Yurtsev.

Subsect. 8. **Stylosae** Egor. 1985, Новости сист. высш. раст. 22 : 66. — Верхний колосок тычиночный, остальные 2(3) пестичные, яйцевидные или продолговатые, немногоцветковые, почти сидячие или на ножках, прямостоячие. Нижний кроющий лист б. ч. короче соцветия. Чешуи пестичных колосков острые или туповатые. Мешочки округло- или тупо-трехгранные, без жилок, с цельным носиком. Растения без ползучих корневищ, густодернистые или образующие кочки. — Typus: C. *stylosa* C. A. Mey.

2 вида.

Terminal spike male, the others 2(3) female, ovoid or oblong, few-flowered, subsessile or pedunculate, erect. Lowest bract generally shorter than inflorescence. Female glumes acute or obtusish. Utricles orbicular or obtuse-trigonous, veinless, with an entire beak. Plants without creeping rhizomes, dense-caespitose or tussock-forming. — Typus: C. *stylosa* C. A. Mey.

2 species.

17 (197). **C. stylosa** C. A. Mey. 1831, Mém. Sav. Étr. Pétersb. 1 : 222, tab. XII; В. Креч. 1935, во Фл. СССР, 3 : 262. — C. *beringiana* Cham. ex Steud. 1855, Syn. Pl. Glum. 2 : 229. — C. *cespitosa* var. *tristigmatica* Trautv. ex Kük. 1909, in Engl. Pflanzenr. 38 : 396. — **О. столбиконосная.**

Описан с Алеутских о-вов; typus: о-в Уналашка, «Unalaschka, Eschscholtz» (LE! cum isotypo).

На болотистых местах. — **Вост. Сиб.**: Аркт. (низовья Колымы), Лен.-Кол. (уроч. Шатуниха близ пос. Среднеколымск); **Дальн. Вост.**: Аркт. (вост. побережье Чукотского п-ова), Камч. (редко), Ком. (о-в Беринга), Курил. Общ. распр.: С. Европа (Норвегия); С. Америка (от Аляски до штата Вашингтон, Лабрадор, сев.-зап. Ньюфаундленд, южн. Гренландия). — 2n = 52 (Jörgensen et al., 1958). — Рис. 52, 7.

Для окрестностей Среднеколымска вид приведен по данным Л. И. Малышева (1990).

For vicinities of Srednekolymsk, the species is cited according to data by Malyshev (Малышев, 1990).

18 (198). **C. meyeriana** Kunth, 1837, Enum. Pl. 2 : 438; В. Креч. 1935, во Фл. СССР, 3 : 262. — Exs.: H.F. URSS № 4231a, b. — **О. Мейера.**

Описан из Вост. Сибири; typus: утрачен в Берлин-Далеме (B) во время Второй мировой войны; lectotypus: «Ircutie, 1828, Turczaninow» (LE! cum isolectotypis). — Егорова (h. l.).

На болотах, сырых и болотистых лугах, по берегам рек и ручьев; на равнине, в лесном и, изредка, верхнем поясах гор. — **Зап. Сиб.**: Обск. (юго-вост.: Новосибирская обл., пос. Тойский); **Вост. Сиб.**: Лен.-Кол. (спорадически), Анг.-Саян., Даур.; **Дальн. Вост.**: Удск., Зее-Бур., Уссур. Общ. распр.: Ц. (сев. Монголия) и В. (Сев.-Вост. Китай, п-ов Корея и о-ва Хонсю и Кюсю). — 2n = 46—48 (Кожевников и др., 1986). — Рис. 51, 5.

Типификация C. *meyeriana* нуждается в пояснении. Н. С. Турчанинов, собравший образцы этого вида, пометил их как «*Carex asperula* mihi». Один из них был послан К. А. Мейером Кунту (Kunth, l. c.) для описания под этим названием нового вида. Кунт установил, однако, что название C. *asperula* уже было использовано для другого вида, и дал новому виду другой эпитет — C. *meyeriana*, процитировав в протологе название «*Carex asperula* Turcz.» и место сбора («Irkutzk») присланного Мейером образца. Поскольку тип *C. meyeriana* утрачен, из образцов Турчанинова, изотипов *C. meyeriana*, здесь выбран лектотип.

C. meyeriana — единственный кочкообразующий вид секции *Microrhynchae* и, возможно, всего подрода *Carex* нашей флоры.

C. × *putjatini* Kom. (1916, Изв. Петерб. бот. сада, 16 : 154, pro sp.; В. Креч. 1935, во Фл. СССР, 3 : 263. — Typus: южн. Приморье, «Залив Америка, о-в Путятин, 17 VI 1913, А. А. Булавкина» — LE!) я считаю помесью между *C. meyeriana* и *C. schmidtii* Meinsh. От *C. meyeriana* образцы *C. putjatini* отличаются густыми многоцветковыми пестичными колосками и широкоэллиптическими, почти округлыми мешочками. По названным признакам эти растения сходны с *C. schmidtii*. *C. putjatini* известна только из одного пункта по 5 гербарным образцам. Все они почти полностью стерильны, лишь в отдельных мешочках имеются деформированные трехгранные плоды. В. Н. Ворошиловым (1966 : 101) и А. Е. Кожевниковым (1988 : 310) *C. putjatini* отнесена в синонимы к *C. meyeriana*.

Данные о произрастании *C. meyeriana* в Алтайском и Иртышском районах «Флоры СССР» (Кречетович, l. c.) не подтверждаются гербарным материалом.

Typification of *C. meyeriana* needs explanation. Turczaninow collected specimens of this species and marked them as «*Carex asperula* mihi». One of them was sent by C. A. Meyer to Kunth, (l. c.) for description of a new species under this name. Kunth had established, however, that the name *C. asperula* has already been applied to the other species, and named the new species by different epithet, *C. meyeriana*, with citation in the protologue of the name «*Carex asperula* Turcz.» and location of collection («Irkutzk») of specimen sent by Meyer. Since the type specimen of *C. meyeriana* was lost in B during World War II the lectotype is chosen here from specimens tested by Turczaninow as «*C. asperula*» (i. e. from the *C. meyeriana* isotypes).

C. meyeriana is the only tussock-forming species of the section *Microrhynchae* and, possibly, of the whole subgenus *Carex* in our flora.

I consider *C.* × *putjatini* Kom. (1916, Изв. Петерб. бот. сада, 16 : 154, pro sp.; В. Креч. 1935, во Фл. СССР, 3 : 263. — Typus: southern Maritime Territory, «Залив Америка, о-в Путятин, 17 VI 1913, А. А. Булавкина» — LE!) as a crossbred between *C. meyeriana* and *C. schmidtii* Meinsh. Specimens of *C. putjatini* differ from *C. meyeriana* by dense many-flowered female spikes and broad-elliptical, almost orbicular utricles. These plants are similar in mentioned characters with *C. schmidtii*. *C.* × *putjatini* is known only from the one location by 5 herbarium specimens. All of them are almost completely sterile, only some utricles having deformed trigonous fruits. Woroshilov (Ворошилов, 1966 : 101) and Kozhevnikov (Кожевников, 1988 : 310) have put *C. putjatini* into synonymy of *C. meyeriana*.

The data on occurrence of *C. meyeriana* in Altai and Irtysh regions of «Flora URSS» (Кречетович, l. c.) have not been confirmed by herbarium material.

Subsect. 9. **Holostomae** Egor. 1985, Новости сист. высш. раст. 22 : 67. — Верхний колосок тычиночный, расположенный на одном уровне с верхним пестичным колоском или ниже его; остальные 2—3 колоска пестичные, почти сидячие, коротко- и узкоцилиндрические, немногоцветковые. Нижний кроющий лист чешуевидный, короче соцветия. Чешуи пестичных колосков острые. Мешочки округлотрехгранные, немного вздутые, без жилок, с очень коротким цельным носиком или без него. Растение с длинными ползучими корневищами. — Typus: *C. holostoma* Drej. Монотипная подсекция.

Terminal spike male, located flush with uppermost female spike or below; the others 2—3 spikes female, subsessile, short- and narrow-cylindrical, few-flowered. Lowest bract glumaceous, shorter than inflorescence. Female glumes acute. Utricles orbicular-trigonous, a little inflated, veinless, with a very short entire beak or beakless. Plants with long creeping rhizomes. — Typus: *C. holostoma* Drej. Monotypic subsection.

19 (199). **C. holostoma** Drej. 1841, Revis. Caric. Bor. : 29; В. Креч. 1935, во Фл. СССР, 3 : 264; id. 1952, в сб. Ареал, 1, карта 35; Егор. 1966, в Аркт. фл. СССР, 3 : 134; Малышев, 1979, во Фл. Центр. Сиб. 1 : 194; id. 1990, во Фл. Сиб. 3 : 104; Chater, 1980, in Fl. Europ. 5 : 318. — **О. цельноустая**.

Описан из Гренландии («Grönland, Vahl»); t y p u s: ? C.

На болотах, сырых и болотистых местах; в арктической равнинной и горной тундре, в подгольцовом и верхней части лесного пояса. — **Европ. ч.**: Аркт. (Кольский п-ов: район Печенги), Кар.-Мурм. (запад Кольского п-ова); **Зап. Сиб.**: Аркт. (центр п-ова Ямал: рр. Вэнуйеуо и Сеяха); **Вост. Сиб.**: Аркт. (устье Енисея), Енис. (плато Путорана), Лен.-Кол. (Верхоянский хр.; басс. среднего течения Индигирки: верховья р. Артык; басс. рр. Талой и Буюнды — правых верхних притоков Колымы; Становое нагорье: хребты Удокан и Кодар); **Дальн. Вост.**: Аркт. (зап. и центр. Чукотка, восток Чукотского п-ова и басс. р. Белой — притока Анадыря), Охот. (р. Асиберган), Удск. (хр. Геран). О б щ. р а с п р.: С. и Атл. Европа; С. Америка (Аляска, Канада, Гренландия). — 2n = 54 (Юрцев, Жукова, 1982; Малышев, 1990), 56 (Жукова, Тихонова, 1971), 60 (Жукова, Петровский, 1975). — Рис. 52, *8*.

Для западносибирской Арктики *C. holostoma* приведена на основании недавних сборов (LE!) О. В. Ребристой (1991). По литературным данным указано распространение вида на Кольском п-ове (Кречетович, 1952, l. c.; Hylander, 1966 : 126; Hultén, 1971, map 392; Раменская, Андреева, 1982 : 128) и в устье Енисея (Кречетович, 1952, l. c.).

Очень редкий циркумполярный вид с сильно прерывистым распространением. В европейской и американской частях своего ареала является аркто-гипоарктическим (метаарктическим) растением, в Вост. Сибири — гипоарктомонтанным, встречающимся в гипоарктической зоне, а также в верхней части лесного пояса и в высокогорьях (самые южные его местонахождения известны на Становом нагорье), а на Дальнем Востоке — арктоальпийским.

For Arctic Western Siberia *C. holostoma* is cited on the base of recent collections (LE!) by O. V. Rebristaya (1991). Cited according to published data is distribution of the species in Kola Peninsula (Кречетович, 1952, l. c.; Hylander, 1966 : 126; Hultén, 1971, map 392; Раменская, Андреева, 1982 : 128) and in mouth of Yenisei (Кречетович, 1952, l. c.).

A very rare circumpolar species with extremely interrupted distribution. In European and American parts of the range it is arcto-hypoarctic (metaarctic) plant, in Eastern Sibiria — hypoarctomontane plant, occurring in hypoarctic zone, and also in the upper part of a mountain forest belt and in altimontane areas (its most southern locations are known in Stanovoe plateau) and in Far East being arctalpine one.

Subsect. 10. **Alpinae** Kalela ex Egor. 1985, Новости сист. высш. раст. 22 : 67; Kalela, 1944, Ann. Bot. Soc. Zool.-Bot. Fenn. Vanamo, **19**, 3 : 33, sine descr. latin. — Верхний колосок гинекандрический, очень редко тычиночный, остальные 2—3(4) пестичные, почти сидячие, б. м. многоцветковые или немногоцветковые; соцветие головчатое. Нижний кроющий лист короче соцветия, равен ему или немного (очень редко в 2—3 раза) длиннее. Чешуи пестичных колосков острые. Мешочки трехгранные, б. ч. без жилок, вверху по краям нередко шероховатые, иногда вверху с сосочками, с коротко-двузубчатым носиком, редко без него. Растения без ползучих корневищ. — Т y p u s: *C. norvegica* Retz.

14 видов; вне рассматриваемой территории: *C. parviflora* Host (Европа), *C. pseudobicolor* Boeck. (Гималаи и Гиндукуш), *C. alsia* Raymond (Гиндукуш), *C. stevenii* (Holm) Kalela, *C. nova* L. H. Bailey, *C. nelsonii* Mackenzie и *C. pelocarpa* Hermann (Сев. Америка: Скалистые горы).

Terminal spike gynaecandrous, very rarely male, the others 2—3(4) female, subsessile, more or less many-flowered or few-flowered; inflorescence capitate. Lowest bract leaf-like, shorter than inflorescence, equal to it or a little (very rarely 2—3 times) longer. Female glumes acute. Utricles trigonous, generally veinless, in upper part on margins rather often scabrid, sometimes in upper part with papillae, with a short-bidentate beak, rarely beakless. Plants without creeping rhizomes. — T y p u s: *C. norvegica* Retz.

14 species; outside considered territory: *C. parviflora* Host (Europe), *C. pseudobicolor* Boeck. (Himalaya and Hindu Kush), *C. alsia* Raymond (Hindu Kush), *C. stevenii* (Holm) Kalela, *C. nova* L. H. Bailey, *C. nelsonii* Mackenzie and *C. pelocarpa* Hermann (North America: Rocky Mountains).

20 (200). **C. oligantha** Steud. 1855, Syn. Pl. Glum. 2 : 203; В. Креч. 1935, во Фл. СССР, 3 : 269; Ö. Nilsson, 1985, in Fl. Turk. 9 : 144. — *C. alpina* var. γ. Trev. 1852, in Ledeb. Fl. Ross. 4 : 286, p. p. — «*C. parviflora* C. A. Mey.»: Kük. 1909, in Engl. Pflanzenr. 38 : 386, p. p.; В. Креч. 1935, l. c. : 269, pro syn. *C. oliganthae*. — *C. parviflora* auct. non Host: C. A. Mey. 1831, Verzeichn. Pfl. Cauc. Casp. : 30. — **О. немногоцветковая**.

Описан с Кавказа и Байкала («Caucas. Baical.»); l e c t o t y p u s: «In paludibus alpinis Caucasi occidentalis, leg. C. A. Meyer, 1829, 1830, № 189, d[et.] 13 Julii 1831» (LE!, isolectotypi LE!, H, K) — Кречетович (in sched.), Егорова (h. l.).

На сырых и болотистых лугах, болотцах, моренах, у ручьев; в верхнем поясе гор. — **Кавк.**: Б. Кавк. (зап.: верховья Урупа; центр.; вост.: южн. Дагестан), Зап. (Джавахетия) и Южн. (южн. Армения: гора Капутджух) Закавк. О б щ. р а с п р.: З. Азия (сев.-вост. Турция). — 2n = ?

Вопросы, касающиеся названия «*C. parviflora* C. A. Mey.» (см. номенклатурный абзац) и типификации *C. oligantha*, рассматривались мной ранее (Егорова, 1991б).

C. parviflora Host (горы Центр. и Южн. Европы), *C. oligantha* и *C. melanocephala* Turcz. (см. ниже) — очень близкие виды, причем два последние более близки между собой, чем с *C. parviflora*. *C. parviflora* отличается от них главным образом коротким (0.2—0.3 мм, а не (0.4)0.5—0.6 мм) носиком мешочков, более длинным нижним кроющим листом и более узкими колосками. Признаки, по которым В. И. Кречетович различает *C. oligantha* и *C. melanocephala*, в основном не подтвердились при изучении гербарного материала. По форме мешочков, крутизне перехода в носик, длине носика, соотношению длины мешочков и кроющих чешуй названные виды не отличаются. Незначительные различия они обнаруживают в размерах мешочков, степени шероховатости их носиков (см. ключ), а также в количестве колосков, длине нижнего кроющего листа, толщине стебля и окраске кроющих чешуй и мешочков (у *C. oligantha* колосков б. ч. 4—5, реже 3, б. ч. длинный, превышающий соцветие нижний кроющий лист, стебли на уровне отхождения пластинки верхнего стеблевого листа — до 2 мм в диам., чешуи и мешочки менее черные, чем у *C. melanocephala*; у *C. melanocephala* колосков б. ч. 3, реже 4, нижний кроющий лист короче соцветия, стебли до 1.6 мм в диам.).

The questions concerning the name «*C. parviflora* C. A. Mey.» (see the nomenclatural paragraph) and typification of *C. oligantha* were considered by me before (Егорова, 1991б).

C. parviflora Host (mountains of Central and South Europe), *C. oligantha* and *C. melanocephala* Turcz. (see below) are very close species, the two latter ones being more close one to another, than to *C. parviflora*. *C. parviflora* differs from them mainly by short (0.2—0.3 mm, instead of (0.4)0.5—0.6 mm) beak of utricles, by longer lowest bract and by narrower spikes. Characters used by Kreczetowicz for distinguishing *C. oligantha* from *C. melanocephala* have not mainly been confirmed by examining herbarium material. The mentioned species do not differ by shape of utricles, abruptness of its transition into a beak, length of beak, length ratio of utricles to glumes. They demonstrate small distinctions in size of utricles, extent of scabridness of their beaks (see the key), as well as in number of spikes, length of lowest bract, thickness of stem and colouring of female glumes and utricles (in *C. oligantha* spikes generally 4—5, more rarely 3, lowest bract generally long, exceeding inflorescence, stems at level of divergence of uppermost cauline leaf blade up to 2 mm in diam., glumes and utricles less black, than in *C. melanocephala*; *C. melanocephala* generally has 3, more rarely 4 spikes, lowest bract shorter than inflorescence, stems up to 1.6 mm in diam.).

21 (201). **C. melanocephala** Turcz. 1855, Bull. Soc. Nat. Moscou, **28**, 2 : 334; id. 1856, Fl. Baic.-Dahur. **2**, 2 : 269; Turcz. ex Bess. 1834, Flora (Regensb.), **17**, 1, Beibl. : 26, nom. nud.; В. Креч. 1935, во Фл. СССР, 3 : 266 (cum auct. Turcz. ex Bess.); Егор. 1967, в Раст. Центр. Азии, 3 : 67; ead. 1976, в Опред. раст. Средн. Азии, 5 : 83; Малышев, 1990, во Фл. Сиб. 3 : 107. — «*C. parviflora* C. A. Mey.»: Kük. 1909, in Engl. Pflanzenr. 38 : 386, p. p. — Exs.: H.F. URSS № 7176. — **О. черноголовая**.

Описан с юга Вост. Сибири; lectotypus: Вост. Саян, Джидинское нагорье, «In alpibus Schibet et Urgudei, 1829, Turczaninow» (LE! cum isotypis 3) — Кречетович (in sched.), Егорова (h. l.).

На болотистых берегах рек и озер, сырых лужайках и в мочажинах; в верхнем поясе гор. — **Зап. Сиб.**: Алт.; **Вост. Сиб.**: Лен.-Кол. (юг: Становое нагорье — хр. Удокан), Анг.-Саян. (юг), Даур. (сев.-зап.: Баргузинский хр. — верховье р. Светлой); **Средн. Азия**: Дж.-Тарб. Общ. распр.: Ц. Азия (Китай: Алтай и Вост. Тянь-Шань; Монголия). — 2n = 52 (Соколовская, Стрелкова, 1948: «*C. parviflora* C. A. Mey.»). — Рис. 53, 7.

Вопреки указаниям В. И. Кречетовича (l. c.) и Л. П. Поповой (1950), вид в Тянь-Шане в пределах нашей территории не встречается; он известен только из Вост. Тянь-Шаня, расположенного в Китае (Егорова, 1967, 1976, l. c.).

На Алтае отмечена стерильная помесь между *C. melanocephala* и *C. aterrima* — *C.* × *montanoaltaica* Zolot. (1984, Новости сист. высш. раст. 21 : 228; typus: «Алтайский гос. заповедник, левый приток р. Богояш, 31 VII 1977, Н. И. Золотухин, О. А. Козлова» — LE!). Автор описания указывает, что гибридные растения встречаются обычно вместе с обоими родительскими видами, но иногда образуют небольшие самостоятельные популяции.

Contrary to indications by Kreczetowicz (Кречетович, l. c.) and Popova (Попова, 1950), the species does not occur in Tien Shan within our territory; it is known only from Eastern Tien Shan situated in China (Егорова, 1967, 1976, l. c.).

In Altai, the sterile crossbred between *C. melanocephala* and *C. aterrima* is pointed out, named *C.* × *montanoaltaica* Zolot. (1984, Новости сист. высш. раст. 21 : 228; typus: «Алтайский гос. заповедник, левый приток р. Богояш, 31 VII 1977, Н. И. Золотухин, О. А. Козлова» — LE!). The author of its description notes, that hybrid plants occur usually together with both parental species, but sometimes form small independent populations.

22 (202). **C. infuscata** Nees, 1834, in Wight, Contrib. Bot. Ind.: 125, p. p.; В. Креч. 1935а, во Фл. СССР, 3 : 270; Raymond, 1965, in Køie a. Rech. f. Symb. Afghan. 6 : 26; Егор. 1990, Бот. журн. **75**, 6 : 864. — *C. alpina* Sw. var. *infuscata* (Nees) Boott, 1862, Ill. Carex, 3 : 113, tab. 358. — *C. trispiculata* Boeck. 1888, Beitr. Kenntn. Cyper. 1 : 45 (Cyper. Nov.); В. Креч. 1935б, Тр. Среднеаз. унив. сер. 8b, 20 : 33; id. 1935в, Бюлл. Среднеаз. гос. унив. 21 : 179, 180; В. Креч., Овч. и Чук. 1963, во Фл. ТаджССР, 2 : 109; Raymond, 1965, l. c. : 34; Егор. 1976, в Опред. раст. Средн. Азии, 5 : 84. — *C. alpina* subsp. *infuscata* (Nees) Kük. 1909, in Engl. Pflanzenr. 38 : 386. — ? *C. atrofurfur* T. Koyama, 1956, Acta Phytotax. Geobot. (Kyoto), **16**, 6 : 166. — **О. буреющая**.

Описан из Непала; lectotypus: «nº 123, Royle». (K!, photo LE!) — Егорова (h. l.).

На болотистых лужайках по берегам рек и вдоль арыков, на сырых скалах, у водопадов, в ивняках и березняках; в среднем поясе гор. — **Средн. Азия**: Пам.-Ал. (хр. Петра Первого — выше кишл. Арзынг; Зап. Памир). Общ. распр.: З. (Афганистан), Ц. (Китай: Цинхай) и Ю. (сев. Пакистан; Индия и Непал: Гималаи) Азия. — 2n = 54 (Соколовская, Стрелкова, 1939). — Рис. 53, *8*.

В протологе *C. infuscata* процитированы 2 гербарных образца (№№ 118, 123, Royle). Один из них (№ 118) рядом авторов (F. Boott, C. B. Clarke, D. Murray) был справедливо отнесен к *C. obscura* Nees, о чем свидетельствуют их гербарные пометки. Этот образец указан при *C. obscura* и в монографии Кюкенталя (Kükenthal, 1909). Поэтому в качестве лектотипа *C. infuscata* я выбрала образец № 123. Ему совершенно идентичны приводимые здесь как *C. infuscata* среднеазиатские растения. В. И. Кречетовичем (1935а, l. c.) они были вначале отнесены к *C. infuscata*, а позднее (1935б, 1935в, l. c.) к *C. trispiculata* Boeck., l. c., описанной из Зап. Гималаев («prov. Garhval, herb. Schlagintw. № 10056» — ? B). Кречетович полагал, что у *C. trispiculata* носик мешочков коротко-двузубчатый, в то время как у *C. infuscata* он цельный. Заметим, что у лектотипа последнего вида носик очень коротко-двузубчатый. У среднеазиатских образцов *C. infuscata* носик варьирует от коротко-двузубчатого до цельного. Оригинальному диагнозу *C. trispiculata* вполне соответствует лектотип *C. infuscata*, и я, как и Кюкенталь (Kükenthal, l. c.), считаю первое название синонимом второго.

Изучение лектотипа *C. infuscata* позволило выявить ряд неточностей, содержащихся в описании последней, приведенном Реймондом (Raymond, l. c.) как улучшенное и дополненное по сравнению с первоначальным. Так, нижний кроющий лист у *C. infuscata* не всегда значительно длиннее соцветия. У типового образца он равен ему. Вообще же, как можно видеть у среднеазиатских представителей *C. infuscata*, кроющий лист варьирует по длине от б. м. равного соцветию до превышающего его в 2—3 раза и более, причем все эти соотношения можно наблюдать иногда на одном гербарном листе. Далее, кроющие чешуи у *C. infuscata* лишь немного, а не значительно короче мешочков, а сами мешочки не яйцевидные, а продолговато-эллиптические или продолговато-яйцевидные, и кроме того, короткая ножка мешочков не красная, а желтоватая, как и остальная их поверхность.

Синонимом *C. infuscata*, возможно, является описанная из южн. Каракорума *C. atrofurfur* T. Koyama, l. c., так как признаки, по которым автор описания отличает свой вид от *C. alpina* Sw. ex Liljebl. (= *C. norvegica* Retz.), отличают от нее и *C. infuscata*.

In the protologue of *C. infuscata*, 2 herbarium specimens are cited (№№ 118, 123, Royle). One of them (№ 118) was correctly related to *C. obscura* Nees by some authors (F. Boott, C. B. Clarke, D. Murray), the evidence of it being their notes in the herbarium. This specimen is also mentioned at *C. obscura* in the monograph by Kükenthal (1909). Therefore, I have chosen the specimen № 123 as the lectotype of *C. infuscata*. Plants of *C. infuscata* from Middle Asia cited here are perfectly identical to this specimen. Kreczetowicz (Кречетович, 1935a, l. c.) related them at first to *C. infuscata*, and later (1935б, 1935в, l. c.) to *C. trispiculata* Boeck., l. c. described from Western Himalaya («prov. Garhval, herb. Schlagintw. № 10056» — ? B). Kreczetowicz believed, that *C. trispiculata* has short-bidentate beak of utricles, while *C. infuscata* having it entire. To note, that the lectotype of the latter species has very short-bidentate beak. In specimens of *C. infuscata* from Middle Asia, beak varies from short-bidentate to entire. To the original diagnosis of *C. trispiculata* to the lectotype of *C. infuscata* is quite corresponding, and I, after Kükenthal (l. c.), consider the former name as a synonym of the latter.

Examining the lectotype of *C. infuscata* allowed to reveal a number of discrepancies in the description of the latter given by Raymond (l. c.) as revised and enlarged in comparison with the original one. Thus, the lowest bract of C. *infuscata* is not always considerably longer than inflorescence. In the type specimen it is equal to the latter. Generally, as it can be seen in representatives of C. *infuscata* from Middle Asia, the lowest bract varies in length from more or less equal to inflorescence to exceeding it 2—3 times and more, and all these ratios being observed sometimes in the same herbarium sheet. Then, glumes of C. *infuscata* are not considerably shorter than utricles, as Raymond has indicated, but only a little shorter, and the utricles are not ovoid, but oblong-elliptical or oblong-ovoid; besides that, the short stipe of utricles is not red, but yellowish, like the other their surface.

A synonym of C. *infuscata*, is probably C. *atrofurfur* T. Koyama, l. c. described from southern Karakorum, since characters used by the author of its description for distinguishing it from C. *alpina* Sw. ex Liljebl. (= C. *norvegica* Retz.), distinguish also C. *infuscata* from the latter.

23 (203). **C. media** R. Br. 1823, in Richards. App. VII Bot., in Franklin, Narr. Journ. Polar Sea : 750; id. 1824, l. c., ed. 2 : 763; A. E. Porsild, 1942, Rhodora, 44 : 304; Малышев, 1965, Высокогорн. фл. Вост. Саяна : 86; id. 1990, во Фл. Сиб. 3 : 105; Егор. 1972, Новости сист. высш. раст. 9 : 88. — C. *alpina* β. *inferalpina* Wahlenb. 1812, Fl. Lapp. : 241. — C. *brachylepis* Turcz. ex Bess. 1834, Flora (Regensb.), 17,1, Beibl. : 26, nom. nud. — C. *angarae* Steud. 1855, Syn. Pl. Glum. 2 : 190; В Креч. 1935, во Фл. СССР, 3 : 270; Kalela, 1944, Ann. Bot. Soc Zool.-Bot. Fenn. Vanamo, 9, 3 : 2, map 161. — C. *alpina* f. *inferalpina* (Wahlenb.) Kük. 1909, in Engl. Pflanzenr. 38 : 386. — C. *norvegica* subsp. *inferalpina* (Wahlenb.) Hult. 1942, Lunds Univ. Årsskr. N. F. Avd. 2, **38**, 1 : 348 (Fl. Al. 2); Chater, 1980, in Fl. Europ. 5 : 318. — C. *angarae* subsp. *brachylepis* Kalela, 1944, l. c. : 7. — Exs.: H.F.R. № 2387a, b (ut C. *alpina* var. *inferalpina*). — **О. средняя**.

Описан из Канады («...the wooded country from latitude 54° to 60° north»); typus: «Dr. Richardson» (K!, photo LE!).

В сырых и болотистых, нередко пойменных лесах и кустарниках, на болотистых лугах, по берегам рек и ручьев; в лесной зоне на равнине и в лесном поясе гор, реже в тундре и верхнем поясе гор. — **Европ. ч.**: Аркт. (материковая часть), Кар.-Мурм., Дв.-Печ., Волж.-Кам. (Кировская обл.: Омутнинск; Удмуртия; Пермская обл.; Сев. и Средн. Урал); **Зап. Сиб.**: Аркт. (Обская губа), Обск. (сев.; юго-вост.: Новосибирская обл., Колыванский р-н, с. Пихтовка), Ирт. (юг: хр. Тигирецкий); **Вост. Сиб.**: Аркт. (низовья Енисея, Лены, Колымы), Енис., Лен.-Кол., Анг.-Саян., Даур.; **Дальн. Вост.**: Аркт.(басс. Анадыря, Корякия), Охот., Удск., Зее-Бур., Уссур.; **Средн. Азия**: Прибалх. (сев.: Каркаралинские горы), Тянь-Шан. (Сев. Тянь-Шань: хр. Кетмень; Зап. Тянь-Шань). Общ. распр.: С. Европа; Ц. (Монголия) и В. (Сев.-Вост. Китай, п-ов Корея) Азия; С. Америка (к северу от 46° с. ш.) — 2n = ? Рис. 50, 5.

C. *media* описана из лесной части Канады по сборам Ричардсона — участника первой экспедиции Франклина на Канадский Арктический архипелаг в 1819—1822 гг. На образце C. *media*, присланном в качестве типового из Кью, обозначена фамилия Ричардсона («Dr. Richardson») и, кроме того, имеется чье-то замечание (подпись неразборчива): «Probably C. *media* R. Br. in Richardson suppos ». Никаких пометок автора описания вида названный экземпляр не содержит, но тем не менее его с большой долей уверенности можно считать типом C. *media*. Этот образец совершенно идентичен C. *angarae* Steud., l. c., описанной из Вост. Сибири.

Калела (Kalela, l. c.) выделяет в пределах C. *angarae* (= C. *media*), помимо типового подвида, еще 2 : subsp. *pusteriana* Kalela — Вост. Альпы и subsp. *brachylepis* Kalela — Забайкалье и Сев. Монголия (typus: «In arenosis ad thermas Turkense, 1829, Turczaninow» — LE!). C. *angarae* subsp. *pusteriana* рассматривается Чейтером (Chater, l. c. : 318) в качестве подвида широко трактуемой им C. *norvegica*: C. *norvegica* subsp. *pusteriana* (Kalela) Chater. Растения, отнесенные автором описания к subsp. *brachylepis*, не обнаруживают какого-либо своеобразия по сравнению с образцами из других частей ареала *C. angarae*. Короткие кроющие чешуи, якобы отличающие subsp. *brachylepis*, являются довольно характерным, хотя и не абсолютно константным признаком *C. angarae* (= *C. media*). Как уже отмечалось мной (Егорова, 1966a, 1976a), у этого вида они обычно в 2 раза короче и у́же мешочков, но у отдельных растений могут быть более короткими или более длинными.

C. media некоторыми авторами рассматривается в качестве лесной расы аркто-альпийского вида *C. norvegica*. Мне же представляется более правильным считать ее самостоятельным видом, поскольку она хорошо отличается от последней комплексом довольно стойких признаков (Егорова, 1966a : 50, 1976a : 138).

В условиях Арктики и высокогорий, куда *C. media* частично проникает, мешочки у нее становятся бурыми (обычно они бледно-зеленые, желтоватые или буровато-зеленые), что придает растениям большое внешнее сходство с *C. norvegica*. Подобные образцы иногда ошибочно принимают за промежуточные между обоими видами формы.

C. media в Тарбагатае и Джунгарском Алатау не встречается (Егорова, 1976б : 83), вопреки указаниям во «Флоре СССР» и в других флористических сводках.

C. media is described from forest part of Canada from collections by Richardson having been a participant of the first expedition of Franklin to Canadian Arctic Islands in 1819—1822. In the sheet with *C. media* been sent as the type one from Kew, the name of Richardson («Dr. Richardson») is designated and, in addition, a note by somebody is present (the signature is undecipherable): «Probably *C. media* R. Br. in Richardson suppos...». This specimen does not contain any notes by the author of the species description, but, nevertheless, it could be with rather great certainty considered as the type of *C. media*. This specimen is completely identical to *C. angarae* Steud., l. c. described from Eastern Siberia.

Kalela (l. c.) has distinguished within *C. angarae* (= *C. media*), in addition to the type subspecies, 2 more ones: subsp. *pusteriana* Kalela (Eastern Alps) and subsp. *brachylepis* Kalela (Transbaikalia and northern Mongolia; typus: «In arenosis ad thermas Turkense, 1829, Turczaninow» — LE!). *C. angarae* subsp. *pusteriana* is considered by Chater (l. c. : 318) as a subspecies of treated by him in a broad sense *C. norvegica*: *C. norvegica* subsp. *pusteriana* (Kalela) Chater. The plants related by the author of description to subsp. *brachylepis*, do not demonstrate any peculiarity comparing with specimens from other parts of the range of *C. angarae*. Short female glumes, supposedly being distinctive for subsp. *brachylepis*, is rather characteristic, though not absolutely constant feature of *C. angarae* (= *C. media*). As I already has noted (Егорова, 1966a, 1976a), in this species they are usually 2 times shorter and narrower than utricles, but in some plants can be shorter or longer.

C. media is considered by some authors as a forest race of the arctalpine species *C. norvegica*. Considering it as a distinct species seems me more correct, since it well differs from the latter by a complex of rather stable characters (Егорова, 1966a : 50, 1976a : 138).

In conditions of Arctic and altimontane areas, where *C. media* partly penetrates, its utricles become brown (usually being pale green, yellowish or brownish-green), that gives to the plants a great similarity in appearance with *C. norvegica*. Such specimens sometimes are taken by mistake for intermediate forms between two species.

C. media does not occur in Tarbagatai and Dzungarian Ala Tau (Егорова, 1976б : 83), contrary to indications in «Flora URSS» and other floristic synopses.

24 (204). **C. tatjanae** Malyschev, 1961, Бот. мат. (Ленинград), 21 : 460; Малышев, 1990, во Фл. Сиб. 3 : 109. — **О. Татьяны.**

Описан из Вост. Сибири; t y p u s: «Вост. Саян, хр. Пограничный, оз. Хара-Нур, правый нижний приток р. Урда-Шана, в гипновой мочажине среди кустарников, подгольцовый пояс, 1840 м над ур. м., 27 VII 1959, № 177, Л. Малышев» (LE!, isotypi NS).

На гипновых мочажинах и галечниках по берегам ручьев; в верхнем поясе гор. — **Вост. Сиб.**: Анг.-Саян. (Вост. Саян.: истоки р. Уды и оз. Хара-Нур; хр. Хамар-Дабан: Маргасанская сопка и р. Шубутуй). Эндемик. — 2n = ? — Рис. 53, 5.

Вид, известный пока только из 4 местонахождений. У типовых образцов мешочки б. ч. бесплодные, а столбики с 2—3 рыльцами. В немногих мешочках имеются трехгранные плоды. *C. tatjanae* наиболее близка к *C. media*. У нее такие же, как и у последней, боковые (пестичные) колоски, мешочки (кроме носика) и кроющие чешуи. Отличия между *C. tatjanae* и *C. media* состоят в том, что у первого вида верхний колосок всегда тычиночный, а мешочки с цельным носиком, у второго — верхний колосок всегда гинекандрический, мешочки с коротко-двузубчатым носиком. По всей вероятности, *C. tatjanae* является гибридогенным видом, находящимся в стадии становления, о чем свидетельствуют неустойчивое число рылец (2—3) и большое количество бесплодных мешочков. Возможно, он возник в результате интрогрессивной гибридизации *C. media* с каким-либо представителем секции *Phacocystis* (= sect. *Acutae*), вероятнее всего с *C. orbicularis* subsp. *altaica* (Gorodk.) Egor., от которого он унаследовал тычиночный верхушечный колосок, цельный носик мешочков и двурыльцевые столбики. По-видимому, в данном случае происходит поглощение видом из секции *Microrhynchae* (*C. media*) вида из секции *Phacocystis*.

The species is known so far only from 4 locations. The type specimens have generally sterile utricles and styles with 2—3 stigmas. Few utricles contain trigonous fruits. *C. tatjanae* is the most close to *C. media*. It has the same, as the latter, lateral (female) spikes, utricles (except a beak) and female glumes. Difference between *C. tatjanae* and *C. media* are that the former species always has male terminal spike and utricles with entire beak, the latter one always having gynaecandrous upper spike and utricles with short-bidentate beak. Most probably, *C. tatjanae* is a hybridogenous species being in stage of establishing, the evidence of it being unstable number of stigmas (2—3) and a great number of sterile utricles. It is possible, it has appeared as a result of introgressive hybridization of *C. media* with some representative of the section *Phacocystis* (= *Acutae*), most probably, with *C. orbicularis* subsp. *altaica* (Gorodk.) Egor., having inherited from it the male terminal spike, entire beak of utricles and distigmatous styles. Obviously, in this case the absorption occurs of a species from the section *Phacocystis* by the species from the section *Microrhynchae* (*C. media*).

25 (205). **C. macrostigmatica** Kük. 1902—1903, Öfvers. Finska Ver.-Soc. Förhandl. **45**, 8 : 5; id. 1911, Русск. бот. журн. 3—6 : 101, fig. 82; В. Креч. 1935, во Фл. СССР, 3 : 271. — **О. крупнорыльцевая**.

Описан из Вост. Сибири; typus: «Sibiria orientalis, ad fl. Lena inf., prope pag. Shigansk, in ripa rivuli, 7 VIII 1901, № 1099, A. K. Cajander» (H!).

По берегам ручьев. — **Вост. Сиб.**: Лен.-Кол. (р. Лена в нижнем течении: окр. Жиганска). — Эндемик. — 2n = ?

Известен только из одного местонахождения. Наиболее близок к *C. norvegica*, от которой отличается высокими светло-бурыми (а не короткими, пурпурными) влагалищами листьев, мелкими кроющими чешуями, которые вдвое короче и втрое у́же мешочков (а не на 1/4—1/3 или только на длину носика короче и почти равные им по ширине), более коротким (0.15—0.2 мм, а не 0.3—0.4 мм дл.) носиком мешочков, пурпурной (а не бурой) окраской последних (у незрелых мешочков она зеленая) и значительно более длинными (около 2 мм) рыльцами. Следует обратить внимание еще на одну особенность *C. macrostigmatica*, отличающую ее от *C. norvegica*. На типовом (и единственном) образце этого вида имеется одна дерновинка с тремя стеблями, причем у одного из них верхний колосок в соцветии тычиночный, у другого — гинекандрический, у третьего — пестичный (боковые колоски у всех трех соцветий пестичные, в числе 2—4).

У *C. norvegica* верхний колосок всегда гинекандрический. Неустойчивый характер верхнего колоска у стеблей одной и той же дерновины *C. macrostigmatica* может отчасти свидетельствовать в пользу гибридогенной природы этого вида. Одним из родительских растений могла быть *C. norvegica*, в отношении другого исходного вида пока нельзя высказать какого-либо предположения. Заметим, что все мешочки у *C. macrostigmatica* имеют развитые плоды. Вид нуждается в дальнейшем изучении.

Is known only from the one location. It is most close to *C. norvegica*, differing from it by high light brown (instead of short, purple) leaf sheaths, small female glumes twice shorter and 3 times narrower than utricles (instead of by 1/4—1/3 or only by length of beak shorter and almost equal them in width), shorter (0.15—0.2 mm, instead of 0.3—0.4 mm iong) utricle beaks, the purple (instead of brown) colouring of utricles (at immaturity green) and considerably longer (about 2 mm) stigmas. Attention should be paid to one more feature of *C. macrostigmatica* distinguishing it from *C. norvegica*. The type (and the only) specimen of this species has one tuft with three stems, one of them having male terminal spike, the other having gynaecandrous one, the third — female one (lateral spikes in all three inflorescences are female, 2—4). *C. norvegica* always has gynaecandrous terminal spike. The unstable character of terminal spike in stems of the same tuft of *C. macrostigmatica* can partly be an evidence for the hybridogenous nature of this species. One of its parental plants could be *C. norvegica*, concerning to another ancestral species, no supposition can be suggested so far.To note, that all utricles of *C. macrostigmatica* have developed fruits. The species needs further investigation.

26 (206). **C. norvegica** Retz. 1779, Fl. Scand. : 179; Hyl. 1945, Uppsala Univ. Årsskr. 7 : 104; Dandy, 1958, List Brit. Vasc. Pl : 154; Егор. 1966, в Аркт. фл. СССР, 3 : 132. — *C. halleri* Gunn. 1772, Fl. Norv.: 106, p. p., excl. typo, nom. ambig.; В. Креч. 1935, во Фл. СССР, 3 : 265. — *C. alpina* Sw. ex Liljebl. 1798, Svensk Fl., ed. 2 : 26, non Schrank, 1789, nec Honck. 1792. — ? *C. norvegica* subsp. *inserrulata* Kalela, 1944, Ann. Bot. Sci. Zool.-Bot. Fenn. Vanamo, **19**, 3 : 25. — *C. norvegica* subsp. *conicorostrata* Kalela, 1944, l. c. : 30; Егор. 1966, l. c. : 132, in adnot. — *C. mimula* V. Krecz. 1935, во Фл. СССР, 3 : 603, 266. — **О. норвежская**.

Описан из Норвегии; t y p u s: ? LD.

На сырых каменистых и луговых склонах, по берегам рек и ручьев, в прибрежных кустарниках, редколесьях; в высокогорьях, верхней части лесного пояса, в арктических горных, реже равнинных тундрах. — **Европ. ч.**: Аркт. (материковая часть), Кар.-Мурм. (Кольский п-ов и север Карелии: Лоухский р-н), Дв.-Печ. (восток Республики Коми), Волж.-Кам. (Сев. Урал); **Зап. Сиб.**: Аркт. (Полярн. Урал), Обск. (Сев. Урал: басс. Сев. Сосьвы; Кузнецкий Алатау), Алт.; **Вост. Сиб.**: Аркт. (низовья Енисея, Лены, Колымы; редко), Енис. (юг), Лен.-Кол. (хребты Верхоянский, Сунтар-Хаята и Яблоновый), Анг.-Саян. (Зап., редко, и Вост. Саян); **Дальн. Вост.**: Аркт. (Чукотка; басс. Анадыря: долина р. Белой; низовья Пенжины), Охот., Удск., Зее-Бур. (басс. Зеи). О б щ . р а с п р.: С., Атл. (Англия) и Ц. Европа; Ц. Азия (Монголия); С. Америка (сев.-вост. Канада, юго-зап. и вост. Гренландия). — 2n = 54 (Жукова, Петровский, 1980), 56 (Жукова, !969). — Рис. 50, *6*.

Название *C. halleri* Gunn., l. c., как пояснялось мной ранее (Егорова, l. c.), не может быть использовано для обозначения приведенного вида.

C. norvegica близка к *C. media* (см. комментарии к последней). Вид варьирует по характеру краев мешочка в верхней части — от явственно шероховато-шиповатых до гладких или с единичными шипиками. Особи, имеющие мешочки с шероховато-шиповатыми краями, нередко встречаются в Скандинавии и на Кольском п-ове. У растений из других частей ареала края мешочков с единичными шипиками или гладкие. Последние были описаны Калелой (Kalela, 1944,

l. c.) как *C. norvegica* subsp. *inserrulata* и приведены им для северо-востока Сев. Америки и Гренландии. Заметим, однако, что растения, соответствующие этому подвиду, произрастают также в Европейской России и Сибири. Вопрос о его самостоятельности требует дальнейшего изучения.

C. norvegica subsp. *conicorostrata* Kalela, l. c. описана с Чукотского п-ова (typus: «Beringstrasse, St. Lorenz-Bucht, Luetke-Hafen, 1881, № 213a, Aurel u. Arthur Krause»; isotypus LE!). У особей этого подвида мешочки постепенно, без изгиба (а не довольно резко, как у других образцов *C. norvegica*) сужены в носик. Растения, выделенные в данный подвид, известны только из одного местонахождения и едва ли принадлежат к особой расе. Они представляют собой или мутацию, или, что более вероятно, фертильную помесь *C. norvegica* с *C. media*.

C. mimula V. Krecz., l. c. (typus: «Алтай, Бийский район, верхнее течение р. Черный Анюй, мохово-лишайниковая тундра, 12 VII 1928, № 118в, Е. Г. Победимова» — LE!) была справедливо синонимизирована с *C. norvegica* Л.П. Сергиевской (1961 : 3179).

Для Республики Коми *C. norvegica* приведена в основном по литературным данным (см.: Егорова, 1976в).

The name *C. halleri* Gunn., l. c., as I has explained before (Егорова, l. c.), cannot be used for designation of the cited species.

C. norvegica is close to *C. media* (see comments to the latter). The species varies in character of utricle margins in upper part from distinctly scabrid-spinulate to smooth or having individual prickles. Specimens having utricles with scabrid-spinulate margins rather often occur in Scandinavia and Kola Peninsula. Plants from other parts of the range have utricles with individual prickles or smooth at margins. The latter ones were described by Kalela (1944, l. c.) as *C. norvegica* subsp. *inserrulata* and cited by him for north-eastern North America and Greenland. To note, that however, that plants corresponding to this subspecies grow also in European Russia and Siberia. The question about the independence of the latter plant requires the further study.

C. norvegica subsp. *conicorostrata* Kalela, l. c. is described from Chukot Peninsula (typus: «Beringstrasse, St. Lorenz-Bucht, Luetke-Hafen, 1881, № 213a, Aurel u. Arthur Krause»; isotypus LE!). Specimens of this subspecies nave utricles gradually, without curve (instead of rather abruptly, as in other spesimens of *C. norvegica*) narrowed into a beak. The plants distinguished in this subspecies, are known only from the one location and hardly belong to a special race. They are either a mutation, or, more probably, fertile hybrid of *C. norvegica* with *C. media*.

C. mimula V. Krecz., l. c. (typus: «Алтай, Бийский район, верхнее течение р. Черный Анюй, мохово-лишайниковая тундра, 12 VII 1928, № 118в, Е. Г. Победимова» — LE!) was correctly synonymized with *C. norvegica* by Sergievskaya (Сергиевская, 1961 : 3179).

For Komi Republic *C. norvegica* is cited mainly according to published data (see : Егорова, 1976в).

Subsect. 11. **Bicolores** Tuckerm. ex Kük. 1909, in Engl. Pflanzenr. 38 : 297 (pro subsect. sectionis *Acutae*, p. p.). — Sect. *Bicolores* Fries ex Rouy, 1912, Fl. Fr. 13 : 508. — Sect. *Loxaniza* (Rafin.) V. Krecz. ser. *Distigmatae* V. Krecz. 1935, во Фл. СССР, 3 : 264, sine descr. latin. — Верхний колосок гинекандрический, остальные 2(3) пестичные, почти сидячие или на ножке 0.5—1.5 см дл., нижний иногда поникающий; соцветие пучковидно-кистевидное. Нижний кроющий лист равен соцветию или немного превышает его. Мешочки двояковыпуклые, с неясными жилками, очень густо покрытые сосочками, без носика. Рылец 2. Растения с ползучими корневищами. — T y p u s: *C. bicolor* All. Монотипная подсекция.

Terminal spike gynaecandrous, the others 2(3) female, subsessile or with peduncles 0.5—1.5 cm long, the lowest one sometimes pendent; inflorescence fascicular-racemiform. Lowest bract is equal to inflorescence or a little exceeds it. Utricles biconvex, with obscure veins, very densely covered with papillae, beakless. Stigmas 2. Plants with creeping rhizomes. — T y p u s: *C. bicolor* All. Monotypic subsection.

27 (207). **C. bicolor** All. 1785, Fl. Pedem. 2 : 267 B. Креч. 1935, во Фл. СССР, 3 : 264; Егор. 1972, Новости сист. высш. раст. 9 : 89. — Exs.: H.F.R. № 1246. — **О. двуцветная**.

Описан из Италии (Пьемонт, «In summis alpibus locis uliginosis minus frequens, Cl. Bellardi»); typus: TO.

На галечниках, песчаных отмелях, сырых лужайках по берегам рек и озер, иногда морей, на болотцах, у ключей; в арктической тундре, лесном и верхнем поясах гор; всюду очень редок. — **Европ. ч.**: Аркт. (к востоку от Малоземельской тундры), Дв.-Печ. (побережье Мезенской губы; Приполярн. Урал; Сев. Урал: басс. р. Илыч), Карп.; **Зап. Сиб.**: Обск. (Приполярн. Урал: басс. рр. Сыня и Ляпин), Алт.; **Вост. Сиб.**: Енис. (плато Путорана и басс. низовьев Нижн. Тунгуски), Лен.-Кол. (кроме северо-востока, где только в басс. верхнего течения Колымы), Анг.-Саян.; **Дальн. Вост.**: Аркт. (центр. Чукотка: р. Паляваам; восток Чукотского п-ова: залив Лаврентия и мыс Краузе; Корякия: залив Корфа). Общ. распр.: С. и Ц. (Пиренеи, Альпы, Карпаты) Европа; С. Америка (Аляска, Канада, Гренландия). — 2n = 50 (Жукова, Тихонова, 1973), 52 (Юрцев, Жукова, 1978). — Рис. 52, *6*.

Систематическое положение данного вида, отличающегося от остальных представителей секции *Microrhynchae* наличием двух (а не трех) рылец, рассматривается мной в цитированной выше работе.

The systematic position of this species differing from the other representatives of the section *Microrhynchae* by two (instead of three) stigmas, is considered by me in the work cited above.

Subgenus 3. Kreczetoviczia Egor. 1985, Бот. журн. **70**, 11 : 1554; Малышев, 1990, во Фл. Сиб. 3 : 158. — *Ulva* Adans. 1763, Fam. Pl. 2 : 496. — *Osculisa* Rafin. 1840, Good book a. Amen. Nat. : 27. — *Vignantha* Schur, 1866, Enum. Pl. Transsilv. : 705. — *Carex* subgen. *Euvignea* C. B. Clarke, 1904, Journ. Linn. Soc. London (Bot.), 37 : 3, nom. illeg. —*Limivasculum* Börn. 1913, Abh. Naturw. Ver. Bremen, 21 : 268, p. p. — Растения однодомные. Соцветие кистевидное, почти щитковидное или колосовидное, б. ч. из 2—10, иногда 30 колосков. Верхние колоски тычиночные, нижние пестичные (нередко на верхушке с тычиночными цветками), изредка все колоски андрогинные или гинекандрические; все колоски обычно узкоцилиндрические; тычиночные колоски почти сидячие (боковые иногда на ножках), пестичные на очень коротких или б. м. длинных ножках. Основание каждой ветви соцветия окружено влагалищеобразным предлистом (кладопрофиллом). Кроющие листья б. ч. без влагалища, обычно с линейной пластинкой. Мешочки плоско- или двояковыпуклые, голые. Рылец 2. Плод двояковыпуклый. — Typus: *C. aquatilis* Wahlenb.

Включает 7 секций и около 140 видов, произрастающих почти по всему земному шару; многие из них широко распространены в умеренном и арктическом поясах сев. полушария. На нашей территории подрод представлен 5 секциями, объединяющими 48 видов и подвидов. Одна из двух остальных секций подрода, *Graciles* (Tuckerm. ex Kük.) Ohwi, содержит около 10 видов, встречающихся в субтропических и тропических областях вост. полушария, другая, недавно установленная секция, *Abditispicae* Wheeler (Wheeler, 1987, 1989), состоит из 6 видов, эндемичных для Южн. Америки.

Plants monoecious. Inflorescence racemiform, subcorymbiform or spiciform, generally of 2—10, sometimes 30 spikes. Upper spikes male, lower ones female (rather often with male flowers at apex), rarely all spikes androgynous or gynaecandrous; all spikes usually narrow-cylindrical; male spikes subsessile (lateral sometimes pedunculate), female ones with very short or more or less long peduncles. Base of each inflorescence branch is surrounded by sheath-like prophyll (cladoprophyll). Bracts generally sheathless, usually leaf-like. Utricles plano- or biconvex, glabrous. Stigmas 2. Fruit biconvex. — Typus: *C. aquatilis* Wahlenb.

Includes 7 sections and about 140 species growing almost all over the globe; many of them being widespread in temperate and arctic zones of the northern hemisphere. In our territory, the subgenus is represented by 5 sections uniting 48 species and subspecies. One of the two remaining sections of the subgenus, sect. *Graciles* (Turckerm. ex Kük.) Ohwi, contains about 10 species occurring in subtropical and tropical areas of the eastern hemisphere, and another, recently established section *Abditispicae* Wheeler (Wheeler, 1987, 1989), consists of 6 species endemic to South America.

Sectio 34. Tuminenses Y. L. Chang et Y. L. Yang, 1976, Fl. Chin. Bor.-Or. 11 : 207. — Sect. *Acutae* subsect. *Cryptocarpae* Tuckerm. ex Kük. 1909, in Engl. Pflanzenr. 38 : 357, p. p. — Sect. *Temnemis* (Rafin.) V. Krecz. 1935, во Фл. СССР, 3 : 232, quoad *C. tuminensem*. — Верхние (1)2—6 колосков тычиночные (боковые часто на ножках), остальные 10—20 пестичные (нередко на верхушке с тычиночными цветками), в 4—6 пучках из 2—6 колосков, узкоцилиндрические, густые, на длинных ножках, поникающие. Нижний кроющий лист без влагалища, превышает соцветие. Чешуи пестичных колосков с 3 жилками, острые, с коротким остроконечием или остью. Мешочки плоско- или двояковыпуклые, перепончатые, с жилками, с коротким цельным или едва выемчатым носиком. Рылец 2. Растение с ползучими корневищами. — Typus: *C. tuminensis* Kom.

8 видов, в Вост. Азии, Южн. Америке и Нов. Зеландии; вне рассматриваемой территории: *C. darwinii* Boott (Южн. Америка), *C. coriacea* Hamlin, *C. geminata* Schkuhr, *C. lessoniana* Steud., ? *C. sinclairii* Boott, *C. ternaria* Boott (Нов. Зеландия).

Upper (1)2—6 spikes male (lateral frequently pedunculate), the others 10—20 female (rather often with male flowers at apex), in 4—6 fascicles of 2—6 spikes, narrow-cylindrical, dense, long-pedunculate, pendent. Lowest bract sheathless, leaf-like, exceeding inflorescence. Female glumes 3-veined, acute, with short point or awn. Utricles plano- or biconvex, membranous, veined, with a short entire or scarcely emarginate beak. Stigmas 2. Plants with creeping rhizomes. — Typus: *C. tuminensis* Kom.

8 species, in East Asia, South America and New Zealand; outside considered territory: *C. darwinii* Boott (South America), *C. coriacea* Hamlin, *C. geminata* Schkuhr, *C. lessoniana* Steud.. ? *C. sinclairii* Boott, *C. ternaria* Boott (New Zealand).

1 (208). **C. tuminensis** Kom. 1901, Тр. Петерб. бот. сада, **18**, 3 : 444; В. Креч. 1935, Во Фл. СССР, 3 : 234. — *C. ternaria* auct. non Boott: Meinsh. 1901, Тр. Петерб. бот. сада, **18**, 3 : 342. — **О. туминская**.

Описан с п-ова Корея; lectotypus: «Korea septentr., in herbosis ripariis fl. Kursin buri, fl. Tumingan supra oppid. Musang, prope Czan pen, 10 VI 1897, Komarov» (LE! cum syntypis 2) — Кречетович (in sched.), Егорова (h. l.).

На песчано-иловатых отмелях рек и галечниках, среди пойменных кустарников. — **Дальн. Вост.**: Камч., Удск., Зее-Бур. (вост.: басс. р. Тырмы), Уссур., Сах. Общ. распр.: В. Азия (Сев.-Вост. Китай, п-ов Корея). — 2n = ? — Рис. 55, *2*.

Sectio 35. Forficulae Franch. ex Raymond. 1959, Mém. Jard. Bot. Montréal, 53 : 57; Егор. 1985, Бот. журн. **70**, 11 : 1554. — *Carex* 11. *Olocarex* f. *Forficulae* Franch. 1898, Nouv. Arch. Mus. Hist. Nat. (Paris), sér. 3, 10 : 102, p. min. p., nom. nud. — Sect. *Acutae* subsect. *Forsiculae* (sic!) Franch. ex Kük. 1909, in Engl. Pflanzenr. 38 : 334, p. p. —*Nothocarex* V. Krecz. ex Egor. 1973, Новости сист. высш. раст. 10 : 102. — Верхний колосок тычиночный, остальные 2—5 пестичные, многоцветковые, узкоцилиндрические, реже продолговатые, на коротких или длинных ножках или почти сидячие, прямостоячие или поникающие. Нижний кроющий лист без влагалища, обычно превышает соцветие или немного короче его. Чешуи пестичных колосков с 3 жилками, острые, с коротким шероховатым остроконечием или б. м.

Рис. 55.

Carex incisa Boott, общий вид растения, *1a* — мешочек; *2* — *C. tuminensis* Kom., общий вид растения, *2a* — мешочек.

Fig. 55.

Carex incisa Boott, the whole plant, *1a* — utricle; *2* — *C. tuminensis* Kom., the whole plant, *2a* — utricle.

длинной остью. Мешочки плоско-выпуклые, перепончатые, б. ч. без жилок, часто с блестящими железками, вверху по краям (редко по всей поверхности) с мелкими шипиками, с длинным, 0.4—1.5(2) мм, глубоко- или коротко-двузубчатым носиком. Плод целиком заполняет мешочек. Рылец 2, нередко очень длинных (до 7 мм). Растения с длинными ползучими корневищами, образующие плотные дерновины или, иногда, кочки. — Typus: *C. forficula* Franch. et Savat.

6 видов, на юге Вост. Сибири, в Вост. и отчасти, Юго-Вост. Азии.

Terminal spike male, the others 2—5 female, many-flowered, narrow-cylindrical, more rarely oblong, with short or long peduncles of subsessile, erect or pendent. Lowest bract sheathless, leaf-like, usually exceeding inflorescence or a little shorter. Female glumes 3-veined, acute, with short scabrid point or more or less long awn. Utricles plano-convex, membranous, mostly veinless, frequently with shining glandules, in upper part on margins (rarely all over surface) with small prickles, with a long, 0.4—1.5(2) mm, deep- or short-bidentate beak. Fruit completely fills utricle. Stigmas 2, rather often very long (up to 7 mm). Plants with long creeping rhizomes, forming dense tufts or, sometimes, tussocks. — Typus: *C. forficula* Franch. et Savat.

6 species, in southern Eastern Siberia, in East and, partly, Southeast Asia.

1. Пестичные колоски продолговатые. Мешочки 4.5—5 мм дл., без железок; зубцы носика 1—1.3 мм дл. Столбик выступает из мешочка на 4—5 мм........1. **C. doenitzii**.
+ Пестичные колоски узкоцилиндрические. Мешочки покрытые блестящими прозрачными, бесцветными или желтоватыми железками; зубцы носика 0.2—0.7 мм дл. Столбик не выступает из мешочка........2.
2. Носик мешочков (0.3)0.4—0.6 мм дл., коротко-двузубчатый (зубцы 0.2—0.3 мм дл.), спереди щелевидно расщепленный; мешочки 2.7—3 мм дл. Рыльца 1—1.2 мм дл. Нижний кроющий лист немного превышает соцветие........4. **C. heterolepis**.
+ Носик мешочков 0.8—1.3 мм дл., с хорошо выраженными, 0.4—0.7 мм дл., зубцами. Рыльца 2.5—7 мм дл. ....3.
3. Нижний кроющий лист превышает соцветие. Чешуи пестичных колосков без ости. Мешочки (2.3)2.5—3 мм дл., с носиком 0.5—0.8 мм дл., одинаково расщепленным и спереди, и сзади. Рыльца 6—7 мм дл. ....2. **C. sadoënsis**.
+ Нижний кроющий лист короче соцветия. Чешуи пестичных колосков с остью до 1 мм дл. Мешочки (3)3.5—4 мм дл., с носиком (0.6)1—1.3 мм дл., спереди сильнее расщепленным, чем сзади. Рыльца 2.5—3 мм дл. ....3. **C. forficula**.

1. Female spikes oblong. Utricles 4.5—5 mm long, without glandules; beak teeth 1—1.3 mm long. Style protrudes from utricle by 4—5 mm........1. **C. doenitzii**.
+ Female spikes narrow-cylindrical. Utricles covered with shining transparent, colourless or yellowish glandules; beak teeth 0.2—0.7 mm long. Style does not protrude from utricle......2.
2. Beak of utricles (0.3)0.4—0.6 mm long, short-bidentate (teeth 0.2—0.3 mm long), dorsally slit-like cleft; utricles 2.7—3 mm long. Stigmas 1—1.2 mm long. Lowest leaf-like bract a little exceeds inflorescence........4. **C. heterolepis**.
+ Beak of utricles 0.8—1.3 mm long, with well distinct, 0.4—0.7 mm long, teeth. Stigmas 2.5—7 mm long........3.
3. Lowest leaf-like bract exceeding inflorescence. Female glumes awnless. Utricles (2.3)2.5—3 mm long, with a beak 0.5—0.8 mm long, equally cleft dorsally and ventrally. Stigmas 6—7 mm long........2. **C. sadoënsis**.
+ Lowest leaf-like bract shorter than inflorescence. Female glumes with awn up to 1 mm long. Utricles (3)3.5—4 mm long, with a beak (0.6)1—1.3 mm long, deeper cleft dorsally than ventrally. Stigmas 2.5—3 mm long........3. **C. forficula**.

Subsect. 1. **Eglandulosae** Egor. 1985, Бот. журн. **70**, 11 : 1554. — Тычиночных колосков 1—2; пестичные колоски продолговатые. Мешочки без железок; зубцы носика 1—1.3 мм дл. Столбик выступает из мешочка на 4—5 мм. — Typus: *C. doenitzii* Boeck.

2 вида; вне рассматриваемой территории: *C. okuboi* Franch. (о-в Хонсю).

Male spikes 1—2; female spikes oblong. Utricles without glandules; beak teeth 1—1.3 mm long. Style protrudes from utricle by 4—5 mm. — Typus: *C. doenitzii* Boeck.

2 species; outside considered territory: *C. okuboi* Franch. (Honshu island).

1 (209). **C. doenitzii** Boeck. 1882, Flora (Regensb.), 65 : 61; Ворош. 1982, Опред. раст. сов. Дальн. Вост. : 115. — **О. Деница**.

Описан из Японии (о-в Хонсю, «Fudsi yama, Doenitz»); typus: ? B.

На скалах. — **Дальн. Вост.**: Курил. (юг: о-в Кунашир, близ г. Южно-Курильска). Общ. распр.: В. Азия (о-ва Хонсю и Кюсю). — 2n = 66 (Koyama, 1962).

Единственный известный с нашей территории образец этого вида хранится в MHA! Полная синонимика *C. doenitzii* приведена в работе Койямы (Koyama, 1962 : 194).

К *C. doenitzii* очень близка *C. okuboi* Franch. (typus: о-в Хонсю, «Miakesima, á l'entreé de la baie de Tokio, 2 V 1887, Okubo Saburo» — P !), рассматриваемая некоторыми авторами (Kükenthal, 1909; Ohwi, 1936, 1965; Koyama, 1962) как *C. doenitzii* var. *okuboi* (Franch.) Kük. От *C. doenitzii* *C. okuboi* отличается носиком мешочков спереди глубоко, почти до самого основания клиновидно расщепленным (у *C. doenitzii* носик спереди и сзади расщеплен одинаково). Заметим, что мешочки у типа *C. okuboi* узкоэллиптические, 5.5 мм дл., 1.1 мм шир., а не 7 мм дл., как указано в протологе.

The only specimen of this species known from our territory is kept in MHA! The complete synonymy of *C. doenitzii* is cited in the work by Koyama (1962 : 194).

Very close to *C. doenitzii*, is *C. okuboi* Franch. (typus: о-в Хонсю, «Miakesima, á l'entreé de la baie de Tokio, 2 V 1887, Okubo Saburo» — P!) considered by some authors (Kükenthal, 1909; Ohwi, 1936, 1965; Koyama, 1962) as *C. doenitzii* var. *okuboi* (Franch.) Kük. *C. okuboi* differs from *C. doenitzii* by utricle beaks dorsally deeply, almost to the base cuneately cleft (*C. doenitzii* has beaks dorsally and ventrally equally cleft). To note, utricles in the type of *C. okuboi* are narrow-elliptical, 5.5 mm long, 1.1 mm wide, instead of 7 mm long, as it is pointed out in the protologue.

Subsect. 2. **Glandulosae** Egor. 1985, Бот. журн. **70**, 11 : 1554. — Тычиночный колосок 1; пестичные колоски узкоцилиндрические. Мешочки с блестящими прозрачными бесцветными или желтоватыми железками; зубцы носика 0.2—0.7 мм дл. Столбик не выступает из мешочка. — Typus: *C. forficula* Franch. et Savat.

4 вида; вне рассматриваемой территории: *C. rubrobrunnea* C. B. Clarke (Индия: горы Кхаси; Мьянма, сев. Вьетнам, Юго-Зап. и Южн. Китай, о-в Хайнань).

Male spike 1; female spikes narrow-cylindrical. Utricles with shining transparent colourless or yellowish glandules; beak teeth 0.2—0.7 mm long. Style does not protrude from utricle. — Typus: *C. forficula* Franch. et Savat.

4 species; outside considered territory: *C. rubrobrunnea* C. B. Clarke (India: Khasia mountains; Myanmar, northern Vietnam, South-Western and Southern China, Hainan island).

2 (210). **C. sadoënsis** Franch. 1895, Bull. Soc. Philom. Paris, sér. 8, 7 : 42; В. Креч. 1935, во Фл. СССР, 3 : 422. — **О. садоанская**.

Описан из Японии; syntypi: «Japon. sept., ile de Sado, Faurie; Nippon, prov. d'Aomori, id.; Yeso montagnes d'Otaru, Sobetsu, etc., id.» (P).

По берегам рек и озер. — **Дальн. Вост.**: Сах. (юг), Курил. (юг: о-ва Кунашир и Итуруп). — Общ. распр.: В. Азия (о-ва Хоккайдо и Хонсю). — 2n = ? — Рис. 56, *3*.

3 (211). **C. forficula** Franch. et Savat. 1877, 1878, Enum. Pl. Japon. 2 : 131, 557; Franch. 1896, Nouv. Arch. Mus. Hist. Nat. (Paris), sér. 3, 8, tab. 8, fig. 2; Kük. 1909, in Engl. Pflanzenr. 38 : 342 («*forsicula*»); В. Креч. 1935, во Фл. СССР, 3 : 421. — **О. уховертковая**.

Описан из Японии; typus: о-в Хонсю, «Nippon borealis, in provinciâ Kobe, № 3731, Savatier» (P).

По берегам рек и ручьев в смешанных и широколиственных лесах. — **Дальн. Вост.**: Уссур. (юг). Общ. распр.: В. Азия (Китай, п-ов Корея, Япония). — 2n = ? — Рис. 56, *1*.

4 (212). **C. heterolepis** Bunge, 1832, Enum. Pl. Chin. Bor.: 69; id. 1835, Mém. Sav. Étr. Pétersb. 2 : 143; Егор. 1973, Новости сист. высш. раст. 10 : 100; Ворош. 1982, Опред. раст. сов. Дальн. Вост. : 118; Малышев, 1990, во Фл. Сиб. 3 : 169. — *C. chamarensis* Egor. 1965, Новости сист. высш. раст. 1965 : 84. — *C. heterolepis* var. *zarubinii* Peschkova, 1966, Новости сист. высш. раст. 1966 : 259. — **О. разночешуйная**.

Описан из Китая; typus: «Chin. bor. Panschan, 1831, B[unge]» (P!, photo LE!).

По сырым песчаным берегам рек в лесном поясе гор. — **Вост. Сиб.**: Анг.-Саян. (юго-вост.: р. Снежная и хр. Хамар-Дабан), Даур. (зап.: среднее течение Баргузина; юг: басс. Чикоя у пос. Дакитуй и р. Ингода у сел. Дешулан); **Дальн. Вост.**: Уссур. (юг). Общ. распр.: Ц. (вост. Монголия: Прихинганье) и В. (Сев. и Сев.-Вост. Китай, п-ов Корея, Япония) Азия. — 2n = ? — Рис. 56, *2*.

Сибирские местонахождения этого восточноазиатского вида являются реликтовыми (Малышев, Пешкова, 1984). Вид варьирует по форме верхушки кроющих чешуй пестичных колосков: от цельной туповатой или коротко заостренной до выемчатой и в выемке с коротким острием. Отмеченное варьирование может наблюдаться в пределах одного колоска. Кроющие чешуи у *C. heterolepis* обычно равны мешочкам или немного короче их. Образцы с чешуями вдвое короче мешочков были описаны из Сев. Китая как *C. trappistarum* Franch. (typus: «Mont. de Pekin, voisinage du monaster du Trappisten, Maj-Juni 1888, Em. Bodinier» — P!). Образцы, идентичные типу, известны и из Японии («Jap., Nagasaki, 1863, Maximowicz» — LE!). Возможно, растения, соответствующие *C. trappistarum*, следует рассматривать в качестве разновидности *C. heterolepis*.

C. heterolepis была приведена мной для нашей территории под названием *C. chamarensis* Egor., l. c. (typus: «Вост. Сибирь, горы Хамар-Дабан, долина р. Осиновки, VI 1955, Л. Лихоузова» — LE!). Образцы *C. heterolepis* из вост. Забайкалья (с. Дешулан) с более короткими пестичными колосками, описанные как *C. heterolepis* var. *zarubinii* Peschkova, l. c., не заслуживают, на мой взгляд, выделения в качестве особого таксона (Егорова, 1973, l. c.).

Siberian locations of this East-Asian species are relict (Малышев, Пешкова, 1984). The species varies by shape of apex of female glumes: from entire obtusish or short-acuminate to emarginate with short cusp in excision. The mentioned variation can be observed within the same spike. Female glumes of *C. heterolepis* are usually equal to utricles or a few shorter. The specimens with glumes twice shorter than utricles were described from Northern China as *C. trappistarum* Franch. (typus: «Mont. de Pekin, voisinage du monaster du Trappisten, Maj-Juni 1888, Em. Bodinier» — P!). Specimens identical to the type are known also from Japan (« Jap., Nagasaki, 1863, Maxi-

Рис. 56.

1 — Carex forficula Franch. et Savat., общий вид растения, *1a* — мешочек; *2 — C. heterolepis* Bunge, общий вид растения, *2a* — мешочек; *3 — C. sadoënsis* Franch., общий вид растения, *3a* — мешочек.

Fig. 56.

1 — Carex forficula Franch. et Savat., the whole plant, *1a* — utricle; *2 — C. heterolepis* Bunge, the whole plant, *2a* — utricle; *3 — C. sadoënsis* Franch., the whole plant, *3a* — utricle.

mowicz» — LE!). It is possible that plants corresponding to C. *trappistarum*, should be considered as a variety of C. *heterolepis*.

C. *heterolepis* was cited by me for our territory under the name C. *chamarensis* Egor., l. c. (typus: «Вост. Сибирь, горы Хамар-Дабан, долина р. Осиновки, VI 1955, Л. Лихоузова» — LE!). Specimens of C. *heterolepis* from eastern Transbaikalia (village Deshulan) with shorter female spikes been described as C. *heterolepis* var. *zarubinii* Peschkova, l. c. do not merit, in my opinion, establishing as a distinct taxon (Егорова, 1973, l. c.).

Sectio 36. Praelongae (Kük.) Nelmes, 1951, Reinwardtia, **1**, 3 : 421. — Sect. *Actuae* subsect. *Praelongae* Kük. 1909, in Engl. Pflanzenr. 38 : 345, p. p., excl. C. *torta* Boott ex Tuckerm. et C. *sitchensis* Prescott. — Sect. *Temnemis* (Rafin.) V. Krecz. 1935, во Фл. СССР, 3 : 232, p. min. p. — Верхний колосок тычиночный или, редко, гинекандрический, остальные 2—5(6) пестичные или гинекандрические, узкоцилиндрические, нередко очень длинные, или продолговатые, обычно на длинных ножках, часто поникающие; соцветие у многих видов почти щитковидное, вследствие того что верхушки всех колосков расположены почти на одном уровне. Нижний кроющий лист без влагалища, часто превышает соцветие. Чешуи пестичных колосков с 3 жилками, на верхушке с выемкой и выходящим из нее остроконечием или остью, редко без выемки, острые. Мешочки плоско- или двояковыпуклые, нередко густо покрытые очень мелкими бугорками, зрелые часто б. м. отклоненные от оси колоска, с коротким цельным или коротко двузубчато-выемчатым носиком. Рылец 2. Растения с ползучими корневищами или без них. — Typus: C. *praelonga* C. B. Clarke.

Около 25 видов (C. *arnottiana* Nees, C. *baronii* Bak., C. *cernua* Boott, C. *dimorpholepis* Steud., C. *madagascariensis* Boeck., C. *notha* Kunth, C. *phacota* Spreng., C. *praelonga* C. B. Clarke, C. *pruinosa* Boott, C. *teres* Boott и др.), преимущественно в Вост. Азии, а также в Юго-Вост. Азии, на о-ве Шри-Ланка, в зап. Гималаях, на о-ве Мадагаскар и в тропической и Южн. Африке (рис. 57).

Terminal spike male or, rarely, gynaecandrous, the others 2—5(6) female or gynaecandrous, narrow-cylindrical, rather often very long, or oblong, usually with long peduncles, frequently pendent; inflorescence in many species subcorymbiform owing to apexes of all spikes being located almost at the same level. Lowest bract sheathless, leaf-like, frequently exceeding inflorescence. Female glumes 3-veined, at apex with excision and rising from it point or awn, rarely without excision, acute. Utricles plano-or biconvex, rather often densely covered with very small tubercles, at maturity frequently more or less patent, with a short entire or short-bidentate-emarginate beak. Stigmas 2. Plants with or without creeping rhizomes. — Typus: C. *praelonga* C. B. Clarke.

About 25 species (C. *arnottiana* Nees, C. *baronii* Bak., C. *cernua* Boott, C. *dimorpholepis* Steud., C. *madagascariensis* Boeck., C. *notha* Kunth., C. *phacota* Spreng., C. *praelonga* C. B. Clarke, C. *pruinosa* Boott, C. *teres* Boott and others), mainly in East Asia, as well as in Southeast Asia, Sri Lanka, western Himalaya, Madagascar and in tropical and South Africa (Fig. 57).

1. Верхний колосок тычиночный; пестичные колоски 2—3.5(4) см дл., 0.8—1.2 см шир.; верхушки колосков расположены на разных уровнях. Мешочки широкояйцевидные, почти округлые, густо покрытые папиллами, с мозолисто утолщенным носиком.. ....1. **C. maximowiczii**.....2.

\+ Верхний колосок гинекандрический или тычиночный; пестичные колоски очень узкие, 3—5 см дл., 0.3—0.4 см шир.; верхушки всех колосков расположены почти на одном уровне. Мешочки эллиптические или яйцевидные, без папилл, носик не утолщенный...............................3.

2. Чешуи пестичных колосков с остроконечием до 1.5 мм дл.; пестичные колоски 1—1.2 см шир. Мешочки 3.5—4.5 мм дл. ....1a. **C. maximowiczii** subsp. **maximowiczii**.

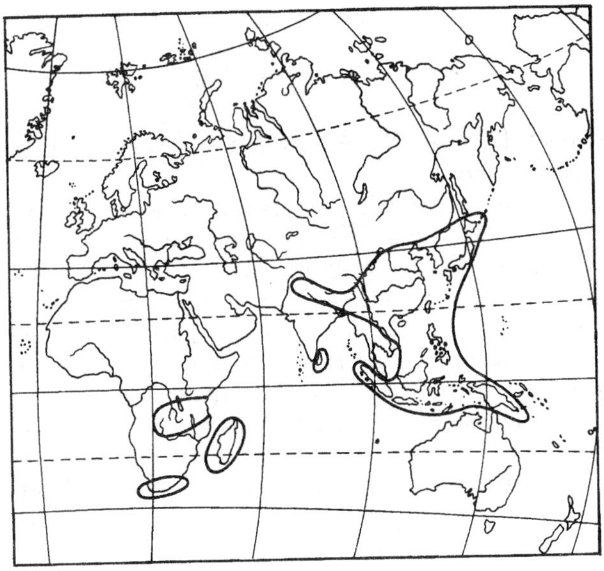

Рис. 57. Ареал секции *Praelongae* (Kük.) Nelmes.

Fig. 57. Range of the section *Praelongae* (Kük.) Nelmes.

\+ Чешуи пестичных колосков острые или с коротким, до 0.7 мм, остроконечием; пестичные колоски 0.8–1 см шир. Мешочки 2.7–3.2(3.5) мм дл. ....1b. **C. maximowiczii** subsp. **suifunensis**.

3. Пластинки листьев 3–4 мм шир. Верхний колосок гинекандрический. Чешуи пестичных колосков на верхушке с глубокой выемкой. Мешочки без жилок..2. **C. incisa**.

\+ Пластинки листьев 0.5–1 см шир. Верхний колосок тычиночный или гинекандрический. Чешуи пестичных колосков без выемки. Мешочки с немногими жилками..3. **C. shimidzensis**.

1. Terminal spike male; female spikes 2–3.5(4) cm long, 0.8–1.2 cm in diam.; apexes of spikes located at different levels. Utricles broad-ovate, suborbicular, densely covered with papillae, with a callous-thickened beak..1. **C. maximowiczii**.....2.

\+ Terminal spike gynaecandrous or male; female spikes very narrow, 3–5 cm long, 0.3–0.4 cm in diam.; apexes of all spikes disposed almost at the same level. Utricles elliptical or ovate, without papillae, beak not thickened..3.

2. Female glumes with points up to 1.5 mm long; female spikes 1–1.2 cm in diam. Utricles 3.5–4.5 mm long..1a. **C. maximowiczii** subsp. **maximowiczii**.

\+ Female glumes acute or with short, up to 0.7 mm, point; female spikes 0.8–1 cm in diam. Utricles 2.7–3.2(3.5) mm long.............1b. **C. maximowiczii** subsp. **suifunensis**.

3. Leaf blades 3–4 mm wide. Terminal spike gynaecandrous. Female glumes at apex with deep excision. Utricles veinless..2. **C. incisa**.

\+ Leaf blades 0.5–1 cm wide. Terminal spike male or gynaecandrous. Female glumes without excision. Utricles few-veined..3. **C. shimidzensis**.

1 (213). **C. maximowiczii** Miq. 1866, Ann. Mus. Bot. Lugd. Batav. 2 : 150; T. Koyama, 1959, Bot. Mag. Tokyo, 72 : 300, 306; Ворош. 1966, Фл. сов. Дальн. Вост. : 101. — *C. picta* Boott, 1859, in A. Gray, Mem. Amer. Acad., new ser. **6**, 2 :

418, non Steud. 1855. — *C. pruinosa* Boott var. β. Boott, 1867, Ill. Carex, 4 : 198. — *C. pruinosa* var. *picta* (Boott) Franch. 1897, Nouv. Arch. Mus. Paris, sér. 3, 9 : 155. — *C. pruinosa* subsp. *maximowiczii* (Miq.) Kük. 1909, in Engl. Pflanzenr. 38 : 353. — **О. Максимовича**.

Описан из Японии («Hakodadi, Wright»); typus est typus *C. pictae* Boott: K.

a) subsp. **maximowiczii**.

На сырых и болотистых местах. — **Дальн. Вост.**: Курил. (юг: о-в Кунашир). Общ. распр.: В. Азия (Китай, п-ов Корея, Япония). — 2n = 68 (Funabiki, 1958), 74 (Tanaka, 1939; Funabiki, 1958).

Варьирует по форме верхушки кроющих чешуй пестичных колосков: она или постепенно сужена в остроконечие до 1.5 мм дл., или двулопастная, с остроконечием, выходящим из выемки. Иногда чешуи обоих типов наблюдаются в одном и том же колоске и даже на одном и том же уровне.

В Японии наряду с типовой разновидностью, у которой мешочки густо покрыты папиллами, встречается var. *levisaccus* Ohwi — без папилл на мешочках (Ohwi, 1936, 1965). *C. maximowiczii* близка к *C. pruinosa* Boott, распространенной, согласно литературным данным (Kern, Nooteboom, 1979a), в Индии (Ассам: горы Кхаси), Таиланде, Вьетнаме и на о-ве Ява.

Varies in shape of apex of female glumes, it being either gradually narrowed into point up to 1.5 mm long, or bilobate, with point rising from excision. Sometimes glumes of both types are observed in the same spike and even at the same level.

In Japan, together with the type variety with utricles densely covered with papillae, the variety var. *levisaccus* Ohwi occurs without papillae on utricles (Ohwi, 1936, 1965). *C. maximowiczii* is close to *C. pruinosa* Boott, the latter being distributed, according to published data (Kern, Nooteboom, 1979a), in India (Assam: Khasia mountains), Thailand, Vietnam and Java.

b) subsp. **suifunensis** (Kom.) Worosch. 1985, Флорист. иссл. СССР: 155. — *C. suifunensis* Kom. 1901, Тр. Петерб. бот. сада, **18**, 3 : 445; В. Креч. 1935, во Фл. СССР, 3 : 239; Ворош. 1982, Опред. раст. сов. Дальн. Вост. : 117. — *C. pruinosa* subsp. *maximowiczii* var. *suifunensis* (Kom.) Kük. 1909, in Engl. Pflanzenr. 38 : 353. — *C. maximowiczii* var. *suifunensis* (Kom.) Nakai, 1914, Rep. Veg. Quelp. 18 : 24. — **О. суйфунская**.

Описан с российского Дальнего Востока; typus: юг Приморского края, «Басс. Суйфуна, станица Полтавская, берега островов р. Суйфуна, 12 VI 1896, В. Комаров» (LE!).

На сырых лугах по берегам рек. — **Дальн. Вост.**: Уссур. (юг). Общ. распр.: В. Азия (Сев.-Вост. Китай, п-ов Корея). — 2n = ?

2 (214). **C. incisa** Boott, 1856, in A. Gray, List Pl. Jap., in Narr. Exped. Perry, 2 : 327; Ohwi, 1936, Mem. Coll. Sci. Kyoto Univ. ser. B, **11**, 5 : 279; id. 1965, Fl. Jap. : 229; Ворош. 1966, Фл. сов. Дальн. Вост. : 99. — **О. разрезная**.

Описан из Японии; typus: «Japan, U.S. Exp., Juli 1855, D. Morrow, A. Gray, ex Herb. A. Gray» (K! photo LE!).

На сырых и болотистых лугах. — **Дальн. Вост.**: Курил. (юг: о-в Кунашир). Общ. распр.: В. Азия (о-ва Хоккайдо и Хонсю). — 2n = 68 (Tanaka, 1939). — Рис. 55, *1*.

У типа *C. incisa* и идентичных ему образцов из Японии и южн. Курил носик мешочков очень короткий, а не длинный, каким он изображен на рисунке в монографии Кюкенталя (Kükenthal, 1909).

C. incisa and specimens identical with it from Japan and southern Kurils have a very short utricle beak, instead of long, as it was pictured in the drawing in monograph by Kükenthal (1909).

3 (215). **C. shimidzensis** Franch. 1895, Bull. Soc. Philom. Paris, sér. 8, 7 ; Ohwi, 1936, Mem. Col. Sci. Kyoto Univ. ser. B, **11**, 5: 278; id. 1965, Fl. Jap. : 229; Ворош. 1966, Фл. сов. Дальн. Вост. : 105; id. 1982, Опред. раст. сов. Дальн. Вост. : 116; А. Е. Кожевников, 1988, в Сосуд. раст. сов. Дальн. Вост. 3 : 354. — **О. симидзийская**.

Описан из Японии; lectotypus: о-в Хонсю, «Nippon sept., prov. d'Aomori, plaine de Shichinohé, 17 VI 1886, № 680, Faurie (P!, photo LE!)» — Егорова (h. l.).

На сырых местах в горных лесах. — **Дальн. Вост.**: Курил. (юг: о-в Кунашир, о-в Итуруп, окр. Курильска). Общ. распр.: В. Азия (п-ов Корея, о-ва Хоккайдо, Хонсю, Кюсю). — 2n = 68 (Okuno, 1939).

Для о-ва Кунашир вид приведен по литературным данным (Ohwi, l. c.; Ворошилов, l. c.; А. Е. Кожевников, l. c.), а для о-ва Итуруп — на основании гербарных сборов В. Баркалова в 1982 г. (МНА !).

This species is cited for island Kunashiri according to published data (Ohwi, l. c.; Ворошилов, l. c.; А. Е. Кожевников, l. c.), and for island Iturup basing on herbarium collections by V. Barkalov in 1982 (MHA!).

Sectio 37. Temnemis (Rafin.) V. Krecz. IV 1935, во Фл. СССР, 3 : 232, р. max. р. — *Temnemis* Rafin. 1840, Good Book a. Amen. Nat. : 27. — Sect. *Acutae* subsect. *Cryptocarpae* Tuckerm. ex Kük. 1909, in Engl. Pflanzenr. 38 : 357. — Sect. *Cryptocarpae* (Tuckerm. ex L. H. Bailey) Mackenzie, XI 1935, in North Amer. Fl. **18**, 7 : 410. — Верхние 1—3 колоска тычиночные, остальные (1)2—4(5) пестичные или андрогинные (на верхушке с тычиночными цветками), обычно многоцветковые, густые, узкоцилиндрические или продолговатые, все б. ч. на длинных ножках и поникающие. Нижний кроющий лист без влагалища, б. ч. превышает соцветие. Чешуи тычиночных колосков б. ч. с коротким остроконечием, пестичных — б. м. остистые или острые, с 3 жилками. Мешочки плоско-выпуклые, кожистые или перепончатые, без жилок или с жилками, с коротким цельным мозолисто утолщенным желтоватым глянцевитым носиком, редко без него. Плод посередине нередко с глубокой узкой выемкой. Рылец 2. Растение с ползучими корневищами, редко без них. — Lectotypus: *C. scouleri* Torr. (= *C. lyngbyei* Hornem.) — Егорова (1976а).

15 видов, преимущественно приморских, на севере Европы, в Вост. Азии, в арктическом и умеренном поясах Сев. Америки; вне рассматриваемой территории: *C. vacillans* Drej. (Европа), *C. lyngbyei* Hornem. subsp. *lyngbyei* (Фарерские о-ва, Исландия, Гренландия), *C. crinita* Lam., *C. gynandra* Schwein., *C. mitchelliana* M. A. Curt. и *C. obnupta* L. H. Bailey (Сев. Америка).

Upper 1—3 spikes male, the others (1)2—4(5) female or androgynous (with male flowers at apex), usually many-flowered, dense, narrow-cylindrical or oblong, generally all long-pedunculate and pendent. Lowest bract sheathless, leaf-like, generally exceeding inflorescence. Male glumes generally with short point, female ones more or less awned or acute, 3-veined. Utricles plano-convex, coriaceous or membranous, veinless or veined, with a short entire callous-thickened yellowish shining beak, rarely beakless. Fruit in the middle rather often with deep narrow excision. Stigmas 2. Plants with creeping rhizomes, rarely without them. — Lectotypus: *C. scouleri* Torr. (= *C. lyngbyei* Hornem.) — Egorova (Егорова, 1976a).

15 species, mainly maritime, in North Europe, East Asia, in arctic and temperate zones of North America; outside considered territory: *C. vacillans* Drej. (Europe), *C. lyngbyei* Hornem. subsp. *lyngbyei* (Faeroes, Iceland, Greenland), *C. crinita* Lam., *C. gynandra* Schwein., *C. mitchelliana* M. A. Curt. and *C. obnupta* L. H. Bailey (North America).

1. Чешуи пестичных колосков с длинной, (5)8–15 мм, остью, превышающей мешочки в 2.5–5 раз. Мешочки б. ч. эллиптические, 2.8–3(3.5) мм дл. Пестичные колоски 2–4 см дл., на длинных ножках, обычно поникающие..1. **C. paleacea**.

\+ Чешуи пестичных колосков без ости или с остью не более 5 мм дл. Пестичные (или обоеполые, андрогинные) колоски на длинных или коротких ножках, прямостоячие или б. м. поникающие......................2.

2. Побеги окружены при основании светло-коричневыми или буровато-желтыми (очень редко красноватыми) влагалищами листьев. Нижние 1–2(3) колоска почти всегда обоеполые, в верхней части с тычиночными цветками, занимающими 1/4–1/2 колоска (отчего он наверху более узкий), в нижней – с пестичными. Кроющие чешуи короче мешочков. Мешочки (3.5)4–5(5.5) мм дл. Растение с укороченными неползучими корневищами...3.

\+ Побеги окружены при основании красновато-коричневыми, красновато-пурпурными или темно-бурыми влагалищами листьев. Нижние 1–4 колоска пестичные или обоеполые (в последнем случае они наверху или с немногими незаметными тычиночными цветками, или верхний из них с хорошо выраженной тычиночной частью). Кроющие чешуи длиннее или короче мешочков. Мешочки 2.7–3.5(4) мм дл. Растения с длинными или короткими ползучими корневищами..........4.

3. Обоеполые колоски продолговато-яйцевидные 1.5–2.5(3) см дл., 0.7–1 см шир., на длинных, до 5 см, ножках, отклоненные, прямостоячие или, реже, поникающие. Тычиночных колосков 1–2(3)..7. **C. middendorffii**.

\+ Обоеполые колоски узкоцилиндрические, 2–4 см дл., около 0.5 см шир., на ножках до 0.5–1.5 см дл., прямостоячие. Тычиночный колосок 1...8. **C. leiogona**.

4. Нижние колоски на ножках 3–10 см дл., поникающие. Чешуи пестичных колосков без ости, часто в 1.5–2.5 раза длиннее мешочков..5.

\+ Нижние колоски на ножках (0.5)1–5 см дл. или почти сидячие, прямостоячие. Кроющие чешуи пестичных колосков с остью до 5 мм дл. или без ости, длиннее или короче мешочков...........................6.

5. Мешочки по краям гладкие...........5. **C. lyngbyei** subsp. **cryptocarpa**.

\+ Мешочки по краям с редкими шипиками..............6. **C. prionocarpa**.

6. Чешуи пестичных колосков с остью до 5 мм дл. (очень редко без ости), ланцетные, длиннее мешочков. Мешочки резко суженные в короткий носик. Нижние колоски пестичные или обоеполые, на ножках 0.5–5 см дл.; верхний и б. ч. также и нижний тычиночный колосок, а иногда и средний на тонких ножках 0.8–2 см дл. Нижний кроющий лист с плоской пластинкой. Плод сбоку с глубокой узкой выемкой...7.

\+ Чешуи пестичных колосков без ости, туповатые или, иногда, с очень коротким шипиком, яйцевидные, обычно короче мешочков. Мешочки постепенно суженные в носик. Все боковые колоски почти сидячие. Нижний кроющий лист с желобчатой пластинкой, обхватывающей колосок. Плод без выемки...........................4. **C. subspathacea**.....8.

7. Тычиночные колоски в числе 3, реже 2 или 1, 2.5—3(3.5) см дл., остальные 3—4 колоска — пестичные или, чаще, обоеполые (наверху с тычиночными цветками), (2)4—6(7) см дл.; ножка нижнего колоска (0.5)1—5 см дл. Мешочки эллиптические, нередко пурпурноточечные, не буреющие, с узким, 0.2—0.25 мм, носиком. Растение 30—60 см выс.; листовые пластинки 3—6 мм шир. ....2. **C. recta**.

\+ Тычиночные колоски в числе 1—2, 1—1.5(2) см дл., остальные 2—3 колоска — б. ч. пестичные, 1—2 см дл.; ножка нижнего колоска 0.5—3 см дл. Мешочки б. ч. яйцевидные, с более широким, около 0.5 мм, носиком. Растение 10—30 см выс.; листовые пластинки 2—3 мм шир. ....3. **C. salina**.

8. Соцветие 6—10 см дл.; тычиночных колосков 2; пестичные колоски 1.5—2.5 см дл., многоцветковые. Мешочки эллиптические, широкоэллиптические или яйцевидные, 3—4 мм дл. Растение 25—40(50) см выс. ....4a. **C. subspathacea** subsp. **ramenskii**.

\+ Соцветие 3—4(5—7) см дл.; тычиночных колосков 1(2); пестичные колоски 0.7—1.2 см дл., из 5—15(20) цветков. Мешочки яйцевидные, продолговато-яйцевидные или эллиптические, (2.7)3—3.5(4) мм дл. Растение 3—15(20) см выс. ....4b. **C. subspathacea** subsp. **subspathacea**.

1. Female glumes with long, (5)8—15 mm, awn 2.5—5 times exceeding utricles. Utricles generally elliptical, 2.8—3(3.5) mm long. Female spikes 2—4 cm long, long-pedunculate, usually pendent..........................1. **C. paleacea**.

\+ Female glumes awnless or with awn up to 5 mm long. Female (or bisexual, androgynous) spikes with long or short peduncles, erect or more or less pendent..........................2.

2. Stems are surrounded at base by light brown or brownish-yellow (very rarely reddish) leaf sheaths. Lower 1—2(3) spikes almost always bisexual, in upper part with male flowers taking 1/4—1/2 of spike (owing to that it is narrower in upper part), in lower part with female flowers. Female glumes shorter than utricles. Utricles (3.5)4—5(5.5) mm long. Plants with abbreviated not creeping rhizomes..........................3.

\+ Stems are surrounded at base by reddish-brown, reddish-purple or dark brown leaf sheaths. Lower 1—4 spikes female or bisexual (in the latter case, either they with few indistinct male flowers, or uppermost of them with well distinct male part). Female glumes longer or shorter than utricles. Utricles 2.7—3.5(4) mm long. Plants with long or short creeping rhizomes..........................4.

3. Bisexual spikes oblong-ovate, 1.5—2.5(3) cm long, 0.7—1 cm in diam., with long, up to 5 cm, peduncles, patent, erect or, more rarely, pendent. Male spikes 1—2(3)..........................7. **C. middendorffii**.

\+ Bisexual spikes narrow-cylindrical, 2—4 cm long, about 0.5 cm in diam., with peduncles up to 0.5—1.5 cm long, erect. Male spike 1..........................8. **C. leiogona**.

4. Lower spikes with peduncles 3—10 cm long, pendent. Female glumes awnless, frequently 1.5—2.5 times longer than utricles..........................5.

\+ Lower spikes with peduncles (0.5)1—5 cm long or subsessile, erect. Female glumes with awn up to 5 mm long or awnless, longer or shorter than utricles..........................6.

5. Utricles with smooth margins..........................5. **C. lyngbyei** subsp. **cryptocarpa**.

\+ Utricles with sparse small prickles on margins..........................6. **C. prionocarpa**.

6. Female glumes with awn up to 5 mm long (very rarely awnless), lanceolate, longer than utricles. Utricles abruptly narrowed into a short beak. Lower spikes female or bisexual, with peduncles 0.5—5 cm long; upper and generally lower male spike, and sometimes also middle one with thin peduncles 0.8—2 cm long. Lowest leaf-like bract with a flat blade. Fruit with a deep narrow lateral excision..........................7.

+ Female glumes awnless, obtusish or, sometimes, with very short prickle, ovate, usually shorter than utricles. Utricles gradually narrowed into a beak. All lateral spikes subsessile. Lowest leaf-like bract with a canaliculate blade enveloping spike. Fruit without an excision ....4. **C. subspathacea**.....8.

7. Male spikes 3, more rarely 2 or 1, 2.5–3(3.5) cm long, the others 3–4 female or, more often, bisexual (with male flowers in upper part), (2)4–6(7) cm long; peduncle of lowest spike (0.5)1–5 cm long. Utricles elliptical, rather often purple-punctate, not turning brown, with a narrow, 0.2–0.25 mm, beak. Plants 30–60 cm high; leaf blades 3–6 mm wide.. 2. **C. recta**.

+ Male spikes 1–2, 1–1.5(2) cm long, the others 2–3 generally female, 1–2 cm long; peduncle of lowest spike 0.5–3 cm long. Utricles generally ovate, with broader, about 0.5 mm, beak. Plants 10–30 cm high; leaf blades 2–3 mm wide.............3. **C. salina**.

8. Inflorescence 6–10 cm long; male spikes 2; female spikes 1.5–2.5 cm long, many-flowered. Utricles elliptical, broad-elliptical or ovate, 3–4 mm long. Plants 25–40(50) cm high...4a. **C. subspathacea** subsp. **ramenskii**.

+ Inflorescence 3–4(5–7) cm long; male spike 1(2); female spikes 0.7–1.2 cm long, of 5–15(20) flowers. Utricles ovate, oblong-ovate or elliptical, (2.7)3–3.5(4) mm long. Plants 3–15(20) cm high............................4b. **C. subspathacea** subsp. **subspathacea**.

1 (216). **C. paleacea** Wahlenb. 1803, Kungl. Sv. Vet.-Akad. Handl. ser. nov. 24 : 164; Кузенева, 1954, во Фл. Мурм. обл. 2 : 93. — *C. maritima* O. F. Muell. 1777, in Fl. Dan. **4**, 12 : 5, non Gunn. 1772. — *C. paralia* V. Krecz. 1935, во Фл. СССР, 3 : 237. — **О. чешуйчатая**.

Описан из Сев. Америки («Hab. in America boreali»); typus: UPS.

На приморских лугах, болотцах, песчаных отмелях. — **Европ. ч.**: Аркт. (Кольский залив: Корабельная бухта), Кар.-Мурм. (побережье Белого моря), Дв.-Печ. (Соловецкие о-ва, Онежская губа, дельта Сев. Двины). Общ. распр.: С. Европа, С. Америка (вост.). — 2n = 72, 73 (Faulkner, 1972). — Рис. 58, *1*.

Образует бесплодные помеси с *C. recta*.

Generates sterile crossbreds with *C. recta*.

2 (217). **C. recta** Boott, 1839, in Hook. Fl. Bor.-Amer. 2 : 220, tab. 222; Кузенева, 1954, во Фл. Мурм. обл. 2 : 92; Hult. 1958, Amphi-Atl. Pl. : 282, map 264; Егор. 1976, во Фл. Европ. ч. СССР, 2 : 197. — *C. halophila* F. Nyl. 1844, Spicil. Pl. Fenn. 2 : 21; Chater, 1980, in Fl. Europ. 5 : 319; Toivonen, 1984, in Retkeilykasvio : 469. — *C. kattegatensis* auct. non. Fries ex Lindm.: В. Креч. 1935, во Фл. СССР, 3 : 236. — **О. прямая**.

Описан из Сев. Америки; typus: «Labrador, from Herb. Hooker» (K!, photo LE!).

На приморских песках и болотах — **Европ. ч.**: Аркт. (Кольский п-ов: побережье Кольского залива, Иоканга; п-ов Канин: Чешская губа — р. Вижас), Кар.-Мурм. и Дв.-Печ. (побережье Белого моря). Общ. распр.: С. (Швеция, Норвегия, Финляндия) и Атл. (Шотландия и Фарерские о-ва) Европа; С. Америка (вост.). — 2n = 86 (Löve, Löve, 1975). — Рис. 58, *2*.

О. И. Кузенева (l. c.) впервые отнесла к *C. recta* растения с севера Европейской части СССР (побережья Баренцева и Белого морей), которые В. И. Кречетовичем (l. c.) были приведены под названием *C. kattegatensis* Fries. Изучение типового и других американских образцов *C. recta* убедило меня в том, что наши растения вполне им идентичны. В С.-Петербурге (LE) имеются также образцы *C. recta* из Норвегии, Швеции и Фарерских о-вов (Егорова, l. c.). Чейтер (Chater, l. c.) указывает *C. recta* только для Англии и под знаком вопроса для

Рис. 58.

1 — *Carex paleacea* Wahlenb., соцветие, *1a* — мешочек; *2* — *C. recta* Boott, соцветие, *2a* — мешочек; *3* — *C. salina* Wahlenb., соцветие, *3a* — мешочек; *4* — *C. subspathacea* Wormsk. ex Hornem. subsp. *subspathacea*, общий вид растения, *4a* — мешочек.

Fig. 58.

1 — *Carex paleacea* Wahlenb., inflorescence, *1a* — utricle; *2* — *C. recta* Boott, inflorescence, *2a* — utricle; *3* — *C. salina* Wahlenb., inflorescence, *3a* — utricle; *4* — *C. subspathacea* Wormsk. ex Hornem. subsp. *subspathacea*, the whole plant, *4a* — utricle.

Норвегии и Фарерских о-вов. *C. kattegatensis* он синонимизирует с *C. vacillans* Drej., приводимой им для Норвегии и Швеции. Я не видела типа *C. vacillans*, но, судя по описанию, этот вид очень близок к *C. recta*. Чейтер считает *C. vacillans* вероятным гибридом между *C. paleacea* и *C. nigra*. Для Фенноскандии и севера европейской России Чейтер, так же как и Хиландер (Hylander, 1966), указывает *C. halophila* F. Nyl., l. c. В протологе этого вида отмечено, что он обитает на побережье Белого моря и Кольском п-ове. Из трех синтипов *C. halophila*, хранящихся в LE!, два («Suma, juxta mare album, Juli 1843, F.N.; ad sinum Kolaënsis, 1843, F.N.») совершенно тождественны *C. recta*, а у третьего, выбранного В. И. Кречетовичем (in sched.) в качестве лектотипа («Suma, mare alb. Jul. 1843, F.N.»), мешочки по форме носика походят на мешочки *C. aquatilis*, но поверхность их покрыта мельчайшими ворсинковидными папиллами (характерный признак *C. recta*!); первый и третий образцы полностью стерильны, второй частично фертилен (Егорова, 1976, l. c.). Я считаю *C. halophila* синонимом *C. recta*. Последний является амфиатлантическим видом, подобно двум другим представителям этой секции: *C. paleacea* и *C. salina*.

По данным Фолкнера (Faulkner, 1972, 1973), *C. recta* — гибридогенный вид, возникший в результате гибридизации *C. paleacea* и *C. aquatilis*.

Образует стерильные помеси с *C. paleacea*.

Kuzeneva (Кузенева, l. c.) for the first time related to *C. recta* plants from northern European part of the USSR (coasts of Barents and White Seas) which had been cited by Kreczetowicz (Кречетович, l. c.) under the name *C. kattegatensis* Fries. Examining the type and other American specimens of *C. recta* had convinced me that our plants are quite identical to them. There are specimens of *C. recta* from Norway, Sweden and Faeroes in Saint-Petersburg (LE) also (Егорова, l. c.). Chater (l. c.) cites *C. recta* only for England and, with question-mark, for Norway and Faeroes. He synonymizes *C. kattegatensis* with *C. vacillans* Drej., the latter being cited by him for Norway and Sweden. I have not seen the type of *C. vacillans*, but, judging by the description, this species is very close to *C. recta*. Chater considers *C. vacillans* as probable hybrid between *C. paleacea* and *C. nigra*. For Fennoskandia and northern European Russia, Chater, as well as Hylander (1966), cite *C. halophila* F. Nyl., l. c. It is pointed out in the protologue of this species, that it grows at the coast of White Sea and in Kola Peninsula. Among three syntypes of *C. halophila* kept in LE!, two («Suma, juxta mare album, Juli 1843, F.N.; ad sinum Kolaënsis, 1843, F.N.») are perfectly identical to *C. recta*, and the third, been chosen by Kreczetowicz (in sched.) as lectotype («Suma, mare alb. Jul. 1843, F.N.»), has utricles similar by shape of beak with utricles of *C. aquatilis*, but covered over surface by minute fibre-like papillae (a typical character of *C. recta*!); the first and the third specimens are completely sterile, the second being partly fertile (Егорова, 1976, l. c.). I consider *C. halophila* as a synonym of *C. recta*. The latter is Amphi-Atlantic species, like two other representatives of this section, *C. paleacea* and *C. salina*.

According to data by Faulkner (1972, 1973) *C. recta* is a hybridogenous species originated as a result of hybridization of *C. paleacea* and *C. aquatilis*.

Generates sterile crossbreds with *C. paleacea*.

3 (218). **C. salina** Wahlenb. 1803, Kungl. Sv. Vet.-Akad. Handl. ser. nov. 24 : 165; Kük. 1909, in Engl. Pflanzenr. 38 : 361, p. p.; Егор. 1966, в Аркт. фл. СССР, 3 : 118; Hyl. 1966, Nord. Kärlväxtfl. 2 : 105; Chater, 1980, in Fl. Europ. 5 : 320. — *C. cuspidata* Wahlenb. 1803, l. c. : 164, non Host, 1801. — *C. discolor* F. Nyl. 1846, Spicil. Pl. Fenn. 3 : 12; В. Креч. 1935, во Фл. СССР, 3 : 236, p. p. — ? *C. lanceata* Dew. 1836, Amer. Journ. Sci. 29 : 249; Кузенева, 1954, во Фл. Мурм. обл. 2 : 90. — *C. trinervis* auct. non Degl. : Перфильев, 1934, Фл. Сев. края, 1 : 116. — **О. солелюбивая.**

Описан из сев. Норвегии (восточнее г. Тромсё); t y p u s: «Norska Nordland wid Lyngen, Juli 1800» (UPS!, photo LE!).

На песчаных и иловатых отмелях морских побережий и приморских низкотравных лугах. — **Европ. ч.**: Аркт. (Кольский п-ов от низовьев Колы до Поноя),

Кар.-Мурм. (побережье Белого моря), Дв.-Печ. (побережье Белого моря: о-в Парусный, Никольское устье Сев. Двины и пос. Ручьи). Общ. распр.: С. (Исландия, ? Фарерские о-ва, Норвегия); С. Америка (вост.). — 2n = 84 (Löve, Löve, 1956). — Рис. 58, *3*.

C. discolor F. Nyl., l. c., описанная с Кольского п-ова, из окр. Иоканги и Кандалакши (lectotypus: «Lappon. Ross. bor. orient. Jokonga. Aug. Leg. Dr. Fr. Nylander» — LE! cum isolectotypo — Егорова, h. l.), как показало изучение типового материала, идентична *C. salina*.

C. salina — очень редкое растение, занимающее по своим признакам промежуточное положение между *C. recta* и *C. subspathacea* и встречающееся только в районах совместного произрастания этих видов. От последнего вида *C. salina* отличается более длинными пестичными колосками, которых б. ч. 3, а не 2, и все они обычно на ножках (у *C. subspathacea* ножка только у нижнего пестичного колоска). Кроме того, чешуи пестичных колосков у *C. salina* б. м. остистые, а мешочки резко сужены в короткий носик (у *C. subspathacea* чешуи туповатые, реже островатые, иногда с очень коротким шипиком на верхушке, а мешочки постепенно, без изгиба сужены в носик). Растения *C. salina* крупнее, чем *C. subspathacea*. Признаки, по которым различаются *C. salina* и *C. recta*, даны в ключе. Заметим, что, по мнению Чейтера (Chater, l. c.), *C. salina* является морфологически промежуточной между *C. subspathacea* и *C. paleacea*. Резкой границы между *C. recta*, *C. salina* и *C. subspathacea* не существует, и некоторые растения из этой группы видов не поддаются идентификации.

C. discolor F. Nyl., l. c. described from Kola Peninsula, from vicinities of Iokanga and Kandalaksha (lectotypus: «Lappon. Ross. bor. orient. Iokonga. Aug. Leg. Dr. Fr. Nylander» — LE!, cum isolectotypo — Egorova, h. l.), as examining the type material has shown, is identical to *C. salina*.

C. salina is a very rare plant, by its characters taking an intermediate position between *C. recta* and *C. subspathacea*, and growing only in regions of joint occurrence of these species. *C. salina* differs from the latter species inhaving longer female spikes, they generally being 3, instead of 2, all usually pedunculate (in *C. subspathacea* only the lowest female spike pedunuclate). In addition, *C. salina* has more or less awned female glumes, and utricles abruptly narrowed into a short beak (*C. subspathacea* has obtusish, more rarely acutish female glumes, sometimes with very short prickle at apex, and utricles gradually, without curve, narrowed into a beak). Plants of *C. salina* larger, than those of *C. subspathacea*. Distinctive characters of *C. salina* and *C. recta* are placed in the key. To note, in opinion of Chater (l. c.), *C. salina* is intermediate by morphology between *C. subspathacea* and *C. paleacea*. There is no sharp boundary between *C. recta*, C. salina and *C. subspathacea*, some plants of this group of species being impossible to be identified.

4 (219). **C. subspathacea** Wormsk. ex Hornem. 1816, Fl. Dan. 26 : 6, tab. 1530; В. Креч. 1935, во Фл. СССР, 3 : 235; Егор. 1966, в Аркт. фл. СССР, 3 : 119. — Exs.: H.F. URSS № 6068. — **О. обертковидная**.

Описан из Гренландии («In littore arenoso ad Nigestlek sinus Qvanneisck Grenlandiae»); typus: C.

a) subsp. **ramenskii** (Kom.) Egor. 1990, Бот. журн. **75**, 6 : 864. — *C. ramenskii* Kom. 1914, Feddes Repert. 13 : 164; В. Креч. 1935, во Фл. СССР, 3 : 235; Hult. 1962, Kungl. Sv. Vet.-Akad. Handl. ser. 4, **8**, 5 : 94 (Circump. Pl. 1); id. 1968, Fl. Al. 252; Егор. 1981, в Опред. раст. Камч. обл. : 327; Ворош. 1982, Опред. раст. сов. Дальн. Вост. : 119; А. Е. Кожевников, 1988, в Сосуд. раст. сов. Дальн. Вост. 3 : 360. — *C. salina* subsp. *ramenskii* (Kom.) Egor. 1982, Новости сист. высш. раст. 22 : 54. — **О. Раменского**.

Описан с п-ова Камчатка; typus: «Камчатка, болото у устья р. Авачи, у Авачинского залива, 28 VIII 1908, Л. Г. Раменский» (LE! isotypus MW!).

На приморских болотцах и сырых лужайках. — **Дальн. Вост.**: Камч. (п-ов Камчатка: центр — пос. Оссора и юг — Авачинский залив), Охот., Сах. (юг), ? Курил. Общ. распр.: В. Азия (о-в Хоккайдо: Немуро); С. Америка (Алеутские о-ва и южн. побережье Аляски). — 2n = ?

Распространение подвида в Сев. Америке указано по данным Гультена (Hultén, l. c.).

Distribution of the subspecies in North America is cited according to data by Hultén (l. c.).

b) subsp. **subspathacea**.

На приморских солончаковых низкотравных лугах и приустьевых лайдах (часто в полосе морских приливов), а также в равнинной тундре по низким берегам озер, соединяющихся во время больших приливов с морем; нередко образует большие заросли. — **Европ. ч.**: Аркт., Кар.-Мурм. и Дв.-Печ. (побережья и острова Белого моря); **Зап. Сиб.**: Аркт. (п-ов Ямал, о-ва Белый и Шокальского); **Вост. Сиб.**: Аркт. (Енисейский залив, низовья Оленека, залив Борхая, о-в Б. Ляховский); **Дальн. Вост.**: Аркт., Камч. (запад п-ова Камчатка и о-в Карагинский), Ком. (о-в Беринга), Сах. Общ. распр.: С. Европа (Исландия, Норвегия, Шпицберген); В. Азия (о-в Хоккайдо); С. Америка. — 2n = 80 (Жукова, Петровский, 1980). — Рис. 58, *4*.

Иногда за subsp. *subspathacea* принимают низкорослые экземпляры *C. aquatilis* subsp. *stans*. От последнего подвида subsp. *subspathacea* можно отличить по таким признакам, как наличие короткого шипика у чешуй тычиночных (обычно) и пестичных (иногда) колосков и ножки 0.5—1.5 см дл. у нижнего пестичного колоска (у subsp. *stans* чешуи без шипика на верхушке, а ножка у нижнего пестичного колоска не более 0.5 см дл.).

Гибридизирует с *C. aquatilis* subsp. *stans*.

There are dwarf specimens of *C. aquatilis* subsp. *stans* sometimes being taken for subsp. *subspathacea*. Subsp. *subspathacea* can be distinguished from the former subspecies by such characters, as the presence of short prickle in glumes of male (usually) and female (sometimes) spikes and peduncle of lowest female spike 0.5—1.5 cm long (subsp. *stans* has glumes without prickle at apex and peduncle of lowest female spike not longer than 0.5 cm).

Hybridizes with *C. aquatilis* subsp. *stans*.

5 (220). **C. lyngbyei** Hornem. 1827, Fl. Dan. 32 : 6.

Описан с Фарерских о-вов; typus: «Faroë, 1817, leg, Lyngbye» (C!, photo LE!).

subsp. **lyngbyei**.

Встречается на Фарерских о-вах, в Исландии и южн. Гренландии.

subsp. **cryptocarpa** (C. A. Mey.) Hult. 1927, Fl. Kamtch. 1 : 188. — *C. cryptocarpa* C. A. Mey. 1831, Mém. Sav. Étr. Pétersb. 1 : 226, tab. 14; В. Креч. 1935, во Фл. СССР, 3 : 239; Егор. 1966, в Аркт. фл. СССР, 3 : 117, p. p.; Y. L. Chang et Y. L. Yang, 1976, in Fl. Chin. Bor.-Or. 11 : 156; А. Е. Кожевников, 1988, в Сосуд. раст. сов. Дальн. Вост. 3 : 356. — *C. salina* var. *robusta* L. H. Bailey, 1893, Bull. Torrey Bot. Club, 20 : 428. — *C. riabushinskii* Kom. 1914, Feddes Repert. 13 : 163. — *C. pedunculifera* Kom. 1914, l. c. : 163. — *C. lyngbyei* var. *robusta* (L. H. Bailey) Cronq. 1977, Univ. Wash. Publ. Biol. **17**, 1 : 287. — *C. lyngbyei* subsp. *phenocarpa* Akiyama, 1933, Bot. Mag. Tokyo, 47 : 69. — *C. lyngbyei* auct. non Hornem. s. str.: Kük. 1909, in Engl. Pflanzenr. 38 : 363, p. p.; Ohwi, 1965, Fl. Jap. : 229; Ворош. 1982, Опред. раст. сов. Дальн. Вост.: 117, p. p., excl. var. *prionocarpa*. — **О. скрытоплодная**.

Описан с Алеутских о-вов (о-в Уналашка) и п-ова Камчатка; lectotypus: «Unalaschka, Eschscholz» (LE! cum isotypis 3) — Егорова (h. l.).

На сырых и болотистых местах по морским побережьям (иногда в полосе приливов) и в приморских тундрах; встречаются также и в районах, б. м. значительно удаленных от моря, где растет по берегам зарастающих водоемов, мелководьям, илистым отмелям, болотистым пойменным лугам, окраинам сфагновых болот; часто образует заросли. — **Дальн. Вост.**: все районы, преимущественно в приморской полосе (в Аркт. восток Чукотского п-ова, басс. рр. Канчалан и Анадырь, пос. Беринговский, Корякия; в Зее-Бур. басс. р. Тырмы — притока Буреи). Общ. распр.: В. Азия (Сев.-Вост. Китай; Япония: о-ва Хоккайдо и Хонсю); С. Америка (зап.: от арктической Аляски до Калифорнии). — 2n = 76 (Юрцев, Жукова, 1978; Жукова, 1980, 1982).

В протологе *C. cryptocarpa* указано «Habitat in Unalaschka et Kamtschatka». Лектотипом вида целесообразно считать образец с о-ва Уналашка, обозначенный как *C. cryptocarpa* самим К. А. Мейером и изображенный при первоописании вида. В. И. Кречетовичем в гербарии (LE) этот образец помечен как голотип.

C. cryptocarpa рассматривается или как самостоятельный вид (Кречетович, l. с.; Егорова, 1966, l. с., 1981б; Chang, Yang, l. с.; Кожевников, l. с.), или как подвид или разновидность *C. lyngbyei* (Hultén, 1927, 1942, 1958; Cronquist, l. с.), либо отождествляется с последней (Kükenthal, l. с.; Mackenzie, 1935; Ohwi, 1965; Hultén, 1968; Ворошилов, l. с.).

По мнению авторов, признающих *C. cryptocarpa* в качестве какой-либо таксономической единицы, ее ареал охватывает тихоокеанское побережье Азии и Сев. Америки. Атлантическое побережье Сев. Америки (Лабрадор, Гаспе, о-в Антикости), южн. Гренландия, Фарерские о-ва и Исландия считаются областью распространения *C. lyngbyei* s. str. Заметим, однако, что, согласно недавним исследованиям (Cayouette, 1987), *C. lyngbyei* s. str. на востоке Сев. Америки не встречается.

C. lyngbyei описана с Фарерских о-вов. У изученного мною типового экземпляра этого вида (см. выше) кроющие чешуи, расположенные в нижней половине пестичных колосков, имеют ость 1.5—4 мм дл. Частое присутствие ости у чешуй пестичных колосков *C. lyngbyei* отмечает Чейтер (Chater, 1980). У *C. cryptocarpa* чешуи всегда без ости. Плоды *C. lyngbyei*, как указывает Кронквист (Cronquist, l. с.), всегда имеют сбоку глубокую щелевидную выемку. У *C. cryptocarpa* этот признак наблюдается очень редко. (Типовой образец *C. lyngbyei* не содержит развитых плодов). Я считаю, что *C. cryptocarpa* не идентична *C. lyngbyei* и представляет собой подвид последней.

C. lyngbyei subsp. *cryptocarpa* варьирует по форме и длине чешуй пестичных колосков (они ланцетные или продолговато-яйцевидные, реже яйцевидные, значительно, в 1.5—2.5 раза, превышают длину мешочков или, нередко, немного длиннее их, иногда равные им), а также по размерам пестичных колосков и длине их ножки. *C. riabushinskii* Kom., l. с. и *C. pedunculifera* Kom., l. с., описанные с Камчатки, представляют собой формы индивидуальной изменчивости *C. cryptocarpa*, встречающиеся по всему ее ареалу (Егорова, 1966а).

It is mentioned in the protologue of *C. cryptocarpa*: «Habitat in Unalaschka et Kamtschatka». It is reasonable to consider as the lectotype of the species, the specimen from Unalaska island designated as *C. cryptocarpa* by C. A. Meyer himself and pictured in the original description of the species. Kreczetowicz has labelled this specimen in herbarium (LE) as the holotypus.

C. cryptocarpa is either considered as a separate species (Кречетович, l. с.; Егорова, 1966, l. с., 1981б; Chang, Yang, l. с.; Кожевников, l. с.) or as the subspecies or variety of *C. lyngbyei*

(Hultén, 1927, 1942, 1958; Cronquist, l. c.) or is equated with the latter (Kükenthal, l. c.; Mackenzie, 1935; Ohwi, 1965; Hultén, 1968; Ворошилов, l. c.).

In opinion of authors accepting *C. cryptocarpa* as any taxonomic unit, its range covers the Pacific coast of Asia and North America. The Atlantic coast of North America (Labrador, Gaspe Peninsula, Anticosti Island), southern Greenland, Faeroes and Iceland are considered as an range of *C. lyngbyei* s. str. It should be noted, however, that, according to recent researches (Cayouette, 1987), *C. lyngbyei* s. str. does not occur in eastern North America.

C. lyngbyei is described from Faeroes. The type specimen of this species (see above) examined by me, has glumes in the lower half of female spikes with awn 1.5–4 mm long. Frequent presence of awn in female glumes of *C. lyngbyei* is pointed out by Chater (1980). *C. cryptocarpa* always has awnless female glumes. Fruits of *C. lyngbyei*, according to Cronquist (l. c.), always have deep lateral slit-like excision. *C. cryptocarpa* demonstrates this character very rarely. (The type specimen of *C. lyngbyei* does not contain developed fruits). I believe, that *C. cryptocarpa* is not identical to *C. lyngbyei*, being a subspecies of the latter.

C. lyngbyei subsp. *cryptocarpa* varies by shape and length of female glumes (they being lanceolate or oblong-ovate, more rarely ovate, considerably, 1.5–2.5 times, longer than utricles or, rather often, a little longer, sometimes equal to them), as well as by size of female spikes and length of their peduncles. *C. riabushinskii* Kom., l. c. and *C. pedunculifera* Kom., l. c. described from Kamchatka, represent forms of individual variability of *C. cryptocarpa*, occurring all over its range (Егорова, 1966a).

6 (221). **C. prionocarpa** Franch. 1895, Bull. Soc. Philom. Paris, sér. 8, 7 : 87; id. 1896, Nouv. Arch. Mus. Paris, sér. 3, 8 : 128, tab. 8, fig. 1; В. Креч. 1935, во Фл. СССР, 3 : 240; А. Е. Кожевников, 1988, в Сосуд. раст. сов. Дальн. Вост. 3 : 356. — *C. lyngbyei* var. *prionocarpa* (Franch.) Kük. 1909, in Engl. Pflanzenr. 38 : 364; Ворош. 1982, Опред. раст. сов. Дальн. Вост. : 117. — **О. пильчатоплодная**.

Описан из Японии (о-в Хоккайдо); typus: «Tourbières dans les forêts de Nemuro, 8 VI 1890, № 5568, Faurie» (P!, photo LE!).

На приморских лугах. — **Дальн. Вост.**: Сах., Курил. (юг). Общ. распр.: В. Азия (Япония). — 2n = ?

В. И. Кречетовичем (l. c.) *C. prionocarpa* была приведена только для сев. Сахалина и притом по данным японских авторов (Miyabe, Kudo, 1930–1931). В Москве (MHA!) имеются сборы этого вида с южн. Сахалина и южн. Курил. Вид очень близок к *C. lyngbyei* subsp. *cryptocarpa*, от которого отличается наличием редких шипиков по краям мешочков. Ови (Ohwi, 1965) отнес *C. prionocarpa* в синонимы к *C. lyngbyei*. Вид нуждается в дальнейшем изучении.

Kreczetowicz (Кречетович, l. c.) mentioned *C. prionocarpa* only for northern Sakhalin, it being cited after Japanese authors (Miyabe, Kudo, 1930–1931). In Moscow (MHA!), there are collections of this species from southern Sakhalin and southern Kurils. It is very close to *C. lyngbyei* subsp. *cryptocarpa*, differing from it by sparse small prickles on margins of utricles. Ohwi (1965) has put *C. prionocarpa* into synonymy of *C. lyngbyei*. The species needs further investigation.

7 (222). **C. middendorffii** Fr. Schmidt, 1868, Mém. Acad. Sci. Pétersb. sér. 7, **12**, 2 : 70, tab. 7, fig. 1–5 (Reisen im Amur-Lande...); Kük. 1909, in Engl. Pflanzenr. 38 : 364; В. Креч. 1935, во Фл. СССР, 3 : 238. — *C. middendorffiana* Meinsh. 1901, Тр. Петерб. бот. сада, **18**, 3 : 344. — Exs.: H.F. URSS №№ 5669, 5669a. — **О. Миддендорфа**.

Описан с российского Дальнего Востока; lectotypus: басс. Амгуни «Flora Amur ad fontes Burejae et Amgun fluv., по р. Немилену, притоку Амгуни, 18 VI 1862, Fr. Schmidt» (LE!) — Егорова (h. l.).

На осоково-моховых, часто сфагновых болотах, заболоченных берегах озер; б. ч. вблизи морских побережий; нередко. — **Дальн. Вост.**: все районы, кроме Аркт. Общ. распр.: В. Азия (Сев.-Вост. Китай; о-ва Хоккайдо и Хонсю). — 2n = ?

8 (223). **C. leiogona** Franch. 1895, Bull. Soc. Philom. Paris, sér. 8, 7 : 88; Kük. 1909, in Engl. Pflanzenr. 38 : 340; Егор. 1987, Осоки СССР : 21 (Автореф. дис. ... д-ра биол. наук); А. Е. Кожевников, 1988, в Сосуд. раст. сов. Дальн. Вост. 3 : 357. — *C. caulorrhiza* Lévl. et Vaniot, VII 1902, Bull. Acad. Intern. Géogr. Bot. (Le Mans), 11, 152 : 179. — *C. semiplena* Kük. XII 1902, Bull. Herb. Boiss. sér. 2, **2**, 12 : 1018; id. 1909, l. c. : 339, fig. 52; В. Креч. 1935, во Фл. СССР, 3 : 214; Ворош. 1985, во Флорист. иссл. СССР: 159. — *C. caulorrhiza* var. *kirigaminensis* Ohwi, 1931, Mem. Coll. Sci. Kyoto Univ. ser. B, **6**, 5: 241. — *C. middendorffii* var. *kirigaminensis* (Ohwi) Ohwi, 1935, Mem. Coll. Sci. Kyoto Univ. ser. B, **11**, 5 : 303; id. 1965, Fl. Jap. : 232. — **О. гладкоугольная**.

Описан из Японии; typus: о-в Хонсю, «m. Tsurugizan, № 13413, Faurie» (P).

На сфагновых болотах. — **Дальн. Вост.**: Сах. (сев.), Курил. Общ. распр.: В. Азия (Япония: о-ва Хоккайдо и Хонсю). — 2n = ?

В. И. Кречетовичем (l. c.) это растение под названием *C. semiplena* Kük., l. c. было отмечено для Сахалина на основании указаний японских (Miyabe, Kudo, 1930—1931) авторов. *C. semiplena* является номенклатурным синонимом *C. caulorrhiza* Lévl. et Vaniot, l. c., так как она основана на том же типе, что и *C. caulorrhiza* («Riishiri, 25 Jul. 1899, Faurie» — P!, изотипы LE!, ? B, ? G). *C. caulorrhiza*, *C. semiplena* и приоритетную по отношению к ним *C. leiogona* Ови (Ohwi, 1936, 1965, l. c.) синонимизировал с *C. middendorffii* var. *kirigaminensis* (Ohwi), Ohwi, l. c. Я не видела образцов *C. leiogona* с территории российского Дальнего Востока и привожу этот вид для Сахалина по данным Ови (Ohwi, 1936, l. c.) и А. Е. Кожевникова (l. c.), а для Курил — по данным Ови и В. Н. Ворошилова (l. c.).

Kreczetowicz (Кречетович, l. c.) cited this plant under the name *C. semiplena* Kük., l. c. for Sakhalin basing on data of Japanese authors (Miyabe, Kudo, 1930—1931). *C. semiplena* is a nomenclatural synonym of *C. caulorrhiza* Lévl. et Vaniot, l. c., as being based on the same type as the latter («Riishiri, 25 Jul. 1899, Faurie» — P!, isotypes LE!, ? B, ? G). *C. caulorrhiza*, *C. semiplena* and the priority *C. leiogona* were synonymized by Ohwi (1936, 1965, l. c.) with *C. middendorffii* var. *kirigaminensis* (Ohwi) Ohwi, l. c. I have not seen any specimens of *C. leiogona* from the territory of Russian Far East and cite this species for Sakhalin after Ohwi (1936, l. c.) and Kozhevnikov (А. Е. Кожевников, l. c.), for Kurils after Ohwi and Woroshilov (Ворошилов, l. c.).

Sectio 38. Phacocystis Dumort. 1827, Fl. Belg. : 146, p. p.; Chater, 1980, in Fl. Europ. 5 : 319, p. p. — *Vignea* C. *Leimonastes* Reichenb. 1842, Fl. Saxon. : 45. — *Carex* sect. *Carex proper* subsect. *Acutae* Carey, 1848, in A. Gray, Man. Bot. : 546, p. max. p. — Sect. *Acutae* (Carey) Christ, 1885, Bull. Soc. Bot. Belg. **24**, 2 : 16, p. max. p. — Sect. *Microrhynchae* Drej. ex L. H. Bailey, 1887, Proc. Amer. Acad. Arts Sci. 22 : 76, p. p. — Sect. *Leimonastes* (Reichenb.) Pax, 1888, in Engl. u. Prantl, Nat. Pflanzenfam. **2**, 2 : 124, p. p. («*Limnonastes*»); В. Креч. 1935, во Фл. СССР, 3 : 201, sine auct. comb. — Sect. *Caespitosae* Rouy, 1912, Fl. Fr. 13 : 496. — Sect. *Prolixae* Fries ex Rouy, l. c. : 498. — Sect. *Aquatiles* Fries ex Rouy, l. c. : 500. — Sect. *Rigidae* Fries ex Rouy, l. c. : 503. — Верхние 1—4 колоска тычиночные, остальные (1)2—5 пестичные или, нередко, андрогинные (на верхушке с тычиночными цветками), обычно многоцветковые, б. ч. узкоцилиндрические, почти сидячие, или нижние иногда на ножках до 3 см дл.; очень редко все колоски или только верхний гинекандрические. Нижний кроющий лист без влагалища, линейный, реже щетиновидный. Чешуи пестичных колосков с 1 жилкой, острые или тупые, редко с очень коротким остроконечием. Мешочки плоско-выпуклые, иногда двояковыпуклые и б. м. вздутые, тонкокожистые, с жилками или без них, с коротким цельным,

28 Заказ № 131

редко слабо выемчатым носиком. Рылец 2. Растения с ползучими корневищами или без них, часто образующие плотные дерновины, некоторые виды — кочки. — Lectotypus: C. *cespitosa* L. — Егорова (h. l.).

Около 80 видов, преимущественно в Европе, внетропических областях Азии и в Сев. Америке, 4 вида в южн. полушарии (Нов. Гвинея, Австралия, Тасмания, Нов. Зеландия и юг Южн. Америки (рис. 59). — Лит.: Sylvén, 1963; Holub, 1968; Faulkner, 1972, 1973; Standley, 1985, 1987a, 1987b.

Наиболее сложная для определения группа осок, что связано с высоким полиморфизмом ее видов и существованием многочисленных, частично фертильных помесей между ними. Надежно идентифицированы могут быть только образцы со зрелыми мешочками и хорошо выкопанными подземными органами.

Upper 1—4 spikes male, the others (1)2—5 female or, rather often, androgynous (with male flowers at apex), usually many-flowered, generally narrow-cylindrical, subsessile, or lower ones sometimes with peduncles up to 3 cm long; very rarely all spikes or only terminal gynaecandrous. Lowest bract sheathless, leaf-like, more rarely setaceous. Female glumes 1-veined, acute or obtuse, rarely with very short point. Utricles plano-convex, sometimes biconvex and more or less inflated, thin-coriaceous, veined or veinless, with a short entire, rarely slightly emarginate beak. Stigmas 2. Plants with or without creeping rhizomes, frequently forming dense tufts, some species forming tussocks. — Lectotypus: C. *cespitosa* L. — Egorova (Егорова, h. l.).

About 80 species, mainly in Europe, extratropical areas of Asia and in North America, 4 species in the southern hemisphere (New Guinea, Australia, Tasmania, New Zealand and southern South America (Fig. 59). — Ref.: Sylvén, 1963; Holub, 1968; Faulkner, 1972, 1973; Standley, 1985, 1987a, 1987b.

The most difficult for identification group of sedges, the fact being connected with high polymorhysm of its species and existing numerous, partly fertile hybrids between them. Reliably identified, can be only the specimens with mature utricles and well dug out subterranean organs.

1. Все колоски гинекандрические (иногда на верхушке с немногими тычиночными цветками), в числе 2—4, пучковидно сближенные, (1)1.5—2.5(3) см дл. Нижний кроющий лист равен соцветию или превышает его. Мешочки эллиптические, широкоэллиптические или округлые. Растение без ползучих корневищ........................ 22. **C. eleusinoides**.
\+ Верхние колоски тычиночные, нижние пестичные или, нередко, андрогинные (на верхушке с тычиночными цветками)............................. 2.
2. Мешочки с жилками...3.
\+ Мешочки без жилок..13.
3. Растения с ползучими корневищами, образующие рыхлые или б. м. плотные дерновины..4.
\+ Растения без ползучих корневищ, образующие кочки.......................9.
4. Мешочки двояковыпуклые, немного вздутые, эллиптические или обратнояйцевидные; носик на верхушке с бурым окаймлением; кроющие чешуи б. ч. ланцетные, обычно длиннее мешочков в 1.5 раза, реже немного длиннее или равные им, очень редко короче их. Растение крупное, 50—120 см выс. Соцветие 10—25(30) см дл.; тычиночных колосков 2—3; пестичные колоски в числе 3—4(5), (2.5)3—7(9) см дл. ....1. **C. acuta**.
\+ Мешочки плоско-выпуклые, не вздутые; кроющие чешуи продолговато-яйцевидные или яйцевидные, короче мешочков, реже б. м. равные им. Тычиночных колосков 1(2)...5.
5. Мешочки с утолщенными ребристыми жилками, с хорошо обособленной тонкой ножкой 0.3—0.5 мм дл. и бурым на верхушке носиком.

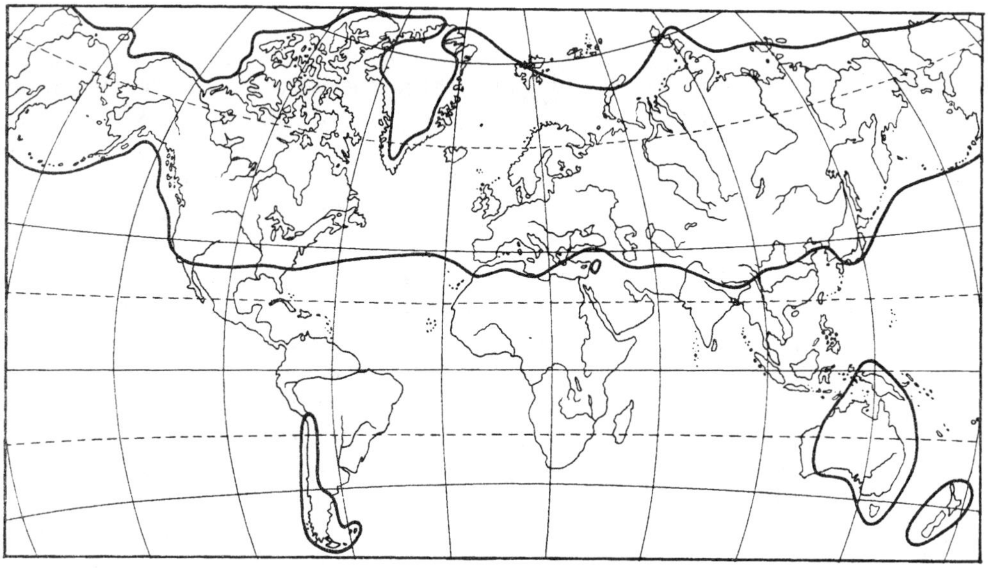

Рис. 59. Ареал секции *Phacocystis* Dumort.

Fig. 59. Range of the section *Phacocystis* Dumort.

Плод наполовину заполняет мешочек. Соцветие 2—2.5 см дл., из 3—4 тесно сближенных колосков. Растение Дальнего Востока..3. **C. hindsii**.

\+ Мешочки с тонкими жилками и более короткой ножкой или без ножки. Плод почти полностью заполняет мешочек. Соцветие более длинное, из расставленных колосков..6.

6. Тычиночный колосок 1. Нижний пестичный колосок обычно на ножке 1—3 см дл. Носик мешочков мозолисто утолщенный, беловатый, на верхушке буроватый. Растение Дальнего Востока..... 2. **C. thunbergii**.

\+ Тычиночных колосков 1—2. Нижний пестичный колосок обычно почти сидячий. Носик мешочков не утолщенный, не отличающийся по окраске от остальной части мешочка..7.

7. Растение с короткими утолщенными ползучими корневищами. Влагалища листьев, окружающие основания побегов, широкие, темно-коричневые. Волоски на корнях белые. Тычиночный колосок бледно-бурый, почти беловатый. Нижний кроющий лист б. ч. короче соцветия. Растение Вост. Сибири..........................6. **C. erawinensis**.

\+ Растения с длинными тонкими ползучими корневищами. Побеги окружены при основании бурыми, красновато- или желтовато-бурыми или черно-пурпурными влагалищами листьев. Волоски на корнях желтовато-бурые. Тычиночный колосок темно-коричневый. Нижний кроющий лист превышает соцветие, б. м. равен ему или короче его. Растения Европейской части, Кавказа и Зап. Сибири......................8.

8. Побеги окружены при основании бурыми, красновато- или желтовато-бурыми влагалищами листьев. Нижний кроющий лист превышает соцветие или б. м. равен ему. Мешочки яйцевидные, 2.5–3 мм дл., с папиллами, с б. ч. короткой, но хорошо заметной ножкой. Растение Европейской части и Зап. Сибири....................................4. **C. nigra**.
\+ Побеги окружены при основании б. ч. черно-пурпурными влагалищами листьев. Нижний кроющий лист короче соцветия. Мешочки широко-яйцевидные, реже эллиптические, 2.3–2.5 мм дл., без папилл и ножки. Растение Кавказа..5. **C. transcaucasica**.
9(3). Побеги окружены при основании светло(соломенно)-желтыми или желтовато-буроватыми широкими глянцевитыми чешуевидными влагалищами листьев. Нижний кроющий лист короче или немного длиннее своего колоска. Мешочки плоско-выпуклые. Тычиночных колосков 1–2, 3–6 см дл., пестичных – 2–3, 2–6 см дл. Растение 50–100 см выс. Корни с короткими серовато-беловатыми волосками........ ....11. **C. clata**.....10.
\+ Побеги окружены при основании красновато-бурыми, коричневато-желтыми, коричневыми, пурпурными или черно-пурпурными влагалищами листьев. Нижний кроющий лист длиннее или немного короче всего соцветия. Мешочки плоско- или двояковыпуклые. Корни с довольно длинными буровато-желтыми волосками..............................11.
10. Мешочки (2.5)3.5–4.5 мм дл., 2–2.2 мм шир., черновато-зеленые (по окраске походят на мешочки *C. acutiformis*), с 3–6 б. ч. хорошо выраженными жилками. Побеги окружены при основании желтовато-буроватыми влагалищами листьев................11a. **C. elata** subsp. **elata**.
\+ Мешочки (2.5)3–3.5 мм дл., 1.5–1.7(2) мм шир., желтовато-светло-зеленые, вверху иногда буроватые, с 1–3(6) б. ч. слабо выраженными жилками или без них. Побеги окружены при основании светло-желтыми влагалищами листьев.............11b. **C. elata** subsp. **omskiana**.
11. Чешуи пестичных колосков б. ч. ланцетные и обычно длиннее мешочков; мешочки двояковыпуклые, немного вздутые, носик на верхушке с бурым окаймлением.......................1. **C. acuta** (см. также ступень 4).
\+ Чешуи пестичных колосков продолговато-яйцевидные или яйцевидные, обычно короче мешочков; мешочки плоско-выпуклые, не вздутые, с носиком, не отличающимся по окраске от остальной части мешочка.... ....12.
12. Нижний кроющий лист 2–3 мм шир., равный соцветию или немного длиннее его. Соцветие 6–17(21) см дл. Тычиночные колоски в числе 1–2(3), (1)2–3(5) см дл., б. ч. светло-коричневые. Пестичные колоски в числе (2)3.1–5 см дл.; чешуи коричневые, реже почти черные, со светлой полоской вдоль средней жилки, реже сплошь темные. Мешочки б. ч. эллиптические, зрелые желтовато-зеленые. Плод менее чем на 2/3 заполняет мешочек. Пластинки листьев (2)2.7–3.5(4) мм шир. Побеги окружены при основании коричневыми, реже красновато-коричневыми влагалищами листьев..................7. **C. appendiculata**.
\+ Нижний кроющий лист 1–1.5 мм шир., короче соцветия. Соцветие 3.5–6(11) см дл. Тычиночные колоски в числе 1(2), 1.5–2.5(3) см дл., черно-бурые или коричневые. Пестичные колоски в числе 2(3),

1.5—2(2.5—3) см дл.; чешуи черно-бурые, сплошь темные, реже со светлой полоской вдоль средней жилки. Мешочки б. ч. яйцевидные, зрелые вверху черно-бурые. Плод почти полностью заполняет мешочек. Пластинки листьев 1—2(3) мм шир. Побеги окружены при основании пурпурными, черно-пурпурными или красновато-бурыми, реже коричневыми влагалищами листьев....................................8. **C. juncella**.

13(2). Растения с длинными или короткими ползучими корневищами, образующие рыхлые или плотные дерновины или, иногда, небольшие кочки....................................14.

\+ Растения без ползучих корневищ, образующие плотные дерновины или кочки....................................27.

14. Побеги окружены при основании широкими килеватыми красновато-коричневыми чешуевидными, сетчато расщепленными влагалищами листьев. Все колоски в соцветии б. м. сближенные; тычиночных колосков 1—3, 2.5—6 см дл.; пестичные колоски в числе 3—5, 4—10 см дл.; нижние на ножках, прямостоячие или отклоненные. Нижний кроющий лист короче соцветия или, иногда, равен ему. Чешуи пестичных колосков ланцетные, немного короче мешочков. Мешочки яйцевидные или обратнояйцевидные, желтовато-зеленые. Растение 45—100 см выс.; пластинки листьев 5—8(10) мм шир. ....12. **C. buekii**.

\+ Побеги окружены при основании б. ч. не килеватыми и не расщепленными сетчато влагалищами листьев (иногда килеватыми и сетчато расщепленными, но тогда пестичные колоски менее 4 см дл., а пластинки листьев 2—3 мм шир.). Нижний кроющий лист превышает соцветие, короче его или б. м. равен ему. Чешуи пестичных колосков яйцевидные или продолговато-яйцевидные....................................15.

15. Нижний кроющий лист короче своего колоска, немного его превышает или, иногда, равен всему соцветию, но второй снизу кроющий лист короче своего колоска или едва равен ему; при основании кроющих листьев имеются черные ушки. Тычиночный колосок 1; пестичные колоски в числе 2—3(4), 0.8—2.5(4) см дл. Носик мешочков на верхушке не утолщенный, легко разрывается вдоль препаровальной иглой. Растения 10—30(40) см выс.; стебли слабо шероховатые или, иногда, гладкие. Корни обычно с хорошо заметными густыми желтовато-беловатыми или серовато-белыми волосками....................................16.

\+ Нижний кроющий лист превышает соцветие или равен ему, второй снизу кроющий лист всегда превышает свой колосок, а нередко б. м. равен всему соцветию или превышает его; при основании кроющих листьев нет черных ушек. Тычиночных колосков 1—4; пестичные колоски в числе (2)3—5(6), (1)2—7(9) см дл. Носик мешочков на верхушке заметно мозолисто утолщенный, не разрывается вдоль препаровальной иглой. Растения 15—100 см выс.; стебли гладкие. Корни с очень короткими бурыми волосками, едва заметными под бинокуляром (без бинокуляра они кажутся голыми).................................... 25.

16. Мешочки сильно вздуто-двояковыпуклые, почти шаровидные, очень плотно расположенные, зрелые почти горизонтально отклоненные от оси колоска (в гербарии они обычно сплющенные в направлении своей вертикальной оси). Чешуи пестичных колосков светло-ржавые.

Тычиночный колосок бледно-бурый. Пластинки листьев 1.5—2.5 мм шир. Растение Дальнего Востока, с длинными тонкими ползучими корневищами...21. **C. tegulata.**

\+ Мешочки плоско-выпуклые, слабо двояковыпуклые и едва вздутые или сильно вздуто-двояковыпуклые, но тогда растение с короткими утолщенными ползучими корневищами, пластинками листьев 3—5(8) мм шир. и пурпурно-черными чешуями пестичных колосков....17.

17. Тычиночных колосков 1(2). Пестичные колоски рыхловатые или б. м. густые, на коротких ножках. Нижний кроющий лист немного длиннее своего колоска, но иногда равен соцветию. Мешочки плоско- или слабо двояковыпуклые, не вздутые, с очень коротким носиком или без него. Растения образуют рыхлые дерновины, причем почти каждый побег в дерновине имеет ползучее корневище (т. е. ясно выраженную горизонтальную подземную часть). Побеги окружены при основании красновато-, пурпурно- или желтовато-коричневыми, б. ч. глянцевитыми цельными влагалищами листьев....................16. **C. bigelowii**.....18.

\+ Тычиночный колосок 1. Пестичные колоски очень плотные, почти сидячие. Нижний кроющий лист короче, реже немного длиннее своего колоска, всегда короче соцветия. Мешочки сильно или немного вздуто-двояковыпуклые, с коротким носиком. Растения образуют плотные дерновины, причем ползучие корневища имеют лишь отдельные (б. ч. 1—2) побеги в дерновине. Побеги окружены при основании серовато-бурыми матовыми или пурпурно-черными глянцевитыми влагалищами листьев..22.

18. Тычиночный колосок обычно на ножке (0.3—0.5)1—2(2.5) см дл. Пестичные колоски рыхловатые, расставленные, в числе 2—4(5), (1)1.5—2.5(3) см дл., нижний часто на ножке 1—3 см дл. Чешуи пестичных колосков со светлой полоской вдоль средней жилки, очень редко сплошь темные (почти черные или коричневые). Мешочки без носика или с очень коротким носиком...19.

\+ Тычиночный колосок обычно почти сидячий, редко на ножке 0.3—0.5(1) см дл. Пестичные колоски довольно густые, верхние сближенные, нижний б. м. отставленный и иногда на ножке 0.5—1.5(2) см дл. Чешуи пестичных колосков б. ч. сплошь черные, иногда с узкими более светлыми краями или со светлой полоской вдоль средней жилки. Мешочки с очень коротким носиком, редко без него......................20.

19. Чешуи пестичных колосков пурпурно-черные, на верхушке б. ч. закругленные, по длине и ширине почти равные мешочкам. Мешочки эллиптические, 2.5—3.5 мм дл., без носика или постепенно суженные в очень короткий носик. Тычиночный колосок б. ч. пурпурно-черный, 1—1.5(2) см дл. Пластинки листьев 3—5 мм шир. Растение Кольского п-ова и Карелии........................16a. **C. bigelowii** subsp. **bigelowii**.

\+ Чешуи пестичных колосков б. ч. темно-коричневые, на верхушке островатые, реже тупые или закругленные, б. ч. длиннее и у́же мешочков. Мешочки округлояйцевидные, редко эллиптические, 2.2—2.7(3) мм дл., резко суженные в очень короткий носик. Тычиночный колосок коричневый или светло-коричневый, 1.5—2 см дл. Пластинки листьев 2—4 мм шир. Растение Вост. Сибири и Дальнего Востока................ ....16b. **C. bigelowii** subsp. **rigidioides**.

20. Растение с длинными ползучими корневищами. Пластинки листьев (3)4—6(7) мм шир. Стебли 1.3—2 мм в диам. Пестичные колоски 1—2 см дл.; чешуи пурпурно-черные, обычно со светлой полоской вдоль средней жилки, по длине и ширине почти равные мешочкам. Мешочки яйцевидные, 2.5—3 мм дл. Тычиночный колосок пурпурно-черный, на ножке 0.5—0.7(1) см дл. Растение Карпат..16c. **C. bigelowii** subsp. **dacica**.

\+ Растения с короткими ползучими корневищами. Пластинки листьев 1.5—4(5) мм шир. Стебли 0.7—1.5 мм в диам. Чешуи пестичных колосков б. ч. сплошь пурпурно-черные. Мешочки эллиптические или широкояйцевидные. Тычиночный колосок темно-бурый или пурпурно-черный. Растения Арктики, Урала, Вост. Сибири и Дальнего Востока ....21.

21. Растение (15)20—40(60) см выс. Пластинки листьев 2.5—5(6) мм шир., плоские или, иногда, с краями, немного завернутыми на нижнюю сторону. Тычиночный колосок 1—1.5(2) см дл., на ножке 0.5—0.7(1) см дл. или сидячий. Пестичные колоски (0.5)1—2(2.5) см дл., б. ч. узкоцилиндрические; чешуи пурпурно-черные, обычно со светлой полоской вдоль средней жилки. Растение Урала, южн. районов Вост. Сибири и Дальнего Востока...........16d. **C. bigelowii** subsp. **ensifolia**.

\+ Растение (8)10—15(25) см выс. Пластинки листьев 1.5—4(5) мм шир., часто с краями, сильно завернутыми на нижнюю сторону. Тычиночный колосок 0.8—1(1.5) см дл., на ножке до 0.5 см дл. или сидячий. Пестичные колоски 0.5—1.5(2) см дл., от яйцевидных до узкоцилиндрических; чешуи сплошь пурпурно-черные или, иногда, с узкими белоперепончатыми краями. Растение преимущественно арктических районов..........................16e. **C. bigelowii** subsp. **arctisibirica**.

22(17). Пластинки листьев в верхней части с обеих сторон с сильно выраженным серовато-белым налетом....................20. **C. knorringiae**.

\+ Пластинки листьев без белого налета.............19. **C. orbicularis**.....23.

23. Мешочки сильно вздуто-двояковыпуклые, почти шаровидные, очень плотно расположенные, зрелые почти горизонтально отклоненные от оси колоска (в гербарии они обычно сплющенные в направлении своей вертикальной оси). Чешуи пестичных колосков в 2—3(4) раза у́же и в 2—3 раза короче мешочков. Побеги окружены при основании серовато-бурыми, иногда с пурпурным оттенком, обычно матовыми и волокнистыми влагалищами листьев; пластинки листьев 3—5(8) мм шир. Растение 10—40(60) см выс. .... 19a. **C. orbicularis** subsp. **orbicularis**.

\+ Мешочки немного вздутые, неравно-двояковыпуклые, зрелые косо отклоненные от оси колоска, в гербарии не сплющенные. Побеги окружены при основании обычно пурпурно-черными глянцевитыми цельными влагалищами листьев..24.

24. Чешуи пестичных колосков в 2—3 раза короче и у́же мешочков. Пластинки листьев 3—7 мм шир. Стебли 20—100 см выс. Растение Сибири..19b. **C. orbicularis** subsp. **altaica**.

\+ Чешуи пестичных колосков б. ч. немного короче мешочков и почти равные им по ширине. Пластинки листьев 2—3 мм шир. Стебли 15—45(50) см выс. Растение Кавказа..19c. **C. orbicularis** subsp. **kotschyana**.

25(15). Стебли остро-трехгранные, покрытые, как и нижняя сторона листовых пластинок, очень мелкими папиллами; пластинки листьев 2—3 мм шир. Тычиночных колосков 1(2). Мешочки широкояйцевидные, широкоэллиптические или яйцевидные, 2.2—2.5 мм дл., вверху обычно с пепельно-серым налетом. Растение юга Дальнего Востока..10. **C. cinerascens**.

\+ Стебли тупо-трехгранные, без папилл, как и листовые пластинки; пластинки листьев (2.5)3—8 мм шир. Тычиночных колосков (1)2—4. Мешочки эллиптические или обратнояйцевидные, (2)2.5—3(3.5) мм дл., без пепельно-серого налета..........................9. **C. aquatilis**.....26.

26. Растение (40)50—100 см выс.; у побегов почти нет прошлогодних листьев; пластинки листьев (3)4—6(8) мм шир., б. ч. плоские, зеленые или серовато-зеленые. Все соцветие (16)18—30(35—40) см дл. Тычиночные колоски (1)2—4(5) см дл., б. ч. светло-коричневые. Пестичные колоски (2)3—7(9) см дл., расставленные; чешуи коричневые, обычно с широкой зеленой полоской вдоль средней жилки, в 1.5—3 раза у́же мешочков. Мешочки светло-зеленые или желтоватые, не буреющие....................................9a. **C. aquatilis** subsp. **aquatilis**.

\+ Растение 15—45(60) см выс.; у побегов 10—15 и более прошлогодних листьев; пластинки листьев (2.5)3—5 мм шир., желтовато-зеленые. Все соцветие (3)7—12(18) см дл. Тычиночные колоски (1)1.5—2.5(3) см дл., б. ч. пурпурно-черные. Пестичные колоски (1—1.5)2—4(5) см дл., сближенные; чешуи темно-коричневые или пурпурно-черные, со светлой полоской вдоль средней жилки или сплошь темные, по ширине б. м. равные мешочкам. Мешочки вверху часто буроватые или темно-пурпурные..9b. **C. aquatilis** subsp. **stans**.

27(13). Побеги окружены при основании светло-желтыми глянцевитыми чешуевидными влагалищами листьев. Тычиночных колосков 1—2, 3—6 см дл.; пестичные колоски 2—6 см дл. Мешочки плоско-выпуклые ....11b. **C. elata** subsp. **omskiana** (см. также ступень 9 и 10).

\+ Побеги окружены при основании коричневато-желтыми, желтовато- или красновато-бурыми, бурыми или темно-пурпурными влагалищами листьев. Тычиночный колосок 1, 1—2(3) см дл.; пестичные колоски 0.5—2.5(3) см дл. Мешочки двояковыпуклые, б. м. вздутые..........28.

28. Мешочки сильно вздутые, б. ч. шаровидные или эллиптические, вверху по краям б. ч. с единичными шипиками. Чешуи пестичных колосков ланцетные, темно-коричневые, обычно немного длиннее мешочков. Нижний кроющий лист линейный, равен или почти равен соцветию. Побеги окружены при основании короткими бурыми чешуевидными влагалищами листьев. Корни с очень короткими бурыми, заметными лишь под бинокуляром волосками............................13. **C. schmidtii**.

\+ Мешочки немного вздутые, по краям гладкие. Чешуи пестичных колосков яйцевидные или продолговато-яйцевидные, черно-бурые или почти черные, короче мешочков. Нижний кроющий лист щетиновидный, короче или немного длиннее своего колоска и очень редко почти равен соцветию. Корни с хорошо заметными густыми серовато-белыми волосками..29.

29. Побеги окружены при основании коричневато-желтыми или коричневатыми, б. ч. чешуевидными, не расщепленными сетчато влагалищами

листьев. Корни толстые, до 2—3 мм в диам., с длинными волосками. Мешочки неравно-двояковыпуклые, почти плоско-выпуклые, вверху, включая носик, обычно пурпурно-черные .... 30.

\+ Побеги окружены при основании темно-пурпурными, буровато- или пурпурно-коричневыми, б. ч. сетчато расщепленными влагалищами листьев. Корни более тонкие, с короткими волосками. Мешочки двояковыпуклые, вверху черно-бурые или сизоватые, со светлым носиком .... 31.

30\. Растение образует довольно крупные кочки. Побеги окружены при основании коричневато-желтыми, реже светло-коричневыми, высокими, до 10 см, б. ч. чешуевидными листовыми влагалищами. Тычиночный колосок 1—1.5(2) см дл., сидячий; пестичные колоски 0.5—1.5(2) см дл. Пластинки листьев (1.5)2.5—3(4) мм шир. .... 18. **C. soczavaeana.**

\+ Растение образует плотные, иногда рыхлые дерновины. Побеги окружены при основании б. ч. коричневыми, менее высокими листовыми влагалищами, обычно продолженными в пластинки. Тычиночный колосок 1—2 см дл., сидячий или на ножке до 0.5 см дл. (редко более длинной); пестичные колоски (0.5)1—2.5 см дл. Пластинки листьев 1—1.5(2) мм шир. .... 17. **C. lugens.**

31\. Побеги окружены при основании короткими, 2—3(4) см, темно-пурпурными чешуевидными листовыми влагалищами; пленчатая сторона влагалищ срединных листьев без точек, штрихов и щетинок; пластинки листьев (1.5)2—4 мм шир., обычно плоские, мягкие. Тычиночный колосок 1—2(3) см дл. Мешочки без беловатого налета .... 15. **C. cespitosa.**

\+ Побеги окружены при основании более высокими, обычно 5—8 см, буровато- или, реже, пурпурно-коричневыми чешуевидными или продолженными в пластинки листовыми влагалищами; пленчатая сторона влагалищ срединных листьев с многочисленными точками, штрихами или мелкими щетинками; пластинки листьев 1.5—2 мм шир., обычно вдоль сложенные, жесткие. Тычиночный колосок 2—4 см дл. Мешочки вверху или по всей поверхности часто с беловатым налетом из мельчайших папилл .... 14. **C. minuta.**

1\. All spikes gynaecandrous (sometimes with few male flowers at apex), 2—4, fasciculate-approximate, (1)1.5—2.5(3) cm long. Lowest bract equal to inflorescence or exceeding it. Utricles elliptical, broad-elliptical or orbicular. Plants without creeping rhizomes .... 22. **C. eleusinoides.**

\+ Upper spikes male, lower ones female or, rather often, androgynous (with male flowers at apex) .... 2.

2\. Utricles veined .... 3.

\+ Utricles veinless .... 13.

3\. Plants with creeping rhizomes, forming loose or more or less dense tufts .... 4.

\+ Plants without creeping rhizomes, forming tussocks .... 9.

4\. Utricles biconvex, a little inflated, elliptical or obovate; a beak at apex with brown border; female glumes generally lanceolate, usually 1.5 times longer than utricles, more rarely a little longer or equal to them, very rarely shorter. Plants large, 50—120 cm high. Inflorescence 10—25(30) cm long; male spikes 2—3; female spikes 3—4(5), (2.5)3—7(9) cm long .... 1. **C. acuta.**

\+ Utricles plano-convex, not inflated; female glumes oblong-ovate or ovate, shorter than utricles, more rarely more or less equal to them. Male spikes 1(2)............................ 5.

5. Utricles with thickened costate veins, with a very distinct thin stipe 0.3–0.5 mm long; a beak brown at apex with brown border. Fruit fills utricle by half. Inflorescence 2–2.5 cm long, of 3–4 closely approximate spikes. Plants of Far East....................3. **C. hindsii.**

\+ Utricles with thin veins and shorter stipe or without stipe. Fruit almost completely fills utricle. Inflorescence longer, of distant spikes...6.

6. Male spike 1. Lowest female spike usually with peduncle 1–3 cm long. Utricle beaks callous-thickened, whitish, at apex brownish. Plants of Far East..........2. **C. thunbergii.**

\+ Male spikes 1–2. Lowest female spike usually subsessile. Utricle beaks not thickened, not differing by colouring from the other part of utricles..7.

7. Plants with short thickened creeping rhizomes. Leaf sheaths surrounding stem bases broad dark brown. Hairs on roots white. Male spike pale brown, almost whitish. Lowest bract generally shorter than inflorescence. Plants of Eastern Siberia............6. **C. erawinensis.**

\+ Plants with long thin creeping rhizomes. Stems are surrounded at base by brown, reddish- or yellowish-brown or black-purple leaf sheaths. Hairs on roots yellowish-brown. Male spike dark brown. Lowest bract exceeding inflorescence, more or less equal to it or shorter. Utricles ovate and broad-ovate, more rarely elliptical. Plants of European part, Caucasus and Western Siberia.. 8.

8. Stems are surrounded at base by brown, reddish- or yellowish-brown leaf sheaths. Lowest bract exceeding inflorescence or more or less equal to it. Utricles ovate, 2.5–3 mm long, with papillae and generally short, but well distinct stipe. Plants of European part and Western Siberia... 4. **C. nigra.**

\+ Stems are surrounded at base by generally black-purple leaf sheaths. Lowest bract shorter than inflorescence. Utricles broad-ovate, more rarely elliptical, 2.3–2.5 mm long, without papillae and stipe. Plants of Caucasus..5. **C. transcaucasica.**

9(3). Stems are surrounded at base by light yellow or yellowish-brownish broad shining scale-like leaf sheaths. Lowest bract shorter or a little longer than spike. Utricles plano-convex. Male spikes 1–2, 3–6 cm long, female 2–3, 2–6 cm long. Plants 50–100 cm high. Roots with short greyish-whitish hairs....................11. **C. elata**.....10.

\+ Stems are surrounded at base by reddish-brown, brownish-yellow, brown, purple or black-purple leaf sheaths. Lowest bract longer or a little shorter than the whole inflorescence. Utricles plano- or biconvex. Roots with rather long brownish-yellow hairs..................11.

10. Utricles (2.5)3.5–4.5 mm long, 2–2.2 mm wide, blackish-green (by colouring similar with utricles of *C. acutiformis*), with 3–6 generally well developed veins. Stems are surrounded at base by yellowish-brownish leaf sheaths...........11a. **C. elata** subsp. **elata.**

\+ Utricles (2.5)3–3.5 mm long, 1.5–1.7(2) mm wide, light yellowish-green, in upper part sometimes brownish, with 1–3(6) generally slightly developed veins or veinless. Stems are surrounded at base by light yellow leaf sheaths..............11b. **C. elata** subsp. **omskiana.**

11. Female glumes generally lanceolate and usually longer than utricles; utricles biconvex, a little inflated; a beak at apex with brown border............1. **C. acuta** (see also stage 4).

\+ Female glumes oblong-ovate or ovate, usually shorter than utricles; utricles plano-convex, not inflated, with beak not differing by colouring from the other part of utricle..........12.

12. Lowest bract 2–3 mm wide, equal to inflorescence or a little longer. Inflorescence 6–17(21) cm long. Male spikes 1–2(3), (1)2–3(5) cm long, generally light brown. Female spikes (2)3, 1–5 cm long; glumes brown, more rarely almost black, with light stripe along midrib, more rarely completely dark. Utricles generally elliptical, at maturity yellowish-green. Fruit less than by 2/3 fills utricle. Leaf blades (2)2.7–3.5(4) mm wide. Stems are surrounded at base by brown, more rarely reddish-brown leaf sheaths..... ....7. **C. appendiculata.**

\+ Lowest bract generally 1–1.5 mm wide, shorter than inflorescence. Inflorescence 3.5–6(11) cm long. Male spikes 1(2), 1.5–2.5(3) cm long, black-brown or brown. Female spikes 2(3), 1.5–2(2.5–3) cm long; glumes black-brown, completely dark, more rarely with light stripe along midrib. Utricles generally ovate, at maturity black-brown in upper part. Fruit almost completely fills utricle. Leaf blades 1–2(3) mm wide. Stems are surrounded at base by purple, black-purple or reddish-brown, more rarely brown leaf sheaths...8. **C. juncella.**

13(2). Plants with long or short creeping rhizomes, forming loose or dense tufts or, sometimes, small tussocks....14.
+ Plants without creeping rhizomes, forming dense tufts or tussocks....27.
14. Stems are surrounded at base by broad carinate reddish-brown scale-like, reticulate-split leaf sheaths. All spikes in inflorescence more or less approximate; male spikes 1–3, 2.5–6 cm long; female spikes 3–5, 4–10 cm long, lower ones pedunculate, erect or patent. Lowest bract shorter than inflorescence or, sometimes, equal to it. Female glumes lanceolate, a little shorter than utricles. Utricles ovate or obovate, yellowish-green. Plants 45–100 cm high; leaf blades 5–8(10) mm wide....12. **C. buekii**.
+ Stems are surrounded at base by generally not carinate and not reticulate-split leaf sheaths (sometimes carinate and reticulate-split, then the female spikes less than 4 cm long and leaf blades 2–3 mm wide). Lowest bract exceeding inflorescence, shorter or more or less equal to it. Female glumes ovate or oblong-ovate....15.
15. Lowest bract shorter than spike, a little exceeding it, or sometimes equal to the whole inflorescence, but the second from below bract shorter than its spike or hardly equal to it; bases of bracts with black auricles. Male spike 1; female spikes 2–3(4), 0.8–2.5(4) cm long. Utricle beaks at apex not thickened, can be easily torn lengthwise by dissecting needle. Plants 10–30(40) cm high; stems slightly scabrid or, sometimes, smooth. Roots usually with well distinct dense yellowish-whitish or greyish-white hairs....16.
+ Lowest bract exceeding inflorescence or equal to it, the second bract from below always exceeding spike, rather often more or less equal to the whole inflorescence or exceeding it; black auricles at base of bracts absent. Male spikes 1–4; female spikes (2)3–5(6), (1)2–7(9) cm long. Utricle beaks at apex distinctly callous-thickened, cannot be torn lengthwise by dissecting needle. Plants 15–100 cm high; stems smooth. Roots with very short brown hairs hardly conspicuous under binocular microscope (they seem glabrous with the naked eye)....25.
16. Utricles strongly inflate-biconvex, subglobose, very closely arranged, at maturity almost horizontally patent (in herbarium, they are usually compressed along their vertical axis). Female glumes light ferruginous. Male spike pale brown. Leaf blades 1.5–2.5 mm wide. Plants of Far East, with long thin creeping rhizomes....21. **C. tegulata**.
+ Utricles plano-convex or slightly biconvex and scarcely inflated or strongly inflate-biconvex, but in the last case plants with short thickened creeping rhizomes, leaf blades 3–5(8) mm wide and purple-black female glumes....17.
17. Male spikes 1(2). Female spikes rather lax or more or less dense, with short peduncles. Lowest bract a little longer than spike, but sometimes is equal to inflorescence. Utricles plano- or slightly biconvex, not inflated, with a very short beak or beakless. Plants forming loose tufts, almost each shoot in tuft having creeping rhizome (i.e. distinct horizontal subterranean part). Stems are surrounded at base by reddish-, purple- or yellowish-brown, generally shining entire leaf sheaths....16. **C. bigelowii**....18.
+ Male spike 1. Female spikes very dense, subsessile. Lowest bract shorter, more rarely a little longer than spike, always shorter than inflorescence. Utricles strongly or a little inflate-biconvex, with a short beak. Plants forming dense tufts, only few (generally 1–2) shoots in tuft having creeping rhizomes. Stems are surrounded at base by greyish-brown dull or purple-black shining leaf sheaths....22.
18. Male spike usually with peduncle (0.3–0.5)1–2(2.5) cm long. Female spikes rather lax, distant, 2–4(5), (1)1.5–2.5(3) cm long, lowest one frequently with peduncle 1–3 cm long. Female glumes with a light stripe along midrib, very rarely completely dark (almost black or brown). Utricles beakless or with a very short beak....19.
+ Male spike usually subsessile, rarely with peduncle 0.3–0.5(1) cm long. Female spikes rather dense, upper ones approximate, lowest one more or less distant and sometimes with peduncle 0.5–1.5(2) cm long. Female glumes generally completely black, sometimes with narrow lighter margins or with a light stripe along midrib. Utricles with a very short beak, rarely beakless....20.
19. Female glumes purple-black, at apex generally rounded, almost equal by length and width to utricles. Utricles elliptical, 2.5–3.5 mm long, beakless or gradually narrowed into a very short beak. Male spike generally purple-black, 1–1.5(2) cm long. Leaf blades 3–5 mm wide. Plants of Kola Peninsula and Karelia....16a. **C. bigelowii** subsp. **bigelowii**.

\+ Female glumes generally dark brown, at apex acutish, more rarely obtuse or rounded, generally longer and narrower than utricles. Utricles orbicular-ovate, rarely elliptical, 2.2–2.7(3) mm long, abruptly narrowed into a very short beak. Male spike brown or light brown, 1.5–2 cm long. Leaf blades 2–4 mm wide. Plants of Eastern Siberia and Far East..16b. **C. bigelowii** subsp. **rigidioides**.

20\. Plants with long creeping rhizomes. Leaf blades (3)4–6(7) mm wide. Stems 1.3–2 mm in diam. Female spikes 1–2 cm long; glumes purple-black, usually with a light stripe along midrib, almost equal by length and width to utricles. Utricles ovate, 2.5–3 mm long. Male spike purple-black, with peduncle 0.5–0.7(1) cm long. Plants of Carpathians ....16c. **C. bigelowii** subsp. **dacica**.

\+ Plants with short creeping rhizomes. Leaf blades 1.5–4(5) mm wide. Stems 0.7–1.5 mm in diam. Female glumes generally completely purple-black. Utricles elliptical or broad-ovate. Male spike dark brown or purple-black. Plants of Arctic areas, Urals, Eastern Siberia and Far East..21.

21\. Plants (15)20–40(60) cm high. Leaf blades 2.5–5(6) mm wide, flat or sometimes with a little revoluted margins. Male spike 1–1.5(2) cm long, with peduncle 0.5–0.7(1) cm long or sessile. Female spikes (0.5)1–2(2.5) cm long, generally narrow-cylindrical; glumes purple-black, usually with a light stripe along midrib. Plants of Urals, southern regions of Eastern Siberia and Far East..................16d. **C. bigelowii** subsp. **ensifolia**.

\+ Plants (8)10–15(25) cm high. Leaf blades 1.5–4(5) mm wide, frequently with strongly revoluted margins. Male spike 0.8–1(1.5) cm long, with peduncle up to 0.5 cm long or sessile. Female spikes 0.5–1.5(2) cm long, from ovate to narrow-cylindrical; glumes completely purple-black or sometimes with narrow white-scarious margins. Plants of Arctic regions mainly..16e. **C. bigelowii** subsp. **arctisibirica**.

22(17). Leaf blades in upper part above and beneath with a strongly distinct greyish-white deposit..20. **C. knorringiae**.

\+ Leaf blades without a white deposit..19. **C. orbicularis**.....23.

23\. Utricles strongly inflate-biconvex, subglobose, very closely arranged, at maturity almost horizontally patent (in herbarium usually compressed along their vertical axis). Female glumes 2–3(4) times narrower and 2–3 times shorter than utricles. Stems are surrounded at base by greyish-brown, sometimes with purple tinge, usually dull and fibrous leaf sheaths; leaf blades 3–5(8) mm wide. Plants 10–40(60) cm high............... ....19a. **C. orbicularis** subsp. **orbicularis**.

\+ Utricles a little inflated, unequally biconvex, at maturity obliquely patent, in herbarium not compressed. Stems are surrounded at base by usually purple-black shining entire leaf sheaths...24.

24\. Female glumes 2–3 times shorter and narrower than utricles. Leaf blades 3–7 mm wide. Stems 20–100 cm high. Plants of Siberia................ 19b. **C. orbicularis** subsp. **altaica**.

\+ Female glumes generally a little shorter than utricles and almost equal to them by width. Leaf blades 2–3 mm wide. Stems 15–45(50) cm high. Plants of Caucasus.................. ....19c. **C. orbicularis** subsp. **kotschyana**.

25(15). Stems sharply trigonous, covered, as well as lower face of leaf blades, with very small papillae; leaf blades 2–3 mm wide. Male spikes 1(2). Utricles broad-ovate, broad-elliptical or ovate, 2.2–2.5 mm long, in upper part usually with ash-grey deposit. Plants of southern Far East..10. **C. cinerascens**.

\+ Stems obtuse-trigonous, as well as leaf blades, without papillae; leaf blades (2.5)3–8 mm wide. Male spikes (1)2–4. Utricles elliptical or obovate, (2)2.5–3(3.5) mm long, without ash-grey deposit...9. **C. aquatilis**.....26.

26\. Plants (40)50–100 cm high; shoots almost without last year's leaves; leaf blades (3)4–6(8) mm wide, generally flat, green or greyish-green. The whole inflorescence (16)18–30(35–40) cm long. Male spikes (1)2–4(5) cm long, generally light brown. Female spikes (2)3–7(9) cm long, distant; glumes brown, usually with broad green stripe along midrib, 1.5–3 times narrower than utricles. Utricles light green or yellowish, not turning brown...9a. **C. aquatilis** subsp. **aquatilis**.

\+ Plants 15–45(60) cm high; shoots with 10–15 and more last year's leaves; leaf blades (2.5)3–5 mm wide, yellowish-green. The whole inflorescence (3)7–12(18) cm long. Male spikes (1)1.5–2.5(3) cm long, generally purple-black. Female spikes (1–1.5)2–4(5) cm long, approximate; glumes dark brown or purple-black, with a light stripe along midrib or completely dark, by width more or less equal to utricles. Utricles in upper part frequently brownish or dark purple..9b. **C. aquatilis** subsp. **stans**.

27(13). Stems are surrounded at base by light yellow shining scale-like leaf sheaths. Male spikes 1–2, 3–6 cm long; female spikes 2–6 cm long. Utricles plano-convex................ ....11b. **C. elata** subsp. **omskiana** (see also stages 9 and 10).

\+ Stems are surrounded at base by brownish-yellow, yellowish-or reddish-brown, brown or dark purple leaf sheaths. Male spike 1, 1–2(3) cm long; female spikes 0.5–2.5(3) cm long. Utricles biconvex, more or less inflated... 28.

28. Utricles strongly inflated, generally globose or elliptical, in upper part on margins generally with very few small prickles. Female glumes lanceolate, dark brown, usually a little longer than utricles. Lowest bract leaf-like, equal or almost equal to inflorescence. Stems are surrounded at base by short brown scale-like leaf sheaths. Roots with very short brown, conspicuous only under binocular microscope, hairs..........13. **C. schmidtii**.

\+ Utricles a little inflated, smooth on margins. Female glumes ovate or oblong-ovate, black-brown or almost black, shorter than utricles. Lowest bract setaceous, shorter or a little longer than its spike and very rarely almost equal to inflorescence. Roots with well conspicuous dense greyish-white hairs...29.

29. Stems are surrounded at base by brownish-yellow or brownish, generally scale-like, not reticulate-split leaf sheaths. Roots thick, up to 2–3 mm in diam., with long hairs. Utricles unequally biconvex, almost plano-convex, in upper part, including beak, usually purple-black...30.

\+ Stems are surrounded at base by dark purple, brownish or purple-brown, generally reticulate-split leaf sheaths. Roots thin, with short hairs. Utricles biconvex, in upper part black-brown or glaucuos, with light beak..31.

30. Plants forming rather large tussocks. Stems are surrounded at base by brownish-yellow, more rarely light brown, high, up to 10 cm, generally scale-like leaf sheaths. Male spike 1–1.5(2) cm long, sessile; female spikes 0.5–1.5(2) cm long. Leaf blades (1.5)2.5–3(4) mm wide...18. **C. soczavaeana**.

\+ Plants forming dense, sometimes loose tufts. Stems are surrounded at base by generally brown, shorter leaf sheaths, usually continuing into blades. Male spike 1–2 cm long, sessile or with peduncle up to 0.5 cm long (rarely longer); female spikes (0.5)1–2.5 cm long. Leaf blades 1–1.5(2) mm wide...17. **C. lugens**.

31. Stems are surrounded at base by short, 2–3(4) cm, dark purple scale-like leaf sheaths; scarious side of sheaths of middle leaves without dots, streaks and setulae; leaf blades (1.5)2–4 mm wide, usually flat, soft. Male spike 1–2(3) cm long. Utricles without whitish deposit...15. **C. cespitosa**.

\+ Stems are surrounded at base by higher, usually 5–8 cm, brownish- or, more rarely, purple-brown scale-like or continuing into blade leaf sheaths; scarious side of sheaths of middle leaves with numerous dots, streaks or small setulae; leaf blades 1.5–2 mm wide, usually folded, rigid. Male spike 2–4 cm long. Utricles in upper part all over surface frequently with whitish deposit of minute papillae..................................14. **C. minuta**.

Subsect. 1. **Vulgares** Aschers. 1864, Fl. Brandenb. 1 : 774. — Sect. *Microrhynchae* Drej. ex L. H. Bailey subsect. *Aquatiles* Fries ex Kük. 1899, Bot. Jahrb. **27**, 4 : 524, p. p., nom illeg. — Sect. *Leimonastes* cycl. *Vulgata* V. Krecz. 1935, во Фл. СССР, 3 : 206, sine descr. latin. et cycl. *Acuta* V. Krecz., l. c. : 209, sine descr. latin. — Тычиночных колосков 1–3; пестичные колоски в числе (1)2–5, многоцветковые, густые, почти сидячие, нижний иногда на ножке до 2 см дл. (очень редко более длинной). Нижний кроющий лист превышает соцветие или б. м. равен ему, реже короче его. Мешочки плоско-выпуклые, иногда (*C. acuta*) двояковыпуклые, с жилками. Растения с ползучими корневищами, иногда (*C. acuta*) образующие кочки, очень редко (*C. appendiculata*, *C. juncella*) без ползучих корневищ и в этом случае всегда образующие кочки; влагалища нижних листьев б. ч. не расщепленные сетчато. — Typus: *C. vulgaris* Fries (= *C. nigra* (L.) Reichard).

Около 30 видов, в том числе 4 вида в южн. полушарии (*C. gaudichaudiana* Kunth, *C. polyantha* F. Muell., *C. decidua* Boott, *C. andersonii* Boott).

Название subsect. *Aquatiles* Fries ex Kük., l. c. является незаконным, так как этот таксон включает тип приоритетной подсекции *Vulgares*.

Male spikes 1—3; female spikes (1)2—5, many-flowered, dense, subsessile, lowest one sometimes with peduncle up to 2 cm long (very rarely longer). Lowest bract exceeding inflorescence or more or less equal to it, more rarely shorter. Utricles plano-convex, sometimes (*C. acuta*) biconvex, veined. Plants with creeping rhizomes, sometimes (*C. acuta*) forming tussocks, very rarely (*C. appendiculata, C. juncella*) without creeping rhizomes and then always forming tussocks; sheaths of lower leaves generally not reticulate-split. — Typus: *C. vulgaris* Fries (= *C. nigra* (L.) Reichard).

About 30 species, including 4 species in the southern hemisphere (*C. gaudichaudiana* Kunth, *C. polyantha* F. Muell., *C. decidua* Boott, *C. andersonii* Boott).

The subsection name *Aquatiles* Fries ex Kük., l. c. is illegitimate, since this taxon includes the type of priority subsection *Vulgares*.

1 (224). **C. acuta** L. 1753, Sp. Pl.: 978, excl. var. — *C. gracilis* Curt. 1783, Fl. Lond. **2**, 4, 47, tab. 62 [192, 282][1]; Kük. 1909, in Engl. Pflanzenr. 38 : 319, p. p.; В. Креч. 1935, во Фл. СССР, 3 : 210. — *C. prolixa* Fries, 1842, Nov. Fl. Suec. Mant. 3 : 150; В. Креч. 1935, l. c. : 209. — *C. fuscovaginata* Kük. 1904, Bull. Herb. Boiss. sér. 2, 4 : 56; id. 1909, l. c. : 338; В. Креч. 1935, l. c.: 211. — *C. graciliformis* V. Krecz. 1933, в Маевск. Фл. Средн. Росс., изд. 6 : 199; — *C. sareptana* V. Krecz. 1933, l. c. : 190; id. 1935, во Фл. СССР, 3 : 213, 597. — *C. dichroandra* V. Krecz. 1935, l. c. : 596, 210. — Exs.: H.F.R. № 846, H.F. URSS №№ 4010, 7164. — **О. острая**.

Описан из Европы («Habitat in Europa ubique, in aquosis»); lectotypus: Herb. Linn. № 1100.71 (LINN, photo LE!) — Егорова (h. l.).

По берегам водоемов и в воде, на болотистых лугах, низинных осоково-травяных болотах; на равнине и в верхнем поясе гор; часто образует заросли. — **Европ. ч.**: все районы, кроме Крым.; **Кавк.**: Предкавк. (окр. Ставрополя), Б. Кавк. (зап. и вост., очень редко), Зап., Центр. и Южн. Закавк., Тал.; **Зап. Сиб.**: Аркт. (низовья Оби), Обск. (зап.), Верх.-Тоб., Ирт., Алт.; **Вост. Сиб.**: все районы, кроме Аркт., но преимущественно в южн. части; **Дальн. Вост.**: Зее-Бур., Уссур. (окр. Владивостока, вероятно заносное); **Средн. Азия**: Арало-Касп. (Мугоджары и прикаспийские пустыни), Прибалх., Дж.-Тарб. (Тарбагатай), Тянь-Шан. (басс. Нарына, ? Чу-Илийские горы, ? Киргизский Алатау). Общ. распр.: С., Атл., Ц. и Ю. (редко) Европа; Зап. (Турция, Сирия, Ливан) и Центр. (сев. Монголия) Азия; С. Африка. — 2n = 72, 74—76, 78, 82—85 (Chater, 1980), 84 (Faulkner, 1972). Рис. 60, *1*.

C. acuta образует плотные дерновины, а нередко и кочки. Но, в отличие от настоящих кочкообразующих видов (*C. cespitosa, C. elata* и др.), некоторые побеги ее дерновин имеют длинные корневища.

Полиморфный вид, варьирующий по размерам соцветия, длине пестичных колосков, соотношению длины мешочков и кроющих чешуй (последние обычно заметно длиннее мешочков, реже равные им или немного короче), форме мешочков (эллиптические, яйцевидные, обратнояйцевидные, иногда широкояйцевидные). Однако такие характерные признаки, как двояковыпуклые вздутые мешоч-

---

[1] Библиографические сведения об этом источнике приведены на основании литературных данных (Stafleu, Cowan, 1976; Nilsson, 1985).

Bibliographic data concerning this source is given here according to Stafleu and Cowan (1976) and Nilsson (1985).

ки с жилками и бурое окаймление на верхушке носиков, надежно позволяют отнести растение к *C. acuta*. Побеги у *C. acuta* афиллоподные: при основании их обычно имеется 1—2 (редко больше) чешуевидных листа, остальные листья с пластинками разной длины, причем у нижних листьев они значительно короче, чем у верхних, как это свойственно всем афиллоподным растениям. Чешуевидные листья и влагалища нижних, обычных листьев, имеют бурую, темно- или красновато-бурую окраску, которая, по-видимому, зависит от характера субстрата. Точно такое же строение побегов имеет и изотип *C. fuscovaginata* Kük., l. c. («Altai, № 125, Gebler» — LE!). Заметим, что влагалища листьев у него не имеют сетчатого расщепления, вопреки оригинальному диагнозу. Таким образом, в строении вегетативных органов *C. fuscovaginata* не обнаруживает никакого своеобразия по сравнению с *C. acuta*. Не отличается она от последней и по признакам репродуктивной сферы. Я считаю *C. fuscovaginata* идентичной *C. acuta* (Егорова, 1972а, 1976а, 1976б). В синонимы к *C. acuta* мной отнесена и *C. sareptana* V. Krecz., l. c. (Егорова, 1976а). Тождественной *C. acuta* оказалась также *C. dichroandra* V. Krecz., l. c. (typus: зап. Грузия, «Transcaucasia, Dschawakhetia, prope opp. Akhalkalaki, 10 VII 1907, E. Bordzilowski» — LE!), справедливо синонимизированная с *C. gracilis* (= *C. acuta*) самим автором описания (Кречетович, 1941а).

Для Крыма вид во «Флоре СССР» указан ошибочно. Для Зее-Буреинского района Дальнего Востока приведен по данным А. Е. Кожевникова (1988).

C. acuta образует стерильные (иногда частично фертильные) помеси с *C. nigra*, *C. aquatilis* и *C. elata*.

C. acuta forms dense tufts and rather often tussocks as well. But, differing from true tussock-forming species (*C. cespitosa*, *C. elata* and others), some shoots of its tufts have long rhizomes.

Polymorphic species varying by size of inflorescence, length of female spikes, length ratio of utricles to glumes (the latters usually distinctly longer than utricles, more rarely equal to them or a little shorter), shape of utricles (elliptical, ovate, obovate, sometimes broad-ovate). However, such typical characters, as biconvex inflated veined utricles and brown borders of beak, allow to identify the plants reliably as *C. acuta*. Stems of *C. acuta* are aphyllopodic: at their base there are usually 1—2 (rarely more) scale-like leaves, the other leaves have blades of different length, they being considerably shorter in lower leaves, than in upper ones, as it is typical for all aphyllopodic plants. Scale-like leaves and sheaths of lower usual leaves have brown, dark or reddish-brown colouring, which depends obviously on the soil character. The isotype specimen of *C. fuscovaginata* Kük., l. c. («Altai, № 125, Gebler» — LE!) has the same structure of shoots. To note, its leaf sheaths are not reticulate-split, unlike the original diagnosis. Thus, *C. fuscovaginata* does not demonstrate any peculiarity in structure of vegetative organs comparing with *C. acuta*. It does not differ from the latter by characters of reproductive sphere as well. I consider *C. fuscovaginata* as being identical to *C. acuta* (Егорова, 1972а, 1976а, 1976б). I have put into synonymy of *C. acuta* also *C. sareptana* V. Krecz., l. c. (Егорова, 1976а). *C. dichroandra* V. Krecz., l. c. (typus: western Georgia, «Transcaucasia, Dschawakhetia, prope opp. Akhalkalaki, 10 VII 1907, E. Bordzilowski» — LE!) proved to be identical to *C. acuta* as well, the former having been correctly synonymized with *C. gracilis* (= *C. acuta*) by author of the description himself (Кречетович, 1941а).

In «Flora URSS», the species is cited for the Crimea by mistake. For Zeya-Bureya region of Far East it is cited according to data by Kozhevnikov (Кожевников, 1988).

C. acuta generates sterile (sometimes partly fertile) hybrids with *C. nigra*, *C. aquatilis* and *C. elata*.

2 (225). **C. thunbergii** Steud. 1846, Flora (Regensb.), 29 : 23; Ohwi, 1965, Fl. Jap. : 229, p. p., excl. var. *appendiculata*; Y. L. Chang et Y. L. Yang, 1976, Fl. Chin. Bor.-Or. 11 : 163; Ворош. 1982, Опред. раст. сов. Дальн. Вост. : 120; А. Е. Кожевников, 1988, Сосуд. раст. сов. Дальн. Вост. 3 : 363. — *C. gaudichaudiana* Kunth var. *thunbergii* (Steud.) Kük. 1909, in Engl. Pflanzenr. 38 : 313. — **О. Тунберга**.

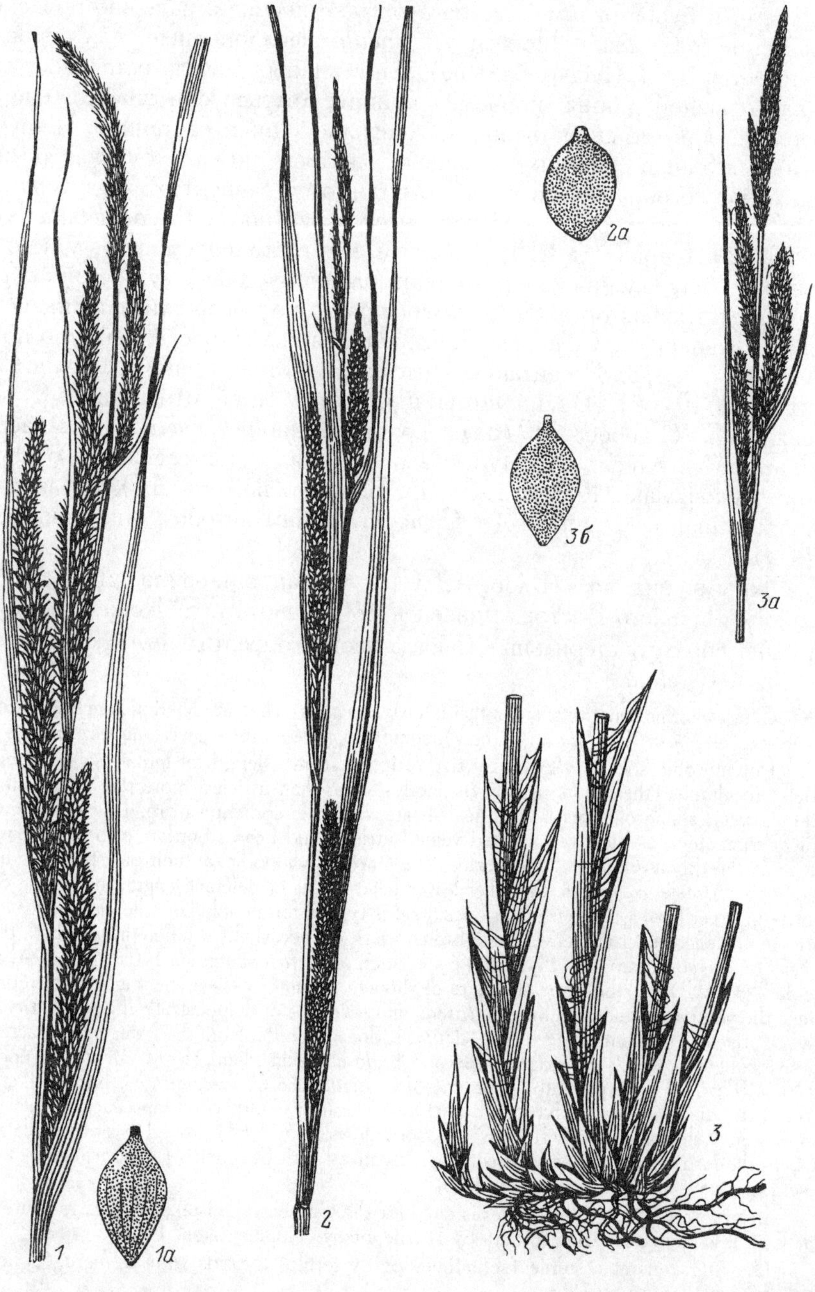

Рис. 60.

1 – *Carex acuta* L., соцветие, *1a* – мешочек; *2* – *C. aquatilis* Wahlenb. subsp. *aquatilis*, соцветие, *2a* мешочек; *3* – *C. buekii* Wimm., нижняя часть растения, *3a* – соцветие, *3б* – мешочек.

Fig. 60.

1 – *Carex acuta* L., inflorescence, *1a* – utricle; *2* – *C. aquatilis* Wahlenb. subsp. *aquatilis*, inflorescence, *2a* – utricle; *3* – *C. buekii* Wimm., lower part of the plant, *3a* – inflorescence, *3б* – utricle.

Описан из Японии; typus: P.

По сырым и болотистым местам. — **Дальн. Вост.**: Сах. (юг), ? Курил. (юг: о-ва Кунашир и Итуруп). Общ. распр.: В. Азия (Сев.-Вост. и Сев. Китай, Япония). — 2n = 78 (Tanaka, 1939; Okuno, 1939, 1940).

Кронквист (Cronquist, 1977 : 279) полагал, что *C. thunbergii*, возможно, идентична широко распространенному в Сев. Америке виду — *C. lenticularis* Michx. Однако от последнего она хорошо отличается длинными (а не короткими) ползучими корневищами, тонкими (а не выступающими, ребристыми) жилками на мешочках, буроватым (а не черно-бурым) на верхушке носиком; кроме того, у *C. thunbergii* плод заполняет почти весь мешочек, а у *C. lenticularis* — только половину.

Для Сахалина *C. thunbergii* приведена по данным А. Е. Кожевникова (l. c.). На южн. Курилах отмечена Д. П. Воробьевым (1956) и В. Н. Ворошиловым (l. c.), возможно, на основании указаний Ови (Ohwi, 1936, 1965, l. c.), которые относятся, однако, к var. *appendiculata* (Trautv. et C. A. Mey.) Ohwi (= *C. appendiculata* (Trautv. et C. A. Mey.) Kük.), включенной им в *C. thunbergii*. В гербарных хранилищах России сборов *C. thunbergii* с Курил нет.

Cronquist (1977 : 279) believed, that *C. thunbergii* is possibly identical to widespread in North America species, *C. lenticularis* Michx. But it well differs from the latter in having long (instead of short) creeping rhizomes, thin (instead of prominent, costate) veins of utricles, brownish (instead of black-brown) apex of beak; in addition, fruit of *C. thunbergii* fills utricle almost completely, while that of *C. lenticularis* Michx. fills only half of utricle.

For Sakhalin, *C. thunbergii* is cited according to data by Kozhevnikov (А. Е. Кожевников, l. c.). In southern Kurils it is marked by Vorobjev (Воробьев, 1956) and Woroshilov (Ворошилов, l. c.), probably, on the base of indications by Ohwi (1936, 1965, l. c.), the latters being related, however, to var. *appendiculata* (Trautv. et C. A. Mey.) Ohwi (= *C. appendiculata* (Trautv. et C. A. Mey.) Kük.) referred by him to *C. thunbergii*. In Herbaria of Russia, collections of *C. thunbergii* from Kurils are absent.

3 (226). **C. hindsii** C. B. Clarke, 1908, Kew Bull. Add. ser. 8 : 70; Kük. 1909, in Engl. Pflanzenr. 38 : 307; Ворош. 1966, Фл. Сов. Дальн. Вост. : 99; А. Е. Кожевников, 1988, в Сосуд. раст. сов. Дальн. Вост. 3 : 363. — *C. vulgaris* var. *limnophila* Holm, 1904, Amer. Journ. Sci. 17 : 307. — ? *C. aleutica* Akiyama, 1934, Journ. Fac. Agr. Hokkaido Univ. 36 : 105, nomen; id. 1933, Bot. Mag. Tokyo, 47 : 69, descr. sine nom. — *C. lenticularis* Michx. var. *limnophila* (Holm) Cronq. 1977, Univ. Wash. Publ. Biol. 17 : 279. — *C. kelloggii* auct. non. W. Boott: Ворош. 1982, Опред. раст. сов. Дальн. Вост. : 119. — **О. Хиндса**.

Описан из Сев. Америки; typus: «Columbia River, 1841, Mr. Hinds» (K!, photo LE!).

По сырым приморским лугам. — **Дальн. Вост.**: Курил. (сев.: о-в Шумшу). Общ. распр.: С. Америка (зап.). — 2n = ?

Растения *C. hindsii* с Курильских о-вов (MHA! LE!) отличаются от типа этого вида коротким, 2 см (а не 9—11 см), соцветием из тесно сближенных (а не расставленных) колосков, из которых тычиночный колосок 0.5 см дл. (а не 2.5—3.5 см), а пестичные — 1 см дл. (а не 2—3 см), и более мелкими, 3 мм дл. (а не 3.6—4 мм), вверху черно-бурыми мешочками. Образцы, подобные курильским, известны с о-ва Кадиак (юг Аляски) и Алеутских о-вов (LE!). А. Е. Кожевников (l. c. : 364) высказал предположение, что такие растения были описаны как *C. aleutica* Akiyama, l. c. Однако, согласно оригинальному диагнозу *C. aleutica*, под этим названием с Алеутских о-вов (о-в Уналашка) были описаны растения, не отличающиеся по размерам колосков и характеру их расположения от типа *C. hindsii*, но имеющие более мелкие, чем у него, мешочки (2.5 мм дл., а не 3.6—4 мм).

C. hindsii впервые была приведена для нашей территории (о-в Шумшу) В. Н. Ворошиловым (1966, l.c.). Позднее (1982, l. c.) он отождествил курильские растения с *C. kelloggii* W. Boott, известной прежде, как и *C. hindsii*, только на западе Сев. Америки. Кожевников (l. c.) указывает для Дальнего Востока и *C. hindsii* (сев. Курилы), и *C. kelloggii* (Корякия, п-ов Камчатка, сев. и южн. Курилы).

Американскими авторами (Cronquist, l. c.; Standley, 1985, 1987a, 1987b) *C. hindsii* отождествляется с var. *limnophila* (Holm) Cronq., l. c., принадлежащей к широко распространенному в Сев. Америке полиморфному виду *C. lenticularis* Michx. Эту разновидность, описанную с Алеутских о-вов (о-ва Прибылова) и произрастающую на тихоокеанском побережье Сев. Америки, Кронквист отличает от типичной *C. lenticularis* более крупными мешочками и более длинными чешуями пестичных колосков. *C. kelloggii* он синонимизирует с *C. lenticularis*, а Стендли (Standley, 1985, 1987a, 1987b) — с одной из ее 5 аллопатрических разновидностей — var. *lipocarpa* (Holm) Standley. Образцов, отнесенных к *C. kelloggii* Кожевниковым (l. c.), я не видела. Вопрос о таксономическом ранге растений, приведенных здесь как *C. hindsii*, нуждается в дальнейшем изучении.

Plants of *C. hindsii* from Kuril Islands (MHA! LE!) differ from the type of the species in having short, 2 cm (instead of 9—11 cm), inflorescence of closely approximate (instead of distant) spikes, the male one being about 0.5 cm long (instead of 2.5—3.5 cm), and female ones 1 cm long (instead of 2—3 cm), as well as smaller, 3 mm long (instead of 3.6—4 mm), black-brown in upper part utricles. Specimens similar with those from Kurils are known from island Kodiak (Soutern Alaska) and Aleutian Islands (LE!). Kozhevnikov (A. E. Кожевников, l. c. : 364) has supposed, that such plants were described as *C. aleutica* Akiyama, l. c. However, according to the original diagnosis of *C. aleutica*, under this name, plants were described from Aleutian Islands (Unalaska) not differing by size of spikes and their arrangement from the type of *C. hindsii*, but having smaller utricles (2.5 mm long, instead of 3.6—4 mm).

C. hindsii for the first time was cited for our territory (island Shumushu) by Woroshilov (Ворошилов, 1966, l. c.). Later (1982, l. c.), he has equated the plants from Kurils with *C. kelloggii* W. Boott known before, as well as *C. hindsii*, only in western North America. Kozhevnikov (A. E. Кожевников, l. c.) cites for Far East both *C. hindsii* (Northern Kurils) and *C. kelloggii* (Koryakia, Kamchatka, Northern and Southern Kurils).

American authors (Cronquist, l. c.; Standley, 1985, 1987a, 1987b) equate *C. hindsii* with var. *limnophila* (Holm) Cronq. belonging to the widespread in North America polymorhic species *C. lenticularis* Michx. This variety, described from Aleutian Islands (Pribilof Islands) and growing in Pacific coast of North America, is distinguished by Cronquist from typical *C. lenticularis* by larger utricles and longer female glumes. He has synonymized *C. kelloggii* with *C. lenticularis*, while Standley (1985, 1987a, 1987b) — with one of its 5 allopatric varieties, var. *lipocarpa* (Holm) Standley. I have seen no specimen related to *C. kelloggii* by Kozhevnikov (A. E. Кожевников, l. c.). A question concerning taxonomic rank of plants cited here as *C. hindsii*, needs further investigation.

4 (227). **C. nigra** (L.) Reichard, 1778, Fl. Moeno-Francof. 2 : 96. — *C. acuta* L. var. α. *nigra* L. 1753, Sp. Pl. : 978. — *C. fusca* All. 1785, Fl. Pedem. 2 : 269. — *C. goodenoughii* J. Gay, 1839, Ann. Sci. Nat. Paris, sér. 2, 11 : 191; Kük. 1909, in Engl. Pflanzenr. 38 : 313, p. max. p. — *C. vulgaris* Fries, 1842, Nov. Fl. Suec. Mant. 3 : 153. — *C. acuta* auct. non L. : В. Креч. 1935, во Фл. СССР, 3 : 207. — *C. juncella* auct. non (Fries) Th. Fries: В. Креч. l. c. : 208, p. p. — Exs.: H.F.R. №№ 1540—1542, H.F. URSS № 5115. — **О. черная**, или **обыкновенная**.

Описан из Европы («Habitat in Europa ibique in siccioribus»); typus: Herb. Linn. №№ 1100.72 (LINN, photo LE!).

На сырых и болотистых лугах, травяно-осоковых болотах и по окраинам сфагновых болот, в зарослях кустарников, разреженных болотистых лесах, по берегам водоемов, окраинам канав; всюду очень обычна, кроме южн. районов, где крайне редка; часто образует большие заросли; в горах обычно до среднего пояса. — **Европ. ч.**: все районы (в Аркт. запад Кольского п-ова и юго-восток Большеземельской тундры, в Крым. окр. Севастополя, с. Гончарное); **Зап. Сиб.**: Обск. (юг: окр. Тобольска и р. Тара), Ирт. (вост.), Алт.; **Вост. Сиб.**: Анг.-Саян. (зап., юг; вост.: басс. Ангары, с. Падунское). О б щ . р а с п р.: Европа; С. Америка (вост. Канада, заносное; южн. Гренландия); С. Африка. — 2n = 84 (Faulkner, 1972). — Рис. 61, *2*.

C. nigra — необычайно полиморфный вид, что отчасти обусловлено его широкой экологической амплитудой. Варьирует главным образом по общему габитусу, длине и ширине листовых пластинок, окраске влагалищ нижних листьев, размерам колосков и степени их расставленности, форме, размерам и окраске кроющих чешуй и мешочков. Большая изменчивость признаков *C. nigra* послужила основанием для описания многочисленных разновидностей и форм, а также нескольких видов. Однако почти все из этих таксонов были отнесены в синонимы к рассматриваемому виду.[1]

В пределах *C. nigra* иногда выделяют 3 подвида: subsp. *alpina* (Gaudin) Lemke (горы Центр. и Южн. Европы), subsp. *intricata* (Tineo) Maire et Weiller (Сев. Африка), а также subsp. *juncella* (Fries) Lemke. Последний таксон я рассматриваю в качестве самостоятельного вида — *C. juncella*.

C. nigra — одна из обычнейших осок лесной зоны Европейской части б. СССР. В Зап. и Вост. Сибири известны лишь немногие местонахождения этого вида. Данные Л. И. Малышева (1990: 166, карта 189) о более широком распространении *C. nigra* в Вост. Сибири, возможно, частично относятся к *C. acuta* и *C. erawinensis*. В Сев. Америке *C. nigra* встречается как заносное растение (Standley, 1987a).

C. nigra близка к *C. transcaucasica* и *C. erawinensis* (см. ниже), а также обнаруживает близкое родство с американскими видами: *C. lenticularis* Michx. (Сев. Америка), *C. hermannii* Cochrane (Мексика), *C. cuchumatanensis* Standley et Steyerm. (Гватемала) и *C. decidua* Boott (Южн. Америка). От этих видов *C. nigra* отличается не только морфологическими признаками, но также микроморфологическими (структурой поверхности мешочков и плодов) и анатомическими (расположением устьиц на листовых пластинках) (Standley, 1987a, 1987b).

C. nigra образует стерильные помеси с *C. acuta*, *aquatilis*, *C. bigelowii*, *C. elata*, *C. cespitosa* и *C. subspathacea* (с первым видом иногда частично фертильные).

C. nigra is an extaordinary polymorphic species, which is partly caused by its wide ecological amplitude. It varies mainly in habit, length and width of leaf blades, colouring of sheaths of lower leaves, size of spikes and distance between them, shape, size and colouring of female glumes and utricles. The great variability of characters of *C. nigra* has served as a basis for description of numerous varieties and forms, as well as several species. However almost all these taxa were put into synonymy of considered species.[2]

Within *C. nigra*, 3 subspecies are sometimes distinguished: subsp. *alpina* (Gaudin) Lemke (mountains of Central and Southern Europe), subsp. *intricata* (Tineo) Maire et Weiller (North Africa), as well as subsp. *juncella* (Fries) Lemke. I consider the latter taxon as a distinct species, *C. juncella*.

---

[1] Интересно отметить, что в работе Макензи (Mackenzie, 1935) перечисление синонимов *C. nigra* занимает 3.5 страницы мелкого шрифта.

[2] It is interesting to note, that in the work by Mackenzie (1935), the list of synonyms of *C. nigra* takes 3.5 pages in small print.

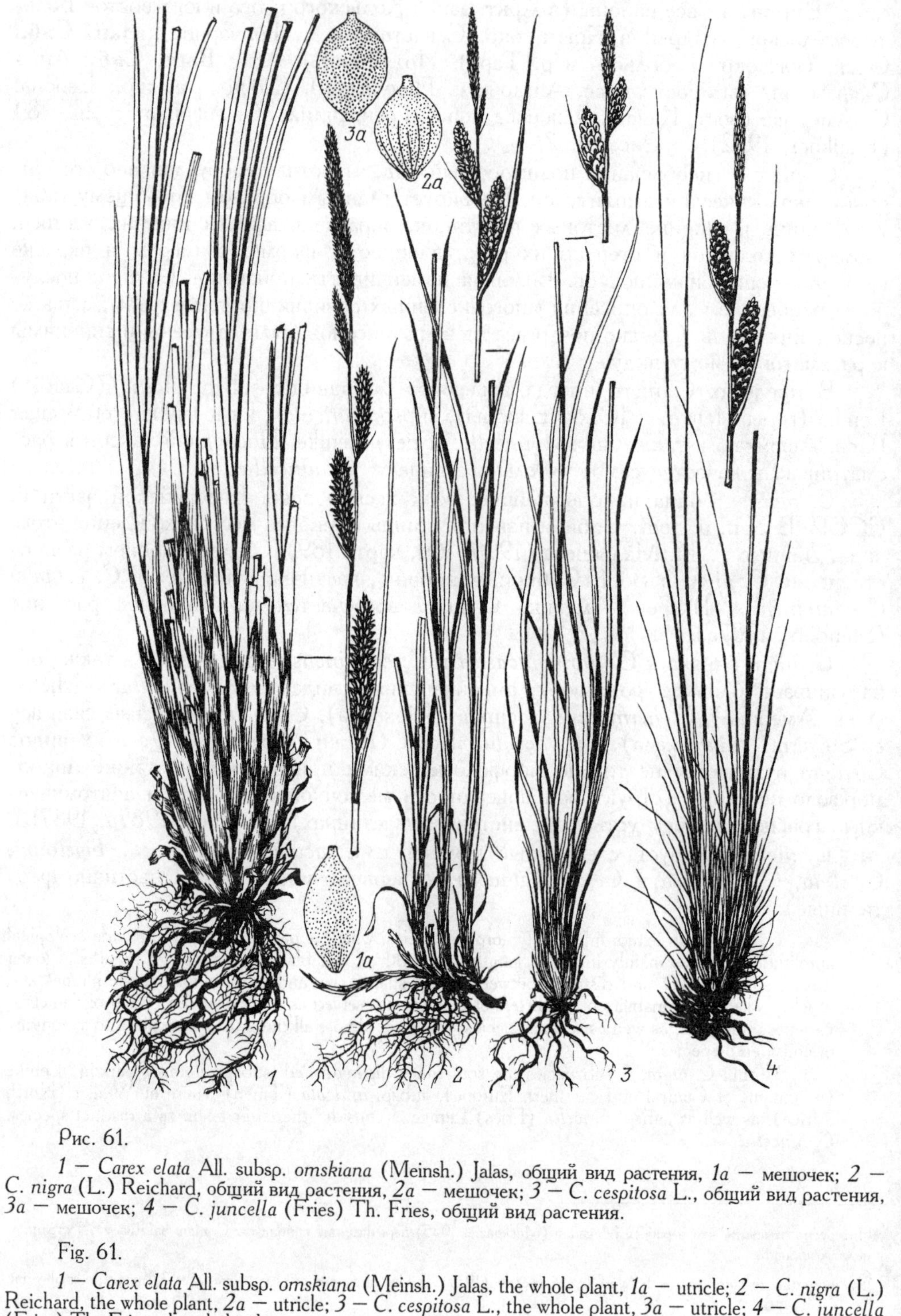

Рис. 61.

1 — *Carex elata* All. subsp. *omskiana* (Meinsh.) Jalas, общий вид растения, *1a* — мешочек; *2* — *C. nigra* (L.) Reichard, общий вид растения, *2a* — мешочек; *3* — *C. cespitosa* L., общий вид растения, *3a* — мешочек; *4* — *C. juncella* (Fries) Th. Fries, общий вид растения.

Fig. 61.

1 — *Carex elata* All. subsp. *omskiana* (Meinsh.) Jalas, the whole plant, *1a* — utricle; *2* — *C. nigra* (L.) Reichard, the whole plant, *2a* — utricle; *3* — *C. cespitosa* L., the whole plant, *3a* — utricle; *4* — *C. juncella* (Fries) Th. Fries, the whole plant.

C. nigra is one of the most usual sedges of forest zone of European part of the former USSR. In Western and Eastern Siberia, only few locations of this species are known. The data by Malyshev (Малышев, 1990 : 166, map 189) about wider distribution of *C. nigra* in Eastern Siberia are, probably, partly related to *C. acuta* and *C. erawinensis*. In North America, *C. nigra* occurs as an alien plant (Standley, 1987a).

C. nigra is close to *C. transcaucasica* and *C. erawinensis* (see below), also demonstrating a close relation with American species, *C. lenticularis* Michx. (North America), *C. hermannii* Cochrane (Mexico), *C. cuchumatanensis* Standley et Steyerm. (Guatemala) and *C. decidua* Boott (South America). *C. nigra* differs from these species not only by morphological characters, but also by micromorphological (structure of surface of utricles and fruits) and anatomical (arrangement of stomate on leaf blades) ones (Standley, 1987a, 1987b).

C. nigra generates sterile crossbreds with *C. acuta*, *C. aquatilis*, *C. bigelowii*, *C. elata*, *C. cespitosa* and *C. subspathacea* (with the former species sometimes partly fertile).

5 (228). **C. transcaucasica** Egor. 1988, Новости сист. высш. раст. 26 : 11. — *C. rigida* Good. var. *γ. dacica* (Heuff.) Kük. 1909, in Engl. Pflanzenr. 38 : 302, p. p., quoad pl. e Daghest. — *C. goodenoughii* auct. non J. Gay: Гроссг. 1928, Фл. Кавк. 1 : 164. — *C. dacica* auct. non Heuff.: В. Креч. 1935, во Фл. СССР, 3 : 207, p. p., quoad pl. e Cauc. et As. Min.; Гроссг. 1940, Фл. Кавк., изд. 2, 2 : 49; id. 1949, Опред. раст. Кавк. : 661. — *C. nigra* subsp. *dacica* auct. non (Heuff.) Soó : Ö. Nilsson, 1985, in Fl. Turk. 9 : 153. — *C. nigra* subsp. *nigra* sensu Ö. Nilsson, l. c. : 152. — **О. закавказская**.

Описан с Кавказа; typus: «Северный Кавказ, Тебердинский заповедник, луг по юго-восточному склону долины р. Муху, по ручью, 2000 м над ур. м., 19 VII 1936, № 206, Д. Волгунов» (LE!).

На сырых и болотистых местах в субальпийском и альпийском поясах и в верхней части лесного пояса. — **Кавк.**: все районы, кроме Предкавк. и Тал. Общ. распр.: З. Азия (Турция). — 2n = ?

Этот довольно широко распространенный на Кавказе вид принимался, как видно из синонимики, за *C. dacica* и, реже, за *C. goodenoughii* (= *C. nigra*). *C. dacica* принадлежит к группе родства *C. bigelowii* (Егорова, 1972a) и рассматривается мною в качестве подвида последней — subsp. *dacica* (Heuff.) Egor. (см. ниже). На Кавказе он не встречается. Кавказские же растения, определявшиеся как *C. dacica*, относятся к группе родства *C. nigra*. От subsp. *dacica* они (как и *C. nigra*) отличаются наличием жилок на мешочках и другими признаками (см. комментарий к subsp. *dacica*). Заметим, что иногда жилки на мешочках *C. transcaucasica* слабо выражены или (очень редко) отсутствуют, что, возможно, является результатом гибридизации этого вида с произрастающей на Кавказе в тех же экологических условиях *C. orbicularis* subsp. *kotschyana*. От близкого вида *C. nigra C. transcaucasica* отличается признаками, приведенными в ключе.

C. transcaucasica замещает *C. nigra* на Кавказе, в то время как следующий вид, *C. erawinensis*, — на юге Вост. Сибири.

This species, rather widespread in the Caucasus, was taken, as appears from the synonymy, for *C. dacica* and, more rarely, for *C. goodenoughii* (= *C. nigra*). *C. dacica* belongs to the affinity of *C. bigelowii* (Егорова, 1972a) and is considered by me as a subspecies of the latter, subsp. *dacica* (Heuff.) Egor. (see below). It does not occur in the Caucasus. Caucasian plants having been identified as *C. dacica*, are related to the affinity of *C. nigra*. From subsp. *dacica*, they (like *C. nigra*), differ by veined utricles and other characters (see comments to subsp. *dacica*). To note, sometimes veins on utricles of *C. transcaucasica* are faint or (very rarely) are absent, that, probably, is a result of hybridization of this species with *C. orbicularis* subsp. *kotschyana* growing in the Caucasus under the same ecological conditions. *C. transcaucasica* differs from allied species, *C. nigra*, by characters mentioned in the key.

C. transcaucasica replaces *C. nigra* in the Caucasus, while the next species, *C. erawinensis*, in southern Eastern Siberia.

6 (229). **C. erawinensis** Korotkij, 1914, Feddes Repert. 13 : 293; В. Креч. 1935, во Фл. СССР, 3 : 212; Малышев, 1979, во Фл. Центр. Сиб. 1 : 201, карта 339, excl. syn. *C. descendens* Kük. — **О. еравинская**.

Описан из Вост. Сибири; t y p u s: Забайкалье «Transbaicalia, distr. Werchneudinsk, regio lacorum Erawinenses, pr. pagum Konstantinowka, in loco depressiore pratensi subsalso, 7 VII 1912, M. Korotky» (утрачен еще до выхода «Флоры СССР»); n e o t y p u s: «Забайкальская обл., бассейн Онона, окр. станицы Чиндант 2-ой, на кочковатом болоте около оз. Большого Чиндантского, 17 VI 1911, № 1552, В. Смирнов» (LE!) — Егорова (h. l.).

На болотистых, иногда засоленных лугах. — **Вост. Сиб.**: Лен.-Кол. (юг.: Становое нагорье), Анг.-Саян. (зап. побережье Байкала), Даур. О б щ. р а с п р.: Ц. Азия (сев. Монголия: Хэнтей). — 2n = ?

Очень близка к *C. nigra*, от которой отличается широкими темно-коричневыми влагалищами листьев, короткими утолщенными ползучими корневищами и белыми (а не желтовато-бурыми) волосками на корнях. Л. И. Малышев (1990: 161) рассматривает *C. erawinensis* как помесь между *C. appendiculata* и *C. nigra*.

Is very close to *C. nigra*, differing from it by broad dark brown leaf sheaths, short thickened creeping rhizomes and white (instead of yellowish-brown) hairs on roots. Malyshev (Малышев, 1990 : 161) has considered *C. erawinensis* as a crossbred between *C. appendiculata* and *C. nigra*.

7 (230). **C. appendiculata** (Trautv. et C. A. Mey.) Kük. 1904, Bull. Herb. Boiss. sér. 2, 4 : 54; id. 1909, in Engl. Pflanzenr. 38 : 338; В. Креч. 1935, во Фл. СССР, 3 : 214; Егор. 1966, в Аркт. фл. СССР, 3 : 99; Y. L. Chang et Y. L. Yang, 1976, Fl. Chin. Bor.-Or. 11 : 159; Ворош. 1982, Опред. раст. сов. Дальн. Вост. : 120; А. Е. Кожевников, 1988, в Сосуд. раст. сов. Дальн. Вост. 3 : 364; Малышев, 1990, во Фл. Сиб. 3 : 166. — *C. acuta* var. *appendiculata* Trautv. et C. A. Mey. 1856, in Middendorff, Reise Nord. Ost. Sib. **1**, 2, 3 : 100. — *C. koidzumiana* Ohwi, 1931, Mem. Coll. Sci. Kyoto Univ. ser. B, **6**, 4 : 263; Ворош. 1984, Бюлл. Главн. бот. сада АН СССР, 133 : 25; А. Е. Кожевников, 1988, l. c. : 365. — *C. thunbergii* var. *appendiculata* (Trautv. et C. A. Mey.) Ohwi, 1935, Journ. Jap. Bot. 11 : 409; id. 1965 Fl. Jap.: 229. — *C. gaudichaudiana* var. *appendiculata* (Trautv. et C. A. Mey.) T. Koyama, 1959, Acta Phytotax. Geobot. (Kyoto), 18 : 23. — *C. gaudichaudiana* subsp. *appendiculata* (Trautv. et C. A. Mey.) A. et D. Löve, 1976, Bot. Not. (Lund), **128**, 4 : 504. — *C. spongiifolia* A. E. Kozhevnikov, 1987, Бот. журн. **72**, 12 : 1660. — *C. wiluica* auct. non Meinsh. : В. Креч. 1935, l. c. : 208, p. p., quoad pl. kamtsch. — E x s.: H.F. URSS №2902. — **О. придатконосная**.

Описан с юга российского Дальнего Востока; l e c t o t y p u s: низовья Уды, «Sibiria orientalis, prope Udskoi, 20 Jun. 1844, Middendorff» (LE! cum isolectotypo et syntypis 4) — Егорова (h. l.).

На сырых и заболоченных берегах рек и озер, в зарослях пойменных кустарников, на осоковых болотах, болотистых лугах, иногда в низинной тундре; довольно часто; образует крупные кочки. — **Зап. Сиб.**: Аркт. (устье Таза), Алт.; **Вост. Сиб.**: Аркт. (низовья Енисея и среднее течение Хеты, устье Балаганаха, басс. низовьев Колымы), Енис. (плато Путорана и басс. среднего течения Ниж. Тунгуски), Лен.-Кол., Анг.-Саян. (юг), Даур.; **Дальн. Вост.**: все районы (в Аркт. зап. Чукотка: район Чаунской губы; басс. Анадыря; Корякия). О б щ. р а с п р.: Ц. (Монголия), В. Азия. — 2n = 76 (Жукова, Петровский, 1976).

C. appendiculata близка к *C. juncella*, которую замещает главным образом к востоку от Лены. В районах совместного произрастания (в особенности в Прибайкалье и между Леной и Амгой) между названными видами встречаются переходные формы (Егорова, цит. соч.; Малышев, l. c.). Родственные связи *C. appendiculata* обнаруживает также и с *C. thunbergii*.

Арктические образцы *C. appendiculata* отличаются от типичных менее высокими стеблями, меньшими размерами пестичных колосков (иногда не более 1 см дл.), а также более темными чешуями пестичных колосков, нередко сплошь темными, без светлой полоски вдоль средней жилки. Возможно, эти растения следует рассматривать в качестве подвида *C. appendiculata*. *C. koidzumiana* Ohwi, l. c., описанная с п-ова Корея, была справедливо (насколько можно судить по оригинальному диагнозу вида) идентифицирована рядом авторов (Ohwi, 1936; Chang, Yang, 1976; Kitagawa, 1979) с *C. appendiculata*. В. Н. Ворошилов (1984, l. c.), а затем и А. Е. Кожевников (l. c.) отнесли к *C. koidzumiana* гербарный образец («Приморский край, Хасанский р-н, пос. Рязановка, болото, 28 VI 1981, В. Верхолат» — MHA!, VLA), который от типичной *C. appendiculata*, имеющей эллиптические или яйцевидные мешочки 2.7—3.5(4) мм дл., отличается широкоэллиптическими мешочками 2—2.2 мм дл. (заметим, что у *C. koidzumiana* они около 3 мм дл.). Цитированный образец принадлежит, по всей вероятности, к описанной из Сев.-Вост. Китая *C. appendiculata* var. *sacculiformis* Y. L. Chang et Y. L. Yang (1976, Fl. Chin.-Bor. Or. 11 : 206). Названная разновидность характеризуется мешочками 1.8—2.2 мм дл.

Отличительные признаки *C. spongiifolia* A. E. Kozhevnikov, l. c. (typus: юг Приморского края, «побережье оз. Ханка, песчаные дюны, 2 VII 1985, А. Е. Кожевников, З. В. Кожевникова» — VLA, isotypi LE!, MW, MHA) не имеют таксономического значения. Один из приводимых признаков (наличие 12—15 ясных, а не 8—10 слабых, как у *C. appendiculata*, жилок) не выражен на типовом материале.

C. appendiculata образует стерильные помеси с *C. schmidtii*, которые были описаны с российского Дальнего Востока в качестве вида *C. squamigera* V. Krecz. et Lucznik (1937, Тр. Дальневост. фил. АН СССР, сер. бот. 2 : 890, pro sp.; А. Е. Кожевников, 1988, Сосуд. раст. сов. Дальн. Вост. 3 : 368. — Typus: «Приморская губ., басс. р. Суйфуна, у выхода долины Второй Речки, 28 VI 1932, З. Лучник» — LE!). У этих растений (их следует обозначать *C.* × *squamigera*) мешочки как у *C. appendiculata*, но с единичными, как *C. schmidtii*, шипиками, кроющие листья тоже как у *C. appendiculata*, а ланцетные кроющие чешуи, превышающие по длине мешочки, и белые волоски на корнях — признаки, заимствованные от *C. schmidtii*.

C. appendiculata is close to *C. juncella*, replacing the latter mainly to the east of river Lena. In regions of their joint growing (especially, in Baikal region and between rivers Lena and Amga), transitional forms between these species occur (Егорова, l. c.; Малышев, l. c.). *C. appendiculata* has relations also with *C. thunbergii*.

Arctic specimens of *C. appendiculata* differ from the typical ones by shorter stems, smaller female spikes (sometimes not more than 1 cm long), as well as darker female glumes, rather often completely dark, without light stripe along midrib. It is possible, these plants should be considered as a subspecies of *C. appendiculata*. *C. koidzumiana* Ohwi, l. c. described from Korea, was correctly (as it can be judged from the original diagnosis of the species) identified by some authors (Ohwi, 1936; Chang, Yang, 1976; Kitagawa, 1979) with *C. appendiculata*. Woroshilov (Ворошилов, 1984, l. c.), and then and Kozhevnikov (А. Е. Кожевников, l. c.) have referred to *C. koidzumiana* the herbarium specimen («Приморский край, Хасанский р-н, пос. Рязановка, болото, 28 VI 1981, В. Верхолат» — MHA!, VLA) differing from typical *C. appendiculata* having elliptical or ovate utricles 2.7—3.5(4) mm long, by broad-elliptical utricles 2—2.2 mm long (to note, those of *C. koidzumiana* are about 3 mm long). The quoted specimen probably belongs to described from North-Eastern China *C. appendiculata* var. *sacculiformis* Y. L. Chang et Y. L. Yang (1976, Fl. Chin.-Bor. Or. 11 : 206). This variety is characterized by utricles 1.8—2.2 mm long.

Distinctive characters of *C. spongiifolia* A. E. Kozhevnikov, l. c. (typus: southern Maritime Territory, «побережье оз. Ханка, песчаные дюны, 2 VII 1985, А. Е. Кожевников, З. В. Кожевникова» — VLA, isotypi LE!, MW, MHA) have no taxonomic significance. One of cited characters (12—15 distinct veins, instead of 8—10 slight, as in *C. appendiculata*) is not pronounced in the type material.

C. appendiculata generates sterile crossbreds with *C. schmidtii*, those having been described from Russian Far East as *C. squamigera* V. Krecz. et Lucznik (1937, Тр. Дальневост. фил. АН СССР, сер. бот. 2 : 890, pro sp.; А. Е. Кожевников, 1988, Сосуд. раст. сов. Дальн. Вост. 3 : 368. — Typus: «Приморская губ., басс. р. Суйфуна, у выхода долины Второй Речки, 28 VI 1932, З. Лучник» — LE!). These plants (they should be designated as *C.* × *squamigera*) have utricles like those of *C. appendiculata*, but with solitary prickles, like *C. schmidtii*, bracts like *C. appendiculata*, while female lanceolate glumes exceeding utricles and white hairs on roots being characters adopted from *C. schmidtii*.

8 (231). **C. juncella** (Fries) Th. Fries, 1857, Bot. Not. (Lund) : 207; В. Креч. 1935, во Фл. СССР, 3 : 208, p. p.; Sylven, 1963, Opera Bot. (Lund), **8**, 2 : 91; Егор. 1972, Новости сист. высш. раст. 9 : 92; Малышев, 1990, во Фл. Сиб. 3 : 165. — *C. vulgaris *juncella* Fries, 1843, Bot. Not. (Lund) : 105. — *C. vulgaris *juncea* Fries, 1842, Nov. Fl. Suec. Mant. 3 : 154. — *C. vulgaris *zonata* F. Nyl. 1843, Spicil. Pl. Fenn. : 19. — *C. wiluica* Meinsh. 1886, в Маак, Вилюйск. окр. Якутск. обл. 2 : 308; В. Креч. 1935, l. c. : 208, p. p., excl. pl. kamtsch.; Егор. 1966, в Аркт. фл. СССР, 3 : 97. — *C. wiluica* subsp. *europaea* Gorodk. 1922, Журн. Русск. бот. общ. 7 : 300. — *C. cespitosa* subsp. *wiluica* (Meinsh.) Kryl. 1929, Фл. Зап. Сиб. 3 : 468. — *C. nigra* subsp. *juncella* (Fries) Lemke, 1963, Feddes Repert. 1—3 : 4. — *C. nigra* var. *juncea* Hyl. 1966, Nord. Kärlväxtfl. 2 : 115. — *C. juncella* subsp. *wiluica* (Meinsh.) Egor. 1972, Новости сист. высш. раст. 9 : 92. — *C. nigra* subsp. *juncea* (Fries) Soó 1972, Feddes Repert, **83**, 3 : 148. — *C. nigra* subsp. *juncea* (Fries) A. et. D. Löve, 1976, Bot. Not. (Lund), **128**, 4 : 505, comb. superfl. — *C. nigra* subsp. *wiluica* (Meinsh.) A. et D. Löve, 1976, l. c. : 505. — *C. nigra* auct. non (L.) Reichard : Егор. 1966, l. c. : 96, p. p., quoad syn. *C. vulgaris *juncella* et *C. juncella*. — Exs.: H.F. URSS №№ 4802, 5270, 7173. — **О. ситничковая**.

Описан из Швеции: typus: «Vestrogoth. Bellingen, ad Sparresäter, Jul. E. Fries» (UPS!, isotypi LE!).

На мохово-осоковых болотах, по берегам водоемов, в заболоченных кустарниках и редколесьях; образует кочки; в Европ. ч. редка, в Сибири довольно обычна. — **Европ. ч.**: Аркт. (материковая часть), Кар.-Лапл., Дв.-Печ., Прибалт. (южн. Латвия), Лад.-Ильм. (редко), Верх.-Днепр., Верх.-Волж., Волж.-Кам., Карп., Волж.-Дон. (Рязанская, Липецкая и Тамбовская обл., Мордовия, Ульяновская обл., с. Старая Зиновьевка, Куйбышевская обл.), Заволж.; **Кавк.**: ? Южн. Закавк. (Грузия: Месхетия и Джавахетия; Армения: предгорья Джавахетского хр. к востоку от с. Гукасян); **Зап. Сиб.**: Аркт. (низовья Оби; Ныда), Обск. (зап. и юг), Верх.-Тоб. (сев.), Алт.; **Вост. Сиб.**: Аркт. (низовья Енисея, р. Хета и низовья Хатанги), Енис. (редко), Лен.-Кол. (преимущественно к западу от Лены и Алдана), Анг.-Саян., Даур.; **Средн. Азия**: Прибалх. (сев.: горы Кент). Общ. распр. С. Европа (Швеция, Финляндия); Ц. Азия (сев. Монголия). — 2n = 84 (Faulkner, 1972). — Рис. 61, *4*.

C. juncella наиболее близка к *C. appendiculata* (см. комментарии к последней и ключ).

Таксономические взаимоотношения *C. juncella*, *C. wiluica* Meinsh., l. c. и *C. nigra* рассматривались мной в ранее опубликованных работах (Егорова, 1972, l. c., 1976a). Я не могу согласиться с Чейтером (Chater, 1980), который, подобно некоторым другим авторам, считает *C. juncella* разновидностью *C. nigra*. Возможно, такая трактовка связана с недостаточно хорошим знанием этого евросибирского вида, едва заходящего в пределы зарубежной Европы. Основное различие между *C. juncella* и *C. nigra* состоит в форме роста: первый вид образует кочки, ползучие корневища у него отсутствуют, второй — б. м. плотные дерновины, в которых всегда есть побеги с длинными ползучими корневищами. За *C. juncella* нередко принимают высокорослые, с узкими листовыми пластинками растения *C. nigra*, обитающие обычно на сфагновых болотах.

*C. vulgaris *zonata* F. Nyl., l. c. (= «*C. zonata* Nyl.» — V. Krecz. in sched.), описанная с Кольского п-ова (р. Нива; typus — LE!), идентична *C. juncella*, так же, как и *C. wiluica* subsp. *europaea* Gorodk. (Егорова, 1966, l. c.).

C. juncella нередко смешивают с *C. cespitosa*, от которой она хорошо отличается главным образом наличием жилок на мешочках и довольно длинными желтовато-бурыми волосками на корнях (а не короткими серовато-белыми).

Для Липецкой обл. вид приведен по литературным данным (Флора Липецкой обл., 1996). Нельзя пока с уверенностью говорить о произрастании *C. juncella* на Кавказе. Для решения этого вопроса необходим дополнительный гербарный материал (Егорова, 1991б).

Указание В. И. Кречетовича (l. c.) о нахождении *C. wiluica* (= *C. juncella*) на Камчатке относится к *C. appendiculata*. Вероятно, к последнему виду принадлежат растения и из других районов Дальнего Востока, приведенные А. Е. Кожевниковым (1988: 264) под названием *C. juncella*.

Стерильную помесь, по-видимому, между *C. juncella* или *C. appendiculata*, с одной стороны, и *C. media*, с другой, представляет собой *C.* × *descendens* Kük.[1] (1902—1903, Öfvers. Finska Vet.-Soc. Förhandl. 45 : 6, pro sp.; В. Креч. 1935, во Фл. СССР, 3 : 215; L. Hämet-Ahti, 1970, Ann. Bot. Fenn. 7 : 272; Малышев, 1979, во Фл. Центр. Сиб. 1 : 201, pro syn. *C. erawinensis*; id. 1990, во Фл. Сиб. 3 : 161, in adnot.), известная только по типовому образцу («Sibiria Orientalis, ad fl. Lena inf., prope pag. Shigansk, 7 VIII 1901, № 1098, A. K. Cajander» — H!). В мешочках *C. descendens* (они узкоэллиптические, 5 мм дл., 1 мм шир., с жилками) нет плодов; некоторые цветки имеют 3 рыльца. В свое время я высказала предположение Леене Хамет-Ахти, что *C. descendens* является гибридом между *C. appendiculata* и *C. minuta*, и оно нашло отражение в ее работе (Hämet-Ahti, l. c.). Хамет-Ахти также не считает *C. descendens* самостоятельным таксоном, но указывает на возможную принадлежность этого растения к секции *Alpinae* (= sect. *Microrhynchae*). Мне кажется, что все же больше оснований относить *C. descendens* к секции *Phacocystis* (= sect. *Acutae*), учитывая характер соцветия данного растения, в особенности наличие мужских цветков на верхушках боковых колосков, что очень обычно для видов этой секции и совсем несвойственно представителям секции *Microrhynchae*. Участие же какого-либо вида из секции *Microrhynchae* (скорее всего *C. media*) в образовании *C. descendens* вполне вероятно. В. И. Кречетович (l. c. : 215) в примечании к *C. descendens* отметил, что вид вызывает сомнение и что, возможно, он был описан по больным экземплярам. Однако в LE имеется довольно большое число образцов, определенных Кречетовичем как *C. descendens*, но без обозначения даты определения. Эти образцы принадлежат к *C. juncella*.

---

[1] *C.* × *descendens* довольно верно изображена в работе Кюкенталя (Kükenthal, 1911); этот рисунок воспроизведен во «Флоре СССР» (1935, табл. XV, рис. 5).

C. juncella is closely related to *C. appendiculata* (see comments to the latter and the key).

Taxonomic relations of *C. juncella*, *C. wiluica* Meinsh., l. c. and *C. nigra* were considered by me in the work published before (Егорова, 1972, l. c., 1976a). I cannot agree with Dr. Chater (1980), who, like some other authors, considers *C. juncella* as a variety of *C. nigra*. It is possible, such treating is connected with unsufficient knowledge of this Euro-Siberian species, scarcely getting western Europe. The main distinction between *C. juncella* and *C. nigra* is in life form: the former species forms tussocks, having no creeping rhizomes, the latter one forms more or less dense tufts always having shoots with long creeping rhizomes. Rather often taken for *C. juncella*, are tall, with narrow leaf blades plants of *C. nigra*, growing usually in sphagnum bogs.

C. vulgaris **zonata* F. Nyl., l. c. (= «*C. zonata* Nyl.» — V. Krecz. in sched.) described from Kola Peninsula (river Niva; typus — LE!) is identical to *C. juncella*, as well as *C. wiluica* subsp. *europaea* Gorodk. (Егорова, 1966, l. c.).

C. juncella is rather often mixed with *C. cespitosa*, from which it well differs mainly in having veined utricles and rather long yellowish-brown hairs on roots (instead of short greyish-white).

It cannot so far be spoken with certainty about occurrence *C. juncella* in the Caucasus. To solve this question, an additional herbarium material is necessary (Егорова, 1991б).

The indication by Kreczetowicz (Кречетович, l. c.) about finding *C. wiluica* (= *C. juncella*) in Kamchatka is related to *C. appendiculata*. Probably, belonging to the latter species are plants from other regions of Far East cited by Kozhevnikov (Кожевников, 1988 : 264) under the name *C. juncella*.

A sterile crossbred obviously between *C. juncella* or *C. appendiculata*, on the one hand, and *C. media*, on the other hand, is *C.* × *descendens* Kük.[1] (1902—1903, Öfvers. Finska Vet.-Soc. Förhandl. 45 : 6, pro sp.; id. 1909, in Engl. Pflanzenr. 38 : 326, pro sp.; В. Креч. 1935, во Фл. СССР, 3 : 215; L. Hämet-Ahti, 1970, Ann. Bot. Fenn. 7 : 272; Малышев, 1979, во Фл. Центр. Сиб. 1 : 201, pro syn. *C. erawinensis*; id. 1990, во Фл. Сиб. 3 : 161, in adnot.) known only from the type specimen («Sibiria Orientalis, ad fl. Lena inf., prope pag. Shigansk, 7 VIII 1901, № 1098, A. K. Cajander» — H!). Utricles of *C. descendens* (they are narrow-elliptical, 5 mm long, 1 mm wide, veined) have no fruits; some flowers have 3 stigmas. At one time, I had given a supposition to Dr. Leena Hämet-Ahti, that *C. descendens* is a hybrid between *C. appendiculata* and *C. minuta*, and it was reflected in her work (Hämet-Ahti, l. c.). Dr. Hämet-Ahti also does not consider *C. descendens* as an independent taxon, but indicates its probable belonging to the section *Alpinae* (= sect. *Microrhynchae*). It seems me, that there are more reasons to relate *C. descendens* to the section *Phacocystis* (= sect. *Acutae*), taking into account character of its inflorescence, especially, presence of male flowers at apexes of lateral spikes, which is very usual for species of this section and absolutely unusual for representatives of the section *Microrhynchae*. Participation of any species of the section *Microrhynchae* (most likely, *C. media*) in formation of *C. descendens* is quite probable. Kreczetovicz (Кречетович, l. c. : 215) has said in note to *C. descendens*, that the species raises doubts and, probably, it was described by diseased specimens. However, a quite large number of specimens are available in LE, identified by Kreczetowicz as *C. descendens*, but without designation of identification date. These specimens belong to *C. juncella*.

Subsect. 2. **Aquaticae** Egor. 1990, Бот. журн. **75**, 6 : 864. — Sect. *Acutae* subsect. *Aquatiles* (Meinsh.) Egor. 1987, Новости сист. высш. раст. 24 : 43, non sect. *Microrhynchae* Drej. ex Kük. subsect. *Aquatiles* Fries ex Kük. 1899, nom. illeg. — Sect. *Aquatiles* Meinsh. 1901, Тр. Петерб. бот. сада, **18**, 3 : 282, 333, p. p. — Sect. *Leimonastes* cycl. *Aquatica* V. Krecz. 1935, во Фл. СССР, 3 : 292, sine descr. latin. — Тычиночных колосков 1—3(4); пестичные колоски в числе (2)3—5(6), многоцветковые, густые, почти сидячие, нижний иногда на ножке до 3 см дл. Нижний кроющий лист превышает соцветие или равен ему. Мешочки плоско-выпуклые, без жилок; носик на верхушке заметно мозолисто утолщенный. Растения с ползучими корневищами, иногда образующие кочки. — Typus: *C. aquatilis* Wahlenb.

---

[1] *C.* × *descendens* is rather exactly pictured in the work by Kükenthal (1911); this drawing is reproduced in «Flora URSS» (1935, tab. XV, fig. 5).

4 вида и подвида; вне рассматриваемой территории: *C. aquatilis* subsp. *altior* (Rydb.) Hult. (Сев. Америка).

Male spikes 1–3(4); female spikes (2)3–5(6), many-flowered, dense, subsessile, lowest one sometimes with peduncle up to 3 cm long. Lowest bract exceeds inflorescence or is equal to it. Utricles plano-convex, veinless; beak at apex distinctly callously thickened. Plants with creeping rhizomes, sometimes forming tussocks. — Typus: *C. aquatilis* Wahlenb.

4 species and subspecies; outside considered territory: *C. aquatilis* subsp. *altior* (Rydb.) Hult. (North America).

9 (232). **C. aquatilis** Wahlenb. 1803, Kungl. Sv. Vet.-Akad. Handl. ser. nov. 24. : 165; Kük. 1909, in Engl. Pflanzenr. 38 : 309, p. p.; В. Креч. 1935, во Фл. СССР, 3 : 229; Егор. 1966, в Аркт. фл. СССР, 3 : 103. — Exs.: H.F.R. № 540; H.F. URSS № 2903. — **О. водяная**.

Описан с севера Фенноскандии («Habitat intra ripas fluviorum per Lapponiam»); typus: UPS.

a) subsp. **aquatilis**.

По берегам водоемов, нередко в воде, на заливных пойменных лугах, низинных осоковых болотах, болотистых местах, по краям канав; местами образует большие заросли. — **Европ. ч.**: Аркт. (материковая часть), Кар.-Мурм., Дв.-Печ., Прибалт. (Эстония; Латвия: Екабпильский р-н), Лад.-Ильм., Верх.-Днепр. (север и запад Беларуси; Брянская обл.: р. Сураж; Смоленская обл.), Верх.-Волж., Волж.-Кам. (юг), Волж.-Дон. (вост., очень редко), Заволж. (Куйбышевская обл. — Кинельский р-н); **Зап. Сиб.**: все районы; **Вост. Сиб.**: Аркт. (от Енисея до Хатанги), Енис., Лен.-Кол., Анг.-Саян. (зап.); Дальн. Вост.: ? Аркт. Общ. распр.: С. и Атл. (Англия, Ирландия, Голландия, сев.-зап. Германия) Европа; С. Америка (? зап. и вост.). — 2n = 76 (Faulkner, 1972; Жукова и др., 1977; Жукова, 1980). — Рис. 60, *2*.

Следует отметить своеобразие кариотипа *C. aquatilis* s. str.: из 38 бивалентов (2n = 76) 1 бивалент (т. е. 1 пара хромосом) заметно крупнее остальных. Такая особенность не наблюдается у других представителей секции *Phacocystis*, но она характерна для некоторых видов секции *Temnemis*, например, *C. paleacea* (Faulkner, 1973).

Образует помеси с *C. acuta*, *C. nigra* и *C. recta*.

The peculiarity of karyotype of *C. aquatilis* s. str. should be pointed out: among 38 bivalents (2n = 76), 1 bivalent (i.e., 1 pair of chromosomes) is distinctly larger than the others. Such a feature has not been observed in other representatives of the section *Phacocystis*, but it is indicated in some species of the section *Temnemis*, for example, *C. paleacea* (Faulkner, 1973).

Generates crossbreds with *C. acuta*, *C. nigra* and *C. recta*.

b) subsp. **stans** (Drej.) Hult. 1962, Kungl. Sv. Vet.-Akad. Handl. ser. 4, **8**, 5 : 74 (Circump. Pl. 1); Егор. 1972, Новости сист. высш. раст. 9 : 92; Малышев, 1990, во Фл. Сиб. 3 : 161. — *C. stans* Drej. 1841, Revis. Car. Bor. : 40; В. Креч. 1935, во Фл. СССР, 3 : 330; Егор. 1966, l. c. : 104; А. Е. Кожевников, 1988, в Сосуд. раст. сов. Дальн. Вост. 3 : 361. — *C. concolor* R. Br. 1824, in Suppl. App. Parry's Voy. App. XI, Bot. : 283. — *C. aquatilis* var. *stans* (Drej.) Boott, 1867, Ill. Carex, 4 : 163; Kük. 1909, l. c. : 311; Ворош. 1982, Опред. раст. сов. Дальн. Вост. : 121. — *C. rigida* var. *concolor* (R. Br.) Kük. 1909, l. c. : 301. — *C. uzoni* Kom. 1914, Feddes Repert. 13 : 165; В. Креч. 1935, l. c. : 230; Егор. 1979, Новости сист. высш. раст. 16 : 49, pro syn. subsp. *stans*; А. Е. Кожевников, 1988, l. c. : 361. — *C. aquatilis* auct. non. Wahlenb. s. str. : Ворош. 1982, l. c. : 120. — Exs.: H.F. URSS № 6065. — **О. прямостоячая**.

Описан из Гренландии («Grönland»); typus: ?

На низинных осоковых и осоково-пушицевых гипновых болотах, в сырых моховых тундрах, по берегам водоемов и в воде, по краям мочажин, в сырых ивняках; ландшафтное растение заболоченных равнинных арктических тундр, встречающееся также и в альпийской тундре. — **Европ. ч.**: Аркт., Кар.-Мурм., Дв.-Печ. (Соловецкие о-ва; побережье Белого моря: с. Кега; Приполярн. Урал), Волж.-Кам. (Сев. Урал: гора Кваркуш и Муравьиный Камень); **Зап. Сиб.**: Аркт., Енис. (плато Путорана); **Вост. Сиб.**: Аркт., Лен.-Кол. (преимущественно к востоку от Лены), Даур. (сев.-зап.: Патомское нагорье); **Дальн. Вост.**: Аркт., Камч., Охот., Удск. (сев.: хр. Геран), Зее-Бур. (сев.: хребты Дуссе-Алинь, Баджал и Ям-Алинь). О б щ. р а с п р.: С. Америка (Аляска, сев. Канада, Гренландия). — 2n = 76 (Жукова, Петровский, 1971, 1977; Крогулевич, 1976; Жукова и др., 1977; Юрцев, Жукова, 1978; Жукова, 1980; Петровский, Жукова, 1981).

C. aquatilis s. l. — длиннокорневищная осока, образующая крупные плотные дерновины, а иногда и кочки.

Таксономические взаимоотношения растений, соответствующих subsp. *aquatilis* и subsp. *stans*, рассматривались мною ранее (Егорова, 1966, l. c.).

C. uzoni Kom., l. c., описанную с востока п-ова Камчатка (typus: «Камчатка, кратер вулкана Узон, 23 VIII 1909, В. Комаров» — LE!, isotypi LE! MW!) и известную только из цитированного местонахождения, я считаю тождественной subsp. *stans*. Наличие у типовых образцов *C. uzoni* относительно остро-трехгранных стеблей (а не б. ч. тупо-трехгранных, как у subsp. *stans*) и неясных жилок у некоторых мешочков (у subsp. *stans* жилок нет) не может служить достаточным основанием для отнесения этих растений к особому виду. Заметим, что В. И. Кречетовичем изотипы *C. uzoni* были определены в 1938 г. как *C. stans*.

При трактовке subsp. *stans* в качестве вида следует использовать название *C. concolor* R. Br., l. c. Последний вид описан с Канадского архипелага (о-в Мелвилл). Изучение типа *C. concolor* (typus: «Melville Island, 1820, № 51, Mr. Edwans, Mr. Beverley, Capt. Parry» — BM!, photo LE!) показало, что он соответствует *C. stans* в общепринятом понимании. Мнение об идентичности *C. stans* и *C. concolor* впервые высказал Голуб (Holub, 1968 : 185), также видевший типовой образец последнего вида. Кюкенталем (Kükenthal, l. c.) *C. concolor* рассматривалась в качестве разновидности *C. rigida* (= *C. bigelowii*).

C. aquatilis subsp. *stans* (в особенности ее низкорослые экземпляры) иногда смешивают с подвидами *C. bigelowii* s. l. или с *C. subspathacea*. От первого вида subsp. *stans* хорошо отличается тем, что кроющий лист второго снизу пестичного колоска равен соцветию или незначительно короче его (у *C. bigelowii* кроющий лист только самого нижнего пестичного колоска изредка равен соцветию, а кроющий лист второго снизу пестичного колоска едва равен лишь своему колоску). Кроме того, у растений subsp. *stans* носик мешочков, в отличие от *C. bigelowii*, мозолисто утолщенный. От *C. subspathacea* данный подвид отличается отсутствием шипика на чешуях тычиночных колосков, мешочками, довольно резко (а не постепенно) суженными в носик, и бо́льшим количеством листьев на стеблях — до 15 и более (у *C. subspathacea* их 6—8).

Гибридизирует с *C. subspathacea*.

C. aquatilis s. l. is a long-rhizomatous sedge forming large dense tufts, and sometimes tussocks.

Taxonomic relations of plants corresponding to subsp. *aquatilis* and subsp. *stans*, were considered by me before (Егорова, 1966, l. c.).

C. uzoni Kom., l. c. described from eastern Kamchatka (typus: «Камчатка, кратер вулкана Узон, 23 VIII 1909. В. Комаров» — LE!, isotypi LE! MW!) and known only from the cited location, is considered by me as being identical to subsp. *stans*. Rather sharply trigonous stems (instead of generally obtuse-trigonous, as in subsp. *stans*) and obscure veins in some utricles (in subsp. *stans* veins are absent) of the type specimens of *C. uzoni* cannot serve as a sufficient base to regard these plants as a distinct species. To note, Kreczetowicz in 1938 identified isotypes of *C. uzoni* as *C. stans*.

When treating the subsp. *stans* as a species the name *C. concolor* R. Br., l. c. should be used. The latter species is described from Canadian Arctic Archipelago (Melville Island). Examining the type of *C. concolor* (typus: «Melville Island, 1820, №51, Mr. Edwans, Mr. Beverley, Capt. Parry» — BM!, photo LE!) has shown, that it corresponds to *C. stans* in current use. The opinion about identity *C. stans* and *C. concolor* was for the first time suggested by Holub (1968 : 185), who also had seen the type specimen of the latter species. Kükenthal (l. c.) considered *C. concolor* as a variety of *C. rigida* (= *C. bigelowii*).

C. aquatilis subsp. *stans* (especially, its dwarf specimens) is sometimes mixed with the subspecies *C. bigelowii* s. l. or with *C. subspathacea*. Subsp. *stans* well differs from the former species in having bract of the second from below female spike being equal to inflorescence or slightly shorter (in *C. bigelowii*, only bract of the lowest female spike is rarely equal to inflorescence, and bract of the second from below female spike is hardly equal to its spike). In addition, plants of the subsp. *stans* have callous-thickened utricle beaks, unlike *C. bigelowii*. This subspecies differs from *C. subspathacea* by absence of small prickle at apex of male glumes, by utricles rather abruptly (instead of gradually) narrowed into a beak and numerous leaves on stems, up to 15 and more (in *C. subspathacea* they are 6—8).

Hybridizes with *C. subspathacea*.

10 (233). **C. cinerascens** Kük. 1902, Bull. Herb. Boiss. sér. 2, 2 : 1017; id. 1909, in Engl. Pflanzenr. 38 : 340; Егор. 1973, Новости сист. высш. раст. 10. : 102; Y. L. Chang et Y. L. Yang, 1976, Fl. Chin. Bor.-Or. 11 : 165. — ? *C. micrantha* Kük. 1909, l. c. : 340; Y. L. Chang et Y. L. Yang, l. c. : 166. — *C. cheilungkiangica* Baran. et Skvorts. 1965, Quart. Journ. Taiwan Mus. **18**, 1—2 : 225, fig. 3. — **О. светло-пепельно-серая.**

Описан из Японии; typus — утрачен; lectotypus: о-в Хонсю, «Plaine de Kashimadai prés de Sendai, 18 VII 1897, № 1122, U. Faurie» (G!, isolectotypus P!, photo LE!) — Егорова (h. l.).

На осоково-разнотравных лугах в долинах рек, в приречных кустарниках, по иловатым берегам. — **Вост. Сиб.:** Даур. (юго-вост.: басс. р. Борзи, долина р. Ималки); **Дальн. Вост.:** Уссур. (басс. Амура: долина р. Помпеевки; южн. Приморье). Общ. распр.: В. Азия (Сев. и Сев.-Вост. Китай, п-ов Корея, о-в Хонсю). — 2n = ?

Тип *C. cinerascens*, хранившийся прежде (как и все типы описанных Кюкенталем видов) в Берлине-Далеме (B), утрачен во время Второй мировой войны. Об этом сообщил нам в 1972 г. в письме куратор музея Берлин-Далем Шульце-Мотель (W. Schultze-Motel) (Егорова, l. c.). В качестве лектотипа вида мною выбран здесь его женевский изотип с автографом Кюкенталя.

C. micrantha Kük., l. c., описанная с п-ова Корея (изотип в US), была отождествлена с *C. cinerascens* Ови (Ohwi, 1936, 1965).

C. cheilungkiangica Baran. et Skorts., l. c., описанная из Маньчжурии (окр. Харбина), судя по диагнозу и изображению этого вида, идентична *C. cinerascens* (Егорова, l. c.).

The type of *C. cinerascens* been kept before (like all types of species described by Kükenthal) in Berlin (B) was lost during World War II. We received an information about it in the letter of 1972 by curator of Botanisches Museum (B) Dr. W. Schultze-Motel (Егорова, l. c.). Chosen here as the lectotype of the species, is its isotype from Geneve with autograph by Kükenthal.

C. micrantha Kük., l. c. described from Korea (isotype in US) has been identified with *C. cinerascens* by Ohwi (1936, 1965).

C. cheilungkiangica Baran. et Skvortz., l. c. described from Manchuria (vicinities of Harbin), judging from the diagnosis and picture of this species, is identical to *C. cinerascens* (Егорова, l. c.).

Subsect. 3. **Elatiformes** Egor. 1990, Бот. журн. **75**, 6 : 865. — Sect. *Acutae* subsect. *Elatae* Egor. 1987, Новости сист. высш. раст. 24 : 43, non sect. *Elatae* Kük. 1909. — Sect. *Acutae* subsect. *Strictae* Mackenzie, 1935, in North Amer. Fl. 18 : 377, p. p., sine descr. latin. — Sect. *Leimonastes* cycl. *Stricta* V. Krecz. 1935, во Фл. СССР, 2 : 215, sine descr. latin. — Тычиночных колосков 1—2; пестичные колоски в числе 3—4(5), многоцветковые, густые. Нижний кроющий лист обычно значительно короче соцветия. Мешочки плоско-выпуклые, с жилками или без них. Растения без ползучих корневищ, образующие кочки; стебли окружены при основании широкими и высокими светло(соломенно)-желтыми или желтовато-буроватыми или (у американских растений) красновато-коричневыми, сетчато расщепленными чешуевидными листовыми влагалищами. — Typus: *C. elata* All.

5 видов и подвидов; вне рассматриваемой территории: *C. stricta* Lam., *C. nudata* Boott и *C. angustata* Boott[1] (Сев. Америка).

Male spikes 1—2; female spikes 3—4(5), many-flowered, dense. Lowest bract usually considerably shorter than inflorescence. Utricles plano-convex, veined or veinless. Plants without creeping rhizomes, forming tussocks; stems are surrounded at base by broad and high light (straw)-yellow or yellowish-brownish or (in American plants) reddish-brown reticulate-split scale-like leaf sheaths. — Typus: *C. elata* All.

5 species and subspecies; outside considered territory: *C. stricta* Lam., *C. nudata* Boott and *C. angustata* Boott[2] (North America).

11 (234). **C. elata** All. 1785, Fl. Pedem. 2 : 272; В. Креч. 1935, во Фл. СССР, 3 : 215. — *C. stricta* Good. 1794, Trans. Linn. Soc. London, 2 : 96, tab. 21, non Lam. 1789. — *C. reticulosa* Peterm. 1844, Flora (Regensb.), 27 : 332. — *C. hudsonii* A. Benn. 1895, London Catal., ed. 9 : 41; Kük. 1909, in Engl. Pflanzenr. 38 : 330. — Exs.: H.F.R. № 241. — **О. высокая**.

Описан из Италии (Пьемонт, «In spongiosis vallis Segusine et Ulciensis non infrequens»); typus: ?

а) subsp. **elata**.

На осоково-моховых болотах, по заболоченным берегам водоемов, болотистым лугам. — **Европ. ч.**: Прибалт., Лад.-Ильм., Верх.-Днепр., Карп. (окр. Львова), Сред.-Днепр., Причерн.; **Кавк.**: Предкавк. (вост.: Присулакская низменность), Б. Кавк. (зап. и центр., очень редко), Центр. (сев. Армения: Лорийское плато), Южн. (Грузия; Армения: басс. оз. Севан — Джан-ахмед) Закавк. Общ. распр.: С., Атл., Ц. и Ю. (редко) Европа; З. Азия (сев.-зап. Турция, сев.-вост. Ирак, Иран); С. Африка. — 2n = 74, 76 (Faulkner, 1972), 74—78, 80 (Chater, 1980).

Место хранения типовых образцов *C. elata* неизвестно; их определенно нет ни в Турине (TO), ни во Флоренции (FL), ни в Женеве (G).

Гибридизирует с *C. acuta* и *C. nigra*.

The place of keeping the type specimens of *C. elata* is unknown; they are certainly present neither in Turin (TO), nor in Florence (FL), nor in Geneve (G).

Hybridizes with *C. acuta* and *C. nigra*.

---

[1] Виды, родственные *C. stricta*: *C. nudata* и *C. angustata* — указаны по работе Стэндли (Standley, 1989).

[2] Species allied to *C. stricta*, namely *C. nudata* and *C. angustata*, are cited after work by Standley (1989).

b) subsp. **omskiana** (Meinsh.) Jalas, 1964, Ann. Bot. Fenn. **1**, 1 : Егор. 1976, во Фл. Европ. ч. СССР, 2 : 201; Chater, 1980, in Fl. Europ. 5 : 321; Малышев, 1990, во Фл. Сиб. 3 : 164. — *C. omskiana* Meinsh. 1901, Тр. Петерб. бот. сада, **18**, 3 : 340; В. Креч. 1935, во Фл. СССР, 3 : 216. — *C. moskoviensis* C. B. Clarke, 1906, Журн. Русск. бот. общ. 1 : 191; id. 1908, Kew Bull. Add. ser. 8 : 69. — **О. омская**.

Описан из Зап. Сибири; typus: «В болоте ок. ст. Суховской, 66.5 верст от Омска, 23 VI 1885, Golde» (LE!).

На осоково-моховых и низинных осоковых болотах, по заболоченным берегам водоемов, на болотистых лугах, иногда в заболоченных разреженных лесах; на равнине и в горах (до среднего пояса); нередко. — **Европ. ч.**: все районы, кроме Ниж.-Волж. и Крым. (в Кар.-Мурм. Карелия); ? **Кавк.**: Предкавк. (Приазовские плавни), Б. Кавк. (Майкоп); **Зап. Сиб.**: Обск. (юг), Верх.-Тоб., Ирт.; **Вост. Сиб.**: Анг.-Саян. (басс. верхнего течения Ангары). Общ. распр.: С. Европа (Финляндия); З. Азия (вост. Турция). — 2n = ? — Рис. 61, *1*.

Приведенные подвиды, помимо морфологических различий (см. ключ), обнаруживают и анатомические (Jalas, Hirvelä, 1964).

К *C. elata* subsp. *omskiana* близка встречающаяся на востоке Турции, севере Ирака и Ирана и в Афганистане *C. kurdica* Kük. ex Hand.-Mazz. (Nilsson, 1985).

Образцы subsp. *omskiana* с Кавказа в наших гербарных хранилищах отсутствуют; распространение подвида на этой территории указано по А. А. Гроссгейму (1940, 1949). В Средней Азии subsp. *omskiana*, вопреки данным В. И. Кречетовича (l. c.), не встречается (Егорова, 1976б : 87). Для Турции подвид приведен по литературным данным (Nilsson, 1985).

Оба подвида гибридизируют с *C. acuta*. Известны помеси (частично фертильные) между *C. elata* s. str. и *C. nigra* (= *C.* × *turfosa* Fries, *C.* × *cokae* Podp.), которые хорошо отличаются от родительских видов по анатомическим признакам (Jalas, Hirvelä, 1964).

The cited subspecies, besides morphological distinctions (see the key) demonstrate anatomical ones (Jalas, Hirvelä, 1964).

Close to *C. elata* subsp. *omskiana* is occurring in eastern Turkey, northern Iraq and Iran and in Afghanistan *C. kurdica* Kük. ex Hand.-Mazz. (Nilsson, 1985).

Specimens of subsp. *omskiana* from the Caucasus are not available in our Herbaria; distribution of the subspecies in this territory is cited after Grossheim (Гроссгейм, 1940, 1949). Subsp. *omskiana*, contrary to data by Kreczetowicz (Кречетович, l. c.), does not occur in Middle Asia (Егорова, 1976б : 87). For Turkey the subspecies is cited according to data by Nilsson (1985).

Both subspecies hybridize with *C. acuta*. Crossbreds (partly fertile) are known between *C. elata* s. str. and *C. nigra* (= *C.* × *turfosa* Fries, *C. cokae* Podp.), which well differ from parental species in anatomical characters (Jalas, Hirvelä, 1964).

Subsect. 4. **Reticulatae** Egor. 1990, Бот. журн. **75**, 6 : 865. — Тычиночных колосков 1—3; пестичные колоски в числе 3—5, многоцветковые, густые. Нижний кроющий лист короче соцветия. Мешочки плоско-выпуклые, без жилок. Растения с толстыми ползучими корневищами, образующие б. м. плотные дерновины; стебли остроугольные, окруженные при основании широкими острокилеватыми, красновато-коричневыми, сильно и крупно сетчато расщепленными чешуевидными листовыми влагалищами. — Typus: *C. buekii* Wimm. Монотипная подсекция.

Male spikes 1—3; female spikes 3—5, many-flowered, dense. Lowest bract shorter than inflorescence. Utricles plano-convex, veinless. Plants with thick creeping rhizomes, forming more or less dense tufts; stems sharp-edged, surrounded at base by broad acute-carinate, reddish-brown, strongly and largely reticulate-split scale-like leaf sheaths. — Typus: *C. buekii* Wimm. Monotypic subsection.

12 (235). **C. buekii** Wimm. 1857, Fl. Schles., ed. 3 : 81; В. Креч. 1935, во Фл. СССР, 3 : 213. — **О. Буека.**

Описан из юго-зап. Польши (р. Олава в окр. Вроцлава, «Um Br.[eslau] an den Ufern der Ohlau bei Zimpel, Zedlitz und Pirscham. In Walde bei Tschechnitz. Im Fürstenwalde bei Ohlau»); s y n t y p i : ?

На пойменных лугах, в пересыхающих руслах рек, приречных ивняках, черноольшаниках, в балках, канавах, обычно на солонцеватых местах. — **Европ. ч.**: Карп. (окр. пос. Броды и г. Мукачева), Сред.-Днепр., Волж.-Дон. (юг), Причерн. (Николаевская обл., Первомайский р-н, с. Мигея), Ниж.-Дон.; **Кавк.**: Б. Кавк. (зап.: в районе Майкопа и басс. Урупа; центр: басс. Терека), Центр. (Грузия: Бакуриани), Южн. (Грузия: оз. Табисхури) и Вост. (Азербайджан, очень редко) Закавк. О б щ . р а с п р.: Ц. и Ю. Европа. — 2n = ? — Рис. 60, *3*.

Указание о произрастании вида в Литве не подтверждено гербарным материалом (Stancevičius, 1963 : 644; Егорова, 1976а : 200).

Indication about occurrence of the species in Lithuania is not confirmed by herbarium material (Stancevičius, 1963 : 644; Егорова, 1976а : 200).

Subsect. 5. **Caespitosae** Fries ex Kük. 1909, in Engl. Pflanzenr. 38 : 324, p. p. — Sect. *Leimonastes* cycl. *Caespitosa* V. Krecz. 1935, во Фл. СССР, 3 : 217, p. p., sine descr. latin. — Тычиночных колосков 1—2(3); пестичные колоски в числе 2—3(4), относительно немногоцветковые, б. ч. густые, обычно почти сидячие, нижний иногда на ножке до 1.5 см дл. Нижний кроющий лист б. ч. короче соцветия, а часто и своего колоска. Мешочки двояковыпуклые, несколько вздутые, без жилок. Растения без ползучих корневищ, образующие кочки или плотные дерновины; стебли окружены при основании узкими пурпурными, красновато-бурыми, темно- или светло-коричневыми сетчато расщепленными чешуевидными листовыми влагалищами. — T y p u s: *C. cespitosa* L.

4 вида; вне рассматриваемой территории: *C. aperta* Boott (Сев. Америка).

Male spikes 1—2(3); female spikes 2—3(4), relatively few-flowered, generally dense, usually subsessile, the lowest sometimes with peduncle up to 1.5 cm long. Lowest bract generally shorter than inflorescence, and frequently than its spike. Utricles biconvex, somewhat inflated, veinless. Plants without creeping rhizomes, forming tussocks or dense tufts; stems are surrounded at base by narrow purple, reddish-brown, dark or light brown reticulate-split scale-like leaf sheaths. — T y p u s: *C. cespitosa* L.

4 species; outside considered territory: *C. aperta* Boott (North America).

13 (236). **C. schmidtii** Meinsh. 1871, Beitr. Pfl. Russ. Reich. 26 : 224; id. 1901, Тр. Петерб. бот. сада, **18**, 3 : 340; В. Креч. 1935, во Фл. СССР, 3 : 223. — *C. maximowiczii* Fr. Schmidt, 1868, Mém. Acad. Sci. Pétersb. sér. 7, **12**, 2 : 71 (Reisen im Amur-Lande...), non Miq. 1866. — *C. subvaginata* Meinsh. ex C. B. Clarke, 1908, Kew Bull. Add. ser. 8 : 70. — *C. vladimiroviensis* Lévl. 1909, Bull. Acad. Intern. Géogr. Bot. (Le Mans), 19 : 34. — *C. lineolata* Cham. ex V. Krecz. 1935, во Фл. СССР, 3 : 598, 223. — *C. aperta* auct. non Boott : В. Креч. 1935, во Фл. СССР, 3 : 224. — E x s.: H.F. URSS № 2910. — **О. Шмидта.**

Описан с российского Дальнего Востока; t y p u s est typus *C. maximowiczii* Fr. Schmidt: «Amgun fl., Anfang Juni 1862, Fr. Schmidt» (LE! cum isotypis 2).

На осоковых болотах, сырых и болотистых пойменных лугах, по берегам рек и озер, в прибрежных зарослях кустарников, по окраинам стариц, в заболоченных березовых лесах; часто; местами образует заросли. — **Вост. Сиб.**: Енис. (редко), Лен.-Кол. (кроме сев.), Анг.-Саян., Даур.; **Дальн. Вост.**: все районы, кроме Ком. (в Аркт. басс. Анадыря и Корякия, в Курил. о-в Шикотан). О б щ . р а с п р.: Ц. (сев. и вост. Монголия) и В. (Сев.-Вост. Китай, п-ов Корея, о-в Хоккайдо) Азия. — 2n = ? — Рис. 62, *1*.

Вопрос об идентичности *C. lineolata* Cham. ex V. Krecz., l. c. и *C. schmidtii* рассматривался мною ранее (Егорова, 1966а : 103). *C. aperta* Boott, приведенная В. И. Кречетовичем (l. c.) по литературным данным (Miyabe, Kudo, 1930—1931), в Азии не встречается. Этот вид произрастает на западе Сев. Америки. Названными японскими авторами за *C. aperta* была принята внешне сходная с ней *C. schmidtii*.

C. schmidtii образует помеси с *C. appendiculata* (см. выше), а также с *C. cespitosa* и *C. minuta* (Кожевников, 1988).

The question concerning identity of *C. lineolata* Cham. ex V. Krecz., l. c. and *C. schmidtii* was considered by me before (Егорова, 1966а: 103). *C. aperta* Boott, cited by Kreczetowicz (Кречетович, l. c.) after published data (Miyabe, Kudo, 1930—1931), does not occur in Asia. This species grows in western North America. Mentioned Japanese authors took for *C. aperta* the species *C. schmidtii* similar with the former in appearance.

C. schmidtii generates crossbreds with *C. appendiculata* (see above), as well as with *C. cespitosa* and *C. minuta* (Кожевников, 1988).

14 (237). **C. minuta** Franch. 1895, Bull. Soc. Philom. Paris, sér. 8, 7 : 41; В. Креч. 1935, во Фл. СССР, 3 : 220; А. Е. Кожевников, 1988, в Сосуд. раст. сов. Дальн. Вост. 3 : 367; Малышев, 1990, во Фл. Сиб. 3 : 166. — *C. meyeriana* var. *scabra* Meinsh. 1901, Тр. Петерб. бот. сада, **18**, 3 : 350. — *C. cespitosa* var. *minuta* (Franch.) Kük. 1909, in Engl. Pflanzenr. 38 : 329; Ohwi, 1965, Fl. Jap. : 232. — *C. cespitosa* subsp. *minuta* (Franch.) Worosch. 1985, во Флорист. иссл. СССР : 153. — *C. cespitosa* auct. non L.: Y. L. Chang et Y. L. Yang, 1976, in Fl. Chin. Bor.-Or. 11 : 163, p. p., quoad syn. *C. minuta*. — **О. мелкая**.

Описан с о-ва Хоккайдо; t y p u s: «Plaine de Sara, 14 VII 1893, № 10398, M. l'abbé Faurie» (P!, photo LE!).

На болотах, болотистых лугах, в зарослях приречных кустарников, заболоченных лиственничных лесах. — **Вост. Сиб.**: Аркт. (низовья Колымы: окр. Походска), Лен.-Кол. (к востоку от Лены), Даур,; **Дальн. Вост.**: Аркт. (зап. Чукотка: Южн. Анюйский хр. и р. Б. Анюй), Удск., Зее-Бур., Уссур., ? Сах. О б щ. р а с п р.: В. Азия (Сев.-Вост. Китай и о-в Хоккайдо). — 2n = ? — Рис. 62, *2*.

Близка к *C. cespitosa*, от которой довольно хорошо отличается по характеру листовых влагалищ, размерам тычиночного колоска, наличию беловатого налета на мешочках, узкими жесткими пластинками листьев (см. ключ) и более толстыми корнями. Некоторые образцы, однако (возможно, они гибридного происхождения), нельзя с уверенностью отнести ни к *C. cespitosa*, ни к *C. minuta*. В низовьях Колымы *C. minuta* может быть смешана с произрастающими здесь *C. lugens* и *C. soczavaeana*, от которых она отличается б. ч. темными (а не светлыми, коричневато-желтыми), сетчато расщепленными листовыми влагалищами, двояковыпуклыми (а не плоско-выпуклыми) мешочками б. ч. с беловатым налетом и более длинным тычиночным колоском.

Остается неясным вопрос о произрастании этого вида на Сахалине. По-видимому, там встречается только *C. cespitosa*.

Close to *C. cespitosa*, rather well differing from it by characters of leaf sheaths, size of male spike, presence of whitish deposit on utricles, narrow rigid leaf blades (see the key) and by thicker roots. Some specimens, however (probably, those of hybrid origin), can be reliably related neither to *C. cespitosa*, nor to *C. minuta*. In Lower Kolyma, *C. minuta* can be mixed with growing there *C. lugens* and *C. soczavaeana*, the former differing from the latters by generally dark (instead of light, brownish-yellow) reticulate-split leaf sheaths, biconvex (instead of plano-convex) utricles generally with whitish deposit and by longer male spike.

A question concerning occurrence of this species in Sakhalin remains obscure. Obviously, occurring there is only *C. cespitosa*.

30 Заказ № 131

Рис. 62.

1 — *Carex schmidtii* Meinsh., общий вид растения, *2a* — мешочек; *3* — *C. soczavaeana* Gorodk., общий вид растения, *3a* — мешочек; *4* — *C. bigelowii* Torr. ex Schwein. subsp. *bigelowii*, общий вид растения, *4a* — мешочек.

Fig. 62.

1 — *Carex schmidtii* Meinsh., the whole plant, *2a* — utricle; *3* — *C. soczavaeana* Gorodk., the whole plant, *3a* — utricle; *4* — *C. bigelowii* Torr. ex Schwein. subsp. *bigelowii*, the whole plant, *4a* — utricle.

15 (238). **C. cespitosa** L. 1753, Sp. Pl. : 978; Kük. 1909, in Engl. Pflanzenr. 38 : 328, p. p., excl. var. *minuta*; В. Креч. 1935, во Фл. СССР, 3 : 217. — *C. neglecta* Peterm. 1844, Flora (Regensb.), 32 : 331, non Degl. 1807, nec Tuckerm. 1843. — *C. cespitosa* var. *retorta* Fries, 1844, Bot. Not. (Lund) : 101. — *C. rubra* Lévl. et. Vaniot, 1909, Bull. Acad. Intern. Géogr. Bot. (Le Mans), 19 : 33; В. Креч. 1935, l. c. : 218. — *C. inumbrata* V. Krecz. 1935, во Фл. СССР, 3 : 218. — *C. retorta* (Fries) V. Krecz. l. c. : 598, 219. — *C. cespitosa* f. *retorta* (Fries) Sylvén, 1963, Opera Bot. **8**, 2 : 100. — Exs.: H.F.R. № 793, H.F. URSS № 2905. — **О. дернистая**.

Описан из Европы («Habitat in Europae paludibus turfosis»); lectotypus: Herb. Linn. № 1100.69 (LINN, photo LE!) — Егорова (h. l.).

На осоковых болотах, болотистых лугах, в заболоченных кустарниках и редколесьях, в черноольховых топях; образует кочкарники, занимающие местами довольно большие площади. — **Европ. ч.**: все районы, кроме Молд., запада Заволж., Причерн., Ниж.-Волж. и Крым. (в Аркт. материковая часть); **Кавк.**: Б. Кавк., Зап. (Грузия: Сомхетия), Центр. (Бакуриани, Боржоми) и Южн. (Грузия: Джавахетия; Армения: басс. Севана — Шорджа; Азербайджан: гора Кырс) Закавк.; **Зап. Сиб.**: все районы (в Аркт. низовья Оби); **Вост. Сиб.**: Аркт. (низовья Таза, Енисея и Колымы), Енис., Лен.-Кол. (кроме сев.), Анг.-Саян., Даур. (зап.); **Дальн. Вост.**: Удск., Зее-Бур., Уссур., Сах., Курил. (юг); **Средн. Азия**: Арало-Касп. (сев.), Прибалх. (сев.: Казахский мелкосопочник — Каркаралинские горы). Общ. распр.: С., Атл. и Ц. Европа; Зап. (сев.-вост. Турция), Ц. (Монголия) и В. (Сев.-Вост. Китай, Япония: о-в Хоккайдо) Азия. — 2n = 78, 80 (Faulkner, 1972), 80 (Тодераш, 1980). — Рис. 61, *3*.

Растения, описанные с Сахалина как *C. rubra* Lévl. et Vaniot (typus: «Hab. Insula Sagalin in turfosis, Vladimirof, Jun. 1908, № 892, Faurie» — P, isotypus LE!), возможно, являются помесью между *C. cespitosa* и *C. schmidtii*. У изотипа мешочки без плодов, а кроющие чешуи такие же, как у *C. schmidtii*. Дальневосточные образцы, отнесенные В. И. Кречетовичем (l. c.) к *C. rubra*, не обнаруживают какого-либо своеобразия по сравнению с европейскими и сибирскими представителями *C. cespitosa*. *C. rubra* не была признана многими исследователями рода *Carex* (Ohwi, 1936, 1965; Егорова, 1967; Chang, Yang, 1976; Ворошилов, 1982; Кожевников, 1988, и др.).

C. cespitosa — довольно полиморфный вид, наиболее сильно варьирующий по форме мешочков от почти округлых, широкоэллиптических и широкояйцевидных до эллиптических, яйцевидных и продолговато-яйцевидных, резко или постепенно суженных в короткий носик, а также по форме кроющих чешуй, соотношению длины чешуй и мешочков, длине ножки тычиночного колоска, длине кроющего листа нижнего колоска и некоторым другим признакам. *C. inumbrata* V. Krecz. (= *C. neglecta* Peterm.), l. c. и *C. retorta* (Fries) V. Krecz., l. c. представляют собой формы *C. cespitosa*, не имеющие таксономического значения.

На юге Дальнего Востока *C. cespitosa* неоднородна и нуждается в дальнейшем изучении (Кожевников, 1988).

C. cespitosa нередко смешивают с габитуально сходной с ней *C. juncella*. Виды хорошо различаются по мешочкам, которые у *C. cespitosa* двояковыпуклые, без жилок, а у *C. juncella* плоско-выпуклые, с жилками, и ряду других признаков (Егорова, 1976а : 153).

Для Охотского района *C. cespitosa* во «Флоре СССР» указана ошибочно. Для южн. Курил вид приведен мной по данным А. Е. Кожевникова (1988).

Гибридизирует с *C. juncella*, *C. nigra*, *C. elata* и, возможно, с *C. schmidtii*.

Plants described from Sakhalin as *C. rubra* Lévl. et Vaniot (typus: «Hab. Insula Sagalin in turfosis, Vladimirof, Jun. 1908, № 892, Faurie» — P, isotypus LE!) are, probably, a crossbred between *C. cespitosa* and *C. schmidtii*. The isotype has fruitless utricles and female glumes the same as in *C. schmidtii*. Far-Eastern specimens related by Kreczetowicz (Кречетович, l. c.) to *C. rubra*, do not demonstrate any peculiarity in comparison with European and Siberian representatives of *C. cespitosa*. *C. rubra* was not recognized by many researchers of the genus *Carex* (Ohwi, 1936, 1965; Егорова, 1967; Chang, Yang, 1976; Ворошилов, 1982; Кожевников, 1988, et others).

C. cespitosa is rather a polymorphic species, varying most intensively in shape of utricles from suborbicular, broad-elliptical and broad-ovate to elliptical, ovate and oblong-ovate, abruptly or gradually narrowed into a short beak, as well as in shape of female glumes, length ratio of glumes to utricles, length of peduncle of male spike, length of bract of the lowest spike and some other characters. *C. inumbrata* V. Krecz. (= *C. neglecta* Peterm.), l. c. and *C. retorta* (Fries) V. Krecz., l. c. are forms of *C. cespitosa*, not having a taxonomic significance.

In the southern Far East, *C. cespitosa* is heterogeneous and needs a further investigation (Кожевников, 1988).

C. cespitosa is rather often mixed with similar in habit *C. juncella*. The species are well distinguished in having utricles, the latters in *C. cespitosa* being biconvex, veinless, while in *C. juncella* plano-convex, veined, and by a number of other characters (Егорова, 1976a : 153).

For Okhotsk region *C. cespitosa* was cited in «Flora URSS» by mistake. For southern Kurils, the species is cited by me according to data by Kozhevnikov (Кожевников, 1988).

Hybridizes with *C. juncella*, *C. nigra*, *C. elata* and, possibly, with *C. schmidtii*.

Subsect. 6. **Rigidae** Fries ex Kük. 1909, in Engl. Pflanzenr. 38 : 299, p. p., quoad *C. rigidam*. — Sect. *Leimonastes* cycl. *Rigida* V. Krecz. 1935, во Фл. СССР, 3 : 224, p. p., sine descr. latin. — Тычиночных колосков 1(2), пестичные в числе (1)2—3, немногоцветковые, рыхловатые, нижние на ножках 0.5—3 см дл. Нижний кроющий лист немного превышает свой колосок или, иногда, равен соцветию. Мешочки плоско- или слабо двояковыпуклые, без жилок. Растения образуют либо рыхлые дерновины, причем почти каждый побег в дерновине имеет ползучее корневище, либо плотные дерновины или кочки с побегами без ползучих корневищ. Характерно большое число, (8)10—15(20), листьев на стеблях. — Typus: *C. rigida* Good. (= *C. bigelowii* Torr. ex Schwein.).

8 видов и подвидов; вне рассматриваемой территории: *C. consimilis* Holm (Сев. Америка).

Male spikes 1(2), female (1)2—3, not many-flowered, rather lax, lower ones with peduncles 0.5—3 cm long. Lowest bract a little exceeds spike or, sometimes, is equal to inflorescence. Utricles plano- or slightly biconvex, veinless. Plants form either loose tufts, almost each shoot in tuft having creeping rhizome, or dense tufts or tussocks, with shoots not having creeping rhizomes. A large number, (8)10—15(20), of leaves on stems is typical. — Typus: *C. rigida* Good. (= *C. bigelowii* Torr. ex Schwein.).

8 species and subspecies; outside considered territory: *C. consimilis* Holm (North America).

16 (239). **C. bigelowii** Torr. ex Schwein. 1824, Ann. Lyc. Nat. New York, 1 : 67; Кузенева, 1954, во Фл. Мурм. обл. 2 : 85. — *C. rigida* Good. 1794, Trans. Linn. Soc. London, 2 : 153, tab. 22, non Schrank, 1789; Kük. 1909, in Engl. Pflanzenr. 38 : 299. — *C. rigida* var. *inferalpina* Laest. 1839, Nova Acta Soc. Sci. Upsal. 11 : 287. — *C. hyperborea* Drej. 1841, Revis. Caric. Bor.: 43; В. Креч. 1935, во Фл. СССР, 3 : 226, p. p. — ? *C. arctophila* F. Nyl. 1846, Spicil. Pl. Fenn. : 14. — *C. rigida* subsp. *inferalpina* (Laest.) Gorodk. 1930, Журн. Русск. бот. общ. 15 : 181, p. p., quoad typum. — *C. bigelowii* subsp. *rigida* Schultze-Motel, 1968, Willdenowia, **4**, 3 : 326, quoad nom. — Exs.: H.F. URSS № 7176. — **О. Бигелоу.**

Описан из США (штат Нью-Гэмпшир, «White Hills»); typus: PH.

a) subsp. **bigelowii**.

По берегам рек и озер, в зарослях кустарников и редколесьях; в горной и равнинной тундре. — **Европ. ч.**: Аркт. (Кольский п-ов), Кар.-Мурм. (Мурманская обл.; сев. Карелия: р. Кемь). Общ. распр.: С. и Атл. (Шотландия) Европа; С. Америка (вост.). — 2n = 68, 70 (Faulkner, 1972). — Рис. 62, *4*.

В LE имеется топотип *C. bigelowii*.

По всей вероятности, синонимом *C. bigelowii* subsp. *bigelowii* является *C. arctophila* F. Nyl. Этот вид описан с Кольского п-ова, однако типовой материал в LE отсутствует.

In LE, the topotype of *C. bigelowii* is available.

Most probably, *C. arctophila* F. Nyl. is a synonym of *C. bigelowii* subsp. *bigelowii*. This species is described from Kola Peninsula, however the type material in LE is absent.

b) subsp. **rigidioides** (Gorodk.) Egor. 1973, Новости сист. высш. раст. 10 : 103; Малышев, 1979, во Фл. Центр. Сиб. 1 : 200; id. 1990, во Фл. Сиб. 3 : 163; Ворош. 1982, Опред. раст. сов. Дальн. Вост. : 120. — *C. rigida* subsp. *rigidioides* Gorodk. 1930, Журн. Русск. бот. общ. 15 : 182. — *C. rigidioides* (Gorodk.) V. Krecz. 1935, во Фл. СССР, 3 : 228; Егор. 1966, в Аркт. фл. СССР, 3 : 110; А. Е. Кожевников, 1988, в Сосуд. раст. сов. Дальн. Вост. 3 : 370. — **О. ложножесткая**.

Описан с российского Дальнего Востока; lectotypus: «Амурская обл., хр. Тукурингра, водораздел рек Уркана и Гилюя, сухое плато, 22 VII 1910, № 677, Н. Прохоров, О. Кузенева» (LE!) — Кречетович (in sched.), Егорова (h. l.).

На сухих щебнистых и каменистых склонах и плато, в разреженных сухих лиственничниках и зарослях кедрового стланика, в сухих ерниках, иногда в болотистых редколесьях и на галечниках; в высокогорной, редко в арктической тундре, в верхней части лесного пояса гор и в лесотундре; часто. — **Вост. Сиб.**: Аркт. (низовья Оленека и Лены; залив Борхая: бухта Тикси), Енис. (сев.: плато Путорана), Лен.-Кол., Даур. (юг: голец Сохондо и р. Чичатка); **Дальн. Вост.**: Аркт. (? о-в Врангеля), Охот., Удск., Зее-Бур., Уссур. (сев.), Сах. (п-ов Шмидта). Общ. распр.: Ц. Азия (Монголия). — 2n = 62 (Жукова и др., 1973).

В. Н. Ворошилов приводит для Приморского края *C. bigelowii* subsp. *paishanensis* (Nakai) Worosch. (1985, во Флорист. иссл. СССР: 153. — *C. paishanensis* Nakai, 1914, Bot. Mag. Tokyo, 28 : 301. — *C. bigelowii* subsp. *bigelowii* sensu Ворош. 1982, l. c. : 120). Изученные мною гербарные образцы, определенные им как subsp. *paishanensis* (южн. Приморье, хр. Тачин-чан, гора Лысая, 1963, М. Пименов; там же, гора Облачная, 1963, он же. — МНА!), сходны с subsp. *rigidioides*, от которой отличаются эллиптическими (а не почти округлыми) мешочками с немногими слабо выраженными жилками. *C. paishanensis* описана с п-ова Корея («Habitat in Korea, in herbidis Paiktusan, VIII 1913, № 26, T. Mori»). Типового образца этого вида я не видела. Согласно Ови (Ohwi, 1936 : 290, 317) и Койяме (Koyama, 1962 : 198), *C. paishanensis* основана на растениях (трех- и двурыльцевых), принадлежащих к двум ранее описанным видам. Трехрыльцевые образцы Ови отнес к *C. atrata* L., двурыльцевые — к *C. concolor* R. Br., с которой он синонимизировал *C. rigidioides* и *C. kamtschatica*. Койяма включил *C. paishanensis* («quoad pl. tristigmat. excl. typo» в число синонимов *C. atrata* var. *japonalpina* T. Koyama. Во «Флоре Кореи» (Lee, 1976) *C. paishanensis* отождествлена с *C. concolor*. По мнению А. Е. Кожевникова (цит. соч.), по-видимому, правильному, *C. paishanensis* близка, если не тождественна, *C. rigidioides*.

Для Сахалина subsp. *rigidioides* указана по данным Ворошилова (1982, l. c.).

Woroshilov has cited for Maritime Territory *C. bigelowii* subsp. *paishanensis* (Nakai) Worosch. (1985, in Флорист. иссл. СССР: 153.— *C. paishanensis* Nakai, 1914, Bot. Mag. Tokyo, 28 : 301.— *C. bigelowii* subsp. *bigelowii* sensu Worosch. 1982, l. c. : 120). Herbarium specimens been identified him as subsp. *paishanensis* and examined by me (southern Maritime Territory, ridge Tachin-chan, mountain Lysaya, 1963, M. Pimenov; the same place, mountain Oblachnaya, 1963, id. — MHA!), resemble subsp. *rigidioides*, differing from it by elliptical (instead of suborbicular) utricles with few poorly distinct veins. *C. paishanensis* is described from Korea («Habitat in Korea, in herbidis Paiktusan, VIII 1913, № 26, T. Mori»). I have not seen the type specimen of this species. According to Ohwi (1936 : 290, 317) and Koyama (1962 : 198), *C. paishanensis* is based on plants (tri- and distigmatous) belonging to two species described before. Ohwi has related tristigmatous specimens to *C. atrata* L., distigmatous ones to *C. concolor* R. Br., having synonymized with the latter both *C. rigidioides* and *C. kamtschatica*. Koyama has put *C. paishanensis* («quoad pl. tristigmat. excl. typo») into synonymy of *C. atrata* var. *japonalpina* T. Koyama. In «Flora Coreana» (Lee, 1976) *C. paishanensis* is equated with *C. concolor*. In opinion of Kozhevnikov (А. Е. Кожевников, l. c.), being obviously correct, *C. paishanensis* is close, if not identical, to *C. rigidioides*.

For Sakhalin, subsp. *rigidioides* is cited according to data by Woroshilov (Ворошилов, 1982, l. c.).

c) subsp. **dacica** (Heuff.) Egor. 1976, во Фл. Европ. ч. СССР, 2 : 202; Dostál, 1982, Seznam Rostl. Květ. Českosl. : 335; id. 1989, Nová Květ. ČSSR, 2 : 1308. — *C. dacica* Heuff. 1835, Flora (Regensb.), **18**, 1 : 274; id. 1861—1862, Linnaea, 31 : 728, tab. 4, fig. 1; В. Креч. 1935, во Фл. СССР, 3 : 207, p. p., quoad pl. carpat. et balcan.; М. Поп. и Брадис, 1950, Визн. росл. УРСР : 828. — *C. rigida* var. *dacica* (Heuff.) Kük. 1909, in Engl. Pflanzenr. 38 : 302, p. p., excl. pl. As. Occid. — *C. fusca* subsp. *dacica* (Heuff.). Şerbanescu et Nyárády, 1966, Fl. Rep. România, 11 : 787. — *C. bigelowii* subsp. *rigida* Schultze-Motel, VI 1968, Willdenowia, **4**, 3 : 326, quaad pl. — *C. bigelowii* subsp. *nardeticola* Holub, VII 1968, Folia Geobot. Phytotax. (Praha), **3**, 2 : 190, p. p., quoad pl. ex Europ. Centr.; Егор. 1972, Новости сист. высш. раст. 9 : 94. — *C. nigra* subsp. *dacica* (Heuff.) Soó, 1970, Acta Bot. Acad. Sci. Hung. 16 : 373. — **О. дакийская**.

Описан из Румынии; l e c t o t y p u s: Южн. Карпаты, «In turfosis uliginosisque alpis Szarko, Jul. Heuffel» (LE!) — Егорова (1972, l. c.: 94).

На альпийских и субальпийских лугах. — **Европ. ч.**: Карп. О б щ. р а с п р.: Ц. Европа (Вост. Альпы, Гарц, Судеты, Татры, Карпаты). — 2n = ?

Изучение протолога и выбранного мною лектотипа *C. dacica* показало, что последняя принадлежит к группе родства *C. bigelowii* s. l. (Егорова, 1972, l. c.; 1976, l. c.), а не *C. nigra*, как полагают многие авторы.

Правильное название этого подвида — subsp. *dacica* (Heuff.) Egor., l. c., а не subsp. *rigida* Schultze-Motel, l. c., так как первой комбинацией в ранге подвида является *C. fusca* subsp. *dacica* (Heuff.) Şerbanescu et Nyárády, l. c.

Examining the protologue and chosen by me the lectotype of *C. dacica* has shown, that the latter belongs to affinity of *C. bigelowii* s. l. (Егорова, 1972, l. c.; 1976, l. c.), instead of *C. nigra*, as many authors believe.

The correct name of the subspecies is subsp. *dacica* (Heuff.) Egor., l. c., since the earliest combination in a rank of subspecies is *C. fusca* subsp. *dacica* (Heuff.) Şerbanescu et Nyárády, l. c.

d) subsp. **ensifolia** (Gorodk.) Holub, 1968, Folia Geobot. Phytotax. (Praha), **3**, 2 : 190; Егор. 1976, во Фл. Европ. ч. СССР, 2 : 203; Малышев, 1979, во Фл. Центр. Сиб. 1 : 200; id. 1990, во Фл. Сиб. 3 : 162, p. p., excl. var. *arctisibirica*. — *C. rigida* subsp. *ensifolia* Turcz. ex Gorodk. 1930, Журн. Русск. бот. общ. 15 : 182. — *C. ensifolia* Turcz. ex V. Krecz. 1931, во Фл. Забайк. 2 : 120; id. 1935, во Фл. СССР, 3 : 227; Turcz. ex Bess. 1834, Flora (Regensb.), **17**, 1, Beibl. : 26, nom. nud. — *C. saxatilis* auct. non. L.: Turcz. 1856, Fl. Baic.-Dahur. 2 : 273. — **О. мечелистная**.

Описан из Вост. Сибири; l e c t o t y p u s: «In alpibus Dahuriae, 1832, Turczaninow» (LE! cum isolectotypis 2) — Егорова (h. l.).

На сырых и болотистых лугах, болотах, по берегам рек и ручьев, в заболоченных редколесьях, осоково-моховых и лишайниковых тундрах; в высокогорном поясе и в верхней части лесного. — **Европ. ч.**: Волж.-Кам. (Сев. Урал: Косьвинский и Вогульский Камни; Южн. Урал: гора Иремель); **Зап. Сиб.**: Обск. (Сев. Урал), Алт.; **Вост. Сиб.**: Лен.-Кол. (юг), Анг.-Саян., Даур. (сев.-зап. и юг). Общ. распр.: Ц. Азия (Монголия). — 2n = ?

Лектотип названия подвида выбран здесь из цитированных в номенклатурном абзаце протолога образцов («*Carex ensifolia* Turczaninow, pl. exsicc.»), обозначенных первоначально как *C. ensifolia* Turcz., но затем отнесенных Н. С. Турчаниновым (Turczaninow, l. c.) к *C. saxatilis*.

А. Е. Кожевниковым (1988) приводимое растение в ранге вида отмечено для юга Дальнего Востока.

The lectotype is chosen here from the specimens cited in the nomenclatural paragraph of the protologue («*Carex ensifolia* Turczaninow, pl. exsicc.»); these specimens originally designated as *C. ensifolia* Turcz. were later referred by Turczaninow (l. c.) to *C. saxatilis*.

The mentioned plant was pointed out by Kozhevnikov (Кожевников, 1988) in the rank of species for southern Far East.

e) subsp. **arctisibirica** (Jurtz.) A. et D. Löve, 1966, Univ. Colorado Stud. ser. Biol. 24 : 22; Егор. 1976, во Фл. Европ. ч. СССР, 2 : 203; Ворош. 1982, Опред. раст. сов. Дальн. Вост. : 120. — *C. ensifolia* subsp. *arctisibirica* Jurtz. 1965, Новости сист. высш. раст. : 308; Егор. 1966, в Аркт. фл. СССР, 3 : 108. — *C. rigida* subsp. *inferalpina* (Laest.) Gorodk. 1930, Журн. Русск. бот. общ. 15 : 181, quoad pl., excl. typo. — *C. arctisibirica* (Jurtz.) Czer. 1981, Сосуд. раст. СССР : 194; А. Е. Кожевников, 1988, в Сосуд. раст. сов. Дальн. Вост. 3 : 372. — *C. bigelowii* subsp. *ensifolia* var. *arctisibirica* (Jurtz.) Malyschev, 1990, во Фл. Сиб. 3 : 163. — *C. hyperborea* auct. non Drej. : В. Креч. 1935, во Фл. СССР, 3 : 226, p. p. — **О. арктосибирская**.

Описан из Вост. Сибири; typus: «Вост. Таймыр, близ устья р. Яму-Неры (побережье Таймырского озера), сырая тундра, 6 VIII 1928, № 693, А. И. Толмачев» (LE!).

В моховых и кустарничково-моховых тундрах, на мохово-осоковых болотах, по берегам ручьев и речек; в равнинной и горной арктической тундре и в гипоарктических высокогорьях; в тундре часто ландшафтное растение. — **Европ. ч.**: Аркт. (к востоку от Кольского п-ова), Дв.-Печ. (Соловецкие о-ва, Приполярн. и Сев. Урал); **Зап. Сиб.**: Аркт.; **Вост. Сиб.**: Аркт., Енис. (плато Путорана), Лен.-Кол. (север Среднесибирского плато, хребты Верхоянский и Черского). Эндемик. — 2n = ?

Экологические и фитоценотические особенности subsp. *arctisibirica*, а также его изменчивость рассматриваются в «Арктической флоре СССР» (Егорова, l. c.). Данный подвид близок и габитуально сходен со следующим видом — *C. lugens*.

В. Н. Ворошиловым (l. c.) и А. Е. Кожевниковым (l. c.) subsp. *arctisibirica* указывается для Дальнего Востока (север Охотского района), а последним автором — и для верховьев Колымы.

Все подвиды *C. bigelowii* слабо морфологически обособлены, в особенности subsp. *dacica*, subsp. *ensifolia* и subsp. *arctisibirica*.

Ecological and phytocenotic peculiarities of subsp. *arctisibirica*, as well as its variability, are considered in «Арктической флоре СССР» (Егорова, l. c.). This subspecies is close and similar in habit with the next species, *C. lugens*.

Woroschilov (Ворошилов, l. c.) and Kozhevnikov (А. Е. Кожевников, l. c.) have cited subsp. *arctisibirica* for Far East (northern Okhotsk region), and the latter author, for Upper Kolyma as well.

All subspecies of *C. bigelowii* are poorly separated morphologically, especially subsp. *dacica*, subsp. *ensifolia* and subsp. *arctisibirica*.

17 (240). **C. lugens** Holm, 1900, Amer. Journ. Sci. ser. 4, 10 : 269, fig. A; Mackenzie, 1935, in North Amer. Fl. **18**, 7 : 401; Егор. 1966, в Аркт. фл. СССР, 3 : 111; ead. 1981, в Опред. раст. Камч. обл. : 329, p. p., excl. pl. e penins. Kamtsch.; Hult. 1968, Fl. Al. : 249; А. Е. Кожевников, 1988, в Сосуд. раст. сов. Дальн. Вост. 3 : 373; Малышев, 1990, во Фл. Сиб. 3 : 166, p. p., excl. syn. *C. soczavaeana*. — *C. bigelowii* subsp. *lugens* (Holm) Egor. 1973, Новости сист. высш. раст. 10 : 104. — *C. ensifolia* subsp. *lugens* (Holm) Worosch. 1985, во Флорист. иссл. СССР : 154, excl. syn. *C. kamtschatica*. — **О. траурная**.

Описан из Аляски («Common in drier place on bay Kussiloff»); typus: ? CAN.

В осоково-пушицевых, осоково-моховых и других тундрах, а также по сырым берегам рек и озер; в арктической равнинной и горной тундре и гипоарктических высокогорьях. — **Вост. Сиб.**: Аркт. (низовья Лены, бухта Тикси, низовья Яны, Индигирки и Колымы), Лен.-Кол. (басс. среднего течения р. Оленек, Верхоянский хр., басс. рр. Томпо, Менкеле, Яны, Индигирки и Колымы); **Дальн. Вост.**: Аркт. Общ. распр.: С. Америка (Аляска, Юкон, басс. р. Макензи). — 2n = 60 (Жукова, 1965а), 80 (Жукова, Петровский, 1976; Юрцев, Жукова, 1978; Петровский, Жукова, 1978).

C. lugens — плотнодерновинное растение без ползучих корневищ или б. м. рыхлодерновинное, с очень короткими, едва выраженными ползучими корневищами. Кочек этот амфиберингийский вид не образует ни в Сев. Америке[1] (по устному сообщению американского кариколога Дэвида Мёррея (D. Murray) и посетившего Аляску Б. А. Юрцева), ни на нашей территории, что является его основным (если не единственным) отличием от близкого, кочкообразующего, преимущественно северо-восточно-азиатского вида *C. soczavaeana* Gorodk. Образцы названных видов, собранные в зоне налегания их ареалов, не всегда могут быть надежно идентифицированы. По строению побегов *C. lugens* отличается и от другого близкого и внешне похожего на нее растения — *C. bigelowii* subsp. *arctisibirica*, имеющего обычно довольно длинные ползучие корневища. Оба таксона различаются и по характеру листовых пластинок: у первого они 1.5—2(3) мм шир., постепенно заостренные, у второго — более широкие, (1.5—2)3—4(5) мм, быстро заостренные.

К *C. lugens* близок или идентичен ей описанный из Канады североамериканский вид *C. consimilis* Holm (typus: «Klondike, Indian Divide, Yukon territory, J. Macoun, № 53878» — CAN). Макензи (Mackenzie, l. c.) отнес этот таксон в синонимы к *C. lugens*, а Гультен (Hultén, 1942 : 334, 1968 : 248) отождествил с *C. bigelowii*. Порсилд (Porsild, 1974) признает *C. consimilis* и отличает ее от *C. lugens* меньшими размерами стеблей (редко свыше 25 см, а не 50—100 и более) и пестичных колосков (1(1.5) см дл., 5 мм шир., а не 1—2 см дл. и редко более 3 мм шир.), а также более широкими (3—4 мм, а не б. ч. 2 мм) листовыми пластинками. Оба вида, по мнению Порсилда, имеют одинаковый ареал (Аляска,

[1] По другим данным (Porsild, Cody, 1980), *C. lugens* образует крупные кочки на севере Сев. Америки.

центр. Юкон и северо-запад Макензи-дистрикт), но встречаются в разных экологических условиях. Заметим, что на карте 225 в работе Порсилда и Коди (Porsild, Cody, 1980) отмечено одно местонахождение *C. consimilis* на юго-востоке Чукотского п-ова. С *C. consimilis* в трактовке Порсилда сходны растения, относимые мной и другими авторами (А. Е. Кожевников, l. c.; Малышев, l. c.) к *C. lugens*.

По данным Л. И. Малышева (l. c.), зап. граница распространения *C. lugens* в Вост. Сибири проходит по р. Оленек.

Согласно А. Е. Кожевникову (l. c.), *C. lugens* встречается и во внеарктических районах материковой части российского Дальнего Востока (до Уссурийского района включительно). Заметим, однако, что местонахождения вида в последнем и в Верхне-Зейском флористических районах не обозначены автором на карте 111. Произрастание *C. lugens* на юге Дальнего Востока представляется мне маловероятным. Данные же о распространении этого растения в Охотском и прилегающих к нему районах нуждаются в уточнении ввиду его возможного смешения с *C. soczavaeana*.

C. lugens is a dense-caespitose plant without creeping rhizomes or more or less loose-caespitose, with very short, scarcely distinct creeping rhizomes. This Amphi-Beringian species forms tussocks neither in North America[1] (after verbal communication by American caricologist Dr. David Murray, as well as by Dr. Boris Yurtsev visited Alaska), nor in our territory, that being its main (if not the only) difference from allied, tussock-forming, mainly Northeastern-Asian species *C. soczavaeana* Gorodk. Specimens of these species collected in a zone of their ranges overlapping cannot be always reliably identified. *C. lugens* also differs by structure of shoots from another close and similar in appearance plant *C. bigelowii* subsp. *arctisibirica*, the latter usually having rather long creeping rhizomes. These two taxa are distinguished as well by of leaf blades, the former one having them 1.5—2(3) mm wide, gradually acuminated, the latter one — broader, (1.5—2)3—4(5) mm, abruptly acuminated.

Close or identical to *C. lugens*, it described from Canada the North-American species *C. consimilis* Holm (typus: «Klondike, Indian Divide, Yukon territory, J. Macoun, № 53878» — CAN). Mackenzie (l. c.) has put this taxon into synonymy of *C. lugens* and Hultén (1942 : 334, 1968 : 248) has equated it with *C. bigelowii*. Porsild (1974) recognizes *C. consimilis* and distinguishes it from *C. lugens* by shorter stems (rarely more than 25 cm, instead of 50—100 and more) and smaller female spikes (1(1.5) cm long, 5 mm wide, instead of 1—2 cm long and rarely more than 3 mm wide), as well as by broader (3—4 mm, instead of generally 2 mm) leaf blades. He considers that both species have the same range (Alaska, central Yukon and north-western Mackenzie District), but occur under different ecological conditions. To note that one locality of *C. consimilis* in the south-eastern part of the Chukot Peninsula is pointed out on the map 225 in the book by Porsild and Cody (1980). *C. consimilis* in the sense of Porsild is similar to plants referred by me and other authors (А. Е. Кожевников, l. c.; Малышев, l. c.) to *C. lugens*.

According to data by Malyshev (Малышев, l. c.), the western boundary of the *C. lugens* range in Eastern Siberia is along the river Olenek.

According to Kozhevnikov (А. Е. Кожевников, l. c.), *C. lugens* occurs also in non-arctic regions of continental Russian Far East (as far as Ussuri region inclusive). To note, however, the locations of the species in Ussuri as well as Upper Zeya floristic regions are not designated by the author on the map 111. Occurrence of *C. lugens* in southern Far East seems me hardly probable. The data on distribution of this plant in Okhotsk and adjacent regions need more precise definition, in view of its possible mixture with *C. soczavaeana*.

18 (241). **C. soczavaeana** Gorodk. 1930, Журн. Русск. бот. общ. 15 : 185; В. Креч. 1935, во Фл. СССР, 3 : 219; Егор. 1966, в Аркт. фл. СССР, 3 : 112; Ворош. 1982, Опред. раст. сов. Дальн. Вост. : 118; А. Е. Кожевников, 1988, в Со-

---

[1] According to Porsild and Cody (1980) *C. lugens* forms large tussocks in northern North America.

суд. раст. сов. Дальн. Вост. 3 : 373. — *C. ensifolia* subsp. *soczavaeana* (Gorodk.) Worosch. 1985, во Флорист. иссл. СССР : 154. — *C. lugens* auct. non Holm : Егор. 1982, в Опред. раст. Камч. обл. : 329, p. p., quoad pl. e penins. Kamtsch. (quoad syn. *C. soczavaeana*); Ворош. 1982, l. c. : 118. — **О. Сочавы**.

Описан с Дальнего Востока; lectotypus: побережье Охотского моря, «Тауйская губа, бухта Нагаева, гипновое болото на склоне горы в полосе кедрового стланика, 5 VII 1932, Городков, Тихомиров» (LE!) — Егорова (1966, l. c.).

В кочкарных пушицево-осоковых и кустарниково-моховых тундрах, на сфагновых болотах и заболоченных луговинах, в лиственничных редколесьях; в горной и равнинной арктической тундре и лесотундре. — **Вост. Сиб.**: Аркт. (низовья Колымы: в 60 км к северу от Походска и пос. Петушки), Лен.-Кол. (верховья Индигирки и Колымы); **Дальн. Вост.**: Аркт. (зап. Чукотка: район Чаунской губы; басс. Анадыря; Корякия), Камч., Охот., Удск., Зее-Бур. (хр. Эзоп). Общ. распр.: С. Америка (Аляска). — 2n ≈ 80 (Жукова, Петровский, 1976). — Рис. 62, *3*.

C. soczavaeana образует крупные кочки и этой особенностью отличается от очень близкого вида *C. lugens* (см. комментарии к последнему). Не исключено, однако, что *C. lugens* и *C. soczavaeana* принадлежат к одному виду, который в арктической зоне (область распространения *C. lugens*) образует дерновины, а во внеарктических районах, с более благоприятными климатическими условиями, — кочки. Необходимы наблюдения в природе как на нашей территории, так и в Сев. Америке, чтобы решить вопрос о таксономических отношениях *C. lugens*, *C. consimilis* и *C. soczavaeana*.

Как отмечает А. Е. Кожевников (l. c.), *C. soczavaeana* является эдификатором осоково-пушицевых кочкарных тундр, занимающих в сев. районах Дальнего Востока обширные площади.

Для Аляски *C. soczavaeana* указана на основании устного сообщения Д. Мёррея (Murray).

С *C. soczavaeana* сходны типовые образцы *C. kamtschatica* (Gorodk.) V. Krecz. (1935, во Фл. СССР, 3 : 226; А. Е. Кожевников, 1988, в Сосуд. раст. сов. Дальн. Вост. 3 : 372. — *C. rigida* subsp. *kamtschatica* Gorodk. 1930, Журн. Русск. бот. общ. 15 : 183; typus: «Камчатка, Кроноцкий перевал, 8 VIII 1909, № 3143, В. Комаров» — LE!, isotypi LE! MW!), известной первоначально, как указал автор описания, Б. Н. Городков, только из одного местонахождения. В LE имеются еще 2 б. м. идентичных типу образца *C. kamtschatica* (Камчатка, Большое Начиканское озеро, 7 VIII 1908, В. Комаров; там же, Быстринский р-н, окр. пос. Эссо, 30 VIII 1969, Т. Нечаева). А. Е. Кожевников (l. c.) приводит этот вид для многих пунктов Камчатки, отмечая, что он часто является фоновым растением. По мнению Кожевникова, *C. kamtschatica* близка к *C. ensifolia*, от которой слабо отличается более узкими мешочками и несколько более длинными корневищами. Заметим, что как у типовых, так и у двух других цитированных выше образцов *C. kamtschatica* нет ползучих корневищ.

Судя по строению побегов и желтовато-коричневой окраске влагалищ листьев, *C. kamtschatica* обнаруживает близкое родство не с *C. ensifolia*, а с *C. soczavaeana* и *C. lugens* и, возможно, идентична одному из этих видов. Если, согласно данным Кожевникова, *C. kamtschatica* не образует кочек, но тогда очень вероятно, что она тождественна *C. lugens*. В. И. Кречетовичем типовые образцы *C. kamtschatica* были определены в 1939 г. как *C. consimilis*, а В. Н. Ворошилов (1985) отнес *C. kamtschatica* в синонимы к *C. ensifolia* subsp. *lugens* (см. комментарии к *C. lugens*).

C. soczavaeana forms large tussocks and differs by this feature from a very close species *C. lugens* (see the comments to the latter). It is quite possible, however, that *C. lugens* and *C. soczavaeana* belong to the same species, the latter in Arctic zone (range of *C. lugens*) forming tufts, and in non-arctic regions with more favourable climatic conditions — tussocks. Observation in nature both in our territory and in North America is necessary to solve the problem of taxonomic relations between *C. lugens*, *C. consimilis* and *C. soczavaeana*.

As Kozhevnikov (А. Е. Кожевников, l. c.) notes, *C. soczavaeana* is an edificator of sedge-cottongrass tussock tundras taking vast areas in northern regions of Far East.

C. soczavaeana is cited for Alaska after a verbal communication by Dr. D. Murray.

Similar with *C. soczavaeana*, are the type specimens of *C. kamtschatica* (Gorodk.) V. Krecz. (1935, во Фл. СССР, 3 : 226; А. Е. Кожевников, 1988, в Сосуд. раст. сов. Дальн. Вост. 3 : 372. — *C. rigida* subsp. *kamtschatica* Gorodk. 1930, Журн. Русск. бот. общ. 15 : 183; typus: «Камчатка, Кроноцкий перевал, 8 VIII 1909, № 3143, В. Комаров» — LE!, isotypi LE! MW!) known originally, as the author of description, namely B. N. Gorodkov, indicated, only from the one location. In LE, there are 2 more specimens of *C. kamtschatica*, identical to the type (Kamchatka, Bolshoje Nachikanskoje lake, 7 VIII 1908, V. Komarov; the same place, Bystrinsk district, near village Esso, 30 VIII 1969, T. Nechaeva). Kozhevnikov (А. Е. Кожевников, l. c.) cites this species for many locations in Kamchatka with pointing out it to be frequently an aspecting plant. In opinion of Kozhevnikov, *C. kamtschatica* is close to *C. ensifolia*, poorly differing from it by narrower utricles and longer rhizomes. To note, both the type specimens and the two other cited above ones of *C. kamtschatica* have no creeping rhizomes.

Judging from structure of shoots and yellowish-brown colouring of leaf sheaths, *C. kamtschatica* demonstrates close relations not with *C. ensifolia*, but with *C. soczavaeana* and *C. lugens*, being, probably, identical to one of these species. If, according to data Кожевникова, *C. kamtschatica* does not form tussocks, then it is, very probably, identical to *C. lugens*. Kreczetowicz in 1939 identified the type specimens of *C. kamtschatica* as *C. consimilis*, and Woroshilov (Ворошилов, 1985) has put *C. kamtschatica* into synonymy of *C. ensifolia* subsp. *lugens* (see the comments to *C. lugens*).

Subsect. 7. **Orbiculares** Egor. 1987, Новости сист. высш. раст. 24 : 44. — Subsect. *Rigidae* Fries ex Kük. 1909, in Engl. Pflanzenr. 38 : 299, p. p., quoad *C. orbicularem*. — Sect. *Leimonastes* cycl. *Rigida* V. Krecz. 1935, во Фл. СССР, 3 : 224, p. p., sine descr. latin. — Тычиночный колосок 1, пестичные в числе (1)2—3, многоцветковые, очень плотные, почти сидячие. Нижний кроющий лист короче соцветия, а нередко и своего колоска. Мешочки б. м. сильно вздуто-двояковыпуклые, без жилок. Растения образуют плотные дерновины, причем ползучие корневища (в отличие от видов предыдущей подсекции) имеют лишь отдельные побеги; на стеблях не более 4 листьев с развитыми пластинками. — Typus: *C. orbicularis* Boott.

5 видов и подвидов.

Male spikes 1, female (1)2—3, many-flowered, very dense, subsessile. Lowest bract shorter than inflorescence and rather often than its spike. Utricles more or less strongly inflate-biconvex, veinless. Plants form dense tufts, only some shoots (unlike species of the previous subsection) having creeping rhizomes; stems have no more than 4 leaves with developed blades. — Typus: *C. orbicularis* Boott.

5 species and subspecies.

19 (242). **C. orbicularis** Boott, 1846, Trans. Linn. Soc. London, **20**, 1 : 134; Kük. 1909, in Engl. Pflanzenr. 38 : 303; В. Креч., 1935, во Фл. СССР, 3 : 224; Егор. 1967, в Раст. Центр. Азии, 3 : 62; ead. 1976, в Опред. раст. Средн. Азии, 5 : 86. — *C. glauca* var. *typica* Regel et var. *brachylepis* Regel, 1881, Тр. Петерб. бот. сада, **7**, 2 : 572. — *C. cespitosa* var. *vulgaris* Regel, var. *saxatilis* Regel et var. *microstachys* Regel, l. c. : 573, 574. — ? *C. melanolepis* Boeck. 1888, Beitr. Kenntn. Cyper. : 47 (Cyper. Nov. 1). — *C. arcatica* Meinsh. 1901, Тр. Петерб. бот. сада, **18**, 3 : 336; В. Креч. 1935, l. c. : 225. — *C. taldycola* Meinsh. 1901, l. c. : 339; В. Креч. 1935, l. c. : 228. — *C. orbicularis* var. *brachylepis* (Regel) Kük. et var. *taldycola* (Meinsh.) Kük. 1909, l. c. : 304. — *C. orbicularis* var. *bulungensis* Ostenf. 1907, Bot. Tidsskr. **28**, 2 : 230. — *C. petunnikowii* Litv. 1910, Тр. Бот. муз. Акад. наук, 7 :

87. — *C. imbricata* Drob. 1923, в Опред. раст. Ташк. 1 : 51. — *C. orbicularis* var. *petunnikowii* (Litv.) O. Fedtsch. 1924, Тр. Петерб. бот. сада, **38**, 1 : 200. — *C. satakeana* T. Koyama, 1953—1954, Acta Phytotax. Geobot. (Kyoto), **15**, 4 : 113. — *C. pakistanica* T. Koyama, 1957—1958, l. c., **17**, 4 : 100. — *C. transalaica* Tzvel. 1960, Бот. мат. (Ленинград), 20 : 430. — *C. orbicularis* subsp. *hissaro-darvasica* Ovcz. et Czuk. 1963, во Фл. ТаджССР, 2 : 104, 107, sine descr. latin. — *C. orbicularis* var. *pallens* Ovcz. et Czuk. 1963, l. c. : 107, sine descr. latin. — Exs.: H.F. URSS № 7177. — **О. округлая**.

Описан из Индии; typus: «In India Orientali, Royle» (K!, photo LE!).

а) subsp. **orbicularis**.

На сырых и болотистых, иногда засоленных осоковых лугах и сазоболотах, по берегам рек и ручьев, на галечниках, у ключей, в прибрежных ивняках, березняках и тополевниках, иногда на каменистых россыпях; преимущественно в верхнем поясе гор, где распространена очень широко и нередко образует самостоятельные лугово-болотные ассоциации, реже в среднем, редко в нижнем поясе гор и в предгорьях, очень редко на подгорной равнине. — **Зап. Сиб.**: Алт. (юг); **Средн. Азия**: Прибалх. (вост.), Дж.-Тарб. (кроме Тарбагатая и Саура), Сырдар., Тянь-Шан., Пам.-Ал. (кроме низкогорий южн. Таджикистана и хребтов Бабатаг и Кугитанг). Общ. распр.: З. (Афганистан, Пакистан), Ц. и В. (Сев.-Зап. и Юго-Зап. Китай) Азия. — 2n = 86 (Соколовская, Стрелкова, 1959).

Одна из самых широко распространенных в Средней Азии осок. Полиморфное растение, довольно значительно варьирующее по многим признакам, в особенности по высоте стеблей, ширине листовых пластинок, размерам соцветия (они зависят от степени расставленности колосков), по длине колосков и их ножек, окраске и длине кроющих чешуй и форме их верхушки, по соотношению длины чешуй и мешочков. У типичных особей *C. orbicularis* (они наиболее обычны) стебли (10)15—25 см выс., соцветие (2)2.5—5 см дл., со сближенными пестичными колосками 1—1.5(2) см дл., почти сидячими или, реже, на ножках 0.5—1 см дл. Эти растения обитают преимущественно в высокогорьях, реже в других поясах гор. На Памиро-Алае: в среднем поясе гор Зеравшанского (окр. оз. Искандеркуль), Гиссарского и Дарвазского хребтов и на Вост. Памире (в районе Сарезского озера) — встречаются растения, описанные (но без латинского диагноза) под названием *C. orbicularis* subsp. *hissaro-darvasica* Ovcz. et Czuk., l. c. У них высокие, до 60—70 см, стебли, соцветие до 15 см дл., с расставленными пестичными колосками 2—4 см дл., нижние из которых на ножках 1.3—3(3.5) см дл. Кроме того, у этих растений довольно длинный нижний кроющий лист и широкие, 5—8 мм, пластинки стеблевых листьев. Я наблюдала такие образцы на Зеравшанском хребте, в окрестностях оз. Искандеркуль в прибрежных и приручьевых тополевниках.

Высокорослой формой *C. orbicularis* является и описанная с Вост. Памира (оз. Булункуль) *C. orbicularis* var. *bulungensis* Ostenf., l. c.

На Памиро-Алае и Тянь-Шане, преимущественно в среднем и нижнем поясах гор и в предгорьях, но нередко также и в верхнем поясе встречаются растения, являющиеся как бы промежуточными между типичной *C. orbicularis* и *C. orbicularis* subsp. *hissaro-darvasica*. По высоте стеблей они не отличаются от последнего, но соцветие у них 5—8(10) см дл., пестичные колоски 2—2.5(4) см дл., нижний из них б. ч. на ножке до 1.5(2) см дл. Такие образцы были отнесены В. И. Кречетовичем (l. c.), а вслед за ним и авторами обработок осок в среднеазиатских Флорах и Определителях к *C. arcatica* Meinsh., l. c. Однако типовые образцы (LE!) этого описанного из Вост. Казахстана вида неотличимы от типичных представителей *C. orbicularis*. Растения, соответствующие *C. arcatica* в представлении Кречетовича, так же как и образцы, подобные subsp. *hissaro-darvasica*, являются, по моему мнению, экологическими формами *C. orbicularis* subsp. *orbicularis*, связанными между собой и с типичной *C. orbicularis* переходными популяциями.

Нельзя согласиться и с признанием видовой самостоятельности растений, описанных из Вост. (китайского) Тянь-Шаня под названием *C. taldycola* Meinsh., l. c. (typus — LE!) и отличающихся от типичной *C. orbicularis* только более светлыми чешуями тычиночных колосков. Образцы такого типа встречаются по всему ареалу *C. orbicularis* s. str. и едва ли заслуживают какого-либо таксономического ранга.

В синонимы к *C. orbicularis* я отнесла известную лишь из одного местонахождения *C. transalaica* Tzvel., l. c. (typus: «Таджикская ССР, сев.-зап. Памир, устье р. Каинды, 20 VIII 1958, № 1563, Н. Н. Цвелев» — LE!). Растения *C. transalaica* являются либо аномальной формой *C. orbicularis*, либо ее стерильной помесью с другим видом. Верхний колосок у них не тычиночный, как у остальных представителей *C. orbicularis*, а андрогинный или гинекандрический, а мешочки, несмотря на позднюю дату сбора, не имеют плодов.

С *C. orbicularis* мною отождествлены *C. pakistanica* T. Koyama, l. c. и *C. satakeana* T. Koyama, l. c., описанные соответственно из Пакистана и Тибета (Егорова, 1967).

Л. И. Малышев (1990) приводит *C. orbicularis* s. str. для крайнего юга Ангаро-Саянского района. Не исключено, однако, что эти указания относятся к *C. orbicularis* subsp. *altaica*.

One of the most widespread in Middle Asia sedges. It is a polymorphic plant, rather considerably varying in many characters, especially in height of stems, width of leaf blades, size of inflorescence (it depends on the distance between spikes), in length of spikes and their peduncles, colouring and length of female glumes and shape of their apexes, in length ratio of glumes to utricles. The typical specimens of *C. orbicularis* (they are the most usual) have stems (10)15—25 cm high, inflorescence (2)2.5—5 cm long, with approximate female spikes 1—1.5(2) cm long, subsessile or, more rarely, with peduncles 0.5—1 cm long. These plants occur mainly in high mountain belt, more rarely in other belts of mountains. In Pamir-Alai, namely in the middle mountain belt of Zeravshan (near lake Iskanderkul), Hissar and Darvaz ridges and in Eastern Pamir (area of Sarez lake) plants occur described (but without latin diagnosis) under the name *C. orbicularis* subsp. *hissaro-darvasica* Ovcz. et Czuk., l. c. They have high, up to 60—70 cm, stems, inflorescence up to 15 cm long, with distant female spikes 2—4 cm long, the lower ones with peduncles 1.3—3(3.5) cm long. In addition, these plants have rather long lowest bract and broad, 5—8 mm, blades of cauline leaves. I have observed such specimens in Zeravshan ridge, near lake Iskanderkul, in coastal and streamside poplar forests.

A tall form of *C. orbicularis*, is also described from Eastern Pamir (lake Bulunkul) *C. orbicularis* var. *bulungensis* Ostenf., l. c.

In Pamir-Alai and Tien Shan, mainly in the middle and lower mountain belts and in foothills, but rather often also and in upper belt, the plants occur as if intermediate between the typical *C. orbicularis* and *C. orbicularis* subsp. *hissaro-darvasica*. In height of stems, they are not different from the latter, but their inflorescence is 5—8(10) cm long, female spikes 2—2.5(4) cm long, the lowest one being generally with peduncle up to 1.5(2) cm long. Such specimens were related by Kreczetowicz (Кречетович, l. c.), and, after him, by authors of treatments of sedges in Middle Asian Floras and Keys, to *C. arcatica* Meinsh., l. c. However, the type specimens (LE!) of this species, described from Eastern Kazakhstan, are indistinguishable from the typical representatives of *C. orbicularis*. Plants corresponding to *C. arcatica* in the sense of Kreczetowicz, as well as specimens similar with subsp. *hissaro-darvasica*, are, in my opinion, ecological forms of *C. orbicularis* subsp. *orbicularis*, connected each with other and with the typical *C. orbicularis* by transitional populations.

I cannot recognize as a distinct species the plants described from Eastern (Chinese) Tien Shan under the name *C. taldycola* Meinsh., l. c. (typus in LE!) and differing from the typical *C. orbicularis* only by lighter male glumes. Specimens of such kind occur all over the range of *C. orbicularis* s. str. and hardly merit any taxonomic rank.

I have put into synonymy of *C. orbicularis* a species known only from the one location, *C. transalaica* Tzvel., l. c. (typus: «Таджикская ССР, сев.-зап. Памир, устье р. Каинды, 20 VIII 1958, № 1563, Н. Н. Цвелев» — LE!). Plants of *C. transalaica* are either an abnormal form of *C. orbicularis*, or its sterile crossbred with another species. Its terminal spike is not male, as in other representatives of *C. orbicularis*, but androgynous or gynaecandrous, and utricles, despite late date of collection, have no fruits.

Equated by me with *C. orbicularis* are *C. pakistanica* T. Koyama, l. c. and *C. satakeana* T. Koyama, l. c., described correspondently from Pakistan and Tibet (Егорова, 1967).

Malyshev (Малышев, 1990) has cited *C. orbicularis* s. str. for extreme south of Angara-Sayan region. It is quite possible, however, that these indications are related to *C. orbicularis* subsp. *altaica*.

b) subsp. **altaica** (Gorodk.) Egor. 1985, Новости сист. высш. раст. 22 : 54; Малышев, 1990, во Фл. Сиб. 3 : 168. — *C. rigida* subsp. *altaica* Gorodk. 1930, Журн. Русск. бот. общ. 15 : 183. — *C. altaica* (Gorodk.) V. Krecz. 1935, во Фл. СССР, 3 : 227. — *C. bigelowii* subsp. *altaica* (Gorodk.) Malyschev, 1979, во Фл. Центр. Сиб. 1 : 199. — **О. алтайская**.

Описан с Алтая; l e c t o t y p u s: «Алтай, ad fl. Schilgan, № 1457, Ledebour» (LE! cum isolectotypo) — Егорова (h. l.).

На болотистых лугах, по берегам ручьев и речек, краям мочажин; в высокогорном поясе. — **Зап. Сиб.**: Обск. (юго-вост.: Кузнецкий Алатау), Ирт. (юго-вост.: хр. Коргонский), Алт.; **Вост. Сиб.**: Анг.-Саян. (юг), Даур. (зап.). Эндемик. — 2n = 78 (Малышев, 1990).

c) subsp. **kotschyana** (Boiss. et Hohen.) Kukkonen, 1984, Ann. Bot. Fenn. **21**, 4 : 389. — *C. kotschyana* Boiss. et Hohen. 1853, Diagn. Pl. Or. Nov. ser. 1, **2**, 13 : 38; В. Креч. 1935, во Фл. СССР, 3 : 229. — *C. orbicularis* subsp. *kotschyana* (Boiss. et Hohen.) Egor. 1985, Новости сист. высш. раст. 22 : 54, comb. superfl. — *C. glauca* Scop. var. *kotschyi* Kük. et Bornm. 1897, Österr. Bot. Zeitschr. 47 : 135. — **О. Кочи**.

Описан из Ирана; l e c t o t y p u s: «In faucibus m. Elburs prope Passgala, № 120, Kotschy» (G, isolectotypi LE!, K, BM) — Kukkonen (l. c.).

На сырых и болотистых лугах в альпийском и субальпийском поясах и в верхней части лесного пояса. — **Кавк.**: Б. Кавк., Зап. (Сванетия), Центр. (Гудагаурская Арагви и выше Боржоми) и Южн. (Армения; Нахичеванская республика) Закавк., Тал. (Дыман). О б щ. р а с п р.: З. Азия (сев.-вост. Турция, сев. Ирак, Иран). — 2n = ?

Из сев.-вост. Турции (Эрзурум) описана разновидность приводимого подвида — var. *caucasica* Ö. Nilsson (1985, in Fl. Turk. 9 : 623, 156), которая указывается автором описания для Турции и Кавказа наряду с типовой разновидностью. От последней var. *caucasica*, согласно Нилсону (Nilsson, l. c.), отличается главным образом почти прямыми (а не отклоненными от оси колоска), более мелкими, 1.8—2.4 мм дл. (а не 2.1—3 мм), клиновидными (а не округлыми) на верхушке мешочками с довольно хорошо выраженным, часто выемчатым носиком (а не очень коротким, до 0.3 мм, цельным). Растения с признаками var. *caucasica* действительно встречаются на Кавказе. По моему мнению, они занимают промежуточное положение между var. *kotschyana* и *C. transcaucasica* и нуждаются в дальнейшем изучении.

Subsp. *altaica* и subsp. *kotschyana* отличаются от типового подвида, к которому крайне близки, б. ч. черно-пурпурными, б. м. блестящими (а не серовато-бурыми, матовыми) влагалищами листьев и менее вздутыми неравно двояковыпуклыми мешочками, которые б. м. косо (а не почти горизонтально) отклонены от оси колоска. Между собой два последних подвида различаются также очень слабо: у subsp. *altaica* растения в основном более высокие, чем у subsp. *kotschyana*, листовые пластинки более широкие, кроющие чешуи в 2—3 раза у́же и короче мешочков, а у subsp. *kotschyana* они чаще б. м. равные им по ширине.

From north-eastern Turkey (Erzurum), the variety of the cited subspecies is described, var. *caucasica* Ö. Nilsson (1985, in Fl. Turk. 9 : 623, 156), which is cited by the author of description for Turkey and the Caucasus together with the type variety. Var. *caucasica*, according to Nilsson (l. c.), differs from the latter mainly by almost erect (instead of patent from spike axis), smaller, 1.8—2.4 mm long (instead of 2.1—3 mm), cuneate (instead of orbicular) at apex utricles with rather well distinct, frequently emarginate beak (instead of very short, up to 0.3 mm, entire). Plants with characters of var. *caucasica* really occur in the Caucasus. In my opinion, they take an intermediate position between var. *kotschyana* and *C. transcaucasica* and need further investigation.

Subsp. *altaica* and subsp. *kotschyana* differ from the type subspecies, being extremely close to it, by generally black-purple, more or less shining (instead of greyish-brown, dull) leaf sheaths and by less inflated, unequally biconvex utricles more or less obliquely (instead of almost horizontally) patent from spike axis. The two latter subspecies are distinguished one from another also very poorly: plants of subsp. *altaica* are mainly taller, than in subsp. *kotschyana*, leaf blades broader, female glumes 2—3 times narrower and shorter than utricles, while in subsp. *kotschyana* they rather often more or less equal to utricles in width.

20 (243). **C. knorringiae** Kük. ex V. Krecz. 1935, во Фл. СССР, 3 : 597, 212; О. и Б. Федч. 1924, Тр. Петерб. бот. сада, **38**, 1 : 201, cum. auct. Kük. nom. nud.; Егор. 1976, в Опред. раст. Средн. Азии, 5 : 87, in adnot. — **О. Кнорринг**.

Описан из Киргизии; t y p u s: «Ферганская обл., Ошский у., у оз. Чарайгыр, 5900', 8 V 1913, О. Кнорринг» (LE!).

По берегам озер и ручьев. — **Средн. Азия**: Пам.-Ал. Эндемик.

Помимо типового, известен еще один образец этого вида, собранный также в б. Ошском уезде, вблизи Хаджи-Каляна («по берегу ручья, впадающего в ключ Мазар, 15 V 1913, Брожевский, экспедиция О. Кнорринг» — LE!). У обоих экземпляров совершенно незрелые мешочки, вследствие чего эти растения не могут быть точно идентифицированы. Не исключено, однако, что они представляют собой высокорослую форму *C. orbicularis*. Интересно отметить, что листовые пластинки у этих образцов в верхней части с обеих сторон с сильно выраженным сизовато-белым налетом.

Besides the type, the one more specimen of this species, collected also in the former Osh district, near Khadzhi-Kalyan («по берегу ручья, впадающего в ключ Мазар, 15 V 1913, Брожевский, экспедиция О. Кнорринг» — LE!) is known. Utricles of both specimens are absolutely immature, therefore these plants cannot be precisely identified. It is quite possible, however, that they are a tall form of *C. orbicularis*. It is interesting to note, that leaf blades of these specimens in upper part above and beneath have a strong glaucuos-white deposit.

21 (244). **C. tegulata** Lévl. et Vaniot, 1902, Bull. Acad. Intern. Géogr. Bot. (Le Mans), 11 : 36; Ohwi, 1936, Mem. Coll. Sci. Kyoto Univ. ser. B, **11**, 5 : 287; А. Е. Кожевников, 1985, Бот. журн. **70**, 2 : 272. — **О. черепитчатая**.

Описан с п-ова Корея; s y n t y p i: «In ripis fluminis Seoul, 27 V 1901, №№ 916, 917, [Léveillé, Vaniot]» (? P).

На песчано-галечниковых берегах рек. — **Дальн. Вост.**: Уссур. (юг: Приморский край, Октябрьский р-н, пос. Чернятино). О б щ . р а с п р.: В. Азия (п-ов Корея). — 2n = ?

Subsect. 8. **Gynaecandrae** Egor. 1987, Новости сист. высш. раст. 24 : 44. — Sect. *Leimonastes* cycl. *Sphacellaria* V. Krecz. 1935, во Фл. СССР, 3 : 231, sine descr. latin. — Все колоски (2—4) гинекандрические (*C. eleusinoides*), или верхний колосок гинекандрический, остальные пестичные. Нижний кроющий лист равен соцветию или превышает его. Мешочки плоско-выпуклые, без жилок или с неясными жилками. Растения без ползучих корневищ или с короткими ползучими корневищами. — Typus: *C. eleusinoides* Turcz. ex Kunth.

3 вида; вне рассматриваемой территории: *C. rufina* Drej. (Сев. Европа, Сев. Америка), *C. garberi* Fern. (Аляска, Канада).

All spikes (2—4) gynaecandrous (*C. eleusinoides*), or terminal spike gynaecandrous, the others female. Lowest bract is equal to inflorescence or exceeds it. Utricles plano-convex, veinless or with obscure veins. Plants without or with short creeping rhizomes. — Typus: *C. eleusinoides* Turcz. ex Kunth.

3 species; outside considered territory: *C. rufina* Drej. (Northern Europe, North America), *C. garberi* Fern. (Alaska, Canada).

22 (245). **C. eleusinoides** Turcz. ex Kunth, 1837, Enum. Pl. 2 : 407; Turcz. 1834, in Bess. Flora (Regensb.), **17**, 1, Beibl. : 26, nom. nud.; id. 1855, Bull. Soc. Nat. Moscou, **28**, 1 : 332; id. 1856, Fl. Baic.-Dahur. 1 : 391; В. Креч. 1935, во Фл. СССР, 3 : 231; Егор. 1987, Новости сист. высш. раст. 24 : 44. — Exs.: H.F. URSS № 6607. — **О. елевсиновидная**.

Описан из Вост. Сибири («Alpes ad Baicalem»); typus — утрачен в Берлин-Далеме (B) во время Второй мировой войны; lectotypus: южн. побережье оз. Байкал, хр. Хамар-Дабан, «Chamar, 1828, Turczaninow» (LE!, isolectotypi LE!, P!) — Егорова, 1987, l. c.

На сырых галечниках и песчаных отмелях, по берегам рек и ручьев, окраинам ключевых болот, в мочажинах, на тропах, обычно на незадернованных местах; в арктической тундре, высокогорном поясе и верхней части лесного. — **Зап. Сиб.**: Алт.; **Вост. Сиб.**: Аркт. (залив Борхая и р. Хараулах), Енис. (сев.: плато Путорана), Лен.-Кол. (басс. Котуя и к востоку от Лены), Анг.-Саян. (юг), Даур. (зап. и юг); **Дальн. Вост.**: Аркт., Камч., Охот., Удск., Зее-Бур., Уссур. (сев.), Курил. (сев.). Общ. распр.: Ц. (Монголия) и В. (Сев.-Вост. Китай, север п-ова Корея, о-в Хоккайдо) Азия; С. Америка (Аляска). — 2n = 60 (Малышев, 1990), 84 (Жукова, Петровский, 1975, 1976, 1977, 1980; Юрцев, Жукова, 1978; Малышев, 1990).

Характерное растение подгольцового и нижней части гольцового пояса гор Вост. Сибири.

A typical plant of subgoletz and lower part of goletz (tundra) belts of mountains of Eastern Siberia.

Subgenus 4. Vignea (Beauv. ex Lestib.) Peterm. 1849, Deutsch. Fl.: 602, p. p.; Kük. 1909, in Engl. Pflanzenr. 38 : 111, p. max. p., excl. *C. curvula* (cum auct. comb. Nees); В. Креч. 1935, во Фл. СССР, 3 : 125 (cum auct. comb. Kük.); Егор. 1976, во Фл. Европ. ч. СССР, 2 : 203. — *Vignea* Beauv. ex Lestib. 1819, Essai. Cyper. : 22, p. p., emend. Reichenb. 1830, Fl. Germ. Excurs. : 55; Soják, 1979, Čas. Nár. Muz. Praze, řada přír. **148**, 3—4 : 194—197; Dostál, 1989, Nova Květ. ČSSR, 2 : 1269. — *Carex* a) *Vignea* Nees, 1834, Linnaea, 9 : 305. — Subgen. *Vignea* (Beauv. ex Lestib.) Kirschl. 1857, Fl. Alsace, 2 : 241, 246, comb. superfl.; Егор. 1965, Новости сист. высш. раст. : 59; ead. 1966, Осоки СССР : 55. — Subgen. *Megalocranion* V. Krecz. 1935, во Фл. СССР, 3 : 124, sine descr. latin. — Растения однодомные, редко двудомные. Соцветие б. ч. колосовидное или головчатое, редко метельчатое или колосовидно-метельчатое, из (1)2—12, иногда многочисленных, густых сидячих колосков. Колоски обычно обоеполые — андрогинные или гинекандрические (иногда наряду с обоеполыми колосками есть и однополые), редко только однополые. Предлист (кладопрофилл) при основании ветвей соцветия отсутствует, за исключением видов родства *C. arenaria*, у которых он чешуевидный. Кроющие листья обычно чешуевидные, иногда с щетиновидной пластинкой, редко линейные, без влагалища. Мешочки плоско-выпуклые, редко двояковыпуклые или вздутые, обычно голые. Рылец 2, очень редко 3. Плод двояковыпуклый, без осевого придатка при основании. — L e c t o t y p u s: *C. arenaria* L. — Егорова, 1965, l. c.

Подрод включает около 25 секций и 320 видов, распространенных преимущественно во внетропических и, очень редко, тропических областях сев. полушария; небольшое число видов встречается в южн. полушарии (на западе и юге Южн. Америки, юге Африки, западе и востоке Австралии, в Нов. Гвинее, Нов. Каледонии, Тасмании и Нов. Зеландии). Схематическое изображение ареала подрода дано мной ранее (Егорова, 1966б : 211). На нашей территории подрод представлен 18 секциями, объединяющими 76 таксонов видового и подвидового рангов.

При названиях всех принятых здесь таксонов подрода *Vignea* приводятся основные синонимы. Полная синонимика содержится в опубликованных мной работах (Егорова, 1965, 1966б).

Plants monoecious, rarely dioecious. Inflorescence generally spiciform or capitate, rarely panicleform or spiciform-paniculate, of (1)2—12, sometimes of numerous, dense sessile spikes. Spikes usually bisexual, androgynous or gynaecandrous (sometimes, together with bisexual, unisexual spikes are present), rarely only unisexual. Prophyll (cladoprophyll) at base of inflorescence branches is absent, except species allied to *C. arenaria* having scale-like prophyll. Bracts usually glumaceous, sometimes setaceous, rarely leaf-like, sheathless. Utricles plano-convex, rarely biconvex or inflated, usually glabrous. Stigmas 2, very rarely 3. Fruit biconvex, without a rachilla at base. — L e c t o t y p u s: *C. arenaria* L. — Егорова, 1965, l. c.

The subgenus includes about 25 sections and 320 species distributed mainly in extratropical and, very rarely, tropical areas of the nothern hemisphere; a small number of species occurs in the southern hemisphere (in western and southern South America, South Africa, Western and Eastern Australia, New Guinea, New Caledonia, Tasmania and New Zealand). The schematic picture of the subgenus range is given by me before (Егорова, 1966б : 211). In our territory, the subgenus is represented by 18 sections uniting 76 taxa of specific and subspecific rank.

Only the main synonymy is cited at the names of all taxa of the subgenus *Vignea* accepted here. The complete synonymy is available in my works published before (Егорова, 1965, 1966б).

Sectio 39. Heleoglochin Dumort. 1827, Fl. Belg. : 146, p. p.; Chater, 1980, Fl. Europ. 5 : 296. — Sect. *Paniculatae* (Carey) Christ, 1885, Bull. Soc. Bot. Belg. **24**, 2 : 17; Kük. 1909. in Engl. Pflanzenr. 38 : 174; Егор. 1966, Осоки СССР : 60; ead. 1976, во Фл. Европ. ч. СССР, 2 : 203. — Sect. *Rhynchopera* (Börn.) V. Krecz. 1935, во Фл. СССР, 3 : 157. — Колоски андрогинные, многочисленные, мелкие, немногоцветковые, в метельчатом или колосовидно-метельчатом соцветии. Кроющие листья чешуевидные. Мешочки неравно-двояковыпуклые, толстокожистые, 2.5—3(4.7) мм дл., вверху с очень узкими зазубренными краями, с немногими жилками, с удлиненным, прямо усеченным или едва выемчатым, спереди щелевидно расщепленным носиком, сзади покрытым очень короткими, б. м. густыми или рассеянными прижатыми волосками. Растения без ползучих корневищ или с короткими ползучими корневищами. — L e c t o t y p u s: *C. paniculata* L. — Егорова (h. l.).

15 видов и подвидов, в Европе, внетропических областях Азии, Сев. Америке, Сев. и Зап. Африке, Австралии, Нов. Гвинее, Нов. Каледонии и Нов. Зеландии; вне рассматриваемой территории: *C. lusitanica* Schkuhr (Португалия,

сев.-зап. Африка), *C. cusickii* Mackenzie, *C. decomposita* Muhlenb. и *C. prairea* Dew. (Сев. Америка), *C. paniculata* subsp. *hansenii* Lewej. et Lobin (Зап. Африка: о-ва Зеленого Мыса), *C. paniculata* subsp. *calderae* (Hansen) Lewej. et Lobin (Сев. Африка: Канарские о-ва), *C. appressa* R. Br. и *C. tereticaulis* F. Muell. (Австралия, Нов. Гвинея, Нов. Каледония, Нов. Зеландия), *C. secta* Boott, *C. sectioides* (Kük.) Edgar и *C. virgata* Boott (Нов. Зеландия).

Spikes androgynous, numerous, small, few-flowered, in panicleform or spiciform-paniculate inflorescence. Bracts glumaceous. Utricles unequally biconvex, thick-coriaceous, 2.5–3(4.7) mm long, in upper part with very narrow denticulate margins, few-veined, with an elongate, truncate or scarcely emarginate, dorsally slit-like cleft beak covered with ventrally very short, adpressed more or less dense or sparse hairs. Plants without creeping rhizomes or with short creeping rhizomes. — L e c t o t y p u s: *C. paniculata* L. — Egorova (h. l.).

15 species and subspecies in Europe, extratropical areas of Asia, North America, North and West Africa, Australia, New Guinea, New Caledonia and New Zealand; outside considered territory: *C. lusitanica* Schkuhr (Portugal, North-West Africa), *C. cusickii* Mackenzie, *C. decomposita* Muhlenb. and *C. prairea* Dew. (North America), *C. paniculata* subsp. *hansenii* Lewej. et Lobin (West Africa: Cape Verde Islands), *C. paniculata* subsp. *calderae* (Hansen) Lewej. et Lobin (North Africa: Canary Islands), *C. appressa* R. Br. and *C. tereticaulis* F. Muell. (Australia, New Guinea, New Caledonia, New Zealand), *C. secta* Boott, *C. sectioides* (Kük.) Edgar and *C. virgata* Boott (New Zealand).

1. Побеги окружены при основании волосовидно расщепленными черно-бурыми остатками листовых влагалищ. Мешочки матовые, яйцевидные или широкояйцевидные, с выдающимися жилками, с широким основанием, резко суженные в удлиненный носик. Соцветие 4–8(10) см дл., продолговатое, метельчатое, с б. м. прижатыми, иногда отклоненными веточками. Растение образует кочки или плотные дерновины .... 3. **C. appropinquata**.

\+ Побеги окружены при основании цельными, темно-бурыми или каштановыми чешуевидными листовыми влагалищами. Мешочки глянцевитые, со сглаженными, не всегда явственно выраженными жилками, постепенно, без изгиба суженные в носик .... 2.

2. Листовые пластинки желобчатые или вдоль сложенные, 1.5–3 мм шир. Соцветие 2–3.5 см дл., колосовидно-метельчатое, с укороченными прижатыми веточками 1.5–2 см дл. Мешочки только в верхней части с зазубренными краями; носик глубоко (до основания и ниже) щелевидно расщепленный. Стебли внизу до 4 мм в диам.; чешуевидные влагалища, окружающие основания побегов, черно-бурые, узкие, до 5 мм шир. Растение с короткими ползучими корневищами .... 4. **C. diandra**.

\+ Листовые пластинки плоские, килеватые, 4–10 мм шир. Соцветие 5–10 см дл., метельчатое, с отклоненными веточками до 5 см дл. Мешочки почти от основания с зазубренными и слегка загнутыми назад краями; носик только вверху щелевидно расщепленный. Стебли внизу до 10 мм в диам.; чешуевидные влагалища, окружающие основания побегов, темно-бурые, широкие, до 10 мм шир. Растения без ползучих корневищ, образующие кочки .... 3.

3. Листовые пластинки 4–6 мм шир. Мешочки яйцевидные, неравнодвояковыпуклые, 3–3.5 мм дл.; кроющие чешуи равные мешочкам, от коричневых до бледно-коричневых, с широкими белоперепончатыми краями .... 1. **C. paniculata**.

\+ Листовые пластинки 5—10 мм шир. Мешочки продолговато-яйцевидные, плоско-выпуклые, 4—4.7 мм дл.; кроющие чешуи короче мешочков, сплошь темно-коричневые или с очень узкими белоперепончатыми краями..2. **C. szovitsii**.

1. Stems are surrounded at base by capillate-split black-brown remnants of leaf sheaths. Utricles dull, ovate or broad-ovate, with prominent veins, with broad base, abruptly narrowed into an elongate beak. Inflorescence 4—8(10) cm long, oblong, panicleform, with more or less adpressed, sometimes patent branches. Plants forming tussocks or dense tufts..3. **C. appropinquata**.

\+ Stems are surrounded at base by entire dark brown or chestnut scale-like leaf sheaths. Utricles shining, with not prominent, not always distinct veins, gradually narrowed into a beak..2.

2. Leaf blades canaliculate or folded, 1.5—3 mm wide. Inflorescence 2—3.5 cm long, spiciform-paniculate, with abbreviated adpressed branches 1.5—2 cm long. Utricles only in upper part with denticulate margins; beak deeply (down to base and below) slit-like cleft. Stems in lower part up to 4 mm in diam.; scale-like leaf sheaths enveloping stem bases black-brown, narrow, up to 5 mm wide. Plants with short-creeping rhizomes, forming tufts..4. **C. diandra**.

\+ Leaf blades flat, carinate, 4—10 mm wide. Inflorescence 5—10 cm long, panicleform, with patent branches up to 5 cm long. Utricles almost from base with denticulate and slightly revoluted margins; beak only in upper part slit-like cleft. Stems in lower part up to 10 mm in diam.; scale-like leaf sheaths enveloping stem bases dark brown, broad, up to 10 mm wide. Plants without creeping rhizomes, forming tussocks..................................3.

3. Leaf blades 4—6 mm wide. Utricles ovate, unequally biconvex, 3—3.5 mm long; female glumes equal to utricles, from brown to pale brown, with broad white-scarious margins.... ....1. **C. paniculata**.

\+ Leaf blades 5—10 mm wide. Utricles oblong-ovate, plano-convex, 4—4.7 mm long; female glumes shorter than utricles, completely dark brown or with very narrow white-scarious margins.. 2. **C. szovitsii**.

1 (246). **C. paniculata** L. 1755, Cent. Pl. 1 : 32; В. Креч. 1935, во Фл. СССР, 3 : 159; Егор. 1966, Осоки СССР : 60; ead. 1976, во Фл. Европ. ч. СССР, 2 : 204. — *Vignea paniculata* (L.) Reichenb. 1830, Fl. Germ. Excurs. : 60. — **О. метельчатая**.

Описан из южн. Европы («Habitat in Europae australioribus uliginosis»); lectotypus: Scheuchzer, 1708, Agrost. Helv. Prodr., tab. 8, fig. dextra — Егорова (h. l.).

На низинных и ключевых болотах, заболоченных лугах, по болотистым берегам ручьев и озер. — **Европ. ч.**: Дв.-Печ. (басс. Вычегды: рр. Сысола и Елва), Прибалт., Лад.-Ильм. (редко), Верх.-Днепр. (зап. и центр. районы Беларуси; окр. Смоленска), Верх.-Волж. (Ивановская обл.: окр. г. Плеса; Калужская обл.: Куйбышевский р-н), Карп., Сред.-Днепр., Волж.-Дон. (зап.: Курская обл. и Белгород), Причерн. (Днепропетровск, ? Херсон); **Кавк.**: Б. Кавк. (зап.: верховья Кубани — Харзан; центр: Кисловодск, Пятигорск). Общ. распр.: Европа. — 2n = 60 (Tanaka, 1948; Kjellqvist, Löve, 1963), 62 (Tanaka, 1948; Dietrich, 1972) 64 (Wulf, 1939). — Рис. 63, *1*.

В нашей флоре *C. paniculata* представлена типовым подвидом; 2 других подвида (см. выше) встречаются на о-вах Зеленого Мыса и Канарских о-вах. В качестве подвидов иногда рассматриваются *C. lusitanica* (см. выше) и следующий вид, *C. szovitsii*.

Местонахождения *C. paniculata* в Двинско-Печорском районе значительно изолированы от ее основного ареала. Комментарии в отношении образцов вида с этой территории даны мной ранее (Егорова, 1976, l. c.).

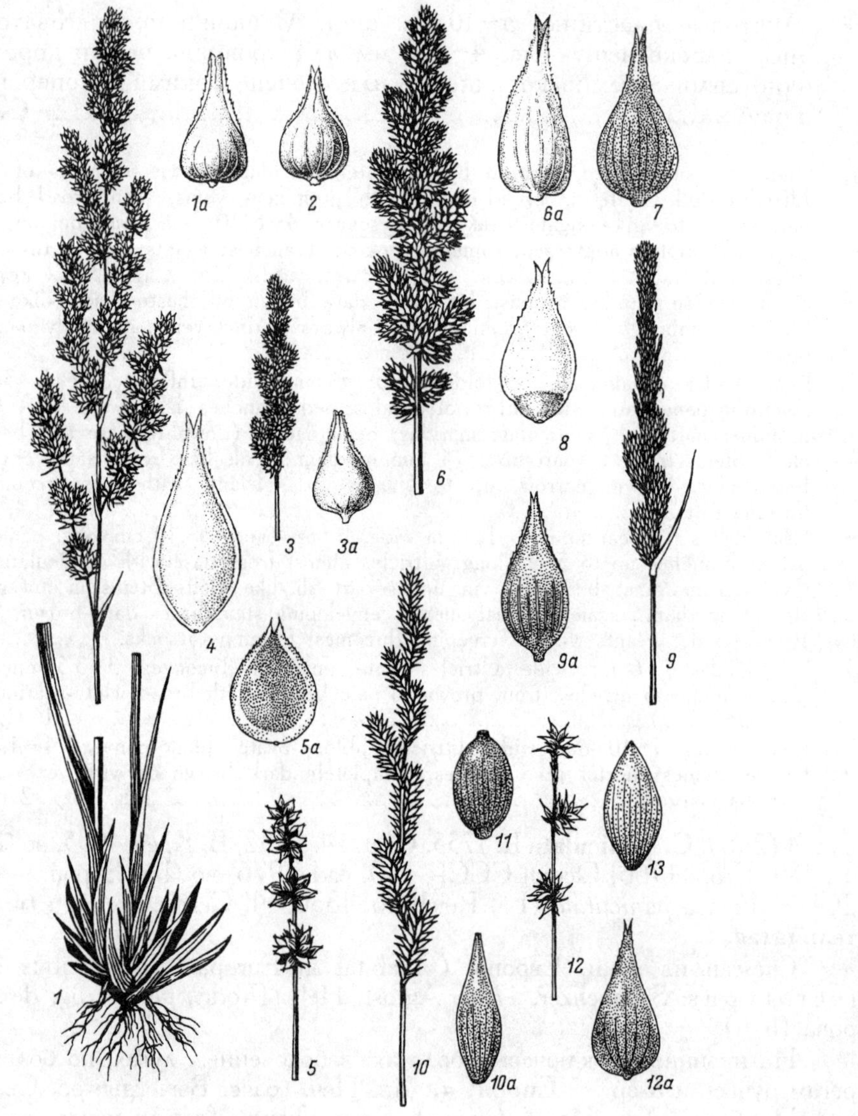

Рис. 63.

1 — *Carex paniculata* L., нижняя часть растения и соцветие, *1a* — мешочек; *2* — *C. appropinquata* Schum., мешочек; *3* — *C. diandra* Schrank, соцветие, *3a* — мешочек; *4* — *C. polyphylla* Kar. et Kir., мешочек; *5* — *C. muricata* L., соцветие, *5a* — мешочек; *6* — *C. vulpina* L., соцветие, *6a* — мешочек; *7* — *C. otrubae* Podp., мешочек; *8* — *C. contigua* Hoppe, мешочек; *9* — *C. disticha* Huds. subsp.*disticha*, соцветие, *9a* — мешочек; *10* — *C. elongata* L., соцветие, *10a* — мешочек; *11* — *C. diaperma* Dew., мешочек; *12* — *C. echinata* Murr., соцветие, *12a* — мешочек; *13* — *C. loliacea* L., мешочек.

Fig. 63.

1 — *Carex paniculata* L., lower part of the plant and inflorescence, *1a* — utricle; *2* — *C. appropinquata* Schum., utricle; *3* — *C. diandra* Schrank, inflorescence, *3a* — utricle; *4* — *C. polyphylla* Kar. et Kir., utricle; *5* — *C. muricata* L., inflorescence, *5a* — utricle; *6* — *C. vulpina* L., inflorescence, *6a* — utricle; *7* — *C. otrubae* Podp., utricle; *8* — *C. contigua* Hoppe, utricle; *9* — *C. disticha* Huds. subsp. *disticha*, inflorescence, *9a* — utricle; *10* — *C. elongata* L., inflorescence, *10a* — utricle; *11* — *C. disperma* Dew., utricle; *12* — *C. echinata* Murr., inflorescence, *12a* — utricle; *13* — *C. loliacea* L., utricle.

Известны помеси *C. paniculata* с *C. appropinquata*, *C. diandra*, *C. vulpina*, *C. echinata*, *C. remota*, *C. elongata* и *C. cinerea* (Ascherson, Graebner, 1902—1904; Kükenthal, 1909; Chater, 1980).

In our flora *C. paniculata* is represented by the type subspecies; 2 other subspecies (see above) occur in Cape Verde Islands and Canary Islands. Sometimes considered as subspecies, are *C. lusitanica* (see above) and the next species, *C. szovitsii*.

Locations of *C. paniculata* in Dvina-Pechora region are considerably isolated from its main range. Comments concerning specimens collected there were given by me before (Егорова, 1976, l. c.).

The crossbreds are known of *C. paniculata* with *C. appropinquata*, *C. diandra*, *C. vulpina*, *C. echinata*, *C. remota*, *C. elongata* and *C. cinerea* (Ascherson, Graebner, 1902—1904; Kükenthal, 1909; Chater, 1980).

2 (247). **C. szovitsii** V. Krecz. 1935, во Фл. СССР, 3 : 593, 159; Гроссг. 1940, Фл. Кавк., изд. 2, 2 : 45; Егор. 1966, Осоки СССР : 62. — *C. paniculata* var. *favratii* Christ f. *rigidior* Kük. 1909, in Engl. Pflanzenr. 38 : 182, p. p., quoad pl. cauc. — *C. paniculata* var. *caucasica* Lesk. 1931, Журн. Русск. бот. общ. **16**, 1 : 70. — *C. paniculata* subsp. *szovitsii* (V. Krecz.) Ö. Nilsson, 1985, in Fl, Turk. 9 : 91. — **О. Совича**.

Описан с Кавказа; typus: «Юго-Осетинская АО, Кударский р-н, болотистый луг у с. Сегаут, 1850 м над ур. м., 30 VII 1928, № 28, Е. и Н. Буш» (LE!).

На ключевых болотцах, по берегам ручьев и речек, на болотистых лугах; в субальпийском поясе. — **Кавк.**: Б. Кавк. (зап.: верховья рр. Цице и Пхии; центр: Алагир), Зап., Центр. (Бакуриани и Юго-Осетия) и Южн. (Грузия, Месхетия) Закавк. Общ. распр.: Зап. Азия (сев.-вост. Турция: Джимил и б. Артвинский округ). — 2n = ?

3 (248). **C. appropinquata** Schum. 1801, Enum. Pl. Saell. 1 : 266; В. Креч. 1935, во Фл. СССР, 3 : 158; Егор. 1966, Осоки СССР : 64; Малышев, 1990, во Фл. Сиб. 3 : 71. — *C. paradoxa* Willd. 1794, Sitzungsber. Ges. Naturf. Freunde Berlin : 39, non J. F. Gmel. 1791. — *Vignea paradoxa* Reichenb. 1830, Fl. Germ. Excurs. : 60. — *V. appropinquata* (Schum.) Soják, 1979, Čas. Nár. Mus. Praze, řada přir. **148**, 3—4 : 194. — Exs.: H.F.R. № 695. — **О. сближенная**.

Описан из Дании (о-в Зеландия, «Ad margines lacuum, in paludibus: ved Lyngbye Söe; Hirschholm-Skov.»); typus: C.

На осоковых и моховых болотах, болотистых лугах, заболоченных берегах озер, в болотистых лесах и кустарниках, часто в черноольховых топях. — **Европ. ч.**: все районы, кроме Аркт., Молд., Причерн., Ниж.-Волж. и Крым. (в Ниж.-Дон. Новочеркасск и Есауловка); **Кавк.**: Б. Кавк. (зап. и центр.), Центр. (Грузия: Сомхетия; Армения: Лорийское плато) и Южн. (Джавахетия, верховья р. Кции) Закавк.; **Зап. Сиб.**: Обск. (юг), Верх.-Тоб. (сев.), Ирт. (сев. и вост.), Алт.; **Вост. Сиб.**: Енис. (Туруханский р-н, р. М. Варламовка; басс. низовьев Ангары): Лен.-Кол. (крайний юг), Анг.-Саян., Даур. (вост. побережье Байкала). Общ. распр.: Европа; З. Азия (сев.-вост. Турция). — 2n = 64 (Heilborn, 1924, 1939). — Рис. 63, *2*.

4 (249). **C. diandra** Schrank, 1781, Cent. Bot. Anmerk. : 57; В. Креч. 1935, во Фл. СССР, 3 : 157; Егор. 1966, в Аркт. фл. СССР, 3 : 73; ead. 1966, Осоки СССР : 65. — *C. teretiuscula* Good. 1794, Trans. Linn. Soc. London, 2 : 163. — *Vignea teretiuscula* (Good.) Reichenb. 1830, Fl. Germ. Excurs. : 60. — *V. diandra* (Schrank) Soják, 1979, Čas. Nár. Muz. Praze, řada přir. **148**, 3—4 : 194. — Exs.: H.F.R. № 1245, a, b, H.F. URSS № 4212. — **О. двутычинковая**.

Описан из Германии (южн. Бавария, «Burghausen»); typus: ? B.

На болотах, преимущественно низинных, болотистых лугах, заболоченных берегах рек и озер, в болотистых лесах. — **Европ. ч.**: все районы, кроме Молд., Ниж.-Волж. и Крым. (в Аркт. материковая часть, в Заволж. Самара и Сергиевск, в Причерн. район Херсона: Водяно-Цыбулев — Черный лес, в Ниж.-Дон. б. Саратовская губ., Аткарский у., р. Медведица); **Кавк.**: Б. Кавк., Зап. (Аджария), Центр. (Грузия: Бакуриани и Сакочави; Армения: Лорийское плато) и Южн. (Грузия: Молити; Армения: басс. Севана; Нахичеванская республика: оз. Батабад) Закавк.; **Зап. Сиб.**: все районы, кроме Аркт.; **Вост. Сиб.**: все районы (в Аркт. низовья Енисея: Талнах, в Лен.-Кол. кроме северо-востока, где только в басс. Колымы); **Дальн. Вост.**: Камч., Удск., Зее-Бур., Уссур., Сах., Курил. (юг); **Средн. Азия**: Арало-Касп. (Мугоджары и район г. Кзыл-Орды), Прибалх. (р. Или в среднем течении: урочище Кундузы), Дж.-Тарб. (Джунгарский Алатау: Б. Копальский саз), Сырдар. (долина Сырдарьи, редко), Тянь-Шан. (р. Текес; Ферганский хр.: с. Арсланбоб), Пам.-Ал. (Зап. Памир: ущелье р. Богуш-Дара). Общ. распр.: С., Атл., Ц. и Ю. (очень редко) Европа; З. (Турция), Ц. (сев. и вост. Монголия), В. и Ю. (сев.-зап. Гималаи) Азия; С. Америка; С. Африка (Канарские о-ва); Нов. Зеландия. — 2n = 60 (Heilborn, 1939; Löve, Löve, 1956). — Рис. 63, *3*.

Sectio 40. Phleoideae Meinsh. 1901, Тр. Петерб. бот. сада, **18**, 3 : 281, 322. — Sect. *Brevispicae* C. B. Clarke, 1904, Journ. Linn. Soc. London (Bot.), 37 : 3, p. p. — Sect. *Phyllothyrsa* V. Krecz. 1935, во Фл. СССР, 3 : 143, p. p., sine descr. latin. — Sect. *Phleoideae* (Meinsh.) Egor. 1965, Новости сист. высш. раст. : 61, comb. superfl. — Sect. *Phleoideae* subsect. *Elongatispicae* Egor. et subsect. *Brevispicae* (C. B. Clarke) Egor. l. c. : 61, 62. — Колоски андрогинные, в числе 15—50, многоцветковые, в густом колосовидном соцветии, нижние иногда коротковетвистые. Кроющие листья линейные, щетиновидные или чешуевидные. Мешочки плосковыпуклые, перепончатые, 3.2—4.2(5) мм дл., с многочисленными жилками, по краям с крылом или без крыла, с удлиненным, едва двузубчатым носиком. Плод в 2.5 раза короче и почти в 2 раза у́же мешочка. Растения без ползучих корневищ. Все части растений или только перепончатая сторона листовых влагалищ пурпурноточечные, последняя б. ч. поперечно-морщинистая. — Lectotypus: *C. leiorhyncha* C. A. Mey. — Егорова (h. l.).

10 видов, в Вост., Южн. и Юго-Вост. Азии; вне рассматриваемой территории: *C. colliminatea* V. Krecz. (Центр. Китай: пров. Хубэй), *C. fluviatilis* Boott (Индокитай), *C. nubigena* D. Don. (Вост., Южн. и Юго-Вост. Азия), *C. paxii* Kük. (Япония), *C. phaeoleuca* Ohwi (Япония и о-в Тайвань) и *C. pleistogyna* V. Krecz. (Юго-Зап. Китай и Гималаи).

Spikes androgynous, 15—50, many-flowered, in dense spiciform inflorescence, lower ones sometimes short-branched. Bracts leaf-like, setaceous or glumaceous. Utricles plano-convex, membranous, 3.2—4.2(5) mm long, many-veined, on margins winged or wingless, with an elongate, scarcely bidentate beak. Fruit 2.5 times shorter and almost 2 times narrower than utricle. Plants without creeping rhizomes. All parts of plants or only membranous side of leaf sheaths purple-punctate, the latter generally cross-wrinkled. — Lectotypus: *C. leiorhyncha* C. A. Mey. — Egorova (Егорова, h. l.).

10 species, in East, South and Southeast Asia; outside considered territory: *C. colliminatea* V. Krecz. (Central China: Hubei province), *C. fluviatilis* Boott (Indo-China), *C. nubigena* D. Don. (East, South and Southeast Asia), *C. paxii* Kük. (Japan), *C. phaeoleuca* Ohwi (Japan and Taiwan island) and *C. pleistogyna* V. Krecz. (South-Western China and Himalaya).

1. Стебли вверху тупо-трехгранные, гладкие. Кроющие листья 2—3 нижних колосков линейные, 1.5—2.5 мм шир., в 3—6 раз превышающие соцветие. Мешочки по краям от середины кверху с широким зазубренным крылом..........1. **C. neurocarpa**.

\+ Стебли вверху остро-трехгранные, шероховатые. Кроющие листья нижних колосков щетиновидные или чешуевидные, обычно не превышающие соцветие. Мешочки без крыла..........2.

2. Перепончатая сторона листовых влагалищ без поперечной морщинистости. Мешочки 4.5—5 мм дл., с шероховатыми вверху краями..........4. **C. albata**.

\+ Перепончатая сторона листовых влагалищ обычно поперечно-морщинистая. Мешочки 3.2—4.2 мм дл. ....3.

3. Кроющие листья щетиновидные, реже узколинейные, превышающие колоски (и очень редко все соцветие). Кроющие чешуи с шероховатой остью, бледно-зеленые, пурпурно исчерченные, заметно короче мешочков. Мешочки с гладкими краями и ребристыми жилками..........2. **C. leiorhyncha**.

\+ Кроющие листья чешуевидные, редко щетиновидные и тогда превышающие колоски. Кроющие чешуи острые, ржавые или светло-ржавые, равные мешочкам или немного короче их. Мешочки вверху по краям рассеянно-шероховатые, с тонкими жилками..........3. **C. laevissima**.

1. Stems in upper part obtuse-trigonous, smooth. Bracts of 2—3 lower spikes leaf-like, 1.5—2.5 mm wide, 3—6 times exceeding inflorescence. Utricles on margins from middle to apex with broad denticulate wing..........1. **C. neurocarpa**.

\+ Stems in upper part sharply trigonous, scabrid. Bracts of lower spikes setaceous or glumaceous, usually not exceeding inflorescence. Utricles wingless..........2.

2. Membranous side of leaf sheaths not cross-wrinkled. Utricles 4.5—5 mm long, with scabrid margins in upper part..........4. **C. albata**.

\+ Membranous side of leaf sheaths usually cross-wrinkled. Utricles 3.2—4.2 mm long.....3.

3. Bracts setaceous, more rarely narrow-leaf-like, exceeding spikes (and very rarely the whole inflorescence). Female glumes with scabrid awn, pale green, purple-striated, distinctly shorter than utricles. Utricles with smooth margins and costate veins..2. **C. leiorhyncha**.

\+ Bracts glumaceous, rarely setaceous and then exceeding spikes. Female glumes acute, ferruginous or light ferruginous, equal to utricles or a little shorter. Utricles in upper part sparsely scabrid on margins, with thin veins..........3. **C. laevissima**.

1 (250). **C. neurocarpa** Maxim. 1859, Prim. Fl. Amur. : 306; В. Креч. 1935, во Фл. СССР, 3 : 144; Егор. 1966, Осоки СССР : 67. — **О. жилкоплодная**.

Описан из басс. р. Амур; l e c t o t y p u s: «Amur, Da, 20 VII 1855, Maximowicz» (LE!) — Кречетович (in sched.), Егорова (h. l.).

На сырых и болотистых лугах, по берегам рек и ручьев. — **Дальн. Вост.**: Удск., Зее-Бур. (окр. Благовещенска), Уссур. (сев. и юг). О б щ. р а с п р.: В. Азия (Сев.-Вост. и Сев. Китай, п-ов Корея, Япония). — 2n = 108 (Tanaka, 1937). — Рис. 64, *3*.

2 (251). **C. leiorhyncha** C. A. Mey. 1831, Mém. Sav. Étr. Pétersb. 1 : 217, tab. 9; В. Креч. 1935, во Фл. СССР, 3 : 144, p. p.; Егор. 1966, Осоки СССР : 68. — *Vignea leiorhyncha* (C. A. Mey.) Soják, 1979, Čas. Nár. Muz. Praze, řada přír. **148**, 3—4 : 196. — E x s.: H.F. URSS № 4224. — **О. гладконосиковая**.

Описан из Вост. Сибири; l e c t o t y p u s: «In humidis Dahuriae, 1831, C. A. Meyer» (LE!) — Кречетович (in sched.), Егорова (h. l.)

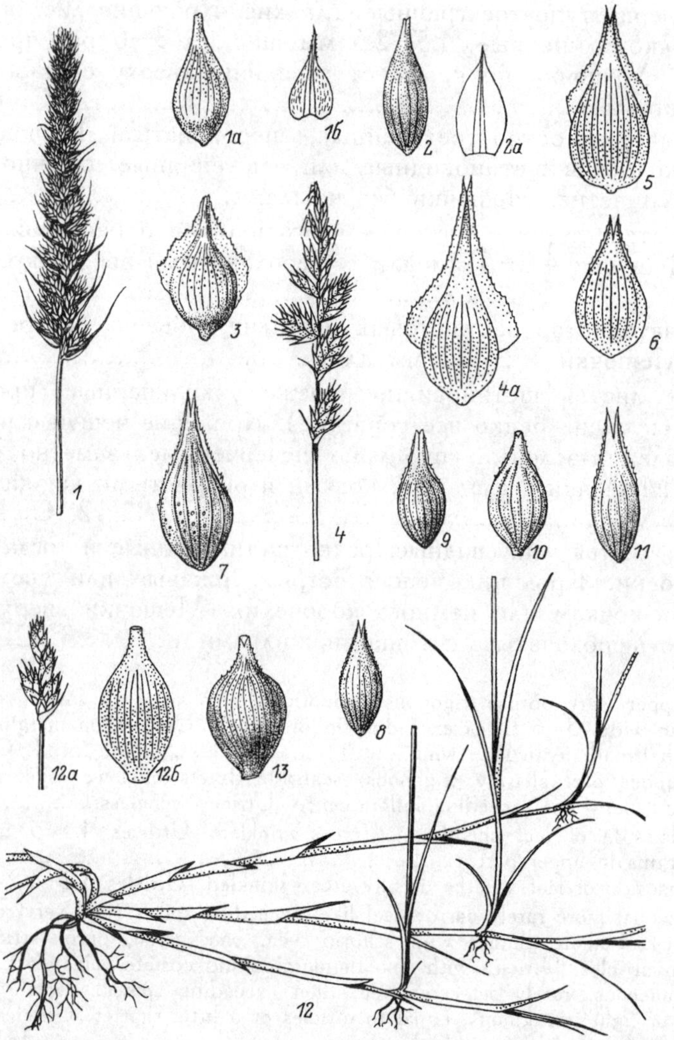

Рис. 64.

1 — *Carex leiorhyncha* C. A. Mey., соцветие, *1a* — мешочек, *1б* — кроющая чешуя мешочка; *2* — *C. laevissima* Nakai, мешочек; *2a* — кроющая чешуя мешочка; *3* — *C. neurocarpa* Maxim., мешочек; *4* — *C. arenaria* L., соцветие, *4a* — мешочек; *5* — *C. colchica* J. Gay subsp. *colchica*, мешочек; *6* — *C. praecox* Schreb., мешочек; *7* — *C. pallida* C. A. Mey., мешочек; *8* — *C. iljinii* V. Krecz., мешочек; *9* — *C. curaica* Kunth subsp. *curaica*, мешочек; *10* — *C. curaica* subsp. *pycnostachya* (Kar. et Kir.) Egor., мешочек; *11* — *C. diplasiocarpa* V. Krecz., мешочек; *12* — *C. chordorrhiza* Ehrh. ex L. f., часть растения со стелющимися облиственными вегетативными побегами и отходящими от них вертикальными побегами, *12a* — соцветие, *12б* — мешочек; *13* — *C. divisa* Huds., мешочек.

Fig. 64.

1 — *Carex leiorhyncha* C. A. Mey., inflorescence, *1a* — utricle, *1б* — female glume; *2* — *C. laevissima* Nakai, utricle; *2a* — female glume; *3* — *C. neurocarpa* Maxim., utricle; *4* — *C. arenaria* L., inflorescence, *4a* — utricle; *5* — *C. colchica* J. Gay subsp. *colchica*, utricle; *6* — *C. praecox* Schreb., utricle; *7* — *C. pallida* C. A. Mey., utricle; *8* — *C. iljinii* V. Krecz., utricle; *9* — *C. curaica* Kunth subsp. *curaica*, utricle; *10* — *C. curaica* subsp. *pycnostachya* (Kar. et Kir.) Egor., utricle; *11* — *C. diplasiocarpa* V. Krecz., utricle; *12* — *C. chordorrhiza* Ehrh. ex L. f., fragment of the plant with procumbent leafed vegetative shoots and rising from them vertical shoots, *12a* — inflorescence, *12б* — utricle; *13* — *C. divisa* Huds., utricle.

На сырых и болотистых, реже сухих лугах, в поймах рек, на влажных местах вдоль лесных дорог и троп, в сырых разреженных лесах и кустарниках. — **Вост. Сиб.**: Даур. (вост.); **Дальн. Вост.**: Зее-Бур. (юг), Уссур. (сев.-зап. и юг). Общ. распр.: В. Азия (Сев.-Вост. и Сев. Китай, п-ов Корея). — 2n = 76—80 (Heilborn, 1939). — Рис. 64, *1*.

3 (252). **C. laevissima** Nakai, 1913—1915, Feddes Repert. 13 : 245; В. Креч. и Лучник, 1937, Тр. Дальневост. фил. АН СССР, сер. бот. 2 : 887; Егор. 1966, Осоки СССР : 71. — *C. nubigena* D. Don var. *albata* (Boott ex Franch. et Savat.) Kük. 1909, in Engl. Pflanzenr. 38 : 146, p. p. — *C. leiorhyncha* auct. non C. A. Mey.: В. Креч. 1935, во Фл. СССР, 3 : 144, p. p. — **О. гладкая**.

Описан с о-ва Чеджудо (близ южн. оконечности п-ова Корея); typus: «Quelpaert, in humidis Hallaisan, 1000 m, VIII 1909, № 3432, Taquet» (MAK, isotypus LE!).

На сырых лугах, в кустарниках, разреженных лесах, по лесным дорогам и тропам. — **Дальн. Вост.**: Удск. (басс. Амура к югу от с. Софийского), Зее-Бур., Уссур. (сев.-зап. и юг). Общ. распр.: В. Азия (Сев.-Вост. Китай; п-ов Корея). — 2n = ? — Рис. 64, *2*.

Помимо признаков, указанных в ключе, *C. laevissima* хорошо отличается от *C. leiorhyncha*, с которой ее нередко смешивают, более узкими, 2—3 мм (а не (2)3—4(5) мм), и жесткими листовыми пластинками, слабо волокнистыми (а не цельными) влагалищами нижних листьев, более коротким рыхловатым коричневатым (а не зеленоватым) соцветием, отсутствием ветвистости у нижних колосков, несколько более крупными и более узкими мешочками (3.7—4.2 мм дл., 1.2—1.3 мм шир., а не 3.2—3.7(4) мм дл., 1.3—1.4(1.5) мм шир.), почти без изгиба суженными в носик.

А. П. Хохряковым (1985 : 79) вид указывается как, возможно, заносное растение для юга Магаданской обл. (Охотское побережье: Снежная долина).

C. laevissima is is rather often mixed with *C. leiorhyncha*, but well differs from it, in addition to characters mentioned in the key, by narrower, 2—3 mm (instead of (2)3—4(5) mm), and rigid leaf blades, slightly fibrous (instead of entire) sheaths of lower leaves, shorter and rather lax brownish (instead of greenish) inflorescence, not branched lower spikes, somewhat largeer and narrower utricles (3.7—4.2 mm long, 1.2—1.3 mm wide, instead of 3.2—3.7(4) mm long, 1.3—1.4(1.5) mm wide), narrowed into a beak almost without curve.

The species is cited by Khokhrjakov (Хохряков, 1985 : 79) as, possibly, alien plant, for southern Magadan region (Okhotsk coast: Snezhnaya valley).

4 (253). **C. albata** Boott ex Franch. et Savat. 1877, 1878, Enum. Pl. Jap. 2 : 553, 126; Boott ex Miq. 1867, Ann. Mus. Bot. Lugd. Bat. 3 : 193, nom. nud.; Ворош. 1982, Опред. раст. сов. Дальн. Вост. : 110. — *C. argyrolepis* Maxim. ex Franch. et Savat. 1877, l. c. : 126, nom. nud. — *C. nubigena* D. Don subsp. *albata* (Boott ex Franch. et Savat.) T. Koyama, 1959, Bot. Mag. Tokyo, **72**, 853—854 : 306; Liang Song-yun et Tang Yan-cheng, 1990, Acta Phytotax. Sin. **28**, 3 : 241. — **О. беловатая**.

Описан из Японии (о-в Хонсю, «Hab. in locis umbrosis rupestribus regionis montanae: Nippon, in montibus Hakone, №№ 1406, 3487, 3497, Savatier; in silvis apertis subalpinis montis Fudsiyama, № 3509, id.»); syntypi: P.

В сырых лесах. — **Дальн. Вост.**: Курил. (юг: о-в Итуруп). Общ. распр.: В. Азия (Китай, Япония). — 2n = 112 (Funabiki, 1958).

Sectio 41. Vulpinae (Carey) Christ, 1885, Bull. Soc. Bot. Belg. **24**, 2 : 18, emend. Egor. 1965, Новости сист. высш. раст.: 62. — Sect. *Vignea* subsect. *Vulpinae* Carey, 1848, in A. Gray, Man. Bot.: 541, p. p. — Sect. *Desmiograstis* (Börn.)

V. Krecz. 1935, во Фл. СССР, 3 : 150, p. min. p. — Колоски андрогинные (нижние иногда пестичные), многочисленные, многоцветковые, скученные по нескольку на укороченных веточках, образующих крупное, обычно густое колосовидно-метельчатое (редко головчатое) соцветие. Кроющие листья чешуевидные, нижние иногда с удлиненными щетиновидными верхушками или узколинейные. Мешочки плоско-выпуклые, кожистые или перепончатые, 3.5—6 мм дл., зрелые б. м. сильно отклоненные от оси колоска, с жилками, внизу с губчатыми стенками, с едва или явственно двузубчатым носиком. Плод полностью заполняет мешочек. Растения без ползучих корневищ; стебли утолщенные; перепончатая сторона листовых влагалищ обычно поперечно-морщинистая или пурпурно-точечная. — Typus: *C. vulpina* L.

Около 30 видов, преимущественно в Сев. Америке, несколько видов в Европе, умеренном поясе Азии, Вост. и Южн. Африке и на востоке Австралии (Егорова, 1966б : 81).

Spikes androgynous (lower ones sometimes female), numerous, many-flowered, aggregated by several on abbreviated branches, forming large, usually dense spiciform-paniculate (rarely capitate) inflorescence. Bracts glumaceous, lower ones sometimes with an elongate setaceous apexes or narrow-leaf-like. Utricles plano-convex, coriaceous or membranous, 3.5—6 mm long, at maturity more or less strongly patent, veined, in lower part with spongy walls, with a scarcely or distinctly bidentate beak. Fruit completely fills utricle. Plants without creeping rhizomes; stems thickened; membranous side of leaf sheaths usually cross-wrinkled or purple-punctate. — Typus: *C. vulpina* L.

About 30 species, mainly in North America, some species in Europe, temperate zone of Asia, East and South Africa and in eastern Australia (Егорова, 1966б : 81).

1. Мешочки ланцетовидные, 4—5.5 мм дл., 1.4—1.6 мм шир., перепончатые, со слабо двузубчатым, спереди глубоко клиновидно расщепленным носиком. Растение Дальнего Востока.....................3. **C. stipata**.

\+ Мешочки яйцевидные или широкояйцевидные, реже продолговато-яйцевидные, (3.5)4—5(6) мм дл., 2—2.6 мм шир. Растения других районов... 2.

2. Стебли узкокрылатые, при основании с черно-бурыми, волосовидно расщепленными остатками листовых влагалищ. Соцветие бурое. Кроющие чешуи с довольно длинной, 1—1.5 мм, коричневой, слабо шероховатой остью. Мешочки яйцевидные, реже продолговато-яйцевидные, (4)4.5—5(6) мм дл., кожистые, матовые, с очень мелкими бугорками, зрелые красновато- или ржаво-бурые, с утолщенными жилками; носик спереди глубоко, сзади слабо клиновидно расщепленный..1. **C. vulpina**.

\+ Стебли не крылатые, при основании со светло-бурыми цельными, реже слабо волокнисто расщепленными влагалищами. Соцветие бледно-зеленое. Кроющие чешуи с более короткой зеленой, сильно шероховатой остью. Мешочки яйцевидные или широкояйцевидные, в основании заметно расширенные, (3.5)4—5 мм дл., перепончатые, глянцевитые, без бугорков, зрелые зеленовато-желтые или слегка буроватые, с тонкими жилками; носик спереди и сзади одинаково расщепленный...2. **C. otrubae**.

1. Utricles lanceolate, 4—5.5 mm long, 1.4—1.6 mm wide, membranous, with a slightly bidentate, dorsally deeply cuneate-cleft beak. Plants of Far East...............3. **C. stipata**.

\+ Utricles ovate, or broad-ovate, more rarely oblong-ovate, (3.5)4—5(6) mm long, 2—2.6 mm wide. Plants of other areas...2.

2. Stems narrow-winged, at base with black-brown, capillate-split remnants of leaf sheaths. Inflorescence brown. Female glumes with rather long, 1–1.5 mm, brown, slightly scabrid awn. Utricles ovate, more rarely oblong-ovate, (4)4.5–5(6) mm long, coriaceous, dull, with very small tubercles, at maturity reddish or ferruginous-brown, with thickened veins; beak dorsally deeply, ventrally slightly cuneate-cleft..................................1. **C. vulpina.**
\+ Stems wingless, at base with light brown entire, more rarely slightly fibrous-split sheaths. Inflorescence pale green. Female glumes with shorter green strongly scabrid awn. Utricles ovate or broad-ovate, at base conspicuously dilated, (3.5)4–5 mm long, membranous, shining, without tubercles, at maturity greenish-yellow or slightly brownish, with thin veins; beak equally cleft dorsally and ventrally..2. **C. otrubae.**

1 (254). **C. vulpina** L. 1753, Sp. Pl. : 973; В. Креч. 1935, во Фл. СССР, 3 : 151; Егор. 1966, Осоки СССР : 73; ead. 1967, в Раст. Центр. Азии, 3 : 52; ead. 1991, Бот. журн. **76**, 12 : 1745; Малышев, 1990, во Фл. Сиб. 3 : 91. — *C. compacta* Lam. 1779, Fl. Fr. 2 : 172, nom. illeg. — *C. glomerata* Gilib. 1792, Exerc. Phyt. : 545, nom. invalid. — *Vignea vulpina* (L.) Reichenb. 1830, Fl. Germ. Excurs. : 59. — Exs.: H.F. URSS № 4250. — **О. лисья.**

Описан из Европы («Habitat in Europae paludibus nemoris») lectotypus: Herb. Linn. № 1100.22 (LINN, photo LE!) — Егорова (h. l.).

На болотистых лугах, травяно-осоковых болотах, по краям канав, реже в кустарниках и сырых лесах. — **Европ. ч.**: все районы, кроме Ниж.-Волж. (в Кар.-Мурм. Карелия: вост. берег Онежского озера у пос. Колово, в Дв.-Печ. зап. и юг, в Причерн. сев., в Ниж.-Дон. сев., в Крым. юг); **Кавк.**: Предкавк. (зап.; вост.: оз. Б. Киссык), Б. Кавк. (центр: Георгиевск), Центр. (Боржоми) и Южн. (Грузия: Ахалкалаки; Армения: басс. Севана — Айриджа; Нахичеванская республика: с. Биченах) Закавк., Тал. (п-ов Сара); **Зап. Сиб.**: Обск. (юг), Верх.-Тоб., Ирт., Алт.; **Вост. Сиб.**: Енис. (юг, очень редко), Лен.-Кол. (юго-зап.: верхнее течение Лены к югу от 60° с. ш.), Анг.-Саян. (зап. и сев.-вост.); **Средн. Азия**: Арало-Касп. (сев.-вост.: Карсакпайский р-н), Прибалх. (оз. Зайсан), Дж.-Тарб. (Джунгарский Алатау). Общ. распр.: Европа; Ц. Азия (Китай: север Джунгарии). — 2n = 68 (Heilborn, 1928; Rohweder, 1938; Dietrich, 1972). — Рис. 63, *6*.

Теневую форму *C. vulpina* — образцы с бледно-коричневыми до бледно-зеленых кроющими чешуями, иногда принимают за *C. otrubae*, имеющую бледно-зеленую окраску соцветия, обусловленную тем, что ее кроющие чешуи (коричневые) короче и в 2 раза у́же зеленых, поздно буреющих мешочков.

Для Карелии *C. vulpina* приведена по литературным данным (Раменская, Андреева, 1982).

A shady form of *C. vulpina* represented by specimens with pale brown to pale green glumes, is sometimes taken for *C. otrubae*, a pale green colouring of inflorescence of the latter being connected with the fact that its brown glumes are shorter and 2 times narrower than green, late turning brown utricles.

For Karelia *C. vulpina* is cited according to published data (Раменская, Андреева, 1982).

2 (255). **C. otrubae** Podp. 1922, Publ. Fac. Sci. Univ. Masaryk, 12 : 15; Nelmes, 1952, in Fl. Brit. Isl. : 1398; Holub, 1963, Acta Horti Bot. Prag. : 48; Егор. 1966. Осоки СССР: 76; ead. 1976, в Опред. раст. Средн. Азии, 5 : 88. — ? *C. spicata* Huds. 1762, Fl. Angl. : 349. — *C. nemorosa* Rebent. 1804, Prodr. Fl. Neomarch. : 21; В. Креч. 1932, во Фл. Туркм. **1**, 2 : 232, non Schrank, 1789. — *C. vulpina* f. *nemorosa* (Rebent.) Kük. 1909, in Engl. Pflanzenr. 38 : 170. — *C. compacta* auct. non Lam. : В. Креч. 1935, во Фл. СССР, 3 : 151 et auct. mult. — *Vignea otrubae* (Podp.) Soják, 1979, Čas. Nár. Muz. Praze, řada přír. **148**, 3–4 : 196. — **О. Отрубы.**

Описан из Чехии; t y p u s: «In pratis pr. Grygov, ad Olomouc urbem. № 09370, J. Otruba» (BRNU!).

На болотистых и сырых, нередко солонцеватых местах, по берегам рек, окраинам канав, иногда в кустарниках и сырых лесах. — **Европ. ч.**: ? Кар.-Мурм. (Карелия: зап. берег Онежского озера), Прибалт. (Калининградская обл.; Эстония: о-ва Сааремаа и Хийумаа; Латвия: центр и юг; Литва), ? Лад.-Ильм. (Карельский перешеек: в районе пос. Сосново), Верх.-Днепр. (Брянская обл., д. Слобода), Карп., Сред.-Днепр., Волж.-Дон. (Липецкая, Белгородская и Воронежская обл.), Молд., Причерн., Ниж.-Дон., Ниж.-Волж. (дельта Волги), Крым.; **Кавк.**: все районы (в Южн. Закавк. Армения: Араратская долина, сс. Реганлу и Неджирлу; Нахичеванская республика: Норашенский р-н, с. Ахура); **Вост. Сиб.**: Анг.-Саян. (Минусинск); **Средн. Азия**: Горн.-Туркм. (Копетдаг), Сырдар., Тянь-Шан. (Сев. и Зап. Тянь-Шань), Пам.-Ал. (зап.). О б щ. р а с п р.: С. (юг), Атл., Ц. и Ю. Европа; З. (Турция, Сирия, Ирак, Иран, Афганистан) и Ц. (Китай: Вост. Тянь-Шань) Азия; С. Африка. — 2n = 58 (Dietrich, 1972; Тодераш, 1979), 62, 64 (Тодераш, 1979). — Рис. 63, 7.

В. И. Кречетовичем (1935, l. c.) растения этого вида были приведены под названием *C. compacta* Lam., которое, однако, представляет собой излишнее название (nomen superfluum) для вида *C. vulpina*. *C. otrubae* имеет габитуальное сходство с *C. vulpina*, вследствие чего она нередко рассматривалась в качестве разновидностей и форм последней (см.: Егорова, 1966, l. c.). Между тем эти виды хорошо морфологически обособлены (см. ключ) и даже не являются близкородственными.

Данные о произрастании *C. otrubae* в Карело-Мурманском (Hultén, 1950 : 394) и Ладожско-Ильменском (Hiitonen, 1946 : 56, ut *C. vulpina* subsp. *nemorosa*) районах и в Вост. Сибири нуждаются в подтверждении. Единственный известный из Вост. Сибири образец *C. otrubae*, по всей вероятности, неверно этикетирован. Для Липецкой обл. вид указан по литературным данным (Флора Липецкой обл., 1996). В Вост. Тянь-Шане (Китай) *C. otrubae* отмечена китайскими авторами (Liang Song-yun, Tang Yan-cheng, 1990).

Kreczetowicz (Кречетович, 1935, l. c.) cited plants of this species under the name *C. compacta* Lam., the latter, however, is a nomenclaturally superfluous name for species *C. vulpina*. *C. otrubae* demonstrates resemblance in habit with *C. vulpina*, that is why it has been rather often considered as varieties and forms of the latter (see : Егорова, 1966, l. c.). Meanwhile, these species are well separated morphologically (see the key) and are not even closely related.

Data on the occurrence of *C. otrubae* in Karelian-Murmansk (Hultén, 1950 : 394) and Ladoga-Ilmen (Hiitonen, 1946 : 56, ut *C. vulpina* subsp. *nemorosa*) regions and in Eastern Siberia need confirmation. The only known from the latter territory specimen of *C. otrubae* is, most probably, mistakenly labelled. For China, *C. otrubae* is cited according to published data (Liang Song-yun, Tang Yan-cheng, 1990).

3 (256). **C. stipata** Muehl. ex Willd. 1805, Sp. Pl. 4 : 233; В. Креч. 1935, во Фл. СССР, 3 : 152; Егор. 1966, Осоки СССР : 80. — **О. стесненная**.

Описан из Сев. Америки («Habitat in Pennsylvania»); typus — B.

На сырых и болотистых лугах. — **Дальн. Вост.**: Уссур., Курил. (юг: о-ва Кунашир, Итуруп). О б щ. р а с п р.: В. Азия (Япония); С. Америка. — 2n = 48 (Tanaka, 1939), 52 (Wahl, 1940).

А. Е. Кожевниковым (1988) указывается для южн. Сахалина.

Is cited by Kozhevnikov (Кожевников, 1988) for Southern Sakhalin.

К секции *Vulpinae* принадлежит также приводимый ниже вид — *C. vulpinoidea* Michx., о произрастании которого на нашей территории нет достоверных данных.

The section *Vulpinae* includes also the cited below species, namely *C. vulpinoidea* Michx., about its occurrence in our territory there being no reliable data.

C. vulpinoidea Michx. 1803, Fl. Bor.-Amer. 2 : 169.

Описан из Сев. Америки («Hab. in Canada et Nova Anglia»); типовой материал: P.

На болотистых местах. — **Европ. ч.**: Карп. (? Карпаты). Общ. распр.: Европа (заносное); Сев. Америка.

Это распространенное в Сев. Америке растение, известное в качестве заносного в Англии, Голландии, Франции, Швейцарии, Чехии, Словакии и Польше (Chater, 1980), сообщается С. С. Фодором (1974) для Украины (Закарпатье). Однако гербарным материалом данное указание не подтверждено. Вид не приводится в «Визначнике рослин Українських Карпат» (1977) и «Определителе высших растений Украины» (1987).

This plant, distributed in North America and known as alien one in England, Holland, France, Switzerland, Czechia, Slovakia and Poland (Chater, 1980), was cited by Fodor (Фодор, 1974) for Ukraine (Transcarpathia). However, this indication is not confirmed by herbarium material. The species is mentioned neither in «Визначник рослин Українських Карпат» (1977), nor in «Определитель высших растений Украины» (1987).

Sectio 42. Phaestoglochin Dumort. 1827, Fl. Belg. : 146, p. p.; Chater, 1980, in Fl. Europ. 5 : 297. — Sect. *Muehlenbergianae* Tuckerm. ex Kük. 1909, in Engl. Pflanzenr. 38 : 152; Егор. 1966, Осоки СССР : 81. — Sect. *Desmiograstis* (Börn.) V. Krecz. 1935, во Фл. СССР, 3 : 149, p. p. — Колоски андрогинные, в числе 4—10, немногоцветковые, в густом или прерывистом колосовидном соцветии, в нижней части иногда с 1—2 веточками из нескольких колосков. Кроющие листья чешуевидные (нижние иногда с удлиненными щетиновидными верхушками) или, редко, узколинейные. Мешочки плоско-выпуклые, перепончатые, (3)3.5—6.5(7) мм дл., зрелые обычно звездчато отклоненные от оси колоска, б. ч. без жилок, внизу иногда с губчатым подушковидным возвышением, обычно с остро-двузубчатым носиком. Плод полностью заполняет мешочек. Растения без ползучих корневищ; стебли тонкие. — Lectotypus: *C. muricata* L. — Егорова (h. l.).

Около 35 видов, преимущественно в Сев. Америке, несколько видов в Евразии и Сев. Африке.

Spikes androgynous, 4—10, not many-flowered, in dense or interrupted spiciform inflorescence, in lower part sometimes with 1—2 branches of several spikes. Bracts glumaceous, lower ones sometimes with setaceous apexes, or, rarely, narrow-leaf-like. Utricles plano-convex, membranous, (3)3.5—6.5(7) mm long, at maturity generally stellate-spread, generally veinless, in lower part sometimes with spongy pulvinaceous eminence, usually with a sharply bidentate beak. Fruit completely fills utricle. Plants without creeping rhizomes; stems thin. — Lectotypus: *C. muricata* L. — Egorova (h. l.).

About 35 species, mainly in North America, some species in Eurasia and North Africa.

1. Мешочки в зрелом состоянии в нижней трети с губчатым подушковидным возвышением (недозрелые мешочки в этом месте морщинистые), яйцевидные или продолговато-яйцевидные, 4.5—5(5.5) мм дл., без жилок или с 3—5 обычно слабо выраженными жилками .... 4. **C. contigua**.
\+ Мешочки без подушковидного возвышения .... 2.

2. Мешочки с жилками, (2.5)3—3.2 мм дл., с мелкобугорчатой поверхностью, с едва двузубчатым носиком. Побеги окружены при основании коричневыми влагалищами листьев......................5. **C. wendelboi**.

\+ Мешочки без жилок, 3.5—6.5 мм дл., с гладкой поверхностью, с явственно выраженным остро-двузубчатым носиком. Побеги окружены при основании светлыми буровато-сероватыми влагалищами листьев..3.

3. Соцветие прерывистое, внизу обычно с 1—2 веточками из нескольких колосков. Кроющие чешуи бледно-зеленые. Мешочки 3.5—4.5(5) мм дл., в зрелом состоянии слегка отклоненные от оси колоска, не растопыренные звездчато..1. **C. divulsa**.

\+ Соцветие б. м. густое, не ветвистое, если ветвистое, то мешочки 5—6.5 мм дл. Кроющие чешуи коричневые. Мешочки в зрелом состоянии звездчато растопыренные..4.

4. Мешочки 5—6.5(7) мм дл., 2.4—3 мм шир., яйцевидные или продолговато-яйцевидные, с довольно широкими и несколько загнутыми на плоскую сторону краями. Соцветие 3—5(7) см дл., внизу иногда с одной веточкой. Колоски 0.7—1.5 см дл. Листовые пластинки 3—5 мм шир. Растение 30—100 см выс. ....2. **C. polyphylla**.

\+ Мешочки 3.5—4.5 мм дл., 1.8—2.5 мм шир., яйцевидные или широкояйцевидные, с более узкими загнутыми краями. Соцветие 1.5—3 см дл. Колоски 0.6—0.8 см дл. Листовые пластинки 2—3 мм шир. Растение 20—60 см выс. .... 3. **C. muricata**.

1. Utricles at maturity in lower third with spongy pulvinaceous eminence (immature utricles wrinkled in this part), ovate or oblong-ovate, 4.5—5(5.5) mm long, veinless or with 3—5 usually faint veins...4. **C. contigua**.

\+ Utricles without pulvinaceous eminence..2.

2. Utricles veined, (2.5)3—3.2 mm long, with minute-tuberculate surface, with a scarcely bidentate beak. Stems are surrounded at base by brown leaf sheaths....5. **C. wendelboi**.

\+ Utricles veinless, 3.5—6.5 mm long, with smooth surface, with a distinct sharply bidentate beak. Stems are surrounded at base by light brownish-greyish leaf sheaths....3.

3. Inflorescence interrupted, in lower part usually with 1—2 branches of several spikes. Glumes pale green. Utricles 3.5—4.5(5) mm long, at maturity slightly patent, not stellate-spread.. 1. **C. divulsa**.

\+ Inflorescence more or less dense, not branched, if branched, then utricles 5—6.5 mm long. Glumes brown. Utricles at maturity stellate-spread...4.

4. Utricles 5—6.5(7) mm long, 2.4—3 mm wide, ovate or oblong-ovate, with rather broad and somewhat bent to the flat face margins. Inflorescence 3—5(7) cm long, in lower part sometimes with one branch. Spikes 0.7—1.5 cm long. Leaf blades 3—5 mm wide. Plants 30—100 cm high...2. **C. polyphylla**.

\+ Utricles 3.5—4.5 mm long, 1.8—2.5 mm wide, ovate or broad-ovate, with narrower bent margins. Inflorescence 1.5—3 cm long. Spikes 0.6—0.8 cm long. Leaf blades 2—3 mm wide. Plants 20—60 cm high... 3. **C. muricata**.

1 (257). **C. divulsa** Stokes, 1787, in With. Bot. Arrang. Brit. Pl., ed. 2, 2 : 1035; В. Креч. 1935, во Фл. СССР, 3 : 156; Егор. 1966, Осоки СССР : 82; Chater, 1980, in Fl. Europ. 5 : 298, quoad subsp. *divulsa*. — *Vignea divulsa* (Stokes) Reichenb. 1830, Fl. Germ. Excurs. : 59. — **О. прерванная**.

Описан из южн. Англии («Common in woods and hedges in Norfolk and Suff. Mr. Woodw. — Also in meadows St[okes]»); s y n t y p i: ? LINN.

В лиственных лесах, по опушкам, обычно по склонам гор и холмов. — **Европ. ч.**: Прибалт. (Калининградская обл.), Карп., Сред.-Днепр., Молд., Крым.; **Кавк.**: все районы; **Средн. Азия**: Горн.-Туркм. (Копетдаг: Фирюза). Общ. распр.: С. (юг), Атл., Ц. и Ю. Европа; З. Азия (Турция, Сирия, Ливан, сев. Ирак, сев. Иран); С. Америка (заносное); С. Африка; Австралия (Виктория, заносное); Нов. Зеландия (заносное). — 2n = 56 (Dietrich, 1972), 58 (Tanaka, 1948; Davies, 1956a, 1956b; Тодераш, 1977, 1980).

Варьирует по степени расставленности колосков в соцветии, форме и размерам мешочков (от яйцевидных до продолговато-яйцевидных, 3.5—4.5(5) мм дл., 1.7—2.3 мм шир.). Наиболее обычны растения с яйцевидными мешочками 4 мм дл., 2 мм шир. Среди гербарного материала, преимущественно из южн. части ареала *C. divulsa* (юг Зап. Европы, Кавказ), изредка встречаются образцы с продолговато-яйцевидными мешочками 5—5.5 мм дл., 1.8—2 мм шир., по форме и размерам сходными с мешочками *C. polyphylla*. Но в отличие от последней, мешочки у этих образцов, так же как и у типичной *C. divulsa*, слабо (а не звездчато) отклонены от оси колоска и имеют очень узкие (а не широкие) края. Подобные образцы были описаны из Германии под названием *C. chabertii* F. W. Schultz (1871, Flora (Regensb.), 54 : 21. — *C. durieui* (F. W. Schultz) F. W. Schultz, 1870, l. c. 53 : 458, non Steud. 1840). Таксономический статус этих растений неясен. Возможно, их следует рассматривать в качестве разновидности — *C. divulsa* var. *chabertii* (F.W. Schultz) Kneuck. (1891, in Seubert-Klein, Excurs. Fl. Baden : 52. — *C. muricata* var. *chabertii* (F. W. Schultz) Maire et Weiller, 1957, in Maire, Fl. Afr. Nord. 4 : 110).

Таксон *C. divulsa* var. *javanica* Nelmes (1950, Kew Bull. : 208) является следствием ошибки: в качестве яванской разновидности был описан европейский образец *C. divulsa*, случайно (в газетах, повторно использованных для гербаризации) попавший в гербарные сборы с о-ва Ява (см.: Kern, Nooteboom, 1979a : 182).

Varies by distance between spikes in inflorescence, shape and size of utricles (from ovate to oblong-ovate, 3.5—4.5(5) mm long, 1.7—2.3 mm wide). Plants with ovate utricles 4 mm long, 2 mm wide are the most usual. Among herbarium material, mainly from southern parts of *C. divulsa* range (southern Western Europe, Caucasus), specimens rarely occur with oblong-ovate utricles 5—5.5 mm long, 1.8—2 mm wide similar in shape and size with utricles of *C. polyphylla*. But differing from the latter, these samples, like the typical *C. divulsa*, have utricles slightly (instead of strongly) patent from axis of spike, with very narrow (instead of broad) margins. Similar specimens were described from Germany under the name *C. chabertii* F. W. Schultz (1871, Flora (Regensb.), 54 : 21. — *C. durieui* (F. W. Schultz) F. W. Schultz, 1870, l. c. 53 : 458, non Steud. 1840). Taxonomical status of these plants is obscure. It is possible, they should be considered as a variety of *C. divulsa*: *C. divulsa* var. *chabertii* (F. W. Schultz) Kneuck. (1891, in Seubert-Klein, Excurs. Fl. Baden : 52. — *C. muricata* var. *chabertii* (F. W. Schultz) Maire et Weiller, 1957, in Maire, Fl. Afr. Nord. 4 : 110).

The taxon *C. divulsa* var. *javanica* Nelmes (1950, Kew Bull. : 208) is a result of confusion: as javan variety the European specimen of *C. divulsa* was described, got by chance (in newspapers a second time used for herbarization) in herbarium collections from Java (see : Kern, Nooteboom, 1979a : 182).

2 (258). **C. polyphylla** Kar. et Kir. 1841, Bull. Soc. Nat. Moscou, **14**, 4 : 759; В. Креч. 1935, во Фл. СССР, 3 : 155; Егор. 1966, Осоки СССР : 84; ead. 1976, в Опред. раст. Средн. Азии, 5 : 89; David a. Chater, 1977, Watsonia, **11**, 3 : 253. — *C. leersii* F. W. Schultz, 1870, Flora (Regensb.), 53 : 458, non Willd. 1787. — *C. muricata* var. *leersii* Kneuck. 1891, in Seub. Excursionsfl. Baden : 52. — *C. echinata* var. *leersii* (F. W. Schultz) Kük. 1909, in Engl. Pflanzenr. 38 : 161. — *C. divulsa* subsp. *leersii* (Kneuck.) Walo Koch, 1923, Mitt. Bad. Landesver. Naturk. Natursch. Freiburg, ser. nov. 11 : 259; Chater, 1980, in Fl. Europ. 5 : 298; Ö. Nilsson, 1985, in

Fl. Turk. 9 : 97. — *C. leerseana* Rouy, 1912, Fl. Fr. 13 : 413. — *C. leersiana* Rauschert, 1973, Feddes Repert. 83 : 660. — *Vignea polyphylla* (Kar. et Kir.) Soják, 1979, Čas. Nár. Muz. Praze, řada přir. **148**, 3—4 : 197. — *V. divulsa* (Stokes) Reichenb. subsp. *leersiana* (Rauschert) Dostál, 1984, Folia Mus. Rer. Nat. Bohem. Occid. 21 : 16. — *C. muricata* auct. non L. : Малышев, 1990, во Фл. Сиб. 3 : 86, p. p., quoad syn. *C. polyphylla*. — E x s.: H.F. As. Med. № 558. — **О. многолистная**.

Описан из Средней Азии («Hab. in sylvaticis ad torrentem Tscheharak-Assu, circa montes Tarbagatai [1840, Karelin et Kirilow]»); l e c t o t y p u s: «leg. Karelin et Kiriloff, a. 1841, № 2081» (MW!, isolectotypus LE!) — David a. Chater (1977, l. c.).

В лиственных разреженных лесах, по опушкам, ущельям, тропам; в нижнем и среднем поясах гор и на возвышенностях. — **Европ. ч.**: Волж.-Кам. (Башкортостан), Сред.-Днепр., Волж.-Дон. (зап.: Липецкая обл. и Хоперский заповедник), Молд., Причерн. (Донецкая обл.), Ниж.-Дон. (юг), Крым.; **Кавк.**: все районы; **Зап. Сиб.**: Обск. (р. Томь), Ирт. (крайний юго-восток), Алт.; **Вост. Сиб.**: Анг.-Саян. (район Минусинска); **Средн. Азия**: Дж.-Тарб., Горн.-Туркм. (зап. Копетдаг), Сырдар. (Ташкент), Тянь-Шан. (Сев. и Зап. Тянь-Шань), Пам.-Ал. (зап.: хребты Зеравшанский, Гиссарский и Вахшский, редко). О б щ. р а с п р.: Атл., Ц. и Ю. Европа; З. (от Турции и Кипра до Афганистана), Ц. (Китай: Вост. Тянь-Шань) и Ю. (Пакистан и Индия: сев.-зап. Гималаи) Азия. — 2n = 48, 52 (Тодераш, 1979), 58 (Heilborn, 1924, 1939; Löve, Löve, 1961). — Рис. 63, *4*.

Как следует из названия работы Г. С. Карелина и И. П. Кирилова (Karelin, Kirilow, l. c.), *C. polyphylla* была описана по образцам, собранным ими в 1840 г. Этот вид не приводится названными авторами (Karelin, Kirilow, 1842, l. c., 15,3) среди растений, собранных в 1841 г. Поэтому год, обозначенный на этикетке лектотипа («a. 1841») — это не дата сбора этого образца, а дата публикации названия таксона. Заметим, что ни в LE, ни в MW нет гербарных экземпляров *C. polyphylla*, которые полностью соответствовали бы протологу.

Варьирует по степени расставленности колосков в соцветии. Образцы с довольно сильно расставленными колосками, чаще встречающиеся в Зап. Европе, внешне походят на *C. divulsa*. Но оба вида (довольно близкие) хорошо различаются зрелыми мешочками, которые у *C. polyphylla* обычно крупнее, звездчато отклоненные от оси колоска, с довольно широкими (а не узкими) и немного загнутыми на плоскую сторону краями. Кроме того, у *C. polyphylla* мешочек менее плотно охватывает плод, чем у *C. divulsa*.

C. polyphylla близка к *C. muricata*. Типичные образцы этих видов хорошо различаются габитуально, но главным образом по форме и размерам мешочков и характеру их краев (см. ключ). Известны образцы, промежуточные по признакам между *C. polyphylla* и *C. muricata* и *C. polyphylla* и *C. divulsa*.

Для Липецкой обл. вид приведен по литературным данным (Флора Липецкой обл., 1996).

According to the title of Karelin's and Kirilow's work (l. c.) the description of *C. polyphylla* was based on specimens collected by these anthors in 1840. This species is not enumerated by Karelin and Kirilow (1842, l. c., 15,3) among plans, collected in 1841. Therefore, the date («a. 1841») designated on the label of the lectotype specimen means the date of the taxon name publication, but not the date of the gathering of this specimen. To note, that neither in LE, nor in MW, specimens of *C. polyphylla* are available completely corresponding to the protologue.

Varies by distance between spikes in inflorescence. Specimens with rather far distant spikes, more often occurring in Western Europe, are similar in habit to *C. divulsa*. But both species (rather close) are well distinguished by mature utricles, in *C. polyphylla* being usually larger, strongly stellate-spread, with rather broad (instead of narrow) a little bent margins. In addition, utricle of *C. polyphylla* less closely envelopes the fruit, than that of *C. divulsa*.

C. polyphylla is close to *C. muricata*. The typical samples of these species are well distinguished by habit, but mainly by shape and size of utricles and character of their margins (see the key). The specimens are known, intermediate between *C. polyphylla* and *C. muricata*, between *C. polyphylla* and *C. divulsa*.

3 (259). **C. muricata** L. 1753, Sp. Pl. : 974; Nelmes, 1959, Бот. мат. (Ленинград), 19 : 76; Егор. 1959, Бот. мат. (Ленинград), 19 : 66; ead. 1966, Осоки СССР : 86; Chater, 1980, in Fl. Europ. 5 : 298; Ö. Nilsson, 1985, in Fl. Turk. 9 : 98. — ? *C. nemorosa* var. β. *cuprina* Sand. ex Heuff. 1862, Linnaea, 31 : 662. — ? *C. cuprina* (Sánd. ex Heuff.) Nendtv. ex A. Kerner, 1863, Verh. Zool.-Bot. Ges. Wien, 13 : 566. — *C. cuprina* sensu B. Креч. 1935, во Фл. СССР, 3 : 155 et auct. mult. — *C. pairaei* F. W. Schultz, 1868, Flora (Regensb.), 51 : 302. — *C. muricata* subsp. *pairaei* (F. W. Schultz) Rouy, 1912, Fl. Fr. 13 : 413. — *C. bullockiana* Nelmes, 1959, l. c. : 77. — *C. echinata* auct. non Murr. : Kük. 1909, in Engl. Pflanzenr. 38 : 160, p. p. — *C. pairaei* subsp. *borealis* Hyl. 1966, Nord. Kärlväxtfl. 2 : 386, 87. — *Vignea cuprina* (Sand. ex Heuff.) Soják, 1981, Čas. Nár. Mus. Praze, řada přir. **150**, 3—4 : 140, quoad pl. — Exs.: H.F.R. № 646 (ut *C. contigua*), №№ 944, 945. — **О. колючковатая.**

Описан из Европы («Habitat in Europae nemoribus humentibus»); lectotypus: Herb. Linn. № 1100.26 (LINN, photo LE! et in Nelmes, l. c.) — Nelmes (l. c.), Егорова (h. l.).

В разреженных лиственных лесах, кустарниках, на опушках; по склонам гор и холмов; редко. — **Европ. ч.**: все районы, кроме Аркт., Дв.-Печ., Карп., Причерн. и Крым. (в Кар.-Мурм. юг Карелии); **Кавк.**: Предкавк. (зап.: с. Спицевка), Б. Кавк. (редко), Зап. (юг), Центр. и Вост. (Азербайджан: Исмаиллинский р-н, с. Ивановка и район Агдама) Закавк.; **Зап. Сиб.**: Обск. (юго-вост.: Салаирский кряж и Кузнецкий Алатау), Верх.-Тоб. (окр. Кургана), Ирт. (вост.), Алт.; **Вост. Сиб.**: Анг.-Саян. (зап.: в районе Минусинска и Канска и р. Ханда). Общ. распр.: С. (юг), Атл., Ц. и Ю. Европа; З. Азия (Турция); С. Америка (заносное); С. Африка. — 2n = 56 (Tanaka, 1948; Тодераш, 1977), 58 (Tanaka, 1948; Dietrich, 1972; Тодераш, 1977). — Рис. 63, 5.

C. muricata в понимании В. И. Кречетовича во «Флоре СССР» соответствует *C. echinata* Murr. Название *C. cuprina* (Sánd. ex Heuff.) Nendtv. ex A. Kerner, l. c., принятое им в этой работе для обозначения растений, принадлежащих к *C. muricata* L., не является, по мнению Чейтера (Chater, l. c.), которое я разделяю, синонимом последнего названия и относится, возможно, к *C. otrubae*.

C. muricata варьирует по всему ареалу по форме мешочков от широкояйцевидных (наиболее обычных) до яйцевидных и иногда продолговато-яйцевидных. Поэтому растения с продолговато-яйцевидными мешочками, описанные из Англии как *C. bullockiana* Nelmes, l. c., не имеют, на мой взгляд, видовой самостоятельности.

Во флоре б. СССР *C. muricata* представлена типовым подвидом. Другой ее подвид — subsp. *lamprocarpa* Čelak. (1879, Anal. Kvet. Česka : 88; Chater, 1980, l. c. : 298), встречается преимущественно на западе и юге Зап. Европы (Chater, l. c.). От типового подвида он отличается яйцевидными (а не шаровидными) колосками, бледно-коричневыми (а не темно-красновато-коричневыми) кроющими чешуями и мешочками, немного (а не сильно) отклоненными от оси колоска, 3—3.5 мм дл. (а не 3.5—4.5 мм), с едва выраженными краями и усеченным (а не закругленным) основанием (Chater, l. c.). Согласно Чейтеру, синонимом subsp.

32 Заказ № 132

lamprocarpa является *C. pairae* F. W. Schultz («*pairaei*»), l. c. Нахождение рассматриваемого подвида возможно в зап. районах нашей территории.

Образцы *C. muricata*, описанные как *C. pairaei* var. *javanica* Nelmes (1950, Kew Bull. : 208), собраны в Европе; в гербарные сборы с о-ва Ява они попали случайно, так же, как и *C. divulsa* (Kern, Nooteboom, 1979a : 182).

Сибирские местонахождения этого неморального вида являются реликтовыми.

C. muricata in the sense of Kreczetowicz in «Flora URSS» corresponds to *C. echinata* Murr. The name *C. cuprina* (Sánd. ex Heuff.) Nendtv. ex A. Kerner, l. c. accepted by him in this work for designation of plants belonging to *C. muricata* L., is not, in opinion of Chater (l. c.) shared by me, a synonym of the latter name and is possibly related to *C. otrubae*.

C. muricata varies all through its range by shape of utricles from broad-ovate (the most usual) to ovate and sometimes oblong-ovate. Therefore, plants with oblong-ovate utricles described from England as *C. bullockiana* Nelmes, l. c. are not, in my opinion, a distinct species.

In flora of the former USSR, *C. muricata* is represented by the type subspecies. Its other subspecies, namely subsp. *lamprocarpa* Čelak. (1879, Anal. Kvet. Česka : 88; Chater, 1980, l. c. : 298), occurs mainly in western and southern Western Europe (Chater, l. c.). It differs from the type subspecies by ovate (instead of globose) spikes, pale brown (instead of dark reddish-brown) female glumes, as well as utricles a little (instead of strongly) patent from axis of spike, 3–3.5 mm long (instead of 3.5–4.5 mm), with scarcely distinct margins and truncated (instead of rounded) base (Chater, l. c.). According to Chater, *C. pairae* F W. Schultz («*pairaei*»), l. c. is a synonym of subsp. *lamprocarpa*. Occurrence of the considered subspecies is possible in western regions of our territory.

Specimens of *C. muricata* described as *C. pairaei* var. *javanica* Nelmes (1950, Kew Bull. : 208), were collected in Europe; they have got in herbarium collections from Java by chance, like *C. divulsa* (Kern, Nooteboom, 1979a : 182).

Siberian locations of this nemoral species are relict ones.

4 (260). **C. contigua** Hoppe, 1833, in Sturm, Deutschl. Fl. 61 : 2, tab. 21; Kük. 1909, in Engl. Pflanzenr. 38 : 154; Гроссг. 1940, Фл. Кавк., изд. 2, 2 : 43; Nelmes, 1952, in Fl. Brit. Isl. : 1402; Егор. 1959, Бот. мат. (Ленинград), 19 : 70; ead. Осоки СССР: 88; Малышев, 1990, во Фл. Сиб. 3 : 86. — ? *C. spicata* Huds. 1762, Fl. Angl. : 349; В. Креч. 1935, во Фл. СССР, 3 : 153; Chater, 1980, in Fl. Europ. 5 : 298 et auct. mult. — *C. lumnitzeri* Rouy, 1912, Fl. Fr. 13 : 412; В. Креч. 1935, во Фл. СССР, 3 : 154. — *Vignea spicata* (Huds.) Soják, 1979, Čas. Nár. Muz. Praze, řada přir. **148**, 3–4 : 197. — Exs.: H.F.R. № 2048a, b (ut *C. contigua* var. *remota* F.W. Schultz). — **О. соседняя**.

Описан из Германии (возможно, из окр. Нюрнберга); lectotypus: Hoppe, l. c.: 2, tab. 21 — Егорова (h. l.).

В светлых, иногда тенистых лиственных лесах и рощах, на лесных лужайках, опушках, среди кустарников, по окраинам дорог; на равнинах и в лесном поясе гор. — **Европ. ч.**: все районы, кроме Аркт. (в Кар.-Мурм. Ладожское оз., о-в Валаам, в Дв.-Печ. зап.: окр. Архангельска и Вологодская обл., вост.: р. Ухта и басс. р. Кожвы); **Кавк.**: все районы; Зап. Сиб.: Ирт. (сев.-вост.), Алт.; Вост. Сиб.: Анг.-Саян. (Иркутск, вероятно заносное); **Дальн. Вост.**: Уссур. (юг: Шкотовский р-н, с. Анисимовка, заносное). Общ. распр.: Европа; З. Азия (Турция, Ирак, Иран); С. Америка (заносное); С. Африка. — 2n = 58 (Heilborn, 1924; Wahl, 1940; Dietrich, 1972; Тодераш, 1977, 1980). — Рис. 63, *8*.

Для приводимого вида нередко используется название *C. spicata* Huds., l. c. Но, судя по оригинальному диагнозу *C. spicata* (тип вида не сохранился), ссылкам в протологе на более ранние литературные источники и сведениям о местообитании вида («Habitat in aquosis»), это название можно отнести и к *C. otrubae* (Егорова, 1959, l. c.). Однако, поскольку нельзя привести бесспорные доказательства в пользу применения названия *C. spicata* ни к *C. contigua*, ни к *C. otrubae*, целесообразно отвергнуть его.

C. contigua хорошо отличается от всех остальных видов рассматриваемой секции наличием в нижней трети мешочков подушковидного возвышения, образованного разросшейся паренхимной тканью.

C. lumnitzeri Rouy, l. c. представляет собой теневую форму *C. contigua* (Егорова, 1959, цит. соч. : 70—72).

For the cited species, the name *C. spicata* Huds., l. c. rather often has been used. But, judging by the original diagnosis of *C. spicata* (the type of the species is lost), references in the protologue to earlier sources and information on habitat of the species («Habitat in aquosis»), this name could be related to *C. otrubae* also (Егорова, 1959, l. c.). However, since there is no unquestionable evidence to be adduced for application of the name *C. spicata* either to *C. contigua*, or to *C. otrubae*, it is more reasonable to reject it.

C. contigua is well distinguised from all the other species of considered section by presence a pulvinaceous eminence in lower third of utricles, formed by grown thick parenchymal tissue.

C. lumnitzeri Rouy, l. c. is a shady form of *C. contigua* (Егорова, 1959, l. c. : 70—72).

5 (261). **C. wendelboi** Nelmes, 1952, Nytt. Mag. Bot. 1 : 20, fig. 9; Raymond, 1965, Biol. Skrif. **14**, 4 : 35 (Symb. Afghan. 6). — *C. nubigena* var. *brevibracteata* Gilli, 1962, Feddes Repert. 64 : 64. — *Vignea wendelboi* (Nelmes) Soják, 1979, Čas. Nár. Muz. Praze, řada přír. **148**, 3—4 : 197. — **О. Венделбо**.

Описан из сев.-зап. Пакистана; t y p u s: горы Гиндукуш, «Chitral, Barum Gol, wet slope above Shokor Shal, 23 VII 1950, Per Wendelbo» (O!, photo LE!).

На сырых лужайках по днищам ущелий в верхнем поясе гор. — **Средн. Азия**: Пам.-Ал. (Зап. Памир: зап. склон Ваханского хребта, ущелье р. Хеллер в окр. кишлака Казиды). О б щ. р а с п р.: З. (Афганистан) и Ю. (Пакистан) Азия. — 2n = ?

С нашей территории известен только один гербарный образец этого вида (LE!), собранный в 1963 г. Курбанбековым. От типа *C. wendelboi* растения этого образца отличаются несколько более узкими мешочками.

From our territory, the only herbarium specimen of this species (LE!) is known, collected in 1963 by Kurbanbekov. The plants of this specimen differ from the type of *C. wendelboi* by somewhat narrower utricles.

Sectio 43. Holarrhenae (Döll) Pax, 1888, in Engl. u. Prantl, Nat. Pflanzenfam. **2**, 2 : 124, p. p., emend. Egor. 1965, Новости сист. высш. раст. : 65; Егор. 1966, Осоки СССР : 90. — *Carex* Zweite Rotte *Compositae* A. *Holarrhenae* Döll, 1857, Fl. Baden : 245. — Sect. *Ammoglochin* Dumort. 1827, Fl. Belg. : 146, p. p., excl. typo; Chater, 1980, in Fl. Europ. 5 : 298, p. p. — Sect. *Vignea* Koch, 1837, Syn. Fl. Germ. : 748; В. Креч. 1935, во Фл. СССР, 3 : 125, p. min. p., cum auct. Nees. — Колоски однополые, тычиночные и пестичные (иногда с примесью андрогинных) или андрогинные и тычиночные, в числе 10—35, в густом колосовидном соцветии. Кроющие листья обычно чешуевидные. Мешочки плоско-выпуклые, полукожистые или плотноперепончатые, 3—5 мм дл., с жилками, в верхней половине с очень узкими зазубренными крыловидными краями, с едва двузубчатым носиком. Плод не полностью заполняет мешочек, в 1.5—2 раза короче и у́же его. Растения обычно с длинными ползучими корневищами с плотной толстой, не отстающей при высыхании корой; стебли с расставленными узлами; сторона влагалища, противоположная пластинке листа, травянистая и лишь около устья перепончатая. — L e c t o t y p u s: *C. disticha* Huds. — Егорова, 1965, l. c.

7 видов и подвидов, в Европе, умеренном поясе Азии и в Сев. Америке. — Л и т.: Catling et al., 1988.

Spikes unisexual, male and female (sometimes with addition of androgynous), or androgynous and male, 10–35, in dense spiciform inflorescence. Bracts usually glumaceous. Utricles plano--convex, semicoriaceous or dense-membranous, 3–5 mm long, veined, in upper half with very narrow denticulate wing-like margins, with scarcely bidentate beak. Fruit not completely fills utricle, 1.5–2 times shorter and narrower than it. Plants usually with long creeping rhizomes having dense thick cortex not coming off at drying; stems with distant nodes; side of sheath opposite leaf blade herbaceous and only near orifice membranous. — Lectotypus: *C. disticha* Huds. — Egorova (Егорова, 1965, l. c.).

7 species and subspecies in Europe, temperate zone of Asia and North America. — Ref.: Catling et al., 1988.

1. Растение сфагновых болот с укороченными, не ползучими, корневищами и стелющимися вегетативными побегами, от которых отходят вертикальные вегетативные и репродуктивные побеги...3. **C. pseudocuraica**.
\+ Растения других местообитаний с длинными ползучими корневищами, без стелющихся вегетативных побегов...2.
2. Соцветие 3–8(10) см дл., в средней части часто суженное, из 15–35 однополых колосков, верхний и нижние из которых б. ч. пестичные, а средние тычиночные, иногда наряду с однополыми колосками имеются и андрогинные; нижние колоски 0.8–1.5 см дл. Мешочки уплощенные, с тонкими жилками...1. **C. disticha**.....3.
\+ Соцветие 1.5–3(3.5) см дл., в средней части не суженное, из 10–15 (18) андрогинных колосков, иногда с примесью тычиночных; нижние колоски 0.4–0.6 см дл. Мешочки не уплощенные, с ребристыми утолщенными жилками...2. **C. curaica**.....4.
3. Крупное растение до 120 см выс.; побеги у основания до 6 мм в диам. Пластинки листьев 3–6 мм шир. Соцветие 3–7(10) см дл. Мешочки 4–5(5.3) мм дл., зрелые бурые или красновато-бурые...1a. **C. disticha** subsp. **disticha**.
\+ Растения менее крупные, до 80 см выс.; побеги у основания обычно не более 2.5 мм в диам. Пластинки листьев 1.5–3 мм шир. Соцветие (2)3–5 см дл. Мешочки (3.5)4–4.5(5) мм дл., зрелые желтоватые или светло-бурые...............................1b. **C. disticha** subsp. **lithophila**.
4. Соцветие узкое, 0.6–0.8 мм в диам., продолговатое. Кроющие чешуи обычно яйцевидные, тупые, бурые, короче мешочков на длину носика; мешочки продолговато-яйцевидные или ланцетовидные, 3–3.5(3.8) мм дл., между жилками беловатые, с удлиненным носиком. Очертания верхнего края плода хорошо вырисовываются...2a. **C. curaica** subsp. **curaica**.
\+ Соцветие широкое, (0.8)1–1.5 см в диам., яйцевидное. Кроющие чешуи продолговато-яйцевидные, острые или заостренные, реже тупые, светло-бурые, по краям б. м. широко-белоперепончатые, равные мешочкам; мешочки яйцевидные, 3.2–4 мм дл., между жилками соломенно-желтые или буроватые, с коротким носиком. Очертания верхнего края плода не вырисовываются...2b. **C. curaica** subsp. **pycnostachya**.

1. Plants of sphagnum bogs with abbreviated not creeping rhizomes and procumbent leafy vegetative shoots sprouting out vertical vegetative and reproductive shoots........................ ....3. **C. pseudocuraica**.
\+ Plants of other habitats with long creeping rhizomes and erect vegetative shoots...........2.
2. Inflorescence 3—8(10) cm long, in middle part frequently narrowed, of 15—35 unisexual spikes, terminal and lower ones being generally female, middle ones male, sometimes together with unisexual androgynous spikes are present; lower spikes 0.8—1.5 cm long. Utricles flattened, with thin veins..1. **C. disticha**.....3.
\+ Inflorescence 1.5—3(3.5) cm long, in middle part not narrowed, of 10—15(18) androgynous spikes, sometimes with addition of male; lower spikes 0.4—0.6 cm long. Utricles not flattened, with costate thickened veins............................2. **C. curaica**.....4.
3. Large plants up to 120 cm high; shoots at bases up to 6 mm in diam. Leaf blades 3—6 mm wide. Inflorescence 3—7(10) cm long. Utricles 4—5(5.3) mm long, at maturity brown or reddish-brown..1a. **C. disticha** subsp. **disticha**.
\+ Plants smaller, up to 80 cm high; shoots at bases usually not more than 2.5 mm in diam. Leaf blades 1.5—3 mm wide. Inflorescence (2)3—5 cm long. Utricles (3.5)4—4.5(5) mm long, at maturity yellowish or light brown.. ....1b. **C. disticha** subsp. **lithophila**.
4. Inflorescence narrow, 0.6—0.8 mm in diam., oblong. Female glumes usually ovate, obtuse, brown, shorter than utricles by length of beak; utricles oblong-ovate or lanceolate, 3—3.5(3.8) mm long, whitish between veins, with an elongate beak. Contours of upper margin of fruit well outlined..2a. **C. curaica** subsp. **curaica**.
\+ Inflorescence broad, (0.8)1—1.5 cm in diam., ovate. Female glumes oblong-ovate, acute or acuminate, more rarely obtuse, light brown, at margins more or less broadly white-scarious, equal to utricles; utricles ovate, 3.2—4 mm long, between veins straw-yellow or brownish, with a short beak. Contours of upper margin of fruit not outlined.................... ....2b. **C. curaica** subsp. **pycnostachya**.

Subsect. 1. **Distichae** (Egor.) Egor. comb. nov. — Ser. *Distichae* Egor. 1965, Новости сист. высш. раст. : 66. — Sect. *Vignea* cycl. *Symmicta* V. Krecz. 1935, во Фл. СССР, 3 : 129, sine descr. latin. — Колоски в числе 15—35, б. ч. однополые, тычиночные и пестичные, иногда с примесью андрогинных. Мешочки уплощенные, с тонкими жилками, в основании слабо губчатые. Растения с длинными ползучими корневищами. — Typus: *C. disticha* Huds.

3 вида и подвида; вне рассматриваемой территории: *C. sartwellii* Dew. (Сев. Америка).

Spikes 15—35, generally unisexual, male and female, sometimes with addition of androgynous. Utricles flattened, with thin veins, slightly spongy at base. Plants with long creeping rhizomes. — Typus: *C. disticha* Huds.

3 species and subspecies; outside considered territory: *C. sartwellii* Dew. (North America).

1 (262). **C. disticha** Huds. 1762, Fl. Angl. : 347; В. Креч. 1935, во Фл. СССР, 3 : 129; Егор. 1966, Осоки СССР : 91. — *C. intermedia* Good. 1794, Trans. Linn. Soc. London, 2 : 154, non Retz. 1779. — *C. grossheimii* V. Krecz. 1935, во Фл. СССР, 3 : 589, 130. — *C. disticha* subsp. *grossheimii* (V. Krecz.) Egor. 1985, Новости сист. высш. раст. 22 : 54. — Exs.: H.F.R. № 1497, H.F. URSS № 4215. — **О. двурядная**.

Описан из Англии (Anglia); typus: утрачен; neotypus: Англия, «Surrey, near pond on west side of Richmond Park, 4 VII 1936, N 270, E. Nelmes» (LE!, isoneotypus ? K) —Егорова (h. l.).

a) subsp. **disticha**.

На пойменных и заболоченных лугах, травяно-осоковых болотах. — **Европ. ч.**: Прибалт., Лад.-Ильм., Верх.-Днепр., Верх.-Волж. (юг Московской обл.: р. Северка), Волж.-Кам. (юг), Карп. (Львовская обл.), Сред.-Днепр., Волж.-Дон.,

Заволж., Причерн. (сев.), Ниж.-Дон. (сев.); **Кавк.**: Предкавк. (Ставрополь), Б. Кавк. (юг Дагестана: Тляратинский р-н, с. Кособ), Центр., Вост. (Карабах) и Южн. (Грузия: Джавахетия; Армения: басс. Севана; Нахичеванская республика) Закавк.; **Зап. Сиб.**: Обск. (южн. половина), Верх.-Тоб., Ирт., Алт.; **Вост. Сиб.**: Енис. (редко), Анг.-Саян.; **Средн. Азия**: Арало-Касп. (Мугоджары и горы Улутау), Прибалх. (сев. и сев.-зап.). Общ. распр.: Европа; З. Азия (сев.-вост. Турция); С. Америка (юг Канады: юго-восток штата Онтарио — Коллингвуд); Австралия (Виктория, заносное). — 2n = 62 (Heilborn, 1924, Davies, 1956a, 1956b; Dietrich, 1972), 64 (Дмитриева, 1985). Рис. 63, *9*.

Растение значительно варьирует по форме, размерам и окраске соцветия и в особенности, по строению колосков, что послужило основанием для описания рядом авторов нескольких разновидностей (см.: Егорова, 1966, l. c.), не имеющих, однако, таксономического значения.

Комментарии, касающиеся синонимизации с данным видом *C. grossheimii* V. Krecz., l. c. (typus: Армения, «Нор-Баязетский р-н, р. Занга, 16 VII 1928, О. Зедельмейер, Т. Гейдеман» — LE!), были даны мной ранее (Егорова, l. c.).

Для Сев. Америки *C. disticha* приведена по литературным данным (Catling et al., 1988).

Plants considerably vary by shape, size, colouring of inflorescence and especially by structure of spikes, that served as a reason for description several varieties by a number of authors (see: Егорова, 1966, l. c.), having, however, no taxonomic significance.

Comments concerning synonymization with this species of *C. grossheimii* V. Krecz., l. c. (typus: Armenia, «Нор-Баязетский р-н, р. Занга, 16 VII 1928, О. Зедельмейер, Т. Гейдеман» — LE!) were given by me before (Егорова, 1966, l. c.).

For North America, *C. disticha* is cited according to published data (Catling et al., 1988).

b) subsp. **lithophila** (Turcz.) L. Hämet-Ahti, 1970, Ann. Bot. Fenn. 7 : 272; Егор. 1990, Бот. журн. **75**, 6 : 866; Малышев, 1990, во Фл. Сиб. 3 : 81. — *C. lithophila* Turcz. 1855, Bull. Soc. Nat. Moscou, **28**, 2 : 328; V. Krecz. 1935, во Фл. СССР, 3 : 130; Егор. 1966, Осоки СССР : 94; Y. L. Chang et Y. L. Yang, 1976, in Fl. Chin. Bor.-Or. 11 : 186. — *C. distichoidea* Lévl. et Vaniot, 1901, Bull. Acad. Intern. Géogr. Bot. (Le Mans), 10 : 108. — *C. mongolica* Baranov et Skvortsov, 1965, Quart. Journ. Taiw. Mus. **18**, 1—2 : 224. — *Vignea lithophila* (Turcz.) Soják, 1979, Čas. Nár. Muz. Praze, řada přir. **148**, 3—4 : 196. — **О. камнелюбивая**.

Описан из южн. Прибайкалья; lectotypus: р. Зун-Мурин в Тункинской долине, «Ad torrentem Zon-Murin, 1829, Turcz.» (LE! cum isolectotypo!) — Кречетович (in sched.), Егорова (h. l.).

На сырых и болотистых лугах, по берегам рек и озер. — **Вост. Сиб.**: Лен.-Кол. (к югу от рр. Вилюй и Алдан), Анг.-Саян. (вост.), Даур.; **Дальн. Вост.**: Удск., Зее-Бур., Уссур. Общ. распр.: Ц. (сев. Монголия) и В. (вост. районы Китая, п-ов Корея, о-в Хонсю) Азия. — 2n = ?

Subsect. 2. **Curaicae** (Egor.) Egor. comb. nov. — Sect. *Holarrhenae* ser. *Curaicae* Egor. 1965, Новости сист. высш. раст.: 66. — Sect. *Vignea* cycl. *Heleodrymis* V. Krecz. ser. *Oostachyae* V. Krecz. 1935, во Фл. СССР, 3 : 136, p. p., sine descr. latin. — Колоски в числе 10—15(18), андрогинные, иногда с примесью тычиночных. Мешочки неуплощенные, с утолщенными жилками, в основании не губчатые. Растения обычно с длинными ползучими корневищами. — Typus: *C. curaica* Kunth.

3 вида и подвида; вне рассматриваемой территории: *C. iraqensis* Hooper et Kukkonen (вост. Турция, сев. Ирак).

Spikes 10—15(18), androgynous, sometimes with addition of male ones. Utricles not flattened, with thickened veins, not spongy at base. Plants usually with long creeping rhizomes. — Typus: *C. curaica* Kunth.

3 species and subspecies; outside considered territory: *C. iraqensis* Hooper et Kukkonen (Eastern Turkey, Northern Iraq).

2 (263). **C. curaica** Kunth, 1837, Enum. Pl. 2 : 375; В. Креч. 1935, во Фл. СССР, 3 : 137; Егор. 1966, Осоки СССР : 95, p. p., excl. pl. ex As. Med.; Малышев, 1990, во Фл. Сиб. 3 : 80. — *C. ovata* C. A. Mey. 1833, in Ledeb. Fl. Alt. 4 : 207, non Rudge, 1804. — *Vignea curaica* (Kunth) Soják, 1979, Čas. Nár. Muz. Praze, řada přír. **148**, 3—4 : 195. — Exs.: H.F.R. № 1244 (ut *C. borotalicola* Regel), H.F. URSS № 4210. — **О. курайская**.

Описан с Алтая; typus est typus *C. ovatae* C. A. Mey., l. c. : острова р. Чуи в Курайской степи, «Tschuja, in insulis Kuraicis, Julio, № 1453, legit Dr. Bunge» (LE! cum isotypo!).

a) subsp. **curaica**.

На сырых (иногда солонцеватых) и болотистых лугах, по берегам рек, в разреженных болотистых лесах; до субальпийского и альпийского поясов гор. — **Зап. Сиб.**: Обск. (юго-вост.), Ирт. (юго-вост.), Алт.; **Вост. Сиб.**: Енис., Лен.-Кол. (юг: басс. верхнего течения Лены и сев. побережье Байкала), Анг.-Саян., Даур. Общ. распр.: Ц. Азия (сев. Монголия; Китай: сев. Джунгария, район Цинхэ). — 2n = 64 (Соколовская, Стрелкова, 1948; Малышев, 1990). — Рис. 64, *9*.

b) subsp. **pycnostachya** (Kar. et Kir.) Egor. 1973, Новости сист. высш. раст. 10 : 104; Малышев, 1990, во Фл. Сиб. 3 : 80. — *C. pycnostachya* Kar. et Kir. 1842, Bull. Soc. Nat. Moscou, **15**, 3 : 522; В. Креч. 1935, во Фл. СССР, 3 : 138; Егор. 1966, Осоки СССР : 96; ead. 1976, в Опред. раст. Средн. Азии, 5 : 90. — *C. commutata* Turcz. 1854, Bull. Soc. Nat. Moscou, 27 : 205, non J. Gay, 1839. — *C. borotalicola* Regel, 1881, Тр. Петерб. бот. сада, **7**, 2 : 566. — *C. curaica* var. *pycnostachya* (Kar. et Kir.) Kük. 1909, in Engl. Pflanzenr. 38 : 124. — *C. vulpinaris* auct. non Nees: Kük. l. c. : 117, quoad pl. turkest. — *C. curaica* auct. non Kunth: Егор. 1966, l. c.: 95, quoad pl. ex As. Med. — **О. густоколосая**.

Описан из Средней Азии (Джунгарский Алатау) («Hab. in herbosis alpium Alatau ad fl. Lepsa [1841, Karelin et Kirilow]»); typus: «853. *C. pycnostachya* Kar. et Kir. 1841» (LE!).

На болотистых и сырых лугах, в долинах рек, по окраинам травяных болот, у ручьев и родников; от равнин до среднего, редко верхнего пояса гор. — **Зап. Сиб.**: Алт. (Нарымский хр.), Ирт. (юго-вост.: район Семипалатинска); **Вост. Сиб.**: Анг.-Саян. (Тува); **Средн. Азия**: Арало-Касп. (пески Б. и М. Барсуки; Мугоджары; басс. р. Сарысу), Прибалх. (Каркаралинск и Аягуз), Дж.-Тарб., Тянь-Шан., Пам.-Ал. (Вост. Памир: окр. оз. Булун-Куль и кишл. Шаймак). Общ. распр.: Ц. (Монголия: оз. Орогнур и хр. Байтаг-Богдо; Китай: зап. Джунгария и Тибет — Чантан) и Ю. (Индия: Кашмир) Азия. — 2n = ? — Рис. 64, *10*.

В качестве типа *C. pycnostachya* здесь процитирован автентичный образец этого вида, на этикетке которого перед названием вида стоит тот же порядковый номер, что и в протологе.

C. pycnostachya была выделена по образцам с незрелыми мешочками, вследствие чего они охарактеризованы в оригинальном описании этого вида как яйцевидно-продолговатые, более длинные и узкие, чем у *C. curaica*. Зрелые же мешочки у *C. pycnostachya* более широкие, чем у последней, яйцевидные или яйцевидно-эллиптические.

As the type of *C. pycnostachya*, I have cited the authentic specimen of this species with the same ordinal number at the species name on the label, as in the protologue.

C. pycnostachya was established from specimens with immature utricles, owing to that they are characterized in the original description of the species as ovate-oblong, longer and narrower, than those of *C. curaica*. Mature utricles of *C. pycnostachya* are broader than those of the latter, ovate or ovate-elliptical.

Subsect. 3. **Pseudocuraicae** (Egor.) Egor. comb. nov. — Sect. *Holarrhenae* ser. *Pseudocuraicae* Egor. 1965, Новости сист. высш. раст. : 66. — Sect. *Vignea* cycl. *Heleodrymis* V. Krecz. ser. *Oostachyae* V. Krecz. 1935, во Фл. СССР, 3 : 136, p. p., sine descr. latin. — Колоски в числе 5—9, все андрогинные или верхние и средние андрогинные или тычиночные, а нижние пестичные. Мешочки неуплощенные, с тонкими, не всегда ясными жилками, в основании сильно губчатые. Растения с укороченными неползучими корневищами и стелющимися вегетативными побегами, от которых отходят вертикальные вегетативные и репродуктивные побеги. — Typus: *C. pseudocuraica* Fr. Schmidt. Монотипная подсекция.

Spikes 5—9, all androgynous or upper and middle ones androgynous or male and lower ones female. Utricles not flattened, with thin, not always distinct veins; strongly spongy at base. Plants with abbreviated not creeping rhizomes and procumbent vegetative shoots sprouting vertical vegetative and reproductive shoots. — Typus: *C. pseudocuraica* Fr. Schmidt. Monotypic subsection.

3 (264). **C. pseudocuraica** Fr. Schmidt, 1868, Mém. Acad. Sci. Pétersb. sér. 7, **12**, 2 : 67; В. Креч. 1935, во Фл. СССР, 3 : 138; Егор. 1966, Осоки СССР : 98; Малышев, 1990, во Фл. Сиб. 3 : 82. — *C. chordorrhiza* var. *pseudocuraica* (Fr. Schmidt.) Trautv. 1877, Тр. Петерб. бот. сада, **5**, 1 : 123. — Exs.: H.F.R. № 1943 (ut *C. chordorrhiza* Ehrh. f. *exstipitata* Litv.). — **О. ложнокурайская**.

Описан из басс. Амгуни и Амура («In tiefen Moossümpfen am Agnekan, 14 Juni (fl.); Alyn, Mitte Juli (fr.) [Fr. Schmidt.]»); lectotypus: «Ad fluv. Amur. Bureja med. Juli [Alyn], 1859, Fr. Schmidt» (LE! cum syntypo) — Кречетович (in sched.), Егорова (h. l.).

На моховых и травяных болотах, по зарастающим берегам озер. — **Вост. Сиб.**: Аркт. (низовья Колымы: пос. Походск), Лен.-Кол. (окр. Верхоянска, басс. верхнего течения Колымы и к югу от нижнего течения Вилюя и Алдана), Анг.-Саян. (вост.), Даур.; **Дальн. Вост.**: Удск., Зее-Бур., Уссур., Сах., Курил. (юг: о-ва Кунашир и Шикотан). Общ. распр.: В. Азия (Сев.-Вост. Китай, п-ов Корея, о-в Хоккайдо). — 2n = ?

Благодаря наличию стелющихся вегетативных побегов, *C. pseudocuraica* имеет габитуальное сходство с *C. chordorrhiza* Ehrh. — представителем другой секции. У последнего вида, в отличие от *C. pseudocuraica*, в соцветии нет однополых колосков, края мешочков не крыловидные, отсутствуют папиллы на стеблях и листьях (Егорова, l. c.).

Для Арктического района Вост. Сибири вид приведен по данным Л. И. Малышева (l. c.), для Курильских о-вов — по данным Ови (Ohwi, 1936, 1965).

Owing to presence of procumbent vegetative shoots, *C. pseudocuraica* has similarity in habit with *C. chordorrhiza* Ehrh., the latter being a representative of another section. The latter species, unlike *C. pseudocuraica* has no unisexual spikes in inflorescence, no wings on margins of utricles and no papillae on stems and leaves (Егорова, l. c.).

For Arctic region of Eastern Siberia, the species is cited according to data by Malyshev (Малышев, l. c.), for Kuril Islands according to Ohwi (1936, 1965).

Sectio 44. Ammoglochin Dumort. 1827, Fl. Belg. : 146, p. p.; Chater, 1980, in Fl. Europ. 5 : 298, p. p. — Sect. *Vignea* Koch, 1837, Syn. Fl. Germ. : 748; В. Креч. 1935, во Фл. СССР, 3 : 125, cum auct. Nees; Егор. 1966, Осоки СССР : 103. — Колоски андрогинные или гинекандрические, часто с примесью однополых колосков (тычиночных или пестичных), в числе 3—16(18), сближенные, в колосовидном соцветии. Кроющие листья чешуевидные. Мешочки плоско-выпуклые, кожистые или, реже, перепончатые, (3)3.5—5(5.5) мм дл., голые или вверху опушенные, с жилками, по краям обычно с крылом, с остро-двузубчатым носиком. Растения с длинноползучими корневищами, с тонкой, при высыхании отстающей и сминающейся корой. — Lectotypus: *C. arenaria* L. — Егорова (h. l.).

14 видов, в Европе, умеренном поясе Азии, в Сев. Америке и Африке (Маскаренские о-ва).

Spikes androgynous or gynaecandrous, frequently with addition of unisexual spikes (male or female), 3—16(18), approximate, in spiciform inflorescence. Bracts glumaceous. Utricles plano-convex, coriaceous or, more rarely, membranous, (3)3.5—5(5.5) mm long, glabrous or pubescent in upper part, veined, on margins usually winged, with a sharply bidentate beak. Plants with long creeping rhizomes having thin, at drying coming off and crumpling cortex. — Lectotypus: *C. arenaria* L. — Egorova (h. l.).

14 species, in Europe, temperate zone of Asia, in North America and Africa (Mascarene Islands).

1. Верхние колоски обычно на верхушке с немногими тычиночными цветками, в средней части — с пестичными, в нижней — с тычиночными, остальные колоски андрогинные, гинекандрические или такого же строения, как верхние. Мешочки узкояйцевидные, 4.5—5 мм дл., по краям с хорошо выраженным крылом. Растение Латвии и Калининградской обл. ....2. **C. pseudobrizoides**.
\+ Верхние колоски андрогинные или гинекандрические, реже тычиночные или пестичные....................2.
2. Колоски или все гинекандрические, или наряду с ними имеются тычиночные (верхние и средние) и пестичные (нижние)....................3.
\+ Гинекандрических колосков нет, верхние колоски обычно андрогинные или тычиночные, реже пестичные, средние андрогинные или тычиночные, нижние пестичные или андрогинные....................7.
3. Мешочки по краям с довольно широким, 0.2—0.3 мм, крылом, кожистые, (3.5)4—4.5 мм дл., спереди с 9—18 жилками. Стебли вверху тупо-трехгранные, б. ч. гладкие. Корневище утолщенное, 2—3(5) мм в диам., на изломе пахучее....................4. **C. colchica**.....4.
\+ Мешочки по краям с очень узким крылом, перепончатые или тонкокожистые, спереди с 6—8 жилками. Стебли вверху остро-трехгранные и шероховатые. Корневище тонкое, 1—2 мм в диам. ....5.
4. Мешочки спереди с (10)15—18 утолщенными ребристыми жилками, в основании усеченно-округлые. Стебли вверху обычно гладкие. Растение преимущественно южн. районов Европейской части, Кавказа и севера Средней Азии....................4a. **C. colchica** subsp. **colchica**.
\+ Мешочки спереди с 9—11 тонкими жилками, в основании закругленные. Стебли вверху обычно шероховатые. Растение Прибалтики.........
....................4b. **C. colchica** subsp. **ligerica**.

5. Соцветие из (3)4—5(6) коричневатых колосков. Мешочки яйцевидные, (3)3.5—3.7(4) мм дл., почти кожистые, зрелые прямые, не изогнутые наружу. Корневище на изломе пахучее.............5. **C. praecox**.
+ Соцветие из 5—8 колосков. Мешочки яйцевидно-ланцетовидные, перепончатые, зрелые изогнутые наружу...6.
6. Колоски продолговатые, бледно-зеленые, изогнутые. Мешочки 3.5—4.5(5) мм дл., часто недоразвитые или без плодов. Корневище на изломе без запаха. Растение лесное.......................... 3. **C. brizoides**.
+ Колоски продолговато-яйцевидные, буровато-ржавые, не изогнутые. Мешочки (4)4.5—5 мм дл. Корневище на изломе пахучее. Растение луговое..6. **C. diplasiocarpa**.
7(2). Мешочки по краям с широким, 0.4—0.5(0.7) мм, крылом, голые или едва заметно по жилкам коротко опушенные, яйцевидные или продолговато-яйцевидные, 4—5(5.5) мм дл. Колоски буровато-ржавые. Корневище утолщенное, 3—5 мм в диам., на изломе пахучее. Растение однодомное...1. **C. arenaria**.
+ Мешочки по краям с узким, не более 0.2 мм, крылом, вверху густо коротко опушенные, продолговато-яйцевидные или яйцевидно-ланцетные. Колоски бледно-зеленые. Корневище тонкое, 1.5—2(3) мм в диам., без запаха. Растения иногда двудомные..................................8.
8. Мешочки (4)4.5—5.5(6) мм дл., 2—2.3 мм шир., по краям с ясно выраженным зазубренным крылом, с утолщенными жилками, часто с обеих сторон бугорчатые, в зрелом состоянии заметно отклоненные от оси колоска и изогнутые. Листовые пластинки 3—5 мм шир. ....7. **C. pallida**.
+ Мешочки 3.3—4(4.5) мм дл., 1.3—1.5 мм шир., с очень узкими зазубренными крыловидными краями, с тонкими жилками, не бугорчатые, в зрелом состоянии прижатые, не изогнутые. Листовые пластинки 1.5—2.5 мм шир. ....8. **C. iljinii**.

1. Upper spikes usually at apex with few male flowers, in middle part with female, in lower with male flowers, the other spikes androgynous, gynaecandrous or with the same structure as terminal ones. Utricles narrow-ovate, 4.5—5 mm long, on margins with a well distinct wing. Plants of Latvia and Kaliningrad province........................2. **C. pseudobrizoides**.
+ Upper spikes androgynous or gynaecandrous, more rarely male or female.....................2.
2. Spikes either all gynaecandrous, or, together with them, male (upper and middle ones) and female (lower) spikes are present..3.
+ Spikes not gynaecandrous; upper spikes usually androgynous or male, more rarely female, middle androgynous or male, lower ones female or androgynous.................................7.
3. Utricles on margins with rather broad, 0.2—0.3 mm, wing, coriaceous, (3.5)4—4.5 mm long, dorsally 9—18-veined. Stems in upper part obtuse-trigonous, generally smooth. Rhizome thickened, 2—3(5) mm in diam., odorous at fracture..........4. **C. colchica**.....4.
+ Utricles on margins with very narrow wing, membranous or thin-coriaceous, dorsally 6—8-veined. Stems in upper part sharply trigonous and scabrid. Rhizome thin, 1—2 mm in diam. ....5.
4. Utricles dorsally with (10)15—18 thickened costate veins, at base truncate-rounded. Stems in upper part usually smooth. Plants mainly of southern regions of European part, Caucasus and northern Middle Asia............................4a. **C. colchica** subsp. **colchica**.
+ Utricles dorsally with 9—11 thin veins, at base rounded. Stems in upper part usually scabrid. Plants of Baltic region...................................4b. **C. colchica** subsp. **ligerica**.

5. Inflorescence of (3)4–5(6) brownish spikes. Utricles ovate, (3)3.5–3.7(4) mm long, subcoriaceous, at maturity straight, not curved outside. Rhizome odorous at fracture..5. **C. praecox.**

\+ Inflorescence of 5–8 spikes. Utricles ovate-lanceolate, membranous, at maturity curved outside...6.

6. Spikes oblong, pale green, curved. Utricles 3.5–4.5(5) mm long, frequently underdeveloped or fruitless. Rhizome not odorous at fracture. Forest plants..3. **C. brizoides.**

\+ Spikes oblong-ovate, brownish-ferruginous, not curved. Utricles (4)4.5–5 mm long. Rhizome odorous at fracture. Meadow plants.................................6. **C. diplasiocarpa.**

7(2). Utricles on margins with broad, 0.4–0.5(0.7) mm, wing, glabrous or scarcely shortly pubescent on veins, ovate or oblong-ovate, 4–5(5.5) mm long. Spikes brownish-ferruginous. Rhizome thickened, 3–5 mm in diam., odorous at fracture. Monoecious plants..1. **C. arenaria.**

\+ Utricles on margins with narrow, up to 0.2 mm, wing, in upper part densely shortly pubescent, oblong-ovate or ovate-lanceolate. Spikes pale green. Rhizome thin, 1.5–2(3) mm in diam., not odorous. Plants sometimes dioecious..8.

8. Utricles (4)4.5–5.5(6) mm long, 2–2.3 mm wide, on margins with distinct denticulate wing, with thickened veins, frequently both dorsally and ventrally tuberculate, at maturity distinctly patent and curved. Leaf blades 3–5 mm wide..........................7. **C. pallida.**

\+ Utricles 3.3–4(4.5) mm long, 1.3–1.5 mm wide, with very narrow denticulate winged margins, with thin veins, not tuberculate, at maturity adpressed, not curved. Leaf blades 1.5–2.5 mm wide..8. **C. iljinii.**

Subsect. 1. **Herporrhizae** (O. Lang) Kük. 1909, in Engl. Pflanzenr. 38 : 128, emend. Egor. 1965, Новости сист. высш. раст.: 68. — *Carex* b. *Herporrhizae* O. Lang, 1851, Linnaea, 24 : 522. — Sect. *Vignea* cycl. *Psammovignea* V. Krecz. 1935, во Фл. СССР, 3 : 133, sine descr. latin. — Sect. *Vignea* cycl. *Heleodrymis* V. Krecz. ser. *Dolichostachyae* V. Krecz. l. c. : 135, sine descr. latin. — Колоски андрогинные или гинекандрические, иногда с примесью тычиночных и пестичных; при основании ветвей соцветия (колосков) имеется чешуевидный предлист (кладопрофилл). Мешочки б. ч. голые, по краям и в основании губчатые, в нижней половине с обеих сторон обычно пурпурно-точечные. Корневище пахучее (кроме *C. brizoides* L.), с ароматическими веществами. — Lectotypus: *C. arenaria* L. — Егорова (l. c.).

9 видов и подвидов; вне рассматриваемой территории: *C. repens* Bell. (Центр. Европа) и *C. balfourii* Kük. (Маскаренские о-ва).

Spikes androgynous or gynaecandrous, sometimes with addition of male and female; at base of inflorescence branches (spikes) scale-like cladoprophyll present. Utricles generally glabrous, at margins and base spongy, in lower half with both faces usually purple-punctate. Rhizome odorous (except *C. brizoides* L.), with aromatic substances. — Lectotypus: *C. arenaria* L. — Egorova (Егорова, l. c.).

9 species and subspecies; outside considered territory: *C. repens* Bell. (Central Europe) and *C. balfourii* Kük. (Mascarene Islands).

1 (265). **C. arenaria** L. 1753, Sp. Pl. : 973; В. Креч. 1935, во Фл. СССР, 3 : 133; Егор. 1966, Осоки СССР : 105. — Exs.: H.F.R. № 745, H.F. URSS № 5113. — **О. песчаная.**

Описан из Европы («Habitat in Europae arena, praesertium mobili»): lectotypus: Herb. Linn. № 1100.9 (LINN, photo LE!) — Егорова (h. l.).

На приморских песках, дюнах, в приморских сосновых лесах, на песчаных берегах рек и озер. — **Европ. ч.**: Прибалт., Лад.-Ильм. (Ленинградская обл.: побережье Финского залива; Псковская обл.: окр. г. Печоры). Общ. распр.: С. (юг) и Атл. Европа. — 2n = 60, 64 (Rohweder, 1938). — Рис. 64, *4*.

Варьирует по строению колосков в соцветии, верхние из которых андрогинные или тычиночные и очень редко пестичные, средние андрогинные или тычиночные, нижние пестичные и крайне редко андрогинные.

Varies in structure of spikes in inflorescence, the upper ones being androgynous or male, very rarely female, middle androgynous or male, lower female and extremely rarely androgynous.

2 (266). **C. pseudobrizoides** Clavaud, 1873, Bull. Soc. Pharm. Bordeaux, 13 : 156; Kük. 1909, in Engl. Pflanzenr. 38 : 132 (in adnot.). — *C. pseudoarenaria* Reichenb. 1846, Icon, Fl. Germ. 8 : 8, p. p., tab. 108, pl. dextra, «*pseudo-arenaria*», non Pers. 1807. — ? *Vignea pseudobrizoides* Schur, 1866, Enum. Pl. Transs. : 700, «*pseudo-brizoides*». — *Carex reichenbachii* Bonnet, 1883, Petite Fl. Paris : 420; Chater, 1980, in Fl. Europ. 5 : 299; Baronina, 1991, in Retie Augi, Latvijas Inform. Centrs : 12—16. — *C. reichenbachii* Kük. 1909, l. c. : 138. — *C. clavaudiana* Rouy, 1912, Fl. Fr. 13 : 420. — **О. ложнотрясунковидная.**

Описан из юго-зап. Франции («Blanquefort (Clavaud) et Fargues (Durieu), dans la Gironde; Mont-de-Marsan (Périsse); Bords de la Gartempe, prés Montmorillon (de Lacroix, Deloyne)»); syntypi: ?

На песчаных местах в разреженных лесах и кустарниках. — **Европ. ч.**: Прибалт. (Латвия: побережья Балтийского моря и Рижского залива). Общ. распр.: Атл. (Бельгия, Голландия, Франция) и Ц. Европа. — 2n = ?

Этот вид, под названием *C. reichenbachii* Bonnet, l. c., впервые привела для территории б. СССР (Латвия, побережье Рижского залива) В. К. Баронинь (Baronina, l. c.) на основании хранящихся в Гербарии Института биологии АН Латвии (LATV!) сборов К.Р. Купффера конца прошлого века и ее собственных (LATV!, LE!). Образцы этого вида из Латвии, с побережья Балтийского моря (Лиепая, «Libava, 9 и 26 VI 1903, P. Lackachewitz» — LE!), были приведены мной (Егорова, 1966б : 107) в качестве гибридов *C. arenaria* и *C. brizoides*.

Надавно И. Ю. Губарева (1995) обнаружила *C. reichenbachii* в России (Калининградская обл., Вислинская коса Балтийского моря; образцы вида хранятся в Калининградском гос. университете!).

Названия *C. reichenbachii* Bonnet, l. c. и *C. reichenbachii* Kük., l. c. были предложены вместо более позднего омонима *C. pseudoarenaria* Reichenb., l. c. (вид описан из Германии, из окрестностей Дрездена, Берлина и Гамбурга). Кюкенталь в конце своей монографии (Kükenthal, l. c. : 767) отметил, что Боннэ (Bonnet) считает *C. reichenbachii* тождественной *C. pseudobrizoides* Clavaud. Изучение детального оригинального описания последнего вида, ксерокопия которого была любезно прислана из Национального музея естественной истории (P) доктором Аймонэном (G. G. Aymonin), позволило установить, что *C. pseudobrizoides* соответствует *C. pseudoarenaria*.

C. pseudobrizoides — гибридогенный вид, возникший, по всей вероятности, в результате древней интрогрессивной гибридизации между *C. brizoides* и *C. arenaria* и находящийся в настоящее время в процессе стабилизации (растения его частично фертильны). В районах его произрастания отсутствуют оба или один из предполагаемых родительских видов. Внешне *C. pseudobrizoides* — как бы увеличенная в размерах *C. brizoides*, но с буроватыми колосками. Мешочки у нее такой же формы, как у последнего вида, но со значительно более широким (почти как у *C. arenaria*) крылом. Некоторое габитуальное сходство *C. pseudobrizoides* имеет и с *C. arenaria*, но листья у нее более мягкие и длинные, чем у последней.

Кюкенталь (Kükenthal, l. c.), видевший типовой материал по *C. pseudoarenaria*, указал, что колоски у нее или все гинекандрические, или верхние наверху и в основании с тычиночными цветками, а в средней части с пестичными или целиком тычиночные. 3 зоны цветков (а не 2, как у остальных видов подрода *Vignea*), обычно наблюдаемые в колосках *C. pseudoarenaria* (= *C. reichenbachii*, = *C. pseudobrizoides*), являются оригинальной особенностью этого вида. Кроме Кюкенталя, она была отмечена Боннэ (Bonnet, l. c.) и Барониней (Baronina, l. c.). Автором описания *C. pseudobrizoides* колоски охарактеризованы как гинекандрические. Изучение образцов из Прибалтики показало, что у некоторых из них (Латвия) в средней и нижней частях соцветия присутствуют гинекандрические и андрогинные колоски, а у одного экземпляра (Калининградская обл.) все колоски гинекандрические. Разнообразие вариантов строения соцветия *C. pseudobrizoides* служит аргументом в пользу предположения об участии в образовании этого вида *C. brizoides* и *C. arenaria* (у первого вида колоски гинекандрические и тычиночные, у второго — андрогинные, тычиночные и пестичные).

Возможно, *C. pseudobrizoides* соответствует описанная из Румынии *Vignea pseudobrizoides* Schur, l. c. (lectotypus: «In arenosis im jungen Walde bei Hermannstadt, Maj 1848, D[edit] Schur» — LW! — Egorova, h. l.). У цитированного образца верхние колоски андрогинные, нижние (их заметно больше, чем у *C. arenaria* и *C. brizoides*) пестичные, мешочки (незрелые) с узким крылом.

This species, under the name *C. reichenbachii* Bonnet, l. c. was cited for the first time for the former USSR (Latvia, Gulf of Riga coast) by Baronina (l. c.), basing on collections by K. R. Kupffer in the end of the last century kept in the Herbarium of Biological Institute of the Latvian Academy of Science (LATV!), as well as her own collections (LATV!, LE!). Specimens of this species were pointed out by me (Егорова, 1966б : 107) in Latvia, at Baltic sea coast (Liepaja, «Libava, 9 и 26 VI 1903, P. Lackachewitz» — LE!), as hybrids between *C. arenaria* and *C. brizoides*.

Recently I. Yu. Gubareva (Губарева, 1995) has found *C. reichenbachii* in Russia (Kaliningrad province, at Baltic sea coast; the specimens are kept at the Kaliningrad University!).

The names *C. reichenbachii* Bonnet, l. c. and *C. reichenbachii* Kük., l. c. were suggested instead of later homonym *C. pseudoarenaria* Reichenb., l. c. (the species being described from Germany, vicinities of Dresden, Berlin and Hamburg). Kükenthal, at the end of his monograph (l. c. : 767) noted, that Bonnet beleived *C. reichenbachii* to be identical to *C. pseudobrizoides* Clavaud. Study of the detailed original description of the latter species, its xerocopy having been kindly sent from Muséum National d'Histoire Naturelle (P) by Dr. G. G. Aymonin, has allowed to establish *C. pseudobrizoides* to be corresponding to *C. pseudoarenaria*.

C. pseudobrizoides is a hybridogenous species originated, most probably, as a result of an ancient introgressive hybridization between *C. brizoides* and *C. arenaria*, and at present being under the process of stabilization (plants are partly fertile). In regions of its occurrence, both or one of its hypothetical parental species are absent. By appearence, *C. pseudobrizoides* is as if increased *C. brizoides*, but with brownish spikes. Its utricles have the same shape as those of the latter species, but with considerably broader (almost as in *C. arenaria*) wing. *C. pseudobrizoides* has some resemblance in habit with *C. arenaria* as well, but with softer and longer leaves.

Kükenthal (l. c.), who saw the type material of *C. pseudoarenaria*, has noted, that its spikes are either all gynaecandrous, or upper ones at apex and base with male flowers and in middle part with female ones, or completely male. 3 zones of flowers (instead of 2 possessed by the other species of the subgenus *Vignea*) being usually observed in spikes of *C. pseudoarenaria* (= *C. reichenbachii*, = *C. pseudobrizoides*) are an original peculiarity of this species. Besides Kükenthal, it was pointed out by Bonnet (l. c.) and Baronina (l. c.). The author of description of *C. pseudobrizoides* characterized its spikes as gynaecandrous. Examining specimens from Baltic region has shown, that some of them (Latvia) have gynaecandrous and androgynous spikes in middle and lower parts of inflorescence, but one specimen (Kaliningrad province) has gynaecandrous spikes only. Diversity of variants in structure of *C. pseudobrizoides* inflorescence provides an argument for supposition about participation of *C. brizoides* and *C. arenaria* in formation of this species (the former species has gynaecandrous and male spikes, the latter one — androgynous, male and female).

It is possible, that corresponding to *C. pseudobrizoides* is *Vignea pseudobrizoides* Schur, l. c., described from Romania (lectotypus: «In arenosis im jungen Walde bei Hermannstadt, Maj 1848, D[edit] Schur» — LW! — Egorova, h. l.). Upper spikes in the quoted specimen are androgynous, lower ones (considerably more numerous, than in *C. arenaria* and *C. brizoides*) are female, utricles (immature) have a narrow wing.

3 (267). **C. brizoides** L. 1755, Cent. Pl. 1 : 31; В. Креч. 1935, во Фл. СССР, 3 : 136; Егор. 1966, Осоки СССР : 113. — Exs.: H.F.R. № 2047. — **О. трясунковидная**.

Описан из Европы («Habitat in Europae»); lectotypus: Micheli, 1729, Nova Pl. Gen. : 70, tab. 33, fig. 17 — Егорова (h. l.).

В тенистых лиственных лесах, б. ч. на песчаной почве. — **Европ. ч.**: Прибалт. (Эстония: окр. Силламяэ; Латвия: юг; Литва), Лад.-Ильм. (юго-запад Ленинградской обл. к западу от Мги), Верх.-Днепр. (Беларусь; Брянская обл., заповедник «Брянский лес»), Верх.-Волж. (Калужская обл.: р. Болва), Карп., Сред.-Днепр. (зап.), Молд. (Бричанский р-н). Общ. распр.: Атл., Ц. и Ю. (сев.) Европа. — 2n = 58 (Dietrich, 1964b, 1972; Тодераш, 1980). — Рис. 65, *3*.

4 (268). **C. colchica** J. Gay, 1838, Ann. Sci. Nat. Paris, sér. 2, 10 : 303; Липский, 1894, Тр. Петерб. бот. сада, 13 : 346; В. Креч. 1935, во Фл. СССР, 3 : 134; Егор. 1966, Осоки СССР : 108; Ö. Nilsson, 1985, in Fl. Turk. 9 : 99, p. p., excl. syn. *C. ligerica*. — *Vignea colchica* (J. Gay) Soják, 1979, Čas. Nár. Muz. Praze, řada přir. **148**, 3—4 : 195. — *C. ligerica* auct. non J. Gay : Kük. 1909, in Engl. Pflanzenr. 38 : 138, p. p., quoad pl. ross.; Chater, 1980, in Fl. Europ. 5 : 299, p. p., quoad syn. *C. colchica* — Exs.: H.F.R. № 191 (ut *C. ligerica*), H.F. URSS № 4208a, b. — **О. колхидская**.

Описан с Кавказа и из Крыма («Habitat in littore Colchidis arenoso prope arcem Soukoum-Kale, Junio fructifera, Urvill, et in Tauriae herbidis prope Kerch»); lectotypus: окр. Сухуми, «Ex arenosis maritimis prope Sukum, d'Urville» (LE! syntypi P) — Егорова (h. l.).

a) subsp. **colchica**.

На сыпучих и слабозадернованных песках, в песчаных степях, по песчаным склонам. — **Европ. ч.**: Верх.-Днепр. (Беларусь: Гомельская обл., Житковичский р-н, с. Переров), Волж.-Кам. (Удмуртия), Сред.-Днепр., Волж.-Дон. (юг), Заволж., Причерн., Ниж.-Дон. (юго-зап.), Ниж.-Волж., Крым.; **Кавк.**: Предкавк., Б. Кавк. (Дагестан), Зап. и Вост. (Азербайджан: р. Пирсагат) Закавк.; **Средн. Азия**: Арало-Касп. Общ. распр.: Ю. Европа (Румыния, Болгария, Греция, Турция); З. Азия (южн. Турция). 2n = ? — Рис. 64, 5.

b) subsp. **ligerica** (J. Gay) Egor. 1973, Новости сист. высш. раст. 10 : 104. — *C. ligerica* J. Gay, 1838, Ann. Sci. Nat. Paris, sér. 2, 10 : 360; Kük. 1909, in Engl. Pflanzenr. 38 : 138, p. p.; Егор. 1966, Осоки СССР : 109; Chater, 1980, in Fl. Europ. 5 : 299, p. p., excl. syn. *C. colchica*. — *C. schreberi* Schrank subsp. *ligerica* (J. Gay) Hartm. 1879, Handb. Scand. Fl., ed. 11 : 475. — *Vignea ligerica* (J. Gay) Soják, 1979, Čas. Nar. Muz. Praze, řada přir. **148**, 3—4 : 196. — *C. pseudoarenaria* auct. non Reichenb. : Побед. 1956, Тр. Бот. инст. АН СССР, сер. 3, 10 : 255. — **О. луарская**.

Описан из Франции («Habitat ad ripas Ligeris[1] arenosas...»); lectotypus: «Nord de la Loire, 1832, Dr. Guipin, Herb. Steudel» (P! photo LE!) — Егорова (h. l.).

На приморских и пойменных песчаных лугах и песках. — **Европ. ч.**: Прибалт. (Эстония: о-в Сааремаа; Латвия: побережья Рижского залива и Балтийско-

---

[1] Старинное название р. Луары.
Ancient name of the Loire River.

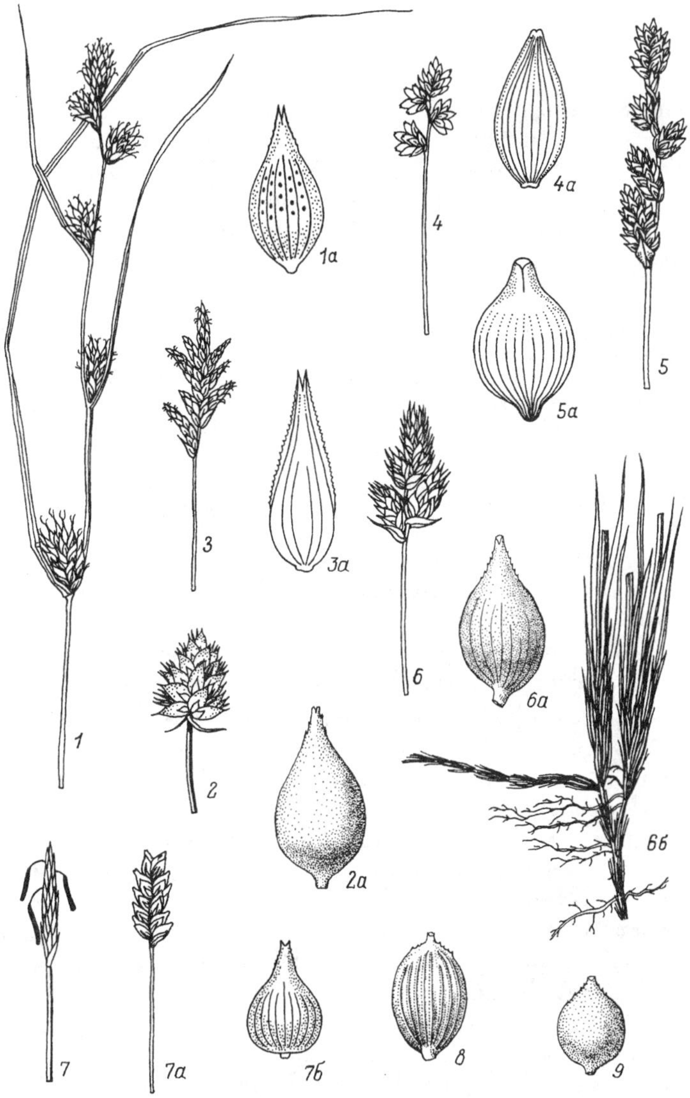

Рис. 65.

1 — *Carex remota* L., соцветие, *1a* — мешочек; *2* — *C. maritima* Gunn., соцветие, *2a* — мешочек; *3* — *C. brizoides* L., соцветие, *3a* — мешочек; *4* — *C. tenuiflora* Wahlenb., соцветие, *4a* — мешочек; *5* — *C. mackenziei* V. Krecz., соцветие, *5a* — мешочек; *6* — *C. stenophylla* Wahlenb. subsp. *stenophylla*, соцветие, 6а — мешочек, *6б* — нижняя часть растения (основания стеблей и корневище); *7* — *C. dioica* L., тычиночный колосок, *7a* — пестичный колосок, *7б* — мешочек; *8* — *G. gynocrates* Wormsk., мешочек; *9* — *C. duriuscula* C. A. Mey., мешочек.

Fig. 65.

1 — *Carex remota* L., inflorescence, *1a* — utricle; *2* — *C. maritima* Gunn., inflorescence, *2a* — utricle; *3* — *C. brizoides* L., inflorescence, *3a* — utricle; *4* — *C. tenuiflora* Wahlenb., inflorescence, *4a* — utricle; *5* — *C. mackenziei* V. Krecz., inflorescence, *5a* — utricle; *6* — *C. stenophylla* Wahlenb. subsp. *stenophylla*, inflorescence, 6a — utricle, *6б* — lower part of the plant (stem bases and rhizome); *7* — *C. dioica* L., female spike, *7a* — male spike, *7б* — utricle; *8* — *G. gynocrates* Wormsk., utricle; *9* — *C. duriuscula* C. A. Mey., utricle.

го моря; Литва; Калининградская обл.). Общ. распр.: Атл. и Ц. Европа. — 2n = 58 (Dietrich, 1972).

При объединении описанных в одной и той же работе *C. ligerica* и *C. colchica* следует использовать последнее название (а не первое, как принято Чейтером во «Flora Europaea»), так как *C. ligerica* уже была синонимизирована с *C. colchica* (Липский, l. c.) и в соответствии со статьей 11.5 «Международного кодекса ботанической номенклатуры» (International code , 1994) необходимо следовать уже сделанному выбору названия вида, а кроме того, описание *C. colchica* появилось на месяц раньше описания *C. ligerica*, как недавно было установлено Нилсоном (Ö. Nilsson, l. c.).

When uniting *C. ligerica* and *C. colchica* described in the same work, the latter name should be used (instead of the former, as it was accepted by Chater in «Flora Europaea»), since *C. ligerica* was already put into synonymy of it (Липский, l. c.) and, in accordance with the article 11.5 of «International Code of botanical nomenclature» (1994), it is necessary to keep up a species name already chosen. In addition, as it was recently established by Ö Nilsson (l. c.), the description of *C. colchica* had been published a month before the description of *C. ligerica*.

5 (269). **C. praecox** Schreb. 1771, Spicil. Fl. Lips. : 63; В. Креч. 1935, во Фл. СССР, 3 : 135; Егор. 1966, Осоки СССР : 109; Малышев, 1990, во Фл. Сиб. 3 : 90. — *C. schreberi* Schrank, 1789, Baier. Fl. 1 : 278. — *Vignea praecox* (Schreb.) Soják, 1979, Čas. Nár. Muz. Praze, řada přir. **148**, 3—4 : 197. — Exs.: H.F.R. №№ 142, 1096. — **О. ранняя**.

Описан из Германии (окр. Лейпцига, «In graminosis siccioribus passim in horto Apeliano, am Biniz, ad Kautsch, etc.»); syntypi: M.

На остепненных и суходольных, реже пойменных лугах, песчаных склонах, в степях, разреженных сосновых и березовых лесах; от равнин до субальпийского пояса. — **Европ. ч.**: все районы (в Аркт. правый берег р. Воркуты в 47 км от устья; в Кар.-Мурм. юг Карелии, заносное; в Дв.-Печ. зап. и юг; редок в сев. Прибалт. и Лад.-Ильм.); **Кавк.**: Предкавк., Б. Кавк. (зап. и центр.), Зап., Центр. и Южн. (Грузия: Джавахетия — Орловское озеро; Армения: басс. Севана — Ордаклю и Камо) Закавк.; Зап. Сиб.: Обск. (крайний юг), Верх.-Тоб., Ирт., Алт.; **Вост. Сиб.**: Енис. (басс. верхнего течения Ниж. и Подкаменной Тунгуски), Лен.-Кол. (центр.: между рр. Вилюй и Алдан), Анг.-Саян., Даур. (зап. и вост.); **Средн. Азия**: Арало-Касп. (сев.), Прибалх. (Казахский мелкосопочник и оз. Зайсан), Дж.-Тарб. Общ. распр.: Атл., Ц. и Ю. (сев.) Европа; З. (сев.-вост. Турция) и Ц. (сев. Монголия: Монгольская Даурия) Азия. — 2n = 48—56 (Тодераш, 1977, 1980), 58 (Dietrich, 1964b, 1972). — Рис. 64, *6*.

Для Карелии вид приведен по сборам (Петрозаводск!) А. В. Кравченко, сделанным в 1993 г., а для Монголии — по образцам (LE!), собранным В. В. Петровским и Т. М. Заславской в 1989 г. в Монгольской Даурии, близ границы с Россией.

For Karelia the species is cited basing on collections (Petrozavodsk!) by Kravchenko been made in 1993, and for Mongolia — on specimens (LE!) been found by Petrovsky and Zaslavskaya in 1989 in Mongolian Dauria, near the frontier with Russia.

6 (270). **C. diplasiocarpa** V. Krecz. 1935, во Фл. СССР, 3 : 590, 135; Егор. 1966, Осоки СССР : 112; Y. L. Cang et Y. L. Yang, 1976, in Fl. Chin. Bor.-Or. 11 : 197; Y. T. Lee, 1976, in Fl. Cor. 7 : 345. — *C. schreberi* auct. fl. Or. Extr. et *C. praecox* auct. fl. Or. Extr. — Exs.: H.F. URSS № 5666. — **О. большеплодная**.

Описан с юга российского Дальнего Востока; lectotypus: «Приморский край, оз. Ханка, с. Троицкое, 10 VI 1909, А. Черский» (LE!) — Егорова (h. l.).

На сухих песчаных лугах, песчаных берегах рек, в разреженных лесах и кустарниках. — **Вост. Сиб.**: Лен.-Кол. (юг: урочище Басылас в басс. р. Амги); **Дальн. Вост.**: Удск. (низовья Амура), Зее-Бур., Уссур. Общ. распр.: Ц. (вост. Монголия, р. Халхин-Гол) и В. (Сев.-Вост. Китай, п-ов Корея) Азия. — 2n = ? — Рис. 64, *11*.

C. diplasiocarpa отождествляется китайскими авторами (Liang Song-yun, Tang Yan-cheng, 1990 : 243) с описанной из Сев.-Вост. Китая *C. yamatsutana* Ohwi (1932, Acta Phytotax. Geobot. (Kyoto), 1 : 72; typus: «Manchuria, Hsin-an-ling, № 108, K. Yamatsuta» — KYO). Однако ряд признаков, указанных в оригинальном описании последнего вида (утолщенное корневище, андрогинные многочисленные колоски) несвойственен *C. diplasiocarpa*. Возможно, правы авторы «Флоры Северо-Восточного Китая» (Y. L. Chang et Y. L. Yang, l. c. : 186), сближающие *C. yamatsutana* с видами родства *C. lithophila*.

C. diplasiocarpa is equated by Chinese authors (Liang Song-yun, Tang Yan-cheng, 1990 : 243) with *C. yamatsutana* Ohwi (1932, Acta Phytotax. Geobot. (Kyoto), 1 : 72) described from North-Eastern China (typus: «Manchuria, Hsin-an-ling, № 108, K. Yamatsuta » — KYO). However, a number of characters mentioned in the original description of the latter species (thickened rhizome, androgynous numerous spikes) are not peculiar for *C. diplasiocarpa*. It is possible, Y. L. Chang and Y. L. Yang (l. c. : 186) are right when putting *C. yamatsutana* close with species allied to *C. lithophila*.

Subsect. 2. **Siccatae** Carey, 1848, in A. Gray, Man. Bot. : 539, p. p., emend. Egor, 1965, Новости сист. высш. раст. : 69. — Sect. *Vignea* cycl. *Heleodrymis* V. Krecz. ser. *Oostachyae* V. Krecz. 1935, во Фл. СССР, 3 : 136, p. p., sine descr. latin. — Колоски андрогинные, тычиночные и пестичные, иногда только тычиночные или пестичные (в последнем случае растения двудомные). Мешочки вверху с обеих сторон б. м. густо коротко опушенные, в основании не губчатые, не пурпурноточечные. Корневище не содержит ароматических веществ. — Typus: *C. siccata* Dew.

6 видов; вне рассматриваемой территории: *C. austroafghanica* Raymond (Афганистан), *C. ochrochlamis* Ohwi (п-ов Корея), *C. siccata* Dew. (Сев. Америка) и *C. flaviceps* Kük. (Гавайские о-ва).

Spikes androgynous, male and female, sometimes only male or female (in the latter case, plants dioecious). Utricles in upper part on both faces more or less densely shortly pubescent, at base not spongy, not purple-punctate. Rhizome does not contain aromatic substances. — Typus: *C. siccata* Dew.

6 species; outside considered territory: *C. austroafghanica* Raymond (Afghanistan), *C. ochrochlamis* Ohwi (Korea), *C. siccata* Dew. (North America) and *C. flaviceps* Kük. (Hawaian Islands).

7 (271). **C. pallida** C. A. Mey. 1831, Mém. Sav. Étr. Pétersb. 1 : 215; Kük. 1909, in Engl. Pflanzenr. 38 : 134, p. p.; В. Креч. 1937, Бот. журн. **22**, 1 : 109; Егор. 1966, Осоки СССР : 114; Петровский, Плиева, 1985, Новости сист. высш. раст. 22 : 262. — *C. siccata* subsp. *pallida* (C. A. Mey.) Kük. et Matsum. 1905, Index Pl. Jap. **2**, 1 : 132. — *C. pallida* var. *papillosa* Kük. 1909, l. c. : 134. — *C. accrescens* Ohwi, 1931, Mem. Coll. Sci. Kyoto Univ. ser. B, **6**, 5 : 255; В. Креч. 1935, во Фл. СССР, 3 : 136. — *C. pallida* var. *daubichensis* Kom. et var. *lefuensis* Kom. 1931, Опред. раст. Дальневост. края, 1 : 285. — *C. accrescens* var. *sylvipaludosa* Lucznik, 1938, Вестн. Дальневост. фил. АН СССР, **31**, 4 : 126. — **О. бледная**.

Описан, по-видимому, из Вост. Сибири; typus: «Kamtschatka, Dr. Eschsch. et Dr. Redowsky» (LE! cum isotypis 2).

В лиственничных, хвойно-широколиственных и березовых лесах, в лиственничных редколесьях, на лесных опушках и полянах, в кустарниках, реже на пой-

33 Заказ № 132

менных и болотистых лугах; до верхнего пояса гор. — **Вост. Сиб.**: Аркт. (низовья Колымы), Лен.-Кол. (к востоку от р. Лены), Анг.-Саян. (басс. верхнего течения рр. Ангары и Лены и Прибайкалье), Даур.; **Дальн. Вост.**: все районы, кроме Ком. (в Аркт. зап. Чукотка: рр. Каменная и Алучин, басс. р. Анадырь, Корякия; в Курил. юг). Общ. распр.: Ц. (сев. Монголия) и В. (Сев.-Вост. Китай, север п-ова Корея) Азия. — 2n = ? — Рис. 64, 7.

Согласно протологу, *C. pallida* описана с п-ова Камчатка по экземплярам И. Редовского («Kamtschatka, Redowsky»). Однако Редовский, направляясь на Камчатку, скончался в начале 1807 г. в Гижигинске; гербарные сборы им производились на пути из Иркутска в Охотск (Бородин, 1908).

Как отметил А. Е. Кожевников (1988 : 381), на юге российского Дальнего Востока встречаются растения, отличающиеся от типичной *C. pallida* более многоколосковым соцветием и очень похожие внешне на *C. lithophila*. Он описал их как *C. pallida* var. *lithophiloides* A. E. Kozhevnikov (typus: VLA). Возможно, эта разновидность соответствует *C. yamatsutana* (см. выше).

According to the protologue, *C. pallida* is described from Kamchatka Peninsula from I. Redowsky's specimens («Kamtschatka, Redowsky»). However, Redowsky, when was moving to Kamchatka, died in the beginning of 1807 at Gizhiginsk; his herbarium collections were made during the way from Irkutsk to Okhotsk (Бородин, 1908).

As Kozhevnikov has noted (Кожевников, 1988 : 381), there are plants occurring in the southern Russian Far East, differing from the typical *C. pallida* by more multispicate inflorescence, and very similar in habit with *C. lithophila*. He has described them as *C. pallida* var. *lithophiloides* A. E. Kozhevnikov (typus: VLA). It is possible, this variety corresponds to *C. yamatsutana* (see above).

8 (272). **C. iljinii** V. Krecz. 1935, во Фл. СССР, 3 : 590, 137; Егор. 1966, Осоки СССР : 116; А. Е. Кожевников, 1988, в Сосуд. раст. сов. Дальн. Вост. 3 : 381; Малышев, 1990, во Фл. Сиб. 3 : 89. — *C. pallida* f. *elegans* Kük. 1911, Русск. бот. журн. 3—6 : 51. — **О. Ильина**.

Описан из Вост. Сибири; typus: Вост. Саян, «Саяны, Тункинский р-н, долина р. Оки против Буксоя, 7 VIII 1902, В. Комаров» (LE!).

В пойменных кедровых, кедрово-пихтовых, реже лиственничных и других лесах, в редколесьях, кустарниках и горной тундре; от верхней части лесного пояса до гольцов. — **Зап. Сиб.**: ? Алт. (р. Ороктай и верховья р. Абакан); **Вост. Сиб.**: Лен.-Кол. (крайний юг: побережье Байкала и запад Станового нагорья), Анг.-Саян. (преимущественно на юге), Даур. (зап. и юг); **Дальн. Вост.**: Удск., Зее-Бур., Уссур. (сев. и центр), Сах. (сев.). Общ. распр.: Ц. Азия (сев. Монголия). — 2n = ? — Рис. 64, *8*.

Л. П. Сергиевской (1961) *C. iljinii* отмечена для Зап. Сибири (Алтай), А. Е. Кожевниковым (l. c.) — для Дальнего Востока. Произрастание вида на Алтае маловероятно, на Дальнем Востоке вполне возможно, но удивляет отсутствие образцов с этой территории в LE.

C. iljinii is cited by Sergievskaya (Сергиевская, 1961) for Western Siberia (Altai), by Kozhevnikov (А. Е. Кожевников, l. c.) for Far East. The occurrence of the species in Altai is hardly probable, that in Far East is quite probable, but the absence of the specimens from this territory in LE is astonishing.

Sectio 45. Macrocephalae Kük. 1909, in Engl. Pflanzenr. 38 : 186. — Subgen. *Megalocranion* V. Krecz. 1935, во Фл. СССР, 3 : 124, sine descr. latin. — Колоски однополые, очень редко андрогинные, многочисленные, многоцветковые, нижние иногда коротковетвистые, в очень густых крупных (до 8—10 см дл. и 4 см в диам.) колосовидных, обычно однополых (мужских или женских) соцветиях. Кроющие листья чешуевидные или узколинейные, иногда превышающие соцветие. Мешочки плоско-выпуклые, кожистые, 10—14 мм дл., с жилками, по краям крылатые, с длинным двузубчатым носиком. Рылец 3[1]. Растения с длинными ползучими корневищами. — Typus: *C. macrocephala* Willd. ex Spreng.

2 вида, на Дальнем Востоке и в Сев. Америке.

Spikes unisexual, very rarely androgynous, numerous, many-flowered, lower ones sometimes short-branched, in very dense large (up to 8—10 cm long and 4 cm in diam.) spiciform, usually unisexual (male or female) inflorescences. Bracts glumaceous or narrow-leaf-like, sometimes exceeding inflorescence. Utricles plano-convex, coriaceous, 10—14 mm long, veined, on margins winged, with long bidentate beak. Stigmas 3[2]. Plants with long creeping rhizomes. — Typus: *C. macrocephala* Willd. ex Spreng.

2 species in Far East and North America.

1. Соцветие желто-зеленое (позднее буреющее), с линейными кожистыми кроющими листьями, заметно превышающими и скрывающими колоски. Мешочки ланцетовидные, в нижней части 3—3.8 мм шир., вверху по краям с очень узким крылом, в зрелом состоянии прижатые друг к другу. Плод сбоку без выемки........................1. **C. kobomugi**.
+ Соцветие буроватое, с чешуевидными перепончатыми кроющими листьями, которые обычно короче или немного длиннее колосков. Мешочки (без носика) широкояйцевидные, в нижней части 4.5—5.5 мм шир., почти от основания с широким крылом, в зрелом состоянии сильно растопыренные. Плод сбоку с глубокой поперечной выемкой.... ....2. **C. macrocephala**.

1. Inflorescence yellow-green (later turning brown), with linear coriaceous bracts appreciably exceeding and hiding spikes. Utricles lanceolate, in lower part 3—3.8 mm wide, in upper part on margins with very narrow wing, at maturity adpressed. Fruit without lateral excision..1. **C. kobomugi**.
+ Inflorescence brownish, with glumaceous membranous bracts usually shorter or a little longer than spikes. Utricles (without beak) broad-ovate, in lower part 4.5—5.5 mm wide, almost from base with broad wing, at maturity strongly spreaded. Fruit with deep lateral transverse excision...2. **C. macrocephala**.

1 (273). **C. kobomugi** Ohwi, 1930, Mem. Coll. Sci. Kyoto Univ. ser. B, **5**, 3 : 281; B. Креч. 1935, во Фл. СССР, 3 : 124; Егор. 1966, Осоки СССР : 102. — *C. macrocephala* var. *longibracteata* Oliver, 1866, Journ. Linn. Soc. London (Bot.), 9 : 170. — *C. macrocephala* var. *kobomugi* (Ohwi) Miyabe et Kudo, 1930—1931, Journ. Fac. Agr. Hokk. Univ. **26**, 2 : 221 (Fl. Hokk. a. Saghal. 2). — *Vignea kobomugi* (Ohwi) Soják, 1979, Čas. Nár. Muz. Praze, řada přir. **148**, 3—4 : 195. — *C. macrocephala* auct. non Willd.: Regel, 1861, Mém. Acad. Sci. Pétersb. sér. 7, **4**, 4 : 164 (Tent. Fl. Ussur.); Kük. 1909, in Engl. Pflanzenr. 38 : 187, p. p. — **О. кобомуги**.

Описан из Японии; typus: о-в Хонсю, «Hondo, Isshikikei in prov. Ise, 12 VI 1922, G. Koidzumi» (KYO).

---

[1] У видов других секций нашей флоры рылец 2.

[2] Species of other sections of our flora have 2 stigmas.

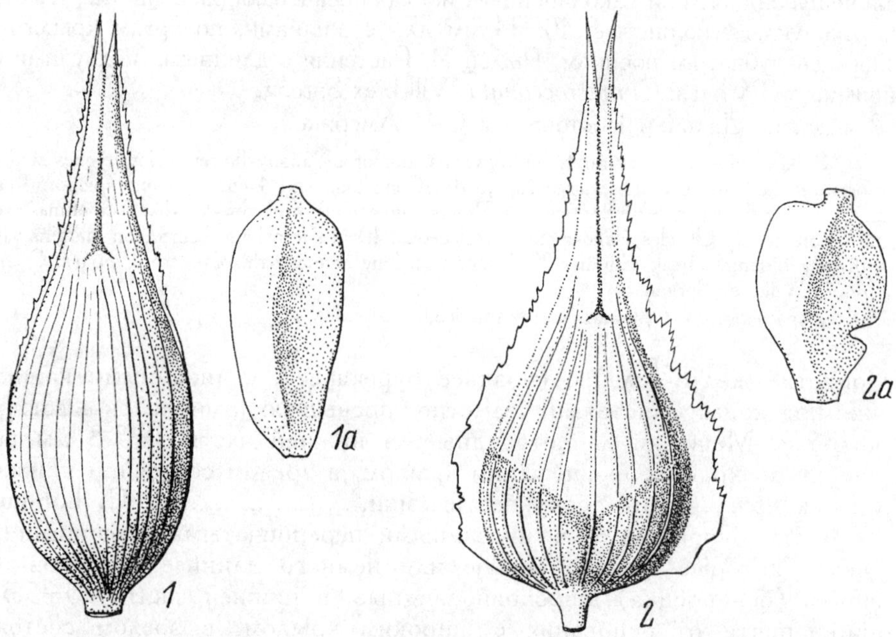

Рис. 66.

1 — *Carex kobomugi* Ohwi, мешочек, *1a* — плод; *2* — *C. macrocephala* Willd. ex Spreng., мешочек, *2a* — плод.

Fig. 66.

1 — *Carex kobomugi* Ohwi, utricle, *1a* — fruit; *2* — *C. macrocephala* Willd. ex Spreng., utricle, *2a* — fruit.

На приморских и озерных песках. — **Дальн. Вост.**: Уссур. (юг), Сах. (юг). Общ. распр.: В. Азия (п-ов Корея, о-в Тайвань, Япония); С. Америка (северо-восток США, заносное). — 2n = 84 (Хромосомные числа , 1969). — Рис. 66, *1*.

Для Сахалина вид приведен по данным А. Е. Кожевникова (1988). Как заносное и натурализовавшееся растение *C. kobomugi* известна в нескольких пунктах на северо-востоке США (Stalter, 1980; Standley, 1983).

For Sakhalin the species is cited according to data by Kozhevnikov (Кожевников, 1988). *C. kobomugi* is known as alien and naturalized plant for several locations in north-eastern USA (Stalter, 1980); Standley, 1983).

2 (274). **C. macrocephala** Willd. ex Spreng. 1826, Syst. Veg. 3 : 808; Kük. 1909, in Engl. Pflanzenr. 38 : 187, p. p.; В. Креч. 1935, во Фл. СССР, 3 : 124; Егор. 1966, Осоки СССР, 3 : 101; Hult. 1968, Fl. Al. : 231. — *C. anthericoides* C. Presl, 1828, Reliq. Haenk. 1 : 204. — *C. macrocephala* var. *bracteata* Holm, 1904, Amer. Journ. Sci. 4 : 266. — *C. macrocephala* subsp. *anthericoides* (C. Presl) Hult. 1942, Lunds Univ. Årsskr. N. F. Avd. 2, **38**, 1 : 317 (Fl. Al. 2). — *Vignea macrocephala* (Willd. ex Spreng.) Soják, 1979, Čas. Nár. Muz. Praze, řada přir. **148**, 3—4 : 196. — **О. большеголовая**.

Описан по образцам П. С. Палласа, по-видимому, с п-ова Камчатка («Sibir.?, Pallas»); typus: ? B.

На приморских песках. — **Дальн. Вост.**: Камч. (вост.), Удск. (близ устья Амура), Уссур. (юг), Сах., Курил. (юг). Общ. распр.: В. Азия (о-в Хоккайдо); С. Америка (от южн. побережья Аляски до штата Орегон). — 2n = ? — Рис. 66, *2*.

Репродуктивные побеги *C. macrocephala*, несущие или только мужское, или только женское соцветие, нередко принадлежат к одной и той же симподиальной системе побегов, и в этом случае растения данного вида рассматриваются как однодомные (Нечаева, Полийчук, 1983).

Reproductive shoots of *C. macrocephala* bearing either only male, or only female inflorescence, rather often belong to the same sympodial system of shoots, then the plants of this species are treated as monoecious (Нечаева, Полийчук, 1983).

Sectio 46. Divisae Christ ex Kük. 1909, in Engl. Pflanzenr. 38 : 119, p. p., emend. Egor. 1965, Новости сист. высш. раст. : 69; Christ, 1885, Bull. Soc. Bot. Belg. **24**, 2 : 18, p. min. p., nom. nud. — Колоски андрогинные, в числе 5—15, в б. м. густом колосовидном или головчатом соцветии, нижние иногда коротковетвистые. Кроющие листья обычно чешуевидные. Мешочки плоско-выпуклые, кожистые, 3—5 мм дл., б. ч. блестящие, с жилками, по краям без крыла, выше середины зазубренные, с цельным или слабо двузубчатым носиком. Растения с длинными ползучими корневищами и с толстой плотной корой или без них, но с длинными стелющимися вегетативными побегами. — Typus: *C. divisa* Huds.

12 видов, в Евразии, Сев. и Южн. Америке, Южн. Африке и на юго-востоке Австралии; вне рассматриваемой территории: *C. pansa* L. H. Bailey и *C. simulata* Mackenzie (запад Сев. Америки), *C. praegracilis* W. Boott (запад Сев. и Южн. Америки), *C. ecuadorica* Kük., *C. gayana* Desv., *C. macrorrhiza* Boeck. и *C. nebularum* Phil. (запад Южн. Америки), *C. consanguinea* Kunth (Южн. Африка), *C. chrolantha* R. Br. (юго-вост. Австралия).

Spikes androgynous, 5—15, in more or less dense spiciform or capitate inflorescence, lower ones sometimes short-branched. Bracts usually glumaceous. Utricles plano-convex, coriaceous, 3—5 mm long, generally shining, veined, wingless on margins, from middle to apex denticulate, with a entire or slightly bidentate beak. Plants with long creeping rhizomes and with a thick dense cortex or without them, but with long procumbent vegetative shoots. — Typus: *C. divisa* Huds.

12 species in Eurasia, North and South America, South Africa, Southeastern Australia; outside considered territory: *C. pansa* L. H. Bailey and *C. simulata* Mackenzie (western North America), *C. praegracilis* W. Boott (western North and South America), *C. ecuadorica* Kük., *C. gayana* Desv., *C. macrorrhiza* Boeck. and *C. nebularum* Phil. (western South America), *C. consanguinea* Kunth (South Africa), *C. chrolantha* R. Br. (Southeastern Australia).

1. Растение сфагновых болот с укороченными, неползучими корневищами и длинными стелющимися вегетативными побегами, от которых отходят вертикальные вегетативные и репродуктивные побеги. Соцветие головчатое, из 3—5 тесно сближенных малоцветковых колосков. Мешочки неравно-двояковыпуклые, широкоэллиптические или яйцевидные, (3)3.5—4(4.5) мм дл., с цельным, наверху белоперепончатым носиком.......... 3. **C. chordorrhiza**.

\+ Растения других местообитаний с длинными ползучими корневищами, без стелющихся побегов. Соцветие колосовидное, из (3)7—15 колосков. Мешочки со слабо двузубчатым, спереди клиновидно расщепленным носиком.......... 2.

2. Мешочки яйцевидные, широкояйцевидные или эллиптические, 3.5—4(4.5) мм дл., 2.2—2.4 мм шир. Растение Европейской части, Кавказа и Средней Азии..1. **С. divisa**.
\+ Мешочки ланцетовидные или продолговато-яйцевидные, (3.5)4—5 мм дл., 1.3—1.6 мм шир. Растение Дальнего Востока.......2. **С. arenicola**.

1. Plants of sphagnum bogs with short not creeping rhizome and long procumbent vegetative shoots sprouting vertical vegetative and reproductive shoots. Inflorescence capitate, of 3—5 closely approximate few-flowered spikes. Utricles unequally biconvex, broad-elliptical or ovate, (3)3.5—4(4.5) mm long, with a entire white-scarious in upper part beak..3. **C. chordorrhiza**.
\+ Plants of other habitats with long creeping rhizomes, without procumbent shoots. Inflorescence spiciform, of (3)7—15 spikes. Utricles with a slightly bidentate, dorsally cuneate-cleft beak..2.
2. Utricles ovate, broad-ovate or elliptical, 3.5—4(4.5) mm long, 2.2—2.4 mm wide. Plants of European part, Caucasus and Middle Asia..1. **C. divisa**.
\+ Utricles lanceolate or oblong-ovate, (3.5)4—5 mm long, 1.3—1.6 mm wide. Plants of Far East...2. **C. arenicola**.

Subsect. 1. **Divisae** (Christ ex Kük.) Egor. comb. nov. — Sect. *Divisae* Christ ex Kük. 1909, in Engl. Pflanzenr. 38 : 119, p. p. — Sect. *Vignea* sensu V. Krecz. 1935, во Фл. СССР, 3 : 125, p. min. p. — Sect. *Desmiograstis* (Börn.) V. Krecz. cycl. *Herpystera* V. Krecz. l. c. : 156, sine descr. latin. — Соцветие колосовидное, из (3)7—15(25) относительно многоцветковых колосков. Мешочки плоско-выпуклые, со слабо двузубчатым, спереди клиновидно расщепленным носиком. Растения с длинными ползучими корневищами, без стелющихся вегетативных побегов. — Typus: *C. divisa* Huds.

11 видов (см. выше).

Inflorescence spiciform, of (3)7—15(25) relatively many-flowered spikes. Utricles plano-convex, with slightly bidentate, dorsally cuneate-cleft beak. Plants with long creeping rhizomes, without procumbent vegetative shoots. — Typus: *C. divisa* Huds.

11 species (see above).

1 (275). **C. divisa** Huds. 1762, Fl. Angl. : 348; Kük. 1909, in Engl. Pflanzenr. 38 : 125; В. Креч. 1935, во Фл. СССР, 3 : 128; Егор. 1966, Осоки СССР : 119; ead. 1976, в Опред. раст. Средн. Азии, 5 : 91. — *C. coarcta* Boott, 1951, Trans. Linn. Soc. London, 20 : 133; В. Креч. 1935, l. c. : 128; Raymond, 1965, in Køie et Rech. f. Symb. Afghan. 6 : 25. — *C. chaetophylla* Steud. 1855, Syn. Pl. Glum. 2 : 187. — *C. curaica* var. *coarcta* (Boott) Boott, 1867, Ill. Carex, 4 : 204. — *C. divisa* var. *chaetophylla* (Steud.) Daveau, 1892, Cyper. Portug. : 47. — *Vignea divisa* (Huds.) Reichenb. 1830, Fl. Germ. Excurs. : 58. — Exs.: H.F.R. № 1440. — **О. раздельная**.

Описан из Англии («In the meadows near the Hithe at Colchester in Essex, Mr. Newton; by Hithe in Kent, Mr. J. Sherard»); типовой материал утрачен.

На сырых песчаных, нередко солонцеватых местах, болотистых лугах, на песчаных берегах речек, ручьев, небольших озер, у родников и арыков; на равнине и в предгорьях, реже в нижнем поясе гор. — **Европ. ч.**: Причерн. (крайний юг), Крым.; **Кавк.**: все районы (в Б. Кавк. зап. — р. Малый Зеленчук и вост.); **Средн. Азия**: Арало-Касп. (зап.: п-ов Мангышлак), Прибалх., Горн.-Туркм. (Копетдаг; Большие Балханы: пос. Чатын-Ятан; Бадхыз), Сырдар. (Узбекистан), Тянь-Шан. (Зап. Тянь-Шань), Пам.-Ал. (кроме Зап. и Вост. Памира). Общ. распр.: Атл., Ц. (Австрия и Чехия) и Ю. Европа; З., Ц. (Китай:

вост. Тибет) и Ю. (Пакистан; Индия: зап. Гималаи) Азия; С. и ? Ю. Африка; Австралия (юг и о-в Тасмания, заносное), Нов. Зеландия (заносное). — 2n = 60 (Kjellqvist, Löve, 1963; Löve, Kjellqvist, 1973). — Рис. 64, *13*.

C. divisa варьирует по характеру листовых пластинок от плоских и относительно широких (2—3.5 мм шир.) до узких, щетиновидно свернутых (*C. chaetophylla* Steud., l. c., *C. divisa* var. *chaetophylla* (Steud.) Daveau, l. c.). В тени арыков, приречных кустарниках встречается теневая форма *C. divisa* — f. *rivularis* Kük. (Kükenthal, 1909, l. c. : 126), имеющая по сравнению с типичными растениями вида более узкие листовые пластинки, бледные кроющие чешуи и несколько расставленные колоски, нижний из которых часто с узколинейным кроющим листом.

Описанная из Афганистана *C. coarcta* Boott, l. c. является, как показало изучение ее типа («Afghanistan, № 6079, Griffith» — K!), таксономически идентичной *C. divisa*. В соцветии типового образца *C. coarcta* больше колосков (20—25), чем у типичной *C. divisa* (10—15), однако такие относительно многоколосковые растения изредка встречаются по ареалу последней и не заслуживают какого-либо таксономического ранга.

C. divisa varies by width of leaf blades from flat and relatively broad (2—3.5 mm wide) to narrow, setaceous-convolute (*C. chaetophylla* Steud., l. c., *C. divisa* var. *chaetophylla* (Steud.) Daveau, l. c.). In the shadow at irrigation canals, in riverain shrubs, the shady form of *C. divisa* occurs, f. *rivularis* Kük. (Kükenthal, 1909, l. c. : 126) having, in comparison with the typical plants of the species, narrower leaf blades, pale glumes and somewhat distant spikes, the lowest one frequently having narrow-leaf-like bract.

C. coarcta Boott, l. c. described from Afghanistan, as the examining its type («Afghanistan, № 6079, Griffith» — K!) has shown, is taxonomically identical to *C. divisa*. In inflorescence of the type specimen of *C. coarcta* spikes are more numerous (20—25), than of that of typical *C. divisa* (10—15), however, such relatively multispicate plants rarely occur over the range of the latter and do not merit any taxonomic rank.

2 (276). **C. arenicola** Fr. Schmidt, 1868, Mém. Acad. Sci. Pétersb. sér. 7, **12**, 2 : 191 (Reisen im Amur-Lande...); В. Креч. 1935, во Фл. СССР, 3 : 156; Егор. 1966, Осоки СССР : 121. — *C. chaetorhiza* Franch. et Savat. 1877, 1878, Enum. Pl. Jap. 2 : 124 (ut *C. curaica*), 552. — *C. yedoensis* Boeck. 1884, Bot. Jahrb. 5 : 515. — *C. spongiosa* Ohwi, 1930, Mem. Coll. Sci. Kyoto Univ. ser. B, **5**, 3 : 284. — **О. песколюбивая**.

Описан с Южн. Сахалина; typus: «Ins. Sachalin, Truotoga, auf Sandboden kriechend, 2 VIII 1861, Glehn» (LE! cum isotypis 3).

На приморских песках. — **Дальн. Вост.**: Уссур., Сах. (юг), Курил. (юг). Общ. распр.: В. Азия (п-ов Корея, Япония). — 2n = ?

Subsect. 2. **Chordorrhizae** (Meinsh.) Egor. comb. nov. — Sect. *Chordorrhizae* Meinsh. 1901, Тр. Петерб. бот. сада, **18**, 3 : 281, 314, p. p. — Sect. *Olotrema* (Rafin.) V. Krecz. cycl. *Heleochorda* V. Krecz. 1935, во Фл. СССР, 3 : 193, sine descr. latin. — Sect. *Chordorrhizae* Hyl. 1966, Nord. Kärlväxtfl. 2 : 65, descr. superfl. — Соцветие головчатое, из 3—5 малоцветковых колосков. Мешочки неравно-двояковыпуклые, с цельным носиком. Растения с укороченным неползучим корневищем и длинными стелющимися вегетативными побегами, от которых отходят вертикальные вегетативные и репродуктивные побеги. — Typus: *C. chorrdorrhiza* Ehrh. Монотипная подсекция.

Inflorescence capitate, of 3—5 few-flowered spikes. Utricles unequally biconvex, with a entire beak. Plants with short not creeping rhizome and long procumbent vegetative shoots sprouting vertical vegetative and reproductive shoots. — Typus: *C. chorrdorrhiza* Ehrh. Monotypic subsection.

3 (277). **C. chordorrhiza** Ehrh. ex L.f. 1781, Suppl. : 414; Ehrh. 1787, Beitr. 1 : 186; В. Креч. 1935, во Фл. СССР, 3 : 194; Егор. 1966, Осоки СССР : 122; А. Е. Кожевников, 1988, в Сосуд. раст. сов. Дальн. Вост. 3 : 383; Малышев, 1990, во Фл. Сиб. 3 : 70. — *Vignea chordorrhiza* (Ehrh. ex L. f.) Reichenb. 1830, Fl. Germ. Excurs. : 56. — Exs.: H.F.R. № 493. — **О. плетевидная**, или **струннокоренная**.

Описан из Швеции («*Chordorrhiza* Ehrh. phytoph. № 77. Habitat in Suecia Ehrhart»); typus: «77. *Chordorrhiza*. *Carex Chordorrhiza* L. Upsaliae» (UPS, isotypus LE!).

На моховых, преимущественно сфагновых болотах. — **Европ. ч.**: Аркт. (материковая часть), Кар.-Мурм., Дв.-Печ., Прибалт., Лад.-Ильм., Верх.-Днепр., Верх.-Волж., Волж.-Кам., Карп., Сред.-Днепр. (сев.), Волж.-Дон. (сев.-зап.); **Кавк.**: Б. Кавк. (зап.: истоки р. Рошкоа и перевал Зеленчук-Маруха; вост.: Дагестан — Кулинский р-н); **Зап. Сиб.**: все районы (в Алт. на севере, очень редко); **Вост. Сиб.**: Аркт., Енис., Лен.-Кол., Анг.-Саян. (сев. и юг), Даур. (зап. и центр.); **Дальн. Вост.**: Аркт. (зап. Чукотка: район Чаунской губы; басс. Анадыря и Пенжины), Камч., Охот. (сев.), Удск., Зее-Бур. (очень редко), Уссур. (сев., очень редко); **Средн. Азия**: Арало-Касп. (Мугоджары). Общ. распр.: С., Атл. и Ц. Европа; В. Азия (п-ов Корея); С. Америка (сев.). — 2n = 60 (Löve, Löve, 1956), 70 (Жукова, Петровский, 1976). — Рис. 64, *12*.

Существует мнение (Manitz, 1976), согласно которому автором описаний многих новых видов, приведенных в цитированной выше работе Линнея-сына (Linnaeus f., l. c.), является Эрхарт (Ehrhart).

C. chordorrhiza из-за наличия стелющихся вегетативных побегов имеет большое внешнее сходство с представителем другой секции — *C. pseudocuraica*.

Для Уссурийского района вид приведен по данным А. Е. Кожевникова (l. c.). Имеются указания о произрастании этого растения в Джунгарском Алатау и Тарбагатае, но они не подтверждены гербарным материалом (см.: Егорова, 1976б).

Известна помесь между *C. chordorrhiza* и *C. canescens*, описанная как *C.* × *lidii* Flatb. (Flatberg, 1972).

The opinion exists (Manitz, 1976), according to which the author of descriptions of many new species cited in above-mentioned work by Linnaeus the son (Linnaeus f., l. c.), was Ehrhart.

C. chordorrhiza, because of presence of procumbent vegetative shoots, has a great similarity in habit with a representative of other section, *C. pseudocuraica*.

For Ussuri region, the species is cited according to data by Kozhevnikov (А. Е. Кожевников, l. c.). There are indications about occurrence of this plant in Dzhungarian Ala Tau and Tarbagatai, but they are not confirmed by herbarium material (see : Егорова, 1976б).

A crossbred between *C. chordorrhiza* and *C. canescens* is known, described as *C.* × *lidii* Flatb. (Flatberg, 1972).

Sectio 47. Boernera V. Krecz. ex Egor. 1965, Новости сист. высш. раст. : 70; V. Krecz. 1935, во Фл. СССР, 3 : 139, sine descr. latin. — *Rhaptocalymma* Börn. 1913, Abh. Naturw. Ver. Bremen, 21 : 272, p. p. — Sect. *Boernera* subsect. *Coriaceae* Egor. l. c. : 71. — Sect. *Boernera* V. Krecz. ex Y. L. Chang, 1976, in Fl. Chin. Bor.-Or. 11 : 207, 187, descr. superfl. — Колоски андрогинные или (у двудомного растения — *C. douglasii*) тычиночные или пестичные, в числе 3—12, в густом коротко-колосовидном или головчатом соцветии. Кроющие листья чешуевидные. Мешочки плоско-выпуклые, (2)2.5—4.5(5) мм дл., кожистые, внизу губчатые, легко отделяющиеся от оси колоска, с жилками или без них, с шероховатым, спереди клиновидно расщепленным, едва двузубчатым носиком. Растения с длинными тонкими ползучими корневищами; побеги в б. м. плотных пучках, реже одиночные. — Typus: *C. stenophylla* Wahlenb.

4 вида и подвида, в Европе, умеренном поясе Азии и Сев. Америке; вне рассматриваемой территории: *C. douglasii* Boott (Сев. Америка). — Лит.: Егорова, 1959a; Norlindh, 1960.

Spikes androgynous or (in dioecious plant, *C. douglasii*) male or female, 3—12, in dense short-spiciform or capitate inflorescence. Bracts glumaceous. Utricles plano-convex, (2)2.5—4.5(5) mm long, coriaceous, in lower part spongy, easily coming off from axis of spike, veined or veinless, with a scabrid, dorsally cuneate-cleft, scarcely bidentate beak. Plants with long thin creeping rhizomes; shoots in more or less dense fascicles, more rarely solitary. — Typus: *C. stenophylla* Wahlenb.

4 species and subspecies in Europe, temperate zone of Asia and North America; outside considered territory: *C. douglasii* Boott (North America). — Ref.: Егорова, 1959a; Norlindh, 1960.

1. Мешочки округло-яйцевидные, реже яйцевидные, 2.5—3(3.2) мм дл., б. ч. без жилок, резко суженные в носик. Соцветие 0.7—1.3 см дл., б. ч. округло-яйцевидное или яйцевидное, из 3—6(10) колосков. Растение 5—12(20) см выс.; побеги окружены при основании б. ч. серыми волокнистыми влагалищами листьев......................2. **C. duriuscula**.
\+ Мешочки яйцевидные, реже широкояйцевидные, (3)4—4.5(5) мм дл., с жилками, постепенно суженные в носик. Соцветие 1.5—2.5 см дл., яйцевидное или продолговато-яйцевидное, из (5)8—12 колосков. Растение 10—40 см выс.; побеги окружены при основании коричневыми, б. ч. цельными или слабо волокнистыми влагалищами листьев.......................1. **C. stenophylla**.....2.
2. Кроющие чешуи коричневые, с узкими белоперепончатыми краями. Корни серые..............................1a. **C. stenophylla** subsp. **stenophylla**.
\+ Кроющие чешуи коричневые или бледно-коричневые, с широкими белоперепончатыми краями. Корни обычно светло-кирпичного цвета........1b. **C. stenophylla** subsp. **stenophylloides**.

1. Utricles orbicular-ovate, more rarely ovate, 2.5—3(3.2) mm long, generally veinless, abruptly narrowed into a beak. Inflorescence 0.7—1.3 cm long, generally orbicular-ovoid or ovoid, of 3—6(10) spikes. Plants 5—12(20) cm high; stems are surrounded at base by generally grey fibrous leaf sheaths..........2. **C. duriuscula**.
\+ Utricles ovate, more rarely broad-ovate, (3)4—4.5(5) mm long, veined, gradually narrowed into a beak. Inflorescence 1.5—2.5 cm long, ovoid or oblong-ovoid, of (5)8—12 spikes. Plants 10—40 cm high; stems are surrounded at base by brown, generally entire or slightly fibrous leaf sheaths..........1. **C. stenophylla**.....2.
2. Female glumes brown, with narrow white-scarious margins. Roots grey..........1a. **C. stenophylla** subsp. **stenophylla**.
\+ Female glumes brown or pale brown, with broad white-scarious margins. Roots usually of light brick colouring..........1b. **C. stenophylla** subsp. **stenophylloides**.

1 (278). **C. stenophylla** Wahlenb. 1803, Kungl. Sv. Vet.-Akad. Handl. ser. nov. 24 : 142; Kük. 1909, in Engl. Pflanzenr. 38 : 120, p. p.; Егор. 1959, Бот. мат. (Ленинград), 19 : 50; ead. 1966, Осоки СССР : 125; Norlindh, 1960, Bot. Not. (Lund), **113**, 1 : 19. — *C. glomerata* Host, 1801, Gram. Austr. 1 : 34, non Gilib. 1792 nom. invalid., nec Thunb. 1794. — *C. hostii* Schkuhr, 1806, Nachtr. Riedgr. : 7. — *C. uralensis* C. B. Clarke, 1908, Kew Bull. Add. ser. 8 : 76; В. Креч. 1935, во Фл. СССР, 3 : 141. — *Vignea stenophylla* (Wahlenb.) Reichenb. 1830, Fl. Germ. Excurs. : 56. — *C. juncifolia* auct. non All. : Host, 1797, Syn. Pl. Austr. : 503; Schkuhr, 1801, Beschr. Abbild. Riedgr. : 26, tab. G et Ii, fig. 32. — Exs.: H.F. URSS № 6969. — **О. узколистная**.

Описан из Австрии; lectotypus: Schkuhr, l. c., 1801, tab. G, fig. 32 — Егорова (h. l.).

a) subsp. **stenophylla**.

В степях, на степных склонах, суходольных лугах, приречных песках, опушках, в разреженных сухих лесах, на песчаных, часто солонцеватых субстратах; преимущественно на равнине. — **Европ. ч.**: Лад.-Ильм. (С.-Петербург, окраина парка «Сосновка», заносное), Карп. (сев.: Львовская обл., Золочевский р-н, с. Хмелевое), Сред.-Днепр. (юг), Волж.-Дон. (юг), Заволж. (юг), Молд. (юг), Причерн., Ниж.-Дон., Ниж.-Волж. (р. Ахтуба — с. Средн. Ахтуба), Крым.; **Кавк.**: Предкавк.; **Зап. Сиб.**: Верх.-Тоб. (юг), Ирт.; **Средн. Азия**: Арало-Касп. (сев.), Прибалх. (сев.: пос. Береке по дороге к г. Балхашу). Общ. распр.: Ц. Европа. — 2n = 60 (Dietrich, 1972), 62 (Tanaka, 1948). — Рис. 65, *6*.

В качестве лектотипа *C. stenophylla* здесь выбран один из рисунков *C. juncifolia* sensu Schkuhr, 1801, l. c. (= *C. stenophylla*), на которые дана ссылка в протологе. Гербарный образец, обозначенный как лектотип Норлиндом (Norlindh, l. c. : 5, 18) («*Carex juncifolia* All. pedem. Loc. frequens in pratis aridis des Brigithenau viennae, Hedwig, 1798» — HAL, photo: Norlindh, l. c. : 5, fig. 1), и соответствующий этому рисунку, не может считаться лектотипом согласно статьям 9.7 и 9.9 «Международного кодекса ботанической номенклатуры» (International code... 1994).

Идентичной *C. stenophylla* является описанная с низовьев р. Урал (оз. Индер) *C. uralensis* C. B. Clarke, l. c. (Егорова, l. c.; Norlindh, l. c.) (typus: K, photo: Norlindh, l. c. : 12, fig. 3).

Для Карпатского района растение приведено на основании виденных мной сборов А. А. Кагало (1993).

As the lectotype of *C. stenophylla* one of the drawings of *C. juncifolia* sensu Schkuhr, 1801, l. c. (= *C. stenophylla*), having been referred in the protologue, is chosen here. The herbarium specimen designated as the lectotype by Norlindh (l. c. : 5, 18) («*Carex juncifolia* All. pedem. Loc. frequens in pratis aridis des Brigithenau viennae, Hedwig, 1798» — HAL, photo: Norlindh, l. c. : 5, fig. 1), and correspnding to this drawing is not the lectotype under Art. 9.7 and 9.9 of International code... (1994).

Identical to *C. stenophylla*, is *C. uralensis* C. B. Clarke, l. c. described from Lower Ural (lake Inder) (Егорова, l. c.; Norlindh, l. c.) (typus: K, photo: Norlindh, l. c. : 12, fig. 3).

For Carpathian region, the species is cited basing on collections by Kagalo (1992) seen by me.

b) subsp. **stenophylloides** (V. Krecz.) Egor. 1972, в Тахт. и Ан. Фед. Фл. Ерев., изд. 2 : 339; O. Nilsson, 1985, in Fl. Turk. 9 : 104; Малышев, 1990, во Фл. Сиб. 3 : 67. — *C. stenophylloides* V. Krecz. 1932, во Фл. Туркм. **1**, 2 : 230; id. 1935, во Фл. СССР, 3 : 141, 592; Егор. 1966, Осоки СССР : 128; ead. 1967, в Раст. Центр. Азии, 3 : 56; ead. 1976, в Опред. раст. Средн. Азии, 5 : 93; Y. L. Chang et Y. L. Yang, 1976, Fl. Chin. Bor.-Or. 11 : 189. — *C. dimorphotheca* Stschegl. 1854, Bull. Soc. Nat. Moscou, 27 : 206. — *C. stenophylla* var. *rigescens* Franch. 1884, Pl. David. 1 : 318. — *C. stenophylla* var. *pellucida* Litv. 1910, Тр. Бот. муз. Акад. наук, 7 : 84. — *C. stenophylla* var. *interrupta* Litv. l. c. : 85. — *C. duriusculiformis* V. Krecz. 1935, l. c. : 591, 142. — *C. rigescens* (Franch.) V. Krecz. 1935, l. c. : 142; Егор. 1959, Бот. мат. (Ленинград), 19 : 55; Y. L. Chang et Y. L. Yang, 1976, l. c. : 187. — *C. discessa* V. Krecz. ex Grub. 1955, Бот. мат. (Ленинград), 17 : 7. — *C. stenophylla* subsp. *stenophylloides* (V. Krecz.) R. Kam. 1979, в Комаров. чтениях (Ленинград), 31 : 116, comb. invalid. et superfl. — *C. duriuscula* subsp. *rigescens* (Franch.) S. Y. Liang et Y. C. Tang, 1990, Acta Phytotax. Sin. **28**, 2 : 153. — *C. duriuscula* subsp. *stenophylloides* (V. Krecz.)

S. Y. Liang et Y. C. Tang, l. c. : 153. — *C. stenophylla* auct. non Wahlenb. s. str.: Kük. 1909, in Engl. Pflanzenr. 38 : 120, p. p. — *C. pachystylis* auct. non J. Gay: Гроссг. 1940, Фл. Кавк., изд. 2, 2 : 40, p. p., quoad pl. talysch.; Карягин, 1952, во Фл. Азерб. 2 : 64. — **О. ложноузколистная**.

Описан из Средн. Азии, Афганистана и Ирана; lectotypus: сев.-зап. отроги Джунгарского Алатау, «окр. г. Копала, 22 VI 1909, В. И. Липский» (LE!) — Кречетович (1935, l. c.).

В полупустынях, горных степях, на мелкоземистых и каменистых склонах, в западинах, по долинам рек и пересохшим речным руслам на аллювиальных отложениях (лёссах), иногда в тугаях, у арыков, обычно на солонцеватых, иногда сильно засоленных почвах; от подгорных равнин до высокогорий. — **Кавк.**: Б. Кавк. (центр.: верховья Терека), Зап. (Имеретия), Центр. (Карталиния), Вост. и Южн. Закавк., Тал. (между пос. Гельядара и Карабах-юрды); **Зап. Сиб.**: Ирт. (вост.), Алт.; **Вост. Сиб.**: Анг.-Саян. (юг); **Средн. Азия**: Арало-Касп. (юго-вост.), Прибалх. (юг), Дж.-Тарб., Горн.-Туркм. (Копетдаг; Бадхыз: Тахта-Базар), Амудар., Сырдар., Тянь-Шан., Пам.-Ал. Общ. распр.: З., Ц., В. (Китай) и Ю. (Пакистан; Индия: сев.-зап. Гималаи, Кашмир) Азия. — 2n = 62 (Соколовская, Стрелкова, 1939, ut *C. duriusculiformis* V. Krecz.).

При первоописании *C. stenophylloides* В. И. Кречетович обозначил ареал вида, но не процитировал гербарных образцов. Тип (фактически лектотип) он указал позднее, во «Флоре СССР».

Subsp. *stenophylloides*, широко распространенный в Закавказье и Средней Азии, слабо морфологически обособлен от типового подвида. Различия между ними незначительны и не выдержаны (Егорова, 1959а, 1966, l. c.). Если рассматривать растения subsp. *stenophylloides* в качестве вида, то их следует обозначать *C. dimorphotheca* Stschegl., l. c. (typus: вост. Прибалхашье, «In herbosis Soongoriae prope Ajagus, 1842 [Karelin]» — LE!). Под этим названием были описаны образцы данного подвида с ненормально развитыми (вследствие поражения насекомыми) мешочками (сильно удлиненными, цилиндрическими). Согласно Международным кодексам ботанической номенклатуры (статья 67), принятым до 1975 г., видовое название, основанное на уродливых образцах, считалось незаконным. Однако на XII Международном ботаническом конгрессе, состоявшемся в 1975 г. в Ленинграде, статья относительно уродливостей была изъята.

Вопросы, касающиеся синонимизации с *C. stenophylloides* ряда видов — *C. duriusculiformis* V. Krecz., l. c. (lectotypus: южн. Кыргызстан, Ошская обл., «Алайская долина, ровная покатость из р. Кизылсу, лев. берег р. Бир-Джар, 29 VI 1913, № 1464, Н. А. Десятов» — LE! — Егорова, h. l.), *C. discessa* V. Krecz. ex Grub., l. c. (typus: Монголия, «Гобийский Алтай, ур. Баин-Тухум, солончаки, 4 VIII 1931, № 3859, Н. Иконников-Галицкий» — LE!) и *C. rigescens* (Franch.) V. Krecz., l. c. (typus: Сев.-Вост. Китай, «China, Gehol, № 1786, A. David» — P, isotypus LE!), были рассмотрены мной ранее (Егорова, 1959а, 1966б, 1967).

Для Зап. и Вост. Сибири subsp. *stenophylloides* приводится по данным Л. И. Малышева (l. c.).

In the original description of *C. stenophylloides* Kreczetowicz pointed out the species range, but did not cite any herbarium specimens. The type (in fact, the lectotype) was indicated by him later, in «Flora URSS».

Subsp. *stenophylloides*, widespread in Transcaucasia and Middle Asia, is slightly morhologically separated from the type subspecies. The distinctions between them are insignificant and not constant (Егорова, 1959а, 1966, l. c.). If plants of subsp. *stenophylloides* are consideder as a species, they should be designated as *C. dimorphotheca* Stschegl., l. c. (typus: eastern Lake Balkhash region, «In herbosis Soongoriae prope Ajagus, 1842 [Karelin]» — LE!). Under this name the specimens of the subspecies were described with abnormally developed (owing to damage by insects) utricles (strongly elongate, cylindrical). According to International Codes of botanical nomenclature (article 67) adopted till 1975, a species name based on teratic specimens was considered as illegitimate one. However, by XII International Botanical Congress having taken place in 1975 in Leningrad, the article concerning teratisms was deleted.

The questions concerning synonymization a number of species with *C. stenophylloides*, namely *C. duriusculiformis* V. Krecz., l. c. (lectotypus: southern Kyrgyzstan, Osh region, «Алайская долина, ровная покатость из р. Кизылсу, лев. берег р. Бир-Джар, 29 VI 1913, № 1464, Н. А. Десятов» — LE! — Егорова, h. l.), *C. discessa* V. Krecz. ex Grub., l. c. (typus: Mongolia, «Гобийский Алтай, ур. Баин-Тухум, солончаки, 4 VIII 1931, № 3859, Н. Иконников-Галицкий» — LE!) and *C. rigescens* (Franch.) V. Krecz., l. c. (typus: North-Eastern China, «China, Gehol, № 1786, A. David» — P, isotypus LE!) were considered by me before (Егорова, 1959а, 1966б, 1967).

For Western and Eastern Siberia subsp. *stenophylloides* is cited according to data by Malyshev (Малышев, l. c.).

2 (279). **C. duriuscula** C. A. Mey. 1831, Mém. Sav. Étr. Pétersb. 1 : 214, tab. 8; В. Креч. 1935, во Фл. СССР, 3 : 140; Егор. 1959, Бот. мат. (Ленинград), 19 : 56; ead. 1966, Осоки СССР : 126; А. Е. Кожевников, 1988, в Сосуд. раст. сов. Дальн. Вост. 3 : 383; Малышев, 1990, во Фл. Сиб. 3 : 66. — *C. stenophylla* var. *duriuscula* (C. A. Mey.) Trautv. 1887, Тр. Петерб. бот. сада, **10**, 2 : 537. — *C. eleocharis* L. H. Bailey, 1889, Mem. Torrey Bot. Club, 1 : 6. — *C. stenophylla* var. *humilis* Meinsh. 1901, Тр. Петерб. бот. сада, **18**, 3 : 316. — *C. burjatorum* Korotkij, 1914, Feddes Repert. 13 : 293; В. Креч. 1935, l. c. : 461. — *C. stenophylla* subsp. *eleocharis* (L. H. Bailey) Hult. 1942, Lunds Univ. Arsskr. N. F. Avd. 2, **38**, 1 : 314 (Fl. Al. 2). — *C. sochachii* Ohwi, 1942, Acta Phytotax. Geobot. (Kyoto), **11**, 4 : 254. — *Vignea duriuscula* (C. A. Mey.) Soják, 1979, Čas. Nár. Muz. Praze, řada přír., **148**, 3—4 : 195. — Exs.: H.F. URSS № 4216,b. — **О. твердоватая**.

Описан из Вост. Сибири; typus: «Kamtschatka» (LE! cum isotypis).

В степях, на степных и каменистых склонах, сухих лугах, в сухих разреженных лесах, на опушках, реже приречных песках и галечниках, обычно на песчаных, часто солонцеватых местах; на равнине, в нижнем и среднем поясах гор. — **Зап. Сиб.**: Обск. (крайний юго-восток), Верх.-Тоб. (сев.: Курганский р-н), Ирт. (сев. и вост.), Алт.; **Вост. Сиб.**: Лен.-Кол. (басс. верхнего течения Яны и Индигирки, центр. Якутия и Становое нагорье), Анг.-Саян., Даур.; **Дальн. Вост.**: Аркт. (зап. Чукотка и о-в Врангеля), Удск., Зее-Бур., Уссур. Общ. распр.: Ц. (Монголия) и В. (Сев. и Сев.-Вост. Китай, север п-ова Корея) Азия; С. Америка (Канада: от южн. Юкона до Манитобы; США: юго-вост. Аляска и зап. и центр. штаты). — 2n = 50 (Жукова, Петровский, 1977), 60 (Петровский, Жукова, 1981). — Рис. 65, *9*.

Согласно протологу, *C. duriuscula* описана с п-ова Камчатка («Habitat in Kamtschatka»), и, вероятно, как и некоторые другие виды К. А. Мейера (*C. pallida*, *C. redowskiana*), по сборам И. Редовского (заметим, что фамилия коллектора не обозначена ни при оригинальном описании вида, ни на гербарных образцах). Однако на Камчатке *C. duriuscula* не встречается. Кроме того, Редовский там не был, гербарные сборы он производил на пути из Иркутска в Охотск (Бородин, 1908).

C. burjatorum Korotkij, l. c. (typus: «Transbaicalia. Regio lacorum Erawinenses, prope pagum et lacum Icinga, in declivo stepposo collis cum templo burjatorum, 15 VI 1912, Korotkij» — утрачен) приведена В. И. Кречетовичем (l. c.) в списке видов неясного положения. Описание *C. burjatorum* и содержащиеся в протологе сведения об экологии этого вида почти не оставляют сомнений в его идентичности *C. duriuscula*. В синонимы к последней *C. burjatorum* была впервые отнесена Л. И. Малышевым (цит. соч.).

Тождественными *C. duriuscula* видами являются *C. eleocharis* L. H. Bailey, l. c. и *C. sochachii* Ohwi, l. c., описанные соответственно из Сев. Америки (Канада: Саскачеван) и Сев. Китая.

C. duriuscula отмечена в 3 пунктах Нов. Гвинеи (Kern, Nooteboom, 1979b) на высоте 2400—3225 м над ур.м.

According to the protologue, *C. duriuscula* is described from Kamchatka («Habitat in Kamtschatka»), and probably, like some other species by C. A. Meyer (*C. pallida*, *C. redowskiana*), from collections by I. Redowsky (to note, the name of collector is noted neither in the original description of the species, nor in herbarium specimens). However, *C. duriuscula* does not occur in kamchatka. In addition, Redowsky had not been there, making herbarium collections on the way from Irkutsk to Okhotsk (Бородин, 1908).

C. burjatorum Korotkij, l. c. (typus: «Transbaicalia. Regio lacorum Erawinenses, prope pagum et lacum Icinga, in declivo stepposo collis cum templo burjatorum, 15 VI 1912, Korotkij» — lost) is cited by Kreczetowicz (Кречетович, l. c.) in the list of species with obscure position. After examining the description of *C. burjatorum* and data on ecology of this species, containing in the protologue, almost no doubt remains in its identity to *C. duriuscula*. *C. burjatorum* was for the first time but into a synonymy of the latter by Malyshev (Малышев, l. c.).

Identical to *C. duriuscula are C. eleocharis* L. H. Bailey, l. c. and *C. sochachii* Ohwi, l. c. described correspondently from North America (Canada: Saskatchewan) and Northern China.

C. duriuscula is noted from 3 locations in New Guinea (Kern, Nooteboom, 1979b) at altitude of 2400—3225 m above sea-level.

Sectio 48. Physodeae Meinsh. 1901, Тр. Петерб. бот. сада, **18**, 3 : 280, 312. — Sect. *Physodeae* Christ, 1885, Bull. Soc. Bot. Belg. **24**, 2 : 19, nom. nud. — Sect. *Physodeae* Christ ex Kük. 1909, in Engl. Pflanzenr. 38 : 118. — Sect. *Olotrema* (Rafin.) V. Krecz. 1935, во Фл. СССР, 3 : 187, p. p. — Sect. *Boernera* V. Krecz. ex Egor. subsect. *Physodeae* (Christ ex Kük.) Egor. 1959, Бот. мат. (Ленинград), 19 : 59. — Колоски андрогинные, в числе 3—7, в густом колосовидном или головчатом соцветии. Кроющие листья чешуевидные. Мешочки плоско-выпуклые или неравно-двояковыпуклые, 4—5 мм дл., или сильно пузыревидно вздутые, до 2 см дл., перепончатые, внизу не губчатые, с трудом отделяющиеся от оси колоска, с жилками или без них, с гладким, иногда рассеянно-шероховатым мягко-двузубчатым или только спереди клиновидно расщепленным носиком. Растения с длинными тонкими ползучими корневищами; побеги в б. м. плотных пучках, реже одиночные. — Typus: *C. physodes* Bieb.

3 вида, в Европе (между низовьями Волги и Урала) и аридных и субаридных районах Азии.

Spikes androgynous, 3—7, in dense spiciform or capitate inflorescence. Bracts glumaceous. Utricles plano-convex or unequally biconvex, 4—5 mm long or strongly bulliform-inflated, up to 2 cm long, membranous, in lower part not spongy, hardly coming off from axis of spike, veined or veinless, with smooth, sometimes sparsely scabrid soft and bidentate or only dorsally cuneate-cleft beak. Plants with long thin creeping rhizomes; stems in more or less close fascicles, more rarely solitary. — Typus: *C. physodes* Bieb.

3 species, in Europe (between Lower Volga and Lower Ural Rivers) and arid and subarid areas of Asia.

1. Зрелые мешочки сильно пузыревидно вздутые, эллиптические или шаровидные, 1—2 см дл., с многочисленными тонкими жилками и гладким носиком. Кроющие чешуи продолговато-яйцевидные или ланцетовидные, б. ч. светло-ржавые. Побеги окружены при основании длинными, рыхло расположенными, светло-коричневыми или светло-ржавыми, реже бурыми, вверху слабо волокнистыми влагалищами листьев....................2.

\+ Зрелые мешочки не вздутые, плоско-выпуклые или неравно-двояковыпуклые, б. ч. яйцевидные, (3.8)4.5–5.5 мм дл., без жилок или с немногими неясными жилками у основания, с гладким или рассеянно-шероховатым носиком. Побеги окружены при основании короткими, плотно расположенными, черно-бурыми или каштановыми волокнистыми влагалищами листьев..3. **C. pachystylis**.

2\. Зрелые мешочки 1.5–2 см дл., желтовато-ржавые, желтовато-оранжевые или коричневато-красноватые. Влагалища листьев, окружающие основания побегов, светло-коричневые или светло-ржавые...... ....1. **C. physodes**.

\+ Зрелые мешочки 0.8–1 см дл., б. ч. каштановые. Влагалища листьев, окружающие основания побегов, обычно бурые......2. **C. subphysodes**.

1\. Mature utricles strongly bulliform-inflated, elliptical or globose, 1–2 cm long, with numerous thin veins and smooth beak. Female glumes oblong-ovate or lanceolate, generally light ferruginous. Stems are loosely surrounded at base by long light brown or light ferruginous, more rarely brown, slightly fibrous in upper part leaf sheaths............ 2.

\+ Mature utricles not inflated, plano-convex or unequally biconvex, generally ovate, (3.8)4.5–5.5 mm long, veinless or with few obscure veins at base, with smooth or sparsely scabrid beak. Stems are closely surrounded at base by short black-brown or chestnut fibrous leaf sheaths...3. **C. pachystylis**.

2\. Mature utricles 1.5–2 cm long, yellowish-ferruginous, yellowish-orange or brownish-reddish. Leaf sheaths enveloping stem bases light brown or light ferruginous.................... ....1. **C. physodes**.

\+ Mature utricles 0.8–1 cm long, generally chestnut. Leaf sheaths enveloping stem bases usually brown...2. **C. subphysodes**.

1 (280). **C. physodes** Bieb. 1809, Mém. Soc. Nat. Moscou, 2 : 104, tab. 7; Литв. 1929, во Фл. юго-вост. Европ.ч. СССР, 3 : 287; В. Креч. 1935, во Фл. СССР, 3 : 194; Егор. 1966, Осоки СССР : 130; ead. 1976, в Опред. раст. Средн. Азии, 5 : 94; ead. 1991, Бот. журн. **76**, 12 : 1745. – Exs.: H.F.R. №№ 1442–1444. – **О. вздутая**.

Описан с территории между Волгой и Уралом («...recolteé dans les vastes steppes, situéss entre le Wolga et l'Oural»); lectotypus: «*Carex physodes* M. Ad Wolgam lectam. Com. Pallas a. 1795» (LE!) – Егорова, 1991, l. c.

В песчаных пустынях на закрепленных и подвижных, барханных и бугристых песках, в саксауловых лесах, на песчаных холмах и склонах; на равнине, изредка в низких предгорьях. – **Европ. ч.**: Ниж.-Волж. (юг: Казахстан, Рын-Пески); **Кавк.**: Предкавк. (вост.: р. Кума); **Средн. Азия**: Арало-Касп., Прибалх., Каракум., Кызылкум., Горн.-Туркм. (Б. Балханы; зап. Копетдаг; Бадхыз: окр. пос. Тахта-Базар), Амудар., Сырдар., Тянь-Шан. (Зап. Тянь-Шань: южн. склон Кураминского хр. – Самгар-Уяс, Моголтау), Пам.-Ал. (низкогорья южн. Таджикистана). Общ. распр.: З. (сев.-вост. и юго-вост. Иран, Афганистан) и Ц. (Китай: Джунгария) Азия. – 2n = ? – Рис. 67, 4.

Характерное растение песчаных пустынь Средней Азии. Имеет очень оригинальный облик благодаря сильно пузыревидно вздутым в зрелом состоянии, крупным (до 2 см дл.), б. ч. красновато-ржавым мешочкам (вначале они плоско-выпуклые, 5–6 мм дл.).

Для Кавказа *C. physodes* приведена по гербарному экземпляру, собранному в прошлом веке на р. Куме П. С. Палласом («Pall. ad fluv. Kumam» – LE!). Для этого пункта *C. physodes* была отмечена и Д. И. Литвиновым (l. c.) на ос-

Рис. 67.

1 — *Carex parallela* (Laest.) Sommerf. subsp. *redowskiana* (C. A. Mey.) Egor., мешочек; *2* — *C. parallela* subsp. *parallela*, мешочек; *3* — *C. davalliana* Smith, мешочек; *4* — *C. physodes* Bieb., общий вид растения, *4a* — мешочек; *5* — *C. enervis* C. A. Mey. subsp. *enervis*, мешочек; *6* — *C. sajanensis* V. Krecz., мешочек; *7* — *C. pseudofoetida* Kük., мешочек; *8* — *C. reptabunda* (Trautv.) V. Krecz., мешочек; *9* — *C. pachystylis* J. Gay, общий вид растения, *9a* — мешочек; *10* — *C. bucharica* Kük., соцветие, *10a* — мешочек; *11* — *C. phyllostachys* C. A. Mey., соцветие, *11a* — мешочек, *11б* — вскрытый мешочек (видны плод и осевой придаток), *11в* — вскрытый мешочек (видны плод и осевой придаток с рудиментарными тычиночными цветками), *11г* — осевой придаток.

Fig. 67.

1 — *Carex parallela* (Laest.) Sommerf. subsp. *redowskiana* (C. A. Mey.) Egor., utricle; *2* — *C. parallela* subsp. *parallela*, utricle; *3* — *C. davalliana* Smith, utricle; *4* — *C. physodes* Bieb., the whole plant, *4a* — utricle; *5* — *C. enervis* C. A. Mey. subsp. *enervis*, utricle; *6* — *C. sajanensis* V. Krecz., utricle; *7* — *C. pseudofoetida* Kük., utricle; *8* — *C. reptabunda* (Trautv.) V. Krecz., utricle; *9* — *C. pachystylis* J. Gay, the whole plant, *9a* — utricle; *10* — *C. bucharica* Kük., inflorescence, *10a* — utricle; *11* — *C. phyllostachys* C. A. Mey., inflorescence, *11a* — utricle, *11б* — dissected utricle (fruit and rachilla are visible), *11в* — dissected utricle (fruit and rachilla with rudimentary male flowers are visible), *11г* — rachilla.

новании, как он указал, образца из гербария Ф. Х. Стефана. По всей вероятности, этим образцом является растение Палласа. Заметим, что место его сбора может находиться и на левом берегу р. Кумы (т. е. на территории европейской России).

A typical plant of sandy deserts of Middle Asia. It has a very original appearance owing to its strongly bulliform-inflated at maturity large (up to 2 cm long) usually reddish-ferruginous utricles (in the beginning, they are plano-convex, 5—6 mm long).

For the Caucasus, *C. physodes* is cited basing on the herbarium specimen collected in the last century at the river Kuma by P. S. Pallas («Pall. ad fluv. Kumam» — LE!). For this location, *C. physodes* was cited also by Litwinow (Литвинов. l. c.) basing on, according to his note, the specimen from the herbarium of F. Stephan Most probably, this specimen is the Pallas's plant. To note, that its collecting place can be located at the left bank of the river Kuma (i. e., in the territory of European Russia).

2 (281). **C. subphysodes** M. Pop. ex V. Krecz. 1935, Тр. Среднеаз. гос. унив. сер. 8b, 20 : 23; id. 1941, во Фл. Узбек. 1 : 358; Нечаева, 1961, Изв. АН ТуркмССР, сер. биол. 3 : 9—11, рис. 1в; В. Креч., Овч. и Чук. 1963, во Фл. ТаджССР, 2 : 98; Егор. 1966, Осоки СССР : 131; ead. 1976, в Опред. раст. Средн. Азии, 5 : 95. — *C. physodes* subsp. *subphysodes* (M. Pop. ex V. Krecz.) Kukkonen, 1984, Ann. Bot. Fenn. **21**, 4 : 383. — **О. почтивздутая**.

Описан из Средн. Азии; lectotypus: Таджикистан, «Бухара, Кабадиан, холмы с песчаной почвой, 9 V 1897, № 5415, S. Korshinsky» (LE!) — Егорова (h. l.).

На заросших, реже барханных песках, супесчаных, песчано-щебнистых субстратах, опесчаненных такырах, в саксауловых лесах; на равнине и в предгорьях. — **Средн. Азия**: Прибалх. (долины рр. Чу, Аксу и Или), Каракум., Кызылкум., Горн.-Туркм. (Копетдаг: подгорная равнина; Бадхыз: окр. кордона Кепеля), Сырдар. (р. Сырдарья в среднем течении), Тянь-Шан. (р. Талас в окр. Джамбула), Пам.-Ал. (долина р. Зеравшан и низкогорья южн. Таджикистана). Общ. распр.: З. Азия (? Иран, Афганистан). — 2n = ?

При описании *C. subphysodes* В. И. Кречетовичем не были указаны ни тип, ни синтипы, ни ареал. Гербарные образцы вида не процитированы и в последующих его работах. В качестве лектотипа мной выбран автентичный образец, собранный в пределах территории (Средняя Азия), обозначенной в названии работы, в которой дан оригинальный диагноз *C. subphysodes*.

C. subphysodes отличается от *C. physodes* менее вздутыми мешочками и более темными влагалищами листьев, окружающими основания побегов (см. ключ). Таксономические отношения между этими растениями детально рассмотрены мной в предыдущих работах (Егорова, 1966, l. c., 1976, l. c.). Возможно, *C. subphysodes* представляет собой экологическую форму *C. physodes*, растущую на более плотных, чем последний вид, субстратах и, вероятно, вследствие этого имеющую недостаточно сильно вздутые мешочки. Вопрос о систематическом положении *C. subphysodes* может быть решен только на экспериментальной основе — путем пересадки ее особей в места, где обитает типичная *C. physodes*.

When descripting *C. subphysodes*, Kreczetowicz had pointed out neither the type, nor syntypes, nor the range. The herbarium specimens of the species were not cited in his later works either. As the lectotype, I have chosen an authentic specimen collected within the territory (Middle Asia) designated in the title of the work, where the original diagnosis of *C. subphysodes* is given.

C. subphysodes differs from *C. physodes* in having less inflated utricles and darker leaf sheaths enveloping stem bases (see the key). Taxonomic relations between these plants are considered in detail in my previous works (Егорова, 1966, l. c., 1976, l. c.). It is possible, *C. subphysodes* is an ecological form of *C. physodes*, growing on more dense, comparing with the latter species, soils and, probably on account of that, having not fully inflated utricles. The question concerning systematic position of C. *subphysodes* can be solved only on an experimental base, by transplanting its specimens into locations, where the typical C. *physodes* occurs.

3 (282). **C. pachystylis** J. Gay, 1838, Ann. Sci. Nat. Paris, sér. 2, 10 : 301, incl. var. β. *belangeriana*; В. Креч. 1935, во Фл. СССР, 3 : 197; Егор. 1966, Осоки СССР : 133; ead. 1976, в Опред. раст. Средн. Азии, 5 : 93; Ö. Nilsson, 1985, in Fl. Turk. 9 : 103. — C. *stenophylla* var. *planifolia* Boiss. 1882, Fl. Or. 5 : 400. — C. *stenophylla* var. *desertorum* Litv. 1899, Allg. Bot. Zeitschr. **5**, 1 : 56; Kük. 1909, in Engl. Pflanzenr. 38 : 122. — C. *desertorum* (Litv.) Litv. 1902, Тр. Бот. муз. Акад. наук, 1 : 19. — C. *stenophylla* var. *pachystylis* (J. Gay) Aschers. et Graebn. 1902, Syn. Mitteleurop. Fl. **2**, 2 : 25. — C. *stenophylla* f. *pachystylis* (J. Gay) Kük. 1909, l. c. : 121. — *Vignea pachystylis* (J. Gay) Soják, 1979, Čas. Nár. Muz. Praze, řada přir. **148**, 3—4 : 196. — C. *stenophylla* auct. non Wahlenb.: Ostenf. 1907, Bot. Tidsskr. **28**, 21 : 224, p. p. — Exs.: H.F.R. № 1441 (ut C. *desertorum*). — **О. толстостолбиковая**.

Описан из Зап. Азии («Habitat in Asia occidentali, inter Halepum et Mosul (Olivier et Bruguière in herb. Mus. Paris) et in Persia (Belangér in herb. Deless.)»); syntypi: P! G; lectotypus: Сирия, «Syrie. d'alepo a mossul. Olivier et Bruguière» (P!, photo LE!) — Егорова (h. l.).

В лёссовых полусаваннах, на заросших песках, сухих мелкоземистых склонах, лёссовых холмах, в арчовниках, на залежах; от подгорных равнин и предгорий (где распространена очень широко и образует самостоятельные ассоциации) до среднего и верхнего поясов гор. — **Кавк.**: Южн. Закавк. (Армения; Нахичеванская республика), Тал. (Лерикский р-н, окр. с. Калахан); **Средн. Азия**: Прибалх. (к югу от оз. Балхаш), Дж.-Тарб. (Джунгарский Алатау: перевал в долину р. Коры), Кызылкум., Горн.-Туркм., Сырдар., Тянь-Шан., Пам.-Ал. (кроме Вост. Памира). Общ. распр.: З. (от вост. Турции, Сирии и Ливана до Афганистана) и Ю. (сев. Пакистан) Азия; С. Африка (Египет). — 2n = ? — Рис. 67, *9*.

Широко распространенное в Средней Азии растение, характерное для лёссовых низкотравных полусаванн (Камелин, 1973 : 73). Размножение (и расселение) вида происходит, по-видимому, исключительно вегетативным путем (Ломакина, 1972).

В Талыше (Кавказ) C. *pachystylis* известна только по сборам А. К. Сытина 1985 г. Гербарный образец («Distr. Zuvant, inter p. Geljadara et custodium Karabach-jurdy, A. Grossheim, C. Gurvicz» — BAK!), на основании которого C. *pachystylis* приведена для Талыша А. А. Гроссгеймом (1940, 1949) и И. И. Карягиным (1952), принадлежит к C. *stenophylla* subsp. *stenophylloides*.

C. *pachystylis* приведена В. И. Кречетовичем для Китая (Кульджа), но гербарным материалом это указание не подтверждено. Вид не отмечен для Китая и китайскими ботаниками (Liang Song-yun, Tang Yan-cheng, 1990).

A plant widespread in Middle Asia, typical for loess low-grass semisavanna (Камелин, 1973 : 73). The reproduction (as well as dispersal) of the species obviously takes place exclusively by vegetative way (Ломакина, 1972).

In Talysh (Caucasus), C. *pachystylis* is known only from collections by A. K. Sytin in 1985. The herbarium specimen («Distr. Zuvant, inter p. Geljadara et custodium Karabach-jurdy, A. Grossheim, C. Gurvicz» — BAK!) having been the base for citing C. *pachystylis* for Talysh by Grossheim (Гроссгейм, 1940, 1949) and Karyagin (Карягин, 1952), belongs to C. *stenophylla* subsp. *stenophylloides*.

C. *pachystylis* is cited by Kreczetowicz for China (Kuldzha), but this indication is not confirmed by herbarium materials. The species is not noted in China by Chinese botanists (Liang Song-yun, Tang Yan-cheng, 1990) as well.

34 Заказ № 132

Sectio 49. Foetidae (Tuckerm. ex L. H. Bailey) Kük. 1909, in Engl. Pflanzenr. 38 : 114, p. p.: Егор. 1965, Новости сист. высш. раст. : 72. — Sect. *Acroarrhenae* Fries A. *Foetidae* Tuckerm. ex L. H. Bailey, 1887, Proc. Amer. Acad. Arts Sci. 22 : 133, p. p. — *Olotrema* Rafin. 1840, Good Book a. Amen. Nat. : 25, p. p. — Sect. *Leptantherae* B. *Foetidae* Tuckerm. 1843, Enum. Meth. Caric. : 10, p. p., nom. nud. — Sect. *Incurvae* (Kük.) Kük. 1909, l. c. : 112. — Sect. *Olotrema* (Rafin.) V. Krecz. cycl. *Aulocaulon* V. Krecz. 1935, во Фл. СССР, 3 : 187, sine descr. latin. — Колоски андрогинные, в числе 3—10, в головчатом или колосовидном соцветии. Кроющие листья чешуевидные. Мешочки двояко- или плоско-выпуклые, б. м. вздутые, перепончатые или тонкокожистые, 3.5—5 мм дл., обычно без жилок, с цельным носиком. Плод не полностью заполняет мешочек. Растения с длинными ползучими корневищами, с тонкой, при высыхании отстающей и сминающейся корой. — Typus: *C. foetida* All.

9 видов, в Европе, умеренном, реже арктическом поясе Азии, в Сев. и Южн. Америке.

Spikes androgynous, 3—10, in capitate or spiciform inflorescence. Bracts glumaceous. Utricles biconvex or plano-convex, more or less inflated, membranous or thin-coriaceous, 3.5—5 mm long, usually veinless, with an entire beak. Fruit not completely fills utricle. Plants with long creeping rhizomes, with a thin cortex at drying coming off and crumpling. — Typus: *C. foetida* All.

9 species in Europe, temperate, more rarely Arctic zone of Asia, in North and South America.

1. Мешочки двояковыпуклые, сильно вздутые, 3.7—5(5.5) мм дл., в зрелом состоянии заметно отклоненные от оси колоска, тонкокожистые; кроющие чешуи почти вдвое короче мешочков. Соцветие б. м. шаровидное или яйцевидное, 0.8—1.5 см дл. Растение 5—15(20) см выс., обитающее на сев. морских побережьях........................1. **C. maritima**.
\+ Мешочки плоско- или двояковыпуклые, немного вздутые, перепончатые, зрелые слабо отклоненные от оси колоска; кроющие чешуи немного короче мешочков или равные им..2.
2. Стебли трехгранные, шероховатые. Кроющие чешуи продолговато-яйцевидные; мешочки едва вздутые, плоско-выпуклые, б. ч. продолговато-яйцевидные, 3—4 мм дл., обычно с шероховатыми краями (включая носик), довольно плотно охватывающие плод...5. **C. enervis**.....3.
\+ Стебли неясно трехгранные, почти цилиндрические, гладкие или лишь под соцветием слабо шероховатые. Кроющие чешуи яйцевидные; мешочки немного, но заметно вздутые, двояковыпуклые, б. ч. яйцевидные, с гладким или слабо шероховатым носиком, неплотно охватывающие плод..4.
3. Мешочки б. ч. с очень короткой ножкой, почти сидячие, обычно без жилок. Соцветие 1—2 см дл., 0.8—1.2 см шир., из 5—10 колосков. Листовые пластинки (1)1.5—2(3) мм шир. ....5a. **C. enervis** subsp. **enervis**
\+ Мешочки б. ч. с ясно выраженной ножкой, нередко спереди с тонкими жилками. Соцветие 1—2.5(2.7) см дл., из 5—12(15) колосков. Листовые пластинки 2—3.5(4) мм шир. ....5b. **C. enervis** subsp. **acrifolia**.
4. Стебли утолщенные, 1.8—2.5 мм в диам.; листовые пластинки плоские или вдоль сложенные, 2—4 мм шир. Соцветие 1.3—2 см дл., 0.8—1.7 см шир. Мешочки 3.5—4.5 мм дл.; кроющие чешуи темно-каштановые...2. **C. pseudofoetida**.

\+ Стебли тонкие, 0.8—1.3 мм в диам.; листовые пластинки вдоль сложенные или щетиновидно свернутые, 1—2 мм шир. Соцветие 0.5—1 см дл., не более 1 см шир. Мешочки 3—3.5(4) мм дл.; кроющие чешуи ржавые .... 5.

5\. Стебли 5—20 см выс. Соцветие округлое, плотное. Кроющие чешуи яйцевидные, б. ч. тупые, темно-ржавые .... 3. **C. sajanensis**.

\+ Стебли 15—45 см выс. Соцветие продолговато-яйцевидное, рыхловатое. Кроющие чешуи продолговато-яйцевидные, острые, ржавые .... 4. **C. reptabunda**.

1\. Utricles biconvex, strongly inflated, 3.7—5(5.5) mm long, at maturity distinctly patent, thin-coriaceous; female glumes almost twice shorter than utricles. Inflorescence more or less globose or ovoid, 0.8—1.5 cm long. Plants 5—15(20) cm high growing at sea coasts .... 1. **C. maritima**.

\+ Utricles plano- or biconvex, a little inflated, membranous, at maturity slightly patent; female glumes a little shorter than utricles or equal them .... 2.

2\. Stems trigonous, scabrid. Female glumes oblong-ovate; utricles scarcely inflated, plano-convex, generally oblong-ovate, 3—4 mm long, usually with scabrid margins including beak, rather densely enveloping fruit .... 5. **C. enervis** ..... 3.

\+ Stems obscurely trigonous, almost cylindrical, smooth or only under inflorescence slightly scabrid. Female glumes ovate; utricles a little, but distinctly inflated, biconvex, generally ovate, with a smooth or slightly scabrid beak, not densely enveloping fruit .... 4.

3\. Utricles generally with a very short stipe, subsessile, usually veinless. Inflorescence 1—2 cm long, 0.8—1.2 cm wide, of 5—10 spikes. Leaf blades (1)1.5—2(3) mm wide .... 5a. **C. enervis** subsp. **enervis**.

\+ Utricles generally with a distinct stipe, rather often dorsally with thin veins. Inflorescence 1—2.5(2.7) cm long, of 5—12(15) spikes. Leaf blades 2—3.5(4) mm wide .... 5b. **C. enervis** subsp. **acrifolia**.

4\. Stems thickened, 1.8—2.5 mm in diam.; leaf blades flat or folded, 2—4 mm wide. Inflorescence 1.3—2 cm long, 0.8—1.7 cm wide. Utricles 3.5—4.5 mm long; female glumes dark chestnut .... 2. **C. pseudofoetida**.

\+ Stems thin, 0.8—1.3 mm in diam.; leaf blades folded or setaceous-convolute, 1—2 mm wide. Inflorescence 0.5—1 cm long, up to 1 cm wide. Utricles 3—3.5(4) mm long; female glumes ferruginous .... 5.

5\. Stems 5—20 cm high. Inflorescence globose, dense. Female glumes ovate, generally obtuse, dark ferruginous .... 3. **C. sajanensis**.

\+ Stems 15—45 cm high. Inflorescence oblong-ovoid, rather lax. Female glumes oblong-ovate, acute, ferruginous .... 4. **C. reptabunda**.

Subsect. 1. **Incurvae** Kük. 1899, Bot. Jahrb. **27**, 4 : 498. — Sect. *Incurvae* (Kük.) Kük. 1909, in Engl. Pflanzenr. 38 : 112. — *Carex* A. *Phymatocarpae* V. Krecz. ser. *Incurvae* (Kük.) V. Krecz. 1932, Изв. Бот. сада АН СССР, 30 : 125. — B. *Nomalocarpae* V. Krecz. ser. *Recticaules* V. Krecz. l. c. : 131. — B. *Nomalocarpae* V. Krecz. ser. *Setinae* V. Krecz. l. c. : 136. — Sect. *Foetidae* ser. *Incurvae* (Kük.) Egor. 1965, Новости сист. высш. раст. : 72, comb. superfl. — Мешочки сильно отклоненные от оси колоска, вздутые, двояковыпуклые, тонкокожистые. Кроющие чешуи почти вдвое короче мешочков, яйцевидные, каштановые, с б. м. широкими белоперепончатыми краями. Стебли утолщенные, 1.5—2 мм в диам., изогнутые. — Typus: *C. incurva* Lightf. (= *C. maritima* Gunn.). Монотипная подсекция.

Utricles strongly patent, inflated, biconvex, thin-coriaceous. Female glumes almost twice shorter than utricles, ovate, chestnut, with more or less broad white-scarious margins. Stems thickened, 1.5—2 mm in diam., curved. — Typus: *C. incurva* Lightf. (= *C. maritima* Gunn.). Monotypic subsection.

1 (283). **C. maritima** Gunn. 1772, Fl. Norv. 2 : 131; В. Креч. 1932, Изв. Бот. сада АН СССР, **30**, 1—2: 127; id. 1935, во Фл. СССР, 3 : 189; Егор. 1966, Осоки СССР : 135; ead. 1966, в Аркт. фл. СССР, 3 : 76; Chater, 1980, in Fl. Europ. 5 : 300; Малышев, 1990, во Фл. Сиб. 3 : 83. — *C. incurva* Lightf. 1777, Fl. Scot. 2 : 544; Kük. 1909, in Engl. Pflanzenr. 38 : 113, p. p. — *C. juncifolia* All. 1795, Fl. Pedem. 2 : 264. — *C. melanocystis* Desv. 1853, in J. Gay, Hist. Bot. Chili, 6 : 203, tab. 73, fig. 5. — *C. misera* Phil. 1860, Fl. Atacam. : 388. — *C. incurva* var. *setina* Christ, 1888, in Scheutz, Kungl. Sv. Vet.-Akad. Handl. ser. nov. **22**, 10 : 174; Kük. l. c. : 114. — *C. incurva* var. *misera* (Phil.) Kük. l. c. : 114. — *C. incurva* var. *melanocystis* (Desv.) Kük. l. c. : 114. — *C. perglobosa* Mackenzie, 1908, Bull. Torrey Bot. Club, 34 : 606; id. 1931, in North Amer. Fl. **18**, 1 : 30. — *C. incurviformis* Mackenzie, 1917, in Rydb. Fl. Rocky Mount. : 120; id. 1931, l. c. : 30. — *C. bucculenta* V. Krecz. 1932, Изв. Бот. сада АН СССР, **30**, 1—2 : 130. — *C. transmarina* V. Krecz. l. c. : 130. — *C. orthocaula* V. Krecz. l. c. : 131. — *C. camptotropa* V. Krecz. l. c. : 131. — *C. jucunda* V. Krecz. l. c. : 136. — *C. setina* (Christ) V. Krecz. l. c. : 136; id. 1935, во Фл. СССР, 3 : 192. — *C. psychroluta* V. Krecz. 1932, l. c. : 138. — *C. maritima* subsp. *setina* (Christ) Egor. 1965, Новости сист. высш. раст. : 73. — *Vignea maritima* subsp. *setina* (Christ) Soják, 1979, Čas. Nár. Muz. Praze, řada přir. **148**, 3—4 : 196. — *C. arctica* auct. non Deinb. : Meinsh. 1901, Тр. Петерб. бот. сада, **18**, 3 : 315. — Exs.: H.F. URSS №№ 5114, 6309. — **О. приморская**.

Описан из Норвегии («Hab. in arena littorea norv.»); typus: ? LINN, ? TRH.

На песчаных и щебнистых местах по морским побережьям, на песчаных и галечниковых берегах рек и озер, горных склонах; преимущественно в арктическом поясе, а также в субарктических высокогорьях. — **Европ. ч.**: Аркт. (Кольский п-ов: район Печенги, п-ов Рыбачий, Ара-Губа и Кольский залив; север п-ова Канин; Малоземельская тундра: устье Индиги и Бармин Нос; Большеземельская тундра: Хайпудырская губа; Югорский п-ов к югу от Хабарова; о-в Вайгач, Южный о-в Новой Земли), Кар.-Мурм. (юг Кольского п-ова: с. Кузомень); **Зап. Сиб.**: Аркт. (п-ов Ямал: басс. среднего течения рр. Мордыяхи и Матюйяхи; Гыданский п-ов); **Вост. Сиб.**: Аркт. (от Енисея до Лены; низовья Индигирки и Колымы), Лен.-Кол. (басс. Хеты и Котуя; север Верхоянского хр.; Момский хр.: р. Россоха; басс. Индигирки; окр. Среднеколымска); **Дальн. Вост.**: Аркт. (о-в Айон, о-в Врангеля; Чукотский п-ов). Общ. распр.: С. (кроме Финляндии), Атл. (Великобритания) и Ц. (Альпы) Европа; С. Америка (Аляска; Скалистые горы; сев. и вост. Канада; Гренландия); Ю. Америка (Анды, Патагония, Огненная Земля). — 2n = 60 (Jörgensen et al., 1958; Жукова, Петровский, 1971; Петровский, Жукова, 1983). — Рис. 65, *2*.

Биполярный вид, циркумполярно распространенный в сев. полушарии. Идентичность его южноамериканских образцов растениям сев. полушария была установлена Муе и Чейтером (Moore, Chater, 1971). На протяжении ареала *C. maritima* варьирует по высоте растений (5—20 см), степени изогнутости стеблей, размерам соцветия (0.8—1.5 см дл.) и мешочков ((3)3.5—5(5.5) мм дл.). Некоторая полиморфность *C. maritima* послужила основанием для описания целого ряда видов. Так, например, В. И. Кречетович (1932, l. c.) выделил из *C. maritima* в пределах Европы (Исландия), арктической Сибири и Сев. Америки (Канада: Ньюфаундленд; Гренландия) 7 видов, которые позднее (1935в : 129), за исключением одного вида — *C. setina* (Christ) V. Krecz. l. c., оценил как ее экологические формы. *C. setina* (typus: мыс Толстый в низовье Енисея,

«Tolstoi nos, in ripa Jeniseae, Br[enner] et Trybom» — S) была приведена Кречетовичем (1935, l. c.) для арктических районов европейской России и Сибири, а затем и мной (1965, 1966, l. c., 1976a) в ранге подвида еще и для дальневосточной Арктики и некоторых зарубежных территорий. Дополнительное изучение гербарных материалов, а также литературных данных (Chater, l. c.; Малышев, l. c.) показало, что растения типа *C. setina* — с низкими, до 10 см, стеблями и более мелкими (до 1 см дл.) соцветиями и мешочками (3.7—4 мм дл.) — встречаются, и притом нередко, по всему ареалу *C. maritima* и не заслуживают выделения в качестве отдельного таксона.

В синонимы к *C. maritima* здесь отнесены описанные из Сев. Америки (Скалистые горы) *C. incurviformis* Mackenzie, l. c. и *C. perglobosa* Mackenzie, l. c. и из Южн. Америки (горы Чили и Аргентины) *C melanocystis* Desv., l. c. и *C. misera* Phil., l. c.

Для п-ова Ямал *C. maritima* приведена на основании просмотренных мной сборов О.В.Ребристой (1991), для некоторых пунктов Вост. Сибири — по данным Л. И. Малышева (l. c.).

Bipolar species having cireumpolar range in northern hemisphere. The identity of its South-American specimens to plants from the northern hemisphere was established by Moore and Chater (1971). Throughout its range *C. maritima* varies by height of plants (5—20 cm), extent of stems curve, size of inflorescence (0.8—1.5 cm long) and utricles ((3)3.5—5(5.5) mm long). A certain polymorphism of *C. maritima* formed a basis for description of a number of species. Thus, for example, Kreczetowicz (Кречетович, 1932, l. c.) distinguished 7 species from *C. maritima* within Europe (Iceland), Arctic Siberia and North America (Canada: Newfoundland; Greenland), later (1935в : 129) having appreciated them as its ecological forms, except the one species, *C. setina* (Christ) V. Krecz., l. c. The latter (typus: cape Tolstyi in Lower Yenisei, «Tolstoi nos, in ripa Jeniseae, Br[enner] et Trybom» — S) was cited by Kreczetowicz (Кречетович, 1935, l. c.) for Arctic regions of European Russia and Siberia, and then also by me (Егорова, 1965, 1966, l. c., 1976a) in rank of subspecies also for Arctic Far East and some foreign territories. An additional examining of herbarium materials as well as published data (Chater, l. c.; Малышев, l. c.) has shown, that plants like *C. setina*, namely with low, up to 10 cm, stems and smaller (up to 1 cm long) inflorescences and utricles (3.7—4 mm long), occur, and rather often, all over the range of *C. maritima* and do not merit an establishing as a separate taxon.

C. incurviformis Macrenzie, l. c. and *C. perglobosa* Mackenzie, l. c., described from North America (Rocky Mountains), as well as *C. melanocystis* Desv., l. c. and *C. misera* Phil., l. c., described from South America (mountains of Chile and Argentina), are put here into a synonymy of *C. maritima*.

For Yamal Peninsula *C. maritima* is cited basing on collections by O. V. Rebristaya (1991) seen by me, for some locations of Eastern Siberia — according to data by Malyshev (Малышев, l. c.).

Subsect. 2. **Pseudofoetidae** (Egor.) Egor. 1990, Бот. журн. **75**, 6 : 866. — Sect. *Foetidae* ser. *Pseudofoetidae* Egor. 1965, Новости сист. высш. раст. : 73. — *Carex* B. *Nomalocarpae* ser. *Suberectae* V. Krecz. 1932, Изв. Бот. сада АН СССР, **30**, 2 : 132. — Sect. *Foetidae* ser. *Suberectae* (V. Krecz.) Egor. 1965, l. c. : 73, comb. superfl. — Мешочки слабо отклоненные от оси колоска, немного вздутые, б. м. двояковыпуклые, перепончатые. Кроющие чешуи почти равные мешочкам, яйцевидные или продолговато-яйцевидные, темно-каштановые или ржавые. Стебли тонкие или утолщенные, 0.8—2.5 мм в диам., б. ч. несколько вздутые, прямые или немного изогнутые. — Typus: *C. pseudofoetida* Kük.

5 видов; вне рассматриваемой территории: *C. foetida* All. (Пиренеи, Альпы) и *C. vernacula* L. H. Bailey (Сев. Америка: Скалистые горы).

Utricles slightly patent, a little inflated, more or less biconvex, membranous. Female glumes almost equal to utricles, ovate or oblong-ovate, dark chestnut or ferruginous. Stems thin or thickened, 0.8—2.5 mm in diam., generally somewhat inflated, straight or a little curved. — Typus: *C. pseudofoetida* Kük.

5 species; outside considered territory: *C. foetida* All. (Pyrenees, Alps) and *C. vernacula* L. H. Bailey (North America: Rocky Mountains).

2 (284). **C. pseudofoetida** Kük. 1907, in Ostenf. Bot. Tidsskr. **28**, 2 : 225, 226, fig. 1; id. 1900, Mitt. Thüring. Bot. Ver. N.F. 15 : 4, nom. nud.; id. 1909, in Engl. Pflanzenr. 38 : 115; В. Креч. 1935, во Фл. СССР, 3 : 191; В. Креч., Овч. и Чук. 1963, во Фл. ТаджССР, 2 : 100; Егор. 1966, Осоки СССР : 138; ead. 1967, в Раст. Центр. Азии, 2 : 58; ead. 1976, в Опред. раст. Средн. Азии, 5 : 95; Малышев, 1990, во Фл. Сиб. 3 : 83. — *C. foetida* var. *minor* Kük. et Bornm. 1897, Österr. Bot. Zeitschr. 47 : 134. — *C. slobodovii* V. Krecz. 1935, во Фл. СССР, 3 : 595, 191. — *C. foetida* auct. non All. : Kük. 1898, Bot. Cenralbl. 75 : 108. — *C. incurva* auct. non Lightf.: Kük. 1909, l. c. : 113, p. p., quoad pl. himal. — **О. ложнопахучая**.

Описан из Средней Азии; lectotypus: Центр. Тянь-Шань, «Terski Alatau, Kokbulak ad fontes fl. Naryn, reg. alp., 9 VIII 1896, № 805, V. F. Brotherus» (LE!, isolectotypi H) — Егорова (h. l.).

На сырых и болотистых, нередко засоленных лугах, сазоболотах, по берегам рек, озер, ручьев, у ключей, на луговинах среди каменистых россыпей; обычно в верхних поясах гор. — **Зап. Сиб.**: Алт.; **Вост. Сиб.**: Анг.-Саян. (юг: Тува — хр. Монгун-Тайга, Бурятия — хр. Пограничный); **Средн. Азия**: Тянь-Шан., Пам.-Ал. Общ. распр.: З. (юго-вост. Иран: Керман; Афганистан), Ц. (Монголия, Китай), В. (Юго-Зап. Китай) и Ю. (зап. Гималаи) Азия. — 2n = 62 (Соколовская, Стрелкова, 1939). — Рис. 67, 7.

Описание *C. pseudofoetida* основано на растениях, собранных Бротерусом (V. F. Brotherus) в Терскей-Ала-Тоо («Terski Alatau, № 805») и разосланных, как сказано в протологе, из Хельсинки в другие Гербарии. Первоначально Кюкенталь (Kükenthal, 1898, l. c.) отнес эти растения к *C. foetida* All., а затем (1900, l. c.) к новому виду — *C. pseudofoetida*, который был действительно обнародован им в 1907 г., в работе Остенфелда. Поскольку в протологе тип вида не указан, а помимо образца из Терскей-Ала-Тоо, в нем цитируются и образцы с Памира, первый обозначен здесь как лектотип.

C. slobodovii V. Krecz., l. c. (typus: «ТаджССР, Тавиль-Даринский р-н, хр. Загара, 9 VIII 1938, № 112, А. Слободов» — LE!) представляет собой экологическую (субальпийскую) форму *C. pseudofoetida* (Кречетович, Овчинников и Чукавина, l. c.; Егорова, 1966, 1976, l. c.), отличающуюся от типичных образцов вида удлиненными и более тонкими стеблями, менее жесткими листовыми пластинками и иногда менее плотным (рыхловатым) соцветием. Другие признаки, приведенные В. И. Кречетовичем в качестве отличительных для *C. slobodovii* (шероховатые стебли, яйцевидные и продолговато-яйцевидные мешочки с шероховатым носиком), свойственны и типичной *C. pseudofoetida* (Егорова, 1966, 1976, l. c.).

Для Вост. Сибири *C. pseudofoetida* впервые была приведена Л. И. Малышевым (l. c.).

Кукконеном (Kukkonen, 1984) из Афганистана описан подвид *C. pseudofoetida* subsp. *afghanica* Kukkonen, распространенный, как он указывает, от вост. Афганистана до Кашмира и вдоль южн. склонов Гималаев до Бутана. От *C. pseudofoetida* s. str. это растение отличается более тонкими корневищами и стеблями и меньшими размерами мешочков (Kukkonen, 1984b).

The description of *C. pseudofoetida* is based on plants, collected by V. F. Brotherus in Terskei Alatau («Terski Alatau, № 805») and spreaded, as it was written in the protoloque, from Helsinki to the different Herbaria. Originally, Kükenthal (1898, l. c.) had referred these plants to *C. foetida* All., and then (1900, l. c.) to a new species *C. pseudofoetida*, which was validly published by him in 1907 in the work by Ostenfeld. Since the type of the species is not pointed out in the protologue, and, besides specimen from Terski Alatau, specimens from Pamir are mentioned, the former is designated here as the lectotype.

C. slobodovii V. Krecz., l. c. (typus: «ТаджССР, Тавиль-Даринский р-н, хр. Загара, 9 VIII 1938, № 112, А. Слободов» — LE!) is an ecological (subalpine) form of *C. pseudofoetida* (Кречетович, Овчинников, Чукавина, l. c.; Егорова, 1966, 1976, l. c.) differing from the typical specimens of the species by elongate and more thin stems, by less rigid leaf blades and sometimes rather lax inflorescence. Other characters mentioned by Kreczetowicz as distinctive for *C. slobodovii* (scabrid stems, ovate and oblong-ovate utricles with scabrid beak) are peculiar also for typical *C. pseudofoetida* (Егорова, 1966, 1976, l. c.).

For Eastern Siberia, *C. pdeudofoetida* has been for the first time cited by Malyshev (Малышев, l. c.).

Kukkonen (1984) described the subspecies of *C. pseudofoetida* from Afghanistan, namely subsp. *afghanica* Kukkonen, distributed, as he has indicated, from eastern Afghanistan to Kashmir and along southern side of Himalaya to Bhutan. This plant differs from *C. pdeudofoetida* s. str. by thiner rhizomes and stems and smaller utricles (Kukkonen, 1984b).

3 (285). **C. sajanensis** V. Krecz. 1932, Изв. Бот. сада АН СССР, **30**, 1—2 : 133; id. 1935, во Фл. СССР, 3 : 190, табл. 13, рис. 2; Егор. 1966, Осоки СССР : 139; Малышев, 1990, во Фл. Сиб. 3 : 84. — *C. incurva* auct. non Lightf.: Kük. 1911, Русск. бот. журн. 3—6 : 43, p. p., quoad pl. irkut. — **О. саянская**.

Описан из Вост. Сибири; typus: Вост. Саян, близ с. Монды, «Саянские горы, дол. Иркута, озерко среди морен над Мондою, 14 VI 1902, В. Л. Комаров» (LE! cum isotypis 3).

На песках и галечниках по берегам рек и озер, на сырых песчаных лугах, щебнистых склонах; в горах, до высокогорий. — **Вост. Сиб.**: Лен.-Кол. (басс. среднего течения р. Оленек; верхнее течение р. Мархи: пос. Хороший; басс. Алдана: р. Тимптон и пос. Хандыга; Среднеколымск; сев.-зап. побережье Байкала), Анг.-Саян. (Хакасия: р. Неня — приток р. Уйбат; Вост. Саян; басс. Ангары; побережье Байкала), Даур. (зап.). Общ. распр.: Ц. (Монголия) и В. (Сев. Китай) Азия. — 2n = ? — Рис. 67, *6*.

Возможно, этому виду идентичен описанный из Сев. Китая (окр. Пекина) *C. decurticaulis* Ohwi (1942, Acta Phytotax. Geobot. (Kyoto), 11 : 260). Автор описания сравнивает свой вид с *C. reptabunda* V. Krecz., причем признаки, приводимые им в качестве отличительных, свойственны *C. sajanensis* (см. также комментарий к следующему виду).

It is possible, an identical to this species, is *C. decurticaulis* Ohwi (1942, Acta Phytotax. Geobot. (Kyoto), 11 : 260), described from Northern China (Peking vicinities). The author of the description compares his species with *C. reptabunda* V. Krecz., the characters pointed out by him as distinctive being peculiar for *C. sajanensis* (see also comments to the next species).

4 (286). **C. reptabunda** (Trautv.) V. Krecz. 1932, Изв. Бот. сада АН СССР, **30**, 1—2 : 134, табл. 2, рис. 2; id. 1935, во Фл. СССР, 3 : 190; Егор. 1966, Осоки СССР : 140; ead. 1967, в Раст. Центр. Азии, 3 : 58; Y. L. Chang et Y. L. Yang, 1976, in Fl. Chin. Bor.-Or. 11 : 189; Малышев, 1990, во Фл. Сиб. 3 : 84. — *C. stenophylla* var. *reptabunda* Trautv. 1872, Тр. Петерб. бот. сада, **1**, 2 : 194. — *Vignea reptabunda* (Trautv.) Soják, 1979, Čas. Nár. Muz. Praze, řada přír. **148**, 3—4 : 197. — *C. pseudofoetida* auct. non Kük.: Kük. 1911, Русск. бот. журн. 3—6 : 43, quoad pl. jakut. — Exs.: H.F. URSS № 4242. — **О. ползучая**.

Описан из Монголии; typus: «Mongolia orientalis prope Gorbunei-Bulak, 1870, A. Lomonossow» (LE!).

На сырых солонцеватых лугах, солончаках, берегах соленых озер, иногда по песчаным берегам водоемов. — **Зап. Сиб.**: Алт.; **Вост. Сиб.**: Лен.-Кол. (центр.;

г. Верхоянск; басс. Индигирки), Анг.-Саян. (зап. и юг), Даур. О б щ . р а с п р.: Ц. (Монголия; Китай: Ордос) и В. (Сев. и Сев.-Вост. Китай) Азия. — 2n = ? — Рис. 67, *8*.

Очень близок к *C. sajanensis*, от которой, помимо признаков, отмеченных в ключе, отличается более тонкими стеблями и более узкими и жесткими, щетиновидно завернутыми листовыми пластинками. По форме мешочков эти виды не различаются, хотя Кречетович (l. c.) характеризует *C. sajanensis* яйцевидными или округло-яйцевидными мешочками, а *C. reptabunda* — продолговато-яйцевидными или продолговато-эллиптическими. Мешочки у обоих видов варьируют от яйцевидных до продолговато- или широкояйцевидных.

Габитуально *C. reptabunda* неотличима от следующего вида — *C. enervis* C. A. Mey. Оба вида различаются по мешочкам, которые у *C. reptabunda* немного вздутые, с гладкими краями (включая носик), обычно с хорошо выраженной короткой ножкой, легко отделяющейся от оси колоска, а у *C. enervis* плоско-выпуклые, едва заметно вздутые, б. ч. с шероховатыми краями, почти сидячие, с трудом отделяющиеся от оси колоска. Между обоими видами наблюдаются промежуточные формы.

Is very close to *C. sajanensis*, differing from it, besides characters mentioned in the key, by thiner stems and more narrow and rigid, setaceous-involuted leaf blades. These species are not distinguished by shape of utricles, though Kreczetowicz (Кречетович, l. c.) has characterized *C. sajanensis* by ovate or rounded-ovate utricles, and *C. reptabunda* by oblong-ovate or oblong-elliptical ones. The utricles of both species vary from ovate to oblong or broad-ovate.

In habit, *C. reptabunda* is indistinguishable from the next species, *C. enervis* C. A. Mey. These two species are distinguished by utricles, the latters of *C. reptabunda* being a little inflated, with smooth margins (including beak), usually with well distinct short stipe easily coming off from spike axis, those of *C. enervis* being plano-convex, scarcely inflated, generally with scabrid margins, subsessile, hardly coming off from spike axis. There are intermediate forms between the two species.

Subsect. 3. **Enerves** (Egor.) Egor. 1990, Бот. журн. **75**, 6 : 866. — Sect. *Foetidae* ser. *Enerves* Egor. 1965, Новости сист. высш. раст. : 74. — Мешочки слабо отклоненные от оси колоска, едва вздутые, плоско-выпуклые, перепончатые. Кроющие чешуи почти равные мешочкам, продолговато-яйцевидные, ржавые. Стебли тонкие, 0.8—1.4 мм в диам., прямые или немного изогнутые. — Т у р u s: *C. enervis* C. A. Mey.

3 вида и подвида; вне рассматриваемой территории: *C. roborowskii* V. Krecz. (Центр. Азия).

Utricles slightly patent, scarcely inflated, plano-convex, membranous. Female glumes almost equal to utricles, oblong-ovate, ferruginous. Stems thin, 0.8—1.4 mm in diam., straight or a little curved. — T y p u s: *C. enervis* C. A. Mey.

3 species and subspecies; outside considered territory: *C. roborowskii* V. Krecz. (Central Asia).

5 (287). **C. enervis** C. A. Mey. 1833, in Ledeb. Fl. Alt. 4 : 209; Ledeb. 1833, Ic. Pl. Fl. Ross. 4 : 16, tab. 349; В. Креч. 1935, во Фл. СССР, 3 : 192; Егор. 1966, Осоки СССР : 141; ead. 1976, в Опред. раст. Средн. Азии, 5 : 96; Ворош. 1982, Опред. раст. сов. Дальн. Вост. : 110; Малышев, 1990, во Фл. Сиб. 3 : 83; А. Е. Кожевников, 1988, в Сосуд. раст. сов. Дальн. Вост. 3 : 385. — *C. curaica* β. *angustifolia* Turcz. 1855, Bull. Soc. Nat. Moscou, **28**, 2 : 326. — *C. stenophylla* var. *enervis* (C. A. Mey.) Kük. 1909, in Engl. Pflanzenr. 38 : 122. — *C. vulpinaris* Nees f. *angustifolia* Kük. l. c. : 117, p. p., quoad pl. sibir. — *C. similigena* V. Krecz. 1935, во Фл. СССР, 3 : 596, 193. — *Vignea enervis* (C. A. Mey.) Soják, 1979, Čas. Nár. Muz. Praze, řada přír. **148**, 3—4 : 195. — **О. безжилковая**.

Описан из Зап. Сибири; typus: Алтай, р. Чарыш, «In montibus ad fl. Tscharysch, Jun., № 1472, legit. cel. Ledebour» (LE! cum isotypis).

a) subsp. **enervis**.

На сырых и болотистых, нередко солонцеватых лугах, травяно-осоковых болотцах; преимущественно в горах, до субальпийского пояса. — **Зап. Сиб.**: Обск. (юго-вост.), Ирт. (юго-вост.), Алт.; **Вост. Сиб.**: Лен.-Кол. (к югу от басс. Вилюя и Алдана, севернее — басс. Яны и Индигирки), Анг.-Саян., Даур.; **Дальн. Вост.**: Аркт. (север Чукотского п-ова: берег океана, гора Ватан), Зее-Бур., Уссур.; **Средн. Азия**: Прибалх. (Казахский мелкосопочник), Дж.-Тарб., Тянь-Шан., Пам.-Ал. (редко). Общ. распр.: Ц. (Монголия; Китай: Джунгария) и В. (Сев.-Вост. Китай) Азия. — 2n = ? — Рис. 67, 5.

Варьирует по ширине листовых пластинок и степени шероховатости краев мешочков — от сильно шероховатых (чаще) до почти гладких и гладких (причем шероховатые и гладкие мешочки иногда наблюдаются на одном растении). Мешочки у этого вида обычно без жилок, реже с немногими жилками.

C. similigena V. Krecz., l. c. (syntypi: «Центр. Тянь-Шань, Пржевальский у., долина р. Конурлен, 1 VII 1908, №№ 862, 963, Р. Рожевиц» — LE!) представляет собой узколистную форму *C. enervis* s. str., встречающуюся по всему ее ареалу. С этим видом *C. similigena* была позднее отождествлена самим Кречетовичем, о чем свидетельствуют его тесты на образцах последнего вида, включая и типовые. *C. enervis* s. str. очень близка к распространенной в Центр. Азии *C. roborowskii* (Егорова, 1966, l. c., 1967).

Для Арктического района Дальнего Востока *C. enervis* s. str. приведена на основании виденных мной сборов А. Е. Катенина 1990 г. (Катенин, 1991), для южн. районов — по литературным данным (Ворошилов, l. c.; А. Е. Кожевников, l. c.).

Varies by width of leaf blades and extent of scabridness of utricle margins from strongly scabrid (more often) to almost smooth and smooth (both scabrid and smooth utricle margins being sometimes observed in the same plant). Utricles of this species are usually veinless, more rarely few-veined.

C. similigena V. Krecz., l. c. (syntypi: «Центр. Тянь-Шань, Пржевальский у., долина р. Конурлен, 1 VII 1908, №№ 862, 963, Р. Рожевиц» — LE!) is a narrow-leaf form of *C. enervis* s. str., occurring all over its range. *C. similigena* was equated later with *C. enervis* by Kreczetowicz, the evidence of it being his determination labels on specimens of the latter species, including the type ones. *C. enervis* s. str. is very close to *C. roborowskii* distributed in Central Asia (Егорова, 1966, l. c., 1967).

For Arctic region of Far East *C. enervis* s. str. is cited basing on collections by Katenin in 1990 (Катенин, 1991) seen by me, for its southern regions, according to published data (Ворошилов, l. c.; А. Е. Кожевников, l. c.).

b) subsp. **acrifolia** (V. Krecz.) Egor. 1985, Новости сист. высш. раст. 22 : 54. — *C. acrifolia* V. Krecz. 1935, во Фл. СССР, 3 : 591, 192; Егор. 1966, Осоки СССР : 143. — *C. curaica* var. *rigida* Meinsh. 1901, Тр. Петерб. бот. сада, **18**, 3 : 317, p. p., quoad pl. cauc. — *C. curaica* var. *armena* Schischk. 1929, Изв. Томск. унив. 81 : 427. — *C. pseudofoetida* subsp. *acrifolia* (V. Krecz.) Kukkonen, 1984, Ann. Bot. Fenn. **21**, 4 : 384; Ö. Nilsson, 1985, in Fl. Turk. 9 : 105. — *C. stenophylla* auct. non Wahlenb.: C. A. Mey. 1831, Verzeichn. Pfl. Cauc. Casp. : 30. — *C. incurva* auct. non Lightf.: Boiss. 1882, Fl. Or. 5 : 400. — **О. остролистная**.

Описан с Кавказа; typus: «Daghestania australis, m. Tufandagh, 31 VII 1830, № 181, C. A. Meyer» (LE!).

На болотистых лугах, осоково-травяных болотцах; в горах, от среднего до субальпийского пояса. — **Кавк.**: Б. Кавк. (зап. и центр., очень редко), Центр.,

Вост. (вост. Азербайджан: р. Пирсагат) и Южн. (Армения: гора Арагац, басс. Севана и Зангезурский хр. — р. Сисиан) Закавк., Тал. (Талышские горы: Дыман). Общ. распр.: З. Азия (сев.-вост. Турция, сев. Иран). — 2n = ?

Морфологически слабо обособлен от типового подвида (Егорова, 1966, l. c.).

Is poorly morhologically separated from the type subspecies (Егорова, 1966, l. c.).

Sectio 50. Dispermae Ohwi, 1936, Mem. Coll. Sci. Kyoto Univ. ser. B, **11**, 5 : 237; Егор. 1965, Новости сист. высш. раст. : 80. — Sect. *Leptovignea* (Börn.) V. Krecz. 1935, во Фл. СССР, 3 : 167, p. min. p. — Колоски андрогинные, в числе 2—4, малоцветковые, в прерывистом соцветии. Кроющие листья чешуевидные. Мешочки двояковыпуклые, кожистые, 2.5—3 мм дл., с коротким цельным носиком. Растения с тонкими ползучими корневищами. — Турus: C. *disperma* Dew. Монотипная секция.

Spikes androgynous, 2—4, few-flowered, in interrupted inflorescence. Bracts glumaceous. Utricles biconvex, coriaceous, 2.5—3 mm long, with a short entire beak. Plants with thin creeping rhizomes. — Турus: C. *disperma* Dew. Monotypic section.

1 (288). **C. disperma** Dew. 1824, Amer. Journ. Sci. Arts, 8 : 266; В. Креч. 1935, во Фл. СССР, 3 : 185; Егор. 1966, Осоки СССР : 200; Малышев, 1990, во Фл. Сиб. 3 : 68. — *C. tenella* Schkuhr, 1801, Beschr. Abbild. Riedgr. : 23, non Thuill. 1799; Kük. 1909, in Engl. Pflanzenr. 38 : 233. — *C. dominii* Lévl. et Vaniot, 1909, Bull. Acad. Intern. Géogr. Bot. (Le Mans), 18 : 35. — *Vignea disperma* (Dew.) Soják, 1979, Čas. Nár. Muz. Praze, řada přir. **148**, 3—4 : 195. — Exs.: H.F.R. №№ 239a,b, 1391; H.F.URSS № 4214a,b. — **О. двусеменная**.

Описан из Сев. Америки («Massachusetts, Dewey»); typus: ? GH.

В сырых и заболоченных хвойных, реже смешанных лесах, по окраинам моховых болот, берегам лесных речек и ручьев. — **Европ. ч.**: Аркт. (Кольский п-ов: пос. Поной), Кар.-Мурм., Дв.-Печ., Прибалт., Лад.-Ильм., Верх.-Днепр., Верх.-Волж., Волж.-Кам., Волж.-Дон. (сев.); **Зап. Сиб.**: Обск. (юг), Верх.-Тоб. (сев.), Ирт. (сев.); **Вост. Сиб.**: Енис. (басс. верхнего течения Ниж. Тунгуски и среднего — Подкаменной Тунгуски), Лен.-Кол. (юг, редко), Анг.-Саян., Даур. (редко); **Дальн. Вост.**: Камч. (басс. р. Камчатки), Удск., Зее-Бур., Уссур., Сах., Курил. (юг). Общ. распр.: С. (Фенноскандия) и Ц. (Польша) Европа; В. Азия (Сев.-Вост. Китай, п-ов Корея, о-в Хоккайдо); С. Америка (сев. и зап.). — 2n = 70 (Moore, Calder, 1964). — Рис. 63, *11*.

Sectio 51. Remotae (Aschers.) C. B. Clarke, 1904, Journ. Linn. Soc. London (Bot.), 27 : 3; Егор. 1965, Новости сист. высш. раст. : 74. — *Carex* β. β. *Remotae* Aschers. 1864, Fl. Brandenb. : 770. — Sect. *Phyllothyrsa* V. Krecz. 1935, во Фл. СССР, 3 : 143, p. p. — Колоски гинекандрические, в числе (3)5—10(20), в прерывистом колосовидном соцветии. Кроющие листья линейные, длинные, превышающие соцветие. Мешочки плоско-выпуклые, тонкоперепончатые, 3—4 мм дл., с жилками, по краям с широким или очень узким крылом, с остро-двузубчатым носиком. Растения без ползучих корневищ. — Турus: C. *remota* L.

7 видов, в Европе, Зап., Вост. и Южн. Азии и Сев. Африке (Алжир); вне рассматриваемой территории: *C. alta* Boott (Индия, о-в Ява, Китай), *C. craspedotricha* Nelmes (Индокитай и Китай), *C. monopleura* V. Krecz. (Гималаи), *C. planata* Franch. et Savat. и *C. rochebrunii* Franch. et Savat. (Индия: Сикким; Южн. Китай, о-в Тайвань, о-ва Хонсю, Сикоку, Суматра и Ява).

Spikes gynaecandrous, (3)5—10(20), in interrupted spiciform inflorescence. Bracts leaf-like, long, exceeding inflorescence. Utricles plano-convex, thin-membranous, 3—4 mm long, veined, on margins broad- or very narrow-winged, with a sharply bidentate beak. Plants without creeping rhizomes. — T y p u s: *C. remota* L.

7 species, in Europe, West, East and South Asia and North Africa (Algeria); outside considered territory: *C. alta* Boott (India, Java, China), *C. craspedotricha* Nelmes (Indochina and China), *C. monopleura* V. Krecz. (Himalaya), *C. planata* Franch. et Savat. and *C. rochebrunii* Franch. et Savat. (India: Sikkim; Southern China, Taiwan, Honshu, Shikoku, Sumatra, Java).

1. Колоски яйцевидные или продолговато-яйцевидные, (0.6)0.8—1 см дл. Мешочки яйцевидные, (3)3.5—3.7(4) мм дл., около 1.5 мм шир., по краям и в основании губчатые, в нижней половине обычно буро-точечные...1. **C. remota**.
\+ Колоски шаровидные, 0.4—0.5 см дл. Мешочки ланцетовидные, 3.2—3.7 мм дл., около 1 мм шир., не губчатые и не буро-точечные...2. **C. remotiuscula**.

1. Spikes ovoid or oblong-ovoid, (0.6)0.8—1 cm long. Utricles ovate, (3)3.5—3.7(4) mm long, about 1.5 mm wide, at margins and base spongy, in lower half usually brown-punctate...1. **C. remota**.
\+ Spikes globose, 0.4—0.5 cm long. Utricles lanceolate, 3.2—3.7 mm long, about 1 mm wide, not spongy and not brown-punctate...2. **C. remotiuscula**.

1 (289). **C. remota** L. 1755, Cent. Pl. 1 : 31; В. Креч. 1935, во Фл. СССР, 3 : 145; Егор. 1966, Осоки СССР : 145. — *Vignea remota* (L.) Reichenb. Fl. Germ. Excurs. : 58. — E x s.: H.F.R. № 240, H.F. URSS № 5863. — **О. раздвинутая**.

Описан из Европы; l e c t o t y p u s: Morison, 1699, Pl. Hist. Univ. Oxon. 3, sect. 8, tab. 12, fig. 17 — Dandy (in litt.), Егорова (l. c.).

У ручьев и ключей в лиственных, реже смешанных и хвойных лесах, иногда по сырым лугам и берегам рек; на равнине и преимущественно в лесном поясе гор. — **Европ. ч.**: Прибалт., Лад.-Ильм., Верх.-Днепр., Верх.-Волж., Волж.-Кам. (Казань), Карп., Сред.-Днепр. (сев.), Волж.-Дон. (кроме юга и востока), Молд., Крым.; **Кавк.**: все районы (в Предкавк. Ставрополь, в Южн. Закавк. Азербайджан — Зангеланский р-н). О б щ . р а с п р.: С. (юг), Атл., Ц. и Ю. Европа; З. Азия (Турция, Сирия, Ливан, Иран, Афганистан); С. Африка. — 2n = 62 (Heilborn, 1928; Davies, 1956a, 1956b; Dietrich, 1972; Тодераш, 1977, 1980). — Рис. 65, *1*.

Достоверный типовой образец *C. remota*, по-видимому, отсутствует, и поэтому Дэнди (J. E. Dandy) в письме (Егорова, l. c.) в качестве лектотипа был предложен цитированный выше рисунок как один из элементов протолога.

На нашей территории *C. remota* представлена типовым подвидом. Другой подвид — subsp. *stewartii* Kukkonen, встречается в вост. Афганистане и Индии (Гималаи) (Kukkonen, 1984b). Мешочки у него по краям почти до основания с ясно выраженным крылом, в то время как у subsp. *remota* крыло, очень узкое, имеется только по краям носика.

Согласно литературным данным, образует стерильные помеси с несколькими видами (см.: Kükenthal, 1909; Егорова, l. c.). Я видела гербарные образцы (LATV!) только *C. remota* × *C. paniculata*.

The reliable type specimen of *C. remota* is, obviously, absent, and therefore J. E. Dandy in the letter to me (Егорова, l. c.) has suggested as the lectotype, the drawing cited above as being one of the protologue elements.

In our territory, *C. remota* is represented by the type subspecies. Another subspecies, subsp. *stewartii* Kukkonen occurs in eastern Afghanistan and India (Himalaya) (Kukkonen, 1984b). Its utricles on margins have distinct wing almost down to base, while in subsp. *remota* the wing, being very narrow, is only on beak margins.

Generates, according to published data, sterile crossbreds with some species (see: Kükenthal, 1909; Егорова, l. c.). I have seen herbarium specimens (LATV!) of only *C. remota* × *C. paniculata*.

2 (290). **C. remotiuscula** Wahlenb. 1803, Kungl. Sv. Vet.-Akad. Handl. ser. nov. 24 : 147; В. Креч. 1935, во Фл. СССР, 3 : 146; Ohwi, 1936, Mem. Coll. Sci. Kyoto Univ. ser. B, **11**, 5 : 258; Егор. 1966, Осоки СССР : 146; Ворош. 1982, Опред. раст. сов. Дальн. Вост. : 111; А. Е. Кожевников, 1988, в Сосуд. раст. сов. Дальн. Вост. 3 : 386. — *C. remotaeformis* Kom. 1901, Тр. Петерб. бот. сада, **18**, 3 : 444. — *C. remota* subsp. *rochebrunii* var. *remotaeformis* (Kom.) Kük. 1909, in Engl. Pflanzenr. 38 : 235. — *C. rochebrunii* var. *remotaeformis* (Kom.) Akiyama, 1932, Consp. Caric. Jap. : 82. — *Vignea remotiuscula* (Wahlenb.) Soják, 1979, Čas. Nár. Muz. Praze, řada přír. **148**, 3—4 : 197. — E x s.: H.F.R. № 1392 (ut *C. remotaeformis*). — **О. немногораздвинутая**.

Описан с юга российского Дальнего Востока («Hab. in Sibiria, Laxman: e collectione cel. Scartzii»); t y p u s: UPS.

У ручьев и на сырых местах в тенистых смешанных лесах, в трещинах влажных скал, реже на сырых лугах. — **Дальн. Вост.**: Зее-Бур. (верхнее течение р. Биры), Уссур., Сах. (юг). О б щ . р а с п р.: В. Азия (Сев. и Сев.-Вост. Китай, п-ов Корея, о-в Хоккайдо). — 2n = ?

Для Сахалина вид приводится по литературным данным (Ohwi, l. c.; Ворошилов, l. c.; А. Е. Кожевников, l. c.).

А. Е. Кожевниковым (l. c. : 386) в одном пункте Хабаровского края (Совгаванский р-н, долина р. Акур) отмечена *C. rochebrunii* Franch. et Savat. Не исключено, однако, что отнесенный им к данному виду гербарный образец принадлежит к *C. remotiuscula*. Нахождение *C. rochebrunii* на нашей территории маловероятно, принимая во внимание южный характер ареала (см. выше) этой осоки.

For Sakhalin the species is cited according to published data (Ohwi, l. c.; Ворошилов, l. c.; А. Е. Кожевников, l. c.).

Kozhevnikov (А. Е. Кожевников, l. c. : 386) has pointed out for one location of Khabarovsk Territory (Sovetskaya Gavan region, valley of the river Akur) *C. rochebrunii* Franch. et Savat. It is possible, however, that the herbarium specimen related by him to this species belongs to *C. remotiuscula*. Occurrence of *C. rochebrunii* in our territory is hardly probable, taking into account the southern range (see above) of this sedge.

Sectio 52. Cyperoideae Koch, 1837, Syn. Fl. Germ. : 748, p. p.; Egor. 1965, Новости сист. высш. раст. : 75. — *Schellhammeria* Moench, 1802, Suppl. Meth. Pl. : 119. — *Carex* sect. *Schellhammeria* (Moench) Christ, 1885, Bull. Soc. Bot. Belg. **24**, 2 : 19, p. p.; В. Креч. 1935, во Фл. СССР, 3 : 162. — Колоски гинекандрические, в числе 4—15, многоцветковые, в плотном головчатом соцветии. Кроющие листья линейные, во много раз превышающие соцветие. Мешочки уплощенно плосковыпуклые, удлиненно-ланцетовидные, перепончатые, 7—9 мм дл., по краям почти до основания с узким зазубренным крылом, с очень длинным и узким глубоко-двузубчатым носиком. Растения с укороченными неползучими корневищами. Стебли с расставленными узлами. — T y p u s: *C. cyperoides* Murr. (= *C. bohemica* Schreb.).

2 вида; вне рассматриваемой территории: *C. sychnocephala* Carey (Сев. Америка).

Spikes gynaecandrous, 4—15, many-flowered, in close capitate inflorescence. Bracts leaf-like, many times exceeding inflorescence. Utricles flattened-plano-convex, elongate-lanceolate, membranous, 7—9 mm long, on margins almost down to base with a narrow denticulate wing, with a very long and narrow deeply bidentate beak. Plants with short, not creeping rhizomes. Stems with distant nodes. — Typus: *C. cyperoides* Murr. (= *C. bohemica* Schreb.).

2 species; outside considered territory: *C. sychnocephala* Carey (North America).

1 (291). **C. bohemica** Schreb. 1772, Beschr. Gräser, **2**, 2 : 52, pl. 28, fig. 3; Fuchs, 1960, Bauhinia, **1**, 3 : 350—358; Егор. 1966, Осоки СССР : 149; ead. 1981, в Опред. раст. Камч. обл. : 306; Chater, 1980, in Fl. Europ. 5 : 300; Малышев, 1990, во Фл. Сиб. 3 : 68. — *C. cyperoides* Murr. 1774, in L. Syst. Veg., ed. 13 : 703; B. Креч. 1935, во Фл. СССР, 3 : 163. — *Vignea bohemica* (Schreb.) Soják, 1979, Čas. Nár. Muz. Praze, řada přir. **148**, 3—4 : 194. — Exs.: H.F.R. № 1345, H.F.URSS № 5862. — **О. богемская**, или **сытевидная**.

Описан из Чехии (окр. Праги), Германии и Сибири; lectotypus: Micheli, 1729, Nova Pl. Gen.: 70, t. 33, f. 19 — Егорова (h. l.).

На песчаных и иловатых берегах озер и иногда рек, на галечниках, болотистых и сыроватых лугах. — **Европ. ч.**: Кар.-Мурм. (Ладожское озеро), Дв.-Печ. (зап.: окр. г. Пинеги и басс. Кулоя), Лад.-Ильм. (Ленинградская обл.: район Приозерска и Вепская возвышенность; Новгородская обл.: оз. Ильмень), Верх.-Волж. (Ярославская обл.: Борок; Нижегородская обл.: район г. Балахны), Волж.-Кам. (юг), Карп. (Яворово и Ивано-Франково), Сред.-Днепр. (близ Киева), Волж.-Дон. (Рязанская обл.: р. Ока, с. Сосновка; Мордовия; Саратовская обл.: окр. Хвалынска), Заволж. (р. Бузулук), Ниж.-Дон. (сев.-вост.: Саратовская обл., Лысогорский р-н, пос. Барсучий), Ниж.-Волж. (сев.-зап.: Николаевск); **Кавк.**: Центр. Закавк. (Армения: Лорийское плато); **Зап. Сиб.**: Обск. (зап. и юг), Ирт., Алт.; **Вост. Сиб.**: Енис. (юго-вост.: верховье Ниж. Тунгуски), Лен.-Кол. (к югу от Якутска и оз. Артек в басс. среднего течения Колымы), Анг.-Саян. (зап. и юго-вост.), Даур.; **Дальн. Вост.**: Аркт. (вост. Корякия: басс. р. Пахачи), Камч. (центр: басс. среднего течения р. Камчатки), Удск., Зее-Бур., Уссур.; **Средн. Азия**: Прибалх. (вост.: р. Черный Иртыш близ устья), Дж.-Тарб. (г. Капал). Общ. распр.: С. (юг Финляндии), Атл., Ц. и Ю. (сев.) Европа; Ц. (сев. Монголия) и В. (Сев.-Вост. Китай, север п-ова Корея, Япония) Азия. — 2n = 60 (Кожевников и др., 1986), 62—64 (Пробатова, Соколовская, 1981), 80 (Tanaka, 1948; Dietrich, 1972). — Рис. 68, *13*.

Название вида лектотипифицировано здесь цитированным в протологе рисунком из работы Микели (Micheli, l.c). Заметим, что Микели описал этот вид под названием *Carex bohemica* из окрестностей Праги.

Своеобразное растение с головчатым щетинистым (из-за очень длинных узких носиков мешочков) соцветием, окруженным длинными кроющими листьями. В Европейской части вид встречается спорадически; более обычен он на юге Сибири и в особенности на юге Дальнего Востока.

Для одного из пунктов Ленинградской обл. (район Приозерска) *C. bohemica* приведена здесь по литературным данным (Hiitonen, 1946).

The species name is lectotypified here by the drawing from the work by Micheli (l. c.) quoted in the protologue. To note, Micheli has described this species as *Carex bohemica* from vicinities of Prague.

An original plant with capitate setaceous (owing to very long narrow utricle beaks) inflorescence surrounded by long leaf-like bracts. In European part of its the former USSR the species occurs sporadically, being more usual in southern Siberia and especially in southern Far East.

For one of locations in Leningrad province (near Priozersk), *C. bohemica* is cited here according to publised data (Hiitonen, 1946).

Sectio 53. Ovales (Kunth) Christ, 1885, Bull. Soc. Bot. Belg. **24**, 2 : 17, p. p., emend. Mackenzie, 1931, in North Amer. Fl. **18**, 3 : 117, p. p., excl. *C. sychnocephala* Carey; Егор. 1965, Новости сист. высш. раст. : 75. — Carex 8. *Ovales* Kunth, 1837, Enum. Pl. 2 : 394, p. p. — Sect. *Loncoperis* (Rafin.) V. Krecz. 1935, во Фл. СССР, 3 : 160. — Колоски гинекандрические, в числе 4—20, многоцветковые, в густом колосовидном или головчатом соцветии. Кроющие листья чешуевидные, самые нижние иногда узколинейные. Мешочки уплощенно вогнуто- или, чаще, плоско-выпуклые, тонкоперепончатые, 3.5—5 мм дл., с жилками или без них, по краям до основания с узким или широким крылом, с б. м. удлиненным коротко-двузубчатым носиком, спереди глубоко расщепленным. Плод в 2 раза у́же и короче мешочка. Растения с укороченными неползучими корневищами. — Typus: *C. ovalis* Good. (= *C. leporina* L.).

Самая многочисленная секция в подроде *Vignea*, включающая около 80 видов, из которых свыше 70 встречаются только в Сев. Америке, остальные в Европе, умеренном поясе Азии, Сев. и Южн. Америке и в Сев. Африке. — Лит.: Mackenzie, 1931.

Spikes gynaecandrous, 4—20, many-flowered, in dense spiciform or capitate inflorescence. Bracts glumaceous, the lowest ones sometimes narrow-leaf-like. Utricles flattened, concave- or, more often, plano-convex, thin-membranous, 3.5—5 mm long, veined or veinless, on margins down to base with a narrow or broad wing, with more or less elongate short-bidentate beak dorsally deep-cleft. Fruit twice narrower and shorter than utricle. Plants with short, not creeping rhizomes. — Typus: *C. ovalis* Good. (= *C. leporina* L.).

The largest section in the subgenus *Vignea*, containing about 80 species, 70 occurring only in North America, the others in Europe, temperate zone of Asia, in North and South America and North Africa. — Ref.: Mackenzie, 1931.

1. Соцветие бледно-зеленое, цилиндрическое, 3—6(8) см дл., из 10—16(20) колосков. Мешочки плоско-выпуклые, изогнутые, продолговато-яйцевидные или яйцевидные, 3.4—3.7 мм дл., с жилками, по краям с очень узким (едва выраженным) крылом........................1. **C. maackii**.
\+ Соцветие бурое, 1.5—4 см дл., из 4—8 колосков. Мешочки вогнуто-выпуклые, яйцевидные, по краям с хорошо выраженным крылом.....2.
2. Соцветие 2—4 см дл., колосовидное; колоски 0.7—1 см дл. Мешочки 4—5 мм дл., в зрелом состоянии светло-бурые (включая носик), по краям с довольно широким (до 0.3 мм) крылом; кроющие чешуи от бурых и красновато-бурых до светло-бурых и бледно-зеленых, с белоперепончатыми краями, равные мешочкам.....................2. **C. leporina**.
\+ Соцветие 1—2.2 см дл.; колоски 0.5—0.7 см дл. Мешочки в зрелом состоянии бурые, с темно-коричневым носиком, по краям с более узким крылом; кроющие чешуи сплошь темно-коричневые или, иногда, с очень узкими едва заметными белоперепончатыми краями, короче мешочков..3.
3. Соцветие широкояйцевидное, 1.2—1.5 см дл., 0.8—1.3 см шир. Мешочки в зрелом состоянии растопыренные, 3.2—3.6 мм дл., 1.5—1.7 мм шир. ....4. **C. pyrophila**.
\+ Соцветие яйцевидное или продолговато-яйцевидное, (1)1.5—2.2 см дл. Мешочки в зрелом состоянии прижатые или слегка отклоненные от оси колоска, 4—4.5 мм дл., 1.7—2 мм шир. ....3. **C. macloviana**.

1. Inflorescence pale green, cylindrical, 3–6(8) cm long, of 10–16(20) spikes. Utricles plano-convex, curved, oblong-ovate or ovate, 3.4–3.7 mm long, veined, on margins with very narrow (scarcely distinct) wing..........1. **C. maackii**.
\+ Inflorescence brown, 1.5–4 cm long, of 4–8 spikes. Utricles concavo-convex, ovate, on margins with a well distinct wing..........2.
2. Inflorescence 2–4 cm long, spiciform; spikes 0.7–1 cm long. Utricles 4–5 mm long, at maturity light brown (including a beak), on margins with rather broad (up to 0.3 mm) wing; female glumes from brown and reddish-brown to light brown and pale green, with white-scarious margins, equal to utricles..........2. **C. leporina**.
\+ Inflorescence 1–2.2 cm long; spikes 0.5–0.7 cm long. Utricles at maturity brown, with a dark brown beak, on margins with narrower wing; female glumes entirely dark brown or, sometimes, with very narrow scarcely distinct white-scarious margins, shorter than utricles..........3.
3. Inflorescence broad-ovoid, 1.2–1.5 cm long, 0.8–1.3 cm wide. Utricles at maturity spreaded, 3.2–3.6 mm long, 1.5–1.7 mm wide..........4. **C. pyrophila**.
\+ Inflorescence ovoid or oblong-ovoid, (1)1.5–2.2 cm long. Utricles at maturity adpressed or slightly patent, 4–4.5 mm long, 1.7–2 mm wide.......... 3. **C. macloviana**.

1 (292). **C. maackii** Maxim. 1859, Prim. Fl. Amur. : 308; В. Креч. 1935, во Фл. СССР, 3 : 161; Егор. 1966, Осоки СССР : 151. — *C. nipponica* Franch. 1879, Bull. Bot. Fr. 26 : 89. — *C. calcitrapa* Franch. 1895, Bull. Soc. Philom. Paris, sér. 8, 8 : 30. — *C. maackii* var. *nipponica* (Franch.) Ohwi, 1930, Mem. Coll. Sci. Kyoto Univ. ser. B, **5**, 3 : 180. — **О. Маака**.

Описан с юга российского Дальнего Востока; typus: «Hab. Unterhalb des Bureja-Gebirges, 23 VI 1855, Maack» (LE!).

По иловатым берегам рек и ручьев, на сырых лугах, в пойменных кустарниках. — **Дальн. Вост.**: Зее-Бур., Уссур. Общ. распр.: В. Азия (Сев.-Вост. Китай, п-ов Корея, Япония). — 2n = 68 (Tanaka, 1937).

2 (293). **C. leporina** L. 1753, Sp. Pl. : 973: Kük. 1909, in Engl. Pflanzenr. 38 : 210, p. p.; В. Креч. 1935, во Фл. СССР, 3 : 161; Егор. 1966, Осоки СССР : 152; ead. во Фл. Европ. ч. СССР, 2 : 213 et auct. mult. — *C. ovalis* Good. 1794, Trans. Linn. Soc. London, 2 : 148; Chater, 1980, in Fl. Europ. 5 : 300; Егор. 1990, Бот. журн. **75**, 6 : 866; Малышев, 1990, во Фл. Сиб. 3 : 85. — *C. argyroglochin* Hornem. 1821, Dansk Oekon. Plantel, ed. 3, 1 : 927; В. Креч. l. c. : 162. — *Vignea ovalis* (Good.) Soják, 1979, Čas. Nár. Muz. Praze, řada přir. **148**, 3–4 : 196. — Exs.: H.F.R. № 1498, H.F. URSS № 4225. — **О. заячья**.

Описан из Европы («Habitat in Europae pratis udis»); lectotypus: Morison, 1715, Pl. Hist. Univ. Oxon. 3, sect. 8, tab. 12, fig. 29 — Егорова (h. l.).

На сырых и болотистых лугах, у дорог и троп, по краям канав, на опушках, в кустарниках и светлых лесах, часто в нарушенных местообитаниях; на равнине и в горах (до альпийского пояса). — **Европ. ч.**: все районы, кроме Ниж.-Дон., Ниж.-Волж. и Крым. (в Аркт. Кольский п-ов, в Дв.-Печ. кроме сев., в Причерн. кроме юга); **Кавк.**: все районы, кроме Предкавк. и Тал.; **Зап. Сиб.**: Обск. (юго-зап. и юго-вост.), Верх.-Тоб. (сев.), Ирт. (к востоку от 80° в. д.), Алт.; **Вост. Сиб.**: Анг.-Саян., Даур. (побережье Байкала); **Дальн. Вост.**: заносное в Удск., Уссур., Сах. и Курил. (о-в Итуруп); **Средн. Азия**: Дж.-Тарб. (Джунгарский Алатау: сев. склон хр. Мын-Чукур), Сырдар. (окр. Ташкента, заносное). Общ. распр.: Европа; З. (Турция) и Ц. (Монголия: Монгольский Алтай) Азия; С. Америка (заносное); С. Африка (Алжир); Нов. Зеландия (заносное). — 2n = 60 (Дмитриева, 1985), 66 (Dietrich, 1972), 64 (Tanaka, 1948; Davies, 1956a, 1956b; Kjellqvist, Löve, 1963). — Рис. 68, *1*.

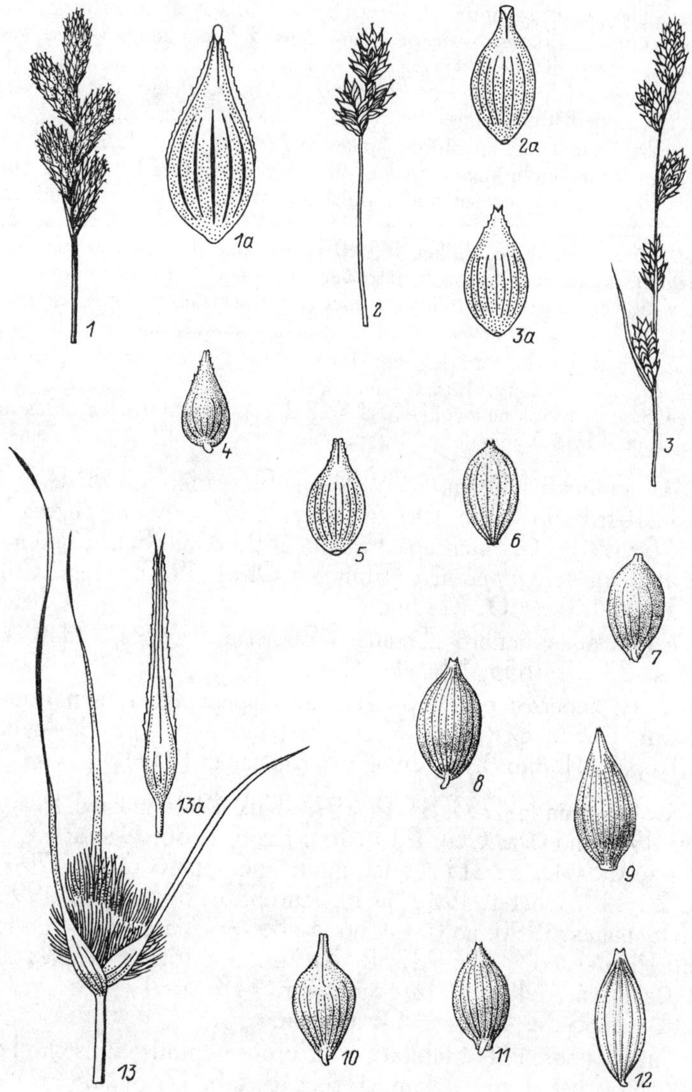

Рис. 68.

1 — *Carex leporina* L., соцветие, *1a* — мешочек; *2* — *C. heleonastes* Ehrh. ex L. f., соцветие, *2a* — мешочек; *3* — *C. canescens* L., соцветие, *3a* — мешочек; *4* — *C. kreczetoviczii* Egor., мешочек; *5* — *C. brunnescens* (Pers.) Poir., мешочек; *6* — *C. lapponica* O. Lang, мешочек; *7* — *C. marina* Dew., мешочек; *8* — *C. nemurensis* Franch., мешочек; *9* — *C. diastena* V. Krecz., мешочек; *10* — *C. lachenalii* Schkuhr, мешочек; *11* — *C. traiziscana* Fr. Schmidt, мешочек; *12* — *C. glareosa* Wahlenb., мешочек; *13* — *C. bohemica* Schreb., соцветие, *13a* — мешочек.

Fig. 68.

1 — *Carex leporina* L., inflorescence, *1a* — utricle; *2* — *C. heleonastes* Ehrh. ex L. f., inflorescence, *2a* — utricle; *3* — *C. canescens* L., inflorescence, *3a* — utricle; *4* — *C. kreczetoviczii* Egor., utricle; *5* — *C. brunnescens* (Pers.) Poir., utricle; *6* — *C. lapponica* O. Lang, utricle; *7* — *C. marina* Dew., utricle; *8* — *C. nemurensis* Franch., utricle; *9* — *C. diastena* V. Krecz., utricle; *10* — *C. lachenalii* Schkuhr, utricle; *11* — *C. traiziscana* Fr. Schmidt, utricle; *12* — *C. glareosa* Wahlenb., utricle; *13* — *C. bohemica* Schreb., inflorescence, *13a* — utricle.

Гербарный образец Herb. Linn. № 1100.19 (LINN, photo LE!), обозначенный Линнеем «6. *leporina*» (6 — порядковый номер вида в «Species plantarum»), принадлежит к *C. lachenalii* Schkuhr (= *C. tripartita* auct.). Образец № 1100.20 соответствует *C. leporina* в понимании упомянутых выше авторов (см. синонимику) и многих других, но он не содержит каких-либо пометок Линнея. Чтобы сохранить линнеевское название *C. leporina* и его принятое употребление, оно лектотипифицируется здесь цитированным в протологе рисунком из работы Морисона (Morison, l. c.).

По всему ареалу вид варьирует по форме соцветия от продолговатого до скученно-лопастного и иногда головчатого, по степени расставленности колосков и окраске кроющих чешуй (см. ключ).

Описанная из Дании *C. argyroglochin* Hornem., l. c. представляет собой теневую форму *C. leporina*, характеризующуюся более высокими, чем у типичных образцов последней, и слабыми, иногда поникающими стеблями, более светлыми до бледно-зеленых кроющими чешуями и незначительно более удлиненным носиком мешочков. Световые (типичные) и теневые формы *C. leporina* связаны между собой постепенными переходами.

C. leporina образует стерильные гибриды с *C. brizoides* и *C. remota*.

The herbarium specimen Herb. Linn. № 1100.19 (LINN, photo LE!), designated by Linnaeus «6. *leporina*» (6 is an ordinal number of the species in «Species plantarum») belongs to *C. lachenalii* Schkuhr (= *C. tripartita* auct.). The specimen № 1100.20 corresponds with *C. leporina* in the sense of mentioned above authors (see the nomenclatural paragraph) and many others, but it has no remarks by Linnaeus. For the purpose of the retention of Linnaean name *C. leporina* and its traditional usage, it is lectotypified here by the drawing from Morison's work (l. c.) quoted in the protologue.

The species varies throughout its range by shape of inflorescence from oblong to glomerate-lobate and sometimes capitate, by distance between spikes and colouring of glumes (see the key).

C. argyroglochin Hornem., l. c. described from Denmark is a shady form of *C. leporina*, being characterized by higher than in the typical specimens of the latter and weak, sometimes pendent stems, by more light (to pale green) glumes and by slightly more elongate utricle beak. Light (typical) and shady forms of *C. leporina* are connected by gradual transitions.

C. leporina generates the sterile hybrids with *C. brizoides* and *C. remota*.

3 (294). **C. macloviana** D'Urv. 1826, Mém. Soc. Linn. Paris, 4 : 599 (Flore des Malouines); Kük. 1909, in Engl. Pflanzenr. 38 : 195, p. p., excl. pl. kamtsch.; Chater, 1980, in Fl. Europ. 5 : 300. — *C. pachystachya* Cham. ex Steud. 1855, Syn. Pl. Glum. 2 : 197; А. Е. Кожевников, 1986, Бот. журн. **72**, 4 : 524; id. 1988, в Сосуд. раст. сов. Дальн. Вост. 3 : 389. — *C. macloviana* var. *pachystachya* (Cham.) Kük. 1909, in Engl. Pflanzenr. 38 : 197. — *C. macloviana* subsp. *pachystachya* (Cham. ex Steud.) Hult. 1942, Lunds Univ. Årsskr. N.F. Avd. 2, **38**, 1 : 318 (Fl. Al. 2), p. p., excl. pl. kamtsch. — *Vignea macloviana* (D'Urv.) Soják, 1979, Čas. Nár. Muz. Praze, řada přir. **148**, 3—4 : 196. — **О. макловианская**.

Описан из Южн. Америки (Фолклендские, или Мальвинские о-ва, «Malouines»); typus: «Port Louis» (P).

На песчаных берегах озер, галечниках, сырых лугах вблизи морских побережий. — **Дальн. Вост.**: Аркт. (Корякия: среднее течение р. Пахачи и бухта Гека в Олюторском р-не), Камч. (вост.: Кроноцкий заповедник). Общ. распр.: С. Европа (Исландия, север Фенноскандии); С. Америка (запад США, восток Канады; Гренландия; Гавайские о-ва); Ю. Америка (Анды к югу от 32° ю. ш., Огненная Земля, Фолклендские о-ва). — 2n = 86 (Heilborn, 1939; Löve, Löve, 1956; Jörgensen et al., 1958).

Тип вида процитирован здесь на основании литературных данных (Moore, Chater, 1971).

По мнению ряда авторов (Moore, Chater, 1971; Ball, 1990), которое я разделяю, *C. macloviana* — биполярный вид, которому идентична описанная с Алеутских о-вов (о-в Уналашка) *C. pachystachya* Cham. ex Steud., l. c. Для рассматриваемой территории этот вид под названием *C. pachystachya* впервые был приведен А. Е. Кожевниковым (l. c.) по сборам В. Баркалова 1976 г. (LE!) и В. Якубова 1982 г. (LE!). В. И. Кречетовичем (1935а) к *C. pachystachya* были отнесены растения, принадлежащие к следующему виду, *C. pyrophila*.

The species type is quoted here after Moore and Chater (1971).

In opinion of a number of authors (Moore, Chater, 1971; Ball, 1990) shared by me, *C. macloviana* is a bipolar species, with which *C. pachystachya* Cham. ex Steud., l. c. described from Aleutian Islands (Unalaska) is conspecific. For considered territory, this species under the name *C. pachystachya* was for the first time cited by Kozhevnikov (А. Е. Кожевников, l. c.) who based on collections by V. Barkalov in 1976 (LE!) and V. Yakubov in 1982 (LE!). Kreczetowicz (Кречетович, 1935a) related to *C. pachystachya* plants belonging to the next species, *C. pyrophila*.

4 (295). **C. pyrophila** Gand. 1913, Bull. Soc. Bot. Fr. 60 : 420; Ком. 1927, Фл. Камч. 1 : 228; Егор. 1966, Осоки СССР : 153; ead. 1981, в Опред. раст. Камч. обл. : 309; Ворош. 1982, Опред. раст. сов. Дальн. Вост. : 111; А. Е. Кожевников, 1988, в Сосуд. раст. сов. Дальн. Вост. 3 : 389. — *C. festiva* auct. non Dew.: Meinsh. 1901, Тр. Петерб. бот. сада, **18**, 3 : 324. — *C. macloviana* auct. non D'Urv.: Kük. 1909, in Engl. Pflanzenr. 38 : 195, p. p., quoad pl. kamtsch.; Ком. 1927, l. c. : 227; Ohwi, 1936, Mem. Coll. Sci. Kyoto Univ. ser. B, **11**, 5 : 260. — *C. pachystachya* auct. non Cham. ex Steud.: В. Креч. 1935, во Фл. СССР, 3 : 161. — *C. macloviana* subsp. *pachystachya* (Cham. ex Steud.) Hult. 1942, Lunds Univ. Årsskr. N.F. Avd. 2, **38**, 1 : 318 (Fl. Al. 2), p. p., quoad pl. kamtsch. — **О. огнелюбивая**.

Описан с п-ова Камчатка; typus: «Камчатка, у кратера вулкана Узон, 23 VIII 1909, № 3286, В. Комаров» (? LY, isotypus LE!).

На лужайках у горячих ключей и по берегам рек. — **Дальн. Вост.**: Камч. (п-ов Камчатка; о-в Карагинский), Ком. (о-в Беринга), Курил. (о-в Парамушир). — 2n = ?

Sectio 54. Stellulatae (Kunth) Christ, 1885, Bull. Soc. Bot. Belg. **24**, 2 : 18, emend. Mackenzie, 1931, North Amer. Fl. **18**, 2 : 99; Егор. 1965, Новости сист. высш. раст. : 76. — *Carex* 9. *Stellulatae* Kunth, Enum. Pl. 2 : 399, p. p. — Sect. *Desmiograstis* (Börn.) V. Krecz. 1935, во Фл. СССР, 3 : 149, p. p., quoad cycl. *Asterisca* V. Krecz. — Колоски гинекандрические, в числе (1)2—5, в б. м. густом или прерывистом колосовидном соцветии; верхний колосок булавовидный, с узкой удлиненной тычиночной частью, имитирующей ножку. Кроющие листья обычно чешуевидные. Мешочки плоско-выпуклые, перепончатые, обычно 3—5 мм дл., в зрелом состоянии звездчато отклоненные, с жилками, в основании губчатые, с коротко-двузубчатым носиком. Растения с укороченными неползучими корневищами. — Typus: *C. stellulata* Good. (= *C. echinata* Murr.).

Около 20 видов, преимущественно в Сев. Америке, а также в Европе (*C. echinata*), Зап. (*C. echinata*), Вост. (*C. omiana* Franch. et Savat., *C. basilata* Ohwi) и Юго-Вост. (о-в Суматра — *C. gajonum* Nelmes) Азии, на Гавайских о-вах (*C. svenonis* Skottsberg), в Австралии и Нов. Зеландии (*C. echinata*) и Нов. Гвинее (*C. perileia* S. T. Blake). — Лит.: Kern, Nooteboom, 1979a, 1979b; Reznicek, Ball, 1980; Reznicek, 1987.

Spikes gynaecandrous, (1)2—5, in more or less dense or interrupted spiciform inflorescence; terminal spike clavate, with narrow elongate male part imitating peduncle. Bracts usually glumaceous. Utricles plano-convex, membranous, usually 3—5 mm long, at maturity stellate patent, veined, at base spongy, with a short-bidentate beak. Plants with short, not creeping rhizomes. — T y p u s: *C. stellulata* Good. (= *C. echinata* Murr.).

About 20 species, mainly in North America, as well as in Europe (*C. echinata*), West (*C. echinata*), East (*C. omiana* Franch. et Savat., *C. basilata* Ohwi) and Southeast (Sumatra — *C. gajonum* Nelmes) Asia, Hawaiian Islands (*C. svenonis* Skottsberg), Australia and New Zealand (*C. echinata*), New Guinea (*C. perileia* S. T. Blake). — R e f.: Kern, Nooteboom, 1979a, 1979b; Reznicek, Ball, 1980; Reznicek, 1987.

1. Мешочки 4.5—5.5(6.5) мм дл., яйцевидно-ланцетовидные, постепенно, без изгиба суженные в длинный гладкий или рассеянно-шероховатый носик............1. **C. omiana**.
\+ Мешочки 3—4(4.2) мм дл., с шероховатым или рассеянно-шероховатым носиком............2.
2. Мешочки яйцевидные или продолговато-яйцевидные, 3.5—4(4.2) мм дл., 1.6—2 мм шир., спереди с 7—12 тонкими жилками, с шероховатым носиком. Растение Европейской части и Кавказа............2. **C. echinata**.
\+ Мешочки яйцевидно-ланцетовидные или продолговато-яйцевидные, 3—3.8 мм дл., 1—1.3 мм шир., спереди без жилок или с неясными жилками у основания, с рассеянно-шероховатым носиком. Растение Дальнего Востока............3. **C. basilata**.

1. Utricles 4.5—5.5(6.5) mm long, ovate-lanceolate, gradually narrowed into a long smooth or sparse-scabrid beak............1. **C. omiana**.
\+ Utricles 3—4(4.2) mm long, with a scabrid or sparse-scabrid beak............2.
2. Utricles ovate or oblong-ovate, 3.5—4(4.2) mm long, 1.6—2 mm wide, dorsally with 7—12 thin veins, with scabrid beak. Plants of European part and Caucasus............2. **C. echinata**.
\+ Utricles ovate-lanceolate or oblong-ovate, 3—3.8 mm long, 1—1.3 mm wide, dorsally veinless or with obscure veins at base, with a sparse-scabrid beak. Plants of Far East............3. **C. basilata**.

1 (296). **C. omiana** Franch. et Savat. 1877, 1878, Enum. Pl. Jap. 2 : 126, 554; Ohwi, 1936, Mem. Coll. Sci. Kyoto Univ. ser. B, **11**, 5 : 254; id. 1965, Fl. Jap. : 227; Егорова, 1966, Осоки СССР : 158; Ворош. 1982, Опред. раст. сов. Дальн. Вост. : 112. — *C. stellulata* var. *omiana* (Franch. et Savat.) Kük. ex Matsum. 1905, Index Pl. Jap. **2**, 1 : 134; Kük. 1909, in Engl. Pflanzenr. 38 : 230. — *Vignea omiana* (Franch. et Savat.) Soják, 1979, Čas. Nár. Muz. Praze, řada přir. **148**, 3—4 : 194. — **О. омийская**.

Описан из Японии; t y p u s: о-в Хонсю, «Nippon media, in provincia Omi, ubi detexit Dr. Rein, № 3702, Savatier» (P).

На болотистых местах. — **Дальн. Вост.**: Курил. (юг). — 2n = ?

2 (297). **C. echinata** Murr. 1770, Prodr. Stirp. Gotting. : 76; Nelmes, 1952, in Fl. Brit. Isl. : 1404; Егор. 1966, Осоки СССР : 155; Reznicek a. Ball, 1980, Contr. Univ. Mich. Herb. 14 : 191, p. p., quoad subsp. *echinata*. — *C. stellulata* Good. 1794, Trans. Linn. Soc. London, 2 : 144. — *C. grypos* Schkuhr, 1806, Nachtr. Riedgr. : 18. — *C. stellulata* var. *grypos* (Schkuhr) Koch, 1844, Syn. Fl. Germ., ed. 2 : 869. — *C. stellulata* var. *hylogiton* Aschers. et Graebn. 1902, Syn. Mitteleurop. Fl. **2**, 2 : 56. — *C. muricata* auct. non L.: Mackenzie, 1931, in North Amer. Fl. **18**, 2 : 109;

В. Креч. 1935, во Фл. СССР, 3 : 152 et auct. mult. fl. URSS. — Exs.: H.F.R. №№ 1643, 1794 (ut *C. stellulata*), H.F.URSS № 4217. — **О. ежисто-колючая**.

Описан из Германии (окр. Геттингена): lectotypus: Oeder, 1766, Fl. Dan. 2, pl. 284 — Reznicek a. Ball (l. c.).

На сырых и болотистых лугах, травяных, реже сфагновых болотах, в сырых и заболоченных лесах и кустарниках. — **Европ. ч.**: Кар.-Мурм. (к югу от Хибинских гор), Дв.-Печ. (зап. и юг), Прибалт., Лад.-Ильм., Верх.-Днепр., Верх.-Волж., Волж.-Кам. (зап.), Карп., Сред.-Днепр., Волж.-Дон., Заволж. (Сергиевск), Молд., Причерн. (Днепропетровск); **Кавк.**: Б. Кавк. (зап.; центр.; вост.: окр. Махачкалы — Атлибуюнский перевал), Зап. и Центр. (Юго-Осетия) Закавк. Общ. распр.: Европа; З. Азия (сев. Турция, сев. Иран, зап. Сирия); С. Америка (зап. и вост.), С. Африка (сев.-зап.), Австралия (юго-вост.: горы Нового Южного Уэлса и Виктории), Нов. Зеландия. — 2n = 56 (Heilborn, 1939), 58 (Tanaka, 1948; Löve, Löve, 1956, 1961). — Рис. 63, *12*.

Известны 2 экологические формы *C. echinata*: теневая (= *C. stellulata* var. *hylogiton* Aschers. et Graebn., l. c.) и альпийская (= *C. grypos* Schkuhr, l. c., *C. stellulata* var. *grypos* (Schkuhr) Koch, l. c.). Американские исследователи (Reznicek a. Ball, l. c.) разделяют *C. echinata* на 2 подвида: subsp. *echinata* и subsp. *phyllomanica* (W. Boott) Reznicek (запад Сев. Америки). По мнению Тойвонена (Toivonen, 1979), в особый подвид, возможно, следует выделить новозеландские растения этого вида.

C. echinata образует стерильные помеси с *C. remota*, *C. canescens* и *C. dioica* (см.: Егорова, l. c.).

2 ecological forms of *C. echinata* are known: shady (= *C. stellulata* var. *hylogiton* Aschers. et Graebn., l. c.) and alpine (= *C. grypos* Schkuhr, l. c., *C. stellulata* var. *grypos* (Schkuhr) Koch, l. c.). American researchers (Reznicek a. Ball, l. c.) divide *C. echinata* into 2 subspecies: subsp. *echinata* and subsp. *phyllomanica* (W. Boott) Reznicek (western North America). In opinion of Toivonen (1979), New Zealandian plants of this species should be possibly distinguished in a special subspecies.

C. echinata generates sterile crossbreds with *C. remota*, *C. canescens* and *C. dioica* (see: Егорова, l. c.).

3 (298). **C. basilata** Ohwi, 1942, Acta Phytotax. Geobot. (Kyoto), 11 : 258. — *Vignea angustior* (Mackenzie) Soják, 1979, Čas. Nár. Muz. Praze, řada přir. **148**, 3—4 : 194, quoad pl. — *C. angustior* auct. non ? Mackenzie: В. Креч. 1935, во Фл. СССР, 3 : 153; Егор. 1966, Осоки СССР : 158; Y. L. Chang et Y. L. Yang, 1976, in Fl. Chin. Bor.-Or. 11 : 198; Y. T. Lee, 1976, in Fl. Cor. 7 : 343; Ворош. 1982, Опред. раст. сов. Дальн. Вост. : 112; А. Е. Кожевников, 1988, в Сосуд. раст. сов. Дальн. Вост. 3 : 391. — *C. muricata* auct. non L.: Ohwi, 1936, Mem. Coll. Sci. Kyoto Univ. ser. B, **11**, 5 : 253. — *C. echinata* auct. non Murr.: Ohwi, 1965, Fl. Jap. : 227. — **О. расширенная**.

Описан с п-ова Корея; typus: «Korea: Teitek, № 2669, J. Ohwi» (KYO).

На осоковых и сфагновых болотах, сырых и болотистых лугах. — **Дальн. Вост.**: Аркт. (вост. Корякия), Камч., Сах. (очень редко), Курил. Общ. распр.: В. Азия (Сев.-Вост. Китай, п-ов Корея, о-ва Хоккайдо и Хонсю); ? С. Америка (зап.). — 2n = ?

Название *C. basilata* валидизировано путем ссылки на латинское описание *C. muricata* sensu Ohwi, 1936, l. c., non L. (International code..., 1994, ст. 33.4, прим. 2), соответствующее приводимому здесь виду, который вначале был принят Ови (Ohwi, 1936, l. c.) за *C. muricata* L. Растения *C. basilata* относили прежде (см. синонимику) к *C. angustior* Mackenzie (1917, in Rydb. Fl. Rocky

Mount. : 124). Последний вид основан, как указывает автор его описания, на *C. stellulata* var. *angustata* Carey (1848, in A. Gray, Bot. North U.S. : 544), описанной с востока Сев. Америки (lectotypus: «Fairfield, New York» — K, GH: Reznicek a. Ball, 1980). В результате детального изучения европейских и американских образцов *C. echinata* Резничек и Болл (Reznicek a. Ball, 1980) включили *C. angustior* в число синонимов этого вида. Однако дальневосточные растения не идентичны европейским образцам *C. echinata*, и поэтому я отнесла их не к *C. angustior* (= *C. echinata*), а к *C. basilata*. Не исключено, что *C. basilata* почти неотличима от *C. angustior*. Но если в Сев. Америке особи с узкими мешочками (общий признак двух последних видов) встречаются по всему ареалу *C. echinata*, то на евразиатском континенте такие растения локализованы только на Дальнем Востоке, представляя собой отчетливо выраженную географическую расу *C. echinata*.

Для Арктического района Дальнего Востока рассматриваемый вид приведен по данным А. Е. Кожевникова (l. c.).

The name *C. basilata* is validated by reference to latin description *C. muricata* sensu Ohwi, 1936, l. c., non L. (International code... 1994, Art. 33.4, Note 2) corresponding to the species cited here, which was at the beginning taken by Ohwi (1936, l. c.) for *C. muricata* L. Plants of *C. basilata* were related before (see the synonymy) to *C. angustior* Mackenzie (1917, in Rydb. Fl. Rocky Mount. : 124). The latter species is based, as the author its description indicates, on *C. stellulata* var. *angustata* Carey (1848, in A. Gray, Bot. North U.S. : 544) described from eastern North America (lectotypus: «Fairfield, New York» — K, GH: Reznicek a. Ball, 1980). Resulted from the detailed examining European and American specimens of *C. echinata*, Reznicek and Ball (1980) have included *C. angustior* into a synonymy of this species. However, Far-Eastern plants are not identical to European specimens of *C. echinata*, therefore I have related them not to *C. angustior* (= *C. echinata*), but to *C. basilata*. It is not impossible, that *C. basilata* is almost indistinguishable from *C. angustior*. But while in North America specimens with narrow utricles (the common character of two latter species) occur all over the range of *C. echinata*, in Eurasia such plants are located only in Far East, being a distinct geographical race of *C. echinata*.

For Arctic region of Far East, the considered species is cited according to data by Kozhevnikov (А. Е. Кожевников, l. c.).

Sectio 55. Elongatae (Kunth) Kük. 1909, in Engl. Pflanzenr. 38 : 226, p. min. p.; Chater, 1980, in Fl. Europ. 5 : 301. — *Carex* 10. *Elongatae* Kunth, 1837, Enum. Pl. 2 : 402, p. min. p. — Sect. *Canescentes* (Fries) Christ, 1885, Bull. Soc. Bot. Belg. **24**, 2 : 18, p. p.; Егор. 1965, Новости сист. высш. раст. : 79, p. min. p., quoad *C. elongatam*; ead. 1966, Осоки СССР : 169, p. min. p., quoad *C. elongatam*. — Sect. *Leptovignea* (Börn.) V. Krecz. 1935, во Фл. СССР, 3 : 167, p. min. p., quoad *C. elongatam*. — Колоски гинекандрические (изредка верхний колосок тычиночный, а нижние пестичные), в числе (5)8—12(18), в прерывистом колосовидном соцветии, внизу иногда с веточками из 3—5 колосков. Кроющие листья чешуевидные, нижний иногда с узколинейной пластинкой. Мешочки плоско-выпуклые, перепончатые, (3)3.7—4 мм дл., гладкие, зрелые почти горизонтально отклоненные от оси колоска и немного изогнутые, с ребристыми жилками, с цельным, спереди неглубоко щелевидно расщепленным, иногда едва двузубчатым носиком. Растение без ползучих корневищ; стебли и листья без папилл. — Typus: *C. elongata* L. Монотипная секция.

Рядом авторов (Кречетович, 1935а; Егорова, 1966б, 1976а, 1990 и др.) *C. elongata* включалась в секцию *Canescentes* (= sect. *Leptovignea*, sect. *Heleonastes*). Однако этот вид отличается от представителей данной секции отсутствием папилл на стеблях и листьях, гладкими (а не мелкобугорчатыми или покрытыми папиллами) мешочками, почти горизонтально отклоненными от оси колоска (а не прижатыми, реже б. м. сильно отклоненными). Исследования Тойвонена и Тимонена (Toivonen, Timonen, 1976) на СЭМ показали, что *C. elongata* резко отличается от представителей секции *Heleonastes* по ультраструктуре (строению и расположению кремнеземных тел) эпидермы плодов. Ими было высказано мнение о том, что *C. elongata* правильнее рассматривать в составе отдельной секции. Совокупность макро- и микроморфологических признаков данного вида определенно свидетельствует в пользу данной точки зрения.

Spikes gynaecandrous (rarely terminal spike male and lower ones female), (5)8–12(18), in interrupted spiciform inflorescence sometimes having in lower part branches of 3–5 spikes. Bracts glumaceous, lowest sometimes narrow-leaf-like. Utricles plano-convex, membranous, (3)3.7–4 mm long, smooth, at maturity almost horizontally patent and a little curved, with costate veins, with an entire, dorsally shallow slit-like cleft, sometimes scarcely bidentate beak. Plant without creeping rhizomes; stems and leaves without papillae. — Typus: *C. elongata* L. Monotypic section.

A number of authors (Кречетович, 1935а; Егорова, 1966б, 1976а, 1990 and others) included *C. elongata* in the section *Canescentes* (= sect. *Leptovignea*, sect. *Heleonastes*). However this species differs from representatives of this section by stems and leaves without papillae, smooth (instead of minute-tuberculate or papillose) utricles which are almost horizontally patent at maturity (instead of adpressed, more rarely more or less strongly patent). Research by Toivonen and Timonen (1976) with SEM has shown, that *C. elongata* is sharply different from species of the section *Heleonastes* by ultrastructure (structure and arrangement of silica bodies) of fruit epidermis. They supposed, that it would be more correct to distinguish *C. elongata* into a separate section. The combination of macro- and micromorphological characters of this species is a definite evidence of it.

1 (299). **C. elongata** L. 1753, Sp. Pl. : 974; В. Креч. 1935, во Фл. СССР, 3 : 171; Егор. 1966, Осоки СССР : 173; Малышев, 1990, во Фл. Сиб. 3 : 74. — *Vignea elongata* (L.) Reichenb. 1830, Fl. Germ. Excurs. : 59. — Exs.: H.F.R. №№ 1045, 1640. — **О. удлиненная**.

Описан из Европы («Habitat in Europa»); lectotypus: Scheuchzer, 1719 [in LE, 1775], Agrostogr. Gram., Junc., Cyper., tab. 11, fig. 4 — Егорова (h. l.).

В заболоченных лесах, ольшаниках, на травяно-осоковых, реже моховых болотах, по болотистым берегам водоемов, в оврагах. — **Европ. ч.**: Аркт. (р. Несь на юге п-ова Канин), Кар.-Мурм. (Карелия), Дв.-Печ. (зап. и юг), Прибалт., Лад.-Ильм., Верх.-Днепр., Верх.-Волж., Волж.-Кам., Карп., Сред.-Днепр., Волж.-Дон., Заволж., Молд. (Страшенский р-н, с. Лозово), Причерн. (сев.), Ниж.-Дон. (Новочеркасск); **Кавк.**: Б. Кавк. (зап. и центр., очень редко), Зап. Закавк. (Абхазия: р. Окуми и оз. Б. Бебисир; Поти); **Зап. Сиб.**: Обск. (юг), Верх.-Тоб. (сев.), Ирт. (сев. и вост.), Алт.; **Вост. Сиб.**: Енис. (нижнее течение Ангары), Анг.-Саян. (зап.), Даур. (южн. и юго-зап. побережье Байкала). Общ. распр.: С., Атл., Ц. и Ю. (очень редко) Европа. — 2n = 56 (Heilborn, 1924). — Рис. 63, *10*.

В качестве лектотипа *C. elongata* здесь выбран цитированный в протологе вида рисунок из работы Шойхцера (Scheuchzer, l. c.).

Образует стерильные гибриды с *C. paniculata*, *C. remota* и *C. canescens* (см.: Егорова, цит. соч.).

As the lectotype of *C. elongata*, the drawing from the work by Scheuchzer (l. c.) quoted in the protologue of the species is chosen here.

Genetates sterile hybrids with *C. paniculata*, *C. remota* and *C. canescens* (see: Егорова, l. c.).

Sectio 56. Canescentes Fries ex Kük. 1899, Bot. Jahrb. **27**, 4 : 508; id. 1909, in Engl. Pflanzenr. 38 : 212; Егор. 1965, Новости сист. высш. раст. : 78, p. p., excl. *C. elongata*; ead. 1966, Осоки СССР : 169, p. p.; Chater, 1980, in Fl. Europ. 5 : 301. — *Carex* 7. *Heleonastes* Kunth, 1837, Enum. Pl. 2 : 393, p. p.. — *Carex* 11. *Tenuiflorae* Kunth, l. c. : 405. — *Carex***Canescentes* Fries, 1845, Summa Veg. Scand. 1 : 72, p. p., nom. nud. — *Carex***Lagopinae* Nym. 1882, Consp. Fl. Europ.

4 : 779, nom. nud. — Sect. *Canescentes* Fries ex Christ, 1885, Bull. Soc. Bot. Belg. **24**, 2 : 18, nom. nud., p. p. — Sect. *Lagopinae* (Nym.) Christ, l. c. : 19, nom. invalid. — Sect. *Ursinae* Kük. 1909, l. c. : 74. — Sect. *Tenuiflorae* (Kunth) Kük. 1909, l. c.: 222. — *Leptovignea* Börn. 1913, Abh. Naturw. Ver. Bremen, 21 : 273, p. max. p. — Sect. *Heleonastes* (Kunth) Mackenzie, 1931, in North Amer. Fl. **18**, 1 : 84, p. p., excl. *C. disperma*. — Sect. *Phyllothyrsa* cycl. *Diastatostachys* V. Krecz. 1935, во Фл. СССР, 3 : 145, p. p., quoad *C. laeviculmem*, sine descr. latin. — Sect. *Leptovignea* (Börn.) V. Krecz. l. c. : 167, p. p., excl. *C. disperma* et *C. elongata*. — Колоски гинекандрические (боковые иногда пестичные), в числе 1—8(12), в колосовидном продолговатом (прерывистом или б. м. плотном) или головчатом соцветии. Кроющие листья чешуевидные. Мешочки плоско-выпуклые, тонкокожистые или перепончатые, покрытые очень мелкими папиллами или мелкобугорчатые, 1.5—4(4.5) мм дл., в зрелом состоянии прижатые, редко отклоненные от оси колоска, с жилками, обычно с коротким цельным или едва выемчатым, иногда спереди щелевидно расщепленным носиком. Растения без ползучих корневищ, очень редко с ползучими корневищами; стебли и листья покрытые папиллами. — Typus: *C. canescens* L.

23 вида, в Европе, умеренном поясе Азии, Сев. и Южн. Америке, Австралии, Нов. Гвинее и Нов. Зеландии; вне рассматриваемой территории: *C. furva* Webb. (Пиренейский п-ов), *C. melanorrhyncha* Nelmes (сев.-вост. Турция), *C. arcta* Boott, *C. arctiformis* Mackenzie, *C. laeviculmis* Meinsh., *C. praeceptorum* Mackenzie и *C. trisperma* Dew (Сев. Америка). — Лит.: Böcher, 1952; Kalela, 1965; Halliday, Chater, 1969; Toivonen, 1974, 1979, 1980, 1981a, 1981b; Toivonen, Timonen, 1976; Timonen, Toivonen, 1979; Luceño, 1985.

Известны многочисленные стерильные гибриды между представителями секции *Canescentes*, а также между ними и видами других секций (Kükenthal, 1909; Holmberg, 1929a, 1929b; Flatberg, 1972; Toivonen, 1980, 1981a).

Spikes gynaecandrous (lateral ones sometimes female), 1—8(12), in spiciform oblong (interrupted or more or less dense) or capitate inflorescence. Bracts glumaceous. Utricles plano-convex, thin-coriaceous or membranous, covered with very small papillae or minute-tuberculate, 1.5—4(4.5) mm long, at maturity adpressed, rarely patent, veined, usually with a short entire or scarcely emarginate, sometimes dorsally slit-like cleft beak. Plants without creeping rhizomes, very rarely with creeping rhizomes; stems and leaves covered with very small papillae. — Typus: *C. canescens* L.

23 species in Europe, temperate zone of Asia, North and in South America, Australia, New Guinea and New Zealand; outside considered territory: *C. furva* Webb. (Iberian Peninsula), *C. melanorrhyncha* Nelmes (Northeastern Turkey), *C. arcta* Boott, *C. arctiformis* Mackenzie, *C. laeviculmis* Meinsh., *C. praeceptorum* Mackenzie and *C. trisperma* Dew (North America). — Ref.: Böcher, 1952; Kalela, 1965; Halliday, Chater, 1969; Toivonen, 1974, 1979, 1980, 1981a, 1981b; Toivonen, Timonen, 1976; Timonen, Toivonen, 1979; Luceño, 1985.

Numerous sterile hybrids are known between representatives of the section *Canescentes*, as well as between them and species of other sections (Kükenthal, 1909; Holmberg, 1929a, 1929b; Flatberg, 1972; Toivonen, 1980, 1981a).

1. Соцветие состоит из 1 яйцевидного или шаровидного колоска 0.4—0.6 см дл. Мешочки широкояйцевидные или яйцевидные, 2—2.3 мм дл., беловатые. Растение арктических морских побережий (1.5)3—5(10) см выс. ....16. **C. ursina** (см. также ступень 12).
\+ Соцветие состоит из 2 или большего числа колосков. Растения более высокие..2.
2. Соцветие б. ч. удлиненное, обычно с расставленными колосками......3.
\+ Соцветие головчатое или яйцевидное, обычно с тесно сближенными колосками (нижний изредка отставлен на 0.5—1 см), иногда продолговато-яйцевидное...12.

3. Мешочки ланцетовидные, 3.5—4 мм дл., с гладким носиком. Соцветие 1.5—2.5(3) см дл., с коленчато изогнутой осью, из 3—4 широкояйцевидных колосков 0.5—0.7 см дл. ....1. **C. diastena**.

\+ Мешочки яйцевидные, широкояйцевидные или эллиптические, редко продолговато-яйцевидные, 1.5—3(3.7) мм дл., с шероховатым или гладким носиком, или без носика..4.

4. Мешочки без носика, на верхушке островатые или туповатые, яйцевидные или эллиптические, (2.2)2.5—3.3 мм дл., с утолщенными ребристыми жилками, в зрелом состоянии сильно отклоненные от оси колоска. Соцветие из 2—4 почти шаровидных, 0.3—0.5 см дл., малоцветковых (с 2—4 пестичными и 1—2 тычиночными цветками) колосков. Растение с тонкими ползучими корневищами........10. **C. loliacea**.

\+ Мешочки с явственным, хотя иногда очень коротким носиком, с тонкими жилками, в зрелом состоянии прижатые, реже отклоненные от оси колоска. Соцветие из б. м. многоцветковых колосков. Растения без ползучих корневищ..5.

5. Мешочки 3.2—3.7 мм дл., эллиптические, зрелые горизонтально отклоненные от оси колоска. Ось соцветия коленчато изогнутая. Растение Дальнего Востока..2. **C. traiziscana**.

\+ Мешочки более мелкие, зрелые прижатые или не сильно отклоненные от оси колоска. Ось соцветия обычно не изогнутая коленчато, если изогнутая, то мешочки прижатые..6.

6. Мешочки широкоэллиптические или широкояйцевидные, 2.8—3(3.5) мм дл., 1.6—1.8 мм шир., толстокожистые. Верхний колосок булавовидный, обычно наполовину с тычиночными цветками, 1—1.5 см дл., остальные колоски яйцевидные или продолговато-яйцевидные, с немногими тычиночными цветками или, редко, целиком пестичные. Кроющие чешуи широкояйцевидные, светло-, красновато-бурые или бурые. Стебли б. ч. гладкие. Растение преимущественно морских побережий.. ....14. **C. mackenziei**.

\+ Мешочки яйцевидные или эллиптические, 1—1.5 мм шир., перепончатые или тонкокожистые. Верхний колосок обычно меньших размеров и по форме почти не отличается от боковых. Стебли шероховатые, реже гладкие. Растения не обитают на морских побережьях............7.

7. Мешочки эллиптические или обратнояйцевидные, 1.5—2 мм дл., довольно резко суженные в очень короткий, 0.1—0.15 мм, гладкий носик..8.

\+ Мешочки б. ч. яйцевидные, (2)2.3—3.3 мм дл., постепенно суженные в более длинный и шероховатый носик...9.

8. Кроющие чешуи обычно беловато-зеленые или бледно-коричневые, острые, реже туповатые, короче мешочков на 1/4 или 1/3 их длины, реже вдвое...6. **C. lapponica**.

\+ Кроющие чешуи коричневые, тупые, реже островатые, короче мешочков обычно вдвое...7. **C. bonanzensis**.

9. Мешочки (2)2.2—2.7 мм дл., яйцевидные или продолговато-яйцевидные, в зрелом состоянии прижатые. Соцветие из (4)5—10(12) колосков..10.

\+ Мешочки 2.8—3.3 мм дл., эллиптические; если яйцевидные, то в зрелом состоянии отклоненные от оси колоска и изогнутые наружу. Соцветие из 4—6 колосков...11.

10\. Мешочки с удлиненным носиком, спереди до основания щелевидно расщепленным (вдоль носика по краям щели имеется беловатая полоска). Соцветие обычно буроватое, (1.5)2—3.5(4—5) см дл.; колоски округло-яйцевидные или яйцевидные, реже продолговатые, 0.3—0.8 см дл., с маслянистым блеском. Кроющие чешуи светло-буровато-ржавые, бледно-ржавые, реже бледно-зеленые. Листовые пластинки зеленые, 1.5—2(3) мм шир. Стебли с прямыми гранями, обычно сильно отклоненные в сторону и иногда полегающие. Плоды округлые, блестящие...8. **C. brunnescens**.

\+ Мешочки с коротким носиком, спереди не расщепленным, а лишь слабо клиновидно выемчатым. Соцветие бледно-зеленое, 2.5—5(8) см дл.; колоски продолговатые или яйцевидные, иногда почти шаровидные, 0.4—1(1.5) см дл., без маслянистого блеска. Кроющие чешуи бледно-зеленые или бледно-ржавые. Листовые пластинки серовато- или светло-зеленые, 1.5—3(4) мм шир. Стебли с вогнутыми гранями, прямые, торчащие. Плоды эллиптические, матовые.... 5. **C. canescens**.

11\. Соцветие 1.5—2.5 см дл., с незначительно, на 0.5 см, расставленными колосками. Мешочки в зрелом состоянии заметно отклоненные от оси колоска и немного изогнутые наружу, яйцевидные, спереди с 5—6 жилками, с глубоко щелевидно расщепленным носиком........................ ....4. **C. kreczetoviczii** (см. также ступень 18).

\+ Соцветие 3—6 см дл., с колосками, расставленными на 1.5—3 см. Мешочки в зрелом состоянии прижатые, не изогнутые, эллиптические, спереди с 12—16 жилками, со слабо выемчатым носиком.................... ....3. **C. nemurensis**.

12(2). Растение (1.5)3—5(10) см выс. В соцветии не более 2 колосков, причем боковой очень маленький. Кроющие чешуи широкояйцевидные или широко-обратнояйцевидные. Мешочки широкояйцевидные или яйцевидные, 2—2.3 мм дл., с очень коротким гладким носиком. Растение арктических морских побережий..........................16. **C. ursina**.

\+ Растения (10)15—40(50) см выс. В соцветии (2)3—5 колосков. Кроющие чешуи б. ч. яйцевидные или продолговато-яйцевидные. Мешочки 2.5—4.5 мм дл. ....13.

13\. Кроющие чешуи бледно-зеленые, редко бледно-ржавые. Растения рыхлодернистые, с тонкими ползучими корневищами......................14.

\+ Кроющие чешуи от темно- до светло-коричневых. Растения густодернистые, без ползучих корневищ..15.

14\. Мешочки яйцевидные или эллиптические, (2.5)2.7—3.2(3.5) мм дл., с беловатым налетом, с 4—8 тонкими жилками, заметными при побурении мешочков...11. **C. tenuiflora**.

\+ Мешочки яйцевидно-ланцетовидные, 3.5—4(4.5) мм дл., без беловатого налета, с многочисленными утолщенными, хорошо заметными жилками...9. **C. pseudololiacea**.

15\. Верхний колосок гинекандрический, остальные целиком пестичные; соцветие 1—1.5(2) см дл., из 2—3(4) колосков. Мешочки яйцевидные или обратнояйцевидные, реже продолговато-яйцевидные или ланцетовидные, 2.4—2.8(3.3) мм дл. Растение морских побережий..15. **C. glareosa**.

\+ Все колоски гинекандрические (очень редко нижние целиком пестичные, но тогда растение не обитает на морских побережьях); соцветие 1—2 см дл., из (2)3—4(5) колосков..16.

16. Мешочки тонкокожистые, с зеленовато-беловатым матовым налетом, позднее вверху буреющие, с тонкими жилками, заметными при побурении мешочков. Стебли шероховатые..17.

\+ Мешочки перепончатые, без беловатого налета, светло-ржавые, с хорошо заметными жилками. Стебли гладкие или иногда только под соцветием шероховатые..18.

17. Мешочки яйцевидные, прямые, в основании слабо губчатые, с хорошо выраженным, 0.5—0.7 мм дл., шероховатым, спереди б. м. глубоко расщепленным носиком. Боковые колоски иногда целиком пестичные..12. **C. heleonastes**.

\+ Мешочки эллиптические или продолговато-эллиптические, с немного изогнутыми верхушками, в основании сильно губчатые, с очень коротким, едва выраженным, обычно гладким, цельным или спереди слегка расщепленным носиком. Боковые колоски гинекандрические..13. **C. marina**.

18. Колоски обратнояйцевидные или продолговатые, 0.7—1.2 см дл. Мешочки б. ч. обратнояйцевидные, реже эллиптические или яйцевидные, в зрелом состоянии прижатые или слабо отклоненные от оси колоска, довольно резко суженные в удлиненный, 0.5—0.8 мм, гладкий черноватый носик..17. **C. lachenalii**.

\+ Колоски яйцевидные, или верхний булавовидный, 0.5—0.8 см дл. Мешочки яйцевидные, в зрелом состоянии заметно отклоненные от оси колоска и немного изогнутые наружу, постепенно суженные в более короткий шероховатый ржаво-желтый носик..4. **C. kreczetoviczii** (см. также ступень 11).

1. Inflorescence consists of 1 ovoid or globose spike 0.4—0.6 cm long. Utricles broad-ovate or ovate, 2—2.3 mm long, whitish. Plants of Arctic sea coasts (1.5)3—5(10) cm high..16. **C. ursina** (see also stage 12).

\+ Inflorescence consists of 2 or more spikes. Plants higher..2.

2. Inflorescence generally elongate, usually with distant spikes..3.

\+ Inflorescence capitate or ovoid, usually with closely approximate spikes (lowest rarely distant by 0.5—1 cm), sometimes oblong-ovoid..12.

3. Utricles lanceolate, 3.5—4 mm long, with a smooth beak. Inflorescence 1.5—2.5(3) cm long, with geniculate-curved axis, of 3—4 broad-ovoid spikes 0.5—0.7 cm long..1. **C. diastena**.

\+ Utricles ovate, broad-ovate or elliptical, rarely oblong-ovate, 1.5—3(3.7) mm long, with a scabrid or smooth beak, or beakless..4.

4. Utricles beakless, acutish or obtusish at apex, ovate or elliptical, (2.2)2.5—3.3 mm long, with thickened costate veins, at maturity strongly patent. Inflorescence of 2—4 subglobose, 0.3—0.5 cm long, few-flowered (with 2—4 female and 1—2 male flowers) spikes. Plants with thin creeping rhizomes..10. **C. loliacea**.

\+ Utricles with a distinct, though sometimes very short beak, with thin veins, at maturity adpressed, more rarely patent. Inflorescence of more or less many-flowered spikes. Plants without creeping rhizomes..5.

5. Utricles 3.2–3.7 mm long, elliptical, at maturity horizontally patent. Axis of inflorescence geniculate-curved. Plants of Far East.......................................2. **C. traiziscana.**

\+ Utricles smaller, at maturity adpressed or slightly patent. Axis of inflorescence usually not genuculate-curved, if curved, then utricles adpressed.......................................6.

6. Utricles broad-elliptical or broad-ovate, 2.8–3(3.5) mm long, 1.6–1.8 mm wide, thick-coriaceous. Terminal spike clavate, usually half with male flowers, 1–1.5 cm long, the other spikes ovoid or oblong-ovoid, with few male flowers or, rarely, female. Female glumes broad-ovate, light brown, reddish-brown or brown. Stems generally smooth. Plants mainly of sea coasts.......................................14. **C. mackenziei.**

\+ Utricles ovate or elliptical, 1–1.5 mm wide, membranous or thin-coriaceous. Terminal spike usually smaller almost does not differ by shape from lateral ones. Stems scabrid, more rarely smooth. Plants does not grow in sea coasts.......................................7.

7. Utricles elliptical or obovate, 1.5–2 mm long, rather abruptly narrowed into a very short, 0.1–0.15 mm, smooth beak.......................................8.

\+ Utricles generally ovate, (2)2.3–3.3 mm long, gradually narrowed into a longer scabrid beak.......................................9.

8. Female glumes usually whitish-green or pale brown, acute, more rarely obtusish, shorter than utricles by 1/4 or 1/3, more rarely twice.......................................6. **C. lapponica.**

\+ Female glumes brown, obtuse, more rarely acutish, usually twice shorter than utricles...7. **C. bonanzensis.**

9. Utricles (2)2.2–2.7 mm long, ovate or oblong-ovate, at maturity adpressed. Inflorescence of (4)5–10(12) spikes.......................................10.

\+ Utricles 2.8–3.3 mm long, elliptical, if ovate, then at maturity patent and curved outside. Inflorescence of 4–6 spikes.......................................11.

10. Utricles with an elongate beak dorsally down to base slit-like cleft (along beak at margins of slit with whitish stripe). Inflorescence usually brownish, (1.5)2–3.5(4–5) cm long; spikes globose-ovoid or ovoid, more rarely oblong, 0.3–0.8 cm long, greasy-looking. Female glumes light brownish-ferruginous, pale ferruginous, more rarely pale green. Leaf blades green, 1.5–2(3) mm wide. Stems with flat faces, usually strongly patent and sometimes lodging. Fruits orbicular, shining.......................................8. **C. brunnescens.**

\+ Utricles with a short beak not cleft dorsally, but only slightly cuneate-emarginate. Inflorescence pale green, 2.5–5(8) cm long; spikes oblong or ovoid, sometimes subglobose, 0.4–1(1.5) cm long, not greasy-looking. Female glumes pale green or pale ferruginous. Leaf blades greyish- or light green, 1.5–3(4) mm wide. Stems with concave faces, straight. Fruits elliptical, dull.......................................5. **C. canescens.**

11. Inflorescence 1.5–2.5 cm long, with slightly, by 0.5 cm, distant spikes. Utricles at maturity distinctly patent and a little curved outside, ovate, dorsally 5–6 veined, with deeply slit-like cleft beak.......................................4. **C. kreczetoviczii** (see also stage 18).

\+ Inflorescence 3–6 cm long, with spikes distant by 1.5–3 cm. Utricles at maturity adpressed, not curved, elliptical, dorsally 12–16 veined, with slightly emarginate beak...3. **C. nemurensis.**

12(2). Plants (1.5)3–5(10) cm high. Inflorescence with not more than 2 spikes, lateral being very small. Female glumes broad-ovate or broad-obovate. Utricles broad-ovate or ovate, 2–2.3 mm long, with a very short smooth beak. Plants of Arctic sea coasts.......16. **C. ursina.**

\+ Plants (10)15–40(50) cm high. Inflorescence of (2)3–5 spikes. Female glumes generally ovate or oblong-ovate. Utricles 2.5–4.5 mm long.......................................13.

13. Female glumes pale green, rarely pale ferruginous. Plants loose-caespitose, with thin creeping rhizomes.......................................14.

\+ Female glumes dark brown to light brown. Plants dense-caespitose, without creeping rhizomes.......................................15.

14. Utricles ovate or elliptical, (2.5)2.7–3.2(3.5) mm long, with whitish deposit, with 4–8 thin veins conspicuous at utricles turning brown.......................................11. **C. tenuiflora.**

\+ Utricles ovate-lanceolate, 3.5–4(4.5) mm long, without whitish deposit, with numerous thickened well distinct veins.......................................9. **C. pseudololiacea.**

15. Terminal spike gynaecandrous, the others female; inflorescence 1–1.5(2) cm long, of 2–3(4) spikes. Utricles ovate or obovate, more rarely oblong-ovate or lanceolate, 2.4–2.8(3.3) mm long. Plants of sea coasts.......................................15. **C. glareosa.**

+ All spikes gynaecandrous (very rarely lower ones female, but then plants not growing at sea coasts); inflorescence 1–2 cm long, of (2)3–4(5) spikes....................................16.
16. Utricles thin-coriaceous, with greenish-whitish-dull deposit, later turning brown in upper part, with thin veins conspicuous at utricles turning brown. Stems scabrid..................17.
+ Utricles membranous, without whitish deposit, light ferruginous, with well distinct veins. Stems smooth or sometimes scabrid only under inflorescence..18.
17. Utricles ovate, straight, at base slightly spongy, with a well distinct, 0.5–0.7 mm long, scabrid, dorsally more or less deep-cleft beak. Lateral spikes sometimes female...12. **C. heleonastes**.
+ Utricles elliptical or oblong-elliptical, with a little curved apexes, at base strongly spongy, with a very short, scarcely distinct, usually smooth, entire or dorsally slightly cleft beak. Lateral spikes gynaecandrous..13. **C. marina**.
18. Spikes obovoid or oblong, 0.7–1.2 cm long. Utricles generally obovate, more rarely elliptical or ovate, at maturity adpressed or slightly patent, rather abruptly narrowed into an elongate, 0.5–0.8 mm, smooth blackish beak................................17. **C. lachenalii**.
+ Spikes ovoid, or terminal clavate, 0.5–0.8 cm long. Utricles ovate, at maturity distinctly patent and a little curved outside, gradually narrowed into shorter scabrid ferruginous-yellow beak..4. **C. kreczetoviczii** (see also stage 11).

1 (300). **C. diastena** V. Krecz. 1935, во Фл. СССР, 3 : 594, 172; Егор. Осоки СССР : 174; А. Е. Кожевников, 1988, в Сосуд. раст. сов. Дальн. Вост. 3 : 393. – *C. laeviculmis* auct. non Meinsh. : Ком. 927, Фл. Камч. 1 : 233, p. p. – *C. traiziscana* auct. non Fr. Schmidt: Hult. 1927, Fl. Kamtch. 1 : 182, p. p. – *C. dominii* auct. non Lévl. et Vaniot: Ohwi, 1936, Mem. Coll. Sci. Kyoto Univ. ser. B, **11**, 5 : 266; Ворош. 1982, Опред. раст. сов. Дальн. Вост. : 112. – **О. узкая**.

Описан с п-ва Камчатка; typus: «Камчатка, басс. р. Паратунки, близ с. Николаевское, в моховой тундре, между р. Тихой и оз. Паратунка, 9 VII 1908, В. Комаров» (LE!).

На болотистых лугах, травяно-осоковых болотах, в моховой тундре. – **Дальн. Вост.**: Камч., Сах., Курил. (сев.). Эндемик. – 2n = ? – Рис. 68, *9*.

2 (301). **C. traiziscana** Fr. Schmidt, 1868, Mém. Acad. Sci. Pétersb. sér. 7, **12**, 2 : 192 (Reisen im Amur-Lande); В. Креч. 1935, во Фл. СССР, 3 : 172; Ohwi, 1965, Fl. Jap. : 228; Ворош. 1982, Опред. раст. сов. Дальн. Вост. : 112; А. Е. Кожевников, 1988, в Сосуд. раст. сов. Дальн. Вост. 3 : 393. – **О. трайзисканская**.

Описан с южн. Сахалина; lectotypus: о-в Сахалин, севернее пос. Ильинское, «Insula Sachalin, Traiziska, Aug. 1860, F. Schmidt» (LE! cum isolectotypis 3 et syntypo) – Кречетович (in sched.), Егорова (h. l.).

На моховых болотах, в заболоченных лесах и кустарниках, на болотистых лугах. – **Дальн. Вост.**: Сах., Курил. (юг: о-в Итуруп). Общ. распр.: В. Азия (о-ва Хоккайдо и Хонсю). – 2n = ? – Рис. 68, *11*.

Для Курильских о-вов вид приведен по данным А. Е. Кожевникова (l. c.).

For Kuril Islands, the species is cited according to data by Kozhevnikov (А. Е. Кожевников, l. c.).

3 (302). **C. nemurensis** Franch. 1895, Bull. Soc. Philom. Paris, sér. 8, 7 : 30; В. Креч. 1935, во Фл. СССР, 3 : 267; Егор. 1966, Осоки СССР : 176; Ohwi, 1965, Fl. Jap. : 228 Ворош. 1982, Опред. раст. сов. Дальн. Вост. : 112; А. Е. Кожевников, 1988, в Сосуд. раст. сов. Дальн. Вост. 3 : 393. – *Vignea nemurensis* (Franch.) Soják, 1979, Čas. Nár. Muz. Praze, řada přir. **148**, 3–4 : 196. – *C. traiziscana* auct. non Fr. Schmidt: Kük. 1909, in Engl. Pflanzenr. 38 : 218, p. p. – *C. laeviculmis* auct. non Meinsh. : Ком. 1927, Фл. Камч. 1 : 233, p. p. – **О. немуровская**.

Описан из Японии (о-в Хоккайдо, «Nemuro, Kushiro, leg. Faurie»); typus: P.

На травяно-осоковых болотах и заболоченных лугах. — **Дальн. Вост.**: Камч. (южн. половина), Удск., Сах., Курил. Общ. распр.: В. Азия (о-ва Хоккайдо и Хонсю). — 2n = ? — Рис. 68, *8*.

Внешне очень походит на предыдущий вид, от которого отличается более мелкими, 2.8—3.3 мм дл. (а не 3.2—3.7 мм), мешочками, в зрелом состоянии лишь слабо (а не горизонтально) отклоненными от оси колоска, острыми, почти равными мешочкам кроющими чешуями (а не б. ч. тупыми или туповатыми, короче мешочков на 1/3 их длины), яйцевидными (а не шаровидными) колосками и более узкими пластинками листьев.

In appearance, is very similar with the previous species, differing from it by smaller utricles 2.8—3.3 mm long (instead of 3.2—3.7 mm), at maturity only slightly (instead of horizontally) patent, by acute, almost equal to utricles (instead of generally obtuse or obtusish, shorter than utricles by 1/3) female glumes, by ovoid (instead of globose) spikes and narrower leaf blades.

4 (303) **C. kreczetoviczii** Egor. 1959, Бот. мат. (Ленинград), 19 : 62; Егор. 1966, Осоки СССР : 177; Ворошилов, 1982, Опред. раст. сов. Дальн. Вост. : 115; А. Е. Кожевников, 1988, в Сосуд. раст. сов. Дальн. Вост. 3 : 394; Малышев, 1990, во Фл. Сиб. 3 : 76. — *C. laeviculmis* auct. non Meinsh.: Kük. 1909, in Engl. Pflanzenr. 38 : 233, p. p.; Ком. 1927, Фл. Камч. 1 : 233, p. p.; В. Креч. 1935, во Фл. СССР, 3 : 145. — **О. Кречетовича**.

Описан с российского Дальнего Востока; typus: «Магаданская обл., Ольский р-н, болотистый луг в долине р. Магаданки, 24 VII 1938, В. Васильев» (LE!).

На сырых и болотистых лугах, травяных болотах; в горах, до субальпийского пояса. — **Вост. Сиб.**: Лен.-Кол. (басс. Алдана, очень редко), Даур. (Баргузинский хр.); **Дальн. Вост.**: Аркт. (юго-вост. Чукотка, басс. Анадыря, Корякия), Камч., Охот., Зее-Бур. (верховье Буреи). Эндемик. 2n = ? — Рис. 68, *4*.

Цитированными выше авторами растения данного вида относились к *C. laeviculmis* Meinsh. Однако последний вид (он описан с Аляски — о-в Ситха) распространен только на западе Сев. Америки от Аляски до Калифорнии (Егорова, 1959, l. c.). Внешне *C. kreczetoviczii* несколько походит на *C. brunnescens* и *C. lachenalii*, отличаясь от первой коричневыми (а не светло- или бледно-ржавыми или бледно-зелеными) кроющими чешуями и более крупными, 2.8—3.2 мм дл. (а не (2)2.2—2.3(2.5) мм) мешочками, в зрелом состоянии заметно отклоненными от оси колоска и немного изогнутыми наружу (а не прижатыми и прямыми), с хорошо выраженной ножкой, а от последней (кроме признаков, указанных в ключе) — шероховатыми стеблями, мешочками с обособленной ножкой и явственными жилками, а также булавовидным верхним колоском.

The authors cited above related plants of this species to *C. laeviculmis* Meinsh. However, the latter species (it is described from Alaska, Sitka Island) is distributed only in western North America from Alaska to California (Егорова, 1959, l. c.). In appearance, *C. kreczetoviczii* is somewhat similar to *C. brunnescens* and *C. lachenalii*, differing from the former by brown (instead of light or pale ferruginous or pale green) female glumes and by larger, 2.8—3.2 mm long (instead of (2)2.2—2.3(2.5) mm) utricles at maturity distinctly patent and a little curved outside (instead of adpressed and straight), with well distinct stipe, and from the latter (besides characters listed in the key) by scabrid stems, by utricles with distinct stipe and distinct veins, as well as by clavate terminal spike.

5 (304) **C. canescens** L. 1753, Sp. Pl. : 974; Kük. 1909, in Engl. Pflanzenr. 38 : 216, p. p.; В. Креч. 1935, во Фл. СССР, 3 : 176; Егор. 1966, Осоки СССР : 182; Малышев, 1990, во Фл. Сиб. 3 : 74 et auct. mult. fl. URSS. — *C. cinerea* Poll. 1777, Hist. Pl. Palat. 2 : 571; Егор. 1976, во Фл. Европ. ч. СССР, 2 : 215; Ворош. 1982,

Опред. раст. сов. Дальн. Вост.: 114; А. Е. Кожевников, 1988, в Сосуд. раст. сов. Дальн. Вост. 3 : 395. — *C. curta* Good. 1794, Trans. Linn. Soc. London, 2 : 145; Chater, 1980, in Fl. Europ. 5 : 302. — *C. hylaea* V. Krecz. 1935, во Фл. СССР, 3 : 594, 179. — *Vignea canescens* (L.) Reichenb. 1830, Fl. Germ. Excurs. : 58. — *V. cinerea* (Poll.) Dostál, 1982, Seznam Rostl. Květ. Českoslov. : 330. — Exs. : H.F.R. № 238, H.F. URSS № 4207a, b. — **О. сероватая**.

Описан из Европы («Habitat in Europa septentrionali»); lectotypus: Loeselius, 1703, Fl. Prussica, tab. 32 — Toivonen (1981).

На травяно-осоковых, реже моховых болотах, сырых лугах, по берегам водоемов, канавам, в болотистых лесах и редколесьях; на равнине и в горах до субальпийского и альпийского поясов. — **Европ. ч.**: все районы, кроме Молд., Причерн., Ниж.-Дон., Ниж.-Волж. и Крым. (в Аркт. кроме Нов. Земли и о-ва Вайгач); **Кавк.**: все районы, кроме Предкавк. и Тал. (в Южн. Закавк. Грузия — Джавахетия; Армения — басс. Севана; Нахичеванская республика); **Зап. Сиб.**: все районы (в Аркт. Полярн. Урал, низовья Оби, р. Ныда); **Вост. Сиб.**: Аркт. (низовья Енисея и окр. Норильска), Енис., Лен.-Кол. (кроме северо-востока), Анг.-Саян., Даур.; **Дальн. Вост.**: все районы, кроме Ком. (в Аркт. район Чаунской губы, басс. Анадыря — очень редко, пос. Беринговский, Корякия); **Средн. Азия**: Тянь.-Шан. (Киргизский Алатау: р. Аламедин; долина р. Ангрен: теплые ключи Арасан). Общ. распр.: С., Атл., Ц. и Ю. (вост.) Европа; З. (сев.-вост. Турция), Ц. (Китай: сев.-зап. Джунгария; сев. Монголия), В. (Сев.-Зап. и Сев.-Вост. Китай, север п-ва Корея, о-ва Хоккайдо и Хонсю), Ю. (зап. Гималаи) Азия; С. и Ю. (Чили, Огненная Земля и Фолклендские о-ва) Америка; Австралия (юго-вост.: горы Нового Южного Уэлса и Виктории) и Нов. Гвинея. — 2n = 52—54 (Кожевников и др., 1986), 56 (Heilborn, 1924; Löve, 1956; Малышев, 1990), 56—58 (Кожевников и др., 1986), 62 (Жукова, Петровский, 1975). — 68, *3*.

Один из самых распространенных в умеренном поясе сев. полушария видов осок, встречающийся также и в южн. полушарии. Широко известен под названием *C. canescens* L. Но, согласно литературным данным (Nelmes, 1951; Toivonen, 1981),оригинальный материал по *C. canescens* (LINN) не содержит образцов, которые соответствовали бы *C. canescens* в обычном понимании этого вида. В этом убеждает и просмотр имеющихся в LE микрофишей линнеевского гербария: образец № 1100.34 (LINN), обозначенный Линнеем 11 *canescens* (11 — порядковый номер вида в «Species plantarum»), принадлежит к *C. norvegica* (подрод *Carex*). В целях сохранения традиционного использования названия *C. canescens* Тойвонен (Toivonen, 1981) лектотипифицировал его рисунком, цитированным в протологе *C. canescens* (см. выше).

C. canescens варьирует по форме колосков, степени их расставленности, окраске кроющих чешуй, форме мешочков и их носика, а также по высоте и степени жесткости стеблей и ширине и длине листовых пластинок (Егорова, 1966б). Из всех разновидностей и форм этого вида следует отметить произрастающую в Сев. Америке *C. canescens* var. *disjuncta* Fern. (1902, Proc. Amer. Acad. Arts Sci. 37 : 488), которая Тойвоненом (Toivonen, 1981) принята в ранге подвида — *C. canescens* subsp. *disjuncta* (Fern.) Toivonen. Растения, принадлежащие к этому таксону, отличаются от типичных представителей вида длинным, до 15 см (а не 2.5—5(8) см), соцветием с сильно расставленными колосками.

C. hylaea V. Krecz., l. c. (typus: Ленинградская обл., «Ingria, Obla, 26 VI 1874, C. Meinshausen» — LE!) является теневой модификацией *C. canescens*, встречающейся по всему ареалу вида (Егорова, 1966б : 185).

Образцы *C. canescens* с юга Южн. Америки идентичны таковым из сев. полушария. Муе и Чейтер (Moore, Chater, 1971) относят их к описанной из Скандинавии *C. curta* var. *robustior* (Blytt ex Anderss.) Moore et Chater (= *C. canescens* var. *robustior* Blytt ex Anderss. 1849, Pl. Scand. 1 : 57) — высокогорной и субарктической экологической форме *C. cinerea*, отличающейся от особей из лесной зоны более низкими и жесткими стеблями, широкими и жесткими листовыми пластинками, менее расставленными колосками и более интенсивно окрашенными кроющими чешуями.

Австралийские растения *C. canescens* (= *C. curta*), как указывает Нелмс (Nelmes, 1951), отличаются от европейских более резко выраженными жилками на мешочках и меньшим их количеством. Образцы с Нов. Гвинеи, по его мнению, почти неотличимы от европейских, но все же неидентичны им. Керн и Нотебоом (Kern, Nooteboom, 1979a, 1979b) указывают *C. curta* для Нов. Гвинеи (Папуа) без каких-либо комментариев, но, судя по приводимому ими рисунку, единственный новогвинейский представитель этого вида отличается от типичных образцов последнего тычиночным (а не гинекандрическим) верхним колоском и шероховатыми вверху мешочками.

Данные о распространении *C. canescens* в Средней Азии нуждаются в уточнении (см.: Егорова, 1976б).

Образует стерильные гибриды[1] с *C. paniculata* (*C.* × *silesiaca* Figert), *C. appropinquata* (*C.* × *schutzeana* Figert), *C. chordorrhiza* (*C.* × *lidii* Flatb.), *C. remota* (*C.* × *arthuriana* Beckm. et Figert), *C. disperma* (*C.* × *tenelliformis* Holmb.), *C. echinata* (*C.* × *bicharica* Simonk.), *C. elongata*, *C. lapponica* (*C.* × *clausa* Holmb.), *C. brunnescens* (*C.* × *abortiva* Holmb.), *C. loliacea* (*C.* × *mithala* Callmé), *C. mackenziei* (*C.* × *pseudohelvola* Kihlm.), *C. tenuiflora* (*C.* × *kyyhkynenii* Hiden), *C. heleonastes* (*C.* × *heterophyta* Holmb.), *C. lachenalii* (*C.* × *helvola* Blytt), *C. dioica* (*C.* × *microstachya* Ehrh.).

One of the most widespread in temperate zone of the northern hemisphere sedge species, occurring also in the southern hemisphere. It is widely known under the name *C. canescens* L. But, according to published data (Nelmes, 1951; Toivonen, 1981), the original material of *C. canescens* (LINN) does not contain any specimens corresponding to *C. canescens* in current use of this name. Looking through microfiches of Linnaeus's herbarium available in LE also convinces in it: the specimen № 1100.34 (LINN) designated by Linnaeus as 11 *canescens* (11 is an ordinal number of the species in «Species plantarum») belongs to *C. norvegica* (subgenus *Carex*). For the purpose of keeping the traditional use of the name *C. canescens*, Toivonen (1981) has lectotypified it by drawing quoted in the protologue of *C. canescens* (see above).

C. canescens varies in the shape of spikes, extent of the distance between them, colouring of female glumes, shape of utricles and their beaks, as well as in height of stems and extent of their rigidity and width and length of leaf blades (Егорова, 1966б). Among all varieties and forms of this species, *C. canescens* var. *disjuncta* Fern. (1902, Proc. Amer. Acad. Arts Sci. 37 : 488) occurring in North America should be noted, which was accepted by Toivonen (1981) in the rank of subspecies *C. canescens* subsp. *disjuncta* (Fern.) Toivonen. Plants belonging to this taxon differ from typical representatives of the species by long, up to 15 cm (instead of 2.5—5(8) cm), inflorescence with far distant spikes.

---

[1] Ссылки на оригинальные описания гибридов между видами рассматриваемой секции и между ними и видами других секций имеются в работах ряда авторов (Kükenthal, 1909; Егорова, 1966б; Toivonen, 1980, 1981a); описания некоторых гибридов содержатся в работах Holmberg (1929a, 1929b) и Flatberg (1972).
There are references to the original descriptions of hybrids between species of the considered section as well as between them and species of other sections in the publications by Kükenthal (1909), Egorova (Егорова, 1966б), Toivonen (1980, 1981a); there are the descriptions of some hybrids in the articles by Holmberg (1929a, 1929b) and Flatberg (1972).

C. hylaea V. Krecz., l. c. (typus : Leningrad province, «Ingria, Obla, 26 VI 1874, C. Meinshausen» — LE!) is a shady modification of *C. canescens*, occurring all over the range of the species (Егорова, 1966б : 185).

Specimens of *C. canescens* from southern South America are identical to those from the northern hemisphere. Moore and Chater (1971) relate them to *C. curta* var. *robustior* (Blytt ex Anderss.) Moore et Chater (= *C. canescens* var. *robustior* Blytt ex Anderss. 1849, Pl. Scand. 1 : 57) described from Scandinavia, being a high-mountain and subarctic ecological form of *C. canescens*, differing from specimens of forest zone by lower and more rigid stems, by broader and more rigid leaf blades, by less distant spikes and more intensively coloured female glumes.

Australian plants of *C. canescens* (= *C. curta*), as Nelmes (1951) has noted, differ from European ones by fewer and more sharply distinct veins on utricles and specimens from New Guinea, in his opinion, are almost indistinguishable from European ones, but not identical to them. Kern and Nooteboom, (1979a, 1979b) cite *C. curta* for New Guinea (Papua) without any comments, but, judging from the drawing given by them, the only New Guinean representative of this species differs from typical specimens of the latter by male (instead of gynaecandrous) terminal spike and utricles scabrid in upper part.

Data on distribution of *C. canescens* in Middle Asia require verification (see: Егорова, 1976б).

Generates sterile hybrids with many species (see above: p. 559).

6 (305). **C. lapponica** O. Lang, 1851, Linnaea, 24 : 539; В. Креч. 1935, во Фл. СССР, 3 : 179; Егор. 1966, Осоки СССР : 187; ead. 1966, в Аркт. фл. СССР, 3 : 86; Юрц. и др. 1978, Бот. журн. **63**, 5 : 628; Chater, 1980, in Fl. Europ. 5 : 302; Ворош. 1982, Опред. раст. сов. Дальн. Вост. : 114; А. Е. Кожевников, 1988, в Сосуд. раст. сов. Дальн. Вост. 3 : 395; Малышев, 1990, во Фл. Сиб. 3 : 76 — *C. canescens* var. *subloliacea* Laest. 1839, Nov. Acta Soc. Sci. Upsal. 11 : 282; Kük. 1909, in Engl. Pflanzenr. 38 : 217. — **О. лапландская**.

Описан с севера Фенноскандии («in paludosis Lapponiae»); typus: ? S, ? UPS.

На сфагново-осоковых болотах, заболоченных берегах водоемов, в болотистых лесах и редколесьях, осоково-кустарниковой тундре. — **Европ. ч.**: Аркт. (материковая часть), Кар.-Мурм. (Кольский п-ов: пос. Тетрино), Дв.-Печ. (побережье Мезенской губы: д. Койда; Приполярн. Урал: водораздел рр. Кожима и Лемвы; Сев. Урал: р. Щугор против горы Тельпос-из); **Зап. Сиб.**: Аркт. (низовья Оби и Ныды), Обск. (крайний север), Алт. (Алтайский заповедник: басс. р. Чульчи); **Вост. Сиб.**: Аркт. (низовья Колымы: пос. Петушки), Енис. (редко), Лен.-Кол. (преимущественно к югу от 60° с. ш., севернее — р. Ходак в басс. Вилюя и единичные находки к востоку от Лены), Анг.-Саян. (Тува: оз. Азас; южн. побережье Байкала: пос. Посольск; между Леной и Байкалом), Даур. (басс. Онона); **Дальн. Вост.**: Аркт. (восток Чукотского п-ва: р. Гетлянен; басс. Анадыря; Корякия), Камч. (юг: р. Быстрая; о-в Карагинский), Охот., Удск., Зее-Бур., Уссур. (сев.), Сах. (сев.), Курил. (сев.). Общ. распр.: С. Европа (север Фенноскандии); С. Америка (Аляска и Юкон). — 2n = 56 (Löve, Löve, 1961; Жукова, 1980, 1982). — Рис. 68, *6*.

Внешне очень сходен с близким видом *C. canescens* (и вследствие этого нередко смешивается с ним), от которого хорошо отличается константными признаками (см. ключ). Сведения о распространении *C. lapponica* в Уссурийском, Сахалинском и Курильском районах приведены по литературным данным (Ворошилов, l. c.; А. Е. Кожевников, l. c.).

Гибридизирует с *C. canescens* (*C.* × *clausa* Holmb.) и *C. brunnescens* (*C.* × *subpatula* Holmb.).

In appearance, is very similar to the allied species, *C. canescens* (and therefore is rather often mixed with it), well differing from it by constant characters (see the key). Distribution of *C. lapponica* in Ussuri, Sakhalin and Kuril regions is cited according to published data (Ворошилов, l. c.; А. Е. Кожевников, l. c.).

Hybridizes with *C. canescens* (*C.* × *clausa* Holmb.) and *C. brunnescens* (*C.* × *subpatula* Holmb.).

7 (306). **C. bonanzensis** Britt. 1901, Bull. New York Bot. Gard. **2**, 6 : 160; Mackenzie, 1931, in North Amer. Fl. **18**, 1 : 94; В. Креч. 1935, во Фл. СССР, 3 : 175; Егор. 1966, Осоки СССР : 187; А. Е. Кожевников, 1988, в Сосуд. раст. сов. Дальн. Вост. 3 : 397; Малышев, 1990, во Фл. Сиб. 3 : 72. — *C. cajanderi* Kük. 1902—1903, Öfver. Finska Vet.-Soc. Förh. **45**, 8 : 3; id. 1909, in Engl. Pflanzenr. 38 : 219. — *Vignea bonanzensis* (Britt.) Soják, 1979, Čas. Nár. Muz. Praze, řada přir. **148**, 3—4 : 194. — **О. бонанзинская**.

Описан из сев.-зап. Канады («Yukon, mouth of Bonanza Creek, June 18, 1899, R. S. Williams»); typus: NY.

На травяно-осоковых болотах, болотистых лугах, заболоченных берегах водоемов. — **Зап. Сиб.**: Обск. (басс. Сев. Сосьвы); **Вост. Сиб.**: Аркт. (нижнее течение Яны; р. Омолон), Енис. (очень редко), Лен.-Кол., Анг.-Саян. (центр.: басс. р. Бирюсы — с. Алмазай), Даур. (сев.-вост.); **Дальн. Вост.**: Аркт. (зап. Чукотка: Анюйское нагорье — пос. Бараниха; басс. Анадыря, Белой (хр. Битчо) и Пенжины), Охот. (сев.), Удск. (устье р. Чебаркан), Зее-Бур. Общ. распр.: С. Америка (Аляска; зап. Канада). — 2n = 50 (Жукова, Петровский, 1977), 60 (Жукова, Тихонова, 1971).

Очень близок к *C. lapponica*, нередко смешивается с ней, вследствие чего распространение вида указано только на основании просмотренного мной гербарного материала.

C. bonanzensis и *C. lapponica* различаются главным образом по окраске кроющих чешуй, форме их верхушки и по соотношению длины чешуй и мешочков (см. ключ), а также по размерам колосков и мешочков (у *C. bonanzensis* они несколько меньше, чем у *C. lapponica*). Тем не менее растения типа *C. lapponica* и *C. bonanzensis*, по-видимому, не являются экологическими модификациями одного вида, так как экология у них сходная. Кроме того, *C. bonanzensis* отсутствует в Европе, где встречается только *C. lapponica*. Ареалы этих видов в Вост. Сибири, на Дальнем Востоке и в Сев. Америке почти полностью совпадают.

А. Е. Кожевниковым (l. c.) *C. bonanzensis* указывается для Сев. Сахалина и южных Курил.

Гибридизирует с *C. brunnescens* (Малышев, l. c.).

Is very close to *C. lapponica*, rather often being mixed with it, therefore distribution of the species is cited basing only on the herbarium material examined by me.

C. bonanzensis and *C. lapponica* are distinguished mainly by colouring of female glumes, by shape of their apex and by length ratio of glumes to utricles (see the key), as well as by size of spikes and utricles (in *C. bonanzensis*, they are a little less, than in *C. lapponica*). Nevertheless, plants of *C. lapponica* and *C. bonanzensis*, are not, obviously, ecological modifications of the same species, as having similar ecology. In addition, *C. bonanzesis* is absent in Europe, only *C. lapponica* occurring there. The ranges of these species in Eastern Siberia, Far East and North America coincide almost completely.

Kozhevnikov (А. Е. Кожевников, l. c.) has cited *C. bonanzensis* for Northern Sakhalin and Southern Kurils.

Hybridizes with *C. brunnescens* (Малышев, l. c.).

8 (307). **C. brunnescens** (Pers.) Poir. 1813, in Lam. Encycl. Méth. Bot., Suppl. 3 : 286; В. Креч. 1935, во Фл. СССР, 3 : 179; Егор. 1966, Осоки СССР : 178; ead. 1976, во Фл. Европ. ч. СССР, 2 : 217; ead. 1991, Бот. журн. **76**, 12 : 1746,

36 Заказ № 132

Chater, 1980, in Fl. Europ. 5 : 302; А. Е. Кожевников, 1988, в Сосуд. раст. сов. Дальн. Вост. 3 : 395; Малышев, 1990, во Фл. Сиб. 3 : 73. — *C. curta* var. *brunnescens* Pers. 1807, Syn. Pl. 2 : 539. — *C. vitilis* Fries, 1842, Nov. Fl. Suec. Mant. 3 : 137, incl. var.; В. Креч. l. c. : 137, quoad *C. vitilis* Fries var. α. — *C. canescens* subsp. *brunnescens* (Pers.) Aschers. et Graebn. 1902, Syn. Mitteleurop. Fl. **2**, 2 : 61. — *C. brunnescens* var. *sphaerostachya* (Dew.) Kük. 1909, in Engl. Pflanzenr. 38 : 220. — *C. brunnescens* subsp. *vitilis* (Fries) Kalela, 1965, Ann. Bot. Fenn. **2**, 2 : 193. — *C. brunnescens* subsp. *sphaerostachya* (Tuckerm.) Kalela, l. c. : 203. — *Vignea brunnescens* (Pers.) Soják, 1979, Čas. Nár. Muz. Praze, řada přir. **148**, 3—4 : 194. — *V. brunnescens* subsp. *vitilis* (Fries) Soják, l. c. : 194. — Exs.: H.F.R. №№ 996, 996a (ut *C. vitilis*), № 1537 (ut *C. vitilis* var. *sylvatica* Meinsh.), H.F. URSS №№ 4206a, b, c, 5265. — **О. буроватая**.

Описан из Швейцарии («In monte Touly»); typus: ? P.

По окраинам моховых болот, на болотистых лугах, в заболоченных и сырых лесах, редколесьях и кустарниках, на вырубках и осушенных торфяниках; на равнине, в лесном и верхних поясах гор. — **Европ. ч.**: Аркт. (часто, кроме Нов. Земли и о-ва Вайгач), Кар.-Мурм., Дв.-Печ., Прибалт. (кроме Калининградской обл.), Лад.-Ильм., Верх.-Днепр. (редко), Верх.-Волж., Волж.-Кам., Волж.-Дон. (Тульская и Рязанская обл., Мордовия); ? **Кавк.**: Б. Кавк. (Чегем), Вост. Закавк. (оз. Халагель); **Зап. Сиб.**: Аркт. (Полярн. Урал, юг п-ва Ямал, низовья Оби, Обско-Тазовский п-ов), Обск., Верх.-Тоб. (сев.), Ирт. (вост.), Алт.; **Вост. Сиб.**: Аркт. (низовья Енисея), Енис., Лен.-Кол. (к югу от 60° с. ш., севернее — басс. Котуя и Индигирки), Анг.-Саян., Даур. (зап.); **Дальн. Вост.**: Камч. (юг), Охот. (р. Мухтель), Удск., Сах., Курил.; **Средн. Азия**: Дж.-Тарб. (хр. Саур; Джунгарский Алатау: хр. Мын-Чукур). Общ. распр.: С., Ц. и Ю. (очень редко) Европа; Ц. (Монголия) и В. (п-ов Корея, о-ва Хоккайдо и Хонсю) Азия; С. Америка (включая южн. Гренландию). — 2n = 44 (Крогулевич, 1971), 50—52 (Кожевников и др., 1986), 56 (Wahl, 1940; Tanaka, 1948; Löve, Löve, 1956; Dietrich, 1972). — Рис. 68, 5.

C. vitilis Fries, l. c. — теневая модификация *C. brunnescens*, встречающаяся по всему ареалу вида (Егорова, 1959б : 70—72). От *C. brunnescens* внешне почти неотличимы образцы *C. canescens* с округло-яйцевидными колосками. Оба вида хорошо различаются признаками, приведенными в ключе.

В пределах *C. brunnescens*, помимо типового подвида — subsp. *brunnescens* (= subsp. *sphaerostachya* (Tuckerm.) Kalela, l. c.), выделяют еще 2 : subsp. *alaskana* Kalela и subsp. *pacifica* Kalela (Kalela, 1965; Hultén, 1968). Последний подвид (он описан из Канады: Британская Колумбия) указывается Калелой и для нашей территории (юг п-ва Камчатка, «Karymchina river, 1921, Hultén» — ? H, ? S). Согласно автору описания, subsp. *pacifica* отличается от типового подвида более широкими листовыми пластинками, сильнее сближенными колосками и более интенсивно буроватыми мешочками. Следует отметить, что с Дальнего Востока России известно лишь несколько образцов *C. brunnescens* и некоторые из них имеют короткое, 1—1.5 см, соцветие (у типичных растений вида оно 2—3.5 см дл.). У единственного хранящегося в LE образца *C. brunnescens* с п-ва Камчатка («по р. Гоанной близ Большерецкого совхоза, 1935 г., Н. В. Павлов») соцветие 2.5 см дл., как у типичной *C. brunnescens*, и по остальным признакам он, как и другие дальневосточные растения этого вида, не отличается от последней. Вопрос о принадлежности рассмотренных образцов к особому подвиду нуждается в специальном исследовании на базе более многочисленных сборов, чем мы в настоящее время располагаем.

Указанные выше пункты сбора вида на Кавказе приведены по работе А. А. Гроссгейма (1940). Однако место хранения соответствующих образцов неизвестно. Изученные же мной гербарные экземпляры (TBI!, TGM!), отнесенные Гроссгеймом (1940: 46) и И. И. Тумаджановым (1953 : 152) к *C. brunnescens*, принадлежат к *C. canescens* (Егорова, 1991б). Произрастание *C. brunnescens* на Кавказе маловероятно.

А. Е. Кожевниковым (l. c.) *C. brunnescens* указывается для Арктического (один пункт в басс. нижнего течения Анадыря) и юга Уссурийского районов.

Образует стерильные помеси с *C. foetida* (*C.* × *microstyla* J. Gay), *C. disperma* (*C.* × *leptoblasta* Holmb.), *C. cinerea* (*C.* × *abortiva* Holmb.), *C. lapponica* (*C.* × *subpatula* Holmb.), *C. lachenalii* (*C.* × *zahnii* Kneuck.), *C. dioica* (*C.* × *tenebricans* Holmb.) и *C. parallela* (*C.* × *fridtzii* Holmb.).

C. vitilis Fries, l. c. is a shady modification of *C. brunnescens* occurring all over the species range (Егорова, 1959б : 70—72). There are specimens of *C. canescens* with globose-ovoid spikes, which are almost indistinguishable from *C. brunnescens* by appearance. These two species are well distinguished by characters mentioned in the key.

Whithin *C. brunnescens*, in addition to the type subspecies, subsp. *brunnescens* (= subsp. *sphaerostachya* (Tuckerm.) Kalela, l. c.), 2 more ones are distinguished, subsp. *alaskana* Kalela and subsp. *pacifica* Kalela (Kalela, 1965; Hultén, 1968). The latter subspecies (it is described from Canada: British Columbia) is cited by Kalela also for our territory (southern Kamchatka, «Karymchina river, 1921, Hulten» — ?H, ?S). According to the author of its description, subsp. *pacifica* differs from the type subspecies by broader leaf blades, closer approximate spikes and more intensively brownish utricles. It should be noted, only few specimens of *C. brunnescens* are known from Far East of Russia, some of them having short, 1—1.5 cm, inflorescence (that of typical plants of the species being 2—3.5 cm long). The only specimen of *C. brunnescens* from Kamchatka Peninsula («по р. Гоанной близ Большерецкого совхоза, 1935, Н. В. Павлов») kept in LE, has inflorescence 2.5 cm long as in typical *C. brunnescens*, and by other characters it, like other Far-Eastern plants of this species, does not differ from the latter. The question concerning belonging considered specimens to a distinct subspecies needs special research based on more numerous collections, than being available at present.

The above mentioned locations of the species collection in the Caucasus are cited according to the work by Grossheim (Гроссгейм, 1940). However, place of corresponding specimens keeping is not known. The herbarium specimens (TBI!, TGM!) been referred by Grossheim (Гроссгейм, 1940 : 46) and Tumadzhanov (Тумаджанов, 1953 : 152) to *C. brunnescens* and examined by me, belong to *C. canescens* (Егорова, 1991б). Occurrence of *C. brunnescens* in the Caucasus is hardly probable.

Kozhevnikov (А. Е. Кожевников, l. c.) cites *C. brunnescens* for Arctic (the one location in the basin of Lower Anadyr) and southern Ussuri regions.

Generates sterile crossbreds with some species (see above, p. 566).

9 (308). **C. pseudololiacea** Fr. Schmidt, 1868, Mém. Acad. Sci. Pétersb. sér. 7, **12**, 2 : 193, tab. 6, fig. 7—13 (Reisen im Amur-Lande...); В. Креч. 1935, во Фл. СССР, 3 : 173; Егор. 1966, Осоки СССР : 191; Ворош. 1982, Опред. раст. сов. Дальн. Вост. : 113; А. Е. Кожевников, 1988, в Сосуд. раст. сов. Дальн. Вост. 3 : 401. — **О. ложноплевельная**.

Описан с о-ва Сахалин; l e c t o t y p u s: «Insula Sachalin, Dui, 30 Jul. 1860, Glehn» (LE! cum isolectotypo et syntypis 4) — Кречетович (in sched.), Егорова (h. l.).

На моховых болотах, в болотистых лесах. — **Дальн. Вост.**: Удск. (о-в М. Шантар), Зее-Бур. (верхнее течение р. Селемджи), Уссур. (юг), Сах., Курил. (юг). О б щ. р а с п р.: В. Азия (о-ва Хоккайдо и Хонсю). — 2n = ?

В. Н. Ворошиловым (l. c.) указывается для Охотского района.

Is indicated by Woroshilov (Ворошилов, l. c.) for Okhotsk region.

10 (309). **C. loliacea** L. 1753, Sp. Pl. : 974; В. Креч. 1935, во Фл. СССР, 3 : 173; Егор. 1966, Осоки СССР : 192; А. Е. Кожевников, 1988, в Сосуд. раст. сов. Дальн. Вост. 3 : 401; Малышев, 1990, во Фл. Сиб. 3 : 77. — *C. sibirica* Willd. ex Spreng. 1826, Syst. Veg. 3 : 809. — Exs.: H.F.R. № 295, H.F. URSS № 4227a, b. — **О. плевельная**.

Описан из Швеции («Habitat in Svecia»); lectotypus: Herb. Linn. № 1100.29 (LINN, photo LE!) — Егорова (h. l.).

На сфагновых, реже травянистых лесных болотцах, в заболоченных мшистых лесах, по берегам лесных речек и ручьев. — **Европ. ч.**: Аркт. (Кольский п-ов: район Печенеги, низовья Колы, Поной), Кар.-Мурм., Дв.-Печ., Прибалт., Лад.-Ильм., Верх.-Днепр. (редко), Верх.-Волж., Волж.-Кам., Волж.-Дон. (сев.-зап.; Мордовия); **Зап. Сиб.**: Аркт. (Полярн. Урал: верховья рр. Соби и Колокольни — притока р. Сыни), Обск. (зап. и юго-вост.), Ирт. (вост.), Алт.; **Вост. Сиб.**: Аркт. (низовье Енисея: пос. Плахино), Енис., Лен.-Кол. (к югу от 65° с. ш.), Анг.-Саян., Даур.; **Дальн. Вост.**: все районы, кроме Ком. и Курил. (в Аркт. Корякия — залив Корфа); **Средн. Азия**: Прибалх. (Казахский мелкосопочник: Каркаралинские горы). Общ. распр.: С. (Фенноскандия) и Ц. (сев.-вост. Польша и сев.-вост. Румыния) Европа; Ц. (сев. Монголия) и В. (Сев.-Вост. Китай, север п-ва Корея, о-в Хоккайдо) Азия; С. Америка (Аляска, Канада). — 2n = 54 (Moore, Calder, 1964). —Рис. 63, *13*.

Внешне очень походит на *C. disperma* (sect. *Dispermae*), от которой отличается гинекандрическими (а не андрогинными) колосками и матовыми мешочками с утолщенными ребристыми жилками, без носика (а не блестящими, с тонкими жилками и коротким носиком).

Для двух пунктов Кольского п-ва (район Печенеги и низовья Колы) *C. loliacea* приведена по данным Гультена (Hultén, 1950, 1971).

Образует стерильные помеси с *C. canescens* (*C.* × *mithala* Callmé) и *C. dioica* (*C.* × *subcostata* Holmb.).

In appearance very much resembles *C. disperma* (sect. *Dispermae*), differing from it in having gynaecandrous (instead of androgynous) spikes and dull utricles with thickened costate veins, without beak (instead of shining, with thin veins and short beak).

For two locations in Kola Peninsula (region of Pechenga and Lower Kola), *C. loliacea* is cited according to data by Hultén (1950, 1971).

Generates sterile crossbreds with *C. canescens* (*C.* × *mithala* Callmé) and *C. dioica* (*C.* × *subcostata* Holmb.).

11 (310). **C. tenuiflora** Wahlenb. 1803, Kungl. Sv. Vet.-Akad. Handl. ser. nov. 24 : 147; В. Креч. 1935, во Фл. СССР, 3 : 174; Егор. 1966, Осоки СССР : 193. — *C. leucolepis* Turcz. ex Steud. 1840, Nomencl. Bot., ed. 2, 1 : 242. — *C. macilenta* Fries, 1844, Bot. Not. (Lund) : 23. — *C. arrhyncha* Franch. 1895, Bull. Soc. Philom. Paris, sér. 8, 7 : 30; В. Креч. l. c. : 174. — *C. tenuiflora* var. *arrhyncha* (Franch.) Kük. 1909, in Engl. Pflanzenr. 38 : 224. — *C. tenuiflora* var. *setacea* Kük. l. c. : 224. — *Vignea tenuiflora* (Wahlenb.) Soják, 1979, Čas. Nár. Muz. Plaze, řada přir. **148**, 3—4 : 197. — Exs.: H.F.URSS № 4247. — **О. тонкоцветковая**.

Описан из Швеции («Hab. in graminosis humidis Lapponiae»); типовой материал: UPS.

На осоково-моховых болотах, в заболоченных мшистых лесах; на равнине и в горах, до субальпийского пояса. — **Европ. ч.**: Аркт. (Кольский п-ов: рр. Кола и Воронья; юго-восток Большеземельской тундры; Полярн. Урал: р. Б. Хойла), Кар.-Мурм., Дв.-Печ., Лад.-Ильм., Верх.-Днепр. (Смоленская обл.), Верх.-

Волж., Волж.-Кам. (сев.-зап. и Урал); **Кавк.**: Б. Кавк. (зап.: верх. Урупа; центр.: Сукан, Чегем и верховье Терека; вост.: Дагестан, с. Кули); **Зап. Сиб.**: Аркт. (Полярн. Урал и низовья Оби), Обск. (зап. и юг), Алт.; **Вост. Сиб.**: все районы (в Аркт. низовья Енисея — Дудинка, басс. Хеты и Котуя, низовья Колымы); **Дальн. Вост.**: все районы, кроме Ком. (в Аркт. зап. Чукотка, басс. Анадыря и Пенжины, в Курил. о-в Шикотан). Общ. распр.: С. Европа (Фенноскандия); Ц. (Сев. Монголия) и В. (Сев.-Вост. Китай, север п-ова Корея, о-ва Хоккайдо и Хонсю) Азия; С. Америка (Канада, север США). — 2n = 58 (Moore, Calder, 1964), 58—60 (Кожевников и др., 1986), 62 (Жукова, Петровский, 1976; Жукова, Тихонова, 1973), 62—64 (Крогулевич, 1976). — Рис. 65, *4*.

Варьирует на протяжении всего ареала по характеру носиков мешочков — от очень коротких до практически невыраженных. Образцы с безносиковыми мешочками были описаны из Японии как *C. arrhyncha* Franch., l. c.

C. tenuiflora нередко смешивают с *C. loliaceae* и *C. marina*. От первого вида ее легко можно отличить по компактному соцветию (но нижний колосок может быть отставлен) и мешочкам с беловатым матовым налетом и тонкими жилками, заметными только при побурении мешочков (у *C. loliacea* они без налета, с ясными утолщенными жилками), от второго — бледно-зелеными, редко бледно-ржавыми (а не коричневыми) кроющими чешуями и мешочками в основании не губчатыми.

Образует стерильные помеси с *C. canescens* (*C.* × *kyyhkynenii* Hiden), *C. heleonastes* (*C.* × *mucronulata* Holmb.) и *C. dioica* (*C.* × *almii* Holmb.).

Varies throughout all its range in the character of utricle beaks, from very short to almost indistinct. Specimens with beakless utricles were described from Japan as *C. arrhyncha* Franch., l. c.

C. tenuiflora is rather often mixed with *C. loliaceae* and *C. marina*. It can be easily distinguished from the former species by compact inflorescence (but lowest spike can be distant) and utricles with whitish dull deposit and thin veins conspicuous only at utricles turning brown (in *C. loliacea* they have no deposit, with distinct thickened veins); from the latter one by pale green, rarely pale ferruginous (instead of brown) glumes and utricles not spongy at base.

Generates sterile crossbreds with some species (see above).

12 (311). **C. heleonastes** Ehrh. ex L.f. 1781, Suppl. : 414; Ehrh. 1787, Beitr. 1 : 186; В. Креч. 1935, во Фл. СССР, 3 : 184; Егор. 1966, Осоки СССР : 195; ead. 1991, Бот. журн. **76**, 12 : 1746; Малышев, 1990, во Фл. Сиб. 3 : 75. — *C. aa* Kom. 1927, Фл. Камч. 1 : 234; В. Креч. l. c. : 185. — *Vignea heleonastes* (Ehrh. ex L. f.) Reichenb. 1830, Fl. Germ. Excurs. : 57. — Exs.: H.F.R. № 514, H.F.URSS № 4221. — **О. болотолюбивая**.

Описан из Швеции («*Heleonastes* Ehrh. phytoph. № 28. Habitat in Suecia Ehrhart»); typus: «28. *Heleonastes. Carex Heleonastes* L. Upsaliae» (UPS, isotypus LE!).

На моховых болотах, заболоченных лугах, по берегам рек и ручьев, изредка в сырых хвойных лесах. — **Европ. ч.**: Аркт. (о-в Кильдин; Сивая Маска; Полярн. Урал), Кар.-Мурм., Дв.-Печ., Прибалт., Лад.-Ильм., Верх.-Днепр., Верх.-Волж., Волж.-Кам., Карп. (окр. Львова); **Кавк.**: Б. Кавк. (зап.; центр.: верховья Терека); **Зап. Сиб.**: Аркт. (Полярн. Урал: верховья р. Соби), Обск. (сев.: басс. р. Пур; зап. и юго-вост., очень редко), Ирт. (крайний север), Алт.; **Вост.Сиб.**: Енис. (редко), Лен.-Кол. (север Среднесибирского плато, басс. нижнего течения Витима и верхнего — Алдана), Анг.-Саян. (зап.; южн. Прибайкалье), Даур. (побережье Байкала); **Дальн. Вост.**: Камч. (центр.: Кроноцкое оз. и с. Кирганик). Общ. распр.: С., Ц. и Ю. (очень редко) Европа; С. Америка (США: юг Аляски и штат Мичиган; Канада). — 2n = 56 (Löve, Löve, 1961). — Рис. 68, *2*.

Идентична *C. heleonastes* описанная с п-ва Камчатка *C. aa* Kom., l. c. (Егорова, 1966а, 1966б).

Для запада Сев. Америки приводится *C. heleonastes* subsp. *neurochlaena* (Holm) Böcher (Böcher, 1952).

C. heleonastes образует стерильные помеси с *C. canescens* (*C.* × *heterophyta* Holmb.), *C. tenuiflora* (*C.* × *mucronulata* Holmb.) и *C. dioica* (*C.* × *microstachyoides* Montell).

C. aa Kom., l. c. described from Kamchatka Peninsula is identical to *C. heleonastes* (Егорова, 1966а, 1966б).

For western North America *C. heleonastes* subsp. *neurochlaena* (Holm) Böcher is cited (Böcher, 1952).

C. heleonastes generates sterile crossbreds with some species (see above).

13 (312). **C. marina** Dew. 1836, Amer. Journ. Sci. Arts, 29 : 247, tab. 10, fig. 74; Halliday a. Chater, 1969, Feddes Repert. **80**, 2–3 : 105; Егор. 1976, во Фл. Европ. ч. СССР, 2 : 217; Chater, 1980, in Fl. Europ. 5 : 302; А. Е. Кожевников, 1988, в Сосуд. раст. сов. Дальн. Вост. 3 : 399; Малышев, 1990, во Фл. Сиб. 3 : 77. — *C. amblyorhyncha* V. Krecz. 1935, во Фл. СССР, 3 : 595, 184; Егор. 1966а, в Аркт. фл. СССР, 3 : 92; ead. 1966б, Осоки СССР : 196; Юрц. и др. 1973, Бот. журн. **58**, 12 : 1745; iid. 1975, Бот. журн. **60**, 2 : 236. — *C. amblyorhyncha* subsp. *amblyorhyncha* var. *fusca* Böcher et var. *tundrarum* Böcher, 1952, Acta Arct. 5 : 25. — *C. glareosa* subsp. *marina* (Dew.) A. et D. Löve, 1956, Acta Horti Gotoburg. **20**, 4 : 105, quoad nom. — *C. marina* var. *fusca* (Böcher) Böcher et var. *tundrarum* (Böcher) Böcher, 1969, in Halliday a. Chater, Feddes Repert. **80**, 2–3 : 105. — **О. морская**.

Описан с арктического побережья Сев. Америки («Found at the sea coast of Arctic regions by Dr. Richardson»); typus: «*C. marina* D. Sea coast Arctic regions, 352, Dr. Richardson» (GH, isotypus K, photo — Halliday a. Chater, l. c., Taf. 8).

В сырой осоково-моховой тундре, на мохово-осоково-пушицевых болотах, болотистых западинках, по берегам озер, в редколесьях; преимущественно в арктической тундре и гипоарктических, реже южных высокогорьях. — **Европ. ч.**: Аркт. (о-в Вайгач: бухта Варнека; Полярн. Урал: р. Б. Хойла); **Зап. Сиб.**: Аркт. (Полярн. Урал, побережье Байдарацкой губы, север Гыданского п-ва), Обск. (Приполярн. Урал: басс. р. Войкар), Алт. (верхнее течение р. Катуни: перевал от р. Аккем к р. Каир); **Вост. Сиб.**: Аркт. (от низовьев Енисея до низовьев Колымы), Енис. (плато Путорана), Лен.-Кол. (север Среднесибирского плато; нижнее течение Лены: Сиктях; верхнее течение Колымы); Анг.-Саян. (Тува: Тес-Хемский р-н — оз. Кара-Холь; Вост. Саян), Даур. (зап.: Икатский хр.); **Дальн. Вост.**: Аркт. (о-в Врангеля; зап., вост. и южн. Чукотка, басс. Анадыря), Охот. (сев.). Общ. распр.: С. Европа (Шпицберген); С. Америка (Аляска; Канада: арктические районы и побережье Гудзонова залива; Гренландия). — 2n = 58 (Жукова, Петровский, 1972), 60 (Жукова, 1969), 62 (Жукова, Петровский, 1971), 64 (Jörgensen et al., 1958). — Рис. 68, 7.

C. amblyorhyncha V. Krecz., l. c. (typus : Вост. Саян, «Тункинский р-н, долина р. Иркута у оз. Ильчир, 17 VIII 1902, В. Комаров» — LE!) была отождествлена с *C. marina* Халлидеем и Чейтером (Halliday a. Chater, l. c.) на основании изучения типов обоих видов (фотокопия типа *C. marina* имеется в LE).

В. И. Кречетович (l. c.), следуя известному американскому карикологу Макензи (Mackenzie, 1931 : 90), отнес к *C. marina* растения, принадлежащие к *C. glareosa*. Мной (Егорова, 1966а, 1966б) *C. marina* была синонимизирована с последним видом.

C. marina разделяют на 2 подвида: типовой и встречающийся на Шпицбергене и в Гренландии subsp. *pseudolagopina* (Sörensen) Böcher (1969, in Halliday a. Chater, l. c. : 105; Chater, 1980, l. c. : 302). От типичной *C. marina* последний подвид отличается числом колосков — (2)3(4) и одинаковыми их размерами (у subsp. *marina* колосков 2(3) и верхний из них крупнее), а также лучше выраженной ножкой у мешочков и более узкими пластинками листьев (Böcher, 1952; Chater, l. c.).

C. marina может быть смешана с *C. tenuiflora* (оба вида имеют похожие соцветия и мешочки). Отличительные признаки этих растений указаны в комментарии к *C. tenuiflora*.

Для некоторых районов дальневосточной Арктики (зап. и южн. Чукотка, басс. Анадыря) *C. marina* приведена по данным А. Е. Кожевникова (l. c.).

C. amblyorhyncha V. Krecz., l. c. (typus: Eastern Sayan, «Тункинский р-н, долина р. Иркута у оз. Ильчир, 17 VIII 1902, В. Комаров» — LE!) was equated with *C. marina* by Halliday and Chater (l. c.) based on examining types of both species (photocopy of the type specimen of *C. marina* is available in LE). Kreczetowicz (Кречетович, l. c.), following a well-known American caricologist Mackenzie (1931 : 90), has related to *C. marina* plants belonging to *C. glareosa*. I have synonymized *C. marina* with the latter species (Егорова, 1966а, 1966б).

C. marina is divided into 2 subspecies: the type one and occurring in Spitsbergen and Greenland subsp. *pseudolagopina* (Sörensen) Böcher (1969б, in Halliday a. Chater, l. c. : 105; Chater, 1980, l. c. : 302). The latter subspecies differs from typical *C. marina* by number of spikes, (2)3(4), and their equal size (in subsp. *marina* spikes 2(3), terminal one being larger), as well as more distinct stipe of utricles and narrower leaf blades (Böcher, 1952; Chater, l. c.).

C. marina can be mixed with *C. tenuiflora* (both species have similar inflorescences and utricles). Distinctive characters of these plants are mentioned in comments to *C. tenuiflora*.

For some regions of Arctic Far East (western and southern Chukotka, basin of Anadyr), *C. marina* is cited according to data by Kozhevnikov (А. Е. Кожевников, l. c.).

14 (313). **C. mackenziei** V. Krecz. 1935, во Фл. СССР, 3 : 183; Егор. 1966а, в Аркт. фл. СССР, 3 : 83; ead. 1966б, Осоки СССР : 180; ead. 1976, во Фл. Европ. ч. СССР, 2 : 218; Chater, 1980, in Fl. Europ. 5 : 302; Ворош. 1982, Опред. раст. сов. Дальн. Вост. : 113; А. Е. Кожевников, 1988, в Сосуд. раст. сов. Дальн. Вост. 3 : 397; Малышев, 1990, во Фл. Сиб. 3 : 77. — *C. norvegica* Willd. ex Schkuhr, 1801, Beschr. Abbild. Riedgr. : 50, non Retz. 1779; Kük. 1909, in Engl. Pflanzenr. 38 : 216. — *C. norvegica* var. *isostachya* Norman, 1893, Skr. Vid.-Selsk. Christ. 27 : 48. — *C. pribylovensis* auct. non Macoun : В. Креч. 1935, во Фл. СССР, 3 : 181. — Exs.: H.F.R. № 495 (ut *C. norvegica*), H.F. URSS №№ 4228, 6308. — **О. Макензи**.

Описан из Норвегии («In littoribus limosis maris Norlandiae norvegicae»); typus est lectotypus *C. norvegicae*: Schkuhr, l. c. tab. 5, fig. 66 — Егорова (h. l.).

На солонцеватых сырых и болотистых приморских лугах, иногда заливаемых приливами, на прибрежных скалах, песках и галечниках. — **Европ. ч.**: Аркт. (Кольский п-в; п-ов Канин; Малоземельская тундра: вблизи Кузнецкого Носа; Большеземельская тундра: Болванская губа и Бельковский Шар), Кар.-Мурм., Дв.-Печ. (побережье и острова Белого моря), Прибалт. (Эстония; Латвия: Рижский залив), Лад.-Ильм. (побережье Финского залива: о-в Котлин, Лужская губа; окр. Пскова: Рюшский солончак); **Вост. Сиб.**: Енис. (плато Путорана: оз. Хантайское); **Дальн. Вост.**: Аркт. (зап. Чукотка: пос. Усть-Чаун; басс. низовьев Анадыря; зап. часть Анадырского залива; Корякия: устье Пенжины и залив Корфа), Камч. (п-ов Камчатка и о-в Карагинский), Охот., Удск., Сах. (юг). Общ. распр.: С. Европа (Исландия, Фенноскандия); В. Азия (о-в Хоккайдо); С. Америка (Аляска, вост. Канада, северо-восток США, юг Гренландии). — 2n = 64 (Löve, Löve, 1956). — Рис. 65, 5.

Вид преимущественно северных морских побережий с сильно дизъюнктивным ареалом. Местами является фоновым растением. Верхний колосок у него обычно булавовидный, наполовину тычиночный, но иногда только с 1—2 тычиночными цветками (var. *isostachya* Norman, l. c.), боковые колоски б. ч. гинекандрические, редко целиком пестичные.

Для Охотского района вид указывается В. Н. Ворошиловым (l. c.) и А. Е. Кожевниковым (l. c.), для Сахалинского — последним автором и Ови (Ohwi, 1936).

C. mackenziei гибридизирует с *C. canescens* (*C.* × *pseudohelvola* Kihlm.) и *C. dioica* (*C.* × *sylvenii* Holmb.).

The species of mostly northern sea coasts with strongly disjunctive range. Sometimes, it is an aspect-forming plant. Its terminal spike is usually clavate, half male, but sometimes with as few as 1—2 male flowers (var. *isostachya* Norman, l. c.); lateral spikes are generally gynaecandrous, rarely female.

For Okhotsk region, the species is cited by Woroshilov (Ворошилов, l. c.) and Kozhevnikov (А. Е. Кожевников, l. c.), for Sakhalin one, by the latter author as well as Ohwi (1936).

C. mackenziei hybridizes with *C. canescens* (*C.* × *pseudohelvola* Kihlm.) and *C. dioica* (*C.* × *sylvenii* Holmb.).

15 (314). **C. glareosa** Wahlenb. 1803, Kungl. Sv. Vet.-Akad. Handl. ser. nov. 24 : 146; В. Креч. 1935, во Фл. СССР, 3 : 182; Егор. 1966а, в Аркт. фл. СССР, 3 : 87, p. p., excl. syn. *C. marina*; ead. 1966б, Осоки СССР : 188, p. p., excl. syn. *C. marina*; ead. 1976, во Фл. Европ. ч. СССР, 2 : 218; Halliday a. Chater, 1969, Feddes Repert. **80**, 2—3: 100; Ребристая, 1982, Новости сист. высш. раст. 19 : 205; ead. 1991, Бот. журн. **76**, 12 : 1774; А. Е. Кожевников, 1988, в Сосуд. раст. сов. Дальн. Вост. 3 : 397; Малышев, 1990, во Фл. Сиб. 3 : 75. — *C. glareosa* var. *amphigena* Fern. 1906, Rhodora, 8 : 47. — *C. soriofkensis* Lévl. et Vaniot, 1909, Bull. Acad. Intern. Géogr. Bot. (Le Mans), 19 : 35. — ? *C. ushishirensis* Ohwi, 1936, Mem. Coll. Sci. Kyoto Univ. ser. B, **11**, 5 : 264; А. Е. Кожевников, l. c. : 398. — ? *C. chishimana* Ohwi, l. c.: 264; А. Е. Кожевников, l. c. : 398. — *C. glareosa* subsp. *marina* (Dew.) A. et D. Löve, 1956, Acta Horti Gotoburg. **20**, 4 : 105, quoad pl. — ? *C. glareosa* subsp. *chishimana* (Ohwi) Worosch. 1985, во Флорист. исслед. СССР : 154. — *C. marina* auct. non Dew.: В. Креч. l. c. : 182. — **О. галечная**.

Описан из сев. Норвегии и с побережья Ботнического залива («Hab. in littoribus marinis glareosis Norvegiae septentrionalis, et ad sinum Bottnicum»); lectotypus: Норвегия, «*Carex glareosa*. Finmarken på Langöen vid Kistrand, 2 Juli 1802, G. Wahlenberg» (UPS!) — Егорова (1966б, l. c., «typus»).

На приморских низкотравных солонцеватых лугах и болотцах, иногда заливаемых приливами, на прибрежных песках, галечниках, скалах и склонах, иногда в местах б. м. удаленных от морских побережий. — **Европ. ч.**: Аркт. (материковая часть и о-ва Колгуев, Вайгач и южн. остров Нов. Земли), Кар.-Мурм. и Дв.-Печ. (побережье и острова Белого моря), Прибалт. (Эстония), Лад.-Ильм. (побережье и острова Финского залива: Березовые о-ва к югу от Выборга, о-в Котлин, Кургальский п-ов, Лужская губа и Б. Ижора; р. Оять); **Зап. Сиб.**: Аркт. (Байдарацкая губа: низовье р. Нгой-Яга; о-в Литке, п-ов Ямал, Тазовский п-ов, Гыданский п-ов, о-ва Белый и Шокальского); **Вост. Сиб.**: Аркт. (о-в Сибирякова в Енисейском заливе, о-в Диксон, побережье Хатаганского залива:

р. Сындаско; низовья р. Оленек и Оленекский залив; залив Борхая; низовья Яны, Чукочьи и Колымы); **Дальн. Вост.**: Аркт., Камч. (сев. и юг, очень редко), Охот., Удск. (вост.), Сах. (юг), Курил. Общ. распр.: С. Европа (Исландия, Шпицберген, Фенноскандия), С. Америка (Аляска, Канада, Гренландия). — 2n = 62 (Петровский, Жукова, 1981, 1983), 66 (Jörgensen et al., 1958). — Рис. 68, *12*.

C. glareosa представлена на нашей территории типовым подвидом.

Халлидей и Чейтер (Halliday a. Chater, l. c.: 92) считают, что сделанный мной выбор лектотипа *C. glareosa* должен быть отменен, так как он противоречит оригинальному диагнозу вида, где мешочки охарактеризованы как продолговатые, заостренные, а у типового образца они яйцевидные, с длиной, превышающей ширину в 2—2.3 раза. В качестве нового лектотипа названные авторы предложили цитированный в протологе *C. glareosa* рисунок из работы Шкура (Schkuhr, 1801, tab. Aaa, fig. 97), как более соответствующий первоописанию: изображенный мешочек продолговато-яйцевидный, с длиной, превышающей ширину в 2.7 раза. Однако, несмотря на некоторые различия в форме мешочков между рисунком и первоначальным лектотипом, отмена последнего мне представляется неправомерной. Принадлежность данного лектотипа к *C. glareosa* не вызывает сомнений, и следовательно, он не обнаруживает серьезных противоречий с протологом (см.: International code..., 1994, art. 9.13). Следует отметить, что растения *C. glareosa* с яйцевидными мешочками (т.е. идентичные цитированному выше типовому образцу) более типичны для вида, чем растения с продолговато-яйцевидными мешочками (т.е. аналогичные рисунку в работе Шкура). Первые (им соответствует *C. glareosa* var. *amphigena* Fern., l. c.) распространены по всему его ареалу, в то время как вторые встречаются локально — на Кольском п-ове, в Карелии, в некоторых районах Скандинавии и на востоке США. Растения обоих типов иногда произрастают в одних и тех же местах, например на Кольском п-ве, и между ними наблюдаются промежуточные формы (Егорова, 1966б, цит. соч.). Распространение и изменчивость *C. glareosa* детально изучены Халлидеем и Чейтером (Halliday a. Chater, l. c.).

Другой подвид *C. glareosa* — *C. glareosa* subsp. *pribylovensis* (Macoun) Halliday et Chater (l. c. : 100. — *C. pribylovensis* Macoun 1899, in Jordan, Fur Seals a. Fur Seal Isl. N. Pacif. Ocean, 3 : 572; Hult. 1937, Fl. Aleut. Isl. : 109; id. 1960, l. c. : 116; Васильев, 1957, Фл. и палеогеогр. Команд. о-вов : 60. Описан с о-ва Св. Павла (о-ва Прибылова); typus: CAN, isotypi K, BM, photo: Halliday a. Chater, l.c., Taf. 6.), Халлидей и Чейтер (Halliday a. Chater, l. c.) указывают для о-вов Прибылова, Алеутских о-вов и под знаком вопроса для Командорских. На последних (о-в Беринга) *C. pribylovensis* была отмечена Гультеном (Hultén, l. c.) и В. Н. Васильевым (l. c.). Однако гербарные материалы, которые могли бы подтвердить их данные, в наших и зарубежных (Chater a. Halliday, l. c.) гербарных хранилищах отсутствуют. Образец из басс. Анадыря (LE!), отнесенный к *C. pribylovensis* В. И. Кречетовичем (1935а : 181), принадлежит к *C. mackenziei* (Егорова, 1959б : 65, 1966б : 200; Halliday a. Chater, l. c. : 99). Другой образец (MW!), также собранный в басс. Анадыря и принятый мной за *C. pribylovensis* (Егорова, 1966б : 199), не принадлежит к этому виду, как установили Чейтер и Халлидей (l. c. : 99). Боковые колоски у этого образца не пестичные, как у *C. pribylovensis*, а гинекандрические. Его видовую принадлежность названные авторы на смогли установить, но, по всей вероятности, он представляет собой уклоняющуюся форму *C. lachenalii* (= *C. tripartita* auct.) (Егорова, 1981б : 310). К последнему виду относятся и гербарные сборы

(МНА!) с Командорских о-вов (о-ва Медный и Беринга), определенные как *C. pribylovensis* В. Н. Ворошиловым (1982 : 114) и А. Е. Кожевниковым (1988 : 398). Таким образом, достоверных данных о произрастании *C. pribylovensis* на нашей территории в настоящее время нет. От *C. glareosa* s. str. subsp. *pribylovensis* отличается более широкими, 1.5–2.3 мм (а не 1–1.9 мм), листовыми пластинками, и более длинными, 2.75–3.5 мм (а не 2.25–3 мм), кроющими чешуями мешочков (Halliday a. Chater, l. c. : 101).

Возможно, *C. glareosa* s. str. идентичны описанные с Курильских о-вов и известные только с этой территории *C. ushishirensis* Ohwi, l. c. и *C. chishimana* Ohwi, l. c. Я не видела типов этих видов, но описания и рисунок одного из них (*C. chishimana*) почти не оставляют сомнений в принадлежности этих растений к *C. glareosa*. Кроме того, среди изученных мной курильских образцов нет растений из родства *C. glareosa*, которые можно было бы отнести к особым видам.

Данные о распространении *C. glareosa* в западносибирской Арктике существенно дополнены благодаря флористическим исследованиям О. В. Ребристой (1982, 1991, l. c.).

Известна стерильная помесь между *C. glareosa* и *C. dioica*: *C.* × *stricticulmis* Holmb. (Holmberg, 1929b).

In our flora *C. glareosa* is represented by the type subspecies.

According to Halliday and Chater (l. c. : 92), my choice of the lectotype of *C. glareosa* should be rejected as contradicting to the original diagnosis of the species, characterizing its utricles as oblong, acuminate, while the type specimen having ovate ones, with length, 2–2.3 times exceeding width. As a new lectotype, these authors have suggested the drawing from work by Schkuhr (1801, tab. Aaa, fig. 97) quoted in the protologue of *C. glareosa*, as more corresponding to the original description: the depicted utricle is oblong-ovate, with length, 2.7 times exceeding width. However, despite some differences in the shape of utricles between drawing and the original lectotype, rejecting the latter seems me not correct. This lectotype undoubtedly belongs to *C. glareosa* and, therefore, it does not demonstrate any serious conflict with the protologue (see: International code..., 1994, art. 9.13). It should be noted, that plants of *C. glareosa* with ovate utricles (i. e., identical to the type specimen cited above) are more typical for the species, than plants with oblong-ovate utricles (i. e., similar to drawing in Schkuhr's work). The former ones (*C. glareosa* var. *amphigena* Fern., l. c. corresponds to them) are distributed all over its range, while the latter ones occur locally, in Kola Peninsula, Karelia, some regions of Scandinavia and eastern USA. Plants of both types sometimes grow in the same locations, for example in Kola Peninsula, and the intermediate forms between them are observed (Егорова, 1966б, l. c.). Distribution and variability of *C. glareosa* are investigated in details by Halliday and Chater (l. c.).

The other subspecies of *C. glareosa*, namely *C. glareosa* subsp. *pribylovensis* (Macoun) Halliday et Chater (l. c. : 100. — *C. pribylovensis* Macoun, 1899, in Jordan, Fur Seals a. Fur Seal Isl. N. Pacif. Ocean, 3 : 572; Hult. 1937, Fl. Aleut. Isl.: 109; id. 1960, l. c. : 116; Васильев, 1957, Фл. и палеогеогр. Команд. о-вов : 60. Described from Saint Paul Island (Pribylof Islands); typus: CAN, isotypi K, BM, photo: Halliday a. Chater, l. c., Taf. 6.) Halliday and Chater indicate for Pribilof, Aleutian and, with the question-mark, for Commander Islands. In the latter ones (Bering Island), *C. pribylovensis* was pointed out by Hultén (l. c.) and Vassiljev (Васильев, l. c.). However, herbarium materials, which could confirm their data, are absent both in our and foreign (Chater a. Halliday, l. c.) Herbaria. A specimen from basin of Anadyr (LE!) related by Kreczetowicz (Кречетович, 1935а : 181) to *C. pribylovensis*, belongs to *C. mackenziei* (Егорова, 1959б : 65, 1966б : 200; Halliday a. Chater, l. c. : 99). Another specimen (MW!) also collected in basin of Anadyr and been taken by me for *C. pribylovensis* (Егорова, 1966б : 199), does not belong to this species, as Chater and Halliday (l. c. : 99) have established. Its lateral spikes, unlike *C. pribylovensis*, are gynaecandrous, instead of female ones. These authors could not establish its belonging to any species, but, most probably, it is a deviating form of *C. lachenalii* (= *C. tripartita* auct.) (Егорова, 1981б : 310). The herbarium collections (MHA!) from Commander Islands (Mednyi and Bering Islands) identified as *C. pribylovensis* by Woroshilov (Ворошилов, 1982 : 114) and Kozhevnikov (Кожевников, 1988 : 398), also belong to the latter species. Thus, at present there are no reliable data on occurrence of *C. pribylovensis* in our territory. Subsp. *pribylovensis* differs from *C. glareosa*

s. str. by broader, 1.5—2.3 mm (instead of 1—1.9 mm), leaf blades and longer, 2.75—3.5 mm (instead of 2.25—3 mm), female glumes (Halliday a. Chater, l. c. : 101).

Possibly, identical to *C. glareosa* s. str. are *C. ushishirensis* Ohwi, l. c. and *C. chishimana* Ohwi, l. c. described from Kuril Islands and known only from this territory. I nave not seen the types of these species, but after examining descriptions and drawing of one of them (*C. chishimana*) almost no doubt remains in belonging these plants to *C. glareosa*. In addition, among investigated by me specimens from Kurils, there are no plants allied to *C. glareosa*, could be related to special species.

Data on distribution of *C. glareosa* in Arctic Western Siberia are essentially supplemented owing to floristic researches by Rebristaya (Ребристая, 1982, 1991, l. c.).

A sterile crossbred is known between *C. glareosa* and *C. dioica* : *C.* × *stricticulmis* Holmb. (Holmberg, 1929b).

16 (315). **C. ursina** Dew. 1835, Amer. Journ. Sci. Arts, 27 : 240, tab. U, fig. 68; В. Креч. 1935, во Фл. СССР, 3 : 183; Егор. 1966а, в Аркт. фл. СССР, 3 : 89; ead. 1966б, Осоки СССР : 190; Юрц. и др. 1973, Новости сист. высш. раст. 10 : 312; iid. 1975, l. c. 12 : 312; А. Е. Кожевников, 1988, в Сосуд. раст. сов. Дальн. Вост. 3 : 399; Малышев, 1990, во Фл. Сиб. 3 : 78. — *Vignea ursina* (Dew.) Soják, 1979, Čas. Nár. Muz. Praze, řada přir. **148**, 3—4 : 197. — Exs.: H.F. URSS № 6070. — **О. медвежья**.

Описан с арктического побережья Сев. Америки («Found by Dr. Richardson on the seacoast of Arctic America»); typus: GH.

По песчаным и галечниковым берегам морей. — **Европ. ч.**: Аркт. (Земля Франца-Иосифа; южн. остров Нов. Земли; о-в Вайгач: бухта Варнека); **Зап. Сиб.**: Аркт. (о-в Белый у сев. оконечности п-ова Ямал); **Вост. Сиб.**: Аркт. (о-в Сибирякова и о-в Крестовский в Енисейском заливе, о-в Преображения в Хатангском заливе, Оленекский залив и залив Борхая, о-в Бельковский, низовья Яны, мыс Св. Нос и низовья Колымы); **Дальн. Вост.**: Аркт. (зап. и вост. Чукотка, о-в Врангеля, вост. побережье Корякии). Общ. распр.: С. Европа (Шпицберген); С. Америка (арктические районы Аляски и Канады, Гренландия). — 2n = 64 (Jörgensen et al., 1958; Жукова, Петровский, 1971; Жукова, Тихонова, 1971; Петровский, Жукова, 1983).

Очень маленькое растение, (1.5)3—5(10) см выс., с соцветием, состоящим из одного колоска 0.4—0.7 см дл., и только у редких образцов имеется второй, более мелкий колосок. Обитает оно исключительно в Арктике, где распространено циркумполярно.

Для Корякии *C. ursina* отмечена А. Е. Кожевниковым (l. c.).

A very small plant (1.5)3—5(10) cm high, with inflorescence consisting of one spike 0.4—0.7 cm long, only rare specimens having another, smaller spike. It grows exclusively in Arctic regions, where has circumpolar distribution.

For Koryakia *C. ursina* is pointed out by Kozhevnikov (А. Е. Кожевников, l. c.).

17 (316). **C. lachenalii** Schkuhr, 1801, Beschr. Abbild. Riedgr. : 51, tab. Y, fig. 79; Крыл. 1929, Фл. Зап. Сиб. 3 : 450; Nelmes, 1952, in Fl. Brit. Isl. : 1405; Janchen, 1956, Catal. Fl. Austr. **1**, 1 : 758; Chater, 1980, in Fl. Europ. 5 : 301; Егор. 1990, Бот. журн. **75**, 6 : 867. — *C. leporina* L. 1753, Sp. Pl. : 973, p. p., excl. typo. — ? *C. bipartita* All. 1785, Fl. Pedem. 2 : 265, tab. 89, fig. 5; Mackenzie, 1931, in North Amer. Fl. **18**, 1 : 88; Y. L. Chang et Y. L. Yang, 1976, in Fl. Chin. Bor.-Or. 11 : 200; Малышев, 1990, во Фл. Сиб. 3 : 72. — *C. lagopina* Wahlenb. 1803, Kungl. Sv. Vet.-Akad. Handl. ser. nov. 24 : 145; Kük. 1909, in Engl. Pflanzenr. 38 : 213. — *C. heleonastes* var. *lachenalii* (Schkuhr) Fiori, 1923—1925, Nuova Fl. Anal. Ital. 1 : 186. — *Vignea lagopina* (Wahlenb.) Reichenb. 1830, Fl. Germ. Excurs. : 57. — *V. lachenalii* (Wahlenb.) Soják, 1979, Čas. Nár. Muz. Praze, řada přir. **148**, 3—4 :

195. — *C. tripartita* auct. non All. : В. Креч. 1935, во Фл. СССР, 3 : 181; Егор. 1966а, в Аркт. Фл. СССР, 3 : 93; ead. 1966б, Осоки СССР : 198; Ворош. 1982, Опред. раст. сов. Дальн. Вост. : 115; А. Е. Кожевников, 1988, в Сосуд. раст. сов. Дальн. Вост. : 400. — *C. pribylovensis* auct. non Macoun : Егор. 1966а, l. c. : 95; ead. 1966б, l. c. : 199; Ворош. l. c. : 114; А. Е. Кожевников, l. c. : 398. — Exs.: H.F. URSS №№ 4249, 6069 (ut *C. tripartita*). — **О. Лашеналя**.

Описан из Европы; lectotypus: Schkuhr, l. c., tab. Y, fig. 79 — Егорова (h. l.).

В мохово-кустарниковой тундре, по сырым каменистым склонам, в трещинах скал, на болотистых лужайках, по песчаным и галечниковым берегам рек и озер, у ручьев, в арктической тундре и высокогорьях. — **Европ. ч.**: Аркт. (материковая часть, очень часто; о-в Колгуев, о-в Вайгач; Нов. Земля: север сев. острова и южн. остров), Кар.-Мурм. (Кольский п-ов), Дв.-Печ. (Приполярн. и Сев. Урал), Волж.-Кам. (Сев. Урал: Муравьиный и Молебный Камни), Карп. (хр. Свидовец); **Зап. Сиб.**: Аркт., Обск. (Приполярн. Урал и Кузнецкий Алатау), Алт.; **Вост. Сиб.**: Аркт., Енис. (плато Путорана), Лен.-Кол. (басс. Хеты и Котуя, север Верхоянского хр., хребты Сунтар-Хаята и Черского, Становое нагорье), Анг.-Саян., Даур. (сев.-зап.); **Дальн. Вост.**: Аркт., Камч., Ком., Охот., Удск. (сев.), Зее-Бур. (сев.-вост.: басс. верхнего течения Селемджи и Буреи), Уссур. (Сихотэ-Алинь), Сах. (сев.), Курил. (сев.). Общ. распр.: С., Ц. и Ю. (юго-зап.) Европа; Ц. (Китай: Алтай; сев. Монголия), В. (очень редко в Сев.-Вост. Китае, на п-ове Корея и о-вах Хоккайдо и Хонсю) и Ю. (Индия: горы Кхаси) Азия; С. Америка. — 2n = 62 (Löve, Löve, 1956), 64 (Heilborn, 1939; Жукова, Петровский, 1971; Юрцев, Жукова, 1978). — Рис. 68, *10*.

Вид представлен на рассматриваемой территории типовым (аркто-альпийским циркумполярным) подвидом, широко распространенным в арктических и некоторых высокогорных районах. В Нов. Зеландии (в альпах Южного о-ва) встречается другой подвид, *C. lachenalii* subsp. *parkeri* (Petrie) Toivonen. По сравнению с типовым подвидом, мешочки у него немного крупнее, с более заметными папиллами на поверхности и более коротким носиком, а кроющие чешуи часто равные по длине мешочкам (а не короче их) (Toivonen, 1979).

Существуют разногласия (см. синонимику) в отношении названия вида, связанные с трудностью и противоречивостью типификации названий *C. tripartita* All. (l. c. : 265, tab. 92, fig. 5) и *C. bipartita* All., l. c. Последние или используются для обозначения рассматриваемого вида, или первое из них синонимизируется с *C. curvula* All. (Kükenthal, l. c.; Chater, l. c.), а второе — с *Kobresia caricina* Willd. (= *K. simpliciuscula* (Wahlenb.) Mackenzie) (Kükenthal, l. c.; Hylander, 1945; Janchen, l. c.). Недавно выбранный лектотип названия *C. bipartita* (Turland, 1997) принадлежит *Kobresia simpliciuscula. Название же C. tripartita* предложено к отвержению (Turland, 1997).

К *C. lachenalii* относятся образцы из басс. Анадыря (р. Танюрер) (MW!) и с Командорских о-вов (MHA!), определенные цитированными выше авторами как *C. pribylovensis* (см. комментарий к *C. glareosa*).

Для Уссурийского и Сахалинского районов вид отмечен А. Е. Кожевниковым (l. c.).

К *C. lachenalii* близка произрастающая на Пиренейском п-ове *C. furva* Webb. (Luceño, 1985, 1994), которая иногда (Chater, 1980) отождествляется с этим видом. Родственные связи с *C. lachenalii* обнаруживает также *C. melanorrhyncha* Nelmes (typus: «Turkey, Prov. Rize, distr. Ikizdere: Germanin Tepe above

Cimil, 3100 m, 29 Aug, 1952, № 21065, Davis, Dodds»: K!, photo: LE). Автор описания (Nelmes, 1956, in Davis, Notes Roy. Bot. Gard. Edinb. 22 : 84) сближал этот вид с *C. oligantha* (секция *Microrhynchae*, подрод *Carex*). Нилсон (Nilsson, 1985) во «Флоре Турции» отнес *C. melanorrhyncha* к секции *Foetidae* (подрод *Vignea*).

C. lachenalii образует стерильные помеси с *C. foetida* (*C.* × *kuekenthalii* Dörf.), *C. cinerea* (*C.* × *helvola* Blytt) и *C. brunnescens* (*C.* × *zahnii* Kneuck.).

The species is represented in considered territory by the type (arctalpine circumpolar) subspecies, widespread in Arctic and some alpine regions. In New Zealand (in Alps of South Island), *C. lachenalii* subsp. *parkeri* (Petrie) Toivonen occurs. In comparison with the type subspecies, its utricles are a little larger, with more distinct papillae on surface and shorter beak, and its female glumes are frequently equal in length to utricles (instead of shorter) (Toivonen, 1979).

The disagreement exists (see the synonymy) concerning the species name, connected with difficulty and contradictoriness of typification of the names *C. tripartita* All. (l. c. : 265, tab. fig. 5) and *C. bipartita* All., l. c. Either these names are used for designation of the considered species, or the former is synonymized with *C. curvula* All. (Kükenthal, l. c.; Chater, l. c.), and the latter with *Kobresia caricina* Willd. (= *K. simpliciuscula* (Wahlenb.) Mackenzie) (Kükenthal, l. c.; Hylander, 1945; Janchen, l. c.). The lectotype of the *C. bipartita* recently chosen by Turland (1997) is referable to *K. simpliciuscula*. The name *C. tripartita* is proposed to rejection (Turland, 1997).

To *C. lachenalii* belong the specimens from basin of Anadyr (river Tanurer) (MW!) and from Commander Islands (MHA!), identified by the authors quoted in the nomenclatural paragraph as *C. pribylovensis* (see the comment to *C. glareosa*).

For Ussuri and Sakhalin regions the species is pointed out by Kozhevnikov (А. Е. Кожевников, l. c.).

Close to *C. lachenalii* is growing in Iberian Peninsula *C. furva* Webb. (Luceño, 1985, 1994), which is sometimes (Chater, 1980) equated with the former. Other species, *C. melanorrhyncha* Nelmes (typus: «Turkey, Prov. Rize, distr. Ikizdere: Germanin Tepe above Cimil, 3100 m, 29 Aug. 1952, № 21065, Davis, Dodds»: K!, photo: LE), has the distinct relationship with *C. lachenalii* also. Nelmes (1956, in Davis, Notes Roy. Bot. Gard. Edinb. 22 : 84) has considered *C. melanorrhyncha* as closely related to *C. oligantha* (section *Microrhynchae*, subgenus *Carex*), whereas Nilsson (1985) in «Flora of Turkey» referred it to the section *Foetidae* (subgenus *Vignea*).

C. lachenalii generates sterile crossbreds with *C. foetida* (*C.* × *kuekenthalii* Dörf.), *C. canescens* (*C.* × *helvola* Blytt) and *C. brunnescens* (*C.* × *zahnii* Kneuck.).

Subgenus 5. Psyllophora (Degl.) Peterm. 1849, Deutsch. Fl. : 602, p. p.; Егор. 1976, во Фл. Европ. ч. СССР, 2 : 160, p. p.; Toivonen, 1984, in Retkeilykasvio : 471; Малышев, 1990, во Фл. Сиб. 3 : 58. — *Carex* § I. *Psyllophora* Degl. 1828, in Loisel. Fl. Gall., ed. 2, 2 : 282, p. p. — Subgen. *Caricotypus* Dumort. 1827, Fl. Belg. : 145, nom. illeg. — Subgen. *Primocarex* Kük. 1909, in Engl. Pflanzenr. 38 : 68, p. p., excl. *C. ursina* Dew.; Chater, 1980, in Fl. Europ. 5 : 322. — Растения однодомные, реже двудомные. Соцветие образовано одним, обычно малоцветковым колоском — андрогинным или (у двудомных видов) тычиночным или пестичным. Мешочки плоско-выпуклые, двояковыпуклые, б. м. трехгранные или почти округлые, б. ч. голые. Рылец 2 или 3. Плод двояковыпуклый или трехгранный, при основании нередко с б. м. длинным осевым придатком. — Lectotypus: *C. pulicaris* L. — Егорова (l. c.).

Подрод включает 25 секций и около 75 видов, распространенных в холодных, умеренных, отчасти субтропических и очень редко тропическом поясах обоих полушарий. На рассматриваемой территории представлен 13 секциями, объединяющими 33 таксона видового и подвидового рангов.

Plants monoecious, more rarely dioecious. Inflorescence is composed of one, usually few-flowered spike, androgynous or (in dioecious species) male or female. Utricles plano-convex, biconvex, more or less trigonous or suborbicular, generally glabrous. Stigmas 2 or 3. Fruit biconvex or trigonous, at base rather often with more or less long rachilla. — Lectotypus: *C. pulicaris* L. — Егорова (l. c.).

The subgenus includes 25 sections and about 75 species distributed in cold, temperate, partly subtropical and, very rarely, tropical zones of both hemispheres. In the considered territory it is represented by 13 sections uniting 33 taxa of specific and subspecific ranks.

Sectio 57. Caryotheca V. Krecz. ex Egor. 1987, Новости сист. высш. раст. 24 : 42; В. Креч. 1935, во Фл. СССР, 3 : 357, sine descr. latin. — Sect. *Psilocarpae* Kük. subsect. *Firmiculmes* Kük. 1909, in Engl. Pflanzenr. 38 : 93, p. p. — Колосок андрогинный; тычиночная часть колоска линейная, короткая, пестичная удлиненная, с сильно расставленными нижними цветками. Мешочки трехгранные, тонкокожистые, яйцевидные или эллиптические, 5—7 мм дл., с жилками, с коротким цельным носиком, нижние с очень длинными линейными кроющими листьями. Рылец 3. Плод трехгранный, при основании с длинным ланцетным осевым придатком. Растение густодернистое, без ползучих корневищ. — Typus: *C. phyllostachys* C. A. Mey. Монотипная секция.

Spike androgynous; male part of spike linear, short, female elongate, with far distant lower flowers. Utricles trigonous, thin-coriaceous, ovoid or elliptical, 5—7 mm long, veined, with a short entire beak, lower ones with very long leaf-like bracts. Stigmas 3. Fruit trigonous, at base with long lanceolate rachilla. Plants dense-caespitose, without creeping rhizomes. — Typus: *C. phyllostachys* C. A. Mey. Monotypic section.

1 (317). **C. phyllostachys** C. A. Mey. 1831, Verzeichn. Pfl. Cauc. Casp. : 30; В. Креч. 1935, во Фл. СССР, 3 : 357. — **О. листоколосая.**

Описан с Кавказа (Талышские горы, «180. *C. phyllostachys* mihi. In sylvis umbrosissimis montium Talüsch, locis humidiusculis (alt. 530 hexap.)»; typus: «Herb. Ledebour. *Carex phyllostachys*. En. cauc. casp. № 180, C. A. Meyer» (LE! cum isotypo).

В широколиственных (дубовых, дубово-грабовых) лесах; в лесном поясе гор. — **Кавк.**: Б. Кавк. (вост., редко), Центр. (Грузия: Карталиния), Вост. (Азербайджан: Исмаиллинский р-н, с. Ивановка) и Южн. (Армения: Зангезурский хр. и район Мегри — р. Ваграварчай) Закавк., Тал. Общ. распр.: Ю. Европа (юг б. Югославии), З. Азия (южн. Турция, сев. Иран). — 2n = ? — Рис. 67, *11*.

Вопрос о систематическом положении вида дискуссионен и рассматривается в другом разделе настоящей работы (с. 55). Здесь отмечу, что некоторые авторы (Chater, 1980; Nilsson, 1985) относят *C. phyllostachys* к подроду *Indocarex* (= subgen. *Vigneastra*).

Question concerning systematic position of the species is disputable and is considered in other division of present work (p. 61—62). To note here, some authors (Chater, 1980; Nilsson, 1985) relate *C. phyllostachys* to the subgenus *Indocarex* (= subgen. *Vigneastra*).

Sectio 58. Leucoglochin Dumort. 1827, Fl. Belg. : 146; Chater, 1980, in Fl. Europ. 5 : 322. — Sect. *Orthocerates* Koch, 1837, Syn. Fl. Germ. : 748; Егор. 1976, во Фл. Европ. ч. СССР, 2 : 160. — *Leucoglochin* Ehrh. ex Heuff. 1844, Flora (Regensb.), 27 : 528, pro gen. — Sect. *Physocarpae* Drej. ex L. H. Bailey, 1887, Proc. Amer. Acad. Arts Sci. 22 : 71, p. p., quoad *C. paucifloram*. — Sect. *Monoicae* Fries ex Pax, 1888, in Engl. u. Prantl, Nat. Pflanzenfam. **2**, 2 : 123, p. p., quoad *C. paucifloram*. — Sect. *Leucoglochin* (Ehrh. ex Heuff.) V. Krecz. 1935, во Фл. СССР, 3 : 301. — Колосок андрогинный. Мешочки почти округлые в поперечном сечении, узколанцетовидные, тонкокожистые, 4—9 мм дл., зрелые вниз отогнутые, с тонкими жилками, с длинным цельным носиком. Кроющие чешуи при плодах опадающие. Рылец 3. Плод при основании с осевым придатком или без него. Растения с ползучими корневищами. — Typus: *C. pauciflora* Lightf.

5 видов и подвидов, в холодном, умеренном и отчасти субтропическом поясах сев. полушария и на юге Южн. Америки; вне рассматриваемой территории: *C. microglochin* Wahlenb. subsp. *fuegina* Kük. и *C. kingii* (Boott) Reznicek (Reznicek, 1990a : 1419) (Южн. Америка).

Spike androgynous. Utricles suborbicular in cross-section, narrow-lanceolate, thin-coriaceous, 4—9 mm long, at maturity deflexed, with thin veins, with a long entire beak. Female glumes at fructification deciduous. Stigmas 3. Fruit at base with or without rachilla. Plants with creeping rhizomes. — Typus: *C. pauciflora* Lightf.

5 species and subspecies, in cold, temperate and partly subtropical zone of the northern hemisphere and in southern South America; outside considered territory: *C. microglochin* Wahlenb. subsp. *fuegina* Kük. and *C. kingii* (Boott) Reznicek (Reznicek, 1990a : 1419) (South America).

1. Мешочки 4—5 мм дл., при основании плода с шиловидным осевым придатком, выступающим из мешочка на 1.5—1.8 мм (вместе с придатком мешочки 5.5—7 мм дл.); рыльце смещено осевым придатком вбок .... 1. **C. microglochin**.
\+ Мешочки 6—9 мм дл., при основании плода с осевым придатком, не выступающим из мешочка, или без осевого придатка; рыльце не смещено вбок .... 2.
2. Мешочки 7—9 мм дл., с многочисленными тонкими ясными жилками, при основании плода с уплощенным, наверху коротко реснитчатым осевым придатком. Стебли цилиндрические .... 2. **C. parva**.
\+ Мешочки 6—7 мм дл., с неясными жилками, при основании плода без осевого придатка. Стебли трехгранные .... 3. **C. pauciflora**.

1. Utricles 4—5 mm long, at base of fruit with subulate rachilla protruding from utricle by 1.5—1.8 mm (utricles, including rachilla, 5.5—7 mm long); stigma is displaced to the side by rachilla .... 1. **C. microglochin**.
\+ Utricles 6—9 mm long, at base of fruit with rachilla not protruding from utricle, or without rachilla; stigma is not displaced to the side .... 2.
2. Utricles 7—9 mm long, with numerous thin distinct veins, at base of fruit with flattened, in upper part short-ciliate rachilla. Stems cylindrical .... 2. **C. parva**.
\+ Utricles 6—7 mm long, with obscure veins, at base of fruit without rachilla. Stems trigonous .... 3. **C. pauciflora**.

1 (318). **C. microglochin** Wahlenb. 1803, Kungl. Sv. Vet.-Akad. Handl. ser. nov. 24 : 140; В. Креч. 1935, во Фл. СССР, 3 : 302; Егор. 1976, во Фл. Европ. ч. СССР, 2 : 160; А. Е. Кожевников, 1988, в Сосуд. раст. сов. Дальн. Вост. 3 : 259; Малышев, 1990, во Фл. Сиб. 3 : 60. — Exs.: H.F. URSS № 4233. — **О. мелкоостренниковая**.

Описан из сев. Скандинавии («Hab. in lateribus irriguis alpium Lapponicarum septentrionalium»); типовой материал: UPS.

На моховых болотах, болотистых лужайках, по берегам озер, речек и ручьев, часто на карбонатных субстратах; в верхнем, реже лесном поясе гор, очень редко на равнине. — **Европ. ч.**: Аркт. (Кольский п-ов: п-ов Рыбачий, между Харловкой и Варзино, мыс Орлов и низовья Поноя); **Кавк.**: Б. Кавк. (зап.: верховья Кубани; центр., редко; вост.: южн. Дагестан и вост. Азербайджан — гора Шахдаг); **Зап. Сиб.**: Ирт. (Омская обл.: оз. Улугуль близ с. Тевриз и Тарско-Логиновская лесная дача), Алт.; **Вост. Сиб.**: Лен.-Кол. (север Среднесибирского плато; р. Амга: с. Оннес; хр. Черского; верховья Россохи), Анг.-Саян. (юг), Даур.; **Дальн. Вост.**: Охот. (Магаданская обл., верховье р. Таскан); **Средн. Азия**: Дж.-Тарб. (хр. Саур; Джунгарский Алатау: верховья р. Коксу), Тянь-

Шан., Пам.-Ал. О б щ . р а с п р.: С., Атл. и Ц. Европа; З. (вост. Турция, сев. Иран, сев.-вост. Афганистан), Ц., В. (Юго-Зап. Китай) и Ю. (Гималаи) Азия; С. Америка (сев. и зап.); Ю. Америка (юг). — 2n = 48 (Dietrich, 1972; Юрцев, Жукова, 1982). — Рис. 69, 7.

На юге Южн. Америки *C. microglochin* представлена особым подвидом: subsp. *fuegina* Kük. (= *C. microglochin* var. *oligantha* Kük., *C. camptoglochin* V. Krecz.), отличающимся от типового бо́льшими размерами мешочков и их ножки и меньшим количеством тычиночных и пестичных цветков в колосках (Moore, Chater, 1971 : 328). Родственные связи *C. microglochin* обнаруживает с *C. kingii* (Boott) Reznicek (Reznicek, 1990a : 1419), перенесенной автором комбинации в род *Carex* из рода *Uncinia* Pers. У этого вида, как и у представителей последнего, осевой придаток крючковидно загнут на верхушке. Но крючковидное образование у *C. kingii* не гомологично таковому у *Uncinia*, так как оно представляет собой осевой орган, а не закрученную и отогнутую вниз чешую (Reznicek, 1990a).

In southern South America *C. microglochin* is represented by the subsp. *fuegina* Kük. (= *C. microglochin* var. *oligantha* Kük., *C. camptoglochin* V. Krecz.), differing from the type one by larger utricles and longer their stipes and by less number of male and female flowers in spikes (Moore, Chater, 1971 : 328). *C. microglochin* demonstrates relationship with *C. kingii* (Boott) Reznicek (Reznicek, 1990a : 1419) as well, the author of the combination having transferred it into the genus *Carex* from the genus *Uncinia* Pers. This species, like representatives of the latter genus, has rachilla with hook-like apex. However, hook-like formation of *C. kingii* is not homologous to that of *Uncinia*, being an axial organ, instead of involuted and patent downwards glume (Reznicek, 1990a).

2 (319). **C. parva** Nees, 1834, in Wight, Contrib. Bot. Ind. : 120; В. Креч. 1935, во Фл. СССР, 3 : 303; Егор. 1976, в Опред. раст. Средн. Азии, 5 : 62. — *C. macrorrhyncha* Kar. et Kir. 1842, Bull. Soc. Nat. Moscou, **15**, 3 : 521. — **О. малая**.

Описан из Гималаев; t y p u s: «Nepalia, № 138, Royle» (K).

На осоковых болотах, болотистых лугах, по берегам рек и озер, у ключей; в верхней части среднего пояса и верхнем поясе гор. — **Средн. Азия**: ? Дж.-Тарб., Тянь-Шан. (Сев. и Зап. Тянь-Шань), Пам.-Ал. О б щ . р а с п р.: З. (Афганистан) и Ю. (Гималаи) Азия. — 2n = ?

Указания о произрастании вида в Джунгарском Алатау и Тарбагатае нуждаются в подтверждении (см. Егорова, l.c.).

The indications on occurrence of the species in Dzungarian Ala Tau and Tarbagatai need confirmation (see: Егорова, l. c.).

3 (320). **C. pauciflora** Lightf. 1777, Fl. Scot. 2 : 543 et 1777, 1, l. c. tab. 6, fig. dextra; В. Креч. 1935, во Фл. СССР, 3 : 302; Малышев, 1990, во Фл. Сиб. 3 : 61. — E x s.: H.F.R № 595, H.F. URSS №№ 2909a, b, 4236. — **О. малоцветковая**.

Описан из Шотландии (о-в Арран) («In a boggy soil about half-way up the mountain of Goatfield, in the isle of Arran...»); t y p u s: ? BM, ? E.

На сфагновых болотах; на равнине и в горах, до субальпийского пояса. — **Европ. ч.**: Аркт. (Кольский п-ов; р. Пеша; басс. р. Усы в районе пос. Сивая Маска), Кар.-Мурм., Дв.-Печ., Прибалт., Лад.-Ильм., Верх.-Днепр. (Беларусь; Смоленская обл.: Духовщинский р-н), Верх.-Волж., Волж.-Кам., Карп., Сред.-Днепр. (очень редко), Волж.-Дон. (Белгородская обл.); **Зап. Сиб.**: Обск., Алт.; **Вост. Сиб.**: Лен.-Кол. (сев.-зап. Прибайкалье; Становое нагорье, басс. верхнего течения Алдана), Анг.-Саян. (юг), Даур. (Прибайкалье); **Дальн. Вост.**: Камч., Зее-Бур. (р. Кур), Уссур. (очень редко), Сах., Курил.; **Средн.**

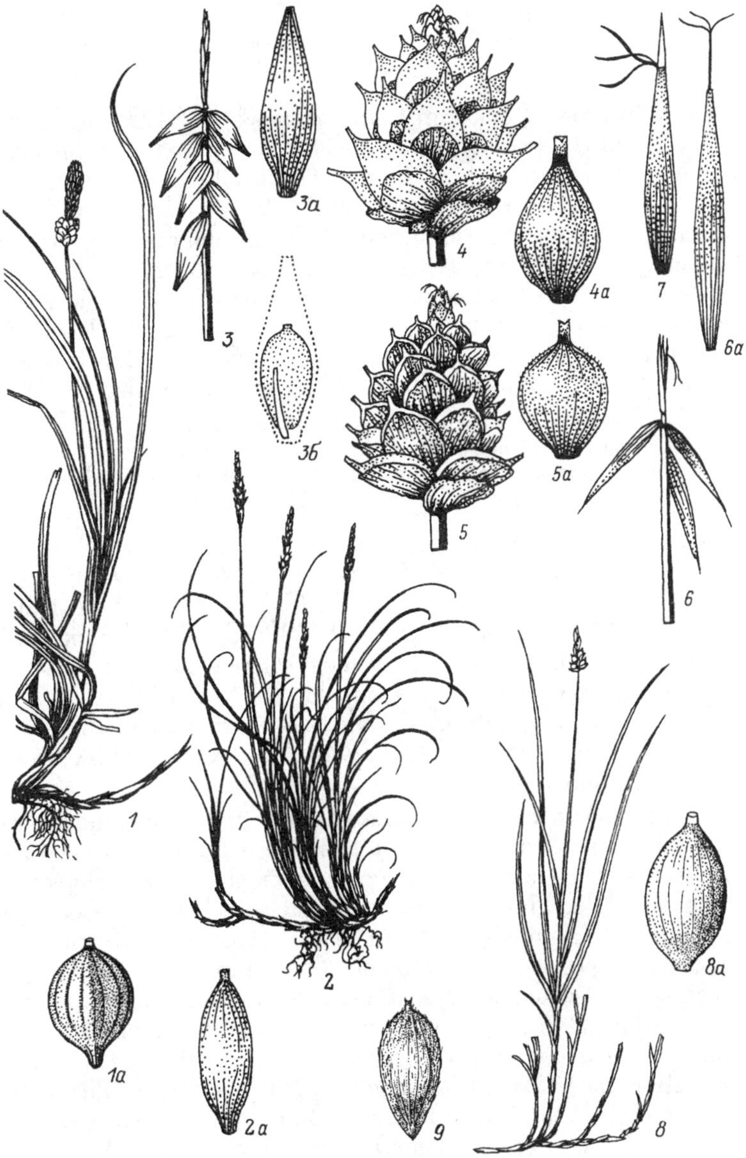

Рис. 69.

1 — *Carex argunensis* Turcz. ex Trev., общий вид растения, *1a* — мешочек; *2* — *C. rupestris* All., общий вид растения, *2a* — мешочек; *3* — *C. pulicaris* L., соцветие, *3a* — мешочек, *3b* — плод с осевым придатком; *4* — *C.capitata* L., соцветие, *5a* — мешочек; *6* — *C. pauciflora* Lightf., соцветие, *6a* — мешочек; *7* — *C. microglochin* Wahlenb., мешочек с осевым придатком; *8* — *C. obtusata* Liljebl., общий вид растения, *8a* — мешочек; *9* — *C. scirpoidea* Michx., мешочек.

Fig. 69.

1 — *Carex argunensis* Turcz. ex Trev., the whole plant, *1a* — utricle; *2* — *C. rupestris* All., the whole plant, *2a* — utricle; *3* — *C. pulicaris* L., inflorescence, *3a* — utricle, *3b* — fruit with rachilla; *4* — *C. capitata* L., inflorescence, *5a* — utricle; *6* — *C. pauciflora* Lightf., inflorescence, *6a* — utricle; *7* — *C. microglochin* Wahlenb., utricle with rachilla; *8* — *C. obtusata* Liljebl., the whole plant, *8a* — utricle; *9* — *C. scirpoidea* Michx., utricle.

37 Заказ № 131

Азия: Дж.-Тарб. (Джунгарский Алатау: хр. Мын-Чукур). Общ. распр.: С., Атл. и Ц. Европа; В. Азия (север п-ова Корея, о-ва Хоккайдо и Хонсю); С. Америка (сев.). — 2n = 76 (Dietrich, 1964b). — Рис. 69, *6*.

Sectio 59. Obtusatae (Tuckerm.) Mackenzie, 15 IV 1935, in North Amer. Fl. **18**, 4 : 180, p. p., quoad *C. obtusatam*. — Sect. *Psyllophora* G. *Obtusatae* Tuckerm. 1843, Enum. Meth. Caric. : 8. — Gen. *Genersichia* Heuff. 1844, Flora (Regensb.), 27 : 528. — Sect. *Genersichia* (Heuff.) V. Krecz. 30 IV 1935, во Фл. СССР, 3 : 380, p. p., quoad *C. obtusatam*. — Колосок андрогинный. Мешочки почти округлые в поперечном сечении, яйцевидные или широкояйцевидные, кожистые, блестящие, 2.5—3.5 мм дл., зрелые сильно отклоненные от оси колоска, с жилками, с коротким цельным носиком. Кроющие чешуи при плодах неопадающие. Рылец 3. Плод при основании с осевым придатком, равным ему по длине. Растения с ползучими корневищами. — Typus: *C. obtusata* Liljebl. Монотипная секция.

Spike androgynous. Utricles suborbicular in cross-section, ovoid or broad-ovoid, coriaceous, shining, 2.5—3.5 mm long, at maturity strongly patent, veined, with a short entire beak. Female glumes at fructification persistent. Stigmas 3. Fruit at base with rachilla equal to it by length. Plants with creeping rhizomes. — Typus: *C. obtusata* Liljebl. Monotypic section.

1 (321). **C. obtusata** Liljebl. 1793, Kungl. Sv. Vet.-Akad. Handl. ser. nov. 14 : 69, tab. 4; В. Креч. 1935, во Фл. СССР, 3 : 381; Егор. 1976, во Фл. Европ. ч. СССР, 2 : 162; ead. 1991, Бот. журн. **76**, 12 : 1747; Chater, 1980, in Fl. Europ. 5 : 322; Юрц. и др. 1973, Новости сист. высш. раст. 10 : 309; iid. 1978, Бот. журн. **63**, 5 : 628, А. Е. Кожевников, 1988, в Сосуд. раст. сов. Дальн. Вост. 3 : 259; Малышев, 1990, во Фл. Сиб. 3 : 64. — *C. spicata* Shkuhr, 1801, Beschr. Abbild. Riedgr. : 11, tab. D, fig. 15. — *C. microcephala* C. A. Mey. 1833, in Ledeb. Fl. Alt. 4 : 205. — Exs.: H.F.R. № 1944a, b, H.F. URSS № 3023. — **О. притупленная**.

Описан из Швеции (Suecia); typus: ? UPS.

На сухих травянистых склонах, суходольных и остепненных лугах, в сухих светлых лесах, на опушках и полянах; на равнине и в горах, до альпийского пояса. — **Европ. ч.**: Аркт. (восток Большеземельской тундры: Воркута и верхнее течение р. Адзьвы), Дв.-Печ. (очень редко), Верх.-Волж. (села Лужки и Никифорово в районе г. Серпухова), Волж.-Кам. (Средн. и Южн. Урал), Карп. (окр. Львова и пос. Броды), Сред.-Днепр. (сев.: Подолия), Волж.-Дон. (Тульская обл.: в районе г. Алексина; Орловская обл.: Бобринская степь — р. Кнутрь; Липецкая обл.: Плющань-на-Дону, Галичья Гора и Липецкий р-н); **Кавк.**: Б. Кавк. (зап.: гора Гузерипль и верховья Кубани; центр.: р. Баксан и верховья Терека; вост.: Дагестан), Зап. (Аджария), Центр. (Бакуриани) и Южн. (Армения: басс. Севана, с. Ордаклю) Закавк.; **Зап. Сиб.**: Обск. (зап.: к западу от 70° в. д.; юго-вост.), Ирт. (сев. и вост.), Алт.; **Вост. Сиб.**: Аркт. (низовья Лены: пос. Чекуровка и Черский; низовья Колымы: пос. Петушки), Енис. (очень редко), Лен.-Кол., Анг.-Саян.; Даур.; **Дальн. Вост.**: Аркт. (зап. и центр. Чукотка; вост. Чукотка: р. Амгуема; о-в Врангеля; пос. Шахтерский; низовья Пенжины), Удск. (юг), Зее-Бур. (очень редко), Уссур. (юг); **Средн. Азия**: Прибалх. (сев.: Казахский мелкосопочник), Дж.-Тарб., Тянь-Шан. (Заилийский Алатау: хр. Турайгыр). Общ. распр.: С. (южн. Швеция) и Ц. (сев.-вост. Германия) Европа; Ц. (Китай: Джунгария; Монголия) и В. (Сев.-Вост. Китай) Азия; С. Америка (зап.). — 2n = 52 (Жукова, Петровский, 1971, 1977; Петровский, Жукова, 1983). — Рис. 69, *8*.

Для зап. Закавказья вид приведен по данным А. П. Хохрякова (1994).

The species is given for the Western Transcaucasia according to published data (Хохряков, 1994).

Sectio 60. Petraeae (O. Lang) Kük. 1909, in Engl. Pflanzenr. 38 : 85, p. p.; Егор. 1976, во Фл. Европ. ч. СССР, 2 : 162. — Sect. *Homostachyae* b. *Petraeae* O. Lang, 1851, Linnaea, 24 : 501, p. p. — Sect. *Psyllophora* (Loisel.) Tuckerm. I. *Rupestres* Tuckerm. 1843, Enum. Meth. Caric. : 8. — Sect. *Monoicae* Fries ex Pax Sippe *Rupestres* Pax, 1888, in Engl. u. Prantl, Nat. Pflanzenfam. **2**, 2 : 123, p. p., quoad *C. rupestrem*, nom. illeg. — Sect. *Rupestres* (Pax) Meinsh. 1901, Тр. Петерб. бот. сада, **18**, 3 : 280, 311, p. p., nom. illeg. — Sect. *Genersichia* (Heuff.) V. Krecz. 1935, во Фл. СССР, 3 : 380, p. p. — Колосок андрогинный. Мешочки тупотрехгранные, обратнояйцевидные или эллиптические, перепончатые, 1.8—4 мм дл., зрелые прижатые к оси колоска, без жилок, с коротким цельным носиком. Рылец 3. Плод при основании с осевым придатком или без него. Растения с ползучими корневищами. — L e c t o t y p u s: *C. rupestris* All. — Егорова (l. c.).

2 вида, в Европе, холодном и умеренном поясах Азии и Сев. Америки.

Более ранние, чем принятое здесь, секционные названия *Monoicae* Fries ex Pax, l. c. и *Rupestres* (Pax) Meinsh., l. c. представляют собой nomina illegitima, так как они включают тип (*C. pauciflora* Lightf.) секции *Leucoglochin* Dumort., 1827.

Spike androgynous. Utricles obtuse-trigonous, obovoid or elliptical, membranous, 1.8—4 mm long, at maturity adpressed, veinless, with a short entire beak. Stigmas 3. Fruit at base with or without rachilla. Plants with creeping rhizomes. — L e c t o t y p u s: *C. rupestris* All. — Egorova (Егорова, l. c.).

2 species in Europe, cold and temperate zones of Asia and North America.

Earlier than accepted here, the sectional names *Monoicae* Fries ex Pax, l. c. and *Rupestres* (Pax) Meinsh., l. c. are nomina illegitima, as including the type (*C. pauciflora* Lightf.) of the section *Leucoglochin* Dumort., 1827.

1. Мешочки выпукло-трехгранные, широкоэллиптические, эллиптические или обратнояйцевидные, (2)2.5—3 мм дл., при основании плода с беловатым осевым придатком; кроющие чешуи обычно ржаво-светло-коричневые. Колоски утолщенные, 4—6 мм в диам., 1—2 см дл., с хорошо развитой тычиночной частью из многочисленных (не менее 30, иногда до 100) цветков. Листовые пластинки прямые или серповидно изогнутые, но не извилистые.......................... 1. **C. argunensis**.

\+ Мешочки трехгранные, продолговато-яйцевидные или продолговато-обратнояйцевидные, (3)3.2—4 мм дл., без осевого придатка; кроющие чешуи каштановые. Колоски более узкие, 3—4 мм в диам., 1—1.5(2) см дл.; тычиночные цветки в меньшем количестве (менее 20). Листовые пластинки наверху извилистые...................... 2. **C. rupestris**.

1. Utricles convex-trigonous, broad-elliptical, elliptical or obovoid, (2)2.5—3 mm long, at base of fruit with whitish rachilla; female glumes usually ferruginous-light brown. Spikes thickened, 4—6 mm in diam., 1—2 cm long, with well developed male part of numerous (not less than 30, sometimes up to 100) flowers. Leaf blades straight or falcately curved, but not flexuous.. 1. **C. argunensis**.

\+ Utricles trigonous, oblong-ovoid or oblong-obovoid, (3)3.2—4 mm long, without rachilla; female glumes chestnut. Spikes narrower, 3—4 mm in diam., 1—1.5(2) cm long; male flowers fewer (less than 20). Leaf blades flexuous in upper part............ 2. **C. rupestris**.

1 (322). **C. argunensis** Turcz. ex Trev. 1852, in Ledeb. Fl. Ross. 4 : 267; Turcz. ex Bess. 1834, Flora (Regensb.), **17**, 1, Beibl. : 27, nom. nud.; Turcz. 1855, Bull. Soc. Nat. Moscou, **28**, 2 : 323; В. Креч. 1935, во Фл. СССР, 3 : 382; Егор. 1967, в Раст. Центр. Азии, 3 : 51; Ворош. 1982, в Опред. раст. сов. Дальн. Вост. : 107; А. Е. Кожевников, 1988, в Сосуд. раст. сов. Дальн. Вост. 3 : 260; Малышев, 1990,

во Фл. Сиб. 3 : 64. — C. *alticola* Popl. ex Sukacz. 1912, в Тр. Амурск. эксп., **1**, 2 : 277; В. Креч. l. c. : 382; Ворош. l. c. : 107; А. Е. Кожевников, l. c. : 260. — C. *rupestris* subsp. *alticola* (Popl. ex Sukacz.) Worosch. 1985, во Флорист. иссл. СССР : 156. — C. *argunensis* subsp. *alticola* (Popl. ex Sukacz.) Malyschev, 1990, во Фл. Сиб. 3 : 64. — Exs.: H.F. URSS №№ 2901 (ut C. *alticola*), 2904a, b, 4009. — **О. аргунская**.

Описан из Вост. Сибири; lectotypus: «In rupibus ad Argunum prope Zuruchaitu, 1831, Turcz.[aninow]» (LE! cum isolectotypo) — Егорова (h. l.).

На щебнистых склонах, осыпях, приречных песках, в сухих лесах и редколесьях, горной щебнистой тундре; в среднем и верхнем поясах гор. — **Вост. Сиб.**: Лен.-Кол. (Становое и Алданское нагорья, верхнее и среднее течение Колымы), Анг.-Саян. (зап. побережье Байкала), Даур.; **Дальн. Вост.**: Охот., Зее-Бур. Общ. распр.: Ц. (Монголия) и В. (Сев.-Вост. Китай) Азия. — 2 n = ? — Рис. 69, *1*.

В качестве лектотипа вида здесь выбран его автентичный экземпляр.

Растения, описанные из Вост. Сибири как C. *alticola* Popl. ex Sukacz., l. c. (typus: «Якутская обл., южн. ч. Олекминского округа, басс. р. Тунгира, 12 VI 1910, № 264, В. Сукачев, Г. Поплавская» — LE!), — это мелкие, преимущественно высокогорные образцы C. *argunensis*, не заслуживающие какого-либо таксономического ранга. Они часто имеют неразвитые плоды, вследствие чего тычиночная часть колоска не отграничена от пестичной (этот «признак» используется А. Е. Кожевниковым, l. c. : 231, для идентификации C. *alticola*).

The autenthic specimen of this species is designated here as the lectotype.

Plants described from Eastern Siberia as C. *alticola* Popl. ex Sukacz., l. c. (typus: «Якутская обл., южн. ч. Олекминского округа, басс. р. Тунгира, 12 VI 1910, № 264, В. Сукачев, Г. Поплавская» — (LE!) are small, mainly high-mountain specimens of C. *argunensis*, not meriting any taxonomic rank. They frequently have undeveloped fruits, owing to that male part of the spike is not defined from female one (this «character» is used by Kozhevnikov (А. Е. Кожевников, l. c. : 231) for identification of C. *alticola*).

2 (323). **C. rupestris** All. 1785, Fl. Pedem. 2 : 264, tab. 92, fig. 1; В. Креч. 1935, во Фл. СССР, 3 : 381; Егор. 1966, в Аркт. фл. СССР, 3 : 65; ead. во Фл. Сев.-Вост. Европ. ч. СССР, 2 : 48; Ohba, 1964, Journ. Jap. Bot. **39**, 5 : 139; А. Е. Кожевников, 1988, в Сосуд. раст. сов. Дальн. Вост. 3 : 259; Малышев, 1990, во Фл. Сиб. 3 : 65. — C. *petraea* Wahlenb. 1803, Kungl. Sv. Vet.-Akad. Handl. ser. nov. 24 : 139. — **О. скальная**.

Описан из Италии (Альпы, Пьемонт, «In summis alpium jugis di Ussey prope l'Autaret locis siccis et rupestribus»); lectotypus: Allioni, l. c., tab. 92, fig. 1 — Егорова (h. l.).

На сухих щебнистых склонах, скалах, осыпях, в сухих горных тундрах, обычно на карбонатных субстратах; в арктической тундре и верхнем, редко лесном поясе гор. — **Европ. ч.**: Аркт. (Кольский п-ов; Малоземельская тундра: Чайцын мыс; Нов. Земля; о-в Вайгач; Югорский п-ов: хр. Пай-Хой и Амдерма; Полярн. Урал), Дв.-Печ. (Тиманский кряж: р. Светлая; Приполярн. и Сев. Урал), Волж.-Кам. (Сев. Урал; Южн. Урал: гора Иремель), Карп.; **Кавк.**: Б. Кавк. (зап.: верховья Кубани — р. Кирьян; вост.: Чечено-Ингушетия — гора Ацунта); **Зап. Сиб.**: Аркт. (Полярн. Урал; средняя часть Ямала: р. Вэнуйеуо), Обск. (Приполярн. Урал и Кузнецкий Алатау), Алт.; **Вост. Сиб.**: Аркт., Енис. (плато Путорана), Лен.-Кол. (басс. Хеты и Котуя, Верхоянский хр., хр. Сунтар-Хаята, басс. Колымы — р. Березовка, Становое нагорье), Анг.-Саян. (юг), Даур. (сев.-зап.; юг: гольцы Сохондо и Балбастуй); **Дальн. Вост.**: Аркт.

(Чукотка, о-в Врангеля, басс. Анадыря и Корякия), Камч., Охот. (Аянский р-н), Удск. (хр. Геран), Уссур. (юг), Сах. (вост.). Общ. распр.: С., Атл. (Шотландия), Ц. и Ю. (очень редко) Европа; Ц. (Монголия) и В. (Сев.-Вост. Китай, п-ов Корея, Япония) Азия; С. Америка (сев. и зап.). — 2n = 50 (Heilborn, 1924; Löve, Löve, 1956; Жукова, Петровский, 1971; Петровский, Жукова, 1978), 52 (Jörgensen et al., 1958). — Рис. 69, *2*.

Для Сахалина *C. rupestris* приведена по литературным данным (Ohwi, 1936). Относительно недавно вид был обнаружен в Японии (Ohba, l. c.).

For Sakhalin *C. rupestris* is cited according to published data (Ohwi, 1936). Rather recently the species was found in Japan (Ohba, l. c.).

Sectio 61. Callistachys (Heuff.) Mackenzie, 1931, in North Amer. Fl. **18**, 1 : 26, cum auct. comb. Aschers. et Graebn.; Егор. 1990, Бот. журн. **75**, 6 : 867. — Gen. *Callistachys* Heuff. 1844, Flora (Regensb.), 27 : 528. — *Carex* A. *Psyllophora* b. *Callistachys* (Heuff.) Aschers. et Graebn. 1902, Syn. Mitteleurop. Fl. **2**, 2 : 17. — Sect. *Unciniaeformes* Kük. subsect. *Callistachys* (Heuff.) Kük. 1909, in Engl. Pflanzenr. 38 : 104. — Sect. *Callistachys* (Heuff.) V. Krecz. 1935, во Фл. СССР, 3 : 296, p. p., comb. superfl. — Колосок андрогинный. Мешочки трехгранные или слабо двояковыпуклые, от яйцевидных до яйцевидно-ланцетовидных, перепончатые, 2.5—3.5 мм дл., зрелые горизонтально или вниз отогнутые, без жилок, обычно с длинной тонкой ножкой, с цельным носиком. Кроющие чешуи рано опадающие. Рылец 2—3. Плод при основании обычно без осевого придатка. Растения без ползучих корневищ, реже с ползучими корневищами. — Typus: *C. pyrenaica* Wahlenb.

5 видов, в Центр. и Южн. Европе, на Кавказе, в Малой Азии, на Дальнем Востоке, в Сев. Америке, Австралии и Нов. Зеландии; вне рассматриваемой территории: *C. pyrenaica* (Европа), *C. nigricans* C. A. Mey. (Сев. Америка) и *C. cephalotes* F. Muell. (юго-вост. Австралия и Нов. Зеландия).

Spike androgynous. Utricles trigonous or slightly biconvex, from ovoid to ovoid-lanceolate, membranous, 2.5—3.5 mm long, at maturity horizontally patent or deflexed, veinless, usually with a long thin stipe, with an entire beak. Female glumes caducous. Stigmas 2—3. Fruit at base usually without rachilla. Plants without creeping rhizomes, more rarely with creeping rhizomes. — Typus: *C. pyrenaica* Wahlenb.

5 species, in Central and Southern Europe, Caucasus, Asia Minor, Far East, North America, Australia and New Zealand; outside considered territory: *C. pyrenaica* (Europe), *C. nigricans* C. A. Mey. (North America) and *C. cephalotes* F. Muell. (Southeastern Australia and New Zealand).

1. Мешочки продолговато-яйцевидные, (2.5)2.8—3.1(3.3) мм дл. (исключая ножку), (0.9)1—1.2(1.3) мм шир. (длина их в (2.2)2.7—3 раза больше ширины); ножка (0.4)0.5—0.6(0.8) мм дл. Рылец 2, реже 3. .... 1. **C. micropodioides**.

\+ Мешочки яйцевидные или продолговато-яйцевидные, 3—3.5 мм дл. (исключая ножку), 1.2—1.3 мм шир. (длина их в 2.6—2.7 раза больше ширины); ножка 0.8—1 мм дл. Рылец 2, крайне редко 3.......... 2. **C. micropoda**.

1. Utricles oblong-ovoid, (2.5)2.8—3.1(3.3) mm long (excluding stipe), (0.9)1—1.2(1.3) mm wide (their length (2.2)2.7—3 times as much as width); stipe (0.4)0.5—0.6(0.8) mm long. Stigmas 2, more rarely 3.......... 1. **C. micropodioides**.

\+ Utricles ovoid or oblong-ovoid, 3—3.5 mm long (excluding stipe), 1.2—1.3 mm wide (their length 2.6—2.7 times as much as width); stipe 0.8—1 mm long. Stigmas 2, extremely rarely 3.......... 2. **C. micropoda**.

1 (324). **C. micropodioides** V. Krecz. 1935, во Фл. СССР, 3 : 608, 298; Гроссг. 1940, Фл. Кавк., изд. 2, 2 : 39; Егор. 1991, Бот. журн. **76**, 12 : 1747. — *C. pyrenaica* auct. non Wahlenb.: Kük. 1909, in Engl. Pflanzenr. 38 : 104, p. p., quoad pl. ex As. occid.; Гроссг. 1928, l. c. [изд. 1], 1 : 158. — *C. pyrenaica* auct. non Wahlenb.: Алексеев, Караваев, 1975, Вестн. Моск. унив. сер. 6, 6 : 54, p. p., quoad syn. *C. micropodioides*; Ö. Nilsson, 1985, in Fl. Turk. 9 : 86; Ханджян, 1988, Биол. журн. Арм. **41**, 9 : 762. — **О. ложнокоротконожковая**.

Описан с Кавказа; typus: Абхазия, «Сочинский округ, басс. р. Бзыби, пер. Лаптраху, 24 VII 1912, № 8514, Ю. Воронов» (LE!).

На альпийских лугах. — **Кавк.**: Б. Кавк., Зап. (юг), Центр. (Грузия: район г. Лагодехи — оз. Хала-гёль; Азербайджан: Закатальский р-н) и Южн. (Армения: Памбакский хр., гора Тежлер и Гегамский хр., гора Кызыл-даг) Закавк. Общ. распр.: З. Азия (сев.-вост. Турция). — 2n = ? — Рис. 70, *9*.

Близок к распространенной в Пиренеях, на Балканах и в Южн. Карпатах *C. pyrenaica* (рис. 70, *8*), с которой отождествляется цитированными выше авторами, а также к приводимой ниже *C. micropoda*. От *C. pyrenaica C. micropodioides* отличается продолговато-яйцевидными мешочками (2.5)2.8—3.1(3.3) мм дл.[1], (0.9)1—1.2(1.3) мм шир. (длина их в (2.2)2.7—3 раза больше ширины) с ножкой (0.4)0.5—0.6(0.8) мм дл. и б. ч. двурыльцевыми столбиками. У *C. pyrenaica* мешочки заметно более узкие, яйцевидно-ланцетовидные, (2.8)3.3—3.5 мм дл., 0.8—1 мм шир. (длина их обычно в 3.5 раза больше ширины), с ножкой до 1 мм дл., а столбики с 3 рыльцами. Заметим, что все 49 изученных мной образцов *C. pyrenaica* имеют трехрыльцевые столбики, хотя по данным «Флоры Европы» (Chater, 1980 : 323) у этого вида рылец 2 и только иногда 3.

Признаки, отличающие *C. micropodioides* от другого близкого вида — *C. micropoda* — указаны в ключе. Таким образом, *C. micropodioides* по характеру мешочков (они шире, чем у *C. pyrenaica*, по у́же чем у *C. micropoda*) и числу рылец (их 2—3, а не 3 или б. ч. 3, как у первого вида, и не б. ч. 2, как у второго) занимает промежуточное положение между этими видами.

C. micropodioides is close to distributed in Pyrenees, Balkan Mountains and Southern Carpathians *C. pyrenaica* (fig. 70, *8*) (authors cited above equate it with the latter), as well as to *C. micropoda* cited below. *C. micropodioides* differs from *C. pyrenaica* by oblong-ovoid utricles (2.5)2.8—3.1(3.3) mm long[2], (0.9)1—1.2(1.3) mm wide (their length (2.2)2.7—3 times as much as width), with stipe (0.4)0.5—0.6(0.8) mm long and by generally distigmatous styles. *C. pyrenaica* has utricles distinctly narrower, ovoid-lanceolate, (2.8)3.3—3.5 mm long, 0.8—1 mm wide (their length usually 3.5 times as much as width), with stipe up to 1 mm long, and styles with 3 stigmas. To note, 49 specimens of *C. pyrenaica* examined by me, all have tristigmatous styles, though according to data of «Flora Europaea» (Chater, 1980 : 323) this species has 2 stigmas and only sometimes 3.

The distinguishing characters of *C. micropodioides* and the other closely related species, *C. micropoda* are cited in the key. Thus, *C. micropodioides* in characters of utricles (they broader than in *C. pyrenaica*, but narrower than in *C. micropoda*) and in number of stigmas (2—3, instead of 3 or generally 3, as in the former species, and instead of generally 2, as in the latter one), takes an intermediate position between these species.

2 (325). **C. micropoda** C. A. Mey. 1831, Mém. Sav. Étr. Pétersb. 1 : 210, tab. 6; В. Креч. 1935, во Фл. СССР, 3 : 297; Егор. 1966, в Аркт. фл. СССР, 3 : 67; Юрц. и др. 1972, Бот. журн. **57**, 7 : 768; iid. 1975, l. c. **60**, 2 : 236; iid. 1978, l. c.

---

[1] Длина мешочков указана без размеров ножки.

[2] Utricle length is pointed out without stipe size.

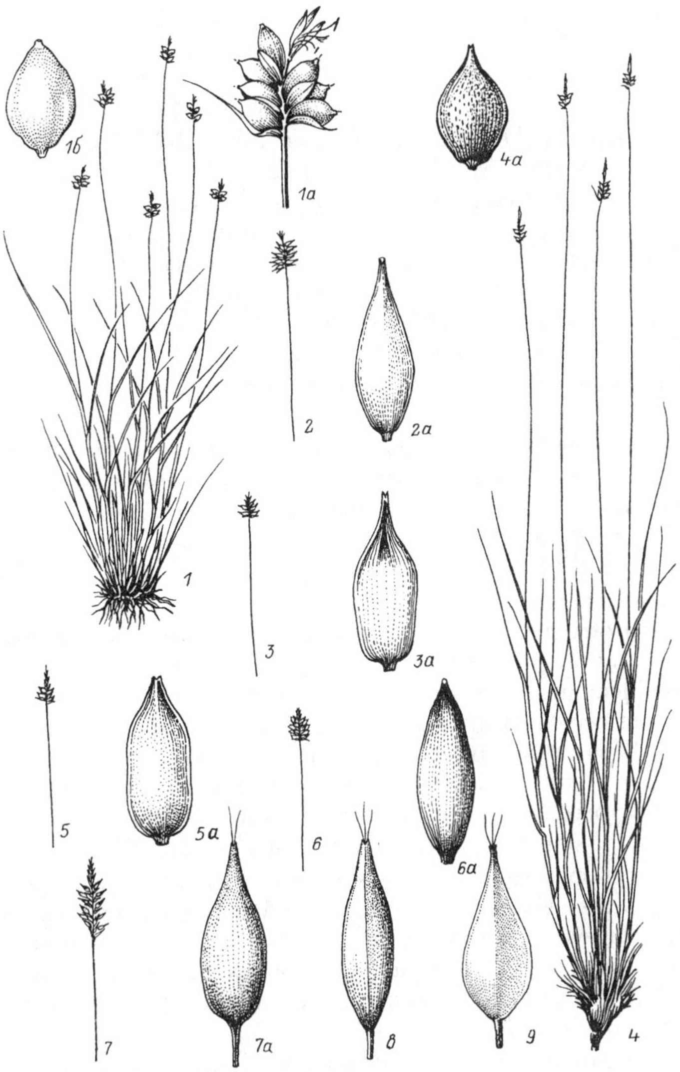

Рис. 70.

1 — *Carex dahurica* Kük. subsp. *dahurica*, общий вид растения, *1а* — соцветие, *1б* — мешочек; *2* — *C. uda* Maxim., соцветие, *2а* — мешочек; *3* — *C. onoei* Franch. et Savat. subsp. *capituliformis* (Meinsh. ex Maxim.) Egor., соцветие, *3а* — мешочек; *4* — *C. biwensis* Franch. subsp. *jankowskii* (Gorodk.) Egor., общий вид растения, *4а* — мешочек; *5* — *C. capillacea* Boott subsp. *aomorensis* (Franch.) Egor., соцветие, *5а* — мешочек; *6* — *C. capitellata* Boiss. et Bal., соцветие, *6а* — мешочек; *7* — *C. micropoda* C. A. Mey., соцветие, *7а* — мешочек; *8* — *C. pyrenaica* Wahlenb., мешочек; *9* — *C. micropodioides* V. Krecz., мешочек.

Fig. 70.

1 — *Carex dahurica* Kük. subsp. *dahurica*, the whole plant, *1a* — inflorescence, *1б* — utricle; *2* — *C. uda* Maxim., inflorescence, *2a* — utricle; *3* — *C. onoei* Franch. et Savat. subsp. *capituliformis* (Meinsh. ex Maxim.) Egor., inflorescence, *3a* — utricle; *4* — *C. biwensis* Franch. subsp. *jankowskii* (Gorodk.) Egor., the whole plant, *4a* — utricle; *5* — *C. capillacea* Boott subsp. *aomorensis* (Franch.) Egor., inflorescence, *5a* — utricle; *6* — *C. capitellata* Boiss. et Bal., inflorescence, *6a* — utricle; *7* — *C. micropoda* C. A. Mey., inflorescence, *7a* — utricle; *8* — *C. pyrenaica* Wahlenb., utricle; *9* — *C. micropodioides* V. Krecz., utricle.

63, 5 : 628; А. Е. Кожевников, 1988, в Сосуд. раст. сов. Дальн. Вост. 3 : 305. — *C. nivalis* Cham. ex Steud. 1855, Syn. Pl. Glum. 2 : 184, non Boott, 1846, — *C. pyrenaica* subsp. *micropoda* (C. A. Mey.) Hult. 1942, Lunds Univ. Årsskr. N. F. Avd. 2, **38**, 1 : 308 (Fl. Al. 2); id. 1962, Kungl. Sv. Vet.-Akad. Handl. ser. 4, **8**, 5 : 154 (Circump. Pl. 1). — *C. jacobi-peteri* Hult. 1942, l. c. : 300; id. 1968, Fl. Al. : 221. — *C. pyrenaica* Wahlenb. var. *micropoda* (C. A. Mey.) G. Alexeev et Karavajev, 1975, Вестн. Моск. унив. сер. 6, 6 : 53, sine basionymo, nom. invalid. — *C. pyrenaica* subsp. *micropoda* (C. A. Mey.) T. Koyama, 1962, Journ. Fac. Sci. Univ. Tokyo (Bot.), **8**, 4 : 195, comb. superfl. — *C. pyrenaica* auct. non Wahlenb.: Kük. 1909, in Engl. Pflanzenr, 38 : 104, p. p., quoad syn. *C. micropoda* et pl. amer.; Ком 1927, Фл. Камч. 1 : 224; Hult. 1927, Fl. Kamtch. 1 : 174; Mackenzie, 1931, in North Amer. Fl. **18**, 1 : 28. — **О. коротконожковая**.

Описан с Алеутских о-вов; typus: «Unalaschka, Eschscholz» (LE! cum isotypo).

На сырых лужайках по берегам рек и ручьев; в арктической тундре и верхнем поясе гор. — **Вост. Сиб.**: Лен.-Кол. (басс. верхнего течения Колымы); **Дальн. Вост.**: Аркт. (вост. Чукотка; пос. Беринговский; вост. Корякия), Камч., Ком., Охот., Уссур. (центр.), Сах., Курил. Общ. распр.: С. Америка (зап.). — 2n = 62 (Жукова, 1965), 70 (Юрцев, Жукова, 1978). — Рис. 70, 7.

Близок к *C. micropodioides* (см. ключ) и *C. pyrenaica*. С последним видом *C. micropoda* или объединяется, или рассматривается в качестве его подвида (см. синонимику). От *C. pyrenaica C. micropoda* отличается яйцевидными или продолговато-яйцевидными мешочками (их длина в 2.6—2.7 раз больше ширины) и двурыльцевыми столбиками (крайне редко встречаются растения с 3 рыльцами или с 2—3 рыльцами в одном и том же колоске); у *C. pyrenaica* мешочки яйцевидно-ланцетовидные, заметно более узкие (их длина обычно в 3.5 раза больше ширины), рылец преимущественно 3. Преобладание 2 рылец у *C. micropoda* и 3 — у *C. pyrenaica* отмечал и Гультен (Hultén, 1962, l. c.).

Константность формы мешочков и очень незначительное захождение такого признака, как число рылец, является, на мой взгляд, достаточным основанием считать рассматриваемые викарные таксоны самостоятельными видами, а не подвидами *C. pyrenaica* s. l. Видовой ранг целесообразно сохранить и за третьим викариантом — *C. micropodioides*, занимающим промежуточное положение между *C. pyrenaica* и *C. micropoda*.

Растения из Японии (о-ва Хоккайдо и Хонсю), отнесенные Ови (Ohwi, 1965) к *C. pyrenaica*, имеют, как следует из приведенного им описания, более крупные (4—5.5 мм дл.), чем у *C. pyrenaica* s. str., мешочки и, возможно, представляют собой особый таксон.

C. jacobi-peteri Hult., l. c., описанная с Аляски и известная только по типовому образцу (typus: «Fl. of Alaska, Tin City, 19 VIII 1938, № 4871, J. P. Anderson» — S!), идентична *C. micropoda*.

В бассейне верхнего течения Колымы *C. micropoda* отмечена А. Е. Кожевниковым (l. c.).

Is close to *C. micropodioides* (see the key) and *C. pyrenaica*. *C. micropoda* is equated with the latter species or is considered as its subspecies (see the synonymy). From *C. pyrenaica C. micropoda* differs by ovoid or oblong-ovoid utricles (their length 2.6—2.7 times as much as width) and distigmatous styles (extremely rare plants occur with 3 stigmas or with 2—3 stigmas in the same spike); *C. pyrenaica* has ovoid-lanceolate, distinctly narrower utricles (their length usually 3.5 times as much as width), mainly 3 stigmas. A prevalence of 2 stigmas in *C. micropoda* and 3 ones in *C. pyrenaica* was pointed out also by Hultén (1962, l. c.).

A constancy of utricle shape and a very insignificant overlapping of such a character as the number of stigmas, is, in my opinion, a sufficient base for consideration of these vicarious taxa as distinct species, instead of subspecies of *C. pyrenaica* s. l. It is reasonable to preserve the species rank also for the third vicariant, *C. micropodioides*, taking an intermediate position between *C. pyrenaica* and *C. micropoda*.

Plants from Japan (Hokkaido and Honshu islands) having been related by Ohwi (1965) to *C. pyrenaica*, have, as it follows from the description given by him, larger (4—5.5 mm long) utricles, than at *C. pyrenaica* s. str. and, probably, belong to a separate taxon.

C. jacobi-peteri Hult., l. c. described from Alaska and known only from the type specimen (typus: «Alaska, Tin City, № 4871, 19 VIII 1938, J. P. Anderson» — S!) is identical to *C. micropoda*.

In basin of the upper Kolyma, *C. micropoda* is pointed out by Kozhevnikov (А. Е. Кожевников, l. c.).

К рассматриваемой секции принадлежит, как было упомянуто выше, вид *C. nigricans*, о нахождении которого на нашей территории нет достоверных данных.

As it was mentioned above, *C. nigricans* belongs to the considered section; however, there are no reliable data on its occurrence in our territory.

C. nigricans C. A. Mey. 1831, Mém. Sav. Étr. Pétersb. 1 : 211, tab. 7; В. Креч. 1935, во Фл. СССР, 3 : 298; А. Е. Кожевников, 1988, в Сосуд. раст. сов. Дальн. Вост. 3 : 305.

Описан с Алеутских о-вов; typus: «Unalaschka, [Mertens]» (LE! cum isotypis 2).

Распространен на западе Сев. Америки. Приводился В. И. Кречетовичем (l. c.) для Командорских о-вов на основании указания Макензи (Mackenzie, 1931). Отмечался для данной территории и Кронквистом (Cronquist, 1977). Однако эти данные не подтверждены материалом в наших гербарных хранилищах.

Is distributed in western North America. It was cited by Kreczetowicz (Кречетович, l. c.) for Commander Islands, basing on the indication by Mackenzie (1931). Cronquist (1977) also pointed out it for this territory. However, these data are not confirmed by any material of our Herbaria.

Sectio 62. Rarae C. B. Clarke, 1894, in Hook. f. Fl. Brit. Ind. 6 : 711, p. min. p., quoad *C. raram* et *C. capillaceam*; Y. L. Chang et Y. L. Yang, 1976, in Fl. Chin. Bor.-Or. 11 : 173. — Sect. *Capitellatae* Meinsh. 1901, Тр. Петерб. бот. сада, **18**, 3 : 309. — Sect. *Unciniaeformes* Kük. subsect. *Capitellatae* (Meinsh.) Kük. 1909, in Engl. Pflanzenr. 38 : 100. — Sect. *Callistachys* (Heuff.) V. Krecz. ser. *Capitellatae* V. Krecz. 1935, во Фл. СССР, 3 : 298, sine descr. latin. — Колосок андрогинный. Мешочки обычно несколько вздутые, тупо- или округло-трехгранные, перепончатые, желтовато-зеленоватые, нередко крапчатые, 1.6—4(5) мм дл., зрелые косо или горизонтально отклоненные от оси колоска, б. ч. с жилками, в основании округлые, обычно сидячие, б. ч. с коротким цельным или коротко-двузубчатым носиком или иногда без носика. Кроющие чешуи часто опадающие. Рылец 3. Плод при основании без осевого придатка. Растения без ползучих корневищ. — Typus: *C. rara* Boott.

17 видов и подвидов, преимущественно в Вост. Азии, а также в Сев., Зап., Южн. и Юго-Вост. Азии, в Австралии, Нов. Гвинее и Нов. Зеландии. — Лит.: Егорова, 1985в.

Spike androgynous. Utricles usually somewhat inflated, obtuse- or orbicular-trigonous, membranous, yellowish-greenish, rather often dotted, 1.6—4(5) mm long, at maturity obliquely or horizontally patent, generally veined, at base orbicular, usually sessile, generally with a short entire or short-bidentate beak or sometimes beakless. Female glumes frequently deciduous. Stigmas 3. Fruit at base without rachilla. Plants without creeping rhizomes. — Typus: *C. rara* Boott.

17 species and subspecies, mainly in East Asia, as well as in North, West, South and Southeast Asia, in Australia, New Guinea and New Zealand. — Ref.: Егорова, 1985в.

1. Ось колоска с кармановидными углублениями. Мешочки ланцетовидные, 5 мм дл., около 1 мм шир., ржавые, с короткой явственной ножкой 0.3 мм дл. Листовые пластинки желобчато-трехгранные, 0.3—0.5 мм шир. .... 5. **C. pseudodahurica**.
\+ Ось колоска без кармановидных углублений. Мешочки 1.6—4 мм дл., бледно- или желтовато-зеленые, без ножки..2.
2. Тычиночная и пестичная части колоска б. м. равные по длине. Стебли б. ч. неясно 4—5-гранные, реже трехгранные....................................3.
\+ Тычиночная часть колоска слабо развитая, не более 1/4 длины колоска, обычно незаметная, скрытая среди пестичных цветков. Стебли трехгранные...5.
3. Кроющие чешуи рано (до созревания плодов) опадающие. Мешочки без жилок и носика. Стебли трехгранные; листовые пластинки плоские, 1.5—2 мм шир. Растение Кавказа......................3. **C. capitellata**.
\+ Кроющие чешуи не опадающие. Мешочки с жилками и коротким носиком. Стебли неясно 4—5-гранные; листовые пластинки желобчатые или вдоль сложенные, 0.6—1 мм шир. Растения Дальнего Востока...4.
4. Мешочки яйцевидные или широкояйцевидные, 1.6—1.8 мм дл., 1—1.1 мм шир., в зрелом состоянии слабо отклоненные от оси колоска, вследствие чего пестичная часть колоска узкая, около 0.3 см в диам. Колоски (0.8)1—1.2 см дл., с (8)12—15(20) мешочками...1. **C. biwensis** subsp. **jankowskii**.
\+ Мешочки яйцевидные, (2.5)2.8—3.2 мм дл., 1.4—1.5 мм шир., в зрелом состоянии горизонтально или вниз отклоненные, вследствие чего пестичная часть колоска более широкая, (0.4)0.5—0.6(0.7) см в диам. Колоски 0.6—1 см дл., с (5)8—10 мешочками...2. **C. capillacea** subsp. **aomorensis**.

5(2). Мешочки яйцевидные или эллиптические, 1.8—2.7(3) мм дл., с очень коротким, почти не выраженным носиком не более 0.2 мм дл. Кроющие чешуи тупые. Листовые пластинки вдоль сложенные, жесткие, около 1 мм шир. ....7. **C. dahurica**.....6.
\+ Мешочки продолговато-яйцевидные или яйцевидно-ланцетовидные, 2.7—4(4.3) мм дл., с хорошо выраженным коротко-двузубчатым носиком 0.5—1 мм дл. Кроющие чешуи острые. Листовые пластинки плоские, мягкие, 1.5—3 мм шир. ....7.
6. Колоски (0.3)0.4—0.6 см дл.; мешочки (2)2.4—2.7(3) мм дл. ....7a. **C. dahurica** subsp. **chosenica**.
\+ Колоски 0.3—0.5 см дл.; мешочки 1.8—2 мм дл. ....7b. **C. dahurica** subsp. **dahurica**.
7. Мешочки 3.5—4(4.3) мм дл., в числе 10—12(18); кроющие чешуи продолговато-яйцевидные, немного короче мешочков. Колоски 0.6—1.2 см дл., продолговатые. Листовые пластинки 1.5—2.5(3) мм шир. .. ..4. **C. uda**.

\+ Мешочки 2.7—3.4 мм дл., в числе (3)5—8; кроющие чешуи яйцевидные, вдвое короче мешочков. Колоски 0.4—0.7 см дл., почти шаровидные. Листовые пластинки 1—1.5(2) мм шир. ....6. **C. onoei** subsp. **capituliformis**.

1. Spike axis with pocked-shaped hollows. Utricles lanceolate, 5 mm long, about 1 mm wide, ferruginous, with a short distinct stipe 0.3 mm long. Leaf blades canaliculate-trigonous, 0.3—0.5 mm wide....................5. **C. pseudodahurica**.
\+ Spike axis without pocked-shaped hollows. Utricles 1.6—4 mm long, pale or yellowish-green, without stipe....................2.
2. Male and female parts of spike more or less equal in length. Stems generally obscurely 4—5-quetrous, more rarely triquetrous....................3.
\+ Male part of spike poorly developed, not more than 1/4 of spike length, usually indistict, hidden among female flowers. Stems triquetrous....................5.
3. Female glumes early (before maturity of fruits) caducous. Utricles veinless and beakless. Stems triquetrous; leaf blades flat, 1.5—2 mm wide. Plants of Caucasus..3. **C. capitellata**.
\+ Female glumes persistent. Utricles with veins and a short beak. Stems obscurely 4—5-quetrous; leaf blades canaliculate or folded, 0.6—1 mm wide. Plants of Far East.........4.
4. Utricles ovoid or broad-ovoid, 1.6—1.8 mm long, 1—1.1 mm wide, at maturity slightly patent, owing to that female part of spike narrow, about 0.3 cm in diam. Spikes (0.8)1—1.2 cm long, with (8)12—15(20) utricles...... 1. **C. biwensis** subsp. **jankowskii**.
\+ Utricles ovoid, (2.5)2.8—3.2 mm long, 1.4—1.5 mm wide, at maturity horizontally patent or deflexed, owing to that female part of spike broader, (0.4)0.5—0.6(0.7) cm in diam. Spikes 0.6—1 cm long, with (5)8—10 utricles.........2. **C. capillacea** subsp. **aomorensis**.
5(2). Utricles ovoid or elliptical, 1.8—2.7(3) mm long, with a very short, almost indistinct beak not more than 0.2 mm long. Female glumes obtuse. Leaf blades folded, rigid, about 1 mm wide....................7. **C. dahurica**.....6.
\+ Utricles oblong-ovoid or ovoid-lanceolate, 2.7—4(4.3) mm long, with well distinct short-bidentate beak 0.5—1 mm long. Female glumes acute. Leaf blades flat, soft, 1.5—3 mm wide....................7.
6. Spikes (0.3)0.4—0.6 cm long; utricles (2)2.4—2.7(3) mm long..7a. **C. dahurica** subsp. **chosenica**.
\+ Spikes 0.3—0.5 cm long; utricles 1.8—2 mm long.......7b. **C. dahurica** subsp. **dahurica**.
7. Utricles 3.5—4(4.3) mm long, 10—12(18) in number; female glumes oblong-ovate, a little shorter than utricles. Spikes 0.6—1.2 cm long, oblong. Leaf blades 1.5—2.5(3) mm wide....................4. **C. uda**.
\+ Utricles 2.7—3.4 mm long, (3)5—8 in number; female glumes ovate, twice shorter than utricles. Spikes 0.4—0.7 cm long, subglobose. Leaf blades 1—1.5(2) mm wide..6. **C. onoei** subsp. **capituliformis**.

Subsect. 1. **Rarae** Egor. 1985, Новости сист. высш. раст. 22 : 56. — Колоски б. ч. узкоцилиндрические, реже продолговатые; тычиночная и пестичная части б. м. равные по длине. Кроющие чешуи неопадающие. Мешочки немного вздутые, спереди ближе к краям с 2—4 жилками, посередине без жилок, часто крапчатые, зрелые косо или горизонтально отклоненные, с коротким, реже длинным носиком. Стебли неясно 4—5-гранные. — Typus: *C. rara* Boott.

6 видов и подвидов; вне рассматриваемой территории: *C. litorhyncha* Franch. (Юго-Зап. Китай) и *C. rara* Boott (о-в Шри-Ланка; Индия: Ассам; Непал: Вост. Гималаи).

Spikes generally narrow-cylindrical, more rarely oblong; their male and female part more or less equal in length. Female glumes persistent. Utricles a little inflated, dorsally near margins 2—4-veined, in the middle veinless, frequently dotted, at maturity obliquely or horizontally patent, with a short, more rarely long beak. Stems obscurely 4—5-quetrous. — Typus: *C. rara* Boott.

6 species and subspecies; outside considered territory: C. *litorhyncha* Franch. (South-Western China) and C. *rara* Boott (Sri Lanka; India: Assam; Nepal: Eastern Himalaya).

1 (326). **C. biwensis** Franch. 1895, Bull. Soc. Philom. Paris, sér. 8, 7 : 28; Ohwi, 1965, Fl. Jap. : 246, p. p. — C. *rara* var. β. *biwensis* (Franch.) Kük. 1909, in Engl. Pflanzenr. 38 : 102.

Описан из Японии; t y p u s: «Plantes du Japon. Bords lac Biwa, 30 avril 1892, № 7835, Faurie» (P!, photo LE!).

subsp. **biwensis**.

Встречается в Японии (о-ва Хонсю, Сикоку, Кюсю).

Occurring in Japan (islands Honshu, Shikoku, Kyushu).

subsp. **jankowskii** (Gorodk.) Egor. 1985, Новости сист. высш. раст. 22 : 56. — C. *jankowskii* Gorodk. 1927, Тр. Бот. муз. АН СССР, 20 : 216, рис. 5; В. Креч. 1935, во Фл. СССР, 3 : 300; Kitag. 1979, Neo-Lineam. Fl. Mansh. : 126; А. Е. Кожевников, 1988, в Сосуд. раст. сов. Дальн. Вост. 3 : 325. — C. *rara* subsp. *capillacea* (Boott) Kük. 1909, l. c. : 102, p. p., excl. typo. — C. *nana* auct. non Boott: Meinsh. 1901, Тр. Петерб. бот. сада, **18**, 3 : 309, p. p. — C. *capillacea* auct. non Boott: Meinsh. l. c. : 310; Ком. 1901, Тр. Петерб. бот. сада, 20 : 353 (Фл. Маньч. 1); T. Koyama, 1962, Journ. Fac. Sci. Univ. Tokyo (Bot.), **8**, 4 : 206, p. p.; Y. L. Chang et Y. L. Yang, 1976, in Fl. Chin. Bor.-Or. 11 : 173. — C. *rara* auct. non Boott: Ком. l. c. : 353. — C. *biwensis* auct. non Franch. s. str.: Kitag. 1939, Lineam. Fl. Mansh. : 97; Ohwi, 1965, l. c. : 246, p. p., quoad pl. mansh. et ussur.; Ворош. 1982, Опред. раст. сов. Дальн. Вост. : 108. — **О. Янковского**.

Описан с юга российского Дальнего Востока; l e c t o t y p u s: южн. Приморье, «Ad. fl. Sedimi, M. Jankowski» (LE! cum isotypo) — Кречетович (in sched.), Егорова (h. l.).

На сырых и болотистых лугах. — **Дальн. Вост.**: Зее-Бур., Уссур. О б щ. р а с п р.: В. Азия (Сев.-Вост. и Центр. Китай, п-ов Корея). — 2n = ? — Рис. 70, *4*.

C. *jankowskii*, принятая здесь в качестве подвида C. *biwensis*, отождествляется рядом авторов (см. выше) либо с C. *capillacea* Boott, либо с C. *biwensis* Franch. s. str. Однако растения, принадлежащие к C. *biwensis* subsp. *jankowskii*, отличаются от представителей типового подвида более короткими, (0.8)1—1.2 см (а не (1.2)1.5—2 см), колосками с меньшим количеством мешочков: (8)12—15(20) (а не 15—25). От C. *capillacea* s. l. рассматриваемый вид отличается слабо отклоненными в зрелом состоянии мешочками (вследствие чего пестичная часть колоска узкая, 0.3 см в диам.) и более длинными, (0.8)1—1.2 см, колосками с (8)12—15(20) мешочками (у C. *capillacea* мешочки в зрелом состоянии горизонтально или иногда вниз отклоненные, колоски более широкие, 0.4—0.6 см в диам., 0.6—1 см дл., с (5)8—10 мешочками).

C. *jankowskii*, accepted here as a subspecies of C. *biwensis* is equated by a number of authors (see above) either with C. *capillacea* Boott, or with C. *biwensis* Franch. s. str. However, plants belonging to C. *biwensis* subsp. *jankowskii* differ from representatives of the type subspecies by shorter, (0.8)1—1.2 cm (instead of (1.2)1.5—2 cm) spikes with fewer utricles: (8)12—15(20) (instead of 15—25). From C. *capillacea* s. l., the considered species differs by utricles slightly patent at maturity, owing to that female part of spike being narrow, 0.3 cm in diam., as well as longer, (0.8)1—1.2 cm, spikes with (8)12—15(20) utricles (C. *capillacea* has utricles at maturtiy horizontally patent or sometimes deflexed, spikes broader, 0.4—0.6 cm in diam., 0.6—1 cm long, with (5)8—10 utricles).

2 (327). **C. capillacea** Boott, 1858, Ill. Carex, 1 : 44, tab. 110; Ohwi, 1936, Mem. Coll. Sci. Kyoto Univ. ser. B, **11**, 5 : 441, excl. var. *sachalinensis*; id. 1965, Fl.

Jap. : 247, p. p., quoad var. *capillacea*; Нгуен Кхак Кхой, 1979, Новости сист. высш. раст. 16 : 64. — *C. ontakensis* Franch. et Savat. 1877, 1878, Enum. Pl. Jap. 2 : 123, 550. — *C. rara* subsp. *capillacea* (Boott) Kük. 1909, in Engl. Pflanzenr. 38 : 102, p. p., excl. pl. sachal. et mansh.

Описан из вост. Гималаев; lectotypus: «Hab. Sikkim. Regio tempi, alt. 10—12000 ped., J. D. Hooker» (K, isolectotypus LE!) — Нгуен Кхак Кхой (l. c.).

subsp. **capillacea**.

Встречается в вост. Гималаях, Центр. и Юго-Зап. Китае, Вьетнаме, Японии, на Малайском архипелаге, в Австралии (Новый Южный Уэльс), Нов. Гвинее и Нов. Зеландии (Южный остров).

Occurring in eastern Himalaya, Central and South-Western China, Viet Nam, Japan, Malay Archipelago, Australia (New South Wales), New Guinea and New Zealand (Southern Island).

subsp. **aomorensis** (Franch.) Egor. 1985, Новости сист. высш. раст. 22 : 58. — *C. aomorensis* Franch. 1896, Nouv. Arch. Mus. Paris, sér. 3, 7 : 198; В. Креч. 1935, во Фл. СССР, 3 : 299; Y. T. Lee, 1976, in Fl. Cor. 7 : 352; А. Е. Кожевников, 1988, в Сосуд. раст. сов. Дальн. Вост. 3 : 325. — *C. nana* Boott, 1858—1859, in A. Gray, Mem. Amer. Acad. new ser. **6**, 2 : 418, non Lam. 1789, nec Cham. ex Steud. 1855; Городков, 1927, Тр. Бот. муз. АН СССР, 20 : 216. — *C. uda* var. *sachalinensis* Fr. Schmidt, 1868, Mém. Acad. Sci. Pétersb. sér. 7, 12 : 191. — *C. rara* subsp. *capillacea* var. *nana* (Boott) Kük. 1909, in Engl. Pflanzenr. 38 : 103. — *C. capillacea* var. *aomorensis* (Franch.) Ohwi, 1933, Acta Phytotax. Geobot. (Kyoto), 2 : 272. — *C. capillacea* var. *sachalinensis* (Fr. Schmidt) Ohwi, 1936, Mem. Coll. Sci. Kyoto Univ. ser. B, **11**, 5 : 442; id. 1965, Fl. Jap. : 247; Ворош. 1982, Опред. раст. сов. Дальн. Вост. : 107. — *C. ontakensis* auct. non Franch. et Savat.: Miyabe et Kudo, 1930—1931, Journ. Fac. Agr. Hokkaido Univ. **25**, 2 : 216 (Fl. Hokk. a. Saghal. 2), p. p., quoad pl. sachal.; В. Креч. l. c. : 299. — *C. capillacea* auct. non Boott: Ворош. l. c. : 107, p. p., quoad var. *capillacea*; А. Е. Кожевников, l. c.: 326. — **О. аоморийская**.

Описан из Японии; lectotypus: о-в Хонсю, «Nippon sept. Prov. d'Aomori, environs d'Aomori, 31 mai, 1886, № 486, Faurie» (P!, photo LE!) — Егорова (l. c.).

На сырых и болотистых лугах. — **Дальн. Вост.**: Сах., Курил. Общ. распр.: В. Азия (п-ов Корея, о-ва Хоккайдо и Хонсю). — 2n = ? — Рис. 70, 5.

От типового подвида отличается более крупными, (2.5)2.8—3.5(4) мм дл. (а не 1.5—2(2.5) мм) мешочками и более широкими, около 1 мм (а не 0.4—0.6 мм) листовыми пластинками. *C. ontakensis* Franch. et Savat. (typus: о-в Хонсю, «Nippon, in monte Ontake, prov. Senano, № 3761, Rein» — P!, isotypus LE!), приведенная для Сахалина В. И. Кречетовичем (l. c.) на основании указания японских авторов (Miyabe et Kudo, l. c.), является, как правильно установил Ови (Ohwi, l. c. 1936, 1965), синонимом *C. capillacea* var. *capillacea* (= subsp. *capillacea*). Последний таксон на территории российского Дальнего Востока не встречается.

Differs from the type subspecies by larger, (2.5)2.8—3.5(4) mm long (instead of 1.5—2(2.5) mm) utricles and broader, about 1 mm (instead of 0.4—0.6 mm) leaf blades. *C. ontakensis* Franch. et Savat. (typus: Honshu island, «Nippon, in monte Ontake, prov. Senano, № 3761, Rein» — P!, isotypus LE!) mentioned for Sakhalin by Kreczetowicz (Кречетович, l. c.) on the base of indication by Japanese authors (Miyabe et Kudo, l. c.), is, as Ohwi (l. c., 1936, 1965) has correctly established, a synonym of *C. capillacea* var. *capillacea* (= subsp. *capillacea*). The latter does not occur in the territory of Russian Far East.

Subsect. 2. **Erostratae** Egor. 1985, Новости сист. высш. раст. 22 : 58. — Колоски продолговатые, их тычиночная и пестичная части б. м. равные по длине. Кроющие чешуи рано (до созревания плодов) опадающие. Мешочки не вздутые, не крапчатые, зрелые горизонтально отклоненные, без жилок, без носика. Стебли трехгранные. — Typus: *C. capitellata* Boiss. et Bal. Монотипная подсекция.

Для обозначения данной подсекции не может быть использовано название subsect. *Capitellatae* (Meinsh.) Kük., поскольку его базионим — sect. *Capitellatae* Meinsh., не включает вид *C. capitellata*.

Spikes oblong, their male and female part more or less equal in length. Female glumes caducous. Utricles not inflated, not dotted, at maturity horizontally patent, veinless, beakless. Stems triquetrous. — Typus: *C. capitellata* Boiss. et Bal. Monotypic subsection.

For designation of this subsection, the name subsect. *Capitellatae* (Meinsh.) Kük. can not be used, since its basionym, sect. *Capitellatae* Meinsh. does not contain the species *C. capitellata*.

3 (328). **C. capitellata** Boiss. et Bal. 1884, in Boiss. Fl. Or. 5 : 399; В. Креч. 1935, во Фл. СССР, 3 : 301. — **О. мелкоголовчатая**.

Описан из Малой Азии; typus: Понтийские горы, «Region alpine du Lazistan, audessus de Djimil, vers 2500 m d'alt., Jullet 1866, № 1010 [Balansa]» (G!, photo LE!).

На альпийских лугах. — **Кавк.**: Б. Кавк. (редко), Зап., Центр., Вост. и Южн. (Грузия: р. Кция; Армения: Зангезурский хр.) Закавк. Общ. распр.: З. Азия (сев. Турция, сев. Иран). — 2n = ? — Рис. 70, *6*.

Subsect. 3. **Capitellatae** (Meinsh.) Kük. 1909, in Engl. Pflanzenr. 38 : 100, p. p. — Sect. *Capitellatae* Meinsh. 1901, Тр. Петерб. бот. сада, **18**, 3 : 280, 309, p. p.; Егор. 1985, Новости сист. высш. раст. 22 : 59. — Колоски продолговатые, яйцевидные или широкояйцевидные; тычиночная часть значительно короче пестичной, обычно незаметная. Кроющие чешуи рано (до созревания плодов) опадающие. Мешочки немного вздутые, не крапчатые, зрелые горизонтально отклоненные, спереди с равномерно расположенными жилками или без них, с коротким, иногда почти невыраженным или удлиненным носиком. Стебли трехгранные. — Lectotypus: *C. uda* Maxim. — Егорова (l. c.).

10 видов и подвидов; вне рассматриваемой территории: *C. kirinensis* Wang et Y. L. Chang и *C. pseudobiwensis* Kitag. (Сев.-Вост. Китай), *C. hakonensis* Franch. et Savat. (п-ов Корея, Япония), *C. fulta* Franch. (Япония).

Spikes oblong, ovoid or broad-ovoid; their male part considerably shorter than female, usually indistinct. Female glumes caducous. Utricles a little inflated, not dotted, at maturity horizontally patent, dorsally with evenly arranged veins or veinless, with a short, sometimes almost indistinct or elongate beak. Stems triquetrous. — Lectotypus: *C. uda* Maxim. — Егорова (l. c.).

10 species and subspecies; outside considered territory: *C. kirinensis* Wang et Y. L. Chang and *C. pseudobiwensis* Kitag. (North-Eastern China), *C. hakonensis* Franch. et Savat. (Korea Peninsula, Japan), *C. fulta* Franch. (Japan).

4 (329). **C. uda** Maxim. 1859, Prim. Fl. Amur. : 303; В. Креч. 1935, во Фл. СССР, 3 : 300; Ворош. 1982, Опред. раст. сов. Дальн. Вост. : 107; А. Е. Кожевников, 1988, в Сосуд. раст. сов. Дальн. Вост. 3 : 326. — **О. мочажинная**.

Описан с российского Дальнего Востока; typus: басс. нижнего течения Амура, «In Laubwäldern, am Fusse des Geong-Gebirge, gegenüber Zianka, am schattigen moorigen Stellen, 25 V 1855, Maximowicz» (LE!).

На болотистых лугах, в сырых лесах. — **Дальн. Вост.**: Удск. (юг: басс. Амура — с. Верхнетамбовское и р. Хунгари), Зее-Бур. (басс. Буреи и с. Малмыж), Уссур. Общ. распр.: В. Азия (Сев.-Вост. Китай, п-ов Корея, о-ва Хоккайдо и Хонсю). — 2n = ? — Рис. 70, *2*.

5 (330). **C. pseudodahurica** Khokhr. 1980, Горн. тундры хр. Бол. Аннычаг : 88; Хохр. 1985, Фл. Магадан. обл. : 77; А. Е. Кожевников, 1988, в Сосуд. раст. сов. Дальн. Вост. 3 : 328. — **О. ложнодаурская**.

Описан из Вост. Сибири; typus: басс. верхнего течения Колымы, хр. Б. Аннычаг, «Магаданская обл., Тенькинский р-н, пос. Сибит-Тыэллах, стационар Абориген, болотце, выс. 1500 м, 9 VIII 1977, А. Хохряков» (MW!).

На болотистых местах. — **Вост. Сиб.**: Лен.-Кол. (басс. верхнего течения Колымы: верховья р. Купки, хр. Б. Аннычаг — пос. Сибит-Тыэллах и Усть-Таскан). Эндемик.

Известен из 3 местонахождений. Систематическое положение вида неясно. В секции *Rarae* (и в подсекции *Capitellatae*) он занимает обособленное положение, отличаясь от остальных ее представителей наличием кармановидных углублений на оси колоска, ножки у мешочков и ржавой (а не желтовато-зеленоватой) их окраской.

Is known from 3 locations. The systematic position of the species is obscure. In the section *Rarae* (and in the subsection *Capitellatae* as well) it takes the isolated position, differing from the other its representatives by presence of pocket-shaped hollows on spike axis, utricles with stipe and ferruginous (instead of yellowish-greenish) colouring of them.

6 (331). **C. onoei** Franch. et Savat. 1878, Enum. Pl. Jap. 2 : 551; Franch. 1896, Nouv. Arch. Mus. Paris, sér. 3, 8 : 200, tab. 2, fig. 5; Kük. 1909, in Engl. Pflanzenr. 38 : 101, p. p., excl. var. β. *krameri* (Franch. et Savat.) Kük. et syn. *C. capituliformis* Meinsh.; Ohwi, 1965, Fl. Jap. : 246, p. p., excl. syn. *C. capituliformis*. — *C. hakonensis* var. *onoei* (Franch. et Savat.) Ohwi, 1930, Mem. Col. Sci. Kyoto Univ. ser. B, **5**, 3 : 285, p. p.

Описан из Японии; typus: «Japan, ex bot. jap. Ono accepta» (isotypus LE!).

subsp. **onoei**.

Встречается в Японии (о-ва Хоккайдо и Хонсю).

В Париже (P) типа *C. onoei*, вопреки ожиданиям, не оказалось; возможно, он в Японии (?KYO). Вид описан, как следует из протолога, с о-ва Хонсю.

Occurring in Japan (islands Hokkaido and Honshu).

In Paris (P), contrary to expectations, the type of *C. onoei* turned out to be absent; possibly, it is in Japan (?KYO). The species is described, as follows from the protologue, from Honshu island.

subsp. **capituliformis** (Meinsh. ex Maxim.) Egor. 1985, Новости сист. высш. раст. 22 : 60. — *C. capituliformis* Meinsh. ex Maxim. 1886, Bull. Acad. Sci. Pétersb. **31**, [1] : 115; В. Креч. 1935, во Фл. СССР, 3 : 300; А. Е. Кожевников, 1988, в Сосуд. раст. сов. Дальн. Вост. 3 : 326. — *C. onoei* var. *capituliformis* (Meinsh.) Kitag. 1979, Neo-Lineam. Fl. Mansh. : 133. — *C. onoei* auct. non Franch. et Savat. s. str.: Kük. 1909, in Engl. Pflanzenr, 38 : 101, p. p., quoad syn. *C. capituliformis*; Ohwi, 1965, Fl. Jap. : 246, quoad pl. kor. et ussur.; Y. L. Chang et Y. L. Yang, 1976, in Fl. Chin. Bor.-Or. 11 : 174; Ворош. 1982, Опред. раст. сов. Дальн. Вост. : 107. — **О. головковидная**.

Описан с юга российского Дальнего Востока; lectotypus: южн. Приморье, «Ad Ussuri super. inter Dai Ssitucha et Wainfu, 13/25 V 1860, Maximowicz» (LE! cum isolectotypo) — Егорова (l. c.).

В сырых тенистых лиственных и смешанных лесах. — **Дальн. Вост.**: Удск. (юг: басс. Амура — пос. Пивань), Зее-Бур. (Буреинские горы), Уссур. Общ. распр.: В. Азия (Сев.-Вост. Китай, п-ов Корея). — 2n = ? — Рис. 70, *3*.

Растения, описанные как *C. capituliformis* Meinsh. ex Maxim., l. c. (= subsp. *capituliformis*), отождествлялись рядом авторов, начиная с Кюкенталя (Kükenthal, l. c.), с *C. onoei* s. str. Однако они не идентичны последней и отличаются от нее бóльшими размерами мешочков (2.7–3.4 мм дл., а не 2–2.5(3) мм) и колосков (5–7 мм дл., а не 3–5 мм).

Plants described as *C. capituliformis* Meinsh. ex Maxim., l. c. (= subsp. *capituliformis*), were equated by a number of authors, beginning from Kükenthal (l. c.), with *C. onoei* s. str. However, they are not identical to the latter and differ from it by larger utricles (2.7–3.4 mm long, instead of 2–2.5(3) mm) and spikes (5–7 mm long, instead of 3–5 mm).

7 (332). **C. dahurica** Kük. 1910, Feddes Repert. 8 : 326; Городков, 1927, Тр. Бот. муз. АН СССР, 20 : 214, рис. 4; В. Креч. 1935, во Фл. СССР, 3 : 301; Ворош. 1982, Опред. раст. сов. Дальн. Вост. : 107; Малышев, 1990, во Фл. Сиб. 3 : 63. – **О. даурская**.

Описан из Вост. Сибири; t y p u s: «Забайкальская обл., Нерчинский округ, луг в верхней части склона у Итакенды, против устья Шаверны, 23 VI 1909, Н. И. Кузнецов» (LE!).

a) subsp. **chosenica** (Ohwi) Egor. 1985, Новости сист. высш. раст. 22 : 61. – *C. chosenica* Ohwi, 1932, Acta Phytotax. Geobot. (Kyoto), 1 : 73; В. Креч. 1935, во Фл. СССР, 3 : 298; Ворош. 1982, Опред. раст. сов. Дальн. Вост.: 108; А. Е. Кожевников, 1988, в Сосуд. раст. сов. Дальн. Вост. 3 : 327. – **О. чозениевая**.

Описан с п-ова Корея; t y p u s: «Korea borealis, Teitek, № 2618, J. Ohwi» (KYO).

По сырым берегам рек и озер, в зарослях приречных кустарников, очень редко. – **Дальн. Вост.**: Зее-Бур. (верховье р. Гилюй), Уссур. (юг). О б щ. р а с п р.: В. Азия (п-ов Корея). – 2n = ?

b) subsp. **dahurica**.

На болотистых лугах, по сырым берегам рек и озер, в заболоченных лиственничниках; очень редко. – **Вост. Сиб.**: Лен.-Кол. (среднее течение Индигирки: с. Соболох; басс. среднего течения Витима), Анг.-Саян. (Вост. Саян: с. Алыгджер; южн. побережье Байкала); **Дальн. Вост.**: Зее-Бур. О б щ. р а с п р.: В. Азия (Сев.-Вост. Китай). – 2n = ? – Рис. 70, *1*.

К *C. dahurica* близок описанный из Сев.-Вост. Китая *C. pseudobiwensis* Kitag. (Chang, Yang, 1976).

Для Ленско-Колымского района *C. dahurica* впервые была приведена Л. И. Малышевым (l. c.).

Close to *C. dahurica* is *C. pseudobiwensis* Kitag. described from North-Eastern China (Chang, Yang, 1976).

For Lena-Kolyma region *C. dahurica* was cited for the first time by Malyshev (Малышев, l. c.).

Sectio 63. Cardiopera V. Krecz. ex Egor. 1987, Новости сист. высш. раст. 24 : 43; V. Krecz. 1935, во Фл. СССР, 3 : 305, sine descr. latin. – Колосок андрогинный. Мешочки трехгранные, перепончатые, 4–5(7) мм дл., с жилками, покрытые короткими щетинковидными волосками, с коротким цельным или едва выемчатым носиком. Рылец 3. Плод при основании без осевого придатка. Растения густодернистые, без ползучих корневищ. – Т y p u s: *C. bucharica* Kük. Монотипная секция.

Spike androgynous. Utricles trigonous, membranous, 4–5(7) mm long, veined, covered with short setulous hairs, with a short entire or scarcely emarginate beak. Stigmas 3. Fruit at base without rachilla. Plants dense-caespitose, without creeping rhizomes. – T y p u s: *C. bucharica* Kük. Monotypic section.

1 (333). **C. bucharica** Kük. 1920, Feddes Repert. 16 : 433; В. Креч, 1935, во Фл. СССР, 3 : 305; В. Креч., Овч. и Чук. 1963, во Фл. ТаджССР, 2 : 120; Егор. 1976, в Опред. раст. Средн. Азии, 5 : 63. — *Kobresia bucharica* (Kük.) Ivanova, 1939, Бот. журн. **24**, 5—6 : 491. — **О. бухарская**.

Описан из Средней Азии; typus: южн. Таджикистан, «Decliv. occid. montis Chodscha-Kasian pr. Kabadian, in fluvii Kafirnigan ripa sinistra 4000', 20 IV 1883, A. Regel» (LE! cum isotypis 2).

На мелкоземистых задернованных склонах, обнажениях красных песчаников, иногда на щебнистых склонах, обычно в арчовниках, фисташниках, ясенниках; в предгорьях, нижнем и изредка в среднем поясах гор. — **Средн. Азия**: Пам.-Ал. (Гиссарский хр.: долина р. Сангардак; сев. склон Дарвазского хр.: окр. кишлака Зивай; низкогорья южн. Таджикистана: окр. г. Кабадиана и пос. Туткаул). Общ. распр.: З. Азия (сев.-вост. Афганистан: Баглан). — 2n = ? — Рис. 67, *10*.

Для Афганистана вид приведен по данным Кукконена (Kukkonen, 1987).

For Afghanistan the species is cited according to data by Kukkonen, (1987).

Sectio 64. Circinatae Meinsh. 1901, Тр. Петерб. бот. сада, **18**, 3 : 280, 308; Kük. 1909, in Engl. Pflanzenr. 38 : 96; Егор. 1990, Бот. журн. **75**, 6 : 867. — Sect. *Leptograstis* V. Krecz. 1935, во Фл. СССР, 3 : 294, sine descr. latin. — Колосок андрогинный или (у двудомных растений) тычиночный или пестичный, удлиненный (до 5 см дл.). Мешочки неясно трехгранные, перепончатые, 3—7 мм дл., узколанцетные, зрелые слабо отклоненные от оси колоска, со многими жилками, на ножке до 1 мм дл., с коротким цельным или едва двузубчато-выемчатым, косо усеченным носиком. Рылец 3(2). Плод при основании без осевого придатка. Растения с ползучими корневищами. — Typus: *C. circinata* C. A. Mey.

3—4 вида, на севере российского Дальнего Востока, в Японии и на западе Сев. Америки; вне рассматриваемой территории: *C. rhizopoda* Maxim. (Япония) и *C. circinata* C. A. Mey. (Сев. Америка).

Spike androgynous or (in dioecious plants) male or female, elongate (up to 5 cm long). Utricles obscurely trigonous, membranous, 3—7 mm long, narrow-lanceolate, at maturity slightly patent, many-veined, with a stipe up to 1 mm long, with a short entire or scarcely bidentate-emarginate, obliquely truncated beak. Stigmas 3(2). Fruit at base without rachilla. Plants with creeping rhizomes. — Typus: *C. circinata* C. A. Mey.

3—4 species, in northern Russian Far East, Japan and western North America; outside considered territory: *C. rhizopoda* Maxim. (Japan) and *C. circinata* C. A. Mey. (North America).

1. Растение обычно однодомное; колосок андрогинный, 1.5—4(5) см дл. Мешочки (5)6—7 мм дл., с длинной, около 1 мм дл., ножкой. Пластинки листьев (1.5)2—3(4) мм шир. ....1. **C. hakkodensis**.
+ Растение обычно двудомное; тычиночный колосок 1—1.5 см дл., пестичный 1.5—2.5(3) см дл. Мешочки 3—4 мм дл., с очень короткой, около 0.1 мм, ножкой. Пластинки листьев 1—1.5 мм шир. ....2. **C. anthoxanthea**.

1. Plants usually monoecious; spike androgynous, 1.5—4(5) cm long. Utricles (5)6—7 mm long, with a long, about 1 mm long, stipe. Leaf blades (1.5)2—3(4) mm wide................ ....1. **C. hakkodensis**.
+ Plants usually dioecious; male spike 1—1.5 cm long, female 1.5—2.5(3) cm long. Utricles 3—4 mm long, with a very short, about 0.1 mm, stipe. Leaf blades 1—1.5 mm wide....... ....2. **C. anthoxanthea**.

38 Заказ № 131

1 (334). **C. hakkodensis** Franch. 1895, Bull. Soc. Philom. Paris, sér. 8, 7 : 28; id. 1896, Nouv. Arch. Mus. Paris, sér. 3, 8 : 204, tab. 3, fig. 2; В. Креч. 1935, во Фл. СССР, 3 : 295; Егор. 1981, в Опред. раст. Камч. обл. : 304; Ворош. 1982, Опред. раст. сов. Дальн. Вост. 3 : 314. — **О. хаккодская.**

Описан из Японии (о-в Хонсю, «Nippon sept., pelouses de l'Asari-yama, [Faurie]»); typus: P.

На сырых лугах в лесном и подгольцовом поясах гор. — **Дальн. Вост.**: Камч. (юг), Ком., Курил. Общ. распр.: В. Азия (о-ва Хоккайдо и Хонсю). — 2n = ?

2 (335). **C. anthoxanthea** C. Presl, 1825—1830, Reliq. Haenk. 1 : 203; Kük. 1909, in Engl. Pflanzenr. 38 : 97; Mackenzie, 1931, in North Amer. Fl. **18**, 1 : 25; В. Креч. 1935, во Фл. СССР, 3 : 295; Егор. 1966, в Аркт. фл. СССР, 3 : 69; Ворош. 1982, Опред. раст. сов. Дальн. Вост. : 106; А. Е. Кожевников, 1988, в Сосуд. раст. сов. Дальн. Вост. 3 : 314. — *C. anthoxanthea* var. *leiocarpa* (C. A. Mey.) Kük. l. c. : 97. — **О. желтоцветковая.**

Описан с Аляски («Hab. in Nootka-Sund»); typus: «Alaska, Nutka Sound (sinus Nutka), Haenke» (US).

На сырых травянистых местах вблизи морских побережий. — **Дальн. Вост.**: Аркт. (восток Чукотского п-ова: пролив Сенявина), Ком. Общ. распр.: С. Америка (зап.: от Аляски с прилегающими островами до о-ва Ванкувер). — 2n = ?

На южн. Курилах (о-в Уруп) рядом авторов (Miyabe, Kudo, 1930—1931; Воробьев, 1956; Koyama, 1962) отмечался принадлежащий к рассматриваемой секции вид *C. rhizopoda* Maxim. (1886, Mém. Acad. Sci. Pétersb. **31**, [1] : 114), распространенный в Японии. Однако их данные не подтверждены материалами в российских гербарных хранилищах. Следует заметить, что Ови (Ohwi, 1936) включал этот вид в секцию *Rhizopodae* Ohwi.

В. И. Кречетович (1935а) указывал на возможное нахождение в пределах нашей территории произрастающего на западе Сев. Америки *C. circinata* C. A. Mey. (1831, Mém. Sav. Étr. Pétersb. 1 : 209, tab. 6). Но до настоящего времени этот вид у нас не обнаружен.

A number of authors (Miyabe, Kudo, 1930—1931; Воробьев, 1956; Koyama, 1962) cited for southern Kurils (Urup island) belonging to considered section *C. rhizopoda* Maxim. (1886, Mém. Acad. Sci. Pétersb. **31**, [1] : 114) distributed in Japan. However, their data are not confirmed by materials in Russian Herbaria. It should be noted, that Ohwi (1936) has included this species into the section *Rhizopodae* Ohwi.

Kreczetowicz (Кречетович, 1935a) supposed a possible occurrence in our territory *C. circinata* C. A. Mey. (1831, Mém. Sav. Étr. Pétersb. 1 : 209, tab. 6) growing in western North America. But, so far, this species has not been found here.

Sectio 65. Scirpinae (Tuckerm.) Kük. 1909, in Engl. Pflanzenr. 38 : 81. — Sect. *Psyllophora* F. *Scirpinae* Tuckerm. 1843, Enum. Meth. Caric. : 8, p. p. — Sect. *Thyrsanolepis* V. Krecz. 1935, во Фл. СССР, 3 : 303, sine descr. latin. — Колосок тычиночный или пестичный (растение двудомное). Кроющие чешуи неопадающие, по краям реснитчатые. Мешочки уплощенно-неясно-трехгранные, перепончатые, 2.5—3(3.5) мм дл., зрелые прижатые, обычно с густыми волосками, без жилок, с очень коротким цельным носиком. Рылец 3. Плод при основании обычно без осевого придатка. Растения с очень короткими ползучими корневищами. — Typus: *C. scirpoidea* Michx.

6 видов (или 1 политипный вид — *C. scirpoidea*), в Норвегии, на северо-востоке Азии и западе Сев. Америки; вне рассматриваемой территории: *C. gigas* (Holm) Mackenzie, *C. pseudoscirpoidea* Rydb., *C. scabriuscula* Mackenzie, *C. scirpiformis* Mackenzie и *C. stenochlaena* (Holm) Mackenzie (Сев. Америка). — Лит.: Mackenzie, 1935; Löve, Löve, 1975.

Spike male or female (plant dioecious). Female glumes persistent, on margins ciliate. Utricles flattened-obscure-trigonous, membranous, 2.5—3(3.5) mm long, at maturity adpressed, usually with dense hairs, veinless, with a very short entire beak. Stigmas 3. Fruit at base usually without rachilla. Plants with very short creeping rhizomes. — Typus: *C. scirpoidea* Michx.

6 species (or 1 polytypic species, *C. scirpoidea*) in Norway, Northeast Asia and western North America; outside considered territory: *C. gigas* (Holm) Mackenzie, *C. pseudoscirpoidea* Rydb., *C. scabriuscula* Mackenzie, *C. scirpiformis* Mackenzie and *C. stenochlaena* (Holm) Mackenzie (North America). — Ref.: Mackenzie, 1935; Löve, Löve, 1975.

1 (336). **C. scirpoidea** Michx. 1803, Fl. Bor.-Amer. 2 : 171; Mackenzie, 1935, in North Amer. Fl. **18**, 4 : 207; В. Креч. 1935, во Фл. СССР, 3 : 303; Егор. 1966, в Аркт. фл. СССР, 3 : 69; Юрц. и др. 1979, Бюлл. Моск. общ. исп. прир. отд. биол. **84**, 5 : 118; А. Е. Кожевников, 1988, в Сосуд. раст. Сов. Дальн. Вост. 3 : 291; Малышев, 1990, во Фл. Сиб. 3 : 65. — Exs.: H.F. URSS № 5617. — **О. камышевидная**.

Описан из Канады (побережье Гудзонова залива, «Hab. ad sinum Hudsonis»); typus: P.

По каменистым и щебнистым склонам, песчаным и глинистым берегам рек; преимущественно в арктической тундре. — **Вост. Сиб.**: Аркт. (низовья Колымы: окр. пос. Петушки и Край Лесов), Лен.-Кол. (басс. Колымы); **Дальн. Вост.**: Аркт. (от зап. Чукотки до вост. оконечности Чукотского п-ова; о-в Врангеля; о-в Аракамчечен; басс. Анадыря; Корякия), Камч. (зап. и центр. Камчатка и о-в Карагинский), Охот. (сев.). Общ. распр.: С. Европа (сев. Норвегия); С. Америка (Аляска, Канада и Гренландия). — 2n = 62 (Жукова, Тихонова, 1971; Юрцев, Жукова, 1978; Петровский, Жукова, 1978; Жукова, 1980, 1982), 64 (Moore, Calder, 1964; Löve, Löve, 1975). — Рис. 69, *9*.

Sectio 66. Psyllophora (Degl.) Koch, 1837, Syn. Fl. Germ. : 747, p. p.; В. Креч. 1935, во Фл. СССР, 3 : 198; Егор. 1965, Новости сист. высш. раст. : 82. — *Carex* § 1. *Psyllophora* Degl. 1828, in Loisel. Fl. Gall., ed. 2, 2 : 282, p. p. — *Psyllophora* (Degl.) Heuff, 1844, Flora (Regensb.), **27**, 31 : 528. — Sect. *Unciniaeformes* Kük. subsect. *Macrostylae* Kük. 1909, in Engl. Pflanzenr. 38 : 106, p. p. — Колосок андрогинный. Кроющие чешуи опадающие. Мешочки двояковыпуклые, тонкокожистые, 4.5—7 мм дл., зрелые вниз отогнутые, без жилок, на ножке, с цельным носиком. Рылец 2. Плод при основании с осевым придатком. Растения без ползучих корневищ. — Lectotypus: *C. pulicaris* L. — Егорова (l. c.).

3 вида, в Европе и Африке; вне рассматриваемой территории: *C. macrostylon* Lapeyr. (Испания: Пиренеи; Франция: Кордильера Кантабрика) и *C. peregrina* Link (Азорские о-ва; о-ва Мадейра; Вост. Африка: Эфиопия, Кения, Танзания). — Лит.: Thulin, 1981.

Spike androgynous. Female glumes deciduous. Utricles biconvex, thin-coriaceous, 4.5—7 mm long, at maturity deflexed, veinless, with a stipe, with an entire beak. Stigmas 2. Fruit at base with rachilla. Plants without creeping rhizomes. — Lectotypus: *C. pulicaris* L. — Егорова (l. c.).

3 species, in Europe and Africa; outside considered territory: *C. macrostylon* Lapeyr. (Spain: Pyrenees; France: Cordillera Cantábrica) and *C. peregrina* Link (Azores; Madeira; East Africa: Ethiopia, Kenya, Tanzania). — Ref.: Thulin, 1981.

1 (337). **C. pulicaris** L. 1753, Sp. Pl. : 972; В. Креч. 1935, во Фл. СССР, 3 : 198. — **О. блошиная.**

Описан из Европы («Habitat in Europae paludibus limosis»); lectotypus: Herb. Linn. № 1100.3 (LINN, photo LE!) — Егорова (h. l.).

На сырых и болотистых лугах. — **Европ. ч.**: Прибалт. Общ. распр.: С., Атл., Ц. и Ю. (редко) Европа. — 2n = 58 (Tanaka, 1948; Löve, Löve, 1956), 60 (Heilborn, 1939; Dietrich, 1972). — Рис. 69, *3*.

Sectio 67. Capituligerae Kük. 1899, Bot. Jahrb. **27**, 4 : 495, p. p.; Егор. 1990, Бот. журн. **75**, 6 : 867. — Sect. *Capitatae* Meinsh. 1901, Тр. Петерб. бот. сада, **18**, 3 : 280, 308, p. p. — Grex *Microcephalae* Holm, 1903, Amer. Journ. Sci. ser. 4, 16 : 456. — Sect. *Microcephalae* (Holm) Kük. 1909, in Engl. Pflanzenr. 38 : 69, p. p., quoad typum; Егор. 1965, Новости сист. высш. раст. : 81. — Sect. *Ulvella* V. Krecz. 1935, во Фл. СССР, 3 : 186, p. p. — Колосок андрогинный. Мешочки уплощенно плоско-выпуклые, перепончатые, 2.5—3.5(4) мм дл., зрелые слабо отклоненные от оси колоска, без жилок, сидячие, с коротким цельным или коротко-двузубчатым носиком. Кроющие чешуи при плодах неопадающие. Рылец 2. Плод при основании с осевым придатком. Растения без ползучих корневищ или с короткими ползучими корневищами. — Lectotypus: *C. capitata* L. — Егорова (1990, l. c.).

5 видов, в холодном и умеренном поясах Евразии и Сев. Америки и на юге Южн. Америки; вне рассматриваемой территории: *C. antarctogena* Roivainen (Огненная Земля) и *C. rahuenses* Kurtz ex Kük. (юг Южн. Америки).

Spike androgynous. Utricles flattened-plano-convex, membranous, 2.5—3.5(4) mm long, at maturity slightly patent, veinless, sessile, with a short entire or short-bidentate beak. Female glumes persistent at fructification. Stigmas 2. Fruit at base with a rachilla. Plants without creeping rhizomes or with short creeping rhizomes. — Lectotypus: *C. capitata* L. — Егорова (1990, l. c.)

5 species in cold and temperate zones of Eurasia and North America, as well as in southern South America; outside considered territory: *C. antarctogena* Roivainen (Tierra del Fuego) and *C. rahuenses* Kurtz ex Kük. (southern South America).

1. Колосок продолговатый, 0.6—1.5 см дл., с широкой, 3—4 мм, тычиночной частью, по длине равной пестичной. Побеги окружены при основании буровато-желтыми (охристыми) влагалищами листьев............ 1. **C. oreophila.**
+ Колосок шаровидный или, реже, продолговатый, 0.4—1 см дл., с узкой, 1—1.3 мм, тычиночной частью, заметно более короткой, чем пестичная, иногда скрытой среди мешочков. Побеги окружены при основании пурпурными влагалищами листьев............ 2.
2. Колосок обычно светлый; кроющие чешуи буроватые или светлоржавые, вдвое короче мешочков и у́же их; мешочки яйцевидные, (3)3.3—3.7(4) мм дл., по краям гладкие............ 2. **C. capitata.**
+ Колосок темный; кроющие чешуи красновато-бурые, короче мешочков на длину носика и почти равные им по ширине; мешочки округлояйцевидные или широкоэллиптические, 2.5—3 мм дл., по краям рассеянно-шероховатые............ 3. **C. arctogena.**

1. Spike oblong, 0.6—1.5 cm long, with broad, 3—4 mm, male part, equal in length to female. Stems are surrounded at base by brownish-yellow (ochre-coloured) leaf sheaths............ 1. **C. oreophila.**
+ Spike globose or, more rarely, oblong, 0.4—1 cm long, with narrow, 1—1.3 mm, male part distinctly shorter than female, sometimes hidden between utricles. Stems are surrounded at base by purple leaf sheaths............ 2.

2. Spike usually light; female glumes brownish or light ferruginous, twice shorter than utricles and narrower than the latters; utricles ovate, (3)3.3–3.7(4) mm long, smooth on margins .... 2. **C. capitata**.

\+ Spike dark; female glumes reddish-brown, shorter than utricles by length of beak and almost equal them in width; utricles orbicular-ovate or broad-elliptical, 2.5–3 mm long, sparsely scabrid on margins...3. **C. arctogena**.

1 (338). **C. oreophila** C. A. Mey. 1831, Verzeichn. Pfl. Cauc. Casp. : 29; В. Креч. 1935, во Фл. СССР, 3 : 186; Егор. 1991, Бот. журн. **76**, 12 : 1748. — **О. горолюбивая**.

Описан с Кавказа; lectotypus: «In rupestribus alpinus (alt. 9000 ped.) versus montem Elbrus, 11 Julii 1829, Enum. cauc. casp. № 178, C. A. Meyer» (LE!) — Егорова (l. c.).

На альпийских лугах. — **Кавк.**: Б. Кавк. (зап.: верховья Кубани; центр. и вост.), Зап. (Клухорский перевал), Центр. (Юго-Осетия), Вост. (Грузия: г. Лагодехи; Азербайджан: Карабах) и Южн. Закавк. Общ. распр.: З. Азия (Турция, сев. Ирак, сев. Иран). — 2n = ?

2 (339). **C. capitata** L. 1759, Syst. Nat., ed. 10, 2 : 1261; Городков, 1929, Тр. Бот. муз. АН СССР, 20 : 200; В. Креч. 1935, во Фл. СССР, 3 : 186; Егор. 1966, в Аркт. фл. СССР, 3 : 70; Юрц. и др. 1972, Бот. журн. **57**, 7 : 768; iid. 1975, Новости сист. высш. раст. 12 : 312; iid. 1979, Бюлл. Моск. общ. исп. прир. отд. биол. **84**, 5 : 118; Chater, 1980, in Fl. Europ. 5 : 323, p. p., excl. syn. *C. arctogena*; Ворош. 1982, Опред. раст. сов. Дальн. Вост. 3 : 260; Малышев, 1990, во Фл. Сиб. 3 : 60. — Exs.: H.F.R. № 2386a, b, H.F. URSS № 2906. — **О. головчатая**.

Описан из Европы («D[edit] Solander»); typus: ? UPS.

На осоково-моховых болотах, сырых лугах, по берегам озер, речек и ручьев, в сырых редколесьях, моховой и луговинной тундре, б. ч. на песчаной почве; на равнине и в лесном, редко в верхнем поясе гор. — **Европ. ч.**: Аркт. (Кольский п-ов; юго-восток Большеземельской тундры: р. Адзьва в 155 км от устья и р. Уса в районе д. Никиты; Полярн. Урал: р. Б. Хойла), Кар.-Мурм. (Кольский п-ов и север Карелии), Верх.-Волж. (Ярославская обл., Даниловский р-н, Пыханское болото), Волж.-Кам. (Южн. Урал: г. Верхнеуральск); **Кавк.**: Б. Кавк. (центр., очень редко); **Зап. Сиб.**: Аркт. (Полярн. Урал), Обск. (Приполярн. Урал, окр. Тобольска и басс. Иртыша выше Тобольска), Алт.; **Вост. Сиб.**: все районы (в Аркт. от Енисея до Хараулаха); **Дальн. Вост.**: Аркт. (Чукотка, басс. Анадыря и Корякия), Охот., Зее-Бур. (между рр. Нора и Мамын). Общ. распр.: С. и Ц. (Вост. Альпы) Европа; Ц. (сев. Монголия) Азия; С. Америка (сев.). — 2n = 50 (Jörgensen et al., 1958; Жукова, 1980; Жукова, Петровский, 1980). — Рис. 69, *4*.

В. Н. Ворошиловым (l. c.) указывается для Камчатки.

Woroshilov (Ворошилов, l. c.) has indicated it for Kamchatka.

3 (340). **C. arctogena** H. Smith, 1940, Acta Phytogeogr. Suec. 13 : 193; Кузенева, 1954, во Фл. Мурм. обл. 2 : 74; Hyl. 1966, Nord. Kärlväxtfl. 2 : 61; Егор. 1966, в Аркт. фл. СССР, 3 : 72. — *C. capitata* f. *arctogena* (H. Smith) Raymond, 1949, Contrib. Inst. Bot. Univ. Montréal, 64 : 38. — *C. capitata* var. *arctogena* (H. Smith) Hult. 1958, Kungl. Sv. Vet.-Akad. Handl. ser. 4, **7**, 1 : 38 (Amphi-Atl. Pl.); Toivonen, 1984, in Retkeilykasvio : 472. — *C. capitata* subsp. *arctogena* (H. Smith) Böcher ex A. et D. Löve et Kapoor, 1971, Arct. Alp. Res. **3**, 2 : 144. —

C. capitata auct. non L.: Chater, 1980, in Fl. Europ. 5 : 323, p. p., quoad syn. *C. arctogena*. — **О. арктическая**.

Описан из Сев. Швеции; t y p u s: «Suecia, Lapponia Tornensis, Karesuando, Moscana, ca. 100 m s. m., 26 VII 1933, H. Smith» (UPS).

На каменистых склонах и скалах; преимущественно в тундре и альпийском поясе гор. — **Европ. ч.**: Аркт. (Кольский п-ов: пос. Печенга, п-ов Рыбачий, Ара-губа, побережье Кольского залива, пос. Дальние Зеленцы и между рр. Вороньей и Харловкой), Кар.-Мурм. (Кольский п-ов: с. Кузомень). О б щ. р а с п р.: С. Европа (сев.); С. Америка (вост. Канада, северо-восток США, зап. и вост. Гренландия). — 2n = 50 (Jörgensen et al., 1958). — Рис. 69, 5.

Арктический амфиатлантический (и, возможно, биполярный) вид, очень близкий к произрастающему на Огненной Земле *C. antarctogena* Roivainen, и, по мнению Муе и Чейтера (Moor, Chater, 1971), идентичный ему. *C. arctogena* близка к *C. capitata*, от которой, помимо признаков, указанных в ключе, отличается более мелкими колосками (4—6 мм дл., 4—5 мм в диам., а не 6—10 мм дл., (4)5—6 мм в диам.) и мешочками (2.5—3 мм дл., а не (3)3.3—3.7(4) мм дл.); кроме того, плод у *C. arctogena* почти полностью (а не на 2/3) заполняет мешочек.

Согласно литературным данным (Черепанов, 1973 : 603; Toivonen, 1984 : 472), имеется более ранняя, чем приведенная выше, комбинация в ранге подвида — *C. capitata* subsp. *arctogena* (H. Smith) Hiit. 1944, но источник ее публикации мне неизвестен.

Arctic Amphi-Atlantic (and, possibly, bipolar) species very close to growing in Tierra del Fuego *C. antarctogena* Roivainen, and, in opinion of Moor and Chater (1971), identical to it. *C. arctogena* is close to *C. capitata*, differing from it, besides characters mentioned in the keys, by smaller spikes (4—6 mm long, 4—5 mm in diam., instead of 6—10 mm long, (4)5—6 mm in diam.) and utricles (2.5—3 mm long, instead of (3)3.3—3.7(4) mm long); in addition, fruit of *C. arctogena* almost completely (instead of by 2/3) fills the utricle.

According to published data (Черепанов, 1973 : 603; Toivonen, 1984 : 472), the earlier combination in the rank of subspecies, than cited above, has been published, namely *C. capitata* subsp. *arctogena* (H. Smith) Hiit. 1944, but the source of this publication is unknown for me.

Sectio 68. Nardinae (Tuckerm.) Mackenzie, 1931, in North Amer. Fl. **18**, 1 : 21; Егор. 1965, Новости сист. высш. раст. : 82. — Sect. *Psyllophora* B. *Nardinae* Tuckerm. 1843, Enum. Meth. Caric. : 7. — Sect. *Microcephalae* (Holm) Kük. 1909, in Engl. Pflanzenr. 38 : 69, p. p., excl. typo. — Sect. *Ulvella* V. Krecz. 1935, во Фл. СССР, 3 : 186, p. p., sine descr. latin. — Колосок андрогинный. Мешочки плосковыпуклые, тонкоперепончатые, (3)3.5—4 мм дл., зрелые прижатые, без жилок, на короткой ножке, с цельным или едва выемчатым носиком. Рылец 2. Плод при основании с осевым придатком. Растения без ползучих корневищ. — T y p u s: *C. nardina* Fries.

2 вида, в арктических районах Европы и Сев.-Вост. Азии; вне рассматриваемой территории: *C. nardina* Fries (Шпицберген, Исландия, Норвегия, Швеция).

Spike androgynous. Utricles plano-convex, thin-membranous, (3)3.5—4 mm long, at maturity adpressed, veinless, with a short stipe, with an entire or scarcely emarginate beak. Stigmas 2. Fruit at base with rachilla. Plants without creeping rhizomes. — T y p u s: *C. nardina* Fries.

2 species in Arctic regions of Europe and Northeast Asia; outside considered territory: *C. nardina* Fries (Spitsbergen, Iceland, Norway, Sweden).

1 (341). **C. hepburnii** Boott, 1840, in Hook. Fl. Bor.-Amer. 2 : 209; Mackenzie, 1931, in North Amer. Fl. 1 : 22; Городков, 1927, Тр. Бот. муз. АН СССР, 20 : 201; В. Креч. 1935, во Фл. СССР, 3 : 187; Егор. 1966, в Аркт. фл. СССР, 3 : 69; Юрц. и др. 1966, Бот. журн. **51**, 6 : 834; iid. 1973, Новости сист. высш. раст.

10 : 312; iid. 1975, Бот. журн. **66**, 2 : 236. —*C. nardina* var. β. *hepburnii* (Boott) Kük. 1909, in Engl. Pflanzenr. 38 : 70. — *C. nardina* var. *atriceps* Kük. 1910, Feddes Repert. 8 : 7. — *Kobresia hepburnii* (Boott) Ivanova, 1939, Бот. журн. **24**, 5—6 : 490. — *Carex nardina* subsp. *hepburnii* (Boott) A. et D. Löve et Kapoor, 1971, Arct. Alp. Res. **3**, 2 : 145. — *Vignea hepburnii* (Boott) Soják, 1979, Čas. Nár. Muz. Praze, řada přir. **148**, 3—4 : 195. —*Carex nardina* auct. non Fries: Kük. l. c.: 70, p. p., quoad pl. grenland. et amer.; Mackenzie, l. c. : 21; Hult. 1942, Lunds Univ. Åsskr. N.F., Avd. 2, **38**, 1: 299 (Fl. Al. 2); id. 1968, Fl. Al. : 220. — **О. Хэпберна**.

Описан из Сев. Америки («Hab. in Rocky Mountains, Drummond»); typus: K.

На сухих каменистых, б. ч. известняковых склонах. — **Дальн. Вост.**: Аркт. (центр. Чукотка, о-в Врангеля, восток Чукотского п-ова). Общ. распр.: С. Америка (арктические районы, Аляска, Скалистые горы; Гудзонов залив, Лабрадор, Гренландия). — 2n = 70 (Жукова, Петровский, 1972; Жукова, 1982).

Близка к описанной из сев. Швеции *C. nardina* Fries, с которой иногда объединяется или рассматривается в качестве ее разновидности или подвида. Между тем *C. hepburnii* является довольно хорошо морфологически обособленным видом, отличающимся от *C. nardina* более широкими, 1.5—2 мм шир., эллиптическими мешочками с короткой, неясно выраженной ножкой, резко суженными в короткий, 0.2—0.3 мм, носик (у *C. nardina* мешочки у́же, 1.4—1.6 мм шир., б. ч. яйцевидные, с удлиненной, резко отграниченной ножкой, постепенно суженные в более длинный, около 0.5 мм, носик).

Is close to described from northern Sweden *C. nardina* Fries, being sometimes united with it, or considered as its variety or subspecies. Meanwhile, *C. hepburnii* is rather distinct species, differing from *C. nardina* by broader, 1.5—2 mm wide, elliptical utricles with a short, obscure stipe, abruptly narrowed into a short, 0.2—0.3 mm, beak (*C. nardina* has narrower, 1.4—1.6 mm wide, generally ovate utricles with an elongate, distinct stipe, gradually narrowed into a longer, about 0.5 mm, beak).

Sectio 69. Physoglochin Dumort. 1827, Fl. Belg. : 145, p. p.; Chater, 1980, in Fl. Europ. 5 : 301. — Sect. *Dioicae* Fries ex Pax, 1888, in Engl. u. Prantl, Nat. Pflanzenfam. **2**, 2 : 123, p. max. p.; Егор. 1965, Новости сист. высш. раст.: 77. — Sect. *Physiglochis* (Neck.) V. Krecz. 1935, во Фл. СССР, 3 : 163. — Колосок тычиночный или пестичный (растения двудомные), очень редко андрогинный (с 1—2 или более пестичными цветками при основании). Мешочки б. ч. неравно двояковыпуклые, кожистые, 3—4(4.5) мм дл., зрелые горизонтально или вниз отклоненные, с жилками, на короткой ножке, с цельным, косо усеченным носиком. Рылец 2. Плод при основании без осевого придатка. Растения с тонкими ползучими корневищами, реже без них. — Lectotypus: *C. dioica* L. — Егорова (h. l.).

6 видов и подвидов в холодном и умеренном поясах сев. полушария.

Spike male or female (plants dioecious), very rarely androgynous (with 1—2 or more female flowers at base). Utricles generally unequally biconvex, coriaceous, 3—4(4.5) mm long, at maturity horizontally patent or deflexed, veined, with a short stipe, with an entire, obliquely truncated beak. Stigmas 2. Fruit at base without rachilla. Plants with thin creeping rhizomes, more rarely without them. — Lectotypus: *C. dioica* L. — Egorova (h. l.).

6 species and subspecies in cold and temperate zones of the northern hemisphere.

1. Стебли почти цилиндрические, очень тонко и неясно бороздчатые. Мешочки яйцевидные или эллиптические, толстокожистые, с утолщенными жилками .... 2.
+ Стебли гранистые, глубоко бороздчатые. Мешочки яйцевидно-ланцетовидные, редко яйцевидные или продолговато-яйцевидные, тонкокожистые, с тонкими жилками .... 3.

2. Пестичный колосок плотный; кроющие чешуи б. ч. темно-бурые, без белоперепончатых краев, реже с очень узкими краями, яйцевидные или широкояйцевидные. Мешочки яйцевидные, плоско- или неравно-двояковыпуклые, постепенно, с небольшим изгибом суженные в шероховатый носик 0.8–1(1.3) мм дл. ....1. **C. dioica**.

\+ Пестичный колосок рыхловатый; кроющие чешуи обычно светло-ржавые, с белоперепончатыми краями, яйцевидные или продолговато-яйцевидные. Мешочки эллиптические, б. м. одинаково двояковыпуклые, резко суженные в слабо шероховатый, иногда гладкий носик 0.2–0.3(0.5) мм дл. ....2. **C. gynocrates**.

3. Пестичный колосок с 20–27 мешочками, продолговато-яйцевидными, (2.5)3.2–4 мм дл., б. м. резко суженными в гладкий носик 0.6–0.8(1) мм дл. Стебли до 1.3 мм в диам. Растение Дальнего Востока..5. **C. kabanovii**.

\+ Пестичный колосок с 7–15 мешочками. Стебли не более 0.7 мм в диам. Растения преимущественно Европейской части и Сибири........4.

4. Растения рыхлодернистые, с тонкими ползучими корневищами. Мешочки яйцевидные, продолговато-яйцевидные или яйцевидно-ланцетовидные, с гладким носиком.................................. 4. **C. parallela**.....5.

\+ Растение густодернистое, без ползучих корневищ. Мешочки яйцевидно-ланцетовидные, (3.5)3.7–4.3(4.5) мм дл., с утолщенными краями и шероховатым, редко гладким носиком............ 3. **C. davalliana**.

5. Растение 10–20 см выс. Чешуи пестичных колосков яйцевидные, коричневые, с узкими белоперепончатыми краями, б. ч. немного короче мешочков. Мешочки яйцевидные или продолговато-яйцевидные, 3–3.5(4) мм дл., 1.5–1.7 мм шир., б. м. резко суженные в короткий носик.. 4a. **C. parallela** subsp. **parallela**.

\+ Растение 10–40 см выс. Чешуи пестичных колосков яйцевидные или широкояйцевидные, светло-ржавые, с широкими белоперепончатыми краями, б. ч. вдвое короче мешочков. Мешочки яйцевидно-ланцетовидные, 3.5–4.3(4.5) мм дл., 1.2–1.5 мм шир., постепенно суженные в удлиненный носик....................4b. **C. parallela** subsp. **redowskiana**.

1. Stems subcylindrical, very thin- and obscure-sulcate. Utricles ovate or elliptical, thick-coriaceous, with thickened veins.. 2.

\+ Stems angulate, deep-sulcate. Utricles ovate-lanceolate, rarely ovate or oblong-ovate, thin-coriaceous, with thin veins...3.

2. Female spike dense, its glumes generally dark brown, without white-scarious margins, more rarely with very narrow margins, ovate or broad-obate. Utricles ovate, plano-convex or unequally biconvex, gradually, with small curve, narrowed into a scabrid beak 0.8–1(1.3) mm long..1. **C. dioica**.

\+ Female spike rather lax, its glumes usually light ferruginous, with white-scarious margins, ovate or oblong-ovate. Utricles elliptical, more or less equally biconvex, abruptly narrowed into a slightly scabrid, sometimes smooth beak 0.2–0.3(0.5) mm long..2. **C. gynocrates**.

3. Female spike with 20–27 utricles, the latter oblong-ovate, (2.5)3.2–4 mm long, more or less abruptly narrowed into a smooth beak 0.6–0.8(1) mm long. Stems up to 1.3 mm in diam. Plants of Far East...5. **C. kabanovii**.

\+ Female spike with 7–15 utricles. Stems not more than 0.7 mm in diam. Plants mainly of European part and Siberia.. 4.

4. Plants loose-caespitose, with thin creeping rhizomes. Utricles ovate, oblong-ovate or ovate-lanceolate, with a smooth beak..4. **C. parallela**.....5.
\+ Plants dense-caespitose, without creeping rhizomes. Utricles ovate-lanceolate, (3.5)3.7–4.3(4.5) mm long, with thickened margins and a scabrid, rarely smooth beak.................. ....3. **C. davalliana**.

5. Plants 10–20 cm high. Female glumes ovate, brown, with narrow white-scarious margins, generally a little shorter than utricles. Utricles ovate or oblong-ovate, 3–3.5(4) mm long, 1.5–1.7 mm wide, more or less abruptly narrowed into a short beak.............................. ....4a. **C. parallela** subsp. **parallela**.
\+ Plants 10–40 cm high. Female glumes ovate or broad-ovate, light ferruginous, with broad white-scarious margins, generally twice shorter than utricles. Utricles ovate-lanceolate, 3.5–4.3(4.5) mm long, 1.2–1.5 mm wide, gradually narrowed into an elongate beak..4b. **C. parallela** subsp. **redowskiana**.

Subsect. 1. **Dioicae** (Egor.) Egor. 1990, Бот. журн. **75**, 6 : 868. – Sect. *Dioicae* ser. *Dioicae* Egor. 1965, Новости сист. высш. раст. : 78. – Мешочки яйцевидные или эллиптические, кожистые, с утолщенными жилками, с шероховатым или иногда гладким носиком. Стебли почти цилиндрические, очень тонко и неясно бороздчатые. – Typus: *C. dioica* L.

2 вида.

Utricles ovate or elliptical, coriaceous, with thickened veins, with a scabrid or sometimes smooth beak. Stems subcylindrical, very thin- and obscure-sulcate. – Typus: *C. dioica* L.

2 species.

1 (342). **C. dioica** L. 1753, Sp. Pl. : 972; В. Креч. 1935, во Фл. СССР, 3 : 164; Егор. 1966а, в Аркт. фл. СССР, 3 : 78; ead. 1966б, Осоки СССР : 161; Малышев, 1990, во Фл. Сиб. 3 : 61. – *Vignea dioica* Reichenb. 1830, Fl. Germ. Excurs. : 55. – *C. dioica* var. *isogyna* Fries, 1842, Nov. Fl. Suec. Mant. 3 : 135. – *C. dioica* subsp. *C. asiatica* Gorodk. 1927, Тр. Бот. муз. АН СССР, 20 : 206. – Exs.: H.F.R. № 843, H.F.URSS №№ 2908a, b, 4213a, b. – **О. двудомная**.

Описан из Европы («Habitat in Europae pratis humidis»); lectotypus: Herb. Linn. № 1100.1 (LINN, photo LE!) – Егорова (h. l.).

На моховых болотах, мшистых болотистых лугах, по болотистым берегам рек; на равнине и в горах до верхней части лесного пояса. – **Европ. ч.**: Аркт. (Кольский п-ов; п-ов Канин; р. Индига; юго-восток Большеземельской тундры: пос. Сивая Маска; о-в Колгуев), Кар.-Мурм., Дв.-Печ., Прибалт., Лад.-Ильм., Верх.-Днепр., Верх.-Волж., Волж.-Кам., Карп. (Львовская обл.), Сред.-Днепр. (сев.), Волж.-Дон. (редко), Заволж. (Сергиевск); **Зап. Сиб.**: Обск. (кроме северо-востока), Верх.-Тоб. (сев.), Ирт. (сев.), Алт. (зап.); **Вост. Сиб.**: Енис. (плато Путорана и Енисейск), Лен.-Кол. (сев.: басс. верхнего течения р. Оленек; юг: с. Чапаево на р. Лене и Становое нагорье), Анг.-Саян. Общ. распр.: С., Атл., Ц. и Ю. (сев.) Европа. – 2n = 52 (Heilborn, 1924; Davies, 1956a, 1956b; Löve, Löve, 1956). – Рис. 65, 7.

У *C. dioica*, обычно двудомного растения, иногда, как и у других видов данной секции, встречаются растения с андрогинным колоском (var. *isogyna* Fries, l. c.).

Образует стерильные гибриды с *C. echinata*, *C. canescens*, *C. brunnescens*, *C. loliacea*, *C. tenuiflora*, *C. heleonastes*, *C. mackenziei* и *C. glareosa* (см. комментарии к *C. canescens*). Наиболее обычны помеси между *C. dioica* и *C. canescens* (*C.* × *microstachya* Ehrh.).

In *C. dioica* usually being dioecious plant, specimens with androgynous spike (var. *isogyna* Fries, l. c.) sometimes occur like other species of this section.

Generates sterile hybrids with *C. echinata*, *C. canescens*, *C. brunnescens*, *C. loliacea*, *C. tenuiflora*, *C. heleonastes*, *C. mackenziei* and *C. glareosa* (see comments to *C. canescens*). Crossbreds between *C. dioica* and *C. canescens* (*C.* × *microstachya* Ehrh.) are most usual.

2 (343). **C. gynocrates** Wormsk. 1841, in Drej. Revis. Caric. Bor. : 16; Городков, 1927, Тр. Бот. муз. АН СССР, 20 : 206; В. Креч. 1935, во Фл. СССР, 3 : 165; Егор. 1966а, в Аркт. фл. СССР, 3 : 79; ead. 1966б, Осоки СССР : 162; Юрц. и др. 1973, Новости сист. высш. раст. 10 : 312; Y. L. Chang et Y. L. Yang, 1976, in Fl. Chin. Bor.-Or. 11 : 169; Ворош. 1982, Опред. раст. сов. Дальн. Вост.: 106; А. Е. Кожевников, 1988, в Сосуд. раст. сов. Дальн. Вост. 3 : 392; Малышев, 1990, во Фл. Сиб. 3 : 62. — *C. dioica* γ. Trev. 1852, in Ledeb. Fl. Ross. 4 : 264. — *C. dioica* β. *gynocrates* (Wormsk.) Ostenf. 1902, Fl. Arct. 1 : 60. — *C. dioica* subsp. *gynocrates* Hult. 1962, Kungl. Sv. Vet.-Akad. Handl. ser. 4, **8**, 5 : 170 (Circump. Pl. 1); id. 1968, Fl. Al. : 222. — *C. cobresiaeformis* Baranov et Skvortsov, 1965, Quart. Journ. Taiwan Mus. **18**, 1–2 : 224. — *Vignea gynocrates* (Wormsk.) Soják, 1979, Čas. Nár. Muz. Praze, řada přir. **148**, 3–4 : 195. — **О. женственная**.

Описан из Гренландии (Grönland, Wormskj. (flor.), Vahl (fructif.)); syntypi: ? С, ? О.

На моховых болотах, в болотистых редколесьях, осоково-моховых тундрах, мочажинах; на равнине, в лесном и субальпийском поясах гор. — **Вост. Сиб.**: Аркт. (Таймыр: устье р. Жданихи; низовья Лены; бухта Тикси), Лен.-Кол. (кроме северо-востока); **Дальн. Вост.**: Аркт., Камч., Ком., Охот., Удск. (о-в М. Шантар), Зее-Бур. (сев.), Уссур. (хр. Сихотэ-Алинь: дол. р. Ботчи), ? Сах., Курил. Общ. распр.: В. Азия (Сев.-Вост. Китай, о-в Хонсю); С. Америка (Канада; США: сев. и зап.; юго-зап. Гренландия). — 2n = 48 (Jörgensen et al., 1958; Жукова, Тихонова, 1973; Юрцев, Жукова, 1978), 50 (Жукова, Тихонова, 1971; Жукова, Петровский, 1975, 1977), 70 (Жукова, Петровский, 1980). — Рис. 65, *8*.

Хорошо морфологически обособлена от *C. dioica*, которую замещает на большей части территории Вост. Сибири и на Дальнем Востоке.

C. cobresiaeformis Baranov et Skvortsov, l. c., описанная из Маньчжурии, была справедливо отождествлена с *C. gynocrates* авторами «Флоры Северо-Восточного Китая» (Y. L. Chang et Y. L. Yang, l. c.).

Для Сахалина вид был отмечен Ови (Ohwi, 1936).

Is well separated morphologically from *C. dioica*, replacing it in the most of territory of Eastern Siberia and in Far East.

C. cobresiaeformis Baranov et Skvortsov, l. c. described from Manchuria, was correctly equated with *C. gynocrates* by Y. L. Chang and Y. L. Yang, l. c.

For Sakhalin the species was cited by Ohwi (1936).

Subsect. 2. **Redowskianae** (Egor.) Egor. 1990, Бот. журн. **75**, 6 : 868. — Sect. *Dioicae* ser. *Redowskianae* Egor. 1965, Новости сист. высш. раст. : 78. — Мешочки яйцевидно-ланцетовидные, яйцевидные или продолговато-яйцевидные, тонкокожистые, с тонкими жилками, с гладким, реже шероховатым носиком. Стебли гранистые, глубокобороздчатые. — Typus: *C. redowskiana* C. A. Mey. (= *C. parallela* subsp. *redowskiana* (C. A. Mey.) Egor.).

4 вида и подвида.

Utricles ovate-lanceolate, ovate or oblong-ovate, thin-coriaceous, with thin veins, with a smooth, more rarely scabrid beak. Stems angulate, deep-sulcate. — Typus: *C. redowskiana* C. A. Mey. (= *C. parallela* subsp. *redowskiana* (C. A. Mey.) Egor.).

4 species and subspecies.

3 (344). **C. davalliana** Smith, 1800, Trans. Linn. Soc. London, 5 : 266; В. Креч. 1935, во Фл. СССР, 3 : 165; Merxmüller, 1956, Ber. Bayer. Bot. Ges. 31 : 129; Егор. 1966, Осоки СССР : 164; ead. 1976, во Фл. Европ. ч. СССР, 2 : 214; ead. 1988, в Красной книге РСФСР, Растения : 146; Chater, 1980, in Fl. Europ. 5 : 301. — *C. scabra* Hoppe, 1801, Bot. Taschenb. : 242. — *Vignea davalliana* (Smith) Reichenb. 1830, Fl. Germ. Excurs. : 56. — Exs.: H.F. URSS № 2907. — **О. Дэвелла**.

Описан из Англии («Discovered in marshy ground in Mearnsshire, North Britain, by Professor James Beattie jun. of Aberdeen»; typus: LINN.

На болотистых лугах и болотах. — **Европ. ч.**: Прибалт., Лад.-Ильм. (Ленинградская обл.: окр. Гатчины севернее Гатчинского парка); Верх.-Днепр. (Беларусь: ? Брестская обл., Кобринский р-н, д. Хабовичи, ? Минская обл., окр. ж.-д. ст. Пуховичи, Витебская обл., окр. ж.-д. ст. М. Летцы), Карп., Сред.-Днепр. (Волынская обл.). Общ. распр.: Атл., Ц. и Ю. (редко) Европа. — 2n = 46 (Heilborn, 1939; Dietrich, 1972). — Рис. 67, *3*.

Мерксмюллером (Merxmüller, l. c.) было установлено, что название *C. scabra* Hoppe, l. c. было опубликовано не в 1800 г., как считали многие авторы, а в 1801 г., и, следовательно, название *C. davalliana* является бесспорно приоритетным (см.: Егорова, 1976, l. c.).

В связи с нарушением среды обитания *C. davalliana* исчезла в ряде районов Европы, и в частности в Англии, откуда вид был описан (Jermy, Tutin, 1968; Chater, l. c.), а также в указанном мной ранее (Егорова, 1976, l. c.) пункте Ленинградской обл. (д. Сокколово в окр. Гатчины). В Беларуси это растение в настоящее время определенно известно только в Витебской обл. (Скуратович, 1992; Сюборова и др., 1992).

Merxmuller (l. c.) has established, that the name *C. scabra* Hoppe, l. c. was published not in 1800, as many authors believed, but in 1801, and, therefore, the name *C. davalliana* is undoubtedly the priority one (see : Егорова, 1976, l. c.).

On account of habitat destruction, *C. davalliana* has disappeared from a number of European regions, in particular, from England, where the species was described from (Jermy, Tutin, 1968; Chater, l. c.), as well as from mentioned before by me (Егорова, 1976, l. c.) location in Leningrad province (village Sokkolovo near Gatchina). In Byelarus this plant at present is certainly known only in Vitebsk province (Скуратович, 1992; Сюборова et al., 1992).

4 (345). **C. parallela** (Laest.) Sommerf. 1826, Suppl. Fl. Lapp. : 39; Городков, 1927, Тр. Бот. муз. АН СССР, 20 : 203; В. Креч. 1935, во Фл. СССР, 3 : 167; Егор. 1966а, в Аркт. фл. СССР, 3 : 82; ead. 1966б, Осоки СССР : 168; ead. 1976, во Фл. Европ. ч. СССР, 2 : 214; Chater, 1980, in Fl. Europ. 5 : 301; Малышев, 1990, во Фл. Сиб. 3 : 62. — *C. dioica* β. *parallela* Laest. 1822, Kungl. Sv. Vet.-Akad. Handl. ser. nov. : 338. — *C. dioica* γ. *parallela* (Laest.) Ostenf. 1902, Fl. Arct, 1 : 60. — *Vignea parallela* (Laest.) Soják, 1979, Čas. Nár. Muz. Praze, řada přir. **148**, 3–4 : 196. — *C. redowskiana* auct. non C. A. Mey. : Егор. 1966а, l. c. : 165, p. p., quoad pl. e mont. Chibin. et Scand. — **О. параллельная**.

Описан из Сев. Швеции («Habitat... locis madefactis alpium Lulensium copiose: primum juxta fluvium Stalládno reperi anno 1820; sed anno 1821 in lateribus alpium Kiergevare, Kappasvare et Thoke...»); syntypi: S.

а) subsp. **parallela**.

На моховых болотах в равнинной и горной тундрах. — **Европ. ч.**: Аркт. (от района Печенги до р. Кары, кроме п-ова Канин и о-ва Вайгач), Кар.-Мурм. (Кольский п-ов: Хибинские горы), Дв.-Печ. (Приполярн. Урал: верховья р. Кожим); **Зап. Сиб.**: Аркт. (Полярн. Урал). Общ. распр.: С. Европа (Фенноскандия и Шпицберген); С. Америка (вост. Гренландия). — 2n = 44 (Flovik, 1943). — Рис. 67, *2*.

На Полярном Урале и в Карской тундре типичные образцы subsp. *parallela* отсутствуют. Растения из этих районов, все же отнесенные мной к этому подвиду, являются промежуточными между ним и subsp. *redowskiana*. Типичная subsp. *parallela* появляется на востоке Большеземельской тундры и распространена далее на запад до Гренландии.

In Polar Ural and in Kara tundra typical specimens of subsp. *parallela* are absent. Plants from these regions, related by me, after all, to the type subspecies, are intermediate between it and subsp. *redowskiana*. The typical plants of subsp. *parallela* is distributed from eastern Bolshezemelskaya tundra westwards to Greenland.

b) subsp. **redowskiana** (C. A. Mey.) Egor. 1973, Новости сист. высш. раст. 10 : 104; Егор. 1976, во Фл. Европ. ч. СССР, 2 : 214; Chater, 1980, in Fl. Europ. 5 : 301; Малышев, 1990, во Фл. Сиб. 3 : 62. — *C. redowskiana* C. A. Mey. 1831, Mém. Sav. Étr. Pétersb. 1 : 207, tab. 4; В. Креч. 1935, во Фл. СССР, 3 : 116; Егор. 1966а, в Аркт. фл. СССР, 3 : 80; ead. 1966б, Осоки СССР : 166, p. p., excl. pl. ex mont. Chibin. et Scand.; Ворош. 1982, Опред. раст. сов. Дальн. Вост. : 105; А. Е. Кожевников, 1988, в Сосуд. раст. сов. Дальн. Вост. 3 : 392. — *C. fischeriana* J. Gay, 1838, Ann. Sci. Nat. Paris, sér. 2, 10 : 286. — *C. davalliana* β. *leiocarpa* Bunge, 1835, Mém, Sav. Étr. Pétersb. 2 : 603. — *C. davalliana* f. *pallida* Christ, 1888, in Scheutz, Kungl. Sv. Vet.-Akad. Handl. ser. nov. **22** : 173. — *C. dioica* δ. *redowskiana* (C. A. Mey.) Ostenf. 1902, Fl. Arct. 1 : 60. — *Vignea redowskiana* (C. A. Mey.) Soják, 1979, Čas. Nár. Muz. Praze, řada přir. **148**, 3—4 : 197. — Exs.: H.F. URSS № 4240. — **О. Редовского**.

Описан из Вост. Сибири; typus: «Kamt[schatka], Red[owsky]» (LE! cum isotypis 2).

На моховых болотах, в заболоченных редколесьях, сырых лесах, на болотистых лугах, по берегам водоемов, в моховых тундрах; на равнине и в горах до нижней части альпийского пояса. — **Европ. ч.**: Аркт. (к востоку от о-ва Колгуев; нет на Нов. Земле), Дв.-Печ. (Приполярн. и Сев. Урал), Волж.-Кам. (Сев. Урал: Семичеловечный Камень); **Зап. Сиб.**: Аркт. (Полярн. Урал; низовья Оби: Салехард; низовья Полуя; басс. низовьев р. Таз), Обск. (сев.-зап.: Приполярн. Урал; юг), Алт.; **Вост. Сиб.**: Аркт. (низовья Енисея, Таймыр, басс. Хатанги, низовья Хантайки, Оленека и Лены), Енис., Лен.-Кол. (кроме северо-востока), Анг.-Саян., Даур. (зап. и юго-вост.); **Дальн. Вост.**: Аркт. (северо-восток Чукотского п-ова), Охот. (юг); **Средн. Азия**: Дж.-Тарб. (Джунгарский Алатау: хр. Мын-Чукур). Общ. распр.: Ц. Азия (Монголия: Монгольский Алтай). — 2n = 26, 34 (Малышев, 1990), 44 (Юрцев, Жукова, 1982; Малышев, 1990), 50 (Крогулевич, 1971). — Рис. 67, *1*.

C. redowskiana (= subsp. *redowskiana*), подобно некоторым другим видам, описанным К. А. Мейером по экземплярам И. Редовского, собранным, согласно протологу, на Камчатке, в действительности там не встречается. Кроме того, Редовский на Камчатке не был, гербарные сборы он производил на пути из Иркутска в Охотск (Бородин, 1908).

В области налегания ареалов типового подвида и subsp. *redowskiana* (Большеземельская тундра, Полярный Урал) между этими растениями наблюдаются переходные формы (Городков, l. c.; Егорова, l. c.).

Для северо-востока Чукотского п-ова *C. redowskiana* приведена по данным А. Е. Кожевникова (l. c.).

C. redowskiana (= subsp. *redowskiana*), like some other species described by C. A. Meyer from specimens collected by I. Redowsky according to the protologue in Kamchatka, in reality does not occur there. To add, Redowsky has not been in Kamchatka, being collecting his herbarium on the way from Irkutsk to Okhotsk (Бородин, 1908).

In the territory of ranges overlapping of the type subspecies and subsp. *redowskiana* (Bolshezemelskaya tundra, Polar Ural), the transitional forms between these plants are observed (Городков, l. c.; Егорова, l. c.).

For north-eastern Chukot Peninsula, *C. redowskiana* is cited according to data by Kozhevnikov (А. Е. Кожевников, l. c.).

5 (346). **C. kabanovii** V. Krecz. IV 1935, во Фл. СССР, 3 : 593, 166; Ohwi, 1965, Fl. Jap. : 224; Егор. 1966, Осоки СССР : 169; Ворош. 1982, Опред. раст. сов. Дальн. Вост. : 105; А. Е. Кожевников, 1988, в Сосуд. раст. сов. Дальн. Вост. 3 : 391. — *C. yezo-alpina* Akiyama, XII 1935, Biogeogr. 1 : 53; Ohwi, 1936, Mem. Coll. Sci. Kyoto Univ. ser. B. **11**, 5 : 236. — **О. Кабанова**.

Описан с сев. Сахалина: typus: «Сев. Сахалин, вост. берег, район залива Одонту, 4 VIII 1930, № 3428, Н. Кабанов» (LE!).

На сфагновых болотах. — **Дальн. Вост.**: Охот. (сев.: Наяханский р-н), Удск. (хр. Геран), Сах. (сев.). Общ. распр.: В. Азия (о-в Хоккайдо). — 2n = ?

В. И. Кречетовичем (1935a : 460—464) в конце обработки рода *Carex* во «Флоре СССР» помещены 2 списка названий видов, описанных с территории, охватываемой этим изданием, с указанием данных протологов: 1. Виды неясного положения. 2. Синонимы и имена, не разъясненные для флоры СССР.

В первом списке дан перечень тех невыясненных видовых названий, которые со времени их публикации не были соотнесены с какими-либо другими названиями. Некоторые из них оказалось возможным связать с названиями известных видов. Так, было установлено, что название *C. sordida* Van Heurck et Muell. Arg. приоритетно по отношению к *C. amurensis* Kük., названия *C. burjatorum* Korotkij и *C. seiskoënsis* Freyn являются синонимами соответственно *C. duriuscula* C. A. Mey. и *C. ledebouriana* C. A. Mey. subsp. *ledebouriana*, а *C. amphilogos* C. Koch, по всей вероятности, следует считать синонимом *C. praecox* Schreb. Не удалось выяснить, каким видам соответствуют *C. jungenda* Steud. и *C. plumbea* Wahlenb. Типа *C. plumbea* не оказалось ни в Стокгольме (S), ни в Упсале (UPS); Кунт (Kunth, 1837) отнес это название в синонимы к *C. riparia* Curt.

Во второй список включены названия, которые (кроме *C. pentastachys* Fisch. ex Steud.) приводились как синонимы авторами XIX в. Подтвердить или опровергнуть синонимизацию этих названий в настоящее время не представляется возможным.

Kreczetowicz (Кречетович, 1935a : 460—464), at the end of his treatment of the genus *Carex* in «Flora URSS», placed 2 lists of names of the species described from the territory considered by this edition, with quotation of the protologue data: 1. The species of obscure position. 2. Synonyms and names not interpreted for flora of the USSR.

The first list contains obscure specific names, which, since time of their publication, had not been connected with any other names. Some of them have managed to be connected with names of known species. Thus, the name *C. sordida* Van Heurck et Muell. Arg. has been established to be a priority one for *C. amurensis* Kük.; the names *C. burjatorum* Korotkij and *C. seiskoënsis* Freyn are synonyms correspondently of *C. duriuscula* C. A. Mey. and *C. ledebouriana* C. A. Mey. subsp. *lede-*

bouriana; *C. amphilogos* C. Koch, most probably, should be considered as a synonym of *C. praecox* Schreb. I have failed to elucidate correspondence of *C. jungenda* Steud. and *C. plumbea* Wahlenb. The type of *C. plumbea* is neither in Stockholm (S), nor in Uppsala (UPS); Kunth (1837) put this name into synonymy of *C. riparia* Curt.

In the second list, there are names, which (except *C. pentastachys* Fisch. ex Steud.) were mentioned as synonyms by authors of XIXth century. At present, it is impossible to confirm or refute this synonymization.

ГЕОГРАФИЧЕСКОЕ РАСПРОСТРАНЕНИЕ И ОСНОВНЫЕ ЭКОЛОГИЧЕСКИЕ ОСОБЕННОСТИ ОСОК

Ареал рода Carex L. Распределение осок по основным физико-географическим областям рассматриваемой территории и фитохорионам

Род *Carex* L. принадлежит к небольшому числу родов цветковых растений, являющихся космополитами.[1] Ареал его охватывает все континенты, кроме Антарктиды (рис. 71). Представители рода отсутствуют во многих аридных пустынях и очень редки в полярных. В тропическом поясе они встречаются в основном в горах, от нижних поясов до высокогорий, хотя некоторые виды обитают на уровне моря.

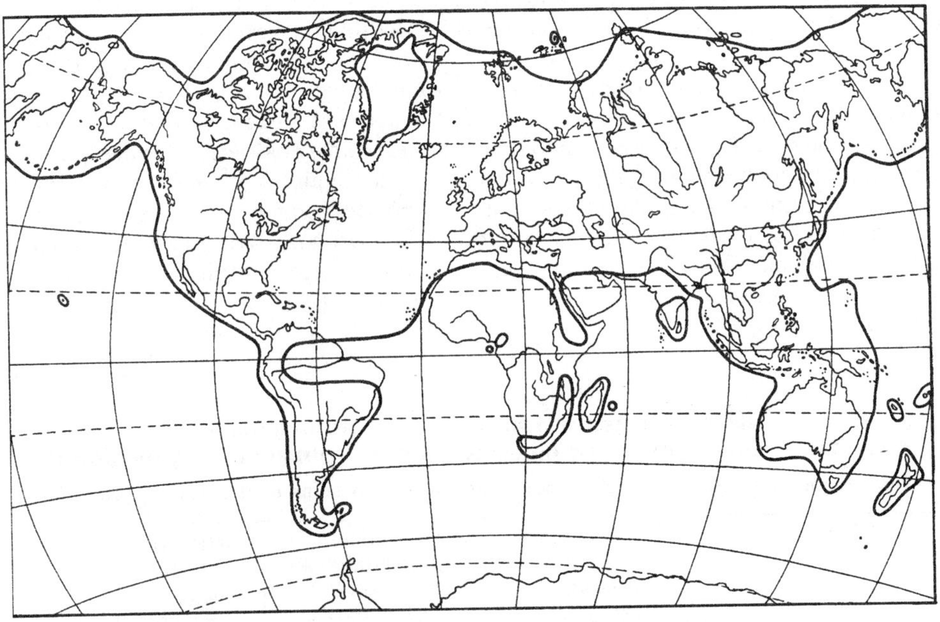

Рис. 71. Ареал рода *Carex* L.

Fig. 71. Distribution of the genus *Carex* L.

Более всего род *Carex* характерен для умеренных и холодных поясов земного шара, но главным образом сев. полушария. На территории России и сопредельных государств осоки распространены очень широко. Они встречаются почти повсеместно, принимая большое участие в формировании растительного покрова, в особенности сырых и болотных биотопов. В родовых спектрах Арктики, Зап. и Вост. Сибири и Дальнего Востока роду *Carex* принадлежит 1-е место, а во флорах Европейской части, Кавказа и Средней Азии соответственно 2-е, 3-е и 8-е (Малышев, 1972б). Наибольшую флористическую роль осоки играют в арктических, субарктических, бореальных и высокогорных флорах, где по количеству видов занимают 1-е или 2-е место (Малышев, 1972б, 1976;

[1] По Торну (Thorne, 1972), таких родов 125 (к ним он относит и *Carex*), что составляет 1% от общего количества родов покрытосеменных, которых, согласно данным А. Л. Тахтаджяна (1987), около 13 тыс.

Красноборов, 1976; Чопик, 1976; Харкевич, 1981 : 377; Малышев, Пешкова, 1984, и др.).

Ранее уже отмечалось, что род *Carex* представлен во флоре России и сопредельных государств 382 таксонами видового и подвидового ранга. На таблице 1 показано распределение их по основным физико-географическим областям территории б. СССР. Наибольшее разнообразие осок наблюдается на Дальнем Востоке (203 таксона), наименьшее — в Средней Азии (81). В азиатской части территории встречается в 2.3 раза больше видов и подвидов, чем в европейской, соответственно 352 и 152. Из азиатских регионов Сибирь и Дальний Восток заметно богаче видами, чем Кавказ и Средняя Азия, что связано не столько с бо́льшими размерами этих территорий, сколько, вероятно, с историей развития умеренной осоковой флоры, одним из крупных центров формирования которой была, по-видимому, древняя Ангарида.

Виды и подвиды *Carex* распределены нами также и по флористическим провинциям земного шара, принятым А. Л. Тахтаджяном (1978a). На рассматриваемой территории представлены 21 провинция, которые относятся к 4 флористическим областям: Циркумбореальной, Восточноазиатской, Средиземноморской и Ирано-Туранской. Из них две первые области принадлежат к Бореальному подцарству, две вторые — к Древнесредиземноморскому. Некоторые провинции не полностью находятся в пределах б. СССР. Однако на количестве таксонов *Carex* это почти не отражается, благодаря чему данные распределения их по провинциям (табл. 2) вполне сопоставимы. Наиболее богаты осоками провинции (кроме Эвксинской и Северо-Восточносибирской), относящиеся к Бореальному подцарству. Из них несколько выделяются Маньчжурская, Алтае-Саянская, Арктическая и Среднесибирская провинции, в каждой из которых произрастает более 100 видов и подвидов (в остальных провинциях от 96 до 74).

Таблица 1
Table 1

Распределение таксонов осок по основным физико-географическим областям рассматриваемой территории

Distribution of sedge taxa in the main geographical divisions of the territory considered

Область Division	Общее число видов и подвидов Total number of species and subspecies	Число эндемичных видов и подвидов Number of endemic species and subspecies	Число секций Number of sections	Число подродов Number of subgenera
Европейская часть European part	152	—	48	4
Азиатская часть Asiatic part	352	25	69	5
Кавказ Caucasus	101	2	46	4
Зап. Сибирь Western Siberia	115	1	40	4
Вост. Сибирь Eastern Siberia	158	5	44	4
Дальний Восток Far East	203	4	58	5
Средняя Азия Middle Asia	81	8	34	4

Таблица 2

Table 2

Распределение таксонов осок по флористическим провинциям, принятым А. Л. Тахтаджяном (1978a)[1]

Distribution of sedge taxa in the floristic Provinces accepted by A. Takhtajan (Тахтаджян, 1978a)[2]

Фитохорионы Phytochoria	Общее число видов и подвидов Total number of species and subspecies	Число эндемичных[3] видов и подвидов и % от общего числа Number of endemic[4] species and subspecies and % from total number	Число секций Number of sections
Голарктическое царство Holarctic Kingdom			
А. Бореальное подцарство **A. Boreal Subkingdom**			
1. Циркумбореальная область *1. Circumboreal Region*			
1. Арктическая пров. 1. Arctic Prov.	109	1 (0.9%)	33
3. Центральноевропейская пров. 3. Central European Prov.	96	2 (2%)	39
5. Эвксинская пров. 5. Euxine Prov.	26	3 (12%)	20
6. Кавказская пров. 5. Caucasian Prov.	85	2 (1.2%)	43
7. Восточноевропейская пров. 7. Eastern European Prov.	96	–	40
8. Североевропейская пров. 8. Northern European Prov.	73	2 (2.7%)	29
9. Западносибирская пров. 9. Western Siberian Prov.	80	–	35
10. Алтае-Саянская пров. 10. Altai-Sayan Prov.	109	1 (0.9%)	35
11. Среднесибирская пров. 11. Middle Siberian Prov.	108	1 (0.9%)	34
12. Забайкальская пров. 12. Transbaykalian Prov.	92	–	36
13. Северо-восточносибирская пров. 13. North-Eastern Siberian Prov.	55	1 (1.8%)	26
14. Охотско-Камчатская пров. 14. Okhotsk-Kamchatka Prov.	96	1 (1%)	37

[1] В таблицу включены провинции, представленные на рассматриваемой территории; их порядковые номера соответствуют таковым в работе А. Л. Тахтаджяна.

[2] The table contains the Provinces represented in the territory under consideration; ordinal numbers of the phytochoria correspond to those in Takhtajan's work (Тахтаджян, 1978a).

[3] Названия эндемичных таксонов приводятся в разделе «Эндемизм».

[4] The names of the endemic taxa are given below, in the part «Endemism».

Таблица 2 (продолжение)
Table 2 (continuation)

2. Восточноазиатская область *2. Eastern Asiatic Region*			
1. Маньчжурская пров.[1] 1. Manchurian Prov.[2]	115	16 (14%)	43
2. Сахалино-Хоккайдская пров. 2. Sakhalin-Hokkaido Prov.	84	3 (3.6%)	39
В. Древнесредиземноморское подцарство **B. Tethyan (Ancient Mediterranean) Subkingdom**			
6. Средиземноморская область *6. Mediterranean Region*			
9. Крымско-Новороссийская пров. 9. Krym-Novorossiysk Prov.	25	–	17
8. Ирано-Туранская область *8. Irano-Turanian Region*			
8а. Западноазиатская, или Переднеазиатская, подобласть *8a. Western Asiatic (Anterior Asiatic) Subregion*			
3. Армено-Иранская пров. 3. Armeno-Iranian Prov.	31	1 (3.2%)	23
4. Гирканская пров. 4. Hyrcanian Prov.	11	–	7
5. Туранская, или Арало-Каспийская, пров. 5. Turanian, or Aralo-Caspian Prov.	33	2 (6.2%)	20
6. Туркестанская пров. 6. Turkestanian Prov.	51	6 (12%)	25
8в. Центральноазиатская подобласть *8в. Central Asiatic Subregion*			
1. Центральнотяньшанская пров. 1. Central Tien Shan Prov.	31	–	17
2. Джунгаро-Тяньшанская пров. 2. Dzungaro-Tien Shan Prov.	46	1 (2%)	29

Намного беднее представителями *Carex* провинции Древнесредиземноморского подцарства, в которых встречается от 51 и 46 видов и подвидов (Туркестанская и Джунгаро-Тяньшанская провинции) до 25 и 11 (Крымско-Новороссийская и Гирканская). Результаты анализа распространения осок по фитохорионам ясно указывают на их преимущественную приуроченность к Бореальному подцарству.

[1] В Маньчжурской провинции встречается еще 9 видов *Carex* (Chang, Yang, 1976), отсутствующих на рассматриваемой территории.
[2] In the Manchurian Province 9 more species of *Carex* occur (Chang, Yang, 1976) lacking in the territory considered.

GEOGRAPHICAL DISTRIBUTION AND THE MAIN ECOLOGICAL FEATURES OF SEDGES

Geographical range of the genus Carex. Distribution of sedges according to the main geographical divisions of the territory considered and phytochoria

The genus *Carex* L. belongs to rather small number of genera of flowering plants being cosmopolitans.[1] Its range covers all continents except Antarctic Continent (Fig. 71). Sedges are absent from many arid deserts and are very rare in polar deserts. In tropics they occur in mountains from low belts to alpine ones, but some are found at sea level.

The majority of *Carex* species occurs in temperate and cold zones of the world but mainly in the northern hemisphere. At the territory of Russia and adjacent states sedges are widely distributed. They occur almost everywhere, participating in formation of plant cover mainly in humid and swampy habitats and mires. In generic spectra of Arctic, Western and Eastern Siberia and the Far East *Carex* occupies the first place while in floras of the European part of the former USSR, the Caucasus and Middle Asia sedges are at the second, third and eighth places respectively (Малышев, 1972б). The greatest floristical role sedges perform in arctic, subarctic, boreal and alpine floras occupying the first or the second position in accordance with species' amount (Малышев, 1972б, 1976; Красноборов, 1976; Чопик, 1976; Харкевич, 1981: 377; Малышев, Пешкова, 1984, и др.).

It was indicated earlier that the genus *Carex* is represented in flora of territories of Russia and adjacent states by 382 taxa of specific and subspecific rank. Distribution of these taxa according to the main territorial divisions of the former USSR is illustrated by Table 1. The greatest diversity, 203 taxa, is found in the Far East while the smallest, 81 taxa, in Middle Asia. In Asiatic part of the territory under consideration the amount of species and subspecies in 2.3 times exceeds the amount of these taxa from European part being 352 and 125 accordingly. Among Asiatic areas Siberia and the Far East are considerably richer in sedge species than the Caucasus and Middle Asia; this fact is connected likely not with larger territories of two first, but rather with the history of development of temperate sedge flora one of the main centres of the forming of which was probably the ancient continent Angarida.

Taxa of *Carex* are also distributed here according to the floristic Provinces accepted by Takhtajan (Тахтаджян, 1978а). In the territory considered 21 Provinces are represented which belong to four floristic Regions: Circumboreal, Eastern Asiatic, Mediterranean and Irano-Turanian. Two first belong to the Boreal Subkingdom and two other to the Ancient Mediterranean one. Some Provinces partly spread beyond the limits of the former Soviet Union. Nevertheless, it is not reflected on taxa amount, therefore data on province distribution of species (Table 2) are completely comparable. The richest by sedge species are the Provinces of the Boreal Subkingdom (except the Euxine and North-Eastern Siberian Provinces), especially the Manchurian, Altai-Sayan, Arctic and Middle Siberian Provinces, each of which has a bit more 100 taxa, while in other Provinces the taxa amount varies from 73 to 96.

Much more pauperized by *Carex* members are the Provinces of the Ancient Mediterranean Subkingdom where from 51 and 46 taxa (Turkestanian and Dzungaro-Tien Shan Provinces) up to 25 and 11 (Krym-Novorossiysk and Hyrcanian Provinces respectively) are found. Analysis of the sedge distribution in the phytochoria reveals the praedominant occurrence of species in the Boreal Subkingdom.

Классификация ареалов осок

В основном разделе работы, посвященном систематике осок, для каждого таксона видового или подвидового ранга приведены детальные сведения о распространении по ботанико-географическим районам, принятым в настоящей монографии. Здесь мы попытались проанализировать эти данные с целью выявления особенностей географического распространения представителей рода *Carex* в таком обширном секторе Голарктики, как территория бывшего СССР. Данные фитогеографического анализа осок содержатся в работах многих исследователей (Гроссгейм, 1940; Кречетович, 1941б, 1952; Соболевская, 1946, 1949; Raymond, 1951; Hultén, 1958, 1962; Meusel et al., 1965; Егорова, 1966а, 1967, 1976в, 1987а; Попов, 1970; Козловская, Парфенов, 1972; Каме-

[1] According to Thorne (1972) there are 125 cosmopolitan genera (including *Carex*). They compile 1% of total amount of Angiosperms genera, which are nearly 13000 after Takhtajan (Тахтаджян, 1987).

лин, 1973; Карамышева, Рачковская, 1973; Юрцев и др., 1979; Кожевников, 1983; Малышев, Пешкова, 1984; Wheeler, Ownbey, 1984; Tiffney, 1985a, 1985b; Wheeler, 1986; Holub, 1987; Kukkonen, 1987; Ball, 1990; Liang Song-yun, Tang Yan-cheng, 1990, и др.). Они были приняты во внимание при разработке предлагаемой ниже классификации ареалов всех рассматриваемых в работе 382 видов и подвидов осок. Анализ их географического распространения позволил выделить 61 тип ареалов, часть из которых разделена на подтипы. Многообразие типов обусловлено большим объемом рода, его широким географическим и экологическим диапазоном и длительной историей развития. Ареалы многих осок весьма сложны, в связи с чем установление типов представляло немалые трудности. Типы ареалов выделены по принципу приуроченности всего ареала или, чаще, основной[1] его части (области преимущественного распространения вида или подвида) к физико-географическим районам или приведенным в работе А. Л. Тахтаджяна (1978а) фитохорионам.

Ареалы почти всех представителей *Carex* флоры рассматриваемой территории находятся в пределах Голарктического царства и только очень немногие — на территориях Голарктического и Палеотропического царств или (в случае биполярных видов) Голарктического и Голантарктического. Если вид состоит из двух подвидов, встречающихся в разных царствах, то ареал голарктического подвида рассматривается вместе с голарктическими ареалами, а вид в целом — с голаркто-палеотропическими или биполярными.

Голарктические типы ареалов осок объединены в 17 хорологических групп, выделенных на основании принадлежности ареалов либо к частям света (например, европейская и умеренно-евразиатская группы) или их крупным регионам (например, западноазиатская и дальневосточная группы), либо, иногда, к флористическим областям (ирано-туранская и восточноазиатская группы). Некоторые из выделенных здесь типов и групп ареалов в большей или меньшей степени соответствуют географическим элементам, а также таким нередко используемым в последнее время (Юрцев и др., 1979) категориям, как долготные группы. Приводимый ниже комментированный перечень типов ареалов сопровождается указанием таксонов, которым свойствен тот или иной тип.

Помимо типа ареала, хорологическим показателем географического распространения таксонов является их приуроченность к природно-климатическим зонам или горным поясам либо, как например у арктоальпийских видов, и к тем, и к другим. Этот показатель определяется принадлежностью таксонов к следующим широтным (зональным), широтно-горнопоясным и горнопоясным группам[2] растений: 1 — арктическая, 1а — гипоарктическая, 2 — лесная, 2а — бореальная (таежная), 2б — южнобореально-неморальная, 2в — неморальная, 3 — степная, 3а — лесостепная, 4 — пустынная, 5 — арктоальпийская, 5а — метаарктическая, 6 — гипоарктомонтанная, 7 — арктобореальная, 8 — монтанная (горная общепоясная), 9 — горнолесная, 9а — горнолесная бореальная, 9б — горнолесная неморальная, 10 — горностепная, 11 — высокогорная, 12 — полизональная.

Перечисленные группы в основном традиционны, но более многочисленны, чем в работах, где хорологическому анализу подвергаются флоры или таксоно-

---

[1] Я разделяю мнение М. Г. Попова (1970 : 9), выраженное в следующем тезисе: «Я полагаю, что будет принципиально правильным не обращать внимание на то, что вид иногда переходит границу своего района, вне которого он растет или как реликт, или как новейший иммигрант».

[2] В этом значении понятие «группа» используется в последнее время в литературе (например, широтные группы: Юрцев и др., 1979; поясно-зональные группы: Малышев, Пешкова, 1984, и др.) вместо «элемент флоры»; первое, на наш взгляд, более удобно, чем второе, в особенности когда объектом ботанико-географического анализа является не флора какой-либо территории, а род или его часть.

мические группы отдельных регионов рассматриваемой территории. Гипоарктическая, метаарктическая и гипоарктомонтанная группы выделены Б. А. Юрцевым (1966; Юрцев и др., 1978, 1979). Первая включает растения, свойственные гипоарктической зоне (или поясу, по Юрцеву), расположенной между арктической и таежной зонами, вторая — обитающие в Арктике и гипоарктических высокогорьях, третья — в гипоарктической зоне, а также в верхней части лесного пояса гор и в высокогорьях. По Л. И. Малышеву и Г. А. Пешковой (1984), растения 3-ей группы свойственны гипоарктическому зональному поясу и различным поясам гор; в настоящей работе термин «гипоарктомонтанная группа» используется в его первоначальном значении. Второе название для монтанной группы — горная общепоясная, дано в работе Малышева и Пешковой (1984). Лесная и горнолесная группы установлены нами для растений, которые не обнаруживают явной приуроченности к бореальной или неморальной группам или если для суждения об этом нет достаточных данных. В южнобореально-неморальную группу включены виды и подвиды осок, распространенные преимущественно на юге таежной подзоны, но встречающиеся также и в более северных ее районах, а также в подзоне смешанных и широколиственных лесов. К неморальной группе отнесены растения, связанные в своем распространении в основном с подзоной умеренных широколиственных лесов, но произрастающие в различных местообитаниях и растительных сообществах (а не только в широколиственных лесах). Другими словами, в данном контексте термин «неморальный»[1] используется не в ценотическом, а в широтном (зональном) аспекте. Все сказанное справедливо и по отношению к горнолесной неморальной группе, а также и к другим аналогичным группам. Полизональная группа включает растения, относящиеся более чем к двум группам. Для многих осок, встречающихся в Сев. Азии, группы указаны по литературным источникам (Юрцев и др., 1979; Малышев, Пешкова, 1984).

Обычно вид или подвид *Carex* характерен для какой-либо одной группы, редко для двух (она указывается ниже при названии таксона посредством порядкового номера: см. перечень групп).

Естественно, что точное указание группы возможно (и то не всегда) лишь в том случае, когда вид изучается в пределах относительно небольшой территории, а не такой обширной, как рассматриваемая в настоящей работе. В особенности это касается широко распространенных видов, которые в разных частях своего ареала могут обнаруживать разную широтную, широтно-горнопоясную или горнопоясную приуроченность. Так, например, *C. microglochin* s. str. в Европе является арктоальпийским растением, а в Азии — альпийским; *C. fuscidula*, наоборот, в Европе это арктический вид, в Азии — арктоальпийский; *C. holostoma* в Европе и Сев. Америке — метаарктический вид, в Вост. Сибири — гипоарктомонтанный, на Дальнем Востоке — арктоальпийский; *C. maritima* в Зап. Европе и Сев. Америке — арктоальпийский вид, а в Сибири и на Дальнем Востоке — метаарктический. *C. obtusata* рассматривается одними авторами как арктобореальный вид (Юрцев и др., 1979), другими — как лесостепной (Малышев, Пешкова, 1984), т. е. в разных регионах принадлежность к группам может быть неодинаковой.

Ареалы осок рассматриваемой территории составляют 3 основные категории ареалов: голарктические, палеаркто-восточнопалеотропические и биполярные ареалы.

---

[1] На необходимость конкретизации термина «неморальный», который может использоваться в разных значениях, обращают особое внимание Б. А. Юрцев и Р. В. Камелин (1991).

I. **Голарктические ареалы** (ареалы в пределах Голарктического царства, охватывающего внетропические области сев. полушария). Объединяются в 17 хорологических групп, включающих от 1 до нескольких типов[1] ареалов.

1. Ц и р к у м п о л я р н ы е или с у б ц и р к у м п о л я р н ы е группа и тип ареалов (включают б. м. непрерывные или дизъюнктивные ареалы в пределах холодного и умеренного поясов сев. полушария, т. е. термин «циркумполярный» понимается здесь в таком же значении, как в работе Гультена (Hultén, 1962)). — 33 вида и подвида: *C. fuliginosa* subsp. *misandra* (5)[2], *C. atherodes* (2а; с дизъюнкцией в Зап. Европе), *C. lasiocarpa* (2а), *C. rostrata* (12); *C. rotundata* (6), *C. vaginata* subsp. *quasivaginata* (6), *C. livida* (2а; дизъюнктивный), *C. glacialis* (5), *C. atrofusca* (5; дизъюнктивный), *C. capillaris* (2а, 9а; с дизъюнкцией на Дальнем Востоке), *C. fuscidula* (5; с дизъюнкцией в Зап. Европе), *C. limosa* (2а), *C. rariflora* subsp. *rariflora* (5а; с реликтовыми местонахождениями вдоль Тихоокеанского побережья), *C. magellanica* subsp. *irrigua* (2а), *C. buxbaumii* (2а; с дизъюнкцией между Байкалом и Курилами), *C. holostoma* (5, сильно дизъюнктивный), *C. media* (2а; с дизъюнкцией в Зап. Европе), *C. bicolor* (5; сильно прерывистый с обширной дизъюнкцией в арктической Сибири), *C. subspathacea* subsp. *subspathacea* (1), *C. aquatilis* subsp. *stans* (5, 5а), *C. chordorrhiza* (7), *C. disperma* (2а), *C. brunnescens* (2а), *C. loliacea* (2а), *C. tenuiflora* (2а), *C. heleonastes* (2а; с дизъюнкцией в Сибири к востоку от Лены), *C. mackenziei* (1а; с дизъюнкциями в континентальных районах Евразии и Сев. Америки), *C. glareosa* (1а), *C. ursina* (1), *C. lachenalii* subsp. *lachenalii* (= *C. tripartita* auct.) (5), *C. microglochin* subsp. *microglochin* (5), *C. pauciflora* (2а), *C. rupestris* (5), *C. capitata* (7).

2. Е в р о п е й с к а я группа (ареалы в пределах Европы, но иногда участок ареала на юге Зап. Сибири). — 26 видов и подвидов.

1) европейский тип (ареал занимает бо́льшую часть Европы): *C. pilosa* (2в), *C. ornithopoda* (2в), *C. nigra* (2б);

2) североевропейский тип (ареалы в пределах Североевропейской провинции[3]): *C. stenolepis* (1а), *C. jemtlandica* (2а), *C. bergrothii* (2а);

3) атлантическо-европейско-центральноевропейский тип (ареалы в пределах Атлантическо-Европейской и Центральноевропейской провинций): *C. flacca* (2в), *C. pilulifera* (2в), *C. elata* subsp. *elata* (2в), *C. colchica* subsp. *ligerica* (2в), *C. pulicaris* (2в), *C. davalliana* (2в);

4) североатлантическо-европейский тип: *C. scandinavica* (2в), *C. arenaria* (2в);

5) центральноевропейский тип (ареалы на территории одноименной провинции, иногда участок ареала расположен к югу или востоку от нее): *C. sempervirens* (11), *C. firma* (11), *C. fuliginosa* subsp. *fuliginosa* (11), *C. curvula* (11), *C. umbrosa* subsp. *umbrosa* (2в), *C. lepidocarpa* (2в), *C. bigelowii* subsp. *dacica* (11), *C. pseudobrizoides* (2в), *C. brizoides* (2в);

6) центральноевропейско-восточноевропейский тип (ареалы на территории одноименных провинций, заходят на юг Зап. Сибири): *C. rhizina* subsp. *rhizina* (2б), *C. montana* (2в), *C. stenophylla* subsp. *stenophylla* (3).

3. С е в е р о а з и а т с к а я группа (ареалы в пределах Сибири, сев. Монголии и Дальнего Востока (к северу от низовьев Амура и сев. Сахалина); у отдельных видов (*C. pamirica* subsp. *dichroa*, *C. caucasica*, *C. melanathiformis*

---

[1] Ссылка на тип ареала какого-либо вида или подвида имеется в Указателе латинских названий таксонов, где после номера страницы, на которой содержится соответствующая информация, в скобках указаны номера хорологической группы и типа ареала.

[2] Цифры, стоящие в скобках после названий таксонов, означают порядковые номера широтных, широтно-горнопоясных или горнопоясных групп.

[3] Здесь и далее флористические провинции даны по А. Л. Тахтаджяну (1978а).

и др.) участки ареала расположены в более южных районах умеренной Азии). — 30 видов и подвидов.

1) североазиатский тип (ареалы почти по всей территории Сев. Азии, фрагменты их обычно на востоке европейской тундры и иногда (*C. sabynensis*) на юге Дальнего Востока): *C. macrogyna* (5), *C. sabynensis* (11), *C. melanocapra* (5), *C. ledebouriana* subsp. *ledebouriana* (5), *C. parallela* subsp. *redowskiana* (7);

2) южносибирский тип (ареалы на территориях Алтае-Саянской и Забайкальской провинций, иногда заходят в пределы Маньчжурской, Монгольской, а также Джунгаро-Тяньшанской провинций): *C. eremopyroides* (?2б), *C. conspissata* (3а), *C. martynenkoi* (9а), *C. macroura* (2а), *C. amgunensis* (9а), *C. coriophora* (2б), *C. tatjanae* (11), *C. erawinensis* (2б), *C. bigelowii* subsp. *ensifolia* (8), *C. orbicularis* subsp. *altaica* (11), *C. curaica* subsp. *curaica* (8), *C. iljinii* (9а), *C. argunensis* (11), *C. dahurica* subsp. *dahurica* (2а);

3) южносибирско-кавказский тип (южносибирская часть ареала как у предыдущего типа): *C. pamirica* subsp. *dichroa* (9а, 11), *C. melananthiformis* (11);

4) южносибирско(алтайско)-джунгаро-тяньшанско-уральско-кавказский тип (ареал включает и прилегающие к Кавказу территории Турции и Ирана; возможно, этот тип ареала принадлежит к особой хорологической группе): *C. caucasica* (9, 11);

5) восточносибирский тип: *C. jacutica* (8), *C. trautvetteriana* (5), *C. vanheurckii* subsp. *crassispiculata* (6), *C. malyschevii* (9а, 11), *C. macrostigmatica* (2а), *C. pseudodahurica* (11);

6) восточносибирско-северодальневосточный тип: *C. bigelowii* subsp. *rigidioides* (11), *C. kreczetoviczii* (2а).

4. З а п а д н о а з и а т с к а я группа (ареалы, расположенные на Кавказе, а также в районах Турции и Ирана, относящихся соответственно к Эвксинской и Гирканской провинциям и частично к Армено-Иранской). — 14 видов и подвидов.

1) западноазиатский тип (ареалы почти по всей обозначенной выше территории): *C. tristis* subsp. *trstis* (11), *C. aterrima* subsp. *medwedewii* (11), *C. oligantha* (11), *C. orbicularis* subsp. *kotschyana* (11), *C. micropodiodes* (11), *C. capitellata* (11), *C. oreophila* (11);

2) кавказский тип (ареалы охватывают почти весь Кавказ или также и прилегающие к нему территории Турции и Ирана): *C. mingrelica* (9б), *C. transcaucasica* (11), *C. szovitsii* (?9, ?11), *C. enervis* subsp. *acrifolia* (?8);

3) эвксинский тип (ареалы в пределах одноименной провинции): *C. pontica* (9б), *C. latifrons* (9б), *C. hypaneura* (9б).

5. И р а н о - т у р а н с к а я, или в о с т о ч н о - д р е в н е с р е д и з е м н о м о р с к а я группа (ареалы в основном на территории Ирано-Туранской области в понимании А. Л. Тахтаджяна (1978а). — 35 видов и подвидов.

1) ирано-туранский тип (ареалы почти на всей территории Ирано-Туранской области): *C. songorica* subsp. *songorica* (? 8), *C. stenophylla* subsp. *stenophylloides* (10);

2) армено-иранский тип (ареалы в пределах одноименной провинции): *C. cilicica* (11);

3) туранский тип (ареалы на территории Туранской, или Арало-Каспийской, провинции): *C. physodes* (4), *C. subphysodes* (4);

4) туркестанский, или горно-среднеазиатский тип (бóльшая часть ареала в пределах флористической провинции, называемой А. Л. Тахтаджяном (1970,

1974, 1978а) Туркестанской, а Р. В. Камелиным (1973) — Горной Среднеазиатской; участки ареала могут быть на территориях Центральнотяньшанской и Западногималайской провинций): *C. regeliana* (8), *C. litvinovii* (8), *C. koshewnikowii* (8), *C. anisoneura* (9), *C. turkestanica* (9, 10), *C. popovii* (8), *C. knorringiae* (90);

5) армено-ирано-туркестанский тип (ареал в пределах одноименных провинций, заходит на восток Восточносредиземноморской провинции): *C. pachystylis* (8, ?10; по Камелину (1973 : 73), вид характерен для пояса лессовых полусаванн);

6) тяньшанско-памироалайский тип (ареал в пределах Сев., Центр. и Зап. Тянь-Шаня и Памиро-Алая): *C. tianschanica* (11);

7) тяньшанский тип: *C. ungurensis* (9);

8) памироалайско-кашгарский тип: *C. alajica* (11);

9) памироалайско-западногималайский тип (ареалы в пределах Памиро-Алая и Западногималайской провинции, иногда с небольшими участками вне этих территорий): *C. borii* (11), *C. griffithii* (11), *C. infuscata* (11), *C. wendelboi* (11), *C. bucharica* (9);

10) центральноазиатский тип (ареалы целиком или преимущественно на территории Центральноазиатской подобласти в понимании В. И. Грубова (1963) (кроме районов, относящихся к Туранской провинции), Е. М. Лавренко (1962), А. И. Толмачева (1974) и А. Л. Тахтаджяна (1978а), фрагменты ареалов нередко в горах Средней Азии и Южн. Сибири, а иногда в зап. Гималаях и Юго-Зап. Китае (пров. Сычуань)). Включает 3 подтипа: а) центральноазиатский (свойствен видам, широко распространенным в Центр. Азии, встречающимся почти во всех ее провинциях): *C. alexeenkoana* (8), *C. tristis* subsp. *stenocarpa* (11), *C. pamirica* subsp. *pamirica* (11), *C. aneurocarpa* (10), *C. melanantha* (11), *C. melanocephala* (11), *C. orbicularis* subsp. *orbicularis* (8, но преимущественно 11), *C. curaica* subsp. *pycnostachya* (8), *C. pseudofoetida* (11); б) джунгаро-тяньшанский (ареалы в пределах одноименной провинции): *C. titovii* (9), *C. minutiscabra* (9); в) монголо-цинхайский (ареал в пределах всей Монголии и Цинхая с участками на востоке Даурии, в Сев., Сев.-Зап. и Юго-Зап. Китае; возможно, подтип ареала монголо-цинхайско-восточноазиатский): *C. relaxa* (10);

11) ирано-туранско-южносибирский тип (ареалы в пределах нескольких горных провинций Ирано-Туранской области к востоку от Памиро-Алая, а также преимущественно в южн. районах Сибири): *C. delicata* (10), *C. enervis* subsp. *enervis* (?8).

6. Восточноазиатская группа (ареалы преимущественно в пределах Восточноазиатской области в понимании А. Л. Тахтаджяна (1978)). — 86 видов и подвидов.

1) восточноазиатский тип (ареалы в нескольких провинциях Восточноазиатской области, иногда с участками на юге Памиро-Алая и в Западногималайской провинции (*C. fedia*) или (реликтовые местонахождения) на юге Сибири, в Вост. Тянь-Шане и сев. Монголии (*C. hancockiana*)): *C. siderosticta* (2в), *C. fedia* (9), *C. latisquamea* (2в), *C. scabrifolia* (9), *C. jaluensis* (2в), *C. planiculmis* (2в), *C. mollicula* (9б), *C. japonica* (9б), *C. dispalata* (2в), *C. campylorhina* (2в), *C. leucochlora* (9б), *C. subebracteata* (9б), *C. nanella* (8 или 9), *C. hancockiana* (9б), *C. maximowiczii* subsp. *maximowiczii* (2в), *C. thunbergii* (2в), *C. kobomugi* (2в), *C. remotiuscula* (2в);

2) маньчжурский тип (ареалы в пределах Маньчжурской провинции, иногда с участками на юге Вост. Сибири): *C. raddei* (2в), *C. drymophila* (2б), *C. glabrescens* (2в), *C. songorica* subsp. *gotoi* (2в), *C. glauciformis* (2в),

C. egena (2в), *C. nikolskensis* (2в), *C. xiphium* (2в), *C. umbrosa* subsp. *pseudosabynensis* (2в), *C. erythrobasis* (2в), *C. holotricha* (2в), *C. supermascula* (10), *C. korkischkoae* (2в), *C. mandshurica* (2в), *C. ulobasis* (8), *C. ussuriensis* (2б), *C. maximowiczii* subsp. *suifunensis* (2в), *C. tegulata* (2в), *C. leiorhyncha* (2в), *C. laevissima* (2в), *C. diplasiocarpa* (3), *C. biwensis* subsp. *jankowskii* (2в), *C. onoei* subsp. *capituliformis* (2в), *C. dahurica* subsp. *chosenica* (2в);

3) маньчжуро-сахалино-японский тип (обычно с участками ареалов на Курильских о-вах): *C. ledebouriana* subsp. *tenuiformis* (2в), *C. tarumensis* (2в), *C. forficula* (2в), *C. arenicola* (2в), *C. nemurensis* (2), *C. pseudololiacea* (2б);

4) маньчжуро-японский тип (иногда с участками ареалов в южн. районах Вост. Сибири): *C. rugulosa* (2в), *C. capricornis* (2в), *C. bostrychostigma* (2в), *C. nervata* (2в), *C. quadriflora* (2в), *C. peiktusani* (2в), *C. heterolepis* (2в), *C. cinerascens* (2в), *C. neurocarpa* (2в), *C. maackii* (2в), *C. uda* (2в);

5) корейско-южнокурило-японский тип: *C. aphanolepis* (9б), *C. shimidzensis* (9б), *C. capillacea* subsp. *aomorensis* (9б);

6) сахалино-японский тип (обычно с участками ареалов на южн. Курилах, а иногда на сев. Курилах и крайнем юге Камчатки): *C. lasiocarpa* subsp. *occultans* (2б), *C. parciflora* (2в), *C. foliosissima* (9б), *C. sachalinensis* (9б) *C. blepharicarpa* (9б), *C. subumbellata* (9), *C. oxyandra* (8), *C. scabrinervia* (9), *C. doenitzii* (9б), *C. sadoënsis* (9б), *C. prionocarpa* (2б), *C. leiogona* (9), *C. traiziscana* (2б), *C. kabanovii* (2а);

7) курило-японский тип: *C. flavocuspis* subsp. *flavocuspis* (11);

8) южнокурило-японский тип (иногда с участком ареала на юге Камчатки): *C. dissitiflora* (9б), *C. tsuishikarensis* (2в), *C. insaniae* (9б), *C. jacens* (9б), *C. urostachys* (11), *C. incisa* (9б), *C. albata* (9), *C. omiana* (9), *C. hakkodensis* (11).

7. Дальневосточная группа (ареалы в пределах российского Дальнего Востока (в том числе его арктических районов) и зарубежных дальневосточных стран (вост. районы Китая, п-ов Корея, Япония)). — 16 видов и подвидов.

1) дальневосточный тип (ареалы в нескольких регионах Дальнего Востока): *C. sordida* (2а), *C. longirostrata* (2б), *C. microtricha* (9), *C. riishirensis* (11), *C. augustinowiczii* subsp. *augustinowiczii* (9б), *C. augustinowiczii* subsp. *soyaeensis* (9б), *C. tuminensis* (9б), *C. middendorffii* (2а), *C. basilata* (2б);

2) чукотско-охотско-камчатский тип (ареал в пределах Чукотской провинции, выделенной Б. А. Юрцевым (1977), Охотского побережья и п-ова Камчатка): *C. soczavaeana* (6);

3) охотско-камчатский тип (ареалы в пределах одноименной провинции, принятой А. Л. Тахтаджяном (1978а), иногда с участками на юге Корякского нагорья и на южн. Сахалине): *C. ktausipali* (8), *C. flavocuspis* subsp. *krascheninnikovii* (11), *C. pyrophila* (2а), *C. diastena* (2а);

4) камчатско-маньчжурский тип (с участком ареала на Сахалине): *C. kirganica* (2б), *C. rhizina* subsp. *reventa* (2б).

8. Североазиатско-восточноазиатская группа (включает ареалы видов, довольно широко распространенных в Сев. и Вост. Азии). — 19 видов и подвидов.

1) сибирско-восточноазиатский тип (с участком ареала в сев. Монголии): *C. mollissima* (9), *C. sedakowii* (2б), *C. meyeriana* (2а);

2) восточносибирско-восточноазиатский тип (иногда с участками ареалов в Монголии (премущественно сев.) и в арктических районах Дальнего Востока): *C. vesicata* (2а), *C. falcata* (2а), *C. callitrichos* (8), *C. vanheurckii* subsp. *vanheurckii* (9а, 11), *C. appendiculata* (12), *C. schmidtii* (2а), *C. minuta* (2а),

C. disticha subsp. *lithophila* (2а), *C. pseudocuraica* (2а), *C. pallida* (9а), *C. sajanensis* (12). *C. reptabunda* (3);

3) южно-восточносибирско-восточноазиатский тип (с участком ареала в сев. Монголии): *C. lanceolata* (9а), *C. chloroleuca* (9а), *C. selengensis* (3а);

4) южно-восточносибирско-монголо-маньчжурский тип: *C. korshinskyi* (3).

9. Умеренно-евразиатская группа (ареалы на территории умеренного пояса Евразии, в основном в пределах Циркумбореальной области в понимании А. Л. Тахтаджяна (1978а)). — 43 вида и подвида.

1) умеренно-евразиатский тип (ареалы занимают бо́льшую часть территории умеренной Евразии): *C. vesicaria* (12), *C. arnellii* (2б), *C. vaginata* subsp. *vaginata* (2а), *C. laxa* (2а), *C. caryophyllea* (3, 3а), *C. pediformis* (3а, 7), *C. humilis* (10); *C. digitata* (2б), *C. globularis* (2а), *C. tomentosa* (3а), *C. ericetorum* (2а), *C. alba* (2а), *C. supina* subsp. *supina* (3), *C. aterrima* subsp. *aterrima* (11), *C. acuta* (12), *C. cespitosa* (12), *C. appropinquata* (2б), *C. vulpina* (2б), *C. disticha* subsp. *disticha* (2б), *C. praecox* (3а), *C. bohemica* (2в), *C. elongata* (2б), *C. dioica* (2а);

2) евросибирский тип: *C. secalina* (?3), *C. distans* subsp. *aspratilis* (2в), *C. juncella* (7), *C. elata* subsp. *omskiana* (2б), *C. bigelowii* subsp. *arctisibirica* (5а);

3) еврокавказский тип (ареалы в пределах Европы, кроме ее сев. районов, и Эвксинской, Кавказской и Гирканской провинций, иногда (у *C. sylvatica*) с реликтовыми участками на юге Зап. Сибири). Представлен 7 подтипами: а) еврокавказский: *C. sylvatica* (2в), *C. michelii* (9б), *C. brevicollis* (9б), *C. distans* subsp. *distans* (2в), *C. buekii* (2в), *C. paniculata* s. str. (2в); б) западноевропейско-крымско-кавказский: *C. depauperata* (9б); в) атлантическо-центральноевропейско-кавказский (европейская часть ареала в пределах Атлантическо-Европейской и Центральноевропейской провинций): *C. strigosa* (9б); г) южноевропейско-кавказский: *C. cuspidata* (9б), *C. huetiana* (11), *C. halleriana* (9б), *C. grioletii* (9б); д) балкано-карпатско-крымско-кавказский: *C. depressa* subsp. *transsilvanica* (9б); е) балкано-кавказско-североиранский: *C. phyllostachys* (9б); ж) крымско-кавказский: *C. liparocarpos* subsp. *bordzilowskii* (10);

4) еврокавказско-ирано-туранский тип (европейская часть ареала преимущественно в южн. районах Европы, ирано-туранская — в пределах нескольких провинций Ирано-Туранской области, небольшие участки на юге Сибири): *C. melanostachya* (?9б), *C. diluta* (10), *C. polyphylla* (9б);

5) юго-восточноевропейско-кавказско-западнотуранский тип: *C. colchica* subsp. *colchica* (?3).

10. Амфиатлантические группа и тип ареалов (ареалы в пределах Европы и вост. части Сев. Америки, включая Гренландию). — 9 видов и подвидов: *C. saxatilis* subsp. *saxatilis* (1), *C. hostiana* (2в), *C. lepidocarpa* (2в), *C. atrata* (5), *C. paleacea* (2а), *C. recta* (2а), *C. salina* (2а), *C. bigelowii* subsp. *bigelowii* (1), *C. parallela* subsp. *parallela* (1).

11. Восточно-североамерикано-умеренно-евразиатская группа. — 4 вида и подвида.

1) восточно-североамерикано-североевразиатский тип: *C. adelostoma* (6), *C. norvegica* (6), *C. aquatilis* subsp. *aquatilis* (2а);

2) восточно-североамерикано-западноевразиатский тип: *C. hartmanii* (2в).

12. Евразиатско-западно-североамериканские группа и тип ареалов. — 4 вида и подвида: *C. rhynchophysa* (2а), *C. saxatilis* subsp. *laxa* (5), *C. lapponica* (6), *C. obtusata* (3а).

13. Североазиатско-североамерикано-северо-западноевропейские группа и тип ареалов. — 3 вида. Включает 3 подтипа:

а) сибирско-североамерикано-исландский: *C. krausei* (5); б) чукотско-североамерикано-норвежский:[1] *C. scirpoidea* (6); в) северодальневосточно-североамерикано-норвежский: *C. stylosa* (6).

14. Азиатско-североамериканская группа. — 25 видов и подвидов.

1) амфипацифический тип. Включает 4 подтипа: а) амфипацифический: *C. gmelinii* (7), *C. lyngbyei* subsp. *cryptocarpa* (2а), *C. subspathacea* subsp. *ramenskii* (2а), *C. macrocephala* (2б), *C. micropoda* (5); б) чукотско-западно-североамериканский: *C. petricosa* (5), *C. macrochaeta* (7), *C. nesophila* (5а), *C. anthoxanthea* (2а); в) командорско-западно-североамериканский: *C. rariflora* subsp. *pluriflora* (2а); г) курило-западно-североамериканский: *C. hindsii* (2а);

2) сибирско-североамериканский тип (иногда с участками ареала в Монголии и в Вост. Азии). Представлен 4 подтипами: а) сибирско-североамериканский: *C. williamsii* (5), *C. marina* (5); б) восточносибирско-североамериканский: *C. supina* subsp. *spaniocarpa* (1а), *C. gynocrates* (2а); в) чукотско-североамериканский: *C. membranacea* (1, 5а), *C. hepburnii* (5); г) восточносибирско-западно-североамериканский (берингийский): *C. podocarpa* (6), *C. sabulosa* (3), *C. eleusinoides* (6), *C. lugens* (1а), *C. duriuscula* (3), *C. bonanzensis* (2а);

3) восточноазиатско-североамериканский тип: *C. monile* (2в), *C. viridula* (2б), *C. stipata* (2в).

15. Евразиатско-североафриканская группа (европейская часть ареала иногда находится в пределах Средиземноморья). — 15 видов и подвидов.

1) евро-западноазиатско-древнесредиземноморский тип (древнесредиземноморская часть ареала на территории современного Средиземноморья и Ирано-Туранской области): *C. otrubae* (2в), *C. divulsa* (2в), *C. divisa* (?2в, ?12);

2) евро-средиземноморско-западноазиатско-южносибирский тип: *C. acutiformis* (12), *C. riparia* (12), *C. panicea* (12), *C. pallescens* (12), *C. muricata* subsp. *muricata* (2в), *C. contigua* (2в), *C. leporina* (12);

3) евро-средиземноморско-западноазиатский тип: *C. hirta* (12), *C. hordeistichos* (?3), *C. pendula* (2в), *C. extensa* s. str. (2в), *C. remota* (2в);

4) средиземноморский тип: *C. liparocarpos* subsp. *liparocarpos* (?3).

16. Североамерикано-евразиатско-североафриканская группа. — 2 вида.

1) североамерикано-евро-древнесредиземноморско-южносибирский тип (древнесредиземноморская часть ареала на территории современного Средиземноморья и Ирано-Туранской области, кроме Центральноазиатской подобласти): *C. serotina* (12);

2) североамерикано-еврокавказско-североафриканский тип: *C. flava* (?2в).

17. Восточно-североамерикано-евразиатско-североафриканские группа и тип ареалов: *C. pseudocyperus* (12).

II. **Палеаркто-восточнопалеотропические ареалы** (ареалы в пределах вост. части Голарктического царства, находящейся в вост. полушарии, и на востоке Палеотропического царства). Относятся к 3 типам ареалов. — 3 вида и подвида.

1) южнокамчатско-восточноазиатско-новогвинейский тип: *C. dolichocarpa* (?9б)[2];

2) восточноазиатско-южноазиатско-новогвинейский тип: *C. doniana* (2в);

[1] Здесь и у подтипов ареалов следующей (14-й) группы чукотская часть ареала находится в пределах Чукотской провинции, выделенной Б. А. Юрцевым (1977).

[2] Здесь и ниже принадлежность к широтным или другим группам указывается только для популяций вида, обитающих в Голарктике.

3) восточноазиатско-юго-восточноазиатско-новогвинейско-австрало-новозеландский тип: C. *capillacea* s. l.[1] (9, 11).

III. **Биполярные**, или **голаркто-голантарктические** ареалы (ареалы в пределах Голарктического и Голантарктического царств, иногда также и на юго-востоке Австралийского царства). Относятся к 8 типам ареалов. — 11 видов.

1) голаркто(восточноамерикано-евро-западноазиатско-североафрикано)-австрало-новозеландский тип: C. *echinata* (2а);

2) голаркто(восточноазиатско)-австрало-новозеландский тип: C. *pumila* (2в);

3) голаркто(циркумполярно)-новозеландский тип: C. *diandra* (2а), C. *lachenalii* s. l.[2] (5);

4) голаркто(евро-западноазиатско-североафрикано)-капско-западно-голантарктический тип[3]: C. *extensa* s. l. (2в);

5) голаркто(циркумполярно)-австрало-новогвинейско-западноголантарктический тип: C. *canescens* (2а);

6) голаркто(циркумполярно)-западноголантарктический тип: C. *magellanica* s. l. (2а), C. *maritima* (1а и 5а), C. *microglochin* s. l. (5);

7) голаркто(камчатско-американо)-западноголантарктический тип: C. *macloviana* (2а);

8) голаркто(американо-североевропейско)-западноголантарктический тип: C. *arctogena* (1а).

Classification of the geographical ranges of sedges

In the taxonomical part of this research for each species and subspecies detailed distribution data are given according to the botanical-geographical regions used there. An attempt was made to analyse these data for tracing peculiarities of geographical distribution of the members of the large genus *Carex*, growing in such vast Holarctic sector as the territory of the former Soviet Union. Data on phytogeographical analysis of sedges are contained in many publications (Гроссгейм, 1940; Кречетович, 1941б, 1952; Соболевская, 1946, 1949; Raymond, 1951; Hultén, 1958, 1962; Meusel et al., 1965; Егорова, 1966а, 1967, 1976в, 1987а; Попов, 1970; Козловская, Парфенов, 1972; Камелин, 1973; Карамышева, Рачковская, 1973; Юрцев и др., 1979; Кожевников, 1983; Малышев, Пешкова, 1984; Wheeler, Ownbey, 1984; Tiffney, 1985a, 1985b; Wheeler, 1986; Holub, 1987; Kukkonen, 1987; Ball, 1990; Liang Song-yun, Tang Yancheng, 1990, et al.). These were taken under consideration in the elaboration of the proposed below classification of geographical ranges of 382 species and subspecies of sedges, cited in this work. Analysis of the geographical distribution has allowed to distinguish 61 types of distribution areas (ranges) including some subtypes. Diversity of types is caused by the great volume of the genus, its wide geographical and ecological amplitude and long history of its evolution. Distribution areas of many sedges are very complicated, and therefore the work on the distinguishing of range types demanded great efforts.

Types of the sedge ranges are distinguished here on the basis of the disposition of the whole range or its main part[4] to geographical areas or phytochoria (Егорова, 1987а). Names and limits of the phytochoria are given according to those in the work by Takhtajan (Тахтаджян, 1978а).

Ranges of almost all *Carex* species occurring in area of the former USSR lie within the limits of the Holarctic Kingdom and only few ranges are within the limits of both the Holarctic and Palaeotropic Kingdoms, or (bipolar ranges) — within both the Holarctic and Holantarctic ones. If any species consists of two subspecies growing in different Kingdoms then the range of Holarctic subspecies is treated together with Holarctic ranges and the species, as a whole, is considered together with Holarctic-Palaeotropic, or bipolar ones.

Holarctic types of sedge ranges are jointed into 17 chorological groups distinguished on the base of the belonging of the ranges either to continents (for instance, the European and Temperate-Eurasiatic groups) or to their large parts (for instance, the Western Asiatic and Far Eastern groups)

---

[1] Этот вид состоит из 2 подвидов: палеарктического и восточнопалеотропическо-австрало-новозеландского.

[2] Биполярные виды, помеченные как s. l., дифференцированы на 2 подвида: голарктический и голантарктический.

[3] Западноголантарктическая часть ареала находится в американском секторе Голантарктического царства.

[4] I share the opinion of Popov (Попов, 1970, p.9) that «it would be correct principally not to pay attention to the fact that species overpasses sometimes the boundary of its habitat region beyong which it occurs as a relict or the newest immigrant».

or sometimes to the floristic Regions (the Irano-Turanian and Eastern Asiatic groups). Certain proposed types and groups of ranges correpsond more or less to geographical elements or to recently proposed (Юрцев и др., 1979) longitudinal groups.

Below an annotated enumeration of range types is given which is supplied by names of taxa having this or that type.

Besides range type, chorological index of geographical distribution of taxa is their adherence either to climatic zones or montane belts, or, for example, in case of arctalpine species to both of them. This index is determined by belonging taxa to following latitudinal (zonal), latitudinal-montane-belt or montane-belt groups[1] of plants:

1 — arctic, 1a — hypoarctic, 2 — forest, 2a — boreal (taiga), 2b — south-boreal-nemoral, 2c — nemoral, 3 — steppe, 3 — forest-steppe, 4 — desert, 5 — arctalpine, 5a — metaarctic, 6 — hypoarctomontane, 7 — arctoboreal, 8 — montane (montane all-belt, i. e. including all montane belts), 9 — montane-forest, 9a — montane-forest boreal, 9b — montane-forest nemoral, 10 — montane-steppe, 11 — alpine, 12 — polyzonal.

Above groups are mainly traditional, but more numerous than in works where floras or taxa of separate regions of the former USSR are chorologically analysed. Hypoarctic, metaarctic and hypoarctomontane groups were proposed by Yurtsev (Юрцев, 1966; Юрцев и др., 1978, 1979). The first group embraces plants of the hypoarctic zone (or belt according to Yurtsev) located between the arctic and taiga zones; the second one includes inhabitants of Arctic region and hypoarctic high mountain areas while the third — species occurring in the hypoarctic zone and also in the upper part of montane-forest belt and high mountain areas. According to Malyshev and Peshkova (Малышев, Пешкова, 1984), plants of the latter group are peculiar to hypoarctic zonal belt and to different montane belts. I apply the term «hypoarctomontane group» in its primary meaning. The second name for montane group (i. e. montane all-belt) was proposed by Malyshev and Peshkova (Малышев, Пешкова, 1984). Forest and montane-forest groups include plants without a distinct adherence to boreal or nemoral groups or if there are not enough data to decide this question. South-boreal-nemoral group includes species and subspecies distributed mainly in the southern taiga but occurring also in northern part of the taiga and in the subzone of mixed and broad-leaved forests. Nemoral group contains plants connected mainly with subzone of temperate broad-leaved forests but growing in various habitats and cenoses (not only in broad-leaved forests). Otherwise, the term «nemoral»[2] is applied in this context in latitudinal (zonal) aspect but not in cenological one. All above information is true also for montane-forest nemoral group and for other analogical units. Polyzonal group includes plants referring to two-several groups. Published data (Юрцев и др., 1979; Малышев, Пешкова, 1984) were used to indicate definite groups for many *Carex* species occurring in North Asia.

Usually a species or subspecies of *Carex* is peculiar to one or very rarely two groups; the name of group is indicated below by numeral (see group enumeration) near taxon name.

It seems natural that exact denotion of the group is possible (but not always) if species is examined within not large area but not within such vast territory as the territory considered. It is true especially for widely distributed species which reveal various latitudinal, latitudinal-montane-belt or montane-belt adherence within of their distribution areas. For example, *C. microglochin* s. str. is an arctalpine plant in Europe and alpine in Asia while *C. fuscidula* is an arctic species in Europe and arctalpine one in Asia; *C. holostoma* is a metaarctic species in Europe and North America, hypoarctomontane one in Eastern Siberia and arctalpine in the Far East; *C. maritima* is an arctalpine species in Western Europe and North America and metaarctic one in the Far East. *C. obtusata* is treated by Yurtsev et al. (Юрцев и др., 1979) as an arctoboreal species and by Malyshev and Peshkova (Малышев, Пешкова, 1984) as a forest-steppe one, that is, group attribution can vary.

Distribution areas of sedges growing in the territory considered refer to 3 following main cathegories of ranges: holarctic, palaearcto-eastern palaeotropic and bipolar ranges.

I. **Holarctic ranges** (ranges are within the limits of the Holarctic Kingdom embracing extratropical regions of the northern hemisphere). They are united into 17 chorological groups including from one to several types[3] of ranges.

1. C i r c u m p o l a r or s u b c i r c u m p o l a r group and range type (embrace more or less continuous or distjunct ranges within cold and temperate belts of the northern hemisphere, that is the term «circumpolar» is used here as in Hultén's work (1962)). — 33 species and sub-

[1] In this meaning the term «group» is used now (for instance, latitudinal groups: Yurtsev et al. (Юрцев и др., 1979); belt-zonal groups: Malyshev, Peshkova (Малышев, Пешкова, 1984, et al.) instead of «element of flora». To our mind, the first term is more convenient than the second, especially when the object of botanical-geographical analysis is a genus or its part but not flora of the territory.

[2] For concretization of the term «nemoral» which can be applied variously, special attention was paid by Yurtsev and Kamelin (Юрцев, Камелин, 1991).

[3] Reference to a range type of any species or subspecies is in the *Index of latin names* where the page number with the indication of the range type is followed by parentheses, in which the numbers of the chorological group and the range type are given.

species: *C. fuliginosa* subsp. *misandra* (5)[1] *C. atherodes* (2a; with disjunction in Western Europe), *C. lasiocarpa* (2a), *C. rostrata* (12), *C. rotundata* (6), *C. vaginata* subsp. *quasivaginata* (6), *C. livida* (2a; disjunctive), *C. glacialis* (5), *C. atrofusca* (5; disjunctive), *C. capillaris* (2a, 9a; with disjunction in the Far East), *C. fuscidula* (5, with disjunction in Western Europe), *C. limosa* (2a), *C. rariflora* (5a; with relict localities along the Pacific coast), *C. magellanica* subsp. *irrigua* (2a), *C. buxbaumii* (2a; with disjunction between Baical Lake and Kuril Islands); *C. holostoma* (5; strongly disjunctive), *C. media* (2a; with disjunction in Western Europe), *C. bicolor* (5; strongly discontinuous with ample disjunction in arctic Siberia), *C. subspathacea* subsp. *subspathacea* (1), *C. aquatilis* subsp. *stans* (5, 5a), *C. chordorrhiza* (7), *C. disperma* (2a), *C. brunnescens* (2a), *C. loliacea* (2a), *C. tenuiflora* (2a), *C. heleonastes* (2a; with disjunction in Eastern Siberia to the east of the Lena River), *C. mackenziei* (1a; with disjunction in continental regions of Eurasia and of North America), *C. glareosa* (1a), *C. ursina* (1), *C. lachenalii* subsp. *lachenalii* (= *C. tripartita* auct.) (5), *C. microglochin* subsp. *microglochin* (5), *C. pauciflora* (2a), *C. rupestris* (5), *C. capitata* (7).

2. E u r o p e a n group (ranges are within Europe but sometimes with fragments in the southern Western Siberia). — 26 species and subspecies.

1) European type (range occupies the main part of Europe): *C. pilosa* (2c), *C. ornithopoda* (2c), *C. nigra* (2в).

2) North European type (range is within the limits of the North European Province[2]): *C. stenolepis* (1a), *C. jemtlandica* (2a), *C. bergrothii* (2a).

3) Atlantic European-Central European type (range is within the limits of the Atlantic European and Central European Provinces): *C. flacca* (2c), *C. pilulifera* (2c), *C. elata* subsp. *elata* (2c), *C. colchica* subsp. *ligerica* (2c), *C. pulicaris* (2c), *C. davalliana* (2c).

4) North-Atlantic European type: *C. scandinavica* (2c) *C. arenaria* (2c).

5) Central European type (ranges are in the territory of the same named Province, sometimes with a range fragment located to the south or the east of it): *C. sempervirens* (11), *C. firma* (11), *C. fuliginosa* subsp. *fuliginosa* (11), *C. curvula* (11), *C. umbrosa* subsp. *umbrosa* (2c), *C. lepidocarpa* (2c), *C. bigelowii* subsp. *dacica* (11), *C. pseudobrizoides* (2c), *C. brizoides* (2c);

6) Central European - Eastern European type (ranges in the territories of the same named Provinces with expansion to the south of Western Siberia); *C. rhizina* subsp. *rhizina* (2в), *C. montana* (2c), *C. stenophylla* subsp. *stenophylla* (3).

3. N o r t h A s i a t i c group (ranges are within Siberia, Northern Mongolia and the Far East (to the north of the Lower Amur and Northern Sakhalin); some species (*C. pamirica* subsp. *dichroa*, *C. caucasica*, *C. melananthiformis* et al.) have fragments of range in more southern regions of temperate Asia). — 30 species and subspecies.

1) North Asiatic type (ranges are almost throughout the territory of North Asia, with fragments in the Eastern European tundra and sometimes in the southern Far East (*C. sabynensis*): *C. macrogyna* (5), *C. sabynensis* (11), *C. melanocarpa* (5), *C. ledebouriana* subsp. *ledebouriana* (5), *C. parallela* subsp. *redowskiana* (7).

2) Southern Siberian type (ranges are in the territories of the Altai-Sayan and Transbaykalian Provinces, sometimes expanding into the Manchurian, Mongolian and Dzungaro-Tien Shan Provinces): *C. eremopyroides* (2b), *C. conspissata* (3a), *C. martynenkoi* (9a), *C. macroura* (2a), *C. amgunensis* (9a), *C. coriophora* (2b), *C. tatjanae* (11), *C. erawinensis* (2b), *C. bigelowii* subsp. *ensifolia* (6), *C. orbicularis* subsp. *altaica* (11), *C. curaica* subsp. *curaica* (8), *C. iljinii* (9a), *C. argunensis* (11), *C. dahurica* subsp. *dahurica* (2a).

3) Southern Siberian - Caucasian type (Southern Siberian part of range as in the previous type): *C. pamirica* subsp. *dichroa* (9a, 11), *C. melananthiformis* (11).

4) Southern Siberian (Altai)-Dzungaro-Tien Shan-Urals-Caucasian type (range also embraces adjacent parts of Turkey and Iran territories; possibly, the range type refers to a separate chorological group): *C. caucasica* (9, 11).

5) Eastern Siberian type: *C. jacutica* (8), *C. trautvetteriana* (5), *C. vanheurckii* subsp. *crassispiculata* (6), *C. malyschevii* (9a, 11), *C. macrostigmatica* (2a), *C. pseudodahurica* (11).

6) Eastern Siberian-Nothern Far Eastern type: *C. bigelowii* subsp. *rigidioides* (11), *C. kreczetoviczii* (2a).

4. W e s t e r n A s i a t i c group (ranges are in the Caucasus and also in areas of Turkey and Iran, referred to the Euxine and Hyrcanian Provinces correspondingly and partially to the Armeno-Iranian Province). — 14 species and subspecies.

1) Western Asiatic type (ranges are almost throughout the above territory): *C. tristis* subsp. *tristis* (11), *C. aterrima* subsp. *medwedewii* (11), *C. oligantha* (11), *C. orbicularis* subsp. *kotschyana* (11), *C. micropodioides* (11), *C. capitellata* (11), *C. oreophila* (11).

---

[1] Numerals in parentheses after taxa names denote ordinal numbers of latitudinal, latitudinal-montane-belt or montane-belt groups.

[2] Here and further on, names of the floristic Provinces are cited after Takhtajan (Тахтаджян, 1978a).

2) Caucasian type (ranges embrace almost all the Caucasus and sometimes adjacent territories of Turkey and Iran: *C. mingrelica* (9b), *C. transcaucasica* (11), *C. szovitsii* (?9 ?11), *C. enervis* subsp. *acrifolia* (?8).

3) Euxine type (ranges are within the limits of the Euxine Province): *C. pontica* (9b), *C. latifrons* (9b), *C. hypaneura* (9b).

5. Irano-Turanian, or Eastern Ancient Mediterranean group (ranges are mainly in the territory of the Irano-Turanian Region in the sense of Takhtajan (Тахтаджян, 1978a). — 35 species and subspecies.

1) Irano-Turanian type (ranges are almost throughout the Region): *C. songorica* subsp. *songorica* (?8), *C. stenophylla* subsp. *stenophylloides* (10).

2) Armeno-Iranian type (range is within the limits of the Armeno-Iranian Province): *C. cilicica* (11).

3) Turanian type (ranges are in the Turanian, or Aralo-Caspian Province): *C. physodes* (4), *C. subphysodes* (4).

4) Turkestanian, or Montane-Middle Asiatic type (the major part of range is within the limits of the floristic Province denoted by Takhtajan (Тахтаджян, 1970, 1974, 1978a) as the Turkestanian and by Kamelin (Камелин, 1973) as the Montane Middle Asiatic Province; parts of range can be in the Central Tien Shan and Western Himalayan Provinces): *C. regeliana* (8), *C. litvinovii* (8), *C. koshewnikowii* (8), *C. anisoneura* (9), *C. turkestanica* (9, 10), *C. popovii* (8), *C. knorringiae* (9).

5) Armeno-Irano-Turkestanian type (range is within the limits of the same named Provinces, expanding to the east of the Eastern Mediterranean Province): *C. pachystylis* (8, ?10; according to Kamelin (Камелин, 1973 : 73) it is typical for the belt of loess semisavanna).

6) Tien Shan - Pamir-Alai type (range is within Northern, Central and Western Tien Shan and Pamir-Alai): *C. tianschanica* (11).

7) Tien Shan type: *C. ungurensis* (9).

8) Pamir-Alai-Kashgar type: *C. alajica* (11).

9) Pamir-Alai - Western Himalayan type (ranges are within the limits of Pamir-Alai and the Western Himalayan Province sometimes with small patches beyond the limits of these territories: *C. borii* (11), *C. griffithii* (11), *C. infuscata* (11), *C. wendelboi* (11), *C. bucharica* (9).

10) Central Aliatic type (main part or whole range is in the territory of the Central Asiatic Subregion in the sense of Grubov (except Turanian Province) (Грубов, 1963), of Lavrenko (Лавренко, 1962), Tolmachev (Толмачев, 1974) and Takhtajan (Тахтаджян, 1978a), fragments of range are not rarely in mountains of the Middle Asia and Southern Siberia or sometimes in Western Himalaya and in Chine (province Sychuan)). There are three subtypes: a) Central Asiatic (available in species widely distributed almost all over Provinces of Central Asia): *C. alexeenkoana* (8), *C. tristis* subsp. *stenocarpa* (11), *C. pamirica* subsp. *pamirica* (11), *C. aneurocarpa* (10), *C. melanantha* (11), *C. melanocephala* (11), *C. orbicularis* subsp. *orbicularis* (8, but mainly 11), *C. curaica* subsp. *pycnostachya* (8), *C. pseudofoetida* (11); b) Dzungaro-Tien Shan (range is within the limits of the same named Province): *C. titovii* (9), *C. minutiscabra* (9); c) Mongolian-Qinghai (range is throughout Mongolia and Qinghai with patches in Eastern Dahuria, in Northern, North-Western and South-Western China; possibly the subtype of the range is the Mongolian-Qinghai-Eastern Asiatic): *C. relaxa* (10).

11) Irano-Turanian - Southern Siberian type (ranges are within some mountain Provinces of the Irano-Turanian Region and also mainly in southern parts of Siberia: *C. delicata* (10), *C. enervis* subsp. *enervis* (?8).

6. Eastern Asiatic group (ranges are within the limits of the Eastern Asiatic Region in the sense of Takhtajan (Тахтаджян, 1978a). — 86 species and subspecies.

1) Eastern Asiatic type (ranges are in several Provinces of this Region sometimes with patches in southern Pamir-Alai and in the Western Himalayan Province (*C. fedia*), or (relict localities) in Southern Siberia, Eastern Tien Shan and Northern Mongolia (*C. hancockiana*)): *C. siderosticta* (2c), *C. fedia* (9), *C. latisquamea* (2c), *C. scabrifolia* (9), *jaluensis* (2c), *C. planiculmis* (2c), *C. mollicula* (9b), *C. japonica* (9b), *C. dispalata* (2c), *C. campylorhina* (2c), *C. leucochlora* (9b), *C. subebracteata* (9b), *C. nanella* (8 or 9), *C. hancockiana* (9b), *C. maximowiczii* subsp. *maximowiczii* (2c), *C. thunbergii* (2c), *C. kobomugi* (2c), *C. remotiuscula* (2c).

2) Manchurian type (ranges are in the Manchurian Province sometimes with fragments in southern Eastern Siberia): *C. raddei* (2c), *C. drymophila* (2b), *C. glabrescens* (2c), *C. songorica* subsp. *gotoi* (2c), *C. glauciformis* (2c), *C. egena* (2c), *C. nikolskensis* (2c), *C. xiphium* (2c), *C. umbrosa* subsp. *pseudosabynensis* (2c), *C. erythrobasis* (2c), *C. holotricha* (2c), *C. supermascula* (10), *C. korkischkoae* (2c), *C. mandshurica* (2c), *C. ulobasis* (8), *C. ussuriensis* (2b), *C. maximowiczii* subsp. *suifunensis* (2c), *C. tegulata* (2c), *C. leiorhyncha* (2c), *C. laevissima* (2c), *C. diplasiocarpa* (3), *C. biwensis* subsp. *jankowskii* (2c), *C. onoei* subsp. *capituliformis* (2c), *C. dahurica* subsp. *chosenica* (2c).

3) Manchurian-Sakhalin-Japanese type (usually with fragments of ranges in Kuril Island: *C. ledebouriana* subsp. *tenuiformis* (2c), *C. tarumensis* (2c), *C. forficula* (2c), *C. arenicola* (2c), *C. nemurensis* (2), *C. pseudololiacea* (2b).

4) Manchurian-Japanese type (sometimes with fragments of ranges in southern parts of Eastern Siberia): *C. rugulosa* (2c), *C. capricornis* (2c), *C. bostrychostigma* (2c), *C. nervata* (2c), *C. quadriflora* (2c), *C. peiktusani* (2c), *C. heterolepis* (2c), *C. cinerascens* (2c), *C. neurocarpa* (2c), *C. maackii* (2c), *C. uda* (2c).

5) Korean- Southern Kuril-Japanese type: *C. aphanolepis* (96), *C. shimidzensis* (9b), *C. capillacea* subsp. *aomorensis* (9b).

6) Sakhalin-Japanese type (usually with fragments of ranges in Southern, sometimes in Northern Kurils and Kamchatka's southern extremity: *C. lasiocarpa* subsp. *occultans* (2в), *C. parciflora* (2c), *C. foliosissima* (9b), *C. sachalinensis* (9b), *C. blepharicarpa* (9b), *C. subumbellata* (9), *C. oxyandra* (8), *C. scabrinervia* (9), *C. doentzii* (9b), *C. sadoënsis* (9b), *C. prionocarpa* (2b), *C. leiogona* (9), *C. traiziscana* (2b), *C. kabanovii* (2a);

7) Kuril-Japanese type: *C. flavocuspis* subsp. *flavocuspis* (11).

8) Southern Kuril - Japanese type (sometimes with fragment of range in Southern Kamchatka): *C. dissitiflora* (9b), *C. tsuishikarensis* (2c), *C. insaniae* (9b), *C. jacens* (9b), *C. urostachys* (11), *C. incisa* (9b), *C. albata* (9), *C. omiana* (9), *C. hakkodensis* (11).

7. F a r E a s t e r n group (ranges are within the Russian Far East, including the Arctic, and foreign Far Eastern states (eastern regions of China; Korea, Japan)). — 16 species and subspecies.

1) Far Eastern type (ranges are in several areas of the Far East): *C. sordida* (2a); *C. longirostrata* (2b), *C. microtricha* (9), *C. riishirensis* (11), *C. augustinowiczii* subsp. *augustinowiczii* (9b), *C. augustinowiczii* subsp. *soyaeensis* (9b), *C. tuminensis* (9b), *C. middendorffii* (2a), *C. basilata* (2b).

2) Chukotka-Okhotsk-Kamchatka type (range is within the limits of the Chukotka Province, separated by Yurtsev (Юрцев, 1977), Okhotsk Sea coast and Kamchatka): *C. soczavaeana* (6).

3) Okhotsk-Kamchatka type (ranges are within the same named Province, accepted by Takhtajan (Тахтаджян, 1978a), sometimes with parts in the south of the Koryak elevation and in southern Sakhalin): *C. ktausipali* (8), *C. flavocuspis* subsp. *krascheninnikovii* (11), *C. pyrophila* (2a), *C. diastena* (2a).

4) Kamchatka-Manchurian type (with range part in Sakhalin): *C. kirganica* (2b), *C. rhizina* subsp. *reventa* (2b).

8. N o r t h A s i a t i c - E a s t e r n A s i a t i c group (includes ranges of species widely distributed in Northern and Eastern Asia). — 19 species and subspecies.

1) Siberian - Eastern Asiatic type (with part of range in Northern Mongolia): *C. mollissima* (9), *C. sedakowii* (2b), *C. meyeriana* (2a).

2) Eastern Siberian - Eastern Asiatic type (sometimes with range parts in Northern Mongolia and the Arctic part of the Far East): *C. vesicata* (2a), *C. falcata* (2a), *C. callitrichos* (8), *C. vanheurckii* subsp. *vanheurckii* (9a, 11), *C. appendiculata* (12), *C. schmidtii* (2a), *C. minuta* (2a), *C. disticha* subsp. *lithophila* (2a), *C. pseudocuraica* (2a), *C. pallida* (9a), *C. sajanensis* (12), *C. reptabunda* (3).

3) South Eastern Siberian - Eastern Asiatic type (with part of range in Northern Mongolia): *C. lanceolata* (9a), *C. chloroleuca* (9a), *C. selengensis* (3a).

4) South Eastern Siberian - Mongolian-Manchurian type: *C. korshinskyi* (3).

9. T e m p e r a t e - E u r a s i a t i c group (ranges are in the territory of temperate Eurasia mainly within the limits of the Circumboreal Region in the sense of Takhtajan (Тахтаджян, 1978a)). — 43 species and subspecies.

1) Temperate-Eurasiatic type (ranges are in the most area of temperate Eurasia): *C. vesicaria* (12), *C. arnellii* (2b), *C. vaginata* subsp. *vaginata* (2a), *C. laxa* (2a), *C. caryophyllea* (3, 3a), *C. pediformis* (3a, 7), *C. humilis* (10), *C. digitata* (2b), *C. globularis* (2a), *C. tomentosa* (3a), *C. ericetorum* (2a), *C. alba* (2a), *C. supina* subsp. *supina* (3), *C. aterrima* subsp. *aterrima* (11), *C. acuta* (12), *C. cespitosa* (12), *C. appropinquata* (2b), *C. vulpina* (2b), *C. disticha* subsp. *disticha* (2b), *C. praecox* (3a), *C. bohemica* (2c), *C. elongata* (2b), *C. dioica* (2a).

2) Eurosiberian type: *C. secalina* (?3), *C. distans* subsp. *aspratilis* (2c), *C. juncella* (7), *C. elata* subsp. *omskiana* (2b), *C. bigelowii* subsp. *arctisibirica* (5a).

3) Eurocaucasian type (ranges are within Europe, except northern part, and the Euxine, Caucasian and Hyrcanian Provinces sometimes (*C. sylvatica*) with relict fragments in south of Western Siberia. Embraces 7 subtypes, namely: a) Eurocaucasian: *C. sylvatica* (2c), *C. michelii* (9b), *C. brevicollis* (9b), *C. distans* subsp. *distans* (2c), *C. buekii* (2c), *C. paniculata* s. str. (2c); b) Western European-Krym-Caucasian: *C. depauperata* (9b); c) Atlantic-Central European-Caucasian (European part lies in the Atlantic-European and Central-European Provinces): *C. strigosa* (9b);

d) Southern European-Caucasian: *C. cuspidata* (9b), *C. huetiana* (11), *C. halleriana* (9b), *C. grioletii* (9b); e) Balkan-Carpathian-Krym-Caucasian: *C. depressa* subsp. *transsylvanica* (9b); f) Balkan-Caucasian-Northern Iranian: *C. phyllostachys* (9b); g) Krym-Caucasian: *C. liparocapros* subsp. *bordzilowskii* (10).

4) Eurocaucasian-Irano-Turanian type (European part of range is mainly in Southern Europe while Irano-Turanian part within several Provinces of the Irano-Turanian Region, small patches of range in Southern Siberia): *C. melanostachya* (?9b), *C. diluta* (10), *C. polyphylla* (9b).

5) South-Eastern Europaean - Caucasian-Western Turanian type: *C. colchica* subsp. *colchica* (?3).

10. Amphiatlantic group and type of ranges (ranges are in Europe and eastern North America, including Greenland). — 9 species and subspecies: *C. saxatilis* subsp. *saxatilis* (1), *C. hostiana* (2c), *C. lepidocarpa* (2c), *C. atrata* (5), *C. paleacea* (2a), *C. recta* (2a), *C. salina* (2a), *C. bigelowii* subsp. *bigelowii* (1), *C. parallela* subsp. *parallela* (1).

11. Eastern North American-Eurasiatic group. — 4 species and subspecies.

1) Eastern North American - North Eurasiatic type: *C. adelostoma* (6), *C. norvegica* (6), *C. aquatilis* subsp. *aquatilis* (2a).

2) Eastern North American - West Eurasiatic type: *C. hartmanii* (2c).

12. Eurasiatic-Western North American group and type of ranges: 4 species and subspecies: *C. rhynchophysa* (2a), *C. saxatilis* subsp. *laxa* (5) *C. lapponica* (6) *C. obtusata* (3a).

13. North Asiatic - North American - North-Western European group and type of ranges. — 3 species. It embraces three subtypes: a) Siberian-North American-Islandic: *C. krausei* (5); b) Chukotka-North American-Norvegian[1]: *C. scirpoidea* (6); c) Northern Far Eastern-North American-Norvegian: *C. stylosa* (6).

14. Asiatic-North American group. — 25 species and subspecies.

1) Amphipacific type with four subtypes: a) Amphipacific: *C. gmelinii* (7), *C. lyngbyei* subsp. *cryptocarpa* (2a), *C. subspathacea* subsp. *ramenskii* (2a), *C. macrocephala* (2b), *C. micropoda* (5); b) Chukotka-western North American: *C. petricosa* (5), *C. macrochaeta* (7), *C. nesophila* (5a), *C. anthoxanthea* (2a); c) Commander-western North American: *C. rariflora* subsp. *pluriflora* (2a); d) Kuril-Western North American: *C. hindsii* (2a).

2) Siberian-North American type (sometimes with parts of range in Mongolia and East Asia) with 4 subtypes: a) Siberian-North American: *C. williamsii* (5); *C. marina* (5); b) Eastern Siberian-North American: *C. supina* subsp. *spaniocarpa* (1a), *C. gynocrates* (2a); c) Chukotka-North American: *C. membranacea* (1,5a) *C. hepburnii* (5); d) Eastern Siberian-western North American (Beringian): *C. podocarpa* (6), *C. sabulosa* (3), *C. eleusinoides* (6), *C. lugens* (1a), *C. duriuscula* (3), *C. bonanzensis* (2a).

3) Eastern Asiatic - North American type: *C. monile* (2c), *C. viridula* (26), *C. stipata* (2c).

15. Eurasiatic-North African group (the European part of range is sometimes within the limits of the territory of Mediterranean). — 15 species and subspecies.

1) Euro-Western Asiatic-Ancient Mediterranean type (Ancient Mediterranean part of range is in the territories of modern Mediterranean and the Irano-Turanian Region): *C. otrubae* (2c), *C. divulsa* (2c), *C. divisa* (?2c, ?12).

2) Euro-Mediterranean - Western Asiatic - Southern Siberian type: *C. acutiformis* (12), *C. riparia* (12), *C. panicea* (12), *C. pallescens* (12), *C. muricata* subsp. *muricata* (2c), *C. contigua* (2c), *C. leporina* (12).

3) Euro-Mediterranean - Western Asiatic type: *C. hirta* (12), *C. hordeistichos* (?3), *C. pendula* (2c), *C. extensa* s. str. (2c), *C. remota* (2c).

4) Mediterranean type: *C. liparocarpos* subsp. *liparocarpos* (?3).

16. North American-Eurasiatic-North African group. — 2 species.

1) North American - Euro-Ancient Mediterranean - Southern Siberian type (Ancient Mediterranean part of range is in the territory of modern Mediterranean and the Irano-Turanian Region, except the Central Asiatic Subregion): *C. serotina* (12).

2) North American - Eurocaucasian-North African type: *C. flava* (?2c).

17. Eastern North American-Eurasiatic-North African group and type of ranges: *C. pseudocyperus* (12).

II. **Palaearctic - Eastern Palaeotropical ranges** (ranges are within the Eastern hemisphere part of the Holarctic Kingdom and in the east of the Palaeotropical Kingdom); these ranges belong to 3 types. — 3 species and subspecies.

---

[1] Here and in range subtypes of the 14th group the Chukotka part of range lies within the Chukotka Province distinguished by Yurtsev (Юрцев, 1977).

40 Заказ № 131

1) Southern Kamchatka-Eastern Asiatic-New Guinean type: C. *dolichocarpa* (?9b).[1]

2) Eastern Asiatic - South Asiatic-New Guinean type: C. *doniana* (2c).

3) Eastern Asiatic - Southeastern Asiatic - New Guinean-Australian - New Zealandic type: C. *capillacea* s. l.[2] (9, 11).

III. **Bipolar**, or **Holarctic-Holantarctic ranges** (ranges are within the Holarctic and Holantarctic Kingdoms, sometimes in the south-eastern part of the Australian Kingdom as well); these ranges belong to 8 types. — 11 species.

1) Holarctic (Eastern American - European - Western Asiatic - North African)-Australian-New Zealandic type: C. *echinata* (2a).

2) Holarctic (Eastern Asiatic) - Australian - New Zealandic type: C. *pumila* (2c).

3) Holarctic (Circumpolar)-New Zealandic type: C. *diandra* (2a), C. *lachenalii* s. l. (5).[3]

4) Holarctic (Euro - Western Asiatic - North African) - Cape - Western Holantarctic[4] type: C. *extensa* s. l. (2c).

5) Holarctic (Circumpolar) - Australian - New Guinea-Western Holantarctic type: C. *canescens* (2a).

6) Holarctic (Circumpolar) - Western Holantarctic type: C. *magellanica* s.l. (2a), C. *maritima* (1a, 5a), C. *microglochin* s. l. (5).

7) Holarctic (Kamchatka-American) - Western Holantarctic type: C. *macloviana* (2a).

8) Holarctic (American-Northern European) - Western Holantarctic type: C. *arctogena* (1a).

Основные особенности географического распространения осок

Анализ ареалов и их распределения по хорологическим группам и типам позволяет сделать ряд общих выводов в отношении географического распространения рода *Carex*. Наиболее многочисленной во флоре рассматриваемой территории является восточноазиатская хорологическая группа, объединяющая ареалы 86 видов и подвидов. По обилию таксонов она резко выделяется из всех остальных групп. Восточноазиатская группа вообще является самой представительной в Евразии и включает в полном составе ареалы свыше 350 осок. Поэтому Вост. Азию следует считать областью наибольшего видового разнообразия рода *Carex* на евразиатском континенте. После восточноазиатской группы относительно крупными являются умеренно-евразиатская (43)[5], ирано-туранская (35), циркумполярная (33), североазиатская (30), европейская (25) и азиатско-североамериканская (25) группы. Остальные группы включают менее чем по 20 видов и подвидов.

Из широтных и горнопоясных групп наиболее богаты видами неморальные (103) и бореальные группы (85). Довольно много видов и подвидов включают также высокогорная (41) и лесные (30) группы. Следующими по количеству осок являются арктоальпийская группа вместе с метаарктической (26), полизональная (16), монтанная (20) и степные (20) группы, а также гипоарктомонтанная (11) и гипоарктическая (10). Очень малочисленны пустынная (2 вида: C. *physodes* и C. *subphysodes*), арктическая (5 таксонов: C. *membranacea*, C. *saxatilis* s. str., C. *subspathacea* s. str., C. *parallela* s. str. и C. *ursina*) и некоторые другие группы.

Характерная особенность рода *Carex* состоит в том, что очень многие его голарктические представители имеют обширные ареалы. Это прежде всего циркумполярные (или субциркумполярные), восточно-североамерикано-умеренно-евразиатские и сибирско-североамериканские виды и подвиды, а также умеренно-евразиатские (в особенности высокогорная C. *aterrima* subsp. *aterrima*,

1 Here and below the belonging to latitudinal or other groups is given for Holarctic populations of species.

2 This species is presented by two subspecies: Palaearctic subspecies and Eastern Palaeotropical-Australian-New Zealandic one.

3 Bipolar species marked by s. l. are differentiated into two subspecies: Holarctic subspecies and Holantarctic one.

4 Holantarctic part of the range is in the American sector of the Holantarctic Kingdom.

5 Цифры в скобках означают количество видов и подвидов.

распространенная от гор Центр. Европы до Сахалина), североазиатские, евро-западноазиатско-древнесредиземноморские (*C. otrubae*, *C. divulsa*, *C. divisa*), евро-кавказско-ирано-туранские (*C. melanostachya*, *C. polyphylla*), ирано-туранские (*C. songorica* subsp. *songorica*, *C. stenophylla* subsp. *stenophylloides*), туркестанские, или горно-среднеазиатские (например, *C. turkestanica*), центральноазиатские (*C. tristis* subsp. *stenocarpa*, *C. melanantha*, *C. orbicularis* subsp. *orbicularis* и др.) и евразиатско-североафриканские (*C. riparia*, *C. acutiformis*, *C. pallescens* и др.). Широкий ареал свойствен восточно-североамерикано-евразиатско-североафриканскому виду *C. pseudocyperus*. Обширные ареалы характерны и для биполярных видов, о чем будет сказано ниже.

Относительно небольшие ареалы имеют восточноазиатские виды, многие из которых связаны в своем распространении с хвойно-широколиственными и широколиственными лесами. В отношении некоторых из этих видов (или их предковых форм) можно с определенностью сказать, что в третичный период (олигоцен-миоцен) они в составе тургайских флористических комплексов были более широко распространены на территории Азии и достигали Европы. Об этом свидетельствуют реликтовые местонахождения восточноазиатских видов *C. heterolepis* и *C. hancockiana* на юге Вост. Сибири, а также наличие викарных видов или подвидов одного и того же вида в Вост. Азии и в Европе (например, *C. campylorhina* и *C. pilosa*, *C. ulobasis* и *C. montana*, *C. umbrosa* subsp. *pseudosabynensis* и subsp. *umbrosa*, *C. rhizina* subsp. *reventa* и subsp. *rhizina*).

Небольшому числу видов (не более 10%) свойственны ограниченные или узколокализованные ареалы. Одни из этих видов: *C. pontica*, *C. ungurensis*, *C. malyschevii*, *C. martynenkoi*, *C. phyllostachys* — являются несомненно древними, третичными реликтами, сильно сократившими к настоящему времени свои ареалы. *C. pontica* — эндемик Эвксинской провинции, обитающий в субальпийском поясе, обычно в сообществе с дубом, буком и березой, является единственным на нашей территории представителем примитивнейшей в подроде *Carex* юго-восточноазиатской секции *Decorae*. Этот вид проник на Кавказ и в Понтийские горы в составе неморальных сообществ, по-видимому, в конце палеогена. *C. ungurensis* и *C. malyschevii* (рис. 45) — примитивные представители эволюционно продвинутой секции *Lamprochlaenae*. Первый вид очень локально встречается в хвойных лесах Зап. и Центр. Тянь-Шаня, второй, также локально, — в Вост. Сибири, в высокогорьях и верхней части лесного пояса гор. *C. martynenkoi* — эндемик сев.-вост. Алтая, известный пока только из одного местонахождения, является примитивным представителем секции *Digitatae*, обнаруживающим ближайшие родственные связи с видами Вост. Азии. *C. phyllostachys*, встречающаяся в бывшей Югославии, на Кавказе и в сев. Иране в горных широколиственных лесах, принадлежит к монотипной секции *Caryotheca* — самой примитивной в подроде *Psyllophora*.

Другие осоки с узкими ареалами являются относительно молодыми, еще не успевшими, по-видимому, расселиться видами (*C. tatjanae*, *C. titovii*, *C. jemtlandica*, *C. bergrothii*). Их ареалы можно рассматривать как первичные.

Ареалы многих осок имеют на территории Евразии разнообразные дизъюнкции, вызванные в основном событиями плейстоцена. Наиболее прерывистым распространением характеризуются *C. pamirica* subsp. *dichroa*, *C. mollissima*, *C. livida* (рис. 32), *C. laxa* (рис. 33), *C. caucasica*, *C. melananthiformis*, *C. stylosa*, *C. holostoma*, *C. bicolor*, *C. atrofusca*, *C. bohemica*, *C. mackenziei* и др.

Вопросы, касающиеся дизъюнкций в ареалах осок, рассматривались В. И. Кречетовичем (1941б, 1952). Он, в частности, предложил объяснение весьма необычному ареалу *C. caucasica*, включающему 5 дизъюнктивных фрагментов: Кавказ (с прилегающими территориями Малой Азии и Ирана), Сев., Средн. и Южн. Урал, Джунгарский Алатау, Тянь-Шань и, как недавно стало известно, Алтай. Как полагает Кречетович (1941б), *C. caucasica* проникла на Урал и Кавказ из Джунгарского Алатау в результате плейстоценовых перигляциальных миграций. Он считает, что подобным же образом на Кавказ попали из Джунгарского Алатау сибирские виды *C. dichroa* s. str. (= *C. pamirica* subsp. *dichroa*) и *C. melananthiformis*. Таким образом, по Кречетовичу, *C. caucasica, C. dichroa* и *C. melananthiformis* являются на Кавказе плейстоценовыми иммигрантами. Вполне разделяя его мнение в отношении времени проникновения на Кавказ двух последних, высокогорных видов, известных там лишь из единичных местонахождений, я допускаю возможность более раннего (доплейстоценового) проникновения на данную территорию (и вероятно, на Урал) *C. caucasica*. В пользу этого предположения, как мне кажется, свидетельствует его широкое распространение на Кавказе (до Малой Азии и сев. Ирана включительно).

98 голарктических видов и подвидов осок (не считая заносных), ареалы которых принадлежат к 9 хорологическим группам (№№ 1, 10—17), произрастают на 2-х и более континентах. Евразия и Сев. Америка имеют 80 общих таксонов видового и подвидового ранга, 44 из которых распространены на всех трех континентах. В последнее число входят 33 таксона с циркумполярными ареалами, 4 (*C. hartmanii, C. adelostoma, C. norvegica, C. aquatilis* subsp. *aquatilis*) — с восточно-североамерикано-евразиатскими, 4 (*C. rhynchophysa, C. saxatilis* subsp. *laxa, C. lapponica, C. obtusata*) — с евразиатско-западно-североамериканскими и 3 (*C. krausei, C. stylosa, C. scirpoidea*) — с североазиатско-североамерикано-северо-западноевропейскими. 27 видов и подвидов (см. 14-ю группу ареалов) являются общими только для Азии и Сев. Америки. Эти континенты имеют также ряд викарных таксонов: *C. tsuishikarensis* и *C. oligosperma, C. riparia* и *C. lacustris, C. urostachys* и *C. mertensii, C. disticha* subsp. *lithophila* и *C. sartwellii, C. kreczetoviczii* и *C. laeviculmis, C. pallida* и *C. siccata* и др. 9 таксонов — общие для Европы и востока Сев. Америки (это амфиатлантические виды: *C. saxatilis* subsp. *saxatilis, C. hostiana, C. lepidocarpa, C. atrata, C. paleacea, C. recta, C. salina, C. bigelowii* subsp. *bigelowii* и *C. parallela* subsp. *parallela*. 15 видов (см. 15-ю группу ареалов) свойственны Евразии и Сев. Африке, 3 вида (*C. pseudocyperus, C. flava, C. serotina*) —Евразии, Сев. Америке и Сев. Африке.

Наличие во флорах Сев. Америки и Евразии общих видов из разных семейств покрытосеменных целый ряд исследователей (Hultén, 1928, 1963; Steenis, 1962a; Thorne, 1972; Юрцев, 1962, 1974; Толмачев, 1974 и др.) связывает, как известно, с двусторонним обменом растениями между этими континентами посредством миграций по Берингийскому мосту суши. Последний, как полагают (Steenis 1962a; Haag, 1962, и др.), был большой территорией в верхнем мелу и третичном периоде, соединявшей Азию и Америку в огромный материк, и перешейком между 70 и 60° с. ш. в течение плейстоцена. Прекратил он свое существование около 10 тыс. лет назад. Наиболее явно роль Берингии в межконтинентальных флористических связях проявляется в существовании ареалов циркумполярной, евразиатско-западно-североамериканской и в особенности азиатско-североамериканской групп. Ареалы последней группы имеют 25 видов и подвидов осок. Приведенные выше типы и подтипы данных ареалов отражают разную степень расселения осок по континентам Азии и Сев. Америки. Циркумполярные, евразиатско-западно-североамериканские и азиатско-североамериканские ареалы свойственны в основном арктическим, гипоарктическим, метаарктическим, арктоальпийским и бореальным представителям *Carex* и очень редко степным (*C. supina* subsp. *spaniocarpa* и *C. durius-*

cula), южнобореально-неморальным и неморальным (*C. viridula*, *C. stipata*). Отсюда можно сделать вывод, что расселение холодостойких осок через Берингию могло происходить не ранее конца третичного периода, когда похолодание климата на данной территории (Steenis, 1962a и др.) создало благоприятные возможности для их миграции. Распространение некоторых видов по Берингийскому мосту суши продолжалось, по всей вероятности, до конца его существования.

Присутствие во флорах Сев. Америки и Евразии 4 восточно-североамерикано-евразиатских видов (см. 11-ю группу ареалов) едва ли можно объяснить непосредственными флористическими связями между Сев. Америкой и Европой, прекратившимися, как полагает ряд авторов (Steenis, 1962a и др.), в конце мела или, согласно относительно новым геологическим данным, обобщенным в работе Тиффни (Tiffney, 1985b), в середине третичного периода (в позднем эоцене или раннем олигоцене). Более вероятно проникновение этих видов на американский континент через Берингию и вымирание вследствие каких-то причин в его западных районах.

К концу мела или середине третичного периода нельзя отнести и образование амфиатлантических ареалов 9 перечисленных выше представителей *Carex*, общих для Европы и востока Сев. Америки. Трудно предположить, как справедливо замечает Болл (Ball, 1990), что амфиатлантические виды могли достигнуть своего современного распространения к середине третичного периода и сохраниться с этого времени без морфологических изменений. Я разделяю мнение Гультена (Hultén, 1963), согласно которому многие северо-амфиатлантические[1] виды растений имели прежде циркумарктические ареалы и сильно сократили их в результате изменения климатических условий. Вероятно, такой ареал был у *C. bigelowii* s. str., которая позднее дифференцировалась на несколько подвидов и сохранилась только в относительно мягких климатических условиях американской и европейской Атлантики. Возможно также, что циркумполярные ареалы имели и приморские гипоарктические виды *C. paleacea* и *C. recta*, причем, по-видимому, еще до образования арктической зоны. Некоторые примитивные черты организации названных видов, видимо, свидетельствуют о том, что последние были представителями умеренной флоры и их современное распространение в гипоарктических районах носит реликтовый характер. Но ареалы этих видов могли иметь и другое происхождение. Как полагает Торн (Thorne, 1972), некоторые приморские виды оказались по обе стороны Атлантики в результате переноса зачатков на дальние расстояния птицами. К числу таких растений, возможно, принадлежат и упомянутые приморские осоки.

Амфиатлантическим фрагментом прежнего циркумарктического ареала нельзя, по-видимому, считать ареал *C. saxatilis* subsp. *saxatilis*. Трудно себе представить, чтобы на территории (сибирско-дальневосточный и отчасти американский сектора Арктики), где теперь произрастает более примитивный подвид *C. saxatilis* subsp. *laxa*, раньше был распространен subsp. *saxatilis*.

У выше рассмотренных амфиатлантических осок западная часть ареала находится на востоке материковой части Сев. Америки, в то время как у двух других видов — *C. atrata* и *C. parallela* subsp. *parallela* — в Гренландии. Наличие подобного ареала у растений разных систематических групп привело некоторых ботаников к мысли о возможности существования миграционных путей из Европы в Гренландию через Исландию или Шпицберген по мостам суши, возникавшим в позднем неогене или в плейстоцене в результате осушения морских шельфов.

---

[1] Ареалы северо-амфиатлантических видов находятся в Европе и Сев. Америке, южно-амфиатлантических — в Африке и Южн. Америке.

Остается рассмотреть 2 последних вида с амфиатлантическими ареалами — *C. hostiana* и *C. lepidocarpa*. В отличие от предыдущих видов, они встречаются в умеренном поясе. По мнению Болла (Ball, 1990), образование ареалов названных видов, в особенности первого, приуроченного в основном к океаническим областям, не может достаточно удовлетворительно объяснить гипотеза о былом циркумполярном распространении, приемлемая лишь для объяснения происхождения амфиатлантических ареалов, находящихся в высоких широтах. Можно, однако, допустить возможность циркумполярного распространения *C. hostiana* и *C. lepidocarpa* в умеренном поясе Евразии, Берингийской суши и Сев. Америки до формирования арктической зоны, обусловившей континентальность климата на этой территории. Но вместе с тем нельзя исключить и вероятность заноса *C. hostiana* и *C. lepidocarpa* из Европы на восток Сев. Америки, а не наоборот, принимая во внимание их очень маленькие ареалы на американском континенте. На востоке Сев. Америки встречается несколько видов осок (*C. flacca*, *C. nigra*, *C. muricata*, *C. kobomugi* и др.), о которых довольно определенно известно, что они являются там заносными и одичавшими растениями. *C. hostiana* и *C. lepidocarpa* встречаются в Сев. Америке в естественных экологических условиях (Ball, 1990). Однако, согласно мнению Дала (Dahl, 1963), с которым нельзя не согласиться, произрастание видов в естественных экотопах не может служить доказательством их аборигенности.

Имеется еще одна гипотеза, касающаяся причин существования североамфиатлантических ареалов. Возникновение последних, согласно этой гипотезе, может быть объяснено с позиции расхождения континентальных блоков сев. Атлантики, которые, возможно, до плейстоцена были сближены и имели общую флору (Цвелев, 1969).

Рассмотрим теперь другие типы межконтинентальных флористических связей. Все отмеченные выше 15 видов *Carex*, общих для Евразии и Сев. Африки, несомненно, имеют евразиатское происхождение. Некоторые из них (например, преимущественно приморские виды *C. divisa*, *C. extensa* s. str.) могли проникнуть в Африку из Азии через Суэцкий перешеек. Бóльшая же часть видов попала в Африку из Европы, по-видимому, в результате непосредственного контакта между этими материками. Предполагают, что обособление последних произошло примерно в середине третичного периода, но флористические связи между ними могли осуществляться и позднее этого времени по мостам суши, возникавшим вследствие обмеления Средиземного моря (Steenis, 1962a).

11 видов осок (см. выше) флоры рассматриваемой территории имеют биполярные ареалы с обширной дизъюнкцией в тропическом поясе. Эти виды б. ч. циркумполярно распространены в Голарктике и встречаются в зап. или вост. частях Голантарктики. В отношении биполярных видов прежде всего возникает вопрос, существуют ли таксономические различия между их голарктическими и голантарктическими популяциями. Рядом авторов (Roivainen, 1954; Kukkonen, 1970; Moore, Chater, 1971; Toivonen, 1979) названные популяции были детально изучены у 7 видов: *C. magellanica*, *C. maritima*, *C. macloviana*, *C. curta* (= *C. canescens*), *C. lachenalii* (= *C. tripartita* auct.), *C. microglochin* и *C. capitata*. Результаты их исследования показали, что у *C. maritima*, *C. macloviana* и *C. capitata* популяции из обоих полушарий таксономически тождественны, в то время как у *C. magellanica*, *C. lachenalii* и *C. microglochin* они обнаруживают различия на подвидовом уровне. Заметим, что подвидовая обособленность у обсуждаемых видов довольно слабая и выявляется лишь на достаточно большом количестве экземпляров. Отдельно взятые образцы из сев. и южн. полушарий кажутся идентичными. *C. curta* представлена на юге Южн. Америки разновидностью var. *robustior* (Blytt ex Andersson) D. M. Moore et Chater, описанной из Скандинавии.

Существует несколько гипотез, касающихся причин биполярного распространения видов. Основными, на наш взгляд, являются 4. Согласно одной из них (Willdenow, Humboldt, Schouw, цит. по: Moore, Chater, 1971; Ettingshausen, 1894, цит. по: Берг, 1962), существование биполярных растений, и в частности осок (Ettingshausen), может быть объяснено независимым, политопным, возникновением тождественных видов в сходных условиях местообитания. Автор второй гипотезы — Дю Рие (Du Rietz, 1940), связывает биполярное распространение видов и таксонов более высокого ранга с древней миграцией растений по транстропическому высокогорному мосту, разрушившемуся в конце мела. Но, как, по-видимому правильно, предполагают Л. С. Берг (1947, цит. по: Берг, 1962), Муе и Чейтер (Moore, Chater, 1971), гипотеза Дю Рие неприменима для объяснения биполярного распространения видов, так как их происхождение едва ли может быть отнесено к мезозою.

Третья гипотеза была выдвинута Бергом (1947, цит. по: Берг, 1962) и Рейвном (Raven, 1963). Берг считал, что биполярное распространение организмов есть следствие ледниковой эпохи, когда похолодание затронуло не только высокие широты, но также и тропический пояс, благодаря чему создалась возможность транстропических миграций растений и животных умеренного типа. По мнению Рейвна, обмен растениями между Сев. и Южн. Америкой мог происходить в течение позднего плиоцена и в плейстоцене и был обусловлен альпийским орогенезом, приведшим к образованию путей миграции в виде б. м. непрерывных цепей Кордильер, Анд и тропических гор, и плейстоценовыми оледенениями, вызвавшими понижение температуры в низких широтах. В плейстоцене биполярное распространение видов Старого Света могло быть достигнуто посредством их миграций в южн. полушарие (в горы Австралии и Новой Зеландии) по существовавшей на месте современного Малайского архипелага цепи Малезийских гор (Steenis, 1962b). Гипотезу транстропических плейстоценовых миграций поддерживают многие исследователи (Moore, Chater, 1971; Thorne, 1972; Toivonen, 1979, и др.).

В последнее время была предложена еще одна, четвертая, гипотеза, согласно которой нахождение тождественных видов в сев. и южн. полушариях, возможно, является результатом переноса зачатков растений на большие расстояния перелетными птицами, главным образом утками. Эта гипотеза в особенности применима к осоковым, плоды которых сохраняют жизнеспособность в пищеварительном тракте уток в течение продолжительного времени, тогда как, например, плоды злаков и сложноцветных — не более 4 ч. (Vlaming, Proctor, 1968). Вламинг и Проктор, считая гипотезу Рейвна лучшей из гипотез, объясняющих биполярное распространение видов в Америке, полагают вместе с тем, что определенную роль в нем могли играть и утки, регулярно переносящие диаспоры осоковых с одного американского континента на другой. Наиболее вероятными мне представляются две последние гипотезы.

В связи с обсуждением географического распространения осок упомянем виды *Carex*, встречающиеся в качестве заносных и одичавших в разных регионах земного шара. Больше всего заносных видов известно в Сев. Америке: *C. flacca*, *C. extensa*, *C. nigra*, *C. divulsa*, *C. muricata*, *C. contigua*, *C. disticha* s. str., *C. kobomugi* и *C. leporina* (как дикорастущие эти виды распространены в Евразии, в т. ч. в б. СССР). И только один вид — *C. vulpinoidea*, занесен с этого континента в Евразию (Зап. Европа). На юге российского Дальнего Востока как заносные из Европейской части России и Сибири отмечены *C. delicata*, *C. contigua* и *C. leporina*. В южное полушарие занесены следующие виды осок: в Южн. Африку — *C. extensa*, на юг Австралии — *C. divulsa*, *C. disticha* s. str. и *C. divisa*, на о-в Тасмания — *C. divisa*, в Нов. Зеландию — *C. flacca*, *C. divulsa*, *C. divisa* и *C. leporina*.

Main features of the geographical distribution of sedges

Analysis of sedge ranges enables to make a number of conclusions on geographical distribution of the genus *Carex*. The most numerous group within the territory of the former USSR is the Eastern Asiatic chorological group including ranges of 86 species and subspecies. In richness of taxa this group is strongly distinguished among other groups. The group as a whole is the most abundant in Eurasia embracing ranges of more than 350 sedges. Therefore, East Asia can be accepted as the region of the greatest specific diversity in Eurasia. Other rather large groups are the Temperate-Eurasiatic (43),[1] Irano-Turanian (35), Circumpolar (33), Northern Asiatic (30), European (25) and Asiatic-North American (25) ones. Each of the remaining groups have less than 20 species and subspecies of *Carex*.

Nemoral (103) and boreal (85) groups are the richest among latitidinal and montane-belt groups. Alpine group (41) and forest ones (30) have rather high amount of species and subspecies also. Other groups are as follows: arctalpine group along with metaarctic one (26), polyzonal group (16), montane group (20), steppe groups (20), hypoarctomontane group (11) and hypoarctic one (10). The poorest are arctic group (5 species: *C. membranacea*, *C. saxatilis* s. str., *C. subspathacea* s. str., *C. parallela* s. str., *C. ursina*), desert one (*C. physodes* and *C. subphysodes*) and some other groups.

Striking feature of the genus *Carex* is large ranges of its holarctic members. First of all are circumpolar (or subcircumpolar), Eastern American - Eurasiatic, Siberian - North American sedges and also Temperate-Eurasiatic (particularly alpine *C. aterrima* subsp. *aterrima* distributed from mountains of Central Europe to Sakhalin), Northern Asiatic, Euro - Western Asiatic - Ancient Mediterranean (*C. otrubae*, *C. divulsa*, *C. divisa*), Euro-Caucasian-Irano-Turanian (*C. melanostachya*, *C. polyphylla*), Irano-Turanian (*C. songorica* subsp. *songorica*, *C. stenophylla* subsp. *stenophylloides*), Turkestanian, or Montane-Middle Asiatic (*C. turkestanica*, for example), Central Asiatic (*C. tristis* subsp. *stenocarpa*, *C. melanantha*, *C. orbicularis* subsp. *orbicularis*, etc.) and Eurasiatic-North African (*C. riparia*, *C. acutiformis*, *C. pallescens* et al.) species. Ample range is the pecularity of Eastern-North American-Eurasiatic-North African species *C. pseudocyperus*. Vast ranges are characteristic for bipolar species (see below).

Rather small ranges are observed in Eastern Asiatic species which are frequently connected in their distribution with coniferous-broad-leaved and broad-leaved forests. As for some these species or their ancestral forms, one can say that in the Oligocene-Miocene these sedges were more widely distributed in Asia and reached Europe together with the Turgai floristic complexes. In favour of this assumption the relict habitats of Eastern Asiatic species *C. heterolepis* and *C. hancockiana* in the south of Eastern Siberia and occurrence of vicarious species or subspecies of the same species in East Asia and Europe (for example, *C. campylorhina* and *C. pilosa*, *C. ulobasis* and *C. montana*, *C. umbrosa* subsp. *pseudosabynensis* and subsp. *umbrosa*, *C. rhizina* subsp. *reventa* and subsp. *rhizina*) can witness.

A number of species (not more than 10 percentage) possess small or localized ranges. Some of these species, namely *C. pontica*, *C. ungurensis*, *C. malyschevii*, *C. martynenkoi* and *C. phyllostachys* are undoubtedly ancient (Tertiary) relicts with strongly diminished ranges. *C. pontica*, an endemic of the Euxine Province, growing in subalpine belt (together with oak, beech and birch) is a single representative in our territory of the primitive South-Eastern Asiatic section *Decorae*. This species has reached the Caucasus and Pontus Mountains together with nemoral complexes probably at the end of the Palaeogene. *C. ungurensis* and *C. malyschevii* (Fig. 45) are primitive members of the evolutionary advanced section *Lamprochlaenae*. The first species is very locally distributed in coniferous forests of Western and Central Tien Shan, and the second one occurs also locally in alpine belt and upper part of forest one of mountains of Eastern Siberia. *C. martynenkoi* is an endemic of North-Eastern Altai known from only one locality, being a primitive representative of the section *Digitatae* and revealing a rather close relationship with some Eastern Asiatic species. *C. phyllostachys*, a member of the monotypic section *Caryotheca*, the most primitive one in the subgenus *Psyllophora*, inhabits montane broad-leaved forests of the former Jugoslavia, of the Caucasus and Iran.

Other species of sedges (for instance, *C. tatjanae*, *C. titovii*, *C. jemtlandica* and *C. bergrothii*) with small distribution areas are relatively young species not having sufficient time for dispersal. Their ranges can be considered as primary ones.

Ranges of many sedges have in Eurasia various disjunctions due to events of the Pleistocene period. The most disrupted ranges are found in *C. pamirica* subsp. *dichroa*, *C. mollissima*, *C. livida* (fig. 32), *C. laxa* (fig. 33), *C. caucasica*, *C. melananthiformis*, *C. stylosa*, *C. holostoma*, *C. bicolor*, *C. atrofusca*, *C. bohemica*, *C. mackenziei* et al.

Matters of disjunctions in sedge ranges were treated by Kreczetowicz (Кречетович, 1941б, 1952). He has proposed an explanation for very peculiar range of *C. caucasica* including 5 separated fragments: the Caucasus with adjacent parts of Iran and Asia Minor, the Northern, Middle and

---

[1] Numerals in parentheses denote number of species and subspecies.

Southern Urals, Dzungarian Ala Tau, Tien Shan and Altai. According to Kreczetowicz (Кречетович, 1941б) *C. caucasica* has penetrated from Dzungarian Ala Tau to the Urals and Caucasus as a result of Pleistocene periglacial migrations, and also *C. dichroa* (= *C. pamirica* subsp. *dichroa*) and *C. melananthiformis* probably followed to the Caucasus by the same route. Thus, according to Kreczetowicz *C. caucasica*, *C. dichroa* and *C. melananthiformis* are the Pleistocene immigrants in the Caucasus. I share his opinion concerning the time of the penetration to the Caucasus of two last altimontane species known there from only few localities but I think that *C. caucasica* has probably appeared in the Caucasus (and Urals) in pre-Pleistocene time. The wide distribution of *C. caucasica* in the Caucasus (till Asia Minor and Northern Iran) can contribute to this supposition.

98 holarctic species and subspecies (except alien) the ranges of which are united into 9 chorological groups (№№ 1, 10–17) are distributed in two and more continents. Eurasia and North America have 80 sedge species and subspecies in common while 44 of them are found in all three continents. 33 taxa (of 44) possess circumpolar ranges, four taxa (*C. hartmanii*, *C. adelostoma*, *C. norvegica*, *C. aquatilis* subsp. *aquatilis*) have Eastern-North American-Eurasiatic ranges, four taxa (*C. rhynchophysa*, *C. saxatilis* subsp. *laxa*, *C. lapponica* and *C. obtusata*) have Eurasiatic-Western-North American distribution areas and three species (*C. krausei*, *C. stylosa* and *C. scirpoidea*) possess Northern Asiatic-North American-European ranges. 27 taxa (see the 14th chorological group) are common only to Asia and North America. Both continents have a number of vicarious taxa, for instance: *C. tsuishikarensis* and *C. oligosperma*, *C. riparia* and *C. lacustris*, *C. urostachys* and *C. mertensii*, *C. disticha* subsp. *lithophila* and *C. sartwellii*, *C. kreczetoviczii* and *C. laeviculmis*, *C. pallida* and *C. siccata*). Nine taxa occur in Europe and eastern North America (these are amphiatlantic sedges: *C. saxatilis* subsp *saxatilis*, *C. hostiana*, *C. lepidocarpa*, *C. atrata*, *C. paleacea*, *C. recta*, *C. salina*, *C. bigelowii* subsp. *bigelowii* and *C. parallela* subsp. *parallela*). 15 species (see the 15th chorological group) are found in both Eurasia and North Africa, and three (*C. pseudocyperus*, *C. flava* and *C. serotina*) – for Eurasia, North America and North Africa.

Occurrence in floras of both North America and Eurasia the same species from various families of Angiosperms many workers (Hultén, 1928, 1963; Steenis, 1962a; Юрцев, 1962, 1974; Thorne, 1972; Толмачев, 1974, et al.) connect with plant exchanges between these continents by means of migrations via the Bering Land-bridge. The latter supposedly was (Steenis, 1962a; Haag, 1962, et al.), a vast territory during the Upper Cretaceous and the Tertiary periods uniting Asia and America into a huge continent and becoming a isthmus between 60° and 70° N. lat. during the Pleistocene. It ceased to exist nearly 10 thousand years ago. The role of Beringia in intercontinental floristic links is revealed the most distinctly in the existance of ranges of Circumpolar, Eurasiatic-Western-North American and especially Asiatic-North American groups. 25 taxa of *Carex* have ranges of the latter group. Mentioned above types and subtypes of these ranges reflect a different degree of sedges' dispersal over continents of Asia and North America. Circumpolar, Eurasiatic-Western-North American and Asiatic-North American ranges are peculiar mainly to arctic, hypoarctic, metaarctic, arctalpine and boreal sedges and very rarely to steppe (*C. supina* subsp. *spaniocarpa*, *C. duriuscula*), south-boreal-nemoral and nemoral ones (*C. viridula*, *C. stipata*). Therefore one can conclude that dispersal of cold-resistant sedges via the Beringia area could occur not earlier of the end of the Tertiary period when fall in temperature in the Beringia territory (Steenis, 1962a) has created favourable conditions for their migration. Migration of some species via the Beringian bridge has probably lasted until the end of its existence.

Presence in floras of North America and Eurasia of 4 Eastern-North American-Eurasiatic species (see the 11th chorological group) hardly can be explained by direct floristical links between North America and Europe ceased at the end of the Cretaceous period (Steenis, 1962a, et al.), or, according to new geological data summarized by Tiffney (1985b), in the Mid-Tertiary period (in the late Eocene or the early Oligocene). Penetration of these species into American continent via Beringia and dying off in western regions of North America seems more probable.

Formation of ranges of 9 amphiatlantic sedges (see above) common to Europe and eastern North America also can not be referred to the end of the Cretaceous period or to the Mid-Tertiary one. It seems difficult to suppose, as Ball (1990) correctly indicated, that amphiatlantic species could reach their modern distribution up to the Mid-Tertiary and survive without morphological changes. I agree with Hultén (1963) that many northern-amphiatlantic[1] species had in the past circumarctic ranges which were strongly decreased due to climatic changes. Similar distribution pattern was probably in *C. bigelowii* s. str. which had differentiated later on into several subspecies and has survived as such in relatively mild climate of American and European Atlantic. It seems probable that maritime hypoarctic species *C. paleacea* and *C. recta* have possessed circumpolar ranges before formation of the Arctic zone. Some primitive features in above species can witness that these plants were members of temperate flora and that their modern distribution in hypoarctic regions has relict character. There is an other possible explanation to this pattern of ranges. Thorne (1972) has sup-

---

[1] Ranges of northern-amphiatlantic species are in Europe and North America while these of southern-amphiatlantic ones are in Africa and South America.

posed that growing some maritime species along both Atlantic coasts is a result of transport of diaspores by birds. These maritime sedges probably belong to this category of plants.

The range of C. *saxatilis* subsp. *saxatilis* can not probably be treated as an amphiatlantic fragment of previous circumarctic range. It is difficult to imagine that in the territory (Siberian-Far Eastern and partially American sectors of Arctic) where more primitive subspecies C. *saxatilis* subsp. *laxa* is growing the type subspecies C. *saxatilis* subsp. *saxatilis* was distributed earlier.

In above amphiatlantic sedges western part of range lies in the east of North American mainland while in C. *atrata* and C. *parallela* subsp. *parallela* in Greenland. Presence of similar range in different plant groups lead some botanists to the idea on an existence of migration from Europe to Greenland via Island or Spitzbergen by land-bridges in the late Neogene or Pleistocene due to drying off sea shelves.

The remaining amphiatlantic sedges, C. *hostiana* and C. *lepidocarpa* occur in temperate climate. According to Ball (1990), formation of ranges in these species (especially in the former restricted to oceanic regions) can not be explained by hypothesis on previous circumpolar distribution being acceptable for the explanation of the origin of high-latitude amphiatlantic ranges. However one can accept the circumpolar dispersal of C. *hostiana* and C. *lepidocarpa* in temperate areas of Eurasia, Beringia and North America before the Arctic zone formation which had created continental climate in this territory. Nevertheless, one can not exclude possibility of the transfer of the diaspores of C. *hostiana* and C. *lepidocarpa* from Europe to the east of North America but not vice versa, paying an attention to their very small ranges in the North American continent. In eastern North America several sedges are naturalized aliens (C. *flacca*, C. *nigra*, C. *muricata*, C. *kobomugi* et al.). C. *hostiana* and C. *lepidocarpa* grow in natural conditions in North America (Ball, 1990). However according to Dahl (1963), occurrence of any species in natural ecotopes can not be accepted as an evidence of native character of their ranges.

There is another hypothesis concerning the causes of existence north-amphiatlantic ranges. Origin of these ranges can be explained from the idea on spreading of continental blocks of North Atlantic which were possibly closed up to the Pleistocene period and had common flora (Цвелев, 1969).

There are some other pattern of intercontinental floristic links. All above mentioned 15 species of the genus *Carex* common to Eurasia and North Africa are undoubtedly of Eurasiatic origin. Some of these species (mainly maritime species C. *divisa* and C. *extensa* s. str., for instance) could penetrate into Africa from Asia via Suez isthmus. Majority of afro-eurasian species got to Africa from Europe by direct contact of both continents. It is supposed that separation of these continents took place in the Mid-Tertiary period, but floristic links could be achieved later on via Land-bridges as a result of shallowing of the Mediterranean Sea (Steenis, 1962a).

Eleven sedge species (see above) of our territory have bipolar ranges with large disjunctions in tropics. These species are mainly circumpolar in the Holarctis and occur in western or eastern parts of the Holantarctis. As for bipolar species the problem arises whether taxonomic differences exist between their holarctic and holantarctic populations. A number of authors (Roivainen, 1954; Kukkonen, 1970; Moore, Chater, 1971; Toivonen, 1979) have studied these populations in 7 bipolar species: C. *magellanica*, C. *maritima*, C. *macloviana*, C. *curta* (= C. *canescens*), C. *lachenalii* (= C. *tripartita* auct.), C. *microglochin* and C. *capitata*. Results of these studies have shown that in C. *maritima*, C. *macloviana* and C. *capitata* populations from both hemispheres are taxonomically identical, while in C. *magellanica*, C. *lachenalii* and C. *microglochin* they differ at a subspecies level. Subspecific differences are, however, rather small and are revealed in the representative herbarium material only. Separate specimens from the northern and southern hemispheres seem identical. C. *curta* in southern South America is represented by a variety, var. *robustior* (Blytt ex Anderson) D. M. Moore et Chater, described from Scandinavia.

There are several hypotheses concerning causes of bipolar distribution of plant species. Four of them are basic to my mind. According to one of them ((Willdenow, Humboldt, Schouw, cit. in Moore, Chater, 1971; Ettingshausen 1894, cit. in Berg (Берг, 1962)) occurrence of different bipolar plants, and sedges particularly (Ettingshausen), can be explained by independent polytopic origin of identical species in similar habitats. The author of the second hypothesis, Du Rietz (1940), connected bipolar distribution of taxa with ancient migration via a transtropical altimontane bridge destroyed at the end of the Cretaceous period. Probably Berg (Берг, 1947, cit. in Берг, 1962), Moore and Chater (1971) assumed correctly that Du Rietz's hypothesis is unapplied to an explanation of bipolar species' distribution as their origin can not be referred to the Mesozoic era.

The third hypothesis was proposed by Berg (Берг, 1947, cit. in Берг, 1962) and Raven (1963). Berg considered that bipolar distribution of organisms is a sequence of the Ice Age when fall in temperature has influenced not only upon high latitudes but the tropical zone as well, due to which possibility of transtropical migrations of plants and animals of temperate climate appeared. According to Raven, migrations of plants between North and South America could occur during the late Pliocene and in the Pleistocene and it could be caused by alpine orogenesis the result of which was the formation of pathways for migrations along more or less continuous mountain ranges of the Cordillera, the Andes and tropical mountains and by Pleistocene glaciations which caused fall in temperature in low latitudes. In the Pleistocene bipolar distribution in the Old World could be achieved by means of migrations of species to the southern hemisphere (in mountains of Australia and New Zealand) via a chain of Malesian mountains existed in the place of modern Malayan Archipelago (Steenis, 1962b). The hypothesis on transtropical Pleistocene migrations is supported by Moore and Chater (1971), Thorne (1972), Toivonen (1979) et al.

Recently one more, the fourth, hypothesis has been proposed explaining the occurrence of identical species in both hemispheres as the result of the transfer of plant diaspores on long distances by birds of passage, mainly by ducks. This hypothesis is applicable to *Cyperaceae* whose fruits keep vitality in duck digestive tract for prolonged time, while fruits of *Gramineae* and *Compositae* remain alive for not more than 4 hours (Vlaming, Proctor, 1968). Vlaming and Proctor, accepting Raven's hypothesis as the best explanation of bipolar distribution in America, suppose at the same time that ducks could play a definite role in this process as well by means of regular transport of sedge diaspores from one American continent to another. I believe that two latter hypotheses are the most reasonable.

In connection with the discussion the question regarding the *Carex* species geographical distribution it may be mentioned the sedges occurring as naturalized aliens in different areas of the world. The most number of alien species are found in North America: *C. flacca*, *C. extensa*, *C. nigra*, *C. divulsa*, *C. muricata*, *C. contigua*, *C. disticha* s. str., *C. kobomugi* and *C. leporina* (these species are distributed as native in Eurasia, including the former USSR). There is the only species, *C. vulpinoidea*, which has been transferred from above continent to Eurasia (Western Europe). *C. delicata*, *C. contigua* and *C. leporina*, growing as the naturalized aliens in the south of the Russian Far East, were transferred there from European Russia and Siberia. Some sedge species are naturalized aliens in the southern hemisphere, namely in South Africa *C. extensa* is found, in southern Australien *C. divulsa*, *C. disticha* s. str. and *C. divisa* grow, in Tasmania *C. divisa* occurs and in New Zealand *C. flacca*, *C. divulsa*, *C. divisa* and *C. leporina* are known.

Эндемизм

На рассматриваемой территории эндемизм рода *Carex* выражен в основном на уровне видов и подвидов. Из надвидовых таксонов эндемичными являются только 3 подсекции: *Pamiricae*, *Glabrae* и *Archaicae*, принадлежащие к секциям *Aulocystis*, *Mitratae* и *Lamprochlaenae*. Эндемичных таксонов видового и подвидового рангов (таблица 3) насчитывается 25, что составляет 6.5% от общего числа (382) произрастающих у нас осок. Таким образом, эндемизм *Carex* на территории б. СССР невелик, несмотря на ее большие размеры и значительное число видов и подвидов. Относительная бедность эндемиками обусловлена, по-видимому, замедленностью видообразовательного процесса, связанной с приуроченностью большинства видов осок к сырым, болотистым и прибрежным местообитаниям, в значительной степени нивелирующим воздействие различных природных факторов, а также с распространением этих растений на плакорах. Эндемичные осоки, за редким исключением, произрастают в горах.

Больше всего эндемиков *Carex* встречается в Средней Азии (8 видов, или 9.8%), где общее количество осок (81) является наименьшим (см. таблицу 1). Высокий процент эндемиков в этом районе характерен, как известно, и для многих других групп растений и связан, вероятно, с длительным автохтонным развитием его флоры, а также с разнообразием экологических условий. На Кавказе известно 2 эндемичных вида (1.9%), в Зап. Сибири — 1 (0.9%), в Вост. Сибири — 5 (3.1%), на Дальнем Востоке — 4 (2.4%). В Европейской части эндемиков нет. Одни из эндемичных представителей *Carex* могут быть отнесены к палеоэндемикам, возникновение которых связано с третичным периодом, другие — к неоэндемикам, образовавшимся в плейстоцене. Палеоэндемиками следует считать обособленные в таксономическом отношении виды: *C. regeliana*, *C. koshewnikowii*, *C. mingrelica*, *C. trautvetteriana*, *C. martynenkoi*, *C. ungurensis*, *C. malyschevii*, *C. popovii*, *C. tianschanica*, и др. Неоэндемиками являются *C. titovii*, *C. vanheurckii* subsp. *crassispiculata*, *C. flavocuspis* subsp. *krascheninnikovii*, *C. tatjanae*, *C. bigelowii* subsp. *arctisibirica*, *C. orbicularis* subsp. *altaica*, *C. pyrophila*. Неоэндемики представлены преимущественно подвидами или видами, обнаруживающими очень близкое родство с другими видами.

Таблица 3
Table 3

Распространение эндемичных для рассматриваемой территории видов и подвидов осок

Distribution of sedge species and subspecies endemic to the territory considered

№ п.п.	Виды и подвиды Species and subspecies	Европейская часть European part	Кавказ Caucasus	Зап. Сибирь Western Siberia	Вост. Сибирь Eastern Siberia	Дальний Восток Far East	Средняя Азия Middle Asia
1	C. *regeliana*	–	–	–	–	–	+
2	C. *litvinovii*	–	–	–	–	–	+
3	C. *koshewnikowii*	–	–	–	–	–	+
4	C. *jacutica*	–	–	–	+	+	–
5	C. *hypaneura*	–	+	–	–	–	–
6	C. *mingrelica*	–	+	–	–	–	–
7	C. *titovii*	–	–	–	–	–	+
8	C. *trautvetteriana*	–	–	–	+	+	–
9	C. *martynenkoi*	–	–	+	–	–	–
10	C. *korkischkoae*	–	–	–	–	+	–
11	C. *vanheurckii* subsp. *crassispiculata*	–	–	–	+	–	–
12	C. *ungurensis*	–	–	–	–	–	+
13	C. *malyschevii*	–	–	–	+	–	–
14	C. *tianschanica*	–	–	–	–	–	+
15	C. *flavicuspis* subsp. *krascheninnikovii*	–	–	–	–	+	–
16	C. *popovii*	–	–	–	–	–	+
17	C. *tatjanae*	–	–	–	+	–	–
18	C. *macrostigmatica*	–	–	–	+	–	–
19	C. *bigelowii* subsp. *arctisibirica*	+	–	+	+	–	–
20	C. *orbicularis* subsp. *altaica*	–	–	+	+	–	–
21	C. *knorringiae*	–	–	–	–	–	+
22	C. *pyrophila*	–	–	–	–	+	–
23	C. *diastena*	–	–	–	–	+	–
24	C. *kreczetoviczii*	–	–	–	+	+	–
25	C. *pseudodahurica*	–	–	–	+	–	–

Эндемичные осоки принадлежат к 16 секциям. Больше всего эндемиков имеется в секциях *Aulocystis* и *Phacocystis* — по 3 в каждой. Первая принадлежит к относительно примитивным, вторая — к наиболее продвинутым группам рода. Эндемики, входящие в секцию *Aulocystis*, являются палеоэндемиками (*C. regeliana*, *C. koshewnikowii*, *C. litvinovii*), в секцию *Phacocystis* — неоэндемиками (*C. knorringiae*, *C. soczavaeana*, *C. bigelowii* subsp. *arctisibirica*, *C. orbicularis* subsp. *altaica*). Заметим, что почти все неоэндемики принадлежат к продвинутым секциям *Carex*.

Большинство эндемичных осок имеет небольшие ареалы. К числу узкоэндемичных видов принадлежат *C. mingrelica*, *C. martynenkoi*, *C. ungurensis* и *C. macrostigmatica*. Относительно широко распространены *C. trautvetteriana* и *C. bigelowii* subsp. *arctisibirica*. 30 видов и подвидов нашей флоры, или 7.9%, являются субэндемиками (таблица 4).

Таблица 4
Table 4

Распространение субэндемичных для рассматриваемой территории видов и подвидов осок

Distribution of sedge species and subspecies subendemic to the territory considered

№ п.п.	Виды и подвиды Species and subspecies	Европейская часть European part	Кавказ Caucasus	Зап. Сибирь Western Siberia	Вост. Сибирь Eastern Siberia	Дальний Восток Far East	Средняя Азия Middle Asia
1	*C. pontica*	—	+	—	—	—	—
2	*C. alajica*	—	—	—	—	—	+
3	*C. ktausipali*	—	—	—	—	+	—
4	*C. tristis* subsp. *tristis*	—	+	—	—	—	—
5	*C. pamirica* subsp. *dichroa*	—	+	+	+	+	+
6	*C. umbrosa* subsp. *pseudosabynensis*	—	—	—	—	+	—
7	*C. sabynensis*	+	—	+	+	+	—
8	*C. conspissafa*	—	—	—	+	+	—
9	*C. mandshurica*	—	—	—	—	+	—
10	*C. melanocarpa*	+	—	+	+	+	—
11	*C. turkestanica*	—	—	+	—	—	+
12	*C. ledebouriana* subsp. *ledebouriana*	+	—	+	+	+	+
13	*C. selengensis*	—	—	—	+	—	—
14	*C. caucasica*	+	+	+	—	—	+
15	*C. aterrima* subsp. *medwedewii*	—	+	—	—	—	—

Таблица 4 (продолжение)
Table 4 (continuation)

16	C. *oligantha*	–	+	–	–	–	–
17	C. *transcaucasica*	–	+	–	–	–	–
18	C. *erawinensis*	–	–	–	+	–	–
19	C. *juncella*	+	–	+	+	–	–
20	C. *elata* subsp. *omskiana*	+	–	+	+	–	–
21	C. *bigelowii* subsp. *ensifolia*	+	–	+	+	–	–
22	C. *bigelowii* subsp. *rigidioides*	–	–	–	+	+	–
23	C. *soczavaeana*	–	–	–	+	+	–
24	C. *szovitsii*	–	+	–	–	–	–
25	C. *colchica*	+	+	–	–	–	+
26	C. *iljinii*	–	–	+	+	+	–
27	C. *micropodioides*	–	+	–	–	–	–
28	C. *bucharica*	–	–	–	–	–	+
29	C. *parallela* subsp. *redowskiana*	+	–	+	+	+	–
30	C. *kabanovii*	–	–	–	–	+	–

Кроме эндемиков и субэндемиков флоры бывшего СССР, мною выявлены виды и подвиды *Carex*, эндемичные для представленных на рассматриваемой территории (см. таблицу 2) флористических провинций в понимании А. Л. Тахтаджяна (1978а). Как показано на таблице 2, наибольшее количество эндемиков отмечается в Маньчжурской и Туркестанской провинциях, соответственно 16 и 6 видов и подвидов (14 и 12%). Высокий (12%) процент эндемизма *Carex* свойствен и Эвксинской провинции, где встречается 3 эндемичных вида. 6.2% составляют эндемичные осоки (2 вида) Туранской провинции. Эндемики остальных провинций (1–2, редко 3 в каждой) насчитывают 0.9–3.6%. Приводим перечень осок, эндемичных для следующих флористических провинций.

Арктическая провинция: *C. ursina*; Центральноевропейская провинция: *C. pseudobrizoides*, *C. brizoides*; Эвксинская провинция: *C. pontica*, *C. latifrons*, *C. hypaneura*; Кавказская провинция: *C. mingrelica*, *C. micropodioides*; Североевропейская провинция: *C. jemtlandica*, *C. arctogena*; Алтае-Саянская провинция: *C. martynenkoi*; Среднесибирская провинция: *C. macrostigmatica*; Северовосточносибирская провинция: *C. pseudodahurica*; Охотско-Камчатская провинция: *C. pyrophila*; Маньчжурская провинция: *C. raddei*, *C. glabrescens*, *C. egena*, *C. nikolskensis*, *C. xiphium*, *C. umbrosa* subsp. *pseudosabynensis*, *C. erythrobasis*, *C. holotricha*, *C. korkischkoae*, *C. mandshurica*, *C. ulobasis*, *C. ussuriensis*, *C. maximowiczii* subsp. *suifunensis*, *C. tegulata*, *C. dahurica* subsp. *chosenica*; Сахалино-Хоккайдская провинция: *C. subumbellata*, *C. scabrinervia*, *C. onoei* subsp. *capituliformis*; Армено-Иранская провинция: *C. cilicica*; Туранская провинция: *C. physodes*, *C. subphysodes*; Туркестанская провинция: *C. litvinovii*, *C. koshewnikowii*, *C. anisoneura*, *C. popovii*, *C. knorringiae*, *C. wendelboi*; Джунгаро-Тяньшанская провинция: *C. minutiscabra*.

Endemism

In the territory of the former USSR 25 endemic species and subspecies of *Carex* are known (Table 3), which constitutes 6.5 percentage from 382 sedges growing within its limits. There are also three endemic subsections: *Pamiricae*, *Glabrae* and *Archaicae*; these belong to the sections *Aulocystis*, *Mitratae* and *Lamprochlaenae* respectively. So endemism of the genus in the given territory is not great, inspite of its large size and considerable amount of taxa. Relative poverty in endemics is probably caused by a retardation of speciation in connection with restriction of the majority of sedge species to moist, swampy and coastal places levelling considerably impact of various natural factors and with occurrence of many sedges in plains.

The most number of the genus *Carex* endemics, namely 8 taxa (9.8%) of 81, is found in the Middle Asia where the general number of sedges is the least (Table 1). The high endemism of sedges in the Middle Asia as well as of other plant groups is probably connected with prolonged autochthonous evolution of its flora and also with a diversity of ecotopes. In the Caucasus two endemic species (1.9%), in Western Siberia one (0.9%), in Eastern Siberia five (3.1%) and in the Far East four endemic species (2.4%) are known. No endemics meet in the European part. Some sedge endemics can be referred to palaeoendemics arisen in the Tertiary period, some species belong to neoendemics formed in the Pleistocene. The following taxonomically isolated species are palaeoendemics: *C. regeliana*, *C. koshewnikowii*, *C. mingrelica*, *C. trautvetteriana*, *C. martynenkoi*, *C. malyschevii*, *C. popovii*, *C. tianschanica*, et al. The neoendemics are as follows: *C. titovii*, *C. vanheurckii* subsp. *crassispiculata*, *C. flavocuspis* subsp. *krascheninnikovii*, *C. tatjanae*, *C. bigelowii* subsp. *arctisibirica*, *C. orbicularis* subsp. *altaica* and *C. pyrophila*. Neoendemics are represented mainly by subspecies or species very closely related to other species.

Endemic sedges belong to 16 sections. The most number of endemics is found in the sections *Aulocystis* and *Phacocystis*, each containing 3 endemics. The first section belongs to the relatively primitive and the second one to the most advanced sections of the genus *Carex*. Endemics of the section *Aulocystis* are palaeoendemics (*C. regeliana*, *C. koshewnikowii*, *C. litvinovii*), while those of the section *Phacocystis* are neoendemics (*C. knorringiae*, *C. soczavaeana*, *C. bigelowii* subsp. *arctisibirica*, *C. orbicularis* subsp. *altaica*). To note, almost all sedge neoendemics are members of advanced sections.

The majority of endemic sedges has small ranges. The local endemics are *C. mingrelica*, *C. martynenkoi*, *C. ungurensis* and *C. macrostigmatica*. Rather widespread endemics are *C. trautvetteriana* and *C. bigelowii* subsp. *arctisibirica*. 30 species (7.9%) of the flora considered are subendemics (Table 4).

Besides the genus *Carex* endemics and subendemics of the flora of the former USSR, there are species and subspecies of this genus which are endemic to the floristic Provinces in the sense of Takhtajan (Тахтаджян, 1978). As shown in Table 2, the greatest number of endemics occurs in the Manchurian and the Turkestanian Provinces: 16 and 6 species and subspecies respectively (14 and 12%). The high percentage (12%) of endemics is observed in the Euxine Province where 3 endemic species grow. The Turanian Province has 2 endemic species (6.2%). Endemics of the remaining Provinces (1–2 or rarely 3 taxa in each) constitute 0.9–3.6%. The sedges enumerated below are endemic to the Provinces represented in the territory considered.

Arctic Province: *C. ursina*; Central European Province: *C. pseudobrizoides*, *C. brizoides*; Euxine Province: *C. pontica*, *C. latifrons*, *C. hypaneura*; Caucasian Province: *C. mingrelica*, *C. micropodioides*; North European Province: *C. jemtlandica*, *C. arctogena*; Altai-Sayan Province: *C. martynenkoi*; Middle Siberian Province: *C. macrostigmatica*; North-Eastern Siberian Province: *C. pseudodahurica*; Okhotsk-Kamchatka Province: *C. pyrophila*; Manchurian Province: *C. raddei*, *C. glabrescens*, *C. egena*, *C. nikolskensis*, *C. xiphium*, *C. umbrosa* subsp. *pseudosabynensis*, *C. erythrobasis*, *C. holotricha*, *C. korkischkoae*, *C. mandshurica*, *C. ulobasis*, *C. ussuriensis*, *C. maximowiczii* subsp. *suifunensis*, *C. tegulata*, *C. dahurica* subsp. *chosenica*; Sakhalin-Hokkaido Province: *C. subumbellata*, *C. scabrinervia*, *C. onoei* subsp. *capituliformis*; Armeno-Iranian Province: *C. cilicica*; Turanian Province: *C. physodes*, *C. subphysodes*; Turkestanian Province: *C. litvinovii*, *C. koshewnikowii*, *C. anisoneura*, *C. popovii*, *C. knorringiae*, *C. wendelboi*; Dzungaro-Tien Shan Province: *C. minutiscabra*.

Основные экологические особенности осок. Роль в растительном покрове

Экология осок достаточно разнообразна. Они растут почти везде, во всех природно-климатических зонах, встречаясь от уровня моря до высокогорий. Виды *Carex* крайне редки лишь в полярных и аридных пустынях и нивальном поясе гор. Характерными местообитаниями осок являются болота, берега водоемов, сырые и болотистые луга и прочие биотопы с повышенной или избыточной влажностью почвы. Немало видов нашей флоры (около 100, или 26%) произрастает и на умеренно увлажненных и сухих местах — в лесах, на сухих и остепненных лугах, в степях, сухих тундрах, на сухих каменистых склонах, иногда в пустынях и полупустынях. Экология многих осок довольно детально освещена в некоторых региональных флористических сводках (Кузенева, 1954; Мишкин, 1955; Кречетович и др., 1963; Егорова, 1966а, 1976б; Гейдеман, 1975, 1986; Малышев, 1979а) и в ряде специальных работ (Шенников, 1925; Янишевский, 1937; Куркин, 1954; Нечаева, 1961; Быков, 1962; Солоневич, 1970; Чекань, 1974; Носова, Ставрова, 1976; Биологическая флора..., 1980, и др.). Сведения об экологии всех видов и подвидов *Carex* рассматриваемой территории приведены в разделе «Систематика рода *Carex*». Здесь мы вкратце рассмотрим 9 основных экологических групп осок, выделенных нами на основании преимущественной приуроченности представителей рода к определенным типам местообитаний.

Самую обширную экологическую группу составляют осоки, произрастающие на лугах, б. ч. сырых и болотистых. К ней относятся 152 вида и подвида (40%). Из них 18 видов свойственны б. м. сухим лугам (суходольным, остепненным, лесным) (*C. praecox*, *C. montana*, *C. ulobasis*, *C. caryophyllea*, *C. microtricha*, *C. pallescens*, *C. tomentosa*, *C. obtusata* и др.). Характерными обитателями сырых и болотистых лугов, расположенных на равнинах и в нижнем и среднем поясах гор, являются *C. sordida*, *C. hirta*, *C. secalina*, *C. diluta*, *C. distans*, *C. flava*, *C. delicata*, *C. melanostachya*, *C. songorica*, *C. buxbaumii*, *C. divisa*, *C. leporina*, *C. uda*, *C. pulicaris* и мн. др. Некоторые из них (*C. secalina*, *C. diluta*, *C. distans*, *C. songorica* и др.) часто встречаются на солонцеватых почвах, а иногда и на солончаках (*C. distans* subsp. *aspratilis*). 34 представителя *Carex* произрастают на высокогорных лугах (*C. tristis*, *C. sempervirens*, *C. curvula*, *C. flavocuspis* subsp. *krascheninnikovii*, *C. aterrima*, *C. oligantha*, *C. pseudofoetida*, *C. oreophila* и др.). 22 вида и подвида обитают на приморских лугах (*C. pumila*, *C. extensa*, *C. paleacea*, *C. lyngbyei* subsp. *cryptocarpa*, *C. subspathacea*, *C. gmelinii*, *C. glareosa*, *C. ursina* и др.); некоторые из них произрастают в полосе приливов (*C. gmelinii*, *C. subspathacea*, *C. glareosa*).

Следующую группу, тесно связанную с первой, образуют лугово-болотные осоки (24 вида и подвида). Они встречаются на болотистых лугах и травяно-осоковых, редко моховых болотах (*C. melanantha*, *C. nigra*, *C. elata*, *C. minuta*, *C. cespitosa*, *C. echinata*, *C. canescens*, *C. microglochin*, *C. dioica* и др.).

К третьей группе принадлежат прибрежно-болотные растения (42 вида), обитающие по берегам рек и озер, в прибрежных мелководьях, старицах и на трявяно-осоковых (иногда осоково-моховых) болотах, нередко также и на болотистых лугах (*C. rhynchophysa*, *C. rostrata*, *C. vesicaria*, *C. riparia*, *C. saxatilis*, *C. acutiformis*, *C. pseudocyperus*, *C. heterolepis*, *C. aquatilis*, *C. acuta*, *C. schmidtii*, *C. paniculata*, *C. diandra* и др.); некоторые виды (*C. bicolor*, *C. eleusinoides*, *C. bohemica*, *C. sajanensis*) встречаются только в прирусловой части рек (на отмелях, галечниках).

Четвертую группу составляют 24 вида, распространенные на моховых, часто сфагновых болотах. Для сфагновых болот наиболее характерны *C. lasiocarpa*, *C. limosa*, *C. middendorffii*, *C. soczavaeana*, *C. chordorrhiza*, *C. pauciflora*.

К пятой, весьма многочисленной группе, относятся лесные осоки. Они представлены 86 видами и подвидами (24%), произрастающими в различного типа лесах, на лесных полянах и опушках. Большинство лесных видов встречается в хвойных и смешанных лесах. Около 30 видов обитает в широколиственных или в широколиственных и хвойно-широколиственных лесах (*C. siderosticta*, *C. bostrychostigma*, *C. pendula*, *C. strigosa*, *C. depauperata*, *C. pilosa*, *C. campylorhina*, *C. michelii*, *C. brevicollis*, *C. erythrobasis*, *C. depressa* subsp. *transsilvanica*, *C. halleriana*, *C. grioletii*, *C. forficula*, *C. divulsa*, *C. polyphylla*, *C. brizoides*, *C. phyllostachys* и др.). В хвойных лесах наиболее широко распространены *C. globularis*, *C. amgunensis*, *C. ericetorum*, *C. loliacea*, *C. tenuiflora*, *C. disperma* и др.

Следующую, шестую группу образуют 18 видов и подвидов (5%), произрастающих в разнообразных степных ценозах (*C. relaxa*, *C. supina*, *C. liparocarpos*, *C. humilis*, *C. pediformis*, *C. sabulosa*, *C. stenophylla*, *C. duriuscula*, *C. pachystylis* и др.).

Только 2 вида, *C. physodes* и *C. subphysodes*, принадлежат к седьмой, пустынной экологической группе.

В восьмую группу входят 15 представителей рода, являющихся характерными компонентами различного типа тундр (*C. fuliginosa* subsp. *misandra*, *C. membranacea*, *C. trautvetteriana*, *C. melanocarpa*, *C. glacialis*, *C. rupestris*, *C. fuscidula*, *C. bigelowii* subsp. *arctisibirica*, *C. lugens* и др.).

Последняя, девятая группа включает осоки, произрастающие в горах, преимущественно в верхнем поясе, по сухим каменистым и щебнистым склонам, осыпям, скалам и образующие петрофитные группировки. Из 15 видов этой группы отметим *C. tianschanica*, *C. griffithii*, *C. martynenkoi*, *C. alexeenkoana*, *C. koshewnikowii*, *C. litvinovii*, *C. bigelowii* subsp. *rigidioides*.

Рассмотренные экологические группы связаны друг с другом. Целый ряд видов может быть отнесен по меньшей мере к 2 группам. Например, *C. turkestanica* можно включить в лесную и степную группу, *C. pseudofoetida* — в луговую и лугово-болотную, *C. brevicollis* — в лесную и луговую, *C. macrogyna* — в степную и петрофитную, *C. praecox* — в луговую и степную и т. п. Поэтому разделение видов по экологическим группам до некоторой степени условно.

Осоки — характерные обитатели кислых почв. Но довольно многие виды являются кальцефилами, произрастающими преимущественно или исключительно на известьсодержащих субстратах (*C. macrogyna*, *C. jacutica*, *C. digitata*, *C. ornithopoda*, *C. alba*, *C. malyschevii*, *C. glacialis*, *C. atrofusca*, *C. rupestris* и др.). Большинство осок нашей флоры принадлежит к гигрофитам, мезогигрофитам и мезофитам. Часть видов Б. А. Быков (1962), например, относит к мезоксерофитам (*C. stenophylla*, *C. stenophylloides*, *C. duriuscula*, *C. tristis*, *C. humilis*, *C. supina*, *C. pediformis*) и ксеромезофитам (*C. physodes*, *C. pachystylis*). Пользуясь его терминологией, к мезоксерофитам, т. е. к растениям, в большей степени являющимся мезофитами, чем ксерофитами, можно отнести также и *C. extensa*, *C. flacca*, *C. turkestanica*, *C. arenaria*, *C. colchica*, а к ксеромезофитам — *C. macrogyna*, *C. ericetorum*, *C. relaxa*, *C. sabulosa*, *C. bucharica*. В специальном исследовании нуждается вопрос, есть ли среди осок нашей флоры настоящие ксерофиты.

Многие виды осок встречаются в массовом количестве, играя весьма существенную фитоценотическую роль. По данным Быкова (1962), 85 видов *Carex* являются доминантами и содоминантами различных растительных сообществ. Большинство видов доминирует в растительном покрове болот, сырых и болотистых лугов, сырых тундр, берегов водоемов и нередко образует самостоятельные группировки. Наиболее важные ценозообразователи названных

41 Заказ № 131

местообитаний: *C. tristis*, *C. lasiocarpa*, *C. rhynchophysa*, *C. rostrata*, *C. rotundata*, *C. acutiformis*, *C. riparia*, *C. melanostachya*, *C. songorica*, *C. panicea*, *C. diluta*, *C. distans*, *C. limosa*, *C. rariflora*, *C. melanantha*, *C. lyngbyei* subsp. *cryptocarpa*, *C. subspathacea*, *C. middendorffii*, *C. acuta*, *C. nigra*, *C. aquatilis*, *C. elata*, *C. schmidtii*, *C. cespitosa*, *C. bigelowii* subsp. *arctisibirica*, *C. orbicularis*, *C. diandra*, *C. pseudofoetida*, *C. canescens*, *C. pauciflora*, *C. oreophila* и др. Некоторые осоки, например *C. pilosa*, *C. michelii* и *C. brevicollis*, нередко являются содоминантами в травяном покрове широколиственных лесов (Гейдеман, 1975). *C. praecox* — содоминант сухих и остепненных лугов, *C. humilis*, *C. supina*, *C. pediformis*, *C. stenophylla* и *C. duriuscula* — доминанты и содоминанты степных сообществ, *C. physodes* — содоминант пустынных псаммофитных сообществ (Быков, 1962; Кречетович и др., 1963; Камелин, 1973; Карамышева, Рачковская, 1973).

Main ecological features of sedges. Role in plant cover

Ecology of sedges is rather diverse. They grow almost everywhere: in all natural-climatic zones from sea level to high mountain areas. Sedges are very rare in polar and arid deserts and nival montane belt. Typical biotopes of sedges are marshes, bogs, fens, shores of water-reservoirs, humid and swampy meadows and other habitats with high or excessive soil humidity. Nearly 100 species (26%) of the flora of the territory considered occur in moderately humid or dry habitats: in forests, in dry or steppe meadows, in steppe, dry tundras, on dry stony slopes, sometimes in deserts or semideserts. Ecology of many sedges is described in detail in regional floristic works (Кузенева, 1954; Мишкин, 1955; Кречетович et al., 1963; Егорова, 1966а, 1976б; Гейдеман, 1975, 1986; Малышев, 1979а) and in number of special publications (Шенников, 1925; Янишевский, 1937; Куркин, 1954; Нечаева, 1961; Быков, 1962; Солоневич, 1970; Чекань, 1974; Носова, Ставрова, 1976; Биологическая флора..., 1980, et al.). Data on ecology of sedge species and subspecies of the territory considered are given in the division «Taxonomy of the genus *Carex*». In this division we shall briefly analyze 9 main ecological groups, distinguished here on the base of the praedominant occurrence of sedges in certain types of habitats.

The richest ecological group is composed by sedges growing in meadows, mostly humid and marshy. 152 species and subspecies (40%) belong to it. 18 species of them are restricted to more or less dry meadows: *C. praecox*, *C. montana*, *C. ulobasis*, *C. caryophyllea*, *C. microtricha*, *C. pallescens*, *C. tomentosa*, *C. obtusata*, etc. Typical members of humid and marshy meadows, located on plains, lower and middle montane belts, are *C. sordida*, *C. hirta*, *C. secalina*, *C. diluta*, *C. distans*, *C. flava*, *C. delicata*, *C. melanostachya*, *C. songorica*, *C. buxbaumii*, *C. divisa*, *C. leporina*, *C. pulicaris* et al. Some of them (*C. secalina*, *C. diluta*, *C. distans*, *C. songorica*, et al.) grow frequently on subsaline soils or sometimes on solonchak (*C. distans* subsp. *aspratilis*). 34 members occur in altimontane meadows (*C. tristis*, *C. sempervirens*, *C. curvula*, *C. flavocuspis* subsp. *krascheninnikovii*, *C. aterrima*, C. oligantha, *C. pseudofoetida*, *C. oreophila* et al.). 22 species and subspecies grow in maritime meadows (*C. pumila*, *C. extensa*, *C. paleacea*, *C. lyngbyei* subsp. *cryptocarpa*, *C. subspathacea*, *C. gmelinii*, *C. glareosa*, *C. ursina* et al.); some of them encounter in tidal zone (*C. gmelinii*, *C. subspathacea*, *C. glareosa*).

Next group, closely connected with the first one, is composed by meadow-fen sedges (24 taxa in number), occurring in marshy meadows and grass-sedge fens, rarely in peat bogs (*C. melanantha*, *C. nigra*, *C. elata*, *C. minuta*, *C. cespitosa*, *C. echinata*, *C. canescens*, *C. microglochin*, *C. dioica* et al.).

The third group contains 42 species of sedges, growing on shores of rivers and lakes, in littoral shallow waters, in grass-sedge (sometimes sedge-hypnum) fens and also in marshy meadows. Here belong *C. rhynchophysa*, *C. rostrata*, *C. vesicaria*, *C. riparia*, *C. saxatilis*, *C. acutiformis*, *C. pseudocyperus*, *C. heterolepis*, *C. aquatilis*, *C. acuta*, *C. schmidtii*, *C. paniculata*, *C. diandra*, et al.; some species (*C. bicolor*, *C. eleusinoides*, *C. bohemica*, *C. sajanensis* grow only near river-bed on pebbles and shallow places.

The fourth group includes 24 species occurring in moss, frequently sphagnum bogs. *C. lasiocarpa*, *C. limosa*, *C. middendorffii*, *C. soczavaeana*, *C. chordorrhiza*, *C. pauciflora* are the most typical members of this group.

To the fifth, rather rich group, forest sedges are referred. This group incorporates 86 species and subspecies (24%) growing in forest of various types, in forest edges and glades. The majority of forest sedges occurs in coniferous and mixed forests. Nearly 30 species grow in broad-leaved or coniferous-broad-leaved forests (*C. siderosticta*, *C. bostrychostigma*, *C. pendula*, *C. strigosa*, *C. depauperata*, *C. pilosa*, *C. campylorhina*, *C. michelii*, *C. brevicollis*, *C. erythrobasis*, *C. depressa* subsp. *transsilvanica*, *C. halleriana*, *C. grioletii*, *C. forficula*, *C. divulsa*, *C. polyphylla*, *C. brizoides*, *C. phyllostachys*, et al.). In coniferous forests *C. globularis*, *C. amgunensis*, *C. ericetorum*, *C. loliacea*, *C. tenuiflora*, *C. disperma* et al. are widely distributed.

The sixth group contains 18 species and subspecies (5%) growing in different steppe cenoses (*C. relaxa*, *C. supina*, *C. liparocarpos*, *C. humilis*, *C. pediformis*, *C. sabulosa*, *C. stenophylla*, *C. duriuscula*, *C. pachystylis* et al.).

Only *C. physodes* and *C. subphysodes* belong to the seventh, the desert ecological group.

The eighth group includes 15 members of *Carex* growing in tundra communities. Here the following species belong: *C. fuliginosa* subsp. *misandra*, *C. membranacea*, *C. trautvetteriana*, *C. melanocarpa*, *C. glacialis*, *C. rupestris*, *C. fuscidula*, *C. bigelowii* subsp. *arctisibirica*, *C. lugens*, et al.

The last, ningth group, incorporates montane sedges, growing mainly in alpine belt on dry stony and gravel slopes, screens, rocks and forming petrophyte communities. From 15 species of this group one can mention *C. tianschanica*, *C. griffithii*, *C. martynenkoi*, *C. alexeenkoana*, *C. koshewnikowii*, *C. litvinovii*, *C. bigelowii* subsp. *rigidioides*.

These ecological groups are interconnected. A number of species can be referred to two or more groups. For instance, *C. turkestanica* can be included into the forest and steppe group, *C. pseudofoetida* — into the meadow and meadow-fen one, *C. brevicollis* — into the forest and meadow one, *C. macrogyna* — into the steppe and petrophyte one, *C. praecox* — into the meadow and steppe group etc. Therefore, the division of species over ecological groups is conditional to certain degree.

Sedges are characteristic inhabitants of acid soils. But rather many species are calciphils (*C. macrogyna*, *C. jacutica*, *C. digitata*, *C. ornithopoda*, *C. alba*, *C. malyschevii*, *C. glacialis*, *C. atrofusca*, *C. rupestris*, et al.). The majority of sedges of the territory considered are hygrophytes, mesohygrophytes and mesophytes. Some sedges are referred by Bykov (Быков, 1962) to mesoxerophytes (*C. stenophylla*, *C. stenophylloides*, *C. duriuscula*, *C. tristis*, *C. humilis*, *C. supina*, *C. pediformis*) and to xeromesophytes (*C. physodes*, *C. pachystylis*). Using Bykov's terminology to mesoxerophytes, that is, to plants more mesophytic than xerophytic, also one can refer *C. extensa*, *C. flacca*, *C. turkestanica*, *C. arenaria*, *C. colchica*, to xeromesophytes — *C. macrogyna*, *C. ericetorum*, *C. relaxa*, *C. sabulosa*, *C. bucharica*. Clarification whether true xerophytes exist in sedges demands a special study.

Many sedges grow as large numbers of individuals and play therefore a very substantial role in the formation of vegetational communities and determine their appearance. According to Bykov (Быков, 1962), 85 species of *Carex* are dominants or codominants of different plant communities. Many sedge species dominate in plant cover of bogs, fens, humid and marshy meadows, humid tundras, shores of waterbodies and frequently form separate communities. The most important cenoseforming species in these habitats are *C. tristis*, *C. lasiocarpa*, *C. rhynchophysa*, *C. rostrata*, *C. rotundata*, *C. acutiformis*, *C. riparia*, *C. melanostachya*, *C. songorica*, *C. panicea*, *C. diluta*, *C. distans*, *C. limosa*, *C. rariflora*, *C. melanantha*, *C. lyngbyei* subsp. *cryptocarpa*, *C. subspathacea*, *C. middendorffii*, *C. acuta*, *C. nigra*, *C. aquatilis*, *C. elata*, *C. schmidtii*, *C. cespitosa*, *C. bigelowii* subsp. *arctisibirica*, *C. orbicularis*, *C. diandra*, *C. pseudofoetida*, *C. canescens*, *C. pauciflora*, *C. oreophila*, etc. Some sedges (*C. pilosa*, *C. michelii*, *C. brevicollis*, etc.) are often codominants in grass cover of broad-leaved forests (Гейдеман, 1975). *C. praecox* is a codominant of dry and steppe meadows; *C. humilis*, *C. supina*, *C. pediformis*, *C. stenophylla* and *C. duriuscula* are dominants and codominants of steppe communities, *C. physodes* is a codominant of desert psammophyte communities (Быков, 1962; Кречетович et al. 1963; Камелин, 1973; Карамышева, Рачковская, 1973).

ЭВОЛЮЦИЯ РОДА CAREX L.

Палеоботанические материалы по роду *Carex* крайне малочисленны. Самая ранняя ископаемая находка осоки (единственный отпечаток мешочка) датируется началом палеоцена. Она была сделана В. А. Красиловым (1976) в Цагаянских отложениях Амурской обл. (долина р. Буреи), принадлежащих Датскому ярусу. Последний находится на рубеже мела и палеогена, и большинством авторов, как указывает Красилов (1983), относится к палеогену. Интересно отметить, что мешочек ископаемой осоки — *Carex tsagajanica* Krassilov, характеризуется примитивными признаками: большими размерами (вместе с носиком 14 мм дл.) и удлиненным цельным носиком.

Цагаянская находка (идентификация ее, судя по фотографии отпечатка, является довольно достоверной) показывает, что в начале палеогена род *Carex* уже существовал. Возникновение же его несомненно относится к мелу (Егорова, 1966б, 1987а, 1987б) — времени появления многих покрытосеменных. В пользу гипотезы о меловом происхождении *Carex* свидетельствуют находка осоки на границе мела и палеогена и совокупность таких данных, как космополитное распространение рода, присутствие всех его подродов и целого ряда секций на континентах как сев., так и южн. полушарий (причем виды некоторых секций, встречающиеся в сев. полушарии, хорошо обособлены от видов тех же секций из южн. полушария), высокая степень морфологической дифференциации рода, проявляющаяся в существовании огромного количества видов и многочисленных таксонов секционного и подсекционного рангов.

Приведенные факты позволяют предположить, что основная дифференцировка рода *Carex* и его широкое расселение произошли не позднее конца палеогена, когда, по мнению ряда авторов (Axelrod, 1970; Raven, Axelrod, 1974; Тахтаджян, 1978а), окончательно прекратились флористические связи между фрагментами бывшей Гондваны.

В связи с обсуждением вопроса о времени возникновения *Carex* следует сказать о находке В. А. Самылиной (1959, 1960) в бассейне Колымы, в верхах нижнего мела, отпечатков растений, имеющих большое сходство с осоками и описанных ею в качестве ископаемого рода *Caricopsis* с 2 видами. Данные Самылиной в известной мере могут служить аргументом в пользу гипотезы мелового происхождения осок. Следует отметить, что, по мнению Болла (Ball, 1990), род *Carex* произошел в самом начале третичного периода.

В палеогеновых отложениях, кроме *C. tsagajanica*, обнаружены остатки осок (плоды), определяемые олигоценовым временем. Они известны только из Швейцарии и описаны в качестве нескольких ископаемых видов (Heer, 1855, 1859). Однако принадлежность некоторых из них к роду *Carex* подвергается сомнению (Kirchheimer, 1957).

Неогеновые (миоценовые и плиоценовые) ископаемые остатки осок представлены в основном плодами, которые обычно сближают, реже отождествляют с плодами современных видов или описывают как ископаемые виды. Следует заметить, что идентификация ископаемых осок по плодам недостаточно надежна вследствие их довольно однообразного строения: сходная форма плодов нередко наблюдается у видов разных групп родства. В литературе имеются сведения о находках плодов осок в неогеновых, преимущественно плиоценовых отложениях Средней и Сев. Европы (Heer, 1859, 1868; Reid, Reid, 1915; Szafer, 1946—1947, 1954; Kirchheimer, 1957; Łańcuka-Środoniowa, 1979, и др.). На основании довольно характерных плодов (благодаря наличию столбиков —

«носиков») из плиоцена Германии был описан ископаемый вид — *C. flagellata* C. et E. Reid (Reid, Reid, 1915), по-видимому, из родства *C. rostrata*. С *C. flagellata* отождествляют плоды осок из неогеновых отложений разных районов России и сопредельных государств (Дорофеев, 1962, 1963, 1965, 1977; Величкевич, 1982а). Как указывает П. И. Дорофеев (1977), описание *C. flagellata* было основано на плодах двух типов, и это название лектотипифицировал Шафер (Szafer). Плоды, отличающиеся от типовых, Дорофеев описал как *C. szaferi*, отметив, что этот вид в миоцене был широко распространен в Зап. Сибири, Якутии и Польше.

На территории нашей страны миоценовым временем определяются находки плодов *Carex* в семенных ископаемых флорах Зап. и Вост. Сибири и Среднего Урала (Дорофеев, 1963, 1963, 1970, 1972). Плоды осок из Зап. Сибири были определены Дорофеевым как *C. flagellata*, *C.* cf. *rostrata* и *C.* cf. *pauciflora*. Позднее образцы, обозначенные двумя последними названиями, были отнесены к ископаемым видам, соответственно к *C. szaferi* (Дорофеев, 1977) и *C. paucifloroides* Wieliczk. (Величкевич, 1975). В миоценовых отложениях Среднего Урала обнаружены плоды *C. antiqua* Dorof.[1], которую Дорофеев (1970) считает родственной современным видам *C. dickinsii* Franch. et Savat. и *C. michauxiana* Boeck. Это неморальные виды, представители секции *Rostrales*, распространенной в Вост. и Юго-Вост. Азии и на юго-востоке Сев. Америки. Находка *C. antiqua* свидетельствует (в случае правильности установления Дорофеевым родства вида) о том, что в неогене ареал этой секции занимал в Азии значительно бо́льшую территорию, чем в настоящее время. В миоценовых отложениях Вост. Сибири (Мамонтова гора на Алдане, басс. р. Омолой) зафиксированы плоды ископаемых видов из родства *C. rostrata* (*C. rostrata-pliocenica* Nikitin и *C. omoloica* Dorof.) и много плодов *Carex* sp. (Дорофеев, 1969, 1972).

Плиоценовые флоры, обнаруженные на нашей территории, содержат те же виды осок, которые были и в миоцене, но наряду с ними отмечен ряд других видов, близких, судя по определениям, к современным. В плиоцене Воронежской обл. встречаются плоды *C. rostrata-pliocenica*, *C. cespitosa*, *C. pauciflora* (возможно, это *C. paucifloroides*) (Никитин, 1957), Татарстана — *C.* cf. *vesicaria* и *C. goodenoughii* (Николаева, Закирова, 1957). Заметим, что отнесение плодов к *C. cespitosa* и *C. goodenoughii* (= *C. nigra*) — представителям секции *Phacocystis*, не является достоверным, так как плоды видов этой секции (как, впрочем, и многих других) не имеют специфических особенностей. В плиоцене Башкирии найдены плоды видов из родства *C. rostrata*: *C. flagellata*, *C. rostrata-pliocenica*, *C. szaferi*, *C.* cf. *rostrata*, а также *C.* cf. *hirta*, *C.* cf. *pallescens*, *C.* cf. *canescens*, *C.* cf. *elongata*, *C.* cf. *pauciflora* (возможно, это *C. paucifloroides*) (Дорофеев, 1962, 1965, 1977).

Из плиоценовых отложений на Днепре (Белоруссия, Гомельская обл., д. Дворец) Ф. Ю. Величкевич (1975) описал *C. paucifloroides*, плоды которой сходны в общих чертах с плодами *C. pauciflora*, но обнаруживают ряд отличий от них. Основываясь на последних, можно, на наш взгляд, прийти к заключению, что сходство между названными видами является конвергентным и они относятся к разным таксономическим группам (возможно, даже к разным подродам). Сходные с *C. paucifloroides* плоды довольно часто встречаются в Европе, начиная с миоцена; они известны (как *C.* cf. *pauciflora*) и в миоцене Зап. Сибири (Величкевич, 1975). *C. paucifloroides* отмечена в плиоцене Тамбовской обл. (Дорофеев, 1986а, 1986б). Этот вид широко представлен также

[1] *C. antiqua* Dorof. является более поздним омонимом по отношению к *C. antiqua* Heer. Поэтому здесь предлагается новое название: **C. dorofeevii** Egor. nom. nov. — *C. antiqua* Dorof. 1970, Третич. флоры Урала : 33, non Heer, 1959.

в плейстоценовых флорах Восточно-Европейской равнины, относящихся к днепровскому времени, но в неоплейстоценовых отложениях он уже отсутствует (Величкевич, 1982б).

Резюмируя все сказанное о находках осок в третичных отложениях, можно сделать вывод, что в них присутствует целый ряд ископаемых видов, причем некоторые из них, например *C. flagellata*, *C. szaferi* и *C. paucifloroides*, были широко распространены, подобно многим современным видам, и существовали в течение длительного времени: первые два вида — в миоцене и плиоцене, третий — с миоцена до плейстоцена включительно.

Остатки осок, датируемые плейстоценом, представлены плодами и разной степени сохранности мешочками и определяются названиями современных видов, к которым нередко добавляется слово conformis (cf.), указывающее на сходство с последними. По мнению Дорофеева (1966) и Величкевича (1982б), плейстоценовые виды разных групп растений часто не идентичны современным.

В. Н. Сукачевым (1938) приводится 10 видов *Carex* из плейстоцена Европейской части России (болотная флора последней, рисс-вюрмской, межледниковой эпохи), широко распространенных и в настоящее время. В плейстоцене Восточно-Европейской равнины (лихвинские флоры) Величкевичем (1982а, 1982б) указываются *C. rostrata*, *C. pseudocyperus*, *C.* cf. *elata*, *C.* cf. *flava*, *C.* cf. *riparia*, *C.* cf. *vesicaria*. Сводные данные о плейстоценовых остатках осок (мешочков и плодов), так же, как и других растений, содержатся в работе Н. Я. Каца, С. В. Кац и М. Г. Кипиани (1965).

Палеоботанические данные по роду *Carex* не содержат информации об его эволюции. Поэтому предположения, касающиеся филогении осок, приходится основывать главным образом на данных сравнительной морфологии, а также экологии и географического распространения видов и подразделений рода. Эти данные позволили составить представление о наиболее вероятных направлениях эволюции довольно большого числа признаков вегетативной и репродуктивной сферы (см. с. 89). Основываясь на них, я попыталась определить эволюционный уровень (и соответственно место в системе) различных таксонов рода.

Взгляды на эволюцию осок содержатся в работах сравнительно немногих исследователей и касаются в основном либо филогенетических отношений между подродами и эволюционного уровня отдельных секций или групп секций, либо некоторых общих вопросов филогении рода (Drejer, 1844; Almquist, 1884; Holm, 1903; Kükenthal, 1909; Кречетович, 1936; Ohwi, 1936; Nelmes, 1951, 1952a; Savile, Calder, 1953; Koyama, 1962; Алексеев, 1974а 1976б, 1978; Егорова, 1975, 1987б; Smith, Faulkner, 1976; Schmid, 1982; Crins, 1990; Reznicek, 1990). Эволюционные взаимоотношения в пределах подродов и секций осок рассматриваются в моих работах (Егорова, 1966б : подрод *Vignea*, 1987а : подроды *Carex*, *Kreczetoviczia* и *Psyllophora*).

Оценка эволюционного уровня элементов системы рода затруднена тем, что у них, как и у многих других групп растений, выражен феномен, названный А. Л. Тахтаджяном (1959, 1966) гетеробатмией, заключающийся в присутствии у таксона, вследствие мозаичного характера эволюции, признаков разного эволюционного уровня. Заметим, что не только подразделения рода *Carex*, но и сам род в целом гетеробатмичен. Наличие у него самых специализированных в сем. *Cyperaceae* сосудов, характеризующихся, как правило, простой перфорацией, и самых специализированных элементарных колосков (одноцветковых, в виде замкнутого мешочка, заключающего в себе гинецей) сочетается с присутствием более примитивного, чем у многих других, преимущественно тропических, родов осоковых, зародыша. Бóльший «эволюционный вес» имеют, по-видимому, признаки двух первых органов, в особенности наличие мешочков, имеющих важное биологическое значение (см. раздел «Морфологические особенности осок») и, вероятно, сыгравших важную роль в становлении рода *Carex*. Основываясь на этих признаках, я, подобно многим другим циперологам, рассматриваю род *Carex* как высший этап эволюции *Cyperaceae*. При определении уровня эволюции составляющих род *Carex* таксонов наибольшее значение имеют, на мой взгляд, такие признаки, как распределение тычиночных и пестичных цветков в соцветии, характер расположения колосков по репродуктивному побегу, количество колосков, цветков, плодолистиков и рыльцевых ветвей (уменьшение количества однородных элементов — явление олигомеризации имело, как признается многими эволюционистами (Тахтаджян, 1964), большое значение в эволюции), наличие или отсутствие в мешочках рудимента колосковой оси.

Эволюционные взаимоотношения таксонов *Carex* отражены в предложенной в настоящей работе системе рода. Известно, однако, что при линейном расположении подразделений эволюционный принцип в какой-то мере (это касается отдельных секций) нарушается вследствие того, что в некоторых случаях относительно продвинутая секция может стоять перед более примитивной секцией, но представляющей другую линию развития. Поэтому дополнением к системе служат схемы (рис. 73—76), представляющие собой поперечные сечения родословного древа рода и его основных подразделений на современном этапе, на которых показаны соотношения предполагаемых эволюционных уровней таксонов. Похожие схемы использованы в работах ряда авторов (Stebbins, 1956; Цвелев, 1976; Каратыгин, 1981, и др.). Они имеют некоторые преимущества перед отражением филогенетических связей в виде родословного древа, поскольку далеко не всегда (а в роде *Carex* лишь в немногих случаях) одни современные таксоны могут быть непосредственно выведены от других современных.

Выше было отмечено, что *Carex* является самым высокоорганизованным родом сем. *Cyperaceae*. Ни один из ныне существующих родов трибы *Cariceae* (*Schoenoxiphium*, *Kobresia*, *Uncinia*), к которой принадлежит род *Carex*, не мог дать ему начало, так как, несмотря на свою более примитивную по сравнению с ним организацию, они уже довольно специализированы, в особенности наиболее близкий к осокам род *Uncinia*, распространенный преимущественно в южн. полушарии. Соцветие у видов этого рода состоит, как у осок из подрода *Psyllophora*, только из одного колоска, несущего в верхней части тычиночные цветки, в нижней — замкнутые, как у *Carex*, мешочки. Но в отличие от *Carex*, из мешочков *Uncinia* сильно выступает ось (колосковая ось элементарного колоска) с крючковидно загнутой верхушкой, представляющей собой жесткую завернутую кроющую чешую, в пазухе которой, как показали анатомические исследования (Snell, 1936), имеется недоразвитая почка. Благодаря наличию развитой оси, несущей кроющую чешую и почку, элементарные колоски у *Uncinia* имеют более примитивное строение, чем у *Carex*.

Идея о происхождении многоколосковых осок (их большинство в роде) от одноколосковых (Drejer, 1844; Schulz, 1886; Holm, 1903; Kükenthal, 1909, и др.) больше не находит сторонников, после того как В. И. Кречетовичем (1936) весьма аргументированно было высказано мнение о вторичности одноколосковых соцветий. Нелмс (Nelmes, 1951) допускает возможность возникновения представителей подродов *Carex* и *Vignea* от подрода *Indocarex* (= subgen. *Vigneastra*) или же от предка индокарикоидного типа, считая, подобно ряду других авторов (Кречетович, 1936; Егорова, 1966б, 1990; Smith, Faulkner, 1976; Chater, 1980; Егорова, Трифонова, 1986), последний подрод наиболее примитивным в роде. С моей точки зрения, подрод *Indocarex* нельзя рассматривать в качестве исходного для осок названных подродов вследствие наличия у всех его видов при основании ветвей соцветия специализированных мешочковидных предлистьев. В подроде *Carex* (и *Kreczetoviczia*) предлистья при основании ветвей (кладопрофиллы) влагалищеобразные, в подроде *Vignea* у большинства видов кладопрофиллы отсутствуют, они сохранились только у видов секции *Ammoglochin*, у которых они чешуевидные (в подроде *Vignea* кладопрофиллы были обнаружены Ю. Е. Алексеевым (1978)). Не могли произойти от подрода *Indocarex*, вопреки мнению В. И. Кречетовича (см. раздел «Морфологические особенности осок»), и одноколосковые виды, составляющие подрод *Psyllophora* (= subgen. *Primocarex*), поскольку у многих из них в мешочках имеется осевой придаток, отсутствующий у представителей первого подрода.

Эволюция рода *Carex* была, по всей вероятности, парафилетической. Все 5 подродов, отражающие направления эволюции осок, не происходили один от другого, а эволюционировали параллельно от общего предка — вымершей группы Protocarex, к которому, по-видимому, близки наиболее примитивные виды подрода *Vigneastra* (= subgen. *Indocarex*). Но у предковых форм, в отличие от них, предлистья в основании ветвей соцветия, по всей вероятности, еще не были специализированными, а все элементарные одноцветковые колоски (т.е. мешочек с гинецеем) имели осевой придаток (рудимент колосковой оси).

На более высоких ступенях эволюции по сравнению с подродом *Vigneastra* находятся, благодаря наличию более специализированных общих соцветий и колосков (см. текст об эволюции соцветий в разделе «Морфологические особенности осок»), подрод *Carex* — самый крупный из всех подродов, представляющий, по-видимому, основное направление эволюции рода, и подрод *Kreczetoviczia*. Группа секций (в том числе секция *Phacocystis* — одна из наиболее широко распространенных и богатых видами секций), недавно выделенная мной в подрод *Kreczetoviczia* (Егорова, 1985а), помещалась многими авторами (Kükenthal, 1909; Mackenzie, 1931, 1935; Кречетович, 1935а; Ohwi, 1936, 1965, и др.) в начале системы подрода *Carex* (= subgen. *Eucarex*). Однако наличие у видов этих секций такого важного признака, как гинецей, состоящий из 2 (а не 3) плодолистиков, а также ряда других производных признаков (мелкие мешочки, часто покрытые папиллами, обычно с очень коротким носиком, кроющие листья б. ч. без влагалища, мезокарпий, образованный только двумя рядами склереид), дает основание считать данные секции (= sect. *Acutae* s. l. в трактовке некоторых авторов) более эволюционно продвинутыми, чем остальные подразделения подрода *Carex*. Мнение о более высоком уровне организации осок, о которых идет речь, отражено в системах ряда современных авторов (Moore, Edgar, 1970; Егорова, 1972а, 1972б, 1975, 1976а, 1990; Chang, Yang, 1976; Chater, 1980).

Следующий этап в эволюции осок — подрод *Vignea*. В отношении его эволюционного уровня и, следовательно, места в системе, нет единого мнения. Одни авторы помещают этот подрод перед подродом *Carex* (Kükenthal, 1909; Кречетович, 1935а; Chater, 1980; Dostál, 1982, и др.), другие — после него (Drejer, 1844; Nelmes, 1951, 1952b; Savile, Calder, 1953; Koyama, 1962; Егорова, 1966б, 1976а, 1990; Chang, Yang, 1976). Мнение о бóльшей специализации подрода *Vignea* по сравнению с тремя предыдущими подродами может быть обосновано наличием у его представителей многих признаков, вторичность которых едва ли может вызвать сомнения. Эти признаки следующие: расположение соцветия в верхней части стебля, отсутствие у большинства видов предлистьев при основании ветвей соцветия, наличие б. ч. чешуевидных кроющих листьев и гинецея, состоящего обычно из двух плодолистиков, отсутствие ножек у колосков и карпофора у плодов, наличие у многих видов мешочков с крыловидными краями (особенно в секциях *Ammoglochin* и *Ovales*), присутствие у некоторых видов (например, *C. arenaria*) специализированных ползучих корневищ и наличие у ряда видов двудомности. Кроме того, многие представители подрода *Vignea* имеют колоски самого продвинутого, по всей вероятности, типа — гинекандрические. Причем секции, включающие виды с такими колосками, являются наиболее многочисленными по видовому составу. Примитивной особенностью подрода *Vignea* считается (Kükenthal, 1909) наличие у него обоеполых колосков, так как дифференциация колосков на тычиночные и пестичные рассматривается как биологически прогрессивное явление. Но, по-видимому, не следует переоценивать ее биологическую роль, поскольку осоки — обычно перекрестно опыляемые растения.

Самым эволюционно продвинутым вследствие наличия у его видов одноколоскового соцветия является подрод *Psyllophora*. В нем сильнее, чем в других подродах осок, выражена гетеробатмия, и это одна из причин разной трактовки его эволюционного положения. Примитивными признаками в подроде следует считать андрогинность колоска (но у двудомных видов колоски однополые) и наличие у довольно большого числа представителей осевых придатков в мешочках. Подрод *Psyllophora* — по-видимому, древняя, быстро эволюционировавшая группа, у которой рано закончился основной эволюционный процесс. Заметим, что подобного же мнения придерживается и Резничек (Reznicek, 1990a). Предположение о древности подрода согласуется с присутствием в нем олиготипных и монотипных секций.

Гипотеза о месте происхождения *Carex* впервые была выдвинута Нелмсом (Nelmes, 1946, 1951), предположившим, что род возник в Индо-Малезийской области (она соответствует Индо-Малезийскому подцарству в понимании А. Л. Тахтаджяна, 1978а), так как в ней произрастает большинство видов примитивного (и, по его мнению, исходного для остальных осок) подрода *Indocarex*, в то время как в тропиках Африки и Америки их значительно меньше. Согласно моим данным, областью наибольшего видового разнообразия подрода *Indocarex* являются Индия, Юго-Вост. Азия и южные районы Вост. Азии, где встречается свыше 60 его представителей из около 100 известных. В этих же регионах встречается и большинство видов наиболее примитивных секций подродов *Carex* и *Kreczetoviczia* (*Decorae*, *Debiles*, *Graciles*, *Praelongae*), а также одна из примитивных секций подрода *Vignea* (sect. *Phleoideae*).

Максимальная концентрация видов наиболее примитивных таксономических групп в Индии, Юго-Вост. Азии и южных районах Вост. Азии позволяет считать эти территории (кроме Индии) возможной областью происхождения и первоначального развития рода. Индия, за исключением Ассама, не могла быть частью области происхождения *Carex*, так как образование Гималаев на месте Тетиса и присоединение п-ва Индостан к азиатскому материку произошли значительно позднее гипотетического (мелового) времени возникновения осок. В отличие от гипотезы Нелмса, возможным местом первичной эволюции *Carex* я считаю Юго-Вост. Азию, являющуюся частью Индо-Малезийской области, и южные районы Вост. Азии. Гондванское происхождение рода представляется весьма маловероятным, поскольку территории бывшей Гондваны резко уступают Лавразии по количеству видов и надвидовых таксонов. Наиболее крупными вторичными центрами развития осок в Евразии являются северные районы Вост. Азии, южные районы Сев. Азии и территория Древнего Средиземноморья.

Я разделяю мнение Стеббинса (Stebbins, 1974), полагающего, что род *Carex* возник в горах, так как только в горных условиях могла возникнуть такая структура, как мешочек, взявшая на себя вместо полностью редуцирован-

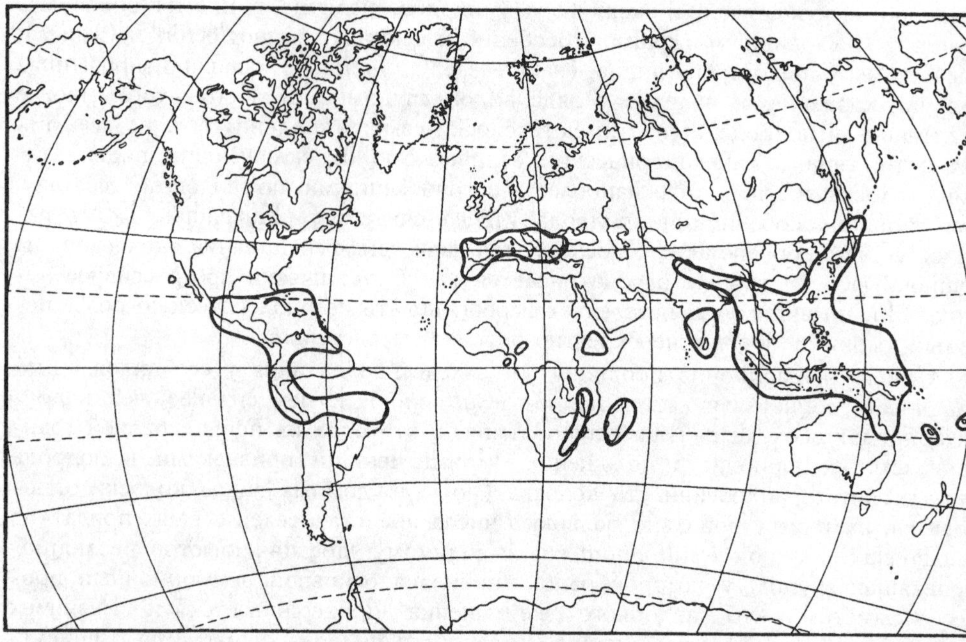

Рис. 72. Ареал подрода *Vigneastra* (Tuckerm.) Kük.

Fig. 72. Range of the subgenus *Vigneastra* (Tuckerm.) Kük.

ного околоцветника функцию защиты завязи (а затем и плода). (Стеббинс называет процесс появления мешочка у осок феноменом переноса функции защиты от околоцветника к прицветнику). Можно предположить, что первоначальное формирование этого анемофильного рода происходило на открытых, хорошо увлажненных местах. В ходе его длительного развития происходила адаптация к самым разнообразным эколого-климатическим условиям. Нельзя исключить, однако, что происхождение *Carex* связано с горными широколиственными листопадными лесами, так как в подобных местообитаниях в настоящее время обитает довольно большое число примитивных видов. Правда, этот факт можно, по-видимому, объяснить и тем, что в процессе расселения примитивные виды проникли с открытых местообитаний в леса, где и сохранили ряд архаичных признаков вследствие более замедленных в этих условиях темпов эволюции.

Рассмотрев общие вопросы происхождения и эволюции рода *Carex*, перейдем к изложению, насколько это возможно, гипотез об эволюционных взаимоотношениях в пределах его подродов и секций. Представления об эволюции в разных подразделениях рода отражены в работе с неодинаковой степенью полноты. Бóльшее внимание уделено наиболее примитивным и наиболее продвинутым секциям.

Как уже отмечалось выше, самым архаичным в роде является подрод *Vigneastra* (= subgen. *Indocarex*). Он включает около 100 видов (13 секций), распространенных в тропических и субтропических областях, но преимущественно в Южн., Юго-Вост. и на юге Вост. Азии, где обитает свыше 60 его представителей, и крайне редко (2 вида) в умеренных (рис. 72). Во всех направлениях от названных районов число видов резко снижается. Так, в тропиках Африки встречается 6—10 видов, Америки — 9, в Квинсленде 2, в Океании 3 вида (неэндемичных). Довольно большое число видов (18) известно на Мадагаскаре. Один вид — *C. distachya*, растет в Малой Азии, на юге Зап. Европы и северо-западе Африки. На рассматриваемой территории подрод представлен одним видом — *C. dissitiflora*, отмеченным на о-ве Шикотан (южн. Курилы) — самом северном пункте ареала подрода. В эволюционном аспекте секции подрода *Vigneastra* здесь не рассматриваются. Но предположения об эволюционных тенденциях в этой группе высказаны в разделе работы, посвященном морфологическим особенностям осок, в связи с вопросами эволюции соцветия, которая имела важное, если не основное, значение в формировании таксонов рода *Carex*. *C. dissitiflora* и в особенности *C. distachya*, распространенная, как и первый вид, на севере ареала подрода, являются одними из наиболее продвинутых его представителей. Соцветие у них не метельчатое, как у многих видов подрода *Vigneastra*, а кистевидное — у *C. dissitiflora*, и колосовидное — у *C. distachya*.

Разные этапы эволюции хорошо выражены в высокополиморфном подроде *Carex*. Этот самый крупный в роде подрод включает около 1400 видов, объединяемых в 60 секций. На территории б. СССР он представлен 32 секциями и 224 видами и подвидами. В подроде *Carex* самой примитивной из встречающихся на рассматриваемой территории секций осок, а возможно, вообще самой примитивной является секция *Decorae*. Она насчитывает свыше 25 видов, из которых 1 вид — *C. pontica*, встречается в Зап. Закавказье и на севере Малой Азии (Понтийские горы), а остальные — в Южн., Юго-Вост. и на юге Вост. Азии, и в Новой Гвинее (рис. 11), где они произрастают в горах на высоте от 750 до 4000 м над ур. м., обитая в лесах (включая и влажные тропические), на опушках, болотах, альпийских лугах, в верещатниках. *C. pontica* растет на субальпийских (иногда альпийских) лугах в зарослях рододендрона, в разреженных зарослях бука, дуба понтийского, березы.

Колоски у видов секции *Decorae* б. ч. андрогинные, многочисленные (до 25), отходящие от узлов соцветия не по одному, как у подавляющего большинства осок, а по 2—5(13), образуя своеобразное соцветие из 4—8 пучков колосков, расставленных по стеблю иногда почти до самого его основания. Другими примитивными признаками являются наличие у кроющих листьев длинных влагалищ и длинных листовых пластинок, длинных ножек у колосков, остей у кроющих чешуй, ножки у гинецея (и плода). Мешочки у видов секции примитивного типа: с удлиненным цельным или мягко коротко-двузубчатым носиком с белоперепончатым окаймлением. Эволюция в секции шла по линии уменьшения числа колосков в соцветии за счет редукции их в пучках до 1—2 и за счет полной редукции нижних пучков соцветия (от которых остались только кроющие листья), а также в направлении редукции пестичных цветков в верхушечном колоске и превращении его из андрогинного колоска в тычиночный.

Возникнув, по всей вероятности, в горах Юго-Вост. Азии, виды секции *Decorae* расселялись в западном направлении в составе субтропической флоры (как и дубы) и достигли Кавказа и Малой Азии, где в настоящее время произрастает единственный представитель рассматриваемой секции — *C. pontica*, являющийся нижнетретичным (возможно, палеоценовым) реликтом.

По-видимому, дериватом секции *Decorae*, значительно продвинутым в эволюционном отношении, является секция *Aulocystis*. Она включает около 60 видов и принадлежит к числу наиболее крупных подразделений рода. Ареал секции охватывает Европу, внетропические области Азии и Сев. Америки и о-в Новая Гвинея (рис. 12). На рассматриваемой территории встречается 16 видов и подвидов. Секция *Aulocystis* произошла от секции *Decorae* или от общего с ней предка в результате эволюции соцветия в направлении превращения обоеполых, андрогинных, колосков в однополые — тычиночные и пестичные. У наименее прогрессивных в отношении строения соцветия представителей секции (*C. alajica*, *C. borii*, *C. franklinii*, *C. petricosa* и др.) 1 или 3 верхних колоска андрогинные, остальные пестичные. У более продвинутых видов (*C. macrogyna*, *C. haematostoma*, *C. alexeenkoana*, виды родства *C. tristis* и *C. regeliana*) верхний колосок, как правило, тычиночный, но 2 следующих за ним колоска имеют неустойчивый характер строения, варьируя от андрогинных до целиком пестичных. В соцветии еще сильнее продвинутых видов верхушечный колосок тычиночный, а все остальные пестичные (европейские виды *C. mucronata*, *C. ferruginea* и др., восточноазиатские виды *C. ktausipali* и *C. stenantha*, новогвинейский вид *C. brachyathera*). И наконец, самое специализированное соцветие имеет *C. fuliginosa*, дифференцированная на 2 подвида (subsp. *fuliginosa* и subsp. *misandra*). Верхний колосок у нее гинекандрический, боковые пестичные. У одного вида секции — *C. misandroides* Fern., часто наблюдаются прикорневые колоски (по-видимому, примитивный признак). Эволюция в секции *Aulocystis* шла по линии дифференциации колосков на тычиночные и пестичные и превращения верхнего тычиночного колоска в гинекандрический (у *C. fuliginosa*), а также в направлении укорочения ножек пестичных колосков и влагалищ кроющих листьев, сближения колосков, редукции гинофора и ножки мешочка.

Почти все виды секции *Aulocystis* являются высокогорными растениями. 3 ее представителя: *C. macrogyna*, *C. petricosa* и *C. fuliginosa* subsp. *misandra* — арктоальпийцы, произрастающие в Арктике и в субарктических и более южных высокогорьях. Очагами видового разнообразия секции *Aulocystis* являются горы Вост. Азии (16 эндемичных видов), Европы (10 эндемиков), Средней Азии (7 видов, из них 4 эндемичных) и Сев. Америки (9 видов, из них 7 эндемичных). Виды секции, как правило, кальцефилы, обитающие на сухих задернованных каменистых склонах и скалах, а также на умеренно увлажненных лугах, где нередко являются доминантами. Характерно, что среди них нет типичных болотных видов.

К довольно архаичным секциям подрода *Carex* принадлежат секции *Curvulae* и *Siderostictae*. Первая является монотипной, включающей высокогорный центральноевропейский вид *C. curvula*. Примитивные его признаки — андрогинные колоски, крупные мешочки с удлиненным, слабо двузубчатым носиком, осевой придаток в мешочках, почти равный по длине плоду. Наличие осевого придатка — признак крайне редкий в подроде *Carex*, отмеченный лишь в единичных секциях. Он отсутствует в подродах *Kreczetoviczia* и *Vignea*, но нередок в подроде *Psyllophora*, включающем одноколосковые виды. Вторичный признак *C. curvula* — колосовидное соцветие, тогда как у большинства видов подрода Carex оно кистевидное.

Секция *Siderostictae* (9 видов) является исключительно восточноазиатской (рис. 15). На юге российского Дальнего Востока встречается 1 ее представитель — *C. siderosticta*. Виды секции — преимущественно неморальные растения. Некоторые из них (*C. siderosticta*, *C. pachygyna* и др.) имеют специализированную жизненную форму, что выражается в дифференциации побегов на репродуктивные и вегетативные и в наличии у последних широких ланцетных листовых пластинок. В репродуктивной сфере представители секции обнаруживают ряд примитивных черт. Соцветие у них занимает весь или почти весь репродуктивный побег и образовано несколькими или многочисленными андрогинными колосками. В мешочках *C. siderosticta* часто имеется осевой придаток. Продвинутыми признаками в секции являются немного- или малоцветковые рыхловатые колоски и безостые кроющие чешуи. Большой интерес представляет секция в кариологическом отношении. Хромосомные числа, известные у трех ее видов (2n = 12, 14), являются самыми низкими, а хромосомы — самыми крупными в роде *Carex*. Согласно Танаке (Tanaka, 1948), кариотип этих видов (*C. siderosticta* и др.) самый простой («most simple») из всех известных в роде. Он считает данную группу видов в цитологическом отношении более примитивной, чем другие группы рода.

Значительно более высокий уровень морфологической организации по сравнению с рассмотренными выше секциями имеют остальные секции подрода *Carex*. Колоски у них однополые, реже обоеполые, но специализированного типа — гинекандрические. По-видимому, наименее продвинутой из них является типовая секция рода — *Carex* (= sect. *Hirtae*). В отношении ее положения в системе существуют два диаметрально противоположных мнения. Одни авторы (Kükenthal, 1909; Mackenzie, 1935; Кречетович, 1935; Ohwi, 1936) помещают эту секцию в самом конце системы рода, другие (Егорова, 1972а, 1972б, 1976а, 1990; Chang, Yang, 1976; Chater, 1980) — в начале. Секция включает около 30 видов, распространенных преимущественно в умеренном и отчасти субтропическом поясах сев. полушария, 3 вида растут в Южн. Америке. На рассматриваемой территории встречается 10 видов и подвидов. Представители секции обитают б. ч. на равнинах и в лесном поясе гор на умеренно увлажненных и сырых местах и болотах. Характерной особенностью многих ее видов является наличие опушения на листьях (пластинках и влагалищах) и мешочках — признака, относительно редкого у осок нашей флоры, но довольно обычного у видов *Carex* разных таксономических групп, произрастающих в Юго-Вост. Азии, что, возможно, связано с муссонным климатом этой области со свойственным ему периодом засухи. Наличие опушения у видов секции *Carex* трудно объяснить условиями их произрастания, кроме *C. lasiocarpa*, обитающей на моховых, главным образом сфагновых болотах, в обстановке физиологической сухости (листья у этого вида неопушенные, но жесткие, узкие, желобчато свернутые), и *C. fedia*, растущей в аридных и муссонных районах. Примитивными признаками секции являются расставленность колосков почти по всей длине побега (*C. hirta*, *C. sordida* и др.), наличие кроющих листьев с длинными пластинками и хорошо развитыми влагалищами, 2—3(4) тычиночных колосков, остистых (очень редко безостых) кроющих чешуй, довольно крупных (до 12 мм у *C. raddei*) и многочисленных мешочков, довольно длинных ножек у пестичных колосков, сетчатого расщепления влагалищ листьев. Признаком специализации является наличие б.м. глубоко-двузубчатых носиков. В процессе эволюции происходило уменьшение числа тычиночных колосков до одного и укорочение соцветия за счет сближения пестичных колосков (*C. latisquamea*), укорочение влагалищ кроющих листьев (*C. sordida*, *C. drymophila*, *C. lasiocarpa*) и ножек пестичных колосков (*C. lasiocarpa*, *C. fedia*). По-видимому, наиболее примитивными видами секции являются *C. hirta*, *C. raddei* и *C. atherodes*. *C. hirta* имеет самое высокое в роде число хромосом — 2n = 112. Такое же число свойственно и *C. albata* — виду из подрода *Vignea*. Вопрос о разных отношениях между 2n и уровнями эволюции рассматривается в разделе «Кариологические особенности осок».

Своеобразна секция *Rostrales*, включающая 4 вида, из которых 1 — *C. dolichocarpa*, произрастает на юге Камчатки, в Японии и на востоке Новой Гвинеи, а 3 — на востоке Сев. Америки. Виды секции имеют крупные, до 15 мм дл., мешочки с многочисленными жилками, сравнительно немногоцветковые пестичные колоски, только один тычиночный колосок, длинные кроющие листья; кроющие чешуи у них безостые, но с 4—5 жилками (примитивный признак). Места обитания осок этой секции — болота и заболоченные берега водоемов.

Секция *Vesicariae*, возможно, имеет отдаленные филогенетические связи с секцией *Carex*. Ее более высокий эволюционный уровень по сравнению с последней проявляется в расположении соцветия в верхней половине или на верхушке стебля, отсутствии влагалищ у кроющих листьев и остей у кроющих чешуй. Секция широко распространена в Европе, в умеренных и холодных областях Азии и Сев. Америки и особенно характерна для лесной и арктической зоны. В ней насчитывается свыше 30 видов, преимущественно гигрофитов, из которых 15 видов и подвидов встречается на рассматриваемой территории. Специфическая особенность осок данной группы — наличие пузыревидно вздутых перепончатых или тонкокожистых мешочков, что способствует распространению диаспор водой. Эволюционными тенденциями в секции являются уменьшение числа тычиночных колосков (у наиболее примитивного вида *C. rhynchophysa* их 3—7, у продвинутых видов *C. rotundata*, *C. jacutica*, *C. mollissima* — 1—2, а у *C. saxatilis* s. str. — 1), уменьшение размеров пестичных колосков и количества цветков в них (наиболее крупные густые многоцветковые колоски у *C. rhynchophysa*), укорочение ножек пестичных колосков (они почти не выражены у *C. rotundata*, *C. saxatilis* s. str. *C. membranacea*), укорочение носика у мешочков. У *C. saxatilis* и некоторых северо-американских видов гинецей состоит из двух (а не из трех, как у остальных видов) плодолистиков и столбик заканчивается соответственно двумя рыльцевыми ветвями, что является проявлением специализации. Наиболее примитивные виды секции — *C. rhynchophysa*, *C. rostrata*, наиболее продвинутые — *C. mollissima*, *C. saxatilis*, *C. rotundata* и *C. membranacea*.

В секцию *Paludosae* я включаю только 1 вид — *C. acutiformis*, широко распространенный по берегам водоемов и болотам в умеренном и отчасти субтропическом поясе Евразии и в Сев. Африке. Остальные виды (*C. riparia*, *C. melanostachya* и др.), традиционно относимые к этой секции, рассматриваются в настоящей работе в составе секции *Tumidae*. С названными видами *C. acutiformis* имеет только габитуальное сходство, хорошо отличаясь от них почти плоскими мешочками и анатомическим строением перикарпия (Егорова, Трифонова, 1986).

Секции *Paludosae* и *Tumidae* находятся, по-видимому, на одной ступени эволюции, хотя у некоторых видов последней секции эволюционный уровень выше, чем у единственного представителя первой. Примитивными чертами этих секций являются наличие нескольких (2—6) тычиночных колосков, очень большое число тычиночных и пестичных (особенно у *C. acutiformis*) цветков и крупные размеры колосков, наличие длинных кроющих листьев, а также остей (обычно коротких) у кроющих чешуй. К числу продвинутых признаков относятся короткие носики мешочков и отсутствие влагалищ (или они короткие) у кроющих листьев.

Секция *Tumidae* включает 16 видов, распространенных в умеренном и, отчасти, субтропическом поясах Евразии, в Сев. Африке, на востоке Сев. Америки, юге Южн. Америки, в Австралии и Новой Зеландии (рис. 22). 12 видов произрастает в сев. полушарии (преимущественно в Евразии), 5 — в южном. Из них 1 вид — *C. pumila*, является биполярным, широко распространенным по песчаным морским побережьям в Вост. Азии, Австралии, на о-ве Лорд-Хау, в Новой Зеландии и на юге Чили. Возможно, в Австралии и Новой Зеландии он представлен особым, более примитивным подвидом — subsp. *littorea* (Labill.) Kük., в соцветии которого часто имеются андрогинные (а не однополые, как у остальных представителей секции) колоски. Последний, однако, не признается авторами «Флоры Новой Зеландии» (Moore, Edgar, 1970). В Сев. Америке секция представлена всего 2 видами: *C. lacustris* и *C. hyalinolepis*, довольно близкими к евразиатской *C. riparia*. Интересно указать на тесное родство между 3 названными видами и *C. chilensis*, распространенной в субантарктической Южн. Америке.

Представители секции *Tumidae* растут б. ч. по берегам рек, озер, иногда морей (*C. pumila*, *C. trifida*), травяно-осоковым болотам, сырым и болотистым лугам. Распространены они на равнинах и от предгорий до среднего, редко верхнего поясов гор. Секция *Tumidae* принадлежит к числу относительно примитивных в подроде секций вследствие наличия нескольких (2—6) тычиночных колосков в соцветии, крупных густых пестичных колосков с многочисленными (у наименее продвинутых видов) цветками, длинных кроющих листьев, из которых самый нижний заметно превышает соцветие, а также остей у кроющих чешуй (они очень длинные — до 1.5 см и более у голантарктического вида *C. trifida*) и многочисленных жилок на мешочках. Специализированными признаками в секции можно считать толстые пробковидные стенки мешочков, что, по всей вероятности, является приспособлением к распространению диаспор водой, обеспечивающим их плавучесть, а также отсутствие, как правило, влагалищ у кроющих листьев и короткие носики мешочков. По-видимому, наиболее примитивным представителем секции является голантарктический вид *C. trifida*. Примитивность его проявляется в ветвистости нижних колосков, неустойчивом характере строения верхних колосков, которые могут быть или тычиночными, или андрогинными, в наличии очень длинных остей кроющих чешуй и длинной ножки у мешочков. Из видов сев. полушария более примитивными являются *C. lacustris*, *C. hyalinolepis*, *C. riparia*, более продвинутыми — *C. melanostachya*, *C. songorica*, *C. pumila*, *C. scabrifolia*.

Секция *Pseudocypereae* (14 видов) представлена на всех континентах и во всех климатических поясах, кроме холодного. Виды секции обитают на равнинах и в горах, по сырым и болотистым местам, берегам рек и озер, травяно-осоковым болотам. Очагом видового разнообразия являются умеренные и тропические области Америки, где встречается 9 видов. На нашей территории произрастает 2 вида: *C. pseudocyperus*, довольно широко распространенный в умеренном поясе сев. полушария, и восточноазиатский вид *C. capricornis*. *C. pseudocyperus* имеет самое тесное родство с североамериканским видом *C. comosa* и 4 видами (с. 198), встречающимися в Вест-Индии, Южн. Америке, Австралии, Тасмании, в Новой Зеландии и Новой Гвинее. Все 6 видов составляют подсекцию *Pseudocypereae* (ареал ее показан на рис. 23). Наличие в названных регионах видов, близких к голарктическим, можно, вероятно, объяснить проникновением предковой формы в южн. полушарие в результате плейстоценовых миграций.

В Южн. Америке, помимо видов секции *Pseudocypereae*, близких к видам из сев. полушария (т. е. к *C. pseudocyperus* и *C. comosa*), встречаются виды (*C. acutata*, *C. purpureovaginata*), не имеющие близкого родства с голарктическими. Этот факт, а также произрастание представителей секции в Южн. Африке и на Мадагаскаре дают основание считать ее одной из наиболее древних в подроде *Carex*, возникшей не позднее палеогена, а возможно, еще и в мелу. Наличие таких признаков в секции, как длинные кроющие листья, значительно превышающие все соцветие, пестичные колоски с длинными ножками и многочисленными цветками, б. м. длинные (2—4 мм) ости у кроющих чешуй, многочисленные жилки и длинные (до 1.5 мм) ножки у мешочков, позволяют отнести рассматриваемую секцию к числу относительно примитивных в роде. Продвинутые признаки секции — сближенность колосков в соцветии, присутствие в нем б. ч. только 1 тычиночного колоска (а не 2 или более), редукция влагалища у кроющих листьев, наличие крепких шиловидных, б. м. длинных зубцов у носиков мешочков, благодаря чему последние могут прикрепляться к шерсти млекопитающих и оперению птиц и таким образом распространяться. Наиболее архаичной в секции является распространенная в Андах (от Венесуэлы до Чили) *C. acutata*. У нее 1—3 тычиночных колоска, все колоски в соцветии расставленные, пестичные колоски часто несут на верхушке тычиночные цветки. Самый специализированный вид (благодаря наличию мешочков с твердыми длинными, дуговидно изогнутыми зубцами носика и коротких ножек у пестичных колосков) — *C. capricornis*. Он принадлежит к монотипной подсекции *Capricornes* — второй из двух выделяемых нами в секции *Pseudocypereae* подсекций.

Секция *Secalinae*, состоящая из 2—3 видов, распространена в умеренном поясе Евразии и в Сев. Африке. На нашей территории они произрастают в основном в степной зоне на песчаных, нередко засоленных местах и солонцеватых болотистых лугах. Видам этой секции свойствен очень редкий в подроде *Carex*, несомненно вторичный признак — крыловидные края мешочков. Продвинутыми признаками являются также наличие 1(2) тычиночных колосков в соцветии, отсутствие остей у кроющих чешуй. Преобладают, однако, примитивные черты: колоски часто расположены по всей длине стебля, нижние из них б. ч. ветвистые, с 1(2) более короткими колосками у основания, кроющие листья с довольно длинными влагалищами и пластинками; мешочки крупные (у *C. hordeistichos* 10—12 мм дл.); имеет место филлоподия. Поэтому в целом уровень организации членов секции невысок. Из двух ее видов более примитивен *C. hordeistichos*, западная часть ареала которого находится в Центр. Европе и Средиземноморье, восточная — на юге Европейской России.

Следующая секция, *Silvaticae*, филогенетически не связанная с предыдущей, обнаруживает явное родство с не представленными на рассматриваемой территории секциями *Longirostres* Kük. (преимущественно восточноазиатской) и *Debiles* (Carey) Ohwi (в основном североамериканской). Секция *Silvaticae* насчитывает 9 видов и подвидов, произрастающих в умеренном поясе Азии и в Сев. Африке. Она состоит из 3 хорошо обособленных подсекций. Наиболее примитивной из них является восточноазиатская подсекция *Bostrychostigmaticae*, так как у единственного ее вида — *C. bostrychostigma*, лесного неморального растения, соцветие занимает бóльшую часть репродуктивного побега, число пестичных колосков довольно большое (до 8), средние и нижние колоски часто ветвистые, мешочки крупные (до 9 мм дл.), с многочисленными жилками и длинным носиком, плод на карпофоре. К числу вторичных признаков относятся 1 тычиночный колосок, рыхлые, относительно немногоцветковые пестичные колоски, короткие ножки колосков и короткие влагалища кроющих листьев. *C. bostrychostigma* имеет очень длинные рыльцевые ветви, что придает ей весьма своеобразный облик.

Подсекция *Silvaticae*, тоже достаточно примитивная, включает 7 видов, произрастающих в Европе (кроме северных районов), умеренном поясе Азии и в Сев. Африке; в нашей флоре 5 видов. Представители подсекции обитают в широколиственных и хвойно-широколиственных лесах, по опушкам, лесным лугам. Число тычиночных колосков варьирует в пределах подсекции от 1 до 7 (2—7 у *C. algeriensis*, растущей в Испании и на северо-западе Африки); боковые колоски могут быть андрогинными (*C. algeriensis*). Таким образом, в подсекции еще не полностью закончился процесс превращения андрогинных колосков в пестичные. Пестичные колоски у видов подсекции рыхлые, сравнительно немногоцветковые, на длинных ножках, расставленные по стеблю (особенно сильно у *C. latifrons*); влагалища кроющих листьев и пластинки длинные; мешочки имеют длинный носик. В целом подсекцию *Silvaticae* следует, повидимому, считать относительно примитивной. Из двух наиболее широко распространенных у нас видов этой подсекции — *C. sylvatica* и *C. arnellii*, вероятно, более примитивен последний (у него тычиночных колосков обычно 2, рыльца длинные; у *C. sylvatica* тычиночный колосок 1, редко их 2(3), рыльца недлинные).

Последняя подсекция рассматриваемой секции, *Strigosae*, представлена одним видом — *C. strigosa*, обитающим в широколиственных лесах в Европе и Зап. Азии (Кавказ, сев. Иран). Как и у видов предыдущей подсекции, плод у него не имеет карпофора. Другие вторичные признаки *C. strigosa* — присутствие только однополых колосков в соцветии: тычиночного и пестичных, расположение их в верхней части стебля, короткие носики мешочков, ползучее корневище. Названные особенности позволяют оценить подсекцию *Strigosae* как относительно продвинутую. В целом же эволюционный уровень секции *Silvaticae* невысок.

Секция *Rhynchocystis* (5 видов, на рассматриваемой территории 1 вид, *C. pendula*), филогенетически не связанная с предыдущей, распространена в умеренных и субтропических областях Европы, в Зап. Азии, в Сев. и Южн. Африке. Ее представители обитают в горных тенистых широколиственных лесах. Примитивные признаки секции — многоцветковые длинные пестичные колоски, длинные их ножки, длинные влагалища и пластинки кроющих листьев, филлоподия, продвинутые — тычиночный колосок в соцветии только 1, мешочки мелкие, с немногими жилками и коротким носиком. Наиболее примитивна *C. pendula*, произрастающая в Европе, Зап. Азии и Сев. Африке.

Несколько более высокий уровень морфологической организации по сравнению с предыдущей секцией имеет, возможно, связанная с ней филогенетически секция *Anomalae*. В состав этой преимущественно восточноазиатской секции в настоящей работе включены секции *Molliculae*, *Dispalatae* и *Glauciformes*, иногда рассматриваемые в качестве самостоятельных. В секции *Anomalae*, так же как и в секции *Rhynchocystis*, тычиночный колосок в соцветии 1, пестичные колоски многоцветковые, довольно длинные, на длинных ножках, кроющие листья с длинными пластинками, но без влагалищ (продвинутый признак), мешочки мелкие, с цельным коротким или средним носиком. Наиболее продвинутый вид — *C. glauciformis*: пестичные колоски у него относительно немногоцветковые, почти сидячие или на очень коротких ножках, мешочки густо покрытые папиллами, с коротким носиком. Представители секции (их около 30, на рассматриваемой территории 8) обитают в горных, б. ч. широколиственных лесах, на полянах и опушках, а также на сырых и болотистых местах и по берегам водоемов. Ареал секции охватывает Вост., Южн. и Юго-Вост. Азию, Сев. Америку, Австралию и Новую Гвинею.

Секция *Glaucae*, включающая 11 видов (2 из них — *C. flacca* и *C. cuspidata*, встречаются на рассматриваемой территории), занимает довольно обособленное положение в системе. Ареал секции состоит из сильно изолированных фрагментов, что свидетельствует о древности этой группы. Она распространена во внеарктических областях зарубежной Европы, в западных и отчасти центральных районах Европейской России, в Зап. Азии, Гималаях, на юге Вост. Азии, а также на западе Сев. Америки от юга Калифорнии до центральной Мексики. Примитивные признаки секции — филлоподия, наличие в соцветии (1)3–3(6) тычиночных колосков, у некоторых видов — длинных ножек пестичных колосков, длинные пластинки кроющих листьев, ости (но короткие) у кроющих чешуй пестичных колосков. Совокупность целого ряда вторичных признаков: отсутствие в соцветии андрогинных колосков и влагалищ у кроющих листьев (иногда они имеются, но не более 0.5 см дл.), наличие б. м. мелких мешочков без жилок (или с немногими жилками) и с очень коротким носиком, присутствие (б. ч.) на мешочках мелких шипиков или коротких щетинок — позволяет отнести секцию *Glaucae* к числу продвинутых групп подрода.

Секция *Depauperatae* (= sect. *Brevicolles*, = sect. *Rhomboidales* p. p.) включает около 30 неморальных, за редким исключением, видов (*C. pilosa*, *C. brevicollis* и др.), распространенных в основном в Вост. Азии, 3 вида встречаются

42 Заказ № 131

в Южн. и Юго-Вост. Азии, 1 — на Гавайских о-вах, 5 — в Европе, на Кавказе и в Малой Азии (рис. 29); в нашей флоре представлена 11 видами. Данная секция несомненно является группой восточноазиатского генезиса. Вероятно, не позднее середины миоцена представители секции в составе неморальных комплексов тургайского типа достигли Европы, Кавказа и Малой Азии, образовав западный участок ареала этой группы. В ареале секции имеется широкая дизъюнкция в Сибири. Как отмечает А. И. Толмачев (1962, 1986), такая дизъюнкция характерна для ареалов евразиатских неморальных таксонов и связана с похолоданием климата в позднем неогене, что привело к исчезновению на этой территории широколиственных лесов и многих их травянистых компонентов. Секция *Depauperatae* имеет более высокий уровень эволюции по сравнению с рассмотренными выше группами, но не обнаруживает с ними близких родственных связей. Все виды секции имеют 1 тычиночный колосок в соцветии и немногоцветковые рыхлые или компактные пестичные колоски. У некоторых видов, например, у *C. pilosa* и *C. campylorhina*, побеги дифференцированы на репродуктивные и вегетативные (специализированный признак). Но этим видам свойствен и ряд примитивных черт: колоски у них сильно расставлены по стеблю, занимая большую часть его длины; у *C. campylorhina* на верхушке пестичных колосков иногда имеется несколько (2—4) нормально развитых или рудиментарных тычиночных цветков (но чаще от тычиночной части колоска сохраняется ось с кроющей чешуей или без нее) (рис. 6). Эволюция в секции шла в направлении укорочения ножек у пестичных колосков, уменьшения числа жилок на мешочках, образования более компактных пестичных колосков, редукции остей у кроющих чешуй и, по-видимому, превращения носика из цельного косоусеченного или спереди клиновидно выемчатого в двузубчатый.

С секцией *Depauperatae*, по-видимому, филогенетически связана более эволюционно продвинутая секция *Paniceae* (16 видов, из них 6 видов и подвидов на рассматриваемой территории), у представителей которой кроющие чешуи без остей, мешочки б. ч. с очень коротким носиком, без жилок (или почти без них), нередко покрытые сосочками (специализированный признак). Секция *Paniceae* распространена в холодных, умеренных и отчасти субтропических областях сев. полушария, а возможно, также и в Южн. Америке (*C. brachycalyma* Griseb. — Аргентина, *C. confertispicata* Boeck. — южн. Колумбия). Я не видела гербарных образцов этих видов, но известный американский кариколог Макензи (Mackenzie, 1935 : 235) выразил сомнение в их принадлежности к секции *Paniceae*. Представители секции растут по сырым и болотистым лугам, травяным и моховым (б. ч. сфагновым) болотам, сырым лесам, кустарникам, редколесьям, тундрам. Наиболее продвинутыми видами являются *C. laxa* и *C. livida*.

С секцией *Depauperatae*, возможно, связана и секция *Rhomboidales*, в которую Кюкенталь (Kükenthal, 1909) и частично Ови (Ohwi, 1936) включали виды, отнесенные здесь к первой секции. Между этими секциями имеется, на мой взгляд, такое существенное отличие как наличие у видов секции *Rhomboidales* кольцевидного утолщения на верхушке плода или в нижней части столбика и отсутствие таких специализированных образований у представителей секции *Depauperatae*. У одного вида секции *Rhomboidales* — *C. chinensis* (юго-вост. Китай), в мешочках иногда имеется осевой придаток (признак очень редкий в подроде *Carex*). В секции насчитывается около 25 видов, распространенных почти исключительно в Вост. Азии (главным образом в Китае), 1 вид встречается в Юго-Вост. Азии (рис. 34). На рассматриваемой территории известны 2 вида: *C. insaniae* и *C. foliosissima*, произрастающие на юге Сахалина и южн. Курилах.

С секцией *Rhomboidales*, по всей вероятности, филогенетически связана одна из наиболее крупных секций рода — *Mitratae*. Эти секции обнаруживают ряд общих признаков, основным из которых является наличие кольцевидного утолщения на верхушке плода или на столбике (особенность, свойственная, по-видимому, только этим двум секциям). В секцию *Mitratae* входит свыше 60 видов, из которых около 45 произрастает в Вост. Азии, остальные виды встречаются в других районах Азии (от Арктики до Индии и Малайского архипелага), умеренных областях Европы, в Сев. Африке, Новой Гвинее, Австралии и Новой Зеландии (рис. 35). На рассматриваемой территории известно 17 видов и подвидов. Виды секции характерны для б. м. сухих местообитаний. Они растут по сухим травянистым и щебнистым склонам, сухим лугам, степям, лиственным (б. ч. широколиственным), реже хвойным лесам. Многие представители имеют опушенные мешочки, что связано, по всей вероятности, с формированием этих осок в областях с повышенной сухостью воздуха (возможно, в условиях муссонного климата Вост. и Юго-Вост. Азии). У некоторых видов (*C. depressa*, *C. jacens*, *C. subumbellata* и др.), помимо колосков, находящихся в верхней части стебля, имеются прикорневые пестичные колоски, сидящие на длинных ножках, выходящих из основания стебля. Предположение о вероятной причине такого явления высказано в разделе «Морфологические особенности осок» в связи с обсуждением вопросов эволюции соцветия. Наличие прикорневых колосков, вероятно, следует считать примитивным признаком. Секция *Mitratae* принадлежит к числу продвинутых в подроде *Carex* групп: ее представители имеют 1 тычиночный колосок, небольшие по размерам и относительно малоцветковые пестичные колоски, мелкие мешочки со слабо выраженными жилками и, как уже было отмечено выше, кольцевидное возвышение на верхушке плода. У двух восточноазиатских видов (*C. tristachya* Thunb. и *C. pocilliformis* Boott), не встречающихся на рассматриваемой территории, имеет место срастание тычиночных нитей (специализированный признак, крайне редкий в роде), а у последнего вида — срастание краев кроющих чешуй тычиночных цветков (уникальная особенность). Примитивная черта секции — наличие влагалищ у кроющих листьев. Ряд архаичных признаков (длинные ножки пестичных колосков, ости кроющих чешуй, гинофор) свойствен некоторым представителям секции. Наиболее примитивными из видов, произрастающих на нашей территории, следует, по всей вероятности, считать *C. jacens*, *C. sachalinensis*, *C. leucochlora*, наиболее продвинутыми — *C. caryophyllea*, *C. sabynensis*, *C. trautvetteriana*.

Секция *Spirostachyae*, не имеющая явных родственных связей с предыдущими группами, включает 17 видов, распространенных в Европе, умеренном поясе Азии, Сев. и Южн. Африке, на юго-востоке Австралии и юге Южн. Америки (рис. 38). В нашей флоре 3 вида. Очагом видового разнообразия и, по-видимому, областью формирования секции является область Древнего Средиземья, где произрастает 9 видов. Представители этой группы растут на сырых и болотистых, нередко засоленных лугах, на морских побережьях. Примитивными признаками в секции являются расположение колосков почти по всему стеблю (например, у *C. distans*), наличие у отдельных особей *C. extensa*, *C. diluta* и *C. distans* 2—3 тычиночных колосков (обычно у этих видов 1 тычиночный колосок), длинные влагалища (до 7 см) и пластинки у кроющих листьев, ветвистость нижних колосков (иногда наблюдается у *C. diluta*), присутствие ости у кроющих чешуй пестичных колосков. В процессе эволюции происходило сближение колосков в соцветии, укорочение влагалищ и пластинок кроющих листьев, уменьшение числа тычиночных колосков до 1, пестичных до 2—3, укорочение остей у кроющих чешуй пестичных колосков. К числу продвинутых видов секции принадлежат *C. extensa*, *C. mairii*, *C. binervis*, *C. punctata*.

Филогенетически близкой к секции *Spirostachyae* является секция *Ceratocystis* (= sect. *Flavae*), имеющая несколько более высокий уровень организации. У видов этой секции колоски сближены в верхней части стебля (за исключением *C. demissa*), тычиночный колосок 1 (только у *C. lepidocarpa* иногда 2—3), пестичные колоски более короткие, кроющие листья без влагалища, кроющие чешуи пестичных колосков без ости. Эволюционной тенденцией в секции является, по-видимому, превращение верхнего тычиночного колоска в гинекандрический. Последний можно наблюдать иногда у растений *C. flava* и *C. serotina* и нередко у *C. viridula*. Представления об эволюционных взаимоотношениях видов секции *Ceratocystis*, отраженные в опубликованной (Егорова, 1976а, 1990) и принятой в настоящей работе системе рода *Carex*, совпадают с данными Шмида (Schmid, 1982). Секция *Ceratocystis* — в основном европейско-американская. Она включает 15 видов, распространенных главным образом в Европе (10 видов) и Сев. Америке (6 видов). Из этих видов 4 являются общими для обоих континентов (*C. hostiana*, *C. flava*, *C. lepidocarpa* и *C. serotina*). Названные виды, кроме *C. hostiana*, встречаются также в Сев. Африке, а *C. flava* и *C. serotina* — и в умеренных областях Азии. 2 вида произрастают в южн. полушарии: *C. flaviformis* — в Новой Зеландии (Южный остров) и Тасмании, *C. cataractae* — на юге Чили и Аргентины (Патагония). Первый из них довольно близок к *C. flava*, второй — к *C. serotina*. В составе нашей флоры насчитывается 8 видов.

Виды секции *Ceratocystis* произрастают на равнине и в горах, до верхнего пояса. Они свойственны сырым и болотистым биотопам; многие из них встречаются преимущественно на карбонатных субстратах. Виды отличаются большим полиморфизмом. Характерно наличие в секции гибридизационных процессов. Почти все виды гибридизируют друг с другом, образуя стерильные и отчасти фертильные помеси. Известны гибриды (стерильные) между *C. flava* и *C. distans* — видом родственной секции *Spirostachyae*.

Две следующие секции — *Hallerianae* и *Digitatae*, не обнаруживают филогенетических связей ни с предыдущими секциями, ни с последующими и, возможно, также и между собой. Кюкенталем виды этих секций объединялись в подсекцию *Eu-Digitatae*. Кречетович отнес их к разным секциям, включив вид первой секции — *C. halleriana*, в секцию *Campylorhina* вместе с *C. panicea* и *C. brevicollis*.

Секция *Hallerianae* включает два, не являющихся близкими, средиземноморских вида: *C. rorulenta* (Балеарские о-ва) и *C. halleriana* (юг Европы, Зап. Азия, Сев. Африка), встречающихся в сухих широколиственных горных лесах, на сухих горных склонах. Эволюционный уровень этой секции, по-видимому, ниже, чем у секции *Digitatae*, благодаря наличию у названных видов прикорневых колосков (хотя изредка такие колоски встречаются и в секции *Digitatae*) и многочисленных жилок на мешочках; у *C. halleriana*, кроме того, пестичные колоски часто несут на верхушке тычиночные цветки. Все указанные признаки относятся к числу примитивных.

Секция *Digitatae* включает около 30 видов, распространенных в умеренном, отчасти субтропическом и очень редко холодном поясах сев. полушария. На рассматриваемой территории встречаются 17 видов и подвидов. Областью видового разнообразия секции (а возможно, и центром ее происхождения) является Восточноазиатская флористическая область, где на территории от центральной Камчатки до Юго-Зап. Китая и о-ва Тайвань произрастает 21 вид. Все виды секции характерны для сухих или весьма умеренно увлажненных лесных и открытых местообитаний и часто приурочены в своем распространении к карбонатным субстратам.

Секция *Digitatae* принадлежит к числу относительно продвинутых групп подрода *Carex*, о чем свидетельствуют наличие в соцветии только 1 тычиночного колоска и малоцветковых пестичных колосков, безостые или с короткой (1—1.2 мм) остью кроющие чешуи, короткий носик мешочков, отсутствие жилок у последних или слабая их выраженность (очень редко они хорошо развиты). Архаичным признаком, свойственным всем видам секции, является наличие ножки (карпофора) у плода, достигающей у некоторых видов 2(3) мм дл. Эволюция в секции шла в направлении превращения многоцветкового продолговато-булавовидного тычиночного колоска в малоцветковый ланцетовидный, расположенный нередко ниже уровня верхнего пестичного колоска, а также редукции кроющего листа до одного только влагалища, косоусеченного, белоперепончато окаймленного.

Встречающиеся на рассматриваемой территории виды секции *Digitatae* распределяются между 4 хорошо обособленными подсекциями. Наиболее примитивна из них подсекция *Subradicales*. У ее представителей нижние колоски в соцветии прикорневые, кроющие чешуи имеют ость, а кроющие листья состоят из влагалища и пластинки. Один вид этой подсекции — *C. martynenkoi*, произрастает на сев.-вост. Алтае вблизи Телецкого озера, где он был недавно обнаружен автором его описания Н. И. Золотухиным. Остальные виды распространены в Вост. Азии. Находка *C. martynenkoi* выявляет ботанико-географические связи между последним регионом и Алтаем и свидетельствует о расселении видов этой родственной группы с востока на запад. Наиболее продвинута, по-видимому, подсекция *Digitatae*, включающая виды *C. digitata*, *C. quadriflora* и *C. ornithopoda*. Побеги у них дифференцированы на боковые репродуктивные и центральный вегетативный, кроющие листья обычно без пластинки, удлиненное клиновидное основание мешочков (характерная особенность секции) превращено в беловатую мясистую элайосому, что является приспособлением к мирмекохории. Как полагает Р. Е. Левина (1987 : 108), мирмекохория является наиболее прогрессивной формой зоохории. Следовательно, и приспособление к этому способу распространения диаспор у названных и некоторых других видов можно считать проявлением специализации.

Возникновение секции *Digitatae*, вероятно, связано с сухими открытыми горными местообитаниями, о чем могут свидетельствовать приуроченность к ним наиболее примитивных видов: *C. crebra* и *C. tapintzensis* Franch. (южные районы Китая) и *C. martynenkoi* (у первого вида нижние пестичные колоски иногда ветвистые, а у второго — боковые колоски андрогинные), а также наличие опушения на мешочках всех представителей секции.

Виды следующей секции — *Acrocystis* (= sect. *Montanae*), объединенные В. И. Кречетовичем (1935а) в секцию *Onkerma* вместе с видами секции *Mitratae*, имеют с последними лишь внешнее сходство, не обнаруживая, по-видимому, действительного родства. Основное и достаточно существенное различие между 2 группами видов заключается в наличии у представителей секции *Mitratae* кольцевидного возвышения на верхушке плода и отсутствии его у видов секции *Acrocystis*.

Филогенетические связи секции *Acrocystis* с другими группами подрода *Carex* не прослеживаются. Эта секция включает около 45 видов, распространенных преимущественно в умеренном и отчасти в холодном поясах сев. полушария, 1 вид — в Андах Южн. Америки (рис. 41). На рассматриваемой территории произрастают 13 видов. Областями видового разнообразия секции являются Сев. Америка, где встречается 26 видов (все эндемичные), а также Европа (10 видов, 3 эндемичных) и Вост. Азия (9 видов, 5 эндемичных). Умеренные области Азии и Сев. Америки не имеют общих видов, но имеют 2 близких вида соответственно: *C. vanheurckii* и *C. pennsylvanica*. Большинство видов секции обитает в сухих светлых лиственных и хвойных (сосновых, лиственничных) горных и равнинных лесах, на опушках, сухих травянистых склонах, остепненных лугах, часто на песчаной почве или на щебнистых карбонатных субстратах. Немногие виды приурочены к сырым местообитаниям (например, *C. globularis*). Примитивными признаками в секции являются наличие прикорневых колосков в соцветии, расставленность колосков (*C. grioletii*, *C. globularis*), линейные, относительно длинные кроющие листья (*C. grioletii*, *C. globularis* и др.), ости (короткие) у кроющих чешуй. К числу продвинутых признаков относятся немногоцветковые сближенные, почти сидячие пестичные колоски, безвлагалищные (кроме *C. grioletii*), часто чешуевидные кроющие листья, тупые или острые кроющие чешуи (без остей), отсутствие у большинства видов жилок на мешочках, гинекандрические боковые колоски (у некоторых североамериканских видов), короткий носик мешочков. Наиболее примитивные виды — *C. grioletii*, *C. tomentosa*, *C. globularis*, *C. pilulifera* subsp. *azorica*, более продвинутые — *C. ericetorum*, *C. melanocarpa*, *C. vanheurckii*, *C. montana*. В целом, секция *Acrocystis* имеет довольно высокий уровень эволюции.

Секция *Albae* иногда (Кречетович, 1935а) включается в рассматриваемую ниже секцию *Lamprochlaenae*, с которой она, по-видимому, имеет филогенетические связи благодаря довольно сходному строению мешочков, что, впрочем, может быть и следствием конвергенции. Обе секции хорошо обособлены морфологически и кариологически (Егорова, 1972а, 1972б), а также по анатомическому строению перикарпия (Егорова, Трифонова, 1986). В эволюционном отношении виды секции *Albae* имеют более высокий уровень организации, чем примитивные представители секции *Lamprochlaenae*, но менее высокий, чем продвинутые виды последней. В секцию *Albae* входят 3 вида, произрастающих в умеренном поясе Евразии и в Сев. Америке. На рассматриваемой территории растут 2 близких вида: *C. alba*, дизъюнктивно распространенный в Евразии (рис. 43), и *C. ussuriensis*, встречающийся на юге Дальнего Востока. Последний вид примитивнее первого вследствие наличия заметно более длинного участка оси пестичного колоска, расположенного выше самого верхнего мешочка. Этот участок оси, как наглядно показано на рис. 6, на примере *C. campylorhina*, представляет собой ось тычиночной части в прошлом андрогинного колоска, на которой полностью редуцированы тычиночные цветки (иногда имеется одна недоразвитая кроющая чешуя).

Секция *Lamprochlaenae* включает 15 видов и подвидов, произрастающих во внетропических поясах сев. полушария (рис. 44), но преимущественно в субаридных (степных, реже полупустынных) областях; на нашей территории 11 видов и подвидов. Характерными и наиболее широко распространенными видами субаридных территорий (равнинных и горных, б. ч. песчаных степей, остепненных и полупустынных склонов и других сухих местообитаний) являются *C. supina* subsp. *supina*, *C. korshinskyi*, *C. relaxa*, *C. turkestanica*, *C. liparocarpos*. Один представитель секции — *C. supina* subsp. *spaniocarpa*, обитает в криофильных гипоарктических степях северо-востока Азии и севера Сев. Америки. На сухих, б. ч. карбонатных, субстратах встречаются арктический (а в Вост. Сибири арктоальпийский) вид *C. glacialis* и произрастающий в горах Вост. Сибири (в подгольцовом и верхней части лесного пояса) *C. malyschevii*. В разреженных еловых лесах растет *C. ungurensis* (Центр. и Зап. Тянь-Шань), в арчовниках довольно обычна широко распространенная в Средней Азии *C. turkestanica*.

Более примитивные виды секции *Lamprochlaenae* (*C. ungurensis*, *C. malyschevii*, *C. turkestanica*) приурочены к лесному поясу гор, что дает некоторое основание связывать первоначальное формирование секции с б. м. сухими и открытыми биотопами в недрах лесного пояса. Интенсивное развитие и расселение этой, в основном, субаридной группы, происходило в миоцене, когда, по мнению Е. М. Лавренко (1954), большие пространства в Евразии в связи с аридизацией климата заняли степи.

Примитивными признаками в рассматриваемой секции являются ветвистость нижних колосков соцветия (*C. allivescens*), присутствие в нем андрогинных колосков (*C. ungurensis*, *C. malyschevii*), расставленность колосков (*C. malyschevii*, *C. turkestanica* и др.), наличие у кроющих листьев относительно длинных влагалищ и листовых пластинок (виды подсекции *Nitidae*), наличие удлиненного носика у мешочков (*C. malyschevii*, *C. ivanoviae*), продвинутыми — наличие 1 тычиночного колоска, небольшое количество цветков в пестичных колосках, сближенность последних, наличие щетиновидных и чешуевидных, почти безвлагалищных кроющих листьев и кожистых мешочков с коротким носиком. Наиболее продвинутые виды секции: *C. supina*, *C. korshinskyi*, *C. glacialis*; примитивные виды упомянуты выше. В целом, рассмотренная секция принадлежит к наиболее продвинутым группам подрода *Carex*, и ее можно рассматривать как конечное звено эволюции последнего в направлении адаптации к сухим местообитаниям.

Три следующие секции — *Chartoteuchium*, *Chlorostachyae* и *Limosae*, не обнаруживают между собой и с другими секциями явных филогенетических связей. Эти секции принадлежат к числу продвинутых групп подрода *Carex*. Из них более примитивна секция *Chartoteuchium*, благодаря наличию обычно многоцветковых пестичных колосков, имеющих б. ч. длинные ножки, а также длинных влагалищ у кроющих листьев и гинофора у плода. Продвинутые признаки: присутствие 1(2) тычиночных колосков в соцветии и у многих особей некоторых видов, например, *C. griffithii* и *C. coriophora*, гинекандрического верхнего колоска, наличие сильно уплощенных мешочков с коротким носиком и мелких плодов, отсутствие жилок на мешочках. Секция содержит около 15 видов, распространенных во внетропических областях сев. полушария, 1 вид встречается на юге Южн. Америки (рис. 48); в нашей флоре 4 вида. Очаг видового разнообразия этой группы видов — Зап. Гималаи (6 видов). Виды секции произрастают преимущественно в высокогорьях.

Более высокий уровень эволюции секции *Chlorostachyae* по сравнению с предыдущей проявляется в наличии у ее представителей немного- или малоцветковых пестичных колосков и в отсутствии гинофора у плодов и ости у кроющих чешуй. Строение верхнего колоска в пределах секции варьирует. У 2 видов (*C. williamsii* и *C. sedakowii*) он андрогинный (примитивный тип колосков), у других — тычиночный (например, *C. capillaris*) или гинекандрический (*C. krausei* и *C. boecheriana*); у *C. delicata* верхний колосок бывает и тычиночным, и гинекандрическим. Примитивными признаками секции (кроме наличия андрогинного колоска) являются длинные ножки пестичных колосков, длинные влагалища и б. м. длинные пластинки кроющих листьев, а также ветвистость нижних пестичных колосков, довольно часто наблюдаемая у *C. delicata*, *C. krausei* и очень редко у *C. capillaris*. Вопрос о месте секции *Chlorostachyae* в системе требует дальнейшего изучения. Рассматриваемая секция (13 видов и подвидов) распространена во внетропических районах сев. полушария. Областью ее видового разнообразия является территория, включающая Вост. Сибирь, Монголию и отчасти Вост. Азию. Виды этой группы преимущественно горные растения, обитающие во всех поясах гор и в арктической тундре.

Секция *Limosae* (5 видов и подвидов) широко распространена в холодном и умеренном поясах сев. полушария, типовой подвид *C. magellanica* встречается на юге Южн. Америки. Виды секции — характерные растения осоково-моховых (сфагновых и гипновых), преимущественно равнинных болот лесной, лесотундровой и тундровой зон. Эволюционный уровень данной секции выше, чем двух предыдущих, вследствие наличия у ее представителей безвлагалищных кроющих листьев и мешочков, густо покрытых папиллами. Кроме того, тычиночный колосок у видов секции 1, у *C. magellanica* верхний колосок часто бывает гинекандрическим; пестичные колоски немного- или малоцветковые. Все названные признаки являются вторичными, что позволяет отнести секцию *Limosae* к наиболее эволюционно продвинутым группам подрода *Carex*. Примитивный признак секции — б. м. длинные ножки у пестичных колосков. Эволюция в секции проходила в направлении превращения тычиночного колоска в гинекандрический, укорочения ножек пестичных колосков, уменьшения в последних количества цветков и длины кроющих чешуй. По-видимому, наиболее примитивным видом секции является биполярный вид *C. magellanica*: у него относительно многоцветковые пестичные колоски, длинные кроющие чешуи, значительно (на 1/3 или вдвое) превышающие длину мешочков, короткоползучее корневище. Наличие у многих образцов этого растения гинекандрического верхнего колоска — прогрессивный признак. Наиболее продвинутый представитель рассматриваемой группы — циркумполярный подвид *C. rariflora* subsp. *rariflora*, имеющий малоцветковые пестичные колоски, относительно короткие кроющие чешуи (они равны по длине мешочкам или немного длиннее их), хорошо выраженное ползучее корневище. По мнению же Кринса (Crins, 1990), самые примитивные виды секции *Limosae* — *C. rariflora* и *C. laxa* (последний вид я отношу к секции *Paniceae*), самый продвинутый — *C. limosa*. Сопоставление представлений Кринса об эволюционном уровне видов с данными по хромосомным числам выявляет между этими показателями прямо пропорциональную зависимость, т. е. чем выше уровень развития таксона, тем больше его хромосомное число.

Две следующие (и последние) секции подрода *Carex* — *Scitae* и *Microrhynchae*, возможно, связаны между собой филогенетически. Секция *Scitae* (11 видов и подвидов) распространена в Вост. Сибири (1 вид), на российском Дальнем Востоке, в Японии и на западе Сев. Америки; на рассматриваемой территории 6 видов. Виды секции произрастают в горах и по склонам возвышенностей и приурочены, в основном, к приокеаническим районам. Областью формирования этой группы видов была, вероятно, Берингийская суша с прилегавшими к ней частями Азии и Сев. Америки. Примитивными признаками секции являются довольно многоцветковые пестичные колоски, длинные их ножки, присутствие в соцветии 1—2 тычиночных колосков, наличие у некоторых видов гинофора и остистых кроющих чешуй, продвинутыми — безвлагалищные кроющие листья, мешочки с коротким носиком, без жилок или с немногими жилками, наличие у мешочков шипиков по краям или по жилкам. Эволюция в секции шла в направлении редукции гинофора, укорочения и редукции ости у кроющих чешуй, укорочения носика у мешочков, а также в направлении перехода от филлоподии к афиллоподии.

Секция *Microrhynchae* является одной из крупных в роде и, по всей вероятности, наиболее продвинутой секцией подрода *Carex*. Она включает около 60 видов, распространенных во внетропических поясах сев. полушария (но главным образом в умеренном); 1 вид, *C. atropicta*, встречается в Андах Южн. Америки; в нашей флоре 29 видов и подвидов. Больше всего видов встречается в Азии: 36 (27 эндемичных). В Европе обитает 11 видов (2 эндемичных: *C. atrata* и *C. parviflora*), в Сев. Америке — 25 (15 эндемичных, в Скалистых горах). Очагами видового разнообразия секции в Азии являются Вост. Сибирь (14 видов), сев. Монголия (12 видов), Центр. Азия (13 видов), Средняя Азия (11 видов) и Вост. Азия (около 10 видов). Представители секции произрастают от уровня моря до верхнего пояса гор, но большинство из них обитает в высокогорьях, б. ч. на субальпийских лугах (*C. caucasica*, *C. aterrima*, *C. atrata* и др.). Рассматриваемая группа отличается большим разнообразием в морфологическом отношении, что получило отражение в ее таксономии: секция разделена в работе на 10 установленных мной подсекций.

Характерная особенность секции *Microrhynchae* состоит в том, что у большинства ее членов верхний колосок в соцветии гинекандрический (продвинутый признак), остальные пестичные; у некоторых видов (*C. caucasica*, *C. gmelinii*) верхний колосок бывает и тычиночным, и гинекандрическим, у других он всегда тычиночный, причем в отличие от предыдущей секции, тычиночный колосок в соцветии всегда 1. Заметим, что гинекандрические колоски, как указывалось выше, известны и в других, занимающих разные места в системе, секциях подрода *Carex*, но свойственны они только отдельным их представителям (в секции *Aulocystis* (= sect. *Frigidae*) — *C. misandra*, в секции *Chartoteuchium* — *C. griffithii* и *C. nivalis*, в секции *Chlorostachyae* — *C. krausei* и др., в секции *Limosae* — *C. magellanica*). В секции же *Microrhynchae* присутствие гинекандрических колосков является проявлением хорошо выраженной эволюционной тенденции. Кроме наличия гинекандрических колосков, другими признаками высокой организации в секции являются безвлагалищные кроющие листья, колосовидные соцветия у многих представителей секции (а не кистевидные, как у большинства видов подрода *Carex*), безжилковые (у многих видов) мешочки с коротким цельным или двузубчатым носиком (у некоторых видов без носика), покрытые у ряда видов (*C. buxbaumii*, *C. norvegica* и др.) папиллами, а также немногоцветковые пестичные колоски (*C. holostoma*, *C. stylosa* и виды подсекции *Alpinae*). К категории примитивных признаков относятся следующие: расставленность колосков в соцветии (*C. caucasica* и др.), многоцветковые пестичные колоски (*C. urostachys*, *C. caucasica*, *C. hartmanii* и др.), длинные ножки пестичных колосков и длинные пластинки кроющих листьев (*C. caucasica*, *C. peiktusani* и др.), ость у кроющих чешуй (*C. buxbaumii*, *C. gmelinii* и др.), гинофор у плода (*C. urostachys* и др.). Эволюция в секции шла по пути сокращения длины ножек пестичных колосков (до почти полной их редукции и превращения вследствие этого кистевидного соцветия в колосовидное), а также в направлении уменьшения числа цветков в колосках, укорочения кроющих листьев, редукции ости у кроющих чешуй, жилок у мешочков и карпофора у плода, уменьшения (*C. bicolor*) числа плодолистиков и рылец с трех до двух. Наименее продвинутыми в секции являются виды, родственные *C. urostachys*, *C. caucasica*, *C. gmelinii*, наиболее продвинуты члены подсекции *Alpinae* (*C. norvegica* и др.) и *C. bicolor*.

Эволюционные взаимоотношения секций подрода *Carex* показаны на рис. 73.

Третий подрод рода *Carex*, *Kreczetoviczia*, включает около 140 видов, объединяемых в 7 секций (на нашей территории 5 секций и 48 видов и подвидов). Ареал его охватывает почти весь земной шар. Многие виды подрода широко распространены в умеренном и холодном поясах сев. полушария. Самой примитивной в подроде является не представленная в нашей флоре секция *Graciles*. В нее входит около 10 видов (*C. brunnea* и др.), произрастающих в тропических и субтропических областях вост. полушария. Колоски у них довольно многочисленные, часто андрогинные, многоцветковые, нередко отходящие от узлов соцветия пучками, мешочки с жилками и длинным цельным носиком, рыльца б. ч. очень длинные.

Более высокий уровень эволюции по сравнению с предыдущей секцией имеет секция *Tuminenses*. Она включает 8 видов: один из них — *C. tuminensis*, произрастает в Вост. Азии (включая Дальний Восток России), 6 — в Новой Зеландии и 1 — в Южн. Америке. У представителей секции колоски также

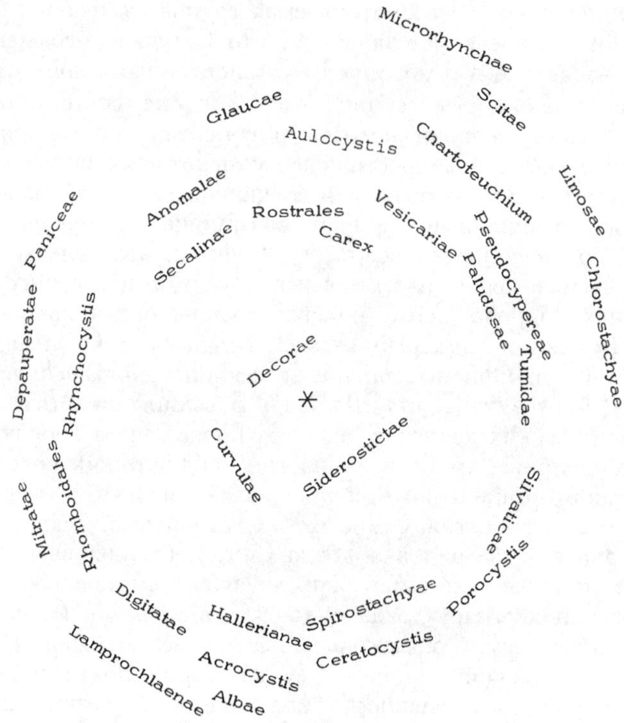

Рис. 73. Схема эволюционных взаимоотношений секций подрода *Carex*.

Расстояние от звездочки в центре до таксона прямо пропорционально степени его эволюционной продвинутости.

Fig. 73. Scheme of the evolutional relations of the sections in the subgenus *Carex*.

Distance from asterisk (*) in the centre to a taxon is proportional to extent of its evolutional advance.

довольно многочисленные, но они дифференцированы на тычиночные (2–6) и пестичные (10–20). Последние имеют длинные ножки, отходят от узлов соцветия пучками и нередко несут на верхушке тычиночные цветки, что говорит о незавершенности эволюционного процесса формирования пестичных колосков из андрогинных. Ножками снабжены нередко и боковые тычиночные колоски (признак примитивный, довольно редкий в роде). Кроющие чешуи мешочков примитивного типа: с 3 жилками, иногда с остью; мешочки с жилками и коротким цельным или едва выемчатым носиком. Виды секции имеют б. м. одинаковый уровень морфологической организации. Эволюция в этой группе проходила в направлении уменьшения числа колосков в соцветии, редукции ости у кроющих чешуй. Секция *Tuminenses*, возможно, имеет отдаленные филогенетические связи с секциями *Temnemis* и *Phacocystis* (= sect. *Acutae*).

Секция *Forficulae* выделяется из всех остальных секций подрода *Kreczetoviczia* тем, что ее представители имеют глубоко- или коротко-двузубчатый носик, варьирующий в пределах секции по длине от относительно короткого (0.4 мм) до длинного (1.5–2 мм). Эта секция (6 видов, из них 4 свойственны и нашей флоре) распространена на юге Вост. Сибири, в Вост. и отчасти Юго-Вост. Азии. Представители ее обитают б. ч. по сырым берегам рек и ручьев, в смешанных и широколиственных лесах или на болотистых местах в лесном поясе гор. По сравнению с 2 предыдущими, секция *Forficulae* более продвинута в эволюционном отношении: тычиночные колоски у ее видов в числе 1—2, пестичные колоски отходят от узлов соцветия по одному, мешочки б. ч. без жилок, часто с блестящими железками. Примитивные признаки представителей секции: многоцветковые пестичные колоски, длинные их ножки, кроющие чешуи с 3 жилками и б. м. длинной остью. Эволюция в секции *Forficulae* проходила в направлении укорочения ножек пестичных колосков до почти полной их редукции, укорочения и редукции ости кроющих чешуй, укорочения носика мешочков.

Секция *Praelongae* не имеет, по-видимому, явных филогенетических связей ни с предыдущими, ни с последующими секциями рассматриваемого подрода. Она включает около 25 видов, распространенных преимущественно в Вост. Азии, а также в Зап. Гималаях, на о-ве Шри-Ланка, в Юго-Вост. Азии, на Мадагаскаре и в тропической и Южн. Африке (рис. 57); 4 вида и подвида встречаются на Дальнем Востоке России (в южн. Приморье и на южн. Курилах). Эта довольно древняя, судя по ареалу, секция обнаруживает ряд вторичных признаков: наличие в соцветии только 1 тычиночного колоска, присутствие у некоторых видов гинекандрических колосков, сближенность колосков в верхней части стебля и расположение их у многих видов б.м. на одном уровне (соцветие у этих видов почти щитковидное), наличие у мешочков короткого носика и многочисленных бугорков. Примитивные признаки видов: многоцветковые, нередко очень длинные пестичные колоски, имеющие обычно длинные ножки, жилки на мешочках, кроющие чешуи с 3 жилками, остистые. Пути эволюции в секции: уменьшение длины пестичных колосков и их ножек, редукция ости у кроющих чешуй.

Секция *Temnemis* (15 видов; 9 видов и подвидов в нашей флоре) распространена на севере Европы и Сев. Азии, в Вост. Азии и Сев. Америке. Виды этой секции (*C. paleacea*, *C. lyngbyei*, *C. subspathacea* и др.) произрастают преимущественно на приморских лугах и болотах или на осоково-моховых болотах вблизи морских побережий (например, *C. middendorffii*). Специфическая особенность секции — наличие у многих ее представителей глубокой перетяжки в средней части плода и мозолисто утолщенных носиков. Оба признака являются специализированными. К примитивным признакам относятся многоцветковые, с длинными ножками пестичные колоски (*C. paleacea*, *C. lyngbyei* и др.), наличие ножек у боковых тычиночных колосков (*C. paleacea*, *C. lyngbyei*), кроющие чешуи с 3 жилками и у некоторых видов с остью, иногда очень длинной (*C. paleacea*). Эволюция в секции проходила в направлении уменьшения размеров колосков и количества цветков в них, сокращения числа тычиночных колосков с 3 до 1, укорочения ножек у пестичных колосков и редукции их у боковых тычиночных колосков, а также уменьшения длины кроющих чешуй и редукции их остей. Наименее специализированным в секции является амфиатлантический вид *C. paleacea*, выделяющийся среди всех остальных ее членов длинноостистыми кроющими чешуями и имеющий, кроме того, многоцветковые, с длинными ножками пестичные колоски. Самый продвинутый представитель секции — циркумполярный подвид *C. subspathacea* subsp. *subspathacea*, характеризующийся малоцветковыми колосками и чешуями без ости, лишь иногда с коротким шипиком на верхушке.

С секцией *Temnemis* филогенетически связана самая продвинутая в подроде *Kreczetoviczia* и одна из наиболее крупных в роде секция *Phacocystis*. Она включает около 80 видов, большинство из которых произрастает во внетропических поясах сев. полушария, а 4 вида — в южн. полушарии (рис. 59); на рассматриваемой территории встречается 30 видов и подвидов. Инте-

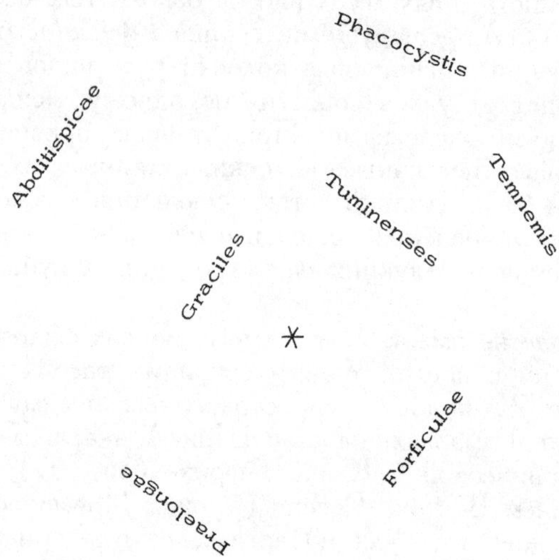

Рис. 74. Схема эволюционных взаимоотношений секций подрода *Kreczetoviczia*. Принцип построения тот же, что на рис. 73.

Fig. 74. Scheme of the evolutional relations of the sections in the subgenus *Kreczetoviczia*. The principle of constructing the scheme is the same as in fig. 73.

ресно отметить, что один из видов южн. полушария — новогвинейско-австрало-новозеландский *C. gaudichaudiana*, близок к европейской *C. nigra*, но хорошо морфологически обособлен от нее. Представители рассматриваемой секции характерны для равнинных территорий, где они произрастают преимущественно на открытых сырых и болотистых местах, травяных, реже моховых болотах, по берегам водоемов. Немногие виды встречаются в горах, в основном в высокогорьях (*C. orbicularis*, *C. eleusinoides*). В Арктике отдельные виды (*C. bigelowii* subsp. *arctisibirica*, *C. aquatilis* subsp. *stans* и др.) нередко играют ландшафтную роль.

Кроющие чешуи у представителей секции *Phacocystis* с 1 жилкой, без ости (редко с очень коротким острием), пестичные колоски у многих видов почти сидячие (а не с б. м. длинными ножками), боковые тычиночные колоски всегда сидячие, мешочки часто без жилок; у ряда видов все колоски в соцветии (*C. eleusinoides*) или только верхний (*C. rufina* и др.) гинекандрические. Перечисленные признаки свидетельствуют о более высоком уровне эволюционного развития этой секции по сравнению с предыдущей. Примитивными чертами в секции *Phacocystis* (как и в секции *Temnemis*) являются неустойчивый характер строения боковых (пестичных по положению в соцветии) колосков, которые у многих видов бывают или целиком пестичными, или (нередко) андрогинными, а также такие признаки, как многоцветковые (у многих видов) колоски и (у ряда видов) б. м. длинные ножки пестичных колосков и сетчатое расщепление влагалищ нижних листьев. Основными путями эволюции в секции были уменьшение числа тычиночных колосков с 2—4 до 1, пестичных — с 4(5) до 2, уменьшение длины колосков и кроющих листьев, укорочение ножки у пестичных колосков, редукция жилок у мешочков. Из видов нашей флоры наименее продвинут *C. acuta*, наиболее продвинуты виды родства *C. cespitosa*, *C. bigelowii* и *C. orbicularis*, а также *C. eleusinoides*.

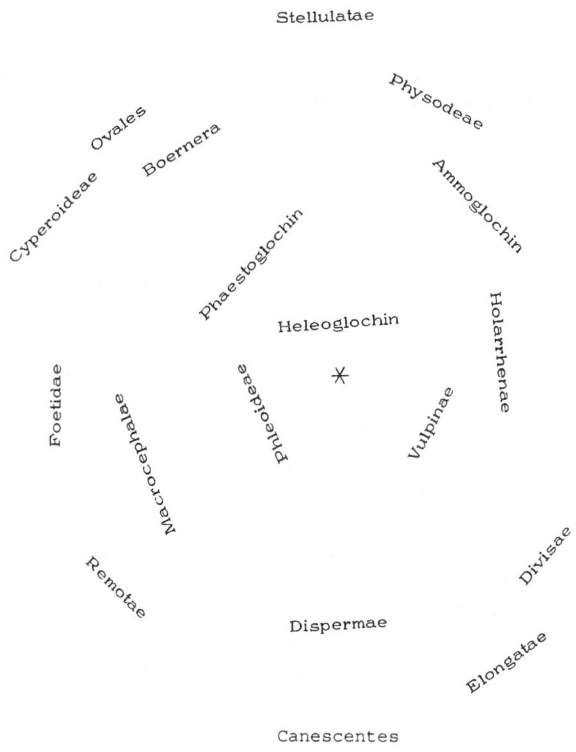

Рис. 75. Схема эволюционных взаимоотношений секций подрода *Vignea*. Принцип построения тот же, что на рис. 73.

Fig. 75. Scheme of the evolutional relations of the sections in the subgenus *Vignea*. The principle of constructing the scheme is the same as in fig. 73.

Вероятные эволюционные взаимоотношения в подроде *Kreczetoviczia* схематически показаны на рис. 74.

Следующий подрод — *Vignea*, включает около 25 секций и 320 видов, распространенных преимущественно во внетропических и очень редко тропических областях сев. полушария; небольшое число видов встречается в южн. полушарии; на рассматриваемой территории он представлен 18 секциями, объединяющими 76 видов и подвидов. Вопросы филогении подрода *Vignea* детально рассматривались мной ранее (Егорова, 1966б). Основными направлениями эволюции в подроде были трансформация андрогинных колосков в гинекандрические (колоски последнего типа имеет большинство видов подрода), редукция кладопрофилла (он сохранился только у видов родства *C. arenaria* и *C. praecox*), сокращение числа колосков, превращение линейных кроющих листьев в щетиновидные и чешуевидные и уменьшение числа плодолистиков (и рылец) с трех до двух. Схема предполагаемых эволюционных отношений в подроде *Vignea* дана на рис. 75.

Наиболее специализированный и последний по месту в системе подрод *Psyllophora* (= subgen. *Primocarex*) не представляет собой основного направления эволюции рода. Подрод включает 25 секций и около 75 видов, произрастающих в холодных, умеренных, отчасти субтропических и очень редко в тропических поясах обоих полушарий. На нашей территории он насчитывает 33 вида и подвида, входящих в 13 секций. Признаком высокой специализации данного подрода является наличие у всех его представителей соцветия, состоящего только из 1 немногоцветкового колоска, который у однодомных видов (их большинство) андрогинный (примитивный тип колосков), у двудомных — однополый (тычиночный или пестичный). Характерная особенность подрода состоит в том, что почти все его секции являются олиготипными, содержащими по 2—6 видов, или монотипными. Лишь одна секция, *Rarae*, насчитывает 16 видов и подвидов. Слабый процесс видообразования в подроде свидетельствует, по всей вероятности, о том, что группы подрода очень давно и быстро достигли свойственного им уровня специализации, после чего мало эволюционировали. Примитивная черта подрода *Psyllophora* — присутствие в мешочках многих его видов осевого придатка — рудимента колосковой оси элементарного колоска, редуцированного до 1 цветка. Таким образом, у видов рассматриваемого подрода признак высокой специализации — одноколосковое соцветие, сочетается с весьма примитивным — рудиментом колосковой оси. Гетеробатмия выражена здесь сильнее, чем в других подродах осок. Основными направлениями эволюции в подроде были редукция рудимента оси в мешочках, уменьшение числа плодолистиков (и рыльцевых ветвей) с трех до двух и возникновение двудомности. Самой примитивной в подроде является секция *Caryotheca*. Морфологические особенности ее единственного вида — третичного балкано-кавказского реликта *C. phyllostachys*, рассматриваются выше (с. 55). Наиболее высокий уровень эволюции имеет бореальная секция *Physoglochin* (= sect. *Dioicae*). Ее представители — двудомные растения; гинецей у них состоит из двух плодолистиков, в мешочках обычно отсутствует рудимент колосковой оси, но иногда он наблюдается у *C. dioica* (Алексеев, 1978).

Секции подрода *Psyllophora* морфологически довольно обособлены и не обнаруживают между собой явных филогенетических связей. Поэтому порядок расположения секций в системе подрода отражает только предполагаемый уровень их эволюции. В начале системы расположены секции, у видов которых гинецей состоит из трех плодолистиков, столбик оканчивается тремя рыльцевыми ветвями, а в мешочках (у всех видов каждой секции или только у некоторых) имеется осевой придаток. Эти секции следующие: *Caryotheca* (*C. phyllostachys*), *Leucoglochin* (*C. pauciflora* и др.), *Obtusatae* (*C. obtusata* и др.) и *Petraeae* (*C. rupestris* и др.). Далее идут секции с теми же признаками, но без осевого придатка: *Callistachys* (*C. micropoda* и др.), *Rarae* (*C. uda* и др.) и *Cardiopera* (*C. bucharica*). Виды всех перечисленных секций — однодомные растения. Из 2 следующих секций первая — *Circinatae* (*C. hakkodensis* и др.), включает однодомные и двудомные виды, вторая — *Scirpinae* (*C. scirpoidea*), — только двудомные; у видов данных секций гинецей трехплодолистиковый, осевого придатка обычно нет. 3 секции, расположенные в системе после этих секций: *Psyllophora* (*C. pulicaris* и др.), *Capituligerae* (*C. capitata* и др.) и *Nardinae* (*C. hepburnii* и др.), объединяют однодомные виды с двухплодолистиковым гинецеем и осевым придатком. Завершает систему подрода упомянутая выше секция *Physoglochin* (*C. dioica* и др.). В пределах секций подрода эволюционный уровень видов в основном б. м. одинаков, поэтому направления эволюции в этих секциях в работе не рассматриваются.

Дискуссионен вопрос о том, естественным или искусственным (гетерогенным) таксоном является подрод *Psyllophora* (= subgen. *Primocarex*) (см. с. 17, 54—56, 650). Я считаю этот подрод естественной группой, имеющей общее происхождение и представляющей особую линию развития рода. (Гипотезы о происхождении одноколосковых соцветий рассматриваются в разделе «Морфо-

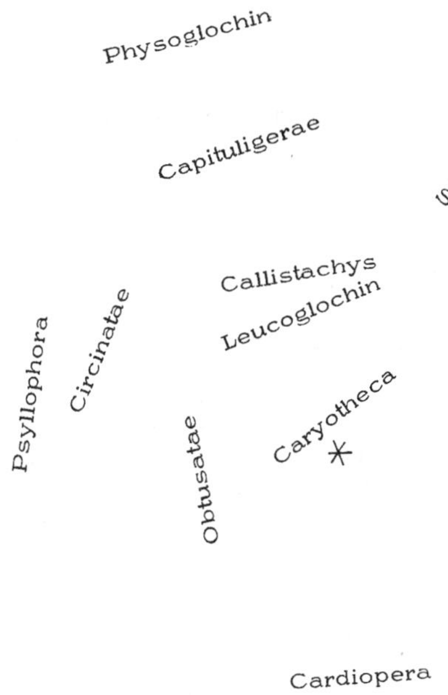

Рис. 76. Схема эволюционных взаимоотношений секций подрода *Psyllophora*. Принцип построения тот же, что на рис. 73.

Fig. 76. Scheme of the evolutional relations of the sections in the subgenus *Psyllophora*. The principle of constructing the scheme is the same as in fig. 73.

логические особенности осок»). Виды, входящие в подрод *Psyllophora*, объединяют два существенных, на мой взгляд, признака: одноколосковое соцветие и образующий его андрогинный колосок. Исключение составляют двудомные виды с однополыми колосками, но и у них (например, у *C. dioica*) иногда встречаются образцы с андрогинным колоском. Отсутствие близких филогенетических связей между секциями рассматриваемого подрода свидетельствует скорее не о гетерогенности этой группы видов, а об ее древности. Явные филогенетические связи, как было показано выше, не обнаруживаются и между многими секциями других подродов, но это обстоятельство не ставит под сомнение естественность последних. Вместе с тем следует признать, что в настоящее время нельзя привести бесспорные доказательства в пользу представления об естественности подрода *Psyllophora*, так же, как нельзя и аргументированно это представление опровергнуть. Размещение одноколосковых видов среди многоколосковых (как, например, в системах В. И. Кречетовича, Макензи, Ови, Койямы — см. с. 7—19, 21) не решает проблемы, касающейся их положения в системе рода, так как филогенетические связи одно- и многоколосковых видов совершенно неясны. Эволюционные взаимоотношения в подроде *Psyllophora* показаны на рис. 76.

Общая особенность всех рассмотренных подродов рода *Carex* заключается в том, что составляющие их секции являются в основном довольно морфологически обособленными, не имеющими между собой б. м. явных филогенетических связей. Что касается возможности происхождения одних секций от других, то, по-видимому, только очень немногие современные группы могли произойти от других современных групп (например, секция *Aulocystis*, возможно, произошла от секции *Decorae*, секция *Ceratocystis* от секции *Spiro-*

stachyae, секция *Paniceae* от секции *Depauperatae*, секция *Phacocystis* от секции *Tuminenses*, секция *Phaestoglochin* от секции *Vulpinae*). Наименее продвинутыми секциями осок флоры России и сопредельных государств являются секции *Mundae*, *Decorae*, *Siderostictae*, *Carex* и *Tumidae*. наиболее высокий эволюционный уровень имеют секции *Chartoteuchium*, *Chlorostachyae*, *Limosae*, *Microrhynchae*, *Phacocystis*, *Canescentes* и *Physoglochin*, представляющие собой конечные звенья криофильной линии эволюции рода, и секция *Lamprochlaenae*, являющаяся в основном результатом его ксерофильной эволюции.

EVOLUTION OF THE GENUS CAREX L.

There are very few paleobotanical materials on the genus *Carex*. The earliest fossil find of sedge (the only imprint of the utricle) is dated as the beginning of the Palaeocene. It was made by Krassilov (Красилов, 1976) in Tsagayan sediments of the Amur Province which belong to the Danish stratum. The latter is found at the border-line of the Cretaceous period and the Palaeogene. Most authors, as states Krassilov (Красилов, 1983), refer this stratum to the Palaeogene. It is interesting to note that the utricle of the fossil sedge, *Carex tsagajanica* Krassilov, has the primitive characters: large demensions (together with its beak 14 mm long) and the elongate entire beak.

The Tsagayan finding the sedge (identification of the imprint, judging from a photograph, is rather reliable one) shows that in the beginning of the Palaeogene the genus *Carex* already did exist. The origin of it is dated, no doubt, from the Cretaceous period (Егорова, 1966б, 1987а, 1987б) — the time of appearance of many Angiosperms. A hypothesis concerning the Cretaceous origin of *Carex* is supported by the find of sedge at the border-line of the Cretaceous period and the Palaeogene and the whole complex of such data as the cosmopolitan distribution of the genus, the presence of all its subgenera and quite a number of sections in both the nothern and southern hemispheres (and what is more species of some sections occurring in the nothern hemisphere are taxonomically well isolated from the same sections' species in the southern hemisphere), a high degree of morphological differentiation of the genus manifesting in existence of a huge number of species and numerous taxa of sectional and subsectional ranks.

The above mentioned facts allow to suppose that the main differentiation of the genus *Carex* and its wide dispersal took place not later than the end of the Palaeogene when, according to an opinion of a number of authors (Axelrod, 1970; Raven, Axelrod, 1974; Тахтаджян, 1978а), connections between fragments of the former Gondwana Land finally ceased.

In connection with the discussion of the question regarding the time of the *Carex* origin it should be mentioned about Samylina's finding (Самылина, 1959, 1960) in the Kolyma River basin, in upper layers of the Lower Cretaceous period, plant imprints which have a large resemblance with sedges and were described by her as a fossil genus *Caricopsis* with two species. Samylina's data to some extent can serve as an argument in favour of the hypothesis of sedges' the Cretaceous origin. It is to be noted that, in Ball's opinion (Ball, 1990), the genus *Carex* has arisen in the very beginning of the Tertiary period.

In the Palaeogene sediments (besides *C. tsagajanica*) sedge remains (fruits) were found which are dated from the Oligocene period. These are known only from Switzerland and described as a few fossil species (Heer, 1855, 1859). However the belonging of some of them to the genus *Carex* calls in question (Kirchheimer, 1957).

The Neogene (Miocene and Pliocene) fossil remains of sedges are represented mainly by fruits, which either are identified with those of extant species or are described as fossil species. It should be mentioned that the identification of fossil sedges based on fruits is not enough reliable because of their a rather uniform structure: a similar shape of fruits is often observed in species of different groups of affinity. There are published data on finds of sedges' fruits from the Neogene chiefly the Pliocene sediments of Central and Nothern Europe (Heer, 1859, 1868; Reid, Reid, 1915; Szafer, 1946—1947, 1954; Kirchheimer, 1957; Łańcucka-Środoniowa, 1979, et al.). On the base of rather characteristic fruits (due to the presence of styles — «rostels») from the Pliocene of Germany a fossil species *C. flagellata* (Reid, Reid, 1915) was described, apparently, from the affinity of *C. rostrata*. Fruts of sedges from the Neogene sediments of different regions of Russia and adjacent states are identified with *C. flagellata* (Дорофеев, 1962, 1963, 1965, 1977; Величкевич, 1982а). As stated Dorofeev (Дорофеев, 1977), the description of *C. flagellata* was based on fruits of two kinds and the species name has been lectotypified by Szafer. The fruits differing from type ones Dorofeev described as *C. szaferi* noting that this species in the Miocene was widespread in Western Siberia, Yakutia and Poland.

In the territory of this country the finds of *Carex* fruits in seed fossil floras of Western and Eastern Siberia and the Middle Urals (Дорофеев, 1963, 1969, 1970, 1972) are dated from the Miocene period. Sedge fruits from Western Siberia were determined by Dorofeev as *C. flagellata*, *C.* cf. *rostrata* and *C.* cf. *pauciflora*. Later the specimens tested by two latter names were referred to fossil species, *C. szaferi* (Дорофеев, 1977) and *C. paucifloroides* Wieliczk. (Величкевич, 1975) respectively. In the Miocene sediments of the Middle Urals fruits of *C. antiqua* Dorof.[1] were found, which Dorofeev considered to be related to the extant species *C. dickinsii* Franch. et Savat. and *C. michauxiana* Boeck. These are nemoral species, members of the section *Rostrales* whose range embraces East and Southeast Asia and southeastern North America. The find of *C. antiqua* is evidence (if the identification is correct) of the fact that in the Neogene the range of this section was in Asia considerably larger than at present. In the Miocene sediments of Eastern Siberia (Mamontova Mountain in Aldan, the Omoloi river basin) fruits of fossil species of the affinity *C. rostrata* (*C. rostrata-pliocenica* Nikitin and *C. omoloica* Dorof.) and a lot of fruits *Carex* sp. (Дорофеев, 1969, 1972) were found.

The Pliocene floras, found in the territory of this country, contain the same species of sedges which were also in the Miocene but along with them a number of other species was marked which are related to extant species. In the Pliocene of the Voronezh Province occur fruits of *C. rostrata-pliocenica*, *C. cespitosa*, *C. pauciflora* (possibly, *C. paucifloroides*) (Никитин, 1957), of Tatarstan — *C.* cf. *vesicaria* and *C. goodenoughii* (Николаева, Закирова, 1957). To note that the referring of fruits to *C. cespitosa* and *C. goodenoughii* (= *C. nigra*) (members of the *Phacocystis* section) is not reliable as the fruits in this section (and in many others, by the way) have no peculiarities. In the Pliocene of Bashkiria the fruits of the affinity of *C. rostrata*: *C. flagellata*, *C. rostrata-pliocenica*, *C. szaferi* and *C.* cf. *rostrata* and also *C.* cf. *hirta*, *C.* cf. *pallescens*, *C.* cf. *canescens*, *C.* cf. *elongata*, *C.* cf. *pauciflora* (possibly, *C. paucifloroides*) were found (Дорофеев, 1962, 1965, 1977).

From the Pliocene sediments in the Dnieper basin (Byelorussia, Gomel Province, Dvorets village) Wieliczkewicz (Величкевич, 1975) described *C. paucifloroides* the fruits of which bear a resemblance to those of *C. pauciflora* but have some differences from them. Basing on the latters, one, in my opinion, can come to the conclusion that the similarity between mentioned species is convergent and they are referred to different taxonomical groups (and possibly even to differrent subgenera). Similar to *C. paucifloroides* fruits rather often occur in Europe beginning from the Miocene; they are also known (as *C.* cf. *pauciflora*) in the Miocene of Western Siberia (Величкевич, 1975). *C. paucifloroides* was found in the Pliocene of the Tambov Province (Дорофеев, 1986а, 1986б). This species is widely represented in the Pleistocene floras of Eastern European plain (Vostochno-Evropeiskaya ravnina) which are related to the pre-Dnieper period but from the neo-Pleistocene sediments this species is already absent.

Summing up all the above mentioned about the finds of sedges in the Tertiary sediments one can draw a conclusion that there are a number of fossil species from them. Some of these species, for example, *C. flagellata*, *C. szaferi* and *C. paucifloroides*, were widespread and have existed for a long time: the former two species — in the Miocene and the Pliocene, the latter — from the Miocene to the Pleistocene inclusive.

Remains of sedges dated from the Pleistocene are represented by fruits and utricles. They are determined by the names of extant species to which the word «conformis» (cf.) is often added. According to Dorofeev (Дорофеев, 1966) and Wieliczkewicz (Величкевич, 1982б) Pleistocene species of different plant groups are often not identical to extant ones. Sukachev (Сукачев, 1938) listed 10 species of *Carex* from the Pleistocene of the European part of Russia (mire flora of the last, i. e. riss-wurm interglacial period) which are widespread also at present. From the Pleistocene of Eastern European plain (Likhvin floras) Wieliczkewicz (Величкевич, 1982, 1982в) mentioned *C. rostrata*, *C. pseudocyperus*, *C.* cf. *elata*, *C.* cf. *flava*, *C.* cf. *riparia*, *C.* cf. *vesicaria*.

Summary data concerning the Pleistocene remains of sedges (utricles and fruits) as well as of other plants are given in N. Kats', S. Kats' and Kipiani's work (Кац, Кац, Кипиани, 1965).

Palaeobotanical data regarding the genus *Carex* do not contain any information on its evolution. Therefore ideas on the sedge phylogeny one has to do basing mainly on the data of comparative morphology as well as of ecology and geographical distribution of species and subdivisions of the genus. These data allowed to form a notion on the most probable trends in the evolution of a rather large number of vegetative and reproductive characters (see p. 91). Basing on them I tried to determine the evolutionary level of different taxa of the genus and their place in the system.

Points of view regarding sedges' evolution are given in works of comparatively few authors and concern chiefly either phylogenetic relations between subgenera and evolutionary level of some sections or groups of sections or some general questions of phylogeny of the genus (Drejer, 1844; Almquist, 1884; Holm, 1903; Kükenthal, 1909; Кречетович, 1936; Ohwi, 1936; Nelmes, 1951,

[1] *C. antiqua* Dorof. is a later homonym of the *C. antiqua* Heer. Therefore here the new name is given: **C. dorofeevii** Egor. nom. nov. — *C. antiqua* Dorof. 1970, Третич. флоры Урала : 33, non Heer, 1859.

43 Заказ № 131

1952a; Savile, Calder, 1953; Koyama, 1962; Алексеев, 1974a, 1976б, 1978; Егорова, 1975, 1987б; Smith, Faulkner, 1976; Schmid, 1982; Crins, 1990; Resnicek, 1990). Evolutionary interrelations within subgenera and sections of sedges are examined in my works (Егорова, 1966б : the subgenus *Vignea*, 1987a : the subgenera *Carex*, *Kreczetoviczia* and *Psyllophora*).

The estimation of the evolutionary level of elements of the genus system is hampered by the fact that in them, like in many other plant groups, a phenomenon is expressed which was called by Takhtajan (Тахтаджян, 1959, 1966) heterobathmy. The essence of the phenomenon lies in the fact that the taxon has (due to the mosaic nature of evolution) characters of the different evolutionary level. It should be noted that not only subdivisions of the genus *Carex* but also in the genus itself as a whole heterobathmy is pronounced. The presence in the genus of the most specialized in the family *Cyperaceae* of the vessels which are characterized, as a rule, by a simple perforation and the most specialized elementary spikelets (uniflorous, in the shape of the closed utricle containing a gynoeceum) is combined with the presence of more primitive an embryo in comparison with many others (chiefly tropical) genera of the *Cyperaceae*. A large «evolutionary weight» have, apparently, the characters of two first organs, in particular the presence of utricles which are of great biological importance (see the devision «Morgpological features of sedges») and which, probably, have played the leading part in the development of the genus *Carex*. Basing on these characters, I, like all other cyperologists, consider the genus *Carex* as the highest stage of the evolution of the *Cyperaceae*. When determing the evolutionary level of the taxa within the genus *Carex* the most important significance have, in my opinion, such characters as an arrangement of male and female flowers in inflorescence, a disposition of spikes on the stem, the number of spikes, flowers, carpels and stigma branches (the decrease of the number of the same elements, i. e. a phenomenon of oligomerization, was, as many evolutionists consider (see: Тахтаджян, 1964), of a large importance in the evolution), the presence or absence of rachilla in utricles.

Evolutionary interrelations of the *Carex* taxa are given in the proposed in this work system of the genus. It is known, however, that when the *Carex* subdivisions are arranged in the linear order the evolutionary principle to a certain extent gets broken due to the fact that in some cases the relatively advanced section can take its place before more primitive one but representing another line of the evolutionary development. Therefore schemes are given as an addition to the system (Fig. 73—76). These schemes represent cross-sections of the genealogical tree of the genus and its main subdivisions at the modern stage on which the correlations of the supposed evolutionary levels of taxa are shown. The similar schemes have been used in the works of number of authors (Stebbins, 1956; Цвелев, 1976; Каратыгин, 1981 et al.). They have some advantages over the showing of phylogenetic relations as a genealogical free because far from being always (and in the genus *Carex* only in few cases) some extant taxa can be directly drawn from other extant taxa.

As it was noted above, the genus *Carex* is the most advanced genus of the family *Cyperaceae*. Neither of now existing genera of the tribe *Cariceae* (*Schoenoxiphium*, *Kobresia*, *Uncinia*) which the genus *Carex* belongs to could not initiate it because in spite of their more primitive as compared with it organization, they are rather specialized, in particular the most relative to sedges the genus *Uncinia* which occurs chiefly in southern hemisphere. The inflorescence in species of this genus consists (as in sedges from the subgenus *Psyllophora*) of only one spike bearing in the upper part male flowers and in the lower one closed utricles as in the *Carex*. But unlike *Carex*, from *Uncinia* utricles strongly protrudes the axis (i. e. rachilla, an axis of elementary spikelet) with a hook-shaped apex which is a rigid rolled glume in the axil of which, as the anatomical investigations showed (Snell, 1936), there is undeveloped bud. Thanks to the presence of a developed axis, bearing a glume and a bud, elementary spikelets of the *Uncinia* have more primitive structure than that in the *Carex*.

The idea on the origin of multispicate sedges (they predominate in the genus) from unispicate ones (Drejer, 1844; Schulz, 1886; Holm, 1903; Kükenthal, 1909, et al.) has no more its supporters after Kreczetowicz (Кречетович, 1936) stated his well-reasoned opinion on the secondary nature of unispicate sedges. Nelmes (1951) assumed that members of the subgenera *Carex* and *Vignea* have arisen from the subgenus *Indocarex* (= subgen. *Vigneastra*) or from an ancestor of indocaricoid type as he as well as a number of other authors (Кречетович, 1936; Егорова, 1966б, 1990; Smith, Faulkner, 1976; Chater, 1980; Егорова, Трифонова, 1986) considered the latter subgenus to be the most primitive one in the genus. In my opinion the subgenus *Indocarex* can not be considered as an initial one for sedges of the mentioned subgenera due to the presence in all its species at the base of branches of the inflorescence of specialized utricle-shaped prophylls. In the subgenus *Carex* (and in the subgenus *Kreczetoviczia* as well) prophylls at the base of branches (i. e. cladoprophylls) are sheath-shaped (tubular), in the subgenus *Vignea* most species have no cladoprophylls, they remained only in the section *Ammoglochin* species in which they are glume-shaped (in the subgenus *Vignea* cladophophylls were found by Alexeev (Алексеев, 1978)). Contrary to Kreczetowicz' opinion (see the division «Morphological features of sedges») unispicate species which comprise the subgenus *Psyllophora* (= subgen. *Primocarex*) could not also arise from the subgenus *Indocarex*, as many of them have in their utricles the rachilla which is absent in members of the latter subgenus.

The genus *Carex* evolution was in all probability paraphyletic. All five subgenera presenting the directions of sedges' evolution did not originate one from another but evolved in parallel from the general ancestor, namely from an extinct group Protocarex to which, apparently, the most primitive species of the subgenus *Vigneastra* (= subgen. *Indocarex*) are related. But in ancestral forms unlike them prophylls at the base of the inflorescence branches, in all probability, were not specialized, and all elementary uniflorous spikelets (that is an utricle with gynoeceum) had a rachilla (a rudiment of spikelet axis).

The higher level of the evolution in comparison with the subgenus *Vigneastra* have thanks to the presence of more advanced inflorescences on the whole and spikes (see the text regarding the evolution of inflorescences in the division «Morphological feature of sedges») the subgenus *Carex*, the largest of all subgenera (and which presents, apparently, the main trend of the genus evolution) and the subgenus *Kreczetoviczia*. A group of sections (including the *Phacocystis* section which is one of the most widespread and numerous in the genus in the number of species) recently separated by me into the subgenus *Kreczetoviczia* (Егорова, 1985a) was placed by many authors (Kükenthal, 1909; Mackenzie, 1931, 1935; Кречетович, 1935a; Ohwi, 1936, 1965, et al.) in the beginning of the system of the subgenus *Carex* (= subgen. *Eucarex*). However the presence in species of these sections of such an important character as a gynoeceum consisting of 2 (instead of 3) carpels as well as a number of other derivative characters (small utricles often covered with papillae, usually with a very short beak, bracts mostly sheathless, a mesocarp formed by only two rows of sclereids) gives reasons to consider these sections (= sect. *Acutae* s. l. in the sense of some authors) to be more evolutionary advanced than the other subdivisions of the subgenus *Carex*. An opinion on the higher level of the sedges' morphological organization (which I am talking about) is given in the systems of a number of authors (Moore, Edgar, 1970; Егорова, 1972a, 1972б, 1975, 1976a, 1990; Chang, Yang, 1976; Chater, 1980).

The next stage in the evolution of sedges is the subgenus *Vignea*. There is no single opinion on its evolutionary level and its place in the system of the genus. Some authors placed this subgenus before the subgenus *Carex* (Kükethal, 1909; Кречетович, 1935a; Chater, 1980; Dostál, 1982, et al.), the others after it (Drejer, 1844; Nelmes, 1951, 1952b, Savile, Calder, 1953; Koyama, 1962; Егорова, 1966б, 1976a, 1990; Chang, Yang, 1976). The notion on a higher specialization of the subgenus *Vignea* as compared with three previous subgenera can be reasoned by the presence in its members of many characters, the secondary nature of which can hardly give rise to doubt. These characters are as follows: a disposition of inflorescence in the upper part of the stem, the absence in most species of prophylls at the base of inflorescence branches, the presence of glumaceous bracts (as rule) and a gynoeceum consisting usually of two carpels, the absence of peduncles in spikes and carpophore in fruits, the presence in many species of utricles with winged margins (especially in the *Ammoglochin* and *Ovales* sections), the presence in some species (for instance, in *C. arenaria*) of specialized creeping rhizomes and the presence in a number of species of dioecy. Besides, many members of the subgenus *Vignea* have gynaecandrous spikes which are in all probability of the most advanced kind of spikes. The sections embracing species with such spikes being the largest in the number of species. The presence in the subgenus *Vignea* of bisexual spikes is considered to be a primitive feature of the subgenus, as the differentiation of spikes to male and female ones is regarded as a biologically progressive phenomenon. But, apparently, one should not overestimate its biological role as sedges usually are cross-pollinated plants.

Subgenus *Psyllophora* is the most evolutionary advanced due to the presence in its species the unispicate inflorescence. The heterobathmy is pronounced in it stronger than in the other subdivisions of the genus. This is one of the reasons of a different interpretation of its evolutionary level. Androgynous spike (except dioecious species in which spikes are unisexual) and the presence in many number of members of rachilla should be regarded as primitive characters in the subgenus. The subgenus *Plyllophora* is apparently an ancient rapidly evolved group in which the main evolutionary process early came to an end. It should be noted here that Reznicek (1990a) holds the same opinion. An assumption concerning the subgenus' antiquity agrees with the presence in it of oligotypic and monotypic sections.

A hypothesis on the origin place of the *Carex* for the first time was suggested by Nelmes (1946, 1951) who supposed that the genus has arisen from Indo-Malesian Province (it corresponds to the Indo-Malesian Subkingdom as Takhtajan (Тахтаджян, 1978a) understands it), as most species of the primitive (and, in Nelmes's opinion, initial for the other sedges) subgenus *Indocarex* grow there whereas in the tropics of Africa and America they are in considerably the lesser number. According to my data, the area of the most large specific diversity of the subgenus *Indocarex* are India, Southeast Asia and southern regions of East Asia where over 60 its members of about 100 known occur. Most members of the most primitive sections of the subgenera *Carex* and *Kreczetoviczia* (*Decorae*, *Debiles*, *Graciles*, *Praelongae*) as well as one of primitive sections of the subgenus *Vignea* (sect. *Phleoideae*) grow in the same area also.

The maximum concentration of species of the most primitive taxonomical groups in India, Southeast Asia and southern areas of East Asia allow to consider these territories (except India) to be a possible place of the origin and initial development of the genus. India, except Assam, could not be part of the place of the genus *Carex* origin, as the formation of the Himalayas in place of Tethis and joining of Hindustan Peninsula to Asian continent took place considerably later than a hypothetic time (the Upper Cretaceous period) of the genus *Carex* origin. Unlike Nelmes I consider Southeast Asia, which is a part of the Indo-Malesian Province, and southern regions of East Asia to be a possible place of the genus *Carex* primary evolution. The Gondwana origin of the genus seems to be hardly probable as the territories of the former Gondwana continent have considerably less of species and sections as compared to Laurasia. The largest secondary centres of sedges' development in Eurasia are nothern areas of East Asia, southern ones of North Asia and the territory of the Ancient Mediterranean.

I share Stebbins' (1974) opinion who supposed that the genus *Carex* had arisen in the mountains as only in the mountain conditions such structure as an utricle could originate, the structure which undertook the function of protection of an ovary (and then also of a fruit) instead of the completely reduced perianth (Stebbins called the process of the utricle appearance in sedges a phenomenon of the transfer of protective function from the perianth to the bract). One can suppose that an initial formation of this anemophilous genus took place in open, very moist habitats. In the course of its long development an adaptation occurred to the most various ecologo-climatic conditions. One can not exclude, however, that the origin of *Carex* is connected with mountain broad-leaved deciduous forests as in such habitats at present quite a number of primitive species grow. Though this phenomenon can, apparently, be explained by the fact that in the process of dispersal the primitive species penetrated from open habitats into the forests where they retained a number of archaic characters due to slow rates of the evolution in these conditions.

Considering the general questions of the origin and evolution of the genus *Carex* let us pass to the review, as far as possible, of the hypotheses on the evolutionary interrelations within its subgenera and sections. The views on the evolution in different subdivisions of the genus are not given in the present work in full measure. Much attention is devoted to the most primitive and the most advanced sections.

As it was noted above, the subgenus *Vigneastra* (= subgen. *Indocarex*) is the most archaic in the genus. It comprises about 100 species (13 sections) distributed in tropical and subtropical regions but chiefly in South and Southeast Asia and in southern East Asia, where over 60 its members occur, and very rarely (two species only) in the temperate zone (Fig. 72). In all directions from the mentioned areas the number of species strongly diminishes. So, in the tropics of Africa only 6–10 species are found, in America – 9, in Queensland – 2, in Oceania – 3 species (non-endemics). Rather many species (18) are known in Madagascar. One species, *C. distachya*, grows in Asia Minor, in the south of Western Europe and in North-West Arrica. In the territory considered the subgenus is presented by single species, *C. dissitiflora*, recorded from Shikotan Island (Southern Kurils) which is the most northern point of the subgenus range. Sections of the subgenus are not considered here from the evolutionary point of view. But the suppositions on the evolutionary trends in this group are given in the division of the work, which are dealing with morphological features of sedges, namely in connection with problems of the evolution of the inflorescences which was of great, unless of the main, importance in the formation of the genus *Carex* taxa. *C. dissitiflora* and especially *C. distachya* distributed, as well as the former species, in the north limit of the subgenus range, are ones of the most advanced of its members. Their inflorescences are not panicleform, as in many species of the subgenus *Vigneastra*, but racemiform in *C. dissitiflora* and spiciform in *C. distachya*.

The stages of the evolution are well pronounced in the high-polymorphic subgenus *Carex*. The latter is the most large subgenus of around 1400 species combined by 60 sections. There are 32 section and 224 species and subspecies in the territory of the former USSR. In the subgenus *Carex* the section *Decorae* is the most primitive among sections occurring in the territory considered and possibly the most primitive at all. It embraces over 25 species from which one species, *C. pontica*, grows in Western Transcaucasia and in the north of Asia Minor (Pontus Mountains), and the others members in South, Southeast and in southern East Asia and New Guinea are found (Fig. 11), where they occur in mountains at an altitude from 750 to 4000 m above see level, growing in forests (including tropical rain ones as well), in edges of forests, in alpine meadows, fens and heaths. *C. pontica* grows in subalpine (sometimes alpine) meadows, in thikets of *Rhododendron* species, of beech, birch and oak (*Quercus pontica*).

Spikes in species of the *Decorae* section are androgynous mostly, numerous (up to 25) not arising from the inflorescence nodes by one, as in a large majority of sedges, but by 2–5 (13), forming original inflorescence of 4–8 fascicles of spikes, distantly arranged along the stem sometimes practically to the very its base. The other primitive characters are the presence of leaf-like bracts with long sheaths and long blades, long peduncles in spikes, awn in glumes, a gynophore in gynoeceum (and in fruit). The utricles in species of the section are of primitive type: with elongate entire or a softly shortly bidentate beak which is white-hyaline at the top. The evolution in the section took place in the line of lessening in number of spikes in an inflorescence owing to their reduction in fascicles up to 1–2 and on account of the complete reduction of the lower fascicles of an inflorescence (from which only bracts remained) and also in the direction of the reduction of female flowers in the terminal spike and its transformation from androgynous spike into a male one. Having arisen, in all probability, in mountains of Southeast Asia, species of the *Decorae* section inhabited in western direction being a part of subtropical flora (as well as oaks) and reached the Caucasus and Asia Minor, where at present the only member of the section considered, *C. pontica*, grows; the latter is the Lower Tertiary (possibly, the Palaeocene) relict.

Apparently, the *Aulocystis* section is the considerably advanced derivative of the *Decorae* section. It comprises about 60 species and belongs to the number of the largest subdivisions of the genus. The range of the section embraces Europe, extratropical regions of Asia and North America and New Guinea (Fig. 12). 16 species and subspecies occur in the territory in question. The section *Aulocystis* has arisen from the *Decorae* section or from the common with it ancestor as a result of the inflorescence evolution in the direction of transformation of bisexual androgynous spikes into unisexual ones: male and female. In less progressive (in relation to inflorescence structure) members of the section (*C. alajica*, *C. borii*, *C. franklinii*, *C. petricosa* etc.) 1 or 3 upper spikes are androgynous, the others female. In more advanced species (*C. macrogyna*, *C. haematostoma*, *C. alexeenkoana*, species of *C. tristis* and *C. regeliana* affinity) the upper spike is, as a rule, male but 2 following spikes have a changeable type varying from androgynous to completely female ones. In an inflorescence of more strongly advanced species the upper spike is male and the others are female ones (European species *C. mucronata*, *C. ferruginea* etc., East Asian species *C. ktausipali* and *C. stenantha*, *C. brachyathera* from New Guinea). At last, *C. fuliginosa* divided into two subspecies (subsp. *fuliginosa* and subsp. *misandra*) has the most specialized inflorescence. The upper spike in it is gynaecandrous, lateral ones are female. One species, *C. misandroides*, has often subradical long-pedunculate spikes (probably primitive character). The evolution in the *Aulocystis* section followed the line of the differentiation of spikes to male and female ones and the transformation of the terminal, male spike, to gynaecandrous (in *C. fuliginosa*), and also in the direction of shortening peduncles in female spikes and sheaths in bracts, approximation of spikes, reduction of gynophore and utricle stipe.

Practically all members of the *Aulocystis* section are altimontane plants. Three species: *C. macrogyna*, *C. petricosa* and *C. fuliginosa* subsp. *misandra* are arctalpine plants growing in the Arctic and in subarctic and more southern altimontane areas. The areas of specific diversity of the *Aulocystis* section are mountains of East Asia (16 endemics), Europe (10 endemics), Middle Asia (7 species of which 4 endemic plants) and North America (9 species of which 7 endemics). Almost all species of the section *Aulocystis* are calciphilous plants occurring on dry stony slopes and rocks as well as in moderately moist meadows where they often predominate. It is to be noted that there are no typically mire plants among them.

The sections *Curvulae* and *Siderosrictae* are rather archaic sections in the subgenus *Carex*. The former is monotypic including altimontane Central European species *C. curvula*. Its primitive characters are androgynous spikes, large utricles with an elongate weakly bidentate beak, a rachilla in utricles almost equaling to a fruit. The presence of a rachilla is an extremely rare feature in the subgenus *Carex* observed only in very few sections. It is absent in the subgenera *Kreczetoviczia* and *Vignea* but often occurs in the subgenus *Psyllophora* containing unispicate species. The secondary character of *C. curvula* is a spiciform inflorescence whereas in most species of the subgenus *Carex* it is racemiform.

The *Siderostictae* section (9 species) is the East Asian group (Fig. 15). In the south of the Russian Far East one its member, *C. siderosticta*, occurs. Species of the section are chiefly nemoral plants. Some of them (*C. siderosticta*, *C. pachygyna* etc.) have a specialized life form: their shoots are divided into reproductive and vegetative ones and the latters have broadly lanceolate leaf blades. There is a number of primitive features in the reproductive sphere. The inflorescence comprises almost all of the stem and is formed by several or numerous androgynous spikes. There is often a rachilla in *C. siderosticta* utricles. Advanced characters in the section are few-flowered rather lax spikes and awnless female glumes. The section is of great interest with respect to karyology. The chromosome numbers known in three species (2n = 12, 14) are the lowest, and the chromosomes are the largest in the genus *Carex*. According to Tanaka (1948) the karyotype of these species (*C. siderosticta* et al.) is the most simple of all known in the genus. He considered this group of species to be more primitive with respect to its karyology than the other groups of the genus.

Much more high level of morphological organization (as compared with the sections mentioned) the others sections of the subgenus *Carex* have. Their spikes are unisexual more rarely bisexual but bisexual spikes are usually gynaecandrous ones (specialized spike type). Apparently, the type section of the genus, the section *Carex* (= sect. *Hirtae*) is the least advanced of them. There are two diametrically opposite opinions with repsect to its position in the system. Some authors (Kükenthal, 1909; Mackenzie, 1935; Кречетович, 1935a, Ohwi, 1936) placed this section in the very end of the genus' system, the others (Егорова, 1972a, 1972б, 1976a, 1990; Chang, Yang, 1976; Chater, 1980) in its beginning. The section comprises about 30 species distributed mainly in the temperate and partly in subtropical zones of the nothern hemisphere and 3 species grow in South America. In the territory considered 10 species and subspecies occur. The members of the section are found chiefly in plains and in the forest belt of mountains in moderately moist and damp places and grass-sedge fens. The typical feature of many its species is the presence of pubescence on leaves (on blades and sheaths) and on utricles. The character is relatively rare in sedges of our flora but it is quite usual in the genus *Carex* species of different taxonomical groups occurring in Southeast Asia. The fact that is, apparently, connected with the monsoon climate of this region and peculiar to it drought period. The primitive characters of the section are as follows: an arrangement of spikes almost along all length of the stem (*C. hirta*, *C. sordida* et al.), the presence of leaf-like bracts with long blades and well developed sheaths, 2–3(4) male spikes, of awned (very rarely awnless) female glumes, rather large (up to 12 mm in *C. raddei*) and numerous utricles, quite long peduncles of female spikes and the network splitting of leaf sheaths. The presence of more or less deeply bidendate beaks is a character of specialization. In the process of the evolution took place a decrease of male spikes number up to one and shortening an inflorescence due to an approximation of female spikes (*C. latisquamea*), shortening bract sheaths (*C. sordida*, *C. drymophila*, *C. lasiocarpa*) and peduncles of female spikes (*C. lasiocarpa*, *C. fedia*). Apparently, the most primitive species of the section are *C. hirta*, *C. raddei*, *C. atherodes*. *C. hirta* has the highest chromosome number in the genus. The same number *C. albata* has also, a species from the subgenus *Vignea*. The question about different correlations between 2n and the evolution levels is considered in this work part «Karyological features of sedges».

The *Rostrales* section comprises four species one of which, *C. dolichocarpa*, occurs in southern Kamchatka, Japan and in eastern New Guinea, and three grow in eastern North America. Species of the section have large, up to 15 mm, utricles with numerous veins, comparatively few-flowered female spikes, only one male spike, long leaf-like bracts; female glumes in them without awn but with 4–5 veins (a primitive character). Habitats of sedges of this section are bogs and swampy shores of waterbodies.

The *Vesicariae* section, possibly, has remote phylogenetic relations with the *Carex* section. Its higher evolutionary level in comparison with the latter one is manifested in the disposition of an inflorescence in the upper half or at the top of the stem, in the absence of sheaths in bracts and awn in female glumes. The section is widespread in Europe, in temperate and cold areas of Asia and North America and especially it is typical for the Arctic and forest zones. It comprises over 30 species (they are mainly hygrophytes), from which 15 species and subspecies occur in the territory in question. The specific feature of this section species is the presence of bulliform-inflated membranous or thin-coriaceous utricles, the feature which contribute to their distribution by means of water. Evolutionary trends in the section are a number decrease of male spikes (the most primitive species *C. rhynchophysa* has 3–7 male spikes, advanced ones – *C. rotundata*, *C. jacutica* and *C. mollissima* bear 1–2 spikes and C. saxatilis s. str. only one), the decrease of dimensions of female spikes and the number of flowers in them (the largest dense and many-flowered female spikes are in *C. rhynchophysa*), the shortening of peduncles in female spikes (they are practically not pronounced in *C. rotundata*, *C. saxatilis* str., *C. membranacea*), the shortening of utricle beak. In *C. saxatilis* and in some North American species the gynoeceum consists of two (instead of three as in other species) carpels which is a specialized character. The most primitive species are *C. rhynchophysa* and *C. rostrata*, the most advanced – *C. mollissima*, *C. saxatilis*, *C. rotundata* and *C. membranacea*.

I include in the *Paludosae* section only one species, *C. acutiformis*, which is widespread on shores of waterbodies, in wet meadows and marshes in temperate and partly in subtropical areas of Eurasia and in North Africa. The rest species (*C. riparia*, *C. melanostachya* etc.), which in tradition are referred to this section, are considered in the present work to be members of the *Tumidae* section. *C. acutiformis* has only a similar habitus with the species mentioned distinctly differing from them due to almost flat utricles and the anatomical structure of a pericarp (Егорова, Трифонова, 1986).

The *Paludosae* and *Tumidae* sections have, apparently, the same level of their evolution, although some species of the latter one are more advanced than a single member of the former. Their primitive features are the presence of several (2–6) male spikes, the great number of male and female (especially in *C. acutiformis*) flowers, the presence of long spikes, long leaf-like bracts and of an awn (usually short) in female glumes. Short beak of utricles and the absence of sheaths (or they are short) in bracts are regarded to be advanced characters.

The *Tumidae* section comprises 16 species distributed in the temperate and, partly, subtropical zones of Eurasia, in North Africa, in eastern North America, in southern South America, in Australia and New Zealand (Fig. 22). 12 species grow in the northern hemisphere (mainly in Eurasia), 5 in the southern hemisphere. One species, *C. pumila*, is bipolar widespread on sand sea-coasts of East Asia, Australia, in Lord How Island, in New Zealand and in southern Chile. It is possible that in Australia and New Zealand this species is presented by a distinct, more primitive subsp. *littorea* (Labill.) Kük. in the inflorescence of which there are often androgynous (instead of unisexual as in other members of the section) spikes. The latter one, however, is not recognized by the authors of «Flora of New Zealand» (Moore, Edgar, 1970). In North America the section is presented by only two species: *C. lacustris* and *C. hyalinolepis* which are rather close to Eurasian *C. riparia*. It is interesting to note the close relationship between the three mentioned species and *C. chilensis* which occurs in subantarctic South America.

The members of the section *Tumidae* grow mainly on banks of rivers, lake shores, sometimes on sea-coasts (*C. pumila*, *C. trifida*), in grass-sedge fens, damp and marshy meadows. They are distributed in plains and from foothills to the middle (rarely to the upper) mountain belt. The *Tumidae* section belongs to the number of rather primitive ones in the subgenus due to the presence of several (2–6) male spikes in the inflorescence, large dense female spikes with numerous (in the least advanced species) flowers, long leaf-like bracts, from which the lowest one considerably exceeds inflorescence and also due to the presence of awns in female glumes (they are very long, up to 1.5 cm or more in the holantarctic species *C. trifida*) and owing to numerous veins on utricles. One can consider thick corky walls of utricles to be specialized character in the section, the peculiarity which is an adaptation to dispersal of diaspores by means of water, because provides their floatage. Sheathless bracts (very rarely sheath can exist) and short beaks of utricles are advanced characters also. Apparently, the most primitive member of the section is the holantarctic species *C. trifida* due to branched lower spikes, the unstable structure of the upper spikes, which can be either male, or androgynous, the presence of very long awns in female glumes and a long stipe in utricles. From species of the northern hemisphere *C. lacustris*, *C. hyalinolepis* and *C. riparia* are more primitive, while *C. melanostachya*, *C. songorica*, *C. pumila* and *C. scabrifolia* are regarded to be more advanced.

The *Pseudocypereae* section (14 species) occurs in all continents and in all climatic zones, except the cold one. Species of the section grow in plains and mountains, in damp and marshy places, on shores of rivers and lakes, in grass-sedge fens. The area of specific diversity is temperate and tropical regions of America where 9 species occur. In our territory two species grow: *C. pseudocyperus*, rather widespread in the temperate zone of the northern hemisphere, and the East Asian species *C. capricornis*. *C. pseudocyperus* has the closest affinity with the North American species *C. comosa* and with four species (p. 198) occurring in the West Indies, South America, Australia, Tasmania, in New Zealand and New Guinea. All six species compose the *Pseudocypereae* subsection (its range is shown in Fig. 23). The presence in the mentioned areas of species closely related to holarctic ones may be, apparenly, explained by the penetration of an ancestral form to the southern hemisphere as a result of the Pleistocene migrations.

In South America besides the section *Pseudocypereae* species close to the mentioned ones from nothern hemisphere (i. e. to *C. pseudocyperus* and *C. comosa*) one can find the species (*C. acutata*, *C. purpureovaginata*) which have no close affinity with holarctic species. This fact and also the growing of members of the section in South Africa and in Madagascar have every reason to consider it to be one of the most ancient in the subgenus *Carex*, arisen not later than in the Palaeogen period, and, possibly, even earlier, in the Cretaceous period. The presence of such chacters in the section as long leaf-like bracts much exceeding inflorescence, female spikes with long peduncles and numerous flowers, more or less long (2–4 mm) awn in female glumes, numerous veins and long (up to 1.5 mm) stipes in utricles allow to consider the section in question as a relatively primitive one in the genus. The advanced characters in the section are an approximation of spikes in inflorescence, the presence in it mainly only one male spike (instead two or more), the reduction of a sheath in bracts, the presence of rigid subulate more or less long teeth in utricle beaks owing to utricles can attach to hairs of animals and bird plumage. The most archaic in the section is *C. acutata* distributed in the Andes (from Venezuela to Chile). It has 1–3 male spikes, all spikes in its inflorescence are distant, female ones often bear male flowers at their apex. The most specialized species (thanks to the presence of utricle beak with hard long arcuate-curved teeth and short peduncles in female spikes) is *C. capricornis*. It belongs to the monotypic subsection *Capricornes* which is the second of two recognized by me subsections in the section *Pseudocypereae*.

The *Secalinae* section including 2–3 species occur in the temperate regions of Eurasia and in North Africa. In the territory considered these species grow mainly in the steppe in sandy, often saline places and subsaline damp meadows. A very rare character in the subgenus *Carex*, wing-shaped margins of utricles, is peculiar to species of this section, the feature which is, one no doubt, a secondary one in its nature. The advanced characters also are the presence of 1(2) male spike in inflorescence, the absence of awn in female glumes. The primitive characters, however, predominate: spikes are often arranged along all the length of the stem, the lower ones of them, as a rule, are branched with 1(2) shorter spikes at the base; bracts have rather long sheaths and blades, utricles are large (in *C. hordeistichos* 10–12 mm long); phyllopody also takes place here. Therefore as a whole the level of morphological organization of the section members is not high. *C. hordeistichos* is more primitive, the western part of its range is found in Central Europe and the Mediterranean, the eastern one in southern European Russia.

The next section, *Silvaticae*, which has no phylogenetic affinity with the previous one, has an evident relation to the sections not presented in the territory considered: *Longirostres* Kük. (mainly the East Asian section) and *Debiles* (Carey) Ohwi (chiefly the North American section). The section *Silvaticae* embraces 9 species and subspecies growing in the temperate zone of Asia and in North Africa. It consists of three fairly well separated subsections. The East Asian subsection

Bostrychostigmaticae is the most primitive of them, inasmuch as in the single species *C. bostrychostigma* (a forest nemoral plant) inflorescence takes a most part of the stem, the number of female spikes is rather large (up to 8), the middle and lower spikes are often branched, utricles are large (up to 9 mm long), with numerous veins and a long beak, a fruit is situated on a carpophore. Its secondary characters are as follows: one male spike, lax, relatively few-flowered female spikes, short peduncles of spikes and short sheaths of bracts. *C. bostrychostigma* has very long stigma branches. This imparts to it a fairly original habitus.

The *Sivaticae* subsection, which also is a rather primitive one contains seven species growing in Europe (except nothern areas), in temperate zone of Asia and in North Africa; there are five species in our flora. Members of the section occur in broad-leaved and coniferous forests, in borders of forests, wood glades. The number of male spikes varies within the section from 1 to 7 (2–7 in *C. algeriensis* growing in Spain and North-Western Africa); lateral spikes can be androgynous (*C. algeriensis*). Thus, the process of transformation of androgynous spikes to female ones has not completed yet in the subsection. Female spikes are loose, comparatively not many flowered, with long peduncles, distantly arranged over the stem (especially fairly strongly in *C. latifrons*); sheaths and blades of bracts are long; utricle have a long beak. As a whole, the *Silvaticae* subsection should be apparently regarded as a relatively primitive. From two widespread in our territory species of the subsection *Silvaticae*, namely *C. sylvatica* and *C. arnellii* the latter one is, probably, more primitive (it has usually 2 male spikes, its stigmas are long; *C. sylvatica* has one male spike, rarely 2(3), its stigmas are not long).

The remaining subsection of the section considered, *Strigosae*, is presented by one species, *C. strigosa*, occurring in broad-leavel forests of Europe and West Asia (the Caucasus, Nothern Iran). Like species of the previous subsection, its fruit has no carpophore. The other secondary characters of *C. strigosa* are the presence of only unisexual spikes in inflorescence: one male spike and 3–5 female ones, their disposition in the upper part of the stem, short beak of utricles, a creeping rhizome. The mentioned features allow to consider the *Strigosae* subsection as a relatively advanced one. As a whole, the evolutionary level of the section *Silvaticae* is not high.

The section *Rhynchocystis* (5 species, in the territory in question one species, *C. pendula*) is not related phylogenetically to the previous one. It occurs in temperate and subtropical zones of Europe, in West Asia, in North and South Africa. Its members grow in mountain shady broad-leaved forests. The primitive characters of the section are as follows: many-flowered long female spikes, their long peduncles, long sheaths and blades in bracts, phyllopody; the advanced ones are one male spike in inflorescence, small utricles with few veins and a short beak. *C. pendula* growing in Europe, West Asia and North Africa is the most primitive species of the section.

Mainly the East Asian *Anomalae* section has somewhat a higher level of morphological structure (as compared with the previous one) to which it probably is phylogenetically related. In the present work into it the sections *Molliculae*, *Dispalatae* and *Glauciformes* are included (sometimes these are considered as separate ones). Species of the *Anomalae* section, as well as of the section *Rhynchocystis*, have one male spike in its inflorescence, many-flowered rather long female spikes with long peduncles, bracts with long blades, but without sheaths (an advanced character), minute utricles with an entire short or middle beak. *C. glauciformis* is the most advanced species: female spikes in it are relatively not many-flowered, almost sessile or with very short peduncles, utricles are densely papillose, with a short beak. The members of the section (about 30, in the territory considered 8) occur in the mountain chiefly broad-leaved forests, in forest glades and edges and also in moist and swampy places and on shores of water-reservoirs. The range of the section embraces East, South and Southeast Asia, North America, Australia and New Guinea.

The *Glaucae* section, comprising 11 species (two of them, *C. flacca* and *C. cuspidata*, occur in the territory considered here), takes rather an isolated position in the system. The range of the section consists of fairly isolated fragments, the fact which is evidence of an antiquity of this group. It occurs in extra-arctic regions of foreign Europe, in western and partly central regions of the European part of Russia, in West Asia, the Himalaya, in southern East Asia and also in western North America from southern California to Central Mexica. The primitive characters of the section are as follows: phyllopody, the presence in inflorescence of (1)2–3(6) male spikes, long peduncles of female spikes (in some species), long leaf-like bracts, awn (but short) in female glumes. The complex of the secondary characters, namely the absence of androgynous spikes in an inflorescence and sheaths in bracts (they are present sometimes but their length is not more than 0.5 cm), the presence of more or less minute utricles not having veins (or with few veins), with a very short-beak and the presence (mainly) on utricle surface of small spinules or short setulae allows to consider the *Glaucae* section to be one of the advanced groups of the subgenus *Carex*.

The *Depauperatae* (= sect. *Brevicolles*, = sect. *Rhomboidales*, p. p.) section includes about 30 nemoral as a rule species (*C. pilosa*, *C. brevicollis* etc.) distributed mainly in East Asia, three species occur in South and Southeast Asia, one in the Hawaiian Islands, five in Europe, the Caucasus and Asia Minor (Fig. 29). There are 11 species in the territory considered. The section in question is, no doubt, a group of the East Asian origin. Probably not later than in the Middle Miocene members of the section as a part of nemoral complexes of the Turgai type reached Europe, the Caucasus and Asia Minor, having formed the western fragment of the range of this group. There is in the range of the section a wide disjunction in Siberia. As Tolmachev (Толмачев, 1962, 1986) stated, such disjunction is typical for ranges of Euro-Asian nemoral taxa and it is connected with fall in temperature in the later Neogene, the phenomenon which led to the extinction in this territory of deciduous broad-leaved forests and many their grass components. Section *Depauperatae* has a higher evolutionary level in comparison with the examined above groups but has not with them any close relationship. All species of the section have one male spike in their inflorescence and not many-flowered loose or compact female spikes. In some species, for instance *C. pilosa* and *C. campylorhina*, shoots are differentiated to reproductive and vegetative ones (a specialized character). But these species have some primitive features: their spikes are rather strongly distanted along the stem, comprising a most part of its length; *C. campylorhina* has sometimes a few (2—4) normally developed or rudimentary male flowers at the apex of their female spikes (more often from the male part of the spike an axis with a glume or without it remains) (Fig. 6). The evolution in the section followed in the direction of the shortening of peduncles in female spikes, the lessening of the number of veins in utricles, of the formation of more compact female spikes, of the reduction of awn in female glumes and apparently of the transformation of a utricle beak from an entire obliquely-truncate or dorsally cuneate-shaped emarginate into bidentate one.

More evolutionary-advanced section *Paniceae* phylogenetically is apparently related to the section *Depauperatae* contains 16 species, of which 6 species and subspecies occur in the territory considered here. In members of the section female glumes are awnless, utricles are mainly with a very short beak, without or with obscure veins, papillose. The section *Paniceae* is distributed in cold, temperate and partly in subtropical regions of the northern hemisphere and possibly, also in South America (*C. brachycalyma* Griseb. in Argentina, *C. confertispicata* Boeck. in southern Colombia). I have not seen herbarium specimens of these species but a well-known American carycologist Mackenzie (1935 : 235) called their belonging to the *Paniceae* in question. The members of the section grow in damp and swampy meadows, grass fens and moss (mainly sphagnum) bogs, wet forests and shrubs, light forests, the tundras. The most advanced species are *C. laxa* and *C. livida*.

The section *Rhomboidales* is possibly also related to the section *Depauperatae*. Kükenthal (1909) and partly Ohwi (1936) included in the *Rhomboidales* section the species referred here to the section *Depauperatae*. In my opinion, between these section there is such an essential distinction as the presence in species of the section *Rhomboidales* of ring-shaped thickening at a fruit apex or in the lower part of a style and the absence of such specialized formations in members of the *Depauperatae* section. *C. chinensis* (Southeast China) has sometimes a rachilla at base of a fruit (a very rare character in the subgenus *Carex*). The *Rhomboidales* section embraces about 25 species distributed practically exclusively in East Asia (mainly in China), one species occurs in Southeast Asia (Fig. 34). In the territory considered here there are two species, *C. insaniae* and *C. foliosissima*, growing in Southern Sakhalin and Southern Kurils.

One of the largest sections of the genus, the *Mitratae* section, is probably related phylogenetically to the *Rhomboidales* section. These sections have a number of common characters, the main of which is the presence of a ring-shaped thickening on a fruit apex or in the lower part of a style (the feature which is peculiar, apparently, to these two sections only). The section *Mitratae* comprises over 60 species, 45 species of which grow in East Asia, the rest species occur in other regions of Asia (from the Arctic to India and Malay Archipelago), in temperate zone of Europe, in North Africa, New Guinea, Australia and New Zealand (Fig. 35). There are 17 species and subspecies in the territory considered here. Species of the section are typical for more or less dry habitats. They grow on dry grass and stony slopes, in dry meadows, in steppes and broad-leaved, more rarely coniferous forests. Many members of this group have pubescent utricles, this fact is probably connected with species origin in areas with of increased dryness of the air (possibly in conditions of the monsoon climate in East and Southeast Asia). Some species (*C. depressa*, *C. jacens*, *C. subumbellata* etc.) besides spikes, situated in the upper part of a stem, have subradical female spikes located on long peduncles at base of a stem. A supposition concerning a probable cause of such phenomenon is given in the division «Morphological features of sedges» in connection with the problems of the inflorescence evolution in sedges. The presence of subradical spikes is probably a primitive character. The section *Mitratae* belongs to the number of advanced ones in the subgenus *Carex*: its members have one male spike, rather small in size and relatively not many-flowered female spikes, minute utricles with faint veins and, as it was already noted above, a ring-shaped ridge on a fruit apex. Extremely rare in the genus character of high specialization is a coalescence of staminate filaments which takes place in two East Asian species, *C. tristachya* Thunb. and *C. pocilliformis* Boott, not occurring in the territory considered. A primitive feature of the section is the presence of sheaths in bracts. A number of archaic characters (long peduncles in female spikes, an awn in female glumes, a gynophore) are peculiar to some members of the section. The most primitive among species growing in our territory should be, in all probability, considered *C. jacens*, *C. sachalinensis* and *C. leucochlora*; the most advanced are *C. caryophyllea*, *C. sabynensis* and *C. trautvetteriana*.

The section *Spirostachyae*, which has no distinct relations to the previous groups, includes 17 species distributed in Europe, in the temperate zone of Asia, in North and South Africa, in south-east Australia and southern South America (Fig. 38). There are three species in our flora. The area of the specific diversity and, apparently, of the origin of the section is the territory of the Ancient Mediterranean where 9 species grow. Members of this group occur in damp and swampy, often saline meadows and on sea-coasts. The primitive characters in the section are an arrangement of spikes practically all over a stem (for example, in *C. distans*), the presence in some individuals of *C. extensa*, *C. diluta* and *C. distans* of 2—3 male spikes (usually these species have one male spike), the presence of leaf-like bracts with long sheaths (up to 7 cm) and blades, of branched lower spikes (sometimes in *C. diluta*) and of awned female glumes. In the process of the evolution took place the approximation of spikes in an inflorescence, the shortening of sheaths and blades in bracts, the lessening of the number of male spikes up to one and female ones up to 2—3, the shortening of female glume awns. *C. extensa*, *C. mairii*, *C. binervis* and *C. punctata* belong to advanced species of the section.

The section *Ceratocystis* (= sect. *Flavae*) is closely related to the section *Spirostachyae* phylogenetically but has somewhat higher evolutionary level than the latter. In species of the section *Ceratocystis* spikes are approximated in the upper part of a stem (except *C. demissa*), male spike is one (only in *C. lepidocarpa* sometimes 2—3), female spikes are shorter than in members of the previous section, bracts are sheathless and female glumes are awnless. An evolutionary trend in the section is, apparently, the transformation of the upper, male, spike to the gynaecandrous one. The latter one can be observed sometimes in *C. flava* and *C. serotina* and rather often in *C. viridula*. The ideas concerning evolutionary interrelations of species in the *Ceratocystis* section given by me in the published (Егорова, 1976a, 1990) and accepted here system of the genus *Carex* coincide with Schmid's data (1982). The section *Ceratocystis* is mainly the European-Asian group. It consists of 15 species distributed in general in Europe (10 species) and North America (6 species). From these species four species are common to the both continents (*C. hostiana*, *C. flava*, *C. lepidocarpa* and *C. serotina*). The mentioned species, except *C. hostiana*, occur also in North Africa, and *C. flava* and *C. serotina* in the temperate zone of Asia. Two species grow in the southern hemisphere: *C. flaviformis* in New Zealand (Southern Island) and Tasmania, *C. cataractae* in the south of Chile and of Argentina (Patagonia). The former of them is rather close to *C. flava*, the latter one to *C. serotina*. In our flora 8 species occur.

Members of the section *Ceratocystis* grow in plains and in mountains up to the upper belt. They are peculiar to damp and swampy habitats; many of them occur, in the main, in carbonate soils. Species are notable for its polymorphism. The processes of hybridization are typical for the section. Practically all species hybridize with each other, forming sterile and partly fertile hybrids. There are hybrids (sterile) between *C. flava* and *C. distans*, a species of the allied section *Spirostachyae*.

Two next sections *Hallerianae* and *Digitatae* have no phylogenetic relations either with the previous sections or with the subsequent ones and, possibly, also between each other. Kükenthal (1909) united species of these sections in the subsection *Eu-Digitatae*, Kreczetowicz (Кречетович, 1935a) referred them to the different sections; *C. halleriana* is included by him in the section *Campylorhina* (along with *C. panicea* and *C. brevicollis*).

The section *Halleriana* embraces two not closely related Mediterranean species, i. e. *C. rorulenta* (Balear Isles) and *C. halleriana* (Southern Europe, West Asia, North Africa) occurring in dry broad-leaved mountain forests and on dry mountain slopes. The evolutionary level of this section is apparently lower than of the section *Digitatae* due to the presence in the mentioned species of subradical spikes (though such spikes occasionally occur also in the *Digitatae* section) and numerous veins on utricles; besides, in *C. halleriana* female spikes often bear at their tops male flowers. All mentioned characters are primitive ones.

The section *Digitatae* comprises about 30 species distributed in the temperate, partly subtropical and very rarely in the cold zones of the nothern hemisphere. There are 17 species and subspecies in the territory considered here. The area of the specific diversity of the section and also, apparently, of its origin is the East Asian floristic Province where in the territory from Central Kamchatka to South-Western China and Taiwan 21 species grow. All species of the section are typical for dry or quite temperately damp forest and open habitats; they are usually calciphils.

The section *Digitatae* belongs to relatively advanced groups of the subgenus *Carex* which is proved by the presence in inflorescence of only one male spike and few-flowered female spikes, and by the presence of female glumes awnless or with short (1—1.2 mm) awn and utricles short-beaked, veinless or faintly veined, rarely distinctly veined. The archaic character which is peculiar to all species of the section is the presence of a fruit stipe (carpophore) up to 2(3) mm long. The evolutionary trends in the section were the transforming of many-flowered oblong-clavate male spike into few-flowered lanceolate one situated often below the level of the uppermost female spike, and also the reduction of a leaf-like bract to an obliquely truncate at the apex, white-hyaline sheath.

Species of the section *Digitatae* occurring in the territory in question are divided into four fairly isolated subsections. The subsection *Subradicales* is the most primitive of them. Its members have subradical lower spikes, awned female glumes and bracts consisting of a sheath and a blade. One species of this subsection, *C. martynenkoi*, grows in northeastern Altai near Teletsk Lake where it was recently found by the author of its description N. I. Zolotukhin. The other species are distributed in East Asia. The finding of *C. martynenkoi* is evidence of botanical-geographical relations between the latter region and Altai and says about dispersal of species of this group from the east to the west. Subsection *Digitatae* including *C. digitata*, *C. quadriflora* and *C. ornithopoda* is obviously the most advanced in the section. In these species shoots are differentiated to lateral reproductive ones and central vegetative one, bracts are, as a rule, bladeless, an elongate cuneate utricle base (a typical feature of the section) is transformed into a whitish carnose elaiosome which is an adaptation to myrmecochory. According to Levina (Левина, 1987 : 108) myrmecochory is the most progressive stage of zoochory. And, hence, also an adaptation to this manner of diaspore dispersal in the mentioned and some other species can be considered as a feature of their specialization.

The origin of the section *Digitatae* is, in all probability, connected with dry open mountain habitats. Growing in similar places the most primitive species (*C. crebra*, *C. tapintzensis* Franch., *C. martynenkoi* etc.) and also the presence of pubescence on utricles of all the section species can contribute to this supposition.

Species of the next section *Acrocystis* (= sect. *Montanae*) combined by Kreczetowicz (Кречетович, 1935a) in the section *Onkerma* along with species of the section *Mitratae* have with species of the latter only an outward resemblance not having, evidently, the real affinity. The main and rather essential difference between these groups of species is the presence in members of the section *Mitratae* of a ring-shaped ridge on a fruit apex and the absence of it in species of the section *Acrocystis*.

Phylogenetic relations of the *Acrocystis* section with other groups of the *Carex* subgenus are not quite clear. The section embraces about 45 species occurring mainly in the temperate and partly in cold zones of the northern hemisphere, one species is in the Andes of South America (Fig. 41). In the territory considered 13 species grow. North America (26 species, all endemics) and also Europe (10 species, 3 endemics) and East Asia (9 species, 5 endemics) are areas of the section specific diversity. The temperate regions of Asia and North America have two rather closely related species, *C. vanheurckii* (in the former continent) and *C. pennssylvanica* (in the latter). Most species of the section occur in dry light deciduous and coniferous (pine and larch) mountain and plain forests, in borders of forests, on dry grassy slopes, in steppe meadows, often on sandy or limestone soils. Few species grow in wet habitats (for example, *C. globularis*). The primitive characters in the section are the presence of subradical spikes in an inflorescence, distant spikes (*C. grioletii*, *C. globularis*), relatively long leaf-like bracts (*C. grioletii*, *C. globularis* et al.), female glume awns (but short). As advanced characters are regarded to be rather few-flowered approximate, almost sessile female spikes, sheathless (except *C. grioletii*) often glumaceus bracts, obtuse or acute female glumes, mostly veinless utricles, gynaecandrous lateral spikes (in some North American species), short beak of utricles. The most primitive species are *C. grioletii*, *C. tomentosa*, *C. globularis* and *C. pilulifera* subsp. *azorica*; more advanced ones are *C. ericetorum*, *C. melanocarpa*, *C. vanheurckii* and *C. montana*. As a whole the section *Acrocystis* has a rather high evolutionary level.

The section *Albae* sometimes (Кречетович, 1935a) is included into the considered below section *Lamprochlaenae*, with which it has likely phylogenetic relations thanks to rather similar utricle structure, the fact which, by the way, can be also a consequence of convergence. The both mentioned sections are fairly separated morphologically and karyologically (Егорова, 1972a, 1972б), and also in their anatomical structure of the pericarp (Егорова, Трифонова, 1986). Species of the section *Albae* have a higher level of the evolution than the primitive members of the section *Lamprochlaenae* but a less higher level than advanced species of the latter one. The section *Albae* embraces three species growing in the temperate zone of Eurasia and North America. There are two close species in the territory considered: *C. alba*, having a discontinuous range in Eurasia (Fig. 43), and *C. ussuriensis*, occurring in the southern Far East. The latter species is more primitive than the former one due to the presence of conspicuously longer part of a female spike axis, prolonged above the uppermost utricle. This part of an axis, as it is clearly shown in fig. 6 taking as an example *C. campylorhina*, is an axis of male part being in the past of an androgynous spike, on which male flowers are completely reduced (sometimes there is one undeveloped glume).

The section *Lamprochlaenae* embraces 15 species and subspecies growing in extratropical zones of the nothern hemisphere (Fig. 44) but mainly in subarid (steppe, more rarely semidesert) areas. There are 11 species and subspecies in our territory. The typical and the most widespread species of subarid territories (plain or mountain mainly sandy steppes, steppe meadows, steppe and semidesert slopes and other dry habitats) are *C. supina* subsp. *supina*, *C. korshinskyi*, *C. relaxa*, *C. turkestanica*, *C. liparocarpos*. One member of the section, *C. supina* subsp. *spaniocarpa*, occurs in cryophilous hypoarctic steppes in Northeast Asia and in northern North America. Arctic (and in Eastern Siberia arctalpine) species *C. glacialis* and Eastern Siberian montane-forest and subalpine species *C. maly-*

schevii grow in dry mostly limestone places. In open *Picea schrenkiana*-forests *C. ungurensis* (Central and Western Tien Shan) grows. *C. turkestanica* (Middle and Central Asia) is quite common for mountain juniper-forests.

More primitive species of the section *Lamprochlaenae* (*C. ungurensis*, *C. malyschevii*, *C. turkestanica*) occur in the montane forest belt, the fact which gives some grounds to connect the original formation of the section with more or less dry and open biotopes within the limits of the forest belt. An intensive development and dispersal of this mainly subarid group of sedges took place in the Miocene period when, according to Lavrenko (Лавренко, 1954), the steppes took large areas in Eurasia in connection with aridization of the climate.

The primitive characters in species of the section considered are as follows: branched lower spikes in an inflorescence (*C. allivescens*), the presence in it of androgynous spikes (*C. ungurensis*, *C. malyschevii*) and distanted spikes (*C. malyschevii*, *C. turkestanica* et al.), the presence of leaf-like bracts with rather long sheaths and blades (species of the subsect. *Nitidae*) and of elongate utricle beaks (*C. malyschevii*, *C. ivanoviae*). The advanced features are as follows: one male spike, rather few-flowered and approximate female spikes, setaceous or glumaceous almost sheathless bracts, coriaceous short-beaked utricles. The most advanced species of the section are *C. supina*, *C. korshinskyi*, *C. glacialis*; the primitive species are mentioned above. As a whole the section *Lamprochlaenae* belongs to the most advanced groups of the subgenus *Carex*, and it can be regarded as a final evolutionary link of the latter one in the direction of an adaptation to dry habitats.

Three next sections, *Chartoteuchium*, *Chlorostachyae* and *Limosae*, do not have between each other and with the other sections close phylogenetic relations. These sections belong to the number of advanced groups of the subgenus *Carex*. Section *Chartoteuchium* is more primitive of them due to the presence of usually many-flowered female spikes which have chiefly long peduncles, of long sheaths in bracts and a fruit carpophore. The advanced characters are the presence of 1(2) male spikes in an inflorescence and in many individuals of some species (for example, *C. griffithii*, *C. coriophora*) of a gynaecandrous terminal spike, the presence of strongly flattened veinless short-beaked utricles and minute fruits. The section contains about 15 species, distributed in extratropical regions of the northern hemisphere, one species occurs in southern South America (Fig. 48); there are 4 species in our flora. The area of the section specific diversity is the Western Himalaya (6 species). Members of the section grow mainly in alpine and subalpine mountain belts.

A higher evolutionary level of the section *Chlorostachyae* in comparison with the previous one is revealed owing to the presence in its members of not many- or few-flowered female spikes and the absence of a carpophore in fruits and awn in female glumes. Structure of the terminal spike varies within the section. Two species (*C. williamsii*, *C. sedakowii*) have the androgynous terminal spike (a primitive kind of spikes), other species bear either male (*C. capillaris*) or gynaecandrous one (*C. krausei*, *C. boecheriana*); in *C. delicata* the terminal spike can be male or gynaecandrous. The primitive characters of the section (besides the presence of an androgynous spike in species mentioned above) are long peduncles in female spikes, long sheaths and more or less long blades of bracts and also branched lower female spikes which can be rather often observed in *C. delicata*, *C. krausei* and very rarely in *C. capillaris*. The question concerning a place of the section *Chlorostachyae* in the system needs a further investigation. The section considered (13 species and subspecies) is distributed in extratropical regions of the northern hemisphere. The area of its specific diversity is the territory embracing Western Siberia, Mongolia and partly East Asia. Species of this group are in the main, mountain plants, occurring in all montane belts and in the Arctic tundra.

The section *Limosae* (5 species and subspecies) is widespread in the cold and temperate zones of the northern hemisphere, while *C. magellanica* subsp. *magellanica* occurs in southern South America. Species of the section are typical plants of sphagnum bogs and hypnum fens of the forest, forest-tundra and tundra zones. The evolutionary level of the section is higher than in two previous ones, due to the presence in its members of sheathless bracts and utricles dense covered with papillae. Besides, a male spike in the section species is one, in *C. magellanica* the terminal spike is often gynaecandrous; female spikes are not many-flowered or few-flowered. All mentioned characters are secondary, the fact which allows to refer the section *Limosae* to the most evolutionary-advanced groups of the subgenus *Carex*. The primitive character of the section is more or less long peduncles in female spikes. The evolution in the section followed in the direction of transformation of a male spike into a gynaecandrous one, of the shortening of female spikes peduncles and the lessening of a female flower number and a length of female glumes. It is very likely that the bipolar sedge *C. magellanica* is the most primitive species in the section because it has relatively many-flowered female spikes, long female glumes which are 1/2–2 time as long as utricles, a shortly creeping rhizome. The presence in many samples of this plant of the gynaecandrous terminal spike is a progressive feature. The most advanced member of the group in question is the circumpolar subspecies *C. rariflora* subsp. *rariflora* having few-flowered female spikes, relatively short female glumes (they equalling or slightly exceeding utricles), fairly well developed creeping rhizome. According to Crins (1990), the most primitive species of the section *Limosae* are *C. rariflora* and *C. laxa* (the latter one I refer to the section *Paniceae*), the most advanced species is *C. limosa*. The juxtaposition of Crins' ideas concerning evolutionary level of these species with data on their chromosome numbers reveals directly proportional dependency between these indices, i. e. the higher is an evolutionary level of species the higher is its chromosome number.

Two remaining sections of the subgenus *Carex*, *Scitae* and *Microrhynchae*, are, evidently, phylogenetically related. The section *Scitae* (11 species and subspecies) occurs in Eastern Siberia (one species), in the Russian Far East, Japan and in western North America; there are 6 species in the territory considered. Species of the section grow in mountains and on slopes of hills and occur mainly in suboceanic regions. The area of the formation of this group of species was probably the Bering Land with adjacent territories of Asia and North America. The primitive characters of the section are rather many-flowered female spikes, their long peduncles, the presence in an inflorescence of 1—2 male spikes, the presence in some species of a gynophore and awned female glumes. The advanced ones are as follows: sheathless bracts, utricles with a short beak, veinless or with few veins, the presence of small spinules on margins of utricles or on their veins. The evolution in the section followed in the direction of gynophore's reduction, the shortening and reduction of female glume awns, the shortening of a utricle beak and also in the direction from phyllopody to aphyllopody.

The section *Microrhynchae* is one of the largest sections of the genus and, in all probability, the most advanced section of the subgenus *Carex*. It embraces about 60 species distributed in the extratropical regions of the northern hemisphere (but mainly in the temperate ones); one species (*C. atropicta*) occurs in the Andes of South America; there are 29 species and subspecies the territory considered. Most species occur in Asia (36 in number, 27 endemics). In Europe 11 species (2 endemics: *C. atrata* and *C. pariviflora*), in North America 25 species (15 endemics, in the Rocky Mountains) grow. The areas of the specific diversity of the section in Asia are Eastern Siberia (14 species), Northern Mongolia (12 species), Central Asia (13 species), the Middle Asia (11 species) and East Asia (about 10 species). Members of the section grow from sea level to the upper mountain belt; most of them occur in subalpine meadows (*C. caucasica*, *C. aterrima*, *C. atrata* et al.). The group considered is notable for a large morphological diversity, the fact which had an effect in its taxonomy: the section is divided in the present work into 10 established by me subsections.

The characteristic feature of the section *Microrhynchae* consists in that the terminal spike is gynaecandrous one (an advanced feature) in an inflorescence of the majority of its members, the others are female; in some species (*C. caucasica*, *C. gmelinii*) the terminal spike can be either male or gynaecandrous one, in few species it is always male; a male spike in an inflorescence of the latters being only one, unlike the previous section. It is to be noted that a gynaecandrous spikes, as it was mentioned above, are known also in some other (being unrelated) sections of the *Carex* subgenus, but these spikes are peculiar to only several their members (in the section *Aulocystis* to *C. misandra*, in the section *Chartoteuchium* to *C. griffithii* and *C. nivalis*, in the *Chlorostachyae* section to *C. krausei* etc., in the section *Limosae* to *C. magellanica*). In the *Microrhynchae* section the presence of gynaecandrous spikes is the distinct evolutionary trend. The other advanced characters in the section are sheathless bracts, spiciform inflorescences in many members of the section (instead of racemiform ones as in most species of the subgenus *Carex*), veinless (in many species) utricles with short entire or bidentate beaks (in some species beakless), the presense of papillose utricles in a number of species (*C. buxbaumii*, *C. norvegica* etc.) and also not many-flowered female spikes (*C. holostoma*, *C. stylosa* and species of the *Alpinae* subsection). The primitive characters are as follows: distantly arranged spikes in an inflorescence (*C. caucasica* etc.), many-flowered female spikes (*C. urostachys*, *C. caucasica*, *C. hartmanii* et al.), long peduncles of female spikes and long leaf-like bracts (*C. caucasica*, *C. peiktusani* et al.), awned female glumes (*C. buxbaumii*, *C. gmelinii* etc.), a carpophore in a fruit (*C. urostachys* et al.). The evolutionary trends in the section were shortening peduncles in female spikes (practically to complete their reduction and transformation, as a result of this, of a racemiform inflorescence to spiciform one), and also the decrease of a flower number in spikes, the shortening of leaf-like bracts, the reduction of an awn in female glumes, veins on utricles and a carpophore in fruit, lessening (*C. bicolor*) a number of carpels and stigmas from three to two. The least advanced species in the section are species allied to *C. urostachys*, *C. caucasica* and *C. gmelinii*; the most advanced ones are members of the subsection *Alpinae* (*C. norvegica* et al.) and *C. bicolor*.

Evolutionary interrelations of sections of the *Carex* subgenus are shown in fig. 73.

The third subgenus of the genus *Carex*, *Kreczetoviczia*, comprises about 140 species united in 7 sections. Its range embraces practically all the world. Many species of the subgenus are widespread in the temperate and cold zones of the northern hemisphere. The section *Graciles* not presented in our flora is the most primitive in the subgenus. There are about 10 species in the section (*C. brunnea* et al.), growing in tropical and subtropical regions of the eastern hemisphere. Their spikes are fairly numerous, often androgynous, many-flowered, arising not rarely from inflorescence nodes by fascicles, utricles with veins and with a long entire beak, stigmas chiefly are very long.

The section *Tuminenses* has a higher level of its evolution as compared with the previous one. It embraces 8 species: one of them, *C. tuminensis*, grows in East Asia (including the Far East of Russia), 6 in New Zealand and one in South America. The members of the section also have rather numerous spikes but these are differentiated into male (2–6) and female (10–20) ones. The latter ones have long peduncles, arise from inflorescence nodes by fascicles and not rarely bear at their apex male flowers, the fact which is evidence of incompleteness of evolutionary process of the female spikes formation from androgynous ones. Lateral male spikes are quite often have peduncles (a primitive character which is rather rare in the genus). Female glumes are primitive, with 3 veins, sometimes with an awn, utricles veined, with a short entire or slightly emarginate beak. Species of the section have more or less the same level of their morphological structure. The evolution in the group was proceeding in the direction of the lessening of a number of spikes in an inflorescence and of reduction of an awn in female glumes. Section *Tuminenses*, apparently, has remote phylogenetic relations with the sections *Temnemis* and *Phacocystis* (= sect. *Acutae*).

The section *Forficulae* well differs from all other sections of the subgenus *Kreczetovizia* by the presence in its members deep- or short-bidentate beak which varies within the section in its length from a relatively short beak (0.4 mm) to a long one (1.5–2 mm). This section (6 species, 4 of them are peculiar to our flora as well) is spread in southern Eastern Siberia, in East and partly Southeast Asia. Its plants occur mainly on damp river banks, in mixed and broad-leaved forests or in swampy places in the forest mountain belt. In comparison with two previous sections the section *Forficulae* has higher evolutionary level: its species have 1–2 male spikes, female spikes arise from inflorescence nodes by one, utricles mostly veinless, often covered with shining glandules. The primitive characters of its members are many-flowered female spikes with long peduncles, female glumes with 3 veins and more or less long awn. The evolutionary trends in the section were shortening peduncles of female spikes to almost complete their reduction, shortening and reduction of female glume awns, shortening utricle beaks.

The section *Praelongae* has apparently obvious phylogenetic relations neither with the previous sections or with the next sections of the subgenus. It comprises about 25 species, occurring mainly in East Asia, and also in the Western Himalaya, in Sri Lanka, Southeast Asia, Madagascar and in tropical and South Africa (Fig. 57); four species and subspecies grow in the Russian Far East. This section is rather ancient, judging from its range, but its members have a number of secondary characters: the presence in their inflorescence of only one male spike, the presence in some species of gynaecandrous spikes, an approximation of spikes in the upper stem part and their disposition in many species nearly at the same level (an inflorescence in these species is subcorymbiform), the presence in utricles of short beaks and numerous minute tubercles on utricle surface. The primitive characters of species are many-flowered, not rarely very long female spikes, having usually long peduncles, veined utricles, female glumes with 3 veins, awned. The evolutionary pathways in the section were the lessening of a length of female spikes and their peduncles, reduction of an awn in female glumes.

The section *Temnemis* (15 species; there are 9 species and subspecies in our flora) is spread in Northern Europe, northern North Asia, East Asia and North America. The species of this section (*C. paleacea*, *C. lyngbyei*, *C. subspathacea* etc.) grow mainly in maritime meadows and marshes or in sedge-sphagnum bogs near sea coasts (*C. middendorffii*). A peculiarity of the section is the presence in many its members of fruits having a deep constriction in the middle and callose-thickened utricle beaks. The both characters are evidence of their specialization. The primitive characters are considered to be many-flowered, with long peduncles female spikes (*C. paleacea*, *C. lyngbyei* etc.), the presence of peduncles in lateral male spikes (*C. paleacea*, *C. lyngbyei*), female glumes with 3 veins and in some species with awn, which sometimes very long (*C. paleacea*). The evolution in the section followed in the direction of lessening spike dimensions and a number of flowers in them, decreasing a number of male spikes from 3 to 1, shortening peduncles in female spikes and their reduction in lateral male ones, and also of lessening the length of glumes and a reduction of their awn. The least specialized species in the section is the amphiatlantic plant *C. paleacea* which is distinguished from all other its members by long-awned female glumes and which has, besides it, many-flowered, with long peduncles female spikes. The most advanced member of the section is the circumpolar *C. subspathacea* subsp. *subspathacea* which is characterized by few-flowered female spikes and female glumes without awn and only sometimes with small spinule at the apex.

The most advanced in the subgenus *Kreczetoviczia* and one of the largest in the genus the section *Phacocystis* is phylogenetically related to the section *Temnemis*. The *Phacocystis* section includes about 80 species, most of which occur in extratropical areas of the northern hemisphere and 4 species are in the southern hemisphere (Fig. 59); in the territory considered 30 species and subspecies grow. To note that one of the species of the southern hemisphere, *C. gaudichaudiana* (New Guinea, Australia, New Zealand) is closely related to the European species *C. nigra* but fairly well differs from it. Members of the section are typical for plain territories where they inhabit mainly open damp and swampy places, grass marshes and shores of water-reservoirs. Few species grow in mountains, mostly in altimontane zone (*C. orbicularis*, *C. eleusinoides*). In the Arctic some species (*C. bigelowii* subsp. *arctisibirica*, *C. aquatilis* subsp. *stans* etc.) quite often are of importance for landscape.

Female glumes in members of the section considered are awnless (rarely with a very short cusp), with one vein, female spikes in many species are nearly sessile (instead of more or less long pedunculate), lateral male spikes are always sessile, utricles often veinless; in some species the terminal spike (*C. rufina*) or all spikes (*C. eleusinoides*) are gynaecandrous. The mentioned characters are evidence of a higher level of the evolution of this section as compared with the previous one. Primitive features in the section *Phacocystis* (as well as in the section *Temnemis*) are an unstable structure of lateral (female according to their position in inflorescence) spikes which in many species can be either entirely female or (not rarely) androgynous, and also such characters as many-flowered (in many species) spikes and (in a number of species) more or less long peduncles of female spikes and the reticulate splitting of lower leaf sheaths. The main paths of the evolution in the section were as follows: the lessening of male spikes' number from 2—4 to 1, of female ones from 4(5) to 2, the shortening of spikes, leaf-like bracts and female spikes' peduncles, reduction of utricle veins. Among species of our flora *C. acuta* is the least advanced; the most advanced species are sedges allied to *C. cespitosa*, *C. bigelowii* and *C. orbicularis*, and also *C. eleusinoides*.

Probable evolutionary interrelations in the subgenus *Kreczetoviczia* are shown in fig. 74.

The subgenus *Vignea* is of around 25 sections and 320 species distributed mainly in extratropical, very rarely in tropical areas of the northern hemisphere, some species occur in the southern one. There are 18 sections and 76 species and subspecies in the territory considered.

The questions concerning the phylogeny of the *Vignea* subgenus were considered by me (Егорова, 1966б) earlier in details. Main pathways of the evolution in the subgenus were the transformation of androgynous spikes into gynaecandrous ones (species with spikes of the latter type prevail in the subgenus), the reduction of a cladoprophyll (it retained only in species allied to *C. arenaria* and *C. praecox*), the lessening of a spike number, the transformation of leaf-like bracts into setaceous and glumaceous ones and the lessening of a number of carpels (and stigmas as well) from three to two. A scheme of possible evolutionary interrelations in the subgenus *Vignea* is given in fig. 75.

The subgenus *Psyllophora* (= subgen. *Primocarex*) being the most specialized as compared to the other subgenera of the genus *Carex* does not present the main trend of the genus evolution. The subgenus includes 25 sections and about 75 species growing in the cold, temperate, partly in subtropical and very rarely in tropical zones of the both hemispheres. In the territory considered 33 species and subspecies occur; they are combined in 13 sections. The character of a high specialization of the subgenus is the presence in all its members of an inflorescence consisting of solitary few-flowered spike which in monoecious species (they are predominant) is androgynous (a primitive type of spikes), in dioecious is unisexual (male or female). The peculiarity of the subgenus is the fact that almost all its sections are oligotypic consisting of 2—6 species, or monotypic. Only the section *Rarae* embraces 16 species and subspecies. A weak process of a specific formation in the subgenus is probably an evidence of that the groups of the subgenus long ago and rapidly have reached the high stage of their development and after this they poorly evolved. A primitive feature of the subgenus *Psyllophora* is the presence in utricles of many its species of a rachilla, i. e. a rudiment of a spikelet axis. Thus, in species of the subgenus considered a character of high specialization, an unispicate inflorescence, is combined with very primitive one, namely with a rudiment of spikelet axis. Heterobathmy is pronounced here stronger than in the other subgenera of sedges. The main trends of the evolution in the subgenus were the reduction of an axis rudiment in utricles, the lessening of a number of carpels (and stigmas) from three to two and an appearance of the dioecy. The section *Caryotheca* is the most primitive in the subgenus. Morphological features of its single species, the Tertiary Balkan-Caucasian relict *C. phyllostachys* are considered above (p. 61—62). The highest level of the evolution is peculiar to the boreal section *Physoglochin* (= sect. *Dioicae*). Its members are dioecious plants; gynoeceum in them consists of two carpels; there is no, as a rule, a rachilla in their utricles. The latter sometimes one can observed in *C. dioica* (Алексеев, 1978).

Sections of the subgenus *Psyllophora* are rather separated morphologically and do not have between each other obvious phylogenetic relations. Hence, the disposition of the sections in the system of the subgenus gives the idea only on supposed levels of their evolution. In the beginning of the system the sections are placed in species of which a gynoeceum consists of three carpels, a style has three stigmas and there is a rachilla in utricles (in all species of each section or only in some ones). These sections are *Caryotheca* (*C. phyllostachys*), *Leucoglochin* (*C. pauciflora* et al.), *Obtusatae* (*C. obtusata* et al.) and *Petraeae* (*C. rupestris* et al.). Then the sections with the same characters but without rachilla follow: *Callistachys* (*C. micropoda* et al.), *Rarae* (*C. uda* et al.) and *Cardiopera* (*C. bucharica*). The species of all mentioned sections are monoecious plants. Of two next sections the *Circinatae* section (*C. hakkodensis* et al.) includes both monoecious and dioecious species and the *Scirpinae* section (*C. scirpoidea* et al.) contains only dioecious ones. Species of these sections have gynoeceum consisting of 3 carpels; usually there is no rachilla in their utricles. Three next sections, *Psyllophora* (*C. pulicaris* et al.), *Capituligerae* (*C. capitata* et al.), *Nardinae* (*C. hepburnii* et al.), include monoecious species having a gynoeceum of two carpels and rachilla in utricles. The section *Physoglochin* (*C. dioica* et al.) mentioned already above ends the system of the subgenus. Within the sections of the subgenus *Phyllophora* an evolutionary level of species is, in the main, more or less similar. Therefore, the evolutionary trends in the sections are not considered in the present work.

The question whether the subgenus *Psyllophora* (= subgen. *Primocarex*) is natural or artificial (heterogenous) group is debatable (see pp. 24, 61–62, 676). I believe this subgenus to be a natural group which has a common origin and which represents a special line of the genus development. (Hypotheses regarding the origin of unispicate inflorescences are given in the part «Morphological features of sedges»). The species composing the subgenus *Psyllophora* have two important, in my opinion, characters: unispicate inflorescence and an androgynous spike forming it, except dioecious species having usually unisexual spikes but sometimes in these sedges (for example in *C. dioica*) specimens with an androgynous spike are observed. There are no close phylogenetic relatons between the sections of the subgenus considered the fact which is an evidence not of heterogeneity of the latter one but rather of its antiquity. The obvious phylogenetic relations, as was shown above, are not found also between many sections of other subgenera and this fact does not cause any doubts that these subgenera are natural groups. At the same time, it should be noted that at present one can not give indisputable proofs in that the subgenus *Psyllophora* is a natural group, as well as one can not refute this assumption well-reasonably. The arrangement of unispicate species amongst multispicate ones (as for example, in the systems by Kreczetowicz, Mackenzie, Ohwi and Koyama, see p. 25–27) does not solve the question about a place of the former in the system of the genus, inasmuch as phylogenetic relations between unispicate and multispicate species are not quite clear. The evolutionary interrelations in the subgenus *Psyllophora* are shown in fig. 76.

The common peculiarity of all considered subgenera of the genus *Carex* consists in that the sections composing them are mainly rather morphologically separated and have no among themselves more or less obvious phylogenetic relations. As for a possible origin of one section from other it seems probable that only very few extant groups could have arisen from other extant groups (for instance, the *Aulocystis* section could have arisen from the *Decorae* section, the section *Ceratocystis* from the section *Spirostachyae*, the section *Paniceae* from the section *Depauperatae*, the section *Phacocystis* from the section *Tuminenses*, the section *Phaestoglochin* from the section *Vulpinae*). The least advanced sections of sedges of Russiae and adjacent states are *Mundae*, *Decorae*, *Siderostictae*, *Carex* and *Tumidae*. The highest evolutionary level is found in the sections *Chartoteuchium*, *Chlorostachyae*, *Limosae*, *Microrhychae*, *Phacocystis*, *Canescentes* and *Physoglochin*, representing cryophilous trends of the evolution of the genus *Carex* and in the section *Lamprochlaenae*, demonstrating a xerophilous one.

ПРИЛОЖЕНИЕ[1]

APPENDIX[2]

ХРОМОСОМНЫЕ ЧИСЛА ОСОК

CHROMOSOME NUMBERS OF SEDGES

Таблица
Table

Таксон	2n	Таксон	2n
Subgen. Vigneastra		**Sect. Siderostictae**	
Sect. Mundae		C. siderosticta	12, 24
Carex dissitiflora	36	**Sect. Carex**	
Subgen. Carex		C. hirta	112
Sect. Aulocystis		C. drymophila	60, 80
Subsect. Macrogynae		C. fedia	94
C. macrogyna	32	C. lasiocarpa subsp. lasiocarpa	56
Subsect. Stenocarpae		**Sect. Vesicariae**	
C. sempervirens	30, 32, 34	C. rostrata	60, 72, 76, 82
C. tristis subsp. tristis	38, 74	C. rhynchophysa	74, 80
C. tristis subsp. stenocarpa	36, 40–42	C. jacutica	20, 70
C. firma	34	C. membranacea	74
Subsect. Fuliginosae		C. rotundata	80
C. fuliginosa subsp. fuliginosa	40	C. vesicaria	74, 82, 86, 88
C. fuliginosa subsp. misandra	40	C. saxatilis subsp. laxa	80
Sect. Curvulae		C. saxatilis subsp. saxatilis	80
C. curvula	86	C. mollissima	80

[1] Включает данные о хромосомных числах осок, произрастающих на территории б. СССР. Ссылки на источники, содержащие сведения о хромосомных числах, даны в разделе «Систематика рода Carex L.».

[2] Chromosome numbers are listed for sedges occurring in the territory of the former USSR. References to works containing data on chromosome numbers are given in the division «Taxonomy of the genus Carex L.».

Таблица (продолжение)
Table (continuation)

Таксон	2n	Таксон	2n
Sect. Paludosae		C. michelii	40
C. acutiformis	78	C. brevicollis	56
Sect. Tumidae		**Sect. Paniceae**	
C. riparia	72	C. vaginata subsp. vaginata	32
C. scabrifolia	82	C. vaginata subsp. quasivaginata	32
C. pumila	68, 80, 82	C. falcata	48
C. melanostachya	48	C. panicea	32
C. songorica subsp. songorica	82	C. livida	32
Sect. Pseudocypereae		C. laxa	58
C. pseudocyperus	66	**Sect. Rhomboidales**	
Sect. Secalinae		C. foliosissima	30, 36
C. hordeistichos	54, 56, 60	C. insaniae	50, 60
C. secalina	50	**Sect. Mitratae**	
Sect. Silvaticae		Subsect. Blepharicarpae	
C. sylvatica	58	C. blepharicarpa	26, 31–34
C. arnellii	42	Subsect. Sachalinenses	
C. strigosa	66	C. sachalinensis	62, 64, 66, 68
Sect. Rhynchocystis		Subsect. Umbrosae	
C. pendula	58, 60, 62	C. umbrosa subsp. umbrosa	62, 66
Sect. Anomalae		C. sabynensis	40, 60
C. planiculmis	62	Subsect. Caryophylleae	
C. mollicula	56, 66, 68, 70	C. caryophyllea	62
C. japonica	62	Subsect. Glabrae	
C. doniana	62	C. trautvetteriana	54, 56, 58
C. dispalata	78	**Sect. Spirostachyae**	
Sect. Glaucae		C. distans subsp. distans	72, 74
C. cuspidata	90	C. extensa	60
C. flacca	76	**Sect. Ceratocystis**	
Sect. Depauperatae		Subsect. Hostianae	
C. depauperata	44	C. hostiana	56
C. pilosa	44, 48, 52, 56		

Т а б л и ц а (продолжение)
T a b l e (continuation)

Таксон	2n	Таксон	2n
Subsect. Flavae		Subsect. Fimbriatae	
C. flava	58, 60, 62	C. ericetorum	30, 32
C. lepidocarpa	68, 69, 72	C. melanocarpa	20–25, 28
Subsect. Serotinae		**Sect. Albae**	
C. serotina	60, 66, 68, 70	C. alba	54
C. scandinavica	70	**Sect. Lamprochlaenae**	
C. viridula	70	Subsect. Archaicae	
Sect. Hallerianae		C. malyschevii	44
C. halleriana	50, 54	Subsect. Nitidae	
Sect. Digitatae		C. liparocarpos subsp. liparocarpos	40
Subsect. Pediformes		Subsect Supinae	
C. pediformis	70	C. supina subsp. supina	38
C. lanceolata	72	C. supina subsp. spaniocarpa	36, 44, 50
Subsect. Humiles		Subsect. Glaciales	
C. humilis	36, 38	C. glaciales	34, 36
C. nanella	72	**Sect. Chartoteuchium**	
Subsect. Digitatae		C. atrofusca	38, 40
C. digitata	48, 50, 52, 54	**Sect. Chlorostahyae**	
C. ornithopoda	46, 52, 54	Subsect. Williamsianae	
		C. williamsii	18, 46
Sect. Porocystis		Subsect. Androgynae	
C. pallescens	64, 66	C. sedakowii	56
Sect. Acrocystis		Subsect. Chalcandrae	
Subsect. Elongatibracteatae		C. ledebouriana subsp. tenuiformis	40
C. grioletii	48	C. ledebouriana subsp. ledebouriana	56
Subsect. Tomentosae			
C. tomentosa	48	Subsect. Capillariformes	
Subsect. Piluliferae		C. capillaris	54
C. pilulifera	16, 18	C. fuscidula	48, 54
Subsect. Montanae		C. krausei	36, 62
C. montana	38	C. delicata	58

Таблица (продолжение)
Table (continuation)

Таксон	2n	Таксон	2n
Sect. Limosae		Subsect. Sabulosae	
C. magellanica subsp. irrigua	58	C. melanantha	52
C. limosa	56	Subsect. Stylosae	
C. rariflora subsp. pluriflora	52	C. stylosa	52
C. rariflora subsp. rariflora	50, 52	C. meyeriana	46–48
Sect. Scitae		Subsect. Holostomae	
Subsect. Podocarpae		C. holostoma	54, 56, 60
C. macrochaeta	60	Subsect. Alpinae	
C. podocarpa	60, 62, 64, 66, 70	C. melanocephala	52
Subsect. Nesophilae		C. infuscata	54
C. flavocuspis subsp. flavocuspis	62	C. norvegica	54, 56
C. nesophila	62, 64	Subsect. Bicolores	
Sect. Microrhynchae		C. bicolor	50, 52
Subsect. Longiaristatae		**Subgen. Kreczetoviczia**	
C. gmelinii	50, 58, 62	**Sect. Forficulae**	
Subsect. Planiculmes		C. doenitzii	66
C. augustinowiczii subsp. augustinowiczii	54, 66	**Sect. Praelongae**	
C. augustinowiczii subsp. soyaeensis	68	C. maximowiczii subsp. maximowiczii	68, 74
Subsect. Papilliferae		C. incisa	68
C. buxbaumii	74, 100	C. shimidzensis	68
C. adelostoma	106	**Sect. Temnemis**	
Subsect. Aterrimae		C. paleacea	72, 73
C. caucasica	52, 54	C. recta	86
C. atrata	54	C. salina	84
C. popovii	54	C. subspathacea subsp. subspathacea	80
C. aterrima subsp. aterrima	54	C. lyngbyei subsp. cryptocarpa	76
C. aterrima subsp. medwedewii	46	**Sect. Phacocystis**	
		Subsect. Vulgares	
		C. acuta	72, 74–76, 78, 82–85, 84

Таблица (продолжение)
Table (continuation)

Таксон	2n
C. thunbergii	78
C. nigra	84
C. appendiculata	76
C. juncella	84
Subsect. Aquaticae	
C. aquatilis subsp. aquatilis	76
C. aquatilis subsp. stans	76
Subsect. Elatiformes	
C. elata subsp. elata	74, 76
Subsect. Caespitosae	
C. cespitosa	78, 80
Subsect. Rigidae	
C. bigelowii subsp. bigelowii	68, 70
C. bigelowii subsp. rigidioides	62
C. lugens	60, 80
C. soczavaeana	80
Subsect. Orbiculares	
C. orbicularis subsp. orbicularis	86
C. orbicularis subsp. altaica	78
Subsect. Gynaecandrae	
C. eleusinoides	60, 84
Subgen. Vignea	
Sect. Heleoglochin	
C. paniculata	60, 62, 64
C. appropinquata	64
C. diandra	60
Sect. Phleoideae	
C. neurocarpa	108
C. leiorhyncha	76–80
C. albata	112
Sect. Vulpinae	
C. vulpina	68
C. otrubae	58, 62, 64
C. stipata	48, 52
Sect. Phaestoglochin	
C. divulsa	56
C. polyphylla	48, 52, 58
C. muricata	56, 58
C. contigua	58
Sect. Holarrhenae	
Subsect. Distichae	
C. disticha subsp. disticha	62
Subsect. Curaicae	
C. curaica subsp. curaica	64
Sect. Ammoglochin	
C. arenaria	60, 64
C. brizoides	58
C. colchica subsp. ligerica	58
C. praecox	48–56, 58
Sect. Macrocephalae	
C. kobomugi	84
Sect. Divisae	
Subsect. Divisae	
C. divisa	60
Subsect. Chordorrhizae	
C. chordorrhiza	60, 70
Sect. Boernera	
C. stenophylla subsp. stenophylla	60, 62
C. stenophylla subsp. stenophylloides	62
C. duriuscula	50

Таблица (продолжение)
Table (continuation)

Таксон	2n	Таксон	2n
Sect. Foetidae		C. glareosa	62, 66
C. maritima	60	C. ursina	64
C. pseudofoetida	62	C. lachenalii	62, 64
Sect. Dispermae		**Subgen. Psyllophora**	
C. disperma		**Sect. Leucoglochin**	
Sect. Remotae		C. microglochin	48
C. remota	62	C. pauciflora	76
Sect. Cyperoideae		**Sect. Obtusatae**	
C. bohemica	60, 62–64, 80	C. obtusata	52
Sect. Ovales		**Sect. Petraeae**	
C. maackii	68	C. rupestris	50, 52
C. leporina	60, 64, 66	**Sect. Callistachys**	
C. macloviana	86	C. micropoda	62, 70
Sect. Stellulatae		**Sect. Scirpinae**	
C. echinata	56, 58	C. scirpoidea	62, 64
Sect. Elongatae		**Sect. Psyllophora**	
C. elongata	56	C. pulicaris	58, 60
Sect. Canescentes		**Sect. Capituligerae**	
C. canescens	52–54, 56, 56–58, 62	C. capitata	50
C. lapponica	56	C. arctogena	50
C. bonanzensis	50, 60	**Sect. Nardinae**	
C. brunnescens	44, 50–52, 56	C. hepburnii	70
C. loliacea	54	**Sect. Physoglochin**	
C. tenuiflora	58, 58–60, 62, 62–64	Subsect. Dioicae	
C. heleonastes	56	C. dioica	52
C. marina	58, 60, 62, 64	C. gynocrates	48, 50, 70
C. mackenziei	64	Subsect. Redowskianae	
		C. davalliana	46
		C. parallela subsp. parallela	44
		C. parallela subsp. redowskiana	26, 34, 44

ЛИТЕРАТУРА
REFERENCES

Александров В. Г., Коновалов И. Н. О морфологической сущности костянки и орешка и о природе плода некоторых розоцветных // Сов. ботаника. 1947. Т. 15, № 5. С. 268–278.

Алексеев Ю. Е. К морфологии вегетативных органов среднерусских осок (род *Carex*). III. // Бюл. МОИП. Отд. биол. 1966. Т. 71, вып. 6. С. 103–107.

Алексеев Ю. Е. Морфология побегов восточноевропейских осок из секций *Pachystylae* Kük., *Montanae* Fries и *Mitratae* Kük. // Бюл. МОИП. Отд. биол. 1970. Т. 75, вып. 1. С. 83–91.

Алексеев Ю. Е. Филлоподия и афиллоподия как систематический признак осок секции *Acutae* Fries // Науч. докл. высш. школы. Биол. науки. 1971а. № 12. С. 50–54.

Алексеев Ю. Е. Вопросы эволюции осок подрода *Carex* // Четвертое москов. совещ. по филогении растений: Тез. докл. М., 1971б. С. 96.

Алексеев Ю. Е. Вопросы эволюции осок подрода *Carex* // Бюл. МОИП. Отд. биол. 1974а. Т. 79, вып. 4. С. 85–93.

Алексеев Ю. Е. Формы гетерофилии и систематика осок подрода *Carex* // Науч. докл. высш. школы. Биол. науки. 1974б. № 5 (125). С. 48–51.

Алексеев Ю. Е. Жизненные формы осок // Бюл. МОИП. Отд. биол. 1976а. Т. 81, вып. 4. С. 90–96.

Алексеев Ю. Е. Проблемы соматической эволюции осок // Тр. МОИП, 1976б. Т. 42. С. 194–207.

Алексеев Ю. Е. Элементы морфологии соцветий и вопросы эволюции осок из подродов *Primocarex* Kük. и *Vignea* (Beauv.) Peterm. // Бюл. МОИП. Отд. биол. 1978. Т. 83, вып. 5. С. 84–93.

Алексеев Ю. Е. Элементы морфологии соцветий осок из подрода Carex // Бюл. МОИП. Отд. биол. 1983. Т. 88, вып. 5. С. 64–70.

Алексеев Ю. Е. (Alexeev Y. E.). Ontogenesis in *Carex* species // Aquat. Bot. 1988. Vol. 29. P. 39–48.

Алексеев Ю. Е. Эволюция соцветий рода *Carex* L. в связи с проблемой эволюции пола у покрытосеменных растений // Современные проблемы филогении растений. М.: Наука, 1986. С. 57–58.

Алексеев Ю. Е., Новиков В. С. Морфология побегов осок подрода *Vignea* (P. Beauv.) Kirsch. // Бюл. МОИП. Отд. биол. 1968. Т. 73, вып. 4. С. 34–46.

Алексеев Ю. Е., Новиков В. С. Определитель осок средней полосы европейской части СССР по вегетативным органам. М.: Наука, 1971. 80 с.

Алиев Д. А., Дамиров Р. Ш. Новые виды растений из Шахдагского и Базар-Дюзинского горного массива Большого Кавказа // Изучение ресурсов макро- и микрофлоры различных растений Большого Кавказа. Баку, 1988. С. 47–54.

Андрулайтис С. Ю., Водопьянова Н. С., Иванова М. М., Киселева А. А., Малышев Л. И., Петроченко Ю. Н. Состав флоры Путорана // Флора Путорана. Новосибирск: Наука, 1976. С. 40–162.

Антонова Л. А. Антэкология растений широколиственного леса // Экология опыления. Пермь, 1976. Вып. 2. С. 30–63.

Артюшенко З. Т., Коновалов И. Н. Морфология плодов типа орех и орешек // Тр. Ботан. ин-та АН СССР. Сер. 7. 1951. Вып. 2. С. 170–192.

Артюшенко З. Т., Федоров Ал. А. Атлас по описательной морфологии высших растений. Плод. Л.: Наука, 1986. 392 с.

Атлас спор и пыльцы некоторых современных растений Дальнего Востока. Хабаровск, 1971. 84 с.

Ахтаров Б. Родът *Carex* (острица) в България. София, 1957. 179 с.

Баронина В. К. Новые виды осок Латвии // Изучение, рациональное использование и охрана природных ресурсов: Тез. докл. 7-й конф. мол. ученых-биол. Рига, 1987. С. 3–4.

Барсегян А. М. Водно-болотная растительность Армянской ССР. Ереван, 1990. 353 с.

Барсегян А. М., Егорова Т. В. Материалы к изучению осок Армении // Биол. журн. Армении. 1969. Т. 22, № 4. С. 75–82.

Берг Л. С. Биполярное распространение организмов и ледниковая эпоха // Избр. тр. М., 1962. Т. 5. С. 101–129.

(Биберштейн Ф. К.) Bieberstein F. A. M., von. Description d'une nouvelle espèce de *Carex* ou Laiche // Mem. Soc. Nat. Moscou. 1809. Т. 2. P. 103–105.

(Биберштейн Ф. К.) Bieberstein F. A. M., von. Flora taurico-caucasica... Charkoviae, 1819. Т. 3. 655 p.

Бибиков Ю. А. Новые виды осок в Белоруссии // Весці Акад. Навук БССР. Сер. біял. навук. 1982. № 1. С. 99–100.

Биологическая флора Московской области. М., 1980. Вып. 6. 221 с.

Богдановская-Гиенэф И. Д. О происхождении флоры бореальных болот Евразии // Материалы по истории флоры и растительности СССР. М.; Л., 1946. Вып. 2. С. 425–468.

Большая советская энциклопедия. Изд. 3. М., 1972. Т. 9. 624 с.

Бородин И. П. Коллекторы и коллекции по флоре Сибири. СПб., 1908. 247 с.

Бревиколлин — алкалоид осоки парвской / Под ред. акад. Г. В. Лазурьевского. Кишинев, 1969. 100 с.

Быков Б. А. Доминанты растительного покрова Советского Союза. Алма-Ата, 1962. Т. 2. 436 с.

Василевская В. К., Ищенко Г. Е. Анатомическое строение надземных и подземных органов илака (*Carex physodes* М. В.) // Изв. АН ТССР. Сер. биол. наук. 1965. № 6. С. 38–43.

Васильев В. Н. Флора и палеогеография Командорских островов. М.; Л., 1957. 260 с.

Величкевич Ф. Ю. Новые данные о флоре д. Дворец на Днепре // Стратиграфия и палеогеография антропогена. Минск, 1975. С. 110–133.

Величкевич Ф. Ю. Основные этапы развития плиоценовой флоры европейской части СССР // Палеокарпологические исследования кайнозоя. Минск, 1982а. С. 104–118.

Величкевич Ф. Ю. Плейстоценовые флоры ледниковых областей Восточно-Европейской равнины. Минск, 1982б. 208 с., 29 табл.

Визначник рослин Українських Карпат. Київ, 1977. 434 с.

Вихирева-Василькова В. В. Анатомическое строение листа некоторых арктических осок // Ботан. журн. 1972. Т. 57, № 3. С. 373–381.

Вовк А. Г. Сем. *Cyperaceae* // Сравнительная анатомия семян. Однодольные / Под ред. А. Л. Тахтаджяна. Л.: Наука, 1985. Т. 1. С. 163–166.

Воробьев Д. П. Материалы к флоре Курильских островов // Тр. Дальневост. фил. АН СССР. Сер. ботан. 1956. Т. 3, № 5. С. 3–79.

Ворошилов В. Н. Флора советского Дальнего Востока. М.: Наука, 1966. 478 с.

Ворошилов В. Н. Определитель растений советского Дальнего Востока. М.: Наука, 1982. 672 с.

Ворошилов В. Н. Список сосудистых растений советского Дальнего Востока // Флористические исследования в разных районах СССР. М.: Наука, 1985. С. 139–200.

Восканян В. Е. Экология и числа хромосом некоторых видов высокогорных растений г. Арагац // Биол. журн. Армении. 1974. Т. 27, № 6. С. 64–69.

Вульф Е. В. Историческая география растений. История флор земного шара. М.; Л.: Изд-во АН СССР, 1944. 546 с.

Высокогорная флора Станового нагорья / Под ред. Л. И. Малышева. Новосибирск: Наука, 1972. 272 с.

Высоцкий Г. Н. О моноподиально-корневищных травах // Тр. по прикл. бот., ген. и сел. 1923. Т. 13, вып. 3. С. 21–24.

Гейдеман Т. С. Определитель высших растений Молдавской ССР. Изд. 2, 3. Кишинев, 1975. 576 с.; 1986. 638 с.

Географический энциклопедический словарь. Изд. 2. М., 1989. 592 с.

Голубев В. Н. Основы биоморфологии травянистых растений центральной лесостепи // Тр. Центр.-Чернозем. гос. заповедн. Воронеж, 1962. Вып. 7. 511 с.

Городков Б. Н. К систематике *Carex juncella* Th. Fries // Журн. Рус. ботан. о-ва. 1922а. Т. 7. С. 299–300.

Городков Б. Н. Систематическое положение секции *Ursinae* Kük. рода *Carex* // Журн. Рус. ботан. о-ва. 1922б. Т. 7. С. 310—312.

Городков Б. Н. Обзор русских осок, I // Тр. Ботан. муз. АН СССР. 1927. Вып. 20. С. 197—219.

Городков Б. Н. Заметки об осоках Союза ССР // Журн. Рус. ботан. о-ва. 1930. Т. 15, № 1—2. С. 179—186.

Горчаковский П. Л. Растительный мир высокогорного Урала. М.: Наука, 1975. 284 с.

Грант В. Видообразование у растений. М., 1984. 528 с.

Гращенкова В. С. Онтогенез и возрастные особенности осоки ранней (*Carex praecox* Schreb.) // Бюл. МОИП. Отд. биол. 1972. Т. 77, вып. 3. С. 124—132.

Гроссгейм А. А. Флора Кавказа. Изд. 2. Баку, 1940. Т. 2. 284 с.

Гроссгейм А. А. Определитель растений Кавказа. М., 1949. 747 с.

Гроссет Г. Э. Возраст термофильной реликтовой флоры широколиственных лесов Русской равнины, Южного Урала и Сибири в связи с палеогеографией плейстоцена и голоцена // Бюл. МОИП. Отд. биол. 1962. Т. 67, вып. 3. С. 94—109.

Грубов В. И. Введение // Растения Центральной Азии. М.; Л., 1963. Вып. 1. С. 5—69.

Грубов В. И. Определитель сосудистых растений Монголии. Л.: Наука, 1982. 442 с.

Грубов В. И. Эндемичные виды флоры Монгольской Народной Республики // Новости систематики высших растений. Л., 1984. Т. 21. С. 202—220.

Губарева И. Ю. Флористические находки на Вислинской косе (Калининградская область) // Ботан. журн. 1995. Т. 80, № 8. С. 113—116.

Гусейнов Ш. А. Новые и редкие для флоры Дагестана виды сем. *Cyperaceae* // Ботан. журн. 1988. Т. 73, № 10. С. 1488—1490.

Даушкевич Ю. В., Алексеев Ю. Е., Девяткова Г. Н. Изменчивость признаков в среднерусских популяциях *Carex flava* L. // Бюл. МОИП. Отд. биол. 1990. Т. 95, вып. 3. С. 75—86.

Денисов В. Г. Численность и возрастной состав популяции *Carex humilis* Leyss. в растительности Центрально-Черноземного заповедника им. В. В. Алехина // Учен. зап. Ленингр. гос. пед. ин-та им. А.И. Герцена. 1970. Т. 421. С. 118—131.

Дервиз-Соколова Т. Г. Осоки северо-востока Чукотки, собранные в 1958—1959 гг. // Ботан. материалы Герб. Ботан. ин-та АН СССР. Л., 1961. Т. 21. С. 67—79.

Дмитриева С. А. Числа хромосом представителей семейств *Apiaceae*, *Brassicaceae* и *Cyperaceae* флоры Белоруссии // Ботан. журн. 1985. Т. 70, № 7. С. 994—996.

Догель В. А. Общая паразитология. Л., 1962. 464 с.

Домбровская А. В., Корнева М. М., Тюремнов С. Н. Атлас растительных остатков, встречающихся в торфе. М.; Л., 1959. 90 с., 137 табл.

Дорофеев П. И. О плиоценовой флоре Башкирии // Ботан. журн. 1962. Т. 47, № 6. С. 787—801.

Дорофеев П. И. Третичные флоры Западной Сибири. М.; Л., 1963. 345 с.

Дорофеев П. И. Плиоценовые флоры Башкирии и их сопоставление с флорами Западной Европы // Кайнозой Башкирского Предуралья. М., 1965. С. 182—187.

Дорофеев П. И. Плиоценовая флора Матанова Сада на Дону. М.; Л.: Наука, 1966. 87 с.

Дорофеев П. И. Миоценовая флора Мамонтовой горы на Алдане. Л.: Наука, 1969. 124 с., 22 табл.

Дорофеев П. И. Третичные флоры Урала. Л.: Наука, 1970. 67 с.

Дорофеев П. И. Третичные флоры бассейна р. Омолой // История флоры и растительности Евразии. Л.: Наука, 1972. С. 41—112, 14 табл.

Дорофеев П. И. Симбугинская флора // Фауна и флора Симбугино (опорный разрез акчагыла и апшерона Башкирии). М.: Наука, 1977. С. 35—86.

Дорофеев П. И. О плиоценовой флоре дер. Дворец на Днепре // Проблемы палеоботаники / Под ред. акад. А. Л. Тахтаджяна. Л.: Наука, 1986а. С. 44—71.

Дорофеев П. И. О позднеплиоценовой флоре села Моисеево на юге Тамбовской области // Ботан. журн. 1986б. Т. 17, № 1. С. 3—15.

Егорова Т. В. Дополнения к флоре осоковых Монгольской Народной Республики // Ботан. материалы Герб. Ботан. ин-та АН СССР. М.; Л., 1959а. Т. 19. С. 79—82.

Егорова Т. В. Критические заметки об осоках подрода *Vignea* // Ботан. материалы Герб. Ботан. ин-та АН СССР. М.; Л., 1959б. Т. 19. С. 50—73.

Е г о р о в а Т. В. Ботаническая характеристика алкалоидных осок Молдавии // Алкалоидоносные растения Молдавии. Кишинев, 1960. С. 15–19.

Е г о р о в а Т. В. Критические заметки об осоках секции *Capillares* // Новости систематики высших растений. М.; Л.: Наука, 1964. С. 31–48.

Е г о р о в а Т. В. Классификация осок подрода *Vignea* флоры СССР // Новости систематики высших растений. М., Л.: Наука, 1965. С. 57–83.

Е г о р о в а Т. В. Род *Carex* L. // Арктическая флора СССР. М.; Л.: Наука, 1966а. Вып. 3. С. 40–163. (English translation: Flora of the Russian Arctic, ed. J. G. Packer, transl. G. C. Griffiths, the University of Alberta Press, Edmonton, Canada. 1996. Vol. 2. P. 30–139).

Е г о р о в а Т. В. Осоки СССР. Виды подрода *Vignea*. М.; Л.: Наука, 1966б. 266 с.

Е г о р о в а Т. В. Сем. *Cyperaceae* Juss. // Растения Центральной Азии. Л.: Наука, 1967. Вып. 3. С. 3–90.

Е г о р о в а Т. В. Новые виды рода *Carex* L. флоры СССР // Новости систематики высших растений. Л.: Наука, 1968. С. 31–34.

Е г о р о в а Т. В. Заметки о номенклатуре рода *Carex* L. // Новости систематики высших растений. Л.: Наука, 1971а. Т. 8. С. 87–89.

(Е г о р о в а Т. В.) E g o r o v a T. V. Notes on the nomenclature of the *Carex* L. // Novit. Syst. 1971б. T. 8. P. 88–89. (English translation, Amerind Publishing Co., New Delhi, 1978).

Е г о р о в а Т. В. Система и конспект осок подрода *Carex* Европейской части СССР // Новости систематики высших растений. Л.: Наука, 1972а. Т. 9. С. 64–95.

(Е г о р о в а Т. В.) E g o r o v a T. V. Classification and summary of sedges of the subgenus *Carex* in the USSR // Novit. Syst. 1972б. T. 9. P. 64–95. (English translation, Amerind Publishing Co., New Delhi, 1978).

Е г о р о в а Т. В. Заметки о видах рода *Carex* L. флоры СССР // Новости систематики высших растений. Л.: Наука, 1973. Т. 10. С. 98–104.

(Е г о р о в а Т. В.) E g o r o v a T. V. Taxonomy and evolution of the sedges of the subgenus *Carex* aborigenous to the USSR // Тез. докл. представленных XII Междунар. ботан. конгрессу. Л.: Наука, 1975. Т. 1. С. 94.

Е г о р о в а Т. В. Сем. Осоковые — *Cyperaceae* Juss. // Флора Европейской части СССР. Л.: Наука, 1976а. Т. 2. С. 83–219.

Е г о р о в а Т. В. Сем. *Cyperaceae* — Осоковые // Определитель растений Средней Азии. Ташкент, 1976б. Т. 5. С. 6–98.

Е г о р о в а Т. В. Сем. *Cyperaceae* Juss. — Осоковые // Флора северо-востока Европейской части СССР. Л.: Наука, 1976в. Т. 2. С. 6–88.

Е г о р о в а Т. В. Карпологический анализ растительных остатков пищи селериканской ископаемой лошади // Фауна и флора антропогена северо-востока Сибири: Тр. зоол. ин-та АН СССР. 1977. Т. 63. С. 218–222.

Е г о р о в а Т. В. Обзор осок (*Carex* L.) Камчатской области // Новости систематики высших растений. Л.: Наука, 1979. Т. 16. С. 42–61.

Е г о р о в а Т. В. О некоторых видах осок (*Carex* L.), описанных И. Фрейном из Азиатской России // Новости систематики высших растений. Л.: Наука, 1980. Т. 17. С. 102–112.

Е г о р о в а Т. В. Система и конспект рода *Eleocharis* R. Br. (*Cyperaceae*) флоры СССР // Новости систематики высших растений. Л.: Наука, 1981а. Т. 18. С. 95–124.

Е г о р о в а Т. В. Сем. Осоковые — *Cyperaceae* // Определитель сосудистых растений Камчатской области. М.: Наука, 1981б. С. 297–332.

Е г о р о в а Т. В. Семейство Осоковые (*Cyperaceae*) // Жизнь растений. М., 1982. Т. 6. С. 292–310.

Е г о р о в а Т. В. Новые таксоны рода *Carex* (*Cyperaceae*) // Ботан. журн. 1985а. Т. 70, № 11. С. 1549–1554.

Е г о р о в а Т. В. Таксономические заметки о видах рода *Carex* L. (*Cyperaceae*) флоры СССР // Новости систематики высших растений. Л.: Наука, 1985б. Т. 22. С. 46–54.

Е г о р о в а Т. В. Обзор осок (*Carex* L., *Cyperaceae*) секции *Rarae* C. B. Clarke // Новости систематики высших растений. Л.: Наука, 1985в. Т. 22. С. 55–61.

Е г о р о в а Т. В. Новые подсекции осок (*Carex* L., *Cyperaceae*) секций *Scitae* Kük. и *Atratae* Pax // Новости систематики высших растений. Л.: Наука, 1985г. Т. 22. С. 62–67.

Е г о р о в а Т. В. Осоки (*Carex* L.) СССР: Дис. ... докт. биол. наук. Л., 1987а. 497 с.

Е г о р о в а Т. В. Осоки (*Carex* L.) СССР: Автореф. дис. ... докт. биол. наук. Л., 1987б. 37 с.

Е г о р о в а Т. В. Система рода *Carex* (*Cyperaceae*) флоры СССР // Ботан. журн. 1990. Т. 75, № 6. С. 858—868.

Е г о р о в а Т. В. Обзор подсемейств *Cyperoideae* и *Rhynchosporoideae* (*Cyperaceae*) флоры Кавказа // Новости систематики высших растений. Л.: Наука, 1991а. Т. 28. С. 5—21.

Е г о р о в а Т. В. Обзор родов *Kobresia* и *Carex* (*Cyperaceae*) флоры Кавказа // Ботан. журн. 1991б. Т. 76, № 12. С. 1735—1749.

Е г о р о в а Т. В., А в е р ь я н о в Л. В. Новый вид рода *Carex* L. (*Cyperaceae*) из Вьетнама // Новости систематики высших растений. Л.: Наука, 1989. Т. 26. С. 13—16.

Е г о р о в а Т. В., В е р х о л а т В. П. *Carex erythrobasis* Lévl. et Vaniot — новый для флоры СССР вид // Новости систематики высших растений. Л.: Наука, 1979. Т. 15. С. 75—76.

Е г о р о в а Т. В., Т р и ф о н о в а С. Н. Анатомическое строение перикарпия у видов рода *Carex* (*Cyperaceae*) в связи с систематикой и филогенией рода // Ботан. журн. 1986. Т. 71, № 12. С. 1594—1605.

Ж у к о в а П. Г. Кариологическая характеристика некоторых растений Чукотского полуострова // Ботан. журн. 1965. Т. 50, № 7. С. 1001—1004.

Ж у к о в а П. Г. Числа хромосом у некоторых видов растений Северо-Востока СССР. IV // Ботан. журн. 1969. Т. 54, № 12. С. 1985—1990.

Ж у к о в а П. Г. Хромосомные числа некоторых видов растений Южной Чукотки // Ботан. журн. 1980. Т. 65, № 1. С. 51—59.

Ж у к о в а П. Г. Числа хромосом некоторых видов растений северо-востока Азии // Ботан. журн. 1982. Т. 67, № 3. С. 360—365.

Ж у к о в а П. Г., К о р о б к о в А. А., Т и х о н о в а А. Д. Хромосомные числа некоторых видов растений востока арктической Якутии // Ботан. журн. 1977. Т. 62, № 2. С. 229—234.

Ж у к о в а П. Г., П е т р о в с к и й В. В. Хромосомные числа некоторых цветковых растений острова Врангеля // Ботан. журн. 1971. Т. 56, № 2. С. 294—305.

Ж у к о в а П. Г., П е т р о в с к и й В. В. Хромосомные числа некоторых видов растений Западной Чукотки // Ботан. журн. 1972. Т. 57, № 4. С. 554—563.

Ж у к о в а П. Г., П е т р о в с к и й В. В. Хромосомные числа и таксономия некоторых видов растений Сибири и Дальнего Востока // Ботан. журн. 1973. Т. 58, № 9. С. 1331—1342.

Ж у к о в а П. Г., П е т р о в с к и й В. В. Хромосомные числа некоторых видов растений Западной Чукотки. I—III // Ботан. журн. 1975. Т. 60, № 3. С. 395—401; 1976. Т. 61, № 7. С. 963—969; 1977. Т. 62, № 8. С. 1215—1223.

Ж у к о в а П. Г., П е т р о в с к и й В. В. Хромосомные числа и таксономия некоторых высших растений Анюйского нагорья // Ботан. журн. 1980. Т. 65, № 5. С. 651—659.

Ж у к о в а П. Г., П е т р о в с к и й В. В., Плиева Т. В. Хромосомные числа и таксономия некоторых растений Сибири и Дальнего Востока // Ботан. журн. 1973. Т. 48, № 9. С. 1331—1342.

Ж у к о в а П. Г., Т и х о н о в а А. Д. Хромосомные числа некоторых видов растений Чукотки. I, II // Ботан. журн. 1971. Т. 56, № 6. С. 868—875; 1973. Т. 58, № 3. С. 395—402.

З а к л и н с к а я Е. Д. Сем. *Cyperaceae* — Осоковые // Пыльцевой анализ. М., 1950. С. 298—300.

З у б к е в и ч Г. И., С а у т к и н а Т. А., Б и б и к о в Ю. А. Новые материалы по роду *Carex* во флоре Белоруссии // Тез. докл. VII делегат. съезда Всесоюзн. ботан. о-ва. Л.: Наука, 1983. С. 46.

И в а н о в а Н. А. Род *Kobresia* Willd., его морфология и система // Ботан. журн. 1939. Т. 24, № 5—6. С. 455—503.

И г о ш и н а К. Н. Флора горных и равнинных тундр и редколесий Урала // Растения севера Сибири и Дальнего Востока. М.; Л.: Наука, 1966. С. 135—223.

К а г а л о О. О. Флористичні нотатки з західних регіонів України. I. Нові, рідкісні і забуті види Поділля // Укр. ботан. журн. 1993. Т. 50, № 6.

К а д е н Н. Н. О статьях З. Т. Артюшенко и И. Н. Коновалова по морфологии плодов // Бюл. МОИП. Отд. биол. 1955. Т. 60, вып. 6. С. 117—119.

К а д е н Н. Н. О некоторых основных вопросах классификации, типологии и номенклатуры плодов // Ботан. журн. 1961. Т. 46, № 4. С. 496—504.

К а д е н Н. Н. Типы плодов растений средней полосы европейской части СССР // Ботан. журн. 1965. Т. 51. С. 775—787.

К а м е л и н Р. В. Флорогенетический анализ естественной флоры горной Средней Азии. Л.: Наука, 1973. 355 с.

Карамышева З. В., Рачковская Е. И. Ботаническая география степной части Центрального Казахстана. Л.: Наука, 1973. 278 с.

Каратыгин И. В. Головневые грибы. Л.: Наука, 1981. 213 с.

(Карелин Г., Кирилов И.) Karelin G., Kirilow J. Enumeratio plantarum anno 1840 in regionibus altaicis et confinibus collectarum // Bull. Soc. Nat. Moscou. 1841. T. 14, № 4. P. 703–840.

(Карелин Г., Кирилов И.) Karelin G., Kirilow J. Enumeratio plantarum in desertis Songoriae Orientalis et in jugo summarum alpium Alatau anno 1841 collectarum // Bull. Soc. Nat. Moscou. 1842. T. 15, № 3. P. 503–534.

Карягин И. И. Род *Carex* L. // Флора Азербайджана. Баку, 1952. Т. 2. С. 10–82.

Катенин А. Е. Микориза растений северо-востока европейской части СССР. Л.: Наука, 1972. 140 с., 8 табл.

Катенин А. Е. Новый для арктической флоры вид осоки — *Carex enervis* (*Cyperaceae*) // Ботан. журн. 1991. Т. 76, № 11. С. 1616–1620.

Кац Н. Я., Кац С. В., Кипиани М. Г. Атлас и определитель плодов и семян, встречающихся в четвертичных отложениях СССР. М., 1965. 366 с.

Кац Н. Я., Кац С. В., Скобеева Е. И. Атлас растительных остатков в торфах. М., 1977. 371 с.

(Клинге И. Г.) Klinge J. Vergleichend histologische Untersuchung der Gramineen- und Cyperaceen-Wurzeln insbesondere der Wurzel-Leitbündel. St.-Pétersbourg, 1879. 70 S.

Кожевников А. Е. Осоковые Камчатской области, их распространение и географические связи // Комаровские чтения. Владивосток, 1983. Вып. 30. С. 40–89.

Кожевников А. Е. Новые виды *Carex* L. (sectio *Digitatae* (Fries) Christ) с советского Дальнего Востока // Бюл. МОИП. Отд. биол. 1987. Т. 92, вып. 6. С. 127–137.

Кожевников А. Е. Сытевые, Осоковые — *Cyperaceae* Juss. // Сосудистые растения советского Дальнего Востока. Л.: Наука, 1988. Т. 3. С. 175–403.

Кожевников А. Е., Соколовская А. П., Пробатова Н. С. Эколого-географическая характеристика и числа хромосом некоторых осоковых (*Cyperaceae*) советского Дальнего Востока // Изв. СО АН СССР. Биол. науки. 1986. Вып. 2, № 13. С. 57–62.

Кожевников Ю. П. Критические заметки о гвоздичных (*Caryophyllaceae*) // Новости систематики высших растений. Л.: Наука, 1985а. Т. 22. С. 95–114.

Кожевников Ю. П. Геосистемное распределение растений и птиц. Л., 1985б. Ч. IV. 249 л. Деп. в ВИНИТИ 18.07.85, № 5911 деп.

Козловская Н. В., Парфенов В. И. Хорология флоры Белоруссии. Минск, 1972. 309 с.

Комаров В. Л. Введение к флорам Китая и Монголии // Тр. Петерб. ботан. сада. 1908. Т. 29, вып. 1. С. 1–176.

Комаров В. Л. Флора полуострова Камчатки. Л., 1927. Т. 1. 339 с.

Комаров В. Л. Учение о виде у растений. М.; Л., 1940. 212 с.

Комаров В. Л., Клобукова-Алисова Е. Н. Определитель растений Дальневосточного края. Л., 1931. Т. 1. 622 с.

Кондратенко Б. С. Морфология плодов и семян осоки парвской (*Carex brevicollis* DC.) // Сб. науч. работ Всесоюз. науч.-исслед. ин-та лекарств. растений. Вып. 5. С. 210–211.

(Красилов В. А.) Krassilov V. A. Mesozoic plants and the problem of angiosperms ancestry // Lethaia. 1973. Vol. 6. P. 163–178.

Красилов В. А. Цагаянская флора Амурской области. М.: Наука, 1976. 92 с., 43 табл.

Красилов В. А. Эволюция флоры в меловом периоде и нужен ли кайнофит? // Палеонтол. журн. 1983. № 3. С. 93–96.

Красноборов И. М. Высокогорная флора Западного Саяна. Новосибирск: Наука, 1976. 380 с.

Кречетович В. И. *Carex* L. — Осока // Флора Забайкалья. Л., 1931. Вып. 2. С. 113–136.

Кречетович В. И. Материалы к познанию осок из подрода *Vignea* (P. B.) Nees // Изв. Ботан. сада. 1932а. Т. 30. С. 117–138.

Кречетович В. И. *Cyperaceae* — Осоковые // Флора Туркмении. Л., 1932б. Т. 1, вып. 2. С. 213–233.

Кречетович В. И. Род Осока — *Carex* L. // Флора СССР. Л., 1935а. Т. 3. С. 111–464 (English translation by N. Landau, Jerusalem, 1964).

Кречетович В. И. Ключ для определения осок Средней Азии // Тр. Среднеаз. гос. унив. сер. 8b, Ботаника. 1935б. Вып. 20. С. 3–32.

Кречетович В. И. Рец. на кн.: Mackenzie K. K. *Cyperaceae* — *Cariceae*. North American Flora. New York, 1931, 1935. Vol. 18, pt 1—7 // Сов. ботаника. 1935в. № 4. С. 127—131; 1938. № 1. С. 182—187.

Кречетович В. И. Примитивны ли осоки подрода *Primocarex* Kük? // Ботан. журн. 1936. Т. 21, № 4. С. 395—424.

Кречетович В. И. Новые виды осоковых // Ботан. материалы Герб. ботан. ин-та АН СССР. М.; Л., 1937а. Т. 7. С. 27—37.

Кречетович В. И. Реф. работы: Ohwi J. *Cyperaceae japonicae* // Ботан. журн. 1937б. № 1. С. 104—112.

Кречетович В. И. О *Carex humilis* на Кавказе и в Крыму // Тр. Ботан. ин-та Азерб. фил. АН СССР. 1940а. Т. 9. С. 241—246.

Кречетович В. И. Рід *Carex* L. — Осока // Флора УРСР. Київ, 1940б. С. 444—563.

Кречетович В. И. *Carex* L. // Флора Грузии. Тбилиси, 1941а. Т. 2. С. 366—419.

Кречетович В. И. Ледниковые псевдореликты осок во флорах Кавказа и Средней Азии // Материалы по истории флоры и растительности СССР. М.; Л., 1941б. Вып. 1. С. 145—182.

Кречетович В. И. *Cyperaceae* — Осоковые // Флора Узбекистана. Ташкент, 1941в. Т. 1. С. 313—376.

Кречетович В. И. Новые осоковые, II // Ботан. материалы Герб. Ботан. ин-та АН СССР. М.; Л., 1946. Т. 9, вып. 4—12. С. 187—196.

Кречетович В. И. Дизъюнкции аркто-альпийских осок в евразиатской Арктике и причины их возникновения // Ареал. М.; Л., 1952. Вып. 1. С. 32—35.

Кречетович В. И., Лучник З. И. Новые осоки для Южно-Уссурийского края // Тр. Дальневост. фил. АН СССР. Сер. ботан. 1937. Т. 2. С. 887—895.

Кречетович В. И., Овчинников П. Н., Чукавина А. П. Сем. *Cyperaceae* // Флора Таджикской ССР. М.; Л., 1963. Т. 2. С. 10—145.

Криштофович А. Н. Происхождение флоры Ангарской суши // Материалы по истории флоры и растительности СССР. М.; Л., 1958. Т. 3. С. 7—41.

Крогулевич Р. Е. Роль полиплоидии в генезисе высокогорной флоры Станового нагорья // Экология флоры Забайкалья. Иркутск, 1971. С. 115—214.

Крогулевич Р. Е. Роль полиплоидии в генезисе флоры Путорана // Флора Путорана. Новосибирск: Наука, 1976. С. 217—235.

Крогулевич Р. Е., Ростовцева Т. С. Хромосомные числа цветковых растений Сибири и Дальнего Востока. Новосибирск: Наука, 1984. 285 с.

Крылов П. Н. Флора Западной Сибири. Томск, 1929. Вып. 3. С. 378—718.

Кузенева О. И. Род осока — *Carex* L. // Флора Мурманской области. М.; Л., 1954. Вып. 2. С. 49—142.

Кузнецов В. А. Материалы для определения некоторых видов осок по их вегетативным частям. СПб, 1914. 41 с.

Купревич В. Ф., Ульянищев В. И. Определитель ржавчинных грибов СССР. Минск, 1975. Ч. 1. 334 с.

Куприянова Л. А. О пыльце однодольных растений // Сов. ботаника. 1945. Т. 13, № 3. С. 38—46.

Куприянова Л. А. Морфология пыльцы однодольных растений (материалы к филогении класса) // Тр. Ботан. ин-та АН СССР. Сер. 1. 1948. Вып. 7. С. 163—262.

Куприянова Л. А. Палинологические данные к филогении класса однодольных растений // Вопросы ботаники. 1954. Т. 1. С. 113—119.

Куркин К. А. Некоторые биоэкологические особенности осоки дернистой (*Carex caespitosa*) // Вестн. МГУ. Сер. физ.-мат. и естеств. наук. 1954. № 12. С. 83—93.

Кучеров И. Б., Дьячкова Т. Ю., Милевская С. Н. Ботанические исследования в заповеднике «Кивач»: состояние и перспективы // Охраняемые природные территории. Тр. Международной конф. Часть 2. СПб., 1997. С. 31—38.

Лавренко А. Н., Улле З. Г. О новых и редких для Коми АССР видах растений // Ботан. журн. 1988. Т. 73, № 2. С. 272—279.

Лавренко А. Н., Улле З. Г., Сердитов Н. П. Новые и редкие для флоры Печоро-Илычского заповедника виды рода *Carex* (*Cyperaceae*) // Ботан. журн. 1992. Т. 77, № 7. С. 108—113.

Лавренко Е. М. История флоры и растительности СССР по данным современного распространения растений // Растительность СССР. М.; Л., 1938. Т. 1. С. 235—296.

Лавренко Е. М. Степи Евразиатской степной области, их география, динамика и история // Вопросы ботаники. М.; Л., 1954. Вып. 1. С. 155—191.

Лавренко Е. М. Основные черты ботанической географии пустынь Евразии и Северной Африки // Комаровские чтения. М.; Л., 1962. Вып. 15. 169 с.

Лавренко Е. М. О некоторых основных задачах изучения географии и истории растительного покрова субаридных и аридных районов СССР и сопредельных стран // Ботан. журн. 1965. Т. 50, № 9. С. 1260—1267.

Левина Р. Е. Способы распространения плодов и семян. М., 1957. 358 с.

Левина Р. Е. О классификации и номенклатуре плодов // Ботан. журн. 1961. Т. 46, № 4. С. 488—495.

Левина Р. Е. Плоды. Саратов, 1967. 215 с.

Левина Р. Е. Морфология и экология плодов. Л.: Наука, 1987. 160 с.

(Литвинов Д.) Litwinow D. Florae turkestanicae fragmenta. II // Тр. Ботан. муз. Акад. наук. 1910. Вып. 7. С. 71—101.

Литвинов Д. И. *Carex* L. — Осока // Флора Юго-Востока европейской части СССР. Л., 1929. Вып. 3. С. 280—315.

Ломагина З. В., Шагова Л. И. Сем. *Cyperaceae* // Растительные ресурсы России и сопредельных государств. Семейства *Butomaceae — Thyphaceae*. Л., 1994. С. 104—112.

Ломакина Г. А. Морфогенез побегов *Carex pachystylis* Gay // Науч. докл. высш. школы. Биол. науки. 1970. № 1. С. 60—65.

Ломакина Г. А. Некоторые возрастные состояния осоки толстолобиковой (*Carex pachystylis* Gay) // Науч. докл. высш. школы. Биол. науки. 1972. № 3. С. 65—72.

Лучник З. И. Систематические заметки по злакам и осокам Уссурийского края // Вестн. Дальневост. фил. АН СССР. 1938. Т. 31 (4). С. 123—128.

Маевский П. Ф. Флора средней полосы Европейской части СССР. Изд. 9. Л., 1964. 880 с.

(Максимович К. И.) Maximowicz C. J. Primitiae florae amurensis // Mém. Sav. Étr. Pétersb. 1859. Т. 9. P. 1—504.

(Максимович К. И.) Maximowicz C. J. Diagnoses plantarum novarum asiaticarum. VI. Insunt stirpes quaedam nuper in Japonia detectae // Bull. Acad. Sci. Pétersb. 1886. N. 31, N 1. P. 12—121.

Малышев Л. И. *Carex* L. // Флора Станового нагорья. Новосибирск: Наука, 1972а. С. 57—67.

Малышев Л. И. Флористические спектры Советского Союза // История флоры и растительности Евразии. Л.: Наука, 1972б. С. 17—40.

Малышев Л. И. Количественная характеристика флоры Путорана // Флора Путорана. Новосибирск: Наука, 1976. С. 163—186.

Малышев Л. И. Род *Carex* L. // Флора Центральной Сибири. Новосибирск: Наука, 1979а. Т. 1. С. 150—202.

Малышев Л. И. Эндемизм в высокогорных флорах Северной Азии // Ботан. журн. 1979б. Т. 84, № 4. С. 457—468.

Малышев Л. И. *Carex* L. — Осока // Флора Сибири. Новосибирск: Наука, 1990. Т. 3. С. 35—170, Карты 42—194.

Малышев Л. И., Пешкова Г. А. Особенности и генезис флоры Сибири, Предбайкалья и Забайкалья. Новосибирск: Наука, 1984. 265 с.

Международный кодекс ботанической номенклатуры. Пер. с англ. М.; Л., 1959. 91 с. + XCV.

Международный кодекс ботанической номенклатуры. Пер. с англ. Л.: Наука, 1980. 283 с.

(Мейер К. А.) Meyer C. A. *Cyperaceae* novae // Mém. Sav. Étr. Pétersb. 1831a. Т. 1. P. 195—230.

(Мейер К. А.) Meyer C. A. Verzeichniss der Pflanzen, welche während der, auf allerhöchsten Befehl, in den Jahren 1829 und 1830 unternommenen Reise im Caucasus und in den Provinzen am westlichen Ufer des Caspischen Meeres gefunden und eingesammelt worden sind. St.-Petersburg, 1831b. 241 S.

(Мейер К. А.) Meyer C. A. *Carex* L. // Ledebour C. F. Flora Altaica. Berolini, 1833. Т. 4. P. 205—233.

(Мейер Н. Р., Ярошевская А. С.) Meyer N. R., Jaroshevskaya A. S. The phylogenetic significance of the development of pollen grain walls in *Liliaceae*, *Juncaceae* and *Cyperaceae* // The evolutionary significance of the exine. London, 1976. P. 91—100.

(Мейнсгаузен К. Ф.) Meinshausen K. F. Die Cyperaceen der Flora Russlands // Тр. Петерб. ботан. сада. 1901. Т. 18, вып. 3. С. 221–415.

Меницкий Ю. Л. Дубы Азии. Л.: Наука, 1984. 316 с.

Меницкий Ю. Л. Проект «Конспект флоры Кавказа». Карта районов флоры // Ботан. журн. 1991. Т. 76, № 11. С. 1513–1521.

Мишкин Б. А. Род *Carex* L. // Флора Ленинградской области. Л.; 1955. Т. 1. С. 183–222.

Навашин М. С., Чуксанова Н. А. Число хромосом и эволюция // Генетика. 1970. Т. 6, № 4. С. 71–83.

Нгуен Кхак Кхой. Конспект осок (*Carex* L.) флоры Вьетнама // Новости систематики высших растений. Л.: Наука, 1979. Т. 16. С. 61–82.

Нечаев А. П., Чекань В. С. Типы дисперсии осок Нижнего Приамурья // Растительный мир Дальнего Востока. Хабаровск, 1976. С. 13–22.

Нечаева Н. Т. Видовой состав и распространение пустынных осок подрода *Vignea* в юго-восточной Туркмении // Изв. АН ТССР. Сер. биол. наук. 1961. № 3. С. 3–12.

Нечаева Т. И., Полийчук Ю. С. Об однодомности *Carex macrocephala* (*Cyperaceae*) // Ботан. журн. 1983. Т. 68, № 4. С. 519–521.

Никитин В. В., Козлова А. Г. Материалы по биологии прорастания осоковых Туркмении // Изв. АН ТССР. Сер. биол. наук. 1963. № 2. С. 11–18.

Никитин П. А. Плиоценовые и четвертичные флоры Воронежской области. М.; Л., 1957. 205 с.

Николаева О. Г., Закирова Н. Ископаемая флора из плиоценовых отложений р. Ик в Мензелинском районе ТАССР // Учен. зап. Казан. ун-та. 1957. Т. 117, вып. 2. С. 217–221.

Новиков В. С. Хозяйственное значение и перспективы использования осок СССР // Учен. зап. Москов. обл. пед. ин-та. 1968. Т. 181, вып. 12. С. 299–309.

Новиков В. С. О некоторых новых работах по морфологии осок // Бюл. МОИП. Отд. биол. 1970. Т. 75, вып. 5. С. 127–129.

Новиков В. С. Осоки Московской области (критический обзор) // Флора и растительность европейской части СССР. М., 1971. С. 69–113. (Тр. Ботан. сада МГУ. Вып. 7).

Новиков В. С., Алексеев Ю. Е. *Carex diversicolor* Crantz — новый вид во флоре Средней России // Ботан. журн. 1966. Т. 51, № 6. С. 873–874.

Новиков В. С., Октябрева Н. Б., Силаева Т. Б., Тихомиров В. Н. Критический обзор осок флоры Мордовии // Бюл. МОИП, Отд. биол. 1986. Т. 91, вып. 1. С. 106–115.

Новиков В. С., Октябрева Н. Б., Тихомиров В. Н. О распространении *Carex arnellii* (*Cyperaceae*) в европейской части СССР // Ботан. журн. 1987. Т. 72, № 12. С. 1670–1672.

Носова Л. М., Ставрова Н. И. Особенности географического распространения и эколого-фитоценотической приуроченности *Oxalis acetosella* L. и *Carex pilosa* Scop. // Международная география-76. М., 1976. Т. 12. С. 129–132.

Овеснов А. М., Пьянкова Р. П. Всхожесть свежесобранных плодов некоторых видов осок Центрального Приуралья // Учен. зап. Пермск. гос. ун-та. 1970. № 206. С. 107–117.

Овчинников П. Н. Основные направления видообразования в связи с происхождением типов растительности Средней Азии // Тр. АН ТаджССР. 1955. Т. 31. С. 107–140.

Определитель высших растений Украины. Киев, 1987. 546 с.

Определитель растений Мещеры / Ред. В. Н. Тихомиров. М., 1986. Ч. 1. 240 с.

Определитель сосудистых растений Камчатской области. М.: Наука, 1981. 411 с.

Петровский В. В. Сосудистые растения острова Врангеля (конспект флоры). Магадан, 1988. 49 с.

Петровский В. В., Жукова П. Г. Цитотаксономический обзор однодольных растений острова Врангеля // Ботан. журн. 1978. Т. 63, № 9. С. 1258–1273.

Петровский В. В., Жукова П. Г. Хромосомные числа и таксономия некоторых видов растений острова Врангеля // Ботан. журн. 1981. Т. 66, № 3. С. 380–387.

Петровский В. В., Жукова П. Г. Полиплоиды и диплоиды во флоре сосудистых растений острова Врангеля // Ботан. журн. 1983. Т. 68, № 6. С. 749–760.

Пешкова Г. А. Степная флора Байкальской Сибири. М.: Наука, 1972. 207 с.

Письяукова В. В. *Schoenoxiphium hissaricum* Pissjauk. sp. nova — представитель нового для флоры СССР рода // Ботан. материалы Герб. Ботан. ин-та АН СССР. М.; Л., 1950. Т. 12. С. 71–87.

Поддубная-Арнольди В. А. Цитоэмбриология покрытосеменных растений. М.: Наука, 1976. 507 с.

Поддубная-Арнольди В. А. Характеристика семейств покрытосеменных растений по цитоэмбриологическим признакам. М.: Наука, 1982. 351 с.

Полынцева Н. А. Побегообразование и ритм годичного развития *Carex macroura* Meinsh. // Ботан. журн. 1972. Т. 57, № 7. С. 804–809.

Поляков П. П. Осоковые — *Cyperaceae* // Флора Казахстана. Алма-Ата, 1958. Т. 2. С. 3–83.

Поплавская Г. И. Материалы по изучению осок Забайкалья // Тр. Ботан. муз. Акад. наук. 1914. Вып. 12. С. 166–215.

Попов М. Г. Основные черты истории развития флоры Средней Азии // Бюл. Среднеаз. гос. ун-та. 1927. Вып. 15. С. 239–292.

Попов М. Г. Очерк растительности и флоры Карпат. М., 1949. 303 с.

Попов М. Г. Флора Средней Сибири. М.; Л., 1957. Т. 1. 555 с.

Попов М. Г. Осоки Сахалина и Курильских островов. М.: Наука, 1970. 138 с.

Попов М. Г., Брадис Е. М. *Carex* L. // Визначник рослин УРСР. Київ; Харків, 1950. С. 812–837.

Попова Л. И. Род *Carex* L. // Флора Киргизии. Фрунзе, 1950. Т. 2. С. 264–301.

Привалова Л. А. Род *Carex* L. // Привалова Л. А., Прокудин Ю. Н. Дополнения к I тому «Флоры Крыма» // Тр. Гос. Никит. ботан. сада. 1959. Т. 31. С. 24–35.

Пробатова Н. С., Соколовская А. П. Хромосомные числа некоторых видов водной и прибрежной флоры Приамурья в связи с особенностями ее формирования // Ботан. журн. 1981. Т. 66, № 11. С. 1584–1594.

Пробатова Н. С., Соколовская А. П. Числа хромосом сосудистых растений Приморского края, Приамурья, Северной Корякии, Камчатки и Сахалина // Ботан. журн. 1988. Т. 73, № 2. С. 290–293.

Проскуряков Е. И. Род *Carex* // Флора БССР. М., 1949. Т. 1. С. 267–314.

Работнов Т. А. Жизненный цикл многолетних травянистых растений в луговых ценозах // Тр. Ботан. ин-та АН СССР. Сер. 3. 1950. Вып. 6. С. 7–204.

Раменская М. Л., Андреева В. Н. Определитель высших растений Мурманской области и Карелии. Л.: Наука, 1982. 432 с.

Ребристая О. В. Флора востока Большеземельской тундры. Л.: Наука, 1977. 334 с.

Ребристая О. В. Флористические находки на полуострове Ямал // Новости систематики высших растений. Л., 1982. Т. 19. С. 201–212.

Ребристая О. В. О новых и редких для западносибирской Арктики видах рода *Carex* (*Cyperaceae*) // Ботан. журн. 1991. Т. 76, № 12. С. 1772–1775.

(Регель Э.) Regel E. Tentamen florae ussuriensis // Mém. Acad. Sci. Pétersb. Sér. 7. 1861. Т. 4, № 4. 228 р.

Рожановский С. Ю. Анатомические особенности строения семян осок *Carex physodes* M. B. и *C. pachystylis* Gay // Узб. биол. журн. 1960. № 1. С. 27–34.

Рытова Н. Г., Цвелев Н. Н. О гомологии зародышевой и боковых почек у злаков (*Poaceae*) и природе односемядольности // Бюл. МОИП. Отд. биол. 1982. Т. 87, вып. 1. С. 78–85.

Самылина В. А. Новые находки покрытосеменных растений в нижнемеловых отложениях Колымы // Ботан. журн. 1959. Т. 44, № 4. С. 483–491.

Самылина В. А. Покрытосеменные растения из нижнемеловых отложений Колымы // Ботан. журн. 1960. Т. 45, № 3. С. 335–352.

Седова Т. В. Современное состояние кариологии водорослей // Ботан. журн. 1968. Т. 53, № 5. С. 693–701.

Седова Т. В. Прогресс в изучении кариологии водорослей // Альгология. 1992. Т. 2, № 2. С. 3–13.

Селиванов И. А., Утемова Л. Д. К анатомии корней осоковых в связи с изучением их микотрофности // Учен. зап. Пермск. гос. пед. ин-та. 1969. Т. 68. С. 45–55.

Сергиевская Л. П. *Carex* L. — Осока // Крылов П. Н. Флора Западной Сибири. Томск, 1961. Т. 12, ч. 1. С. 3147–3190.

Серебряков И. Г. Морфология вегетативных органов высших растений. М., 1952. 391 с.

Серебряков И. Г., Галицкая Т. М. К биологии сезонного развития болотных растений Подмосковья в связи с условиями их жизни и происхождением // Учен. зап. Моск. гос. пед. ин-та. Т. 19, вып. 1. С. 19–47.

Серебряков И. Г., Серебрякова Т. И. О двух типах формирования корневищ у травянистых многолетников // Бюл. МОИП. Отд. биол. 1965. Т. 70, вып. 2. С. 67—81.

Серебрякова Т. И. Морфогенез побегов и эволюция жизненных форм злаков. М.: Наука, 1971. 359 с.

Синицын В. М. Палеогеография Азии. М.; Л., 1962. 268 с.

Синицын В. М. Введение в палеоклиматологию. Л., 1967. 232 с.

Скворцов А. К. Процесс в изучении флоры западных областей Нечерноземного центра РСФСР (Брянской, Калужской и Смоленской) // Состояние и перспективы исследования флоры средней полосы Европейской части СССР. М. 1984. С. 10—14.

Скуратович А. Н. Род *Carex* L. во флоре Беларусского Поозерья // Ботаника. Сб. науч. трудов. Минск, 1992. Вып. 31. С. 209—214.

Смирнов П. А. Флора Приокско-Террасного заповедника // Тр. Приокско-Террасн. гос. заповедн. 1958. Вып. 2. 245 с.

Смирнов П. А. Об осоках Армении // Науч. докл. высш. школы. Биол. науки. 1971. № 5. С. 59—62.

Смирнова О. В. Онтогенез и возрастные группы осоки волосистой (*Carex pilosa* Scop.) и сныти обыкновенной (*Aegopodium podagraria* L.) // Онтогенез и возрастной состав популяций цветковых растений. М.: Наука, 1967. С. 100—113.

Соболевская К. А. Географические элементы флоры осоковых Средней Сибири // Изв. Зап.-Сиб. фил. АН СССР. 1946. Т. 1, вып. 1. С. 33—51.

Соболевская К. А. О некоторых флорогенетических отношениях осок Средней Сибири // Изв. Зап.-Сиб. фил. АН СССР. 1949. Т. 3, вып. 1. С. 3—10.

Соколовская А. П., Стрелкова О. С. Географическое распределение полиплоидов. I, II // Учен. зап. ЛГУ, 1939. № 35. Сер. биол. Вып. 9. С. 42—61; Учен. зап. Ленингр. гос. пед. ин-та им. А. И. Герцена. 1948. Т. 66, вып. 8. С. 179—193.

Солоневич Н. Г. Эколого-биологическая характеристика растений // Растительность Крайнего Севера и ее освоение. Л.: Наука, 1970. Вып. 10, ч. 1. С. 145—212.

Сравнительная эмбриология цветковых растений. Однодольные. *Butomaceae — Lemnaceae*. Л.: Наука, 1990. 332 с.

Стоева М. П., Попова Е. Д. Популационна изменчивост на *Carex caryophyllea* Latourr. // Фитология (София). 1990. № 38. С. 41—58.

Сукачев В. Н. История растительности СССР во время плейстоцена // Растительность СССР. 1938. Т. 1. С. 230—234.

Сюборова С. Ф., Скуратович А. Н., Мержвинский Л. М., Шимко И. И. Редкие для флоры Беларуси виды сосудистых растений // Ботаника. Сб. науч. трудов. Минск, 1992. Вып. 31. С. 220—227.

Тарасевич В. Ф. Сем. *Cyperaceae* — Осоковые // Споры папоротникообразных и пыльца голосеменных и однодольных растений флоры европейской части СССР. Л.: Наука, 1983. С. 90—111.

Тарасевич В. Ф. К морфологии пыльцы семейства *Cyperaceae* // Проблемы современной палинологии. К VI Международной палинологической конференции (Калгари, Канада). Новосибирск: Наука, 1984. С. 75—76.

Тарасевич В. Ф. Палинологическое изучение рода *Carex* (*Cyperaceae*) // Ботан. журн. 1992. Т. 77, № 11, С. 4—15.

Тахтаджян А. Л. К вопросу о происхождении умеренной флоры Евразии // Ботан. журн. 1957. Т. 42, № 11. С. 1635—1653.

(Тахтаджян А.) Takhtajan A. Die Evolution der Angiospermen. Jena, 1959. 344 S.

Тахтаджян А. Л. Основы эволюционной морфологии покрытосеменных. М.; Л.: Наука, 1964. 236 с.

Тахтаджян А. Л. Система и филогения цветковых растений. М.; Л.: Наука, 1966. 611 с.

Тахтаджян А. Л. Происхождение и расселение цветковых растений. Л.: Наука, 1970. 146 с.

Тахтаджян А. Л. Флористические области Земли. Л.: Наука, 1978а. 247 с.

Тахтаджян А. Л. Цветковые растения // БСЭ. 3-е изд. 1978б. Т. 28. С. 445—451.

Тахтаджян А. Л. Эволюция оболочки пыльцевых зерен // Жизнь растений. М., 1980а. Т. 5, ч. 1. С. 47—49.

Тахтаджян А. Л. Плод // Жизнь растений. М., 1980б. Т. 5, ч. 1. С. 91—96.

(Тахтаджян А. Л.) Takhtajan A.L. Outline of the classification of flowering plants (*Magnoliophyta*) // Bot. Rev. 1980 с. Vol. 46, № 3. P. 225—359.

45 Заказ № 131

Т а х т а д ж я н А. Л. Подкласс Астериды (*Asteridae*) // Жизнь растений. М., 1981. Т. 5, ч. 2. С. 348–350.

Т а х т а д ж я н А. Л. Подкласс Лилииды (*Liliidae*). Порядок 8. Осоковые (*Cyperales*) // Жизнь растений. М., 1982. Т. 8. С. 46–47.

(Т а х т а д ж я н А.) T a k h t a j a n A. Floristic regions of the world. Berkeley etc., 1986. 522 p.

Т а х т а д ж я н А. Л. Система магнолиофитов. Л.: Наука, 1987. 439 с.

(Т а х т а д ж я н А. Л.) T a k h t a j a n A. Diversity and classification of flowering plants. New York, 1997. 643 p.

Т и х о м и р о в В. Н. О системе цветковых растений // Науч. докл. высш. школы. Биол. науки. 1985. № 1 (253). С. 16–25.

Т о д е р а ш Л. Г. Осоки (*Carex* L.) // Кариология однодольных Молдавии / А. А. Чеботарь, В. Р. Челак, П. М. Ботнаренко и др. Кишинев, 1977. С. 11–21.

Т о д е р а ш Л. Г. Числа хромосом у четырех видов рода *Carex* (*Cyperaceae*) // Изв. АН МССР. Сер. биол. и хим. наук. 1979. № 4. С. 82–84.

Т о д е р а ш Л. Г. Кариологическое и цитоэмбриологическое исследование осок Молдавии: Автореф. дис. ... канд. биол. наук. Кишинев, 1980. 23 с.

Т о д е р а ш Л. Г., Ч е б о т а р ь А. А. Мейоз и развитие пыльцевого зерна некоторых видов *Carex* (*Cyperaceae*) // Тез. докл. VI делегат. съезда Всесоюз. ботан. о-ва. Л.: Наука, 1978. С. 94.

Т о л м а ч е в А. И. Основные пути формирования растительности высокогорных ландшафтов северного полушария // Ботан. журн. 1948. Т. 33, № 2. С. 161–180.

Т о л м а ч е в А. И. К истории возникновения и развития темнохвойной тайги. М.; Л., 1954. 156 с.

Т о л м а ч е в А. И. Арктическая флора СССР. М.; Л., 1960а. Вып. 1. 102 с.

Т о л м а ч е в А. И. Роль миграций и автохтонного развития в формировании высокогорных флор земного шара // Проблемы ботаники. М.; Л., 1960б. Т. 5. С. 18–31.

Т о л м а ч е в А. И. Основы учения об ареалах (Введение в хорологию растений). Л., 1962. 100 с.

Т о л м а ч е в А. И. Род *Cerastium* L. — Ясколка // Арктическая флора СССР. Л., 1971. Вып. 6. С. 30–52.

Т о л м а ч е в А. И. Введение в географию растений. Л., 1974. 244 с.

Т о л м а ч е в А. И. Методы сравнительной флористики и проблемы флорогенеза. Новосибирск: Наука, 1986. 195 с.

(Т р а у т ф е т т е р Э. Р.) T r a u t v e t t e r E. R. Plantae Sibiriae borealis ab A. Czekanowski et F. Müller annis 1874 et 1875 lectas enumeravit // Тр. Петерб. ботан. сада. 1877. Т. 5, вып. 1. С. 1–146.

Т р е т ь я к о в Д. И. Новые и редкие виды сосудистых растений для флоры Белоруссии // Ботан. журн. 1990. Т. 75, № 2. С. 255–266.

Т р и ф о н о в а С. Н. Сравнительно-анатомическое исследование плодов представителей подсемейства *Caricoideae* (*Cyperaceae*) в связи с их систематикой: Автореф. дис. ... канд. биол. наук. Л., 1987. 15 с.

Т у м а д ж а н о в И. И. Материалы к флоре осок Приэльбрусского района // Заметки по сист. геогр. раст. (Тбилиси). 1953. Вып. 17. С. 145–156.

(Т у р ч а н и н о в Н.) T u r c z a n i n o w N. Flora baicalensi-dahurica. Mosquae, 1856. Vol. 2, fasc. 1. 436 p.

У л ь я н и щ е в В. И. Определитель ржавчинных грибов СССР. Л.: Наука, 1978. Ч. 2. 383 с.

У с а н о в а В. М., П е р ф и л ь е в а В. И. Определитель кормовых растений Якутии. М.; Л.: Наука, 1966. 117 с.

Ф е д о р о в Ал. А., А р т ю ш е н к о З. Т. Атлас по описательной морфологии высших растений. Соцветие. Л.: Наука, 1979. 296 с.

Ф е д о р о в Ан. А. О флористических связях Восточной Азии с Кавказом (на примере изучения рода *Pyrus* L.) // Материалы по истории флоры и растительности СССР. М.; Л., 1958. Т. 3. С. 230–248.

Ф л о р а европейской части СССР / Ред. Ан. А. Федоров. Л.: Наука, 1974. Т. 1. 404 с.

Ф л о р а Липецкой области / Ред. В. Н. Тихомиров. М., 1996. 375 с.

Ф л о р а СССР. Алфавитные указатели к тт. 1–30. М.; Л.: Наука, 1964. 262 с., с картой.

Ф о д о р С. С. Флора Закарпаття. Львів, 1974. 207 с.

Фомичева Н. И. Большой жизненный цикл осоки пальчатой (*Carex digitata* L.) // Охрана среды и рациональное использование растительных ресурсов. М., 1976а. С. 103—104.

Фомичева Н. И. Онтогенез и возрастные особенности осоки пальчатой (*Carex digitata* L.) // Бюл. Главн. ботан. сада АН СССР. 1976б. Вып. 101. С. 75—80.

Фомичева Н. И. Изменение спектра почек в зависимости от возрастного состояния осоки пальчатой // Науч. докл. высш. школы. Биол. науки. 1977. № 4. С. 97—192.

Харадзе А. Л., Гвиниадзе З. И., Давлианидзе М. Т. К кариологическому изучению субнивального флористического комплекса // Заметки сист. геогр. раст. (Тбилиси). 1973. Вып. 30. С. 78—83.

Харадзе А. Л., Гвиниадзе З. И., Давлианидзе М. Т. К кариологическому изучению представителей флоры субнивального комплекса // Проблемы ботаники. Баку, 1977. Т. 13. С. 38—43.

Харкевич С. С. Заключение // Определитель растений Камчатской области. М.: Наука, 1981. С. 373—379.

Харкевич С. С., Буч Т. Г., Якубов В. В., Яшенкова Г. Ф. Материалы к изучению флоры Аяно-Майского района Хабаровского края // Новости систематики высших растений. Л.: Наука, 1983. Т. 20. С. 203—224.

Хохлов С. С., Зайцева М. И., Куприянов П. Г. Выявление апомиктичных форм во флоре цветковых растений СССР. Саратов, 1978. 224 с.

Хохряков А. П. Морфология побега *Carex gracilis* Curt. и некоторых других осок секции *Acutae* Fries // Бюл. МОИП. Отд. биол. 1963. Т. 68, вып. 1. С. 103—109.

Хохряков А. П. Соматическая эволюция однодольных. М., 1975. 196 с.

Хохряков А. П. Флора Магаданской области. М.: Наука, 1985. 397 с.

Хохряков А. П. Новые изменения и дополнения к флоре Аджарии // Бюл. Главн. ботан. сада. 1994. Вып. 169. С. 22—29.

Хромосомные числа цветковых растений / Под ред. Ан. А. Федорова. Л.: Наука, 1969. 927 с.

Цвелев Н. Н. Некоторые вопросы эволюции растительного мира и гипотеза «расширяющейся Земли» // Бюл. МОИП. Отд. биол. 1969. Т. 74, вып. 4. С. 27—36.

Цвелев Н. Н. Злаки СССР. Л.: Наука, 1976. 788 с.

Цвелев Н. Н. Система злаков (*Poaceae*) и их эволюция // Комаровские чтения. Л.: Наука, 1987. Вып. 32. 75 с.

Чекань В. С. Новые и редкие виды *Carex* L. бассейна Нижнего Амура // Ботан. журн. 1972. Т. 57, № 11. С. 1419—1421.

Чекань В. С. Материалы по экологии, морфологии и биологии осоки Шмидта (*Carex schmidtii* Meinsh.) // Вопросы биологии. Хабаровск, 1974. С. 39—43.

Чекань В. С. Осоки Нижнего Приамурья // Ботан. журн. 1975. Т. 60, № 2. С. 247—253.

Чекань В. С. Осоки (род *Carex* L.) Нижнего Приамурья: Автореф. дис. ... канд. биол. наук. Владивосток, 1980. 20 с.

Червена книга на НР България. София, 1984. Т. 1. 447 р.

Черепанов С. К. Свод дополнений и изменений к «Флоре СССР», т. I—XXX. Л.: Наука, 1973. 668 с.

Черепанов С. К. Сосудистые растения СССР. Л.: Наука, 1981. 510 с.

Черных Р. В. Биология цветения осоки парвской // Изв. АН МолдССР. Сер. биол. и хим. наук. 1971. № 5. С. 11—17.

Числа хромосом цветковых растений флоры СССР. *Aceraceae — Menyanthaceae* / Под ред. А. Л. Тахтаджяна. Л.: Наука, 1990. 510 с.

Чопик В. И. Высокогорная флора Украинских Карпат. Київ, 1976. 270 с.

Чуксанова Н. А. Эволюция кариотипов растений // Успехи соврем. генетики. 1974. Вып. 5. С. 200—209.

Шенников А. П. Сведения об водной осоке (*Carex aquatilis* Whlb.) и об ее местообитаниях в районе Вологодской областной сельскохозяйственной опытной станции // Материалы Вологод. обл. с.-х. опыт. станции. Вологда, 1925. Вып. 2. С. 98—107.

Шлотгауэр С. Д. Флора и растительность западного Приохотья. М.: Наука, 1978. 132 с.

(Шмидт Ф.) Schmidt F. Reisen im Amur-Lande und auf der Insel Sachalin // Mém. Acad. Sci. Pétersb. Sér. 7. 1868. T. 12, № 2. P. 73—130.

Эсау К. Анатомия семенных растений. Пер. с англ. М., 1980. Кн. 1, 2. 558 с.

Юрцев Б. А. О флористических связях между степями Сибири и прериями Северной Америки // Ботан. журн. 1962. Т. 47, № 3. С. 317—336.

Юрцев Б. А. Гипоарктический ботанико-географический пояс и происхождение его флоры. М.; Л.: Наука, 1966. 94 с.

Юрцев Б. А. Вопросы происхождения темнохвойной тайги в свете новейших палеоботанических исследований // Ботан. журн. 1972. Т. 57, № 11. С. 1455–1469.

Юрцев Б. А. Проблемы ботанической географии Северо-Восточной Азии. Л.: Наука, 1974. 159 с.

Юрцев Б. А. Некоторые вопросы ботанической географии Северо-Восточной Азии // Ботан. журн. 1977. Т. 62, № 6. С. 832–847.

Юрцев Б. А. Реликтовые степные комплексы Северо-Восточной Азии. Новосибирск: Наука, 1981. 168 с.

Юрцев Б. А., Баландин С. А., Катенин А. Е., Коробков А. А., Разживин В. Ю., Сытин А. К. Флористические находки на центральной, восточной и южной Чукотке // Ботан. журн. 1978. Т. 63, № 5. С. 625–648.

Юрцев Б. А., Галанин А. В., Дервиз-Соколова Т. Г., Катенин А. Е., Кожевников Ю. П., Коробков А. А., Петровский В. В., Плиева Т. В., Разживин В. Ю., Тараскина Н. Н. Флористические находки в Чукотской тундре, I // Новости систематики высших растений. Л.: Наука, 1973. Т. 10. С. 283–324.

Юрцев Б. А., Галанин А. В., Дервиз-Соколова Т. Г., Катенин А. Е., Коробков А. А., Королева Т. М., Петровский В. В., Плиева Т. В., Разживин В. Ю., Тараскина Н. Н. Флористические находки в Чукотской тундре, 2 // Новости систематики высших растений. Л.: Наука, 1975а. Т. 12. С. 301–335.

Юрцев Б. А., Жукова П. Г. Цитотаксономический обзор однодольных востока Чукотского полуострова // Ботан. журн. 1978. Т. 63, № 8. С. 1132–1144.

Юрцев Б. А., Жукова П. Г. Хромосомные числа некоторых растений северо-восточной Якутии (бассейн среднего течения Индигирки) // Ботан. журн. 1982. Т. 67, № 6. С. 778–787.

Юрцев Б. А., Жукова П. Г., Плиева Т. В., Разживин В. Ю., Секретарева Н. А. Интересные флористические находки на востоке Чукотского полуострова. III // Ботан. журн. 1975б. Т. 60, № 2. С. 233–247.

Юрцев Б. А., Камелин Р. В. Основные понятия и термины флористики. Пермь, 1991. 81 с.

Юрцев Б. А., Кожевников Ю. П., Нечаев А. А. Интересные флористические находки на востоке Чукотского полуострова // Ботан. журн. 1972. Т. 57, № 7. С. 765–777.

Юрцев Б. А., Петровский В. В., Галанин А. В., Катенин А. Е., Кожевников Ю. П., Разживин В. Ю. Новые флористические находки в Чукотской тундре (1973 г.) // Ботан. журн. 1975в. Т. 66, № 6. С. 831–842.

Юрцев Б. А., Петровский В. В., Коробков А. А., Королева Т. М., Разживин В. Ю. Обзор географического распространения сосудистых растений Чукотской тундры. Сообщение I // Бюл. МОИП. Отд. биол. 1979. Т. 84, вып. 5. С. 111–122.

Юрцев Б. А., Толмачев А. И., Ребристая О. В. Флористическое ограничение и разделение Арктики // Арктическая флористическая область. Л.: Наука, 1978. С. 9–104.

Янишевский Д. Е. К характеристике осок засушливых областей Союза ССР // Сов. ботаника. 1937. № 4. С. 46–69.

Adanson M. Familles des plantes. Paris, 1763. Pt 2. 640 p.

Agnew A. D. Q. Upland Kenya wild flowers. Oxford, 1974. 827 p.

Akiyama S. On the systematic anatomy of the leaves of some Japanese *Carices*, I–IV, V–VI, VII–XII, XIII–XVI, XXIV–XXVII // Bot. Mag. Tokyo. 1933, 1934, 1935, 1938, 1939, 1940. Vol. 47, 48, 49, 52, 53, 54. P. 249–258, 400–405, 443–448, 534, 540, 130–135.

Akiyama S. *Carices* of the Far Eastern region of Asia. Sapporo, 1955. 257 p., 248 pl.

Almquist S. Om *Carex*-slagets phylogenesis // Bot. notis. 1884. S. 118–120.

Almquist S. Om formerna af *Carex salina* Wg. // Bot. notis. 1891. S. 125–128.

Andersson N. J. Plantae Scandinaviae. Holmiae, 1849. Fasc. 1 (*Cyperaceae* Scandinaviae). 74 S.

Arber A. Monocotyledones, a morphology study. Cambridge, 1925. 258 p.

Arwidsson T. Bemerkungen über die Androgynie in der *Carex dioica*-Gruppe // Sven. bot. tidskr. 1928. Bd 22. H. 1–2. S. 106–114.

A s c h e r s o n P., G r a e b n e r P. Synopsis der Mitteleuropäischen Flora. Leipzig, 1902–1904, Bd 2, Abteil. 2. 530 S.

A x e l r o d D. I. Mesozoic palaeogeography and early angiosperm history // Bot. Rev. 1970. Vol. 36, N 3. P. 277–319.

B a i l e y L. H. A preliminary synopsis of North American *Carices* // Proc. Amer. Acad. Arts Sci. Whole ser. 1887. Vol. 22. P. 59–157.

B a i l l o n H. E. L'appendice de l'achaine du *Carex fraseriana* // Bull. Soc. Linn. Paris. 1885. T. 1, № 62. P. 490–491.

B a i l l o n H. E. Notes organogéniques et organographiques sur les *Carex* // Bull. Soc. Linn. Paris. 1893. T. 2, № 139. P. 1097–1101.

B a i l l o n H. Monographie des Gypéracées, Restiacées et Eriocaulacées. CXIX. Cypéracées // Baillon H. Histoire des plantes. Paris, 1894. T. 12. P. 335–382.

B a k k e r D., P l o e g D. T. E., R u d o l p h y F. *Carex pseudocyperus* L., *C. rostrata* Stokes nieuw voor Neederland // Gorteria. 1976. Deel 8, № 5. P. 85–88.

B a l l P. W. Some aspects of the phytogeography of *Carex* // Can. J. Bot. 1990. Vol. 68, № 7. P. 1462–1472.

B a r n a r d C. Floral histogenesis in the monocotyledones. II. The *Cyperaceae* // Austral. J. Bot. 1957. Vol. 5, № 2. P. 115–128.

B a r o n i n a V. Latvijā reti sastopamie sekcijas *Vignea* grišli // Retie augi. Latvijas Informacijas centrs. Riga, 1991. Lpp. 12–16.

B a r r o s M. *Carex* L. // Anal. Mus. Arg. Cien. Nat. Buenos Aires. 1934–1936. T. 38. P. 172–254.

B a t t a g l i a E., B o y e s E. J. Post-reductional meiosis: its mechanism and causes // Caryologia. 1955. Vol. 8. P. 87–134.

B e h r e n d s e n W. Teratologische Beobachtungen bei einigen *Carex*-Arten // Verh. Bot. Ver. Brandenb. 1901. Bd 43. S. 107–111.

B e n t h a m G. On the homology of the perigynium in *Carex* and *Uncina* // J. Bot. (London), New ser. 1873. Vol. 2. P. 123–124.

B e r n a r d J. M. Life history and vegetative reproduction in *Carex* // Can. J. Bot. 1990. Vol. 68, № 7. P. 1441–1448.

B e r n a r d i n i J. V., L i m a - d e - F a r i a A. A synchrony of DNA replication in the chromosomes of *Lusula* // Chromosoma. 1967. Vol. 22. P. 91–100.

B i r S. S., S i d h u M., K a m r a S. Karyotypic studies on certain members of *Cyperaceae* from Punjab, North West India // Cytologia. 1986. Vol. 51, № 1. P. 95–106.

B l a s e r H. W. Studies in the morphology of the *Cyperaceae*. I. Morphology of flowers. A. Scripoid genera. II. The prophyll // Amer. J. Bot. 1941. Vol. 28, № 7, 9. P. 542–549, 832–838; 1944. Vol. 31, № 1. P. 53–64.

B ö c h e r T. W. A study of the circumpolar *Carex heleonastes-amblyorhyncha* complex // Acta Arctica. 1952. Fasc. 5. P. 1–31.

B o e c k e l e r O. Die Cyperaceen des Königlichen Herbariums zu Berlin // Linnaea. 1867–1868. Bd 35. S. 397–612.

B o i s s i e r E. Flora Orientalis. Basileae etc., 1882, 1884, Vol. 5. 868 p.

B o o t t F. *Carex* L. // Hooker W. J. Flora Boreali-Americana. London, 1840. Vol. 2, № 19. P. 207–228.

B o o t t F. *Caricis* species novae vel minus cognitae // Proc. Linn. Soc. London. 1846. Vol. 1. P. 258–261, 284–288.

B o o t t F. M. D. Ilustrations of the genus *Carex*. London, 1858. Pt 1. P. 1–74, pl. 1–200; 1860. Pt 2. P. 75–103, pl. 201–310; 1862. Pt 3. P. 105–126, pl. 311–411; 186. Pt 4. P. 127–233, pl. 412–600.

B ö r n e r C. Entwurf zu einem natürlichen System der *Caricoideae-Cariceae* // Abh. Naturw. Ver. Bremen. 1913. Bd 21, H. 2. S. 261–275.

B r i t t o n N. L. The sedges of Jamaica// Bull. Dep. Agric. Jamaica. 1907. Vol. 5, Suppl. 1. P. 1–19.

B r i t t o n N. L., B r o w n A. An illustrated flora of the Northern United States, Canada and the British possessions. Ed. 2. New York, 1913. Vol. 1. 680 p.

B r i z i c k y G. K. Subgeneris and sectional names: their starting points and early sources // Taxon. 1969. Vol. 18, № 6. P. 643–660.

B r u e d e r l e L. P., F a i r b r o t h e r s D. E. Allozyme variation in populations of the *Carex crinita* complex (*Cyperaceae*) // Syst. Bot. 1986. Vol. 11, № 4. P. 583–594.

C a j a n d e r A. Über die Fennoskandischen formen der kollektivart *Carex polygama* Schkuhr // Ann. Bot. Soc. Zool.-Bot. Fenn. Vanamo. 1935. T. 5, № 5. P. 1–117.

C a m u s E. G. Nouvelle classification générale du genre *Carex* // Not. Syst. (Paris). 1910. T. 10, № 10. P. 296–298.

C a r e y J. *Carex* // Gray A. A manual of the botany of the Northern United States. Boston; Cambridge, 1848. P. 535–567.

C a r u e l M. F. Observations organiques sul la fleur femelle des *Carex* // Ann. Sci. Nat. (Paris). Sér. 5, Bot. 1867. T. 7. P. 104–111.

C a s t r o D., W a g n e r M. N. Nota sobre a perpetuacáo de fragmentos cromosomicos em *Luzula purpurea* // Agron. Lusitana. 1952. Vol. 14. P. 96–99.

C a t l i n g P. M., R e z n i c e k A. A., B r o o k e s B. S. The separation of *Carex disticha* and *C. sartwellii* and the status *C. disticha* in North America // Can. J. Bot. 1988. Vol. 66, № 11. P. 2323–2330.

C a y o u e t t e J. Chromosome studies on the *Carex salina* complex (*Cyperaceae*, section *Cryptocarpae*) in northeastern North America // Cytologia. 1986a. Vol. 51, № 4. P. 817–856.

C a y o u e t t e J. Chromosome studies on *Carex paleacea* Wahl., *C. nigra* (L.) Reichard and *C. aquatilis* Wahl. in northeastern North America // Cytologia. 1986b. Vol. 51, № 4. P. 857–883.

C a y o u e t t e J. *Carex lyngbyei* excluded from the flora of eastern North America, and taxonomic notes on related species and hybrids // Can. J. Bot. 1987. Vol. 65, № 6. P. 1187–1198.

C a y o u e t t e J., M o r i s s e t P. Chromosome studies on natural hybrids between maritime species of *Carex* (sections *Phacocystis* and *Cryptocarpae*) in northeastern North America, and their taxonomic implications // Can. J. Bot. 1985. Vol. 63, № 11. P. 1957–1982.

C h a n g Y. L., Y a n g Y. L. *Carex* L. // Flora plantarum herbacearum Chinae Boreali-Orientalis. Pekin, 1976, T. 11. P. 67–203.

C h a t e r A. O. *Carex* L. / T. G. Tutin, V. H. Heywood, N. A. Burges, D. M. Moore, S. M. Walters, D. A. Webb (eds.). Flora Europaea. Cambribge, 1980. Vol. 5. P. 290–323.

C h e a d l e V. I. The taxonomic use of specialization of vessels in the metaxylen of *Gramineae*, *Cyperaceae*, *Juncaceae* and *Restionaceae* // J. Arn. Arb. 1955. Vol. 36. P. 141–157.

C h e a d l e V. I., K o s a k a i H. Vessels in the *Cyperaceae* // Bot. Gaz. (Chicago). 1972. Vol. 133, № 3. P. 214–223.

C h e r m e z o n H. Cypéracées // Humbert H. Flore de Madagascar. Tananarive, 1937. 29 Famille: Cypéracées. 335 p.

C h r i s t H. Nouveau catalogue des *Carex* d'Europe // Bull. Soc. Bot. Belg. 1885. T. 24, pt 2. P. 10–20; 1888. T. 27, pt 2. P. 163–168.

C l a r k e C. B. On *Hemicarex* Benth. and its allies // J. Linn. Soc. London (Bot.) 1884. Vol. 20. P. 374–403.

C l a r k e C. B. *Cyperaceae* // Hooker J. D. Flora of British India. London, 1894. Vol. 6. P. 585–748.

C l a r k e C. B. *Cyperaceae* // Forbes F. B., Hemsley W. B. An enumeration of all the plants known from China proper, Formosa, Hainan // J. Linn. Soc. London (Bot.). 1903–1905. Vol. 36. P. 202–319.

C l a r k e C. B. List of the *Carices* of Malaya // J. Linn. Soc. London (Bot.) 1904. Vol. 37. P. 1–16.

C l a r k e C. B. New genera and species of *Cyperaceae* // Kew Bull. Add. ser. 1908. Vol. 8. P. 1–196.

C l a u s t e r s G., L e C o h u M. C. Intérét des élément épidermiques de la feuille et de l'utricule dans la taxonomie des *Carex* // Compt. Rend. Acad. Sci. (Paris). 1965. T. 260, № 16. P. 4373–4376.

C l i f f o r d H. T., H a r b o r n e J. B. Flavonoid pigmentation in the sedges (*Cyperaceae*) // Phytochemistry. 1969. Vol. 8, № 1. P. 123– 126.

C o r e E. L. Plant taxonomy. Englewood Cliffs, 1955. 459 p.

C o s s o n E., G e r m a i n E. Flore descriptive et analytique des environs de Paris. Paris, 1845. Pt 2. P. 343–731.

C r a w f o r d F. C. Anatomy of the British *Carices*. Edinburgh, 1910. 124 p.

C r i n s W. J. Phylogenetic considerations below the sectional level in *Carex* // Can. J. Bot. 1990. Vol. 68, № 7. P. 1433–1440.

C r i n s W. J., B a l l P. W. The taxonomy of the *Carex pennsylvanica* complex (*Cyperaceae*) in North America // Can. J. Bot. 1983. Vol. 61, № 6. P. 1692–1717.

C r i n s W. J., B a l l P. W. Variation in *Carex hostiana* (*Cyperaceae*) // Rhodora. 1987. Vol. 89, № 859. 247–259.

C r i n s W. J., B a l l P. W. Sectional limits and phylogenetic considerations in *Carex* section *Ceratocystis* (*Cyperaceae*) // Brittonia. 1988. Vol. 40, № 1. P. 38–47.

C r i n s W. J., B a l l P. W. Taxonomy of the *Carex flava* complex (*Cyperaceae*) in North America and northern Eurasia. I. Numerical taxonomy and character analysis. II. Taxonomic treatment // Can. J. Bot. 1989. Vol. 67, № 4. P. 1032–1047, 1048–1065.

C r o n q u i s t A. *Carex* // Hitchcock C. L., Cronquist A., Ownbey M. Vascular plants of the Pacific Northwest. Part 1. Vascular Cryptogams, Gymnosperms and Monotyledons // Univ. Wash. Publ. Biol. 1977. Vol. 17. P. 220–345.

C r o n q u i s t A. An integrated system of classification of flowering plants. New York, 1981. 1262 p.

C r o n q u i s t A. The evolution and classification of flowering plants. Ed. 2. New York, 1988. 555 p.

C u s s e t G., T r a n T. T. H. La ligule de la feuille végétative des *Carex* // Bull. Soc. Bot. Fr. 1965. T. 112, № 1. P. 42–54.

C z a j a A. T. Structure of starch grains and the classification of vascular plant families // Taxon. 1978. Vol. 27, № 5/6. P. 463–470.

D a h l E. Plant migrations across the North Atlantic Ocean // North Atlantic biota and their history / Ed. A. Löve, D. Löve. New York, 1963. P. 173–188.

D a h l g r e n R. M. T., C l i f f o r d H. T., Y e o P. F. The families of the Monocotyledons. Structure, evolution and taxonomy. Berlin etc., 1985. 520 p.

D a r l i n g t o n C. D., W y l i e A. P. Chromosome atlas of flowering plants. London, 1955. 520 p.

D a v i d R. W. Nomenclature of the British taxa of the *Carex muricata* L. aggregate // Watsonia. 1976. Vol. 11, pt 1. P. 59–65.

D a v i e s E. W. Notes on *Carex flava* and its allies. I–IV // Watsonia. 1953. Vol. 3, pt 1. P. 66–84.

D a v i e s E. W. The cytogenesis of *Carex flava* and its allies // Watsonia. 1955. Vol. 3, pt. 3. P. 129–137.

D a v i e s E. W. Some new chromosome numbers in the *Cyperaceae* // Watsonia. 1956a. Vol. 3, pt 5. P. 242–243.

D a v i e s E. W. Cytology, evolution and origin of the aneuploid series in the genus *Carex* // Hereditas. 1956b. Bd 42, № 3–4. P. 349–365.

D e g l a n d J. V. *Carex* L. // Loiseleur-Deslongchamps J. L. A. Flora Gallica. Parisiis etc., 1828. Pars 2. P. 281–313.

D i e t r i c h W. *Carex flavella* Krecz. und der Bastard mit *C. demissa* Hornem. // Ber. Bayer Bot. Ges. 1964a. Bd 37. S. 101–103.

D i e t r i c h W. *Carex* L. // Documented chromosome numbers of plants. Madroño. 1964b. Vol. 17, № 8. P. 266–268.

D i e t r i c h W. Die Zytotaxonomie der *Carex*-section *Frigidae* in Europa // Feddes reppert. 1967. Bd 75, H. 1–2. S. 1–42.

D i e t r i c h W. *Cyperaceae* / A. Löve. IOPB chromosome number report. XXXVI // Taxon. 1972. Vol. 21, № 2–3. P. 333–335.

D o s t á l J. Seznam cévnatých rostlin květeny československé. Praha, 1982. 408 S.

D o s t á l J. Nova Květena ČSSR. Praga, 1989. T. 2. 1548 S.

D o u y l e J. A. Origin of angiosperms // Ann. Rev. Ecol. Syst. 1978. Vol. 9. P. 365–392.

D r e j e r S. Revisio ctitica *Caricum* borealium. Hafniae, 1841. 62 p.

D r e j e r S. Symbolae Caricologicae. Hafniae, 1844. 38 p.

Drury W. H. The ecology of the natural origin of a species of *Carex* by hybridization // Rhodora. 1956. Vol. 58, № 687. P. 51–72.

D u m a n M. G., K r y s z c z u k S. D. Introgressive hybridization in the *Carex stans-bigelowii* complex // Bull. Torrey Bot. Club. 1958. Vol. 85. P. 359–362.

D u m o r t i e r B. C. J. Florula Belgica. Tornati Nerviorum, 1827. 172 p.

D u n a j s k a L. Embryo sac development of *Carex praecox* Schreb. // Acta Soc. Bot. Polon. 1965. Vol. 34, № 2. P. 261–272.

D u n b a r A. Pollen development in the *Eleocharis palustris* group (*Cyperaceae*). 1. Ultrastructure and ontogeny // Bot. notis. 1973. Vol. 126, fasc. 2. P. 197–254.

D u R i e t z G. E. Problems of bipolar distribution // Acta Phytogeogr. Suec. 1940. Vol. 13. P. 215–282.

D u r i e u d e M a i s o n n e u v e E. Étude taxonomique de la ligule dans le genre *Carex* // Bull. Soc. Bot. Fr. 1859. T. 6. P. 621–636.

D u v a l - J o u v e J. Sur la signification morphologique d'une anomalie que présentent les utricules de quelques *Carex* // Bull. Soc. Bot. Fr. 1864. T. 11. P. 269–278, 318–326.

D u v a l - J o u v e J. Sur une forme de cellules épidermiques qui paraissent propes aux Cypéracées // Bull. Soc. Bot. Fr. 1873. T. 20. P. 91–95; Mém. Acad. Sci. Lettr. Montpellier. 1873. Vol. 8. P. 226–234.

D u v a l - J o u v e J. Sur la presence d'un rachéole dans l'utricule de *C. oedipostyla* J. Duv.-J. // Bull. Soc. Bot. Fr. 1874. T. 21. P. 205–208.

E a m e s A. J. Morphology of the angiosperms. New York, 1961. 518 p.

E h r h a r t F. Beiträge Naturkunde. Hannover, 1789. Bd 4. 184 S.

E i c h w a l d K. *Cyperaceae* Juss. // Eesti NSV Floora. Tallinn, 1966. 289 p.

E i t e n L. T. Inflorescence units in the *Cyperaceae* // Ann. Miss. Bot. Gard. 1976. Vol. 63, № 1. P. 81–112.

E m b e r g e r L. Les végétaux vasculaires // Chadefaud M., Emberger L. Traite de botanique (systématique). Paris, 1960. T. 2, fasc. 2. 1539 p.

E r d t m a n G. Pollen morphology and plant taxonomy. Angiosperms. Stockholm, 1952. 539 p.

E r d t m a n G. Pollen walls and angiosperm phylogeny // Bot. notis. 1960. Vol. 113, fasc. 1. P. 41–45.

E r d t m a n G. Handbook of palynology. An introduction to the study of pollen grains and spores. Copenhagen, 1969. 489 p.

F a g e s t r ö m L. Studien an der *Carex* section *Extensae* // Acta Soc. Fauna Fl. Fenn. 1967. vol. 79, № 3. P. 1–14.

F a u l k n e r J. S. Chromosome studies on *Carex* section *Acutae* in north-west Europe // Bot. J. Linn. Soc. 1972. Vol. 65, № 3. P. 271–301.

F a u l k n e r J. S. Experimental hybridization of north-west European species in *Carex* section *Acutae* (*Cyperaceae*) // Bot. J. Linn. Soc. 1973, Vol. 67, № 3. P. 233–253.

F e n a r o l i L. *Carex* Italiana // Ann. Speriment. Agrar. N. S. 1949. № 3. P. 621–684.

F e r n a l d M. L. Some genera and species of Rafinesque // Rhodora. 1932. Vol. 34, № 398. P. 21–29.

F e r n a l d M. L. Critical notes on *Carex* // Rhodora. 1942. Vol. 44, № 525. P. 281–331.

F l a t b e r g K. I. *Carex* × *lidii* Flatb. = *C. canescens* L. × *C. chordorrhiza* Ehrh. // Norweg. J. Bot. 1972. Vol. 19, № 2. P. 91–106.

F l o v i k K. The chromosome number of some species of *Carex* and *Eriophorum* // Nytt mag. natur. 1943. Bd 83. S. 77–78.

F o n t a n a A. Micorrize ectotrofiche in una Ciperacea: *Kobresia bellardi* Degl. // Giorn. bot. Ital. 1963. Vol. 70, № 5–6. P. 639–641.

F r a n c h e t A. Enumeration e diagnoses de *Carex* nouveaux pour la flore de l'Asie orientale // Bull. Soc. Philom. Paris. Sér. 8. 1895. T. 7, № 2. P. 27–53, 84–92.

F r a n c h e t A. Les *Carex* de l'Asie Orientale // Nouv. Arch. Mus. Paris. Sér. 3. 1896–1898. № 8–10. P. 179–260, 113–200, 39–120.

F r a n c h e t A., S a v a t i e r L. Enumeratio plantarum in Japonia sponte crescentum. Parisiis, 1879. Vol. 2. 789 p.

F r i e s E. M. Corpus florarum provincialium Sueciae. Holmiae et Lipsiae, 1835. 394 p.

F r i e s E. M. Summa vegetabilium Scandinaviae. Uppsala, 1845 (1846). Sectio 1. 258 p.

F r i e s T. M. Anteckningar rörande en i Paris befintlig Linneansk växtsamling // Öfvers. Kongl. Vet.-Akad. Förhandl. 1861. Bd 18, № 6. S. 255–272.

F u n a b i k i K. Distribution and polyploidy of Angiosperms. I // Kromosomo. 1958. № 37–38. S. 1253–1267.

G a l e n i e k s P. M. *Carex* // Latvijas Flora. Riga, 1953. T. 1. S. 266–317.

C a n d o g e r M. Flora Europae. Parisiis, 1890. T. 24. 323 p.

G a y J. De *Caricibus* quibusdam // Ann. Sci. Nat. (Paris). Sér. 2. 1838. T. 10. P. 279–289.

G o e t g h e b e u r P. Comparative floral morphology of the *Cyperaceae* on the basis of the anthoid concept / W. Cotthem, van (ed.). Morphologie-Anatomie und Systematik der Pflanzen. 5 Sympos. Gent, 1981. P. 49–50.

G o o d e n o u g h S. Observations on the british species of *Carex* // Trans. Linn. Soc. London. 1794. Vol. 2. P. 126–211.

G r a s s l M. Phylogenetic concepts and the archetype of Magnoliophytes // Taxon. 1967. Vol. 16, № 5. P. 353–368.

G r a y S. F. A natural arrangment of British plants. London, 1821. Vol. 2. 757 p.

G r e g o r y M., M e t c a l f e C. R. Bibliography for the anatomy of the *Cyperaceae* // Notes Jodrell Lab. (Kew). 1967. Vol. 5. P. 1–17.

G r ę z i c k a W. Megasporogenesis, ovule and embryo sac development in *Carex aristata* R. Br. var. *cujavica* // Acta Soc. Bot. Polon. 1964. Vol. 33, № 2. P. 305–322.

G u é d è s M. Stipules medianes et stipules ligulaires chez quelques Liliacées, Joncacées et Cyperacées // Beitr. Biol. Pflanz. 1967. Bd 43. S. 59–103.

G u é d è s M. La ligule de la feuille *d'Agrostis stolonifera* L. Nouvelle remarques sur la notion de stipule ligulaire // Compt. Rend. Acad. Sci. (Paris). Ser. D. 1969. T. 268, № 9. P. 1275–1278.

G u t t e n b e r g H., S e m l o w A. Die Entwicklung des Embryos und der Keimpflanze von *Cyperaceae* // Bot. Stud. 1957. H. 7. S. 127–141.

H a a g W. G. The Bering strait Land bridge // Sci Amer. 1962. Jan. P. 112–123.

H a c c i u s B., L a k s h m a n a n K. K. Vergleichende Untersuchung der Entwickilung von Kotyledon und Sporosscheitel bei *Pistia stratiodes* und *Lemma gibba*, ein Beitrag zum Problem der sogenannten terminalen Blattorgane // Beitr. Biol. Pflanz. 1966. Bd 42. S. 425–443.

H a i n e s R. W. Prophylls and branching in *Cyperaceae* // J. East Afr. Nat. Hist. Soc. Nat. Mus. 1967. Vol. 26, № 1. P. 51–70.

H a i n e s R. W., L y e K. A. Studies in African *Cyperaceae*. VII. Panicle morphology and possible relationships in Sclerieae and Cariceae // Bot. notis. 1972. Vol. 125, fasc. 4. p. 331–343.

H å k a n s s o n A. Meiosis and pollen mitosis in X-rayed and untreated spikelets of *Eleocharis palustris* // Hereditas. 1954. Bd 40, № 3–4. S. 325–345.

H å k a n s s o n A. Holocentric chromosomes in *Eleocharis* // Hereditas. 1958. Bd 44, № 5. S. 531–540.

H a l l i d a y G., C h a t e r A. O. Studies in the *Carex glareosa* complex. 1. Fruit-shape. 2. The status of *Carex pribylovensis* Macoun. 3. *Carex marina* Dewey, an earlier name for *C. amblyorhyncha* V. Krecz. // Feddes repert. 1969. Bd 80, H. 2–3. S. 77–91, 93–101. 103–106.

H ä m e t - A h t i L. A. K. Cajander's vascular plant collection from the Lena River, Siberia, with his ecological and floristic notes // Ann. Bot. Fenn. 1970. Vol. 7, № 3. P. 1–324.

H a m l i n B. G. Studies in New Zealand *Carices*. I. The section *Acutae* Fries. VI. Subgenus *Primocarex* Kük. // Trans. Roy. Soc. New Zeal. 1954. Vol. 82, pt 1. P. 49–64; Trans. Roy. Soc. New Zeal. (Bot.) 1962. Vol. 1, № 21. P. 269–277.

H a r b o r n e J. B. Comparative biochemistry of the flavonoids. London, 1967. 384 p.

H a r b o r n e J. B. Distribution and taxonomic significance of flavonoids in the leaves of the *Cyperaceae* // Phytochemistry. 1971. Vol. 10, № 7. P. 1569–1574.

H a r m a j a H. *Carex pallens*, an overlooked Fennoscandian species // Ann. Bot. Fenn. 1986. Vol. 23, № 2. P. 147–151.

H a r m a j a H. On the taxonomy and chorology of *Carex pallens* // Ann. Bot. Fenn. 1990. Vol. 27, № 1. P. 79–83.

H a v l í č k o v á J. *Carex flava*-complex in the Czech lands. I. Analysis of the variability of morphological characters. II. Notes on the geographical distribution // Preslia. 1982, 1983. Vol. 54, № 3. P. 201–222; Vol. 55, № 3. P. 245–263.

H e a l y A. J., E d g a r E. *Carex* L. // Flora of New Zealand. Wellington, 1980. P. 146–181.

H e e r O. Flora tertiaria Helvetiae // Winterthur. 1855, 1859. Bd 1. 117 S., 50 Taf.; Bd 3. 377 S., 156 Taf.

H e e r O. Flora fossilis arctica. Zürich, 1868. Bd 1. 192 S., 50 tab.

H e i l b o r n O. Zur Embryologie und Zytologie einiger *Carex*-Arten // Sven. bot. tidskr. 1918. Bd 12, H. 2. S. 212–220.

H e i l b o r n O. Chromosome number and dimensions, species-formation and phylogeny in the genus *Carex* // Hereditas. 1924. Bd 5, № 2. S. 129–216.

H e i l b o r n O. Chromosome studies in *Cyperaceae* // Hereditas. 1928. Bd 11, № 2. S. 182–192.

H e i l b o r n O. Chromosome studies in *Cyperaceae*, III, IV // Hereditas. 1939. Bd 25. S. 224–240.

H e r m a n n F. J. Manual of the genus *Carex* in Mexico and Central America. Washington, 1974. 219 p.

H e s s e M. Entwicklungsgeschichte und Ultrastruktur von Pollenkitt und Exine bei nahe verwandten entomophilen and anemophilen Angiospermensippen der *Alismataceae*, *Liliaceae*, *Juncaceae*, *Cyperaceae*, *Poaceae* und *Araceae* // Plant Syst. Evol. 1980. Vol. 134. P. 229–267.

H e u f f e l J. *Cyperaceae* in regnis Hungariae, Croatiae, Slavoniae magnoque Transylvaniae // Flora (Regensb.). 1844. Bd 27, № 31. S. 527–536.

H i i t o n e n I. Suomen kasvio. Helsinki, 1933. 771 p.

H i i t o n e n I. Karjalan kannas kasvien vaellustienä // Ann. Bot. Soc. Zool.-Bot. Fenn. Vanamo. 1946. T. 22, № 1. P. 1—206.

H i t c h c o c k A. S., G r e e n M. L. Standard-species of Linnaean genera of Phanerogamae (1753—1754) // Intern. Bot. Congr. Cambridge (England), 1930. Nomenclature. Proposals by british botanists. London, 1929. P. 110—199.

H i t c h c o c k A. S., G r e e n M. L. Species lectotypicae generum Linnaei (standard-species of Linnaean generic names: Phanerogamae) // Brittonia. 1947. Vol. 6, № 1. P. 114—118.

H j e l m q u i s t H., N y h o l m E. Några anatomisca artkaraktärer inom *Carex*-gruppen *Distigmaticae* // Bot. notis. 1947. H. 1. S. 1—31.

H o f m e i s t e r W. Neue Beiträge zur Kenntnis der Embryobildung der Phanerogamen. II. Monocotyledonen // Abh. Sachs. Ges. Wiss. 1861. Bd 7. S. 629—760.

H o l m T. Studies on the *Cyperaceae*. I. On the monopodial ramification in certain North American species of *Carex* // Amer. J. Sci. 1896a. Vol. 1. P. 348—350.

H o l m T. The clado- and anthoprophyllon in the genus *Carex* // Amer. J. Sci. 1896b. Vol. 2. P. 214—220.

H o l m T. Studies in the *Cyperaceae*, XX. Greges *Caricum* // Amer. J. Sci. Ser. 4. 1903. Vol. 16, № 96. P. 445—464.

H o l m T. Studies in the *Cyperaceae*. XXVIII. Notes on *Carex franklinii* Boott and *C. spectabilis* Dew. // Amer. J. Sci. Ser. 4. 1920. Vol. 49. P. 195—206.

H o l m T. The application of the term «rhizome» // Rhodora. 1929. Vol. 31, № 361. P. 6—17.

H o l m b e r g O. R. Om hybridigeringen hos *Carices canescentes* och närstående grupper // Bot. notis. 1929a. S. 1—9.

H o l m b e r g O. R. *Carices* nonnullae hybridae e sectionibus *Canescentibus*, *Tenuifloris*, *Elongatis* // Bot. notis. 1929b. S. 10—28.

H o l t t u m R. E. The spikelet in *Cyperaceae* // Bot. Rev. 1948. Vol. 14, № 8. P. 525—541.

H o l u b J. *Carex brevicollis* DC. Taxonomisch-chlorologische Studie // Acta Univ. Carol., Biol. 1959. № 2. S. 87—116.

H o l u b J. Remarks on the taxonomy and nomenclature of the *Carex bigelowii* complex // Folia Geobot. Phytotax. (Praha). 1968. Vol. 3, № 2. P. 183—192.

H o l u b J. Fytogeografická analyza československých druhų rodu *Carex* (Phytogeographical analysis of *Carex* species occurring in Czechoslovakia) // Zpr. Čz. Bot. Společ. (Praha). 1987. № 22, mater. 6. S. 35—45.

H o l u b J. Selected subspecies names from Richter, Plantae Europeae, vol. 1, 1890 // Folia Geobot. Phytotax. (Praha). 1988. Vol. 23, № 4. P. 381—416.

H o o p e r S. S. *Cyperaceae* // Flora of Iraq. Baghdad, 1985. Vol. 8. P. 331—406.

H o o p e D. H. Caricologia germanica... Leipzig, 1826. 104 p.

H u l t é n E. Flora of Kamtchatka and adjacent islands. Stockholm, 1927. Vol. 1. 346 p., 291 maps.

H u l t é n E. On the American component in the flora Eastern Siberia // Sven. bot. tidskr. 1928. Bd 22, H. 1—2. S. 220—229.

H u l t é n E. Flora of Alaska and Yukon. 2 // Lunds Univ. Årsskr. N.F. 1942. Avd. 2, Bd 38, № 1. S. 129—412.

H u l t é n E. Atlas över växternas utbredning i norden. Stockholm, 1950. 512 S.

H u l t é n E. The amphi-athlantic plants and their phytogeographical connections // Kgl. sven. vetenskapsacad. handl. Ser. 4. 1958. Bd 7, № 1. 340 p., 279 maps.

H u l t é n E. Flora of the Aleutian islands. Ed. 2. Weinheim, 1960. 376 p.

H u l t é n E. The circumpolar plants. I // Kgl. sven. vetenskapsakad. handl. Ser. 4. 1962. Bd 8, № 5. 280 S.

H u l t é n E. Phytogeographical connections of the North Atlantic // A. Löve, D. Löve (eds.). North Atlantic biota and their history. New York, 1963. P. 45—72.

H u l t é n E. Flora of Alaska and neighboring territories. Stanford, 1968. 1008 p.

H u l t é n E. Atlas över växternas utbredning i Norden. Stockholm, 1971. 531 S.

H u y n h K.-L. Un phenomène de polaritêpeu connu dans l'anthére des Graminées et Cypéracées: la position constante du pore germinatif du pollen // Ber. Schweiz. Bot. Ges. 1975. Bd 85, № 1. S. 18—24.

H y l a n d e r N. Nomenklatorische und systematische Studien über nordische Gefässpflanzen // Uppsala Univ. Årsskr. 1945. T. 7. S. 1—337.

H y l a n d e r N. Nordisk Kärlväxtflora. Stockholm, 1966. T. 2. 456 S.

I n d e x Herbariorum. Part I: The Herbaria of the world. Ed. 8 / P. K. Holmgren, N. H. Holmgren, L. C. Barnett (eds.). New York, 1990. 693 p.

I n t e r n a t i o n a l code of botanical nomenclature adopted by the Fourteenth International botanical congress, Berlin, July—August 1987 / Prepared and edited by W. Greuter, Chairman, H. M. Burdet, W. G. Chaloner, V. Demoulin, R. Grolle, D. L. Hawks-Worth, D. H. Nicolson, P. C. Silva, F. A. Stafleu, E. G. Voss, Members, J. McNeill, Secretary of the Editorial Committee. Königstein, 1988. 328 p. (Regn. Veg. Vol. 118).

I n t e r n a t i o n a l code of botanical nomenclature adopted by the Fifteenth International botanical congress, Yokohama, August—September 1993 / Prepared and edited by W. Greuter, Chairman, F. R. Barrie, H. M. Burdet, W. G. Chaloner, V. Demoulin, D. L. Hawksworth, P. M. Jørgensen, D. H. Nicolson, P. C. Silva, P. Trehane, Members, J. McNeill, Secretary of the Editorial Committee. Königstein, 1994. 389 p. (Regn. Veg. Vol. 131).

J a l a s J., H i r v e l ä U. Notes on the taxonomy and leaf anatomy of *Carex elata* All., *C. omskiana* Meinsh. and *C.* × *turfosa* Fr. // Ann. Bot. Fenn. 1964. Vol. 1, № 1. P. 47—54.

J e r m y A. C., C h a t e r A. O., D a v i d R. W. Sedges of the British Isles. Handbook 1. London, 1982. 268 p.

J e r m y A. C., T u t i n T. G. British sedges. London, 1968. 199 p.

J o h a n s e n D. A. Plant Embryology. Waltham, 1950. 305 p.

J ö n s s o n B. Om embryosäckens utveckling nos angiospermerna // Lunds Univ. Årsskr. 1879—1880. Vol. 16. P. 1—86.

J ö r g e n s e n C. A., S ö r e n s e n T. H., W e s t e r g a a r d M. The flowering plants of Greenland // Kong. danske vid. selsk. Biol. skr. 1958. Bd 9, № 4. S. 1—172.

J u e l H. O. Beiträge zur Kenntnis Tetradentheilung // Jb. Wiss. Bot. 1900. Bd 35. S. 629—659.

J u g u e t M. Polyembryonie ches le *Carex arenaria* L. // Bull. Soc. Bot. Fr. 1966 (1967). T. 113, № 9. P. 448—452.

J u g u e t M. Polyembryonie chez le *Kobresia Bellardii* (All.) Degl. // Bull. Soc. Bot. Fr. 1967 (1968). T. 114, № 7—8. P. 277—279.

J u g u e t M., L e b é g u e A. Embryogénie des Cypéracées. Développement de l'embryon chez le *Carex arenaria* L. // Compt. Rend. Acad. Sci. (Paris). Sér. D. 1966. T. 262, № 17. P. 1844—1847.

K a l e l a A. Systematische und Pflanzengeographische Studien an der *Carex*-Subsect. *Alpinae* Kalela // Ann. Bot. Soc. Zool.-Bot. Fenn. Vanamo. 1944. T. 19, № 3. P. 1—197.

K a l e l a A. Über die Kollektivart *Carex brunnescens* (Pers.) Poir. // Ann. Bot. Fenn. 1965. Vol. 2, № 2. P. 174—218.

K e r n J. H. Florae Malesianae precursores. XXI. Notes on Malaysian and some S.E. Asian *Cyperaceae*. VII // Acta Bot. Neerl. 1958. Vol. 7, № 5. P. 786—800.

K e r n J. H. New look at some *Cyperaceae* mainly from the tropical standpoint // Adv. Sci. 1962. Vol. 19. P. 141—148.

K e r n J. N. *Cyperaceae* / C.G.G.J. van Steenis (ed.). Flora Malesiana. Leyden, 1974. Ser. 1. Vol. 7. P. 435—753.

K e r n J. N., N o o t e b o o m H. P. *Carex* L. / C.G.G.J. van Steenis (ed.). Flora Malesiana. Leyden, 1979a. Ser. 1. Vol. 9. P. 107—183.

K e r n J. H., N o o t e b o o m H. P. *Carex* L. // Van Royen P. The alpine flora of New Guinea. Vaduz, 1979b. P. 974—1033.

K i r c h h e i m e r F. Die Laubgewächse der Braunkohlenzeit. Halle, 1957. 783 S.

K i r s c h l e g e r F. Flore d'Alsace. Strasbourg, 1857. Vol. 2. 612 p.

K i t a g a w a M. Neo-Lineamenta Florae Manshuricae. Vaduz, 1979. 715 p.

K j e l l q v i s t E., L ö v e A. Chromosome numbers of some *Carex* species from Spain // Bot. notis. 1963. Vol. 116, fasc. 2. P. 241—248.

K o c h W. D. J. Synopsis florae Germanicae et Helveticae. Francofurti ad Moenum, 1837. 844 p.

K o e c h l i n J. L'appareil floral des Sarcolaenacées et la notion d'angiocarpie // Candollea. 1972. Vol. 27, № 2. P. 170—179.

K o y a m a T. Classification of the family *Cyperaceae* (1, 2) // J. Fac. Sci. Univ. Tokyo (Bot.). 1961. Vol. 8, pt 1—3. 148 p.; 1962. Vol. 8, pt. 4. 278 p.

K r a u s G. Ueber den Bau tronkner Pericarpien // Jb. Wiss. Bot. (Leipzig). 1866—1867. S. 83—126.

K ř i ž o v á - K r č í k o v á N., P e t ř i č e k V., Š t r á l o v á V. Stavba endodermis kořenu některých československych druhů čeledi *Cyperaceae* // Zpr. Cs. Bot. Spolec. (Praha). 1971. № 6. S. 163—171.

Kükenthal G. *Carex*-vegetation des ausser-tropischen Südamerica // Bot. Jb. 1899. Bd 27, H. 4. S. 485–563.

Kükenthal G. *Caricea*e Cajanderianae. Liste des von Herrn A. K. Cajander im Jahre 1901 im Lenagebiete gesammelten *Kobresia*- und *Carex*-Arten // Öfver. Finska Vet.-Soc. Forh. 1903. T. 45, № 8. P. 1–12.

Kükenthal G. *Cyperaceae-Caricoideae* // Engler A. Das Pflanzenreich. Leipzig, 1909. H. 38. 824 S.

Kükenthal G. *Cyperaceae* Sibiriae. Subfamilia *Caricoideae* // Рус. ботан. журн. 1911. № 3–6. С. 29–199.

Kukkonen I. The smuts of the genus *Cintractia* parasiting *Kobresia* species // Can. J. Bot. 1961. Vol. 39, № 1. P. 155–164.

Kukkonen I. Taxonomic studies on the genus *Anthracoidea* (*Ustilaginales*) // Ann. Bot. Soc. Zool.-Bot. Fenn. Vanamo. 1963. Vol. 34, pt 3. P. 1–222.

Kukkonen I. Facts and speculations about the factors affecting the distribution of *Anthracoidea scirpi* as a parasite of *Trichophorum caespitosum* // Ann. Univ. Turku (A II). 1964. Vol. 32. P. 140-148.

Kukkonen I. Spikelet morphology and anatomy of *Uncinia* Pers. (*Cyperaceae*) // Kew Bull. 1967a. Vol. 21, № 1. P. 93–97.

Kukkonen I. Gedanken und probleme zur Systematik der Familie *Cyperaceae*. Eine Zusammenfassung // Aquilo. Ser. Bot. 1967b. Vol. 6. P. 18–42.

Kukkonen I. Vegetative anatomy of *Carex microglochin* Wahlenb. and *Carex camptoglochin* Krecz. // Bot. J. Linn. Soc. 1970. Vol. 63, Suppl. 1. P. 137–145.

Kukkonen I. Flavonoid chemistry of the *Cyperaceae*: a preliminary survey // Mitt. Bot. Staatssamml. München. 1971. Bd 10. S. 622–638.

Kukkonen I. Typification of *Carex atrata* // Mem. Soc. Fauna Fl. Fenn. 1980. Vol. 56, № 4. P. 151–156.

Kukkonen I. The genus *Schoenoxiphium* (*Cyperaceae*). A preliminary account // Bothalia. 1983. Vol. 14, № 3–4. P. 819–823.

Kukkonen I. On the inflorescence structure in the family *Cyperaceae* // Ann. Bot. Fenn. 1984a. Vol. 21, № 3. P. 257–264.

Kukkonen I. New infraspecific taxa and nomenclatural combinations in *Carex* (*Cyperaceae*) in the Flora Iranica area // Ann. Bot. Fenn. 1984b. Vol. 21, № 4. P. 383–389.

Kukkonen I. Special features of the inflorescence structure in the family *Cyperaceae* // Ann. Bot. Fenn. 1986. Vol. 23, № 2. P. 107–120.

Kukkonen I. The genus Carex (*Cyperaceae*) in Flora Iranica area // Pl. Syst. a. Evol. 1987. Vol. 155, № 1–4. P. 27–43.

Kukkonen I. Definition of descriptive terms for the *Cyperaceae* // Ann. Bot. Fenn. 1994. Vol. 31, № 1. P. 37–43.

Kukkonen I., Timonen T. Species of *Ustilaginales* especially of the genus *Anthracoidea*, as tools in plant taxonomy // Symb. Bot. Uppsal. 1979. Vol. 22, № 4. P. 166–176.

Kukkonen I., Toivonen H. Taxonomy of wetland *Carices* // Aquat. Bot. 1988. Vol. 30. P. 5–22.

Kunth C. S. Ueber die Natur des schlauchartigen Organs (utriculus), welches in der Gattung *Carex* das Pistill und später die Frucht einhüllt // Wiegmann's Archiv Naturgeschichte. 1835. Bd 2. S. 351–353.

Kunth C. S. Enumeratio plantarum (Cyperographia synoptica). Stutgardiae; Tubingae, 1837. Vol. 2. 591 S.

Kunze G. Supplemente zu Schkuhr's Riedgräsern (*Carices*). Leipzig, 1840–1851. 206 p.

Łańcucka-Środoniowa M. Macroscopic plant remains from the freshwater miocene of the Nowy Sącz basin (West Carpathians, Poland) // Acta Palaeobot. 1979. Vol. 20, № 1. P. 3–117.

Lang O. F. Caricineae Germanicae et Scandinavicae // Linnaea. 1851. Vol. 24. P. 481–639.

Laux W. Ein Beitrag zur Kenntnis der Leitbündel in Rhizom monokotyler Pflanzen // Verh. Bot. Ver. Brandenb. 1888. Bd 29. S. 65–111.

Le Cohu M. C. Intérét platique des Cypéracées // Bot. Rhedon. Sér. A. 1967a. № 3. P. 215–228.

Le Cohu M. C. Recherches taxinomiques sur les *Carex* du massif Armoricain // Bot. Rhedon. Sér. A. 1967b. № 3. P. 1–207.

Le Cohu M. C. Remarques sur l'inflorescence femelle des *Carex*. Interprétation de faits tératologiques // Bot. Rhedon. Sér. A. 1968, № 5. P. 37–45.

L e C o h u M. C. Histotaxie comparative des *Carex vesicaria* L. et *Carex rostrata* Stokes // Bot. Rhedon. Sér. A. 1970. № 8. Р. 65–72.

L e C o h u M. C. Les caractères épidermiques *Carex* de la section *Acutae* // Compt. Rend. Acad. Sci. (Paris). Sér. D. 1971. T. 272, № 16. Р. 2075–2077.

L e C o h u M. C. Apports de la microscopie electronique à balayage à l'etude des ornementations stomatiques des *Carex* // Compt. Rend. Acad. Sci. (Paris). Sér. D. 1972. T. 275, № 3. Р. 349–352.

L e e Y. T. *Cyperaceae* // Flora Coreana. Phyongyang, 1976. T. 7. Р. 260–419.

L e m c k e A. Beiträge zur Kenntnis der Gattung *Carex*. Königsberg, 1892. 128 S.

L e p p i k E. E. *Dichromena ciliata*, a noteworthy entomophilous plant among *Cyperaceae* // Amer. J. Bot. 1955. Vol. 42, № 5. Р. 455–458.

L e r m a n J. C., R a y n a l J. La teneur en isotopes stables du carbone chez les Cypéracées: sa valeur taxonomique // Compt. Rend. Acad. Sci. (Paris). Sér. D. 1972. T. 275, № 13. Р. 1391–1394.

L e s t i b o u d o i s T. Essai sur la famille des Cypéracées. Paris, 1819. 46 р.

L e v y n s M. R. A comparative study of the inflorescence in four species of *Schoenoxiphium* and its significance in relation to *Carex* and its allies // J. South Afr. Bot. 1945. Vol. 11, № 1. Р. 79–89.

L i a n g S o n g - y u n, T a n g Y a n - c h e n g. A conspectus and phytogeography of the genus *Carex* subgen. *Vignea* (P. Beauv.) Kirsch. in China // Acta Phytotax. Sin. 1990. Vol. 28, № 3. Р. 237–260.

L i m a - d e - F a r i a A. Genetics, origin and evolution of kinetochores // Hereditas. 1949, Bd 35. S. 422–444.

L i n n a e u s C. Species plantarum. Holmiae, 1753. 1200 р.

L i n n a e u s C. Genera plantarum. [Ed. 5]. Holmiae, 1754. 500 р.

L ö v e A. Cytotaxonomical evaluation of corresponding taxa // Vegetatio. 1954. Vol. 5–6. Р. 212–224.

L ö v e A., K j e l l q v i s t E. Cytotaxonomy of Spanish plants. II. Monocotyledons // Lagascalia. 1973. Vol. 3, № 2. Р. 147–182.

L ö v e A., L ö v e D. Chromosome numbers of scandinavian plant species // Bot. notis. 1942. S. 15–59.

L ö v e A., L ö v e D. Cytotaxonomical conspectus of the Icelandic flora // Acta Horti Gotoburg. 1956. Vol. 20, № 4. Р. 1–290.

L ö v e A., L ö v e D. Chromosome numbers of central and northwest european plant species // Opera Bot. 1961. Vol. 5. Р. 1–581.

L ö v e A., L ö v e D. Cytotaxonomy of the alpine vascular plants of Mount Washington // Univ. Colorado Stud. Ser. biol. 1966. Vol. 24. Р. 1–74.

L ö v e A., L ö v e D. Cytotaxonomical atlas of Slovenian flora. Lehre, 1974. 1241 р.

L ö v e A., L ö v e D. Cytotaxonomical atlas of the Arctic Flora. Vaduz, 1975. 598 р.

L ö v e A., L ö v e D., R a y m o n d M. Cytotaxonomy of *Carex* section *Capillares* // Can. J. Bot. 1957. Vol. 35, № 5, Р. 715–761.

L u c e ñ o M. Estudios en el género *Carex*. 1. Seccion *Canescentes* (Fries) Christ: *C. furva* Webb. y *C. lachenalii* Schkuhr // Jard. Bot. Madrid. 1985. Vol. 42, № 2. Р. 427–440.

L u c e ñ o M. Monographía del género *Carex* en la península Ibérica e islas Baleares // Ruizia. 1994. Vol. 14. Р. 5–139.

L u c e ñ o M., R i c o E., R o m e r o T. *Carex lainzii* Luceño, E. Rico et T. Romero (*Cyperaceae*), especie nueva, y algunas aportaciones acerca de los táxones afines // An. Jard. Bot. Madrid. 1987. Vol. 44, № 2. Р. 429–437.

L y e K. A. Diaspore production in Norwegian *Cyperaceae* // Lidia. 1993. Vol. 3, № 3. Р. 81–108.

M a b r y T. J., M a r k h a m K. R., T h o m a s M. B. The systematic identification of flavonoids. Berlin; Heidelberg, 1970. 354 р.

M a c k e n z i e K. K. *Carex* L. // Britton N. L., Brown A. An illustrated flora of the Norhern United States, Canada and the British possessions... Ed. 2. New York, 1913. Vol. 1. Р. 352–441.

M a c k e n z i e K. K. *Cyperaceae-Cariceae* // North American Flora. New York, 1931, 1935. Vol. 18, pt 1–7. 478 р.

M a h e s h w a r i P. An introduction to the Embryology of Angiosperm. New York; Toronto, 1950. 453 р.

M a i r e R. Flore de l'Afrique du Nord. Paris, 1957. Vol. 4. 333 р.

Mäkinen Y. A probable case of ancient introgression between *Carex digitata* and *C. pediformis* ssp. *rhizodes* // Ann. Bot. Fenn. 1965. Vol. 2, № 1. P. 19–32.

Malheiros-Garde N., Garde A. Fragmentation as a possible evolutionary process in the genus *Luzula* DC. // Genet. Iberica. 1950. Vol. 2. P. 257–262.

Manhart J. R. Foliar flavonoids of the North American members of *Carex* section *Laxiflorae* (*Cyperaceae*) // Biochem. Syst. Ecol. 1986. Vol. 14. P. 85–90.

Manhart J. R. Chemotaxonomy in the genus *Carex* (*Cyperaceae*) // Can. J. Bot. 1990. Vol. 68. № 7. P. 1457–1461.

Manitz H. Fridrich Ehrhart und die Publikation des «Supplementum Plantarum» von Linné filius // Taxon. 1976. Vol. 25, № 2–3. P. 305–322.

Mansfeld R. Zur Nomenklatur der Farn- und Blütenpflanzen Deutschlands. VIII // Feddes repert. 1940. Bd. 48. S. 257–267. (Repert. Europ. Mediterr. 1937–1940. Bd 5, № 54–56).

Marek S. A study on the anatomy of fruits of european genera in the subfamilies *Scirpoideae* Pax, *Rhynchosporoideae* Aschers. et Graebn. and of some genera of *Caricoideae* Pax // Monogr. Bot. 1958. Vol. 6. P. 151–177.

Marggraff G. Vergleichende Anatomie der *Carex*-Arten mit ihren Bastarden. Leipzig, 1896. 68 S.

Marshall R. E. S. *Carex* and *Epilobium* in the Linnaean Herbarium // J. Bot. (London). 1907. Vol. 45. P. 363–368.

Martens J. L. Some observations on sexual dimorphism in *Carex picta* // Amer. J. Bot. 1939. Vol. 26, № 2. P. 78–88.

Martin A. C. The comparative internal morphology of seeds // Amer. Midl. Nat. 1946. Vol. 36, № 3. P. 513–660.

Mattfeld J. Zur Morphologie und Systematik der *Cyperaceae* // Proc. Zesde Intern. Bot. Congr., Amsterdam, 1935. Leiden, 1936. Vol. 1. P. 330–332.

Mazel A. Études d'anatomie comparée sur les de végétation dans le genre *Carex*. Genéve, 1891. 213 p.

McNab W.R. Notes on the development of the perigynium in *Carex pulicars* L. // J. Linn. Soc. London (Bot.). 1874. Vol. 14. P. 152–153.

McNeill J., Odell E. A., Consaul L. L., Katz D. S. American code and later lectotypications of Linnaean generic names dating from 1753: a case study of discrepancies // Taxon. 1987. Vol. 36, № 2. P. 350–401.

Meert M., Goetghebeur P. Comparative floral morphology of *Bisboeckelereae* and *Cariceae* (*Cyperaceae*) on the basis of the anthoid concept // Bull. Soc. Bot. Belg. 1979. Vol. 112, fasc. 1. P. 128–143.

Meeuse A. D. J. Interpretative floral morphology of the *Cyperaceae* on the basis of the anthoid concept // Acta Bot. Neerl. 1975. Vol. 24, № 3–4. P. 291–304.

Mehra P. N., Sharma O. P. Epidermal silica cells in the *Cyperaceae* // Bot. Gaz. 1965. Vol. 126, № 1. P. 53–58.

Mejstřik V. Study on the development of endotrophic mycorrhiza in the association of Cladietum marisci // Plant microbes relationships. Prague, 1965. P. 283–290.

Menapace F. J., Wujek D. E. Scanning electron microscopy as an aid to sectional placement within the genus *Carex* (*Cyperaceae*): sections *Lupulinae* and *Vesicariae* // Micron Microsc. Acta. 1985. Vol. 16. P. 213–214.

Metcalfe C. R. Anatomy as an aid to classifying the *Cyperaceae* // Amer. J. Bot. 1969. Vol. 56, № 7. P. 782–790.

Metcalfe C. R. Anatomy of the monocotyledons. V. *Cyperaceae*. Oxford, 1971. 597 p.

Metcalfe C. R., Gregory M. Some new descriptive terms for *Cyperaceae* with a discussion of variations in leaf form noted in the family // Notes Jodrell Lab. (Kew). 1964. Vol. 1. P. 1–11.

Meusel H., Jäger E., Weinert E. Vergleichende Chorologie der zentraleuropäischen Flora. Jena, 1965. 583 S., Karten 528 S.

Miyabe K., Kudo Y. Flora of Hokkaido and Saghalien. II. Monocotyledoneae // J. Fac. Agr. Hokkaido Univ. 1930–1931. Vol. 26, pt 2. P. 81–277.

Moench C. Supplementum ad methodum plantas. Marburgi Cattorum, 1802. 328 p.

Moore D. M. Connections between cool temperate floras, with particular reference to southern South America / D.H. Valentine (ed.). Taxonomy, phytogeography and evolution. London; New York, 1972. P. 115–138.

Moore D. M., Chater A. O. Studies of bipolar disjunct species. I. *Carex* // Bot. notis. 1971. Vol. 124, fasc 3. P. 317–334.

M o o r e L. B., E d g a r E. Flora of New Zealand. Wellington, 1970. Vol. 2. 354 p.

M o o r e R. J., C a l d e r J. A. Some chromosome numbers of *Carex* species of Canada and Alaska // Can. J. Bot. 1964. Vol. 42, № 10. P. 1387–1391.

M o q u i n - T a n d o n A. Pflanzen-Pathologie und Pflanzen-Teratologie. Berlin, 1842. 399 S.

M o r a L. E. Beiträge zur Entwicklungsgeschichte und vergleichenden Morphologie der Cyperaceen // Beitr. Biol. Pflanz. 1960. Bd 35. S. 293–341.

M u r r a y D. F. Taxonomy of *Carex* sect. *Atratae* (*Cyperaceae*) in the southern Rocky mountains // Brittonia. 1969. Vol. 21, № 1. P. 55–76.

M u r r a y D. F. *Carex podocarpa* and its allies in North America // Can. J. Bot. 1970. Vol. 48, № 2. P. 313–324.

N a n n f e l d t J. A. The species of *Anthracoidea* (*Ustilaginales*) on *Carex* subgen. *Vignea* with special regard to the nordic species // Bot. notis. 1977. Vol. 130, № 2. P. 351–375.

N a n n f e l d t J. A. *Anthracoideae* (*Ustilaginales*) on nordic *Cyperaceae-Caricoideae*, a concluding synopsis // Acta Univ. Upsal. Symb. Bot. Upsal. 1979. Vol. 22, № 3. P. 1–41.

N a n n f e l d t J. A., L i n d e b e r g B. Taxonomic studies on the ovariicolous species of *Cintractia* on swedish *Caricoideae*. II. The species on *Carex* sect. *Acutae* Fr. sensu Kük. // Sven. bot. tidskr. 1965. Bd 59, H. 2. S. 189–210.

N e c k e r N. J. Elementa botanica. Neowedae ad Rhenum, 1790. Vol. 3. 456 p.

N e e s v o n E s e n b e c k C. G. D. *Cyperaceae* indicae... // Wight R. Contributions to the botany of India. London, 1834a. P. 69–129.

N e e s v o n E s e n b e c k C. G. D. Uebersicht der Cyperaceengattungen // Linnaea. 1834b. Bd 9. P. 273–306.

N e l m e s E. Notes on *Carex*: V. Two near relatives of *Carex sylvatica* Huds. VII. *C. atrata* L. and its allies // Kew Bull. 1939a. № 2. P. 98–100; 1939b. № 4. P. 199–202; XIII. African allies of *C. pendula* Huds. 1940. № 3. P. 135–137.

N e l m e s E. A key to the Australian species of *Carex* (*Cyperaceae*) // Proc. Linn. Soc. London. 1944. Vol. 155, pt 3. P. 277–385.

N e l m e s E. Two critical groups of British sedges // Bot. Exch. Club Brit. Is. 1945. P. 95–105.

N e l m e s E. A key to the *Carices* of Malaysia and Polynesia // Kew Bull. 1946. № 1. P. 5–29.

N e l m e s E. The genus *Carex* in Malaysia // Reinwardtia. 1951. Vol. 1, pt 3. P. 221–450.

N e l m e s E. Facts and speculations on phylogeny in the tribe *Cariceae* of the *Cyperaceae*. General consideration // Kew Bull. 1952a. № 3. P. 427–436.

N e l m e s E. *Carex* L. // Clapham A. R., Tutin T. G., Warburg E. F. Flora of the British Isles. Cambridge, 1952b. P. 1354–1409; Ed. 2. 1962. P. 1073–1114.

N e l m e s E. The genus *Carex* in Indo-China, including Thailand and Lower Burma // Mem. Mus. Nat. Hist. Nat. Nouv. ser. B (Bot.). 1955a. Vol. 4, № 2. P. 83–182.

N e l m e s E. Notes on *Cyperaceae*: XXXIV. Allies of *Carex flava* L. in the southern Hemisphere // Kew Bull. 1955b. № 1. P. 83–90.

N e t o l i t z k y F. Anatomie der Angiospermen-Samen // Handb. Pflanzenanatomie. Berlin, 1926. Abt. 2, Teil 2. Bd 10. 364 S.

N g u e n K h a c K h o i (see: Нгуен Кхак Кхой).

N i c o l s o n D. H. (ed.). Seventy-two proposals for the conservation of types of selected Linnaean generic names, the report of Subcommittee 3C on the lectotypification of Linnaean generic names // Taxon. 1992. Vol. 41, № 3. P. 552–583.

N i j a l i n g a p p a B. H. M. Sporogenesis and gametogenesis in some *Cyperaceae* // Proc. Ind. Acad. Sci. Sect. B. 1976. Vol. 83, № 2. P. 66–72.

N i l s s o n H. Några anmärkningar beträffande bladstrukturen has *Carex*-arterna // Bot. notis. 1900. S. 225–236.

N i l s s o n Ö. *Carex* L. / P. H. Davis (ed.). Flora of Turkey and the East Aegean islands. Edinburgh, 1985. Vol. 9. P. 73–158.

N i l s s o n Ö., H j e l m q v i s t H. Studies on the nutlet structure of south Scandinavian species of *Carex* // Bot. notis. 1967. Vol. 120, № 4. P. 460–485.

N i o r d s o n N. Finnstar *Carex atherodes* funnen i Hälsingland // Sven. bot. tidskr. 1988. Bd 82, № 1. S. 24–26.

N i s h i k a w a K., F u r u t a Y., I s h i t o b i K. Chromosomal evolution in genus *Carex* as viewed from nuclear DNA content, with special reference to its aneuploidy // Jap. J. Gen. 1984. Vol. 59. P. 465–472.

N o b l e J. C., B e l l A. D., H a r p e r J. L. The population biology of plants with clonal growth. I. The morphology and structural demography of *Carex arenaria* // J. Ecol. 1979. Vol. 67. P. 983–1008.

N o r d e n s k i ö l d H. Cyto-taxonomical studies in the genus *Luzula*, 1, 2 // Hereditas. 1951. Bd 37. S. 325–355; 1956. Bd 42. S. 7–73.

N o r d e n s k i ö l d H. A study of meiosis in the progeny of x-irradiated *Luzula purpurea* // Hereditas. 1963. Bd 49. P. 33–47.

N o r l i n d h T. Studies on *Carex stenophylla* Wg. in Europe // Bot. notis. 1960. Vol. 113, fasc. 1. P. 1–19.

N ö t z o l d T. Diagnostische Tabellen zur Bestimmung von *Carex*-Früchten // Monatsber. Deutsch. Akad. Wiss. 1962. № 4. S. 39–54.

O h Y. C. A study of the surface patterns of leaf blades in some American species of *Carex* // J. Korean Plant Taxon. 1980. Vol. 10. P. 13–21.

O h Y. C. A study of the epidermal patterns of the leaf blades in some *Carex* using LM and SEM // J. Korean Plant Taxon. 1985. Vol. 15. P. 133–144.

O h w i J. Symbolae ad floram Asiae Orientalis, IV // Acta Phytotax. Geobot. (Kyoto). 1932. Vol. 1. P. 66–81.

O h w i J. *Cyperaceae* Japonicae, I. A synopsis of the *Caricoideae* of Japan, including the Kuriles, Saghalin, Korea and Formosa // Mem. Coll. Sci. Kyoto Univ. Ser. B. 1936. Vol. 11, № 5. P. 229–530.

O h w i J. Flora of Japan. Washington, 1965. 1067 p.

O k u n o S. Chromosome numbers in the genus *Carex* // Jap. J. Gen. 1939. Vol. 15. P. 332–333.

O k u n o S. On the chromosome numbers in the genus *Carex* // Jap. J. Gen. 1940. Vol. 16. P. 164–170.

P a d h y e M. D. Studies in *Cyperaceae*. III. Life history of *Kyllinga brevifolia* Rottb. with a brief discussion on systematic position of *Kyllinga* // Bot. Gaz. 1971. Vol. 132, № 3. P. 172–179.

P a l h i n h a R. T. Catálogo das plantas vasculares des Açores // Soc. Estud. Açorianos. 1966. Vol. 11. P. 1–186.

P a l m g r e n A. *Carex*- gruppen *Fulvellae* Fr. i Fennoskandien // Fl. Fenn. 1959. Vol. 2. P. 1–165.

P a t n a i k S. N., R a t h S. P. Chromosomal evolution in *Cyperaceae* / R. P. Sinha, U. Sinha (ed.). Current approaches in cytogenetics. Patna; Delhi, 1983. P. 123–133.

P a t z k e E. Zur Frage der Teilung der sect. *Spirostachyae* Drejer der Gattung *Carex* im Umfange der Bearbeitung von G. Kükenthal // Ber. Deutsch. Bot. Ges. 1964. Bd 77, H. 6. S. 196–197.

P a x F. Beiträge zur Morphologie und Systematik der Cyperaceen // Bot. Jahrb. 1886. Bd 7. S. 287–318.

P a x F. *Cyperaceae* // Engler A., Prantl K. Die natürlichen Pflanzenfamilien. Leipzig, 1888. Teil 2, Abt. 2. S. 86–130.

P a y e r J. B. Traité d'organogénie comparée de la fleur. Paris, 1857. 748 p.

P e t e r m a n n W. L. Deutschland Flora. Leipzig, 1849. 668 S.

P f e i f f e r H. Der heutige Stand unseren Kenntnise von den Kegelzellen der Cyperaceen // Ber. Bayer. Bot. Ges. 1921. Bd 39. S. 353–364.

P f e i f f e r H. Untersuchungen zur vergleichenden Anatomie der Cyperaceen. I. Der Anatomie der Blätter // Beih. Bot. Centralbl. 1927. Bd 44, H. 1. S. 90–176.

P l o w m a n A. B. The comparative anatomy and phylogeny of the *Cyperaceae* // Ann. Bot. 1906. Vol. 20. P. 1–34.

P o d l e c h D., P a t z k e E. Bestimmungsschlussel für die Arten der *Carex flava*-Gruppe in Bayern // Ber. Bayer. Bot. Ges. 1960. Bd 33. S. 106.

P o h l F. Der einfaltige Pollen, seine Verbreitung und phylogenetische Bedeutung // Beih. Bot. Centralbl. 1929. Bd 45, H. 1. S. 59–73.

P o r s i l d A. E. Materials for a flora of Central Yukon territory // Nat. Mus. Nat. Sci. (Canada). Publ. Bot. 1974. № 4. P. 1–77.

P o r s i l d A. E., C o d y W. J. Vascular plants of continental Northwest territories. Canada, Ottawa, 1980. 667 p.

P r o c t o r M., Y e o P. The pollination of flowers. London, 1975. 418 p.

P y k ä l ä J., T o i v o n e n H. Taxonomy of the *Carex flava* complex (*Cyperaceae*) in Finland // Nord. J. Bot. 1994. Vol. 14, № 2. P. 173–191.

R a f i n e s q u e C. S. The Good book, and amenities of nature or annals of historical and natural science. 5. Botany. The natural family of *Carexides*. Philadelphia, 1840. P. 23–28. (Photocopies: Amer.-Midl. Nat. 1913–1914. Vol. 3. App. 4).

R a u n k i a e r C. De danske blomsterplanters naturhistorie. Copenhagen, 1895–1899. Vol. 1. S. 418–529.

R a v e n P. H. Amphitropical relationships in the floras of North and South America // Quart. Rev. Biol. 1963. Vol. 38. P. 151–177.

R a v e n P. H., A x e l r o d D. Angiosperm biogeography and past continental movements // Ann. Miss. Bot. Gard. 1974. Vol. 61, № 3. P. 539–673.

R a y m o n d M. Sedges as material for phytogeographic studies // Mém. Jard. Bot. Montréal. 1951. № 20. P. 1–24.

R a y m o n d M. The identity of *Carex misandroides* Fern. with notes on the North American *Frigidae* // Can. Field-Nat. 1952. Vol. 66, № 4. P. 95–103.

R a y m o n d M. *Carices* indo-chinensis necnon siamensis // Mém. Jard. Bot. Montréal. 1959. № 53. P. 3–125.

R a y m o n d M. *Cyperaceae* //Køie M., Rechinger K. H. Symbolae Afghanicae. København. 1965. Vol. 6. P. 5–35. (Biol. Skrif. Vol. 14, № 4).

R a y n a l J. Répartition et evolution des modes de photosynthése chez les Cypéracées // Compt. Rend. Acad. Sci. (Paris). Sér. D. 1972. T. 275, № 20. P. 2231–2234.

R a y n a l J. Notes Cypérologiques: 19. Contribution à la classification de la sous-famille des *Cyperoideae*. D. Tentative de classification naturelle des *Cyperoideae* // Adansonia. Sér. 2. 1973. T. 13, fasc. 2. P. 161–171.

R e e s e G. Ergaenzende Mitteilungen ueber die Chromosomenzahlen mitteleuropaeischer Gefasspflanzen. II // Ber. Deutsch. Bot. Ges. 1953. Bd 66, H. 1. S. 66–73.

R e i c h e n b a c h H. G. L. Flora germanica excursora. Lipsiae, 1830. 136 p.

R e i c h e n b a c h H. G. L. Icones florae germanicae et helveticae. Lipsiae, 1846. Vol. 8. P. 1–50, pl. 193–318.

R e i d C., R e i d E. M. The pliocene floras of the Dutch-Prussian border. Hague, 1915. 178 p.

R e s e n d e F. Consêquencias cito-genéticas do «Kinetochoro diffuso» // Bol. Soc. Bot. Ciéncia Natl. 1953. Vol. 15. P. 252–260.

R e t t i g J. H. Achene micromorphology of the *Carex pennsylvanica* (*Carex* section *Montanae*) complex in America // Amer. J. Bot. 1986. Vol. 73, № 5. P. 782–783.

R e z n i c e k A. A. The taxonomy of *Carex* sect. *Hymenochlaenae* (*Cyperaceae*) in Mexico and Central America // Syst. Bot. 1986. Vol. 11, № 1. P. 56–87.

R e z n i c e k A. A. *Carex* sect. *Stellulatae* (*Cyperaceae*) in the Neotropics // Contr. Univ. Michigan Herb. 1987. Vol. 16. P. 201–210.

R e z n i c e k A. A. Evolution in sedges (*Carex*, *Cyperaceae*) // Can. J. Bot. 1990a. Vol. 68, № 7. P. 1409–1432.

R e z n i c e k A. A. Four new species of *Carex* (*Cyperaceae*) from Mexico, with notes on the mexican *Carex* flora // Contr. Univ. Michigan Herb. 1990b. Vol. 17. P. 279–293.

R e z n i c e k A. A., B a l l P. W. The taxonomy of *Carex* section *Stellulatae* in North America north of Mexico // Contr. Univ. Michigan Herb. 1980. Vol. 14. P. 153–203.

R e z n i c e k A. A., C a t l i n g P. M. Vegetative shoots in the taxonomy of sedges (*Carex*, *Cyperaceae*) // Taxon. 1986. Vol. 35, № 3. P. 495–501.

R i d l e y H. N. The dispersal of plants throughout the world. Ashford; Kent, 1930. 744 p.

R o b e r t s o n A. History of the classification of genus *Carex* // Taxon. 1979. Vol. 28, № 5–6. P. 535–548.

R o b e r t s o n A. A new species of *Carex* sect. *Extensae* // Rhodora. 1980. Vol. 82, № 830. P. 369–374.

R o e p e r J. Zur flora Mecklenburgs. Rostock, 1844. Zweiter Theil. 296 S.

R o h w e d e r H. Versuch zur Erfassung der mengenmässigen Bedeckung des Darss und Zingst mit polyploiden Pflanzen // Planta. 1938. Bd 27, H. 4. S. 500–549.

R o i v a i n e n H. Studien über die Moore Feuerlands // Ann. Bot. Soc. Zool.-Bot. Fenn. Vanamo. 1954. Vol. 28, pt 2. P. 1–205.

R o u y G. Flore de France. Paris, 1912. T. 13. 548 p.

S a i n t - L a g e r J. B. *Carex* L. // Cariot A. Étude des fleurs. Ed. 8. Paris, 1889. Vol. 2. 1004 p.

S a l o V., P y k ä l ä J., T o i v o n e n H. Achene epidermis in the *Carex flava* complex (*Cyperaceae*) studied by scanning electron microscopy // Ann. Bot. Fenn. 1994. Vol. 31, № 1. P. 45–52.

46 Заказ № 131

S a v i l e D. B. O. A study of the species of *Cintractia* on *Carex*, *Kobresia* and *Scirpus* in North America // Can. J. Bot. 1952. Vol. 30, № 4. P. 410–435.

S a v i l e D. B. O. The fungi as aids in the taxonomy of the flowering plants // Science. 1954. Vol. 120. P. 583–585.

S a v i l e D. B. O., C a l d e r J. A. Phylogeny of *Carex* in light of parasitism by the smut fungi // Can. J. Bot. 1953. Vol. 31, № 1–2. P. 164–174.

S c h k u h r C. Beschreibung und Abbildung der theils bekannten, theils noch nicht beschriebenen Arten von Riedgräsern... Wittenberg, 1801. 128 S.

S c h k u h r C. Histoire des *Carex* ou laiches... Leipzig, 1802. 168 S.

S c h k u h r C. Nachtrag oder die zweyte Hälfte der Riedgräser. Wittenberg, 1806. 94 S.

S c h m i d B. *Carex flava* L. s. l. im Lichte der r-Selektion // Mitt. Bot. Mus. Univ. Zürich. 1980. № 322. S. 1–360.

S c h m i d B. Karyology and hybridization in the *Carex flava*-complex on Switzerland // Feddes repert. 1982. Bd 93, H. 1–2. S. 23–59.

S c h m i d B. Notes on the nomenclature and taxonomy of the *Carex flava* group in Europe // Watsonia. 1983. № 14, № 3–4. P. 309–319.

S c h m i d t B. Life histories in clonal plants of the *Carex flava* group // J. Ecol. 1984. Vol. 72. P. 93–114.

S c h n a r f K. Embryologie der Angiospermen. Berlin, 1929. 684 S.

S c h n e i d e r M. Untersuchungen über die Embryobildung und Entwicklung der *Cyperaceae* // Beih. Bot. Centralbl. 1932. Bd 49, Abt. 1. S. 649–674.

S c h u l t z e - M o t e l W. Entwicklungsgeschichtliche und vergleichendmorphologische Untersuchungen im Blütenbereich der *Cyperaceae* // Bot. Jahrb. 1959. Bd 78, H. 2. S. 129–170.

S c h u l t z e - M o t e l W. Reihe *Cyperales* // Melchior H. A. Engler's Syllabus der Pflanzenfamilien. Berlin, 1964. Bd 2. S. 602–607.

S c h u l t z e - M o t e l W. *Cyperaceae* // Hegi G. Illustrierte Flora von Mitteleuropa. Dritte Aufl. Berlin; Hamburg, 1967–1969, 1977. Bd 2, Teil 1, Lief. 1–4. S. 1–274.

S c h u l z A. Zur Phylogenese der *Cariceae* // Irmischia. 1886. Jg. 6, № 5–6. S. 17–21.

S c h u l z A. Zur Morphologie der *Cariceae* // Ber. Deutsch. Bot. Ges. 1887. Bd 5. S. 27–43.

S c h u r P. J. F. Enumeratio plantarum Transsilvaniae. Vindobonae, 1866. 984 p.

S c h ü r h o f f P. N. Die Zytologie des Blütenpflanzen. Stuttgart, 1926. 792 S.

S c h u y l e r A. E. Scanning electron microscopy of achene epidermis in species of *Scirpus* (*Cyperaceae*) and related genera // Proc. Acad. Nat. Sci. Philadelphia. 1971. Vol. 123, № 2. P. 29–52.

S c h w e i n i t z L. D. Monograph of the North-American species of the genus *Carex* // Ann. Lyc. Nat. Hist. New York, 1825. Vol. 1, pt 2. P. 283–373.

S e l l i n g O. H. Studies in Hawaiian pollen statistics. Pt. 2. The pollen of the Hawaiian Phanerogams // Spec. Publ. Bishop. Mus. 1947. № 38. 430 p., 58 pl.

S e n a y P. Le groupe des *Carex flava* et *Carex oederi* // Bull. Mus. Hist. Nat. (Paris). 1950. T. 22. P. 618–624, 790–796. 1951. T. 23. P. 146–152.

S h a h C. K. Pollen development in some members of the *Cyperaceae* // Plant embryology. A symposium. New Delhi, 1962a. P. 81–93.

S h a h C. K. Floral morphology of the *Cyperaceae*. I // Nat. Canad. 1962b. Vol. 89, № 11. P. 330–340.

S h a h C. K. Embryogeny in some *Cyperaceae* // Phytomorphology. 1965. Vol. 15, № 1. P. 1–9.

S h a h C. K. Development of pericarp and seed coat in the *Cyperaceae* // Nat. Canad. 1968. Vol. 95, № 1. P. 39–48.

S h a h C. K., N e e l a k a n d a n N. Embryogeny in some *Cyperaceae*. II // Beitr. Biol. Pflanz. 1971. Bd 47, H. 2. S. 215–227.

S h e p h e r d G. J. The use of anatomical characters in infrageneric classification of *Carex* (*Cyperaceae*) // Hoehnea. 1976. Vol. 6. P. 33–54.

S m i t h D. L. Development of the inflorescence in *Carex* // Ann. Bot. New ser. 1966. Vol. 30, № 119. P. 475–486.

S m i t h D. L. The experimental control of inflorescence development in *Carex* // Ann. Bot. New ser. 1967. Vol. 31, № 121. 19–30.

S m i t h D. L., F a u l k n e r J. S. The inflorescence of *Carex* and related genera // Bot. Rev. 1976. Vol. 42, № 1. P. 53–81.

Snell R. S. Anatomy of the spikelets and flowers of *Carex*, *Kobresia* and *Uncinia* // Bull. Torrey Bot. Club. 1936. Vol. 63. P. 277–295.

Soják J. Fragmenta phytotaxonomica et nomenclatorica (2) // Čas. Nár. Muz. Praze, řada přir. 1979. 148, 3–4. P. 193–197.

Spinner H. L'anatomie foliaire des *Carex* Suisses // Bull. Soc. Neuchatel Sci. Nat. 1902. Vol. 30. P. 64–180.

Spinner H. L'anatomie caulinaire des *Carex* Suisses // Bull. Soc. Neuchatel Sci. Nat. 1904. Vol. 32. P. 243–336.

Sprengel C. Systema vegetabilium. Gottingae, 1826. Vol. 3. 936 p.

Stace C. A. New flora of the British Isles. Cambridge, 1991. 1226 p.

Stafleu F. A., Cowan R. S. Taxonomic literature. Ed. 2. Utrecht, 1976. Vol. 1. 1136 p.; 1981. Vol. 3. 980 p.

Stalter R. *Carex kobomugi* Ohwi at Sandy Hook, New Jersey // Bull. Torrey Bot. Club. 1980. Vol. 107, № 3. P. 431–432.

Stancevičius A. S. *Carex* // Lietuvos TSR Flora. Vilnius, 1963. T. 2. P. 343–457.

Standley L. A. *Carex kobomugi* Ohwi, an adventive sedge new to New England // Rhodora. 1983. Vol. 85, № 842. P. 256–267.

Standley L. A. Systematics of the *Acutae* group of *Carex* (*Cyperaceae*) in the Pacific Northwest // Syst. Bot. Monogr. 1985. Vol. 7. P. 1–106.

Standley L. A. Taxonomy of the *Carex lenticularis* complex in eastern North America // Can. J. Bot. 1987a. Vol. 65, № 4. P. 673–686.

Standley L. A. Anatomical and chromosomal studies of *Carex* sect. *Phacocystis* (*Cyperaceae*) in eastern North America // Bot. Gaz. (Chicago). 1987b. Vol. 148, № 4. P. 507–518.

Standley L. A. Anatomical studies of *Carex cuchumatanensis*, *C. decidua* and *C. hermannii* (*Cyperaceae*) and comparisons with North American taxa of the *C. acuta* complex // Brittonia. 1987c. Vol. 39, № 1. P. 11–19.

Standley L. A. Taxnomic revision of the *Carex stricta* (*Cyperaceae*) complex in eastern North America // Can. J. Bot. 1989. Vol. 67, № 1. P. 1–14.

Standley L. A. Anatomical aspects of the taxonomy of sedges (*Carex*, *Cyperaceae*) // Can. J. Bot. 1990. Vol. 68, № 7. P. 1449–1456.

Stebbins G. L. Variation and evolution in plants. New York, 1950. 643 p.

Stebbins G. L. Cytogenetics and evolution of the grass family // Amer. J. Bot. 1956. Vol. 43. № 10. P. 890–905.

Stebbins G. L. Evolutionary trends in the inflorescence of angiosperms // Flora (Regensb.). 1973. Bd 162, H. 6. S. 501–528.

Stebbins G. L. Flowering plants. Evolution above the species level. Cambridge, 1974. 399 p.

Steenis C.G.G.J., van. The land-bridge theory in botany // Blumea. 1962a. Vol. 11, № 2. P. 235–372.

Steenis C.G.G.J., van. The mountain flora of the Malaysian tropics // Endeavour. 1962b. Vol. 21, № 83–84. P. 183–193.

Steudel E. G. Synopsis Plantarum Glumacearum. Pars 2. *Cyperaceae*. Stuttgartiae, 1855. 348 p.

Steyermark J. A. Botanical exploration in Venezuela, I // Fieldiana Bot. 1951. Vol. 28. P. 1–242.

St. John H., Parker C. S. A tetramerous species, section and subgenus of *Carex* // Amer. J. Bot. 1925. Vol. 12, № 1. P. 63–68.

Stoeva M. P., Štěpanková J. Variation patterns within the *Carex flava* agg. in Bulgaria and Czechoslovakia // Preslia. 1990. Vol. 62, № 1. P. 1–24.

Stout A. B. The individuality of the chromosome and their serial arrangement in *Carex aquatilis* // Contr. New York Bot. Gard. 1912. Vol. 6. P. 114–150.

Svenson H. K. The rachilla in Cape Cod species of *Carex* with notes on the history of the perigynium and rachilla // Rhodora. 1972. Vol. 74, № 799. P. 321–330.

Sylvén N. Det Skandinaviska flora-områdets *Carices distigmaticae* // Opera Bot. (Lund). 1963. Vol. 8, N 2. P. 1–161.

Szafer W. Flora plioceńska z Krościenka n/Dunajcem. Krakow, 1946–1947. T. 2. 213 p.

Szafer W. Plioceńska flora okolic Czorsztyna i je jstosunek do pleistocenu. Warszawa, 1954. 240 p. (Prace Inst. Geologicz. T. 11).

S z w e y k o w s k i J. Variation of phenolic compounds content in Polish populations of *Carex arenaria* L. revealed by paper chromatography // Bull. Acad. Polon. Sci. Ser. biol. 1978. Vol. 26, № 2. P. 75–85.

T a n a k a N. Chromosome studies in *Cyperaceae*, I, VI, VIII, XI, XXV, XXVI // Cytologia. 1937. Fujii Jub. Vol. P. 814–821; 1940a. Vol. 10, № 3. P. 348–362; 1940b. Vol. 11, № 2. P. 282–310; Jap. J. Bot. 1941. Vol. 11, № 2. P. 213–219; Med. Biol. (Tokyo). 1942. Vol. 2. P. 421–424, 425–428.

T a n a k a N. Chromosome number of *Carex* species // Cytologia. 1939. Vol. 10, № 2. P. 51–58.

T a n a k a N. The problem of aneuploidy (Chromosome studies in *Cyperaceae* with special reference to the problem of aneuploidy) // Biol. Contrib. Japan. 1948. Vol. 4. P. 1–327.

T a n a k a N. Chromosome studies in the genus *Carex* with special reference to aneuploidy and polyploidy // Cytologia. 1949. Vol. 15, № 1. P. 15–29.

T a n a k a R., H o s h i n o T. Chromosomes at somatic, meiotic and microspore division in *Carex pachygyna* (2n = 12) // Chromosome Inform. Serv. 1976. № 19. P. 15–18.

T a n g Y a n h e n g, L i a n g S o n g y u n. On *Carex siderosticta* with special reference to the term «stem lateral» in caricology // Acta Bot. Yunnan. 1987. Vol. 9, № 3. P. 309–314.

T a r n a v s c h i I. T. Die Chromosomenzahlen der Anthophyten-Flora von Rumaenien mit einem Ausblick auf das Polyploidie-Problem // Bul. Grad. Bot. Univ. Cluj. 1948. Bd 28, Suppl. S. 1–130.

T a y l o r F. J. Biological flora of the British Isles: *Carex flacca* Schreb. // J. Ecol. 1956. Vol. 44, № 1. P. 281–290.

T h i s e l t o n - D y e r W. T. On the perigynium and seta of *Carex* // J. Linn. Soc. London (Bot.). 1874. Vol. 14, № 75. P. 154–156.

T h o r n e R. F. Major disjunctions in the geographic ranges of seed plants // Quart. Rev. Biol. 1972. Vol. 47, № 4. P. 365–411.

T h o r n e R. F. A phylogenetic classification of the *Angiospermae* // Evol. Biol. 1976. Vol. 9. P. 35–106.

T h u l i n M. The disjunct distribution of *Carex peregrina* confirmed // Nord. J. Bot. 1981. Vol. 1, № 4. P. 521–522.

T i f f n e y B. H. Perspectives on the origin of the floristic similarity between eastern Asia and eastern North America // J. Arn. Arb. 1985a. Vol. 66. P. 73–94.

T i f f n e y B. H. Eocene North Atlantic land bridge: its importance in Tertiary and modern phytogeography of the Northern Hemisphere // J. Arn. Arb. 1985b. Vol. 66. P. 243–273.

T i m o n e n T. Synflorescence morphology and anatomy in *Kobresia laxa* (*Cyperaceae*) // Ann. Bot. Fenn. 1985. Vol. 22, № 2. P. 153–171.

T i m o n e n T., T o i v o n e n H. Gross and micromophological comparision of *Carex furva* and *C. lachenalii* // Ann. Bot. Fenn. 1979. Vol. 16, № 1. P. 11–17.

T i s c h l e r G. Die Chromosomenzahlen der Gafässpflanzen Mitteleuropas. Gravenhage; Junk, 1950. 263 S.

T o i v o n e n H. Chromatographic comparison of the species of *Carex* section *Heleonastes* and some *Carex canescens* hybrids in Eastern Fennoscandia // Ann. Bot. Fenn. 1974. Vol. 11, № 3. P. 225–230.

T o i v o n e n H. The status of the New Zealand *Carex lachenalii* (*Cyperaceae*) // Ann. Bot. Fenn. 1979. Vol. 16, N 2. P. 151–156.

T o i v o n e n H. *Carex canescens* × *C. mackenziei*. A comparative study of two *Carex* species and their spontaneous hybrid // Ann. Bot. Fenn. 1980. Vol. 17, № 1. P. 91–123.

T o i v o n e n H. Spontaneous *Carex* hybrids of *Heleonastes* and related sections in Fennoscandia // Acta Bot. Fenn. 1981a. № 116. P. 1–51.

T o i v o n e n H. On the systematics and taxonomy of species and hybrids of *Carex* section *Heleonastes* // Publ. Depart. Bot. Univ. Helsinki. 1981b. № 8. P. 1–18.

T o i v o n e n H. Notes on the nomenclature and taxonomy of *Carex canescens* (*Cyperaceae*) // Ann. Bot. Fenn. 1981c. Vol. 18, № 1. P. 91–97.

T o i v o n e n H. *Carex* L. // Retkeilykasvio. Helsinki, 1984. P. 442–473.

T o i v o n e n H. Pääjärven Pappilanlahden (Lammi, EH) rantasarojen risteytymisestä // Mem. Soc. Fauna Fl. Fenn. 1987. Vol. 63, № 1. P. 19–22.

T o i v o n e n H., T i m o n e n T. Perigynium and achene epidermis in some species of *Carex* subg. *Vignea* (*Cyperaceae*), studied by scanning electron microscope // Ann. Bot. Fenn. 1976. Vol. 13, № 1. P. 49–59.

T o w n s e n d F. On some points relating to the morphology of *Carex* and other Monocotyledons // J. Bot. (London). 1873. Vol. 11. P. 162–166.

T o w n s e n d F. Homology of the floral envelopes in *Gramineae* and *Cyperaceae* // J. Bot. (London). 1885. Vol. 23. P. 65–74.

T r e v i r a n u s L. C. *Carex* L. // Ledebour C. F. Flora Rossica. Stuttgartiae. 1852. Vol. 4. P. 263–320.

T r o l l W. Kommission für biologische Forschung // Akad. Wiss. Lit. Mainz. 1968. Jahrb. 1967. S. 89–103.

T u c k e r m a n E. Enumeratio methodica *Caricum* quarundam. Schenectadiae, 1843. 21 p.

T u r l a n d N. Proposals to conserve the name *Carex lachenalii* against *C. tripartita* and *C. leporina*, and to reject the name *C. bipartita* (*Cyperaceae*) // Taxon. Vol. 46, № 2. P. 1289–1290.

T u r n e r B. L. Plant chemosystematics and phylogeny // Pure and Appl. Chem. 1967. Vol. 14. P. 183–213.

V a n d e r V e k e n P. Contribution à l'embryographie systématique des *Cyperaceae-Cyperoideae* // Bull. Jard. Bot. Bruxell. 1965. Vol. 35, № 3. P. 285–354.

V a n T i e g h e m M. P. Morphologie de l'embryon et de la plantule chez les Graminées et les Cypéracées // Ann. Sci. Nat. (Paris). Ser. 8 (Bot.). 1897. T. 3. P. 259–309.

V e s q u e J. Neue Untersuchungen ueber die Entwicklung des Embryosackes der Angiospermen // Bot. Zeit. 1879. Jg. 37. S. 505–509.

V i c i o s o C. Estudio monografico sobre el genero *Carex* en España. Madrid, 1959. 205 p. (Bol. Inst. For. Inv. Exper. Madrid, № 79).

V l a m i n g V., P r o c t o r V. Dispersal of aquatic organisms: viability of seeds recovered from the droppings of captive killdeer and mallard ducks // Amer. J. Bot. 1968. Vol. 55, № 1. P. 20–26.

V o n k D. H. Biosystematic studies of the *Carex flava* complex. I. Flowering // Acta Bot. Neerl. 1979. Vol. 28, № 1. P. 1–20.

V o s s E. G. Additional nomenclatural and other notes on Michigan monocots and gymnosperms // Michig. Bot. 1972. Vol. 11. P. 26–37.

W a g n e r P. Vessel types of the monocotyledons: a survey // Bot. notis. 1977. Vol. 130, № 4. P. 383–402.

W a h l H. A. Chromosome numbers and meiosis in the genus *Carex* // Amer. J. Bot. 1940. Vol. 27, № 7. P. 458–479.

W a h l e n b e r g G. Inledning til Caricographien // Kgl. sven. vetensapsakad handl. Ser. nov. 1802. T. 23. S. 225–247, 301–329; 1803. T. 24. S. 66–98, 138–169.

W a l t e r K. S. A preliminary study of the achene epidermis of certain *Carex* (*Cyperaceae*) using scanning electron microscopy // Mich. Bot. 1975. Vol. 14, № 2. P. 67–72.

W a t e r w a y M. J. Allozyme variation within *Carex* section *Sylvaticae* // Bull. Can. Bot. Assoc. 1987. Vol. 20. P. 16.

W a t e r w a y M. J. Systematic implications of achene micromorphology in *Carex* sect. *Hymenochlaenae* (*Cyperaceae*) // Can. J. Bot. 1990. Vol. 68, № 3. P. 630–689.

W e s m a e l A. Notice sur la nature de l'utricule des *Carex* // Bull. Acad. Belg. Ser. 2. 1863. T. 15, № 4. P. 3–19.

W h e e l e r G. A. Two new species of *Carex* (*Cyperaceae*) from austral South America and additional taxonomic and phytogeographical notes on the genus // Brittonia. 1986. Vol. 38, № 4. P. 317–324.

W h e e l e r G. A. The taxonomy of *Carex* sect. *Abditispicae* sect. nov. (*Cyperaceae*) from austral South America // Syst. Bot. 1987. Vol. 12, № 4. P. 572–585.

W h e e l e r G. A. A new species of *Carex* sect. *Abditispicae* (*Cyperaceae*) from nothern Argentina and the status of *Vesicarex collumanthus* in South America // Syst. Bot. 1989. Vol. 14, № 1. P. 37–42.

W h e e l e r G. A., O w n b e y G.B. Annotated list of Minnesota *Carices*, with phytogeographic and ecological notes // Rhodora. 1984. Vol. 86, № 846. P. 151–231.

W i i n s t e d t K. *Carex oederi* coll. // Bot. tidsskr. 1936. Bd 43, H. 6. S. 504–506.

W i i n s t e d t K. Bidrag til Polymorfien hos dentidligere som *Carex oederi* Retz. kendte Art // Bot. tidsskr. 1947. Bd 48, H. 2. S. 192–206.

W i l c z e k E. Beiträge zur Kenntniss des Baues der Frucht and des Samens der Cyperaceen // Bot. Centralbl. 1892. Bd 51, № 5–9. S. 129–138, 193–201, 225–233, 257–265.

W i l l d e n o w K. L. Species plantarum. Berolini, 1805. T. 4, pars 1. 629 p.

W i l l e F. Beitrage zur Anatomie des Cyperaceenrhizoms // Beih. Bot. Centralbl. 1926. Bd 43, Abt. 1. S. 267–309.

W i l l e N. Om Pollenkornene Udwikling hos Juncaceer og Cyperaceer // Christiania Vidensk. Selsk. Forhandl. 1882. № 16. P. 1–4.

W o d e h o u s e R. P. Pollen grains. New York, 1935. 574 p.

W o d e h o u s e R. P. The evolution of pollen grains // Bot. Rev. 1936. Vol. 2, № 1. P. 67–84.

W o l f e J. A. Some aspects of plant geography of the Northern Hemisphere during the Late Cretaceous and Tertiary // Ann. Miss. Bot. Gard. 1975. Vol. 62, № 1. P. 264–279.

W u j e k D. E., M e n a p a c e F. J. Taxonomy of *Carex* section *Folliculatae* using achene micromorphology // Rhodora. 1986. Vol. 88, № 855. P. 399–403.

W u l f f H. D. Die Pollenentwicklung der Juncaceen nebst einer Auswertung der embryologischen Befundehinsichtlich einer Verwandtschaft zwischen den Juncaceen und Cyperaceen // Jb. Wiss. Bot. 1939. Bd 87, № 4. S. 533–566.

УКАЗАТЕЛЬ РУССКИХ НАЗВАНИЙ РАСТЕНИЙ

INDEX OF RUSSIAN NAMES OF PLANTS

УКАЗАТЕЛЬ ЛАТИНСКИХ НАЗВАНИЙ ТАКСОНОВ

INDEX OF LATIN NAMES OF TAXA

Названия всех принятых в работе таксонов (включая также и только упоминаемых в ней) напечатаны обычным шрифтом, синонимы — курсивом. Полужирным шрифтом обозначены страницы, на которых содержится основная информация о рассматриваемых таксонах, обычным — страницы с названиями таксонов в русском тексте работы, курсивом — страницы с названиями тех же таксонов в английском тексте. При названиях видов или подвидов первая цифра в скобках означает номер хорологической группы, вторая — номер типа ареала таксона; если приведена одна цифра, то она указывает либо и номер группы и типа ареала, либо только номер типа ареала.

Names of taxa adopted in the work (both numbered and only mentioned) are printed in ordinary type; all synonyms are printed in italics. The pages of principal entries of numbered taxa are indicated in bold; the pages with taxa names in the Russian text are printed in ordinary type, the pages with the same names in the English one are given in italics. Under specific or subspecific names the first numeral in parentheses denotes a number of chorological group and the second one means a number of the range type of species or subspecies, if one numeral is indicated, it means either both a group and a range type or only a range type number.

Научное издание

Татьяна Владимировна Егорова

ОСОКИ (CAREX L.) РОССИИ И СОПРЕДЕЛЬНЫХ ГОСУДАРСТВ

(в пределах бывшего СССР)

Утверждено к печати Ботаническим институтом им. В. Л. Комарова Российской Академии наук

Перевод на английский язык: *А. Е. Бобров,* *О. И. Виноградов,* *Т. В. Егорова,* *И. В. Соколова*

Редактор перевода *Т. В. Егорова*

Зав. издательством *Д. В. Гельтман*

Редактор *Г. Т. Никифорова*

Компьютерная верстка *Т. А. Горлиной*

ЛР № 021251 от 23.10.97. Сдано в набор 01.03.96. Подписано в печать 15.06.99. Формат 70×108 1/16. Гарнитура «Академия». Печать офсетная. Бумага офсетная.. Печ. л. 46.8. Уч.-изд. л. 48.6. Тираж 1000 экз. Заказ 131

Издательство Санкт-Петербургской государственной химико-фармацевтической академии. 197376, Россия, Санкт-Петербург, ул. Профессора Попова, 14. Тел. 234-15-23

Отпечатано с готовых диапозитивов в ГИПП «Искусство России» 198099, Санкт-Петербург, ул. Промышленная, д. 38, корпус 2

ИЗДАТЕЛЬСТВО
САНКТ-ПЕТЕРБУРГСКОЙ ГОСУДАРСТВЕННОЙ ХИМИКО-ФАРМАЦЕВТИЧЕСКОЙ АКАДЕМИИ

ГОТОВИТ К ВЫПУСКУ В 1999 ГОДУ СЛЕДУЮЩИЕ ИЗДАНИЯ ПО БОТАНИКЕ:

Каратыгин И. В., Нездойминого Э. Л., Новожилов Ю. К., Журбенко М. П. **Грибы Российской Арктики: Аннотированный список видов.** 212 с.

Новости систематики высших растений. Том 32.

Цвелев Н. Н. **Определитель сосудистых растений Северо-Западной России (Ленинградская, Псковская, Новгородская области).**

Сосудистые растения Российской Федерации / Под ред. Д. В. Гельтмана, Г. Ю. Конечной.

Для предварительного заказа книг обращайтесь по адресу: 197376, Россия: Санкт-Петербург, ул. Профессора Попова, 14, Санкт-Петербургская государственная химико-фармацевтическая академия, издательство. Тел. (812)-234-15-23. Факс (812)-234-60-44. Электронная почта izdat@pharm.runnet.ru

Информация о готовности и времени выхода книг из печати размещается в Интернете по www.pharm.runnet.ru/izdat

ST. PETERSBURG STATE CHEMICAL PHARMACEUTICAL ACADEMY PRESS

ISSUES IN 1999 FOLLOWING BOOKS IN BOTANY:

Karatygin I. V., Nezdoiminogo E. L., Novozhilov Yu. K., Zhurbenko M. P. **Fungi of the Russian Arctic: A Checklist.** 212 p.

Novitates systematicae plantarum vascularium. Vol. 32.

Tzvelev N. N. **Guide to vascular plants of the North-West Russia (Leningrad, Pskov, Novgorod provinces).**

Geltman D. V., Konechnaya G. Yu. (Eds.) **Vascular plants of the Russian Federation.**

For more information and further contacts please write:

Publications, St. Petersburg State Chemical Pharmaceutical Academy,
14, Prof. Popov Street, St. Petersburg, 197376, Russia.
Fax: (812)-234-60-44. E-mail: izdat@pharm.runnet.ru

Visit our web-page: www.pharm.runnet.ru/izdat